무료강의제공 EASY한
맞춤형화장품 조제관리사
교수·학습가이드
700문항
스포일러 합격문제집

| 문제 > 이론과 단원평가 | 해설 > 정답 및 해설 |

이지한 편저

▶ **유튜브 문제·해설 강의 무료!(유튜브 지한쌤 검색)**

✓ 식약처의 시험 교재인 맞춤형화장품조제관리사 교수학습가이드의 700제 연습문제로 조제관리사 자격증 한 번에 합격!
✓ 다양한 난이도의 700제 문제로 확실한 실력 점검!(문제 옆에 난이도가 적혀있어 실력을 쉽게 파악할 수 있어요!)
✓ 검증되지 않은 내용은 하나도 없다! 전부 화장품 법령에서 근거한 탄탄한 이론!
✓ 별도의 이론서가 필요 없다! 모든 것을 단권화하여 표로 깔끔하게! 알차고 탄탄한 이론!
✓ 출처를 명확히 밝혀 더 믿을 수 있는 이론과 문제!
✓ 문제와 해설포함 700쪽이 넘는 방대한 문제와 친절한 해설!
✓ 네이버 지한쌤 카페 가입하면 암기 족보 및 추가 시험 대비 자료가 수두룩!
✓ 맞춤형화장품조제관리사 ROADMAP으로 보는 시험합격을 향한 확실한 과정!

PREFACE

2025 이지한 교수학습가이드 700제 합격문제집

맞춤형화장품조제관리사란 무엇인가요?

맞춤형화장품조제관리사는 대한상공회의소에서 시행하는 맞춤형화장품 조제관리사 시험에 합격하여 해당 자격을 취득한 사람을 말합니다. 2020년 맞춤형화장품 판매업 제도 시행과 함께 국가자격제도로 도입된 이 자격은, 맞춤형화장품 판매장에서 화장품의 내용물이나 원료를 혼합하거나 소분하는 업무를 수행할 수 있는 권한을 부여합니다. 더불어, 이 자격을 취득하면 화장품 책임판매관리자로도 인정받을 수 있습니다.

정부는 맞춤형화장품조제관리사의 권한을 확대하기 위해 관련 법안을 지속적으로 재·개정하며 커스텀 화장품 시대에 대비하고 있습니다.

자격 취득은 쉽지 않은 길입니다

맞춤형화장품조제관리사 시험은 단순하지 않습니다. 필기시험만으로 자격을 부여하지만, 합격하려면 총점 1,000점 중 60% 이상(600점 이상)을 득점해야 하고, 각 과목별로 40% 이상의 점수를 받아야 합니다. 시험은 객관식 80문항과 주관식 20문항, 총 100문항으로 구성되며, 난이도가 높아 합격률은 평균 20%대에 그칩니다. 최저합격률이 7.2%에 불과한 해도 있을 정도로 어려운 국가전문자격시험입니다.

시험의 높은 난이도는 준비 과정에서도 드러납니다. 시중의 이론서 상당수가 실제 시험 유형과 난이도를 충분히 반영하지 못하는 탓에 수험생들이 어려움을 겪고 있습니다. 이는 여러 인터넷 커뮤니티에서도 자주 언급되는 문제입니다.

시험 대비, 반드시 법령에 집중하세요

시험 문제는 단순 암기식이 아닌 '수능형' 문제로 출제되며, 화장품 법령에 대한 깊은 이해가 필수입니다. 특히 화장품법, 시행령, 시행규칙, 각종 행정고시 등 법령 전반에서 출제되므로, 법령의 토씨 하나까지 꼼꼼히 살펴야 합니다. 전체 시험 범위의 약 80% 이상이 법령과 관련된 내용으로 구성되며, 이를 간과하면 합격하기 어렵습니다.

PREFACE

2025 이지한 교수학습가이드 700제 합격문제집

식약처가 직접 제작한 시험교재, "맞춤형화장품조제관리사 교수학습가이드"에 집중하세요!

맞춤형화장품조제관리사 자격시험은 화장품 관련 전문 지식과 법규를 정확히 이해해야 하는 난이도 높은 시험입니다. 많은 수험생이 준비에 어려움을 겪었고, 이를 돕기 위해 식약처에서 직접 [맞춤형화장품조제관리사 교수학습가이드]를 제작했습니다.

이 가이드는 맞춤형화장품조제관리사를 준비하는 수험생이나 관련 내용을 알고자 하는 사람들에게 필요한 정보를 제공합니다. 식약처는 해당 가이드가 자격시험 성적과 직접적인 연관이 없다고 밝혔지만, 실제 시험에서 교수학습가이드의 내용이 다수 출제되는 것을 보면 주요 출제 자료로 활용되고 있음이 분명합니다. 시중의 어떤 사설 교재보다도 교수학습가이드가 가장 효과적인 학습 자료임이 입증되었습니다.

시험 주관 기관인 식약처에서 직접 만든 공식 교재인 만큼, 법령과 함께 반드시 학습해야 합니다. 따라서 저는 식약처의 교수학습가이드 이론에 추가 보충 설명을 확장하여 구성함으로써 교재를 보강하였으며, 단원별로 해당 이론 학습 후에 내용 숙지를 확인할 수 있는 연습문제를 제작하여 여러분들의 시험 합격에 큰 도움을 주고 싶었습니다.

추가 학습 자료 안내
법령 이해와 문제 적용 능력을 키우고 싶다면, 다음 자료를 활용해 보세요.
- 이지한 맞춤형화장품조제관리사 화장품법령백과사전(화장품 법령 이론·해설서)
- 이지한 맞춤형화장품조제관리사 400제 실전 문제집(법령 위주의 400제 연습 문제집)
- 이지한 맞춤형화장품조제관리사 실전 고난도 모의고사(2회분)
 여러분의 합격을 진심으로 응원합니다!

저자 이지한

CONTENTS

2025 이지한 교수학습가이드 700제 합격문제집

CHAPTER 01 화장품법의 이해

1.1. 화장품법 … 12
1. 화장품의 정의 및 유형(+[추가보충]화장품법의 입법 취지) … 12
2. 화장품의 유형과 종류 및 특성 … 19
3. 화장품법에 따른 영업의 종류 … 26
4. 화장품의 품질요소 … 33
5. 화장품의 사후관리기준 … 44

1.2. 개인정보 보호법 … 78
1. 고객관리 프로그램의 운용 … 78
2. 개인정보 보호법에 근거한 고객정보 입력 … 81
3. 개인정보 보호법에 근거한 고객정보 관리 및 상담 … 91

1단원 단원평가 … 100

CHAPTER 02 화장품 제조 및 품질관리

2.1. 화장품 원료의 종류와 특성 및 제품의 제조관리 … 144
1. 화장품 원료의 종류 … 144
2. 화장품에 사용된 성분의 특성 … 144
3. 원료 및 제품의 성분 정보 … 144
4. 화장품 제조의 원리 … 166
5. 화장품의 제조공정 및 특성 … 173

CONTENTS

2025 이지한 교수학습가이드 700제 합격문제집

2.2.	**화장품의 기능과 품질**	179
	1. 화장품의 유형 및 특성	179
	2. 제조 및 품질관리 문서 구비	191
2.3.	**화장품 사용제한 원료**	201
	1. 화장품에 사용이 제한되는 원료 및 제한 사항	201
	2. 착향제 성분 중 알레르기 유발 물질	281
2.4.	**화장품 관리**	284
	1. 화장품의 취급 및 보관 방법	284
	2. 화장품의 사용 방법	284
	3. 화장품 사용할 때의 주의사항	284
2.5.	**위해사례 판단 및 보고**	300
	1. 위해여부 판단 및 보고	300
2단원 단원평가		309

CHAPTER 03 유통화장품 안전관리

3.1.	**작업장 위생관리**	350
	1. 작업장의 위생기준	350
	2. 작업장의 위생상태	350
	3. 설비 및 기구 관리	350
	4. 원료 및 내용물의 관리	350
	5. 포장재의 관리	350

3.2. 작업자 위생관리 — 371

1. 작업장 내 직원(작업자)의 위생 기준 설정 — 371
2. 작업장 내 직원(작업자)의 위생 상태 판정 — 371
3. 혼합·소분 시 위생 관리 규정 — 371
4. 작업자 위생 유지를 위한 세제의 종류와 사용법 — 371
5. 작업자 소독을 위한 소독제의 종류와 사용법 — 371
6. 작업자 위생관리를 위한 복장 청결상태 판단 — 371

3.3. 설비 및 기구 관리 — 382

1. 설비 및 기구의 위생 기준 설정 — 382
2. 설비·기구의 위생 상태 판정 — 382
3. 오염물질 제거 및 소독 방법 — 382
4. 설비 및 기구의 구성 재질 구분 — 382

3.4. 내용물 및 원료관리 — 397

1. 내용물 및 원료의 입고 기준 — 397
2. 유통화장품의 안전관리 기준 — 397
3. 입고된 원료 및 내용물 관리 기준 — 397
4. 보관중인 원료 및 내용물 출고기준 — 397
5. 원료 및 내용물의 폐기 기준 — 397
6. 원료 및 내용물의 사용기한 확인·판정 — 397
7. 원료 및 내용물의 개봉 후 사용기한 확인·판정 — 397
8. 원료 및 내용물의 변질 상태 확인 — 397
9. 원료 및 내용물의 폐기 절차 — 397

3.5. 포장재의 관리 — 415

1. 포장재의 입고 기준 — 415
2. 입고된 포장재 관리기준 — 415
3. 보관 중인 포장재 출고기준 — 415

CONTENTS

2025 이지한 교수학습가이드 700제 합격문제집

4. 포장재의 폐기 기준	415
5. 포장재의 변질 상태 확인	415
6. 포장재의 폐기 절차	415
3단원 단원평가	423

CHAPTER 04 맞춤형화장품의 이해

4.1. 맞춤형화장품 개요	478
1. 맞춤형화장품 정의	478
2. 맞춤형화장품 주요 규정	478
3~5. 맞춤형화장품의 안전성, 안정성, 유효성	478
4.2. 피부 및 모발 생리 구조	498
1. 피부의 생리구조	498
2. 모발의 생리구조	498
3. 피부 및 모발의 상태 분석	498
4.3. 관능평가 방법과 절차	520
1. 관능평가 방법과 절차	520
4.4. 제품 상담	524
1. 맞춤형화장품의 효과	524
2. 맞춤형화장품의 부작용의 종류와 현상	524
3. 원료 및 내용물의 사용제한 사항	524
4.5. 제품안내	527
1. 맞춤형화장품의 사용법	527

2. 맞춤형화장품 안전기준의 주요사항	527
3. 맞춤형화장품의 특징	527
4. 맞춤형화장품의 사용법	527

4.6. 혼합 및 소분 — 532

1. 원료 및 제형의 물리적 특성	532
2. 배합 금지 및 사용 제한 원료에 관한 사항	532
3. 판매가능한 맞춤형화장품 구성	532
4. 안전기준 및 위생관리	532
5. 맞춤형화장품 판매업 준수사항에 맞는 혼합·소분 활동	532

4.7. 충진 및 포장 — 543

1. 제품에 맞는 충진 방법 및 포장방법	543
2. 용기 기재 사항	543

4.8. 재고관리 — 556

1. 원료 및 내용물의 재고 파악과 발주	556

4단원 단원평가 — 558

정답 및 해설

1단원 정답 및 해설	610
2단원 정답 및 해설	635
3단원 정답 및 해설	656
4단원 정답 및 해설	695

CHAPTER 01

화장품법의 이해

01　화장품법

02　개인정보 보호법

CHAPTER 01 화장품법의 이해

Chapter 1 화장품법의 이해

- 1,000점 만점 중 100점(10%) 할당, 총 10문항, 선다형(7문항), 단답형(3문항)
- 1.1.화장품법
- 소주제: 1. 화장품의 정의 및 유형(추가 공부 자료: 화장품법의 입법 취지)

☑ 화장품법의 입법 취지

「화장품법」은 화장품의 특성에 부합되는 관리와 화장품산업의 경쟁력 배양을 위한 제도 마련의 필요성이 제기되어 의약품 등과 함께 「약사법」에서 관리되던 것이 1999년 「화장품법」 제정으로 화장품과 관련된 규정이 의약품 등과 분리되어 별도로 제정되었다. 화장품에 의약품과 동등하거나 유사한 규제를 적용하다 보니 화장품 특성에 적합하지 않았고, 외국 화장품과 동등한 경쟁 여건 확보 및 적절한 대응이 어려웠다. 그래서 화장품의 특성에 부합되는 관리와 화장품산업의 경쟁력 배양을 위해 1999년 9월 7일 화장품법이 제정되고 2000년 7월 1일에 시행된다. 본래 보건복지부에서 관리되던 화장품이 2013년 식품의약품안전처가 신설되어 소관 부처가 변경되었다.

1. 화장품법의 제정배경

화장품의 특성에 부합되는 관리와 화장품 산업의 경쟁력 배양을 위한 제도 마련, 「약사법」 중 화장품 관련 규정을 분리하여 「화장품법」을 제정(1999.9.7. 제정, 2000.7.1. 시행).

2. 화장품법

화장품의 정의, 원료 사용기준 안전성, 원료의 사용 제한 등 위생적이고 안전한 화장품 제조 등에 필요한 규정들을 모두 규정하는 것이다.

3. 화장품법령의 체계

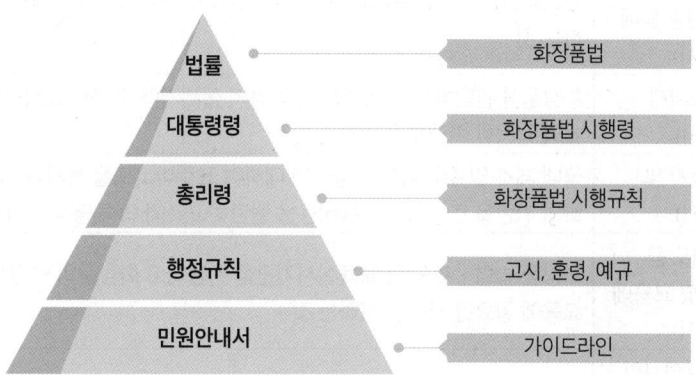

4. 화장품법령의 종류 및 목적(★표시는 꼭 암기할 것!) 이부분은 한번 읽고 넘어가세요~

★화장품법	화장품의 제조·수입·판매 및 수출 등에 관한 사항을 규정함으로써 국민보건향상과 화장품 산업의 발전에 기여하는 것
화장품법 시행령	「화장품법」에서 위임된 사항과 그 시행에 필요한 사항 규정
화장품법 시행규칙	「화장품법」 및 「화장품법 시행령」에서 위임된 사항과 그 시행에 필요한 사항 규정
기능성화장품 기준 및 시험방법(고시)	기능성화장품 품질기준에 관한 세부사항을 정하는 것
기능성화장품 심사에 관한 규정(고시)	기능성화장품을 심사받기 위한 제출 자료의 범위, 요건, 작성요령, 제출이 면제되는 범위 및 심사기준 등에 관한 세부 사항을 정함으로써 기능성화장품의 심사업무에 적정을 기하는 것
맞춤형화장품 조제관리사 자격시험 운영에 관한 규정(고시)	맞춤형화장품조제관리사 자격시험 운영기관 지정, 맞춤형화장품조제관리사 자격시험의 실시 방법·절차 및 자격증 발급에 필요한 세부사항을 정하는 것
맞춤형화장품 판매업자의 준수사항에 관한 규정(고시)	맞춤형화장품 혼합·소분의 안전을 위해 맞춤형화장품판매업자가 준수해야 하는 사항을 규정하는 것
소비자화장품 안전관리감시원 운영 규정(고시)	소비자화장품안전관리감시원(소비자화장품감시원)의 운영에 필요한 세부사항을 규정하는 것
수입화장품 품질검사 면제에 관한 규정(고시)	화장품책임판매업자가 수입화장품의 품질검사를 면제받기 위하여 수입화장품의 제조업자에 대한 현지실사를 신청할 때에 필요한 신청절차·제출서류 및 평가방법, 인정취소와 관련하여 필요한 세부사항 등을 규정하여 수입화장품 품질관리업무에 적정을 기하는 것
영유아 또는 어린이 사용 화장품 안전성 자료의 작성·보관에 관한 규정(고시)	영유아 또는 어린이가 사용할 수 있는 화장품임을 표시·광고하려는 경우 갖추어야 하는 안전성 자료의 작성·보관방법 및 절차에 관한 세부사항을 규정하는 것
★우수화장품 제조 및 품질관리기준 (CGMP, 고시)	우수화장품 제조 및 품질관리 기준에 관한 세부사항을 정하고, 이를 이행하도록 권장함으로써 우수한 화장품을 제조·공급하여 소비자보호 및 국민 보건 향상에 기여하는 것
천연화장품 및 유기농화장품의 기준에 관한 규정(고시)	천연화장품 및 유기농화장품의 기준을 정함으로써 화장품 업계·소비자 등에게 정확한 정보를 제공하고 관련 산업을 지원하는 것

천연화장품 및 유기농화장품 인증기관 지정 및 인증 등에 관한 규정(고시)	천연화장품 및 유기농화장품 인증기관의 지정·운영 및 인증을 위하여 필요한 사항을 정하는 것
★화장품 가격표시제 실시요령(고시)	화장품을 판매하는 자에게 당해 품목의 실제거래 가격을 표시하도록 함으로써 소비자의 보호와 공정한 거래를 도모하는 것
화장품 바코드 표시 및 관리요령(고시)	국내 제조 및 수입되는 화장품에 대하여 표준바코드를 표시하게 함으로써 화장품 유통현대화의 기반을 조성하여 유통비용을 절감하고 거래의 투명성을 확보하는 것
화장품 법령·제도 등 교육실시기관 지정 및 교육에 관한 규정(고시)	화장품 법령·제도 등 교육실시기관을 지정하고 화장품의 안전성 확보 및 품질관리에 관한 교육에 필요한 사항을 정하는 것
화장품 사용 시의 주의사항 및 알레르기 유발성분 표시에 관한 규정(고시)	화장품의 포장에 추가로 기재·표시하여야 하는 사용 시의 주의사항 및 성분명을 기재·표시하여야 하는 알레르기 유발성분의 종류를 정하는 것
★화장품 안전기준 등에 관한 규정(고시)	맞춤형화장품에 사용할 수 있는 원료를 지정하는 한편, 화장품에 사용할 수 없는 원료 및 사용상의 제한이 필요한 원료에 대하여 그 사용기준을 지정하고, 유통화장품 안전관리 기준에 관한 사항을 정함으로써 화장품의 제조 또는 수입 및 안전관리에 적정을 기하는 것
★화장품 안전성 정보관리 규정(고시)	화장품의 취급·사용 시 인지되는 안전성 관련 정보를 체계적이고 효율적으로 수집·검토·평가하여 적절한 안전대책을 강구함으로써 국민 보건상의 위해를 방지하는 것
화장품 원료 사용기준 지정 및 변경 심사에 관한 규정(고시)	화장품제조업자, 화장품책임판매업자 또는 대학·연구소 등이 사용기준이 지정·고시되지 않은 원료의 지정 또는 지정·고시된 원료의 사용기준에 대한 변경 신청 시 갖추어야 할 제출자료의 범위, 자료 요건 등에 관한 세부사항을 정함으로써 화장품 원료 사용기준 지정 또는 변경심사 업무에 적정을 기하는 것
화장품의 색소 종류와 기준 및 시험방법(고시)	화장품에 사용할 수 있는 화장품의 색소 종류와 색소의 기준 및 시험방법을 정하는 것
화장품의 생산·수입실적 및 원료목록 보고에 관한 규정(고시)	화장품 책임판매업자의 생산실적, 수입실적, 화장품의 제조과정에 사용된 원료의 목록 보고, 맞춤형화장품판매업자의 맞춤형화장품에 사용된 원료의 목록 보고에 관하여 필요한 사항을 규정하는 것
화장품 표시·광고를 위한 인증·보증기관의 신뢰성 인정에 관한 규정(고시)	화장품에 대한 인증·보증의 표시·광고 허용을 위하여 해당 표시·광고 인증·보증기관의 신뢰성 인정에 필요한 사항을 규정함으로써 표시·광고 업무의 효율성을 도모하는 것
화장품 표시·광고 실증에 관한 규정(고시)	표시·광고 실증에 필요한 사항을 규정함으로써 소비자를 허위·과장광고로부터 보호하고 화장품책임판매업자·화장품제조업자·맞춤형화장품판매업자·판매자가 화장품의 표시·광고를 적정하게 할 수 있도록 유도하는 것
★인체적용제품의 위해성평가 등에 관한 규정(고시)	인체적용제품에 존재하는 위해요소가 인체에 노출되었을 때 발생할 수 있는 위해성을 종합적으로 평가하기 위한 사항을 규정함으로써 인체적용제품의 안전관리를 통해 국민건강을 보호·증진하는 것

Chapter 1 화장품법의 이해

- 1,000점 만점 중 100점(10%) 할당, 총 10문항, 선다형(7문항), 단답형(3문항)
- 1.1.화장품법
- 소주제: 1. 화장품의 정의 및 유형

> **TIP**
> 화장품의 특성에 따라 법에서 정의하고 있는 일반 화장품, 맞춤형화장품, 기능성화장품, 천연 및 유기농화장품의 정의와 관련한 화장품의 세부 유형에 대해서 꼭 암기하기!(주관식 단골!)

1. 화장품의 정의

화장품 사용 목적	- 인체를 청결·미화하여 매력 증진 - 용모를 밝게 변화 - 피부·모발의 건강을 유지 또는 증진
화장품 사용 방법	- 인체에 바르고 문지르거나 뿌리는 등의 유사한 방법으로 사용
화장품 작용 범위	- 인체에 대한 작용이 경미한 것 - 「약사법」제2조 제4호의 **의약품**에 해당하는 물품 제외

※ 기능성화장품을 제외한 나머지 화장품을 일반 화장품으로 분류

2. 기능성화장품의 정의

화장품법과 화장품법 시행규칙의 기능성화장품 범위 연계	
화장품법에 명시된 기능성화장품의 범위(5목)	**화장품법 시행규칙에서 구체화된 기능성화장품의 범위(11목)**
가. 피부의 미백에 도움을 주는 제품	1. 피부에 멜라닌색소가 침착하는 것을 방지하여 기미·주근깨 등의 생성을 억제함으로써 피부의 미백에 도움을 주는 기능을 가진 화장품 2. 피부에 침착된 멜라닌색소의 색을 엷게 하여 피부의 미백에 도움을 주는 기능을 가진 화장품
나. 피부의 주름개선에 도움을 주는 제품	3. 피부에 탄력을 주어 피부의 주름을 완화 또는 개선하는 기능을 가진 화장품
다. 피부를 곱게 태워주거나 자외선으로부터 피부를 보호하는 데에 도움을 주는 제품	4. 강한 햇볕을 방지하여 피부를 곱게 태워주는 기능을 가진 화장품 5. 자외선을 차단 또는 산란시켜 자외선으로부터 피부를 보호하는 기능을 가진 화장품
라. 모발의 색상 변화·제거 또는 영양공급에 도움을 주는 제품	6. 모발의 색상을 변화 탈염(脫染)·탈색(脫色) 포함 시키는 기능을 가진 화장품. **다만, 일시적으로 모발의 색상을 변화시키는 제품은 제외** 7. 체모를 제거하는 기능을 가진 화장품. **다만, 물리적으로 체모를 제거하는 제품은 제외**

마. 피부나 모발의 기능 약화로 인한 건조함, 갈라짐, 빠짐, 각질화 등을 방지하거나 개선하는 데에 도움을 주는 제품	8. 탈모 증상의 완화에 도움을 주는 화장품. **다만, 코팅 등 물리적으로 모발을 굵게 보이게 하는 제품은 제외** 9. 여드름성 피부를 완화하는 데 도움을 주는 화장품. **다만, 인체 세정용 제품류로 한정** 10. 피부장벽(피부의 가장 바깥 쪽에 존재하는 각질층의 표피)의 기능을 회복하여 가려움 등의 개선에 도움을 주는 화장품 11. 튼살로 인한 붉은 선을 엷게 하는 데 도움을 주는 화장품

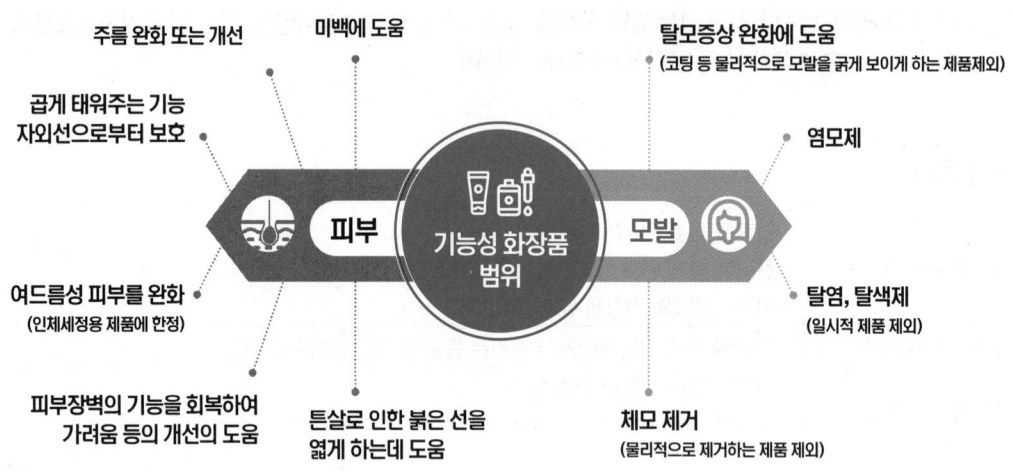

3. 천연화장품 및 유기농화장품의 정의

- 천연화장품: 동식물 및 그 유래 원료 등을 함유한 화장품으로서 식품의약품안전처장이 정하는 기준에 맞는 화장품
- 유기농화장품: 유기농 원료, 동식물 및 그 유래 원료 등을 함유한 화장품으로서 식품의약품안전처장이 정하는 기준에 맞는 화장품

4. 맞춤형화장품의 정의

맞춤형화장품판매업소에서 맞춤형화장품조제관리사 자격증을 가진 자가 고객 개인별 피부 특성 및 색·향 등 취향에 따라

- 제조 또는 수입된 화장품의 내용물에 다른 화장품의 내용물이나 식약처장이 정하는 원료를 추가하여 혼합한 화장품
- 제조 또는 수입된 화장품의 내용물을 소분(小分)한 화장품. 단, 고형(固形) 화장비누의 내용물을 단순 소분한 화장품은 제외

5. 화장품의 유형 13가지

6. 화장품 유형별 종류

화장품의 유형(의약외품 제외)	
3세 이하의 영유아용 제품류	목욕용 제품류
1) 영유아용 샴푸, 린스 2) 영유아용 로션, 크림 3) 영유아용 오일 4) 영유아 인체 세정용 제품 5) 영유아 목욕용 제품	1) 목욕용 오일 · 정제 · 캡슐 2) 목욕용 소금류 3) 버블 배스(bubble baths) 4) 그 밖의 목욕용 제품류
인체 세정용 제품류	눈 화장용 제품류
1) 폼 클렌저(foam cleanser) 2) 바디 클렌저(body cleanser) 3) 액체 비누(liquid soaps) 4) 화장 비누(고체 형태의 세안용 비누) 5) 외음부 세정제 6) 물휴지 「식품위생법」에 따른 식품접객업의 영업소에서 손을 닦는 용도 등으로 사용할 수 있도록 포장된 물티슈, 「장사 등에 관한 법률」에 따른 장례식장 또는 「의료법」에 따른 의료기관 등에서 시체(屍體)를 닦는 용도로 사용되는 물휴지 제외 7) 그 밖의 인체 세정용 제품류	1) 아이브로(eyebrow) 제품 2) 아이 라이너(eye liner) 3) 아이 섀도(eve shadow) 4) 마스카라(mascara) 5) 아이 메이크업 리무버(eye make-up remover) 6) 속눈썹용 퍼머넌트 웨이브 7) 그 밖의 눈 화장용 제품류
방향용 제품류	두발 염색용 제품류
1) 향수 2) 콜롱(cologne) 3) 그 밖의 방향용 제품류	1) 헤어 틴트(hair tints) 2) 헤어 컬러스프레이(hair color sprays) 3) 염모제 4) 탈염 · 탈색용 제품 5) 그 밖의 두발 염색용 제품류

화장품의 유형(의약외품 제외)	
색조 화장용 제품류	두발용 제품류
1) 볼연지 2) 페이스 파우더(face powder) 3) 리퀴드(liquid)·크림·케이크 파운데이션(foundation) 4) 메이크업 베이스(make-up bases) 5) 메이크업 픽서티브(make-up fixatives) 6) 립스틱, 립라이너(lip liner) 7) 립글로스(lip gloss), 립밤(lip balm) 8) 바디페인팅(body painting), 페이스페인팅(face painting), 분장용 제품 9) 그 밖의 색조 화장용 제품류	1) 헤어 컨디셔너(hair conditioners), 헤어 트리트먼트(hair treatment), 헤어 팩(hair pack), 린스 2) 헤어 토닉(hair tonics), 헤어 에센스(hair essence) 3) 포마드(pomade), 헤어 스프레이, 무스, 왁스, 젤, 헤어 그루밍 에이드(hair grooming aids) 4) 헤어 크림·로션 5) 헤어 오일 6) 샴푸 7) 헤어 퍼머넌트 웨이브(hair permanent wave) 8) 헤어 스트레이트너(hair straightner) 9) 흑채 10) 그 밖의 두발용 제품류
손발톱용 제품류	면도용 제품류
1) 베이스코트(basecoats), 언더코트(under coats) 2) 네일폴리시(nail polish), 네일에나멜(nail enamel) 3) 탑코트(topcoats) 4) 네일 크림·로션·에센스·오일 5) 네일폴리시·네일에나멜 리무버 6) 그 밖의 손발톱용 제품류	1) 애프터셰이브 로션(aftershave lotions) 2) 프리셰이브 로션(preshave lotions) 3) 셰이빙 크림(shaving cream) 4) 셰이빙 폼(shaving foam) 5) 그 밖의 면도용 제품류
기초화장용 제품류	체취 방지용 제품류
1) 수렴·유연·영양 화장수(face lotions) 2) 마사지 크림 3) 에센스, 오일 4) 파우더 5) 바디 제품 6) 팩, 마스크 7) 눈 주위 제품 8) 로션, 크림 9) 손·발의 피부연화 제품 10) 클렌징 워터, 클렌징 오일, 클렌징 로션, 클렌징 크림 등 메이크업 리무버 11) 그 밖의 기초화장용 제품류	1) 데오도런트 2) 그 밖의 체취 방지용 제품류
체모 제거용 제품류	
1) 제모제 2) 제모왁스 3) 그 밖의 체모 제거용 제품류	

Chapter 1. 화장품법의 이해

- 1,000점 만점 중 100점(10%) 할당, 총 10문항, 선다형(7문항), 단답형(3문항)
- 1.1. 화장품법
- 소주제: 2. 화장품의 유형과 종류 및 특성

TIP
13가지의 화장품의 유형별 세부적인 특성을 꼼꼼히 살피셔야 합니다.

1. 영유아용 제품류

3세 이하 영·유아를 대상으로 하는 로션, 샴푸, 린스 등의 화장품

- **영·유아용 샴푸**
  영·유아의 두발 및 두피를 깨끗이 씻어내어 두발을 청결하게 하고 아름답게 유지하기 위하여 사용되는 것을 목적으로 하는 제품

- **영·유아용 린스**
  영유아의 모발 세정 후에 사용하여 모발에 유연성을 주고 자연스러운 윤기를 주고 정전기 발생을 방지하며 정발을 용이하게 하는 것을 목적으로 하는 제품

- **영·유아용 로션, 크림**
  영유아의 피부를 보호하고 피부에 청정, 보습 및 유연 효과를 주며 거칠어짐을 방지하고 피부를 건강하게 가꾸기 위하여 사용하는 것을 목적으로 하는 제품

- **영·유아용 오일**
  영유아의 피부를 보호하고 보습 및 유연 효과를 주며 거칠어짐을 방지하고 피부를 건강하게 해 주기 위하여 사용하는 것을 목적으로 하는 제품

- **영·유아 인체 세정용 제품**
  영유아 피부의 더러움을 씻어내고 청결하게 유지하기 위하여 사용하는 것을 목적으로 하는 제품

- **영·유아 목욕용 제품**
  영유아 신체의 청결과 상쾌함을 위해 사용하는 것을 목적으로 하는 제품

2. 목욕용 제품류

목욕 시 욕조에 투입하거나 직접 인체에 사용하여 피부의 청결, 유연, 청정 또는 몸에 향취를 주기 위하여 사용되는 화장품

- **목욕용 오일·정제·캡슐**
  목욕 시 욕조에 투입하거나 직접 사람에게 사용하여 피부의 청결, 유연, 청정 또는 몸에 향취를 주기 위하여 사용되는 것을 목적으로 하는 제품

- **목욕용 소금류**
  목욕 시 욕조에 투입하거나 직접 사람에게 사용하여 피부를 부드럽고 매끄럽게 하기 위하여 사용되는 것을 목적으로 하는 제품

- **버블 배스(bubble baths)**
  목욕 시 욕조에 투입하여 거품을 내어 피부를 청결하게 하는 것을 목적으로 하는 제품

- **그 밖의 목욕용 제품류**
  상기 세부 유형 이외에 목욕용 제품류에 속하는 제품

3. 인체 세정용 제품류

주로 물을 이용하여 씻거나 닦아 내어 피부를 청결하게 유지하기 위해 사용하는 화장품

- **폼 클렌저(foam cleanser)**
  얼굴의 청정을 위하여 사용하는 것으로 크림제나 거품 형태의 제품

- **바디 클렌저(body cleanser)**
  신체의 청결과 상쾌함 주기 위해 사용하는 것으로 주로 액상 형태의 제품

- **액체 비누(liquid soaps)**
  손이나 얼굴의 청결을 위해 사용하는 것으로 액상의 제품

- **화장 비누(고체 형태의 세안용 비누)**
  얼굴, 손 등 신체를 깨끗이 하기 위해 사용하는 고형의 비누 제품

- **외음부 세정제**
  여성 외음부의 청결을 위하여 사용되는 것을 목적으로 하는 제품

- **물휴지**
  수분을 함유한 휴지로 주로 손이나 얼굴 또는 아기의 엉덩이를 간편히 닦기 위해 사용하는 제품

  ※ 다만, 식품접객업의 영업소에서 손을 닦는 용도로 사용하는 물티슈와 장례식장 또는 의료기관 등에서 시체(屍體)를 닦는 용도로 사용되는 물휴지는 제외

- **그 밖의 인체 세정용 제품류**
  상기 제품 이외에 인체 세정용 제품류에 속하는 제품

4. 눈화장용 제품류

눈썹, 눈꺼풀, 속눈썹 등 눈 주위의 미화을 위해 사용하는 화장품과 눈 화장을 지우기 위한 리무버 등의 화장품

- **아이브로 제품(eyebrow)**
  눈썹을 아름답게 하기 위하여 사용하는 것으로서 주로 펜슬형, 케익상 등의 제품

- **아이 라이너(eye liner)**
  속눈썹이 난 언저리를 따라서 선을 그어 눈의 윤곽을 선명하게 하는 데 사용하는 제품

- **아이 섀도(eye shadow)**
  주로 눈꺼풀에 색채 효과로 입체감을 주어 눈을 아름답게 하기 위하여 사용하는 제품

- **마스카라(mascara)**
  속눈썹을 길게 보이게 하거나 눈썹 끝을 위로 올려주어 눈을 아름답게 하기 위하여 사용되는 것을 목적으로 하는 제품

- **아이 메이크업 리무버(eye make-up remover)**
  눈 화장을 지우기 위하여 사용하는 것을 목적으로 하는 제품

- **그 밖의 눈 화장용 제품류**
  상기 제품 이외에 눈 화장용 제품류에 속하는 제품

5. 방향용 제품류

방향효과를 주기 위하여 사용되는 것을 목적으로 하는 제품

- **향수**
  방향 효과를 주기 위하여 사용하는 알코올성 액체 제품

- **콜롱(cologne)**
  방향 효과를 주기 위하여 사용되는 것으로 향수보다 비교적 부항률이 낮은 제품

- **그 밖의 방향용 제품류**
  상기 제품 이외에 방향용 제품류에 속하는 제품

6. 두발 염색용 제품류

두발의 색상을 변화시키기 위해 사용하는 화장품

- **헤어 틴트(hair tints)**
  린스, 파우더, 크레용에 이용되는 기제에 착색제를 첨가하여 두발을 일시적으로 착색시키기 위하여 사용하는 제품

- **헤어 컬러스프레이(hair color sprays)**
  스프레이에 이용되는 기제에 착색제를 첨가하여 두발을 일시적으로 착색시키기 위하여 사용하는 제품

- 염모제
  두발의 색상을 변화시키고 변화된 색상을 유지하기 위하여 사용하는 제품

- 탈염·탈색용 제품
  두발 내에 멜라닌색소를 산화시켜 두발의 색을 밝게(백색화)하는 제품

- 그 밖의 두발 염색용 제품류
  상기 세부 유형 이외에의 두발 염색용 제품

7. 색조 화장용 제품류

얼굴, 입술 등의 피부에 색 및 질감 효과를 주거나 피부결점을 가려줌으로써 보완수정하여 미적효과를 목적으로 하는 제품

- 볼연지
  볼에 도포하여 색조 효과를 주고 얼굴색을 건강하고 밝게 보이기도 하고 음영을 주어 입체감을 나타내기 위하여 사용하는 제품

- 페이스 파우더(face powder)
  얼굴에 색조 효과를 주고 매끄럽게 해 주며, 작은 피부 결함을 가리거나 피부가 땀이나 화장품에 수분이나 오일 성분으로 번들거리는 것을 감추어 주기 위하여 사용하는 제품

- 리퀴드(liquid)·크림·케이크 파운데이션(foundation)
  피부톤을 보정하고 잡티를 감추기 위해 사용하는 제품으로 눈 화장, 입술 화장 전에 바탕(foundation)의 개념으로 사용

- 메이크업 베이스(make-up bases)
  메이크업 파운데이션을 바르기 전에 발라주는 밑화장용 화장품으로 피부톤을 정돈하며, 파운데이션의 밀착력과 지속력을 높이기 위해 사용하는 제품

- 메이크업 픽서티브(make-up fixatives)
  메이크업의 효과를 지속시키기 위하여 사용하는 제품

- 립스틱, 립라이너(lip liner)
  입술에 색조 효과와 윤기를 주고 건조를 방지하여 입술을 아름답게 하기 위하여 사용하는 제품

- 립글로스(lip gloss), 립밤(lip balm)
  입술에 윤기와 촉촉함을 주어 입술을 건강하고 부드럽게 하기 위하여 사용하는 제품

- 바디페인팅(body painting), 페이스페인팅(face painting), 분장용 제품
  얼굴 및 몸에 일시적으로 색조 효과를 주기 위해 사용하는 제품

- 그 밖의 색조 화장용 제품류
  상기 세부 유형 이외의 색조화장용 제품
  * 그림이나 이미지 등을 삽입한 스티커형 또는 피부에 침습적으로 작용하는 문신용 염료는 제외

8. 두발용 제품류

두발, 두피의 청결, 보습 등을 위하여 사용하는 제품

- **헤어 컨디셔너(hair conditioners), 헤어 트리트먼트(hair treatment), 헤어 팩(hair pack), 린스**
  두발 세정 후에 사용하여 모발에 윤기를 주고 손상된 모발을 보호해 주며, 정전기 발생을 방지하여 정발을 용이하게 하는 것을 목적으로 하는 제품

- **헤어 토닉(hair tonics), 헤어 에센스(hair essence)**
  두피를 청량하게 하고 두피, 모발을 보호하여 건강하게 하기 위하여 사용하는 제품

- **포마드(pomade), 헤어 스프레이·무스·왁스·젤, 헤어 그루밍 에이드(hair grooming aids)**
  원하는 두발의 형태를 만들거나 모발에 유분, 광택, 매끄러움, 정발 효과 등을 주기 위하여 사용하는 제품

- **헤어 크림 · 로션**
  두발에 윤기를 주어 거칠어짐, 갈라짐을 방지하거나 정발력이 있는 제품

- **헤어 오일**
  두발에 윤기를 주고 흐트러진 머리를 바로 잡거나 정발 효과를 위하여 사용하는 제품

- **샴푸**
  두피 및 두발을 세정하여 청결하게 만들기 위해 사용하는 제품

- **퍼머넌트 웨이브(permanent wave)**
  두발에 웨이브를 주고, 두발을 일정한 형태로 유지시켜 주기 위하여 사용하는 제품

- **헤어 스트레이트너(hair straightner)**
  두발에 웨이브를 주고, 두발을 일정한 형태로 유지시켜 주기 위하여 사용하는 제품

- **흑채**
  빈모 부위를 채우기 위한 용도로 주로 분말 형태로 머리에 뿌리면 분말이 달라붙어 모발을 풍성하게 보이게 만드는 제품

- **그 밖의 두발용 제품류**
  상기 세부 유형 이외의 두발용 제품

9. 손발톱용 제품류

손발톱의 미화를 위하여 사용하는 화장품과 손발톱 화장을 지우기 위한 리무버 등의 화장품

- **베이스코트(basecoats), 언더코트(under coats)**
  네일에나멜을 바르기 전에 네일에나멜의 피막성을 한층 좋게 하기 위하여 사용하는 제품

- **네일폴리시(nail polish), 네일에나멜(nail enamel)**
  손발톱의 미화를 위하여 사용하는 제품

- 탑코트(topcoats)
  네일 에나멜을 바른 후에 색감과 광택을 늘리기 위하여 사용하는 제품

- 네일 크림·로션·에센스·오일
  네일에나멜과 네일에나멜 리무버의 계속적인 사용으로 부족해지기 쉬운 손발톱 주변의 수분과 유분을 보충하여 손톱을 보호하고 건강하게 보존하기 위하여 사용하는 제품

- 네일폴리시 · 네일에나멜 리무버
  네일에나멜, 네일폴리시 등 손발톱 화장을 지우기 위하여 사용하는 제품

- 그 밖의 손발톱용 제품류
  상기 세부 유형 이외의 손발톱용 제품

10. 면도용 제품류

얼굴이나 몸에 난 수염이나 잔털을 깎는 것을 용이하게 하는 화장품

- 애프터셰이브 로션(aftershave lotions)
  면도를 마친 후에 자극 받은 피부를 진정시켜 보호하고 면도 후 이완된 모공을 수축시켜 피부를 건강하게 하기 위하여 사용하는 제품

- 프리셰이브 로션(preshave lotions)
  면도하기 전에 턱수염 등을 부드럽게 하여 면도를 용이하게 하거나 면도에 의한 피부자극을 줄이기 위하여 사용하는 제품

- 셰이빙 크림(shaving cream)
  턱수염 등을 부드럽게 하여 면도를 용이하게 하거나 면도에 의한 피부자극을 줄이기 위하여 사용하는 제품

- 셰이빙 폼(shaving foam)
  면도기와 피부의 마찰을 줄이기 위하여 거품을 풍성하게 내서 사용하는 제품

- 그 밖의 면도용 제품류
  상기 세부 유형 이외의 면도용 제품

11. 기초 화장용 제품류

피부에 청정, 보습 및 유연효과를 주며, 피부의 거칠어짐을 방지하고 건강하게 유지하는 역할을 하는 화장품

- 수렴 · 유연 · 영양 화장수(face lotions)
  피부를 청결하게 하고 수분과 보습 성분을 보급하여 피부를 건강하게 유지시켜 주는 제품

- 마사지 크림
  피부에 유연 효과를 주기 위하여 사용하는 제품

- 에센스, 오일
  피부에 보습 및 영양 공급으로 건조, 거칠어짐을 방지하고 피부 건강의 유지를 위하여 사용하는 제품

- **파우더**
  피부에 유연 효과를 주고 거칠어짐을 방지하기 위하여 사용하는 분말 제품

- **바디 제품**
  피부에 보습 효과를 주고 피부의 거칠어짐을 방지하고 피부를 보호하기 위하여 사용하는 제품

- **팩, 마스크**
  피부에 청정, 보습 및 유연 효과를 주기 위하여 사용하는 제품

- **눈 주위 제품**
  눈 주위 피부에 보습, 영양 공급, 탄력 등을 위하여 사용하는 제품

- **로션, 크림**
  피부에 수분과 유분을 공급하여 보습 및 유연 효과를 위하여 사용하는 제품

- **손·발의 피부연화 제품**
  우레아(요소) 제제 등으로 손·발의 피부를 연화하기 위하여 사용하는 제품

- **클렌징 워터, 클렌징 오일, 클렌징 로션, 클렌징 크림 등 메이크업 리무버**
  메이크업에 의한 화장을 지우기 위하여 사용하는 제품

- **그 밖의 기초화장용 제품류**
  상기 세부 유형 이외의 기초화장용 제품

12. 체취 방지용 제품류

체취를 덮어주기 위한 목적으로 사용되는 화장품

- **데오도런트**
  체취를 최소화하기 위해 신체 등에 사용하는 화장품

- **그 밖의 체취 방지용 제품류**
  상기 제품 이외에 체취 방지용 제품류에 속하는 제품

13. 체모 제거용 제품류

체모를 제거하는 데 사용되는 것을 목적으로 하는 제품

- **제모제**
  체모의 시스틴 결합을 환원제로 화학적으로 절단하여 제거하는 제품

- **제모왁스**
  물리적으로 체모를 제거하는 제품

- **그 밖의 체모 제거용 제품류**
  상기 제품 이외에 체모 제거용 제품류에 속하는 제품

Chapter 1 : 화장품법의 이해

- 1,000점 만점 중 100점(10%) 할당, 총 10문항, 선다형(7문항), 단답형(3문항)
- 1.1.화장품법
- 소주제: 3. 화장품법에 따른 영업의 종류

TIP
화장품 영업의 종류에는 화장품제조업, 화장품책임판매업 및 맞춤형화장품판매업이 있고, 해당 영업을 하려는 자는 화장품법령에 따라 등록·신고를 해야 한다.
이번 주제에서는 화장품 영업의 세부 종류와 범위, 등록·신고 요건과 함께 화장품 영업자의 의무 및 영업자별 준수사항, 책임판매관리자의 품질관리 및 안전확보 업무의 범위를 중점적으로 학습하여야 한다.

1. 화장품 영업의 종류

영업명	세부 종류 및 범위
화장품제조업	**화장품제조업**: 화장품의 전부 또는 일부를 제조(1차 포장만 해당)하는 영업 **화장품제조업 등록 제외 대상**: 2차 포장 또는 표시만의 공정을 하는 경우는 제조업 등록 대상에서 제외 1. 화장품을 직접 제조하는 영업 2. 화장품 제조를 위탁받아 제조하는 영업 3. 화장품의 포장(1차 포장만 해당)을 하는 영업
화장품책임판매업	**화장품책임판매업 정의**: 취급하는 화장품의 품질 및 안전 등을 관리하면서 이를 유통·판매하거나 수입대행형 거래를 목적으로 알선·수여하는 영업 1. 화장품제조업자가 화장품을 직접 제조하여 유통·판매하는 영업 2. 화장품제조업자에게 위탁하여 제조된 화장품을 유통·판매하는 영업 3. 수입된 화장품을 유통·판매하는 영업 4. 수입대행형 거래(전자상거래만 해당)를 목적으로 화장품을 알선·수여(授與)하는 영업
맞춤형화장품판매업	**맞춤형화장품판매업 정의**: 맞춤형화장품을 판매하는 영업 **맞춤형화장품판매업 신고 제외 대상** - 제조 또는 수입된 고형(固形) 비누(고체 형태의 세안용 비누)의 내용물을 단순 소분하여 판매하는 경우는 맞춤형화장품판매업 신고 대상이 아님(고형 비누 단순 소분은 맞춤형화장품의 범위에서 제외) 1. 제조 또는 수입된 화장품의 내용물에 다른 화장품의 내용물이나 식품의약품안전처장이 정하여 고시하는 원료를 추가하여 혼합한 화장품을 판매하는 영업 2. 제조 또는 수입된 화장품의 내용물을 소분(小分)한 화장품을 판매하는 영업

2. 영업의 등록·신고 요건

① 화장품제조업자 등록 요건

- 화장품제조업자의 결격사유에 해당되지 않을 것
- 시설기준
  - 제조 작업을 하는 다음 시설을 갖춘 작업소
    쥐·해충 및 먼지 등을 막을 수 있는 시설
    작업대 등 제조에 필요한 시설 및 기구
    가루가 날리는 작업실은 가루를 제거하는 시설
  - 원료·자재 및 제품을 보관하는 보관소
  - 원료·자재 및 제품의 품질검사를 위하여 필요한 시험실
  - 품질검사에 필요한 시설 및 기구

화장품제조업 등록의 결격사유

다음의 어느 하나에 해당하는 자는 화장품제조업의 등록을 할 수 없습니다(「화장품법」 제3조의3).

1. 「정신건강증진 및 정신질환자 복지서비스 지원에 관한 법률」 제3조 제1호에 따른 정신질환자. 다만, 전문의가 화장품제조업자로서 적합하다고 인정하는 사람은 제외
2. 피성년후견인 또는 파산선고를 받고 복권되지 아니한 자
3. 「마약류 관리에 관한 법률」 제2조 제1호에 따른 마약류의 중독자
4. 화장품법 또는 「보건범죄 단속에 관한 특별조치법」을 위반하여 금고 이상의 실형을 선고받고 그 집행이 끝나거나(집행이 끝난 것으로 보는 경우 포함) 집행이 면제되지 아니한 사람
4의 2. 화장품법 또는 「보건범죄 단속에 관한 특별조치법」을 위반하여 금고 이상의 형의 집행유예를 선고받고 그 유예기간 중에 있는 사람
5. 화장품법 제24조에 따라 등록이 취소되거나 영업소가 폐쇄(이 조 제1호부터 제3호까지의 어느 하나에 해당하여 등록이 취소되거나 영업소가 폐쇄된 경우 제외)된 날로부터 1년이 지나지 않은 자

화장품제조업 시설기준의 모든 것

화장품제조업을 등록하려는 자가 갖추어야 하는 시설	1. 제조 작업을 하는 다음의 시설을 갖춘 작업소 가. 쥐·해충 및 먼지 등을 막을 수 있는 시설 나. 작업대 등 제조에 필요한 시설 및 기구 다. 가루가 날리는 작업실은 가루를 제거하는 시설 2. 원료·자재 및 제품을 보관하는 보관소 3. 원료·자재 및 제품의 품질검사를 위하여 필요한 시험실 4. 품질검사에 필요한 시설 및 기구
화장품제조업을 등록하려는 자가 시설의 일부를 갖추지 않을 수 있는 경우	1. 화장품제조업자가 화장품의 일부 공정만을 제조하는 경우 ☞ 해당 공정에 필요한 시설 및 기구 외의 시설 및 기구는 안 갖추어도 됨! 2. 품질검사 위탁기관 등에 원료·자재 및 제품에 대한 품질검사를 위탁하는 경우 ☞ 원료·자재 및 제품의 품질검사를 위하여 필요한 시험실과 품질검사에 필요한 시설 및 기구를 안 갖추어도 됨!
시행규칙으로 인정한 품질검사 위탁기관	1. 「보건환경연구원법」 제2조에 따른 **보건환경연구원** 2. **시험실을 갖춘 제조업자** 3. 「식품·의약품분야 시험·검사 등에 관한 법률」 제6조에 따른 **화장품 시험·검사기관** 4. 「약사법」 제67조에 따라 조직된 사단법인인 **한국의약품수출입협회**

* 제조업자는 화장품의 제조시설을 이용하여 화장품 외의 물품을 제조할 수 있다. 다만, 제품 상호 간에 오염의 우려가 있는 경우에는 그럴 수 없다!

② 화장품책임판매업자 등록 요건

- 화장품책임판매업자의 결격사유에 해당되지 않을 것
- 화장품의 품질관리기준 및 책임판매 후 안전관리에 관한 기준 마련
- 화장품책임판매관리자 선임 의무

화장품책임판매업자와 맞춤형화장품판매업자의 결격사유

1. 피성년후견인 또는 파산선고를 받고 복권되지 아니한 자
2. 화장품법 또는 「보건범죄 단속에 관한 특별조치법」을 위반하여 금고 이상의 실형을 선고받고 그 집행이 끝나거나(집행이 끝난 것으로 보는 경우 포함) 집행이 면제되지 아니한 사람
2의 2. 화장품법 또는 「보건범죄 단속에 관한 특별조치법」을 위반하여 금고 이상의 형의 집행유예를 선고받고 그 유예기간 중에 있는 사람
3. 화장품법 제24조에 따라 등록이 취소되거나 영업소가 폐쇄(이 조 제1호부터 제3호까지의 어느 하나에 해당하여 등록이 취소되거나 영업소가 폐쇄된 경우 제외)된 날로부터 1년이 지나지 않은 자

화장품책임판매업자가 갖추어야 하는 화장품의 품질관리기준

용어의 정의	품질관리	화장품의 책임판매 시 필요한 제품의 품질을 확보하기 위해서 실시하는 것으로써, 화장품제조업자 및 제조에 관계된 업무(시험·검사 등의 업무 포함)에 대한 관리·감독 및 화장품의 시장 출하에 관한 관리, 그 밖에 제품의 품질의 관리에 필요한 업무
	시장출하	화장품책임판매업자가 그 제조 등(타인에게 위탁 제조 또는 검사하는 경우 포함, 타인으로부터 수탁 제조 또는 검사하는 경우는 포함하지 않음)을 하거나 수입한 화장품의 판매를 위해 출하하는 것
품질관리 업무에 관련된 조직 및 인원		화장품책임판매업자는 책임판매관리자를 두어야 하며, 품질관리 업무를 적정하고 원활하게 수행할 능력이 있는 인력을 충분히 갖추어야 함.

*품질관리업무의 절차에 관한 문서 및 기록 등

화장품책임판매업자는 품질관리 업무를 적정하고 원활하게 수행하기 위하여 다음의 사항이 포함된 품질관리 업무 절차서를 작성·보관해야 함.

1) 적정한 제조관리 및 품질관리 확보에 관한 절차
2) 품질 등에 관한 정보 및 품질 불량 등의 처리 절차
3) 회수처리 절차
4) 교육·훈련에 관한 절차
5) 문서 및 기록의 관리 절차
6) 시장출하에 관한 기록 절차
7) 그 밖에 품질관리 업무에 필요한 절차

화장품책임판매업자는 품질관리 업무 절차서에 따라 다음의 업무를 수행해야 함.

1) 화장품제조업자가 화장품을 적정하고 원활하게 제조한 것임을 확인하고 기록할 것
2) 제품의 품질 등에 관한 정보를 얻었을 때 해당 정보가 인체에 영향을 미치는 경우에는 그 원인을 밝히고, 개선이 필요한 경우에는 적정한 조치를 하고 기록할 것
3) 책임판매한 제품의 품질이 불량하거나 품질이 불량할 우려가 있는 경우 회수 등 신속한 조치를 하고 기록할 것
4) 시장출하에 관하여 기록할 것
5) 제조번호별 품질검사를 철저히 한 후 그 결과를 기록할 것. 다만, 화장품제조업자와 화장품책임판매업자가 같은 경우, 화장품제조업자 또는 「식품·의약품분야 시험·검사 등에 관한 법률」 제6조에 따른 식품의약품안전처장이 지정한 화장품 시험·검사기관에 품질검사를 위탁하여 제조번호별 품질검사 결과가 있는 경우에는 품질검사를 하지 않을 수 있다.
6) 그 밖에 품질관리에 관한 업무를 수행할 것

화장품책임판매업자는 책임판매관리자가 업무를 수행하는 장소에 품질관리 업무 절차서 원본을 보관하고, 그 외의 장소에는 원본과 대조를 마친 사본을 보관해야 함.

책임판매관리자의 업무	화장품책임판매업자는 품질관리 업무 절차서에 따라 다음의 업무를 책임판매관리자에게 수행하도록 해야함. 가. 품질관리 업무를 총괄할 것 나. 품질관리 업무가 적정하고 원활하게 수행되는 것을 확인할 것 다. 품질관리 업무의 수행을 위하여 필요하다고 인정할 때에는 화장품책임판매업자에게 문서로 보고할 것 라. 품질관리 업무 시 필요에 따라 화장품제조업자, 맞춤형화장품판매업자 등 그 밖의 관계자에게 문서로 연락하거나 지시할 것 마. 품질관리에 관한 기록 및 화장품제조업자의 관리에 관한 기록을 작성하고 이를 해당 제품의 제조일(수입의 경우 수입일을 말한다)부터 3년간 보관할 것
회수처리	화장품책임판매업자는 품질관리 업무 절차서에 따라 책임판매관리자에게 다음과 같이 회수 업무를 수행하도록 해야 함. 가. 회수한 화장품은 구분하여 일정 기간 보관한 후 폐기 등 적정한 방법으로 처리할 것 나. 회수 내용을 적은 기록을 작성하고 화장품책임판매업자에게 문서로 보고할 것
교육 · 훈련	화장품책임판매업자는 책임판매관리자에게 교육 · 훈련계획서를 작성하게 하고, 품질관리 업무 절차서 및 교육 · 훈련계획서에 따라 다음의 업무를 수행하도록 해야 함. 가. 품질관리 업무에 종사하는 사람들에게 품질관리 업무에 관한 교육 · 훈련을 정기적으로 실시하고 그 기록을 작성, 보관할 것 나. 책임판매관리자 외의 사람이 교육 · 훈련 업무를 실시하는 경우에는 교육 · 훈련 실시 상황을 화장품책임판매업자에게 문서로 보고할 것
문서 및 기록의 정리	화장품책임판매업자는 문서 · 기록에 관하여 다음과 같이 관리해야 함. 가. 문서를 작성하거나 개정했을 때에는 품질관리 업무 절차서에 따라 해당 문서의 승인, 배포, 보관 등을 할 것 나. 품질관리 업무 절차서를 작성하거나 개정했을 때에는 해당 품질관리 업무 절차서에 그 날짜를 적고 개정 내용을 보관할 것

화장품책임판매업자가 갖추어야 하는 화장품의 책임판매 후 안전관리기준		
용어의 정의	안전 관리 정보	화장품의 품질, 안전성 · 유효성, 그 밖에 적정 사용을 위한 정보
	안전 확보 업무	화장품책임판매 후 안전관리 업무 중 정보 수집, 검토 및 그 결과에 따른 필요한 조치(이하 "안전확보 조치")에 관한 업무
안전확보 업무에 관련된 조직 및 인원		화장품책임판매업자는 책임판매관리자를 두어야 하며, 안전확보 업무를 적정하고 원활하게 수행할 능력을 갖는 인원을 충분히 갖추어야 함.
안전관리 정보 수집		화장품책임판매업자는 책임판매관리자에게 학회, 문헌, 그 밖의 연구보고 등에서 안전관리 정보를 수집 · 기록하도록 해야 함.
안전관리 정보의 검토 및 그 결과에 따른 안전확보 조치		화장품책임판매업자는 다음의 업무를 책임판매관리자에게 수행하도록 해야 함. 가. 수집한 안전관리 정보를 신속히 검토 · 기록할 것 나. 수집한 안전관리 정보의 검토 결과 조치가 필요하다고 판단될 경우 회수, 폐기, 판매정지 또는 첨부문서의 개정, 식품의약품안전처장에게 보고 등 안전확보 조치를 할 것 다. 안전확보 조치계획을 화장품책임판매업자에게 문서로 보고한 후 그 사본을 보관할 것
안전확보 조치의 실시		화장품책임판매업자는 다음의 업무를 책임판매관리자에게 수행하도록 해야 함. 가. 안전확보 조치계획을 적정하게 평가하여 안전확보 조치를 결정하고 이를 기록 · 보관할 것 나. 안전확보 조치를 수행할 경우 문서로 지시하고 이를 보관할 것 다. 안전확보 조치를 실시하고 그 결과를 화장품책임판매업자에게 문서로 보고한 후 보관할 것

책임판매관리자의 업무	화장품책임판매업자는 다음의 업무를 책임판매관리자에게 수행하도록 해야 한다. 가. 안전확보 업무를 총괄할 것 나. 안전확보 업무가 적정하고 원활하게 수행되는 것을 확인하여 기록·보관할 것 다. 안전확보 업무의 수행을 위하여 필요하다고 인정할 때에는 화장품책임판매업자에게 문서로 보고한 후 보관할 것

화장품책임판매업자가 선임하여야 하는 책임판매관리자의 모든 것

책임판매관리자의 자격기준

<책임판매관리자 자격요건의 규칙성>
* **의사·약사·한의사**는 무조건 책임판매관리자 프리패스
* 화장품 제조 또는 품질관리 업무에 2년 이상 종사한 경력이 있는 자는 무조건 프리패스
* "4년제 대학"을 졸업한 사람 중 **이공계나 화장품 관련 학과**를 졸업한 사람은 그 자체로 책임판매관리자 프리패스
* "4년제 대학"을 졸업하고 이공계나 화장품 관련 학과 등을 졸업한 사람은 화장품 제조 및 품질관리 업무 경력 아예 안 봄.
* "전문대"라는 말이 들어갔으면 무조건 "**화장품 제조 또는 품질관리 업무에 1년 이상 종사한 경력**"이 있어야 함.

1. 의사, 약사
2. 4년제 대학을 졸업한 사람 중 **이공계 학과 또는 향장학·화장품과학·한의학·한약학과** 등을 전공한 사람
3. 4년제 대학을 졸업한 사람 중 **간호학과, 간호과학과, 건강간호학과**를 전공한 사람
4. 전문대를 졸업하고 **화학·생물학·화학공학·생물공학·미생물학·생화학·생명과학·생명공학·유전공학·향장학·화장품과학·한의학과·한약학과** 등 화장품 관련 분야를 전공한 후 **화장품 제조 또는 품질관리 업무에 1년 이상 종사**한 경력이 있는 사람
5. 전문대를 졸업하고 **간호학과, 간호과학과, 건강간호학과**를 전공하고 **화장품 제조나 품질관리 업무에 1년 이상 종사한 경력**이 있는 사람
6. 식품의약품안전처장이 정하여 고시하는 전문 교육과정을 이수한 사람
7. 그 밖에 화장품 제조 또는 품질관리 업무에 2년 이상 종사한 경력이 있는 사람
8. **맞춤형화장품조제관리사 자격시험** 합격한 사람

책임판매관리자의 업무

① 품질관리 업무
② 책임판매 후 안전관리기준에 따른 안전확보 업무
③ 원료 및 자재의 입고(入庫)부터 완제품의 출고에 이르기까지 필요한 시험·검사 또는 검정에 대하여 제조업자를 관리·감독하는 업무

책임판매업자가 책임판매관리자를 겸임할 수 있는 경우(원칙적으로는 불가)

상시근로자수가 10명 이하인 화장품책임판매업을 경영하는 화장품책임판매업자(법인인 경우 그 대표자)가 책임판매관리자의 자격요건에 해당하는 경우에는 그 사람이 책임판매관리자의 직무를 수행할 수 있음.

③ 맞춤형화장품판매업자 신고 요건

- 맞춤형화장품판매업자의 결격사유에 해당되지 않을 것(앞의 표 참고)
- 총리령으로 정하는 시설기준을 갖출 것: 맞춤형화장품의 혼합·소분 공간을 그 외의 용도로 사용되는 공간과 분리 또는 구획하여 갖추어야 한다. 다만, 혼합·소분 과정에서 맞춤형화장품의 품질·안전 등 보건위생상 위해가 발생할 우려가 없다고 인정되는 경우에는 혼합·소분 공간을 분리 또는 구획하여 갖추지 않아도 된다.
- 맞춤형화장품조제관리사 선임 의무

3. 영업의 등록 · 신고 방법

등록신청서 및 구비 서류를 첨부하여 제조소 또는 판매업소 소재지를 관할하는 지방식품의약품안전청장에 제출

4. 영업 변경등록

① 화장품제조업자 변경등록 대상

- 화장품제조업자의 변경(법인인 경우에는 대표자의 변경)
- 화장품제조업자의 상호 변경(법인인 경우에는 법인의 명칭 변경)
- 제조소의 소재지 변경
- 제조 유형 변경

② 화장품책임판매업자 변경등록 대상

- 화장품책임판매업자의 변경(법인인 경우에는 대표자의 변경)
- 화장품책임판매업자의 상호 변경(법인인 경우에는 법인의 명칭 변경)
- 화장품책임판매업소의 소재지 변경
- 책임판매관리자의 변경
- 책임판매 유형 변경

③ 맞춤형화장품판매업자 변경신고 대상

- 맞춤형화장품판매업자의 변경
- 맞춤형화장품판매업소의 상호 변경
- 맞춤형화장품판매업소의 소재지 변경
- 맞춤형화장품조제관리사의 변경

| 예시로 알아보는 맞춤형화장품판매업 변경 신고대상 구별법! |

★ 맞춤형화장품판매업자(법인 포함)의 상호 및 소재지 변경은 변경신고 대상에 해당되지 않음!
(예시) 맞춤형화장품판매업자(대표자:이지한, 상호:지한코스메틱(주), 소재지:충북 청주)가 서울지역에 맞춤형화장품판매업소(상호:지한코스메틱 서울점 소재지:서울 양천구)를 신고한 경우

<변경신고 대상>
- 맞춤형화장품판매업자 변경(이지한 → 지지효)
- 맞춤형화장품판매업소 상호 변경(지한코스메틱 서울점 → 지한코스메틱 경인점)
- 맞춤형화장품판매업소 소재지 변경(서울 양천구 → 경기도 과천시)

<변경신고 미대상>
- 맞춤형화장품판매업자 상호 변경(지한코스메틱(주) → 타로타로코스메틱(주))
- 맞춤형화장품판매업자 소재지 변경(충북 청주 → 대전 유성구)
  ☞ 보다 상세한 문제는 모의고사 400제 및 봉투모의고사를 참고하세요!

5. 맞춤형화장품조제관리사 업무 및 자격기준 등

- 맞춤형화장품판매장에서 혼합·소분 등 품질·안전 관리 업무(자세한 업무는 뒤의 여러 단원에서 반복하여 다룹니다.)

맞춤형화장품조제관리사 자격기준
- 맞춤형화장품조제관리사 국가자격시험 합격자 - 맞춤형화장품조제관리사 결격사유에 해당되지 않을 것

맞춤형화장품판매업자(대표자)의 맞춤형화장품조제관리사 겸직 허용 조건
- 맞춤형화장품조제관리사 자격시험에 합격한 맞춤형화장품판매업자가 맞춤형화장품판매업자의 판매업소 중 하나의 판매업소에서 맞춤형화장품조제관리사 업무를 하는 경우

Chapter 1 | 화장품법의 이해

- 1,000점 만점 중 100점(10%) 할당, 총 10문항, 선다형(7문항), 단답형(3문항)
- 1.1.화장품법
- 소주제: 4. 화장품의 품질요소

> **TIP**
> 화장품은 소비자가 일상적으로 오랫동안 사용하는 것이므로 안전성이 중요하며, 사용기간 동안 화장품의 내용물은 물리적, 화학적 변화 등이 없어야 한다. 또한 화장품은 화장품의 목적에 맞는 유효성을 가지고 있어야 한다. 화장품의 품질을 결정하는 중요한 특성인 화장품의 안전성, 안정성, 유효성에 대해 집중하여 공부하여야 한다.

1. 화장품의 4대 품질 요소

구분	의미
안전성	*안전성(safety) 　- 피부 및 신체에 대한 안전을 보장하는 성질 *화장품의 안전성 확보의 필요성 　- 화장품은 건강한 피부를 가진 불특정 다수가 장기간 반복적으로 사용하는 물품으로 안전성이 중요한 요소임 　- 피부자극, 알레르기 등 이상반응 최소화
안정성	*안정성(stability) 　- 다양한 물리·화학적 조건에서 화장품 성분이 일정한 상태를 유지하는 성질 　　• 물리적 변화: 분리, 침전, 응집, 겔화, 휘발, 고화, 연화, 균열 등 　　• 화학적 변화: 변색, 분리, 변취, 오염, 결정 석출 등 *화장품의 안정성 확인 방법 　- 장기보존시험, 가속시험, 가혹시험 등 다양한 안정성 시험 등
유효성	메이크업, 세정, 보습, 노화 억제, 미백, 자외선차단 등 **기능성 효과**를 부여해야 한다.(화장품을 사용함으로써 피부에 직간접적 유도되는 물리적, 화학적, 생물학적 그리고 심리적으로 나타나는 효과 예 피부의 미백에 도움, 피부의 주름개선에 도움, 자외선으로부터 피부를 보호하는 데에 도움, 피부 탄력 개선, 피부 세정, 유연 등)
사용성	사용하기 쉽고 흡수가 잘되어야 한다.(발림성이 좋다. 등)

2. 화장품의 안전성

(1) 안전성(Safety)
- 피부 및 신체에 대한 안전을 보장하는 성질

(2) 화장품의 안전성 확보의 필요성
- 화장품은 소비자가 일상적으로 오랜 기간 동안 사용하는 것이므로 안전성이 중요
- 피부 자극, 감작성, 이상 반응 등의 최소화

(3) 화장품의 안전성과 관련된 사항

① 어린이 안전용기 · 포장

안전용기 · 포장의 모든 것(산업통상자원부장관이 고시한 것임! 식약처장 아님!)			
정의	5세 미만의 어린이가 개봉하기 어렵게 설계 · 고안된 용기나 포장 * 개봉하기 어려운 정도의 구체적인 기준 및 시험방법: 어린이보호포장대상공산품의 안전기준 (국가기술표준원고시 제2017-337호)'		
안전용기 · 포장 등의 사용의무	**화장품책임판매업자 및 맞춤형화장품판매업자**는 화장품을 판매할 때 어린이가 화장품을 잘못 사용하여 인체에 위해를 끼치는 사고가 발생하지 않도록 안전용기 · 포장을 사용해야 함		
안전용기 · 포장을 사용해야 하는 품목	1. 아세톤을 함유하는 네일 에나멜 리무버 및 네일 폴리시 리무버 2. 어린이용 오일 등 개별포장 당 탄화수소류를 10퍼센트 이상 함유하고 운동점도가 21센티스톡스 (섭씨 40도 기준) 이하인 에멀션 형태가 아닌(비에멀젼 타입의) 액체상태의 제품 3. 개별포장당 메틸 살리실레이트를 5퍼센트 이상 함유하는 액체상태의 제품		
안전용기 · 포장 예외 품목	1. 일회용 제품 2. 용기 입구 부분이 펌프 또는 방아쇠로 작동되는 **분무용기** 제품 3. **압축 분무용기** 제품(에어로졸 제품 등)		
안전용기 · 포장의 기준	성인이 개봉하기는 어렵지 않으나 5세 미만의 어린이가 개봉하기는 어렵게 된 것		
수출용 제품의 예외	국내에서 판매되지 않고 수출만을 목적으로 하는 제품은 안전용기 · 포장 등에 관한 규정을 적용하지 않고 수입국의 규정에 따를 수 있음.		
안전용기 · 포장 사용의무 및 기준 위반 화장품의 회수와 회수 · 폐기 명령			
화장품의 회수	영업자는 안전용기 · 포장 등의 기준에 위반되어 국민보건에 위해(危害)를 끼치거나 끼칠 우려가 있는 화장품이 유통 중인 사실을 알게 된 경우 지체 없이 해당 화장품을 회수하거나 회수하는 데에 필요한 조치를 해야 함. * 안전용기 · 포장 등의 기준에 위반된 화장품 = 위해성 등급 '나': 30일 이내에 회수되어야 함.		
회수 · 폐기명령	식품의약품안전처장은 판매 · 보관 · 진열 · 제조 또는 수입한 화장품이나 그 원료 · 재료 등이 안전용기 · 포장을 위반하여 국민보건에 위해를 끼칠 우려가 있는 경우 해당 영업자 · 판매자 또는 그 밖에 화장품을 업무상 취급하는 자에게 해당 물품의 회수 · 폐기 등의 조치를 명해야 함.		
안전용기 · 포장 사용의무 및 기준 위반자에 대한 벌칙 및 행정처분			
안전용기 · 포장 사용의무 및 기준 위반자에 대한 벌칙	안전용기 · 포장에 사용 의무 및 기준 등에 관한 사항을 위반한 자는 1년 이하의 징역 또는 1천만원 이하의 벌금에 처해짐.		
안전용기 · 포장 사용의무 및 기준 위반자에 대한 행정처분	1차 위반 시	2차 위반 시	3차 위반 시	4차 위반 시
	해당 품목 판매업무 정지 3개월	해당 품목 판매업무 정지 6개월	해당 품목 판매업무 정지 12개월	없음

② 영·유아·어린이 사용 화장품의 관리

영유아·어린이 사용 화장품의 관리	
영유아·어린이 사용 화장품의 관리가 필요한 상황	화장품책임판매업자가 영유아 또는 어린이가 사용할 수 있는 화장품임을 표시·광고하려는 경우
영유아·어린이 사용 화장품임을 표시·광고하기 위해 필요한 서류 (제품별 안전성 자료)	제품별로 안전과 품질을 입증할 수 있는 다음의 자료(제품별 안전성 자료)를 표시·광고 전에 미리 작성 및 보관하여야 함 **주관식 주의!** 1. 제품 및 제조방법에 대한 설명 자료 2. 화장품의 안전성 평가 자료 3. 제품의 효능·효과에 대한 증명 자료
영유아·어린이 연령 기준	1. **영유아**: 3세 이하 2. **어린이**: 4세 이상부터 13세 이하까지 (*참고: 안전용기·포장에서의 **어린이**의 기준은 5세 미만)
화장품책임판매업자가 제품별 안전성 자료를 작성·보관해야 하는 표시·광고의 범위	• 화장품의 1차 포장 또는 2차 포장에 영유아 또는 어린이가 사용할 수 있는 화장품임을 특정하여 표시하는 경우 • 화장품의 명칭에 영유아 또는 어린이에 관한 표현이 표시되는 경우 • 다음 광고 매체·수단이나 이와 유사한 매체·수단에 영유아 사용 화장품이라고 특정하여 광고하는 경우
화장품책임판매업자가 제품별 안전성 자료를 작성·보관해야 하는 표시·광고의 범위	신문·방송 또는 잡지 전단·팸플릿·견본 또는 입장권 인터넷 또는 컴퓨터통신 포스터·간판·네온사인·애드벌룬 또는 전광판 비디오물·음반·서적·간행물·영화 또는 연극 방문광고 또는 실연(實演)에 의한 광고 • 다음 광고 매체·수단이나 이와 유사한 매체·수단에 어린이 사용 화장품이라고 특정하여 광고하는 경우 신문·방송 또는 잡지 전단·팸플릿·견본 또는 입장권 인터넷 또는 컴퓨터통신 포스터·간판·네온사인·애드벌룬 또는 전광판 비디오물·음반·서적·간행물·영화 또는 연극
제품별 안전성 자료의 보관기간	**1. 화장품의 1차 포장에 사용기한을 표시하는 경우** 영유아 또는 어린이가 사용할 수 있는 화장품임을 표시·광고한 날부터 마지막으로 제조·수입된 제품의 사용기한 만료일 이후 **1년**까지의 기간 **2. 화장품의 1차 포장에 개봉 후 사용기간을 표시하는 경우** 영유아 또는 어린이가 사용할 수 있는 화장품임을 표시·광고한 날부터 마지막으로 제조·수입된 제품의 제조연월일 이후 **3년**까지의 기간 * 위 두 경우 모두 제조는 화장품의 제조번호에 따른 **제조일자**를 기준으로 하며, 수입은 **통관일자**를 기준으로 한다.
제품별 안전성 자료 작성·보관 의무를 위반한 자에 대한 처벌	**1년 이하의 징역 또는 1천만원 이하의 벌금**

영유아 · 어린이 사용 화장품의 관리		
영유아 · 어린이 사용 화장품 관리를 위한 식약처장의 실태조사	식품의약품안전처장은 **영유아 · 어린이 사용 화장품**에 대해 제품별 안전성 자료, 소비자 사용 실태, 사용 후 이상사례 등에 대하여 주기적으로(5년 마다!) 실태조사를 실시하여야 함.	
식약처장의 실태조사에 포함되어야 하는 사항	1. 제품별 안전성 자료의 작성 및 보관 현황 2. 소비자의 사용실태 3. 사용 후 이상사례의 현황 및 조치 결과 4. 영유아 또는 어린이 사용 화장품에 대한 표시 · 광고의 현황 및 추세 5. 영유아 또는 어린이 사용 화장품의 유통 현황 및 추세 6. 그 밖에 제1호부터 제5호까지의 사항과 유사한 것으로서 식품의약품안전처장이 필요하다고 인정하는 사항 　* 식품의약품안전처장은 실태조사를 위해 필요하다고 인정하는 경우 관계 행정기관, 공공기관, 법인 · 단체 또는 전문가 등에게 필요한 의견 또는 자료의 제출 등을 요청할 수 있음. 　* 식품의약품안전처장은 실태조사의 효율적 실시를 위해 필요하다고 인정하는 경우 화장품 관련 연구기관 또는 법인 · 단체 등에 실태조사를 의뢰하여 실시할 수 있음.	
위해요소 저감화계획의 수립	식품의약품안전처장은 **영유아 · 어린이 사용 화장품**에 대해 실태조사에 대한 분석 및 평가 결과를 반영한 <u>위해요소의 저감화를 위한 계획</u>을 수립하여야 함.	
위해요소 저감화계획에 포함되어야 하는 사항	1. 위해요소 저감화를 위한 기본 방향과 목표 2. 위해요소 저감화를 위한 단기별 및 중장기별 추진 정책 3. 위해요소 저감화 추진을 위한 환경 여건 및 관련 정책의 평가 4. 위해요소 저감화 추진을 위한 조직 및 재원 등에 관한 사항 5. 그 밖에 제1호부터 제4호까지의 사항과 유사한 것으로서 위해요소 저감화를 위해 식품의약품안전처장이 필요하다고 인정하는 사항 　* 위에서 추진한 실태조사에 대한 분석 및 평가 결과를 반영해야 함. 　* 식품의약품안전처장은 위해요소 저감화계획의 수립을 위해 필요하다고 인정하는 경우 관계 행정기관, 공공기관, 법인 · 단체 또는 전문가 등에게 필요한 의견 또는 자료의 제출 등을 요청할 수 있음. 　* 식품의약품안전처장은 위해요소 저감화계획을 수립한 경우 그 내용을 <u>식품의약품안전처 인터넷 홈페이지</u>에 공개해야 함.	

③ 화장품 안전기준

▶ 화장품 원료에 대한 사용기준
- 식품의약품안전처장에 의해 지정된 화장품의 제조 등에 사용할 수 없는 원료 사용 불가
- 보존제, 색소, 자외선차단제 등과 같이 특별히 사용상의 제한이 필요한 원료에 대하여 그 사용기준 지정
- 사용기준이 지정된 원료 외의 보존제, 색소, 자외선차단제 등 사용 금지

▶ 유통화장품 안전관리 기준
- 식품의약품안전처장이 고시한 유통화장품안전관리 기준에 적합하게 제품 관리

④ 원료 관리 체계

▶ 원료의 네거티브시스템
- 식품의약품안전처장에 의해 지정된 화장품의 제조 등에 사용할 수 없는 원료 및 보존제, 색소, 자외선차단제 등과 같이 특별히 사용상의 제한이 필요한 원료를 제외한 원료는 업자의 책임 하에 사용

▶ 사용할 수 없는 원료(식약처장 고시)
▶ 사용상의 제한이 필요한 원료에 대한 사용기준(식약처장 고시)
▶ 화장품의 색소 종류 및 사용제한(식약처장 고시)

⑤ 화장품 위해평가

▶ **위해평가 대상(위해평가는 다음 단원에서 매우 상세히 기술되어 있습니다.)**

식품의약품안전처장은 국내외에서 유해물질이 포함되어 있는 것으로 알려지는 등 국민보건상 위해 우려가 제기되는 화장품 원료 등에 대한 위해평가 실시

위해평가(=위해성 평가)의 과정
1. 위해요소의 인체 내 독성 등을 확인하는 과정(위험성 확인과정)
▼
2. 인체가 위해요소에 노출되었을 경우 유해한 영향이 나타나지 않는 것으로 판단되는 **인체노출 안전기준(인체노출 허용량)**을 설정하는 과정(위험성 결정과정)
▼
3. 인체가 위해요소에 **노출되어 있는 정도를 산출**하는 과정(노출 평가과정)
▼
4. 위해요소가 인체에 미치는 위해성을 종합적으로 판단하는 과정(위해도 결정과정)

* 단, 해당 화장품 원료 등에 대하여 국내외의 연구·검사기관에서 이미 위해평가를 실시하였거나 위해요소에 대한 과학적 시험·분석 자료가 있는 경우 그 자료를 근거로 위해 여부 결정 가능

▶ 원료 등의 위해평가 결과
· 식품의약품안전처장은 위해평가가 완료된 원료의 사용기준 지정 가능

▶ 지정·고시된 원료의 사용기준의 안전성 검토
- 식품의약품안전처장은 지정·고시된 원료의 사용기준의 안전성 정기 검토
- 식품의약품안전처장의 원료 사용기준 검토 주기: 5년
- 안전성 검토 결과에 따라 지정·고시된 원료의 사용기준 변경 가능

▶ 화장품 원료 사용기준 지정 및 변경 신청

원료의 사용기준 지정 및 변경 신청	
신청 목적	지정·고시되지 않은 원료의 사용기준을 지정·고시하거나 지정·고시된 원료의 사용기준을 변경하고자 함
신청 가능인	화장품제조업자, 화장품책임판매업자 또는 연구기관
심사 대상	1. 「화장품 안전기준 등에 관한 규정」(식품의약품안전처 고시) 별표2에 따라 고시되지 않은 보존제, 자외선 차단성분 등 2. 「화장품의 색소 종류와 기준 및 시험방법」(식품의약품안전처 고시) 별표1에 따라 고시되지 않은 색소 3. 「화장품 안전기준 등에 관한 규정」(식품의약품안전처 고시) 별표2 또는 「화장품의 색소 종류와 기준 및 시험방법」(식품의약품안전처 고시) 별표1에 고시된 원료 중 사용기준을 변경하려는 것

제출 서류	원료 사용기준 지정(변경지정) 신청서에 다음의 서류 첨부
	1. 제출자료 전체의 요약본
	2. 원료의 기원, 개발 경위, 국내·외 사용기준 및 사용현황 등에 관한 자료
	3. 원료의 특성에 관한 자료
	4. 안전성 및 유효성에 관한 자료(유효성에 관한 자료는 해당하는 경우에만 제출)
	
	   가. 안전성에 관한 평가자료(타당한 사유가 인정되는 경우 제출 생략 가능)
	      (1) 단회투여독성시험자료
	      (2) 피부자극시험자료
	      (3) 피부감작성시험자료
	      (4) 점막자극시험자료
	      (5) 광독성시험자료
	      (6) 광감작성시험자료
	      (7) 반복투여독성시험자료
	      (8) 생식·발생독성시험자료, 유전독성시험자료 및 발암성시험자료
	      (9) 흡입독성시험자료
	      (10) 인체피부자극시험자료
	      (11) 피부흡수시험자료
	
	   나. 유효성에 관한 평가자료
	      (1) 사용목적·작용에 관한 자료
	      (2) 사용량 등에 관한 자료
	
	   다. 사용기준 설정에 관한 자료
	
	5. 원료의 기준 및 시험방법에 관한 시험성적서

보완요청	제출된 자료가 적합하지 않은 경우 그 내용을 구체적으로 명시하여 신청인에게 보완 요청. 이 경우 신청인은 보완일부터 **60일 이내**에 추가 자료를 제출하거나 보완 제출기한의 연장을 요청할 수 있음. 보완 제출기한의 연장은 2번에 한함. 보완 제출기한 내에 추가 자료를 제출하였는데 보완 요구한 자료 중 일부가 제출되지 않은 경우 **10일 이내**에 다시 보완하도록 민원인에게 요청
심사 결과 통지서 발부	식품의약품안전처장은 신청인이 자료를 제출한 날(보완 요청된 경우 신청인이 보완된 자료를 제출한 날)부터 **180일 이내**에 신청인에게 원료 사용기준 지정(변경지정) 심사 결과통지서를 송부해야 함.
심사 부적합 통보	보완 제출기한 또는 추가 보완요청 기한 내에 자료가 제출되지 않은 경우 혹은 제출자료가 이 규정에 따른 심사요건 등에 적합하지 않은 경우
이의 신청	부적합을 통보받은 자는 그 결과를 통보 받은 날로부터 **30일 이내**에 식품의약품안전처장에게 이의를 신청할 수 있음. 식약처장은 이의신청을 받은 날부터 **60일 이내**에 이의신청의 인용 여부를 결정하고 그 결과를 민원인에게 통보하여야 함.

⑥ 유통화장품 안전관리 기준

▶ 「화장품 안전기준 등에 관한 규정」 제8조에 따라 유통화장품의 안전관리 기준이 명시됨.

  * 해당 내용은 3. 유통화장품 안전관리 > 3.4. 내용물 및 원료 관리 > 3.4.2. 유통화장품의 안전관리기준에 및 지한쌤의 화장품법령 백과사전에 자세하게 언급되었으니 참고 바람.

3. 화장품의 안정성

(1) 안정성(stability)
- 다양한 물리·화학적 조건에서 화장품 성분이 일정한 상태를 유지하는 성질
  · 물리적 변화: 분리, 침전, 응집, 겔화, 휘발, 고화, 연화, 균열 등
  · 화학적 변화: 변색, 분리, 변취, 오염, 결정 석출 등

(2) 화장품의 안정성 확인 방법
- 장기보존시험, 가속시험, 가혹시험 등 다양한 안정성 시험 등

(3) 안정성과 관련된 개념

① '사용기한'의 정의
  - 화장품이 제조된 날부터 적절한 보관 상태에서 제품이 고유의 특성을 간직한 채 소비자가 안정적으로 사용할 수 있는 최소한의 기한

② 화장품의 안정성 시험자료 보관 의무 대상
  - 레티놀(비타민A) 및 그 유도체, 아스코빅애시드(비타민C) 및 그 유도체, 토코페롤(비타민E), 과산화화합물, 효소 성분을 0.5% 이상 함유하는 제품
  ※ 안정성 시험자료 보존 기간
   - 최종 제조된 제품의 사용기한이 만료되는 날부터 1년간 보존

4. 화장품의 유효성

(1) 유효성(efficacy)
- 화장품을 사용함으로써 피부에 직간접적 유도되는 물리적, 화학적, 생물학적 그리고 심리적으로 나타나는 효과(예 피부의 미백에 도움, 피부의 주름개선에 도움, 자외선으로부터 피부를 보호하는 데에 도움, 피부탄력개선, 피부 세정, 유연 등)

(2) 유효성과 관련된 개념

① 기능성화장품 심사

기능성화장품의 심사	
심사 의뢰가 가능한 자	**화장품제조업자, 화장품책임판매업자**, 「기초연구진흥 및 기술개발지원에 관한 법률」 제6조 제1항 및 제14조의2에 따른 **대학·연구기관·연구소**
심사자	식품의약품안전평가원장

	기능성화장품의 심사

심사 의뢰 시 지참서류	기능성화장품 심사의뢰서 + 다음의 다섯 가지 서류(단, 4번 서류는 자외선 차단·산란제만 제출)
	
	1. 기원(起源) 및 개발 경위에 관한 자료
	2. 안전성에 관한 자료
	   가. 단회 투여 독성시험 자료
	   나. 1차 피부 자극시험 자료
	   다. 안(眼)점막 자극 또는 그 밖의 점막 자극시험 자료
	   라. 피부 감작성시험(感作性試驗) 자료
	   마. 광독성(光毒性) 및 광감작성 시험 자료
	   바. 인체 첩포시험(貼布試驗) 자료
	3. 유효성 또는 기능에 관한 자료
	   가. 효력시험 자료
	   나. 인체 적용시험 자료
	4. 자외선 차단지수 및 자외선A 차단등급 설정의 근거자료(자외선을 차단 또는 산란시켜 자외선으로부터 피부를 보호하는 기능을 가진 화장품의 경우만 제출하면 된다.)
	5. 기준 및 시험방법에 관한 자료[검체(檢體) 포함]

심사 시 서류 제출이 면제되는 경우	**안전성에 관한 자료를 면제받을 수 있는 경우** 「기능성화장품 기준 및 시험방법」(식품의약품안전처 고시), 국제화장품원료집(ICID), 「식품의 기준 및 규격」(식품의약품안전처 고시)에서 정하는 원료로 제조되거나 제조되어 수입된 기능성화장품의 경우 안전성에 관한 자료 제출 면제 단, 유효성 또는 기능 입증자료 중 인체적용시험자료에서 피부이상반응 발생 등 안전성에 문제가 우려되는 경우 안정성에 관한 자료를 면제 받을 수 없음. **유효성 또는 기능에 관한 자료 중 일부를 면제받는 경우** 유효성 또는 기능에 관한 자료 중에서 인체적용시험자료를 제출할때 효력시험자료 제출 면제 가능. 단, 이 경우 효력시험자료의 제출을 면제 받은 성분에 대해 효능·효과를 기재·표시할 수 없음. **기원 및 개발경위에 관한 자료, 안전성에 관한 자료, 유효성 또는 기능에 관한 자료를 면제받는 경우** 「기능성화장품 심사에 관한 규정」(식품의약품안전처 고시)의 '자료제출이 생략되는 기능성화장품의 종류'에서 성분·함량을 고시한 품목은 위 자료 제출 면제 **기원 및 개발경위에 관한 자료, 안전성에 관한 자료, 유효성 또는 기능에 관한 자료, 자외선차단제의 경우 자외선차단지수(SPF), 내수성자외선차단지수(SPF, 내수성 또는 지속내수성) 및 자외선A차단등급(PA) 설정의 근거자료를 면제 받는 경우** 이미 심사를 받은 기능성화장품과 그 효능·효과를 나타내게 하는 원료의 종류, 규격 및 분량, 용법 용량이 동일하고 다음의 어느 하나에 해당하는 경우 이 4가지 자료 제출 면제 1. 효능·효과를 나타나게 하는 성분을 제외한 대조군과의 비교실험으로서 효능을 입증한 경우 2. 착색제, 착향제, 현탁화제, 유화제, 용해보조제, 안정제, 등장제, pH 조절제, 점도조절제, 용제만 다른 품목의 경우. 단, 기능성화장품 중 피부장벽의 기능을 회복하여 가려움 등의 개선에 도움을 주는 화장품, 튼살로 인한 붉은 선을 엷게 하는 데 도움을 주는 화장품에 해당하는 기능성화장품은 착향제, 보존제만 다른 경우에 한함.

	기능성화장품의 심사
심사 시 서류 제출이 면제되는 경우	* 단, '이미 심사를 받은 기능성화장품'이란 화장품책임판매업자가 같거나 화장품제조업자(화장품제조업자가 제품을 설계 · 개발 · 생산하는 방식으로 제조한 경우만 해당)가 같은 기능성화장품만 해당됨.
	(자외선차단제를 심사받고자 하는 경우에만 해당) 자외선차단지수(SPF), 내수성자외선차단지수(SPF, 내수성 또는 지속내수성) 및 자외선A차단등급(PA) 설정의 근거자료를 면제받는 경우
	자외선차단지수가 10 이하인 자외선 차단(흡수+산란)제의 경우 면제
	자외선차단제를 심사할 때에 '기원 및 개발경위에 관한 자료, 안전성에 관한 자료, 유효성 또는 기능에 관한 자료, 자외선차단지수(SPF), 내수성자외선차단지수(SPF, 내수성 또는 지속내수성) 및 자외선A차단등급(PA) 설정의 근거자료'를 면제 받을 수 있는 경우
	자외선 차단 기능성화장품의 경우 이미 심사를 받은 기능성화장품과 그 효능 효과를 나타내게 하는 원료의 종류, 규격, 분량, 용법 용량, 제형이 동일한 경우 위의 자료 생략 가능. * 단, 여기서 말하는 '이미 심사를 받은 기능성화장품'이란 화장품책임판매업자가 같거나 화장품제조업자(화장품제조업자가 제품을 설계 · 개발 · 생산하는 방식으로 제조한 경우만 해당)가 같은 기능성화장품만 해당 * 그러나 위의 사항 중에서도 **내수성 제품**은 이미 심사를 받은 기능성화장품과 착향제, 보존제 외에 모든 원료의 종류, 규격, 분량 용법, 용량, 제형이 동일해야 함.
	산화염모제 중 기원 및 개발경위에 관한 자료, 안전성에 관한 자료, 유효성 또는 기능에 관한 자료가 면제되는 경우
	제2형 산화염모제에 해당하지만 제1제를 두 가지로 분리하여 제1제 두 가지를 각각 제2제와 섞어 순차적으로 사용하거나 제1제를 먼저 혼합한 후 제2제를 섞는 것으로 용법 · 용량을 신청하는 품목인 경우
심사받은 기능성화장품의 권리 양도	기능성화장품 심사를 받은 자 간 심사를 받은 기능성화장품에 대한 권리를 양도 · 양수하여 심사를 받으려는 경우 제출 서류들을 모두 갈음하여 양도 · 양수계약서를 제출할 수 있음.
심사받은 사항의 변경	기능성화장품 변경심사 의뢰서에 다음의 서류 첨부 1. 먼저 발급받은 기능성화장품심사결과통지서 2. 변경사유를 증명할 수 있는 서류
심사기준	식품의약품안전평가원장은 기능성화장품 심사의뢰서나 변경심사 의뢰서를 받은 경우 다음의 심사기준에 따라 심사하여야 함. 1. 기능성화장품의 원료와 그 분량은 효능 · 효과 등에 관한 자료에 따라 합리적이고 타당하여야 하며, 각 성분의 배합의의(配合意義)가 인정되어야 할 것 2. 기능성화장품의 효능 · 효과는 법 제2조 제2호 각 목에 적합할 것 3. 기능성화장품의 용법 · 용량은 오용될 여지가 없는 명확한 표현으로 적을 것
심사 후 심사대장에 기재할 사항	식품의약품안전평가원장은 심사를 한 후 심사대장에 다음의 사항을 적고, 기능성화장품 심사 · 변경심사 결과통지서를 발급하여야 함. 1. 심사번호 및 심사연월일 또는 변경심사 연월일 2. 기능성화장품 심사를 받은 화장품제조업자, 화장품책임판매업자 또는 연구기관등의 상호(법인인 경우에는 법인의 명칭) 및 소재지 3. 제품명 4. 효능 · 효과

② 기능성화장품 보고

	기능성화장품의 보고
보고 의뢰가 가능한 자	**화장품제조업자, 화장품책임판매업자**, 「기초연구진흥 및 기술개발지원에 관한 법률」 제6조 제1항 및 제14조의2에 따른 **대학 · 연구기관 · 연구소**
보고서 처리자	식품의약품안전평가원장
	보고
보고해야 하는 경우 3가지	1. 효능 · 효과가 나타나게 하는 성분의 종류 · 함량, 효능 · 효과, 용법 · 용량, 기준 및 시험방법이 식품의약품안전처장이 고시한 품목과 같은 기능성화장품
(보고서 제출 대상 기능성화장품)	2. '이미 심사를 받은 기능성화장품'과 다음의 사항이 모두 같은 품목 　가. 효능 · 효과가 나타나게 하는 원료의 종류 · 규격 및 함량(액체 상태인 경우에는 농도를 말함) 　나. 효능 · 효과(**자외선 차단 기능성화장품의 경우 자외선 차단지수의 측정값이** 마이너스 20퍼센트 이하의 범위에 있는 경우에는 같은 효능 · 효과로 본다.) 　다. 기준[**산성도(pH)에 관한 기준은 제외**] 및 시험방법 　라. 용법 · 용량 　마. 제형(劑形)[자외선 차단 기능성화장품을 제외한 다른 기능성화장품의 경우에는 액제(Solution), 로션제(Lotion) 및 크림제(Cream)를 같은 제형으로 본다.] * 단, 위의 사항에서 기능성화장품 중 피부에 멜라닌색소가 침착하는 것을 방지하여 기미 · 주근깨 등의 생성을 억제함으로써 피부의 미백에 도움을 주는 기능을 가진 화장품, 피부에 침착된 멜라닌색소의 색을 엷게 하여 피부의 미백에 도움을 주는 기능을 가진 화장품, 피부에 탄력을 주어 피부의 주름을 완화 또는 개선하는 기능을 가진 화장품, 탈모 증상의 완화에 도움을 주는 화장품, 여드름성 피부를 완화하는 데 도움을 주는 인체세정용 화장품, 피부장벽의 기능을 회복하여 가려움 등의 개선에 도움을 주는 화장품, 튼살로 인한 붉은 선을 엷게 하는 데 도움을 주는 화장품은 이미 심사를 받은 품목이 **대조군(對照群)**(효능 · 효과가 나타나게 하는 성분을 제외한 것)과의 비교실험을 통하여 효능이 입증된 경우만 해당 3. '이미 심사를 받은 기능성화장품' 및 식품의약품안전처장이 고시한 기능성화장품과 비교하여 다음의 사항이 모두 같은 품목(단, 3중 기능성화장품(자외선 차단+미백+주름개선)인 경우에 해당) 　가. 효능 · 효과를 나타나게 하는 원료의 종류 · 규격 및 함량 　나. 효능 · 효과(자외선 차단 효능 · 효과의 경우 자외선차단지수의 측정값이 마이너스 20퍼센트 이하의 범위에 있는 경우에는 같은 효능 · 효과로 본다.) 　다. 기준[**산성도(pH)에 관한 기준 제외**] 및 시험방법 　라. 용법 · 용량 　마. 제형 * 단, 위에서 말하는 '**이미 심사를 받은 기능성화장품**'이란 화장품제조업자(화장품제조업자가 제품을 설계 · 개발 · 생산하는 방식으로 제조한 경우만 해당)가 같거나 화장품책임판매업자가 같은 경우 또는 기능성화장품으로 심사받은 연구기관 등이 같은 기능성화장품만 해당
제출 서류	기능성화장품 심사 제외 품목 보고서
보고 후 보고대장 기재사항	보고서를 받은 식품의약품안전평가원장은 요건 확인한 후 다음의 사항을 기능성화장품의 보고대장에 적어야 함. 1. 보고번호 및 보고연월일 2. 화장품제조업자, 화장품책임판매업자 또는 연구기관등의 상호(법인인 경우에는 법인의 명칭) 및 소재지 3. 제품명 4. 효능 · 효과

* **해당 내용은 지한쌤의 화장품법령 백과사전에 매우 자세하고 쉽게 언급되었으니 참고 바람.**

③ 자외선차단지수 등의 표시

▶ 자외선차단지수(SPF) 표시 기준
  - 측정결과에 근거하여 평균값(소수점이하 절사)으로부터 -20% 이하 범위 내 정수 표시
  * 예: SPF 평균값이 '23'일 경우 19 ~ 23 범위 정수
  - SPF 50 이상은 "SPF50+"로 표시

▶ 자외선A차단등급(PA) 표시 기준
  - 측정결과에 근거하여 기능성화장품 심사에 관한 규정 [별표 3] 자외선 차단효과 측정방법 및 기준에 따라 표시

자외선A 차단지수(PFA)	자외선A 차단등급(PA)	자외선A 차단효과
2 이상 4 미만	PA+	낮음
4 이상 8미만	PA++	보통
8 이상 16 미만	PA+++	높음
16 이상	PA++++	매우 높음

Chapter 1 화장품법의 이해

- 1,000점 만점 중 100점(10%) 할당, 총 10문항, 선다형(7문항), 단답형(3문항)
- 1.1.화장품법
- 소주제: 5. 화장품의 사후관리기준

1. 영업자의 의무 준수사항 총정리

화장품제조업자의 준수사항	
기본사항 (제조소 등 환경관리)	• 보건위생상 위해(危害)가 없도록 제조소, 시설 및 기구를 위생적으로 관리하고 오염되지 않도록 할 것 • 화장품의 제조에 필요한 시설 및 기구에 대하여 정기적으로 점검하여 작업에 지장이 없도록 관리·유지할 것 • 작업소에는 위해가 발생할 염려가 있는 물건을 두어서는 안 되며, 작업소에서 국민보건 및 환경에 유해한 물질이 유출되거나 방출되지 않도록 할 것
책판업자와의 연계	• 품질관리기준에 따른 화장품책임판매업자의 지도·감독 및 요청에 따를 것 • 품질관리를 위하여 필요한 사항을 화장품책임판매업자에게 제출할 것. 다만, 다음의 어느 하나에 해당하는 경우 제출하지 않을 수 있다. 1. 화장품제조업자와 화장품책임판매업자가 동일한 경우 2. 화장품제조업자가 제품을 설계·개발·생산하는 방식으로 제조하는 경우로서 품질·안전관리에 영향이 없는 범위에서 화장품제조업자와 화장품책임판매업자 상호 계약에 따라 **영업비밀**에 해당하는 경우
품질관리사항	• 원료 및 자재의 입고부터 완제품의 출고에 이르기까지 필요한 시험·검사 또는 검정을 할 것 • 제조 또는 품질검사를 위탁하는 경우 제조 또는 품질검사가 적절하게 이루어지고 있는지 수탁자에 대한 관리·감독을 철저히 하고, 제조 및 품질관리에 관한 기록을 받아 유지·관리할 것
문서 작성 및 보관	제조관리기준서·제품표준서·제조관리기록서 및 품질관리기록서를 작성·보관할 것

식품의약품안전처장은 위의 준수사항 외에 우수화장품 제조 및 품질 관리기준을 준수하도록 제조업자에게 권장할 수 있다.

우수화장품 제조관리기준을 준수하는 제조업자에게 식약처장이 지원할 수 있는 사항

1. 우수화장품 제조관리기준 적용에 관한 **전문적 기술과 교육**
2. 우수화장품 제조관리기준 적용을 위한 **자문**
3. 우수화장품 제조관리기준 적용을 위한 **시설·설비 등 개수·보수**

화장품책임판매업자의 준수사항	
품질관리 관련 사항	• 품질관리기준을 준수할 것 • <u>제조번호별로 품질검사</u>를 철저히 한 후 유통시킬 것. (단, 화장품제조업자와 화장품책임판매업자가 같은 경우 또는 품질검사를 위탁하여 제조번호별 품질검사결과가 있는 경우에는 품질검사를 하지 않을 수 있음) • 화장품의 제조를 위탁하거나 제조업자에게 품질검사를 위탁하는 경우 제조 또는 품질검사가 적절하게 이루어지고 있는지 수탁자에 대한 **관리·감독**을 철저히 하여야 하며, 제조 및 품질관리에 관한 기록을 받아 유지·관리하고, 그 최종 제품의 품질관리를 철저히 할 것

책임판매 후 안전관리 관련 사항	• **책임판매 후 안전관리기준**을 준수할 것 • 제품과 관련하여 국민보건에 직접 영향을 미칠 수 있는 **안전성 · 유효성**에 관한 새로운 자료, 정보 사항(화장품 사용에 의한 부작용 발생사례 포함) 등을 알게 되었을 때에는 식품의약품안전처장이 정하여 고시하는 바에 따라 보고하고, 필요한 안전대책을 마련할 것
문서 보관	• 제조업자로부터 받은 **제품표준서 및 품질관리기록서**(전자문서 형식 포함)를 보관할 것
안정성시험 자료 작성 · 보관의 의무	• 다음의 어느 하나에 해당하는 성분을 0.5퍼센트 이상 함유하는 제품의 경우 해당 품목의 안정성시험 자료를 최종 제조된 제품의 **사용기한이 만료되는 날부터** 1년간 보존할 것 1. 레티놀(비타민A) 및 그 유도체 2. 아스코빅애시드(비타민C) 및 그 유도체 3. 토코페롤(비타민E) 4. 과산화화합물 5. 효소
수입화장품을 유통 · 판매하는 영업을 하는 책판업자만 해당하는 준수사항	
수입관리기록서 작성 및 보관의 의무	• 수입한 화장품에 대하여 다음의 사항을 적거나 또는 첨부한 **수입관리기록서**를 작성 · 보관할 것 가. 제품명 또는 국내에서 판매하려는 명칭 나. 원료성분의 규격 및 함량 다. 제조국, 제조회사명 및 제조회사의 소재지 라. 기능성화장품심사결과통지서 사본 마. 제조 및 판매증명서. 다만, 「대외무역법」 제12조 제2항에 따른 통합 공고상의 수출입 요건 확인기관에서 제조 및 판매증명서를 갖춘 화장품책임판매업자가 수입한 화장품과 같다는 것을 확인받고, 품질검사 위탁기관으로부터 화장품책임판매업자가 정한 품질관리기준에 따른 검사를 받아 그 시험성적서를 갖추어 둔 경우에는 이를 생략할 수 있다. 바. 한글로 작성된 제품설명서 견본 사. 최초 수입연월일(통관연월일) 아. 제조번호별 수입연월일 및 수입량 자. 제조번호별 품질검사 연월일 및 결과 차. 판매처, 판매연월일 및 판매량
수입화장품을 유통 · 판매하는 화장품책임 판매업자만의 준수사항	• 제조국 제조회사의 품질관리기준이 국가 간 상호 인증되었거나, 우수화장품 제조관리기준과 같은 수준 이상이라고 인정되는 경우 국내에서의 품질검사를 하지 않을 수 있음. 이 경우 **제조국 제조회사의 품질검사 시험성적서는 품질관리기록서를 갈음함.** • 수입화장품에 대한 품질검사를 하지 않으려는 경우 식품의약품안전처장에게 수입화장품의 제조업자에 대한 **현지실사**를 신청하여야 한다. • 현지실사 후 식약처 인정을 받은 수입 화장품 제조회사의 품질관리기준이 우수화장품 제조관리기준과 같은 수준 이상이라고 인정되지 않아 인정이 **취소**된 경우에는 품질검사를 하여야 한다. • 「대외무역법」에 따른 수출 · 수입요령을 준수하여야 하며, 「전자무역 촉진에 관한 법률」에 따른 전자무역문서로 **표준통관예정보고**를 해야 한다.
맞춤형화장품판매업자의 준수사항	
점검의 의무	• 맞춤형화장품 판매장 시설 · 기구를 정기적으로 점검하여 보건위생상 위해가 없도록 관리할 것
안전관리기준 준수의 의무	**혼합 · 소분 안전관리기준** • 혼합 · 소분 전에 혼합 · 소분에 사용되는 내용물 또는 원료에 대한 **품질성적서**를 확인할 것 • 혼합 · 소분 전에 <u>손을 소독하거나 세정할 것. 다만, 혼합 · 소분 시 일회용 장갑을 착용하는 경우에는 그렇지 않다.</u> • 혼합 · 소분 전에 혼합 · 소분된 제품을 담을 **포장용기의 오염** 여부를 확인할 것

안전관리기준 준수의 의무	• 혼합·소분에 사용되는 장비 또는 기구 등은 사용 전에 그 위생 상태를 점검하고, 사용 후에는 오염이 없도록 세척할 것 • 맞춤형화장품판매업자는 맞춤형화장품 조제에 사용하는 내용물 또는 원료의 혼합·소분의 범위에 대해 사전에 검토하여 최종 제품의 품질 및 안전성을 확보할 것. 다만, 화장품책임판매업자가 혼합 또는 소분의 범위를 미리 정하고 있는 경우에는 그 범위 내에서 혼합 또는 소분 할 것 • 혼합·소분에 사용되는 내용물 또는 원료가 「화장품법」 제8조의 화장품 안전기준 등에 적합한 것인지 여부를 확인하고 사용할 것 • 혼합·소분 전에 내용물 또는 원료의 사용기한 또는 개봉 후 사용기간을 확인하고, 사용기한 또는 개봉 후 사용기간이 지난 것은 사용하지 말 것 • 혼합·소분에 사용되는 내용물 또는 원료의 사용기한 또는 개봉 후 사용기간을 초과하여 맞춤형화장품의 사용기한 또는 개봉 후 사용기간을 정하지 말 것. 다만 과학적 근거를 통하여 맞춤형화장품의 안정성이 확보되는 사용기한 또는 개봉 후 사용기간을 설정한 경우에는 예외로 한다. • 맞춤형화장품 조제에 사용하고 남은 내용물 또는 원료는 밀폐가 되는 용기에 담는 등 비의도적인 오염을 방지 할 것 • 소비자의 피부 유형이나 선호도 등을 확인하지 않고 맞춤형화장품을 미리 혼합·소분하여 보관하지 말 것
판매내역서 작성 및 보관의 의무	• 다음의 사항이 포함된 맞춤형화장품 판매내역서(전자문서로 된 판매내역서 포함)를 작성·보관할 것 1. 제조번호 2. 사용기한 또는 개봉 후 사용기간 3. 판매일자 및 판매량
설명의 의무	맞춤형화장품 판매 시 다음의 사항을 소비자에게 설명할 것 1. 혼합·소분에 사용된 내용물·원료의 내용 및 특성 2. 맞춤형화장품 사용 시의 주의사항
보고의 의무	맞춤형화장품 사용과 관련된 부작용 발생사례에 대해서는 지체 없이 식품의약품안전처장에게 보고할 것(안전성 정보의 신속보고) 맞춤형화장품 사용과 관련된 중대한 유해사례 등 부작용 발생 시 그 정보를 알게 된 날로부터 15일 이내에 식약처 홈페이지를 통해 보고하거나 우편·팩스·정보통신망 등의 방법으로 보고해야 함.

화장품책임판매업자의 생산실적, 수입실적, 원료목록, 안전성 정보보고의 의무				
생산실적	보고 기간	지난해의 생산실적을 매년 2월 말까지 보고해야 함.(1년 1회)		
	보고 기관	대한화장품협회		
수입실적	보고 기간	지난해의 수입실적을 매년 2월 말까지 보고해야 함.(1년 1회)		
	보고 기관	한국의약품수출입협회		
원료목록보고	보고 기간	화장품의 유통·판매 전까지		
	보고 기관	국내 제조 화장품	대한화장품협회	
		수입 화장품	한국의약품수출입협회	
안전성 정보의 보고	정기보고	보고 기간	1년에 2번(매 반기 종료 후 1월 이내(7월, 1월))	
		보고 기관	의약품안전나라 사이트	
	신속보고	보고 기간	중대한 유해사례, 이와 관련하여 식약처장이 보고 지시, 판매 중지나 회수에 준하는 외국 정부의 조치 또는 이와 관련하여 식약처장이 보고를 지시한 경우에만 그 정보를 알게 된 날로부터 15일 이내	
		보고 기관	의약품안전나라 사이트	
표준통관예정보고를 하고 수입하는 화장품책임판매업자의 경우 수입실적 및 원료 목록의 보고 면제				

* 맞춤형화장품판매업자의 원료목록 보고의 의무
  - 보고 주체: 맞춤형화장품판매업자
  - 보고 시기: 사용된 모든 원료의 목록을 매년 1회(2월 말까지) 식품의약품안전처장에게 보고

영업자의 폐업 또는 휴업하거나 휴업 후 업 재개 시 신고의 의무

영업자가 **폐업 또는 휴업하거나 휴업 후 그 업을 재개하려는 경우**에는 폐업, 휴업 또는 재개 신고서(전자문서로 된 신고서 포함)에 화장품제조업 등록필증, 화장품책임판매업 등록필증 또는 맞춤형화장품판매업 신고필증(폐업 또는 휴업만 해당)을 첨부하여 지방식품의약품안전청장에게 제출해야 한다.

폐업 또는 휴업신고를 하려는 자가 「부가가치세법」 제8조 제7항에 따른 폐업 또는 휴업신고를 같이 하려는 경우 제1항에 따른 폐업·휴업신고서와 「부가가치세법 시행규칙」 신고서를 함께 제출해야 한다. 이 경우 지방식품의약품안전청장은 함께 제출받은 신고서를 지체 없이 관할 세무서장에게 송부(정보통신망을 이용한 송부 포함)해야 한다.

관할 세무서장은 「부가가치세법 시행령」 제13조 제5항에 따라 폐업·휴업신고서를 함께 제출받은 경우 이를 지체 없이 지방식품의약품안전청장에게 송부해야 한다.

- 신고 시 제출 서류: 폐업, 휴업 또는 재개 신고서
  • 화장품제조업 등록필증, 화장품책임판매업 등록필증 또는 맞춤형화장품판매업 신고필증(폐업 또는 휴업만 해당)
  • 휴업기간이 1개월 미만이거나 그 기간 동안 휴업하였다가 그 업을 재개하는 경우에는 신고 불필요

책임판매관리자 등의 교육의 의무

교육명령 대상	1. 법 제15조(영업의 금지 조항)를 위반한 영업자 2. 시정명령을 받은 영업자 3. 화장품제조업자의 준수사항을 위반한 화장품제조업자 4. 화장품책임판매업자의 준수사항을 위반한 화장품책임판매업자 5. 맞춤형화장품판매업자의 준수사항을 위반한 맞춤형화장품판매업자
교육 유예 조항	교육명령 대상자가 천재지변, 질병, 임신, 출산, 사고 및 출장 등의 사유로 교육을 받을 수 없는 경우 식약처장은 해당 교육을 유예할 수 있음. 단, 교육의 유예를 받으려는 사람은 식품의약품안전처장이 정하는 교육유예신청서에 이를 입증하는 서류를 첨부하여 **지방식품의약품안전청장**에게 제출하여야 함. 그 후 **지방식품의약품안전청장**은 제출된 교육유예신청서를 검토하여 식품의약품안전처장이 정하는 교육유예확인서를 발급하여야 함.
교육을 받아야 하는 자가 둘 이상의 장소에서 영업을 영위하는 경우	교육을 받아야 하는 자가 둘 이상의 장소에서 화장품제조업, 화장품책임판매업 또는 맞춤형화장품판매업을 하는 경우 종업원 중에서 '총리령으로 정하는 자'를 책임자로 지정하여 교육을 받게 할 수 있음. '총리령으로 정하는 자' 1. 책임판매관리자 2. 맞춤형화장품조제관리사 3. 품질관리기준에 따라 품질관리 업무에 종사하는 종업원
교육 실시기관	대한화장품협회, 한국의약품수출입협회, 대한화장품산업연구원
교육 시간	4시간 이상, 8시간 이하
교육비	교육실시기관은 교재비·실습비 및 강사 수당 등 교육에 필요한 실비를 교육대상자로부터 징수할 수 있음.

교육실시기관의 의무사항(교육실시기관의 업무)

교육계획 수립	교육실시기관은 매년 교육의 대상, 내용 및 시간을 포함한 **교육계획**을 수립하여 **교육을 시행할 해의 전년도 11월 30일까지 식품의약품안전처장에게 제출**하여야 함.
교육내용	화장품 관련 법령 및 제도에 관한 사항, 화장품의 안전성 확보 및 품질관리에 관한 사항 등. 교육 내용에 관한 세부 사항은 식품의약품안전처장의 승인을 받아야 함.
수료증 발급	교육을 수료한 사람에게 수료증을 발급하고 매년 1월 31일까지 **전년도 교육 실적**을 식품의약품안전처장에게 보고하며, 교육 실시기간, 교육대상자 명부, 교육 내용 등 교육에 관한 기록을 작성하여 이를 증명할 수 있는 자료와 함께 **2년간 보관**하여야 함.

영업자의 위해 화장품의 회수 및 공표의 의무	
회수 대상 화장품	해당 근거 규정
1. 안전용기·포장 기준에 위반되는 화장품	「화장품법」 제9조
2. 전부 또는 일부가 변패(變敗)된 화장품이거나 병원미생물에 오염된 화장품	「화장품법」 제15조 제2호 또는 제3호
3. 이물이 혼입되었거나 부착된 화장품 중 보건위생상 위해를 발생할 우려가 있는 화장품	「화장품법」 제15조 제4호

4. 다음의 어느 하나에 해당하는 화장품
  1) 화장품에 **사용할 수 없는 원료**(「화장품법」 제8조 제1항 또는 제2항)를 사용한 화장품
  2) **유통화장품 안전관리 기준**(「화장품법」 제8조 제5항, 내용량의 기준에 관한 부분은 제외)에 적합하지 않은 화장품
	「화장품법」 제15조 제5호

5. **사용기한 또는 개봉 후 사용기간(병행 표기된 제조연월일 포함)을 위조·변조**한 화장품	「화장품법」 제15조 제9호
6. 그 밖에 화장품제조업자, 화장품책임판매업자 및 맞춤형화장품판매업자(이하 "영업자"라 함) 스스로 국민보건에 위해를 끼칠 우려가 있어 회수가 필요하다고 판단한 화장품	-
7. 영업의 등록을 하지 않은 자가 제조한 화장품 또는 제조·수입하여 유통·판매한 화장품 (맞춤형화장품판매업 신고를 하지 아니한 자가 판매한 맞춤형화장품, 맞춤형화장품조제관리사를 두지 아니하고 판매한 맞춤형화장품) - 화장품의 기재사항, 가격표시, 기재·표시상의 주의에 위반되는 화장품 또는 의약품으로 잘못 인식할 우려가 있게 기재·표시된 화장품 - 판매의 목적이 아닌 제품의 홍보·판매촉진 등을 위하여 미리 소비자가 시험·사용하도록 제조 또는 수입된 화장품(소비자에게 판매하는 화장품에 한함) - 화장품의 포장 및 기재·표시사항을 훼손(맞춤형화장품 판매를 위하여 필요한 경우는 제외) 또는 위조·변조한 것	「화장품법」 제16조 제1항
8. 식품의 형태·냄새·색깔·크기·용기 및 포장 등을 모방하여 섭취 등 식품으로 오용될 우려가 있는 화장품	「화장품법」 제15조 제10호

회수대상화장품의 위해성 등급	
가등급	1. 화장품에 **사용할 수 없는 원료**를 사용한 화장품 2. 사용기준이 지정·고시된 원료 외의 **색소, 자외선차단제, 보존제** 등을 사용한 화장품
나등급	1. **안전용기·포장** 기준에 위반되는 화장품 2. **유통화장품 안전관리 기준**에 적합하지 않은 화장품(단, 기능성화장품의 기능성을 나타나게 하는 주원료 함량이 기준치에 부적합한 경우 제외) 3. 식품의 형태·냄새·색깔·크기·용기 및 포장 등을 모방하여 섭취 등 식품으로 오용될 우려가 있는 화장품
다등급	1. 전부 또는 일부가 변패(變敗)된 화장품이거나 병원미생물에 오염된 화장품 2. 이물이 혼입되었거나 부착된 화장품 중 보건위생상 위해를 발생할 우려가 있는 화장품 3. 유통화장품 안전관리 기준에 적합하지 않은 화장품 중 기능성화장품의 기능성을 나타나게 하는 주원료 함량이 기준치에 부적합한 경우 4. 사용기한 또는 개봉 후 사용기간(병행 표기된 제조연월일을 포함)을 위조·변조한 화장품 5. 그 밖에 화장품제조업자, 화장품책임판매업자 및 맞춤형화장품판매업자(이하 "영업자"라 함) 스스로 국민보건에 위해를 끼칠 우려가 있어 회수가 필요하다고 판단한 화장품 6. 영업의 등록을 하지 않은 자가 제조한 화장품 또는 제조·수입하여 유통·판매한 화장품 7. 영업 신고를 하지 않은 자가 판매한 맞춤형화장품 8. 맞춤형화장품조제관리사를 두지 아니하고 판매한 맞춤형화장품

다등급	9. 화장품의 기재사항, 가격표시, 기재·표시상의 주의에 위반되는 화장품 또는 의약품으로 잘못 인식할 우려가 있게 기재·표시된 화장품 10. 판매의 목적이 아닌 제품의 홍보·판매촉진 등을 위하여 미리 소비자가 시험·사용하도록 제조 또는 수입된 화장품(소비자에게 판매하는 화장품에 한함) 11. 화장품의 포장 및 기재·표시 사항을 훼손(맞춤형화장품 판매를 위하여 필요한 경우 제외) 또는 위조·변조한 것

회수대상화장품의 회수 체계도

회수 대상 화장품 인지	즉시 판매 중지	회수 계획서 제출 (+3개의 서류)	회수 계획 공표 및 통보	회수 진행
회수의무자가 직접 회수 필요성 인지 혹은 지방식약청의 회수 명령	→ 회수 개시 (회수에 필요한 조치 시행)	→ 사실을 안 날로부터 **5일 이내**에 지방식약청에 회수 계획 제출 해당 품목의 제조·수입기록서 사본, 판매처별 판매량·판매일 등의 기록, 회수 사유를 적은 서류를 함께 제출	→ • 공표: 공표명령을 받은 영업자는 위해사실을 일반일간신문 및 해당 영업자의 홈페이지에 게재 후 식약처 홈페이지에 게재 요청함. • 통보: 판매자, 해당 화장품을 취급하는 자에게 방문, 우편, 전화, 전보, 전자우편, 팩스 또는 언론매체를 통한 공고 등을 통해 회수계획 통보(통보 입증 사실 증명 자료는 **회수종료일부터 2년간 보관**)	→ 회수계획을 통보받은 자는 회수대상화장품을 회수의무자에게 반품 후 **회수확인서**를 작성하여 회수의무자에게 송부

***회수 기간**
1. 위해성 등급이 가등급인 화장품: 회수를 시작한 날부터 **15일 이내**
2. 위해성 등급이 나등급 또는 다등급인 화장품: 회수를 시작한 날부터 **30일 이내**

↓

회수종료	회수종료신고서 제출	폐기	폐기신청서 제출 (폐기 시에 한함)
지방식약청은 회수가 종료되었음을 확인하고 회수의무자에게 회수종료를 서면으로 통보	← 회수종료신고서와 함께 **회수확인서 사본, 폐기확인서 사본(폐기한 경우에만 해당), 평가보고서 사본**을 지방식약청에 제출	← 관계 공무원의 참관 하에 환경 관련 법령에서 정하는 바에 따라 폐기 후 **폐기확인서 작성 (2년간 보관)**	지방식약청에 폐기 신청서 제출 회수확인서 사본, 회수계획서 사본을 함께 제출

* 회수계획 제출 시 연장요청 가능: 제출기한까지 회수계획서의 제출이 곤란하다고 판단되는 경우 지방식품의약품안전청장에게 그 사유를 밝히고 제출기한 연장을 요청하여야 한다.
* 회수기간 내 회수가 어려울 시 연장요청 가능: 회수 기간 이내에 회수하기가 곤란하다고 판단되는 경우에는 지방식품의약품안전청장에게 그 사유를 밝히고 회수 기간 연장을 요청할 수 있다.
* 보완 명령 가능: 지방식품의약품안전청장은 제출된 회수계획이 미흡하다고 판단되는 경우 해당 회수의무자에게 그 회수계획의 보완을 명할 수 있다.
* 지방식약청장의 추가 조치 명령권: 지방식약청장은 회수가 효과적으로 이루어지지 않았다고 판단되는 경우 회수의무자에게 회수에 필요한 추가 조치를 명할 수 있다.
* 위해화장품 회수 조치 의무 및 회수계획 보고의무를 위반한 자는 200만원 이하의 벌금에 처해진다.

회수조치 성실 이행자에 대한 행정처분의 감면	
구분	경감 내용
회수계획에 따른 회수계획량의 5분의 4 이상을 회수한 경우	행정처분 전부 면제
회수계획량의 3분의 1 이상을 회수한 경우 (3분의 1 이상 5분의 4 미만)	행정처분기준이 **등록취소**인 경우 **업무정지 2개월 이상 6개월 이하**의 범위에서 처분 행정처분기준이 **업무정지 또는 품목의 제조 · 수입 · 판매 업무정지**인 경우 정지처분기간의 **3분의 2 이하**의 범위에서 경감
회수계획량의 4분의 1 이상 3분의 1 미만을 회수한 경우	행정처분기준이 **등록취소**인 경우 **업무정지 3개월 이상 6개월 이하**의 범위에서 처분 행정처분기준이 **업무정지 또는 품목의 제조 · 수입 · 판매 업무정지**인 경우 정지처분기간의 **2분의 1 이하**의 범위에서 경감

위해화장품의 공표	
공표를 해야 하는 경우	식약처장 또는 지방식약청장이 회수의무자로부터 회수계획을 받은 후 해당 영업자에 대하여 그 사실의 공표를 명한 경우(공표명령을 받은 경우)
공표 방법	「신문 등의 진흥에 관한 법률」 제9조 제1항에 따라 등록한 전국을 보급지역으로 하는 1개 이상의 일반일간신문에 게재 2. 해당 영업자의 인터넷 홈페이지에 게재 3. 식품의약품안전처의 인터넷 홈페이지에 게재 요청 　* 단, **위해성 등급이 다등급**인 화장품의 경우에는 해당 일반일간신문에의 게재 생략 가능
공표 내용	1. 화장품을 회수한다는 내용의 표제 2. 제품명 3. 회수대상화장품의 제조번호 4. 사용기한 또는 개봉 후 사용기간(병행 표기된 제조연월일 포함) 5. 회수 사유 6. 회수 방법 7. 회수하는 영업자의 명칭 8. 회수하는 영업자의 전화번호, 주소, 그 밖에 회수에 필요한 사항
공표 후 조치 내용	공표 결과를 지체 없이 지방식품의약품안전청장에게 통보하여야 함.
통보하여야 하는 공표 결과의 내용	1. 공표일 2. 공표매체 3. 공표횟수 4. 공표문 사본 또는 내용

2. 안전성 정보 보고 사항 총정리

화장품 안전성 정보관리 규정	
목적	화장품의 취급 · 사용 시 인지되는 안전성 관련 정보를 체계적이고 효율적으로 수집 · 검토 · 평가하여 적절한 안전대책을 강구함으로써 국민 보건상의 위해 방지

화장품 안전성 정보관리 규정				
용어 정리	용어 |||| 뜻			
	유해사례 (Adverse Event/Adverse Experience, AE) |||| 화장품의 사용 중 발생한 바람직하지 않고 의도되지 아니한 징후, 증상 또는 질병. 해당 화장품과 **반드시 인과관계를 가져야 하는 것은 아님.**			
	중대한 유해사례 (Serious AE) |||| 유해사례 중 다음의 어느 하나에 해당하는 경우 가. 사망을 초래하거나 생명을 위협하는 경우 나. 입원 또는 입원기간의 연장이 필요한 경우 다. 지속적 또는 중대한 불구나 기능저하를 초래하는 경우 라. 선천적 기형 또는 이상을 초래하는 경우 마. 기타 의학적으로 중요한 상황			
	실마리 정보 (Signal) |||| 유해사례와 화장품 간의 **인과관계 가능성이 있다고 보고된 정보**로서 그 인과관계가 알려지지 아니하거나 입증자료가 불충분한 것			
	안전성 정보 |||| 화장품과 관련하여 국민보건에 직접 영향을 미칠 수 있는 안전성·유효성에 관한 새로운 자료, 유해사례 정보 등			
관리체계	최종 컨트롤타워: 식약처(**화장품정책과**)								
안전성 정보의 보고	보고 종류	보고자	보고해야 할 때	보고 대상	보고 방법
	상시보고	의사·약사·간호사·판매자·소비자·관련단체 등의 장 (즉, <u>모든 사람</u>)	① 화장품 사용 중 유해사례가 발생한 때 ② 화장품에 관한 유해사례 등 안전성 정보를 알게 된 때	식약처장, 화장품책임판매업자, 맞춤형화장품판매업자	식약처 홈페이지, 전화·우편·팩스·정보통신망 등
	★ 신속보고	화장품책임판매업자, 맞춤형화장품판매업자	① 중대한 유해사례 또는 이와 관련하여 식약처장이 보고를 지시한 때 ② 판매중지나 회수에 준하는 외국정부의 조치 또는 이와 관련하여 식약처장이 보고를 지시한 때 ③ 맞춤형화장품판매업자의 경우 중대한 부작용이 발생한 때	식약처장	해당 정보를 알게 된 날로부터 15일 이내에 식약처장에게 식약처 홈페이지를 통해 보고하거나 우편·팩스·정보통신망 등의 방법으로 신속히 보고하여야 함.
	★ 정기보고	화장품책임판매업자 및 맞춤형화장품판매업자	1년에 2번 **의무적으로 시행** (매 반기 종료 후 1월 이내)	**식약처장**	신속보고 되지 않는 화장품의 안전성 정보를 식약처 홈페이지를 통해 보고하거나 전자파일과 함께 우편·팩스·정보통신망 등의 방법으로 식약처장에게 보고
	*단, **상시근로자수가 2인 이하로서** <u>직접 제조한 화장비누만을 판매하는</u> 화장품책임판매업자는 정기보고를 하지 않아도 된다!				
보고 보완	식품의약품안전처장은 안전성 정보의 보고가 이 규정에 적합하지 않거나 추가 자료가 필요하다고 판단하는 경우 일정 기한을 정하여 자료의 보완을 요구할 수 있음.				

화장품 안전성 정보관리 규정	
검토 및 평가	- 식품의약품안전처장은 다음에 따라 화장품 안전성 정보를 검토 및 평가하며 필요한 경우 화장품 안전관련 분야의 전문가 등의 자문을 받을 수 있음. 1. 정보의 신뢰성 및 인과관계의 평가 등 2. 국내·외 사용현황 등 조사·비교 (화장품에 사용할 수 없는 원료 사용 여부 등) 3. 외국의 조치 및 근거 확인(필요한 경우에 한함) 4. 관련 유해사례 등 안전성 정보 자료의 수집·조사 5. 종합검토
검토 및 평가 결과에 따른 조치	식품의약품안전처장 또는 지방식품의약품안전청장은 보고된 안전성 정보의 검토 및 평가가 끝난 후 **검토 및 평가 결과에 따라 다음과 같은 필요한 조치**를 할 수 있음. 1. 품목 제조·수입·판매 금지 및 수거·폐기 등의 명령 2. 사용상의 주의사항 등 추가 3. 조사연구 등의 지시 4. 실마리 정보로 관리 5. 제조·품질관리의 적정성 여부 조사 및 시험·검사 등 기타 필요한 조치
정보의 전파	① 식품의약품안전처장은 안전하고 올바른 화장품의 사용을 위하여 화장품 안전성 정보의 평가 결과를 화장품 책임판매업자 등에게 전파하고 필요한 경우 이를 소비자에게 제공할 수 있음. ② 식품의약품안전처장은 수집된 안전성 정보, 평가결과 또는 후속조치 등에 대하여 필요한 경우 국제기구나 관련국 정부 등에 통보하는 등 국제적 정보교환체계를 활성화하고 상호협력 관계를 긴밀하게 유지함으로써 화장품으로 인한 범국가적 위해의 방지에 적극 노력하여야 함.

- **보고자 등의 보호**: 화장품 안전성 정보의 수집·분석 및 평가 등의 업무에 종사하는 자와 관련 공무원은 보고자, 환자 등 특정인의 인적사항 등에 관한 정보로서 당사자의 생명·신체를 해할 우려가 있는 경우 또는 당사자의 사생활의 비밀 또는 자유를 침해할 우려가 있다고 인정되는 경우 등 당사자 또는 제3자 등의 권리와 이익을 부당하게 침해할 우려가 있다고 인정되는 사항에 대하여는 이를 공개하여서는 안 됨.
- **포상**: 식품의약품안전처장은 이 규정에 따라 적극적이고 성실한 보고자나 기타 화장품 안전성 정보 관리체계의 활성화에 기여한 자에 대해 「식품의약품안전처 공적심사규정」(식약처 훈령)에 따라 포상 또는 표창을 실시할 수 있음.

3. 화장품 포장 기재·표시 사항 총정리

'화장품 포장의 기재·표시'의 모든 것
① 화장품의 포장에 기재하여야 하는 사항 (1차 포장에 하든 2차 포장에 하든 어느 포장이든 꼭 기재하여야 하는 사항)

1. 화장품의 명칭
2. 영업자의 상호 및 주소
3. 해당 화장품 제조에 사용된 모든 성분(인체에 무해한 소량 함유 성분 등 총리령으로 정하는 성분은 제외)
4. 내용물의 용량 또는 중량
5. 제조번호
6. 사용기한 또는 개봉 후 사용기간
7. 가격
8. 기능성화장품의 경우 "기능성화장품"이라는 글자 또는 기능성화장품을 나타내는 도안으로서 식품의약품안전처장이 정하는 도안
9. 사용할 때의 주의사항

'화장품 포장의 기재 · 표시'의 모든 것

10. 식품의약품안전처장이 정하는 바코드(단, 바코드는 맞춤형화장품에 생략가능!)
11. 기능성화장품의 경우 심사받거나 보고한 효능 · 효과, 용법 · 용량
12. 성분명을 제품 명칭의 일부로 사용한 경우 그 성분명과 함량(방향용 제품 제외)
13. 인체 세포 · 조직 배양액이 들어있는 경우 그 함량
14. 화장품에 천연 또는 유기농으로 표시 · 광고하려는 경우에는 원료의 함량
15. 수입화장품인 경우에는 제조국의 명칭(「대외무역법」에 따른 원산지를 표시한 경우 제조국의 명칭 생략가능), 제조회사명 및 그 소재지
16. 기능성화장품 중 탈모 증상의 완화, 여드름성 피부의 완화, 피부장벽의 기능을 회복하여 가려움 등의 개선, 튼살로 인한 붉은 선을 엷게 하는 데 도움을 주는 화장품의 경우에는 "질병의 예방 및 치료를 위한 의약품이 아님"이라는 문구
17. 영유아용 제품류 혹은 어린이가 사용할 수 있는 제품임을 표시 · 광고하는 화장품의 경우 사용기준이 지정 · 고시된 원료 중 보존제의 함량

② 위의 사항 중 1차 포장에 꼭 기재하여야 하는 사항

1. 화장품의 명칭   2. 영업자의 상호   3. 제조번호   4. 사용기한 또는 개봉 후 사용기간

위의 사항에도 불구하고 기재 · 표시를 생략할 수 있는 성분들

1. 제조과정 중에 **제거**되어 최종 제품에는 남아 있지 않은 성분
2. 안정화제, 보존제 등 원료 자체에 들어 있는 부수 성분으로서 그 효과가 나타나게 하는 양보다 적은 양이 들어 있는 성분
3. **내용량이 10밀리리터 초과 50밀리리터 이하 또는 중량이 10그램 초과 50그램 이하 화장품**의 포장인 경우에는 다음의 성분을 제외한 성분

> 가. 타르색소
> 나. 금박
> 다. 샴푸와 린스에 들어 있는 인산염의 종류
> 라. 과일산(AHA)
> 마. 기능성화장품의 경우 그 효능 · 효과가 나타나게 하는 원료
> 바. 식품의약품안전처장이 사용 한도를 고시한 화장품의 원료

→ 즉, 내용량이 10ml(g)초과 50ml(g)이하인 화장품은 **위의 가~바까지의 6가지 원료들을 제외**한 전 성분 기재 · 표시가 생략된다.

소용량 화장품 및 견본품, 비매품의 포장의 기재 · 표시사항

위의 사항과는 별개로 이 화장품들은 화장품의 명칭, 화장품책임판매업자 또는 맞춤형화장품판매업자의 상호, 가격, 제조번호와 사용기한 또는 개봉 후 사용기간(제조연월일 병행 표기)만 기재 · 표시

* 소용량 화장품: 내용량이 10밀리리터 이하 또는 10그램 이하인 화장품
* 견본품 및 비매품: 판매의 목적이 아닌 제품의 선택 등을 위하여 미리 소비자가 시험 · 사용하도록 제조 또는 수입된 화장품

상세한 기재 · 표시 방법

* **영업자의 주소**: 등록필증 또는 신고필증에 적힌 소재지 또는 반품 · 교환 업무를 대표하는 소재지를 기재 · 표시
* **영업자의 상호**: "화장품제조업자", "화장품책임판매업자" 또는 "맞춤형화장품판매업자"는 각각 구분하여 기재 · 표시. 단, 화장품제조업자, 화장품책임판매업자 또는 맞춤형화장품판매업자가 다른 영업을 함께 영위하고 있는 경우 한꺼번에 기재 · 표시 가능.
공정별로 2개 이상의 제조소에서 생산된 화장품의 경우 일부 공정을 수탁한 화장품제조업자의 상호 및 주소의 기재 · 표시 생략 가능
수입화장품의 경우 추가로 기재 · 표시하는 제조국의 명칭, 제조회사명 및 그 소재지를 국내 "화장품제조업자"와 구분하여 기재 · 표시

'화장품 포장의 기재 · 표시'의 모든 것

* **전성분 표시방법**: 글자 크기 5포인트 이상, 제조에 사용된 함량이 많은 것부터 기재. 단, 1퍼센트 이하로 사용된 성분, 착향제 또는 착색제는 순서에 상관없이 기재·표시, 혼합원료는 혼합된 개별 성분의 명칭을 기재·표시, 색조 화장용 제품류, 눈 화장용 제품류, 두발염색용 제품류 또는 손발톱용 제품류에서 호수별로 착색제가 다르게 사용된 경우 '± 또는 +/-'의 표시 다음에 사용된 모든 착색제 성분을 함께 기재·표시 가능, 착향제는 "향료"로 표시 가능. 단, 착향제의 구성 성분 중 식품의약품안전처장이 정하여 고시한 알레르기 유발성분이 있는 25종은 사용 후 씻어내는 제품에 0.01% 초과, 사용 후 씻어내지 않는 제품에 0.001% 초과 함유하는 경우 향료로 표시할 수 없고, 해당 성분의 **명칭**을 기재·표시.

> *** 식품의약품안전처장이 정하여 고시한 알레르기 유발성분(25종-모두 암기!)***
> 다음 성분들이 사용 후 **씻어내는 제품에 0.01%** 초과, 사용 후 **씻어내지 않는 제품에 0.001%** 초과 함유하는 경우 "향료"로 표시할 수 없고 따로 해당 성분의 명칭을 기재·표시해야 한다.
> 아밀신남알, 벤질알코올, 신나밀알코올, 시트랄, 유제놀, 하이드록시시트로넬알, 아이소유제놀, 아밀신나밀알코올, 벤질살리실레이트, 신남알, 쿠마린, 제라니올, 아니스알코올, 벤질신나메이트, 파네솔, 부틸페닐메틸프로피오날, 리날룰, 벤질벤조에이트, 시트로넬올, 헥실신남알, 리모넨, 메틸 2-옥티노에이트, 알파-아이소메틸아이오논, 참나무이끼추출물, 나무이끼추출물

산성도(pH) 조절 목적으로 사용되는 성분은 그 성분을 표시하는 대신 **중화반응**에 따른 **생성물**로 기재·표시할 수 있고, **비누화반응을 거치는 성분**은 비누화반응에 따른 **생성물**로 기재·표시
영업자의 정당한 이익을 현저히 침해할 우려가 있을 때에는 영업자는 식품의약품안전처장에게 그 근거자료를 제출해야 하고, 식품의약품안전처장이 정당한 이익을 침해할 우려가 있다고 인정하는 경우에는 그 성분을 "기타 성분"으로 기재·표시

* **용량 또는 중량**: 화장품의 1차 포장 또는 2차 포장의 **무게가 포함되지 않은 용량** 또는 중량을 기재·표시. 이 경우 **화장 비누(고체 형태의 세안용 비누)의 경우에는 수분을 포함한 중량과 건조중량을 함께 기재·표시**
* **제조번호**: 사용기한(또는 개봉 후 사용기간)과 쉽게 구별되도록 기재·표시해야 하며, 개봉 후 사용기간을 표시하는 경우에는 **병행 표기해야 하는 제조연월일**(맞춤형화장품의 경우에는 혼합·소분일)도 각각 구별이 가능하도록 기재·표시
* **사용기한**: "사용기한" 또는 "까지" 등의 문자와 "연월일"을 소비자가 알기 쉽도록 기재·표시. 다만, "연월"로 표시하는 경우 사용기한을 넘지 않는 범위에서 기재·표시
* **개봉 후 사용기간**: "개봉 후 사용기간"이라는 문자와 "○○월" 또는 "○○개월"을 조합하여 기재·표시하거나, 개봉 후 사용기간을 나타내는 심벌과 기간을 기재·표시.
* **두 개 이상의 화장품을 하나의 세트로 포장하여 판매하려는 경우 해당 세트의 외부 포장에는 다음과 같이 기재·표시할 수 있다.**
  1) 사용기한: 세트를 구성하는 화장품의 사용기한 중 사용기한이 가장 빨리 이르는 화장품의 사용기한만 기재·표시하고, 그 밖의 화장품의 사용기한은 예시와 같이 기재·표시의 위치를 안내하는 문구를 기재·표시(예시: "사용기한: 제품에 별도 표시")
  2) 개봉 후 사용기간: 세트를 구성하는 화장품 중 제조일자가 가장 오래된 화장품의 개봉 후 사용기간만 기재·표시하고, 그 밖의 화장품은 예시와 같이 기재·표시의 위치를 안내하는 문구를 기재·표시(예시: "개봉 후 사용기간: 제품에 별도 표시")
* **기능성화장품의 기재·표시**: 문구는 기재·표시된 "기능성화장품" 글자 바로 아래에 "기능성화장품" 글자와 동일한 글자 크기 이상으로 기재·표시, 도안의 크기는 용도 및 포장재의 크기에 따라 동일 배율로 조정, 도안은 알아보기 쉽도록 인쇄 또는 각인 등의 방법으로 표시

바코드 관련 사항

화장품의 1차 포장 혹은 2차 포장에 바코드를 원칙적으로 기재·표시해야 함. 단, **맞춤형화장품, 내용량이 15밀리리터 이하 또는 15그램 이하인 제품의 용기 또는 포장이나 견본품, 시공품 등 비매품**에는 바코드 생략 가능
바코드를 표시하는 자: 국내에서 화장품을 유통·판매하고자 하는 **화장품책임판매업자**
한국에서 화장품바코드로 인정하는 바코드: GS1 체계 중 EAN-13, ITF-14, GS1-128, UPC-A 또는 GS1 DataMatrix
- 기타 사항: 화장품 판매업소를 통하지 않고 소비자의 가정을 직접 방문하여 판매하는 등 폐쇄된 유통경로를 이용하는 경우 자체적으로 마련한 바코드 사용 가능. 또한 화장품책임판매업자는 용기포장의 디자인에 따라 판독이 가능하도록 바코드의 인쇄크기와 색상을 자율적으로 정할 수 있음. 화장품바코드 표시는 유통단계에서 쉽게 훼손되거나 지워지지 않도록 하여야 함.

'화장품 포장의 기재 · 표시'의 모든 것
제조에 사용된 성분의 기재 · 표시를 생략한 경우 영업자의 추가 조치사항

소비자가 모든 성분을 즉시 확인할 수 있도록 포장에 전화번호나 홈페이지 주소를 적거나 모든 성분이 적힌 책자 등의 인쇄물을 판매업소에 늘 갖추어 두어야 함.(둘 중 하나만 하면 됨.)

구체적 화장품 포장의 표시기준 및 표시방법

1. **화장품의 명칭**
   다른 제품과 구별할 수 있도록 표시된 것으로서 같은 화장품책임판매업자 또는 맞춤형화장품판매업자의 여러 제품에서 공통으로 사용하는 명칭을 포함합니다.

2. **영업자의 상호 및 주소**
   가. 영업자의 주소는 **등록필증 또는 신고필증에 적힌 소재지 또는 반품 · 교환 업무를 대표하는 소재지를 기재 · 표시**해야 합니다.(반품 및 교환이란 단어가 시험에 주관식으로 출제되었습니다!)
   나. "화장품제조업자", "화장품책임판매업자" 또는 "맞춤형화장품판매업자"는 각각 구분하여 기재 · 표시해야 합니다. 다만, 화장품제조업자, 화장품책임판매업자 또는 맞춤형화장품판매업자가 다른 영업을 함께 영위하고 있는 경우에는 한꺼번에 기재 · 표시할 수 있습니다.

   > 예) 화장품제조업자와 화장품책임판매업자가 같을 경우 표시 방법
   > · **화장품제조업자 · 화장품책임판매업자: (주)지한코스메틱**

   다. 공정별로 **2개 이상의 제조소**에서 생산된 화장품의 경우에는 일부 공정을 수탁한 화장품제조업자의 상호 및 주소의 기재 · 표시를 생략할 수 있습니다.

   > 예) 화장품책임판매업자 A가 제조업자인 B에게 전반적인 제조 위탁을 맡겼는데, 이 B가 제조공정 중 일부를 제조업자 C에게 위탁한 경우 화장품책임판매업자인 A가 직접 위탁 계약을 한 B의 상호 및 주소는 기재를 생략할 수 없으나 제조업자 B의 일부 공정을 수탁한 제조업자인 C의 상호 및 주소의 기재를 생략할 수 있다.

   라. 수입화장품의 경우에는 추가로 기재 · 표시하는 제조국의 명칭, 제조회사명 및 그 소재지를 국내 "화장품제조업자"와 구분하여 기재 · 표시해야 합니다.

3. **화장품 제조에 사용된 성분(전성분 표시방법)**★★★★★
   가. 글자의 크기는 **5포인트 이상**으로 합니다.
   나. 화장품 제조에 사용된 함량이 많은 것부터 기재 · 표시합니다. **다만, 1퍼센트 이하로 사용된 성분, 착향제 또는 착색제는 순서에 상관없이 기재 · 표시**할 수 있습니다.

   > 예) 어떤 화장품의 포장에 기재된 전성분이 다음과 같다고 합시다.
   >
   > 정제수, 부틸렌글라이콜, 글리세린, 나이아신아마이드, 스쿠알란, 세테아릴알코올, 리모넨, 홍차추출물, 시트로넬올, 하이알루로닉애씨드, 세라마이드엔피

   전성분은 제조에 사용된 함량이 많은 것부터 기재 · 표시하니 이 화장품에 들어있는 제일 많은 원료는 정제수이겠군요. 만약, 이 화장품에 세테아릴알코올이 1%가 들어갔다면 세테아릴알코올 뒤에 있는 원료들은 다 1% 정도 함유되었거나 혹은 그 이하가 함유되었을 것입니다. 그러나 이 경우 세테아릴알코올과 리모넨, 홍차추출물, 시트로넬올, 하이알루로닉애씨드, 세라마이드엔피 중 어느 성분의 함량이 더 많은지는 알 수 없겠죠. **1퍼센트 이하로 사용된 성분, 착향제 또는 착색제는 순서에 상관없이 기재 · 표시**하니까요.

   다. 혼합원료는 혼합된 개별 성분의 명칭을 기재 · 표시합니다.
   라. 색조 화장용 제품류, 눈 화장용 제품류, 두발염색용 제품류 또는 손발톱용 제품류에서 **호수별로 착색제가 다르게 사용된 경우 '± 또는 +/-'의 표시** 다음에 사용된 모든 착색제 성분을 함께 기재 · 표시할 수 있습니다.

마. 착향제는 "향료"로 표시할 수 있습니다. 다만, **착향제의 구성 성분 중 식품의약품안전처장이 정하여 고시한 알레르기 유발성분**은 사용 후 <u>씻어내는 제품에 0.01%</u> 초과, 사용 후 <u>씻어내지 않는 제품에 0.001%</u> 초과 함유하는 경우 **향료로 표시할 수 없고, 해당 성분의 명칭을 기재·표시해야 합니다.**

> ***식품의약품안전처장이 정하여 고시한 알레르기 유발성분(25종-모두 암기!)***
> 다음 성분들이 사용 후 <u>씻어내는 제품에 0.01%</u> 초과, 사용 후 <u>씻어내지 않는 제품에 0.001%</u> 초과 함유하는 경우 "향료"로 표시할 수 없고 따로 해당 성분의 명칭을 기재·표시해야 합니다.
> → 아밀신남알, 벤질알코올, 신나밀알코올, 시트랄, 유제놀, 하이드록시시트로넬알, 아이소유제놀, 아밀신나밀알코올, 벤질살리실레이트, 신남알, 쿠마린, 제라니올, 아니스알코올, 벤질신나메이트, 파네솔, 부틸페닐메틸프로피오날, 리날룰, 벤질벤조에이트, 시트로넬올, 헥실신남알, 리모넨, 메틸 2-옥티노에이트, 알파-아이소메틸아이오논, 참나무이끼추출물, 나무이끼추출물

바. **산성도(pH) 조절 목적으로 사용되는 성분**은 그 성분을 표시하는 대신 **중화반응에 따른 생성물**로 기재·표시할 수 있고, **비누화반응**을 거치는 성분은 **비누화반응에 따른 생성물**로 기재·표시할 수 있습니다.

사. 영업자의 정당한 이익을 현저히 침해할 우려가 있을 때에는 영업자는 식품의약품안전처장에게 그 근거자료를 제출해야 하고, 식품의약품안전처장이 정당한 이익을 침해할 우려가 있다고 인정하는 경우에는 그 성분을 "**기타 성분**"으로 기재·표시할 수 있습니다.

4. 내용물의 용량 또는 중량

화장품의 <u>1차 포장 또는 2차 포장의 무게가 포함되지 않은 용량 또는 중량을 기재·표시해야 합니다. 이 경우 **화장 비누(고체 형태의 세안용 비누)의 경우에는 수분을 포함한 중량과 건조중량을 함께 기재·표시**</u>해야 합니다.

5. 제조번호

사용기한(또는 개봉 후 사용기간)과 쉽게 구별되도록 기재·표시해야 하며, 개봉 후 사용기간을 표시하는 경우에는 병행 표기해야 하는 **제조연월일(맞춤형화장품의 경우에는 혼합·소분일)**도 각각 구별이 가능하도록 기재·표시해야 합니다.

6. 사용기한 또는 개봉 후 사용기간

가. **사용기한**은 "사용기한" 또는 "까지" 등의 문자와 "연월일"을 소비자가 알기 쉽도록 기재·표시해야 합니다. 다만, "연월"로 표시하는 경우 사용기한을 넘지 않는 범위에서 기재·표시해야 합니다.

> 예 화장품의 사용기한이 2021년 4월 4일인 경우
> "2021년 4월 4일까지" - (옳음)
> "2021년 4월까지" - (틀림- 4월까지라는 말은 4월 30일까지 써도 된다는 뜻이므로)
> "2021년 3월까지" - (옳음- "연월"로 표시하는 경우 사용기한을 넘지 않는 범위에서 기재·표시)

나. **개봉 후 사용기간**은 "개봉 후 사용기간"이라는 문자와 "○○월" 또는 "○○개월"을 조합하여 기재·표시하거나, 개봉 후 사용기간을 나타내는 **심벌과 기간**을 기재·표시할 수 있습니다.
   (예시: 심벌과 기간 표시) 개봉 후 사용기간이 12개월 이내인 제품

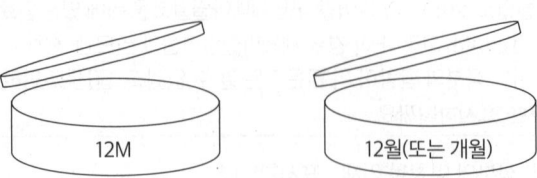

*두 개 이상의 화장품을 하나의 세트로 포장하여 판매하려는 경우 해당 세트의 외부 포장에는 다음과 같이 기재·표시할 수 있다.

1) 사용기한: 세트를 구성하는 화장품의 사용기한 중 사용기한이 가장 빨리 이르는 화장품의 사용기한만 기재·표시하고, 그 밖의 화장품의 사용기한은 예시와 같이 기재·표시의 위치를 안내하는 문구를 기재·표시(예시: "사용기한: 제품에 별도 표시")
2) 개봉 후 사용기간: 세트를 구성하는 화장품 중 제조일자가 가장 오래된 화장품의 개봉 후 사용기간만 기재·표시하고, 그 밖의 화장품은 예시와 같이 기재·표시의 위치를 안내하는 문구를 기재·표시(예시: "개봉 후 사용기간: 제품에 별도 표시")

7. 기능성화장품의 기재·표시
    가. 문구는 기재·표시된 "기능성화장품" 글자 바로 아래에 "기능성화장품" 글자와 동일한 글자 크기 이상으로 기재·표시해야 합니다.
    나. 기능성화장품을 나타내는 도안은 다음과 같습니다.
        1) 표시기준(로고모형)

        2) 표시방법
            가) 도안의 크기는 용도 및 포장재의 크기에 따라 동일 배율로 조정합니다.
            나) 도안은 알아보기 쉽도록 인쇄 또는 각인 등의 방법으로 표시해야 합니다.

4. 화장품 표시·광고 준수사항 총정리

- 광고의 정의: 라디오·텔레비전·신문·잡지·음성·음향·영상·인터넷·인쇄물·간판, 그 밖의 방법에 의하여 화장품에 대한 정보를 나타내거나 알리는 행위

화장품 표시·광고의 모든 것	
화장품을 표시·광고하는 자	영업자 또는 판매자
표시·광고의 범위 (화장품 광고의 매체 또는 수단)	신문·방송 또는 잡지 전단·팸플릿·견본 또는 입장권 인터넷 또는 컴퓨터통신 포스터·간판·네온사인·애드벌룬 또는 전광판 비디오물·음반·서적·간행물·영화 또는 연극 방문광고 또는 실연(實演)에 의한 광고 자기 상품 외의 다른 상품의 포장 그 밖의 매체 또는 수단과 유사한 매체 또는 수단
부당한 표시·광고 행위 (화장품법 제13조)	1. 의약품으로 잘못 인식할 우려가 있는 표시 또는 광고 2. 기능성화장품이 아닌 화장품을 기능성화장품으로 잘못 인식할 우려가 있거나 기능성화장품의 안전성·유효성에 관한 심사결과와 다른 내용의 표시 또는 광고 3. 천연화장품 또는 유기농화장품이 아닌 화장품을 천연화장품 또는 유기농화장품으로 잘못 인식할 우려가 있는 표시 또는 광고 4. 그 밖에 사실과 다르게 소비자를 속이거나 소비자가 잘못 인식하도록 할 우려가 있는 표시 또는 광고

화장품 표시 · 광고 시 준수사항 화장품 표시 · 광고 시 준수사항	1. **의약품**으로 잘못 인식할 우려가 있는 내용, 제품의 명칭 및 효능 · 효과 등에 대한 표시 · 광고를 하지 말 것 2. **기능성화장품, 천연화장품 또는 유기농화장품**이 아님에도 불구하고 제품의 명칭, 제조방법, 효능 · 효과 등에 관하여 기능성화장품, 천연화장품 또는 유기농화장품으로 잘못 인식할 우려가 있는 표시 · 광고를 하지 말 것 3. **의사 · 치과의사 · 한의사 · 약사 · 의료기관 또는 그 밖의 의 · 약 분야의 전문가**가 해당 화장품을 지정 · 공인 · 추천 · 지도 · 연구 · 개발 또는 사용하고 있다는 내용이나 이를 암시하는 등의 표시 · 광고를 하지 말 것. 다만, 법 제2조제1호부터 제3호까지의 정의에 부합되는 인체 적용시험 결과가 관련 학회 발표 등을 통하여 공인된 경우에는 그 범위에서 관련 문헌을 인용할 수 있으며, 이 경우 인용한 문헌의 본래 뜻을 정확히 전달하여야 하고, 연구자 성명 · 문헌명과 발표연월일을 분명히 밝혀야 함. **표시 · 광고할 수 있는 인증 · 보증의 종류** 다음의 기관에서 받은 인증 · 보증은 표시 · 광고할 수 있음. 1. 할랄(Halal) · 코셔(Kosher) · 비건(Vegan) 및 천연 · 유기농 등 국제적으로 통용되거나 그 밖에 신뢰성을 확인할 수 있는 기관에서 받은 화장품 인증 · 보증 2. 우수화장품 제조 및 품질관리기준(GMP), ISO 22716 등 제조 및 품질관리 기준과 관련하여 국제적으로 통용되거나 그 밖에 신뢰성을 확인할 수 있는 기관에서 받은 화장품 인증 · 보증 3. 「정부조직법」 제2조부터 제4조까지의 규정에 따른 **중앙행정기관 · 특별지방행정기관** 및 그 부속기관, 「지방자치법」 제2조에 따른 **지방자치단체** 또는 「공공기관의 운영에 관한 법률」 제4조에 따른 공공기관 및 기타 법령에 따라 권한을 받은 기관에서 받은 인증 · 보증 4. 국제기구, 외국 정부 또는 외국의 법령에 따라 인증 · 보증을 할 수 있는 권한을 받은 기관에서 받은 인증 · 보증 5. 그 밖에 식약처장의 고시를 통해 신뢰성을 인정받은 인증 · 보증기관에서 받은 인증 · 보증은 화장품에 관한 표시 · 광고에 사용할 수 있음. 4. 외국제품을 국내제품으로 또는 국내제품을 외국제품으로 잘못 인식할 우려가 있는 표시 · 광고를 하지 말 것 5. 외국과의 기술제휴를 하지 않고 외국과의 기술제휴 등을 표현하는 표시 · 광고를 하지 말 것 6. 경쟁상품과 비교하는 표시 · 광고는 **비교 대상 및 기준을 분명히 밝히고** 객관적으로 확인될 수 있는 사항만을 표시 · 광고하여야 하며, 배타성을 띤 "최고" 또는 "최상" 등의 **절대적 표현**의 표시 · 광고를 하지 말 것 7. 사실과 다르거나 부분적으로 사실이라고 하더라도 전체적으로 보아 소비자가 잘못 인식할 우려가 있는 표시 · 광고 또는 소비자를 속이거나 소비자가 속을 우려가 있는 표시 · 광고를 하지 말 것 8. 품질 · 효능 등에 관하여 객관적으로 확인될 수 없거나 확인되지 않았는데도 불구하고 이를 광고하거나 법 제2조 제1호에 따른 화장품의 범위를 벗어나는 표시 · 광고를 하지 말 것 9. 저속하거나 혐오감을 주는 표현 · 도안 · 사진 등을 이용하는 표시 · 광고를 하지 말 것 10. 국제적 멸종위기종의 가공품이 함유된 화장품임을 표현하거나 암시하는 표시 · 광고를 하지 말 것 11. 사실 유무와 관계없이 다른 제품을 비방하거나 비방한다고 의심이 되는 표시 · 광고를 하지 말 것

표시 · 광고의 실증	
표시 · 광고 실증의 대상	화장품의 포장 또는 광고의 매체 또는 수단에 의한 표시 · 광고 중 사실과 다르게 소비자를 속이거나 소비자가 잘못 인식하게 할 우려가 있어 식품의약품안전처장이 실증이 필요하다고 인정하는 표시 · 광고
실증자료의 범위 및 요건	1. **시험결과**: 인체 적용시험 자료, 인체 외 시험 자료 또는 같은 수준 이상의 조사자료일 것 　- 같은 수준 이상의 조사자료의 예시: 해당 표시 · 광고와 관련된 시험결과 등이 포함된 논문, 학술문헌 등 　• **인체 적용시험**: 화장품의 표시 · 광고 내용을 증명할 목적으로 해당 화장품의 효과 및 안전성을 확인하기 위하여 사람을 대상으로 실시하는 시험 또는 연구 　• **인체 외 시험**: 실험실의 배양접시, 인체로부터 분리한 모발 및 피부, 인공피부 등 인위적 환경에서 시험물질과 대조물질 처리 후 결과를 측정하는 것 2. **조사결과**: 표본설정, 질문사항, 질문방법이 그 조사의 목적이나 통계상의 방법과 일치할 것 　(예시) 표본설정, 질문사항, 질문방법이 그 조사의 목적이나 통계상의 방법과 일치하는 소비자 조사결과, 전문가집단 설문조사 등 3. **실증방법**: 실증에 사용되는 시험 또는 조사의 방법은 학술적으로 널리 알려져 있거나 관련 산업 분야에서 일반적으로 인정된 방법 등으로서 과학적이고 객관적인 방법일 것
실증자료 제출 시 식약처장에게 제출해야 할 서류 및 서류에 기재해야 할 사항	1. 실증방법 2. 시험 · 조사기관의 명칭 및 대표자의 성명 · 주소 · 전화번호 3. 실증내용 및 실증결과 4. 실증자료 중 영업상 비밀에 해당되어 공개를 원하지 않는 경우에는 그 내용 및 사유
실증자료의 요건	- 객관적이고 과학적인 절차와 방법에 따라 작성된 것이어야 함. - 실증자료의 내용은 광고에서 주장하는 내용과 직접적인 관계가 있어야 함. 　(예시) 실증자료에서 입증한 내용이 표시 · 광고에서 주장하는 내용과 관련이 없는 경우 　• 효능이나 성능에 대한 표시 · 광고에 대하여 일반 소비자를 대상으로 한 설문조사나, 그 제품을 소비한 경험이 있는 일부 소비자를 대상으로 한 조사결과를 제출한 경우 　• 해당 제품의 '여드름 개선' 효과를 표방하는 표시 · 광고에 대하여 해당 제품에 여드름 개선 효과가 있음을 입증하는 자료를 제출하지 않고 '여드름 피부개선용 화장료 조성물' 특허자료 등을 제출하는 경우 　(예시) 실증자료에서 입증한 내용이 표시 · 광고에서 주장하는 내용과 부분적으로만 상관이 있는 경우 : 제품에 특정 성분이 들어 있지 않다는 "無(무) oo" 광고 내용과 관련하여 제품에 특정 성분이 함유되어 있지 않다는 시험자료를 제출하지 않고 제조과정에 특정 성분을 첨가하지 않았다는 제조관리기록서나 원료에 관한 시험자료를 제출한 경우
공통사항	
표시 · 광고 실증을 위한 시험 결과의 요건	1. 광고 내용과 관련이 있고 과학적이고 객관적인 방법에 의한 자료로서 신뢰성과 재현성이 확보되어야 함. 2. 국내외 대학 또는 화장품 관련 전문 연구기관(제조 및 영업부서 등 다른 부서와 독립적인 업무를 수행하는 기업 부설 연구소 포함)에서 시험한 것으로서 기관의 장이 발급한 자료이어야 함. 　(예시) 대학병원 피부과, oo대학교 부설 화장품 연구소, 인체시험 전문기관 등 3. 기기와 설비에 대한 문서화된 유지관리 절차를 포함하여 표준화된 시험절차에 따라 시험한 자료이어야 함. 4. 시험기관에서 마련한 절차에 따라 시험을 실시했다는 것을 증명하기 위해 문서화된 신뢰성 보증업무를 수행한 자료여야 함. 5. 외국의 자료는 한글요약문(주요사항 발췌) 및 원문을 제출할 수 있어야 함

인체 적용시험 자료
1. 관련분야 전문의 또는 병원, 국내외 대학, 화장품 관련 전문 연구기관에서 5년 이상 화장품 인체 적용시험 분야의 시험경력을 가진 자의 지도 및 감독 하에 수행·평가되어야 함.
2. 인체 적용시험은 헬싱키 선언에 근거한 윤리적 원칙에 따라 수행되어야 함.
3. 인체 적용시험은 과학적으로 타당하여야 하며, 시험 자료는 명확하고 상세히 기술되어야 함.
4. 인체 적용시험은 피험자에 대한 의학적 처치나 결정은 의사 또는 한의사의 책임 하에 이루어져야 함.
5. 인체 적용시험은 모든 피험자로부터 자발적인 시험 참가 동의(문서로 된 동의서 서식)를 받은 후 실시되어야 함.
6. 피험자에게 동의를 얻기 위한 동의서 서식은 시험에 관한 모든 정보(시험의 목적, 피험자에게 예상되는 위험이나 불편, 피험자가 피해를 입었을 경우 주어질 보상이나 치료방법, 피험자가 시험에 참여함으로써 받게 될 금전적 보상이 있는 경우 예상금액 등)를 포함하여야 함.
7. 인체 적용시험용 화장품은 안전성이 충분히 확보되어야 함.
8. 인체 적용시험은 피험자의 인체 적용시험 참여 이유가 타당한지 검토·평가하는 등 피험자의 권리·안전·복지를 보호할 수 있도록 실시되어야 함.
9. 인체 적용시험은 피험자의 선정·탈락기준을 정하고 그 기준에 따라 피험자를 선정하고 시험을 진행해야 함.
인체 적용시험의 최종시험결과보고서에 포함해야 하는 사항
1. 시험의 종류(시험 제목)
2. 코드 또는 명칭에 의한 시험물질의 식별
3. 화학물질명 등에 의한 대조물질의 식별(대조물질이 있는 경우에 한함)
4. 시험의뢰자 및 시험기관 관련 정보
가) 시험의뢰자의 명칭과 주소
나) 관련된 모든 시험시설 및 시험지점의 명칭과 소재지, 연락처
다) 시험책임자 및 시험자의 성명
5. 날짜: 시험개시 및 종료일
6. 신뢰성보증확인서: 시험점검의 종류, 점검날짜, 점검시험단계, 점검결과 등이 기록된 것
7. 피험자
가) 선정 및 제외 기준
나) 피험자 수 및 이에 대한 근거
8. 시험방법
가) 시험 및 대조물질 적용방법(대조물질이 있는 경우에 한함)
나) 적용량 또는 농도, 적용 횟수, 시간 및 범위, 사용제한
다) 사용장비 및 시약
라) 시험의 순서, 모든 방법, 검사 및 관찰, 사용된 통계학적 방법
마) 평가방법과 시험목적 사이 연관성, 새로운 방법일 경우 이 연관성을 확인할 수 있는 근거자료
9. 시험결과
가) 시험결과의 요약
나) 시험계획서에 제시된 관련 정보 및 자료
다) 통계학적 유의성 결정 및 계산과정을 포함한 결과
라) 결과의 평가와 고찰, 결론
10. 부작용 발생 및 조치내역
가) 부작용 등 발생사례
나) 부작용 발생에 따른 치료 및 보상 등 조치내역

인체 외 시험 자료

인체 외 시험은 과학적으로 검증된 방법이거나 밸리데이션을 거쳐 수립된 표준작업지침에 따라 수행되어야 함.
(예시) 표준화된 방법에 따라 일관되게 실시할 목적으로 절차·수행방법등을 상세하게 기술한 문서에 따라 시험을 수행한 경우 합리적인 실증자료로 볼 수 있음

인체 외 시험 자료의 최종시험결과보고서에 포함해야 하는 사항

1. 시험의 종류(시험 제목)
2. 코드 또는 명칭에 의한 시험물질의 식별
3. 화학물질명 등에 의한 대조물질의 식별
4. 시험의뢰자 및 시험기관 관련 정보
    가) 시험의뢰자의 명칭과 주소
    나) 관련된 모든 시험, 시설 및 시험지점의 명칭과 소재지, 연락처
    다) 시험책임자의 성명
    라) 시험자의 성명, 위임받은 시험의 단계
    마) 최종보고서의 작성에 기여한 외부전문가의 성명
5. 날짜: 시험개시 및 종료일
6. 신뢰성보증확인서: 시험점검의 종류, 점검날짜, 점검시험단계, 점검결과가 기록된 것
7. 시험재료와 시험방법
    가) 시험계 선정사유
    나) 시험계의 특성(예 ; 종류, 계통, 공급원, 수량, 그 밖의 필요한 정보)
    다) 처리방법과 그 선택이유
    라) 처리용량 또는 농도, 처리횟수, 처리 또는 적용기간
    마) 시험의 순서, 모든 방법, 검사 및 관찰, 사용된 통계학적방법을 포함하여 시험계획과 관련된 상세한 정보
    바) 사용 장비 및 시약
8. 시험결과
    가) 시험결과의 요약
    나) 시험계획서에 제시된 관련 정보 및 자료
    다) 통계학적 유의성 결정 및 계산과정을 포함한 결과
    라) 결과의 평가와 고찰, 결론
    * **시험계**: 시험에 이용되는 미생물과 생물학적 매체 또는 이들의 구성성분으로 이루어지는 것

조사결과

1. 조사기관은 사업자와 독립적이어야 하며, 조사할 수 있는 능력을 갖추어야 함.
2. 조사절차와 방법 등은 다음 조건을 충족하여야 함.
   가. 조사목적이 적정하여야 하며, 조사 목적에 부합하는 표본의 대표성이 있어야 함.
   나. 기초자료의 결과는 정확하게 보고되어야 함.
   다. 질문사항은 표본설정, 질문사항, 질문방법이 그 조사의 목적이나 통계상 방법과 일치하여야 함.
   라. 조사는 공정하게 이루어져야 하고, 피조사자는 조사목적을 모르는 가운데 진행되어야 함.

	구분	실증 대상	입증 자료
표시·광고에 따른 실증자료	1.「화장품 표시·광고 실증에 관한 규정」별표 등에 따른 표현	여드름성 피부에 사용에 적합 항균(인체세정용 제품에 한함) 일시적 셀룰라이트 감소 붓기 완화 다크서클 완화 피부 혈행 개선 피부장벽 손상의 개선에 도움 피부 피지분비 조절	인체적용시험 자료로 입증
		미세먼지 차단, 미세먼지 흡착 방지	
		모발의 손상을 개선한다.	인체적용시험자료, 인체 외 시험자료로 입증
		콜라겐 증가, 감소 또는 활성화 효소 증가, 감소 또는 활성	주름 완화 또는 개선 기능성화장품으로서 이미 심사 받은자료에 포함되어 있거나 해당 기능을 별도로 실증한 자료로 입증
		피부노화 완화, 안티에이징, 피부노화 징후 감소	인체적용시험자료, 인체 외 시험자료로 입증. 다만, 자외선차단 주름개선 등 기능성효능효과를 통한 피부노화 완화 표현의 경우 기능성화장품 심사(보고) 자료를 근거자료로 활용 가능
		기미, 주근깨 완화에 도움	미백 기능성화장품 심사(보고) 자료로 입증
		빠지는 모발을 감소시킨다.	탈모 증상 완화에 도움을 주는 기능성화장품으로서 이미 심사받은 자료에 근거가 포함되어 있거나 해당 기능을 별도로 실증한 자료로 입증
	2. 효능·효과·품질에 관한 내용	화장품의 효능·효과에 관한 내용 <예시> 수분감 30% 개선효과 피부결 20% 개선, 2주 경과 후 피부톤 개선 등	인체적용시험 자료 또는 인체 외 시험자료로 입증
		시험·검사와 관련된 표현 <예시> 피부과 테스트 완료, oo시험검사기관의 oo 효과 입증 등	
		타 제품과 비교하는 내용의 표시·광고 <예시> "○○보다 지속력이 5배 높음"	
		제품에 특정성분이 들어 있지 않다는 '무(無) oo' 표현	시험분석자료로 입증 - 단, 특정성분이 타 물질로의 변환 가능성이 없으면서 시험으로 해당 성분 함유 여부에 대한 입증이 불가능한 특별한 사정이 있는 경우에는 예외적으로 제조관리기록서나 원료시험성적서 등 활용
천연화장품 또는 유기농화장품 표시·광고의 실증자료		천연화장품 또는 유기농화장품으로 표시·광고하려는 자는 실증자료를 **제조일(수입일 경우 통관일)로부터 3년 또는 사용기한 경과 후 1년** 중 긴 기간 동안 보존하여야 한다.	

5. 천연화장품, 유기농화장품의 인증 관련 사항 총정리

천연 · 유기농화장품의 인증 및 인증기관의 모든 것	
① 천연화장품 및 유기농화장품의 인증	
인증 제도 시행의 목적	천연 · 유기농화장품의 품질제고 유도 및 소비자에게 보다 정확한 제품정보 제공
인증자	- 식약처장 * 식약처에서 인증업무를 효과적으로 수행하기 위해 필요한 전문 인력과 시설을 갖춘 기관 또는 단체를 인증기관으로 지정하여 인증업무를 위탁하여 운영
인증 신청이 가능한 자	화장품제조업자, 화장품책임판매업자 또는 대학 · 연구소
인증 신청 시 서류	1. 천연 · 유기농화장품 인증 신청서 2. 인증신청 대상 제품에 사용된 원료에 대한 정보가 기재된 서류 3. 인증신청 대상 제품의 제조공정, 용기 · 포장 및 보관 등에 대한 정보가 기재된 서류 * 인증기관은 이와 같은 신청을 받으면 인증기준 적합 여부 심사 후 그 결과를 신청인에게 통지함.
인증 사항 변경의 경우 제출 서류	**공통**: 인증사항 변경 신청서, 인증서 원본 - **인증제품 명칭의 변경의 경우**: 인증제품의 명칭 변경사유를 적은 서류 - **인증제품을 판매하는 책임판매업자가 변경된 경우**: 책임판매업자의 변경을 증명하는 서류 - **인증사업자의 명칭 또는 주소가 변경된 경우**: 변경된 명칭이나 주소를 증명하는 서류 * '인증사업자'란 천연 · 유기농화장품 인증을 하는 사업자가 아니라 천연 · 유기농화장품의 인증을 받은 자를 말함.
인증의 유효기간	인증의 유효기간: 인증을 받은 날로부터 3년 갱신: 유효기간 만료 90일 전 **갱신 시 제출 서류** 1. 천연 · 유기농화장품 유효기간 연장 신청서 2. 인증서 원본 3. 인증받은 제품이 최신의 인증기준에 적합함을 입증하는 서류 * 단, 그 인증을 한 인증기관이 폐업, 업무정지 또는 그 밖의 부득이한 사유로 연장신청이 불가능한 경우 다른 인증기관에 신청 가능.
인증의 취소가 가능한 경우	① 인증을 받은 화장품이 거짓이나 그 밖의 부정한 방법으로 인증을 받은 경우 ② 인증기준에 적합하지 않게 된 경우 * 인증 취소 시에는 '청문'을 하여야 함.
인증표시	* 인증을 받은 화장품에 대해 다음과 같은 인증표시를 할 수 있음. * 도안의 크기는 용도 및 포장재의 크기에 따라 동일 배율로 조정하고, 도안을 알아보기 쉽도록 인쇄 또는 각인 등의 방법으로 표시해야 함. * 누구든지 인증을 받지 않은 화장품에 대하여 다음의 인증표시나 이와 유사한 표시를 해서는 안 됨. 천연화장품 / 유기농화장품

천연·유기농화장품의 인증 및 인증기관의 모든 것

인증서의 재발급	인증서를 교부받은 인증사업자가 그 인증서를 잃어버렸거나 못쓰게 된 경우 또는 기재사항에 변경이 있어 인증서를 재발급 받으려는 경우 <u>인증서 재발급 신청서</u>에 못쓰게 된 인증서 등을 첨부하여 해당 인증을 한 인증기관의 장에게 제출. * 인증기관의 장은 인증서의 재발급 신청을 받은 때에는 **7일 이내에 인증서를 재발급**하고, 인증 등록 대장에 재발급의 사유를 적어야 함.
천연·유기농화장품 표시 위반자에 대한 벌칙	**- 거짓이나 부정한 방법 등으로 표시한 자에 대한 처벌** 거짓이나 부정한 방법으로 인증받은 자, 인증을 받지 않은 화장품에 대해 인증표시나 이와 유사한 표시를 한 자: **3년 이하의 징역 또는 3천만원 이하의 벌금** **- 유효기간이 경과 후 표시한 자에 대한 처벌** 인증의 유효기간이 경과한 화장품에 대해 인증표시를 한 자: **200만원 이하의 벌금**
인증 시 수수료	인증기관의 장은 식품의약품안전처장의 승인을 받아 결정한 수수료를 신청인으로부터 받을 수 있음.

② 천연화장품 및 유기농화장품의 인증기관

인증기관 지정 신청 시 요구되는 서류	1. 인증기관 지정 신청서 2. 인증업무 범위, 조직·인력·재정운영, 시험·검사운영 등을 적은 사업계획서 3. 시행규칙 제23조의3에 따른 인증기관의 지정기준에 부합함을 입증하는 서류

인증기관의 지정기준

1. 조직 및 인력: 국제표준화기구(ISO)와 국제전기표준회의(IEC)가 정한 제품인증시스템을 운영하는 기관을 위한 요구사항(ISO/IEC Guide 17065)에 적합한 경우로서 다음의 조직 및 인력을 모두 갖춰야 한다.
   가. 조직
      1) 인증업무를 수행하는 상설 전담조직을 갖추고 인증기관의 운영에 필요한 재원을 확보할 것
      2) 인증업무와 인증업무 외의 업무를 함께 수행하고 있는 경우 인증기관[대표, 인증업무를 담당하는 자(인증담당자) 등 소속 임직원 포함]은 천연화장품 또는 유기농화장품의 제조·유통·판매나 인증, 인증을 위한 컨설팅 또는 관련 제품이나 서비스를 제공함으로써 인증업무가 불공정하게 수행될 우려가 없을 것
   나. 인력
      인증담당자를 2명 이상 갖출 것. 다만, 인증기관 지정 이후에는 인증업무량 등에 따라 인증담당자를 추가적으로 확보할 수 있다.
2. 시설
   인증기관으로 지정받으려는 자는 다음의 시설을 갖추어야 한다.
   가. 인증기관이 인증품의 계측 및 분석을 직접 수행하는 경우 다음의 어느 하나에 해당하는 시험·검사기관이어야 하고, 인증품의 계측 및 분석 등에 필요한 시설을 갖추어야 한다.
      1) 「국가표준기본법」 제23조에 따라 인정받은 시험·검사기관
      2) 「식품·의약품분야 시험·검사 등에 관한 법률」 제6조에 따른 화장품 시험·검사기관
      3) 그 밖에 1) 및 2)와 동등한 것으로 식품의약품안전처장이 인정한 시험·검사기관
   나. 인증기관이 다른 시험·검사기관 등에 위탁하여 인증품의 계측 및 분석 등의 업무를 수행할 경우에는 인증품의 계측 및 분석 등에 필요한 시설을 갖추지 않을 수 있으며, 이 경우 인증기관은 인증품의 계측 및 분석을 위탁받은 기관(수탁기관)이 그 결과의 신뢰성과 정확성을 확보하기 위해 다음의 조치를 취해야 한다.
      1) 인증기관은 수탁기관이 해당 분야의 시험·검사기관으로 인정 또는 지정 받았는지 여부와 그 인정 또는 지정을 유지하고 있는지를 확인하고 관련 증명자료를 비치할 것
      2) 인증기관의 장은 수탁기관이 준수해야 하는 다음의 사항을 수탁기관에 통보하고 수탁기관이 성실하게 이를 준수하지 않는 경우 해당 수탁기관에 대한 위탁을 중지할 것
         가) 관련 규정에서 정한 절차와 방법에 따라 계측 및 분석을 실시할 것
         나) 계측 및 분석 관련 해당 시료는 **15일 이상 보관**하고 검사결과의 원본자료(raw data)는 **2년간 보관**해야 하며, 인증기관의 장 또는 식품의약품안전처장의 요구가 있는 경우 제공할 것

천연·유기농화장품의 인증 및 인증기관의 모든 것

다) 인증기관 또는 식품의약품안전처장이 수탁기관이 수행하는 검사의 절차 및 방법 등에 대한 현장 확인을 요구하는 경우 이에 협조할 것

라) 시험·검사기관의 업무정지, 지정취소 시 인증기관에 통지할 것

3) 인증기관의 장은 수탁기관이 검사 관련 기록을 위조·변조하여 검사성적서를 발급하거나 검사를 하지 않고 검사성적서를 발급하는 등 검사성적서를 거짓으로 발급하는 것으로 확인되는 경우에는 지체 없이 식품의약품안전처장에게 보고하고 해당 기관에 인증품의 계측 및 분석 위탁을 중지할 것

3. 인증업무규정

인증기관으로 지정받으려는 자는 제23조의3 제5항 및 다음의 사항을 적은 **인증업무규정**을 갖추어야 하며, 이를 준수해야 한다.

가. 인증업무 실시방법

나. 인증의 사후관리 방법

다. 인증 수수료

라. 인증담당자의 준수사항 및 인증담당자의 자체 관리·감독 요령

마. 인증담당자에 대한 교육계획

바. 인증의 품질을 보장할 수 있는 관리지침

사. 인증업무와 관련하여 제기된 불만 및 분쟁에 대한 처리 절차와 조치방법에 관한 사항

아. 인증 심사, 인증 결정, 인증 활동 등 인증업무를 독립적으로 수행할 수 있는 관리체계에 관한 사항

자. 모든 신청자가 인증서비스를 이용할 수 있고, 인증의 심사·유지·확대·취소 등의 결정에 대해 어떠한 상업적·재정적 압력으로부터 영향을 받지 않는다는 사항

차. 그 밖에 인증업무 수행에 필요하다고 인정하여 식품의약품안전처장이 정하는 사항

신청 내용 확인을 위한 실태조사의 실시	식품의약품안전처장은 신청내용이 시행규칙 제23조의3 및 지정기준에 적합한지 여부를 평가하기 위하여 실태조사를 실시할 수 있음. * 실태조사의 절차와 방법 등은 「행정절차법」에 따름. * 식품의약품안전처장은 제출서류에 대한 검토 결과와 실태조사결과를 종합적으로 심사하여 인증기관 지정 신청의 적합여부를 판정함. 심사 결과 적합한 경우, 지정대장에 지정사항을 적고 **인증기관 지정서**를 발급하며, 그 결과를 홈페이지에 게시함.

인증기관 지정사항의 변경	기간	변경 사유가 발생한 날부터 30일 이내
	제출 서류	*공통: 인증기관 지정사항 변경 신청서, 인증기관 지정서 1. 인증기관의 대표자, 명칭 및 소재지 변경의 경우: 변경내용을 증명하는 서류 2. 인증업무의 범위 변경의 경우: 변경내용이 인증기관의 지정기준에 적합함을 증명하는 서류
	비고	* 식품의약품안전처장은 신청 사항 검토 후 지정대장에 변경사항을 적고 지정서의 이면에 변경사항을 기재하여 인증기관의 장에게 돌려줌. * 식품의약품안전처장은 변경사항에 대한 확인을 위해 실태조사를 실시할 수 있음.

인증기관의 준수사항	1. 인증번호, 인증범위, 유효기간, 인증제품명 등이 포함된 인증서를 인증사업자에게 발급해야 함. 2. 인증 결과 등을 **인증을 실시한 해의 다음 연도 1월 31일까지 식품의약품안전처장에게 보고해야 함.** 3. 인증신청, 인증심사 및 인증사업자에 관한 자료를 **인증의 유효기간이 끝난 후 2년 동안** 보관해야 함. 4. 식품의약품안전처장의 요청이 있는 경우에는 인증기관의 사무소 및 시설에 대한 접근을 허용하거나 필요한 정보 및 자료를 제공해야 함. 5. 인증기관이 동 인증업무 이외의 다른 업무를 행하고 있는 경우 그 업무로 인해 인증업무에 지장을 주거나 공정성을 손상시키면 안 됨.

천연·유기농화장품의 인증 및 인증기관의 모든 것		
인증기관 지정의 철회	철회 전 인증기관의 장이 이행할 내용	1. 인증사업자에 인증기관 지정 철회 예정 사실 안내 2. 접수되어 심사 중에 있는 사안 처리 3. 당해 인증기관에서 인증한 제품 및 인증사업자에 대한 사후관리를 다른 인증기관이 수행하도록 양도 계약 체결
	철회 신청 시 제출서류	인증기관 지정 철회 신고서, 인증기관 지정서
	비고	* 식품의약품안전처장은 인증기관 지정 철회 신청이 적합한 경우 신고를 수리하고, 그 결과를 식품의약품안전처 홈페이지에 게시하여야 함. * 인증기관 지정 철회를 신고한 인증기관의 장은 신고가 수리된 이후 **7일 이내**에 인증신청자 및 인증사업자에게 그 사실을 알려 주어야 함.
인증제품 사후관리	인증기관의 장은 유통 중인 인증제품이 인증기준에 적합한지 여부 등에 대하여 모니터링을 실시할 수 있음.	

인증기관의 행정처분	위반 내용	근거법령	위반 차수별 행정처분기준		
			1차 위반	2차 위반	3차 이상 위반
	1. 거짓이나 그 밖의 부정한 방법으로 인증기관의 지정을 받은 경우	법 제14조의5 제2항 제1호	지정 취소		
	2. 법 제14조의2 제5항에 따른 지정기준에 적합하지 않게 된 경우	법 제14조의5 제2항 제2호	업무 정지 3개월	업무 정지 6개월	지정 취소

6. 제조·수입·판매 등의 금지 사항 총정리

영업의 금지 조항

▶ 영업 금지 대상
- 누구든지 다음의 화장품을 판매 또는 판매 목적의 제조·수입·보관 또는 진열 금지
  • 심사를 받지 아니하거나 보고서를 제출하지 아니한 기능성화장품
  • 전부 또는 일부가 변패(變敗)된 화장품
  • 병원미생물에 오염된 화장품
  • 이물이 혼입되었거나 부착된 것
  • 화장품 안전기준 등의 규정에 따른 화장품에 사용할 수 없는 원료를 사용하였거나 유통화장품 안전관리 기준에 적합하지 아니한 화장품
  • 코뿔소 뿔 또는 호랑이 뼈와 그 추출물을 사용한 화장품
  • 보건위생상 위해가 발생할 우려가 있는 비위생적인 조건에서 제조되었거나 시설기준에 적합하지 아니한 시설에서 제조된 것
  • 용기나 포장이 불량하여 해당 화장품이 보건위생상 위해를 발생할 우려가 있는 것
  • 사용기한 또는 개봉 후 사용기간(병행 표기된 제조연월일을 포함한다)을 위조·변조한 화장품
  • 식품의 형태·냄새·색깔·크기·용기 및 포장 등을 모방하여 섭취 등 식품으로 오용될 우려가 있는 화장품

판매 등의 금지

▶ 판매 금지 대상
- 누구든지 다음의 화장품의 판매 또는 판매 목적의 보관 또는 진열 금지
  • 등록을 하지 아니한 자가 제조한 화장품 또는 제조·수입하여 유통·판매한 화장품
  • 신고를 하지 아니한 자가 판매한 맞춤형화장품
  • 맞춤형화장품조제관리사를 두지 아니하고 판매한 맞춤형화장품

- 화장품의 기재사항, 가격표시, 기재 · 표시상의 주의사항에 위반되는 화장품 또는 의약품으로 잘못 인식할 우려가 있게 기재 · 표시된 화장품
- 판매의 목적이 아닌 제품의 홍보 · 판매촉진 등을 위하여 미리 소비자가 시험 · 사용하도록 제조 또는 수입된 화장품(소비자 판매 화장품에 한함)
- 화장품의 포장 및 기재 · 표시 사항을 훼손(맞춤형화장품 판매를 위하여 필요한 경우 제외) 또는 위조 · 변조한 것
- 누구든지 화장품의 용기에 담은 내용물의 소분 판매 금지(단, 맞춤형화장품판매업자, 화장비누의 단순 소분판매자 제외)

동물실험을 실시한 화장품 등의 유통판매 금지

▶ 유통 · 판매 금지 대상
- 화장품책임판매업자 및 맞춤형화장품판매업자의 동물실험 실시 화장품 유통 · 판매 금지
- 화장품책임판매업자 및 맞춤형화장품판매업자의 동물실험을 실시한 화장품 원료를 사용하여 제조 또는 수입한 화장품 유통 · 판매 금지

▶ 예외 적용 사항
- 보존제, 색소, 자외선차단제 등 특별히 사용상의 제한이 필요한 원료의 사용기준 지정
- 국민보건상 위해 우려 제기 화장품 원료 등에 대한 위해평가를 위해 필요한 경우
- 동물대체시험법이 존재하지 않아 동물실험이 필요한 경우
  - 동물대체시험법: 동물을 사용하지 아니하는 실험방법 및 부득이하게 동물을 사용하더라도 그 사용되는 동물의 개체 수를 감소하거나 고통을 경감시킬 수 있는 실험방법으로서 식품의약품안전처장이 인정하는 것
- 화장품 수출을 위하여 수출 상대국의 법령에 따라 동물실험이 필요한 경우
- 수입하려는 상대국의 법령에 따라 제품 개발에 동물실험이 필요한 경우
- 다른 법령에 따라 동물실험을 실시하여 개발된 원료를 화장품의 제조 등에 사용하는 경우
- 그 밖에 동물실험을 대체할 수 있는 실험을 실시하기 곤란한 경우로서 식품의약품안전처장이 정하는 경우

7. 정부의 감독 및 벌칙

시정명령
식품의약품안전처장은 화장품법을 지키지 않는 자에 대해 필요하다고 인정하면 그 시정을 명할 수 있다.

검사명령
식품의약품안전처장은 영업자에 대해 필요하다고 인정하면 취급한 화장품에 대해 「식품 · 의약품분야 시험 · 검사 등에 관한 법률」 제6조 제2항 제5호에 따른 화장품 시험 · 검사기관의 검사를 받을 것을 명할 수 있다.

개수명령
식품의약품안전처장은 화장품제조업자가 갖추고 있는 시설이 화장품법 제3조 제2항에 따른 시설기준에 적합하지 않거나 노후 또는 오손되어 있어 그 시설로 화장품을 제조하면 화장품의 안전과 품질에 문제의 우려가 있다고 인정되는 경우 화장품제조업자에게 그 시설의 개수를 명하거나 그 개수가 끝날 때까지 해당 시설의 전부 또는 일부의 사용금지를 명할 수 있다.

회수 · 폐기명령
① 식품의약품안전처장은 판매 · 보관 · 진열 · 제조 또는 수입한 화장품이나 그 원료 · 재료 등(물품)이 <u>화장품법 제9조, 제15조 또는 제16조 제1항</u>을 위반하여 국민보건에 위해를 끼칠 우려가 있는 경우에는 해당 영업자 · 판매자 또는 그 밖에 화장품을 업무상 취급하는 자에게 해당 물품의 회수 · 폐기 등의 조치를 명해야 한다.
② 식품의약품안전처장은 판매 · 보관 · 진열 · 제조 또는 수입한 물품이 국민보건에 위해를 끼치거나 끼칠 우려가 있다고 인정되는 경우 해당 영업자 · 판매자 또는 그 밖에 화장품을 업무상 취급하는 자에게 해당 물품의 회수 · 폐기 등의 조치를 명할 수 있다.
③ 제1항 및 제2항에 따른 명령을 받은 영업자 · 판매자 또는 그 밖에 화장품을 업무상 취급하는 자는 미리 식품의약품안전처장에게 <u>회수계획</u>을 보고해야 한다.
④ 식품의약품안전처장은 다음의 어느 하나에 해당하는 경우 관계 공무원으로 하여금 해당 물품을 폐기하게 하거나 그 밖에 필요한 처분을 하게 할 수 있다.

1. 제1항 및 제2항에 따른 명령을 받은 자가 그 명령을 이행하지 않은 경우
2. 그 밖에 국민보건을 위하여 긴급한 조치가 필요한 경우

⑤ 물품의 회수에 필요한 위해성 등급 및 그 분류기준, 회수·폐기의 절차·계획 및 사후조치 등에 필요한 사항은 총리령으로 정한다.

교육 명령

- 영업자에 대해 화장품 관련 법령 및 제도에 관한 교육을 받도록 명령할 수 있음
  - 교육명령대상자: 영업의 금지 위반 영업자, 시정명령을 받은 영업자, 준수사항을 위반한 화장품책임판매업자, 화장품제조업자 및 맞춤형화장품판매업자
  - 교육의 유예: 교육명령대상자가 천재지변, 질병, 임신, 출산, 사고 및 출산 등의 사유로 교육을 받을 수 없는 경우에는 해당 교육 유예 가능
  - 대리 교육: 교육을 받아야 하는 자가 둘 이상의 장소에서 영업을 하는 경우에는 영업자를 대신하여 책임판매관리자 또는 품질관리 업무 담당자가 대리 교육 가능
    * 대리 교육 가능한 종업원- 책임판매관리자, 맞춤형화장품조제관리사, 품질관리 업무에 종사하는 종업원

보고와 검사

- 영업자·판매자 또는 기타의 화장품취급자에 대해 보고 명령
- 제조장소, 영업소, 창고, 판매장소 등에 출입하여 시설 또는 관계 장부나 서류, 그 밖의 물건의 검사, 질문
- 화장품의 품질 또는 안전기준, 포장 등의 기재·표시사항 등의 적합한지 여부 검사를 위한 수거 검사

등록의 취소

법령 위반 시 영업자 등록 취소, 영업소 폐쇄, 품목의 제조·수입 및 판매 금지, 업무의 전부 또는 일부 정지
- 등록 취소, 영업소 폐쇄에 해당하는 경우
  - 거짓이나 그 밖의 부정한 방법으로 영업의 등록·변경등록 또는 신고·변경신고를 한 경우
  - 영업자의 결격사유에 해당하는 경우
  - 업무정지기간 중에 업무를 한 경우(광고 업무에 한정하여 정지를 명한 경우는 제외)
▶ 기능성화장품의 인정 취소: 거짓이나 부정한 방법으로 기능성화장품의 심사, 변경심사 또는 보고서를 제출한 경우
▶ 청문: 영업자 등록의 취소, 영업소 폐쇄, 품목의 제조·수입 및 판매 금지, 업무 전부정지, 맞춤형화장품조제관리사 자격의 취소, 천연·유기농화장품의 인증 취소, 천연·유기농화장품 인증기관 지정 취소 등을 적용하고자 할 때에는 처분 확정 전에 처분 상대자로부터 의견을 청취
▶ 과징금처분
  - 영업자에게 업무정지처분을 하여야 할 경우에는 그 업무정지처분을 갈음하여 10억원 이하의 과징금을 부과
▶ 위반사실의 공표
  - 행정처분이 확정된 자에 대해 처분과 관련한 사항을 식품의약품안전처 홈페이지에 공표

공표내용: 처분 사유, 처분 내용, 처분 대상자의 명칭·주소 및 대표자 성명, 해당 품목의 명칭 등 처분과 관련한 사항

8. 지방식품의약품안전청의 업무 정리

▶ 화장품제조업 또는 화장품제조책임판매업의 등록 및 변경등록
▶ 맞춤형화장품판매업의 신고 및 변경신고의 수리
▶ 화장품제조업자, 화장품책임판매업자 및 맞춤형화장품판매업자에 대한 교육명령
▶ 회수계획 보고의 접수 및 회수에 따른 행정처분의 감경·면제
▶ 영업자의 폐업, 휴업 등 신고의 수리
▶ 보고명령·출입·검사·질문 및 수거
▶ 소비자화장품안전관리감시원의 위촉·해촉 및 교육

▶ 다음 사항에 따른 **시정명령**
  - 법 제3조제1항 후단에 따른 변경등록을 하지 않은 경우
  - 법 제3조의2 제1항 후단에 따른 변경신고를 하지 않은 경우
  - 법 제5조 제6항에 따른 교육명령을 위반한 경우
  - 법 제6조 제1항에 따른 폐업 또는 휴업신고나 휴업 후 재개신고를 하지 않은 경우
▶ 검사명령
▶ 개수명령 및 시설의 전부 또는 일부의 사용금지명령
▶ 회수 · 폐기 등의 명령, 회수계획 보고의 접수와 폐기 또는 그 밖에 필요한 처분
▶ 공표명령
▶ 등록의 취소, 영업소의 폐쇄명령, 품목의 제조 · 수입 및 판매의 금지명령, 업무의 전부 또는 일부에 대한 정지명령
▶ 청문
▶ 과징금의 부과 · 징수
▶ 위반사실의 공표
▶ 등록필증 · 신고필증의 재교부
▶ 과태료의 부과 · 징수

9. 벌칙

3년 이하의 징역 또는 3천만원 이하의 벌금

- 제조업과 책임판매업 등록을 위반한 자, 거짓이나 그 밖의 부정한 방법으로 등록 · 변경등록한 자
- 맞춤형화장품판매업 신고를 위반한 자, 거짓이나 그 밖의 부정한 방법으로 신고 · 변경신고한 자
- 맞춤형화장품조제관리사를 두지 않은 맞춤형화장품판매업자
- 시설기준을 충족하지 않은 맞춤형화장품판매업자
- 기능성화장품을 식약처장에게 심사 혹은 보고받지 않은 자, 거짓이나 그 밖의 부정한 방법으로 기능성화장품을 심사, 변경심사, 보고서를 제출한 자
- 천연화장품 및 유기농화장품을 거짓이나 부정한 방법으로 인증받은 자
- 천연화장품 및 유기농화장품 인증을 받지도 않았으면서 인증표시를 한 자
- 제15조(영업의 금지)를 위반한 자
- 등록을 하지 않은 자가 제조 또는 제조 · 수입하여 유통 · 판매한 화장품, 신고를 안 한 자가 판매한 맞춤형화장품, 맞춤형화장품조제관리사를 두지 않고 판매한 맞춤형화장품 또는 화장품의 포장 및 기재 · 표시 사항을 훼손(맞춤형화장품 판매를 위하여 필요한 경우 제외) · 위조 · 변조한 것을 판매하거나 판매를 위해 보관 또는 진열한 자

1년 이하의 징역 또는 1천만원 이하의 벌금

맞춤형화장품조제관리사 자격증 대여 금지, 영유아 또는 어린이 사용 화장품의 관리, 안전용기 · 포장, 부당한 표시 · 광고 행위, 화장품법 시행규칙 제10조부터 제12조까지에 위반되는 화장품 또는 의약품으로 잘못 인식할 우려가 있게 기재 · 표시된 화장품 또는 화장품의 용기에 담은 내용물을 불법으로 소분하여 나누어 판매 등과 같은 조항을 위반하거나, 표시 · 광고 내용의 실증에 따른 중지명령에 따르지 않은 자

200만원 이하의 벌금

1. 영업자의 의무에 따른 준수사항을 위반한 자
1의2. 위해화장품 회수 시 화장품을 회수하거나 회수하는 데에 필요한 조치를 하지 않은 자
1의3. 위해화장품 회수 시 회수계획을 식품의약품안전처장에게 미리 보고하지 않은 자

2. 화장품의 기재사항(가격표시는 제외)을 위반한 자
2의2. 천연화장품ㆍ유기농화장품의 인증의 유효기간이 지났음에도 계속 인증표시를 한 자
3. 식약처장(지방식약청장)의 보고 및 검사 명령, 시정명령, 검사명령, 개수명령 및 회수 및 폐기 명령을 위반하거나 관계 공무원의 검사ㆍ수거 또는 처분을 거부ㆍ방해하거나 기피한 자

과태료

다음의 어느 하나에 해당하는 자에게는 100만원 이하의 과태료를 부과한다.
- 맞춤형화장품조제관리사 또는 이와 유사한 명칭을 사용한 자(과태료 100만원)
- 이미 심사 혹은 보고한 기능성화장품에 변경사항이 있어 제출한 보고서나 심사받은 사항을 변경해야 하나 이를 위반하여 변경심사를 받지 않은 자(과태료 100만원)
- 화장품의 생산실적, 수입실적 또는 화장품 원료의 목록 등을 보고하지 않은 화장품책임판매업자(과태료 50만원)
- 맞춤형화장품 원료의 목록을 보고하지 아니한 자(과태료 50만원)
- 화장품의 안전성 확보 및 품질관리에 관한 교육을 매년 받아야 하나 이를 지키지 않은 책임판매관리자 또는 맞춤형화장품조제관리사, 교육명령을 어긴 영업자(과태료 50만원)
- 폐업 또는 휴업하려는 경우, 휴업 후 그 업을 재개하려는 경우에 신고를 하지 않은 자(과태료 50만원)
- 화장품의 판매 가격을 표시하지 않은 직접 판매자(과태료 50만원)
- 식품의약품안전처장이 필요하다고 인정하여 영업자ㆍ판매자 또는 그 밖에 화장품을 업무상 취급하는 자에게 필요한 보고를 명하였으나 보고를 하지 않은 자(과태료 100만원)
- 동물실험을 실시한 화장품 또는 동물실험을 실시한 화장품 원료를 사용하여 제조(위탁제조 포함) 또는 수입한 화장품을 유통ㆍ판매한 자(과태료 100만원)

수출용 제품의 벌칙 적용 예외 규정

※ 수출용 제품의 예외
- 국내에서 판매되지 아니하고 수출만을 목적으로 하는 제품의 경우 「화장품법」에서 일부 사항 예외 적용, 수입국의 규정 준수
  * 예외 적용 「화장품법」
- 제4조 기능성화장품의 심사 등
- 제8조 화장품 안전기준 등
- 제9조 안전용기ㆍ포장 등
- 제10조~제12조 화장품의 기재사항, 가격표시, 기재ㆍ표시상의 주의
- 제14조 표시ㆍ광고 내용의 실증 등
- 제15조제1호ㆍ제5호 영업의 금지
- 제16조제1항제2호ㆍ제3호, 제2항 판매 등의 금지

10. 행정처분

행정처분의 기준(제29조 제1항 관련)

1. 일반기준
가. 위반행위가 둘 이상인 경우로서 그에 해당하는 각각의 처분기준이 다른 경우에는 그 중 무거운 처분기준에 따른다. 다만, 둘 이상의 처분기준이 업무정지인 경우에는 <u>무거운 처분의 업무정지 기간에 가벼운 처분의 업무정지 기간의 2분의 1까지 더하여 처분할 수 있으며, 이 경우 그 **최대기간은 12개월**</u>로 한다.

☞ 위반행위가 두 가지 이상인 경우에 그에 해당하는 각각의 처분기준이 다른 경우 둘 중 무거운 처분기준을 따릅니다. 예를 들어 위반행위를 둘 이상 하였는데 하나의 처분이 해당 품목판매업무 정지 1개월이고, 나머지의 처분이 해당 품목판매업무 정지 2개월이라면 해당 품목판매업무 정지 2개월 처분을 받습니다. 그러나 둘 이상의 처분기준이 업무정지인 경우 무거운 처분의 업무정지 기간에 가벼운 처분의 업무정지 기간의 2분의 1까지 더하여 처분할 수 있습니다. 즉, 하나의 처분이 제조업무정지 1개월이고 나머지의 처분이 제조업무정지 2개월이라면 무거운 처분인 2개월에 가벼운 처분의 절반인 15일까지 더하여 총 2개월 15일을 처분받을 수 있습니다. 그러나 이 경우에도 그 최대기간은 12개월입니다.

행정처분의 기준(제29조 제1항 관련)

나. 위반행위가 둘 이상인 경우로서 처분기준이 업무정지와 품목업무정지에 해당하는 경우에는 **그 업무정지 기간이 품목업무정지 기간보다 길거나 같을 때에는 업무정지처분**을 하고, **업무정지 기간이 품목업무정지 기간보다 짧을 때에는 업무정지처분과 품목업무정지처분을 병과(倂科)**한다.

> ☞ 위반행위가 둘 이상이고 처분기준이 업무정지와 품목업무정지에 해당하는 경우 업무정지 처분이 더 강력한 처분이므로 업무정지 기간이 품목업무정지 기간보다 길거나 같다면 업무정지처분만 합니다. 예를 들어 하나의 처분이 제조업무정지 3개월이고 나머지가 해당 품목 제조업무정지 3개월이라면 제조업무정지 3개월의 처분을 내립니다. 그러나 업무정지 기간이 품목업무정지기간보다 짧다면 둘 다 처분받습니다. 둘 이상의 위반행위가 제조업무정지 3개월과 해당 품목 제조업무정지 6개월의 처분에 해당된다면 둘 다 처분을 받는 것입니다.

다. 위반행위의 횟수에 따른 행정처분의 기준은 최근 1년간(**화장품법 제15조를 위반한 화장품을 판매하거나 판매의 목적으로 제조·수입·보관 또는 진열한 경우에는 2년간**) 같은 위반행위로 행정처분을 받은 경우에 적용한다. 이 경우 기준의 적용일은 최근에 실제 행정처분의 효력이 발생한 날(업무정지처분을 갈음하여 과징금을 부과하는 경우에는 최근에 과징금처분을 통보한 날)과 다시 같은 위반행위를 적발한 날을 기준으로 한다. 다만, 품목업무정지의 경우 품목이 다를 때에는 이 기준을 적용하지 않는다.

> ☞ 뒤의 개별기준표를 보면 1차위반~4차위반으로 나뉘어진 것을 볼 수 있는데요, 불법행위를 1번 했을 시 1차 위반의 처벌을 받고, 1년 안에 그 행위를 또 했을 시에 2차 위반의 처벌을 받는 형식입니다. 그러나 **화장품법 제15조를 위반한 화장품을 판매하거나 판매의 목적으로 제조·수입·보관 또는 진열한 경우에는 2년** 안에 그 행위를 또 했을 시에 2차 위반을 받습니다.
> '1년 내'라는 기준의 적용일은 최근에 **실제 행정처분의 효력이 발생한 날**(업무정지처분을 갈음하여 과징금을 부과하는 경우에는 최근에 과징금처분을 통보한 날)과 **다시 같은 위반행위를 적발한 날**을 기준으로 합니다. 단, 품목업무정지의 경우 품목이 다를 때에는 이 기준을 적용하지 않습니다.
>
> [참고] **화장품법 제15조**: 누구든지 다음의 어느 하나에 해당하는 화장품을 판매하거나 판매할 목적으로 제조·수입·보관 또는 진열하여서는 안 된다.
> 1. 심사를 받지 아니하거나 보고서를 제출하지 아니한 기능성화장품
> 2. 전부 또는 일부가 변패(變敗)된 화장품
> 3. 병원미생물에 오염된 화장품
> 4. 이물이 혼입되었거나 부착된 것
> 5. 화장품에 사용할 수 없는 원료를 사용하였거나 같은 조 제8항에 따른 유통화장품 안전관리 기준에 적합하지 아니한 화장품
> 6. 코뿔소 뿔 또는 호랑이 뼈와 그 추출물을 사용한 화장품
> 7. 보건위생상 위해가 발생할 우려가 있는 비위생적인 조건에서 제조되었거나 제3조제2항에 따른 시설기준에 적합하지 아니한 시설에서 제조된 것
> 8. 용기나 포장이 불량하여 해당 화장품이 보건위생상 위해를 발생할 우려가 있는 것
> 9. 사용기한 또는 개봉 후 사용기간(병행 표기된 제조연월일 포함)을 위조·변조한 화장품

라. 다목에 따라 가중된 부과처분을 하는 경우 가중처분의 적용 차수는 그 위반행위 전 부과처분 차수(다목에 따른 기간 내에 행정처분이 둘 이상 있었던 경우에는 높은 차수를 말함.)의 다음 차수로 한다.

마. 행정처분을 하기 위한 절차가 진행되는 기간 중에 반복하여 같은 위반행위를 한 경우에는 행정처분을 하기 위하여 진행 중인 사항의 행정처분기준의 **2분의 1**씩을 더하여 처분한다. 이 경우 그 최대기간은 **12개월**로 한다.

> ☞ 아직 행정처분이 내려지지는 않았으나 행정처분을 하기 위한 절차가 진행되는 기간 중 또 그 위반행위를 했다면 행정처분을 하기 위해 진행 중인 사항의 행정처분 기준의 2분의 1씩을 더합니다. 예를 들어 어떤 행위를 하여 업무 정지 1개월의 처분을 하기 위한 절차가 진행되는 중에 그 행위를 또 하였다면 1개월 15일의 처분을 합니다. 이 경우에도 행정처분의 최대기간인 12개월을 초과할 수 없습니다.

바. 같은 위반행위의 횟수가 **3차 이상**인 경우에는 과징금 부과대상에서 제외한다.

사. 화장품제조업자가 등록한 소재지에 그 시설이 전혀 없는 경우에는 등록을 취소한다.

> ☞ 식약처에서는 영업자의 '소재지'를 중요하게 생각합니다. 특히 제조업자의 소재지는 정말 중요하죠. 화장품을 직접 만드는 시설이기에 시설이 적합한지, 시설 내 기기는 화장품 제조 시 적합한지, 위생관리는 어떤지 등이 매우 중요합니다. 그런데 화장품제조업자가 등록한 소재지에 그 시설이 전혀 없다면? 이것은 식약처와 국민을 우롱하는 행위입니다. 따라서 화장품제조업자가 등록한 소재지에 그 시설이 전혀 없는 경우 등록을 취소합니다.

행정처분의 기준(제29조 제1항 관련)

아. 수입대행형 알선·수여 거래(전자상거래)의 책임판매업을 등록한 자에 대하여 개별기준을 적용하는 경우 "판매금지"는 "수입대행금지"로, "판매업무정지"는 "수입대행업무정지"로 본다.

자. 다음의 어느 하나에 해당하는 경우 그 처분을 <u>2분의 1까지 감경하거나 면제</u>할 수 있다.
  1) 처분을 2분의 1까지 감경하거나 면제할 수 있는 경우
    가) 국민보건, 수요·공급, 그 밖에 공익상 필요하다고 인정된 경우
    나) 해당 위반사항에 관하여 검사로부터 기소유예의 처분을 받거나 법원으로부터 선고유예의 판결을 받은 경우
    다) 광고주의 의사와 관계없이 광고회사 또는 광고매체에서 무단 광고한 경우
  2) 처분을 2분의 1까지 감경할 수 있는 경우
    가) 기능성화장품으로서 그 효능·효과를 나타내는 원료의 함량 미달의 원인이 유통 중 보관상태 불량 등으로 인한 성분의 변화 때문이라고 인정된 경우
    나) 비병원성 일반세균에 오염된 경우로서 인체에 직접적인 위해가 없으며, 유통 중 보관상태 불량에 의한 오염으로 인정된 경우

☞ 특정 위반 행위가 국민보건, 수요·공급 등 공익을 위한 필수불가결의 행위였거나 해당 위반 사항에 대해 기소유예나 선고유예의 판결을 받은 경우, 영업자의 의사와는 상관없이 광고회사가 무단으로 불법광고를 한 경우 이 사안이 밝혀진다면 식약처·지방식약청은 행정처분을 아예 면제하거나 그 처분의 절반까지 줄여줄 수 있습니다.
기능성화장품의 원료의 함량 미달의 원인이 유통 중 보관상태 불량 등으로 인한 성분의 변화 때문으로 인정된 경우나 비병원성 일반세균에 오염된 경우로서 인체에 직접적인 위해가 없으며, 유통 중 보관상태 불량에 의한 오염으로 인정된 경우에는 의도하지 않았으므로 100% 영업자의 책임이라고 보기는 어려우나 어찌 되었든 유통의 책임은 피할 수 없으므로 완전한 행정처분의 면제는 불가능하나 2분의 1의 범위에서 그 행정처분이 줄어들 수는 있습니다.

★다음 내용은 구체적인 위반내용에 대한 행정처분의 개별기준입니다.★
보다 자세한 행정처분의 기준 및 쉽게 외우는 방법은 지한쌤 화장품백과사전 교재 참고

2. 개별기준

위반 내용	처분기준			
	1차 위반	2차 위반	3차 위반	4차 이상 위반
가. 화장품제조업 또는 화장품책임판매업의 다음의 변경 사항 등록을 하지 않은 경우				
1) 화장품제조업자·화장품책임판매업자(법인인 경우 대표자)의 변경 또는 그 상호(법인인 경우 법인의 명칭)의 변경	시정명령	제조 또는 판매업무정지 5일	제조 또는 판매업무정지 15일	제조 또는 판매업무정지 1개월
2) 제조소의 소재지 변경	제조업무정지 1개월	제조업무정지 3개월	제조업무정지 6개월	등록취소
3) 화장품책임판매업소의 소재지 변경	판매업무정지 1개월	판매업무정지 3개월	판매업무정지 6개월	등록취소
4) 책임판매관리자의 변경	시정명령	판매업무정지 7일	판매업무정지 15일	판매업무정지 1개월
5) 제조 유형 변경	제조업무정지 1개월	제조업무정지 2개월	제조업무정지 3개월	제조업무정지 6개월
6) 수입대행형 알선·수여 거래(전자상거래)의 화장품책임판매업을 등록한 자를 제외한 다른 화장품책임판매업자의 책임판매 유형 변경	경고	판매업무정지 15일	판매업무정지 1개월	판매업무정지 3개월
7) 수입대행형 알선·수여 거래(전자상거래)의 화장품책임판매업을 등록한 자의 책임판매 유형 변경	수입대행업무정지 1개월	수입대행업무정지 2개월	수입대행업무정지 3개월	수입대행업무정지 6개월

행정처분의 기준(제29조 제1항 관련)

나. 제조업자가 시설을 갖추지 않은 경우

1) 제조 또는 품질검사에 필요한 시설 및 기구의 전부가 없는 경우	제조업무정지 3개월	제조업무정지 6개월	등록취소	없음
2) 작업소, 보관소 또는 시험실 중 어느 하나가 없는 경우	개수명령	제조업무정지 1개월	제조업무정지 2개월	제조업무정지 4개월
3) 해당 품목의 제조 또는 품질검사에 필요한 시설 및 기구 중 일부가 없는 경우	개수명령	해당 품목 제조업무정지 1개월	해당 품목 제조업무정지 2개월	해당 품목 제조업무정지 4개월

4) 화장품을 제조하기 위한 작업소의 기준을 위반한 경우

가) 쥐·해충 및 먼지 등을 막을 수 있는 시설 기준을 위반한 경우	시정명령	제조업무 정지 1개월	제조업무 정지 2개월	제조업무 정지 4개월
나) 작업대 등 제조에 필요한 시설 및 기구 및 가루가 날리는 작업실은 가루를 제거하는 시설 기준을 위반한 경우	개수명령	해당 품목 제조업무정지 1개월	해당 품목 제조업무정지 2개월	해당 품목 제조업무정지 4개월

다. 맞춤형화장품판매업의 변경신고를 하지 않은 경우

1) 맞춤형화장품판매업자의 변경신고를 하지 않은 경우	시정명령	판매업무정지 5일	판매업무정지 15일	판매업무정지 1개월
2) 맞춤형화장품판매소 상호의 변경신고를 하지 않은 경우	시정명령	판매업무정지 5일	판매업무정지 15일	판매업무정지 1개월
3) 맞춤형화장품판매소 소재지의 변경신고를 하지 않은 경우	판매업무정지 1개월	판매업무정지 2개월	판매업무정지 3개월	판매업무정지 4개월
4) 맞춤형화장품조제관리사의 변경신고를 하지 않은 경우	시정명령	판매업무정지 5일	판매업무정지 15일	판매업무정지 1개월

라. 영업자의 결격사유 중 어느 하나에 해당하는 경우 → 바로 등록취소

마. 국민보건에 위해를 끼쳤거나 끼칠 우려가 있는 화장품을 제조·수입한 경우	제조 또는 판매업무 정지 1개월	제조 또는 판매업무 정지 3개월	제조 또는 판매업무 정지 6개월	등록취소

바. 심사를 받지 않거나 보고서를 제출하지 않은 기능성화장품을 판매한 경우

1) 심사를 받지 않거나 거짓으로 보고하고 기능성화장품을 판매한 경우	판매업무정지 6개월	판매업무정지 12개월	등록취소	없음
2) 보고하지 않은 기능성화장품을 판매한 경우	판매업무정지 3개월	판매업무정지 6개월	판매업무정지 9개월	판매업무정지 12개월
사. 제품별 안전성 자료를 작성 또는 보관하지 않은 경우	판매 또는 해당 품목판매업무 정지 1개월	판매 또는 해당 품목판매업무 정지 3개월	판매 또는 해당 품목판매업무 정지 6개월	판매 또는 해당 품목 판매업무 정지 12개월

아. 영업자의 준수사항을 이행하지 않은 경우

1) 품질관리기준에 따른 화장품책임판매업자의 지도·감독 및 요청에 따르지 않은 제조업자	시정명령	제조 또는 해당 품목 제조업무정지 15일	제조 또는 해당 품목 제조업무정지 1개월	제조 또는 해당품목 제조업무정지 3개월

2) 제조관리기준서·제품표준서·제조관리기록서 및 품질관리기록서를 작성·보관하지 않은 화장품제조업자

가) 제조관리기준서, 제품표준서, 제조관리기록서 및 품질관리기록서를 갖추어 두지 않거나 이를 거짓으로 작성한 경우	제조 또는 해당 품목 제조업무정지 1개월	제조 또는 해당 품목 제조업무정지 3개월	제조 또는 해당 품목 제조업무정지 6개월	제조 또는 해당 품목 제조업무정지 9개월
나) 작성된 제조관리기준서의 내용을 준수하지 않은 경우	제조 또는 해당 품목 제조업무정지 15일	제조 또는 해당 품목 제조업무정지 1개월	제조 또는 해당 품목 제조업무정지 3개월	제조 또는 해당 품목 제조업무정지 6개월

행정처분의 기준(제29조 제1항 관련)				
3) 다음의 사항을 어긴 제조업자. - 보건위생상 위해(危害)가 없도록 제조소, 시설 및 기구를 위생적으로 관리하고 오염되지 아니하도록 할 것 - 화장품의 제조에 필요한 시설 및 기구에 대하여 정기적으로 점검하여 작업에 지장이 없도록 관리·유지할 것 - 작업소에는 위해가 발생할 염려가 있는 물건을 두어서는 아니 되며, 작업소에서 국민보건 및 환경에 유해한 물질이 유출되거나 방출되지 아니하도록 할 것	제조 또는 해당 품목 제조업무정지 15일	제조 또는 해당 품목 제조업무정지 1개월	제조 또는 해당 품목 제조업무정지 3개월	제조 또는 해당 품목 제조업무정지 6개월
4) 다음의 사항을 어긴 제조업자. - 품질관리를 위하여 필요한 사항을 화장품책임판매업자에게 제출할 것. - 원료 및 자재의 입고부터 완제품의 출고에 이르기까지 필요한 시험·검사 또는 검정을 할 것 - 제조 또는 품질검사를 위탁하는 경우 제조 또는 품질검사가 적절하게 이루어지고 있는지 수탁자에 대한 관리·감독을 철저히 하고, 제조 및 품질관리에 관한 기록을 받아 유지·관리할 것	제조 또는 해당 품목 제조업무정지 15일	제조 또는 해당 품목 제조업무정지 1개월	제조 또는 해당 품목 제조업무정지 3개월	제조 또는 해당 품목 제조업무정지 6개월
5) 품질관리기준 준수사항을 이행하지 않은 화장품책임판매업자				
가) 책임판매관리자를 두지 않은 경우	판매 또는 해당 품목 판매업무정지 1개월	판매 또는 해당 품목 판매업무정지 3개월	판매 또는 해당 품목 판매업무정지 6개월	판매 또는 해당 품목 판매업무정지 12개월
나) 품질관리 업무 절차서를 작성하지 않거나 거짓으로 작성한 경우	판매업무 정지 3개월	판매업무정지 6개월	판매업무 정지 12개월	등록취소
다) 작성된 품질관리 업무 절차서의 내용을 준수하지 않은 경우	판매 또는 해당 품목 판매업무정지 1개월	판매 또는 해당 품목 판매업무정지 3개월	판매 또는 해당 품목 판매업무정지 6개월	판매 또는 해당 품목 판매업무정지 12개월
라) 그 밖에 품질관리기준을 준수하지 않은 경우	시정명령	판매 또는 해당 품목 판매업무정지 7일	판매 또는 해당 품목 판매업무정지 15일	판매 또는 해당 품목 판매업무정지 1개월
6) 책임판매 후 안전관리기준 준수사항을 이행하지 않은 화장품책임판매업자				
가) 안전관리 정보를 검토하지 않거나 안전확보 조치를 하지 않은 경우	판매 또는 해당 품목 판매업무정지 1개월	판매 또는 해당 품목 판매업무정지 3개월	판매 또는 해당 품목 판매업무정지 6개월	판매 또는 해당 품목 판매업무정지 12개월
나) 그 밖에 책임판매 후 안전관리기준을 준수하지 않은 경우	경고	판매 또는 해당 품목 판매업무정지 1개월	판매 또는 해당 품목 판매업무정지 3개월	판매 또는 해당 품목 판매업무정지 6개월
7) 그 밖의 화장품책임판매업자의 준수사항을 이행하지 않은 화장품책임판매업자	시정명령	판매 또는 해당 품목 판매업무정지 1개월	판매 또는 해당 품목 판매업무정지 3개월	판매 또는 해당 품목 판매업무정지 6개월
8) 맞춤형화장품 판매장 시설·기구를 정기적으로 점검하지 않아 보건위생상 위해가 없도록 관리하지 못하였거나 혼합·소분 안전관리기준을 준수하지 않은 맞춤형화장품판매업자	판매 또는 해당 품목 판매업무정지 15일	판매 또는 해당 품목 판매업무정지 1개월	판매 또는 해당 품목 판매업무정지 3개월	판매 또는 해당 품목 판매업무정지 6개월

행정처분의 기준(제29조 제1항 관련)				
9) 맞춤형화장품 판매내역서를 작성·보관하지 않은 맞춤형화장품판매업자	시정명령	판매 또는 해당 품목 판매업무정지 1개월	판매 또는 해당 품목 판매업무정지 3개월	판매 또는 해당 품목 판매업무정지 6개월
10) 맞춤형화장품 판매 시 소비자에게 설명해야 할 의무를 이행하지 않은 맞춤형화장품판매업자	시정명령	판매 또는 해당 품목 판매업무정지 7일	판매 또는 해당 품목 판매업무정지 15일	판매 또는 해당 품목 판매업무정지 1개월
11) 맞춤형화장품 사용과 관련된 부작용 발생 사례에 대해서 지체 없이 식품의약품안전처장에게 보고하지 않은 맞춤형화장품판매업자	시정명령	판매 또는 해당 품목 판매업무정지 1개월	판매 또는 해당 품목 판매업무정지 3개월	판매 또는 해당 품목 판매업무정지 6개월
자. 회수 대상 화장품을 회수하지 않거나 회수하는 데에 필요한 조치를 하지 않은 경우	판매 또는 제조업무 정지 1개월	판매 또는 제조업무 정지 3개월	판매 또는 제조업무 정지 6개월	등록취소
차. 회수계획을 보고하지 않거나 거짓으로 보고한 경우	판매 또는 제조업무 정지 1개월	판매 또는 제조업무 정지 3개월	판매 또는 제조업무 정지 6개월	등록취소
카. 화장품의 안전용기·포장에 관한 기준을 위반한 경우	해당 품목 판매업무정지 3개월	해당 품목 판매업무정지 6개월	해당 품목 판매업무정지 12개월	없음
타. 화장품의 1차 포장 또는 2차 포장의 기재·표시사항을 위반한 경우				
1) 기재사항(가격 제외)의 전부를 기재하지 않은 경우	해당 품목 판매업무정지 3개월	해당 품목 판매업무정지 6개월	해당 품목 판매업무정지 12개월	없음
2) 기재사항(가격 제외)을 거짓으로 기재한 경우	해당 품목 판매업무정지 1개월	해당 품목 판매업무정지 3개월	해당 품목 판매업무정지 6개월	해당 품목 판매업무정지 12개월
3) 기재사항(가격 제외)의 일부를 기재하지 않은 경우	해당 품목 판매업무정지 15일	해당 품목 판매업무정지 1개월	해당 품목 판매업무정지 3개월	해당 품목 판매업무정지 6개월
파. 화장품 포장의 표시기준 및 표시방법을 위반한 경우	해당 품목 판매업무정지 15일	해당 품목 판매업무정지 1개월	해당 품목 판매업무정지 3개월	해당 품목 판매업무정지 6개월
하. 화장품 포장의 기재·표시상의 주의사항을 위반한 경우	해당 품목 판매업무정지 15일	해당 품목 판매업무정지 1개월	해당 품목 판매업무정지 3개월	해당 품목 판매업무정지 6개월
거. 불법 표시·광고				
1) 다음의 사항을 어긴 표시·광고 - 의약품으로 잘못 인식할 우려가 있는 내용, 제품의 명칭 및 효능·효과 등에 대한 표시·광고를 하지 말 것 - 기능성화장품, 천연화장품 또는 유기농화장품이 아님에도 불구하고 제품의 명칭, 제조방법, 효능·효과 등에 관하여 기능성화장품, 천연화장품 또는 유기농화장품으로 잘못 인식할 우려가 있는 표시·광고를 하지 말 것 - 사실 유무와 관계없이 다른 제품을 비방하거나 비방한다고 의심이 되는 표시·광고를 하지 말 것	해당 품목 판매업무 정지 3개월 (표시위반) 또는 해당 품목 광고업무정지 3개월 (광고위반)	해당 품목 판매업무정지 6개월 (표시위반) 또는 해당 품목 광고업무정지 6개월 (광고위반)	해당 품목 판매업무정지 9개월 (표시위반) 또는 해당 품목 광고업무정지 9개월 (광고위반)	없음

행정처분의 기준(제29조 제1항 관련)				
2) 위의 사항 외의 화장품의 표시·광고 시 준수사항을 위반한 경우(시행규칙 별표5 문서 2번 사항 참고.)	해당 품목 판매업무정지 2개월 (표시위반) 또는 해당 품목 광고업무정지 2개월 (광고위반)	해당 품목 판매업무정지 4개월 (표시위반) 또는 해당 품목 광고업무정지 4개월 (광고위반)	해당 품목 판매업무정지 6개월 (표시위반) 또는 해당 품목 광고업무정지 6개월 (광고위반)	해당 품목 판매업무정지 12개월 (표시위반) 또는 해당 품목 광고업무정지 12개월 (광고위반)
너. 중지명령을 위반하여 화장품을 표시·광고를 한 경우	해당 품목 판매업무 정지 3개월	해당 품목 판매 업무 정지 6개월	해당 품목 판매 업무 정지 12개월	없음
더. 다음의 화장품을 판매하거나 판매의 목적으로 제조·수입·보관 또는 진열한 경우				
1) 전부 또는 일부가 변패(變敗)되거나 이물질이 혼입 또는 부착된 화장품을 판매하거나 판매의 목적으로 제조·수입·보관 또는 진열한 경우	해당 품목 제조 또는 판매업무 정지 1개월	해당 품목 제조 또는 판매 업무 정지 3개월	해당 품목 제조 또는 판매업무 정지 6개월	해당 품목 제조 또는 판매업무 정지 12개월
2) 병원미생물에 오염된 화장품을 판매하거나 판매의 목적으로 제조·수입·보관 또는 진열한 경우	해당 품목 제조 또는 판매업무 정지 3개월	해당품목제조 또는 판매업무 정지 6개월	해당품목제조 또는 판매업무 정지 9개월	해당 품목제조 또는 판매업무 정지 12개월
3) 식품의약품안전처장이 고시한 화장품의 제조 등에 사용할 수 없는 원료를 사용한 화장품을 판매하거나 판매의 목적으로 제조·수입·보관 또는 진열한 경우	제조 또는 판매업무 정지 3개월	제조 또는 판매업무 정지 6개월	제조 또는 판매업무 정지 12개월	등록취소
4) 사용상의 제한이 필요한 원료에 대하여 식품의약품안전처장이 고시한 사용기준을 위반한 화장품을 판매하거나 판매의 목적으로 제조·수입·보관 또는 진열한 경우	해당 품목 제조 또는 판매업무 정지 3개월	해당 품목 제조 또는 판매업무 정지 6개월	해당 품목 제조 또는 판매업무 정지 9개월	해당 품목 제조 또는 판매업무 정지 12개월
5) 식품의약품안전처장이 고시한 유통화장품 안전관리기준에 적합하지 않은 화장품을 판매하거나 판매의 목적으로 제조·수입·보관 또는 진열한 경우				
가) 실제 내용량이 표시된 내용량의 97퍼센트 미만인 화장품				
(1) 실제 내용량이 표시된 내용량의 90퍼센트 이상 97퍼센트 미만인 화장품	시정명령	해당 품목 제조 또는 판매업무 정지 15일	해당 품목 제조 또는 판매업무 정지 1개월	해당 품목 제조 또는 판매업무 정지 2개월
(2) 실제 내용량이 표시된 내용량의 80퍼센트 이상 90퍼센트 미만인 화장품	해당 품목 제조 또는 판매업무 정지 1개월	해당 품목 제조 또는 판매업무 정지 2개월	해당 품목 제조 또는 판매업무 정지 3개월	해당 품목 제조 또는 판매업무 정지 4개월
(3) 실제 내용량이 표시된 내용량의 80퍼센트 미만인 화장품	해당 품목 제조 또는 판매업무 정지 2개월	해당 품목 제조 또는 판매업무 정지 3개월	해당 품목 제조 또는 판매업무 정지 4개월	해당 품목 제조 또는 판매업무 정지 6개월
나) 기능성화장품에서 기능성을 나타나게 하는 주원료의 함량이 기준치보다 부족한 경우				
(1) 주원료의 함량이 기준치보다 10퍼센트 미만 부족한 경우	해당 품목 제조 또는 판매업무 정지 15일	해당 품목 제조 또는 판매업무 정지 1개월	해당 품목 제조 또는 판매업무정지 3개월	해당 품목 제조 또는 판매업무정지 6개월
(2) 주원료의 함량이 기준치보다 10퍼센트 이상 부족한 경우	해당 품목 제조 또는 판매업무 정지 1개월	해당 품목 제조 또는 판매업무 정지 3개월	해당 품목 제조 또는 판매업무정지 6개월	해당 품목 제조 또는 판매업무정지 12개월

행정처분의 기준(제29조 제1항 관련)				
다) 그 밖의 기준에 적합하지 않은 화장품	해당 품목 제조 또는 판매업무 정지 1개월	해당 품목 제조 또는 판매업무 정지 3개월	해당 품목 제조 또는 판매업무 정지 6개월	해당 품목 제조 또는 판매업무 정지 12개월
6) 사용기한 또는 개봉 후 사용기간(병행 표기된 제조연월일을 포함한다)을 위조·변조한 화장품을 판매하거나 판매의 목적으로 제조·수입·보관 또는 진열한 경우	해당 품목 제조 또는 판매업무 정지 3개월	해당 품목 제조 또는 판매업무 정지 6개월	해당 품목 제조 또는 판매업무 정지 12개월	없음
7) 그 밖에 화장품법 제15조(영업의 금지)에서 규정한 화장품을 판매하거나 판매의 목적으로 제조·수입·보관 또는 진열한 경우	해당 품목 제조 또는 판매업무정지 1개월	해당 품목 제조 또는 판매업무정지 3개월	해당 품목 제조 또는 판매업무 정지 6개월	해당 품목 제조 또는 판매업무 정지 12개월
러. 검사·질문·수거 등을 거부하거나 방해한 경우	판매 또는 제조업무 정지 1개월	판매 또는 제조업무 정지 3개월	판매 또는 제조업무 정지 6개월	등록취소
머. 시정명령·검사명령·개수명령·회수명령·폐기명령 또는 공표명령 등을 이행하지 않은 경우	판매 또는 제조업무 정지 1개월	판매 또는 제조업무 정지 3개월	판매 또는 제조업무 정지 6개월	등록취소
버. 회수계획을 보고하지 않거나 거짓으로 보고한 경우	판매 또는 제조업무 정지 1개월	판매 또는 제조업무 정지 3개월	판매 또는 제조업무 정지 6개월	등록취소
서. 업무정지기간 중에 업무를 한 경우				
1) 업무정지기간 중에 해당 업무를 한 경우(광고 업무에 한정하여 정지를 명한 경우 제외)	등록취소	없음	없음	없음
2) 광고의 업무정지기간 중에 광고 업무를 한 경우	시정명령	판매업무정지 3개월	없음	없음
법 개정으로 신설된 행정처분				
소비자에게 유통판매되는 화장품을 임의로 혼합 소분한 경우	판매업무 정지 15일	판매업무 정지 1개월	판매업무 정지 3개월	판매업무 정지 6개월
거짓이나 부정한 방법으로 영업 등록, 변경등록, 신고, 변경신고를 한 경우	등록취소 또는 영업소 폐쇄			
맞춤형화장품판매업의 시설을 갖추지 않게 된 경우	시정명령	판매업무 정지 1개월	판매업무 정지 3개월	영업소 폐쇄

Chapter 1 화장품법의 이해

- 1,000점 만점 중 100점(10%) 할당, 총 10문항, 선다형(7문항), 단답형(3문항)
- 1.2. 개인정보 보호법
- 소주제: 1. 고객 관리 프로그램의 운용

TIP
맞춤형화장품조제관리사는 필연적으로 고객의 각종 개인정보를 수집하고, 이용할 수밖에 없다. 그러므로 「개인정보 보호법」의 기본적인 내용을 반드시 숙지하고 있어야 한다. 본 단원에서는 고객관리 프로그램을 운용하기 위한 개인정보의 개념 등을 숙지하는 것이 주요 공부 포인트이다.

1. 개인정보의 정의 (법 제2조)

※ 개인정보란 살아있는 개인에 관한 정보로서, 다음 중 어느 하나에 해당하는 것을 말함.
  가. 성명, 주민등록번호 및 영상 등을 통하여 개인을 알아볼 수 있는 정보
  나. 해당 정보만으로는 특정 개인을 알아볼 수 없더라도 다른 정보와 쉽게 결합하여 알아볼 수 있는 정보. "쉽게 결합할 수 있는지" 여부는 다른 정보의 입수 가능성 등 개인을 알아보는 데 소요되는 시간, 비용, 기술 등을 합리적으로 고려해야 함.
  다. 위의 가·나 항을 가명 처리함으로써 원래 상태로 복원하기 위한 추가 정보의 사용·결합 없이는 특정 개인을 알아볼 수 없는 정보(이하 '가명정보').

2. 개인정보의 범위

1) 다음 정보는 개인정보가 아님.
   - 사망한 자의 정보
   - 법인, 단체에 관한 정보
   - 개인사업자의 상호명, 사업장주소, 사업자등록번호, 납세액 등 사업체 운영과 관련한 정보
   - 사물에 관한 정보

2) 다음 정보는 개인정보에 해당한다.
   - 법인, 단체의 대표자·임원진·업무담당자 개인에 대한 정보
   - 사물의 제조자 또는 소유자 개인에 대한 정보
   - 단체 사진을 SNS에 올린 경우: 그 사진에 등장하는 인물 모두의 개인정보에 해당함.
   - 자동차 등록번호: 다른 정보와 쉽게 결합하여 개인을 알아볼 수 있는 정보에 해당함.
   - 지하철 탑승객 개인의 승·하차역, 이용일 및 이용 시각: 개인정보에 해당함.
     (단, "2021년 7월 1일 8시 30분 충무로역 환승 인원은 약 500명임"과 같은 정보는 개인정보에 해당하지 않음.)

- 정보의 내용, 형태 등에는 제한이 없음
- 개인을 "알아볼 수 있는" 정보이어야 한다.

3. 처리의 개념

처리란 개인정보의 수집, 생성, 연계, 연동, 기록, 저장, 보유, 가공, 편집, 검색, 출력, 정정(訂正), 복구, 이용, 제공, 공개, 파기(破棄) 그 밖에 이와 유사한 행위를 말함.

* 개인정보 처리자의 개념*
- 개인정보처리자란 업무를 목적으로 개인정보 파일을 운용하기 위하여 스스로 또는 다른 사람을 통하여 개인정보를 처리하는 공공기관, 법인, 단체 및 개인 등을 말함.

4. 개인정보를 수집·이용할 수 있는 경우

- 개인정보처리자는 개인정보의 처리 목적을 명확하게 하여야 하며, 그 목적에 필요한 범위에서 최소한의 개인정보만을 적법하고 정당하게 수집하여야 함.
- 개인정보처리자는 개인정보의 처리 목적에 필요한 범위에서 적합하게 개인정보를 처리하여야 하며, 그 목적 외의 용도로 활용해서는 안 됨.
- 개인정보처리자는 개인정보의 처리 목적에 필요한 범위에서 개인정보의 정확성, 완전성 및 최신성이 보장되도록 하여야 함.
- 개인정보처리자는 개인정보의 처리 방법 및 종류 등에 따라 정보 주체의 권리가 침해받을 가능성과 그 위험 정도를 고려하여 개인정보를 안전하게 관리하여야 함.
- 개인정보처리자는 법 제30조에 따른 개인정보 처리방침 등 개인정보 처리에 관한 사항을 공개하여야 하며, 열람 청구권 등 정보 주체의 권리를 보장하여야 함.
- 개인정보처리자는 정보 주체의 사생활 침해를 최소화하는 방법으로 개인정보를 처리하여야 함.
- 개인정보처리자는 개인정보를 익명 또는 가명으로 처리하여도 개인정보 수집 목적을 달성할 수 있는 경우, 익명 처리가 가능한 경우에는 익명으로, 익명 처리로 목적을 달성할 수 없는 경우에는 가명으로 처리될 수 있도록 하여야 함.
- 개인정보처리자는 개인정보 보호법에서 규정하고 있는 책임과 의무를 준수하고 실천함으로써 정보 주체의 신뢰를 얻기 위해 노력하여야 함.

5. 정보 주체의 권리(법 제4조)

- 개인정보의 처리에 관한 정보를 제공받을 권리
- 개인정보의 처리에 관한 동의 여부, 동의 범위 등을 선택하고 결정할 권리
- 개인정보의 처리 여부를 확인하고, 개인정보에 대하여 열람(사본 발급을 포함한다. 이하 같음) 및 전송을 요구할 권리
- 개인정보의 처리 정지, 정정·삭제 및 파기를 요구할 권리
- 개인정보의 처리로 인하여 발생한 피해를 신속하고 공정한 절차에 따라 구제받을 권리
- 완전히 자동화된 개인정보 처리에 따른 결정을 거부하거나 그에 대한 설명 등을 요구할 권리

개인정보처리
1) "이와 유사한 행위"의 예
　　전송, 전달, 이전, 열람, 조회, 수정, 보완, 삭제, 공유, 보전, 파쇄 등
2) 처리가 아닌 경우
　　다른 사람이 처리하고 있는 개인정보를 단순히 전달, 전송, 통과만 시켜주는 행위
　　예) 우체부가 개인정보가 기록된 우편물을 전달하는 경우는 개인정보 처리가 아님

개인정보처리자
1) 개인정보처리자에 해당하는 경우
　　업무를 목적으로 개인정보파일을 운용하기 위하여 개인정보를 처리해야 함
　　다른 사람(수탁자, 대리인, 이행보조자 등)을 통해 개인정보를 처리하는 경우에도 개인정보처리자에 해당함
2) 개인정보처리자에 해당하지 않는 경우
　　순수한 개인적인 활동이나 가사활동을 위해 개인정보 수집·이용·제공하는 경우(업무목적이 아님)
　　개인정보처리자로부터 고용되어 개인정보를 처리하는 직원
　　지인들에게 청첩장을 발송하기 위해 전화번호, 이메일주소를 수집한 경우(업무목적이 아님)

Chapter 1 화장품법의 이해

- 1,000점 만점 중 100점(10%) 할당, 총 10문항, 선다형(7문항), 단답형(3문항)
- 1.2.개인정보 보호법
- 소주제: 2. 개인정보 보호법에 근거한 고객정보 입력

TIP
고객정보를 수집·이용·처리하기 위해 개인정보처리자가 취해야 하는 조치 암기

1. 개인정보 수집·이용의 요건

* 개인정보처리자가 이용자의 동의 없이 개인정보를 수집·이용할 수 있는 경우
  - 법률에 특별한 규정이 있거나 법령상 의무를 준수하기 위하여 불가피한 경우
  - 공공기관이 법령 등에서 정하는 소관 업무의 수행을 위하여 불가피한 경우
  - 정보주체와 체결한 계약을 이행하거나 계약을 체결하는 과정에서 정보주체의 요청에 따른 조치를 이행하기 위하여 필요한 경우
  - 명백히 정보주체 또는 제3자의 급박한 생명, 신체, 재산의 이익을 위하여 필요하다고 인정되는 경우
  - 개인정보처리자의 정당한 이익을 달성하기 위하여 필요한 경우로서 명백하게 정보주체의 권리보다 우선하는 경우. 단, 개인정보처리자의 정당한 이익과 상당한 관련이 있고 합리적인 범위를 초과하지 아니하는 경우에 한함
  - 공중위생 등 공공의 안전과 안녕을 위하여 긴급히 필요한 경우
  - 당초 수집 목적과 합리적으로 관련된 범위에서 정보주체에게 불이익이 발생하는지 여부, 암호화 등 안전성 확보에 필요한 조치를 하였는지 여부 등을 고려하고, 아울러 시행령 제14조의2에 정한 다음과 같은 사정을 고려하여 이용한 경우
    ▶ 당초 수집 목적과 관련성이 있는지 여부
    ▶ 개인정보를 수집한 정황 또는 처리 관행에 비추어 볼 때 개인정보의 추가적인 이용 또는 제공에 대한 예측 가능성이 있는지 여부
    ▶ 정보주체의 이익을 부당하게 침해하는지 여부
    ▶ 가명처리 또는 암호화 등 안전성 확보에 필요한 조치를 하였는지 여부

2. 동의 요건, 방법 등

* 「개인정보 보호법」에 따라 개인정보처리자가 정보주체로부터 개인정보 수집·이용 동의를 받을 때 알려야하는 사항
  - 개인정보의 수집·이용목적
  - 수집하려는 개인정보의 항목
  - 개인정보의 보유 및 이용기간

- 동의를 거부할 권리가 있다는 사실 및 동의 거부에 따른 불이익이 있는 경우에는 그 불이익의 내용

* 개인정보처리자는 「개인정보 보호법」에 따른 개인정보의 처리에 대하여 정보주체(제22조의2제1항에 따른 법정대리인 포함)의 동의를 받을 때에는 각각의 동의 사항을 구분하여 정보주체가 이를 명확하게 인지할 수 있도록 알리고 동의를 받아야 함. 이 경우 다음 사항들은 동의 사항을 구분하여 각각 동의를 받아야 함
  - 정보주체로부터 개인정보 수집·이용 동의를 받는 경우(법 제15조 제1항 제1호의 경우)
  - 정보주체로부터 개인정보 제3자 제공 동의를 받는 경우(법 제17조 제1항 제1호의 경우)
  - 정보주체로부터 개인정보 목적 외 용도 이용 및 제3자 제공 동의를 받는 경우(법 제18조 제2항 제1호의 경우)
  - 개인정보처리자로부터 개인정보를 제공받은 자가 제공받은 목적 외의 용도로 개인정보를 이용하거나, 제3자에게 제공하기 위하여 정보주체로부터 동의를 받는 경우(법 제19조 제1호의 경우)
  - 정보주체로부터 민감정보 처리에 대한 동의를 받는 경우(법 제23조 제1항 제1호의 경우)
  - 정보주체로부터 고유식별정보 처리에 대한 동의를 받는 경우(법 제24조 제1항 제1호의 경우)
  - 재화나 서비스를 홍보하거나 판매를 권유하기 위하여 개인정보의 처리에 대한 동의를 받으려는 경우
  - 그 밖에 정보주체를 보호하기 위하여 동의 사항을 구분하여 동의를 받아야 할 필요가 있는 경우로서 대통령령으로 정하는 경우

* 개인정보처리자는 위 동의를 서면(「전자문서 및 전자거래 기본법」 제2조제1호에 따른 전자문서 포함)으로 받을 때에는 개인정보의 수집·이용 목적, 수집·이용하려는 개인정보의 항목 등 대통령령으로 정하는 다음 중요한 내용을 보호위원회가 고시로 정하는 방법에 따라 명확히 표시하여 알아보기 쉽게 하여야 함
  - 개인정보의 수집·이용 목적 중 재화나 서비스의 홍보 또는 판매 권유 등을 위하여 해당 개인정보를 이용하여 정보주체에게 연락할 수 있다는 사실
  - 처리하려는 개인정보의 항목 중 다음 각 사항
    ▶ 민감정보
    ▶ 여권번호, 운전면허의 면허번호 및 외국인등록번호
  - 개인정보의 보유 및 이용 기간(제공 시에는 제공받는 자의 보유 및 이용 기간을 말함)
  - 개인정보를 제공받는 자 및 개인정보를 제공받는 자의 개인정보 이용 목적

* 개인정보처리자가 동의를 받는 방법
  - 정보주체의 동의를 받을 때는 다음 각 조건을 모두 충족해야 함
    ▶ 정보주체가 자유로운 의사에 따라 동의 여부를 결정할 수 있을 것
    ▶ 동의를 받으려는 내용이 구체적이고 명확할 것
    ▶ 그 내용을 쉽게 읽고 이해할 수 있는 문구를 사용할 것
    ▶ 동의 여부를 명확하게 표시할 수 있는 방법을 정보주체에게 제공할 것
  - 다음 중 어느 하나에 해당하는 방법으로 동의를 받아야 함
    ▶ 동의 내용이 적힌 서면을 정보주체에게 직접 발급하거나 우편 또는 팩스 등의 방법으로 전달하고, 정보주체가 서명하거나 날인한 동의서를 받는 방법

- ▶ 전화를 통하여 동의 내용을 정보주체에게 알리고 동의의 의사표시를 확인하는 방법
- ▶ 전화를 통하여 동의 내용을 정보주체에게 알리고 정보주체에게 인터넷주소 등을 통하여 동의 사항을 확인하도록 한 후 다시 전화를 통하여 그 동의 사항에 대한 동의의 의사표시를 확인하는 방법
- ▶ 인터넷 홈페이지 등에 동의 내용을 게재하고 정보주체가 동의 여부를 표시하도록 하는 방법
- ▶ 동의 내용이 적힌 전자우편을 발송하여 정보주체로부터 동의의 의사표시가 적힌 전자우편을 받는 방법
- ▶ 그 밖에 위 방법에 준하는 방법으로 동의 내용을 알리고 동의의 의사표시를 확인하는 방법
- 개인정보처리자는 정보주체로부터 법 제22조제1항 각 호에 따른 동의를 받으려는 때에는 정보주체가 동의 여부를 선택할 수 있다는 사실을 명확하게 알 수 있도록 표시해야 함
- 개인정보처리자는 정보주체의 동의 없이 처리할 수 있는 개인정보에 대해서는 그 항목과 처리의 법적 근거를 정보주체의 동의를 받아 처리하는 개인정보와 구분하여 법 제30조제2항에 따라 공개하거나 서면, 전자우편, 팩스, 전화, 문자전송 또는 이에 상당하는 방법에 따라 정보주체에게 알려야 함
- 개인정보처리자는 정보주체가 선택적으로 동의할 수 있는 사항을 동의하지 아니하거나 법 제22조 제1항 제3호 및 제7호에 따른 동의를 하지 아니한다는 이유로 정보주체에게 재화 또는 서비스의 제공을 거부하여서는 안 됨.

3. 아동의 개인정보보호

* 개인정보처리자는 만 14세 미만 아동의 개인정보를 처리하기 위하여 이 법에 따른 동의를 받아야 할 때에는 그 법정대리인의 동의를 받아야 하며, 법정대리인이 동의하였는지를 확인하여야 함
* 개인정보처리자는 법정대리인의 동의를 받기 위하여 필요한 최소한의 정보(법정대리인의 성명 및 연락처)는 법정대리인의 동의 없이 해당 아동으로부터 직접 수집할 수 있음
* 개인정보처리자는 만 14세 미만의 아동에게 개인정보 처리와 관련한 사항의 고지 등을 할 때에는 이해하기 쉬운 양식과 명확하고 알기 쉬운 언어를 사용하여야 함

* 법정대리인의 동의 확인 방법

- 동의 내용을 게재한 인터넷 사이트에 법정대리인이 동의 여부를 표시하도록 하고 개인정보처리자가 그 동의 표시를 확인했음을 법정대리인의 휴대전화 문자메시지로 알리는 방법
- 동의 내용을 게재한 인터넷 사이트에 법정대리인이 동의 여부를 표시하도록 하고 법정대리인의 신용카드·직불카드 등의 카드정보를 제공받는 방법
- 동의 내용을 게재한 인터넷 사이트에 법정대리인이 동의 여부를 표시하도록 하고 법정대리인의 휴대전화 본인인증 등을 통하여 본인 여부를 확인하는 방법
- 동의 내용이 적힌 서면을 법정대리인에게 직접 발급하거나 우편 또는 팩스를 통하여 전달하고, 법정대리인이 동의 내용에 대하여 서명날인 후 제출하도록 하는 방법
- 동의 내용이 적힌 전자우편을 발송하고 법정대리인으로부터 동의의 의사표시가 적힌 전자우편을 전송받는 방법
- 전화를 통하여 동의 내용을 법정대리인에게 알리고 동의를 받거나 인터넷주소 등 동의 내용을 확인할 수 있는 방법을 안내하고 재차 전화 통화를 통하여 동의를 받는 방법
- 그 밖에 위 각 사항에 준하는 방법으로서 법정대리인에게 동의 내용을 알리고 동의의 의사표시를 확인하는 방법

4. 개인정보 수입 제한

- 개인정보처리자는 개인정보 수집 목적에 필요한 최소한의 범위에서 개인정보 수집해야 함
- 정보주체에게 필요한 최소한의 정보 외의 개인정보 수집을 거부할 수 있다는 사실을 고지해야 함
- 개인정보처리자는 정보주체의 필요한 최소한의 정보 외의 개인정보 수집 거절을 이유로 재화 또는 서비스의 제공을 거부하여서는 안 됨

5. 민감정보 및 고유식별정보의 처리 제한

5-1. 민감정보 처리 제한

* 민감정보의 정의 및 유형
  - 사상·신념, 노동조합·정당의 가입·탈퇴, 정치적 견해, 건강, 성생활 등에 관한 정보, 그 밖에 정보주체의 사생활을 현저히 침해할 우려가 있는 개인정보로서 대통령령으로 정하는 정보
  - 유전자검사 등의 결과로 얻어진 유전정보
  - 「형의 실효 등에 관한 법률」 제2조제5호에 따른 범죄경력자료에 해당하는 정보
  - 개인의 신체적, 생리적, 행동적 특징에 관한 정보로서 특정 개인을 알아볼 목적으로 일정한 기술적 수단을 통해 생성한 정보
  - 인종이나 민족에 관한 정보

* 민감정보를 처리할 수 있는 경우
  - 다른 개인정보의 처리에 대한 동의와 별도로 동의를 받아야 함. 이때 정보주체에게 법 제15조 제2항 각호 또는 제17조 제2항 각 호의 사항을 알려야 함
  - 법령에서 민감정보의 처리를 요구하거나 허용하는 경우

* 민감정보 처리 시 준수사항
  - 개인정보처리자가 민감정보를 처리하는 경우에는 그 민감정보가 분실·도난·유출·위조·변조 또는 훼손되지 아니하도록 법 제29조에 따른 안전성 확보에 필요한 조치를 하여야 함
  - 개인정보처리자는 재화 또는 서비스를 제공하는 과정에서 공개되는 정보에 정보주체의 민감정보가 포함됨으로써 사생활 침해의 위험성이 있다고 판단하는 때에는 재화 또는 서비스의 제공 전에 민감정보의 공개 가능성 및 비공개를 선택하는 방법을 정보주체가 알아보기 쉽게 알려야 함

5-2. 고유식별정보 처리 제한

* 고유식별정보의 정의 및 유형
  - 법령에 따라 개인을 고유하게 구별하기 위하여 부여된 식별정보
  - 「주민등록법」 제7조의2제1항에 따른 주민등록번호
  - 「여권법」 제7조제1항제1호에 따른 여권번호
  - 「도로교통법」 제80조에 따른 운전면허의 면허번호
  - 「출입국관리법」 제31조제5항에 따른 외국인등록번호

* 고유식별정보를 처리할 수 있는 경우

- 다른 개인정보의 처리에 대한 동의와 별도로 동의를 받아야 함. 이때 정보주체에게 법 제15조 제2항 각호 또는 제17조 제2항 각 호의 사항을 알려야 함
- 법령에서 구체적으로 고유식별정보의 처리를 요구하거나 허용하는 경우

* 고유식별정보 처리시 준수사항
- 개인정보처리자가 고유식별정보를 처리하는 경우에는 그 고유식별정보가 분실·도난·유출·위조·변조 또는 훼손되지 아니하도록 대통령령으로 정하는 바에 따라 암호화 등 안전성 확보에 필요한 조치를 하여야 함
- 개인정보보호위원회는 공공기관 또는 5만 명 이상의 정보주체에 관하여 고유식별정보를 처리하는 자가 법에 따라 안전성 확보에 필요한 조치를 하였는지에 관하여 2년마다 1회 이상 조사하여야 함

* 주민등록번호를 처리할 수 있는 경우
- 법률·대통령령·국회규칙·대법원규칙·헌법재판소규칙·중앙선거관리위원회규칙 및 감사원규칙에서 구체적으로 주민등록번호의 처리를 요구하거나 허용한 경우
- 정보주체 또는 제3자의 급박한 생명, 신체, 재산의 이익을 위하여 명백히 필요하다고 인정되는 경우
- 위 각 사항에 준하여 주민등록번호 처리가 불가피한 경우로서 보호위원회가 고시로 정하는 경우

* 주민등록번호 처리 시 준수사항
- 주민등록번호를 전자적인 방법으로 보관하는 개인정보처리자는 주민등록번호가 분실·도난·유출·위조·변조 또는 훼손되지 아니하도록 암호화 조치를 통하여 안전하게 보관하여야 함
- 개인정보처리자는 주민등록번호를 처리하는 경우에도 정보주체가 인터넷 홈페이지를 통하여 회원으로 가입하는 단계에서는 주민등록번호를 사용하지 아니하고도 회원으로 가입할 수 있는 방법을 제공하여야 함

6. 개인정보의 제3자 제공 관련 준수 사항

* 개인정보를 제3자에게 제공할 수 있는 경우
- 제3자에게 제공해도 된다는 동의를 따로 받은 경우
- 개인정보 보호법 제15조 제1항 제2호, 제3호, 제5호부터 제7호까지에 따라 개인정보를 수집한 목적 범위에서 개인정보를 제공하는 경우

* 개인정보 제3자 제공에 대한 동의를 받을 때 알려야하는 사항
- 개인정보를 제공받는 자
- 개인정보를 제공받는 자의 개인정보 이용 목적
- 제공하는 개인정보의 항목
- 개인정보를 제공받는 자의 개인정보 보유 및 이용 기간
- 동의를 거부할 권리가 있다는 사실 및 동의 거부에 따른 불이익이 있는 경우에는 그 불이익의 내용

* 정보주체의 동의 없이 개인정보를 제3자에게 제공할 수 있는 경우
- 당초 수집 목적과 합리적으로 관련된 범위에서 정보주체에게 불이익이 발생하는지 여부, 암호화 등 안전성 확보

에 필요한 조치를 하였는지 여부 등을 고려하여 대통령령으로 정하는 바에 따라 이용한 경우(대통령령으로 정하는 바는 상단 "개인정보 수집·이용의 요건"부분과 동일)

7. 개인정보의 목적 외 이용·제공 제한

* 개인정보처리자는 개인정보를 법 제15조제1항에 따른 범위를 초과하여 이용하거나 제17조제1항 및 제28조의8제1항에 따른 범위를 초과하여 제3자에게 제공하여서는 안 됨
* 개인정보처리자는 다음 각 호의 어느 하나에 해당하는 경우에는 정보주체 또는 제3자의 이익을 부당하게 침해할 우려가 있을 때를 제외하고는 개인정보를 목적 외의 용도로 이용하거나 이를 제3자에게 제공할 수 있음. 다만, 다음 4번부터 8번까지에 따른 경우는 공공기관의 경우로 한정함
  1. 정보주체로부터 별도의 동의를 받은 경우(아래 각 사항을 정보주체에게 알려야 함)
     ▶ 개인정보를 제공받는 자
     ▶ 개인정보의 이용 목적(제공 시에는 제공받는 자의 이용 목적을 말함)
     ▶ 이용 또는 제공하는 개인정보의 항목
     ▶ 개인정보의 보유 및 이용 기간(제공 시에는 제공받는 자의 보유 및 이용 기간을 말함)
     ▶ 동의를 거부할 권리가 있다는 사실 및 동의 거부에 따른 불이익이 있는 경우에는 그 불이익의 내용
  2. 다른 법률에 특별한 규정이 있는 경우
  3. 명백히 정보주체 또는 제3자의 급박한 생명, 신체, 재산의 이익을 위하여 필요하다고 인정되는 경우
  4. 개인정보를 목적 외의 용도로 이용하거나 이를 제3자에게 제공하지 아니하면 다른 법률에서 정하는 소관 업무를 수행할 수 없는 경우로서 보호위원회의 심의·의결을 거친 경우
  5. 조약, 그 밖의 국제협정의 이행을 위하여 외국정부 또는 국제기구에 제공하기 위하여 필요한 경우
  6. 범죄의 수사와 공소의 제기 및 유지를 위하여 필요한 경우
  7. 법원의 재판업무 수행을 위하여 필요한 경우
  8. 형(刑) 및 감호, 보호처분의 집행을 위하여 필요한 경우
  9. 공중위생 등 공공의 안전과 안녕을 위하여 긴급히 필요한 경우
* 개인정보처리자는 위 사항 중 어느 하나의 경우에 해당하여 개인정보를 목적 외의 용도로 제3자에게 제공하는 경우에는 개인정보를 제공받는 자에게 이용 목적, 이용 방법, 그 밖에 필요한 사항에 대하여 제한을 하거나, 개인정보의 안전성 확보를 위하여 필요한 조치를 마련하도록 요청하여야 함. 이 경우 요청을 받은 자는 개인정보의 안전성 확보를 위하여 필요한 조치를 하여야 함
* 개인정보처리자로부터 개인정보를 제공받은 자 역시 정보주체로부터 별도의 동의를 받았거나, 다른 법률에 특별한 규정이 있는 경우가 아닌 이상, 개인정보를 제공받은 목적 외의 용도로 이용하거나 이를 제3자에게 제공하여서는 안 됨.

9. 정보주체 이외로부터 수집한 개인정보의 수집 출처 등 통지

* 개인정보처리자가 정보주체 이외로부터 수집한 개인정보를 처리하는 때에는 정보주체의 요구가 있으면 즉시 다음 사항 전부를 정보주체에게 알려야 함

- 개인정보의 수집 출처
- 개인정보의 처리 목적
- 법 제37조에 따른 개인정보 처리의 정지를 요구하거나 동의를 철회할 권리가 있다는 사실

* 처리하는 개인정보의 종류·규모, 종업원 수 및 매출액 규모 등을 고려하여 대통령령으로 정하는 기준에 해당하는 개인정보처리자가 법 제17조제1항제1호에 따라 정보주체 이외로부터 개인정보를 수집하여 처리하는 때에는 제1항 각 호의 모든 사항을 정보주체에게 알려야 함. 다만, 개인정보처리자가 수집한 정보에 연락처 등 정보주체에게 알릴 수 있는 개인정보가 포함되지 아니한 경우에는 그러하지 아니함
  - 대통령령으로 정하는 기준
    ▶ 5만명 이상의 정보주체에 관하여 민감정보 또는 고유식별정보를 처리하는 자
    ▶ 100만명 이상의 정보주체에 관하여 개인정보를 처리하는 자
  - 정보주체에게 알리는 시기, 방법, 절차 등
    ▶ 개인정보를 제공받은 날로부터 3개월 이내에 정보주체에게 알려야 함
    ▶ 단, 법 제17조 제2항 제1호부터 제4호까지의 사항에 대하여 정보주체의 동의를 받은 범위에서 연 2회 이상 주기적으로 개인정보를 제공받아 처리하는 경우에는 개인정보를 제공받은 날로부터 3개월 이내 또는 그 동의를 받은 날부터 기산하여 연 1회 이상 정보주체에게 알려야 함

* 정보주체에게 알리는 방법

서면·전자우편·전화·문자전송 등 정보주체가 통지 내용을 쉽게 확인할 수 있는 방법, 재화 및 서비스를 제공하는 과정에서 정보주체가 쉽게 알 수 있도록 알림창을 통해 알리는 방법

* 개인정보제공사항을 정보주체에게 알린 경우, 다음 사항을 법 제21조 또는 제37조제5항에 따라 해당 개인정보를 파기할 때까지 보관·관리하여야 함

- 정보주체에게 알린 사실
- 알린 시기
- 알린 방법

* 개인정보 제공사항 통지의 예외(단, 정보주체의 권리보다 명백히 우선하는 경우에 한함)
  - 통지를 요구하는 대상이 되는 개인정보가 법 제32조제2항 각 호의 어느 하나에 해당하는 개인정보파일에 포함되어 있는 경우
    ▶ 국가 안전, 외교상 비밀, 그 밖에 국가의 중대한 이익에 관한 사항을 기록한 개인정보파일
    ▶ 범죄의 수사, 공소의 제기 및 유지, 형 및 감호의 집행, 교정처분, 보호처분, 보안관찰처분과 출입국관리에 관한 사항을 기록한 개인정보파일
    ▶ 「조세범처벌법」에 따른 범칙행위 조사 및 「관세법」에 따른 범칙행위 조사에 관한 사항을 기록한 개인정보파일
    ▶ 일회적으로 운영되는 파일 등 지속적으로 관리할 필요성이 낮다고 인정되어 대통령령으로 정하는 개인정보파일
    ▶ 다른 법령에 따라 비밀로 분류된 개인정보파일
  - 통지로 인하여 다른 사람의 생명·신체를 해할 우려가 있거나 다른 사람의 재산과 그 밖의 이익을 부당하게 침해할 우려가 있는 경우

10. 개인정보 이용 및 제공 내역의 통지

* **대통령령으로 정하는 기준에 해당하는 개인정보처리자는 이 법에 따라 수집한 개인정보의 이용·제공 내역이나 이용·제공 내역을 확인할 수 있는 정보시스템에 접속하는 방법을 주기적으로 정보주체에게 통지하여야 함. 다만, 연락처 등 정보주체에게 통지할 수 있는 개인정보를 수집·보유하지 아니한 경우에는 통지하지 아니할 수 있음**
  - 개인정보 이용·제공내역을 통지해야 하는 개인정보처리자의 기준
    ▶ 5만명 이상의 정보주체에 관하여 민감정보 또는 고유식별정보를 처리하는 자
    ▶ 100만명 이상의 정보주체에 관하여 개인정보를 처리하는 자
* **통지의 대상이 되는 정보주체가 아닌 경우**
  - 통지에 대한 거부의사를 표시한 정보주체
  - 개인정보처리자가 업무수행을 위해 그에 소속된 임직원의 개인정보를 처리한 경우 해당 정보주체
  - 개인정보처리자가 업무수행을 위해 다른 공공기관, 법인, 단체의 임직원 또는 개인의 연락처 등의 개인정보를 처리한 경우 해당 정보주체
  - 법률에 특별한 규정이 있거나 법령 상 의무를 준수하기 위하여 이용·제공한 개인정보의 정보주체
  - 공공기관이 법령 등에서 정하는 소관 업무의 수행을 위하여 이용·제공한 개인정보의 정보주체
* **정보주체에게 통지해야 하는 정보**
  - 개인정보의 수집·이용 목적 및 수집한 개인정보의 항목
  - 개인정보를 제공받은 제3자와 그 제공 목적 및 제공한 개인정보의 항목. 다만, 「통신비밀보호법」 제13조, 제13조의2, 제13조의4 및 「전기통신사업법」 제83조제3항에 따라 제공한 정보는 제외
* **통지의 방법 및 시기**
  - 연1회 이상
  - 서면·전자우편·전화·문자전송 등 정보주체가 통지 내용을 쉽게 확인할 수 있는 방법
  - 재화 및 서비스를 제공하는 과정에서 정보주체가 쉽게 알 수 있도록 알림창을 통해 알리는 방법(법 제20조의2제1항에 따른 개인정보의 이용·제공 내역을 확인할 수 있는 정보시스템에 접속하는 방법을 통지하는 경우로 한정)

11. 제3자에게 개인정보처리 업무를 위탁하는 경우

* **개인정보처리자는 다음 각 내용이 포함된 문서로 개인정보처리 업무를 위탁해야 함**
  - 위탁업무 수행 목적 외 개인정보의 처리 금지에 관한 사항
  - 개인정보의 기술적·관리적 보호조치에 관한 사항
  - 위탁업무의 목적 및 범위
  - 재위탁 제한에 관한 사항
  - 개인정보에 대한 접근 제한 등 안전성 확보 조치에 관한 사항
  - 위탁업무와 관련하여 보유하고 있는 개인정보의 관리 현황 점검 등 감독에 관한 사항
  - 법 제26조제2항에 따른 수탁자가 준수하여야 할 의무를 위반한 경우의 손해배상 등 책임에 관한 사항

* 개인정보의 처리 업무를 위탁하는 개인정보처리자(이하 "위탁자")는 위탁하는 업무의 내용과 개인정보 처리 업무를 위탁받아 처리하는 자(개인정보 처리 업무를 위탁받아 처리하는 자로부터 위탁받은 업무를 다시 위탁받은 제3자를 포함하며, 이하 "수탁자")를 정보주체가 언제든지 쉽게 확인할 수 있도록 아래 방법에 따라 공개하여야 함
  - 위탁자의 인터넷 홈페이지에 위탁하는 업무의 내용과 수탁자를 지속적으로 게재하는 방법
  - 인터넷 홈페이지에 게재할 수 없는 경우
    ▶ 위탁자의 사업장등의 보기 쉬운 장소에 게시하는 방법
    ▶ 관보나 일반일간신문, 일반주간신문 또는 인터넷신문에 싣는 방법
    ▶ 같은 제목으로 연 2회 이상 발행하여 정보주체에게 배포하는 간행물·소식지·홍보지 또는 청구서 등에 지속적으로 싣는 방법
    ▶ 재화나 서비스를 제공하기 위하여 위탁자와 정보주체가 작성한 계약서 등에 실어 정보주체에게 발급하는 방법
* 위탁자가 재화 또는 서비스를 홍보하거나 판매를 권유하는 업무를 위탁하는 경우에는 서면등으로 위탁하는 업무의 내용과 수탁자를 정보주체에게 알려야 함. 위탁하는 업무의 내용이나 수탁자가 변경된 경우에도 같음
* 위탁자는 업무 위탁으로 인하여 정보주체의 개인정보가 분실·도난·유출·위조·변조 또는 훼손되지 아니하도록 수탁자를 교육하고, 처리 현황 점검 등 수탁자가 개인정보를 안전하게 처리하는지를 감독하여야 함
* 수탁자는 개인정보처리자로부터 위탁받은 해당 업무 범위를 초과하여 개인정보를 이용하거나 제3자에게 제공하여서는 안 됨
* 수탁자는 위탁받은 개인정보의 처리 업무를 제3자에게 다시 위탁하려는 경우에는 위탁자의 동의를 받아야 함
* 수탁자가 위탁받은 업무와 관련하여 개인정보를 처리하는 과정에서 이 법을 위반하여 발생한 손해배상책임에 대하여는 수탁자를 개인정보처리자의 소속 직원으로 봄

12. 개인정보 이전 제한

* 개인정보처리자는 영업의 전부 또는 일부의 양도·합병 등으로 개인정보를 다른 사람에게 이전하는 경우에는 미리 다음의 사항을 서면 등의 방법에 따라 해당 정보주체에게 알려야 함
  - 개인정보를 이전하려는 사실
  - 개인정보를 이전받는 자(이하 "영업양수자등"이라 한다)의 성명(법인이 경우에는 법인이 명칭을 말함), 주소, 전화번호 및 그 밖의 연락처
  - 정보주체가 개인정보의 이전을 원하지 아니하는 경우 조치할 수 있는 방법 및 절차
* 영업양수자등은 개인정보를 이전받았을 때에는 지체 없이 그 사실을 서면등의 방법에 따라 정보주체에게 알려야 함. 다만, 개인정보처리자가 그 이전 사실을 이미 알린 경우에는 그러하지 않음
* 영업양수자등은 영업의 양도·합병 등으로 개인정보를 이전받은 경우에는 이전 당시의 본래 목적으로만 개인정보를 이용하거나 제3자에게 제공할 수 있음. 이 경우 영업양수자등은 개인정보처리자로 봄

13. 개인정보의 국외이전

* 개인정보처리자는 개인정보를 국외로 제공(조회되는 경우를 포함한다)·처리위탁·보관(이하 "이전")하여서는 안 됨
* **예외적으로 국외이전이 허용되는 경우**

- 정보주체로부터 국외 이전에 관한 별도의 동의를 받은 경우(다음 사항을 미리 정보주체에게 알려야 함)
  - ▶ 이전되는 개인정보 항목
  - ▶ 개인정보가 이전되는 국가, 시기 및 방법
  - ▶ 개인정보를 이전받는 자의 성명(법인인 경우에는 그 명칭과 연락처를 말함)
  - ▶ 개인정보를 이전받는 자의 개인정보 이용목적 및 보유·이용 기간
  - ▶ 개인정보의 이전을 거부하는 방법, 절차 및 거부의 효과
- 법률, 대한민국을 당사자로 하는 조약 또는 그 밖의 국제협정에 개인정보의 국외 이전에 관한 특별한 규정이 있는 경우
- 정보주체와의 계약의 체결 및 이행을 위하여 개인정보의 처리위탁·보관이 필요한 경우로서 다음 각 목의 어느 하나에 해당하는 경우
  - ▶ 법 제28조의8 제2항 각 호의 사항을 법 제30조에 따른 개인정보 처리방침에 공개한 경우
  - ▶ 전자우편 등 대통령령으로 정하는 방법에 따라 법 제28조의8 제2항 각 호의 사항을 정보주체에게 알린 경우
- 개인정보를 이전받는 자가 법 제32조의2에 따른 개인정보 보호 인증 등 보호위원회가 정하여 고시하는 인증을 받은 경우로서 다음의 조치를 모두 한 경우
  - ▶ 개인정보 보호에 필요한 안전조치 및 정보주체 권리보장에 필요한 조치
  - ▶ 인증받은 사항을 개인정보가 이전되는 국가에서 이행하기 위하여 필요한 조치
- 개인정보가 이전되는 국가 또는 국제기구의 개인정보 보호체계, 정보주체 권리보장 범위, 피해구제 절차 등이 이 법에 따른 개인정보 보호 수준과 실질적으로 동등한 수준을 갖추었다고 보호위원회가 인정하는 경우

> **참고자료: 개인정보 보호법**
> 1. 개인정보 수집·이용 동의 요건
>   1) 법 제22조 제1항에 따라 각각 별도로 개인정보 동의를 받아야 하는 사항들을 각각 체크박스로 내용을 구분하여 설명한 경우, 정보주체가 쉽게 의사를 표현할 수 있도록 전체동의를 받을 수 있음
>   2) 고객이 가게에서 계산한 물건을 가져가지 않고, 다른 고객이 실수로 그 물건을 가져간 경우, 가게주인이 물건을 가져간 고객에게 물건반환을 요청하기 위해 연락처 등 개인정보를 이용할 수 있음
>   3) 약국에서 병원 처방전과 달리 약을 잘못 조제하였다면서 병원에 그 환자의 연락처를 물어보는 경우, 병원은 환자의 동의 없이 약국에 환자의 연락처를 제공할 수 있음(단, 사전에 판단기준을 개인정보 처리방침을 통해 공개해야 함.)
>   4) 서비스 신규 가입자의 추천인 이벤트에 신규 가입자로 하여금 기존 가입자의 이름과 휴대전화번호 4자리를 입력하여 응모하도록 하는 경우, 신규 가입자가 기존 가입자의 정보를 입력한 것만으로 기존 가입자의 암묵적 동의를 받은 것이라고 인정할 수 없고, 기존 가입자의 별도 동의를 받아야만 함
> 2. 민감정보의 유형
>   1) 기술적으로 추출한 지문, 홍채, 정맥, 안면 정보는 민감정보에 해당함.
>   2) 일반적인 얼굴사진은 민감정보에 해당하지 않으나, 차후에 얼굴사진을 인증·식별 등의 목적으로 일정한 기술적 수단으로 처리한 경우, 민감정보에 해당함
> 3. 고유식별정보의 범위(제24조 제1항, 시행령 제19조)
>   고객의 주민등록증에 기재된 정보 중 이름, 생년월일, 성별, 발행일, 주민등록기관, 사진은 주민등록번호가 아니므로, 개인사업자도 고객의 동의를 받아 수집할 수 있음

Chapter 1 — 화장품법의 이해

- 1,000점 만점 중 100점(10%) 할당, 총 10문항, 선다형(7문항), 단답형(3문항)
- 1.2.개인정보 보호법
- 소주제: 3. 개인정보 보호법에 근거한 고객정보 관리 및 상담

> **TIP**
> 고객정보를 안전하게 관리하는 방법 및 고객정보가 유출되었을 때 취해야 하는 조치, 매장 내 CCTV 등 영상정보처리기기를 설치, 운영할 때 준수해야 하는 사항

1. 개인정보의 파기

* 개인정보처리자는 보유기간의 경과, 개인정보의 처리 목적 달성, 가명정보의 처리 기간 경과 등 그 개인정보가 불필요하게 되었을 때에는 지체 없이 그 개인정보를 파기하여야 함
  - 파기할 때에는 개인정보가 복구 또는 재생되지 않도록 조치해야 함

* 단, 다른 법령에 따라 보존하여야 하는 경우에는 그에 따라 보존해야 함
  - 이때 보존하는 개인정보 또는 개인정보파일은 다른 개인정보와 분리하여 저장·관리해야 함

* 개인정보 파기 방법
  - 전자적 파일 형태인 경우: 복원이 불가능한 방법으로 영구 삭제. 다만, 기술적 특성으로 영구 삭제가 현저히 곤란한 경우에는 법 제58조의2에 해당하는 정보로 처리하여 복원이 불가능하도록 조치해야 함
  - 전자적 파일 형태 외의 기록물, 인쇄물, 서면, 그 밖의 기록매체인 경우: 파쇄 또는 소각

2. 금지 행위

* 개인정보를 처리하거나 처리하였던 자는 다음 중 어느 하나에 해당하는 행위를 하여서는 안 됨
  - 거짓이나 그 밖의 부정한 수단이나 방법으로 개인정보를 취득하거나 처리에 관한 동의를 받는 행위
  - 업무상 알게 된 개인정보를 누설하거나 권한 없이 다른 사람이 이용하도록 제공하는 행위
  - 정당한 권한 없이 또는 허용된 권한을 초과하여 다른 사람의 개인정보를 이용, 훼손, 멸실, 변경, 위조 또는 유출하는 행위

3. 개인정보의 안전한 관리

* 개인정보처리자는 개인정보가 분실·도난·유출·위조·변조 또는 훼손되지 아니하도록 내부 관리계획 수립, 접속기록 보관 등 대통령령으로 정하는 바에 따라 안전성 확보에 필요한 기술적·관리적 및 물리적 조치를 하여야 함

* **안전성 확보조치**
  - 개인정보의 안전한 처리를 위한 다음 각 내용을 포함하는 내부 관리계획의 수립·시행 및 점검
    ▶ 법 제28조제1항에 따른 개인정보취급자(이하 "개인정보취급자")에 대한 관리·감독 및 교육에 관한 사항
    ▶ 법 제31조에 따른 개인정보 보호책임자의 지정 등 개인정보 보호 조직의 구성·운영에 관한 사항
    ▶ 아래의 각 조치를 이행하기 위하여 필요한 세부 사항
  - 개인정보에 대한 접근 권한을 제한하기 위한 다음 각 조치
    ▶ 데이터베이스시스템 등 개인정보를 처리할 수 있도록 체계적으로 구성한 시스템(이하"개인정보처리시스템")에 대한 접근 권한의 부여·변경·말소 등에 관한 기준의 수립·시행
    ▶ 정당한 권한을 가진 자에 의한 접근인지를 확인하기 위해 필요한 인증수단 적용 기준의 설정 및 운영
    ▶ 그 밖에 개인정보에 대한 접근 권한을 제한하기 위하여 필요한 조치
  - 개인정보에 대한 접근을 통제하기 위한 다음 각 조치
    ▶ 개인정보처리시스템에 대한 침입을 탐지하고 차단하기 위하여 필요한 조치
    ▶ 개인정보처리시스템에 접속하는 개인정보취급자의 컴퓨터 등으로서 보호위원회가 정하여 고시하는 기준에 해당하는 컴퓨터 등에 대한 인터넷망의 차단. 다만, 전년도 말 기준 직전 3개월 간 그 개인정보가 저장·관리되고 있는 「정보통신망 이용촉진 및 정보보호 등에 관한 법률」 제2조제1항제4호에 따른 이용자 수가 일일평균 100만명 이상인 개인정보처리자만 해당함
    ▶ 그 밖에 개인정보에 대한 접근을 통제하기 위하여 필요한 조치
  - 개인정보를 안전하게 저장·전송하는데 필요한 다음 각 조치
    ▶ 비밀번호의 일방향 암호화 저장 등 인증정보의 암호화 저장 또는 이에 상응하는 조치
    ▶ 주민등록번호 등 보호위원회가 정하여 고시하는 정보의 암호화 저장 또는 이에 상응하는 조치
    ▶ 「정보통신망 이용촉진 및 정보보호 등에 관한 법률」 제2조제1항제1호에 따른 정보통신망을 통하여 정보주체의 개인정보 또는 인증정보를 송신·수신하는 경우 해당 정보의 암호화 또는 이에 상응하는 조치
    ▶ 그 밖에 암호화 또는 이에 상응하는 기술을 이용한 보안조치
  - 개인정보 침해사고 발생에 대응하기 위한 접속기록의 보관 및 위조·변조 방지를 위한 다음 각 조치
    ▶ 개인정보처리시스템에 접속한 자의 접속일시, 처리내역 등 접속기록의 저장·점검 및 이의 확인·감독
    ▶ 개인정보처리시스템에 대한 접속기록의 안전한 보관
    ▶ 그 밖에 접속기록 보관 및 위조·변조 방지를 위하여 필요한 조치
  - 개인정보처리시스템 및 개인정보취급자가 개인정보 처리에 이용하는 정보기기에 대해 컴퓨터바이러스, 스파이웨어, 랜섬웨어 등 악성프로그램의 침투 여부를 항시 점검·치료할 수 있도록 하는 등의 기능이 포함된 프로그램의 설치·운영과 주기적 갱신·점검 조치
  - 개인정보의 안전한 보관을 위한 보관시설의 마련 또는 잠금장치의 설치 등 물리적 조치
  - 그 밖에 개인정보의 안전성 확보를 위하여 필요한 조치

4. 개인정보 처리방침의 수립 및 공개

* 개인정보처리자는 다음 각 호의 사항이 포함된 개인정보의 처리 방침(이하 "개인정보 처리방침")을 정하여야 함
  - 개인정보의 처리 목적

- 개인정보의 처리 및 보유 기간
- 개인정보의 제3자 제공에 관한 사항(해당되는 경우에만 정함)
- 개인정보의 파기절차 및 파기방법(법 제21조제1항 단서에 따라 개인정보를 보존하여야 하는 경우에는 그 보존근거와 보존하는 개인정보 항목을 포함함)
- 법 제23조제3항에 따른 민감정보의 공개 가능성 및 비공개를 선택하는 방법(해당되는 경우에만 정함)
- 개인정보처리의 위탁에 관한 사항(해당되는 경우에만 정함)
- 법 제28조의2 및 제28조의3에 따른 가명정보의 처리 등에 관한 사항(해당되는 경우에만 정함)
- 정보주체와 법정대리인의 권리·의무 및 그 행사방법에 관한 사항
- 법 제31조에 따른 개인정보 보호책임자의 성명 또는 개인정보 보호업무 및 관련 고충사항을 처리하는 부서의 명칭과 전화번호 등 연락처
- 인터넷 접속정보파일 등 개인정보를 자동으로 수집하는 장치의 설치·운영 및 그 거부에 관한 사항(해당하는 경우에만 정함)
- 그 밖에 개인정보의 처리에 관하여 대통령령으로 정한 사항
    - ▶ 처리하는 개인정보의 항목
    - ▶ 개인정보의 안전성 확보 조치에 관한 사항

* 개인정보처리자가 개인정보 처리방침을 수립하거나 변경하는 경우에는 정보주체가 쉽게 확인할 수 있도록 대통령령으로 정하는 방법에 따라 공개하여야 함
    - 개인정보처리자의 인터넷 홈페이지에 지속적으로 게재하여야 함
    - 인터넷 홈페이지에 게재할 수 없는 경우
        - ▶ 개인정보처리자의 사업장등의 보기 쉬운 장소에 게시하는 방법
        - ▶ 관보(개인정보처리자가 공공기관인 경우만 해당한다)나 일반일간신문, 일반주간신문 또는 인터넷신문에 싣는 방법
        - ▶ 같은 제목으로 연 2회 이상 발행하여 정보주체에게 배포하는 간행물·소식지·홍보지 또는 청구서 등에 지속적으로 싣는 방법
        - ▶ 재화나 서비스를 제공하기 위하여 개인정보처리자와 정보주체가 작성한 계약서 등에 실어 정보주체에게 발급하는 방법
* 개인정보 처리방침의 내용과 개인정보처리자와 정보주체 간에 체결한 계약의 내용이 다른 경우에는 정보주체에게 유리한 것을 적용함

5. 개인정보 보호책임자의 지정

* 개인정보처리자는 개인정보 처리 업무를 총괄할 개인정보 보호책임자를 지정해야 함
* 단, 개인정보처리자가 소상공인에 해당하는 경우에는 별도의 지정 없이 그 사업주 또는 대표자를 개인정보 보호책임자로 지정한 것으로 봄(다만, 개인정보처리자가 별도로 개인정보 보호책임자를 지정한 경우에는 그렇지 않음)

6. 개인정보의 유출 통지 등

* 개인정보처리자는 개인정보가 분실·도난·유출(이하 "유출등")되었음을 알게 되었을 때에는 지체 없이 해당 정보주체에게 다음 각 호의 사항을 알려야 함
  - 유출등이 된 개인정보의 항목
  - 유출등이 된 시점과 그 경위
  - 유출등으로 인하여 발생할 수 있는 피해를 최소화하기 위하여 정보주체가 할 수 있는 방법 등에 관한 정보
  - 개인정보처리자의 대응조치 및 피해 구제절차
  - 정보주체에게 피해가 발생한 경우 신고 등을 접수할 수 있는 담당부서 및 연락처

* 개인정보 유출등 통지 방법
  - 개인정보처리자는 개인정보가 유출등 되었음을 알게 되었을 때에는 서면등의 방법으로 72시간 이내에 법 제34조제1항 각 호의 사항을 정보주체에게 알려야 함
  - 다음 중 어느 하나에 해당하는 경우에는 그 사유가 해소된 후 지체없이 정보주체에게 알릴 수 있음
    ▶ 유출등이 된 개인정보의 확산 및 추가 유출등을 방지하기 위하여 접속경로의 차단, 취약점 점검·보완, 유출등이 된 개인정보의 회수·삭제 등 긴급한 조치가 필요한 경우
    ▶ 천재지변이나 그 밖에 부득이한 사유로 인하여 72시간 이내에 통지하기 곤란한 경우

* 개인정보처리자는 위 통지를 하려는 경우로서 법 제34조제1항제1호 또는 제2호의 사항에 관한 구체적인 내용을 확인하지 못한 경우에는 개인정보가 유출된 사실, 그때까지 확인된 내용 및 같은 항 제3호부터 제5호까지의 사항을 서면등의 방법으로 우선 통지해야 하며, 추가로 확인되는 내용에 대해서는 확인되는 즉시 통지해야 함

* 다만, 정보주체의 연락처를 알 수 없는 경우 등 정당한 사유가 있는 경우에는 대통령령으로 정하는 바에 따라 통지를 갈음하는 조치를 취할 수 있음
  - 법 제34조제1항 각 호의 사항을 정보주체가 쉽게 알 수 있도록 자신의 인터넷 홈페이지에 30일 이상 게시하는 것으로 통지를 갈음할 수 있음. 다만, 인터넷 홈페이지를 운영하지 아니하는 개인정보처리자의 경우에는 사업장등의 보기 쉬운 장소에 법 제34조제1항 각 호의 사항을 30일 이상 게시하는 것으로 통지를 갈음할 수 있음

* 개인정보처리자는 개인정보가 유출된 경우 그 피해를 최소화하기 위한 대책을 마련하고 필요한 조치를 하여야 함

7. 개인정보의 열람

* 정보주체는 개인정보처리자가 처리하는 자신의 개인정보에 대한 열람을 해당 개인정보처리자에게 요구할 수 있음
  - 정보주체가 자신의 개인정보에 대한 열람을 공공기관에 요구하고자 할 때에는 공공기관에 직접 열람을 요구하거나, 보호위원회를 통하여 요구할 수 있음
  - 정보주체는 다음 개인정보 사항 중 열람하려는 사항을 개인정보처리자(공공기관 포함)가 마련한 방법과 절차에 따라 요구하여야 함
    ▶ 개인정보의 항목 및 내용
    ▶ 개인정보의 수집·이용의 목적

▶ 개인정보 보유 및 이용 기간
▶ 개인정보의 제3자 제공 현황
▶ 개인정보 처리에 동의한 사실 및 내용
- 개인정보처리자는 정보주체로부터 개인정보에 대한 열람을 요구받았을 때에는 10일 이내에 정보주체가 해당 개인정보를 열람할 수 있도록 하여야 함

* **개인정보처리자는 다음 중 어느 하나에 해당하는 경우에는 정보주체에게 그 사유를 알리고 열람을 제한하거나 거절할 수 있음**
  - 법률에 따라 열람이 금지되거나 제한되는 경우
  - 다른 사람의 생명·신체를 해할 우려가 있거나 다른 사람의 재산과 그 밖의 이익을 부당하게 침해할 우려가 있는 경우
  - 공공기관이 다음 중 어느 하나에 해당하는 업무를 수행할 때 중대한 지장을 초래하는 경우
    ▶ 조세의 부과·징수 또는 환급에 관한 업무
    ▶ 「초·중등교육법」 및 「고등교육법」에 따른 각급 학교, 「평생교육법」에 따른 평생교육시설, 그 밖의 다른 법률에 따라 설치된 고등교육기관에서의 성적 평가 또는 입학자 선발에 관한 업무
    ▶ 학력·기능 및 채용에 관한 시험, 자격 심사에 관한 업무
    ▶ 보상금·급부금 산정 등에 대하여 진행 중인 평가 또는 판단에 관한 업무
    ▶ 다른 법률에 따라 진행 중인 감사 및 조사에 관한 업무

* 시설안전 및 화재 예방을 위하여 필요한 경우
* 교통단속을 위하여 필요한 경우
* 교통정보의 수집·분석 및 제공을 위하여 필요한 경우

8. 개인정보의 정정·삭제

* 자신의 개인정보를 열람한 정보주체는 개인정보처리자에게 그 개인정보의 정정 또는 삭제를 요구할 수 있음
  - 단, 다른 법령에서 그 개인정보가 수집 대상으로 명시되어 있는 경우에는 그 삭제를 요구할 수 없음. 이 때 개인정보처리자는 지체 없이 그 내용을 정보주체에게 알려야 함
* 개인정보처리자는 위와 같은 정보주체의 요구를 받았을 때에는 개인정보의 정정 또는 삭제에 관하여 다른 법령에 특별한 절차가 규정되어 있는 경우를 제외하고는 지체 없이 그 개인정보를 조사하여 정보주체의 요구에 따라 정정·삭제 등 필요한 조치를 한 후 그 결과를 정보주체에게 알려야 함
  - 개인정보처리자는 위에 따른 조사를 할 때 필요하면 해당 정보주체에게 정정·삭제 요구사항의 확인에 필요한 증거자료를 제출하게 할 수 있음
* 개인정보처리자가 개인정보를 삭제할 때에는 복구 또는 재생되지 아니하도록 조치하여야 함

9. 개인정보의 처리정지 등

* 정보주체는 개인정보처리자에 대하여 자신의 개인정보 처리의 정지를 요구하거나 개인정보 처리에 대한 동의를 철회할 수 있음
* 개인정보처리자는 개인정보 처리정지 요구를 받았을 때에는 지체 없이 정보주체의 요구에 따라 개인정보 처리의 전부를 정지하거나 일부를 정지하여야 함
  - 개인정보처리자는 정보주체의 요구에 따라 처리가 정지된 개인정보에 대하여 지체 없이 해당 개인정보의 파기 등 필요한 조치를 하여야 함
* 개인정보처리자는 정보주체가 개인정보 처리에 대한 동의를 철회한 때에는 지체 없이 수집된 개인정보를 복구·재생할 수 없도록 파기하는 등 필요한 조치를 하여야 함

* **단, 다음 각 사항의 경우, 개인정보처리자가 개인정보 처리정지를 거절하거나 동의철회에 따른 조치를 하지 않을 수 있음**
  - 법률에 특별한 규정이 있거나 법령상 의무를 준수하기 위하여 불가피한 경우
  - 다른 사람의 생명·신체를 해할 우려가 있거나 다른 사람의 재산과 그 밖의 이익을 부당하게 침해할 우려가 있는 경우
  - 공공기관이 개인정보를 처리하지 아니하면 다른 법률에서 정하는 소관 업무를 수행할 수 없는 경우
  - 개인정보를 처리하지 아니하면 정보주체와 약정한 서비스를 제공하지 못하는 등 계약의 이행이 곤란한 경우로서 정보주체가 그 계약의 해지 의사를 명확하게 밝히지 아니한 경우

10. 손해배상책임

* 정보주체는 개인정보처리자가 개인정보보호법을 위반한 행위로 손해를 입으면 개인정보처리자에게 손해배상을 청구할 수 있음(징벌적 손해배상). 이 경우 그 개인정보처리자는 고의 또는 과실이 없음을 입증하지 아니하면 책임을 면할 수 없음
* 개인정보처리자의 고의 또는 중대한 과실로 인하여 개인정보가 분실·도난·유출·위조·변조 또는 훼손된 경우로서 정보주체에게 손해가 발생한 때에는 법원은 그 손해액의 5배를 넘지 아니하는 범위에서 손해배상액을 정할 수 있음. 다만, 개인정보처리자가 고의 또는 중대한 과실이 없음을 증명한 경우에는 그러하지 아니함

* **법원은 위 배상액을 정할 때 다음 사항들을 고려하여야 함**
  - 고의 또는 손해 발생의 우려를 인식한 정도
  - 위반행위로 인하여 입은 피해 규모
  - 위법행위로 인하여 개인정보처리자가 취득한 경제적 이익
  - 위반행위에 따른 벌금 및 과징금
  - 위반행위의 기간·횟수 등
  - 개인정보처리자의 재산상태
  - 개인정보처리자가 정보주체의 개인정보 분실·도난·유출 후 해당 개인정보를 회수하기 위하여 노력한 정도

- 개인정보처리자가 정보주체의 피해구제를 위하여 노력한 정도
* 징벌적 손해배상청구에 관한 법 제39조의 규정에도 불구하고, 정보주체는 개인정보처리자의 고의 또는 과실로 인하여 개인정보가 분실·도난·유출·위조·변조 또는 훼손된 경우에는 그 손해액을 입증할 수 없더라도 300만원 이하의 범위에서 상당한 금액을 손해액으로 하여 배상을 청구할 수 있음(법정손해배상). 이 경우 해당 개인정보처리자는 고의 또는 과실이 없음을 입증하지 아니하면 책임을 면할 수 없음

11. 영상정보 처리기기의 정의

* **고정형 영상정보처리기기**
  - 폐쇄회로 텔레비전: 다음 각 목의 어느 하나에 해당하는 장치
    ▶ 일정한 공간에 설치된 카메라를 통하여 지속적 또는 주기적으로 영상 등을 촬영하거나 촬영한 영상정보를 유무선 폐쇄회로 등의 전송로를 통하여 특정 장소에 전송하는 장치
    ▶ 또는 위 장치에 의해 촬영되거나 전송된 영상정보를 녹화·기록할 수 있도록 하는 장치
  - 네트워크 카메라: 일정한 공간에 설치된 기기를 통하여 지속적 또는 주기적으로 촬영한 영상정보를 그 기기를 설치·관리하는 자가 유무선 인터넷을 통하여 어느 곳에서나 수집·저장 등의 처리를 할 수 있도록 하는 장치

* **이동형 영상정보처리기기**
  - 착용형 장치: 안경 또는 시계 등 사람의 신체 또는 의복에 착용하여 영상 등을 촬영하거나 촬영한 영상정보를 수집·저장 또는 전송하는 장치
  - 휴대형 장치: 이동통신단말장치 또는 디지털 카메라 등 사람이 휴대하면서 영상 등을 촬영하거나 촬영한 영상정보를 수집·저장 또는 전송하는 장치
  - 부착·거치형 장치: 차량이나 드론 등 이동 가능한 물체에 부착 또는 거치(据置)하여 영상 등을 촬영하거나 촬영한 영상정보를 수집·저장 또는 전송하는 장치

12. 고정형 영상정보처리기기 설치의 예외적 허용

* **원칙적으로 공개된 장소에 고정형 영상정보처리기기를 설치·운영하여서는 안 됨**
* **예외적으로 공개된 장소에서 고정형 영상정보처리기기를 설치·운영할 수 있는 경우**
  - 법령에서 구체적으로 허용하고 있는 경우
  - 범죄의 예방 및 수사를 위하여 필요한 경우
  - 시설의 안전 및 관리, 화재 예방을 위하여 정당한 권한을 가진 자가 설치·운영하는 경우
  - 교통단속을 위하여 정당한 권한을 가진 자가 설치·운영하는 경우
  - 교통정보의 수집·분석 및 제공을 위하여 정당한 권한을 가진 자가 설치·운영하는 경우
  - 촬영된 영상정보를 저장하지 아니하는 경우로서 대통령령으로 정하는 경우
    ▶ 출입자 수, 성별, 연령대 등 통계값 또는 통계적 특성값 산출을 위해 촬영된 영상정보를 일시적으로 처리하는 경우
    ▶ 그 밖에 위에 준하는 경우로서 보호위원회의 심의·의결을 거친 경우
  - 원칙적으로 불특정 다수가 이용하는 목욕실, 화장실, 발한실(發汗室), 탈의실 등 개인의 사생활을 현저히 침해할 우려가 있는 장소의 내부를 볼 수 있도록 고정형 영상정보처리기기를 설치·운영하여서는 안 됨

- 단, 예외적으로 「형의 집행 및 수용자의 처우에 관한 법률」 제2조제1호에 따른 교정시설, 「정신건강증진 및 정신질환자 복지서비스 지원에 관한 법률」 제3조제5호부터 제7호까지의 규정에 따른 정신의료기관(수용시설을 갖추고 있는 것만 해당), 정신요양시설 및 정신재활시설에서는 설치·운영할 수 있음

13. 정보처리기기 설치·운영 안내

* 고정형 영상정보처리기기를 설치·운영하는 자(이하 "고정형영상정보처리기기운영자")는 정보주체가 쉽게 인식할 수 있도록 다음 사항이 포함된 안내판을 설치하는 등 필요한 조치를 하여야 함
  - 설치 목적 및 장소
  - 촬영 범위 및 시간
  - 관리책임자 성명 및 연락처
  - 그 밖에 대통령령으로 정하는 사항

14. 고정형영상정보 처리기기 운영자의 준수사항

* 고정형영상정보처리기기운영자는 고정형 영상정보처리기기의 설치 목적과 다른 목적으로 고정형 영상정보처리기기를 임의로 조작하거나 다른 곳을 비춰서는 아니 되며, 녹음기능은 사용할 수 없음
* 고정형영상정보처리기기운영자는 개인정보가 분실·도난·유출·위조·변조 또는 훼손되지 아니하도록 법 제29조에 따라 안전성 확보에 필요한 조치를 하여야 함
* **고정형영상정보처리기기운영자는 다음 각 사항이 포함된 고정형 영상정보처리기기 운영·관리 방침을 마련하여야 함. 다만, 법 제30조에 따른 개인정보 처리방침을 정할 때 고정형 영상정보처리기기 운영·관리에 관한 사항을 포함시킨 경우에는 고정형 영상정보처리기기 운영·관리 방침을 마련하지 아니할 수 있음**
  - 고정형 영상정보처리기기의 설치 근거 및 설치 목적
  - 고정형 영상정보처리기기의 설치 대수, 설치 위치 및 촬영 범위
  - 관리책임자, 담당 부서 및 영상정보에 대한 접근 권한이 있는 사람
  - 영상정보의 촬영시간, 보관기간, 보관장소 및 처리방법
  - 고정형영상정보처리기기운영자의 영상정보 확인 방법 및 장소
  - 정보주체의 영상정보 열람 등 요구에 대한 조치
  - 영상정보 보호를 위한 기술적·관리적 및 물리적 조치
  - 그 밖에 고정형 영상정보처리기기의 설치·운영 및 관리에 필요한 사항
* 고정형영상정보처리기기운영자는 고정형 영상정보처리기기의 설치·운영에 관한 사무를 위탁할 수 있음

15. 이동형 영상정보 처리기기의 운영제한

* 업무를 목적으로 이동형 영상정보처리기기를 운영하려는 자는 다음 각 호의 경우를 제외하고는 공개된 장소에서 이동형 영상정보처리기기로 사람 또는 그 사람과 관련된 사물의 영상(개인정보에 해당하는 경우로 한정한다. 이하 같다)을 촬영하여서는 안 됨
  - 법 제15조제1항 각 호의 어느 하나에 해당하는 경우

- 촬영 사실을 명확히 표시하여 정보주체가 촬영 사실을 알 수 있도록 하였음에도 불구하고 촬영 거부 의사를 밝히지 아니한 경우. 이 경우 정보주체의 권리를 부당하게 침해할 우려가 없고 합리적인 범위를 초과하지 아니하는 경우로 한정함
- 그 밖에 위 사항에 준하는 경우로서 대통령령으로 정하는 경우
- 위 각 사항에 해당하여 이동형 영상정보처리기기로 사람 또는 그 사람과 관련된 사물의 영상을 촬영하는 경우에는 불빛, 소리, 안내판, 안내서면, 안내방송 또는 그 밖에 이에 준하는 수단이나 방법으로 정보주체가 촬영 사실을 쉽게 알 수 있도록 표시하고 알려야 함. 다만, 드론을 이용한 항공촬영 등 촬영 방법의 특성으로 인해 정보주체에게 촬영 사실을 알리기 어려운 경우에는 보호위원회가 구축하는 인터넷 사이트에 공지하는 방법으로 알릴 수 있음

* 누구든지 불특정 다수가 이용하는 목욕실, 화장실, 발한실, 탈의실 등 개인의 사생활을 현저히 침해할 우려가 있는 장소의 내부를 볼 수 있는 곳에서 이동형 영상정보처리기기로 사람 또는 그 사람과 관련된 사물의 영상을 촬영하여서는 안 됨.
  - 다만, 범죄, 화재, 재난 또는 이에 준하는 상황에서 인명의 구조·구급 등을 위하여 사람 또는 그 사람과 관련된 사물의 영상(개인정보에 해당하는 경우로 한정한다. 이하 같다)의 촬영이 필요한 경우에는 그러하지 않음
* 이동형 영상정보처리기기운영자는 고정형 영상정보처리기기운영자와 같이 개인정보 안전성 확보 조치를 취해야 하고, 운영·관리방침을 마련하여야 하며, 그에 관한 사무를 위탁할 수 있음

16. 영상정보 처리기기 적용 제외

* 공개된 장소에 고정형 영상정보처리기기를 설치·운영하여 처리되는 개인정보에 대해서는 법 제15조(개인정보의 수집·이용), 제22조(동의를 받는 방법), 제22조의2(아동의 개인정보 보호), 제27조(영업양도 등에 따른 개인정보의 이전 제한) 제1항·제2항, 제34조(개인정보 유출 등의 통지·신고) 및 제37조(개인정보의 처리정지 등)를 적용하지 아니함

CHAPTER 01 화장품법의 이해 - 단원평가

001
<보기>가 설명하는 성격 이론은?

> 화장품의 제조·수입·판매 및 수출 등에 관한 사항을 규정함으로써 (   )과 (   )에 기여하는 것

002
다음 중 옳은 것을 두 가지 고르시오. 출제 가능성 희박함, 그냥 개념 체크용으로 풀기

① 화장품법령은 화장품법, 화장품법 시행령, 화장품법 시행규칙으로 구성되어 있다.
② 화장품법은 화장품의 특성에 부합되는 관리와 화장품 산업의 경쟁력 배양을 위해 1999년 9월 7일에 시행되었다.
③ 본래 보건복지부에서 관리되던 화장품이 2013년 식품의약품안전처가 신설되어 소관부처가 변경되었다.
④ 화장품은 화장품법에 의해 의약품, 의약외품, 공산품 등과 명확하게 구분된다.

003
다음은 우수화장품 제조 및 품질관리기준의 목적이다. 빈칸에 들어갈 알맞은 말을 차례대로 쓰시오.

> 우수화장품 제조 및 품질관리 기준에 관한 세부사항을 정하고, 이를 이행하도록 권장함으로써 화장품제조업자가 우수한 화장품을 제조, 관리, 보관 및 공급을 통해 (   ) 및 (   )에 기여하는 것

004
<보기>는 맞춤형화장품판매업자의 준수사항 중 일부이다. (   ) 안에 들어갈 알맞은 말로 옳은 것은?

> <보기>
> 최종 혼합, 소분된 맞춤형화장품은 소비자에게 제공되는 '유통화장품'이므로 그 안전성을 확보하기 위하여 「화장품법」 제8조 및 식품의약품안전처 고시 「(㉠)」의 제6조에 따른 (㉡)을 준수해야 한다.

	㉠	㉡
①	화장품 안전기준 등에 관한 규정	유통화장품의 안전관리기준
②	우수화장품 제조 및 품질관리 기준	화장품 안전기준 등에 관한 규정
③	유통화장품의 안전관리기준	화장품의 색소 종류와 기준 및 시험방법
④	화장품 전성분 표시지침	화장품 중 배합금지성분 분석법
⑤	우수화장품 제조 및 품질관리 기준	유통화장품의 안전관리기준

005

다음 중 <보기>의 목적을 지닌 행정고시는?

<보기>
이 고시는 맞춤형화장품에 사용할 수 있는 원료를 지정하고 화장품에 사용할 수 없는 원료 및 사용상의 제한이 필요한 원료에 대하여 그 사용기준을 지정하며 유통화장품 안전관리 기준에 관한 사항을 정함으로써 화장품의 제조 또는 수입 및 안전관리에 적정을 기함을 목적으로 한다.

① 화장품 안전기준 등에 관한 규정
② 화장품 안전성 정보관리 규정
③ 화장품 원료 사용기준 지정 및 변경 심사에 관한 규정
④ 기능성화장품 기준 및 시험방법
⑤ 우수화장품 제조 및 품질관리기준

006

<보기>의 빈칸에 공통으로 들어갈 알맞은 말을 정확한 용어로 쓰시오.

<보기>
- 화장품제조업자가 우수한 화장품을 제조, 관리, 보관 및 공급을 통해 소비자보호 및 (   )에 기여하는 것
- 화장품법의 목적: 화장품의 제조·수입·판매 및 수출 등에 관한 사항을 규정함으로써 (   )과 화장품 산업의 발전에 기여하는 것

007

<보기>에서 설명하는 화장품의 유형 중 빈칸에 들어갈 알맞은 단어를 정확한 용어로 기입하시오. 기출문제 난이도 중

<보기>
다음은 3세 이하의 영유아용 제품류이다.
1. 영유아용 샴푸, 린스
2. 영유아용 로션, 크림
3. 영유아용 오일
4. 영유아 (   ) 제품
5. 영유아 목욕용 제품

008

다음 중 화장품의 유형에 해당하지 않는 것은? 난이도 하

① 어린이용 제품류
② 목욕용 제품류
③ 눈 화장용 제품류
④ 손발톱용 제품류
⑤ 체취 방지용 제품류

009

다음 중 화장품의 유형에 해당하지 않는 것은? 난이도 하

① 두발 염색용 제품류
② 면도용 제품류
③ 기초화장용 제품류
④ 체모 방지용 제품류
⑤ 두발용 제품류

010

다음 중 화장품의 유형이 다른 하나는? 난이도 중하

① 클렌징 폼
② 클렌징 오일
③ 클렌징 워터
④ 클렌징 로션
⑤ 클렌징 크림

011

다음 중 화장품의 유형이 다른 하나는? 난이도 중하

① 베이스코트
② 핸드크림
③ 네일 폴리시 리무버
④ 네일 로션
⑤ 네일 에나멜 리무버

012

다음 중 화장품의 유형이 다른 하나는? 난이도 중하

① 헤어 틴트
② 헤어 컬러스프레이
③ 염모제
④ 흑채
⑤ 탈색제

013.

다음 중 화장품의 유형에 포함되지 않는 것은? 난이도 중하

① 버블배스
② 흑채
③ 물휴지
④ 제모왁스
⑤ 구강 청결제

014

다음 제품들이 해당하는 화장품의 유형을 쓰시오. 난이도 중하

<보기>
- 애프터셰이브 로션
- 프리 셰이브 로션
- 셰이빙 크림
- 셰이빙 폼

015

다음 중 화장품의 유형이 다른 하나는? 난이도 중하

① 마스크 팩
② 마사지 크림
③ 파우더
④ 영양 화장수
⑤ 콜롱

016

다음 중 인체세정용 제품류에 속하지 않는 것은? 난이도 중하

① 바디 클렌져
② 폼 클렌져
③ 액체 비누
④ 고체 형태의 세안용 화장 비누
⑤ 클렌징 크림

017

<보기>에서 화장품법 시행규칙에 규정된 화장품의 유형 중 언급되지 않은 유형을 두 가지 쓰시오. 난이도 상

<보기>
오늘 아침도 어김없이 유치원을 가지 않겠다는 아이와 사투를 벌렸다. 아침에 아이를 씻기고 나서 ★★사에서 만든 3세 이하의 베이비 오일을 발라주었다. 아이를 유치원에 보낸 후 요즘 유행하는 히말라야 배스 핑크 솔트를 넣어 욕조 목욕을 했다. 그 후 폼 클렌져로 얼굴을 씻고 로션도 바르고, 선크림도 빼먹지 말고 다 발랐다! 노화의 주범은 자외선이니까! 친구들과의 모임 준비가 다 끝난 후 거울을 보니 얼굴이 밋밋하다. 그래서 파운데이션을 바르고 아이브로 제품으로 눈썹을 그렸다. 향수도 칙칙 뿌리니 한결 기분이 좋아진다. 머리카락에도 컬러 스프레이를 뿌리니 생기가 도는 기분이랄까. 날이 더우니 데오도런트도 잊지 않았다! 그 후 나가기 전에 치오글리콜산이 들어있는 제모제로 털을 녹여서 없앴다. 이 정도면 관리하는 남자겠지? 후후! 아, 집에 탑코트가 다 떨어졌던데 집에 오는 길에 사야겠다.

018

다음 중 <보기>의 밑줄 친 **내용물의 영역**에 해당되지 **않는** 것은? 난이도 중 기출문제

<보기>
맞춤형화장품판매업소에 취직한 맞춤형화장품조제관리사 김연희씨는 **내용물**에 원료를 넣거나 소분하여 맞춤형화장품을 조제하는 것에 큰 꿈을 가지고 있다. 그러나 맞춤형화장품조제관리사 경력이 별로 없어 정확히 무엇을 어떻게 해야할지 어려워하고 있다.

① 액체비누
② 흑채
③ 물휴지
④ 제모왁스
⑤ 손 소독제

019

<보기>에서 솔비가 말한 기초화장용 제품류의 예시 중 기초화장용 제품류에 해당되지 **않는** 제품을 대화문에서 찾아 쓰시오. 난이도 중상

<보기>
은영: 요새 피부가 나빠졌어.
솔비: 화장을 그렇게 많이 하니까 그렇지. 색조 화장을 많이 하면 피부가 얼마나 부담을 느끼겠어.
은영: 그래? 넌 어떻게 하는데?
솔비: 나는 기초 화장만 해. 기초 화장용 제품류인 스킨, 로션, 에센스를 바르고 그 위에 크림을 발라.
은영: 나는 가끔 마스크팩도 하는데, 마스크 팩도 기초 화장용 제품류이니?
솔비: 그럼, 당연하지. 나도 꾸준히 팩을 해. 그 외에도 클렌징 오일로 세안 후 건조한 입술을 보호하기 위해 립밤도 꾸준히 발라. 입술 층은 피지가 안 나와서 항상 보습을 해줘야 해.
은영: 그렇구나! 너는 기초 화장용 제품류로만 꼼꼼히 관리하는 것이 피부의 비결이구나!

020

<보기>의 제품들이 공통으로 해당하는 화장품의 유형을 쓰시오. 난이도 중하

<보기>

뷰티시크릿 제모크림	로열 왁스
루이 14세가 사용했다는 전설의 녹차추출물 함유로 제모 후 산뜻한 피부 케어!	1. 전자레인지에 왁스를 데워 주세요. 2. 털이 자라나는 방향으로 왁스를 발라주세요. 3. 털이 나는 반대방향으로 단숨에 떼세요.

021

<보기>는 어느 제품의 뒷면에 기재된 사용법 중 일부이다. 이 제품이 포함되는 화장품의 유형을 정확한 용어로 쓰시오. 난이도 중

<보기>
그린티 추출물로 하루종일 깔끔하게!
사용법: 사용 전 충분히 흔들어 준 후 땀이 많이 나는 곳에 약 20cm 떨어뜨린 상태에서 약 2초간 분사합니다. 수시로 뿌려주시면 더 좋습니다.

022

다음 중 옳게 말한 사람은? 난이도 중

① 인영: 물휴지는 인체 세정용 제품류야. 그러나 식품접객업의 영업소에서 손을 닦는 용도로 사용되는 물티슈는 기초화장용 제품류에 포함되지.
② 소영: 아이 메이크업을 지우는 용도의 리무버는 기초화장용 제품류에 포함돼.
③ 지영: 헤어 컬러 스프레이는 일시적으로 머리 색을 바꾸는 것이므로 두발 염색용 제품류에 포함되지 않아.
④ 주영: 립글로스는 입술을 보호하는 제품이니 기초 화장용 제품류에 속해.
⑤ 시영: 단순히 머리를 고정시키는 용도의 포마드는 두발용 제품류에 포함돼.

023

다음 중 옳지 않은 설명은?

① 폼 클렌저는 클렌징 오일과는 다르게도 인체세정용 제품류에 속한다.
② 외음부 세정제는 예민한 부위와 접촉하는 제품이므로 의약외품으로 분류된다.
③ 보통 메이크업 리무버는 기초화장용 제품류에 속하지만 아이 메이크업 리무버는 눈화장용 제품류이다.
④ 바디 페인팅이나 페이스 페인팅, 분장용 제품들도 평소에는 사용하지 않지만 이 역시도 모두 화장품의 유형에 포함된다.
⑤ 흑채는 두발 염색용 제품류일 것 같으나 사실 두발용 제품류이다.

024

다음 중 틀린 말을 한 사람은?

<보기>
호철: 각자 공부한 자료를 꺼내어 볼까?
상균: 액체비누와 고체 화장비누 둘 다 인체 세정용 제품류에 포함되는 것이 신기했어.
숙자: 메이크업 픽서티브가 색조화장용 제품류에 들어가 있어서 의아했어.
명희: 너희 헤어토닉 아니? 헤어토닉이란 것이 두발용 제품류래.
철수: 인체 세정용 제품류에 샴푸도 포함돼.
영철: 아이크림은 기초화장용 제품류야. '아이'라는 말이 있다고 다 눈화장용 제품류는 아니야.

① 상균   ② 숙자
③ 명희   ④ 철수
⑤ 영철

025

다음 중 「화장품법」 제2조에 따라 화장품에 해당하는 것은? 난이도 중

① 애완견 샴푸
② 치약
③ 용모를 밝게 변화시키기 위한 목적의 글루타치온 주사
④ 아토피 완화 페이셜 크림
⑤ 분장을 위한 페이스 페인팅

026

화장품을 제조하고 책임판매하는 회사의 대표이사인 영길씨는 오랜 연구 끝에 신제품을 발매하게 되었다. 그리고 제품 홍보를 위해 고민하던 중, 기가 막힌 아이디어를 떠올려 이를 반영하여 <보기>와 같은 광고를 하였다. 하지만 <보기>의 홍보문구 때문에 영길씨는 화장품법 위반으로 벌금형을 받게 되었다. 그 이유를 고르시오. 난이도 중

<보기>
[홍보문구: 아토피로 인한 가려움증 완화! 수면장애 호전!]

① 의약품으로 잘못 인식할 우려가 있는 광고를 해서
② 기능성화장품이 아닌 화장품을 기능성화장품으로 잘못 인식할 우려가 있거나 기능성화장품의 안전성·유효성에 관한 심사결과와 다른 내용의 광고를 해서
③ 천연화장품 또는 유기농화장품이 아닌 화장품을 천연화장품 또는 유기농화장품으로 잘못 인식할 우려가 있는 광고를 해서
④ 사실과 다르게 소비자를 속이거나 소비자가 잘못 인식하도록 할 우려가 있는 광고를 해서
⑤ 실증 없이 광고를 했기 때문에

027

<보기>는 화장품법 시행규칙 제2조에 따른 기능성화장품의 정의 중 일부이다. (　)안에 공통으로 들어갈 알맞은 단어를 정확한 용어로 쓰시오. 난이도 중

<보기>
- 피부의 미백에 도움을 주는 제품
1) 피부에 (　　)이/가 침착하는 것을 방지하여 기미·주근깨 등의 생성을 억제함으로써 피부의 미백에 도움을 주는 기능을 가진 화장품
2) 피부에 침착된 (　　)의 색을 엷게 하여 피부의 미백에 도움을 주는 기능을 가진 화장품

028

다음은 화장품의 유형별 특성에 관련된 내용이다. 빈칸에 알맞은 단어를 쓰시오. 난이도 중

(1) 영·유아용 린스
- 모발 세정 후에 사용하여 모발에 유연성을 주고 자연스러운 윤기를 주기 위하여 사용되는 모발 세정용 화장품으로서 정전기 발생을 방지하며 (　　)을/를 용이하게 하고, 두피 및 모발을 건강하게 유지시켜 주며 영·유아에 사용하는 것을 목적으로 하는 제품

(2) (　　)
- 얼굴의 청정을 위하여 사용되는 거품 형태의 제품으로 인체 세정용 제품류에 속하는 제품

(3) (　　)
- 주로 눈썹을 아름답게 하기 위하여 사용되는 것으로서 펜슬형, 봉상, 케익상 등이 있으며 눈 화장용 제품류에 속하는 제품

029

다음은 화장품의 유형별 특성 중 콜롱에 대한 설명이다. 빈칸에 들어갈 말을 쓰고 괄호 안의 내용을 선택하시오. 난이도 중하

- 콜롱(cologne)
 · (　　)을/를 주기 위하여 사용되는 것으로 향수보다 비교적 부향률이 (적은/많은) 방향용 제품류에 속하는 제품

030

다음은 화장품의 유형별 특성 중 탈염·탈색용 제품에 대한 설명이다. 빈칸에 들어갈 말을 쓰시오. 난이도 중하

- 탈염·탈색용 제품
  · 두발 내에 (　　)을/를 분해하여 두발의 색을 밝게 하는 것으로서 두발 염색용 제품류에 속하는 제품

031

다음 중 <보기>에서 설명하는 화장품의 유형에 대한 설명으로 적절하지 <u>않은</u> 것은? 난이도 중

<보기>
얼굴, 입술 등의 피부에 색 및 질감 효과를 주거나 피부결점을 가려줌으로써 보완수정하여 미적효과를 목적으로 하는 제품

① <보기>에서 설명하는 화장품의 유형은 색조 화장용 제품류이다.
② <보기>의 유형 중 메이크업 베이스(make-up bases)는 피부에 색조효과를 주고 피부의 결함을 감추며 건조방지를 위하여 화장 전에 사용되는 것을 목적으로 하는 제품을 말한다.
③ <보기>의 유형 중 립스틱, 립라이너(lip liner)는 입술에 색조효과와 윤기를 주고 건조를 방지하여 입술을 건강하고 부드럽게 하여주기 위하여 사용되는 것을 목적으로 하는 제품을 말한다.
④ <보기>의 유형 중 립글로스(lip gloss), 립밤(lip balm)은 입술에 도포하여 색조 효과를 증진하고 입술에 윤기를 주며, 촉촉하게 보이게 하기 위하여 사용되는 것을 목적으로 하는 제품을 말한다.
⑤ <보기>의 유형에는 그림이나 이미지 등을 삽입한 스티커형 또는 피부에 침습적으로 작용하는 문신용 염료가 제외된다.

032

<보기>는 두발용 제품류에 속하는 제품에 대한 설명이다. 이 제품은 무엇인가? 난이도 하

<보기>
(　　)
· 두발 세정 후에 사용하여 두발에 유연성을 주고 자연스러운 윤기를 주기 위하여 사용되는 두발 세정용 화장품으로서 정전기 발생을 방지하며 정발을 용이하게 하여 두피 및 두발을 건강하게 유지시켜 주는 두발용 제품류에 속하는 제품

033

다음 중 흑채에 대한 설명으로 적절한 것에 O표, 그렇지 <u>않은</u> 것에 X표 하시오. 난이도 중

① 흑채는 머리숱이 없는 사람들이 머리카락을 검게 보이게 하기 위한 용도로 머리카락에 뿌리는 고체가루 제품으로서 두발용 제품류에 속하는 제품이다.
☞ (O/X)

② 흑채는 피부에 닿아 작용을 하는 제품이 아니므로 화장품의 정의에 적합하지 않다.
☞ (O/X)

③ 흑채는 색소를 함유하고 있으므로 두발 염색용 제품류에 속한다.
☞ (O/X)

034

손발톱용 제품류에 해당하는 유형 중 <보기>에서 설명하는 제품은? 난이도 중하

<보기>
· 네일 에나멜을 바른 후에 색감과 광택을 늘리기 위하여 사용되는 것으로서 손발톱용 제품류에 속하는 제품

① 베이스코트(basecoats)
② 언더코트(under coats)
③ 네일폴리시(nail polish)
④ 탑코트(topcoats)
⑤ 네일에나멜 리무버

035

다음은 기초화장용 제품류 중 손·발의 피부연화 제품에 대한 설명이다. 빈칸에 들어갈 말을 쓰시오. 난이도 중하

손·발의 피부연화 제품
· ( ) 제제 등을 사용하여 손·발의 피부를 연화하기 위하여 사용되는 것을 목적으로 하는 제품

036

다음은 체모 제거용 제품류에 대한 설명 중 일부이다. 빈칸에 들어갈 말은? 난이도 중

제모제
· 체모의 ( ) 결합을 환원제로 화학적으로 절단하여 제거하는 것으로서 체모 제거용 제품류에 속하는 제품

037

다음 중 <보기>에서 설명하는 화장품의 유형과 거리가 먼 것은? 난이도 중

<보기>
얼굴, 입술 등의 피부에 색 및 질감 효과를 주거나 피부 결점을 가려줌으로써 보완·수정하여 미적 효과를 목적으로 하는 제품

① 볼연지
② 립글로스, 립밤
③ 메이크업 리무버
④ 페이스 케이크
⑤ 바디 페인팅

038

다음 중 면도용 제품류에 대한 설명으로 틀린 것은? 난이도 중

① 애프터셰이브 로션(aftershave lotions): 면도할 때 또는 면도 전의 피부를 가다듬고, 면도 후 이완된 모공을 수축시켜 피부를 건강하게 하기 위하여 사용되는 것을 목적으로 하는 제품
② 프리셰이브 로션(preshave lotions): 턱수염 등을 부드럽게 하여 면도를 용이하게 하거나 면도에 의한 피부자극을 줄이기 위하여 면도 전에 사용되는 것을 목적으로 하는 제품
③ 셰이빙 크림(shaving cream): 턱수염 등을 부드럽게 하여 면도를 용이하게 하거나 면도에 의한 피부자극을 줄이기 위하여 사용되는 것을 목적으로 하는 제품
④ 셰이빙 폼(shaving foam): 면도기와 피부의 마찰을 줄이기 위하여 거품을 풍성하게 내서 사용되는 것을 목적으로 하는 제품
⑤ 면도용 제품류: 여성과 남성의 면도를 용이하게 하는 화장품

039

다음 중 각 화장품의 유형에 대한 설명으로 **틀린** 것은? 난이도 중

① 체취 방지용 제품류: 체취를 덮어주기 위한 목적으로 사용되는 화장품
② 기초화장용 제품류: 피부에 청정, 보습 및 유연효과를 주며, 피부의 거칠어짐을 방지하고 건강하게 유지하는 역할을 하는 화장품
③ 면도용 제품류: 여성과 남성의 면도를 용이하게 하는 화장품
④ 눈 화장용 제품류: 눈썹, 눈꺼풀, 속눈썹 등의 눈 주위에 미화 청결을 위해 사용되는 아이브로 제품, 아이 라이너, 아이 섀도, 마스카라, 메이크업 리무버 등이 포함된 화장품
⑤ 인체 세정용 제품류: 주로 물 등의 액체를 이용하여 물리적으로 씻음으로 하여 피부를 청결하게 유지하기 위해 사용되는 화장품

040

<보기>는 두발용 제품류 중 일부이다. 빈칸에 공통으로 들어갈 단어를 쓰시오. 난이도 중

<보기>
- 헤어 그루밍 에이드(hair grooming aids)
  · 두발에 유분, 광택, 매끄러움, 유연성, (   ) 효과 등을 주기 위하여 사용되는 것을 목적으로 하는 제품
- 헤어 크림 · 로션
  · 두발에 윤기를 주고 두발의 거칠어짐, 갈라짐을 방지하며 (   )력이 있는 유화 또는 젤상의 제품으로 두발용 제품류에 속하는 제품
- 헤어 오일
  · 두발에 윤기를 주고 흐트러진 머리를 바로 잡거나 (   )효과를 주기 위하여 사용되는 리퀴드상의 제품으로 두발용 제품류에 속하는 제품
- 포마드(pomade)
  · 두발에 윤기를 주어 (   )효과를 주기 위하여 사용되는 것으로써 포마드상의 제품으로 두발용 제품류에 속하는 제품

041

화장품의 영업자를 전부 쓰시오. 난이도 최하

042

화장품 제조업에 대한 설명으로 맞으면 O, 틀리면 X 표 하시오. 난이도 중하

(1) 화장품의 전부를 제조하는 영업자는 화장품 제조업자이다. (O/X)
(2) 화장품의 일부를 제조하는 영업자는 화장품 제조업자이다. (O/X)
(3) 화장품 내용물을 단순 충진하여 1차 포장에 넣는 영업만 하는 자는 화장품 제조업자라고 할 수 있다.(O/X)
(4) 화장품 완제품을 단박스에 넣는 영업만 하는 자는 화장품 제조업자라고 할 수 있다.(O/X)

043

화장품 제조업에 대한 설명으로 맞으면 O, 틀리면 X 표 하시오. 난이도 중

(1) 2차 포장만 하는 행위는 제조 행위라고 할 수 있는가? (O/X)
(2) 2차 포장만 하는 행위를 화장품제조업으로 등록할 수 있는가? (O/X)

044

다음은 화장품책임판매업의 정의이다. 빈칸에 들어갈 알맞은 말을 순서에 상관없이 차례대로 기재하시오. 난이도 중하

<보기>
취급하는 화장품의 (   ) 및 (   ) 등을 관리하면서 이를 유통·판매하거나 수입대행형 거래를 목적으로 알선·수여하는 영업

045

화장품 영업 및 영업자에 대한 설명 중 옳은 것을 고르시오. 난이도 중

① 화장품을 직접 제조하는 영업은 화장품책임판매업에 포함된다.
② 수입된 화장품을 유통·판매하는 영업은 화장품책임판매업에 포함되며, 이는 전자상거래만 해당된다.
③ 수입된 화장품의 내용물에 다른 화장품의 내용물이나 식품의약품안전처장이 정하여 고시하는 원료를 추가하여 혼합한 화장품을 판매하는 영업은 맞춤형화장품판매업이라고 할 수 있다.
④ 제조된 액체비누의 내용물을 단순 소분하여 판매하는 경우는 맞춤형화장품판매업 범위에서 제외된다.
⑤ 수입대행형 거래를 목적으로 화장품을 알선·수여하는 영업은 어느 영업에도 포함되지 않는다.

046

다음은 맞춤형화장품판매업 신고 제외 대상에 대한 설명이다. 빈칸에 들어갈 말로 적절한 것을 쓰시오. 난이도 하

맞춤형화장품판매업 신고 제외 대상
- 제조 또는 수입된 (   )의 내용물을 단순 소분 하여 판매하는 경우는 맞춤형화장품판매업 범위에서 제외

047

화장품제조업자가 갖추어야 할 시설기준의 내용 중 빈칸을 채우시오. 난이도 중하

시설기준
· 제조 작업을 하는 다음 시설을 갖춘 작업소
  쥐·해충 및 (   ) 등을 막을 수 있는 시설
  작업대 등 제조에 필요한 시설 및 기구
  가루가 날리는 작업실은 가루를 제거하는 시설
· 원료·자재 및 제품을 보관하는 (   )
· 원료·자재 및 제품의 (   )을/를 위하여 필요한 시험실
· (   )에 필요한 시설 및 기구

048

다음 화장품책임판매업자 등록 요건 중 빈칸을 채우시오. 난이도 중하

화장품책임판매업자 등록 요건
- 화장품책임판매업자의 결격사유에 해당되지 않을 것
- 화장품의 (   ) 및 책임판매 후 (   )에 관한 기준 마련
- (   ) 선임 의무

049

맞으면 O, 틀리면 X하시오. 난이도 하

(1) 화장품제조업은 '등록'이다. (O/X)
(2) 화장품책임판매업은 '신고'이다. (O/X)
(3) 맞춤형화장품판매업은 '신고'이다. (O/X)
(4) 화장품 영업의 등록·신고 방법은 등록·신고신청서 및 구비 서류를 첨부하여 제조소 또는 판매업소 소재지를 관할하는 지방식품의약품안전청장에게 제출하는 것이다. (O/X)

050

다음 중 화장품제조업자의 결격사유로 적절하지 <u>않</u>은 것은? 난이도 중하

① 「정신건강증진 및 정신질환자 복지서비스 지원에 관한 법률」제3조 제1호에 따른 정신질환자
② 피성년후견인 또는 파산선고를 받고 복권되지 아니한 자
③ 「마약류 관리에 관한 법률」제2조 제1호에 따른 마약류의 중독자
④ 「화장품법」또는 「보건범죄 단속에 관한 특별조치법」을 위반하여 금고 이상의 실형을 선고받고 그 집행이 끝난 자
⑤ 「화장품법」제24조에 따라 등록이 취소되거나 영업소가 폐쇄된 날부터 1년이 지나지 아니한 자

051

다음 중 맞춤형화장품판매업자 변경신고 대상이 아닌 것은? 난이도 하

① 맞춤형화장품판매업자의 상호 변경
② 맞춤형화장품판매업소의 상호 변경
③ 맞춤형화장품판매업소의 소재지 변경
④ 맞춤형화장품판매업자의 변경
⑤ 맞춤형화장품조제관리사의 변경

052

화장품책임판매관리자의 자격기준이다. 빈칸을 채우시오. 난이도 중하

<보기>
- 의사 또는 약사 이공계 학과 또는 향장학·화장품과학·한의학·한약학과 학사학위 이상 취득자
- 전문대학 졸업자로서 간호학과, 간호과학과, 건강간호학과를 전공한 후 화장품 제조 또는 품질관리 업무 (　　) 년 이상 종사자
- 화장품 제조 또는 품질관리 업무에 (　　)년 이상 종사한 경력이 있는 사람
- 책임판매관리자 교육 또는 전문 교육과정을 이수한 자

053

다음은 화장품법 시행규칙 제8조의 3항의 내용이다. 시행규칙에 의거하여 정확한 숫자를 쓰시오. 난이도 하

<보기>
상시근로자수 (　　)인 이하인 화장품책임판매업을 경영하는 화장품책임판매업자가 책임판매관리자 자격 요건을 충족하는 경우 그 사람이 책임판매관리자의 직무를 수행할 수 있다.

054

다음은 화장품법 시행규칙 제8조의 2항 책임판매관리자의 직무와 관련된 사항이다. 빈칸에 알맞은 말을 쓰시오. 난이도 중하

<보기>
※ 화장품책임판매관리자의 업무
- (　㉠　)기준에 따른 (　㉠　)
- 책임판매 후 (　㉡　)기준에 따른 안전확보
- 원료 및 자재의 입고부터 완제품의 출고에 이르기까지 필요한 시험·검사 또는 검정에 대하여 제조업자 관리·감독

055

<보기>는 화장품책임판매관리자의 상세업무 중 일부이다. 빈칸에 들어갈 숫자는?

<보기>
품질관리에 관한 기록 및 화장품제조업자의 관리에 관한 기록을 작성하고 이를 해당 제품의 제조일(수입의 경우 수입일)부터 (   )년간 보관할 것

056

OX 문제

등록 관청을 달리하는 화장품제조소의 소재지가 변경된 경우, 그 전 소재지의 지방식약청에 방문하여 사실을 고지한 뒤 새로운 소재지를 관할하는 지방식약청장에게 변경 등록 신청서를 제출하여야 한다.(O/X)

057

다음 중 <보기>를 참고하여 A씨가 어긴 화장품법 조항은?

<보기>
인터넷에서 직구 상품을 판매하는 A씨는 새로운 제품을 찾던 중 미백에 도움이 된다는 화장품 원료를 발견합니다. 화장품을 판매하는 것은 처음이지만 기존 제품들과 다를 바 없다고 생각한 A씨는 곧바로 해당 원료와 제조에 필요한 다른 원료를 구입하여 제품을 제조하여 판매하였습니다. 그런데 얼마 후 A씨는 화장품을 제조해 판매한 것으로 처벌 대상이 되었습니다. 화장품법 위반으로 법원에 가게 된 것인데요, 무엇을 잘못한 걸까요?

① 제1조(목적)
② 제3조(영업의 등록)
③ 제3조의3(결격사유)
④ 제4조(기능성화장품의 심사)
⑤ 제5조(영업자의 의무)

058

다음 중 화장품의 안전성과 관련이 <u>없는</u> 것은? 난이도 하

① 어린이 안전용기·포장
② 화장품 안전기준
③ 원료 관리 체계
④ 화장품의 위해평가
⑤ 화장품 사용기한

059

<보기>에서 설명하는 체계는 무엇인가? 난이도 중

<보기>
식품의약품안전처장에 의해 지정된 화장품의 제조 등에 사용할 수 없는 원료 및 보존제, 색소, 자외선차단제 등과 같이 특별히 사용상의 제한이 필요한 원료를 제외한 원료는 업자의 책임 하에 사용하는 체계이다.

060

다음에서 설명하는 화장품의 품질요소는 무엇인가?
난이도 하

이 품질요소는 다양한 물리·화학적 조건에서 화장품 성분이 일정한 상태를 유지하는 성질을 말한다.

061

<보기>에서 설명하는 화장품의 품질요소 중 (ㄱ)과 (ㄴ)의 예시가 적절하게 나열된 것을 고르시오. 난이도 중하

<보기>
이 품질요소는 다양한 물리·화학적 조건에서 화장품 성분이 일정한 상태를 유지하는 성질을 말한다.
이 품질요소는 (ㄱ)물리적 변화와 (ㄴ)화학적 변화로 나뉜다.

	(ㄱ)	(ㄴ)
①	분리	침전
②	응집	겔화
③	변색	변취
④	오염	결정 석출
⑤	침전	변색

062

다음 중 빈칸에 들어갈 말로 적절한 것을 모두 쓰시오. 기출 변형, 난이도 하

<보기>
※ 안전용기·포장 정의
- (   )세 미만의 어린이가 개봉하기는 어렵게 설계·고안된 용기나 포장

※ 영·유아, 어린이 연령 기준
- 영·유아: (   )세 이하
- 어린이: (   )세 이상부터 (   )세 이하까지

063

다음 중 <보기>의 밑줄 친 이 광고는 무엇인가? 난이도 중

<보기>
A: 영·유아 또는 어린이가 사용할 수 있는 화장품임을 특정하여 광고하는 경우에는 영·유아 및 어린이 사용 화장품 관리 대상이므로 반드시 제품별 안전성 자료를 작성해야 해.
B: 맞아. 그러나 어린이 사용 화장품의 경우에는 <u>이 광고</u>가 제외돼. 즉, 이 광고를 하는 어린이 사용 화장품의 경우 제품별 안전성 자료를 작성하지 않아도 돼.

① 신문·방송 또는 잡지
② 포스터·간판·네온사인·애드벌룬 또는 전광판
③ 방문광고 또는 실연(實演)에 의한 광고
④ 비디오물·음반·서적·간행물·영화 또는 연극
⑤ 전단·팸플릿·견본 또는 입장권

064

<보기>의 빈칸을 모두 채워 넣어라. 난이도 중

영유아 및 어린이 사용 화장품의
제품별 안전성 자료
· 제품 및 (   )에 대한 (   ) 자료
· 화장품의 (   ) 자료
· 제품의 (   )에 대한 (   ) 자료

065

<보기>는 영·유아·어린이 사용 화장품의 관리 중 제품별 안전성 자료 보관 기간에 관한 설명이다. 다음 중 옳은 설명은? 난이도 중하

<보기>
· 화장품의 1차 포장에 사용기한을 표시하는 경우: 영유아 또는 어린이가 사용할 수 있는 화장품임을 표시·광고한 날부터 마지막으로 제조·수입된 제품의 사용기한 만료일 이후 (ㄱ)년까지의 기간
· 화장품의 1차 포장에 개봉 후 사용기간을 표시하는 경우: 영유아 또는 어린이가 사용할 수 있는 화장품임을 표시·광고한 날부터 마지막으로 제조·수입된 제품의 (ㄴ) 이후 (ㄷ)년까지의 기간

① ㄱ에 들어갈 숫자는 3이다.
② ㄱ과 ㄷ에 들어갈 숫자는 모두 2이다.
③ ㄱ과 ㄷ에 들어갈 숫자의 합은 3이다.
④ <보기>의 두 경우 모두 제조는 화장품의 제조번호에 따른 제조일자를 기준으로 하며, 수입은 수입일자를 기준으로 한다.
⑤ ㄴ에 들어갈 말은 제조연월일이다.

066

빈칸을 채우시오.

위해평가 절차 및 방법
· ( ): 위해요소의 인체 내 독성 확인
· ( ): 위해요소의 인체노출 허용량 산출
· ( ): 위해요소의 인체 노출량 산출
· ( ): 위험성 확인, 위험성 결정 및 노출평가과정의 결과를 종합하여 인체에 미치는 위해 영향 판단

067

빈칸을 채우시오.

위해평가 절차 및 방법
· 위험성 확인: 위해요소의 인체 내 ( ) 확인
· 위험성 결정: 위해요소의 ( ) 산출
· 노출평가과정: 위해요소의 ( ) 산출
· 위해도 결정과정: 위험성 확인, 위험성 결정 및 노출평가과정의 결과를 종합하여 인체에 미치는 위해 영향 판단

068

식품의약품안전처장의 원료 사용기준 검토 주기는 몇 년인가? 난이도 최하

069

다음 문제를 풀어라. 난이도 중

화장품 원료 사용기준 지정 및 변경 신청
(1) 화장품 원료 사용기준 지정 및 변경 신청 자격이 있는 것은?(답 4개)
(2) 화장품 원료 사용기준 지정 및 변경 제출처는?

070

다음 중 <보기>의 빈칸을 모두 채워라. 난이도 중

화장품의 안정성 시험자료 보관 의무 대상
- 레티놀(비타민A) 및 그 유도체
- 아스코빅애시드(비타민C) 및 그 유도체
- ( )
- 과산화화합물
- ( ) 성분
위 성분을 ( )% 이상 함유하는 제품

071

사용기한의 정의이다. 빈칸을 채우시오. 난이도 중

<보기>
화장품이 (   )된 날부터 적절한 보관 상태에서 제품이 고유의 특성을 간직한 채 소비자가 (   )으로 사용할 수 있는 (   )의 기한

072

SPF 57을 표기하는 방법은? 난이도 하

073

화장품책임판매업자 A씨는 자외선 차단제를 유통·판매하고자 한다. 다음 중 <보기>를 참고하여 A씨가 유통·판매하고자 하는 자외선 차단제에 표기할 수 있는 SPF 지수로 옳지 않은 것은? 기출 난이도 중상

<보기>
자외선차단제의 자외선차단지수(SPF) 측정결과(3회)

1회 측정	2회 측정	3회 측정
36	39	38

① SPF 29
② SPF 30
③ SPF 34
④ SPF 36
⑤ SPF 37

074

다음 중 사용기준이 지정·고시되지 않은 원료의 지정 또는 지정·고시된 원료의 사용기준에 대한 변경 신청을 할 수 없는 하나는? 난이도 하

① 화장품제조업자
② 화장품책임판매업자
③ 맞춤형화장품판매업자
④ 대학
⑤ 연구소

075

다음 중 사용기준이 지정·고시되지 않은 원료의 지정 또는 지정·고시된 원료의 사용기준에 대한 변경 심사를 신청할 수 있는 대상이 아닌 것은? 난이도 중

① 「화장품 안전기준 등에 관한 규정」에 고시된 사용할 수 없는 원료
② 「화장품 안전기준 등에 관한 규정」에 고시된 보존제 성분
③ 「화장품 안전기준 등에 관한 규정」에 고시된 자외선 차단 성분
④ 「화장품 안전기준 등에 관한 규정」에 고시되지 않은 보존제 성분
⑤ 「화장품의 색소 종류와 기준 및 시험방법」에 고시된 색소

076

다음 중 사용기준이 지정·고시되지 <u>않은</u> 원료의 지정 또는 지정·고시된 원료의 사용기준에 대한 변경 신청 시 제출하여야 하는 자료의 종류로 옳은 것을 <u>모두</u> 고르시오. 난이도 중

> ㄱ. 안정성에 관한 자료
> ㄴ. 원료의 취급 시 주의사항에 관한 자료
> ㄷ. 원료의 기원 및 개발 경위
> ㄹ. 원료의 위해성 평가 자료
> ㅁ. 안전성 및 유효성에 관한 자료
> ㅂ. 원료의 기준 및 시험방법에 관한 시험성적서

① ㄱ, ㄷ, ㄹ
② ㄱ, ㄹ, ㅂ
③ ㄴ, ㄹ, ㅁ
④ ㄷ, ㅁ, ㅂ
⑤ ㄹ, ㅁ, ㅂ

077

<보기>는 사용기준이 지정·고시되지 <u>않은</u> 원료의 지정 또는 지정·고시된 원료의 사용기준에 대한 변경 신청 시 제출하여야 하는 자료 중 안전성에 관한 평가자료의 목록이다. (   )안에 들어갈 알맞은 자료를 정확한 용어로 기입하시오. 난이도 중상

> <보기>
> **안전성에 관한 평가자료**
> (1) 단회투여독성시험자료
> (2) 피부자극시험자료
> (3) 피부감작성시험자료
> (4) _____(ㄱ)_____
> (5) 광독성시험자료
> (6) 광감작성시험자료
> (7) 반복투여독성시험자료
> (8) 생식·발생독성시험자료, 유전독성시험자료 및 발암성시험자료
> (9) _____(ㄴ)_____
> (10) 인체피부자극시험자료
> (11) 피부흡수시험자료

078

<보기>는 사용기준이 지정·고시되지 <u>않은</u> 원료의 지정 또는 지정·고시된 원료의 사용기준에 대한 변경 신청 시 제출하여야 하는 자료 중 안전성 및 유효성에 관한 자료이다. (   )안에 들어갈 알맞은 말을 정확한 용어로 기입하시오. 난이도 중

> <보기>
> 안전성 및 유효성에 관한 자료
> 가. 안전성에 관한 평가자료
>   (이하 생략)
> 나. 유효성에 관한 평가자료
>   (1) (㉠)·작용에 관한 자료
>   (2) (㉡) 등에 관한 자료
> 다. (㉢) 설정에 관한 자료

079

<보기>는 사용기준이 지정·고시되지 <u>않은</u> 원료의 지정 또는 지정·고시된 원료의 사용기준에 대한 변경 신청 시 제출하여야 하는 자료 중 안전성 및 유효성에 관한 자료의 요건이다. (   )안에 공통으로 들어갈 알맞은 말을 정확한 용어로 기입하시오. 난이도 중

> <보기>
> 안전성 및 유효성에 관한 자료
> 가. 안전성에 관한 평가자료
> (2) 시험방법
> (가) 제4조 제4호의 시험은 시험의 방법 및 평가기준이 과학적·합리적으로 타당하다고 인정되는 경우 (   )을/를 적용하여 시험하는 것을 원칙으로 한다.
> (나) (가)의 규정에도 불구하고 (   )을/를 적용할 수 없는 경우 「기능성화장품 심사에 관한 규정」(식품의약품안전처 고시) 별표1 및 「의약품등의 독성시험기준」(식품의약품안전처 고시)에 따른다.

080

<보기>는 사용기준이 지정·고시되지 않은 원료의 지정 또는 지정·고시된 원료의 사용기준에 대한 변경 신청 시 제출하여야 하는 자료 중 유효성에 관한 평가자료에 대한 설명이다. (   )안에 들어갈 알맞은 것을 고르시오. 난이도 중

<보기>
유효성에 관한 평가자료
(1) 사용목적·작용에 관한 자료
 (가) 보존제 성분
 (   ) 또는 「의약품의 품목허가·신고 심사 규정」(식품의약품안전처 고시)에 따라 식품의약품안전처장이 정하는 공정서 등에서 정한 보존력 시험자료 및 기타 해당 원료가 보존제로서 사용이 적합함을 입증할 수 있는 자료

① 대한화장품협회 성분사전
② 식품의약품안전평가원 의약품 평가
③ 환경독성보건학회 위해평가
④ 대한민국약전
⑤ 한국표준과학연구원 등재 논문

081

<보기>는 사용기준이 지정·고시되지 않은 원료의 지정 또는 지정·고시된 원료의 사용기준에 대한 변경 심사를 위해 제출하여야 하는 유효성에 관한 평가자료 중 일부이다. 다음 중 <보기>에 대하여 옳지 않은 설명은? 난이도 중

<보기>
유효성에 관한 평가자료
(1) 사용목적·작용에 관한 자료
 (가) 보존제 성분
 (나) 자외선 차단성분
 (다) 염모제 성분
 (라) 화장품의 색소

① (가)는 대한민국약전 또는 「의약품의 품목허가·신고 심사 규정」 별표1의2에 따라 식품의약품안전처장이 정하는 공정서 등에서 정한 보존력 시험자료 및 기타 해당 원료가 보존제로서 사용이 적합함을 입증할 수 있는 자료이어야 한다.
② (나)는 자외선의 파장에 따른 흡수 또는 산란 효과를 평가한 자료 및 자외선 A, 자외선 B, 자외선 C에 대한 인체적용시험자료로서 「화장품 표시·광고 실증에 관한 규정」 제4조제2호에 적합한 자료이어야 한다.
③ (다)는 해당 원료에 대하여 인체 모발을 대상으로 표시하고자 하는 색상 등 염모력을 평가한 자료이어야 한다.
④ (라)는 해당 원료에 대하여 표시하고자 하는 색상을 평가한 자료이어야 한다.
⑤ (가)~(라) 이외의 기타 성분인 경우에는 해당 원료의 사용목적과 작용 등에 대하여 평가한 자료를 제출하여야 한다.

082

<보기>는 사용기준이 지정·고시되지 않은 원료의 지정 또는 지정·고시된 원료의 사용기준에 대한 변경 심사를 위해 제출하여야 하는 자료의 목록이다. 다음 중 화장품 원료 사용기준 지정 및 변경 심사에 관한 규정에 따라 적절한 것을 고르시오. 난이도 중상

<보기>
1. ___㉠___
2. ㉡원료의 기원 및 개발 경위, 국내·외 사용기준 및 사용현황 등에 관한 자료
3. 원료의 특성에 관한 자료
4. 안전성 및 유효성에 관한 자료
 가. 안전성에 관한 평가자료
 나. 유효성에 관한 평가자료
 다. (㉢) 설정에 관한 자료
5. 원료의 기준 및 시험방법에 관한 시험성적서

① ㉠에 들어갈 알맞은 말은 원료의 위해성 평가 자료이다.
② ㉡은 해당 원료의 구조, 구성 성분, 물리·화학적 생물학적 성질, 제조방법 등에 관한 내용으로 물질의 특징 확인이 가능한 자료를 말한다.

③ ㉢에 들어갈 말은 시험방법이다.
④ 위 <보기>의 자료 중 외국의 자료는 원칙적으로 한글 요약문 및 원자료를 제출하여야 하나 요약문만으로 제출된 자료의 내용을 설명할 수 없는 경우에는 전체 번역문을 제출할 수 있다.
⑤ 위의 서류에 대해 식품의약품안전처장이 보완을 요청하였을 시, 민원인은 1회에 한해 제출기한 연장 요청을 할 수 있다.

083

화장품책임판매업자 A씨는 사용기준이 지정·고시된 원료의 사용기준에 대한 변경 심사를 하고자 한다. <보기>를 참고하여 적절하지 <u>않은</u> 설명은? 난이도 상

<보기>
화장품책임판매업자 A씨는 에칠헥실메톡시신나메이트의 사용한도가 7.5%인 것이 바람직하지 않다고 생각하여 식품의약품안전처장에게 원료 사용 기준 변경 심사를 신청하고자 한다.

① A씨는 제출자료를 낼 때 유효성에 관한 평가자료로서 자외선의 파장에 따른 흡수 또는 산란 효과를 평가한 자료 및 자외선 A 또는 자외선 B에 대한 인체적용시험 자료를 제출해야 한다.
② A씨가 제출해야 하는 자료 중 외국의 자료는 원자료와 더불어 전체 번역문을 제출하는 것이 원칙이다.
③ 식품의약품안전처장이 A씨가 제출한 자료에 대해 보완요청을 한 경우 A씨는 2회에 한하여 보완 제출기한을 연장 요청할 수 있다.
④ 추가 보완요청 기한 내에 자료가 제출되지 않아 식품의약품안전처장이 A씨에게 심사 결과의 부적합을 통보하였다면, A씨는 부적합 결과를 통보 받은 날로부터 30일 이내에 식품의약품안전처장에게 이의를 신청할 수 있다.
⑤ A씨가 제출한 자료가 규정에 따른 심사요건에 적합하지 않은 경우 식품의약품안전처장이 부적합을 통보하고 즉시 A씨가 이에 이의를 신청하였다면, 식품의약품안전처장은 이의신청을 받은 날부터 60일 이내에 이의신청의 인용 여부를 결정하고 그 결과를 A씨에게 통보하여야 한다.

084

화장품책임판매업자 A씨는 사용기준이 지정·고시된 원료의 사용기준에 대한 변경 심사를 하고자 한다. <보기>를 참고하여 적절한 설명은? 난이도 상

<보기>
화장품책임판매업자 A씨는 페녹시에탄올의 사용한도가 1%인 것이 바람직하지 않다고 생각하여 식품의약품안전처장에게 원료 사용 기준 변경 심사를 신청하고자 한다.

① A씨는 제출자료를 낼 때 유효성에 관한 평가자료로서 대한민국약전 또는 「의약품의 품목허가·신고 심사 규정」 별표1의2에 따라 식품의약품안전처장이 정하는 공정서 등에서 정한 보존력 시험자료 및 기타 해당 원료가 보존제로서 사용이 적합함을 입증할 수 있는 자료를 제출해야 한다.
② A씨가 제출해야 하는 자료 중 외국의 자료는 원자료와 더불어 전체 번역문을 제출하는 것이 원칙이다.
③ 식품의약품안전처장이 A씨가 제출한 자료에 대해 보완요청을 한 경우 A씨는 1회에 한하여 보완 제출기한을 연장 요청할 수 있다.
④ 추가 보완요청 기한 내에 자료가 제출되지 않아 식품의약품안전처장이 A씨에게 심사 결과의 부적합을 통보하였다면, A씨는 부적합 결과를 통보 받은 날로부터 20일 이내에 식품의약품안전처장에게 이의를 신청할 수 있다.
⑤ A씨가 제출한 자료가 규정에 따른 심사요건에 적합하지 않은 경우 식품의약품안전처장이 부적합을 통보하고 즉시 A씨가 이에 이의를 신청하였다면, 식품의약품안전처장은 이의신청을 받은 날부터 30일 이내에 이의신청의 인용 여부를 결정하고 그 결과를 A씨에게 통보하여야 한다.

085

다음 중 화장품제조업자의 준수사항을 <u>모두</u> 고르시오.(2개) 난이도 하

① 보건위생상 위해(危害)가 없도록 제조소, 시설 및 기구를 위생적으로 관리하고 오염되지 않도록 할 것
② 화장품의 제조에 필요한 시설 및 기구에 대하여 정기적으로 점검하여 작업에 지장이 없도록 관리·유지할 것
③ 제조번호별로 품질검사를 철저히 한 후 유통시킬 것
④ 제품과 관련하여 국민보건에 직접 영향을 미칠 수 있는 안전성·유효성에 관한 새로운 자료 등을 알게 되었을 때는 식품의약품안전처장이 정하여 고시하는 바에 따라 보고하고, 필요한 안전대책을 마련할 것
⑤ 수입한 화장품에 대하여 다음의 사항을 적거나 또는 첨부한 수입관리기록서를 작성·보관할 것

086

다음 중 밑줄 친 <u>이 경우</u>에 해당하는 것은? 난이도 중하

> A: 화장품제조업자는 품질관리를 위하여 필요한 사항을 화장품책임판매업자에게 제출해야 해. 그러나 **이 경우**에는 제출하지 않을 수 있지.

① 화장품책임판매업자와 맞춤형화장품판매업자가 동일한 경우
② 화장품제조업자와 화장품책임판매업자 상호 계약에 따라 영업비밀에 해당하는 경우
③ 원료 및 자재의 입고부터 완제품의 출고에 이르기까지 필요한 시험·검사 또는 검정을 하였을 경우
④ 제조 또는 품질검사가 적절하게 이루어지고 있는지 수탁자에 대한 관리·감독을 철저히 한 경우
⑤ 우수화장품 제조 및 품질 관리기준을 준수하였다고 인정한 경우

087

다음은 화장품제조업자의 준수사항 중 일부이다. 빈칸을 채워라. 난이도 중하

> 제조관리기준서·(   )·제조관리기록서 및 (   )을/를 작성·보관할 것

088

다음 중 우수화장품 제조관리기준을 준수하는 제조업자에게 식약처장이 지원할 수 있는 사항으로 적절한 것을 <u>모두</u> 고르시오. 난이도 중

① 우수화장품 제조관리기준 적용에 관한 전문적 기술과 교육
② 우수화장품 제조관리기준 적용을 위한 지원금
③ 우수화장품 제조관리기준 적용을 위한 자문
④ 우수화장품 제조관리기준 적용을 위한 시설·설비 등 개수·보수
⑤ 우수화장품 제조관리기준 적용을 위한 사례집

089

화장품책임판매업자의 준수사항이다. 빈칸을 채워라. 난이도 하

· (   )기준을 준수할 것
· (   )별로 품질검사를 철저히 한 후 유통시킬 것
· 책임판매 후 (   )기준을 준수할 것
· 제품과 관련하여 국민보건에 직접 영향을 미칠 수 있는 (   )·(   )에 관한 새로운 자료, 정보사항 등을 알게 되었을 때는 식품의약품안전처장이 정하여 고시하는 바에 따라 보고하고, 필요한 안전대책을 마련할 것
· 제조업자로부터 받은 (   ) 및 (   )을/를 보관할 것

- 다음의 어느 하나에 해당하는 성분을 (　　)퍼센트 이상 함유하는 제품의 경우 해당 품목의 안정성시험 자료를 최종 제조된 제품의 사용기한이 만료되는 날부터 (　　)년간 보존할 것

  1. (　　) 및 그 유도체
  2. (　　) 및 그 유도체
  3. (　　)
  4. (　　)
  5. (　　)

090

화장품책임판매업자의 준수사항이다. 빈칸을 채워라. 난이도 하

- 수입한 화장품에 대하여 (　　)을/를 작성·보관할 것

091

<보기>는 수입화장품을 유통·판매하는 화장품책임판매업자의 준수사항 중 일부이다. 빈칸에 들어갈 말은? 난이도 중하

제조국 제조회사의 품질관리기준이 국가 간 상호 인증되었거나, 우수화장품 제조관리기준과 같은 수준 이상이라고 인정되는 경우 국내에서의 품질검사를 하지 않을 수 있음. 이 경우 제조국 제조회사의 (　　)은/는 품질관리기록서를 갈음함.

092

다음 중 맞춤형화장품판매업자의 혼합·소분 안전관리기준으로 적절하지 않은 것은? 난이도 중하

① 화장품책임판매업자가 혼합 또는 소분의 범위를 미리 정하고 있는 경우에는 그 범위 내에서 혼합 또는 소분해야 한다.
② 혼합·소분 전에 내용물 또는 원료의 사용기한 또는 개봉 후 사용기간을 확인하고, 사용기한 또는 개봉 후 사용기간이 지난 것은 사용하지 말아야 한다.
③ 혼합·소분에 사용되는 내용물 또는 원료의 사용기한 또는 개봉 후 사용기간을 초과하여 맞춤형화장품의 사용기한 또는 개봉 후 사용기간을 정하지 말아야 한다.
④ 맞춤형화장품 조제에 사용하고 남은 내용물 또는 원료는 비의도적인 오염을 방지하기 위해 폐기하여야 한다.
⑤ 소비자의 피부 유형이나 선호도를 확인하지 않고 맞춤형화장품을 미리 혼합·소분하여 보관하면 안 된다.

093

다음 중 (ㄱ)~(ㄷ)에 들어갈 단어를 정확한 용어로 기입하시오.(단, (ㄱ)과 (ㄴ)의 순서는 무관함) 2회 기출문제

맞춤형화장품판매업자는 맞춤형화장품 조제에 사용하는 내용물 또는 원류의 혼합·수분의 범위에 대해 사전에 검토하여 최종 제품의 (ㄱ) 및 (ㄴ)을/를 확보할 것. 다만, 화장품책임판매업자가 혼합 또는 소분의 (ㄷ)을/를 미리 정하고 있는 경우에는 그 (ㄷ) 내에서 혼합 또는 소분 할 것

094

다음 중 빈칸에 들어갈 단어를 정확한 용어로 기입하시오. 난이도 중하

> 혼합·소분에 사용되는 내용물 또는 원료의 사용기한 또는 개봉 후 사용기간을 초과하여 맞춤형화장품의 사용기한 또는 개봉 후 사용기간을 정하지 말 것. 다만 과학적 근거를 통하여 맞춤형화장품의 (   )이/가 확보되는 사용기한 또는 개봉 후 사용기간을 설정한 경우에는 예외로 한다.

095

<보기1>과 <보기2>를 참고하여 맞춤형화장품판매업소에 방문한 고객 A씨와 맞춤형화장품조제관리사 B씨의 대화 중 옳은 것을 고르시오. 기출응용문제

<보기1>

벌크 제품(함유된 주요 원료)	사용기한
건성 피부용 베이스A (나이아신아마이드)	2026. 04. 20.까지
지성 피부용 베이스A (나이아신아마이드)	2026. 05. 23.까지
건성 피부용 베이스B(아데노신)	2027. 09. 01.까지
지성 피부용 베이스B(아데노신)	2027. 06. 15.까지

<보기2>

원료명	사용기한 혹은 개봉 후 사용기간
알란토인	2026.05.01.까지
알로에 추출물	개봉 후 12개월까지 (2025.01.20.에 개봉함)
글라이콜릭애씨드	2028.12.25.까지
세라마이드	개봉 후 6개월까지 (2026.03.06.에 개봉함)

① A: 미백 기능성 화장품에 피부 진정 성분을 추가하여 조제해주세요.
   B: 네, 고객님의 피부 상태는 건성이므로 건성 피부용 베이스A에 알로에추출물을 혼합하여 조제해드리겠습니다. 사용기한은 2026.02.01.까지입니다.

② A: 제 피부가 지성인데, 요즘 주름이 고민이에요. 겨울철이라 피부가 갈라지기도 하네요. 괜찮은 화장품 없을까요?
   B: 주름 개선 성분이 들어간 베이스에 피부 지질막 성분인 세라마이드를 함유하여 촉촉한 화장품을 제조해 드리겠습니다. 사용기한은 2026.10.05.까지입니다.

③ A: 기계로 측정해서 제 피부에 맞는 화장품을 조제해주세요.
   B: 피부는 건성이시고, 피부 색소침착도가 15% 올라갔네요. 각질도 많이 생기셨어요. 미백에 도움을 주는 성분이 있는 베이스에 AHA 성분을 넣어서 조제해 드리겠습니다. 사용기간은 2028.12월까지입니다.

④ A: 피부가 요즘 푸석하고 생기가 없네요. 화장품 추천을 해 주시겠어요?
   B: 우선, 검사결과 건성이신 고객님의 피부에 주름이 20% 늘었습니다. 경피 수분 손실량도 15%나 증가하였어요. 수분감을 주는 알란토인을 넣어 맞춤형화장품을 조제해드리겠습니다. 사용기한은 2026.04월까지입니다.

⑤ A: 제 피부가 지성인데 요즘 피부가 어두워지는 것 같아서 고민이에요. 제게 맞는 맞춤형화장품 조제 부탁드려요.
   B: 검사 결과 피부 색소침착도가 10% 높아졌습니다. 트러블이 조금 있으신데, 피부를 진정시켜주는 알로에 추출물을 함유하여 조제해 드리겠습니다. 사용기한은 2026.03.01.까지입니다.

096

다음 맞춤형화장품조제관리사 A씨와 B씨의 대화를 읽고 옳지 <u>않은</u> 설명을 고르시오. 난이도 중

> 맞춤형화장품조제관리사 A씨와 B씨는 맞춤형화장품조제관리사들의 모임에서 대화를 나누고 있다.
>
> A: 맞춤형화장품조제관리사로 활동할 때 그 활동 범위에 대해 헷갈릴 때가 있어요. 저희는 화장품의 원료와 원료를 혼합할 수는 없죠?
> B: 그렇죠. (ㄱ)화장품의 원료와 원료를 혼합하는 행위는 화장품책임판매업자의 업무이지요.
> A: 그렇군요. 그런데, B님께서는 화장품을 혼합·소분하시기 전에 손 소독 하세요? 전 귀찮다보니 안 하게 되네요.
> B: 당연하죠. (ㄴ)혼합·소분 전 손을 소독하거나 세정하는 것은 필수입니다. 단, 일회용 장갑을 착용했다면 손을 소독할 필요가 없죠.
> A: 네, 저도 앞으로 철저히 해야겠어요.
> B: A님, 혼합·소분 전에 내용물이나 원료의 사용기한 확인은 철저히 하고 계시죠?
> B: 네. 그런데 사용기한이 지난 원료들을 그냥 버리기가 아까워요.
> A: (ㄷ)원료를 재평가하여 사용해도 된다는 결과가 나오면 새로운 사용기한을 부여하여 계속 사용하실 수 있어요.
> B: 처음 알았네요. 이번 모임에서 A님을 알게 되어서 참 다행입니다.

① (ㄱ)에서 화장품책임판매업자를 화장품제조업자로 바꾸어야 적절한 설명이다.
② (ㄴ)에서 일회용 장갑을 끼기 전에도 손 소독은 필수이다.
③ (ㄷ)은 적절하지 않은 설명이다.
④ (ㄱ) ~ (ㄷ) 중 적절하지 않은 설명은 2가지이다.
⑤ (ㄱ)에서 원료와 원료를 혼합하는 행위는 제조 행위에 해당된다.

097

다음 중 밑줄 친 이것에 대한 설명으로 적절한 것은? 난이도 중

> 혼합·소분에 사용되는 내용물 또는 원료의 사용기한 또는 개봉 후 사용기간을 초과하여 맞춤형화장품의 사용기한 또는 개봉 후 사용기간을 정하지 말 것. 다만 과학적 근거를 통하여 맞춤형화장품의 <u>이것</u>이/가 확보되는 사용기한 또는 개봉 후 사용기간을 설정한 경우에는 예외로 한다.

① 이것은 단회 투여 독성시험, 1차 피부자극시험, 안점막자극 또는 기타 점막자극시험, 피부감작성시험, 광독성 및 광감작성 시험, 인체 사용성시험 등을 통하여 평가된다.
② 변색, 변취 등의 화학적인 변화나 분리, 침전, 발분, 발한 등의 물리적인 변화가 일어나면 이것이 떨어지게 된다.
③ 이것은 세정, 보습, 자외선 방지, 미백, 피부 거칠음 개선 등 화장품의 효능·효과와 관련이 있다.
④ 이것은 부드러운 사용감이나 냄새, 색 등의 관능적인 기호와 관련이 있다.
⑤ 이것은 화장품이 하천, 바다 등 자연에 흘러들어갔을 때 미치는 영향과 관련된 속성이다.

098

다음은 맞춤형화장품판매업자 A씨와 맞춤형화장품조제관리사 B씨의 대화이다. 다음 중 옳은 피드백을 고른 것은? 난이도 중하

> A: B씨, 오늘도 열심히 근무하셨나요?
> B: 네, 사장님. 일지도 작성했어요.
> A: 항상 나의 행동이 법에 저촉되는지, 문제가 있지는 않은지 돌아봐야 합니다. 일지를 보면서 오늘을 되돌아볼까요?

맞춤형화장품조제관리사 A씨의 일지
1. 첫 손님께서 미백에 도움이 되는 화장품을 찾으셔서 나이아신아마이드가 함유된 베이스로 맞춤형화장품을 조제하여 판매하였다.
2. 맞춤형화장품을 조제할 때 일회용 장갑을 껴서 손을 소독하거나 세척하지 않았다.
3. 맞춤형화장품 조제에 사용하고 남은 세라마이드 원료는 밀폐된 용기에 담아 보관하였다.
4. 자주 오시는 단골 손님 김영희님의 피부 상태 기록을 수시로 확인하여 미리 맞춤형화장품을 혼합하고 저장소에 보관해 놓았다.
5. 오늘 김철민씨의 맞춤형화장품을 조제할 때 유칼립투스 추출물을 사용하기 전에 품질성적서를 확인하였다.

① 첫 손님께는 아데노신이 들어간 베이스를 혼합했어야 해요.
② 일회용 장갑을 끼기 전에도 항상 손을 소독하거나 세척해야 합니다.
③ 조제에 사용하고 남은 원료는 폐기해야 합니다.
④ 단골이라고 하더라도 미리 맞춤형화장품을 혼합해놓으면 안 됩니다.
⑤ 원료 사용 전에 품질성적서가 아니라 판매내역서를 확인해야 해요.

099

다음 중 맞춤형화장품 판매내역서에 기재해야 할 사항으로 적절한 것을 <u>모두</u> 고른 것은? 난이도 하

ㄱ. 제조번호	ㄴ. 판매일자
ㄷ. 판매가격	ㄹ. 판매량
ㅁ. 고객명	

① ㄱ, ㄴ, ㄷ　　② ㄱ, ㄴ, ㄹ
③ ㄱ, ㄴ, ㅁ　　④ ㄴ, ㄷ, ㅁ
⑤ ㄴ, ㄹ, ㅁ

100

다음 중 빈칸에 들어갈 알맞은 단어로 적절한 것을 정확한 용어로 기입하시오. 난이도 하

맞춤형화장품 판매 시 다음 각 목의 사항을 소비자에게 설명할 것
가. 혼합·소분에 사용된 내용물·원료의 내용 및 특성
나. 맞춤형화장품 사용 시의 (　　　)

101

다음 중 화장품법 시행규칙 제12조의2에 명시된 맞춤형화장품판매업자의 준수사항에 의거하여 적절하지 <u>않은</u> 행동을 한 맞춤형화장품판매업자는? 난이도 중하

① 혼합·소분 전에 혼합·소분에 사용되는 내용물 또는 원료에 대한 품질성적서를 확인한 사람
② 고객이 사용 중 광과민반응 등 부작용이 발생하여 바로 화장품책임판매업자에게 보고한 사람
③ 혼합·소분 전에 혼합·소분된 제품을 담을 포장용기의 오염 여부를 수시로 확인한 사람
④ 맞춤형화장품 판매장의 시설·기구를 정기적으로 점검하는 사람
⑤ 일회용 장갑을 착용하여 혼합·소분 전에 손을 소독하거나 세정하지 않고 혼합·소분에 임한 사람

102

다음은 맞춤형화장품 혼합·소분 안전관리기준 중 일부이다. ( ) 안에 들어갈 말을 정확한 용어로 기입하시오. { 기출 }

- 혼합·소분 전에 혼합·소분에 사용되는 내용물 또는 원료에 대한 (㉠)을/를 확인할 것
- 혼합·소분 전에 혼합·소분된 제품을 담을 포장용기의 (㉡)여부를 확인할 것
- 혼합·소분에 사용되는 장비 또는 기구 등은 사용 전에 그 위생 상태를 점검하고, 사용 후에는 (㉢)이/가 없도록 세척할 것

103

다음 중 ( ) 안에 들어갈 말을 정확한 용어로 기입하시오. 기출

다음 각 목의 사항이 포함된 맞춤형화장품 ( )을/를 작성·보관할 것
가. 제조번호
나. 사용기한 또는 개봉 후 사용기간
다. 판매일자 및 판매량

104

다음 중 ( ) 안에 들어갈 말을 정확한 용어로 기입하시오. 난이도 하

다음 각 목의 사항이 포함된 맞춤형화장품 판매내역서를 작성·보관할 것
가. 제조번호
나. 사용기한 또는 개봉 후 사용기간
다. 판매일자 및 ( )

105

빈칸을 채우시오. 난이도 하

맞춤형화장품 사용과 관련된 ( ) 발생사례에 대해서는 ( )에게 보고할 것(안전성 정보의 ( ) 보고) 맞춤형화장품 사용과 관련된 중대한 유해사례 등 부작용 발생 시 그 정보를 알게 된 날로부터 ( )일 이내에 식약처 홈페이지를 통해 보고하거나 우편·팩스·정보통신망 등의 방법으로 보고해야 함.

106

<보기>에서 화장품의 생산·수입실적 및 원료목록 보고에 관한 규정에 따라 적절한 것을 모두 고른 것은? 난이도 중상

ㄱ. 화장품책임판매업자는 화장품의 생산실적 또는 수입실적, 화장품의 제조과정에 사용된 원료의 목록 등을 식품의약품안전처장에게 보고하여야 한다. 이 경우 원료의 목록에 관한 보고는 매년 2월 말까지 하여야 한다.
ㄴ. 화장품책임판매업자는 생산실적 또는 수입실적을 화장품 유통·판매 전까지 식품의약품안전처장이 정하여 고시하는 바에 따라 대한화장품협회 등 법 제17조에 따라 설립된 화장품업 단체를 통하여 식품의약품안전처장에게 보고하여야 한다.
ㄷ. 「전자무역 촉진에 관한 법률」에 따라 전자무역문서로 표준통관예정보고를 하고 수입하는 화장품책임판매업자는 수입실적 및 원료의 목록을 보고하지 아니할 수 있다.
ㄹ. 화장품책임판매업자는 생산 및 수입실적을 작성한 서식을 전산매체(CD 또는 디스켓)에 수록하거나 정보통신망을 이용하여 제출한다.
ㅁ. 화장품책임판매업자는 대한화장품협회에 수입실적 및 수입화장품 원료목록 보고를 해야 한다.
ㅂ. 화장품책임판매업자는 한국의약품수출입협회에 생산실적 및 국내 제조 화장품 원료 목록 보고를 해야 한다.

① ㄱ, ㄴ
② ㄱ, ㄹ
③ ㄴ, ㅁ
④ ㄷ, ㄹ
⑤ ㄷ, ㅁ

107

<보기>는 화장품책임판매업을 고민하는 A씨와 화장품책임판매업자 B씨의 대화이다. 다음 중 옳지 않은 설명은? 난이도 중

<보기>
A: 화장품책임판매업자로 등록을 할지 맞춤형화장품판매업자로 신고를 할지 고민 중입니다.
B: 화장품책임판매업자는 책임져야 할 사항이 많습니다. 맞춤형화장품판매업자를 추천드려요.
A: 화장품책임판매업자는 어떤 사항을 책임져야 하나요?
B: 우선 ㉠생산실적 및 ㉡수입실적도 보고해야 하고 ㉢원료목록도 보고해야 해요. 그 뿐만 아니라 ㉣정기적으로 안전성 정보에 대해 보고해야 합니다.

① 화장품책임판매업자는 지난해의 ㉠과 ㉡을 2월 말까지 보고해야 한다.
② ㉠은 대한화장품협회에 보고한다.
③ ㉡은 한국의약품수출입협회에 보고한다.
④ ㉢은 화장품 유통·판매 전에 해야 하며 국내·외 모든 화장품에 대해 대한화장품협회에 보고하여야 한다.
⑤ ㉣은 매 반기 종료 후 1월 이내에 식품의약품안전처장에게 보고하여야 한다.

108

<보기>는 화장품의 생산·수입실적 및 원료목록 보고에 관한 규정 중 일부이다. (   )안에 들어갈 알맞은 말을 정확한 용어로 기입하시오. 난이도 중하

<보기>
「전자무역 촉진에 관한 법률」에 의하여 전자문서교환방식으로 (   )을/를 하고 수입한 자는 제1항제2호 및 제2항에 따른 수입실적보고 및 원료목록 보고를 하지 아니할 수 있다.

109

<보기>는 화장품책임판매업자가 각종 보고를 어떻게 하는지 알지 못해 고민하는 상황이다. 다음 중 <보기>를 참고하여 옳은 설명은? 난이도 중

<보기>
[가] 화장품책임판매업자 A씨는 올해의 생산실적을 보고해야 하는데 어떻게 보고해야 하는지 모르고 있다. 벌써 12월인데 해당 실적을 보고하지 않으면 행정처분을 받을 것 같아 식품의약품안전처에 문의하기로 하였다.
[나] 화장품책임판매업자 B씨는 독일에서 수입하여 시중에 유통 중인 B씨의 주력상품 샴푸에 대한 원료목록보고를 하고자 한다. 원료목록보고가 처음이라 고민이 많다.

① A씨는 올해의 생산실적을 취합하여 12월 말일 전까지 식품의약품안전처에 보고하여야 한다.
② A씨는 12월 31일까지 해당 생산실적을 대한화장품협회에 보고하여야 한다.
③ B씨는 대한화장품협회에 원료목록보고를 하여야 한다.
④ B씨가 해당 샴푸를 수입하기 전에 전자문서교환방식으로 표준통관예정보고를 하고 수입하였다면 샴푸에 대해 수입실적보고 및 원료목록보고를 할 필요가 없다.
⑤ A씨와 B씨 모두 올해가 가기 전에 해당 보고를 끝마쳐야 한다.

110

<보기>를 보고 (   )안에 공통으로 들어갈 알맞은 말을 정확한 용어로 기입하시오. 난이도 중하

<보기>
A: 안녕하세요, 국내에서 화장품책임판매업을 하고 있는 사람입니다. 전년도의 생산실적을 보고하려고 하는 데 어디에 해야 하는지 모르겠습니다.
B: 민원인님, 생산실적의 보고는 (   )에 문의하여 주세요.
A: 생산실적과 더불어 제가 제조하는 화장품에 대해 원료목록보고를 하고 싶은데 어디에 하면 좋을까요?
B: 국내에서 제조하시나요?
A: 예, 그렇습니다.
B: 민원인님, 그렇다면 생산실적과 마찬가지로 (   )에 문의하시면 됩니다.
A: 감사합니다.

111

<보기>를 보고 ( )안에 공통으로 들어갈 알맞은 말을 정확한 용어로 기입하시오. 난이도 중하

<보기>
A: 안녕하세요, 국내에서 화장품책임판매업을 하고 있는 사람입니다. 국내에서 화장품책임판매업을 하지만 수입하여 화장품을 판매하기에 한국에 없는 날이 많답니다. 수입실적은 어떻게 보고하나요?
B: 민원인님, 수입실적은 ( )에 보고하시면 됩니다.
A: 수입실적과 더불어 제가 수입하는 터키화장품에 대해 원료목록보고를 하고 싶은데 어디에 하면 좋을까요?
B: 민원인님, 수입실적과 마찬가지로 ( )에 문의하시면 됩니다.
A: 감사합니다.

112

맞춤형화장품판매업자의 원료목록 보고의 의무에 대한 설명으로 옳은 것은? 난이도 하

① 맞춤형화장품판매업자는 원료목록 보고의 의무가 없다.
② 맞춤형화장품판매업자는 화장품책임판매업자와 같은 기간에 원료목록 보고를 해야 한다.
③ 맞춤형화장품판매업자는 1년에 2회 원료목록 보고를 해야 한다.
④ 맞춤형화장품판매업자는 사용된 모든 원료의 목록을 매년 1회, 연말까지 보고하여야 한다.
⑤ 맞춤형화장품판매업자는 사용된 모든 원료의 목록을 매년 1회, 2월 말까지 보고하여야 한다.

113

<보기>는 영업자의 폐업 또는 휴업하거나 휴업 후 업 재개 시 신고의 의무에 관한 설명 중 일부이다. 빈칸에 들어갈 알맞은 기간을 쓰시오. 난이도 하

<보기>
휴업기간이 ( )이거나 그 기간 동안 휴업하였다가 그 업을 재개하는 경우에는 신고가 불필요하다.

114

맞춤형화장품조제관리사는 교육의 의무가 있다. 해당 교육은 몇 시간 이상 몇 시간 이하로 진행되는가?

난이도 하 기출문제였음

115

다음 중 회수대상 화장품의 위해성등급이 <u>다른</u> 하나는? 난이도 중

① 전부 또는 일부가 변패(變敗)된 화장품이거나 병원미생물에 오염된 화장품
② 유통화장품 안전관리 기준에 적합하지 않은 화장품 중 기능성화장품의 기능성을 나타나게 하는 주원료 함량이 기준치에 부적합한 경우
③ 사용기한 또는 개봉 후 사용기간(병행 표기된 제조연월일을 포함)을 위조·변조한 화장품
④ 식품의 형태·냄새·색깔·크기·용기 및 포장 등을 모방하여 섭취 등 식품으로 오용될 우려가 있는 화장품
⑤ 영업의 등록을 하지 않은 자가 제조한 화장품 또는 제조·수입하여 유통·판매한 화장품

116

회수 과정 시 일반일간신문에의 게재가 생략이 가능한 위해성 등급은? 난이도 최하

117

이것은 무엇인가?

(1) 이것은 화장품의 사용 중 발생한 바람직하지 않고 의도되지 아니한 징후, 증상 또는 질병을 의미한다. 해당 화장품과 반드시 인과관계를 가져야 하는 것은 아니다.
(2) 이것은 유해사례와 화장품 간의 인과관계 가능성이 있다고 보고된 정보로서 그 인과관계가 알려지지 아니하거나 입증자료가 불충분한 것을 의미한다.
(3) 이것은 화장품과 관련하여 국민보건에 직접 영향을 미칠 수 있는 안전성·유효성에 관한 새로운 자료, 유해사례 정보 등을 의미한다.

118

다음 중 화장품 안전성 정보관리 규정에 따라 (   ) 안에 들어갈 적절한 말을 정확한 용어로 기입하시오. 난이도 중하

(㉠)(이)란 화장품의 사용 중 발생한 바람직하지 않고 의도되지 아니한 징후, 증상 또는 질병을 말하며, 당해 화장품과 반드시 인과관계를 가져야 하는 것은 아니다.
(㉡)(이)란 유해사례와 화장품 간의 인과관계 가능성이 있다고 보고된 정보로서 그 인과관계가 알려지지 아니하거나 입증자료가 불충분한 것을 말한다.

119

다음 중 화장품 안전성 정보관리 규정에 따라 (   ) 안에 들어갈 적절한 말을 정확한 용어로 기입하시오. 난이도 중하

(   )은/는 유해사례 중 다음 각목의 어느 하나에 해당하는 경우를 말한다.
가. 사망을 초래하거나 생명을 위협하는 경우
나. 입원 또는 입원기간의 연장이 필요한 경우
다. 지속적 또는 중대한 불구나 기능저하를 초래하는 경우
라. 선천적 기형 또는 이상을 초래하는 경우
마. 기타 의학적으로 중요한 상황

(   )(이)란 화장품과 관련하여 국민보건에 직접 영향을 미칠 수 있는 안전성·유효성에 관한 새로운 자료, 유해사례 정보 등을 말한다.

120

<보기>는 화장품 안전성 정보 관리 체계이다. (   )안에 들어갈 화장품 안전성 정보 관리의 책임부서는 무엇인지 정확한 용어로 기입하시오. 난이도 중

화장품 안전성 정보 관리체계(제3조 관련)

안전성 평가 전문가	국제기구	외국정부
	식품의약품안전처 ( )	외교부
		소비자
관련단체 및 기관	병의원 및 약국 등	화장품 책임 판매업자

121

다음 중 화장품 안전성 정보관리 규정에 따라 보기를 참고하여 적절하지 않은 설명은? 난이도 중

<보기>
1. 중대한 유해사례 또는 이와 관련하여 식품의약품안전처장이 보고를 지시한 경우
2. 판매중지나 회수에 준하는 외국정부의 조치 또는 이와 관련하여 식품의약품안전처장이 보고를 지시한 경우

① 위의 두 경우 모두 그 정보를 알게 된 날로부터 15일 이내에 식품의약품안전처장에게 신속히 보고하여야 한다.
② 의사·약사·간호사·판매자·소비자 또는 관련단체 등의 장은 화장품의 사용 중 발생하였거나 알게 된 유해사례 등 안전성 정보에 대하여 화장품책임판매업자에게 보고할 수 있다.
③ 의사·약사·간호사·판매자·소비자 또는 관련단체 등의 장이 화장품의 안전성 정보를 보고할 시 식품의약품안전처 홈페이지를 통해 보고하거나 전화·우편·팩스·정보통신망 등의 방법으로 할 수 있다.
④ 위의 <보기>에 대한 안전성 정보의 신속보고는 식품의약품안전처 홈페이지를 통해 보고 후 전산, 전화 등의 방법으로 이를 알려야 한다.
⑤ 위의 <보기>는 화장품책임판매업자가 보고해야 할 사항이다.

122

다음 중 중대한 유해사례에 해당하지 않는 사람은? 난이도 중하

① 화장품 사용 후 뇌수막염에 걸려 사망한 사람
② 화장품 사용 후 심각하지 않은 청색증을 앓고 의사의 권유로 입원한 사람
③ 화장품의 사용이 선천적 기형을 초래한 경우
④ 화장품의 사용 후 영구적으로 불구가 된 사람
⑤ 화장품 사용 후 홍반을 동반한 사람

123

다음 중 중대한 유해사례에 해당되지 않는 것은? 난이도 하

① 사망을 초래하거나 생명을 위협하는 경우
② 입원이 필요한 경우
③ 지속적 또는 중대한 불구나 기능저하를 초래하는 경우
④ 후천적 기형 또는 이상을 초래하는 경우
⑤ 입원기간의 연장이 필요한 경우

124

다음 중 화장품 안전성 정보관리 규정에 따라 <보기>에서 적절한 것을 모두 고른 것은? 난이도 중

<보기>
ㄱ. 화장품책임판매업자는 신속보고 되지 아니한 화장품의 안전성 정보를 작성한 후 매 반기 종료 후 2월 이내에 식품의약품안전처장에게 보고하여야 한다.
ㄴ. 상시근로자수가 2인 이하로서 직접 제조한 화장비누만을 판매하는 화장품책임판매업자는 안전성 정보의 정기보고를 하지 아니할 수 있다.
ㄷ. "실마리 정보(Signal)"란 화장품과 관련하여 국민보건에 직접 영향을 미칠 수 있는 안전성·유효성에 관한 새로운 자료, 유해사례 정보 등을 말한다.
ㄹ. 의사·약사·간호사·판매자·소비자 또는 관련단체 등의 장은 화장품의 사용 중 발생하였거나 알게 된 유해사례 등 안전성 정보에 대하여 식품의약품안전처장 또는 화장품책임판매업자에게 보고할 수 있다.
ㅁ. 화장품제조업자는 중대한 유해사례 또는 이와 관련하여 식품의약품안전처장이 보고를 지시한 경우 그 정보를 알게 된 날로부터 15일 이내에 식품의약품안전처장에게 신속히 보고하여야 한다.
ㅂ. 안전성 정보의 신속보고는 식품의약품안전처 홈페이지를 통해 보고하거나 우편·팩스·정보통신망 등의 방법으로 할 수 있다.

① ㄱ, ㄴ, ㅂ
② ㄴ, ㄷ, ㅁ
③ ㄴ, ㄹ, ㅂ
④ ㄷ, ㄹ, ㅁ
⑤ ㄹ, ㅁ, ㅂ

125

다음 중 화장품 안전성 정보관리 규정에 따라 안전성 평가에 관한 설명으로 적절하지 않은 것은? 난이도 중

① 식품의약품안전처장은 화장품 안전관련 분야의 전문가 등으로 구성된 화장품 안전성 정보를 검토 및 평가하는 안전성 평가 위원회를 결성하여 안전성 평가를 원활히 진행하여야 한다.
② 식품의약품안전처장은 정보의 신뢰성 및 인과관계의 평가, 국내·외 사용현황 등 조사·비교 등에 따라 화장품 안전성 정보를 검토 및 평가하여야 한다.
③ 식품의약품안전처장은 검토 및 평가 결과에 따라 품목 제조·수입·판매 금지 및 수거·폐기 등의 명령을 내릴 수 있다.
④ 지방식품의약품안전청장은 검토 및 평가 결과에 따라 실마리 정보로 관리할 수 있다.
⑤ 식품의약품안전처장은 안전하고 올바른 화장품의 사용을 위하여 화장품 안전성 정보의 평가 결과를 화장품책임판매업자 등에게 전파하고 필요한 경우 이를 소비자에게 제공할 수 있다.

126

다음 중 화장품 안전성 정보관리 규정에 따라 <보기>를 참고하여 적절한 설명을 고르시오. 난이도 중

[가] 민희는 화장품을 사용하던 중 홍반 증상이 나타나기 시작하더니 얼굴 전체에 인설 증상이 나타나기 시작하였다. 점점 얼굴이 부어오르고 작열감과 작통이 계속해서 느껴져 병원을 찾았다. 병원에서는 일주일 정도 입원을 해야 한다는 진단을 내려 민희는 입원을 하게 되었다.
[나] 민희는 이 증상을 화장품책임판매업자에게 보고하였다. 화장품책임판매업자는 해당 증상을 당해 화장품과 반드시 인과관계를 가진 것은 아니나 화장품의 사용 중 발생한 바람직하지 않고 의도되지 아니한 증상인 (   )(으)로 판단하여 해당 안전성 정보를 추후 정기보고할 때 같이 보고하고자 한다.

① [나]에서 민희는 식품의약품안전처장에게 보고했어야 했다.
② [가]에서 민희는 해당 증상이 발현되기 시작한 시점으로부터 15일 이내에 해당 증상을 보고했어야 한다.
③ [나]의 (   )안에 들어갈 말은 실마리 정보이다.
④ [나]에서 화장품책임판매업자는 해당 안전성 정보를 신속보고하여야 한다.
⑤ [나]의 정기보고는 1년에 1번 이루어진다.

127

<보기>는 화장품 안전성 정보관리 규정 제5조 안전성 정보의 신속보고이다. 다음 중 옳은 설명은? 난이도 중하

<보기>
① 화장품책임판매업자는 다음 각 호의 화장품 안전성 정보를 알게 된 때에는 그 정보를 알게 된 날로부터 (ㄱ)일 이내에 식품의약품안전처장에게 신속히 보고하여야 한다.
1. (ㄴ) 또는 이와 관련하여 식품의약품안전처장이 보고를 지시한 경우
2. 판매중지나 회수에 준하는 외국정부의 조치 또는 이와 관련하여 식품의약품안전처장이 보고를 지시한 경우

① (ㄱ)안에 들어갈 숫자는 20이다.
② (ㄴ)안에 들어갈 말은 유해사례이다.
③ 위의 보고는 식품의약품안전처 홈페이지를 통해 보고하여야 한다.
④ 위의 보고를 하지 아니한 화장품의 안전성 정보를 매 반기 종료 후 1월 이내에 식품의약품안전처장에게 보고하여야 한다
⑤ 상시근로자수가 2인 이하로서 직접 제조한 화장비누만을 판매하는 화장품책임판매업자는 위의 보고를 하지 않아도 된다.

128

다음 중 화장품 안전성 정보관리 규정에 따라 <보기>에 대한 적절한 설명은? 난이도 중

<보기>
[가] 의사인 A씨는 화장품 사용 후 부작용을 앓고 있는 B씨에게 생명에 위협이 되는 청색증이라는 진단을 내렸다. A씨는 이 병은 선천적 기형을 초래할 수 있다며 (ㄱ)간호사 C씨를 통해 이 안전성 정보를 화장품책임판매업자에게 보고하게 하였다.
[나] 화장품책임판매업자는 보고를 받고 해당 사례를 (ㄴ)중대한 유해사례라고 판단하여 정보를 알게 된 날로부터 5일째 되는 날에 (ㄷ)우편을 통하여 식품의약품안전처에 해당 사실을 신속보고하였다.

① (ㄱ)에서 안전성 정보의 보고는 의사인 A씨가 직접 하거나 피해를 입은 B씨가 직접 보고해야 한다.
② (ㄱ)은 15일 이내에 보고해야 한다.
③ (ㄱ)에서 C씨는 식품의약품안전처장에게 직접 보고할 수도 있다.
④ (ㄴ)은 중대한 유해사례가 아니라 실마리 정보이다.
⑤ (ㄷ)은 정보통신망 등의 식품의약품안전처 홈페이지를 통해 보고했어야 한다.

129

<보기>는 화장품 표시·광고 실증에 관한 규정의 일부이다. (   ) 안에 들어갈 알맞은 말을 정확한 용어로 기입하시오. 난이도 중하

<보기>
「화장품법 시행규칙」제23조제2항에 따라 합리적인 근거로 인정될 수 있는 실증자료는 다음 중 어느 하나에 해당하여야 한다.
* 시험결과: 인체 적용시험 자료, (   )자료, 같은 수준 이상의 조사 자료
(   )은/는 실험실의 배양접시, 인체로부터 분리한 모발 및 피부, 인공피부 등 인위적 환경에서 시험물질과 대조물질 처리 후 결과를 측정하는 것을 말한다.

130

<보기>는 화장품 표시·광고 실증에 관한 규정의 일부이다. (   ) 안에 들어갈 알맞은 말을 정확한 용어로 기입하시오. 난이도 중하

<보기>
「화장품법 시행규칙」제23조제2항에 따라 합리적인 근거로 인정될 수 있는 실증자료는 다음 중 어느 하나에 해당하여야 한다.
* 시험결과: (   ) 자료, 인체 외 시험 자료, 같은 수준 이상의 조사 자료
(   )은/는 화장품의 표시·광고 내용을 증명할 목적으로 해당 화장품의 효과 및 안전성을 확인하기 위하여 사람을 대상으로 실시하는 시험 또는 연구를 말한다.

131

다음 중 화장품 표시·광고 실증에 관한 규정에 따라 합리적인 근거로 인정될 수 있는 실증자료 중 시험결과 자료로 적절하지 않은 것은? 난이도 중

① 인체 적용시험 자료
② 해당 표시·광고와 관련된 시험결과 등이 포함된 논문
③ 인체 외 시험 자료
④ 학술문헌
⑤ 기준 및 시험방법에 관한 자료

132

다음 중 화장품 표시·광고 실증에 관한 규정에 따라 합리적인 근거로 인정될 수 있는 실증자료에 대한 설명으로 옳지 않은 것은? 난이도 중

① 합리적인 근거로 인정될 수 있는 실증자료 중 시험결과 자료로는 인체 적용시험 자료, 인체 외 시험 자료, 같은 수준이상의 조사 자료가 있다.

② 합리적인 근거로 인정될 수 있는 실증자료 중 조사결과로는 표본설정, 질문사항, 질문방법이 그 조사의 목적이나 통계상의 방법과 일치하는 소비자 조사결과, 그 제품을 소비한 경험이 있는 소비자를 대상으로 한 조사결과 등이 있다.
③ 실증자료는 객관적이고 과학적인 절차와 방법에 따라 작성된 것이어야 한다.
④ 실증자료의 내용은 광고에서 주장하는 내용과 직접적인 관계가 있어야 한다.
⑤ '여드름성 피부 사용에 적합'이라는 표시·광고 표현의 실증자료는 인체 적용시험 자료이다.

133

<보기>의 [가]는 화장품책임판매업자 A씨가 자신이 판매하는 화장품에 대해 광고하는 내용이며 [나]는 [가]를 실증하기 위해 A씨가 제출한 조사결과이다. 식품의약품안전처가 이를 반려하였다면 화장품 표시·광고 실증에 관한 규정에 따라 다음 중 적절한 반려 사유를 고르시오. 난이도 중

<보기>
[가] "붓기와 다크서클 완화에 효과적!" "피부 혈행 개선에 추천!" 많은 분들이 믿고 찾아주시는 대란템(사고 싶어 난리가 난 물건)! 지금 만나보세요!

[나] A씨가 제출한 조사결과
· 인천 부평구에 사는 길○협씨: 진짜 이 제품을 사용하고 난 후 붓기와 다크서클이 현저히 줄어들었다. 이 제품을 사용한 뒤 칙칙한 피부가 정말 밝아졌다.
· 서울 관악구에 사는 조○희씨: 이 제품을 도포하고 5분 뒤에 피부가 환해지는 것을 육안으로 확인하였다. 평소에 얼굴에 혈액순환이 안 되는데 이 제품을 사용하니 혈행이 개선되는 것이 눈에 띄게 느껴진다. 정말 많은 분들께 추천하는 잇템(꼭 가져야 하는 물건)이다.

① 인체 적용시험 자료를 제출하지 않았으며 실증자료에서 입증한 내용이 광고에서 주장하는 내용과 관련이 없기 때문이다.
② 인체 외 시험 자료를 제출하지 않았으며 실증자료에서 입증한 내용이 광고에서 주장하는 내용과 부분적으로만 상관이 있기 때문이다.
③ 기능성화장품에서 해당 기능을 실증한 자료를 제출하지 않았으며 광고에 표현할 수 없는 문구가 있었기 때문이다.
④ 해당 표시·광고와 관련된 시험결과 등이 포함된 논문이나 학술문헌을 함께 제출하지 않았기 때문이다.
⑤ 전문가집단 설문조사를 제출하지 않았기 때문이다.

134

<보기>는 식품의약품안전처장의 요구에 따라 화장품책임판매업자 A씨가 자신이 판매하는 미백 기능성 화장품 광고에 대해 실증자료를 제출한 것이다. 식품의약품안전처장이 해당 설문조사에 문제가 있다고 판단하여 이를 반려하였다면 화장품 표시·광고 실증에 관한 규정에 따라 다음 중 적절한 반려 사유를 고르시오. 난이도 중상

<보기>
· 미백 효능에 대한 표시·광고에 대하여 일반 소비자를 대상으로 한 설문조사

항목	응답률
피부가 밝아짐을 경험하셨습니까?	네(97%)
피부의 수분감이 증가함을 체험하셨습니까?	네(98.2%)
칙칙하고 어두운 피부 고민이 해결되셨습니까?	네(99.1%)
평소 칙칙한 피부에 고민이 많은 일반 소비자 2000명 대상 설문조사	

① 인체 적용시험 자료를 제출하지 않았기 때문이다.
② 실증자료에서 입증한 내용이 표시·광고에서 주장하는 내용과 관련이 없는 경우이기 때문이다.
③ 실증자료에서 입증한 내용이 표시·광고에서 주장하는 내용과 부분적으로만 상관이 있는 경우이기 때문이다.

④ 표본설정에 문제가 있는 설문조사 자료이기 때문이다.
⑤ 실증자료가 객관적이고 과학적인 절차와 방법에 따라 작성된 것이 아니기 때문이다.

135

<보기>의 [가]는 화장품책임판매업자 A씨가 자신이 판매하는 화장품에 대해 광고하는 내용이며 [나]는 [가]를 실증하기 위해 A씨가 제출한 실증자료이다. 식품의약품안전처가 이를 반려하였다면 화장품 표시·광고 실증에 관한 규정에 따라 다음 중 적절한 반려 사유를 고르시오. 난이도 중상

<보기>
[가] 여드름에 특효! 여드름 개선에 정말 도움이 되는 화장품입니다. 많은 사람들이 효과를 본 바로 그 화장품! 지금 바로 구매하세요!(절찬판매 특가 할인 중)

[나] A씨가 제출한 실증자료
특허증
특허 제 10-20200605 호
출원번호 제10-2020-0123456호
출원일 2020년 12월 31일
등록일 2021년 01월 05일

발명의 명칭: 버드나무 추출물 및 유칼립투스 추출물을 함유하는 항여드름성 조성물
특허권자: ○○○주식회사
(이하 생략)

① 인체 적용시험 자료를 제출하지 않았으므로
② 특허자료만 갖추고 조사결과 자료는 갖추지 않았으므로
③ 실증자료에서 입증한 내용이 표시·광고에서 주장하는 내용과 관련이 없는 경우이므로
④ 실증자료에서 입증한 내용이 표시·광고에서 주장하는 내용과 부분적으로만 상관이 있는 경우이므로
⑤ 국내외 대학 또는 화장품 관련 전문 연구기관에서 시험한 것이 아니므로

136

<보기>의 [가]는 화장품책임판매업자 A씨가 자신이 판매하는 화장품에 대해 광고하는 내용이며 [나]는 [가]를 실증하기 위해 A씨가 제출한 실증자료이다. 식품의약품안전처가 이를 반려하였다면 화장품 표시·광고 실증에 관한 규정에 따라 다음 중 적절한 반려 사유를 고르시오. 난이도 중상

[가] 러브마이스킨과 함께 5무(無) 처방(파라벤, 미네랄오일, 벤조페논-5, 페트롤라툼, 탈크, 5 - Free)으로 더 안전하고 더 소중하게 내 피부를 관리하세요!
[나] A씨가 제출한 실증자료
제조과정에 파라벤, 미네랄오일, 벤조페논-5, 페트롤라툼, 탈크가 들어있지 않다는 다음의 자료
· 제조관리기록서
· 원료에 대한 시험자료
· 화장품 전성분 원료의 목록

① 과학적이고 객관적인 방법에 의한 자료가 아니므로 신뢰성과 재현성이 확보되지 않았기 때문이다.
② 국내외 대학 또는 화장품 관련 전문 연구기관에서 시험한 것이 아니기 때문이다.
③ 기기와 설비에 대한 문서화된 유지관리 절차를 포함하여 표준화된 시험절차에 따라 시험한 자료가 아니기 때문이다.
④ 입증한 내용이 표시·광고에서 주장하는 내용과 관련이 없기 때문이다.
⑤ 입증한 내용이 표시·광고에서 주장하는 내용과 부분적으로만 상관이 있기 때문이다.

137

<보기>의 [가]는 화장품책임판매업자 A씨가 자신이 판매하는 화장품에 대해 광고하는 내용이며 [나]는 [가]를 실증하기 위해 A씨가 제출한 실증자료이다. 식품의약품안전처가 이를 반려하였다면 화장품 표시·광고 실증에 관한 규정에 따라 A씨가 추가로 제출하여야 하는 서류는? 난이도 중상

<보기>
[가] 5무(無) 처방(메칠파라벤, 페녹시에탄올, 페트롤라툼, 실리콘오일, 마이크로크리스탈린왁스, 5 - Free)으로 소중한 내 피부를 가꾸는 좋은 습관!

[나] A씨가 제출한 실증자료
제조과정에 메칠파라벤, 페녹시에탄올, 페트롤라툼, 실리콘오일, 마이크로크리스탈린왁스가 들어있지 않다는 다음의 자료
· 제조관리기록서
· 원료에 대한 시험자료
· 화장품 전성분 원료의 목록

<전성분>
정제수, 자초뿌리추출물, 세라마이드, 글리세린, 쉐어버터, 세테아릴알코올, 마카다미아씨오일, 옥틸도데칸올, 1,2-헥산디올, 향료

① 제품에 특정 성분이 함유되어 있지 않다는 시험자료
② 제조과정에 특정 성분을 첨가하지 않다는 시험자료
③ 표본설정, 질문사항, 질문방법이 그 조사의 목적이나 통계상의 방법과 일치하는 소비자 조사결과 자료
④ 해당 표시·광고와 관련된 시험결과 등이 포함된 논문자료
⑤ 인체 적용시험 자료

138

다음 중 화장품 표시·광고 실증에 관한 규정 제4조에 따라 표시·광고 실증을 위한 시험 결과의 요건으로 적절한 것을 모두 고른 것은? 난이도 중상

<보기>
ㄱ. 광고 내용과 관련이 있고 과학적이고 객관적인 방법에 의한 자료로서 신뢰성과 재현성이 확보되어야 한다.
ㄴ. 국내외 대학 또는 화장품 관련 전문 연구기관에서 시험한 것으로서 기관의 장이 발급한 자료이어야 한다. 다만, 제조 및 영업부서 등 다른 부서와 독립적인 업무를 수행하는 기업의 부설 연구소는 대상에서 제외된다.
ㄷ. 기기와 설비에 대한 문서화된 유지관리 절차를 포함하여 표준화된 시험절차에 따라 시험한 자료이어야 한다.
ㄹ. 시험기관에서 마련한 절차에 따라 시험을 실시했다는 것을 증명하기 위해 표준작업지침에 따라 수행하였다는 증빙자료를 제출하여야 한다.
ㅁ. 외국의 자료는 전체한글번역본 및 원문을 제출할 수 있어야 한다.

① ㄱ, ㄷ
② ㄱ, ㅁ
③ ㄴ, ㄷ
④ ㄴ, ㅁ
⑤ ㄷ, ㄹ

139

<보기>의 [가]는 화장품책임판매업자 A씨가 연구소에 의뢰하여 발급 받은 인체 적용시험 최종 시험 결과보고서의 일부이며 [나]는 해당 연구소 누리집의 소개글이다. [가]의 자료가 실증 자료로 적합한지에 대해 판정하고 판정 이유로 적절한 것을 화장품 표시·광고 실증에 관한 규정 제4조에 의거하여 고르시오. 난이도 중상

<보기>

[가] 인체 적용시험 최종 시험 결과보고서
* 시험명: 안티에이징 스킨케어의 2/4주 사용 후 피부 수분 함유량 개선 및 경피수분손실량(피부 장벽 기능) 개선, 피부 치밀도 개선, 안면 처짐 개선 효능 평가 인체적용시험
* 시험결과: 사용 전 대비 4주 후 모든 항목에서 유의확률 <0.001
1. 피부수분함유량 개선 효능 평가 항목에서 4주 후 수분량 64.15% 증가
2. 경피수분 손실량(피부 장벽 기능) 개선 효능평가에서 4주 후 31.75% 유의하게 감소하여 수분 손실량이 유의하게 줄어드는 상태로 개선되었음
3. 피부치밀도 개선 효능 평가에서 4주 후 피부치밀도가 13.91% 유의하게 증가됨.
4. 안면 처짐 개선 효능 평가에서 4주 후 피부처짐 각도 7.38% 유의하게 감소되어 피부처짐을 개선하였음.
5. 이상반응 평가: 본 시험기간 동안 보고되거나 관찰된 이상반응은 없었음
(이하 생략)
○○기업 부설 피부과학연구소장 [직인]

[나] 저희 ○○기업 부설 피부과학연구소는 1970년에 설립되어 창사 이래 한국 최고의 명실상부한 피부 연구소로 거듭났습니다. 과학적이고 객관적인 방법에 의한 인체 적용시험 시행 기관으로서 신뢰성과 재현성 확보에 주력하고 있습니다. 더불어 저희 연구소는 기업 내 제조부서 및 영업부서와 유기적인 영향을 주고받는 협업구조를 통해 보다 효율적인 인체 적용시험을 위해 노력하고 있습니다.

① 위 자료는 실증 자료로 적합하다. 자료가 과학적이고 객관적인 방법에 의한 것으로서 신뢰성과 재현성이 확보되었기 때문이다.
② 위 자료는 실증 자료로 적합하다. 신뢰성 있는 화장품 관련 전문 연구기관에서 발급한 자료이기 때문이다.
③ 위 자료는 실증 자료로 적합하다. 기기와 설비에 대한 문서화된 유지관리 절차를 포함하여 표준화된 시험절차에 따라 시험한 자료이기 때문이다.
④ 위 자료는 실증 자료로 적합하지 않다. 기업 내 타 부서와 연관을 맺고 있기 때문이다.
⑤ 위 자료는 실증 자료로 적합하지 않다. 외국의 자료임에도 불구하고 한글요약문을 제출하지 않았기 때문이다.

140

다음 중 화장품 표시 · 광고 실증에 관한 규정 제 4조에 따라 인체 적용시험 자료의 기준에 대해 적절한 것을 모두 고른 것은? 난이도 중상

<보기>
ㄱ. 관련분야 전문의 또는 병원, 국내외 대학, 화장품 관련 전문 연구기관에서 3년 이상 화장품 인체 적용시험 분야의 시험경력을 가진 자의 지도 및 감독 하에 수행 · 평가되어야 한다.
ㄴ. 인체 적용시험은 히포크라테스 선서에 근거한 윤리적 원칙에 따라 수행되어야 한다.
ㄷ. 인체 적용시험은 피험자의 인체 적용시험 참여 이유가 타당한지 검토 · 평가하는 등 피험자의 권리 · 안전 · 복지를 보호할 수 있도록 실시되어야 한다.
ㄹ. 인체 적용시험은 피험자에 대한 의학적 처치나 결정은 의사 또는 간호사의 책임 하에 이루어져야 한다.
ㅁ. 피험자에게 동의를 얻기 위한 동의서 서식은 시험에 관한 모든 정보(시험의 목적, 피험자에게 예상되는 위험이나 불편, 피험자가 피해를 입었을 경우 주어질 보상이나 치료방법, 피험자가 시험에 참여함으로써 받게 될 금전적 보상이 있는 경우 예상금액 등)를 포함하여야 한다.

① ㄱ, ㄴ
② ㄱ, ㄷ
③ ㄴ, ㄹ
④ ㄷ, ㅁ
⑤ ㄹ, ㅁ

141

<보기>는 화장품책임판매업자 A와 B가 나눈 화장품 표시·광고의 실증자료에 대한 대화이다. 다음 대화를 보고 화장품 표시·광고 실증에 관한 규정 제 4조에 따라 A의 시험자료가 반려된 이유를 고르시오. 난이도 중상

<보기>
A: 얼마 전에 내 화장품 광고에 대해서 식품의약품안전처에서 실증자료를 제출하라고 요청을 받아 인체적용 시험자료를 제출하였는데 글쎄 식품의약품안전처에서 반려하였지 뭐야.
B: 이유가 뭐였나?
A: 정확히 기억이 안 나네.
B: 시험의 수행자가 누구였나?
A: ○○대학교 병원 10년차 피부과 의사였지.
B: 시험 기관에서 피험자 선정은 잘 하였나?
A: 그럼. 시험을 위해 30명의 피험자가 필요하였는데 정확히 30명이 지원하여 모든 피험자로부터 자발적인 시험 참가 동의를 문서로 받은 후 실시하였는걸?
B: 피험자에게 동의를 얻기 위한 동의서 서식은 시험에 관한 모든 정보를 담았는가?
A: 그렇다네. 시험의 목적, 피험자에게 예상되는 위험이나 불편, 피험자가 피해를 입었을 경우 주어질 보상이나 치료방법, 피험자가 시험에 참여함으로써 받게 될 금전적 보상이 있는 경우 예상금액까지 기재하였지.
B: 문제가 있을 시에 피험자에 대한 의학적 처치나 결정은 누구의 책임 하에 이루어진다고 기재하였나?
A: 당연히 ○○대학교 병원 10년차 피부과 의사의 책임 하에 이루어진다고 기재하였지.
B: 자네와 대화를 해 보니 무엇이 문제인지 알겠군.

① 시험의 수행자가 기준 미달이기 때문이다.
② 피험자 선정이 제대로 이루어지지 않았기 때문이다.
③ 피험자에게 적절한 동의를 구하지 않았기 때문이다.
④ 피험자에게 동의를 얻기 위한 동의서 서식에 기재된 시험에 관한 정보에 누락된 부분이 있었기 때문이다.
⑤ 시험의 수행자와 피험자에 대한 의학적 처치 책임자가 동일인이기 때문이다.

142

다음 중 화장품 표시·광고 실증에 관한 규정에 따라 인체 적용시험의 최종시험결과보고서에 포함되어야 하는 사항으로 적절한 것을 <보기>에서 <u>모두</u> 고른 것은? 난이도 중

<보기>
ㄱ. 코드 또는 명칭에 의한 시험물질의 식별
ㄴ. 시액의 조제 및 보관방법
ㄷ. 시험의뢰자의 주소
ㄹ. 피험자의 유전병력 이력서
ㅁ. 피험자의 타 인체 적용시험 참여 경력
ㅂ. 시험책임자의 성명
ㅅ. 시험자의 소재지
ㅇ. 신뢰성보증확인서

① ㄱ, ㄹ, ㅂ, ㅅ
② ㄱ, ㄷ, ㅂ, ㅇ
③ ㄴ, ㅁ, ㅅ, ㅇ
④ ㄴ, ㄷ, ㄹ, ㅅ
⑤ ㄷ, ㅁ, ㅂ, ㅅ

143

다음 중 화장품 표시·광고 실증에 관한 규정에 따라 인체 적용시험의 최종시험결과보고서에 포함되어야 하는 사항으로 적절하지 <u>않은</u> 것은? 난이도 중

① 시험개시 및 종료일
② 피험자 선정 및 제외기준
③ 대조 물질이 있는 경우 시험 및 대조물질 적용방법
④ 통계학적 유의성 결정 및 시험결과 통계 계산 과정의 검증
⑤ 부작용 발생에 따른 치료 및 보상 등 조치내역

144

다음 중 화장품 표시 · 광고 실증에 관한 규정 제 4조에 따라 시험결과의 요건에 대해 적절한 것을 모두 고른 것은? 난이도 중상

<보기>
ㄱ. 국내 · 외 대학 또는 화장품 관련 전문 연구기관에서 시험한 것으로서 기관의 장이 발급한 자료이어야 한다. 다만, 해외 대학은 식품의약품안전처장이 별도로 고시한 평가기준에 부합되어야 한다.
ㄴ. 피험자에게 동의를 얻기 위한 동의서 서식은 시험에 관한 모든 정보(시험의 목적, 피험자에게 예상되는 위험이나 불편, 피험자가 피해를 입었을 경우 주어질 보상이나 치료방법 등)를 포함하여야 한다. 피험자가 시험에 참여함으로써 받게 될 금전적 보상이 있는 경우 예상금액은 보건복지부와 세무처가 협의하여 따로 서식을 제작한다.
ㄷ. 인체 외 시험은 과학적으로 검증된 방법이거나 밸리데이션을 거쳐 수립된 표준작업지침에 따라 수행되어야 한다.
ㄹ. 인체 외 시험이 표준화된 방법에 따라 일관되게 실시할 목적으로 절차 · 수행방법 등을 상세하게 기술한 문서에 따라 시험을 수행할 경우 합리적인 실증자료로 볼 수 있다.
ㅁ. 인체 외 시험의 최종시험결과보고서에는 부작용 발생에 따른 치료 및 보상 등 조치내역이 포함되어야 한다.

① ㄱ, ㄷ
② ㄱ, ㅁ
③ ㄴ, ㄹ
④ ㄴ, ㅁ
⑤ ㄷ, ㄹ

145

다음 중 화장품 표시 · 광고 실증에 관한 규정 제 4조에 따라 인체 적용시험의 기준 중 피험자에게 동의를 얻기 위한 동의서 서식에 포함되어야 하는 사항으로 적절하지 않은 것은? 난이도 중상

① 시험의 목적
② 피험자에게 예상되는 위험이나 불편
③ 피험자의 선정 기준과 피험자 수 및 이에 대한 근거
④ 피험자가 피해를 입었을 경우 주어질 보상이나 치료 방법
⑤ 피험자가 시험에 참여함으로써 받게 될 금전적 보상이 있는 경우 예상금액

146

다음 중 화장품 표시 · 광고 실증에 관한 규정 제 4조에 따라 인체 외 시험자료 최종시험결과보고서에 포함되어야 하는 사항으로 옳은 것을 <보기>에서 모두 고른 것은? 난이도 중상

<보기>
ㄱ. 관련된 모든 시험, 시설 및 시험지점의 명칭과 소재지, 연락처
ㄴ. 최종보고서의 작성에 기여한 외부전문가의 성명
ㄷ. 시험자의 성명, 위임받은 시험의 단계
ㄹ. 시험계 선정사유
ㅁ. 피험자 수 및 이에 대한 근거
ㅂ. 부작용 등 발생사례
ㅅ. 부작용 발생에 따른 치료 및 보상 등 조치내역
ㅇ. 피험자 선정 및 제외 기준

① ㄱ, ㄴ, ㄷ, ㄹ
② ㄱ, ㄷ, ㅁ, ㅂ
③ ㄴ, ㄹ, ㅅ, ㅇ
④ ㄴ, ㄹ, ㅂ, ㅇ
⑤ ㄷ, ㅁ, ㅅ, ㅇ

147

다음 중 화장품 표시 · 광고 실증에 관한 규정 제 4조에 따라 인체 적용시험자료와 인체 외 시험자료 최종시험결과보고서에 공통으로 포함되어야 하는 사항으로 적절한 것은? 난이도 중상

① 신뢰성 보증 확인서
② 피험자 선정 및 제외 기준
③ 시험계의 특성
④ 최종보고서의 작성에 기여한 외부전문가의 성명
⑤ 부작용 등 발생사례

148

다음 중 화장품 표시·광고 실증에 관한 규정 제 5조에 따라 표시·광고 실증을 위한 조사결과의 요건으로 적절하지 <u>않은</u> 것은? 난이도 중상

① 조사기관은 사업자와 독립적이어야 하며, 조사할 수 있는 능력을 갖추어야 한다.
② 조사목적이 적정하여야 하며, 조사 목적에 부합하는 표본의 대표성이 있어야 한다.
③ 기초자료의 결과는 정확하게 보고되어야 한다.
④ 질문사항은 표본설정, 질문사항, 질문방법이 그 조사의 목적이나 통계상 방법과 일치하여야 한다.
⑤ 조사는 공정하게 이루어져야 하고, 피조사자는 조사목적을 정확히 인지하는 가운데 진행되어야 한다.

149

다음 중 화장품 표시·광고 실증에 관한 규정 [별표]에 따라 제출한 자료가 합리적인 근거로 인정되는 경우를 <u>모두</u> 고른 것은? 난이도 중상

<보기>
ㄱ. 판매하는 크림에 쓰인 '여드름성 피부가 사용하기에 안성맞춤!'이라는 표시를 실증하기 위해 인체 적용시험 자료를 제출함.
ㄴ. 판매하는 로션에 '항균' 기능이 있다는 광고를 해온 업자가 이를 실증하기 위해 인체 적용시험 자료를 제출함.
ㄷ. 틴트가 포함된 나이어트 크림에 쓰인 '엉구석 셀룰라이트 감소'라는 표시를 실증하기 위해 인체 외 시험자료를 제출함.
ㄹ. '피부 노화를 완화하는 신개념 주름 개선 기능성 화장품'이라고 광고하는 로션을 실증하기 위해 인체 외 시험자료를 제출함.
ㅁ. 판매하는 크림에 '피부의 콜라겐이 증가해요!'라고 광고해온 업자가 이를 실증하기 위하여 인체 적용시험자료 및 조사결과 자료를 제출함.

① ㄱ, ㄴ
② ㄱ, ㄹ
③ ㄴ, ㅁ
④ ㄷ, ㄹ
⑤ ㄷ, ㅁ

150

<보기>는 화장품 표시·광고 실증에 관한 규정 제 3조 실증자료에 대한 설명 중 일부이다. 밑줄 친 별표에 해당하는 표시·광고 표현과 합리적인 근거로 인정되는 그 실증자료로서 적절히 연결지은 것은? 난이도 중

<보기>
「화장품법 시행규칙」제23조제2항에 따라 합리적인 근거로 인정될 수 있는 실증자료는 시험결과(인체 적용시험 자료, 인체 외 시험 자료, 같은 수준이상의 조사 자료)나 조사결과(표본설정, 질문사항, 질문방법이 그 조사의 목적이나 통계상의 방법과 일치하는 소비자 조사결과, 전문가집단 설문조사 등) 중 어느 하나에 해당하여야 한다. 다만, **별표**에서 정하는 표시·광고의 경우에는 **별표**의 실증자료를 합리적인 근거로 인정한다.

① 피부 노화 완화 - 인체 적용시험 자료 또는 인체 외 시험 자료 제출
② 항균 - 인체 외 시험자료 제출
③ 붓기, 다크서클 완화 - 전문가집단 설문조사
④ 콜라겐 활성화 - 인체 적용시험 자료 제출
⑤ 효소 증가 - 인체 적용시험 자료 또는 인체 외 시험 자료 제출

151

다음 광고에 대해 식품의약품안전처장이 실증자료를 요구하였다면 화장품 표시·광고 실증에 관한 규정에 따라 화장품책임판매업자가 제출하여야 하는 합리적인 근거로 인정되는 실증자료는? 난이도 중하

① 인체 외 시험자료
② 인체 적용시험 자료
③ 표본설정, 질문사항, 질문방법이 그 조사의 목적이나 통계상의 방법과 일치하는 소비자 조사결과
④ 전문가집단 설문조사
⑤ 기능성화장품에서 해당 기능을 실증한 자료

152

다음 중 개인정보가 아닌 것은? 기본

① 법인, 단체의 대표자 · 임원진 · 업무담당자 개인에 대한 정보
② 개인사업자의 상호명, 사업장주소, 사업자등록번호, 납세액 등 사업체 운영과 관련한 정보
③ 사물의 제조자 또는 소유자 개인에 대한 정보
④ 단체 사진을 SNS에 올린 경우
⑤ 가명 정보

153

<보기>에서 설명하는 것은? 기본

| 개인정보의 수집, 생성, 연계, 연동, 기록, 저장, 보유, 가공, 편집, 검색, 출력, 정정(訂正), 복구, 이용, 제공, 공개, 파기(破棄), 그 밖에 이와 유사한 행위 |

154

표를 채우시오. 기본

	업무를 목적으로 개인정보파일을 운용하기 위하여 스스로 또는 다른 사람을 통하여 개인정보를 처리하는 공공기관, 법인, 단체 및 개인 등
	개인정보의 일부를 삭제하거나 일부 또는 전부를 대체하는 등의 방법으로 추가 정보가 없이는 특정 개인을 알아볼 수 없도록 처리하는 것
	처리되는 정보에 의하여 알아볼 수 있는 사람
	개인정보를 쉽게 검색할 수 있도록 일정한 규칙에 따라 체계적으로 배열하거나 구성한 개인정보의 집합물(集合物)
	일정한 공간에 지속적으로 설치되어 사람 또는 사물의 영상 등을 촬영하거나 이를 유 · 무선망을 통하여 전송하는 장치
	개인정보 처리자의 지휘 및 감독을 받아 개인정보를 처리하는 업무를 담당하는 임직원 근로자 등

155

다음 중 민감정보가 아닌 것은? 기본

① 노동조합과 관련된 정보
② 성생활과 관련된 정보
③ 유전자 검사 정보
④ 범죄 경력 자료
⑤ 정치적 견해에 관한 정보

156

다음 중 고유식별정보가 아닌 것은? 기본

① 여권번호
② 외국인등록번호
③ 주민등록번호
④ 장애인등록번호
⑤ 면허번호

157

다음 중 개인정보처리자에 해당하는 것은? 기본

① 개인적인 활동을 위해 개인정보를 수집·이용하는 자
② 고객의 개인정보를 처리하는 은행원
③ 지인들에게 청첩장을 발송하기 위해 전화번호, 이메일 주소를 수집한 자
④ 학부모에게 개인정보 동의서를 받은 학교
⑤ 가사활동을 위해 개인정보를 수집·이용·제공하는 자

158

개인정보 보호의 원칙 중 일부이다. 빈칸을 채우시오.

> 개인정보처리자는 개인정보의 처리 목적에 필요한 범위에서 개인정보의 (   ), (   ) 및 (   )이 보장되도록 하여야 함

159

<보기>의 빈칸에 들어갈 말을 쓰시오. 기본

> 개인정보처리자는 개인정보를 실명으로 처리하지 않아도 개인정보 수집목적을 달성할 수 있다면, 익명처리로 목적을 달성할 수 없는 경우에는 (   )에 의하여 처리될 수 있도록 하여야 함.

160

개인정보 주체의 권리로 적절한 것을 모두 고르시오. 기본

① 개인정보의 최신화를 위한 요구의 권리
② 개인정보의 처리에 관한 동의 여부, 동의 범위 등을 선택하고 결정할 권리
③ 개인정보의 처리로 인하여 발생한 피해를 신속하고 공정한 절차에 따라 구제받을 권리
④ 개인정보에 대해 가명 처리를 요구할 권리
⑤ 개인정보 보호위원회에 구제를 신청할 권리

161

개인정보보호법 제17조의 제2항에 따라 고객의 개인정보를 제3자에게 제공 시 고객에게 알리고 동의를 구하여야 한다. <보기>에서 개인정보보호법에 따라 고객에게 반드시 알려야 하는 사항을 모두 고른 것은? 난이도 중하

> <보기>
> ㄱ. 개인정보를 제공받는 자
> ㄴ. 개인정보 제공 동의 일자
> ㄷ. 제공하는 개인정보의 항목
> ㄹ. 제공 받는 개인정보 보관 방법
> ㅁ. 개인정보의 이용 목적

① ㄱ, ㄴ, ㄹ
② ㄱ, ㄷ, ㅁ
③ ㄱ, ㄹ, ㅁ
④ ㄴ, ㄷ, ㄹ
⑤ ㄴ, ㄷ, ㅁ

162

「개인정보보호법」에 따라 개인정보처리자가 정보주체로부터 개인정보 수집·이용 동의를 받을 때 알려야하는 사항으로 적절한 것을 모두 고르시오. 기본

① 개인정보의 이용기간
② 개인정보의 소유권 유무
③ 개인정보 유출 시 처리 방법
④ 개인정보의 최신화를 위한 처리 원칙
⑤ 동의를 거부할 권리가 있다는 사실 및 동의 거부에 따른 불이익이 있는 경우에는 그 불이익의 내용

163

정보통신서비스 제공자가 개인정보를 수집·이용하기 위해 동의를 구할 때 알려야 하는 사항으로 적절한 것을 모두 고르시오. 정답 3개, 기본

① 개인정보의 보유 및 이용 기간
② 개인정보의 수집 및 이용목적
③ 동의를 거부할 권리가 있다는 사실 및 동의 거부에 따른 불이익이 있는 경우에는 그 불이익의 내용
④ 수집하고자 하는 개인정보의 항목
⑤ 개인정보 이용 현황에 대한 보고 방법

164

다음 중 개인정보를 제3자에게 제공할 수 있는 경우가 아닌 것은? 기본

① 정보주체에게 별도의 동의를 받은 경우
② 급박한 생명의 문제가 발생한 경우
③ 공공기관이 법령 등에서 정하는 소관 업무의 수행을 위하여 불가피한 경우
④ 정보주체가 의사표시를 할 수 없는 상태에 있어 사전 동의를 받을 수 없는 경우로서 정보주체 또는 제3자의 급박한 재산의 이익을 위하여 필요하다고 인정되는 경우
⑤ 정보통신서비스의 제공에 따른 요금정산을 위하여 필요한 경우

165

다음 중 틀린 설명을 고르시오. 기본

① 정보주체로부터 개인정보 수집·이용 동의를 받을 때는 각각의 동의사항을 구분하여 정보주체가 이를 명확하게 인지할 수 있도록 알리고 각각 동의를 받아야 한다.
② 개인정보의 처리에 대하여 정보주체의 동의를 받을 때에는 정보주체와의 계약 체결 등을 위하여 정보주체의 동의 없이 처리할 수 있는 개인정보와 정보주체의 동의가 필요한 개인정보를 구분하여야 한다.
③ 정보주체에게 재화나 서비스를 홍보하거나 판매를 권유하기 위하여 개인정보의 처리에 대한 동의를 받으려는 때에는 정보주체가 이를 명확하게 인지할 수 있도록 알리고 동의를 받아야 한다.
④ 정보주체가 제3항에 따라 선택적으로 동의할 수 있는 사항을 동의하지 아니하거나, 마케팅 정보 제공 및 제3자 정보제공에 대한 동의를 하지 아니한다는 이유로 정보주체에게 재화 또는 서비스의 제공을 거부하여서는 안 된다.
⑤ 13세 미만 아동에 대한 개인정보 수집·이용 동의를 받을 때는 그 법정대리인의 동의를 받아야 한다.

166

<보기>의 빈칸을 채우시오. 기본

<보기>
정보통신서비스 제공자는 정보통신서비스를 (   )년의 기간 동안 이용하지 아니하는 이용자의 개인정보를 보호하기 위하여 개인정보의 파기 등 필요한 조치를 취하여야 한다.

167

A씨는 코로나19로 인해 사정이 어려워 B씨에게 자신의 맞춤형화장품판매업소를 매매하였다. 이 상황에서의 개인정보 이전에 대한 설명으로 적절하지 않은 것은? 실제 기출을 변형한 문제 - 난이도 중

① A씨는 사전에 미리 고객에게 개인정보를 이전한다는 사실을 알려야 한다.
② A씨가 개인정보 이전에 대한 사실을 밝히지 않았을 경우, B씨가 해당 사실을 밝혀야 한다.
③ B씨는 이전받은 개인정보를 본래 목적으로만 이용하여야 한다.
④ B씨는 해당 개인정보에 대해 별도의 동의를 받는다면 제3자에게 제공할 수 있다.
⑤ B씨는 개인정보 이전 시 발생할 문제에 대해 정보주체에게 사전에 밝혀야 한다.

168

개인정보가 유출된 경우 개인정보처리자가 지체 없이 정보주체에게 알려야 하는 사항을 모두 고르시오. 기본

ㄱ. 유출된 개인정보의 항목
ㄴ. 유출된 시점과 그 경위
ㄷ. 개인정보처리자의 대응조치 및 피해 구제 절차
ㄹ. 유출로 인해 발생할 수 있는 피해를 최소화하기 위하여 정보주체가 할 수 있는 방법 등에 관한 정보
ㅁ. 정보주체에게 피해가 발생한 경우 신고 등을 접수할 수 있는 담당부서 및 연락처

169

다음 빈칸에 들어갈 인원 기준을 쓰시오. 기본

( )명 이상의 정보주체에 관한 개인정보가 유출된 경우, 그 사실의 통지 및 조치결과를 즉시 개인정보보호위원회 또는 한국인터넷진흥원에 신고해야 함

170

영상정보처리기기는 원래 설치할 수 없는 것이 원칙이다. 그러나 법에서 정하는 특수한 경우 설치가 가능하다. 다음 중 법에서 정하는 특수한 경우가 아닌 것은? 기본

① 범죄의 예방 및 수사를 위하여 필요한 경우
② 시설안전 및 화재 예방을 위하여 필요한 경우
③ 교통단속을 위하여 필요한 경우
④ 교통정보의 수집·분석 및 제공을 위하여 필요한 경우
⑤ 천재지변 등 예기치 못한 사건의 방지를 위해 필요한 경우

171

영상정보처리기기를 설치·운영하는 자는 정보주체가 쉽게 인식할 수 있도록 안내판을 설치하여야 한다. 안내판에 기재해야 하는 사항의 빈칸을 채우시오. 기출문제 - 2회

- 설치 목적 및 장소
- 촬영 ( ) 및 시간
- 관리책임자 성명 및 연락처

172

다음 중 5년 이하의 징역 또는 5천만원 이하의 벌금에 처해질 수 있는 사항은? 난이도 중

① 법을 위반하여 민감정보를 처리한 자
② 영상정보처리기기의 설치 목적과 다른 목적으로 영상정보처리기기를 임의로 조작하거나 다른 곳을 비추는 자 또는 녹음기능을 사용한 자
③ 거짓이나 그 밖의 부정한 수단이나 방법으로 개인정보를 취득하거나 개인정보 처리에 관한 동의를 받는 행위를 한 자
④ 안전성 확보에 필요한 조치를 하지 아니하여 개인정보를 분실·도난·유출·위조·변조 또는 훼손당한 자
⑤ 정정·삭제 등 필요한 조치를 하지 아니하고 개인정보를 계속 이용하거나 이를 제3자에게 제공한 자

173

다음 중 1천만원 이하의 과태료 처분에 처해질 수 있는 경우는? 난이도 중

① 보험 또는 공제 가입, 준비금 적립 등 필요한 조치를 하지 아니한 자
② 개인정보의 이용내역을 통지하지 아니한 자
③ 정보주체에게 알려야 할 사항을 알리지 아니한 자
④ 정보통신서비스 제공자는 이용자가 필요한 최소한의 개인정보 이외의 개인정보를 제공하지 아니한다는 이유로 그 서비스의 제공을 거부해서는 아니되나, 서비스의 이용을 거부한 자
⑤ 불특정 다수가 이용하는 목욕실, 화장실, 발한실(發汗室), 탈의실 등 개인의 사생활을 현저히 침해할 우려가 있는 장소의 내부를 볼 수 있도록 영상정보처리기기를 설치·운영한 자

174

빈칸을 채우시오. 난이도 중

- 고객의 피부상태에 대한 정보 역시 건강에 관한 정보이므로 (   )정보에 해당된다.

175

다음 중 <보기>의 상황이 문제가 되는 이유는? 난이도 중

<보기>
생일을 맞이한 A씨. 즐거운 하루를 보내던 중 반갑지 않은 문자를 받게 됩니다. 얼마 전 방문했던 맞춤형화장품판매점에서 보낸 생일 축하 문자였는데요, 생일이나 연락처를 알려준 적이 없는 것 같은데 이런 문자를 받게 된 것입니다. 이후 계속해서 도착하는 문자. A씨의 피부타입을 어떻게 알았는지 관련 제품을 추천해주기도 했습니다. A씨는 어떻게 된 일인지 돌이켜 보았는데요. 맞춤형화장품조제관리사가 할인을 받을 수 있다며 회원가입을 권유합니다. 솔깃한 마음에 회원가입을 하려던 A씨는 그러나 금세 마음이 바뀌어 가입하지 않고 가게를 나옵니다.

① A씨가 개인정보 제공에 동의하지 않았는데도 불구하고 상담 내용까지 기록하여 개인정보를 마음대로 수집 및 이용하여서
② A씨가 동의하지도 않았음에도 업체가 제3자에게 개인정보를 제공하여서
③ 업체가 A씨에게 정보주체의 권리에 대해 설명하지 않아서
④ 업체가 A씨에게 개인정보 보호의 원칙에 대해 고지하지 않았으므로

CHAPTER 02

화장품 제조 및 품질관리

01 화장품 원료의 종류와 특성 및 제품의 제조관리

02 화장품의 기능과 품질

03 화장품 사용제한 원료

04 화장품 관리

05 위해사례 판단 및 보고

CHAPTER 02 화장품 제조 및 품질관리 - 이론

Chapter 2 화장품 제조 및 품질관리

- 1,000점 만점 중 250점(25%) 할당, 총 25문항, 선다형(20문항), 단답형(5문항)
- 2.1.화장품 원료의 종류와 특성 및 제조관리
- 소주제: 1. 화장품 원료의 종류
  2. 화장품에 사용된 성분의 특성
  3. 원료 및 제품의 성분 정보

TIP

화장품은 통상 20종 이상의 화장품 원료들이 적절히 배합되어 만들어진다. 화장품의 안정성, 안전성, 유효성, 사용성, 심미성 등의 결과는 화장품에 사용되는 원료들의 선별 및 배합 정도를 통해 나타난다. 따라서 화장품에 사용되는 원료의 종류 및 기능을 구별하는 것은 매우 중요하다.

개발된 화장품 원료는 미국의 화장품 성분 사전(ICID), 우리나라 화장품 성분 사전(KCID) 등에 등록되어 공개되며, 전 세계에서 화장품 제조에 사용된다. **보존제, 자외선 차단제, 염모제 성분, 색소** 등 특별한 관리가 필요한 원료는 허용되는 원료 목록을 정해놓고, 각 원료별 사용농도 및 사용조건 등을 제한하고 있다. 이 경우 해당 목적으로 사용할 때 정부에서 정한 원료 이외에는 사용할 수 없다. 그 밖의 원료는 화장품책임판매업자의 안전성에 대한 책임하에 사용할 수 있다. 이에 따라 화장품제조업자 및 책임판매업자는 법령에서 정한 기준에 따라 사용하려는 원료의 안전성에 대한 책임하에 다양한 화장품 원료를 개발 및 사용할 수 있다. 따라서 화장품 제조 시 화장품 원료들의 종류와 사용 목적을 명확하게 인지하고 있어야 한다.

1. 화장품의 주요 성분 및 기능(기능 중심의 화장품 원료의 분류)

부형제	첨가제	착향제	유효성분

- 부형제: 유탁액을 만드는 데 쓰이는 것으로써 주로 물, 오일, 왁스, 유화제로 제품에서 가장 많은 부피를 차지한다.(대표적 종류: 수성원료, 유성원료, 계면활성제, 색재, 분체, 고분자화합물, 용제 등)
- 첨가제: 화장품의 화학반응이나 변질을 막고 안정된 상태로 유지하기 위해 첨가하는 성분으로 보존제나 산화방지제 등을 말한다.(대표적 종류: 보존제, 산화방지제)

  [참고] 보존제 관련 법령:「화장품 안전기준 등에 관한 규정」제4조(사용상의 제한이 필요한 원료에 대한 사용기준)

- 착향제: 화장품 제조 시 첨가하여 좋은 향이 나도록 하는 물질을 말한다.(표시: 식품의약품안전처장이 고시하는 알레르기 유발 성분을 함유하고 있을 경우 해당 성분의 명칭을 전성분에 표시하여야 하며, 식품의약품안전처장이 고시하는 알레르기 유발 성분을 함유하고 있지 않는 경우에는 기존대로 '향료'로 표시할 수 있다.)
- 유효성분: 화장품에 특별한 효능을 부여하기 위해 사용하는 물질로 각 제품의 특징을 나타내는 역할을 한다. 미백, 주름개선 및 자외선 차단성분 등이 대표적이다.(대표적 종류: 기능성화장품 고시 원료 등)

2. 화학적 특성 및 역할에 따른 원료의 종류

① 수성원료: 수성 원료란 물에 녹는 특성(친수성기, hydrophilic group)을 가진 원료를 말하며, 대표적으로 정제수, 에탄올, 폴리올 등이 존재한다. 수성 원료는 세부 종류에 따라 용제(용매), 수렴제, 보존제, 가용화제, 청결제, 보습제, 동결 방지제의 특징을 가진다.

- 수성원료의 종류

종류	특징
정제수	- 불순물을 **이온교환수지**를 통해 여과된 물을 뜻함. - 화장품에 가장 많이 사용되는 원료 중 하나이다. - 일반적으로 이온 교환법과 역삼투 방식을 통하여 물을 정제한 후 자외선 살균법을 통하여 정제수를 살균 및 보관함. - 물속에 금속이온(예 칼슘, 마그네슘 등)이 존재할 시, 화장품 제품 내 원료의 산화 촉진, 변색과 변취, 기타 화장품 성분들의 작용을 저해하는 요소로 작용할 수 있어 정제수를 사용한다. - 정제수 내 미량의 금속 이온들의 존재를 배제할 수 없을 때는, 금속 이온 봉쇄제(예 EDTA 및 그 염류)를 제품에 첨가하기도 함. **[사용 목적]** - 물은 극성물질로 수성 원료의 용해를 위한 용제(용매)로 사용 - 제품의 수성과 유성 부분이 결합하는 유화액을 형성하여 크림과 로션을 제조하기 위해 사용
에탄올(=에틸알코올)	- 비극성 물질(향료·색소·유기안료 등)을 녹임 - 무색/특이취/휘발성/발효 억제 - 청정, 수렴, 살균효과, 향수나 가용화제로도 쓰임 - 에틸알코올(ethyl alcohol)이라고도 하며, 화학식은 C_2H_5OH를 가짐 - 비극성인 탄화수소기와 극성인 하이드록시기(-OH)가 존재하여 식물의 소수성, 친수성 물질의 추출 및 기타 화장품 성분의 용제(용매)로도 사용 **[사용 목적]** - 식물 추출물 추출 시 용매로 사용 - 휘발성이 있으며 피부에 청량감과 가벼운 수렴효과를 부여 - 네일 제품에서는 가용화제로 사용 - 기포방지제 역할, 점도감소제 역할, 유화 보조 및 안정제 역할로도 사용 - 술을 만드는 데 사용할 수 없도록 변성제(프로필렌글라이콜, 부틸알코올)을 첨가하여 만든 변성 에탄올을 사용

폴리올류	폴리올류의 뜻 (이하 폴리올류의 예시)	분자구조 내 극성인 하이드록시기(-OH)를 2개 이상 가지고 있는 유기화합물을 총칭 **[사용 목적]** - 고체성분이 액상에 녹을 수 있도록 도와주는 가용화제로 사용 - 극성인 하이드록시(-OH)의 2개 이상 존재로 물과 결합이 가능하여, 보습제로 사용 - 약하게나마 균의 증식을 억제하는 방부력이 존재 - 제형 조절제로도 사용 - 동결을 방지하는 원료로도 사용
	글리세린 (=글리세롤)	탄소수 3, OH기 3개(3가 알코올) 대기 중의 수분 흡수하는 성질, 끈적거림, 10% 이상 함유 시 열 발생 유지에 알칼리성분(KOH, NaOH 등)을 비누화 반응 시켜서 얻음 무독성, 무자극, 무알러지(고농도일 경우 피부 내부의 수분 흡수→피부 자극)
	부틸렌글라이콜	1,3-부틸렌글라이콜 또는 1,3-BG로 통용. 글리세린에 비해 끈적임↓ 가벼운 사용감, 향균성 고농도일 경우 피부 자극 가능성
	프로필렌글라이콜 (=프로판다이올)	탄소수 3, OH기 2개(2가 알코올) 알코올과 동등한 발효 억제 효과

② **유성원료**: 유성 원료란 물에 녹지 않는 특성(비극성) 또는 기름에 녹는 성분을 말하며, 대표적으로 오일, 실리콘, 왁스, 고급지방산, 고급알코올 등이 존재한다. 유성 원료는 물에 녹지 않는 성질 및 기타 화학적 특성을 바탕으로 밀폐제, 사용감 향상제(피부컨디셔닝제(유연제)), 소포제, 광택제, 경도 조절제, 보조 유화제, 계면활성제 등의 특징을 가진다.

종류	대표 원료 및 특징
유지(오일)	**식물성 오일**: 피부 친화성↑, 산패 가능성 예 로즈힙씨 오일, 올리브 오일, 티트리 오일, 포도씨 오일, 아보카도오일, 동백나무씨오일, 피마자씨 오일(caster oil), 호호바오일(단, 화학적으로 따지면 호호바오일은 왁스류임.) 등 **[사용 목적]** - 비극성인 특성을 기반으로 피부 표면에 소수성 피막을 형성하여 수분 증발 억제 목적(밀폐제)으로 사용 - 제품의 사용감 향상의 목적으로 사용 - 연화제 효과가 우수하여, 피부 및 모발에 대한 유연성을 부여하기 위해 사용 - 광택제로도 사용 **[포인트]** 식물성오일은 지방산 내 불포화 결합이 많아 쉽게 산화되는 단점이 있음. - 포화 지방산(saturated fatty acid): 지방산사슬에 있는 탄소들이 모두 단일 결합으로 연결된 지방산 - 불포화 지방산(unsaturated fatty acid): 지방산사슬에 있는 탄소들 내 1개 이상의 이중 결합으로 연결된 지방산 - 오메가 지방산(omega fatty acid): 다중 불포화 지방산 중 탄화수소 사슬 제일 마지막 탄소(오메가 탄소)를 기준으로 첫 번째 이중결합이 나타나는 탄소의 위치를 기준으로 명명한 지방산 예 오메가-3 지방산은 탄화수소 사슬 제일 마지막을 기준으로 세 번째 탄소에서 이중결합이 나타나는 다중 불포화 지방산을 가리킴) **동물성 오일**: 피부 친화성↑, 산패 가능성, 특이취, 무거운 사용감 예 밍크 오일, 난황(닭) 오일, 에뮤 오일, 마유, 라놀린오일 등

종류	대표 원료 및 특징	
유지(오일)	**[사용목적]** - 비극성인 특성을 기반으로 피부 표면에서 수분 증발 억제 목적(밀폐제)으로 사용 - 제품의 사용감 향상의 목적으로 사용 - 연화제 효과가 우수하여, 피부 및 모발에 대한 유연성을 부여하기 위해 사용 - 광택제로도 사용됨. - 동물성오일은 식물성오일에 비해 색상 및 냄새가 좋지 않고, 화장품 원료로 널리 이용되지는 않음.	
탄화수소계 (광물성 오일): 광물계 무색무취, 산패나 변질 X, 유성감 (피부호흡 방해 가능성 (폐색막 형성 가능성))	광물성오일 설명 (이하 대표적 예시)	- 광물 유래 오일을 총칭, 대부분 원유를 정제하는 과정에서 생성되는 부산물로, 주성분은 알케인(alkane)과 파라핀(paraffin)이다. **[사용 목적]** - 비극성인 특성을 기반으로 피부 표면에서 수분 증발 억제 목적(밀폐제)으로 사용 - 제품의 사용감 향상의 목적으로 사용 - 연화제 효과가 우수하여, 피부 및 모발에 대한 유연성을 부여하기 위해 사용 - 광물성 오일은 증발하지 않고 산화되지 않는 특성이 있지만, 유성감이 강해 다른 오일과 혼합하여 사용
	미네랄 오일	리퀴드 파라핀, 석유에서 얻음, 피부 표면 수분 증발 억제
	파라핀	석유에서 얻음, 고형, 불순물 존재 시 부작용 우려
	바세린 (페트롤라툼)	솔리드 파라핀, 석유에서 얻음, 반고체상의 탄화수소 혼합물 여드름 유발 가능성, 정제도 낮으면 트러블 유발 가능성
	스쿠알렌	상어의 간유에서 추출, 불포화 탄화수소계 인체 피지와 유사(친화성↑), 특이취, 산패 쉬움
	이소파라핀	탄소 13~14개인 알킬 사슬을 갖는 지방족 탄화수소의 혼합물 왁스와 유사
	이소헥사데칸	탄소 16개로 이루어진 지방족 탄화수소/무색무취/얇은 발림성
실리콘오일 (합성오일) • 실록산결합을 가지는 유기규소화학물의 총칭 • 무색/투명/냄새 거의 안남 • 실크처럼 가볍고 매끄러운 감촉, 퍼짐성↑, 광택 부여	실리콘오일 설명 (이하 대표적 예시)	- 실록산 결합(-Si-O-Si-)을 가지는 유기 규소 화합물을 통칭 **[사용 목적]** - 실리콘은 분자량에 따라 여러 가지 점도를 가진 것을 얻을 수 있다. - 비극성인 특성을 기반으로 피부 표면에서 수분 증발 억제 목적(밀폐제)으로 사용 - 제품의 사용감 향상의 목적으로 사용 - 연화제 효과가 우수하여, 피부 및 모발에 대한 유연성을 부여하기 위해 사용 - 광택제로도 사용되며, 기포 제거성도 높다.
	사이클로메티콘	휘발성 오일
	다이(디)메티콘	무색/무취/발림성우수, 퍼짐성증대, 기포제거능력, 끈적임억제
	사이클로테트라실록세인(실록산) 사이클로펜타실록세인(실록산)	무색/무취/퍼짐성↑ 발림성우수 끈적이지 않음 2018 EU REACH에서 사용제한원료로 지정(환경문제)
	실리콘오일은 안정성이 높고 온도변화에 민감하지 않지만, 환경에 좋지 않음	

종류	대표 원료 및 특징	
왁스류 • 고급지방산과 고급 1, 2가 알코올이 결합된 에스텔 • 고형화제(제품안전성, 기능성↑) • 피부·모발 광택↑	왁스류 설명 (이하 대표적 예시)	- 고급지방산에 고급알코올이 결합된 에스테르 화합물을 통칭. 상온에서 고체형태인 특성을 가진다. **[사용목적]** - 크림의 사용감 증대나 립스틱의 경도 조절용으로 사용 - 비극성인 특성을 기반으로 피부 표면에 소수성 피막을 형성하여 수분 증발 억제 목적(밀폐제)으로 사용 - 친유성 제품의 보조 유화제로 사용 - 광택제로도 사용됨
	카나우바왁스 칸데릴라왁스 호호바오일(액상)	식물성 왁스(각각 식물의 잎, 줄기, 씨에서 추출) ★특히 호호바 오일은 피지 성분과 유사한 구조(친화성·침투성↑)
	라놀린(양의 털)왁스 비즈왁스(밀랍)	동물성 왁스(각각 양의 털, 벌집에서 추출) *라놀린은 알레르기 가능성
	오조케라이트	석탄·셰일에서 추출(미네랄 왁스)
고급지방산	- 탄화수소 사슬이 긴 지방산 물질을 통칭 • R-COOH로 표시되는 화합물 • 지방을 가수분해하여 얻음 • 천연의 유지와 밀랍 등에 에스텔류로 함유함 **[사용 목적]** - 일반적으로 화장품의 유상원료로서 다른 유상원료와 혼합하여 사용 - 알칼리인 소듐하이드록사이드(NaOH), 포타슘하이드록사이드(KOH), 트리에탄올아민과 병용하면 비누를 형성 - 구조상 한 분자 내에 소수성과 친수성 부분을 동시에 가져, 계면활성제로 많이 활용 - 폼 클렌징의 세정용 계면활성제, 보조 유화제, 분산제로도 사용. 또한, 제품의 사용감이나 경도·점도 조절용으로 사용, 연화제의 목적으로도 사용 例 **라우릭애씨드/미리스틱애씨드/스테아릭애씨드/올레익애씨드/팔미틱애씨드 등**	
고급알코올	• R-OH로 표시되는 화합물 • 탄소수 6개 이상인 알코올을 총칭함. • 점도조절, 유화안정제로 첨가 • 피지성분과 비슷-침투성이 좋아 모든 피부 적합 **[사용목적]** - 화장품에서 고급알코올의 사용은 크림 및 로션류의 경도나 점도를 조절하기 위해 사용 - 유화를 안정화하기 위해 사용, 유성원료로도 사용 - 피부가 건조해지는 것을 막아 피부를 부드럽고, 윤기 나게 개선해 주기 위해 사용 - 연화제의 목적으로도 사용, 일부 용제(용매)로도 사용 例 **세틸알코올/스테아릴알코올/세테아릴알코올/베헤닐알코올/옥틸도데칸올(화학합성)**	
에스텔(에스테르) • 지방산과 알코올의 결합하며 탈수반응으로 생성(R-COOR') • 피부 유연성, 제품 사용감 향상 • 용해제로도 사용	이소프로필미리스테이트: 이소프로필알코올+미리스틱애씨드 카프릴릭/카프릭트리글리세라이드: 카프릴릭과 카프릭애씨드+글리세린 세틸미리스테이트: 세틸알코올 + 미리스틱애씨드	

③ **계면활성제**: 계면활성제란 한 분자 내에 극성(친수성)과 비극성(소수성)을 동시에 갖는 물질(양친매성 물질)로서, 계면에 흡착하여 계면의 성질을 바꾸거나 및 계면의 자유에너지를 낮추어 주는 특징을 가진다. 양 물질의 표면장력을 약하게 하여 섞이게 한다. 계면활성제의 화학 구조 및 특성에 따라 물과 기름이 혼합되는 성질을 바탕으로, 유화제, 용해보조제(가용화제), 분산제, 세정제 등의 특징을 가진다.

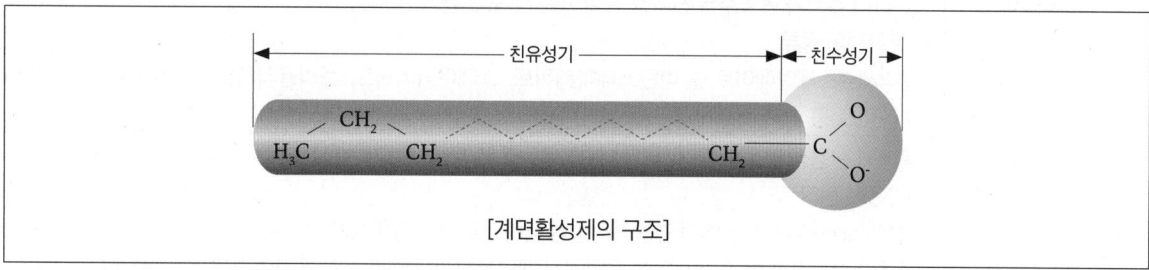

[계면활성제의 구조]

- **미셀**: 계면활성제가 수용액에 있을 때 친수성기는 바깥의 수용액에 닿고, 친유성기(소수성기)는 안에서 핵을 형성하여 만들어지는 구형의 집합체. 수용액 내의 계면활성제의 농도가 증가하면 미셀을 형성. 미셀 형성이 시작될 때의 계면활성제의 농도를 임계미셀농도라고 함.
- **HLB**(Hydrophile Lipophile Balance): 계면활성제의 친수성과 친유성 비율을 수치화한 것. HLB가 높을수록 친수성, HLB가 낮을수록 친유성이다.

계면활성제 종류	특징
유화제	- 에멀전과 같이 물과 오일을 혼합하기 위한 목적으로 사용되는 계면활성제 - 유화의 원리: 서로 성질이 다른 두 액체(물과 오일)에 계면활성제를 처리 후 교반하게 되면, 물과 오일 사이의 계면장력이 낮아져서, 물과 오일의 한쪽이 연속상(분산매)이 되고 다른 한쪽이 미세한 다수의 액적(분산질)으로 연속상에 분산되어 유지되고 있는 상태가 된다. ▶ **유화액의 형태** - 에멀전: 서로 섞이지 않는 성질이 다른 두 액체 중 한 액체가 다른 액체 속에 입자 형태로 분산된 형태를 유화(emulsion)라 함 - 분산된 부분이 오일 또는 물인가에 따라, O/W(oil-in-water)형, W/O(water-in-oil)형, W/O/W(water-in-oil-in-water)형, O/W/O(oil-in-water-in-oil)형 유화로 구분함. - 수상(물)에 유상(오일)이 분산된 형태가 O/W형이며, 반대로 유상(오일)에 수상(물)이 분산된 형태는 W/O형이라 한다. - W/O에멀전을 다시 물에 유화시키면 W/O/W에멀전을 얻을 수 있으며, 반대로 O/W에멀전을 다시 오일에 유화시키면 O/W/O 에멀전을 얻을 수 있다. - 분산된 액적의 크기(지름)에 따라 마이크로에멀전, 나노에멀전으로 구분한다. ▶ **유화액 형태의 판별** - 외관: O/W형은 크리미(creamy)한 질감을 가지나, W/O형은 끈적이는(greasy) 느낌이 든다. - 색소에 의한 판별: 유화액은 분산매에 녹는 염료로 염색 후 판별(예 O/W형: 수용성 염료를 넣으면 전체적으로 색이 퍼진다.) - 희석에 의한 방법: 유화액은 분산매와 혼합되는 액체와 쉽게 혼합되며, 혼합 정도를 통해 판별함 (예 O/W형: 물에 의해 희석 가능, 오일에 첨가 시 층 분리가 나타남) - 전기전도도에 의한 방법: 물은 극성분자 물질로, 전기전도도를 가짐. O/W형 유화액은 W/O형 유화액보다 훨씬 큰 전기전도도를 가짐

계면활성제 종류	특징
유화제	▶ HLB값 법을 통한 유화제 선택 - 유화제의 특성을 파악하는 중요한 요소로 유화제의 친수성과 친유성의 균형을 HLB (hydrophilic-lipophilic balance)로 나타낸 것이다. HLB값은 비이온성 유화제인 경우 가장 친유성을 0, 친수성을 20으로 하여 수치가 높을수록 친수성 성질이 큰 것으로 한다. ▶ 유화제의 종류 - 글리세릴스테아레이트, 솔비탄스테아레이트, 스테아릭애씨드, 폴리글리세릴-3메칠글루코오스디스테아레이트 등
가용화제	- 용매에 난용성 물질을 용해시키기 위한 목적으로 사용되는 계면활성제 ▶ 가용화 원리 - 미셀(micelle) 형성: 물에 계면활성제를 용해하였을 때 계면활성제의 소수성 부분은 가능한 한 물과 접촉을 최소화하려고 할 것이며 희석 용액에서 계면활성제는 주로 물과 공기의 표면에 단분자막 형태로 존재한다. 그러나 계면활성제의 농도가 증가하면 계면활성제의 소수성 부분끼리 서로 모이게 될 것이며 집합체를 형성함. 이러한 집합체를 미셀(micelle)이라 하며 미셀이 형성되기 시작하는 농도를 임계미셀농도(critical micelle concentration, CMC)라 한다. - 가용화는 난용성 물질이 미셀 내부 또는 표면에 흡착되어 용해되는 것과 같아 보이는 현상으로 가용화력과 미셀 형성과는 밀접한 관계를 가진다. ▶ 가용화제 종류 - 폴리솔베이트80, 피이지-40하이드로제네이티드캐스터오일, 폴리글리세릴-10올리에이트, 콜레스-24, 세테스-24 등
분산제	- 안료를 분산시키는 목적으로 사용되는 계면활성제를 뜻한다. ▶ 분산의 목적 - 분산(dispersion)이란 넓은 의미로 분산상(분산질)이 분산매에 퍼져있는 현상을 말한다. **액체가 액체 속에 분산된 경우를 유화**(emulsion)라 하며 **기체가 액체 속에 분산된 경우를 거품(foam)**이라 한다. - 좁은 의미의 분산은 고체가 액체 속에 퍼져있는 현상에 국한하여 사용된다. - 화장품에서 고체 입자를 액체에 분산시킨 것으로는 파운데이션, 마스카라, 아이라이너, 네일에나멜 등이 있다. 이러한 제품의 제조 시 고체 입자의 침전 및 고체입자 간의 응집을 막고자, 분산제를 통해 고체 입자를 액체 속에 균일하게 혼합시키기 위함이다. ▶ **콜로이드(colloid)**: 어떤 물질이 특정한 범위의 크기(1nm ~ 1μm 정도)를 가진 입자가 되어 다른 물질 속에 분산된 상태를 의미한다. ▶ 분산제 종류: 벤토나이트, 폴리하이드로시스테아릭애씨드 등
세정제	- 세정을 목적으로 사용되는 계면활성제를 뜻한다. ▶ 세정의 원리 - 계면활성제의 소수성 부분이 주로 지방성분인 오염 물질 표면에 붙고, 친수성 부분은 물 쪽을 향하게 된다. 세정이 진행되면서 친유기 성분은 피부에 묻어 있는 오염 물질을 붙잡고 물속으로 떨어져 미세한 입자로 분산되어 세정 효과가 나타난다. ▶ 세정제 종류: 소듐라우릴설페이트, 소듐라우레스설페이트, 암모늄라우릴설페이트 등

- 수용액 중의 해리 상태에 따른 계면활성제의 종류 및 특징

구분	대표적 예시	특징
음이온성 계면활성제	소듐라우릴설페이트 소듐라우레스설페이트 암모늄라우릴설페이트 ~설페이트: 황산염	- 물에 용해할 때 친수기 부분이 음이온으로 해리되는 계면활성제를 뜻한다. - 세정력과 거품 형성 작용이 우수하여 주로 클렌징 제품(비누, 샴푸 등)에 활용됨 - 세정↑ · 기포↑ - 설페이트류는 피부건조/알러지 유발가능성 - 음이온 계면활성제의 구조에서 친수기가 가장 중요하며, 주로 카르복실레이트(carboxylate), 설페이트(sulfate), 설포네이트(sulfonate)로 이루어져 있다. - 설페이트계 계면활성제 종류: 소듐라우릴설페이트(SLS), 소듐라우레스설페이트(SLES), 암모늄라우릴설페이트(ALS), 암모늄라우레스설페이트(ALES) 등 - 설포네이트계 계면활성제 종류: 티이에이-도데실벤젠설포네이트, 페르프루오로옥탄설포네이트, 알킬벤젠설포네이트 등 - 카르복실레이트계 계면활성제 종류: 소듐라우레스-3카복실레이트 등
양이온성 계면활성제	폴리쿼터늄-10 폴리쿼터늄-18 벤잘코늄클로라이드 세트리모늄클로라이드	- 물에 용해할 때 친수기 부분이 양이온으로 해리되는 계면활성제 - 일반적으로 분자량이 적으면 보존제로 이용되며 분자량이 큰 경우는 모발이나 섬유에 흡착성이 커서 헤어 린스 등 유연제 및 대전 방지제로 주로 활용된다. - 양이온 계면활성제의 구조에서 친수기가 가장 중요하며, 주로 암모늄염, 아민 유도체로 구성된다. - 알킬디메틸암모늄클로라이드 등 살균/소독/모발 유연/정전기 방지 린스/트리트먼트/섬유유연제/대전방지제
양쪽성 계면활성제	코카미도프로필베타인 디소듐코코암포디아세테이트 하이드로제네이티드 레시틴	- 물에 용해할 때 친수기 부분이 양이온과 음이온을 동시에 갖는 계면활성제로, 알칼리에서는 음이온, 산성에서는 양이온 특성을 나타낸다. 피부자극성과 · 독성이 낮다. - 일반적으로 다른 이온성 계면활성제보다 피부에 안전하고 세정력, 살균력, 유연효과 등을 나타내므로 저자극 샴푸, 스킨케어 제품, 어린이용 제품에 사용된다. - 아이소스테아라미도프로필베타인, 코카미도프로필베타인, 라우라미도프로필베타인 등이 있다. 세정/살균/기포력/유연작용 베이비용 제품, 저자극 샴푸, 기포 촉진효과 목적, 거품안정제
비이온성 계면활성제	세틸알코올 스테아릴알코올	- 이온성에 친수기를 갖는 대신 하이드록시기(-OH)나 에틸렌옥사이드(ethylene oxide)에 의한 물과의 수소결합에 의한 친수성을 가지며, 전하를 가지지 않는 계면활성제를 뜻한다.
비이온성 계면활성제	세틸알코올 스테아릴알코올	- 전하를 가지지 않으므로 물의 경도로 인한 비활성화에 잘 견디는 특징이 있으며, 피부에 대하여 이온 계면활성제보다 안전성이 높으며 유화력 등이 우수하므로 세정제를 제외한 에멀젼 제품 및 스킨케어 제품에서의 유화제로 사용된다. - 솔비탄라우레이트, 솔비탄팔미테이트, 솔비탄세스퀴올리에이트, 폴리솔베이트 20 등이 있다. - 피부자극이 적어 주로 기초화장품에 사용 - 가용화제로 사용/거품성↓/세정력 최저/자극 최저
천연물 유래 계면활성제	레시틴(콩, 계란), 사포닌(인삼) 등	- 천연물질로 가장 많이 사용되고 있는 것은 대두, 난황 등에서 얻어지는 레시틴이다. 그 외 천연물 유래 콜레스테롤 및 사포닌 등도 천연 계면활성제로 사용된다. - 예시: 라우릴글루코사이드, 세테아릴올리베이트, 솔비탄올리베이트코코베타인 등

★ 세정력: 음이온성>양쪽성>양이온성>비이온성
★ 자극성: **양이온성>음이온성>양쪽성>비이온성**
'린스·트리트먼트는 두피에 닿지 않게 해주세요~→양이온성 계면활성제는 자극성이 높기 때문'

④ **보습제**: 피부의 건조를 막아 피부를 매끄럽고 부드럽게 해주는 모든 물질을 말한다. 보습제는 보습의 특성에 따라 습윤제, 밀폐제, 연화제, 장벽 대체제로 나눌 수 있다.

용어	설명
습윤제 (humectant, 휴멕턴트)	- 피부에 발랐을 때 주변의 수분을 흡수하여 보습을 유지하는 물질로, 대표적으로 글리세린이 있다. - 죽은 각질세포 내 케라틴과 NMF(natural moisturizing factor)와 같이 수분과 결합하는 능력을 갖춘 성분을 보습제 성분(습윤제)으로 처방하여 피부에 수분을 증가시키는 역할. 보통 지성 피부 타입에 효과적일 수 있다. - 종류: 글리세린, 부틸렌글라이콜, 락틱애씨드, 프로필렌글라이콜, 솔비톨, 하이알루로닉애씨드, 판테놀, 우레아 등
밀폐제(수분차단제)	- 피부에 막을 형성하여 수분 증발을 억제하는 역할을 가진 물질로, 대표적으로 바세린이 있다. - 피지처럼 피부 표면에 얇은 소수성 밀폐막을 만드는 성분을 보습제 성분(밀폐제)으로 하는 것으로, 피부에 소수성 막을 형성하여 물리적으로 TEWL을 저하시키는 방법이다. - TEWL(transepidermal water loss): 경피수분손실도, 피부를 통해 손실되는 수분량(단, 땀을 통한 수분 배출은 제외)으로 TEWL이 높을수록 피부의 수분도가 낮아짐을 의미한다.[주관식 기출!] - 밀폐제 성분 기반 보습제는 피부에 도포 시 다소 두꺼운 느낌과 기름진 느낌을 유발하나, TEWL을 감소시키는 데 효과적이다. 따라서, 건조한 피부 타입에 효과적일 수 있다. - 종류: 페트롤라툼, 미네랄오일, 실리콘 오일, 파라핀, 스쿠알란, 왁스 등
연화제(유연제)	- 탈락하는 각질세포 사이의 틈을 메꿔 주는 역할을 가진 물질. 피부의 윤기와 유연성을 제공한다. - 종류: 글리세릴스테아레이트, 호호바오일, 실리콘오일, 시어버터 등
장벽대체제	- 각질층 내 세포 간 지질(세라마이드, 자유 지방산, 콜레스테롤 등)을 보습제 성분(장벽대체제)으로 처방하여, 피부장벽 기능의 유지와 회복에 관여함으로써, 피부 보습력 유지를 증가시키는 방법이다. - 종류: 세라마이드, 콜레스테롤, 지방산 등

⑤ **고분자 화합물**: 고분자화합물이란 분자량이 큰 화합물을 총칭하며, 대표적으로 하이알루로닉애씨드(히알루론산), 점증제, 필름 형성제가 있다. 수용성 특성을 가지는 고분자화합물의 경우 수분과의 결합 및 수분의 이동 억제를 통해 점성을 나타내는 특징을 나타내며, 점증의 효과를 유발할 수 있다. 분자량이 보통 10,000 이상인 거대한 화합물을 말하며. 주로 수용성 물질이다. 이에 미생물에 대한 오염도가 높다. 점도 향상에 이바지하여 안정성과 사용감을 높이는데 사용한다.

구분	사용 목적
점증제 (점도 조절제)	- 화장품의 점도를 유발하고 사용감을 높이기 위해 첨가하는 물질이며, 원료 기원에 따라 천연 고분자, 반합성 천연 고분자 물질, 합성 고분자로 나눌 수 있음. - 화장품의 점도↑, 사용감↑, 안정감↑ 예 카보머 - 수용성 고분자 물질 제품의 사용감과 안정성 향상 위해 사용 - 천연: ~검 구아검, 잔탄검, 아라비아검, 로커스트빈검, 카라기난, 전분, 덱스트란 등

점증제 (점도 조절제)	[참고] 천연 중 식물 유래: 구아검, 아라비아고무나무검, 카라기난, 전분 등 　　　　천연 중 미생물 유래: 잔탄검, 덱스트란 등 　　　　천연 중 동물 유래: 젤라틴, 콜라겐 등 - 반합성(셀룰로오스 유도체가 사용됨): 메틸셀룰로오스, 에틸셀룰로오스, 카복시메틸셀룰로오스 등(참고: 셀룰로스=셀룰로오스) - 합성: 카복시비닐폴리머(카보머 - 가장 대중적임.)
피막형성제 (필름형성제, 밀폐제 등)	- 피막을 형성할 때 이용, 고분자의 필름 막을 화장품에 이용하기 위해 사용되는 물질 - 피부·모발의 피막 형성, 사용감↑, 광택 및 갈라짐 방지 예 폴리비닐알코올, 폴리비닐피롤리돈, 나이트로셀룰로스(주의) 등 - 폴리비닐알코올: 폴리비닐아세테이트를 검화하여 제조하며 주로 필 오프(peel-off) 타입의 팩 제조에 사용됨 - 나이트로셀룰로오스: 대부분의 네일에나멜의 피막제로 사용되며, 비수용성 특징을 가짐 - 폴리비닐피롤리돈: N-비닐 피롤리돈을 과산화 촉매하에서 중합하여 제조됨. 피막 형성 및 모발에의 밀착성의 특징으로 두발제품의 기포 안정화나 모발 광택 부여의 목적으로 배합할 수 있다.

⑥ **비타민**: 생체의 정상적인 발육과 영양을 유지하는 데 미량으로 필수적인 유기화합물을 총칭한다. 비타민은 크게 수용성 비타민과 지용성 비타민으로 나눌 수 있다. 지용성 비타민은 ADEK!(아 !) 나머지는 거의 모두 수용성 비타민으로 외워도 무방하다.

구분	세부 종류
수용성 비타민	비타민 C, 비타민 B1, 비타민 B2, 비타민 B3, 비타민 B5, 비타민 B6, 비타민 B9, 비타민 B12
지용성 비타민	비타민 A, 비타민 D. 비타민 E, 비타민 K, 비타민 F

- 비타민 A(레티놀), 비타민 C(아스코빅애씨드), 비타민 E(토코페롤) 등이 가장 많이 사용되며, 활성 산소 감소 기능(항산화 기능)이 주된 기능으로 알려져 있으며, 비타민 및 그 유도체 중 일부는 주름개선, 미백에 도움을 주는 기능도 보고된다.

- 비타민의 종류(상식)

A(레티놀) - 피부 상피조직과 신진대사에 관여, 각화 정상화 유도 → 피부재생에 도움, 노화 방지↑

- 시각 기능에 관여하고, 성장 인자로 작용하는 지용성 비타민
- 구조학적으로 네 단위의 이소프레노이드(isoprenoid)가 머리꼬리 형태로 결합하여 다섯 개의 이중결합을 갖는 화합물군에 속하며, 이중결합이 있어 **산화에 매우 예민**
- 비타민 A는 레티노이드(retinoid)로 알려진 지용성 물질 군으로 레티놀(retinol), 레티날데하이드(retinaldehyde) 및 레티노익애씨드(retinoic acid)의 3가지 형태가 있다. 이들은 상호전환될 수 있으나, 레티노익애씨드로 전환되는 과정은 비가역적이다.
- 레티놀은 항산화 효능 및 주름개선 기능성화장품 고시원료로 사용되나, 열과 공기에 매우 불안정한 특징을 가진다. 따라서, 레티놀의 안정화된 **유도체**인 레티닐팔미테이트, 폴리에톡실레이티드레틴아마이드 등이 개발되어 사용된다.
- 레티닐팔미테이트(retinyl palmitate)는 레티놀에 지방산이 붙은 에스테르 형태로, 레티놀 대비 안정성이 높으며 인체 흡수 뒤 레티놀로 가수분해된다.
- 폴리에톡실레이티드레틴아마이드(polyethoxylated retinamide)는 레티놀에 PEG를 결합한 형태이며, 레티놀 대비 안정성이 높다.

D(칼시페롤) - 칼슘과 인의 대사에 관여, 뼈와 치아 구성에 영향/피부 성장 및 발달, 건조 증상에 관여

E(토코페롤) - 체내 산화 방지(항산화제)/노화 방지, 조직 재생, 면역체계에 관여

- 지용성 비타민이며 식물성 기름에서 분리되는 천연 산화방지제이다. 비타민 E는 8가지의 이성체(isoform)를 가진다.(알파-, 베타-, 감마-, 델타-토코페롤(tocopherol)과 알파-, 베타-, 감마-, 델타-토코트리에놀(tocotrienol)) 이러한 이성체 중 생물학적으로 가장 활동적인 성분은 알파-토코페롤이다.
- 화장품에는 토코페롤 자체보다도 토코페롤의 에스터(유도체)가 널리 사용된다. 이러한 에스터에는 토코페릴아세테이트(토코페롤의 아세틱애씨드에스터), 토코페릴리놀리에이트(토코페롤의 리놀레익애씨드에스터), 토코페릴리놀리에이트/올리에이트(토코페롤의 리놀레익애씨드에스터와 올레익애씨드에스터의 혼합물), 토코페릴니코티네이트(토코페롤의 니코티닉애씨드에스터) 및 토코페릴석시네이트(토코페롤의 석시닉애씨드에스터)가 포함된다.
- 비타민 E(토코페롤)는 강력한 항산화 작용을 하여 화장품 내 주로 산화방지제로 사용된다.

K - 혈액 응고에 필수적/모세혈관 벽을 튼튼하게 함/피부염과 습진에 효과적

B1(티아민) - 항신경성 비타민/신경을 정상으로 유지/민감성 피부의 저항력을 높임/피부 건조 예방

B2(리보플라빈) - 항피부염성 비타민/보습↑탄력↑/혈액순환, 여드름 진정 작용/습진, 구강 건강에 관여

B3(나이아신), B4(아데닌), B5(판테톤산, 판테놀)

B6(피리독신) - 피부염증 방지/피지선의 기능 조절로 피지 분비 억제/결핍 시 여드름 피부, 지루 피부염

B7(비오틴) - 탈모 예방에 도움

C(아스코빅애씨드) - 미백, 항산화, 콜라겐 합성에 관여(진피 세포 재생에 도움)

- 엘-아스코빅애씨드(L-ascorbic acid)라고도 불리는 수용성 비타민이다. 많은 생리대사에 관여한다.
- 강력한 항산화 기능을 가지나, 상대적으로 일반적인 저장 및 가공 과정하에서 불안정하다. 산화, 전이금속에 의해 구조가 파괴될 수 있다.
- 비타민 C의 안정성을 향상시키는 비타민 C 유도체(에칠아스코빌에텔, 아스코빌글루코사이드, 마그네슘아스코빌포스페이트)들이 개발되어 사용된다. 해당 비타민 C 유도체들은 미백 기능성화장품 고시원료로 사용된다.

P(플라보노이드) - 모세혈관 강화 및 순환, 콜라겐을 만드는 비타민 C의 기능 보강

⑦ 색소: 화장품 내 색상을 부여하는 물질

- 일반적으로 화장품에 배합되는 색소는 유기 합성 색소(타르 색소), 천연색소, 무기 안료로 구분할 수 있다.
- 색소가 가지는 세부 화학적 특성(수용성, 유용성, 비용해성, 피부 부착성, 피지 흡수력 등)에 따라 다양한 색조의 종류로 구별할 수 있다. 자외선 보호 목적으로도 사용된다. 사용기준이 지정·고시된 색소만 사용해야 한다.
- 특수한 광학적 효과 특성을 가진 안료는 진주광택 안료로 사용된다.
- **주요 용어 정리**
  - 색소: 화장품이나 피부에 색을 띠게 하는 것이 주목적인 성분
  - 타르 색소: 제1호의 색소 중 콜타르, 그 중간생성물에서 유래되었거나 유기 합성하여 얻은 색소 및 그 레이크, 염, 희석제와의 혼합물
  - 레이크: 타르색소를 기질에 흡착, 공침 또는 단순한 혼합이 아닌 화학적 결합에 의하여 확산시킨 색소
  - 순색소: 중간체, 희석제, 기질 등을 포함하지 않는 순수한 색소
  - 기질: 레이크 제조 시 순색소를 확산시키는 목적으로 사용되는 물질. 알루미나, 브랭크휙스, 크레이, 이산화티탄, 산화아연, 탤크, 로진, 벤조산알루미늄, 탄산칼슘 등의 단일 또는 혼합물을 사용한다.(보통 백색 가루제)

- 희석제: 색소를 용이하게 사용하기 위하여 혼합되는 성분. 알코올 등(식품의약품안전처에서 희석제로 사용 불가능한 원료를 고시함)

- **색소의 종류**

분류		설명
유기 합성 색소 (타르 색소)	염료	물, 오일, 알코올에 녹는 색소 → 피부에 물들기 때문에 색조화장품에 사용 X - 화장품 기제 중에 용해 상태로 존재하며 색채를 부여하는 물질. 수용성 염료와 유용성 염료로 구분 - 세부 종류: 아조계 염료, 잔틴계 염료, 퀴놀린계 염료, 트리페닐메탄 염료, 안트라퀴논계 염료
	레이크	타르색소를 화학적 결합에 의하여 확산시킨 색소(염료에 기질을 섞어 염료가 녹지 않게 만듦), 수용성 염료에 불용성 금속염이 결합된 유형 예 타르색소의 나트륨, 칼륨, 알루미늄, 바륨, 스트론튬 또는 지르코늄염을 기질에 확산시켜 만듦(염료에 칼슘, 황산, 알루미늄 등을 섞어 만듦(물에 안 녹음)), 립스틱, 블러셔, 네일 에나멜 등 다양하게 쓰임
	유기안료	물, 기름 등의 용제에 용해하지 않는 유색 분말의 안료(Paint) - 유기 안료는 구조 내에서 가용기가 없고 물, 오일에 용해하지 않는 유색 분말이다. - 종류: 허가 색소 중에 유기안료를 분류하면 아조계 안료, 인디고계 안료, 프탈로시아닌계 안료로 대별된다. - 특징: 일반적으로 안료는 레이크보다 착색력, 내광성이 높아 립스틱, 브러쉬 등의 메이크업 제품에 널리 사용된다.
무기안료 (=광물성 안료)	무기안료 특징	발색성분이 무기질로 되어 있어 유기안료에 비해 내열, 내광의 안정성은 좋으나 색상은 선명하지 않음.
	백색안료	하얗게 나타낼 목적 혹은 피부의 커버력을 조절하는 역할로 사용되는 안료 예 이산화티탄(티타늄디옥사이드), 산화아연(징크옥사이드)
	착색안료	색상을 부여하여 색조를 조정해주는 역할을 하는 안료. 색이 선명하지는 않으나 빛과 열에 강하여 변색이 잘되지 않은 특성을 가짐. 예 산화철(적색·흑색·황색→3가지를 섞어 다양한 색을 냄), 군청
	체질안료	- 점토 광물을 희석제로 사용하는 안료, 착색 X, 베이스로 쓰임 - 색상에는 영향을 주지 않으며 착색안료의 희석제로서 색조를 조정하고 제품의 전연성, 부착성 등 사용감촉과 제품의 제형화 역할을 함 예 마이카, 탤크(탈크), 카올린(백토, 고령토), 탄산칼슘 등 점토광물과 무수규산 등의 합성 무기 분체 등 - 마이카: 빛나는 무수규산으로서 백운모라고도 함. 파우더 팩트에서 피부 하얗게 하는 데 쓰임 - 탤크(활석): 흡수력이 높음. 매끄러운 사용감. 베이비 파우더에 쓰임 - 카올린(백토, 고령토): 땀과 피지 흡수력이 좋아 머드팩 등에 쓰임. 탤크에 비해 매끄러운 사용감이 떨어짐
천연색소		자연계에 존재하는 동·식물로부터 유래된 색소 예 커큐민, 코치닐, 안토시아닌
진주광택안료 (무기 안료에 포함됨)		진주(펄)광택이나 금속광택을 부여 → 질감 변화 색상에 진주광택을 주며, 홍채색 또는 금속 광채를 부여하기 위해서 사용되는 특수한 광학적 효과를 갖는 안료 - 종류: 운모에 티타늄다이옥사이드를 코팅한 티타네이티드마이카(운모티탄) 등

⑧ **보존제**: 화장품이 보관 및 사용되는 동안 미생물의 성장을 억제하거나 감소시켜 제품의 오염을 막아주는 특성을 가진 성분, 미생물 증식 억제/ 부패균 발육 억제·살균/변질방지 목적/**고시된 성분만 사용 가능**

- 화장품이 보존되는 기간뿐만 아니라 소비자가 제품을 사용하는 동안 세균, 진균과 같은 미생물의 오염으로부터 제품을 보호하여 제품이 사용되는 동안 미생물에 의해 오염되어 부패 · 변질 등 물리적 · 화학적으로 변화하는 것을 막기 위해 사용된다. 제품이 부패하거나 변질되는 등 변화가 생기면 변질, 변색, 변취, 점도 및 질감이 변하거나 곰팡이가 발생하는 등 상품 품질 열화 및 미생물의 대사산물로 인한 독성이 생기며 병원성 미생물 오염은 소비자에 피부질환, 안질환 등 질병 유발이 가능하다. 따라서 이러한 제품을 사용하는 경우 소비자의 건강에 큰 영향을 미칠 수 있으므로 보존제의 사용은 매우 중요하다.
- 보존제의 화학적 특성의 다양성: 보존제의 종류는 다양하며, 종류마다 균에 대한 효과의 다양성이 존재함. 또한, pH가 낮은 제형에서만 효과적인 보존제가 있지만 넓은 pH 범주에서 효과적인 보존제도 존재한다.

- **보존제 혼합 사용의 장점**
    - 저항성 미생물의 사멸이나 억제
    - 보존제 총 사용량의 감소
    - 다양한 균에 대한 항균효과 발휘
    - 저항성 균의 출현을 억제하는 효과
    - 생화학적 상승효과(synergism) 유발

- **대표적인 보존제의 예시(참고만 할 것)**

종류	특징
파라벤	- 가장 대표적인 방부제 - 낮은 농도에서도 세균, 곰팡이 등에 대한 억제 효과가 우수 - 페닐파라벤은 국내사용금지(에틸, 메틸, 부틸, 프로필 파라벤만 사용 가능) ★ 영유아용 제품류 및 기초화장용 제품류 중에서 사용 후 씻어내지 않는 제품에 한하여 **부틸파라벤, 프로필파라벤, 이소부틸파라벤, 이소프로필파라벤**이 함유되어 있을 경우 3세 이하 영유아의 기저귀가 닿는 부위에는 사용하면 안 됨.
페녹시에탄올	유성의 약한 점성이 있는 액체, 마취작용이 있음 피부를 건조하게 할 수 있고 트러블 발생 가능성 있음. 피부 점막 자극성 있음(배합한도 1%) [참고] 벤질알코올(1%)
1,2-헥산다이올 (보존대체제)	이 성분은 보존제는 아님. 보존대체제임. 보존력이 낮아 보존제로 인정되지는 않음. 물과 알코올에 잘 섞임 보습력, 향균성 우수 자극 거의 X, 보통 용제로 널리 쓰임, 보존대체제

***페닐파라벤, 클로로아세타마이드는 국내 사용 금지 보존제**

- **보존제가 갖추어야 할 조건**
    - 여러 종류의 미생물과 넓은 pH범위에서 방부효과가 있어야 함
    - 화장품에 부정적인 영향을 주어서는 안 됨
    - 화장품에 잘 용해되어야 함
    - 보존제 사용으로 인한 유효성분의 효과가 떨어지면 안 됨
    - 피부나 점막에 대한 자극이 없고 안전해야 함
    - 생산이 쉽고 경제적이어야 함

- 이상적인 보존제 조건
    - 사용하기에 안전할 것
    - 낮은 농도에서 다양한 균에 대한 효과를 나타낼 것
    - 넓은 온도 및 pH 범위에서 안정하고, 장기적으로 효과가 지속될 것
    - 제품의 물리적 성질에 영향을 미치지 않을 것
    - 제품 내 다른 원료 및 포장 재료와 반응하지 않을 것
    - 제품의 안정성, 색상, 향, 질감, 점도 등 외관적 특성에 영향을 미치지 않을 것
    - 미생물이 존재하는 물 파트에서 충분한 농도를 유지할 수 있는 적절한 오일/물 분배계수를 가질 것
    - 자연계에서 쉽게 분해되고, 분해산물에 독성이 없을 것
    - 원료 수급이 용이하고 가격이 저렴할 것

⑨ **산화방지제**: 화장품 유지의 산화 방지/화장품의 품질을 일정하게 유지하기 위해 첨가

종류	특징
토코페롤(비타민E)	- 불안정/토코페릴아세테이트(유도체)의 형태로 사용 - 천연 산화방지제 - 보통 사용 농도: 0.03~0.05%(단, 배합한도 20%)
BHT(Dibutyl Hydroxy Toluene)	- 무색/결정성 분말/합성 원료 - 내열성·내광성 우수/ 유기용매에 녹음 - 보통 사용 농도: 0.01~0.05%
BHA(Butyl Hydroxy Anisole)	- 열에는 안정적/그러나 빛에 의해 착색됨/합성 원료 - 보통 사용농도: 0.005~0.05% - *살리실산(BHA)과 헷갈리지 말 것

*보통 BHT와 BHA를 같이 사용함

⑩ **금속이온봉쇄제**: 화장품의 안전성을 유지하기 위해 방부제, 산화방지제뿐만 아니라 금속이온봉쇄제도 첨가한다. 화장품에 금속이온이 존재하면 품질이 저하될 가능성↑(제품변질 가능), 금속이온의 활성을 억제하기 위해 첨가하는 성분으로, 킬레이드제라고도 부른다. 제품 내 금속이온의 존재는 화장품의 안정성 및 성상에 영향을 유발할 수 있으므로 금속이온봉쇄제를 이용하여 금속이온을 불활성화시켜야 한다. 대표적 예시로는 디소듐이디티에이(disodium EDTA), 테트라소듐이디티에이(tetrasodium EDTA) 등이 있다.

~EDTA: 금속이온봉쇄의 성격을 띰

종류	특징
디소듐 이디티에이(Disodium EDTA)	백색의 결정성 분말/금속이온 침전방지 물에 용해, 에탄올에는 용해 안 됨 산화방지작용, 변색방지작용
소듐시트레이트(구연산나트륨)	무색 혹은 백색의 결정성 분말 금속이온에 의한 침전 방지, 산화방지, pH완충제, pH조절제 등으로 사용

⑪ **향료(착향제)**: 제품에 향을 부여하는 원료

- 천연향료

　식물성(라벤더 오일, 자스민 오일, 일랑일랑 오일 등)

　동물성(사향(머스크), 영묘향, 용연향, 해리향 등))

　합성향료(관능기의 종류(알데히드, 케톤, 아세탈 등)에 따라 합성한 향료

　예 플로럴(자스민, 로즈), 시프레, 우디, 알데하이드 등)

　조합향료(천연향료와 합성향료를 목적에 따라 조합)

- 향수의 발향 단계: 탑노트(첫 향(~10분)) / 미들노트(테마향(~3시간)) / 베이스노트(잔향(3시간 이상))
- 향수의 종류: 퍼퓸/오드퍼퓸/오드뚜왈렛/오드콜로뉴(오드코롱)/샤워콜로뉴(샤워코롱)

　*향의 지속력이 높을수록 알코올의 순도가 높음.

⑫ **기능성화장품 고시 성분**

1) 자외선차단제 성분(피부를 곱게 태워주거나 자외선으로부터 피부를 보호하는 데 도움을 주는 제품의 성분 및 함량) - 자외선 차단제는 사용기준이 지정·고시된 원료만 사용 가능!

분류	성분명	최대 함량
화학적 차단제	드로메트리졸	1.0%
	벤조페논-8	3.0%
	4-메칠벤질리덴캠퍼	4.0%
	페닐벤즈이미다졸설포닉애씨드	4.0%
	벤조페논-3(옥시벤존)	5.0%
	벤조페논-4	5.0%
	에칠헥실살리실레이트	5.0%
	에칠헥실트리아존	5.0%
	디갈로일트리올리에이트	5.0%
	멘틸안트라닐레이트	5.0%
	부틸메톡시디벤조일메탄	5.0%
	시녹세이트	5.0%
	에칠헥실메톡시신나메이트	7.5%
	에틸헥실디메칠파바	8.0%
	옥토크릴렌	10%
	호모살레이트	10%
	이소아밀-p-메톡시신나메이트	10%
	비스에칠헥실옥시페놀메톡시페닐트리아진	10%
	디에틸헥실부타미도트리아존	10%
	폴리실리콘-15(디메치코디에칠벤질말로네이트)	10%

화학적 차단제	메칠렌비스-벤조트리아졸릴테트라메칠부틸페놀	10%
	디에칠아미노하이드록시벤조일헥실벤조에이트	10%
	테레프탈릴리덴디캠퍼설포닉애씨드 및 그 염류	산으로 10%
	디소듐페닐디벤즈이미다졸테트라설포네이트	산으로 10%
	드로메트리졸트리실록산	15%
물리적 차단제 (자외선 산란제)	징크옥사이드	25%
	티타늄디옥사이드	25%
총 27개 성분		

*참고: 자외선 차단 원료를 ①변색방지 목적으로 사용하는 경우나 ②0.5% 미만 함유한 경우는 자외선 차단 제품으로 인정하지 않음
- 자외선차단지수는 측정 결과에 근거하여 평균값(소수점이하절사)으로부터 -20%이하 범위 내 정수로 표시하되 SPF50 이상은 SPF50+로 표시한다.
- SPF10 이하의 제품에는 기능성화장품 심사자료 제출을 면제함(단, 효능 · 효과를 기재 표시할 수 없음)

자외선 차단제는 피부에 흡수되어 자외선을 열로 분해시키는 유기자차(유기적 자외선 차단제 · 화학적 차단제)와 피부에 얇은 막을 씌워 자외선을 난반사시키는 무기자차(무기적 자외선 차단제 · 물리적 자외선 차단제 · 자외선 산란제) 방식이 있다. 식품의약품안전처에서 고시하는 무기자차의 대표적인 원료는 **티타늄디옥사이드(이산화티탄)와 징크옥사이드(산화아연)**이다.(only 2개)

2) 피부 미백에 도움을 주는 기능성 고시 성분

구분	성분명	고시 함량
티로시나아제의 활성 억제	유용성 감초 추출물	0.05%
	알파-비사보롤(알파-비사볼올)	0.5%
	닥나무 추출물	2%
	알부틴	2~5%
티로신의 산화 억제 (비타민C유도체)	에칠에스코빌에텔	1~2%
	아스코빌글루코사이드	2%
	아스코빌테트라이소팔미테이트	2%
	마그네슘아스코빌포스페이트	3%
멜라닌의 이동 억제	나이아신아마이드	2~5%

*그냥 감초 추출물은 미백기능X! 유용성 감초 추출물만 허용
*알파-비사보롤은 천연만 기능성으로 인정. 합성 알파-비사보롤은 인정 No!

3) 피부의 주름개선에 도움을 주는 기능성 고시 성분

성분명	고시 함량
아데노신	0.04%
폴리에톡실레이티드레틴아마이드	0.05~0.2%
레티놀	2,500IU/g

성분명	고시 함량
레티닐팔미테이트	10,000IU/g

*레티노이드계 원료는 빛과 열에 취약(광과민성)

4) 체모를 제거하는 기능을 가진 제품의 성분 및 함량

성분명	고시 함량
치오글리콜산(80%)	산으로서 3.0~4.5% pH7.0이상~12.7미만

5) 여드름성 피부를 완화하는 데 도움을 주는 기능성 고시 성분

성분명	최대 함량(씻어내는 제품에만 사용 가능, 보존제로서의 사용 한도)
살리실릭애씨드	0.5%

*살리실릭애씨드(살리실산)는 BHA(Beta hydroxy Acid)라고도 함.(산화방지제의 BHA(Butyl Hydroxy Anisol)과 혼동 주의)

6) 탈모 증상의 완화에 도움을 주는 기능성 고시 성분

덱스판테놀, 비오틴(비타민B7), 엘-멘톨, 징크피리치온, 징크피리치온액(50%)

*코팅 등 물리적으로 모발을 굵게 보이게 하는 제품은 제외
*멘톨: 박하의 결정체로 투명, 뾰족함. 물에 잘 안 녹아 에탄올 같은 용제에 녹임. L-멘톨과 D-멘톨, DL-멘톨이 있으며 L-멘톨만 기능성 화장품의 탈모 완화 성분으로 인정

7) 염모제 등의 기능성 고시 성분: 워낙 많기에 생략함. 해당 성분들은 지한쌤의 백과사전 부록 참고바람.

⑬ **산도조절제(pH조절제)**: 감도조절제의 중화과정 및 최종 제품의 pH를 조절하는 데 사용된다.

- pH는 수용액의 수소 이온 농도를 나타내는 지표로서, 중성의 수용액은 pH 7이며, pH가 7보다 낮으면 산성, 높으면 염기성이다.
- 화장품에 사용되는 대표적인 중화제로는 트라이에탄올아민(TEA, triethanolamine), 시트릭애씨드(citric acid), 알지닌(arginine), 포타슘하이드록사이드(KOH), 소듐하이드록사이드(NaOH) 등이 있다.

3. 화장품 성분이 가져야 할 기본적인 조건

*화장품 원료의 사용 선택에 있어서 고려해야 할 주요 조건
- 사용 목적에 따른 기능이 우수할 것
- 안전성이 양호할 것
- 산화 안정성 등의 안정성이 우수할 것
- 냄새가 적은 것 등 품질이 일정할 것

1) 화장품에 사용할 수 없는 원료 및 사용상의 제한이 필요한 원료인지 확인하여야 한다.
2) 화장품 원료의 사용 제한: 2012년 전면 개정된 「화장품법」에서는 화장품에 사용할 수 없는 원료와 사용상의 제한

이 필요한 원료를 지정하였고, 그 밖의 원료는 화장품책임판매업자의 안전성에 대한 책임하에 사용할 수 있다. 이를 **네거티브 시스템**이라고 한다.

3) 품질요소별 기본적 조건[기출!]

품질요소 등	내용
안정성	① 산화 안정성: 산소 및 기타 화학물질과의 산화 반응이 유발되지 않고 화장품 성분이 일정한 상태를 유지하는 성질 ② 열(온도) 안정성: 다양한 온도 변화 조건에서 화장품 성분이 일정한 상태를 유지하는 성질 ③ 광(빛) 안정성: 다양한 광 조건에서 화장품 성분이 일정한 상태를 유지하는 성질 ④ 미생물 안정성: 미생물 증식으로 인한 오염으로부터 화장품 성분이 일정한 상태를 유지하는 성질 ⑤ 공급 안정성: 안정적인 화장품 성분 공급이 가능한 상태 - 성분 안정성평가: 다양한 물리·화학적 조건에서 화장품 성분의 변색, 변취, 상태변화 및 지표성분의 함량 변화를 통해 화장품 성분의 변화정도를 평가함 - 지표성분: 원료에 함유된 화학적으로 규명된 성분 중 품질관리 목적으로 정한 성분 *성분 안정성평가 - 다양한 물리·화학적 조건에서 화장품 성분의 변색, 변취, 상태변화 및 지표성분의 함량변화를 통해 화장품 성분의 변화정도를 평가함
유효성	① 물리적 유효성: 물리적 특성(예 물리적 자외선 차단 등)을 기반으로 한 효과 자외선 차단제 고시원료 중 무기화합물 성분(티타늄디옥사이드, 징크옥사이드 등)의 물리적인 자외선 차단 효능 ② 화학적 유효성: 화학적 특성(예 계면활성, 화학적 자외선 차단, 염색 등)을 기반으로 한 효과 자외선 차단제 고시원료 중 유기화합물 성분(에칠헥실살리실레이트, 비스-에칠헥실옥시페놀메톡시페닐트라아진 등)의 화학적 자외선 차단 효능 ③ 생물학적 유효성: 생물학적 특성(예 미백에 도움, 주름 개선에 도움 등)을 기반으로 한 효과 미백화장품 고시원료(알부틴, 나이아신아마이드 등)을 통한 미백에 도움을 주는 효능 ④ 미적 유효성: 자신의 취향에 맞는 아름답고 매력적인 화장(메이크업)의 유발 효과 ⑤ 심리적 유효성: 심리적인 특성(예: 향을 통한 기분 완화 등)을 기반으로 한 효과
기타	환경 안전성: 화장품 성분이 환경오염을 유발하지 않는 성질 공급 안정성: 안정적인 화장품 성분 공급이 가능한 상태

4. 법 규제 현황을 고려한 화장품 성분 선택

- 화장품에 사용할 수 없는 원료: 식품의약품안전처장은 화장품의 제조 등에 사용할 수 없는 원료를 지정하여 고시해야 한다.

> ▶ 최근 주요 사례
> - 자체 위해평가 결과 안전역이 확보되지 않은 '니트로메탄'을 사용제한 원료 목록에서 삭제하고 사용금지 원료 목록에 추가함
> - 자체 위해평가 결과 안전역이 확보되지 않은 것으로 평가되고 유럽에서 사용을 금지한(2019. 8. 시행) 착향제 성분인 '아트라놀', '클로로아트라놀', '하이드록시아이소핵실 3-사이클로핵센 카보스알데히드(HICC)'의 사용을 금지함
> - 자체 안전성평가를 반영하여 '메칠렌글라이콜'의 사용을 금지함

- 사용상 제한이 필요한 원료: 식품의약품안전처장은 보존제, 색소, 자외선 차단제 등과 같이 특별히 사용상의 제한이 필요한 원료에 대하여는 그 사용기준을 지정하여 고시해야 하며, 사용기준이 지정·고시된 원료 외의 보존제, 색소, 자외선 차단제 등은 사용할 수 없다.
- 인체 세포 및 조직 배양액 안전기준: 공여자 적격성 검사와 유전독성 시험, 피부자극 시험 등을 통해 안전성을 확보된 경우에만 화장품 원료로 사용이 가능하다.
- 화장품에 사용할 수 있는 색소: 화장품에 사용할 수 있는 색소 종류, 사용부위 및 사용한도는 「화장품의 색소 종류 및 기준」에서 확인할 수 있다.

> ▶ 최근 주요 사례
> - 화장비누의 화장품 전환 관련 및 사용 가능한 색소 추가
> - 공산품으로 관리되던 화장비누가 화장품으로 전환됨에 따라 종전에 화장비누에 사용되던 색소 2종 '피그먼트 자색 23호'와 '피그먼트 녹색 7호'를 화장품 색소 목록에 신규 등재하고 화장비누에 제한적으로 사용할 수 있도록 허용함

5. 화장품 성분별 특성에 따른 취급 및 보관 방법

정제수 관리법	- 화장품에 사용되는 정제수는 투명, 무취, 무색으로 오염되지 않아야 하고 부패, 변질되지 않는 물을 사용해야 한다. - 금속이온이 없는 고순도 물을 사용하되, 만약을 대비하여 제품 내 금속이온 봉쇄제(EDTA 등) 첨가한다.
원료의 미생물 오염 방지법	- 수분은 미생물의 성장에 필요한 물질로, 원료 보관 시 건조한 곳에 보관하여야 한다. - 원료는 그 제조사로부터 품질 성적서를 요구하여 품질을 확인한다. - 원료 보관 시 외부의 물질이 침투되지 않도록 관리한다.
지방의 산화 방지법	- 유성 성분(오일, 왁스 등)의 경우 공기 중의 산소와 접촉하여 산화되는 특성이 나타날 수 있으므로, 공기 중에 노출되지 않도록 관리할 것 - 유성 성분을 제품 내 배합 시 항산화 기능을 가지는 성분(예 비타민 E(토코페롤))을 같이 배합할 것
비타민 보관법	- 비타민 A는 빛에 의해 불안정한 물질로 변질되기 쉽다. 유도체화하여 상대적으로 안정한 레티닐팔미테이트가 사용되기도 한다. - 비타민 C는 강력한 항산화 작용으로 쉽게 산화되는 단점이 있음. 유도체화한 아스코빌팔미테이트, 마그네슘아스코빌포스페이트가 사용되기도 한다.
화기성 성분 취급법	- 에탄올과 같은 화기성 및 가연성이 있거나 위험한 물질은 반드시 지정된 인화성 물질 보관함 또는 밀봉하여 화기에서 멀리 보관해야 한다.

6. 화장품 성분의 안전성 및 위해평가

- 화장품 안전의 일반사항(위해평가 가이드라인에 수록된 부분)
  · 화장품은 제품 설명서, 표시사항 등에 따라 정상적으로 사용하거나 예측 가능한 사용 조건에 따라 사용하였을 때 인체에 안전하여야 한다.
  · 화장품은 일반소비자뿐만 아니라 화장품을 직업적으로 사용하는 전문가 (예 미용사, 피부미용사 등)에게 안전해야 한다.
  · 화장품의 안전성은 화장품 성분의 안전성에 기반하며, 화장품 성분의 안전성은 독성시험 결과 등을 통해 평가한다.

- **화장품 안전의 일반사항(화장품 성분)**
  1) 화장품 성분은 화학물질 또는 천연물 등이며, 경우에 따라 단일 또는 혼합물일 수 있다.
     최종 제품의 안전성을 확보하기 위해서는 성분의 안전성이 확보되어야 한다. 원료 성분의 위해 우려가 제기되는 경우 위해평가를 통해 안전성을 확보할 수 있다.
  2) 화장품 성분은 식약처장이 화장품의 제조에 사용할 수 없는 원료로 지정·고시한 것이 아니어야 한다. 또한, 지정·고시된 사용 목적 및 사용한도에 적합하여야 한다.
  3) 미량의 중금속 등 불순물, 제조공정이나 보관 중에 생길 수 있는 비의도적 오염물질을 가능한 줄이기 위한 충분한 조치를 취하여야 한다. 그럼에도 오염물질이 존재할 경우, 그 안전성은 노출량 등을 고려하여 사례별(case-by-case)로 검토되어야 한다.
  4) 화장품 성분의 화학구조에 따라 물리·화학적 반응 및 생물학적 반응이 결정되며 화학적 순도, 조성 내의 다른 성분들과의 상호작용 및 피부투과 등은 효능과 안전성 및 안정성에 영향을 미칠 수 있다.
  5) 화장품 성분의 상호작용으로 인해 유해물질 발생(예를 들면, 니트로소아민 형성) 가능성과 식물유래 및 동물에서 추출한 성분에 농약, 살충제, 금속물질 및 생물학적 유해물질이 함유되어 있을 가능성에 특별한 주의를 기울여야 한다.
  6) 피부를 투과한 화장품 성분은 국소 및 전신작용에 영향을 미칠 수 있다.
  7) 화장품의 안전성은 각 성분의 독성학적 특징과 유사한 조성의 제품을 사용한 경험, 신물질의 함유 여부 등을 참고하여 전반적으로 검토한다.
  8) 화장품에 대한 안전성은 특정 소비자(영유아, 민감성 피부 등) 대상 여부, 피부 투과 혹은 피부 자극을 증가시킬 수 있는 특정 성분(피부투과 강화제, 유기 용제, 산성 성분 등) 존재 여부, 독성학적 우려가 예측되는 성분 간의 화학반응 유무 등 추가 정보를 고려하여 평가한다.

*위해평가 대상
  1) 관련 규정에 따라 국민보건상 위해 우려가 제기되는 화장품 원료, 화장품 사용한도 원료 등을 위해평가 대상으로 한다.
  2) 비의도적 오염물질의 검출허용한도 설정이 필요한 경우에 위해평가를 수행할 수 있다.

*위해요소별 위해평가 유형
  1) 위해평가는 위해요소의 용도(화장품 성분 등 의도적 사용물질, 중금속 등 비의도적 오염물질)에 따라 구분하여 평가한다.
  2) 의도적 사용물질로 유전독성 등이 확인되는 경우, 위험성 확인에서 위해평가를 종료하며, 비발암물질, 비유전독성 발암물질과 같이 독성영향이 역치를 가진다고 추정되는 경우에는 위해도를 결정한다.
  3) 비의도적 오염물질과 같이 완전히 제거할 수 없는 경우에는 오염도를 측정하여 노출량을 산출하고 위해평가를 수행한다.

7. 화장품 전성분 표시제

화장품에 사용되는 원료는 과학적인 평가를 통해 안전성을 확보해 나가고 있지만, 개인적인 체질이나 기호까지 고려할 수 없기 때문에 전성분 표시제를 통해 이러한 문제점을 해결하고자 한다. 화장품 전성분 내 사용상의 제한이 필요한 원료의 정보를 바탕으로 특정 화장품 성분의 제품 내 배합 함량의 범위를 예측할 수 있다. 전성분을 전부 표시해야 하는 화장품은 용량이 50ml(g)를 초과하는 제품들이다.

- 화장품 제조에 사용된 성분(전성분 표시방법)★★★★★

가. 글자의 크기는 5포인트 이상으로 한다.

나. 화장품 제조에 사용된 함량이 많은 것부터 기재·표시한다. 다만, 1퍼센트 이하로 사용된 성분, 착향제 또는 착색제는 순서에 상관없이 기재·표시할 수 있다.

> **예** 어떤 화장품의 포장에 기재된 전성분이 다음과 같다고 합시다.
>
> 정제수, 부틸렌글라이콜, 글리세린, 나이아신아마이드, 스쿠알란, 세테아릴알코올, 리모넨, 홍차추출물, 시트로넬올, 하이알루로닉애씨드, 세라마이드엔피

전성분은 제조에 사용된 함량이 많은 것부터 기재·표시하니 이 화장품에 들어있는 제일 많은 원료는 정제수이겠군요. 만약, 이 화장품에 세테아릴알코올이 1%가 들어갔다면 세테아릴알코올 뒤에 있는 원료들은 다 1% 정도 함유되었거나 혹은 그 이하가 함유되었을 것입니다. 그러나 이 경우 세테아릴알코올과 리모넨, 홍차추출물, 시트로넬올, 하이알루로닉애씨드, 세라마이드엔피 중 어느 성분의 함량이 더 많은지는 알 수 없겠죠. 1퍼센트 이하로 사용된 성분, 착향제 또는 착색제는 순서에 상관없이 기재·표시하니까요.

다. 혼합원료는 혼합된 개별 성분의 명칭을 기재·표시한다.

라. **색조 화장용 제품류, 눈 화장용 제품류, 두발염색용 제품류 또는 손발톱용 제품류**에서 **호수별로 착색제가 다르게 사용된 경우** '± 또는 +/-'의 표시 다음에 사용된 모든 착색제 성분을 함께 기재·표시할 수 있다.

마. **착향제는 "향료"로 표시할 수 있다. 다만, 착향제의 구성 성분 중 식품의약품안전처장이 정하여 고시한 알레르기 유발성분은** 사용 후 씻어내는 제품에 0.01% 초과, 사용 후 씻어내지 않는 제품에 0.001% 초과 함유하는 경우 **향료로 표시할 수 없고, 해당 성분의 명칭을 기재·표시해야 한다.**

> ***식품의약품안전처장이 정하여 고시한 알레르기 유발성분(25종-모두 암기)***
> 다음 성분들이 사용 후 씻어내는 제품에 0.01% 초과, 사용 후 씻어내지 않는 제품에 0.001% 초과 함유하는 경우 "향료"로 표시할 수 없고 따로 해당 성분의 명칭을 기재·표시해야 합니다.
> → 아밀신남알, 벤질알코올, 신나밀알코올, 시트랄, 유제놀, 하이드록시시트로넬알, 아이소유제놀, 아밀신나밀알코올, 벤질살리실레이트, 신남알, 쿠마린, 제라니올, 아니스알코올, 벤질신나메이트, 파네솔, 부틸페닐메틸프로피오날, 리날룰, 벤질벤조에이트, 시트로넬올, 헥실신남알, 리모넨, 메틸 2-옥티노에이트, 알파-아이소메틸아이오논, 참나무이끼추출물, 나무이끼추출물

바. **산성도(pH) 조절 목적으로 사용되는 성분은** 그 성분을 표시하는 대신 **중화반응에 따른 생성물**로 기재·표시할 수 있고, **비누화반응**을 거치는 성분은 **비누화반응에 따른 생성물**로 기재·표시할 수 있다.[기출]

사. 영업자의 정당한 이익을 현저히 침해할 우려가 있을 때에는 영업자는 식품의약품안전처장에게 그 근거자료를 제출해야 하고, 식품의약품안전처장이 정당한 이익을 침해할 우려가 있다고 인정하는 경우에는 그 성분을 "**기타 성분**"으로 기재·표시할 수 있다.

[참고]

★ 전성분에 기재·표시를 생략할 수 있는 성분들 ★

1. 제조과정 중에 **제거**되어 최종 제품에는 남아 있지 않은 성분은 기재·표시를 생략할 수 있다.
2. 안정화제, 보존제 등 원료 자체에 들어 있는 부수 성분으로서 그 효과가 나타나게 하는 양보다 적은 양이 들어 있는 성분은 기재·표시를 생략할 수 있다.
3. **내용량이 10밀리리터 초과 50밀리리터 이하 또는 중량이 10그램 초과 50그램 이하 화장품**의 포장인 경우에는 다음의 성분을 제외한 성분에 대한 기재·표시를 생략할 수 있다.

> 가. 타르색소
> 나. 금박
> 다. 샴푸와 린스에 들어 있는 인산염의 종류
> 라. 과일산(AHA)
> 마. 기능성화장품의 경우 그 효능·효과가 나타나게 하는 원료
> 바. 식품의약품안전처장이 사용 한도를 고시한 화장품의 원료

→ 즉, 내용량이 10ml(g)초과 50ml(g)이하인 화장품은 **위의 가~바까지의 6가지 원료들을 제외**한 전 성분 기재·표시가 생략된다.

전성분에 함량까지 적어야 하는 경우	
영유아 및 어린이 사용 화장품인 경우 그 보존제의 함량	영유아 및 어린이는 피부가 예민하므로 보존제에 대해 민감할 수 있습니다. 따라서 이러한 화장품의 경우 전성분에 **보존제의 함량**을 추가로 기재합니다.
천연화장품 및 유기농화장품의 원료 함량	천연 및 유기농으로 표시·광고하는 화장품은 천연 및 유기농 함량을 기재하여야 합니다.
성분명을 제품 명칭 일부로 사용한 경우 (방향용 제품류 제외) 그 성분의 함량	예를 들어 어떤 제품이 '티트리오일로션'이었다면 이 제품에는 티트리오일이 얼마나 들었는지에 대해 기재해야 합니다.
인체 세포·조직 배양액이 들어있는 경우 그 함량	예를 들어 '인체 줄기세포 배양액'이 화장품에 포함된 경우 그 함량을 기재하여야 합니다.

Chapter 2 화장품 제조 및 품질관리

- 1,000점 만점 중 250점(25%) 할당, 총 25문항, 선다형(20문항), 단답형(5문항)
- 2.1. 화장품 원료의 종류와 특성 및 제조관리
- 소주제: 4. 화장품 제조의 원리

TIP
화장품은 사용 목적 및 기능에 따라 다양한 화장품 원료들이 적절히 배합되어 다양한 형태의 제형으로 만들어진다. 화장품에 배합되는 원료들을 각기 다른 물리화학적 성질을 갖기에, 해당 원료들을 균일하게 혼합하고 사용방법상의 특성에 맞도록 제형을 만들기 위해서는 계면활성제를 이용한 가용화, 유화, 분산 등의 제형화 기술이 활용된다. 이번 소주제에서는 물리화학적 성질이 다른 물질들이 서로 접촉할 때의 현상에 관한 계면화학과 계면활성제의 기능 그리고 가용화, 유화, 분산 등의 제형화 기술에 대해서 중점적으로 학습하여야 한다.

1) 물질의 구분

*물질의 상태(state of matter)
  - 물질은 물리적 성질 및 분자간 상호작용에 따라 고체, 액체, 기체로 구분됨

*물질의 상(phase of matter)
  - 상(相, phase)이란 물질의 일정한 물리적 특성 또는 화학적 특성을 갖는 균일한 물질계를 지칭함(고체, 고체상, 고상/액체, 액체상, 액상/기체, 기체상, 기상)
  - 수상(aqueous phase, water phase): 수용성 물질과 함께 물을 주성분으로 포함되는 액체 매질
  - 유상(oil phase): 지용성 물질과 함께 오일을 주성분으로 포함되는 액체 매질

2) 표면장력의 정의

*계면(interface)의 정의
  - 계면이란 두 개의 서로 다른 상(Phase)이 접하고 있는 경계면(접촉면)을 말함
  - 계면화학이란 계면과 그 부근의 물질 상태와 성질을 연구하는 학문

*표면(surface)의 정의
  - 계면 중 상의 한쪽이 기체일 때 기체/액체, 기체/고체 간의 경계면을 표면이라고 말함

*표면장력(surface tension)의 정의
  - 표면 분자가 갖는 에너지를 총칭함
  - 액체 또는 고체 내부에 있는 분자들은 모든 방향에서 서로 간의 인력을 갖는 반면 표면에 존재하는 분자는 표면의 안쪽방향으로 인력이 작용하여 발생하는 여분의 에너지를 표면 자유에너지 또는 표면장력이라고 말함
  - 액체의 표면장력은 표면적의 크기와 연관되어 있으며, 표면 분자의 자유에너지를 낮추어 안정화된 상태로 되려고 하기에 액체의 표면적이 최소화되는 구 모양을 갖게 됨
  - 계면활성제는 액체의 표면장력 또는 계면장력을 낮추어 주기에 계면의 면적이 전체적으로 증가됨

*계면장력(interface tension)의 정의
- 표면장력의 특성이 서로 다른 두 개의 물질(액체와 액체, 액체와 고체, 고체와 액체)의 경계면에 나타날 때, 그 경계면에서의 장력을 계면장력이라고 함

3) 분산계의 개념 및 종류

*분산(dispersion)의 정의
  *해당 내용은 2. 품질관리 > 2.1. 화장품 원료의 종류와 특성 및 제조관리 > 2.1.3. 원료 및 제품의 성분 정보에 자세하게 언급되었으니 참고 바람

*콜로이드(colloid)의 정의
  *해당 내용은 2. 품질관리 > 2.1. 화장품 원료의 종류와 특성 및 제조관리 > 2.1.3. 원료 및 제품의 성분 정보에 자세하게 언급되었으니 참고 바람

*분산계
 - 분산상(분산질)과 분산매(연속상) 간의 혼합체

*분산계의 종류
 - 에어로졸(aerosol): 액체(분산상) 또는 고체(분산상)가 기체(연속상)에 분산된 형태(예: 헤어 스프레이)
 - 기포(foam): 기체(분산상)가 액체(연속상)에 분산된 형태(예 거품)
 - 유액(mulsion): 액체(분산상)가 액체(연속상)에 분산된 형태(예 로션, 크림)
 - 현탁액(suspension): 고체(분산상)가 액체(연속상)에 분산된 형태(예 파운데이션, 마스카라)
 - 기타: 분산상(액체, 고체)이 고체(연속상)에 분산된 형태 (예 스틱제형 화장품)

4) 계면활성제의 개념 및 종류

*계면활성제의 정의
  *해당 내용은 2. 품질관리 > 2.1. 화장품 원료의 종류와 특성 및 제조관리 > 2.1.3. 원료 및 제품의 성분 정보에 자세하게 언급되었으니 참고 바람

*계면활성제의 세부 종류
  *해당 내용은 2. 품질관리 > 2.1. 화장품 원료의 종류와 특성 및 제조관리 > 2.1.3. 원료 및 제품의 성분 정보에 자세하게 언급되었으니 참고 바람

*계면활성제의 주요 기능
 - 유화, 가용화, 분산, 세정, 기포, 대전 방지 등의 기능을 부여할 수 있음
  *해당 내용은 2. 품질관리 > 2.1. 화장품 원료의 종류와 특성 및 제조관리 > 2.1.3. 원료 및 제품의 성분 정보에 자세하게 언급되었으니 참고 바람

*계면활성제의 HLB
  *해당 내용은 2. 품질관리 > 2.1. 화장품 원료의 종류와 특성 및 제조관리 > 2.1.3. 원료 및 제품의 성분 정보에 자세하게 언급되었으니 참고 바람

*HLB에 따른 계면활성제의 용도
 - HLB 범위 1 ~ 3: 소포제(거품제거제)
 - HLB 범위 4 ~ 6: W/O 유화제

- HLB 범위 7 ~ 9: 분산제, 습윤제
- HLB 범위 8 ~ 18: O/W 유화제, 세정제, 가용화제
- HLB 범위 13 ~ 15: 세정제
- HLB 범위 10 ~ 18: 가용화제

5) 가용화 목적·활용법 및 주요 성분

***가용화(solubilization) 정의 및 목적**
- 계면활성제를 이용하여 용매에 불용성 또는 난용성 물질을 용해시키는 반응

***가용화 원리**
- 미셀(micelle) 형성: 물에 계면활성제를 용해하였을 때 계면활성제의 소수성 부분은 가능한 한 물과 접촉을 최소화하려고 할 것이며 희석 용액에서 계면활성제는 주로 물과 공기의 표면에 단분자막 형태로 존재할 것임. 그러나 계면활성제의 농도가 증가하면 계면활성제의 소수성 부분끼리 서로 모이게 될 것이며 집합체를 형성함. 이러한 집합체를 미셀(micelle)이라 하며 미셀이 형성되기 시작하는 농도를 임계미셀농도(Critical Micelle Concentration, CMC)라 함
- 가용화는 난용성 물질이 미셀 내부 또는 표면에 흡착되어 용해되는 것과 같아 보이는 현상으로 가용화력과 미셀 형성과는 밀접한 관계를 가짐

***가용화에 영향을 미치는 요인**
- 가용화제: 계면활성제의 종류, 분자구조(알킬기 길이, 이중결합 유무 및 개수, 치환기 유무 및 개수 등), HLB에 따라 가용화력에 차이가 유발됨
- 피가용화 물질: 가용화시키고자 하는 물질(피가용화 물질)의 분자구조 및 분자량에 따라 가용화력에 차이가 유발됨
- 첨가물: 전해질 또는 비전해질의 유무 및 종류에 따라 가용화력에 차이가 유발됨
- 기타: 온도, 농도, pH 등의 조건에 따라 가용화력에 차이가 유발됨

***가용화제 선택**
- 계면활성제를 활용하여 가용화시키는 경우 아래의 사항을 고려하여 가용화제를 선택함
- 가용화 형태(유성물질을 수상에 가용화 또는 수성물질을 유상에 가용화)
- 가용화와 HLB: 일반적으로 유성물질을 수상에 가용화 하기 위한 최적의 HLB 범위는 15~18 사이임
- 가용화제 구조, 용해도, 사용량

***가용화 방법**
- 가용화제와 피가용화 물질을 미리 혼합하고 수상(또는 유상)을 서서히 가하여 희석하는 방법
- 가용화제를 수상(또는 유상)에 미리 용해시킨 후 피가용화 물질을 가하는 방법

***가용화 활용법**
- 스킨, 에센스, 토닉과 같이 수용액에 유성성분을 용해시키기 위함
- 향수와 같이 정유(essential oil)성분을 용해시키기 위함
- 립스틱과 같이 유성성분 베이스에 수성 성분을 첨가하기 위함

*가용화제 종류
- 주로 비이온성 계면활성제가 사용됨
- 폴리솔베이트80, 피이지-40하이드로제네이티드캐스터오일, 폴리글리세릴-10올리에이트, 콜레스-24, 세테스-24 등

6) 유화의 목적·활용법 및 주요 성분

*유화(emulsion, emulsification) 정의 및 목적
- 계면활성제를 이용하여 서로 섞이지 않는 성질이 다른 두 액체 중 한 액체가 다른 액체 속에 입자 형태로 분산시키는 반응

*유화 타입
- 분산된 부분이 오일 또는 물인가에 따라, O/W (Oil-in-Water)형, W/O(Water-in-Oil)형, W/O/W(Water-in-Oil-in-Water)형, O/W/O (Oil-in-Water-in-Oil)형 유화로 구분함
- 수상(물)에 유상(오일)이 분산된 형태가 O/W형이며, 반대로 유상(오일)에 수상(물)이 분산된 형태는 W/O형이라 함
- W/O 에멀젼을 다시 물에 유화시키면 W/O/W 에멀젼을 얻을 수 있으며, 반대로 O/W 에멀젼을 다시 오일에 유화시키면 O/W/O 에멀젼을 얻을 수 있음
- 분산된 액적의 크기(지름)에 따라 마이크로에멀젼, 나노에멀젼으로 구분함

*유화 원리
- 유화의 생성은 두 개의 서로 섞이지 않는 액체 중 한 액체가 미립자 형태로 다른 액체 상 속에 분산되는 것임
- 미립자 형태로 분산될 때 계면적이 증가하기에 계면장력은 증가하게 되고 따라서 계면 자유에너지도 증가하게 되어 순수한 두 액체는 서로 섞이지 않게 됨. 계면활성제를 처리하게 되면 계면에 계면활성제가 흡착하게 되고, 이로 인해 두 액체 사이의 계면장력이 낮아지게 되어 계면적 증가에 따른 계면 자유에너지의 증가를 낮춤과 동시에 유화의 입자 사이에 보호막 역할을 하여 미립자가 보다 안정된 상태로 존재하게 되는 원리로 유화가 나타나게 됨

*유화 분리 현상
- 유화를 통해 만들어진 유화액(에멀젼)은 열역학적으로 불안정하기에 시간이 경과됨에 따라 다음과 같은 유화의 분리 현상이 나타날 수 있음
- 합일(coalescence): 분산된 입자가 서로 결합하여 보다 큰 입자 상태로 되는 것으로 유화 파괴의 전단계로 판단될 수 있음. 합일 현상이 계속되면 수상과 유상이 완전이 분리되는 상분리(phase separation)이 발생함
- 오스트발트 숙성(ostwald ripening): 유화액 내 큰 입자와 작은 입자가 동시에 존재하는 경우 작은 입자가 큰 입자에 흡수되어 큰 입자는 더욱 커지게 되는 현상
- 응집(flocculation): 유화 입자간 분산력에 의해 서로 결합하고 있는 상태
- 크리밍화(creaming): 유화 입자끼리 응집된 상태가 비중차에 의하여 상층으로 부유 또는 하층으로 침강하는 운동학적인 현상

*유화액 형태의 판별
- 외관: O/W형은 크리미(creamy)한 질감을 가지나, W/O형은 끈적이는(greasy) 느낌이 듦
- 색소에 의한 판별: 유화액은 분산매(연속상)에 녹는 염료로 염색 후 판별함(예: O/W형: 수용성 염료를 넣으면 전체적으로 색이 퍼짐)

- 희석에 의한 방법: 유화액은 분산매와 혼합되는 액체와 쉽게 혼합되며, 혼합 정도를 통해 판별함(예 O/W형: 물에 의해 희석 가능, 오일에 첨가 시 층 분리가 나타남)
- 전기전도도에 의한 방법: 물은 극성분자 물질로, 전기전도도를 가짐. O/W형 유화액은 W/O형 유화액보다 훨씬 큰 전기전도도를 가짐

*유화에 영향을 미치는 요인
 - 유화제: 유화제 종류와 사용량에 따라 유화력에 차이가 유발됨
 - 원료의 성질: 징크옥사이드, 금속염, 티타늄다이옥사이드 등의 물질이 처방에 들어가게 되면 유화 안정성에 영향을 줄 수 있음
 - 유화 조건: 성분을 첨가하는 순서, 교반 속도, 온도, 유화장치 등에 따라 유화력에 차이가 유발됨

*유화의 점도에 영향을 미치는 요인
 - 유화액(에멀전)의 점도는 화장품의 상태, 사용감, 사용효과에 영향을 주고 있으며, 다음과 같은 인자들로 인해 유화액의 점도가 영향을 받을 수 있음
 - 분산매(연속상)의 점도, 분산상의 점도, 분산상과 연속상의 비율, 계면활성제 종류 및 농도, 분산된 입자의 크기, 분포, 전하

*HLB값 법을 통한 유화제 선택
 - 유화제의 특성을 파악하는 중요한 요소로 유화제의 친수성과 친유성의 균형을 HLB (Hydrophilic-Lipophilic Balance)로 나타낸 것임. HLB값은 비이온성 유화제인 경우 가장 친유성을 0, 친수성을 20으로 하여 수치가 높을수록 친수성 성질이 큰 것으로 함

*유화 방법
 - 유중유화제법(agent-in-oil method): 유화제를 유상에 혼합한 후 수상을 가하여 유화하는 방법
 - 수중유화제법(agent-in-water method): 유화제를 수상에 혼합한 후 유상을 가하여 유화하는 방법
 - 비누형성법(nascent soap method): 계면활성제의 알킬기로 되는 지방산을 유상에 용해시키고 알칼리류를 수상에 가하여 이를 혼합하여 유화하는 방법
 - 그 외 방법: 다중 유화, 전상온도 유화법, D상 유화법, 피커링 유화법, 리포좀법 등이 존재함

*유화 활용법
 - 크림 및 로션류의 기초화장품 및 색조화장품에 유화 형태의 제품이 많이 존재함
 - 유성 원료와 수성 원료를 비교적 간단히 혼합할 수 있어 유지류 단독 원료 제품과 다른 새로운 사용감을 도출
 - 에멀전 형태로 피부에 주는 작용을 쉽게 조절할 수 있음
 - 점도 등을 조절하여 여러 형태의 사용 목적에 적합한 제품을 만들 수 있음
 - 피부에 얇은 피막으로 도포시키는 것이 가능함

*유화제 종류
 - 글리세릴스테아레이트, 솔비탄스테아레이트, 스테아릭애씨드, 폴리글리세릴-3메칠글루코오스디스테아레이트 등

7) 분산의 목적·활용법 및 주요 성분

*분산(dispersion) 정의 및 목적
- 분산이란 넓은 의미로 분산질(분산상)이 분산매에 퍼져있는 현상을 말함. 액체가 액체 속에 분산된 경우를 유화(emulsion)라 하며 기체가 액체 속에 분산된 경우를 거품(foam)이라 함
- 좁은 의미의 분산은 고체가 액체 속에 퍼져있는 현상에 국한하여 사용됨
- 화장품에서 고체 입자를 액체에 분산시킨 것으로는 파운데이션, 마스카라, 아이라이너, 네일에나멜 등이 있음. 이러한 제품의 제조 시 고체 입자의 침전 및 고체입자 간의 응집을 막고자, 분산제를 통해 고체 입자를 액체 속에 균일하게 혼합시키기 위함임

*분산 형태
- 분산질(분산상): 고체-액체 분산계에서 미세한 고체입자가 액체에 분산되어 있는 경우, 분산되어 있는 미세한 고체 입자를 말함
- 분산매: 분산질을 둘러싸고 있는 액체부분
- 분산제: 고체성분(예 안료)를 분산시키는 목적으로 사용되는 계면활성제, 넓은 의미의 분산제는 계면활성제, 분산조제, 점증제 등을 포함함
- 콜로이드(colloid): 어떤 물질이 특정한 범위의 크기(1 nm ~ 1 μm 정도)를 가진 입자가 되어 다른 물질 속에 분산된 상태를 말함

*분산에 영향을 주는 분산질의 특성
- 분산질의 종류: 분산질(예 안료)의 종류에 따라 분산질 표면의 성질이 다양함
- 안료의 종류
  *해당 내용은 2. 품질관리 > 2.1. 화장품 원료의 종류와 특성 및 제조관리 > 2.1.3. 원료 및 제품의 성분 정보에 자세하게 언급 되었으니 참고 바람
- 분산질의 형상: 입자의 형상은 분산매에 적시는 현상과 연관됨
- 분산질의 입도(입자의 크기)는 퍼짐성, 부착성, 색채 효과, 사용감, 분산계의 안정도에 영향을 줌

*분산에 영향을 주는 분산매의 특성
- 습윤(wetting): 액체방울이 고체표면에 퍼지면서 고체표면을 적시는 현상
- 접촉각(contact angle): 액체가 고체표면에 접촉하는 끝부분의 각도
- 고체표면장력이 액체표면장력보다 높으면 습윤 현상이 유도되나 반대의 경우에는 비습윤 현상이 유도됨
- 따라서, 분산매의 표면장력은 분산질의 표면장력보다 낮아야 분산입자에 분산매가 충분한 습윤이 유도됨
- 그 외, 분산매의 극성과 분산매의 용해도 지수도 분산에 영향을 줄 수 있음

*분산에 영향을 주는 분산제의 특성
- 계면활성제의 사용 유무 및 종류: 분산질(예 분체)의 표면에 계면활성제가 흡착함에 따라 분체 표면의 성질을 변화시켜 분산계를 안정화시킴
- 분산조제 사용 유무: 분산조제란 분체표면에 흡착하여 분체 입자에 전하를 주어 상호 간의 반발작용을 유도해 침강 속도를 조절할 수 있음
- 점증제 사용 유무: 점증제 사용 유무에 따라 분산입자의 침강 속도가 조절됨

*분산제 선택
- 분산계는 유화계 또는 가용화계에 비해 불안정한 계면이기에 분산제의 선택은 여러 개의 계면활성제를 실제로 응용하여 결정해야 함. 일반적인 분산제 선택에 있어 다음의 사항을 판단할 필요가 있음
- 분산매의 특징, 안료의 특징(유기안료 또는 무기안료)
- 계면활성제 적용 시 유기안료를 이용한 경우 안료 용출 또는 변색의 촉진 가능성 검토
- 모든 안료는 소요 HLB값을 가지고 있으며 그에 따른 HLB값에서 양호한 착색력을 발휘함

*분산 방법
- 사용 기기: 안료를 분산제를 이용하여 분산매 내에 잘 분산하기 위해서는 다양한 형태의 혼합기, 롤밀(roll mill), 볼밀(ball mill) 또는 콜로이드 밀(colloid mill) 등을 이용함
- 색조화장품 제조에 일반적으로 안료를 분산매에 분산시키는 다음의 방법이 존재함
- 안료, 분산매, 분산제의 세 가지 성분을 동시에 혼합하여 섞는 방법
- 분산매에 분산제를 용해 또는 분산시켜 놓고 안료를 가하여 섞는 방법
- 안료를 분산매에 첨가하여 섞어 놓은 후 분산제를 가하여 섞는 방법
- 안료의 입자를 분산제로 코팅한 후 제조 시에 분산매에 가하여 섞는 방법

*분산 활용법
- 화장품 분야에서 고체-액체 분산계로는 립스틱, 파운데이션, 아이섀도우, 아이라이너 등이 포함됨
- 피부 또는 손톱에 색채를 하고 미화하는 것을 목적으로 하는 제품에는 고체 성분인 안료가 액체계에 균일하게 분산되어야 하기에, 분산을 통한 제형화를 진행함
- 단순히 안료를 분산매에 분산하는 것 이상으로 화장품의 특수성으로 퍼짐성, 사용성, 안정성, 색채성, 안전성이 추가적으로 요구됨

*분산제 종류
- 벤토나이트, 폴리하이드로시스테아릭애씨드 등

Chapter 2 | 화장품 제조 및 품질관리

- 1,000점 만점 중 250점(25%) 할당, 총 25문항, 선다형(20문항), 단답형(5문항)
- 2.1. 화장품 원료의 종류와 특성 및 제조관리
- 소주제: 5. 화장품의 제조공정 및 특성

TIP
화장품은 다양한 화장품 원료들이 혼합되기에 관련 제조공정이 중요하다. 화장품 제조 단계에서는 일정한 품질과, 위생적인 생산, 생산 효율 등이 중요하기에 원료들의 계량부터 포장까지 몇 개의 공정을 거쳐야 제품화가 될 수 있다.
화장품의 제조공정은 제품의 성격에 따라 각기 다른 공정이 요구되며, 모든 공정이 원활하게 진행되어야 판매 가능한 제품으로 나타날 수 있다. 이번 소주제에서는 화장품의 일반적인 제조공정과 특정 제품의 제조공정 및 화장품 제조 시 공정별 특성에 대해서 학습하는 것이 중요하다.

1. 화장품의 일반적인 제조공정별 개념 및 목적

*화장품 제조공정은 일반적으로 1차공정과 2차공정으로 구분할 수 있음
- 1차 공정: 화장품의 내용물을 제조하는 공정
- 2차 공정: 내용물의 성형 및 포장공정 등을 거쳐 완제품을 생산하는 공정

*화장품 유형 중 기초화장품의 제조 생산이 가장 많기에, 기초화장품(예: 로션류, 크림류)의 일반적인 제조공정의 순서는 다음과 같음

① 원재료 입고: 지게차 및 이동대차를 사용하여 칭량실로 입고
② 칭량: 제품별 제조기준에 적합한 원재료 배합을 위한 칭량
③ 가온용해: 수상 원료를 용해탱크에 넣은 후, 교반기를 회전시키면서 향을 포함한 알코올상 원료를 서서히 첨가하여 가용화하고 여과 작업을 거친 후 투명한 제품을 얻는 작업
④ 유화 및 중화: 혼합 탱크의 수상 온도를 50도(℃)까지 올리면서 호모믹서를 약하게 회전. 아지믹서의 교반은 100 rpm 및 호모믹싱은 3,500 rpm정도로 고속회전하면서 유상을 여과 후 서서히 넣으면서 유화. 유화 직전에 중화제 투여
⑤ 냉각 및 숙성: 혼합 탱크의 내용물을 냉각기로 통과시켜 상온까지 냉각. 숙성실에서 제품 내의 기포 제거 및 자극성 감소를 위해 숙성
⑥ 충전 및 포장: 스킨로션, 로션류와 같은 유액상은 액체 자동 충전기. 크림상과 같은 입구가 넓은 것은 용기 회전식 크림 자동 충전기 사용. 포장작업은 라벨 부착기, 날인기, 중량 체크 기계로 이루어짐
⑦ 품질검사: 제조, 포장실의 공기 미생물 및 부착균, 낙하균 등의 미생물 검사 등이 포함
⑧ 저장 및 출하: 전동지게차 및 오토 피커를 사용하여 저장 창고에 적재 및 출하

*색조화장품의 일반적인 제조공정의 순서는 다음과 같음

① 원재료 입고: 지게차 및 이동대차를 사용하여 칭량실로 입고
② 칭량: 제품별 제조기준에 적합한 원재료 배합을 위한 칭량
③ 혼합: 체질 안료, 착색 안료, 백색 안료, 진주 광택 안료, 기능성 안료 등의 분체를 혼합기에 넣고 균일한 상태로 혼합
④ 분쇄: 혼합 공정에서 혼합된 분체 입자를 분쇄기에 의해 분체의 응집을 풀고 크기를 균일하게 분쇄
⑤ 체질(여과): 탈크, 카올린, 마이카, 세리사이트, 칼슘카보네이트, 마그네슘카보네이트, 실리카 등의 원료를 입도가 고운 매쉬망에 체질
⑥ 숙성 및 타정: 금형에 접시를 넣고 분말을 자동 정량 충진한 후 회전 할 때 유압에 의해 압착되는 타정기로 성형품을 제품용기에 타정
⑦ 포장: 제품 중량 검사 및 포장
⑧ 저장 및 출하: 전동지게차 및 오토 피커를 사용하여 저장 창고에 적재 및 출하

2. 화장품 종류별 일반적인 제조 공정

*로션 및 크림류 화장품의 일반적인 제조 공정
- 원료 검사 ⇒ 계량 ⇒ 원료 투입(예비 혼합기) ⇒ 필터(매쉬, mesh) ⇒ 유화 ⇒ 냉각 ⇒ 숙성조 ⇒ 검사 ⇒ 충전 ⇒ 포장

*화장수의 일반적인 제조 공정
- 원료 검사 ⇒ 계량 ⇒ 혼합기 ⇒ 필터(매쉬 또는 마이크로필터) ⇒ 숙성 ⇒ 검사 ⇒ 충전 ⇒ 포장

*고형 분말제품의 일반적인 제조 공정
- 원료 검사 ⇒ 계량 ⇒ 분쇄기 ⇒ 검사 ⇒ 성형기 ⇒ 충진 ⇒ 숙성 ⇒ 검사 ⇒ 충전 ⇒ 포장

*립스틱 제품의 일반적인 제조 공정
- 원료 검사 ⇒ 계량 ⇒ 혼합기 ⇒ 분산기 또는 유화기 검사 ⇒ 냉각 ⇒ 검사 ⇒ 성형기 ⇒ 충진 ⇒ 숙성 ⇒ 검사 ⇒ 포장

3. 폼클렌징 제조 공정도 예시

*폼클렌저(세안제)의 세부 유형
  *해당 내용은 2. 품질관리 > 2.2. 화장품의 기능과 품질 > 2.2.1. 화장품의 효과에 자세하게 언급되었으니 참고 바람

*폼클렌징 제조 공정 순서 예
① 유상에 해당하는 원료들을 용해조에 투입 후 가온(예 70 ℃) 혼합시키고 메인 믹서에 투입
  - 유상에 해당하는 원료: 고급지방산, 고급알코올, 연화제, 보습제 등
② 수상에 해당하는 원료들을 용해 후 위의 ① 메인 믹서에 투입 후 가온(예 70 ℃) 혼합
  - 수상에 해당하는 원료: 정제수, 알칼리 원료 등
③ 기타 계면활성제, 금속이온봉쇄제, 향료, 약제, 색소 등을 유상과 수상이 혼합된 메인 믹서에 투입 후 호모믹서와 패들믹서로 유화

④ 패들믹서 저속으로 유지하면서 냉각 및 탈포
⑤ 상온정도에서 내용물의 용기에 충진을 위한 배출

*화장수 제조 공정도 예시

*화장수의 세부 유형

*해당 내용은 2. 품질관리 > 2.2. 화장품의 기능과 품질 > 2.2.1. 화장품의 효과에 자세하게 언급되었으니 참고 바람

*화장수 제조 공정 순서 예

- 화장수의 제조 방법은 일반적으로 가용화 기술을 이용하여 제조하고 있음
- 수용성 성분들을 정제수에 용해 시켜 수상을 만들고, 불용성인 유연제, 방부제, 향료 등은 계면활성제(가용화제)와 함께 에탄올에 용해시켜 알코올상을 만든 후 알코올상을 수상에 서서히 첨가하면서 혼합 교반하여 제조함

  ① 알코올상에 해당하는 원료들을 용해조에 투입 후 실온 혼합
     - 알코올상에 해당하는 원료: 에탄올, 방부제, 향료, 가용화제, 연화제 등
  ② 별도의 용해조에 정제수 및 점증제를 혼합하여 메인 믹서로 투입
  ③ 별도의 용해조에 정제수와 수상 관련 성분들을 넣어 혼합한 후 메인 믹서로 투입
     - 수상에 해당하는 원료: 정제수, 보습제, 완충용액, 변색 방지제 등
  ④ 위의 ①을 메인믹서에 서서히 투입시켜 가용화
  ⑤ 여과하면서 용기에 충진을 위한 배출

4. 로션 및 크림 제조 공정도 예시

*로션의 세부 유형

*해당 내용은 2. 품질관리 > 2.2. 화장품의 기능과 품질 > 2.2.1. 화장품의 효과에 자세하게 언급되었으니 참고 바람

*로션 제조 공정 순서 예

- 로션(유액)의 제조 방법은 일반적으로 유화 기술을 이용하여 제조하고 있음
- 로션의 구성 성분은 크림과 유사하지만 고형 유성성분(왁스 포함)의 사용량이 크림에 비하여 적음
- 수용성 성분들을 정제수에 용해 시켜 수상을 만들고, 지용성 성분들을 오일에 용해시킨 후 호모믹서를 이용하여 혼합 교반 후 냉각하여 제조함
- 열에 약한 약제 성분이나 휘발성이 있는 향료 등은 유화 후 냉각시키는 단계에서 투입 후 혼합

  ① 유상에 해당하는 원료들을 용해조에 투입 후 가온(예 70 ℃) 혼합시킴
     - 유상에 해당하는 원료: 오일류(지방산 포함)
  ② 별도의 용해조에 정제수 및 점증제를 혼합하여 메인 믹서로 투입
  ③ 별도의 용해조에 정제수와 수상 관련 성분들을 넣어 혼합한 후 메인 믹서로 투입
     - 수상에 해당하는 원료: 정제수, 보습제, 금속이온봉쇄제, 알칼리류, 색소 등
  ④ 메인믹서를 고온으로 맞춘 후 섞으면서 위의 ①을 서서히 투입시키고 호모믹서 및 패들믹서를 이용하여 유화
  ⑤ 유화 후 패들믹서만 이용하여 냉각 및 탈포
  ⑥ 냉각온도(예 50 ℃)에 약제성분이나 휘발성 있는 물질(예 향료)등을 메인믹서에 투입 후 호모믹서와 패들믹서를 이용하여 유화
  ⑦ 유화 후 패들믹서만 이용하여 냉각 및 탈포

⑧ 상온정도도 냉각 후 내용물의 용기에 충진을 위한 배출

*로션의 세부 유형

　　*해당 내용은 2. 품질관리 > 2.2. 화장품의 기능과 품질 > 2.2.1. 화장품의 효과에 자세하게 언급되었으니 참고 바람

*로션 제조 공정 순서

　- 크림도 로션과 유사한 성분들로 구성되며, 제조 방법에 있어서도 로션의 경우와 유사함

*에센스 제조 공정 순서

　- 에센스의 제조는 가용화 또는 유화 기술을 통해 제조되며, 제조 방법에 있어서도, 화장품, 로션, 크림과 유사함

5. 마스크팩 제조 공정도 예시

*팩의 세부 유형

　　*해당 내용은 2. 품질관리 > 2.2. 화장품의 기능과 품질 > 2.2.1. 화장품의 효과에 자세하게 언급되었으니 참고 바람

*마스크팩 제조 공정 순서 예

　- 팩은 세부 유형에 따라 사용되는 원료가 매우 다름

　- 필오프 타입 팩에 대한 제조 공정은 아래와 같음

　　① 알코올상에 해당하는 원료들을 용해조에 투입 후 실온 혼합 및 용해시킴

　　　- 알코올상에 해당하는 원료: 에탄올, 향료, 방부제, 계면활성제

　　② 별도의 용해조에 정제수와 분말 관련 성분들을 넣어 혼합 분산

　　　- 분말에 해당하는 원료 예 카올린, 티타늄디옥사이드, 징크옥사이드, 셀룰로오스 등

　　③ 위의 ②에 보습제를 넣고 가온(예 70 ℃) 용해 및 피막제를 넣고 고온 및 높은 rpm의 호모믹서를 이용하여 분산 용해 시킨 후 메인 믹서로 투입

　　④ 메인믹서에 위의 ①을 서서히 투입시키고 혼합 용해 후 냉각

　　⑤ 상온 정도로 냉각 후 내용물의 용기에 충진을 위한 배출

　　　- 상기 공정 외에 고온의 정제수에 피막제를 넣고 분산시킨 후, 보습제, 분말 관련 성분을 투입 수 혼합한 후 알코올상을 서서히 혼합시킨 후 냉각하는 공정도 존재함

　　　- 워시오프 타입 팩의 경우 정제수에 무기물 점증제(예 비검(veegum))를 넣은 후 보습제, 분말 관련 성분을 투입 수 혼합한 후 알코올상을 서서히 혼합시킨 후 냉각하는 공정도 존재함

　　　- 부직포 침적타입의 팩의 경우 부직포에 화장수나 에센스를 침적시킨 형태로 제조방법은 화장수 또는 에센스 제조방법과 동일함

6. 립스틱 제조 공정도 예시

*립스틱 및 립라이너 세부 유형

　　*해당 내용은 2. 품질관리 > 2.2. 화장품의 기능과 품질 > 2.2.1. 화장품의 효과에 자세하게 언급되었으니 참고 바람

*립스틱 제조 공정 순서 예

　- 립스틱은 오일-왁스 베이스의 스틱 형태로 되어 있으며, 일반적으로 색소를 오일에 분산시키고 적당량의 향이 첨가되어 만들어짐. 특히 립스틱에 사용하는 색소는 「화장품법」에 명시된 색소만을 선택하여 제조해야 함

- 립스틱에 대한 제조 공정은 아래와 같음

　① 색소들을 오일 용매에 습윤시킨 후 3단 롤밀로 분쇄 및 분산처리하여 컬러 페이스트 제조

　　- 오일 용매에 해당하는 원료 **예** 폴리글리세릴-2트라이아이소스 테아레이트, 다이아이소스테아릴말레이트

　② 오일 및 왁스 성분들을 고온(**예** 85 ℃)에서 가열 용해시키고 위의 ①을 서서히 첨가하여 균일하게 혼합

　③ 립스틱 금형에 넣어 급냉시켜 스틱 형태로 제조

　*화장품에 사용할 수 있는 색소 종류, 사용부위 및 사용한도는 「화장품의 색소 종류 및 기준」[별표 1]에서 확인할 수 있음

7. 파우더 제품 제조 공정도 예시

*파우더 제품 세부 유형

*해당 내용은 2. 품질관리 > 2.2. 화장품의 기능과 품질 > 2.2.1. 화장품의 효과에 자세하게 언급되었으니 참고 바람

*파우더 제조 공정 순서 예

- 파우더를 기반으로 하는 메이크업 화장품에는 페이스파우더(가루형), 페이스케이크(고체형), 파운데이션(가루형, 유화형) 등이 존재하며, 파우더가 갖는 본래의 성질을 유지하여 화장 효과를 유발하는 제품으로 제조 공정상 파우더를 일정한 형태로 유지하기 위한 결합체, 색소, 향료 등이 배합됨
- 페이스파우더는 탈크를 주성분(70 % 이상)으로 피복성을 위한 백색안료(**예** 티타늄다이옥사이드), 착색을 위한 착색안료(**예** 적색 산화철, 황색 산화철, 흑색 산화철), 피부 부착을 위한 성분(**예** 징크스테아레이트), 방부제 및 향료 성분을 사용하여 제조
- 페이스파우더에 대한 제조 공정은 아래와 같음

　① 향료를 제외한 모든 원료들을 계량 혼합하고 분쇄기로 분쇄

　② 향료는 분무 혼합하여 분쇄기로 분쇄 후 체로 거름

- 콤팩트(compact)파우더는 페이스파우더를 압축 및 성형하여 제조
- 유화형파운데이션(액상형, 크림형)은 유화 제품 제조와 유사하나, 안료 및 분체는 오일을 이용하여 색조 베이스를 만든 후 3단 롤밀로 처리 후 유화 제조 공정에 투입함

8. 화장품 제조 시 공정별 특성

1) 화장품 제조공정 관련 용어 정리

*화장품 제조 시 제조 공정별로 아래와 같은 용어가 일반적으로 사용됨

① 제조: 원료 물질의 칭량부터 혼합, 충전(1차 포장), 2차 포장 및 표시 등의 일련의 작업

② 제조소: 화장품을 제조하기 위한 장소

③ 원료: 벌크 제품의 제조에 투입하거나 포함되는 물질

④ 원자재: 화장품 원료 및 자재

⑤ 부자재: 용기 및 포장재 등

⑥ 반제품: 제조공정 단계에 있는 것으로 필요한 제조공정을 더 거쳐야 벌크 제품이 됨

⑦ 벌크 제품: 충전(1차 포장) 이전의 제조 단계까지 끝낸 제품 또는 내용물이 대량으로 존재하는 상태

⑧ 내용물: 일반적인 화장품제조소의 내용물은 최종 소비자에게 제공하기 위한 포장을 제외한 모든 제조 공정을 마친 상태를 의미하기에, 맞춤형화장품에서의 명시된 내용물과 다른 의미와 범위를 내포함

*해당 내용은 2. 품질관리 > 2.2. 화장품의 기능과 품질 > 2.2.2. 판매 가능한 맞춤형화장품 구성에 자세하게 언급되었으니 참고 바람

⑧ 완제품: 출하를 위해 제품의 포장 및 첨부문서에 표시공정 등을 포함한 모든 제조공정이 완료된 화장품
⑨ 출하: 주문 준비와 관련된 일련의 작업과 운송 수단에 적재하는 활동으로 제조소 외로 제품을 운반하는 것
⑩ 포장재: 화장품의 포장에 사용되는 모든 재료(운송을 위해 사용되는 외부 포장재는 제외). 제품과 직접적으로 접촉하는지 여부에 따라 1차 또는 2차 포장재로 구분됨

2) 제조에 사용되는 주요 성분

*폼클렌징 제조에 사용되는 주요 성분
- 고급지방산, 고급알코올, 연화제, 보습제, 방부제, 정제수, 알칼리, 계면활성제, 금속이온봉쇄제, 향료, 약제, 색소 등

*화장수 제조에 사용되는 주요 성분
- 정제수, 에탄올, 보습제, 유연제, 가용화제, 완충제, 점증제, 향료, 방부제, 색소, 변색방지제, 효능성분(㎈ 수렴제, 기능성 성분 등) 등

*에센스, 로션 및 크림 제조에 사용되는 주요 성분
- 정제수, 에탄올, 보습제, 점증제, 탄화수소류, 오일류, 왁스류, 고급지방산, 고급알코올, 에스터류, 비이온성 계면활성제, 중화제, 향료, 색소, 금속이온봉쇄제, 방부제, 산화방지제, 완충제, 약제 등

*마스크팩 제조에 사용되는 주요 성분
- 정제수, 에탄올, 보습제, 피막제, 점증제, 유성 성분, 분말, 색소, 약제, 방부제, 계면활성제, 완충제 등

*립스틱 제조에 사용되는 주요 성분
- 왁스, 오일, 색소, 산화방지제, 방부제, 향료 등

*페이스파우더 제조에 사용되는 주요 성분
- 체질 안료, 착색 안료, 백색 안료, 진주광택 안료, 향료, 결합체(㎈ 징크스테아레이트, 마그네슘스테아레이트), 방부제 등

*유화형파운데이션 제조에 사용되는 주요 성분
- 정제수, 실리콘 오일, 유화제(비이온성 계면활성제), 점증제, 보습제, 방부제, 왁스, 고급지방산, 고급알코올, 오일, 에스터류, 체질 안료, 착색 안료, 백색 안료 등

3) 화장품 제조에 활용되는 주요 공정 원리 및 특성

*가용화의 원리 및 특성
*해당 내용은 2. 품질관리 > 2.1. 화장품 원료의 종류와 특성 및 제조관리 > 2.1.4. 화장품제조의 원리에 자세하게 언급되었으니 참고 바람

*유화의 원리 및 특성
*해당 내용은 2. 품질관리 > 2.1. 화장품 원료의 종류와 특성 및 제조관리 > 2.1.4. 화장품제조의 원리에 자세하게 언급되었으니 참고 바람

*분산의 원리 및 특성
*해당 내용은 2. 품질관리 > 2.1. 화장품 원료의 종류와 특성 및 제조관리 > 2.1.4. 화장품제조의 원리에 자세하게 언급되었으니 참고 바람

Chapter 2 화장품 제조 및 품질관리

- 1,000점 만점 중 250점(25%) 할당, 총 25문항, 선다형(20문항), 단답형(5문항)
- 2.2.화장품의 기능과 품질
- 소주제: 1. 화장품의 유형 및 특성

TIP
이번 단원은 전에 배운 화장품의 13가지 유형에 관한 세부 효과를 배워보는 내용으로 구성되어 있습니다. 따라서 1단원에서 학습한 13가지 화장품의 유형과 각 유형의 특징을 생각하며 각 유형에 대한 세부 효과를 매칭하여 암기하세요. 참고로, 화장품책임판매업자는 화장품의 생산실적 또는 수입실적을 **화장품 유형을 기준**으로 식품의약품안전처장에게 보고하여야 한답니다.

〈화장품의 13가지 유형〉

1. 화장품 유형별 효과(각 유형별 대강의 효과에 대한 설명임. 간단히 읽기)

① 기초화장용 제품류의 효과

- 피부 거칠어짐을 개선하고 살결을 가다듬는다.
- 피부를 청정하게 한다.
- 피부에 수분을 공급하고 조절하여 촉촉함을 유지 및 개선하며, 유연하게 한다.
- 피부에 수렴 효과를 주며, 피부 탄력을 증가시킨다.
- 피부 화장을 지워준다.

② 색조화장용 제품류의 효과

- 피부에 색조 효과를 부여한다.
- 수분이나 오일 성분으로 인한 피부의 번들거림 또는 결점을 감추어 준다.
- 피부 거칠어짐을 방지한다.
- 메이크업의 효과를 지속시킨다.
- 입술에 색조 효과를 부여하며, 윤기를 주고 부드럽게 한다.
- 입술의 건조함을 방지하여 입술의 건강을 유지 및 증진한다.
- 분장용 효과를 부여함

③ 두발용 제품류의 효과

- 두발에 윤기를 부여한다.
- 두피 및 두발의 건강을 유지한다.
- 두발이 거칠어지고 갈라지는 것을 방지한다.
- 두발에 수분 및 지방을 공급하여 부드럽게 한다.(헤어토닉 제외)
- 두발의 정전기 발생을 방지하여 쉽게 머리를 단정하게 한다.(헤어토닉 제외)
- 두발의 세팅 효과를 유지한다.
- 원하는 두발 형태를 만들거나 고정한다.
- 두피 및 두발을 깨끗하게 세정함으로써 비듬과 가려움을 개선한다.
- 두발에 웨이브를 형성시킨다.
- 두발을 변형시켜 일정한 형으로 유지한다.
- 웨이브한 두발, 말리기 쉬운 두발 및 곱슬머리를 펴는 데 사용한다.

④ 인체 세정용 제품류의 효과

- 얼굴의 세정을 통하여 청결 및 상쾌감을 부여한다.
- 얼굴을 세정하고 좋은 냄새가 나게 한다.

⑤ 방향용 제품류의 효과: 인체에 좋은 냄새가 나는 효과를 부여한다.

⑥ 기타 제품류의 효과

- 기타 제품의 유형으로는 영·유아용 제품류, 목욕용 제품류, 눈화장용 제품류, 두발 염색용 제품류, 손발톱용 제품류, 면도용 제품류, 체취방지용 제품류, 체모제거용 제품류로 나눌 수 있음.

1. 영·유아용 제품류의 효과: 어린이 두피 및 두발을 청결하게 하고 유연하게 한다, 어린이 피부의 건조를 방지하고 유연하게 한다, 어린이 피부의 거칠어짐을 방지한다, 어린이 피부를 건강하게 유지한다.
2. 목욕용 제품류의 효과: 목욕 시 피부의 청결, 유연 및 목욕 후에 향취 및 상쾌감을 부여한다.
3. 눈화장용 제품류의 효과: 색채 효과로 눈 주위를 아름답게 한다, 눈의 윤곽을 선명하게 하고 아름답게 한다, 눈썹을 아름답게 한다, 눈 화장을 지워 준다.
4. 두발 염색용 제품류의 효과: 두발 색상의 변화를 유도한다.

5. 손발톱용 제품류의 효과
- 베이스코트 및 언더코트, 네일폴리시 및 네일에나멜, 탑코트의 경우 손톱을 아름답게 한다.
- 네일에나멜을 바르기 전에 네일에나멜의 피막 밀착성을 좋게 한다.(베이스코트 및 언더코트)
- 네일에나멜을 바른 후에 손톱에 광택을 준다(탑코트). 네일에나멜을 바른 후에 색감과 광택을 늘린다.
- 네일크림의 경우 손톱의 수분과 유분을 보충시킨다. 큐티클층과 손·발톱 주위의 피부를 유연하게 한다.
- 네일폴리시 리무버 및 네일에나멜 리무버의 경우 손톱 화장을 지운다.

6. 면도용 제품류의 효과
- 애프터세이브로션 및 남성용탤컴의 경우 면도 후 면도자국을 방지하여 피부를 가다듬는다. 피부에 수분을 공급하고 조절하여 촉촉함을 주며, 유연하게 한다. 면도로 인한 상처를 방지한다. 면도 후 이완된 모공을 수축시켜 피부를 건강하게 한다.
- 수염유연제, 프리세이브로션 및 셰이빙크림의 경우 턱수염 등을 부드럽게 하여 면도를 쉽게 한다. 피부를 유연하게 하여 면도에 의한 피부 자극을 줄이고 면도를 쉽게 한다.

7. 체취방지용 제품류의 효과: 체취를 덮어주기 위해 사용한다.

8. 체모제거용 제품류의 효과: 물리적 및 화학적으로 체모 제거 효과를 유발한다.

2. 화장품 유형별 세부 효과(각 유형 내 제품별 상세한 효과 - 모두 암기! 5회 기출!)★★★★

① 기초화장용 제품류의 세부 유형별 효과

수렴 · 유연 · 영양 화장수	▶**화장수의 사용 목적**: 피부를 청결하게 하고 수분과 보습 성분을 제공하여 피부 건강을 유지 및 증진하는 기초화장품. 화장수는 가용화 공정을 통한 투명한 성상이 일반적이나, 최근에는 계면활성제나 오일 함량을 조절함으로써 반투명 또는 불투명한 성상을 갖기도 한다. ▶**유연화장수**: 피부 각질층에 수분과 보습 성분을 공급하여 피부의 유연성을 증가시켜 부드러움을 유발한다.(피부를 유연하게 하고 촉촉하고 매끄러우며 윤택한 피부 유지) ▶**수렴화장수**: 피부 각질층에 수분과 보습 성분을 공급할 뿐 아니라 피지나 발한을 억제하는 기능을 하는 원료를 추가로 넣어 준다. 수렴 효과가 있다. ▶**영양 화장수**: 피부에 유분과 수분을 공급하여 피지막을 보충시킬 수 있다. ▶**세정용화장수**: 세안용으로서 사용하거나 가벼운 색조화장을 지우는 데 사용하여 피부를 청결하게 하거나 오염을 제거해 줌. 보습제와 세정효과를 향상하기 위해 계면활성제, 에탄올이 배합되기도 한다. ▶**다층화장수**: 2층 이상의 층을 이루는 화장수로 오일층, 물층, 분말층이 다층으로 구성되기도 함. 사용 시 흔들어 사용하며 수분과 유분에 의한 보습감을 동시에 느낄 수 있으며, 분말의 경우 특이한 사용감을 나타낸다. 최근에는 오일층도 오일의 비중과 극성을 이용하여 더 세분된 층을 이루는 다층화장수도 있다.
마사지 크림	피부를 부드럽게 한다.
에센스 · 오일	- 보습성과 영양성분이 고농축되어 있어 피부에 수분과 영양을 공급한다. ▶**에센스 세부 유형**: 에센스는 화장수와 달리 점성이 있으며, 추가적으로 함유된 피부의 유효성 관련 성분의 종류에 따라 보습 에센스, 미백 에센스 등으로 나뉜다. ▶**에센스의 사용 목적**: 에센스는 피부 보습 기능 및 유연 기능을 동시에 가짐. 일반적으로 에센스 내에는 고급 오일과 기능성 성분 등 피부에 영양을 공급하기 위한 목적으로 농축하여 배합된다.
파우더	피부를 보호하고 피부에 유연효과를 주며 피부의 거칠어짐을 방지한다.
바디제품	피부에 유분과 수분을 공급하여 피부를 유연하게 하고 촉촉하고 매끄러우며 윤택한 피부를 유지시킨다.
팩, 마스크	- **팩의 폐쇄효과**에 의해 피하에서 올라오는 수분으로 보습이 유지되고 유연해진다. - **팩의 흡착작용**과 동시에 건조 박리 시에 피부표면의 오염을 제거하므로 우수한 청정작용을 한다.

팩, 마스크	- 피막제나 분만의 건조과정에서는 피부에 적당한 긴장감을 주고, 건조 후 일시적으로 피부 온도를 높여 **혈행을 원활**하게 한다. ▶**팩의 세부 유형:** 팩은 사용 방법에 따라 워시오프 타입, 필오프 타입, 석고팩 타입, 붙이는 타입 등으로 나눌 수 있다. ▶**팩의 사용 목적** - 팩의 사용 목적 및 효과는 피부 보습 촉진, 오래된 각질 또는 오염물질 제거, 피부 긴장감 부여이다. 최근에는 기능성 및 영양 성분의 함유를 통해 피부의 보습 및 유연 효과 이외에 영양 제공, 미백 효과 등 추가적 효과를 유도하기 위해 사용한다.	
눈 주위 제품	한선과 피지선이 없고 피부 두께가 얇은 눈 주위 피부에 영양을 공급하여 피부에 탄력감을 부여한다.	
로션, 크림	- 세안 후 피부에 수분 · 보습 성분을 공급하여 피부를 유연하게 하며 제거된 천연 피지막을 회복한다.	
로션	로션은 화장수와 크림의 중간적인 성질을 갖는 형태로, 크림과 유사한 구성성분을 가지나 해당 성분의 사용 비율이 크림에 비해 적어 유동성이 있는 에멀전 형태임. 세부적으로 O/W형과 W/O형 로션이 있음. ▶**로션의 사용 목적** - 로션의 피부에 대한 기능 및 효과는 크림과 동일하나 발림성이 크림보다 좋으며, 기타 세정, 메이크업리무버, 미백화장품, 자외선 차단화장품의 기제로서 로션이 사용됨	
크림	▶**크림의 세부 유형**: O/W형 크림, W/O형 크림, 다중유화 크림 등 ▶**크림의 사용 목적** - 크림은 피부에 수분과 유분을 공급하여 피부의 보습 효과와 유연효과를 부여한다. 크림은 물과 오일 성분처럼 섞이지 않는 두 개의 상을 계면활성제를 이용하여 안정된 상태로 분산시킨 에멀전으로 다양한 유화법을 통해 만들어진다. ▶**O/W형 크림:** 대표적인 유화타입의 크림으로 유성성분이 내상(외상인 수성성분 내에 유화)인 산뜻한 사용감을 느끼는 친수성 크림. 유성성분이 많은 마사지크림 및 클렌징크림도 있다. ▶**W/O형 크림:** O/W형 크림과는 내상과 외상이 반대로 수성 성분이 내상(외상인 유성성분 내에 유화)인 친유성 크림. 주로 유분감을 주거나, 내수성을 요구되는 용도의 제품(자외선 차단 제품)으로 활용된다. ▶**다중유화 크림:** O/W형과 W/O형과 같이 2개의 상보다 더 많은 상으로 구성된 크림. O/W형의 내상으로 수성성분이 존재하는 W/O/W형, W/O형의 내상으로 유성성분이 존재하는 O/W/O형이 대표적이며, 3개 상보다 많은 다중유화 제형도 알려져 있다. 제형으로서 매력이 있으나 안정성과 제조의 불편함으로 인하여 상품성은 낮다.	
손 · 발 피부연화 제품	- 요소(우레아)제제의 핸드크림, 풋크림으로서 손과 발의 피부를 연화시킨다.	
클렌징워터, 클렌징오일, 클렌징로션, 클렌징크림 등 메이크업 리무버	- 피부표면층에 부착된 피지, 각질층의 딱지, 피지의 산화분해물, 땀의 잔여물 등의 피부 생리의 대사산물이나 공기 중의 먼지, 미생물, 메이크업 화장품 등을 제거함. ▶**메이크업 리무버의 세부 유형** - 클렌징 워터, 클렌징 오일, 클렌징 로션, 클렌징 크림 등 ▶**메이크업 리무버의 사용 목적** - 워터프루프(waterproof) 타입의 파운데이션, 유성 기반 마스카라 또는 일부 자외선 차단제 등의 화장품을 효과적으로 씻기 위해 유성 성분의 용제에 해당 화장품 성분을 용해 및 분산시켜 닦아내어 제거하는 목적으로 사용된다. ▶**클렌징 워터:** 액상타입으로 사용하기 간편하며, 빠른 거품 생성으로 사용성이 뛰어나다. 보습제 등을 다량으로 배합할 수 있다. 또한 버블타입의 용기를 사용하면 바로 거품으로 사용할 수 있다. ▶**클렌징 오일:** 유성성분으로 오일성분 외에 계면활성제 등을 배합. 사용 후 물로 헹구어 내는 유형으로 헹구어 낼 때 O/W형으로 유화된다. 사용 후에는 피부를 촉촉하게 한다. ▶**클렌징 로션:** O/W형의 유화타입으로 크림타입보다 사용이 쉬우며 사용 후 감촉이 산뜻함. 크림타입보다 클렌징력이 다소 낮을 수 있다.	

- ▶ **클렌징 크림**: O/W형과 W/O형의 유화타입으로 나눌 수 있으며, O/W의 경우 사용 후 물로 씻을 수 있다.
- ▶ **클렌징 젤**: 수용성 고분자와 계면활성제를 이용한 고분자젤 타입과 유분을 다량 함유한 유화타입의 액정 타입이 있다. 모두 사용 후 물로 헹구어 내는 타입이며, 액정타입은 클렌징력이 높다. 최근에는 오일겔화제를 활용하여 클렌징 오일보다 점도가 높은 클렌징 젤을 개발하기도 한다.

② 색조화장용 제품의 세부 유형별 효과

볼연지	▶ **볼연지 세부 유형** - 제형에 따라 고형 타입, 크림 타입, 스틱 타입으로 나뉜다. ▶ **볼연지의 사용 목적**: 볼에 도포하여 안색을 밝고, 건강하게 보이도록 하며 얼굴의 음영을 강조해 입체감을 부여함
페이스파우더, 페이스케이크	▶ **페이스파우더 및 페이스케이크 세부 유형** - 베이스메이크업이란 피부의 색이나 질감을 바꾸고 얼굴에 입체감을 부여하기 위해 피부의 결점을 커버하는 목적으로 사용되는 화장품임. 제형(제제) 형태 및 사용 목적에 따라 <u>페이스파우더(가루형)</u>, 페이스케이크(고체형), 메이크업베이스, 파운데이션 등으로 분류됨 ▶ **페이스파우더 및 페이스케이크의 사용 목적**: 피부색을 조절하여 밝게 함. 피부에 탄력감과 투명감을 줌. 땀과 피지를 억제하고, 화장 지속을 좋게 함
리퀴드 · 크림 · 케이크 파운데이션	▶ **파운데이션 세부 유형**: 파운데이션은 베이스메이크업의 한 형태로, 사용 특성 및 제형(제제)에 따라 리퀴드 타입, 크림 타입, 케이크 타입의 파운데이션으로 나눌 수 있음 ▶ **파운데이션 사용 목적**: 피부색을 기호에 맞게 바꾸어 줌. 피부에 광택 · 탄력 · 투명감을 줌. 피부의 기미 · 주근깨 등 결점을 커버함
메이크업베이스	▶ **메이크업베이스 세부 유형** - 메이크업베이스는 파운데이션 전 단계에서 사용하여 보색 효과로 피부톤이나 결을 보정함. 파운데이션의 발림력, 밀착력, 발색력을 증가시키기 위해 사용됨. 세부 유형으로는 보색 효과를 위한 색인 녹색 메이크업베이스, 노란색 메이크업베이스 등으로 나눌 수 있음. ▶ **메이크업베이스 사용 목적**: 피부색을 조절하여 밝게 함. 피부에 탄력 · 투명감을 줌. 땀과 피지를 억제하고 화장 지속을 좋게 함.
메이크업 픽서티브	▶ **메이크업픽서티브 세부 유형**: 메이크업픽서라고도 불리며, 필름에 얇은 막을 형성하고 증발성을 가지기 위해 알코올 용제에 <u>고분자물질들이 배합</u>된 제품으로 분사형의 제품 형태를 가진다. ▶ **메이크업픽서티브 사용목적**: 메이크업 지속력과 고정력을 높여준다.
립스틱, 립라이너	▶ **립스틱 및 립라이너 세부 유형**: 입술은 다른 피부와 달리 <u>각질층이 얇고 피지 분비량도 매우 낮아</u> 쉽게 거칠어지는 부분이다. 입술의 보습, 윤기, 광택, 색 부여, 입술 윤곽 강조 등 사용 목적에 따라 립스틱, 립라이너, 립글로즈, 립밤 등으로 구분된다. ▶ **립스틱 및 립라이너 사용 목적** - 립스틱은 입술에 색을 주어 얼굴을 돋보이게 함 - 립라이너(립펜슬)은 입술의 윤곽을 그리기 위해서나 립스틱이 입술 라인으로 번지는 것을 방지하거나 립스틱과의 색조 균형을 위해 사용되어 입술을 강조하는 효과를 부여함
립글로스, 립밤	▶ **립글로스 및 립밤 세부 유형**: 입술의 보습 유지와 윤기 및 광택을 주는 목적으로 사용되며, 립밤은 액상 및 고형 유성 성분을 용해시켜 만든 제품으로 세부적으로 제형 형태에 따라 스틱형과 크림형으로 구분됨. 립글로스는 점도가 있는 유성 성분이나 보습 성분에 색재를 첨가하여 분산시킨 것으로 제형 형태에 따라 액상과 크림상으로 나눌 수 있다. ▶ **립글로스 및 립밤 사용 목적** - 립글로스는 입술을 빛나고 윤기 있게 해줌 - 립밤은 입술이 트는 것을 방지, 거친 입술에 보습 효과를 주어 부드럽게 만들어 준다.

③ 두발용 제품류의 세부 유형별 효과

헤어컨디셔너	▶**헤어컨디셔너 세부 유형**: 두발용 제품은 두피와 두발의 건강을 위해 청결하고 아름답게 유지하는 목적으로 사용되는 화장품임. 일반적인 두발 관리에 있어서 세정을 위한 샴푸와 린스를 사용하고 세정 후 <u>**정발(conditioning, 흐트러진 두발을 정돈하고 유연하게 함)**</u> 효과 및 두피와 두발에 영양 효과를 주기 위해 헤어컨디셔너, 헤어크림·로션, 헤어트리트먼트가 사용됨. 헤어컨디셔너는 사용 방법에 따라 사용 후 씻어내는 제품과 사용 후 씻어내지 않는 제품으로 구별할 수 있음 ▶**헤어컨디셔너 사용 목적** - 두발에 수분, 지방을 공급하여 두발을 건강하게 유지하고 두발 표면을 매끄럽게 함 - 빗질을 쉽게 하고 정전기를 방지함 - 광택을 부여함
헤어토닉	▶**헤어토닉 세부 유형**: 헤어토닉은 두피의 청량감과 가려움을 개선하기 위해 사용되며, 세부적으로 제형 형태에 따른 유형으로 나눌 수 있으나, 목적은 유사하다. ▶**헤어토닉 사용 목적** - 두피를 깨끗하게 하여 건강한 두피로 가꾸어 줌
헤어그루밍 에이드	▶**헤어그루밍에이드 세부 유형**: 헤어 오일, 헤어 왁스 등 적절한 두발의 관리를 위하여 사용되는 것 ▶**헤어그루밍에이드 사용 목적**: 두발에 유분, 광택, 매끄러움, 유연성, 정발 효과 등을 주기 위하여 사용되는 것
헤어크림·로션	▶**헤어크림 및 헤어로션 세부 유형**: 헤어크림 및 헤어로션의 사용 목적은 동일하나 제형 형태에 따라 유화 또는 젤 타입으로 나눌 수 있음 ▶**헤어크림 및 헤어로션 사용 목적** - 두발에 윤기, 유연성, 광택을 줌 - 빗질이 잘 되게 하고 필요에 따라 적당한 정발 효과를 줌
헤어오일	▶**헤어오일 세부 유형**: 일반적으로 오일기반의 액상형태의 제품임 ▶**헤어오일 사용 목적**: 두발에 유분을 공급하고, 광택, 매끄러움, 유연성을 부여함
포마드	▶**포마드 세부 유형**: 유성원료를 주원료로 하는 포마드는 젤리상으로 약간 굳은 반고체상인 유성의 정발제임 ▶**포마드 사용 목적**: 두발에 광택을 주고 동시에 헤어스타일링을 정돈해 줌
헤어스프레이· 무스·왁스·젤	▶**헤어스프레이·무스·왁스·젤 세부 유형**: 헤어스타일링제는 두발에 윤기를 부여하고 머리 모양을 유지하기 위해 사용되는 화장품으로 세부적인 유형은 제형 형태에 따라 나눌 수 있음. 액상으로 헤어 오일 등, 크림상으로 헤어크림 및 헤어왁스, 젤상으로 헤어젤 및 포마드, 거품상으로 무스, 에어로졸(스프레이상)로 헤어스프레이가 있다. ▶**헤어스프레이·무스·왁스·젤 사용 목적** - 두발의 형태를 유지하며, 적당한 정발효과를 줌 - 두발에 윤기나 촉촉함을 부여하여 머리 모양을 정돈하는 데 도움을 줌
샴푸, 린스	▶**샴푸 및 린스 세부 유형** - **샴푸**의 기능을 위해 계면활성제, 컨디셔닝제, 유분, 보습제, 착향제, 색소, 약제 성분들이 사용되며, 사용된 원료의 주된 기능에 따라 오일 샴푸, 비듬관리 샴푸, 컬러 샴푸, 컨디셔닝 샴푸, 드라이 샴푸 등으로 구분할 수 있음. 외관상으로 투명 샴푸와 진주 광택을 가지는 펄 샴푸로 나눌 수 있음. 대부분의 **린스**는 크림상으로 <u>양이온성 계면활성제에 친유성 고급알코올(예 세틸알코올 등), 유분</u> 등을 첨가하여 유화시켜 제조함. 기능상으로 <u>린스인샴푸, 컬러 린스, 헤어팩</u> 등으로 구별할 수 있음 ▶**샴푸 및 린스 사용 목적** - 샴푸는 두발과 두피에 부착된 오염물을 씻어내고 비듬이나 가려움 등을 방지하여 두발과 두피를 청결하게 유지하기 위하여 사용된다. - <u>린스는 음극으로 대전된 두발 표면에 린스의 주성분인 양이온성 계면활성제의 양극과 흡착되어 두발의 마찰계수를 낮추어 두발의 정전기 방지 및 빗질을 쉽게 함</u>

퍼머넌트 웨이브	▶**퍼머넌트웨이브 세부 유형** - 두발의 주요 구성 단백질은 케라틴이며, 케라틴 단백질의 세부 결합 형태에 따라 두발의 형태가 달라짐. 따라서, 두발 케라틴 단백질 간의 공유 결합인 **이황화결합(disulfide bond, -S-S-)을 환원제로 끊어준 다음 원하는 두발의 모양을 틀을 이용하여 고정**하고, **산화제로 재결합**시켜서 두발의 웨이브를 만들어 변형시키는 것을 퍼머넌트웨이브라고 함. 제1제 환원제에 사용되는 주요 성분의 종류에 따라, 치오글리콜릭애씨드 퍼머넌트웨이브, 시스테인 퍼머넌트웨이브, 티오락틱애씨드 퍼머넌트웨이브로 구분할 수 있음 ▶**퍼머넌트웨이브 사용 목적** - 산화·환원 반응을 통해 두발에 웨이브를 줌 - 두발을 일정한 형으로 유지시켜 주기 위함
헤어 스트레이트너	▶**헤어스트레이트너 세부 유형**: 헤어스트레이트너의 작용 원리는 퍼머넌트웨이브와 동일함. 주로, 치오클리콜릭애씨드 퍼머제와 동일하나 환원제 및 산화제의 제형이 크림형태를 가짐. 이러한 제형 형태를 통해 곱슬머리를 곧게 펴기 하기 위함임 ▶**헤어스트레이트너 사용 목적**: 산화·환원 반응을 통해 곱슬머리를 직모로 펴 줌

④ 인체세정용 제품류의 세부 유형별 효과

폼클렌저	▶**폼클렌저 세부 유형** - 세안용 화장품은 주로 안면 피부 표면에 붙어 있는 피지나 그 산화물, 죽은 각질, 외부 환경 오염물질의 부착, 화장품 잔여물 등의 제거를 목적으로 하며, 세부적으로 **계면활성제 세안제 및 용제형 세안제**로 나눌 수 있음. - 폼클렌저는 계면활성제 세안제에 화장비누와 같이 포함되는 유형으로, 계면활성제에 유연제, 보습제, 정제수 등을 배합한 것으로 거품을 내어 사용함. 세부 제형에 따라 **거품 타입, 크림 타입, 로션 타입** 등으로 구별할 수 있으며, 물리적 세정을 위하여 스크럽제를 배합한 유형도 존재함 ▶**폼클렌저 사용 목적**: 주로 안면 피부에 존재하는 오염원, 각질, 화장품 잔여물 등을 세정하여 피부의 청결함을 유지하기 위하여 사용함
바디클렌저	▶**바디클렌저 세부 유형**: 바디클렌저는 주로 액체 상태나 겔 상태로 제형의 형태에 따라 세부적으로 나눌 수 있음 ▶**바디클렌저 사용 목적** - 피부에 부착된 오염물질을 제거하여 피부를 청결하게 유지함 - 신체의 향취 제거를 위해 사용하기도 함
액체비누 및 화장비누	▶**액체비누 및 화장비누 세무 유형** - 액체비누: 손이나 얼굴의 청결을 위해 사용되는 것으로 액상의 형태를 띤 제품 - 화장비누: 얼굴 등을 깨끗이 할 용도로 제작된 고체의 형태를 띤 제품 ▶**액체비누 및 화장비누 사용 목적**: 손이나 얼굴에 부착된 오염물질을 제거함
외음부 세정제	▶**외음부세정제 유형**: 제형 형태 및 성상에 따라 액상형, 거품 타입, 티슈 타입 등으로 다양하게 분류될 수 있음 ▶**외음부세정제 사용 목적**: 외음부의 세정·청결을 위하여 사용됨
물휴지	▶**물휴지 유형**: 인체 세정용 제품류에 속하는 수분을 함유한 휴지를 의미함 ▶**물휴지 사용 목적**: 피부 표면의 오염물질을 제거함

⑤ 방향용 제품류의 세부 유형별 효과

향수	▶**향수 유형** - 향수 화장품은 착향제가 주체인 화장품으로서, 일반적으로 액상의 유형을 가짐. 제품 내 착향제의 함유량(**부향률**)에 따라, 퍼퓸, 오드퍼퓸, 오드뜨왈렛, 오드코롱, 샤워코롱으로 분류. 성상에 따라 액상, 고체상, 방향 파우더 등으로 구분됨. 향수는 착향제의 휘발성으로 인해 신체에 뿌린 후 시간이 지나면서 향이 변화하는데, 향이 나는 시간대에 따라 탑 노트, 미들 노트, 라스팅 노트라고 구별함 ▶**향수 사용 목적** - 인체에 좋은 냄새가 나는 효과를 줌 - 제품의 매력을 높이는 역할. 원치 않은 냄새를 향수로 마스킹(masking)하는 역할
콜롱	▶**콜롱 유형:** 향수의 세부 종류 중 부향률이 비교적 적은 제품 유형 ▶**콜롱 사용 목적** - 비교적 단시간 동안 인체에 방향 효과를 주기 위해 사용 - 인체에 좋은 냄새가 나는 효과를 줌

⑥ 기타 제품류의 세부 유형별 효과

영·유아용 제품류	▶**영·유아용 제품 유형**: 3세 이하 영·유아를 대상으로 하는 화장품으로 사용 목적에 따라 영·유아용 샴푸, 린스, 로션, 크림, 오일, 인체 세정용 제품, 목욕용 제품으로 구별 ▶**영·유아용 제품 사용 목적** - 영·유아 두피 및 두발을 청결하게 하고 유연하게 함 - 영·유아 피부의 건조를 방지하고 유연하게 함 - 영·유아 피부의 거칠어짐을 방지함 - 영·유아 피부를 건강하게 유지함
목욕용 제품류	▶**목욕용 제품 유형**: 목욕 시 사용되는 제품으로 사용 형태에 따라 목욕용 오일, 정제, 캡슐, 소금류 및 버블 배스 등으로 구별할 수 있음 ▶**목욕용 제품 사용 목적** - 피부를 맑고 깨끗하게 하고 유연하게 함 - 신체에서 향기로운 냄새가 나게 함 - 목욕 후에 상쾌함을 줌
눈화장용 제품류	▶**눈화장용 제품 유형**: 눈 주위 및 속눈썹에 사용되는 제품으로 사용 형태 및 목적에 따라 아이브로펜슬, 아이라이너, 아이섀도, 마스카라, 아이메이크업리무버 등으로 구별 ▶**아이라이너 제품 유형:** 아이라이너는 제형상 액상과 고형이 있으며, 액상은 수성 타입과 유성타입으로 세분화할 수 있으며, 고형상은 케이크 타입과 펜슬 타입으로 세분화함. ▶**마스카라 제품 유형** - 마스카라는 유성 타입과 유화 타입으로 나눌 수 있다. - 유성 타입: 휘발성 오일에 색재와 왁스 성분 및 필름형성제 성분을 분산시킨 것 - 유화 타입: 일반적으로 O/W타입으로 색재 및 필름형성제 성분을 유화 분산시킨 형태 - 기능적으로 **롱래쉬(속눈썹을 길게 보이게 유도)**타입과 **볼륨(속눈썹이 두껍고 진하게 보이게 유도)**타입, 컬(**속눈썹의 컬을 유지 및 고정)타입**, 워터프루프 타입으로 나눌 수 있음 ▶**아이섀도 제품 유형:** 아이섀도는 무기안료, 유기안료, 펄제를 색재로 사용하며, 제형에 따라 <u>고형 타입과 크림 타입으로 구분됨.</u> - 고형 타입은 분말 고형 타입, 유성 스틱 타입, 펜슬 타입으로 나눌 수 있다. - 크림 타입은 유성 타입, 유화형 타입으로 나눌 수 있다.

눈화장용 제품류	▶ **아이브로 제품 유형** - 아이브로우는 대체적으로 펜슬 타입이 많이 사용되나 고형 파우더 타입의 아이브로우도 존재함. 일반적으로 펜슬 타입은 고형과 액상의 유분에 안료를 첨가 및 반죽하여 성형하여 제조함 ▶ **눈화장용 제품 사용 목적** - 색채 효과로 눈 주위를 아름답게 함 - 눈의 윤곽을 선명하게 하고 아름답게 함 - 속눈썹을 진하고 길게 하며 컬을 주어 눈가를 아름답게 함 - 눈썹을 진하게 하여 얼굴 이미지에 변화를 주고 아름답게 함 - 눈 화장을 지워 줌(아이메이크업 리무버)
두발염색용 제품류	▶ **두발염색용 제품 유형**: 두발의 색상을 변화시키는 화장품으로 색상 변화의 정도에 따라 영구적인 색상 변화를 유도하는 염모제 및 탈염·탈색용 제품이 존재하며, 일시적으로 두발에 착색을 유도하는 헤어 틴트 및 헤어 컬러스프레이로 분류할 수 있음 ▶ **두발염색용 제품 사용 목적**: 두발을 영구적 및 일시적으로 착색시킴
손발톱용 제품류	▶ **손발톱용 제품 유형**: 손발톱용 제품은 사용 목적에 따라 베이스코트, 네일폴리시, 네일에나멜, 탑코트, 네일크림·로션·에센스, 네일폴리시·네일에나멜 리무버 등으로 구분할 수 있음. ▶ **손발톱용 제품 사용 목적**: 손발톱의 미화와 청결 등을 위하여 사용되는 베이스코트, 네일폴리시 등과 이들을 지우기 위한 리무버와 관련된 화장품
면도용 제품류	▶ **면도용 제품 유형**: 면도용 제품은 사용 목적 및 제형 형태에 따라 애프터셰이브 로션, 프리셰이브 로션, 셰이빙 크림, 셰이빙 폼 등으로 구분할 수 있음 ▶ **면도용 제품 사용 목적**: 여성과 남성의 면도를 용이하게 함.
체취방지용 제품류	▶ **체취방지용 제품 유형**: 체취방지용 제품은 데오도런트가 가장 대표적인 유형임 ▶ **체취방지용 제품 사용 목적**: 체취를 덮어주기 위한 목적
체모제거용 제품류	▶ **체모제거용 제품 유형**: 체모제거용 제품은 체모 제거의 방식에 따라 화학적 타입(예 제모제)과 물리적 타입(예 제모 왁스)으로 나눌 수 있음 ▶ **체모제거용 제품 사용 목적**: 체모를 제거하는 것이 목적임.

⑦ 기능성화장품의 세부 유형별 효과

피부의 미백에 도움을 주는 제품	- 피부에 멜라닌색소가 침착하는 것을 방지하여 기미·주근깨 등의 생성을 억제함으로써 피부의 미백에 도움을 줌 - 피부에 침착된 멜라닌색소의 색을 엷게 하여 피부의 미백에 도움을 줌
피부의 주름개선에 도움을 주는 제품	- 피부에 탄력을 주어 피부의 주름을 완화 또는 개선
피부를 곱게 태워주거나 자외선으로부터 피부를 보호하는 데에 도움을 주는 제품	- 강한 햇볕을 방지하여 피부를 곱게 태워줌
모발의 색상 변화·제거 또는 영양공급에 도움을 주는 제품	- 모발의 색상을 변화(탈염(脫染)·탈색(脫色)을 포함)시키는 기능을 가진 화장품 (일시적인 모발의 색상 변화 제외) - 체모를 제거(물리적인 체모 제거는 제외) - 탈모 증상의 완화에 도움을 줌(코팅 등 물리적으로 두발을 굵게 보이는 기능 제외)
피부나 모발의 기능 약화로 인한 건조함, 갈라짐, 빠짐, 각질화 등을 방지하거나 개선하는 데 도움을 주는 제품	- 여드름성 피부를 완화함(다만, **인체세정용 제품류에 한정**) - **피부장벽(피부의 가장 바깥쪽에 존재하는 각질층의 표피)의 기능을 회복하여 가**려움 등의 개선에 도움을 줌 - 튼살로 인한 **붉은 선**을 엷게 하는 데 도움을 줌

[참고자료]

*** 화장품과 의약품의 차이**
- 화장품은 인체에 대한 작용이 경미한 것으로 의약품에 해당하지 않는 물품이여야 함
- 인체에 작용하는 물품이라도 질병의 진단이나 치료, 처치, 증상 경감 또는 예방을 목적으로 사용하는 것은 화장품이 아니라 의약품에 해당함
- 「화장품법」 제2조제1호 및 「약사법」 제2조 제4호에 명시된 내용임.
- 화장품은 의약품과 비교하여 안전성은 높지만 유효성이 낮은 특징을 가짐
- 유효성이라는 기준으로 보면 의약품과 의약외품, 기능성화장품, 일반 화장품으로 다음과 같이 구별할 수 있음 [의약품>의약외품>기능성화장품>일반 화장품]

*화장품·의약외품·의약품 차이
- 「약사법」 제2조(정의)에 따라 다음과 같이 의약품 및 의약외품을 정의할 수 있음
- 의약품의 정의
    1) 대한민국약전에 실린 물품 중 의약외품이 아닌것
    2) 사람이나 동물의 질병을 진단·치료·경감·처치 또는 예방할 목적으로 사용하는 물품 중 기구·기계 또는 장치가 아닌 것
    3) 사람이나 동물의 구조와 기능에 약리학적 영향을 줄 목적으로 사용하는 물품 중 기구·기계 또는 장치가 아닌 것
- 의약외품의 정의
    1) 오용·남용될 우려가 적고, 의사나 치과의사의 처방 없이 사용하더라도 안전성 및 유효성을 기대할 수 있는 의약품
    2) 질병 치료를 위하여 의사나 치과의사의 전문지식이 없어도 사용할 수 있는 의약품
    3) 의약품의 제형과 약리작용상 인체에 미치는 부작용이 비교적 적은 의약품

*의약외품의 세부종류
- 약사법 제2조 제7호 및 의약외품 범위지정(식품의약품안전처 고시)에 따라 의약외품의 범위를 다음과 같이 지정하고 있음

가. 생리혈 위생처리 제품
   1) 생리대
   2) 탐폰
   3) 생리컵

나. 마스크
   1) 수술용 마스크 : 진료, 치료 또는 수술 시 감염 예방을 목적으로 사용하는 제품
   2) 보건용 마스크 : 황사, 미세먼지 등 입자성 유해물질 또는 감염원으로부터 호흡기 보호를 목적으로 사용하는 제품
   3) 비말차단용 마스크 : 일상생활에서 비말감염을 예방하기 위한 목적으로 사용하는 제품

다. 환부의 보존, 보호, 처치 등의 목적으로 사용하는 물품

    1) 안대

    2) 붕대

    3) 탄력붕대

    4) 석고붕대

    5) 원통형 탄력붕대(스터키넷)

    6) 거즈

    7) 탈지면

    8) 반창고

라. < 삭 제, 2018. 11. 1. >

마. < 삭 제, 2018. 11. 1. >

*약사법 제2조 제7호 나목에 따른 의약외품은 다음 각목과 같다.

가. 구취 등의 방지제

  1) 구중청량제 : 입냄새 기타 불쾌감의 방지를 목적으로 하는 내용제 및 양치제. 다만, 과산화수소로서 0.75%를 초과하여 함유하는 제제(과산화수소를 방출하는 화합물 또는 혼합물 포함)는 제외한다.

  2) 액취방지제 : 땀 발생 억제를 통한 액취의 방지를 목적으로 사용하는 외용제

  3) 땀띠·짓무름용제 : 땀띠, 짓무름의 완화 및 개선을 목적으로 하는 외용살포제, 산화아연 연고제, 칼라민·산화아연 로션제

  4) 치약제 : 이를 희게 유지하고 튼튼하게 하며 구중청결, 치아, 잇몸 및 구강내의 질환예방 등을 목적으로 하는 제제로서, 불소 1,500ppm 이하

    또는 과산화수소 0.75% 이하를 함유하는 제제(과산화수소를 방출하는 화합물 또는 혼합물 포함)

  5) < 삭 제, 2017. 5. 30. >

나. < 삭 제, 2017. 5. 30. >

다. 사람의 보건을 목적으로 인체에 적용하는 모기, 진드기 등의 기피제

라. 콘택트렌즈관리용품

    콘택트렌즈의 관리를 위하여 세척·보존·소독·헹굼 기타 이와 유사한 방법으로 사용되는 물품으로서 기구 또는 기계가 아닌 것

마. 니코틴이 함유되지 않은 것으로서 아래에 해당하는 제품(연초[잎담배] 함유 제품 제외)

  1) 담배의 흡연욕구를 저하시킬 목적으로 사용하는 제품

  2) 담배와 유사한 형태로 흡입하여 흡연 습관 개선에 도움을 줄 목적으로 사용하는 제품

바. 인체에 직접 사용하는 과산화수소수, 이소프로필 알코올, 염화벤잘코늄, 크레졸 또는 에탄올을 주성분으로 하는 외용 소독제

사. 식품의약품안전처장이 고시하는 의약외품 표준제조기준에서 정하는 연고제, 카타플라스마제 및 스프레이파스

아. 내복용 제제

1) 식품의약품안전처장이 정하여 고시하는 의약외품 표준제조기준에서 정하는 저함량 비타민 및 미네랄 제제
2) 식품의약품안전처장이 정하여 고시하는 의약외품 표준제조기준에서 정하는 자양강장변질제로서 내용액제에 해당하는 제제
3) 식품의약품안전처장이 고시하는 의약외품 표준제조기준에서 정하는 건위소화제로서 내용액제에 해당하는 제제 및 정장제로서 내용고형제에 해당하는 제제

자. 구강위생 등에 사용하는 제제
1) 치아근관의 세척·소독을 목적으로 사용하는 외용액제
2) 유·소아의 손빨기 버릇을 고치기 위하여 사용되는 외용액제, 산제 등
3) 코고는 소음의 감소 및 억제를 위한 코골이 방지제(보조제)
4) 치아미백을 위해 치아에 부착 또는 도포하여 사용하거나 치아에 묻혀 치아를 닦는 데 사용하는 제제. 다만, 과산화수소로서 3%를 초과하여 함유하는 제제(과산화수소를 방출하는 화합물 또는 혼합물 포함)는 제외한다.
5) 의치(틀니), 치아교정기 등 구강 내에 탈부착하여 사용하는 물품의 세척 또는 소독을 목적으로 하는 제제
6) 구강의 위생관리를 위해 구강 내의 치태 또는 설태 등을 염색 또는 착색하는 데 사용하는 제제
7) < 삭 제, 2018. 11. 1. >

차. < 삭 제, 2019. 1. 1. >
카. < 삭 제, 2018. 11. 1. >

* [약사법 제2조제7호 가목 및 같은호 나목의 따른 이와 유사한 것은 다음 각목과 같다.
가. 패드, 스폰지 등과 같이 환부의 삼출물 등의 흡수를 목적으로 사용되는 비접착성 물품
나. 멸균면봉, 멸균장갑등과 같이 감염예방 등의 목적으로 외과처치시 사용되는 멸균된 물품
다. 치아와 잇몸을 닦아주는 구강 청결용 물휴지
라. 치아 표면에 도포하여 치아의 색상을 일시적으로 조절하기 위해 사용하는 물품
마. 등산, 운동 전·후 등에 공기나 산소를 일시적으로 공급하여 사람이 흡입하도록 사용하는 휴대용 물품
바. 출산 직후 출혈 및 오로(산후 질 분비물)의 위생처리를 목적으로 사용하는 물품
사. 제1호 각목과 유사한 물품

Chapter 2 화장품 제조 및 품질관리

- 1,000점 만점 중 250점(25%) 할당, 총 25문항, 선다형(20문항), 단답형(5문항)
- 2.2.화장품의 기능과 품질
- 소주제: 2. 제조 및 품질관리 문서 구비

1. 맞춤형화장품판매업 영업의 범위

- **맞춤형화장품의 정의:** 맞춤형화장품판매업소에서 맞춤형화장품조제관리사 자격증을 가진 자가 고객 개인별 피부 특성 및 색·향 등 취향에 따라, <u>제조 또는 수입된 화장품</u>의 내용물에 다른 화장품의 내용물이나 색소, 착향제 등 식품의약품안전처장이 정하는 원료를 추가하여 혼합한 화장품과 제조 또는 수입된 화장품의 내용물을 소분(小分)한 화장품

Point!
① 맞춤형화장품판매업소에서 조제하지 않은 화장품은 맞춤형화장품이 아니다.
② 조제관리사가 조제하지 않은 것은 맞춤형화장품이 아니다.
③ 수입된 화장품의 내용물을 맞춤형화장품의 내용물로 사용할 수 있다.
④ 내용물을 소분한 화장품도 맞춤형화장품이다.
⑤ 단, 단순하게 고체 화장 비누를 소분한 것은 맞춤형화장품이 아니다.

- **맞춤형화장품판매업의 정의:** 제조 또는 수입된 화장품의 내용물에 다른 화장품의 내용물이나 식품의약품안전처장이 정하여 고시하는 원료를 추가하여 혼합한 화장품을 판매하는 영업 혹은 제조 또는 수입된 화장품의 내용물(벌크제품)을 소분하는 영업

- **조제 유형별 맞춤형화장품**

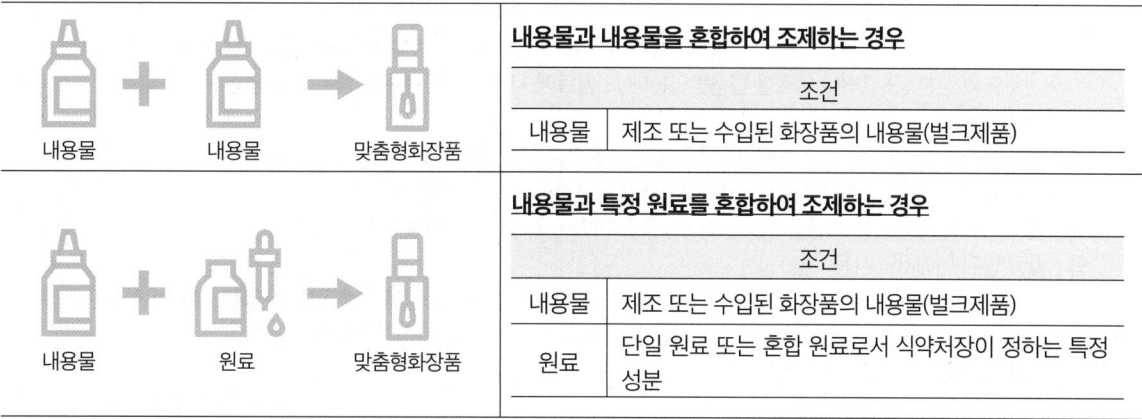

내용물과 내용물을 혼합하여 조제하는 경우	
조건	
내용물	제조 또는 수입된 화장품의 내용물(벌크제품)

내용물과 특정 원료를 혼합하여 조제하는 경우	
조건	
내용물	제조 또는 수입된 화장품의 내용물(벌크제품)
원료	단일 원료 또는 혼합 원료로서 식약처장이 정하는 특정 성분

	제조 또는 수입된 벌크 제품(내용물)을 화장품의 내용물을 소분 및 화장품의 내용물을 소분하여 조제하는 경우

	조건
내용물	제조 또는 수입된 화장품의 내용물(벌크제품)
	단, 이 경우 고형 화장비누를 단순히 자르는 것(단순히 고형 비누를 소분하는 것)은 맞춤형화장품으로 인정하지 않는다. 액체 비누를 소분하는 것은 맞춤형화장품에 포함된다.

원료와 원료를 혼합하는 행위는 맞춤형화장품 조제행위로 보지 않으며, 이는 화장품 '제조'에 해당한다.

- 맞춤형화장품 혼합 및 소분에 사용되는 내용물의 조건

★ 맞춤형화장품의 혼합·소분에 사용할 목적으로 **화장품책임판매업자로부터 받은 것**으로 다음 항목에 해당하지 **않는** 것이어야 한다.

- 화장품책임판매업자가 소비자에게 그대로 유통·판매할 목적으로 제조 또는 수입한 화장품
- 판매의 목적이 아닌 제품의 홍보·판매촉진 등을 위하여 미리 소비자가 시험·사용하도록 제조 또는 수입한 화장품(비매품, 견본품, 테스터 등)

- 맞춤형화장품 혼합에 사용되는 원료의 조건

★ 식약처장은 맞춤형화장품의 혼합에 사용할 수 없는 원료를 다음과 같이 구체적으로 정하고 있으며 그 외의 원료는 혼합에 사용이 가능하다.

맞춤형화장품 혼합에 사용되는 원료가 될 수 없는 것

- 「화장품 안전기준 등에 관한 규정」[별표 1]의 '**화장품에 사용할 수 없는 원료**'
  ☞ 화장품에 사용할 수 없는 원료는 조제관리사뿐 아니라 모든 사람이 사용할 수 없음.
- 「화장품 안전기준 등에 관한 규정」[별표 2]의 '**화장품에 사용상의 제한이 필요한 원료**'(단, 원료의 품질유지를 위해 원료에 보존제가 포함되었으면 예외적으로 허용, 원료의 경우 개인 맞춤형으로 추가되는 색소, 향, 기능성 원료 등이 해당하며 이를 위한 원료의 조합(혼합 원료)도 허용)
  ☞ 화장품에 사용 제한이 있는 원료는 조제관리사가 사용할 수 없음.(예 보존제, 염모제 성분, 사용 제한이 있는 색소 성분, 자외선차단제 성분 등) 그러나 원료를 납품받았는데 그 원료에 자체적으로 보존제 성분이 소량 함유되어 있는 경우는 예외적으로 허용함.
- 식품의약품안전처장이 고시한 **기능성화장품의 효능·효과를 나타내는 원료**, 다만, 「화장품법」제4조에 따라 해당 원료를 포함하여 기능성화장품에 대한 심사를 받거나 보고서를 제출하면 사용 가능(단, 기능성화장품의 효능·효과를 나타내는 원료는 내용물과 원료의 최종 혼합 제품을 기능성화장품으로 이미 심사(또는 보고) 받은 경우에 한하여, 이미 심사(또는 보고)받은 조합·함량 범위 내에서만 사용 가능)
  ☞ 식약처장 고시 기능성화장품 성분들은 조제관리사가 원료로서 맞춤형화장품에 혼합할 수 없음. 그러나 화장품책임판매업자가 이미 그러한 성분들을 넣은 상태의 화장품을 기능성화장품으로 심사를 받았다면 가능함.
- 맞춤형화장품을 기능성화장품으로 판매하는 영업
  • 내용물과 다른 내용물을 혼합하는 경우: 최종 맞춤형화장품은 기 심사 받거나 보고한 기능성화장품이어야 함
  • 내용물과 원료를 혼합하는 경우: 최종 맞춤형화장품은 기 심사 받거나 보고한 기능성화장품이어야 함
  • 내용물을 소분하는 경우: 최종 맞춤형화장품은 기 심사 받거나 보고한 기능성화장품이어야 함

2. 내용물 및 원료의 품질성적서 구비

> **TIP**
> 화장품은 매일 사용하는 제품으로 안전성이 무엇보다 중요하다. 따라서 화장품 내 사용되는 내용물 및 원료는 입고 시 품질관리 여부를 확인하고 **품질성적서**를 갖추었는지 확인하여야 한다. 또한 원료 등은 품질에 영향을 미치지 않는 장소에서 보관하여야 하며 원료 등의 **사용기한**을 확인한 후 관련 기록을 보관하고, 사용기한이 지난 내용물 및 원료는 폐기하여야 한다. 이번 단원의 공부 포인트는 화장품 제조관리와 품질관리에 요구되는 문서 작성 및 관리의 중요성, 원료 품질성적서 내 포함되어야 할 사항, 화장품의 4대 기준서인 제품표준서, 제조관리기준서, 품질관리기준서 및 제조위생관리기준서의 세부사항이다.

3. 원료의 품질성적서

- 영업자는 내용물 및 원료 입고 시 품질관리 여부를 확인하여야 한다.
- ★ 맞춤형화장품판매업자는 맞춤형화장품의 내용물 및 원료 입고 시 화장품책임판매업자가 제공하는 **품질성적서**를 구비하여야 하며, 원료 품질관리 여부를 확인할 때 품질성적서에 명시된 제조번호, 사용기한 등을 주의깊게 검토하여야 한다.

※ 원료 품질성적서로 인정이 가능한 서류

- 제조업자의 원료에 대한 자가품질검사 또는 공인검사기관 성적서
- 책임판매업자의 원료의 자가품질검사 또는 공인검사기관 성적서
- 원료업체의 원료에 대한 공인검사기관 성적서
- 원료업체의 원료에 대한 자가품질검사 시험성적서 중 대한화장품협회의 '원료공급자의 검사결과 신뢰 기준 자율규약' 기준에 적합한 것

  즉, 제조업자, 책임판매업자는 자가품질검사 또는 공인검사기관 성적서 모두 인정 가능하다.
  원료 업체의 경우 공인검사기관 성적서. 원료 업체의 자가품질검사 시험성적서가 품질성적서로 인정받기 위해서는 해당 문서가 대한화장품협회의 '원료공급자의 검사결과 신뢰 기준 자율규약' 기준에 적합한 것이어야 한다.

※ 원료공급자의 검사결과 신뢰 기준 자율규약

- 목적: 화장품 제조업자가 화장품 원료의 시험·검사 시 원료 공급자의 시험결과로 시험·검사 또는 검정을 갈음할 수 있는 기준을 제시
- 적용: 화장품 제조업자가 화장품 원료를 시험·검사하는 업무에 적용
- 원료 시험·검사: 화장품 원료의 시험·검사 시 화장품 제조업자는 입고된 원료에 대하여 원료의 특성 등을 고려하여 적정한 시험항목과 시험주기 등을 설정하여 시험·검사하여야 하며, 화장품 원료의 시험·검사에서 원료 공급자의 시험·검사 결과가 신뢰할 수 있을 경우 일부 시험항목에 대하여 해당 성적서로 시험검사 또는 검정을 갈음할 수 있다.

[원료 품질성적서의 예시]

Certificate of Analysis

제품코드:
제품명: ○○○추출물
INCI Name:
Lot. No:
제조일자: 2020.08.21　　　　　　　　　　　　사용기한: 2022.08.21
제조업체명:

시험항목	시험기준	시험결과
성상	미색 투명한 액상	연갈색 투명한 액상
냄새	특이취	특이취
pH	5.5 ~ 7.5	6.74
비중(d^{20}_{20})	0.980 ~ 1.040	0.999
굴절률(n^{20}_D)	1.370 ~ 1.410	1.391
비소	≤ 10 ppm	적합
미생물		
- Total bacteria count	≤ 10 cfu/mL	적합
- Total yeast & mold count	≤ 10 cfu/mL	적합

제조업체 주소

제조업체명
품질관리 일자
품질관리 책임자 성명 및 확인

[내용물 품질성적서의 예시]

품질성적서

품목 구분	내용물/벌크제품	제품명	○○로션	채취 수량	
제조 번호		시험 번호		채취 방법	RANDOM
제조 일자		시험 일자		채취 일자	
제조량		사용 기한		채취 장소	
제조원		내용량		검체체취자	

순번	시험항목	시험기준	시험결과	판정	시험자
1	성상	유화액상	유화액상	적합	○○○
2	색상	미백색	미백색	적합	○○○
3	향취	표준품과 비교	표준품과 동일	적합	○○○
4	미생물	병원성: 불검출 비병원성: 100 cfu/g 이하	병원성: 불검출 비병원성: 100 cfu/mL	적합	×××
5	비중	0.992 ~ 1.012	1.002	적합	○○○
6	점도	700 ~ 1,700	1,061	적합	○○○
7	pH	6.1 ~ 7.1	6.67	적합	○○○
8	내용량	표기량의 97% 이상(표시량: 150mL)	149mL	적합	△△△
9	표기기재사항	표준품과 비교	표준품과 동일	적합	△△△

☞ 원료 품질성적서 내부의 용어 정리

원료명	원료 제품명
제조자명 및 공급자명	원료 제조업체명 및 원료 공급자명
수령일자	공급자로부터 원료를 받은 일자(입고 일자)
제조번호 또는 관리번호	공급자가 부여한 제조번호 또는 제조번호가 없는 경우 관리번호(맞춤형화장품의 경우 식별번호를 제조번호로 한다.) **식별번호란?** 맞춤형화장품의 혼합·소분에 사용되는 내용물 또는 원료의 제조번호와 혼합·소분 기록을 추적할 수 있도록 맞춤형화장품판매업자가 숫자·문자·기호 또는 이들의 특징적인 조합으로 부여한 번호임
제조연월일	원료 제조일자
보관방법	원료 보관 시 주의사항(예 온도, 직사광선 등)
사용기한	제조일로부터 원료를 사용할 수 있는 기간
시험항목	원료에 따라 원료의 특성을 잘 나타낼 수 있는 항목(예 성상, pH, 비중, 굴절률, 중금속, 비소, 미생물 등)
시험기준	시험항목에 따른 시성치(물리화학적 성질 등)의 범위(시험규격)
시험방법	시험항목에 따른 시성치를 시험하는 방법
시험결과	시험항목에 따른 시성치에 대해 시험방법을 통해 얻은 결과
판정 및 판정일자	적합 판정 및 판정일자

☞ 원료 품질검사성적서의 대표적 종류

① 물질안전보건자료(MSDS: Material Safety Date Sheet): 화학제품의 안전사용을 위한 설명서(각 원료에 대한 화학물질의 유해 위험성, 응급조치 요령, 취급 방법 등을 설명)

② 제품시험성적서(COA: Certificate Of Analysis): 원자재 공급자가 정한 제품명, 원자재 공급자명, 수령일자, 공급자가 부여한 제조번호 또는 관리번호, 원료 취급 시 주의사항 등이 기재, 앞의 원료 품질성적서 예시가 바로 COA임.

4. CGMP의 4대 문서

> CGMP란, Cosmetic Good Manufacturing Practice의 약자로 식약처장이 고시한 우수 화장품 제조 및 품질관리 기준의 약어이다. 이 기준에 따르면 4대 기준서가 있는데, 제품표준서, 제조관리기준서, 품질관리기준서 및 제조위생관리기준서가 4대 기준서이다.
> 4대 기준서에는 반드시 포함되어야 하는 사항이 정해져 있으며, 각 기준서의 세부 사항들은 관련 규정 또는 지침에 적합하게 작성되어야 한다.

① 제품표준서 내 포함되는 세부 사항들의 종류 및 관련 내용

※ 화장품제조업자는 제품표준서를 작성 및 보관하여야 하며, 화장품책임판매업자는 제품표준서를 보관하여야 한다.

※ 제품표준서에는 제품명, 작성연월일, 효능·효과, 제조 시 사용된 원료 분량, 공정, 원료·반제품·완제품의 기준 및 시험방법, 시설 및 기기, 사용기한 및 개봉 후 사용기간 등이 일체의 제품의 제조 및 관리기준에 요구되는 항목들이 기록되어 있는 문서로 사람의 이력서(프로필)와 같은 역할을 한다.(자세한 설명은 화장품법령 백과사전 참고)

- 제품표준서 내 기재사항

제품명	제조한 화장품의 이름
작성연월일	제품표준서를 작성한 날짜
효능·효과(기능성 화장품의 경우) 및 사용상의 주의사항	기능성 화장품의 경우 제품의 효능·효과를 기재하며 모든 화장품은 사용상의 주의사항을 기재한다.
원료명, 분량 및 제조단위당 기준량	제품 제조 시 사용된 원료의 분량(100% 처방 기준) 및 제조량에 따른 원료의 사용량
공정별 상세 작업내용 및 제조공정흐름도	공정별 단위공정, 사용되는 기기, 공정내용 기술 및 공정 흐름도(예 원료칭량 → 내용물(반제품) → 충진 → 캡핑 → 포장(완제품) → 입고)
작업 중 주의사항	작업 중 주의해야 할 사항
원자재·반제품·벌크제품·완제품의 기준 및 시험방법	제품 제조 시 사용된 원료의 기준 및 시험방법, 포장 전 반제품의 기준 및 시험방법 및 최종 완제품의 기준 및 시험방법
제조 및 품질관리에 필요한 시설 및 기기	제품의 제조 및 품질관리에 필요한 시설 및 기기명과 수량, 규격, 작업장, 용도
보관조건	온도, 일광, 습도 등에 관하여 주의하여 보관
사용기한 및 개봉 후 사용기간	내용물의 사용기한 및 개봉 후 사용기한(혼합·소분에 사용되는 내용물의 사용기한 또는 개봉 후 사용기간을 초과하여 맞춤형화장품의 사용기한 또는 개봉 후 사용기간을 정하지 말 것)
변경이력	제품표준서의 변경이력(개정사항)(예 개정연월일, 개정사항, 개정사유, 제조관리 및 품질관리 책임자명)

② 제조관리기준서 내 포함되는 세부 사항들의 종류 및 관련 내용
  - 제조관리기준서는 <u>제품을 적절하게 제조·관리하기 위한 기준서</u>로, 제품표준서 내의 제조공정, 시설 및 기기(기구), 원료 및 완제품에 대한 관리 기준서로 공정 검사, 시설 및 기구의 점검, 원료 및 완제품의 보관 및 출하 등의 관리에 대한 내용을 포함하고 있다.(자세한 설명은 화장품법령 백과사전 참고)
  - 화장품제조업자는 제조관리기준서를 작성 및 보관하여야 한다.
- 제조관리기준서의 기재사항

제조공정관리에 관한 사항	작업소의 출입제한 대책
	상세한 공정검사 방법
	사용하려는 원자재의 적합 판정 여부 판별 방법
	재작업 절차
시설 및 기구관리에 관한 사항	시설 및 주요 설비의 정기적인 점검방법
	장비의 교정 및 성능점검 방법
원자재 관리에 관한 사항	입고 시 품명, 규격, 수량 및 포장의 훼손 여부에 대한 확인방법과 훼손되었을 경우 그 처리방법
	보관 장소 및 보관방법
	시험결과 부적합품에 대한 처리방법
	취급 시의 혼동 및 오염 방지대책
	출고 시 선입선출 및 칭량된 용기의 표시사항
	재고관리

완제품 관리에 관한 사항	입·출하 시 승인판정의 확인방법
	보관장소 및 보관방법
	출하 시의 선입선출방법
위탁제조에 관한 사항	원자재의 공급, 반제품, 벌크제품 또는 완제품의 운송 및 보관 방법
	수탁자 제조기록의 평가방법

맞춤형화장품의 원자재 관리에 관한 사항
1. 입고 시 품질관리 여부를 확인하고 **품질성적서**를 구비
2. 원료 등은 품질에 영향을 미치지 않는 장소에서 보관(예 직사광선을 피할 수 있는 장소 등)
3. 원료 등의 사용기한을 확인한 후 관련 기록을 보관하고, **사용기한이 지난 내용물 및 원료는 폐기**

③ 품질관리기준서 내 포함되는 세부 사항들의 종류 및 관련 내용

▶ 화장품제조업자는 **품질관리기준서**를 작성 및 보관하여야 하며, 화장품책임판매업자는 **품질관리기록서**를 보관하여야 한다.

▶ 품질관리기준서는 원료, 반제품 및 완제품의 품질관리를 위한 시험항목, 검체의 채취방법, 보관조건, 품질관리에 요구되는 표준품과 시약의 관리 등, 제조공정 중에서 불량품을 발생시키는 원인을 가능한 한 미연에 방지, 제거함으로써 품질의 유지와 향상을 위한 기준서이다.(자세한 설명은 화장품법령 백과사전 참고)

- 품질관리기준서의 기재사항

시험검체 채취방법 및 채취 시의 주의사항과 채취 시의 오염방지대책	검체의 채취방법(예 무작위(random)), 채취수량, 채취자 및 채취 시 오염이 되지 않도록 채취도구, 채취용기, 채취 시 위생복 등
시험시설 및 시험기구의 점검 (장비의 교정 및 성능점검 방법)	품질관리에 필요한 시설, 기기명, 수량, 규격, 용도 및 시험기기의 교정과 성능점검 방법
안정성 시험(해당하는 경우에 한함)	온도조건, 표준품과 비교 방법 등
완제품 등 보관용 검체의 관리	보관 공간, 보관 장소의 온도 및 습도, 보관 일자 및 기간 등
표준품 및 시약의 관리	품질관리에 요구되는 표준품 및 시약의 보관 공간, 보관 장소의 온도 및 습도, 표준품의 입고일자, 시약의 제조일자 등
위탁시험 및 위탁 제조하는 경우 검체의 송부방법 및 시험결과의 판정방법	검체의 송부 시 검체를 넣는 용기, 온도, 일광, 습도 및 검체의 시험결과 판정방법을 위한 검체의 기준 및 시험방법(예 기능성 화장품의 경우 기능성 화장품 주성분의 함량 기준 및 정량 시험방법 등)

④ 제조위생관리기준서 내 포함되는 세부 사항들의 종류 및 관련 내용

▶ 화장품제조업자는 보건위생상 위해가 없도록 제조소, 시설 및 기구를 위생적으로 관리하고 오염되지 않도록 하여야 한다.

▶ 맞춤형화장품판매업자는 맞춤형화장품 판매장 시설·기구를 정기적으로 점검하여 보건위생상 위해가 없도록 관리하여야 하며, 특히 혼합·소분에 사용되는 장비 또는 기구 등은 사용 전에 그 위생 상태를 점검하고, 사용 후에는 오염이 없도록 세척하여야 한다.

▶ 제조위생관리기준서는 직원의 건강관리, 작업원의 위생, 복장 규정, 작업실 청소 및 평가, 제조시설의 청소 및 평가, 곤충, 해충 및 쥐를 막는 방법 및 점검주기에 관한 기준서이다.

작업원의 건강관리 및 건강상태의 파악 · 조치방법	맞춤형화장품 작업자의 경우, 피부 외상 및 증상이 있는 직원은 건강 회복 전까지 혼합 · 소분 행위 금지
작업원의 수세, 소독방법 등 위생에 관한 사항	맞춤형화장품 작업자의 경우, 혼합 전·후 손 소독 및 세척
작업복장의 규격, 세탁방법 및 착용규정	맞춤형화장품 작업자의 경우, 혼합 · 소분 시 위생복 및 필요 시 마스크 착용
작업실 등의 청소(필요한 경우 소독 포함) 방법 및 청소주기	맞춤형화장품 혼합 · 소분 장소의 위생관리 1. 맞춤형화장품 혼합 · 소분 장소와 판매 장소는 구분 · 구획하여 관리 2. 적절한 환기시설 구비 3. 작업대, 바닥, 벽, 천장과 창문 청결 유지 4. 혼합 전·후 작업자의 손 세척 및 장비 세척을 위한 세척시설 구비 5. 방충 · 방서 대책 마련 및 정기적 점검 · 확인
청소상태의 평가방법	맞춤형화장품판매장 위생점검표를 통해 주기적으로 평가 및 기록
제조시설의 세척 및 평가	책임자 지정, 세척 및 소독 계획 기재 세척방법과 세척에 사용되는 약품 및 기구 ☞ 맞춤형화장품 혼합 · 소분 장비와 도구의 위생관리 1. 사용 전 · 후 세척 등을 통해 오염 방지 2. 작업 장비와 도구 세척 시에 사용되는 세제 · 세척제는 잔류하거나 표면 이상을 초래하지 않는 것을 사용 3. 세척한 작업 장비와 도구는 잘 건조하여 다음 사용 시까지 오염 방지 4. 자외선 살균기 이용 시, 1) 충분한 자외선 노출을 위해 적당한 간격을 두고 장비와 도구가 서로 겹치지 않게 한 층으로 보관 2) 살균기 내 자외선램프의 청결 상태를 확인 후 사용 꼼꼼한 세척을 위한 제조시설의 분해 및 조립방법 이전 작업 표시 제거방법 청소상태 유지방법 ☞ 맞춤형화장품 혼합 · 소분 장소, 장비 · 도구 등 위생 환경 모니터링 1. 맞춤형화장품 혼합 · 소분 장소가 위생적으로 유지될 수 있도록 맞춤형화장품판매업자는 주기를 정하여 판매장 등의 특성에 맞도록 위생관리할 것 2. 맞춤형화장품판매업소에서는 작업자 위생, 작업환경위생, 장비 · 도구 관리 등 맞춤형화장품판매업소에 대한 위생 환경 모니터링 후 그 결과를 기록하고 판매업소의 위생 환경 상태를 관리할 것 작업 전 청소상태 확인방법 곤충, 해충이나 쥐를 막는 방법 및 점검주기 1. 원칙 - 벌레가 좋아하는 것을 제거 - 빛이 밖으로 새어 나가지 않게 함 - 조사 - 구제

제조시설의 세척 및 평가	2. 방충 대책의 구체적인 예 - 벽, 천장, 창문, 파이프 구멍에 틈이 없도록 함 - **개방할 수 있는 창문을 만들지 않음** - **창문은 차광**하고 야간에 빛이 밖으로 새어 나가지 않게 함 - 배기구, 흡기구에 필터 설치 - 폐수구에 트랩 설치 - **문 하부에는 스커트 설치** - 골판지, 나무 부스러기를 방치하지 않음(벌레의 집 원인) - **실내압을 외부(실외)보다 높게 함(공기조화장치)** - 청소와 정리정돈 - 해충, 곤충의 조사와 구제 실시

Chapter 2 화장품 제조 및 품질관리

- 1,000점 만점 중 250점(25%) 할당, 총 25문항, 선다형(20문항), 단답형(5문항)
- 2.3.화장품 사용제한 원료
- 소주제: 1. 화장품에 사용이 제한되는 원료 및 제한 사항

TIP

「화장품법」이 전면 개정되어 새로운 화장품 원료의 개발을 촉진하여 화장품 산업을 활성화하고 규제를 국제 수준과 맞추기 위해 화장품에 사용할 수 없는 원료와 사용상의 제한이 필요한 원료를 지정하고 그 밖의 원료는 화장품책임판매업자의 안전성에 대한 책임하에 사용할 수 있게 하는 방식으로 화장품 원료관리 체계가 변경되었다.(네거티브 리스트 시스템)
화장품은 평생 사용하는 제품이기 때문에 안전성 확보가 중요한 제품이다. 이에 따라, 국민 보건상 위해 우려가 있는 화장품 원료에 대하여 위해요소를 평가하여 위해성이 있는 화장품 원료는 사용할 수 없도록 하였다. 동시에 보존제, 자외선 차단제, 색소, 염모제 성분 등과 같이 사용 제한이 필요한 원료에 대해서는 그 사용기준을 지정하였으며, 유통화장품 안전관리 기준을 정하여 시중 유통 중인 화장품을 대상으로 하여 수거·검사시 비의도적으로 생성된 유해물질 등에 대한 기준 및 시험방법을 제시하여 유통화장품의 품질을 확보한다. 이번 단원에서는 사용 금지 및 사용 제한 원료에 대해 알아본다.

1. 화장품에 사용할 수 없는 원료(모든 영업자 사용 불가)

원료명	CAS No.	화학물질명
갈라민트리에치오다이드	65-29-2	
갈란타민	357-70-0	
중추신경계에 작용하는 교감신경흥분성아민	300-62-9	
구아네티딘 및 그 염류	55-65-2	구아네티딘
	76487-49-5	구아네티딘 하이드로클로라이드
	645-43-2	구아네티딘 설페이트
구아이페네신	93-14-1	
글루코코르티코이드	-	
글루테티미드 및 그 염류	77-21-4	글루테티미드
글리사이클아미드	664-95-9	
금염	-	
무기 나이트라이트(소듐나이트라이트 제외)	14797-65-0	나이트라이트
나파졸린 및 그 염류	835-31-4	나파졸린
	550-99-2	나파졸린 하이드로클로라이드
나프탈렌	91-20-3	
1,7-나프탈렌디올	575-38-2	
2,3-나프탈렌디올	92-44-4	

원료명	CAS No.	화학물질명
2,7-나프탈렌디올 및 그 염류(다만, 2,7-나프탈렌디올은 염모제에서 용법·용량에 따른 혼합물의 염모성분으로서 1.0 % 이하 제외)	582-17-2	2,7-나프탈렌디올
2-나프톨	135-19-3	
1-나프톨 및 그 염류(다만, 1-나프톨은 산화염모제에서 용법·용량에 따른 혼합물의 염모성분으로서 2.0 % 이하는 제외)	90-15-3	1-나프톨
3-(1-나프틸)-4-히드록시코우마린	39923-41-6	
1-(1-나프틸메칠)퀴놀리늄클로라이드	65322-65-8	
N-2-나프틸아닐린	135-88-6	
1,2-나프틸아민 및 그 염류	134-32-7	1-나프틸아민
	91-59-8	2-나프틸아민
날로르핀, 그 염류 및 에텔	62-67-9	날로르핀
	57-29-4	날로르핀 하이드로클로라이드
	1041-90-3	날로르핀 하이드로브로마이드
납 및 그 화합물	7439-92-1	납
	301-04-2/ 15347-57-6	아세트산납
네오디뮴 및 그 염류	7440-00-8	네오디뮴
	10024-93-8	네오디뮴 클로라이드
	13709-42-7	네오디뮴 플루오라이드
	13536-80-6	네오디뮴 브로마이드
네오스티그민 및 그 염류(예 : 네오스티그민브로마이드)	59-99-4	네오스티그민
	114-80-7	네오스티그민 브로마이드
	1212-37-9	네오스티그민 아이오다이드
노나데카플루오로데카노익애씨드	335-76-2	
노닐페놀[1] ; 4-노닐페놀, 가지형[2]	25154-52-3	노닐페놀
	84852-15-3	4-노닐페놀, 가지형
노르아드레날린 및 그 염류	51-41-2	노르아드레날린
	329-56-6	노르아드레날린 하이드로클로라이드
노스카핀 및 그 염류	128-62-1	노스카핀
	912-60-7	노스카핀 하이드로클로라이드
니그로신 스피릿 솔루블(솔벤트 블랙 5) 및 그 염류	11099-03-9	니그로신 스피릿 솔루블(솔벤트 블랙 5)
니켈	7440-02-0	
니켈 디하이드록사이드	12054-48-7	
니켈 디옥사이드	12035-36-8	
니켈 모노옥사이드	1313-99-1	

원료명	CAS No.	화학물질명
니켈 설파이드	16812-54-7 / 11113-75-0 / 1314-04-1	
니켈 설페이트	7786-81-4	
니켈 카보네이트	3333-67-3	
니켈(Ⅱ)트리플루오로아세테이트	16083-14-0	
니코틴 및 그 염류	54-11-5	니코틴
2-니트로나프탈렌	581-89-5	
니트로메탄	75-52-5	
니트로벤젠	98-95-3	
4-니트로비페닐	92-93-3	
4-니트로소페놀	104-91-6	
3-니트로-4-아미노페녹시에탄올 및 그 염류	50982-74-6	3-니트로-4-아미노페녹시에탄올
니트로스아민류(예 : 2,2'-(니트로소이미노)비스에탄올, 니트로소디프로필아민, 디메칠니트로소아민)	1116-54-7	2,2'-(니트로소이미노)비스에탄올
	621-64-7	니트로소디프로필아민
	62-75-9	디메칠니트로소아민
니트로스틸벤, 그 동족체 및 유도체	4003-94-5	4-니트로스틸벤
2-니트로아니솔	91-23-6	
5-니트로아세나프텐	602-87-9	
니트로크레졸 및 그 알칼리 금속염	12167-20-3	니트로크레졸
2-니트로톨루엔	88-72-2	
5-니트로-o-톨루이딘 및 5-니트로-o-톨루이딘 하이드로클로라이드	99-55-8	5-니트로-o-톨루이딘
	51085-52-0	5-니트로-o-톨루이딘 하이드로클로라이드
6-니트로-o-톨루이딘	570-24-1	
3-[(2-니트로-4-(트리플루오로메칠)페닐]아미노]프로판-1,2-디올(에이치시 황색 No. 6) 및 그 염류	104333-00-8	3-[(2-니트로-4-(트리플루오로메칠)페닐)아미노]프로판-1,2-디올(에이치시 황색 No. 6)
4-[(4-니트로페닐)아조]아닐린(디스퍼스오렌지 3) 및 그 염류	730-40-5	4-[(4-니트로페닐)아조]아닐린(디스퍼스오렌지 3)
2-니트로-p-페닐렌디아민 및 그 염류(예 : 니트로-p-페닐렌디아민 설페이트)	5307-14-2	2-니트로-p-페닐렌디아민
	18266-52-9	2-니트로-p-페닐렌디아민 디하이드로클로라이드
	68239-83-8	2-니트로-p-페닐렌디아민 설페이트
4-니트로-m-페닐렌디아민 및 그 염류(예 : p-니트로-m-페닐렌디아민 설페이트)	5131-58-8	p-니트로-m-페닐렌디아민
	200295-57-4	p-니트로-m-페닐렌디아민 설페이트

원료명	CAS No.	화학물질명
니트로펜	1836-75-5	
니트로퓨란계 화합물(예 : 니트로푸란토인, 푸라졸리돈)	67-20-9	니트로푸란토인
	67-45-8	푸라졸리돈
2-니트로프로판	79-46-9	
6-니트로-2,5-피리딘디아민 및 그 염류	69825-83-8	6-니트로-2,5-피리딘디아민
2-니트로-N-하이드록시에칠-p-아니시딘 및 그 염류	57524-53-5	2-니트로-N-하이드록시에칠-p-아니시딘
니트록솔린 및 그 염류	4008-48-4	니트록솔린
다미노지드	1596-84-5	
다이노캡(ISO)	39300-45-3	
다이우론	330-54-1	
다투라(Datura)속 및 그 생약제제	84696-08-2	Datura stramonium, ext.
	8063-18-1	Datura stramonium powder
데카메칠렌비스(트리메칠암모늄)염(예 : 데카메토늄브로마이드)	541-22-0	데카메토늄 브로마이드
	1420-40-2	데카메토늄 아이오다이드
	3198-38-7	데카메토늄 클로라이드
데쿠알리니움 클로라이드	522-51-0	
덱스트로메토르판 및 그 염류	125-71-3	덱스트로메토르판
	6700-34-1	덱스트로메토르판 하이드로브로마이드
덱스트로프로폭시펜	469-62-5	
도데카클로로펜타사이클로[5.2.1.02,6.03,9.05,8]데칸	2385-85-5	
도딘	2439-10-3	
돼지폐추출물	129069-19-8	
두타스테리드, 그 염류 및 유도체	164656-23-9	두타스테리드
1,5-디-(베타-하이드록시에칠)아미노-2-니트로-4-클로로벤젠 및 그 염류(예 : 에이치시 황색 No. 10)(다만, 비산화염모제에서 용법·용량에 따른 혼합물의 염모성분으로서 0.1 % 이하는 제외)	109023-83-8	1,5-디-(베타-하이드록시에칠)아미노-2-니트로-4-클로로벤젠 (에이치시 황색 No. 10)
5,5'-디-이소프로필-2,2'-디메칠비페닐-4,4'디일 디히포아이오다이트	552-22-7	
디기탈리스(Digitalis)속 및 그 생약제제	752-61-4	디기탈린
디노셉, 그 염류 및 에스텔류	88-85-7	디노셉
	35040-03-0	디노셉 소듐
디노터브, 그 염류 및 에스텔류	1420-07-1	디노터브
디니켈트리옥사이드	1314-06-3	
디니트로톨루엔, 테크니컬등급	25321-14-6	
2,3-디니트로톨루엔	602-01-7	
2,5-디니트로톨루엔	619-15-8	

원료명	CAS No.	화학물질명
2,6-디니트로톨루엔	606-20-2	
3,4-디니트로톨루엔	610-39-9	
3,5-디니트로톨루엔	618-85-9	
디니트로페놀이성체	51-28-5	2,4-디니트로페놀
	329-71-5	2,5-디니트로페놀
	573-56-8	2,6-디니트로페놀
	25550-58-7 / 66-56-8	2,3-디니트로페놀
5-[(2,4-디니트로페닐)아미노]-2-(페닐아미노)-벤젠설포닉애씨드 및 그 염류	15347-52-1	5-[(2,4-디니트로페닐)아미노]-2-(페닐아미노)-벤젠설포닉애씨드
	6373-74-6	5-[(2,4-디니트로페닐)아미노]-2-(페닐아미노)-벤젠설포닉애씨드 소듐
디메바미드 및 그 염류	60-46-8	디메바미드
	20701-77-3	디메바미드 설페이트
7,11-디메칠-4,6,10-도데카트리엔-3-온	26651-96-7	
2,6-디메칠-1,3-디옥산-4-일아세테이트(디메톡산, o-아세톡시-2,4-디메칠-m-디옥산)	828-00-2	
4,6-디메칠-8-tert-부틸쿠마린	17874-34-9	
[3,3'-디메칠[1,1'-비페닐]-4,4'-디일]디암모늄비스(하이드로젠설페이트)	64969-36-4	
디메칠설파모일클로라이드	13360-57-1	
디메칠설페이트	77-78-1	
디메칠설폭사이드	67-68-5	
디메칠시트라코네이트	617-54-9	
N,N-디메칠아닐리늄테트라키스(펜타플루오로페닐)보레이트	118612-00-3	
N,N-디메칠아닐린	121-69-7	
1-디메칠아미노메칠-1-메칠프로필벤조에이트(아밀로카인) 및 그 염류	644-26-8	1-디메칠아미노메칠-1-메칠프로필벤조에이트(아밀로카인)
	532-59-2	1-디메칠아미노메칠-1-메칠프로필벤조에이트(아밀로카인) 하이드로클로라이드
9-(디메칠아미노)-벤조[a]페녹사진-7-이움 및 그 염류	966-62-1 / 7057-57-0	9-(디메칠아미노)-벤조[a]페녹사진-7-이움 클로라이드
5-((4-(디메칠아미노)페닐)아조)-1,4-디메칠-1H-1,2,4-트리아졸리움 및 그 염류	12221-52-2	5-((4-(디메칠아미노)페닐)아조)-1,4-디메칠-1H-1,2,4-트리아졸리움
디메칠아민	124-40-3	

원료명	CAS No.	화학물질명
N,N-디메칠아세타마이드	127-19-5	
3,7-디메칠-2-옥텐-1-올(6,7-디하이드로제라니올)	40607-48-5	
6,10-디메칠-3,5,9-운데카트리엔-2-온(슈도이오논)	141-10-6	
디메칠카바모일클로라이드	79-44-7	
N,N-디메칠-p-페닐렌디아민 및 그 염류	99-98-9	N,N-디메칠-p-페닐렌디아민
	6219-73-4	N,N-디메칠-p-페닐렌디아민 설페이트
1,3-디메칠펜틸아민 및 그 염류	105-41-9	1,3-디메칠펜틸아민
	13803-74-2	1,3-디메칠펜틸아민 하이드로클로라이드
디메칠포름아미드	68-12-2	
N,N-디메칠-2,6-피리딘디아민 및 그 염산염	63763-86-0	N,N-디메칠-2,6-피리딘디아민
	2518265-78-4	N,N-디메칠-2,6-피리딘디아민 하이드로클로라이드
N,N'-디메칠-N-하이드록시에칠-3-니트로-p-페닐렌디아민 및 그 염류	10228-03-2	N,N'-디메칠-N-하이드록시에칠-3-니트로-p-페닐렌디아민
2-(2-((2,4-디메톡시페닐)아미노)에테닐]-1,3,3-트리메칠-3H-인돌리움 및 그 염류	4208-80-4	2-(2-((2,4-디메톡시페닐)아미노)에테닐]-1,3,3-트리메칠-3H-인돌리움
디바나듐펜타옥사이드	1314-62-1	
디벤즈[a,h]안트라센	53-70-3	
2,2-디브로모-2-니트로에탄올	69094-18-4	
1,2-디브로모-2,4-디시아노부탄(메칠디브로모글루타로나이트릴)	35691-65-7	
디브로모살리실아닐리드	-	
2,6-디브로모-4-시아노페닐 옥타노에이트	1689-99-2	
1,2-디브로모에탄	106-93-4	
1,2-디브로모-3-클로로프로판	96-12-8	
5-(α,β-디브로모펜에칠)-5-메칠히단토인	511-75-1	
2,3-디브로모프로판-1-올	96-13-9	
3,5-디브로모-4-하이드록시벤조니트닐 및 그 염류(브로목시닐 및 그 염류)	1689-84-5	3,5-디브로모-4-하이드록시벤조니트(브로목시닐)
	2961-68-4	3,5-디브로모-4-하이드록시벤조니트 포타슘
디브롬화프로파미딘 및 그 염류(이소치아네이트포함)	496-00-4	디브롬화프로파미딘
	50357-61-4	디브롬화프로파미딘 하이드로클로라이드
	614-87-9	디브롬화프로파미딘 이소치아네이트
디설피람	97-77-8	

원료명	CAS No.	화학물질명
디소듐[5-[[4'-[[2,6-디하이드록시-3-[(2-하이드록시-5-설포페닐)아조]페닐]아조] [1,1'비페닐]-4-일]아조]살리실레이토(4-)]쿠프레이트(2-)(다이렉트브라운 95)	16071-86-6	
디소듐 3,3'-[[1,1'-비페닐]-4,4'-디일비스(아조)]-비스(4-아미노나프탈렌-1-설포네이트)(콩고레드)	573-58-0	
디소듐 4-아미노-3-[[4'-[(2,4-디아미노페닐)아조] [1,1'-비페닐]-4-일]아조]-5-하이드록시-6-(페닐아조)나프탈렌-2,7-디설포네이트(다이렉트블랙 38)	1937-37-7	
디소듐 4-(3-에톡시카르보닐-4-(5-(3-에톡시카르보닐-5-하이드록시-1-(4-설포네이토페닐)피라졸-4-일)펜타-2,4-디에닐리덴)-4,5-디하이드로-5-옥소피라졸-1-일)벤젠설포네이트 및 트리소듐 4-(3-에톡시카르보닐-4-(5-(3-에톡시카르보닐-5-옥시도-1(4-설포네이토페닐)피라졸-4-일) 펜타-2,4-디에닐리덴)-4,5-디하이드로-5-옥소피라졸-1-일)벤젠설포네이트	-	
디스퍼스레드 15	116-85-8	
디스퍼스옐로우 3	2832-40-8	
디아놀아세글루메이트	3342-61-8	
o-디아니시딘계 아조 염료류	-	
o-디아니시딘의 염(3,3'-디메톡시벤지딘의 염)	119-90-4	3,3'-디메톡시벤지딘
	20325-40-0	3,3'-디메톡시벤지딘 디하이드로클로라이드
3,7-디아미노-2,8-디메칠-5-페닐-페나지니움 및 그 염류	477-73-6	3,7-디아미노-2,8-디메칠-5-페닐-페나지니움
3,5-디아미노-2,6-디메톡시피리딘 및 그 염류(예 : 2,6-디메톡시-3,5-피리딘디아민 하이드로클로라이드)(다만, 2,6-디메톡시-3,5-피리딘디아민 하이드로클로라이드는 산화염모제에서 용법·용량에 따른 혼합물의 염모성분으로서 0.25 % 이하는 제외)	85679-78-3	2,6-디메톡시-3,5-피리딘디아민
	56216-28-5	2,6-디메톡시-3,5-피리딘디아민 하이드로클로라이드
2,4-디아미노디페닐아민	136-17-4	
4,4'-디아미노디페닐아민 및 그 염류(예 : 4,4'-디아미노디페닐아민 설페이트)	537-65-5	4,4'-디아미노디페닐아민
	53760-27-3	4,4'-디아미노디페닐아민 설페이트
2,4-디아미노-5-메칠페네톨 및 그 염산염	113715-25-6	2,4-디아미노-5-메칠페네톨 하이드로클로라이드
2,4-디아미노-5-메칠페녹시에탄올 및 그 염류	141614-05-3	2,4-디아미노-5-메칠페녹시에탄올
	113715-27-8	2,4-디아미노-5-메칠페녹시에탄올 하이드로클로라이드
4,5-디아미노-1-메칠피라졸 및 그 염산염	45514-38-3	4,5-디아미노-1-메칠피라졸
	21616-59-1	4,5-디아미노-1-메칠피라졸 디하이드로클로라이드

원료명	CAS No.	화학물질명
1,4-디아미노-2-메톡시-9,10-안트라센디온(디스퍼스레드 11) 및 그 염류	2872-48-2	1,4-디아미노-2-메톡시-9,10-안트라센디온(디스퍼스레드 11)
3,4-디아미노벤조익애씨드	619-05-6	
디아미노톨루엔, [4-메칠-m-페닐렌 디아민] 및 [2-메칠-m-페닐렌 디아민]의 혼합물	-	
2,4-디아미노페녹시에탄올 및 그 염류(다만, 2,4-디아미노페녹시에탄올 하이드로클로라이드는 산화염모제에서 용법·용량에 따른 혼합물의 염모성분으로서 0.5 % 이하는 제외)	70643-19-5	2,4-디아미노페녹시에탄올
	66422-95-5	2,4-디아미노페녹시에탄올 하이드로클로라이드
	70643-20-8	2,4-디아미노페녹시에탄올 설페이트
3-[[(4-[[디아미노(페닐아조)페닐]아조]-1-나프탈레닐]아조]-N,N,N-트리메칠-벤젠아미니움 및 그 염류	83803-98-9	3-[[(4-[[디아미노(페닐아조)페닐]아조]-1-나프탈레닐]아조]-N,N,N-트리메칠-벤젠아미니움
3-[[(4-[[디아미노(페닐아조)페닐]아조]-2-메칠페닐]아조]-N,N,N-트리메칠-벤젠아미니움 및 그 염류	83803-99-0	3-[[(4-[[디아미노(페닐아조)페닐]아조]-2-메칠페닐]아조]-N,N,N-트리메칠-벤젠아미니움
2,4-디아미노페닐에탄올 및 그 염류	14572-93-1	2,4-디아미노페닐에탄올
O,O'-디아세틸-N-알릴-N-노르몰핀	2748-74-5	
디아조메탄	334-88-3	
디알레이트	2303-16-4	
디에칠-4-니트로페닐포스페이트	311-45-5	
O,O'-디에칠-O-4-니트로페닐포스포로치오에이트(파라치온-ISO)	56-38-2	
디에칠렌글라이콜 (다만, 비의도적 잔류물로서 0.1% 이하인 경우는 제외)	111-46-6	
디에칠말리에이트	141-05-9	
디에칠설페이트	64-67-5	
2-디에칠아미노에칠-3-히드록시-4-페닐벤조에이트 및 그 염류	3572-52-9	2-디에칠아미노에칠-3-히드록시-4-페닐벤조에이트
4-디에칠아미노-o-톨루이딘 및 그 염류	148-71-0	4-디에칠아미노-o-톨루이딘
	2051-79-8 / 24828-38-4	4-디에칠아미노-o-톨루이딘 하이드로클로라이드
N-[4-[[4-(디에칠아미노)페닐][4-(에칠아미노)-1-나프탈레닐]메칠렌]-2,5-사이클로헥사디엔-1-일리딘]-N-에칠-에탄아미늄 및 그 염류	2390-60-5	N-[4-[[4-(디에칠아미노)페닐][4-(에칠아미노)-1-나프탈레닐]메칠렌]-2,5-사이클로헥사디엔-1-일리딘]-N-에칠-에탄아미늄

원료명	CAS No.	화학물질명
N-(4-[(4-(디에칠아미노)페닐)페닐메칠렌]-2,5-사이클로헥사디엔-1-일리덴)-N-에칠 에탄아미니움 및 그 염류	633-03-4	N-(4-[(4-(디에칠아미노)페닐)페닐메칠렌]-2,5-사이클로헥사디엔-1-일리덴)-N-에칠 에탄아미니움
N,N-디에칠-m-아미노페놀	91-68-9	
3-디에칠아미노프로필신나메이트	538-66-9	
디에칠카르바모일 클로라이드	88-10-8	
N,N-디에칠-p-페닐렌디아민 및 그 염류	93-05-0	N,N-디에칠-p-페닐렌디아민
	6283-63-2 / 6065-27-6	N,N-디에칠-p-페닐렌디아민 설페이트
디엔오시(DNOC, 4,6-디니트로-o-크레졸)	534-52-1	
디엘드린	60-57-1	
디옥산	123-91-1	
디옥세테드린 및 그 염류	497-75-6	디옥세테드린
	22930-85-4	디옥세테드린 하이드로클로라이드
5-(2,4-디옥소-1,2,3,4-테트라하이드로피리미딘)-3-플루오로-2-하이드록시메칠테트라하이드로퓨란	41107-56-6	
디치오-2,2'-비스피리딘-디옥사이드 1,1'(트리하이드레이티드마그네슘설페이트 부가)(피리치온디설파이드+마그네슘설페이트)	43143-11-9	
디코우마롤	66-76-2	
2,3-디클로로-2-메칠부탄	507-45-9	
1,4-디클로로벤젠(p-디클로로벤젠)	106-46-7	
3,3'-디클로로벤지딘	91-94-1	
3,3'-디클로로벤지딘디하이드로젠비스(설페이트)	64969-34-2	
3,3'-디클로로벤지딘디하이드로클로라이드	612-83-9	
3,3'-디클로로벤지딘설페이트	74332-73-3	
1,4-디클로로부트-2-엔	764-41-0	
2,2'-[(3,3'-디클로로[1,1'-비페닐]-4,4'-디일)비스(아조)]비스[3-옥소-N-페닐부탄아마이드](피그먼트옐로우 12) 및 그 염류	6358-85-6	2,2'-[(3,3'-디클로로[1,1'-비페닐]-4,4'-디일)비스(아조)]비스[3-옥소-N-페닐부탄아마이드](피그먼트옐로우 12)
디클로로살리실아닐리드	1147-98-4	
디클로로에칠렌(아세틸렌클로라이드)(예 : 비닐리덴클로라이드)	75-35-4	디클로로에칠렌(아세틸렌클로라이드)
디클로로에탄(에칠렌클로라이드)	107-06-2	
디클로로-m-크시레놀	133-53-9	
	30581-95-4	
α,α-디클로로톨루엔	98-87-3	

원료명	CAS No.	화학물질명
디클로로펜	97-23-4	
1,3-디클로로프로판-2-올	96-23-1	
2,3-디클로로프로펜	78-88-6	
디페녹시레이트 히드로클로라이드	3810-80-8	
1,3-디페닐구아니딘	102-06-7	
디페닐아민	122-39-4	
디페닐에텔 ; 옥타브로모 유도체	32536-52-0	
5,5-디페닐-4-이미다졸리돈	3254-93-1	
디펜클록사진	5617-26-5	
2,3-디하이드로-2,2-디메칠-6-[(4-(페닐아조)-1-나프텔레닐)아조]-1H-피리미딘(솔벤트블랙 3) 및 그 염류	4197-25-5	2,3-디하이드로-2,2-디메칠-6-[(4-(페닐아조)-1-나프텔레닐)아조]-1H-피리미딘(솔벤트블랙 3)
3,4-디히드로-2-메톡시-2-메칠-4-페닐-2H,5H,피라노(3,2-c)-(1)벤조피란-5-온(시클로코우마롤)	518-20-7	
2,3-디하이드로-2H-1,4-벤족사진-6-올 및 그 염류(예 : 히드록시벤조모르포린)(다만, 히드록시벤조모르포린은 산화염모제에서 용법·용량에 따른 혼합물의 염모성분으로서 1.0 % 이하는 제외)	26021-57-8	히드록시벤조모르포린
2,3-디하이드로-1H-인돌-5,6-디올 (디하이드록시인돌린) 및 그 하이드로브로마이드염 (디하이드록시인돌린 하이드로브롬마이드)(다만, 비산화염모제에서 용법·용량에 따른 혼합물의 염모성분으로서 2.0 % 이하는 제외)	29539-03-5	디하이드록시인돌린
	138937-28-7	디하이드록시인돌린 하이드로브로마이드
(S)-2,3-디하이드로-1H-인돌-카르복실릭 애씨드	79815-20-6	
디히드로타키스테롤	67-96-9	
2,6-디하이드록시-3,4-디메칠피리딘 및 그 염류	84540-47-6	2,6-디하이드록시-3,4-디메칠피리딘
2,4-디하이드록시-3-메칠벤즈알데하이드	6248-20-0	
4,4'-디히드록시-3,3'-(3-메칠치오프로필아이덴)디코우마린	-	
2,6-디하이드록시-4-메칠피리딘 및 그 염류	4664-16-8	2,6-디하이드록시-4-메칠피리딘
1,4-디하이드록시-5,8-비스[(2-하이드록시에칠)아미노]안트라퀴논(디스퍼스블루 7) 및 그 염류	3179-90-6	1,4-디하이드록시-5,8-비스[(2-하이드록시에칠)아미노]안트라퀴논(디스퍼스블루 7)
4-[4-(1,3-디하이드록시프로프-2-일)페닐아미노-1,8-디하이드록시-5-니트로안트라퀴논	114565-66-1	
2,2'-디히드록시-3,3'5,5',6,6'-헥사클로로디페닐메탄(헥사클로로펜)	70-30-4	
디하이드로쿠마린	119-84-6	
N,N'-디헥사데실-N,N'-비스(2-하이드록시에칠)프로판디아마이드 ; 비스하이드록시에칠비스세틸말론아마이드	149591-38-8	
Laurus nobilis L.의 씨로부터 나온 오일	84603-73-6	Laurus nobilis, extract

원료명	CAS No.	화학물질명
Rauwolfia serpentina 알칼로이드 및 그 염류	90106-13-1	Rauwolfia extract
라카익애씨드(CI 내츄럴레드 25) 및 그 염류	60687-93-6	라카익애씨드(CI 내츄럴레드 25)
레졸시놀 디글리시딜 에텔	101-90-6	
로다민 B 및 그 염류	81-88-9	로다민 B
로벨리아(Lobelia)속 및 그 생약제제	84696-23-1	Lobelia inflata extract
로벨린 및 그 염류	90-69-7	로벨린
	134-63-4	로벨린 하이드로클로라이드
	134-64-5	로벨린 설페이트
리누론	330-55-2	
리도카인	137-58-6	
과산화물가가 20mmol/L을 초과하는 d-리모넨	5989-27-5	d-리모넨
과산화물가가 20mmol/L을 초과하는 dℓ-리모넨	138-86-3	dℓ-리모넨
과산화물가가 20mmol/L을 초과하는 ℓ-리모넨	5989-54-8	ℓ-리모넨
라이서자이드(Lysergide) 및 그 염류	50-37-3	라이서자이드
「마약류 관리에 관한 법률」 제2조에 따른 마약류(다만, 같은 법 제2조제4호 단서에 따른 대마씨유 및 대마씨추출물의 테트라하이드로칸나비놀 및 칸나비디올에 대하여는 「식품의 기준 및 규격」에서 정한 기준에 적합한 경우는 제외)	-	
마이클로부타닐(2-(4-클로로페닐)-2-(1H-1,2,4-트리아졸-1-일메칠)헥사네니트릴)	88671-89-0	
마취제(천연 및 합성)	-	
만노무스틴 및 그 염류	576-68-1	만노무스틴
	551-74-6	만노무스틴 디하이드로클로라이드
말라카이트그린 및 그 염류	569-64-2	말라카이트그린 클로라이드
말로노니트릴	109-77-3	
1-메칠-3-니트로-1-니트로소구아니딘	70-25-7	
1-메칠-3-니트로-4-(베타-하이드록시에칠)아미노벤젠 및 그 염류(예 : 하이드록시에칠-2-니트로-p-톨루이딘)(다만, 하이드록시에칠-2-니트로-p-톨루이딘은 염모제에서 용법·용량에 따른 혼합물의 염모성분으로서 1.0 % 이하는 제외)	100418-33-5	하이드록시에칠-2-니트로-p-톨루이딘
N-메칠-3-니트로-p-페닐렌디아민 및 그 염류	2973-21-9	N-메칠-3-니트로-p-페닐렌디아민
N-메칠-1,4-디아미노안트라퀴논, 에피클로히드린 및 모노에탄올아민의 반응생성물(에이치시 청색 No. 4) 및 그 염류	158571-57-4	에이치시 청색 No. 4
3,4-메칠렌디옥시페놀 및 그 염류	533-31-3	3,4-메칠렌디옥시페놀
메칠레소르신	608-25-3	
메칠렌글라이콜	463-57-0	
4,4'-메칠렌디아닐린	101-77-9	

원료명	CAS No.	화학물질명
3,4-메칠렌디옥시아닐린 및 그 염류	14268-66-7	3,4-메칠렌디옥시아닐린
4,4'-메칠렌디-o-톨루이딘	838-88-0	
4,4'-메칠렌비스(2-에칠아닐린)	19900-65-3	
(메칠렌비스(4,1-페닐렌아조(1-(3-(디메칠아미노)프로필)-1,2-디하이드로-6-하이드록시-4-메칠-2-옥소피리딘-5,3-디일)))-1,1'-디피리디늄디클로라이드 디하이드로클로라이드	118658-99-4	
4,4'-메칠렌비스[2-(4-하이드록시벤질)-3,6-디메칠페놀]과 6-디아조-5,6-디하이드로-5-옥소-나프탈렌설포네이트(1:2)의 반응생성물과 4,4'-메칠렌비스[2-(4-하이드록시벤질)-3,6-디메칠페놀]과 6-디아조-5,6-디하이드로-5-옥소-나프탈렌설포네이트(1:3) 반응생성물과의 혼합물	-	
메칠렌클로라이드	75-09-2	
3-(N-메칠-N-(4-메칠아미노-3-니트로페닐)아미노)프로판-1,2-디올 및 그 염류	93633-79-5	3-(N-메칠-N-(4-메칠아미노-3-니트로페닐)아미노)프로판-1,2-디올
메칠메타크릴레이트모노머	80-62-6	
메칠 트랜스-2-부테노에이트	623-43-8	
2-[3-(메칠아미노)-4-니트로페녹시]에탄올 및 그 염류 (예 : 3-메칠아미노-4-니트로페녹시에탄올)(다만, 비산화염모제에서 용법·용량에 따른 혼합물의 염모성분으로서 0.15 % 이하는 제외)	59820-63-2	3-메칠아미노-4-니트로페녹시에탄올
N-메칠아세타마이드	79-16-3	
(메칠-ONN-아조시)메칠아세테이트	592-62-1	
2-메칠아지리딘(프로필렌이민)	75-55-8	
메칠옥시란	75-56-9	
메칠유게놀(다만, 식물추출물에 의하여 자연적으로 함유되어 다음 농도 이하인 경우에는 제외. 향료원액을 8% 초과하여 함유하는 제품 0.01%, 향료원액을 8% 이하로 함유하는 제품 0.004%, 방향용 크림 0.002%, 사용 후 씻어내는 제품 0.001%, 기타 0.0002%)	93-15-2	
N,N'-((메칠이미노)디에칠렌))비스(에칠디메칠암모늄) 염류(예 : 아자메토늄브로마이드)	306-53-6	아자메토늄브로마이드
메칠이소시아네이트	624-83-9	
6-메칠쿠마린(6-MC)	92-48-8	
7-메칠쿠마린	2445-83-2	
메칠크레속심	143390-89-0	
1-메칠-2,4,5-트리하이드록시벤젠 및 그 염류	1124-09-0	1-메칠-2,4,5-트리하이드록시벤젠
메칠페니데이트 및 그 염류	113-45-1	메칠페니데이트
	298-59-9	메칠페니데이트 하이드로클로라이드

원료명	CAS No.	화학물질명
3-메칠-1-페닐-5-피라졸론 및 그 염류(예 : 페닐메칠피라졸론)(다만, 페닐메칠피라졸론은 산화염모제에서 용법·용량에 따른 혼합물의 염모성분으로서 0.25 % 이하는 제외)	89-25-8	페닐메칠피라졸론
메칠페닐렌디아민류, 그 N-치환 유도체류 및 그 염류(예 : 2,6-디하이드록시에칠아미노톨루엔)(다만, 염모제에서 염모성분으로 사용하는 것은 제외하되, 2,6-디하이드록시에칠아미노톨루엔의 경우 용법·용량에 따른 혼합물의 염모성분으로서 1.0% 이하이고 니트로화제를 함유하고 있는 제품에는 사용할 수 없으며 총 니트로사민은 50 ppb를 넘지 않아야 함)	149330-25-6	2,6-디하이드록시에칠아미노톨루엔
2-메칠-m-페닐렌 디이소시아네이트	91-08-7	
4-메칠-m-페닐렌 디이소시아네이트	584-84-9	
4,4'-[(4-메칠-1,3-페닐렌)비스(아조)]비스[6-메칠-1,3-벤젠디아민](베이직브라운 4) 및 그 염류	4482-25-1	4,4'-[(4-메칠-1,3-페닐렌)비스(아조)]비스[6-메칠-1,3-벤젠디아민](베이직브라운 4)
4-메칠-6-(페닐아조)-1,3-벤젠디아민 및 그 염류	4438-16-8	4-메칠-6-(페닐아조)-1,3-벤젠디아민
N-메칠포름아마이드	123-39-7	
5-메칠-2,3-헥산디온	13706-86-0	
2-메칠헵틸아민 및 그 염류	540-43-2	2-메칠헵틸아민
메카밀아민	60-40-2	
메타닐옐로우	587-98-4	
메탄올(에탄올 및 이소프로필알콜의 변성제로서만 알콜 중 5%까지 사용)	67-56-1	
메테토헵타진 및 그 염류	509-84-2	메테토헵타진
	1089-55-0	메테토헵타진 하이드로클로라이드
메토카바몰	532-03-6	
메토트렉세이트	59-05-2	
2-메톡시-4-니트로페놀(4-니트로구아이아콜) 및 그 염류	3251-56-7	2-메톡시-4-니트로페놀(4-니트로구아이아콜)
	304675-72-7	2-메톡시-4-니트로페놀(4-니트로구아이아콜) 포타슘 솔트
2-[(2-메톡시-4-니트로페닐)아미노]에탄올 및 그 염류(예 : 2-하이드록시에칠아미노-5-니트로아니솔)(다만, 비산화염모제에서 용법·용량에 따른 혼합물의 염모성분으로서 0.2 % 이하는 제외)	66095-81-6	2-[(2-메톡시-4-니트로페닐)아미노]에탄올(2-하이드록시에칠아미노-5-니트로아니솔)
1-메톡시-2,4-디아미노벤젠(2,4-디아미노아니솔 또는 4-메톡시-m-페닐렌디아민 또는 CI76050) 및 그 염류	615-05-4	1-메톡시-2,4-디아미노벤젠
1-메톡시-2,5-디아미노벤젠(2,5-디아미노아니솔) 및 그 염류	5307-02-8	1-메톡시-2,5-디아미노벤젠
	66671-82-7	1-메톡시-2,5-디아미노벤젠 설페이트

원료명	CAS No.	화학물질명
2-메톡시메칠-p-아미노페놀 및 그 염산염	29785-47-5	2-메톡시메칠-p-아미노페놀
	135043-65-1	2-메톡시메칠-p-아미노페놀 하이드로클로라이드
6-메톡시-N2-메칠-2,3-피리딘디아민 하이드로클로라이드 및 디하이드로클로라이드염(다만, 염모제에서 용법·용량에 따른 혼합물의 염모성분으로 산으로서 0.68% 이하, 디하이드로클로라이드염으로서 1.0 % 이하는 제외)	90817-34-8	6-메톡시-N2-메칠-2,3-피리딘디아민 하이드로클로라이드
	83732-72-3	6-메톡시-N2-메칠-2,3-피리딘디아민 디하이드로클로라이드
2-(4-메톡시벤질-N-(2-피리딜)아미노)에칠디메칠아민말리에이트	59-33-6	
메톡시아세틱애씨드	625-45-6	
2-메톡시에칠아세테이트(메톡시에탄올아세테이트)	110-49-6	
N-(2-메톡시에칠)-p-페닐렌디아민 및 그 염산염	66566-48-1	N-(2-메톡시에칠)-p-페닐렌디아민
	72584-59-9	N-(2-메톡시에칠)-p-페닐렌디아민 하이드로클로라이드
2-메톡시에탄올(에칠렌글리콜 모노메칠에텔, EGMME)	109-86-4	
2-(2-메톡시에톡시)에탄올(메톡시디글리콜)	111-77-3	
7-메톡시쿠마린	531-59-9	
4-메톡시톨루엔-2,5-디아민 및 그 염산염	56496-88-9	4-메톡시톨루엔-2,5-디아민 하이드로클로라이드
	56496-88-9	4-메톡시톨루엔-2,5-디아민
6-메톡시-m-톨루이딘(p-크레시딘)	120-71-8	
2-[[(4-메톡시페닐)메칠하이드라조노]메칠]-1,3,3-트리메칠-3H-인돌리움 및 그 염류	54060-92-3	2-[[(4-메톡시페닐)메칠하이드라조노]메칠]-1,3,3-트리메칠-3H-인돌리움
4-메톡시페놀(히드로퀴논모노메칠에텔 또는 p-히드록시아니솔)	150-76-5	
4-(4-메톡시페닐)-3-부텐-2-온(4-아니실리덴아세톤)	943-88-4	
1-(4-메톡시페닐)-1-펜텐-3-온(α-메칠아니살아세톤)	104-27-8	
2-메톡시프로판올	1589-47-5	
2-메톡시프로필아세테이트	70657-70-4	
6-메톡시-2,3-피리딘디아민 및 그 염산염	94166-62-8	6-메톡시-2,3-피리딘디아민 하이드로클로라이드
	28020-38-4	6-메톡시-2,3-피리딘디아민
메트알데히드	9002-91-9	
메트암페프라몬 및 그 염류	15351-09-4	메트암페프라몬
	10105-90-5	메트암페프라몬 하이드로클로라이드

원료명	CAS No.	화학물질명
메트포르민 및 그 염류	657-24-9	메트포르민
	1115-70-4	메트포르민 하이드로클로라이드
메트헵타진 및 그 염류	469-78-3	메트헵타진
메티라폰	54-36-4	
메티프릴온 및 그 염류	125-64-4	메티프릴온
메페네신 및 그 에스텔	59-47-2	메페네신
메페클로라진 및 그 염류	1243-33-0	메페클로라진
메프로바메이트	57-53-4	
2급 아민함량이 0.5%를 초과하는 모노알킬아민, 모노알칸올아민 및 그 염류	-	
모노크로토포스	6923-22-4	
모누론	150-68-5	
모르포린 및 그 염류	110-91-8	모르포린
모스켄(1,1,3,3,5-펜타메칠-4,6-디니트로인단)	116-66-5	
모페부타존	2210-63-1	
목향(Saussurea lappa Clarke = Saussurea costus (Falc.) Lipsch. = Aucklandia lappa Decne) 뿌리오일	8023-88-9	목향뿌리오일
몰리네이트	2212-67-1	
몰포린-4-카르보닐클로라이드	15159-40-7	
무화과나무(Ficus carica)잎엡솔루트(피그잎엡솔루트)	68916-52-9	
미네랄 울	-	

미세플라스틱(세정, 각질제거 등의 제품*에 남아있는 5mm 크기 이하의 고체플라스틱)
*「화장품 사용할 때의 주의사항 및 알레르기 유발성분 표시에 관한 규정」 별표 1에 따른 다음 각 목에 해당하는 유형
가. 영·유아용 제품류 중
  - 영·유아용 샴푸, 린스
  - 영·유아용 인체 세정용 제품
  - 영·유아용 목욕용 제품
나. 목욕용 제품류
다. 인체 세정용 제품류
라 두발용 제품류 중
  - 헤어 컨디셔너, 린스, 샴푸
  - 그 밖의 두발용 제품류(사용 후 씻어내는 제품에 한함)
마. 면도용 제품류 중
  - 셰이빙 크림, 셰이빙 폼
  - 그 밖의 면도용 제품류(사용 후 씻어내는 제품에 한함)
바. 기초화장용 제품류 중
  - 팩, 마스크(사용 후 씻어내는 제품에 한함)
  - 손·발의 피부연화 제품(사용 후 씻어내는 제품에 한함)
	-	

원료명	CAS No.	화학물질명
- 클렌징 워터, 클렌징 오일, 클렌징 로션, 클렌징 크림 등 메이크업 리무버 - 그 밖의 기초화장용 제품류(사용 후 씻어내는 제품에 한함)		
바륨염(바륨설페이트 및 색소레이크희석제로 사용한 바륨염은 제외)	10361-37-2	바륨클로라이드
	22561-74-6	바륨글루코네이트
	12047-11-9	바륨헥사페라이트
바비츄레이트	76-74-4	Pentobarbital
	4390-16-3	Sodium barbiturate
	57-44-3	Barbital
	57-33-0	Pentobarbital sodium
	57-30-7	phenobarbital sodium
	50-06-6	Phenobarbital
2,2'-바이옥시란	1464-53-5	
발녹트아미드	4171-13-5	
발린아미드	20108-78-5	
방사성물질(다만, 제품에 포함된 방사능의 농도 등이 「생활주변방사선 안전관리법」 제15조의 규정에 적합한 경우 제외)	-	
백신, 독소 또는 혈청	-	
베낙티진	302-40-9	
베노밀	17804-35-2	
베라트룸(Veratrum)속 및 그 제제	90131-91-2	Veratrum album, ext.
베라트린, 그 염류 및 생약제제	8051-02-3	베라트린
	17666-25-0	베라트린 하이드로클로라이드
베르베나오일(Lippia citriodora Kunth.)	8024-12-2	
베릴륨 및 그 화합물	7440-41-7	베릴륨
베메그리드 및 그 염류	64-65-3	베메그리드
베록시카인 및 그 염류	3818-62-0	베록시카인
	5003-47-4	베록시카인 하이드로클로라이드
베이직바이올렛 1(메칠바이올렛)	8004-87-3	
베이직바이올렛 3(크리스탈바이올렛)	548-62-9	
1-(베타-우레이도에칠)아미노-4-니트로벤젠 및 그 염류(예 : 4-니트로페닐 아미노에칠우레아)(다만, 4-니트로페닐 아미노에칠우레아는 산화염모제에서 용법·용량에 따른 혼합물의 염모성분으로서 0.25 % 이하, 비산화염모제에서 용법·용량에 따른 혼합물의 염모성분으로서 0.5 % 이하는 제외)	27080-42-8	4-니트로페닐 아미노에칠우레아

원료명	CAS No.	화학물질명
1-(베타-하이드록시)아미노-2-니트로-4-N-에칠-N-(베타-하이드록시에칠)아미노벤젠 및 그 염류(예 : 에이치시 청색 No. 13)	104516-93-0	1-(베타-하이드록시)아미노-2-니트로-4-N-에칠-N-(베타-하이드록시에칠)아미노벤젠
	132885-85-9	1-(베타-하이드록시)아미노-2-니트로-4-N-에칠-N-(베타-하이드록시에칠)아미노벤젠 하이드로클로라이드
벤드로플루메치아자이드 및 그 유도체	73-48-3	벤드로플루메치아자이드
벤젠	71-43-2	
1,2-벤젠디카르복실릭애씨드 디펜틸에스터(가지형과 직선형) ; n-펜틸-이소펜틸 프탈레이트 ; 디-n-펜틸프탈레이트 ; 디이소펜틸프탈레이트	84777-06-0	1,2-벤젠디카르복실릭애씨드 디펜틸에스터(가지형과 직선형)
	776297-69-9	n-펜틸-이소펜틸 프탈레이트
	131-18-0	디-n-펜틸프탈레이트
	605-50-5	디이소펜틸프탈레이트
1,2,4-벤젠트리아세테이트 및 그 염류	613-03-6	1,2,4-벤젠트리아세테이트
7-(벤조일아미노)-4-하이드록시-3-[[4-[(4-설포페닐)아조]페닐]아조]-2-나프탈렌설포닉애씨드 및 그 염류	25188-42-5	7-(벤조일아미노)-4-하이드록시-3-[[4-[(4-설포페닐)아조]페닐]아조]-2-나프탈렌설포닉애씨드
	2610-11-9	7-(벤조일아미노)-4-하이드록시-3-[[4-[(4-설포페닐)아조]페닐]아조]-2-나프탈렌설포닉애씨드 디소듐
벤조일퍼옥사이드	94-36-0	
벤조[a]피렌	50-32-8	
벤조[e]피렌	192-97-2	
벤조[j]플루오란텐	205-82-3	
벤조[k]플루오란텐	207-08-9	
벤스[e]아세페난트릴렌	205-99-2	
벤즈아제핀류와 벤조디아제핀류	12794-10-4	
벤즈아트로핀 및 그 염류	86-13-5	
벤즈[a]안트라센	56-55-3	
벤즈이미다졸-2(3H)-온	615-16-7	
벤지딘	92-87-5	
벤지딘계 아조 색소류	-	
벤지딘디하이드로클로라이드	531-85-1	
벤지딘설페이트	21136-70-9	
벤지딘아세테이트	36341-27-2	

원료명	CAS No.	화학물질명
벤지로늄브로마이드	1050-48-2	
벤질 2,4-디브로모부타노에이트	23085-60-1	
3(또는 5)-((4-(벤질메칠아미노)페닐)아조)-1,2-(또는 1,4)-디메칠-1H-1,2,4-트리아졸리움 및 그 염류	89959-98-8	3(또는 5)-((4-(벤질메칠아미노)페닐)아조)-1,2-(또는 1,4)-디메칠-1H-1,2,4-트리아졸리움 브로마이드
벤질바이올렛([4-[[4-(디메칠아미노)페닐][4-[에칠(3-설포네이토벤질)아미노]페닐]메칠렌]사이클로헥사-2,5-디엔-1-일리덴](에칠)(3-설포네이토벤질) 암모늄염 및 소듐염)	1694-09-3	
벤질시아나이드	140-29-4	
4-벤질옥시페놀(히드로퀴논모노벤질에텔)	103-16-2	
2-부타논 옥심	96-29-7	
부타닐리카인 및 그 염류	3785-21-5	부타닐리카인
	2081-65-4	부타닐리카인 포스페이트
	6028-28-7	부타닐리카인 하이드로클로라이드
1,3-부타디엔	106-99-0	
부토피프린 및 그 염류	55837-15-5	부토피프린
	60595-56-4	부토피프린 하이드로클로라이드
	280-855-6	부토피프린 하이드로브로마이드
부톡시디글리세롤	112-34-5	
부톡시에탄올	111-76-2	
5-(3-부티릴-2,4,6-트리메칠페닐)-2-[1-(에톡시이미노)프로필]-3-하이드록시사이클로헥스-2-엔-1-온	138164-12-2	
부틸글리시딜에텔	2426-08-6	
4-tert-부틸-3-메톡시-2,6-디니트로톨루엔(머스크암브레트)	83-66-9	
1-부틸-3-(N-크로토노일설파닐일)우레아	52964-42-8	
5-tert-부틸-1,2,3-트리메칠-4,6-디니트로벤젠(머스크티베텐)	145-39-1	
4-tert-부틸페놀	98-54-4	
2-(4-tert-부틸페닐)에탄올	5406-86-0	
4-tert-부틸피로카테콜	98-29-3	
부펙사막	2438-72-4	
붕산	10043-35-3 / 11113-50-1	
브레티륨토실레이트	61-75-6	
(R)-5-브로모-3-(1-메칠-2-피롤리디닐메칠)-1H-인돌	143322-57-0	
브로모메탄	74-83-9	
브로모에칠렌	593-60-2	
브로모에탄	74-96-4	

원료명	CAS No.	화학물질명
1-브로모-3,4,5-트리플루오로벤젠	138526-69-9	
1-브로모프로판 ; n-프로필 브로마이드	106-94-5	
2-브로모프로판	75-26-3	
브로목시닐헵타노에이트	56634-95-8	
브롬	7726-95-6	
브롬이소발	496-67-3	
브루신(에탄올의 변성제는 제외)	357-57-3	
비나프아크릴(2-sec-부틸-4,6-디니트로페닐-3-메칠크로토네이트)	485-31-4	
9-비닐카르바졸	1484-13-5	
비닐클로라이드모노머	75-01-4	
1-비닐-2-피롤리돈	88-12-0	
비마토프로스트, 그 염류 및 유도체	155206-00-1	비마토프로스트
비소 및 그 화합물	7440-38-2	비소
1,1-비스(디메칠아미노메칠)프로필벤조에이트(아미드리카인, 알리핀) 및 그 염류	963-07-5	1,1-비스(디메칠아미노메칠)프로필벤조에이트(아미드리카인, 알리핀)
4,4'-비스(디메칠아미노)벤조페논	90-94-8	
3,7-비스(디메칠아미노)-페노치아진-5-이움 및 그 염류	61-73-4	3,7-비스(디메칠아미노)-페노치아진-5-이움 클로라이드
	7060-82-4	3,7-비스(디메칠아미노)-페노치아진-5-이움
3,7-비스(디에칠아미노)-페녹사진-5-이움 및 그 염류	47367-75-9	3,7-비스(디에칠아미노)-페녹사진-5-이움
	33203-82-6	3,7-비스(디에칠아미노)-페녹사진-5-이움 클로라이드
N-(4-[비스[4-(디에칠아미노)페닐]메칠렌]-2,5-사이클로헥사디엔-1-일리덴)-N-에칠-에탄아미니움 및 그 염류	2390-59-2	N-(4-[비스[4-(디에칠아미노)페닐]메칠렌]-2,5-사이클로헥사디엔-1-일리덴)-N-에칠-에탄아미니움
비스(2-메톡시에칠)에텔(디메톡시디글리콜)	111-96-6	
비스(2-메톡시에칠)프탈레이트	117-82-8	
1,2-비스(2-메톡시에톡시)에탄 ; 트리에칠렌글리콜 디메칠 에텔 (TEGDME) ; 트리글라임	112-49-2	
1,3-비스(비닐설포닐아세타아미도)-프로판	93629-90-4	
비스(사이클로펜타디에닐)-비스(2,6-디플루오로-3-(피롤-1-일)-페닐)티타늄	125051-32-3	
4-[[비스-(4-플루오로페닐)메칠실릴]메칠]-4H-1,2,4-트리아졸과 1-[[비스-(4-플루오로페닐)메칠실릴]메칠]-1 H-1,2,4-트리아졸의 혼합물	-	
비스(클로로메칠)에텔(옥시비스[클로로메탄])	542-88-1	

원료명	CAS No.	화학물질명
N,N-비스(2-클로로에칠)메칠아민-N-옥사이드 및 그 염류	126-85-2	N,N-비스(2-클로로에칠)메칠아민-N-옥사이드
비스(2-클로로에칠)에텔	111-44-4	비스(2-클로로에칠)에텔
비스페놀 A(4,4'-이소프로필리덴디페놀)	80-05-7	
N'N'-비스(2-히드록시에칠)-N-메칠-2-니트로-p-페닐렌디아민(HC 블루 No.1) 및 그 염류	2784-94-3	N'N'-비스(2-히드록시에칠)-N-메칠-2-니트로-p-페닐렌디아민(HC 블루 No.1)
4,6-비스(2-하이드록시에톡시)-m-페닐렌디아민 및 그 염류	94082-77-6	4,6-비스(2-하이드록시에톡시)-m-페닐렌디아민
	94082-85-6	4,6-비스(2-하이드록시에톡시)-m-페닐렌디아민 하이드로클로라이드
2,6-비스(2-히드록시에톡시)-3,5-피리딘디아민 및 그 염산염	117907-42-3	2,6-비스(2-히드록시에톡시)-3,5-피리딘디아민
	85679-72-7	2,6-비스(2-히드록시에톡시)-3,5-피리딘디아민 하이드로클로라이드
비에타미베린	479-81-2	
비치오놀	97-18-7	
비타민 L1, L2	118-92-3	비타민 L1
	2457-80-9	비타민 L2
[1,1'-비페닐-4,4'-디일]디암모니움설페이트	531-86-2	
비페닐-2-일아민	90-41-5	
비페닐-4-일아민 및 그 염류	92-67-1	비페닐-4-일아민
4,4'-비-o-톨루이딘	119-93-7	
4,4'-비-o-톨루이딘디하이드로클로라이드	612-82-8	
4,4'-비-o-톨루이딘설페이트	74753-18-7	
빈클로졸린	50471-44-8	
사이클라멘알코올	4756-19-8	
N-사이클로펜틸-m-아미노페놀	104903-49-3	
사이클로헥시미드	66-81-9	
N-사이클로헥실-N-메톡시-2,5-디메칠-3-퓨라마이드	60568-05-0	
트랜스-4-사이클로헥실-L-프롤린 모노하이드로클로라이드	90657-55-9	
사프롤(천연에센스에 자연적으로 함유되어 그 양이 최종제품에서 100ppm을 넘지 않는 경우는 제외)	94-59-7	사프롤
α-산토닌((3S, 5aR, 9bS)-3, 3a,4,5,5a,9b-헥사히드로-3,5a,9-트리메칠나프토(1,2-b))푸란-2,8-디온	481-06-1	
석면	1332-21-4	
석유	8002-05-9	

원료명	CAS No.	화학물질명
석유 정제과정에서 얻어지는 부산물(증류물, 가스오일류, 나프타, 윤활그리스, 슬랙왁스, 탄화수소류, 알칸류, 백색 페트롤라툼을 제외한 페트롤라툼, 연료오일, 잔류물). 다만, 정제과정이 완전히 알려져 있고 발암물질을 함유하지 않음을 보여줄 수 있으면 예외로 한다.	-	
부타디엔 0.1%를 초과하여 함유하는 석유정제물(가스류, 탄화수소류, 알칸류, 증류물, 라피네이트)	-	
디메칠설폭사이드(DMSO)로 추출한 성분을 3% 초과하여 함유하고 있는 석유 유래물질	64741-76-0	Distillates (petroleum), heavy hydrocracked, if they contain > 3 % w/w DMSO extract
벤조[a]피렌 0.005%를 초과하여 함유하고 있는 석유화학 유래물질, 석탄 및 목타르 유래물질	-	
석탄추출 젯트기용 연료 및 디젤연료	94114-58-6	Fuels, jet aircraft, coal solvent extn., hydrocracked hydrogenated
설티암	61-56-3	
설팔레이트	95-06-7	
3,3'-(설포닐비스(2-니트로-4,1-페닐렌)이미노)비스(6-(페닐아미노))벤젠설포닉애씨드 및 그 염류	6373-79-1	3,3'-(설포닐비스(2-니트로-4,1-페닐렌)이미노)비스(6-(페닐아미노))벤젠설포닉애씨드
설폰아미드 및 그 유도체(톨루엔설폰아미드/포름알데하이드수지, 톨루엔설폰아미드/에폭시수지는 제외)	63-74-1	설폰아미드
설핀피라존	57-96-5	
과산화물가가 10mmol/L을 초과하는 Cedrus atlantica의 오일 및 추출물	92201-55-3	Cedrus atlantica, ext.
세파엘린 및 그 염류	483-17-0	세파엘린
	5853-29-2	세파엘린 하이드로클로라이드
	6014-81-9	세파엘린 디하이드로브로마이드
센노사이드	81-27-6	센노사이드 A
	128-57-4	센노사이드 B
셀렌 및 그 화합물(셀레늄아스파테이트는 제외)	7782-49-2	셀렌
소듐노나데카플루오로데카노에이트	3830-45-3	
소듐헥사시클로네이트	7009-49-6	
소듐헵타데카플루오로노나노에이트	21049-39-8	
Solanum nigrum L.및 그 생약제제	84929-77-1	Solanum nigrum, ext.
Schoenocaulon officinale Lind.(씨 및 그 생약제제)	84604-18-2	Schoenocaulon officinale, ext.

원료명	CAS No.	화학물질명
솔벤트레드1(CI 12150)	1229-55-6	
솔벤트블루 35	12769-17-4 / 17354-14-2	
솔벤트오렌지 7	3118-97-6	
수은 및 그 화합물	7439-97-6	수은
스트로판투스(Strophantus)속 및 그 생약제제	-	
스트로판틴, 그 비당질 및 그 각각의 유도체	11005-63-3	스트로판틴 K
	560-53-2	k-스트로판틴-베타
스트론튬화합물	-	
스트리크노스(Strychnos)속 그 생약제제	-	
스트리키닌 및 그 염류	57-24-9	스트리키닌
	1421-86-9	스트리키닌 하이드로클로라이드
	60-41-3	스트리키닌 설페이트
스파르테인 및 그 염류	90-39-1	스파르테인
	299-39-8	스파르테인 설페이트
스피로노락톤	52-01-7	
시마진	122-34-9	
4-시아노-2,6-디요도페닐 옥타노에이트	3861-47-0	
스칼렛레드(솔벤트레드 24)	85-83-6	
시클라바메이트	5779-54-4	
시클로메놀 및 그 염류	5591-47-9	시클로메놀
시클로포스파미드 및 그 염류	50-18-0	시클로포스파미드
2-α-시클로헥실벤질(N,N,N',N'테트라에칠)트리메칠렌디아민(페네타민)	3590-16-7	
신코카인 및 그 염류	85-79-0	신코카인
	61-12-1	신코카인 하이드로클로라이드
	5949-16-6	신코카인 설페이트
신코펜 및 그 염류(유도체 포함)	132-60-5	신코펜
	5949-18-8	신코펜 소듐
	132-58-1	신코펜 하이드로클로라이드
	59672-07-0	신코펜 리티움
썩시노니트릴	110-61-2	
Anamirta cocculus L.(과실)	-	
o-아니시딘	90-04-0	
아닐린, 그 염류 및 그 할로겐화 유도체 및 설폰화 유도체	62-53-3	아닐린
아다팔렌	106685-40-9	
Adonis vernalis L. 및 그 제제	84649-73-0	Adonis vernalis L., leaf extract

원료명	CAS No.	화학물질명
Areca catechu 및 그 생약제제	-	
아레콜린	63-75-2	
아리스톨로키아(*Aristolochia*)속 및 그 생약제제	84775-44-0	Aristolochia clematitis, ext.
아리스토로킥 애씨드 및 그 염류	313-67-7	아리스토로킥 애씨드
1-아미노-2-니트로-4-(2',3'-디하이드록시프로필)아미노-5-클로로벤젠과 1,4-비스-(2',3'-디하이드록시프로필)아미노-2-니트로-5-클로로벤젠 및 그 염류(예 : 에이치시 적색 No. 10과 에이치시 적색 No. 11)(다만, 산화염모제에서 용법·용량에 따른 혼합물의 염모성분으로서 1.0 % 이하, 비산화염모제에서 용법·용량에 따른 혼합물의 염모성분으로서 2.0 % 이하는 제외)	95576-89-9	에이치시 적색 No. 10
	95576-92-4	에이치시 적색 No. 11
2-아미노-3-니트로페놀 및 그 염류	603-85-0	2-아미노-3-니트로페놀
2-아미노-4-니트로페놀	99-57-0	
2-아미노-5-니트로페놀	121-88-0	
황산 2-아미노-5-니트로페놀	112700-08-0	
p-아미노-*o*-니트로페놀(4-아미노-2-니트로페놀)	119-34-6	
4-아미노-3-니트로페놀 및 그 염류(다만, 4-아미노-3-니트로페놀은 산화염모제에서 용법·용량에 따른 혼합물의 염모성분으로서 1.5 % 이하, 비산화염모제에서 용법·용량에 따른 혼합물의 염모성분으로서 1.0 % 이하는 제외)	610-81-1	4-아미노-3-니트로페놀
2,2'-[(4-아미노-3-니트로페닐)이미노]바이세타놀 하이드로클로라이드 및 그 염류(예 : 에이치시 적색 No. 13)(다만, 하이드로클로라이드염으로서 산화염모제에서 용법·용량에 따른 혼합물의 염모성분으로서 1.5 % 이하, 비산화염모제에서 용법·용량에 따른 혼합물의 염모성분으로서 1.0 % 이하는 제외)	94158-13-1	2,2'-[(4-아미노-3-니트로페닐)이미노]바이세타놀 하이드로클로라이드 (에이치시 적색 No. 13)
(8-[(4-아미노-2-니트로페닐)아조]-7-하이드록시-2-나프틸)트리메칠암모늄 및 그 염류(베이직브라운 17의 불순물로 있는 베이직레드 118 제외)	71134-97-9	(8-[(4-아미노-2-니트로페닐)아조]-7-하이드록시-2-나프틸)트리메칠암모늄 및 그 염류(베이직브라운 17의 불순물로 있는 베이직레드 118 제외)
1-아미노-4-[[4-[(디메칠아미노)메칠]페닐]아미노]안트라퀴논 및 그 염류	12217-43-5	1-아미노-4-[[4-[(디메칠아미노)메칠]페닐]아미노]안트라퀴논
	67905-56-0	1-아미노-4-[[4-[(디메칠아미노)메칠]페닐]아미노]안트라퀴논 모노하이드로클로라이드
6-아미노-2-((2,4-디메칠페닐)-1H-벤즈[de]이소퀴놀린-1,3-(2 H)-디온(솔벤트옐로우 44) 및 그 염류	2478-20-8	6-아미노-2-((2,4-디메칠페닐)-1H-벤즈[de]이소퀴놀린-1,3-(2 H)-디온(솔벤트옐로우 44)
5-아미노-2,6-디메톡시-3-하이드록시피리딘 및 그 염류	104333-03-1	5-아미노-2,6-디메톡시-3-하이드록시피리딘

원료명	CAS No.	화학물질명
3-아미노-2,4-디클로로페놀 및 그 염류(다만, 3-아미노-2,4-디클로로페놀 및 그 염산염은 염모제에서 용법·용량에 따른 혼합물의 염모성분으로 염산염으로서 1.5 % 이하는 제외)	61693-42-3	3-아미노-2,4-디클로로페놀
	61693-43-4	3-아미노-2,4-디클로로페놀 하이드로클로라이드
2-아미노메칠-p-아미노페놀 및 그 염산염	79352-72-0	2-아미노메칠-p-아미노페놀
2-[(4-아미노-2-메칠-5-니트로페닐)아미노]에탄올 및 그 염류(예: 에이치시 자색 No. 1)(다만, 산화염모제에서 용법·용량에 따른 혼합물의 염모성분으로서 0.25 % 이하, 비산화염모제에서 용법·용량에 따른 혼합물의 염모성분으로서 0.28 % 이하는 제외)	82576-75-8	2-[(4-아미노-2-메칠-5-니트로페닐)아미노]에탄올
2-[(3-아미노-4-메톡시페닐)아미노]에탄올 및 그 염류(예: 2-아미노-4-하이드록시에칠아미노아니솔)(다만, 산화염모제에서 용법·용량에 따른 혼합물의 염모성분으로서 1.5 % 이하는 제외)	83763-47-7	2-아미노-4-하이드록시에칠아미노아니솔
	83763-48-8	2-아미노-4-하이드록시에칠아미노아니솔 설페이트
4-아미노벤젠설포닉애씨드 및 그 염류	121-57-3	4-아미노벤젠설포닉애씨드
	515-74-2	4-아미노벤젠설포닉애씨드 쇼듐염
4-아미노벤조익애씨드 및 아미노기(-NH$_2$)를 가진 그 에스텔	150-13-0	4-아미노벤조익애씨드
2-아미노-1,2-비스(4-메톡시페닐)에탄올 및 그 염류	530-34-7	2-아미노-1,2-비스(4-메톡시페닐)에탄올
	5934-19-0	2-아미노-1,2-비스(4-메톡시페닐)에탄올 하이드로클로라이드
4-아미노살리실릭애씨드 및 그 염류	65-49-6	4-아미노살리실릭애씨드
	133-15-63	4-아미노살리실릭애씨드 칼슘염 6수화물
	6018-19-5	4-아미노살리실릭애씨드 쇼듐염 2수화물
4-아미노아조벤젠	60-09-3	
1-(2-아미노에칠)아미노-4-(2-하이드록시에칠)옥시-2-니트로벤젠 및 그 염류 (예: 에이치시 등색 No. 2)(다만, 비산화염모제에서 용법·용량에 따른 혼합물의 염모성분으로서 1.0 % 이하는 제외)	85765-48-6	1-(2-아미노에칠)아미노-4-(2-하이드록시에칠)옥시-2-니트로벤젠 (에이치시 등색 No. 2)
아미노카프로익애씨드 및 그 염류	60-32-2	아미노카프로익애씨드
	60-32-2	아미노카프로익애씨드 하이드로클로라이드
4-아미노-m-크레솔 및 그 염류(다만, 4-아미노-m-크레솔은 산화염모제에서 용법·용량에 따른 혼합물의 염모성분으로서 1.5 % 이하는 제외)	2835-99-6	4-아미노-m-크레솔
6-아미노-o-크레솔 및 그 염류	17672-22-9	6-아미노-o-크레솔

원료명	CAS No.	화학물질명
2-아미노-6-클로로-4-니트로페놀 및 그 염류(다만, 2-아미노-6-클로로-4-니트로페놀은 염모제에서 용법·용량에 따른 혼합물의 염모성분으로서 2.0 % 이하는 제외)	6358-09-4	2-아미노-6-클로로-4-니트로페놀
	62625-14-3	2-아미노-6-클로로-4-니트로페놀 하이드로클로라이드
o-아미노페놀	95-55-6	
황산 o-아미노페놀	67845-79-8	
1-[(3-아미노프로필)아미노]-4-(메칠아미노)안트라퀴논 및 그 염류	22366-99-0	1-[(3-아미노프로필)아미노]-4-(메칠아미노)안트라퀴논
4-아미노-3-플루오로페놀	399-95-1	
5-[(4-[(7-아미노-1-하이드록시-3-설포-2-나프틸)아조]-2,5-디에톡시페닐)아조]-2-[(3-포스포노페닐)아조]벤조익애씨드 및 5-[(4-[(7-아미노-1-하이드록시-3-설포-2-나프틸)아조]-2,5-디에톡시페닐)아조]-3-[(3-포스포노페닐)아조벤조익애씨드	163879-69-4	
3(또는 5)-[[4-[(7-아미노-1-하이드록시-3-설포네이토-2-나프틸)아조]-1-나프틸]아조]살리실릭애씨드 및 그 염류	3442-21-5	5-[[4-[(7-아미노-1-하이드록시-3-설포네이토-2-나프틸)아조]-1-나프틸]아조]살리실릭애씨드 소듐염
	34977-63-4	3-[[4-[(7-아미노-1-하이드록시-3-설포네이토-2-나프틸)아조]-1-나프틸]아조]살리실릭애씨드 소듐염
*Ammi majus*및 그 생약제제	90320-46-0	Ammi majus, ext.
아미트롤	61-82-5	
아미트리프틸린 및 그 염류	50-48-6	아미트리프틸린
	549-18-8	아미트리프틸린 하이드로클로라이드
아밀나이트라이트	110-46-3	아밀나이트라이트
아밀 4-디메칠아미노벤조익애씨드(펜틸디메칠파바, 파디메이트 A)	14779-78-3	
과산화물가가 10mmol/L을 초과하는 *Abies balsamea* 잎의 오일 및 추출물	85085-34-3	Fir, Abies balsamea, ext.
과산화물가가 10mmol/L을 초과하는 *Abies sibirica* 잎의 오일 및 추출물	91697-89-1	Fir, Abies sibirica, extract
과산화물가가 10mmol/L을 초과하는 *Abies alba* 열매의 오일 및 추출물	90028-76-5	Abies alba extract
과산화물가가 10mmol/L을 초과하는 *Abies alba* 잎의 오일 및 추출물	90028-76-5	Abies alba extract
과산화물가가 10mmol/L을 초과하는 *Abies pectinata* 잎의 오일 및 추출물	92128-34-2	Fir, Abies pectinata, ext.
아세노코우마롤	152-72-7	
아세타마이드	60-35-5	
아세토나이트릴	75-05-8	

원료명	CAS No.	화학물질명
아세토페논, 포름알데하이드, 사이클로헥실아민, 메탄올 및 초산의 반응물	-	
(2-아세톡시에칠)트리메칠암모늄히드록사이드(아세틸콜린 및 그 염류)	51-84-3	아세틸콜린
	60-31-1	아세틸콜린 클로라이드
	66-23-9	아세틸콜린 브로마이드
	2260-50-6	아세틸콜린 요오드
	927-86-6	아세틸콜린 퍼클로레이트
N-[2-(3-아세틸-5-니트로치오펜-2-일아조)-5-디에칠아미노페닐]아세타마이드	777891-21-1	
3-[(4-(아세틸아미노)페닐)아조]4-4하이드록시-7-[[[[5-하이드록시-6-(페닐아조)-7-설포-2-나프탈레닐]아미노]카보닐]아미노]-2-나프탈렌설포닉애씨드 및 그 염류	3441-14-3	3-[(4-(아세틸아미노)페닐)아조]4-4하이드록시-7-[[[[5-하이드록시-6-(페닐아조)-7-설포-2-나프탈레닐]아미노]카보닐]아미노]-2-나프탈렌설포닉애씨드
5-(아세틸아미노)-4-하이드록시-3-((2-메칠페닐)아조)-2,7-나프탈렌디설포닉애씨드 및 그 염류	6441-93-6	5-(아세틸아미노)-4-하이드록시-3-((2-메칠페닐)아조)-2,7-나프탈렌디설포닉애씨드
아자시클로놀 및 그 염류	115-46-8	아자시클로놀
	1798-50-1	아자시클로놀 하이드로클로라이드
아자페니딘	68049-83-2	
아조벤젠	103-33-3	
아지리딘	151-56-4	
아코니툼(Aconitum)속 및 그 생약제제	84603-50-9	Aconitum napellus, ext.
아코니틴 및 그 염류	302-27-2	아코니틴
아크릴로니트릴	107-13-1	
아크릴아마이드(다만, 폴리아크릴아마이드류에서 유래되었으며, 사용 후 씻어내지 않는 바디화장품에 0.1ppm, 기타 제품에 0.5ppm 이하인 경우에는 제외)	79-06-1	
아트라놀	526-37-4	
Atropa belladonna L.및 그 제제	8007-93-0	belladonna extract
아트로핀, 그 염류 및 유도체	51-55-8	아트로핀
	55-48-1	아트로핀 설페이트
아포몰핀 및 그 염류	58-00-4	아포몰핀
	41372-20-7	아포몰핀 하이드로클로라이드
Apocynum cannabinum L. 및 그 제제	84603-51-0	Apocynum cannabinum root extract
안드로겐효과를 가진 물질	-	

원료명	CAS No.	화학물질명
안트라센오일	120-12-7	
스테로이드 구조를 갖는 안티안드로겐	-	
안티몬 및 그 화합물	7440-36-0	안티몬
알드린	309-00-2	
알라클로르	15972-60-8	
알로클아미드 및 그 염류	5486-77-1	알로클아미드
	5107-01-7	알로클아미드 하이드로클로라이드
알릴글리시딜에텔	106-92-3	
2-(4-알릴-2-메톡시페녹시)-N,N-디에칠아세트아미드 및 그 염류	305-13-5	2-(4-알릴-2-메톡시페녹시)-N,N-디에칠아세트아미드
4-알릴-2,6-비스(2,3-에폭시프로필)페놀, 4-알릴-6-[3-[6-[3-(4-알릴-2,6-비스(2,3-에폭시프로필)페녹시)-2-하이드록시프로필]-4-알릴-2-(2,3-에폭시프로필)페녹시]-2-하이드록시프로필]-4-알릴-2-(2,3-에폭시프로필)페녹시]-2-하이드록시프로필-2-(2,3-에폭시프로필)페놀, 4-알릴-6-[3-(4-알릴-2,6-비스(2,3-에폭시프로필)페녹시)-2-하이드록시프로필]-2-(2,3-에폭시프로필)페놀, 4-알릴-6-[3-[6-[3-(4-알릴-2,6-비스(2,3-에폭시프로필)페녹시)-2-하이드록시프로필]-4-알릴-2-(2,3-에폭시프로필)페녹시]-2-하이드록시프로필]-2-(2,3-에폭시프로필)페놀의 혼합물	-	
알릴이소치오시아네이트	57-06-7	
에스텔의 유리알릴알코올농도가 0.1%를 초과하는 알릴에스텔류	-	
알릴클로라이드(3-클로로프로펜)	107-05-1	
2급 알칸올아민 및 그 염류	-	
알칼리 설파이드류 및 알칼리토 설파이드류	-	
2-알칼리펜타시아노니트로실페레이트	14402-89-2 / 13755-38-9	
알킨알코올 그 에스텔, 에텔 및 염류	-	
o-알킬디치오카르보닉애씨드의 염	1000-90-4	Zinc O,O'-diisopropyl bis(dithiocarbonate)
	140-93-2	Sodium O-isopropyl dithiocarbonate
	140-92-1	Potassium O-isopropyl dithiocarbonate
2급 알킬아민 및 그 염류	-	
암모늄노나데카플루오로데카노에이트	3108-42-7	
암모늄퍼플루오로노나노에이트	4149-60-4	
2-{4-(2-암모니오프로필아미노)-6-[4-하이드록시-3-(5-메칠-2-메톡시-4-설파모일페닐아조)-2-설포네이토나프트-7-일아미노]-1,3,5-트리아진-2-일아미노}-2-아미노프로필포메이트	784157-49-9	

원료명	CAS No.	화학물질명
애씨드오렌지24(CI 20170)	1320-07-6	
애씨드레드73(CI 27290)	5413-75-2	
애씨드블랙 131 및 그 염류	12219-01-1	애씨드블랙 131
에르고칼시페롤 및 콜레칼시페롤(비타민D_2와 D_3)	50-14-6	에르고칼시페롤(비타민D_2)
	67-97-0	콜레칼시페롤(비타민 D_3)
에리오나이트	12510-42-8	
에메틴, 그 염류 및 유도체	483-18-1	에메틴
	316-42-7	에메틴 디하이드로클로라이드
에스트로겐	56-53-1	Diethylstilbestrol
	569-57-3	Chlorotrianisene
	63528-82-5	Diethylstilbestrol disodium salt
	7001-56-1	Pentagestrone
	50-27-1	Estriol
	84-19-5	Dienestrol diacetate
	85-95-0	Benzestrol
	479-68-5	Broparestrol
	1247-71-8	Colpormon
	474-86-2	Equilin
	517-09-9	Equilenin
	84-17-3	Dienestrol
	5635-50-7	Hexestrol
	84-16-2	meso-Hexestrol
	72-33-3	Mestranol
	517-18-0	Methallenestril
	34816-55-2	Moxestrol
	130-73-4	Methestrol
	5108-94-1	Mytatrienediol
	1150-90-9	Estratetraenol
	152-43-2	Quinestrol
	520-34-3	Diosmetin
	50-28-2	Estradiol
	1169-79-5	Quinestradol
	512-04-9	Diosgenin
	57-63-6	Ethinyl estradiol
에제린 또는 피조스티그민 및 그 염류	57-47-6	에제린(피조스티그민)
	64-47-1	에제린 설페이트
에이치시 녹색 No. 1	52136-25-1	

원료명	CAS No.	화학물질명
에이치시 적색 No. 8 및 그 염류	13556-29-1	에이치시 적색 No. 8
	97404-14-3	에이치시 적색 No. 8 모노하이드로클로하이드
에이치시 청색 No. 11	23920-15-2	
에이치시 황색 No. 11	73388-54-2	
에이치시 등색 No. 3	81612-54-6	
에치온아미드	536-33-4	
에칠렌글리콜 디메칠 에텔(EGDME)	110-71-4	
2,2'-[(1,2'-에칠렌디일)비스[5-((4-에톡시페닐)아조]벤젠설포닉애씨드) 및 그 염류	2870-32-8	2,2'-[(1,2'-에칠렌디일)비스[5-((4-에톡시페닐)아조]벤젠설포닉애씨드)
에칠렌옥사이드	75-21-8	
3-에칠-2-메칠-2-(3-메칠부틸)-1,3-옥사졸리딘	143860-04-2	
1-에칠-1-메칠몰포리늄 브로마이드	65756-41-4	
1-에칠-1-메칠피롤리디늄 브로마이드	69227-51-6	
에칠비스(4-히드록시-2-옥소-1-벤조피란-3-일)아세테이트 및 그 산의 염류	548-00-5	에칠비스(4-히드록시-2-옥소-1-벤조피란-3-일)아세테이트
4-에칠아미노-3-니트로벤조익애씨드(N-에칠-3-니트로 파바) 및 그 염류	2788-74-1	4-에칠아미노-3-니트로벤조익애씨드
에칠아크릴레이트	140-88-5	
3'-에칠-5',6',7',8'-테트라히드로-5',6',8',8',-테트라메칠-2'-아세토나프탈렌(아세틸에칠테트라메칠테트라린, AETT)	88-29-9	
에칠페나세미드(페네투라이드)	90-49-3	
2-[[4-[에칠(2-하이드록시에칠)아미노]페닐]아조]-6-메톡시-3-메칠-벤조치아졸리움 및 그 염류	12270-13-2	2-[[4-[에칠(2-하이드록시에칠)아미노]페닐]아조]-6-메톡시-3-메칠-벤조치아졸리움
2-에칠헥사노익애씨드	149-57-5	
2-에칠헥실[[[3,5-비스(1,1-디메칠에칠)-4-하이드록시페닐]-메칠치오]아세테이트	80387-97-9	
O,O'-(에테닐메칠실릴렌디[(4-메칠펜탄-2-온)옥심]	156145-66-3	
에토헵타진 및 그 염류	77-15-6	에토헵타진
	5982-61-6	에토헵타진 하이드로클로라이드
7-에톡시-4-메칠쿠마린	87-05-8	
4'-에톡시-2-벤즈이미다졸아닐라이드	120187-29-3	
2-에톡시에탄올(에칠렌글리콜 모노에칠에텔, EGMEE)	110-80-5	
에톡시에탄올아세테이트	111-15-9	
5-에톡시-3-트리클로로메칠-1,2,4-치아디아졸	2593-15-9	
4-에톡시페놀(히드로퀴논모노에칠에텔)	622-62-8	

원료명	CAS No.	화학물질명
4-에톡시-*m*-페닐렌디아민 및 그 염류(예 : 4-에톡시-*m*-페닐렌디아민 설페이트)	5862-77-1	4-에톡시-m-페닐렌디아민
	67801-06-3	4-에톡시-m-페닐렌디아민 디클로라이드
	68015-98-5 / 6219-69-8	4-에톡시-m-페닐렌디아민 설페이트
에페드린 및 그 염류	299-42-3	에페드린
	50-98-6	에페드린 하이드로클로라이드
	134-72-5	에페드린 설페이트
1,2-에폭시부탄	106-88-7	
(에폭시에칠)벤젠	96-09-3	
1,2-에폭시-3-페녹시프로판	122-60-1	
R-2,3-에폭시-1-프로판올	57044-25-4	
2,3-에폭시프로판-1-올	556-52-5	
2,3-에폭시프로필-*o*-톨일에텔	2210-79-9	
에피네프린	51-43-4	
옥사디아질	39807-15-3	
(옥사릴비스이미노에칠렌)비스((*o*-클로로벤질)디에칠암모늄)염류, (예 : 암베노늄클로라이드)	115-79-7	암베노늄클로라이드
옥산아미드 및 그 유도체	126-93-2	옥산아미드
옥스페네리딘 및 그 염류	546-32-7	옥스페네리딘
4,4'-옥시디아닐린(*p*-아미노페닐 에텔) 및 그 염류	101-80-4	4,4'-옥시디아닐린(p-아미노페닐 에텔)
(s)-옥시란메탄올 4-메칠벤젠설포네이트	70987-78-9	
옥시염화비스머스 이외의 비스머스화합물	-	
옥시퀴놀린(히드록시-8-퀴놀린 또는 퀴놀린-8-올) 및 그 황산염	148-24-3	옥시퀴놀린(히드록시-8-퀴놀린 또는 퀴놀린-8-올)
	134-31-6	옥시퀴놀린 설페이트
옥타목신 및 그 염류	4684-87-1	옥타목신
	3848-07-6 / 3506-13-6	옥타목신 설페이트
옥타밀아민 및 그 염류	502-59-0	옥타밀아민
	5964-56-7	옥타밀아민 하이드로클로라이드
옥토드린 및 그 염류	543-82-8	옥토드린
	5984-59-8	옥토드린 하이드로클로라이드
올레안드린	465-16-7	

원료명	CAS No.	화학물질명
와파린 및 그 염류	81-81-2	와파린
	2610-86-8	와파린 포타슘
	129-06-6	와파린 소듐
요도메탄	74-88-4	
요오드	7553-56-2	
요힘빈 및 그 염류	146-48-5	요힘빈
	65-19-0	요힘빈 하이드로클로라이드
우레탄(에칠카바메이트)	51-79-6	
우로카닌산, 우로카닌산에칠	104-98-3	우로카닌산
	27538-35-8	우로카닌산에칠
Urginea scilla Stern. 및 그 생약제제	84650-62-4	Urginea maritima, ext.
우스닉산 및 그 염류(구리염 포함)	125-46-2	우스닉산
	34769-44-3	우스닉산 소듐
2,2'-이미노비스-에탄올, 에피클로로히드린 및 2-니트로-1,4-벤젠디아민의 반응생성물(에이치시 청색 No. 5) 및 그 염류	68478-64-8 / 158571-58-5	에이치시 청색 No. 5
(마이크로-((7,7'-이미노비스(4-하이드록시-3-((2-하이드록시-5-(N-메칠설파모일)페닐)아조)나프탈렌-2-설포네이토))(6-)))디쿠프레이트 및 그 염류	37279-54-2	(마이크로-((7,7'-이미노비스(4-하이드록시-3-((2-하이드록시-5-(N-메칠설파모일)페닐)아조)나프탈렌-2-설포네이토))(6-)))디쿠프레이트
4,4'-(4-이미노사이클로헥사-2,5-디에닐리덴메칠렌)디아닐린 하이드로클로라이드	569-61-9	
이미다졸리딘-2-치온	96-45-7	
과산화물가가 10mmol/L을 초과하는 이소디프렌	13466-78-9	이소디프렌
이소메트헵텐 및 그 염류	503-01-5	이소메트헵텐
	6168-86-1	이소메트헵텐 하이드로클로라이드
이수부틸나이트라이트	542-56-3	
4,4'-이소부틸에칠리덴디페놀	6807-17-6	
이소소르비드디나이트레이트	87-33-2	
이소카르복사지드	59-63-2	
이소프레나린	7683-59-2	
이소프렌(2-메칠-1,3-부타디엔)	78-79-5	
6-이소프로필-2-데카하이드로나프탈렌올(6-이소프로필-2-데카롤)	34131-99-2	
3-(4-이소프로필페닐)-1,1-디메칠우레아(이소프로투론)	34123-59-6	
(2-이소프로필펜트-4-에노일)우레아(아프로날리드)	528-92-7	
이속사풀루톨	141112-29-0	

원료명	CAS No.	화학물질명
이속시닐 및 그 염류	1689-83-4	이속시닐
	2961-62-8	이속시닐 소듐
	2961-61-7	이속시닐 리튬
이부프로펜피코놀, 그 염류 및 유도체	64622-45-3	이부프로펜피코놀
Ipecacuanha(Cephaelis ipecacuaha Brot. 및 관련된 종) (뿌리, 가루 및 생약제제)	8012-96-2	IPECAC(Cephaelis ipecacuaha)
이프로디온	36734-19-7	
인체 세포・조직 및 그 배양액(다만, 배양액 중 별표 3의 인체 세포・조직 배양액 안전기준에 적합한 경우는 제외)	-	
인태반(Human Placenta) 유래 물질	-	
인프로쿠온	436-40-8	
임페라토린(9-(3-메칠부트-2-에니록시)푸로(3,2-g)크로멘-7온)	482-44-0	
자이람	137-30-4	
자일렌(다만, 화장품 원료의 제조공정에서 용매로 사용되었으나 완전히 제거할 수 없는 잔류용매로서 화장품법 시행규칙 [별표 3] 자. 손발톱용 제품류 중 1), 2), 3), 5)에 해당하는 제품 중 0.01%이하, 기타 제품 중 0.002% 이하인 경우 제외)	95-47-6	O-자일렌
	108-38-3	M-자일렌
자일로메타졸린 및 그 염류	526-36-3	자일로메타졸린
	1218-35-5	자일로메타졸린 하이드로클로라이드
자일리딘, 그 이성체, 염류, 할로겐화 유도체 및 설폰화 유도체	1300-73-8	자일리딘
	95-68-1	2,4-자일리딘
	87-62-7	2,6-자일리딘
	95-78-3	2,5-자일리딘
	95-64-7	3,4-자일리딘
「잔류성오염물질 관리법」제2조제1호에 따라 지정하고 있는 잔류성오염물질 (잔류성오염물질의 관리에 관하여는 해당 법률에서 정하는 바에 따른다.)	-	
족사졸아민	61-80-3	
Juniperus sabina L.(잎, 정유 및 생약제제)	90046-04-1	Juniper, Juniperus sabina, ext.
지르코늄 및 그 산의 염류	7440-67-7	지르코늄
	14644-61-2	지르코늄 설페이트
	10026-11-6	지르코늄 클로라이드
천수국꽃 추출물 또는 오일	90131-43-4	
Chenopodium ambrosioides(정유)	8006-99-3	Chenopodium oil
치람	137-26-8	
4,4'-치오디아닐린 및 그 염류	139-65-1	4,4'-치오디아닐린
치오아세타마이드	62-55-5	
치오우레아 및 그 유도체	62-56-6	

원료명	CAS No.	화학물질명
치오테파	52-24-4	
치오판네이트-메칠	23564-05-8	
카드뮴 및 그 화합물	7440-43-9	카드뮴
카라미펜 및 그 염류	77-22-5	카라미펜
	125-85-9	카라미펜 하이드로클로라이드
카르벤다짐	10605-21-7	
4,4'-카르본이미돌일비스[N,N-디메칠아닐린] 및 그 염류	492-80-8	4,4'-카르본이미돌일비스[N,N-디메칠아닐린]
카리소프로돌	78-44-4	
카바독스	6804-07-5	
카바릴	63-25-2	
N-(3-카바모일-3,3-디페닐프로필)-N,N-디이소프로필메칠암모늄염(예 : 이소프로파미드아이오다이드)	71-81-8	이소프로파미드아이오다이드
카바졸의 니트로유도체	-	
7,7'-(카보닐디이미노)비스(4-하이드록시-3-[[2-설포-4-[(4-설포페닐)아조]페닐]아조-2-나프탈렌설포닉애씨드 및 그 염류	25188-41-4	7,7'-(카보닐디이미노)비스(4-하이드록시-3-[[2-설포-4-[(4-설포페닐)아조]페닐]아조-2-나프탈렌설포닉애씨드
	2610-10-8	7,7'-(카보닐디이미노)비스(4-하이드록시-3-[[2-설포-4-[(4-설포페닐)아조]페닐]아조-2-나프탈렌설포닉애씨드 헥사소듐
카본디설파이드	75-15-0	
카본모노옥사이드(일산화탄소)	630-08-0	
카본블랙(다만, 불순물 중 벤조피렌과 디벤즈(a,h)안트라센이 각각 5ppb 이하이고 총 다환방향족탄화수소류(PAHs)가 0.5ppm 이하인 경우에는 제외)	1333-86-4	
카본테트라클로라이드	56-23-5	
카부트아미드	339-43-5	
카브로말	77-65-6	
카탈라아제	9001-05-2	
카테콜(피로카테콜)	120-80-9	
칸타리스, *Cantharis vesicatoria*	92457-17-5	
캡타폴	2425-06-1	
캡토디암	486-17-9	
케토코나졸	65277-42-1	
Coniummaculatum L.(과실, 가루, 생약제제)	85116-75-2	Conium maculatum extract
코니인	458-88-8	

원료명	CAS No.	화학물질명
코발트디클로라이드(코발트클로라이드)	7646-79-9	
코발트벤젠설포네이트	23384-69-2	
코발트설페이트	10124-43-3	
코우메타롤	4366-18-1	
콘발라톡신	508-75-8	
콜린염 및 에스텔(예 : 콜린클로라이드)	67-48-1	콜린클로라이드
콜키신, 그 염류 및 유도체	64-86-8	콜키신
콜키코시드 및 그 유도체	477-29-2	콜키코시드
Colchicum autumnale L.및 그 생약제제	84696-03-7	Colchicum autumnale, ext.
콜타르 및 정제콜타르	8007-45-2	콜타르
쿠라레와 쿠라린	8063-06-7	쿠라레
	22260-42-0	쿠라린
합성 쿠라리잔트(Curarizants)	57-95-4	Tubocurarine
	57-94-3	tubocurarine chloride
과산화물가가 10mmol/L을 초과하는 Cupressus sempervirens 잎의 오일 및 추출물	84696-07-1	Cupressus sempervirens extract
	8013-86-3	Cupressus sempervirens oil
크로톤알데히드(부테날)	123-73-9	
	4170-30-3	
Croton tiglium(오일)	8001-28-3	
3-(4-클로로페닐)-1,1-디메칠우로늄 트리클로로아세테이트 ; 모누론-TCA	140-41-0	
크롬 ; 크로믹애씨드 및 그 염류	7440-47-3	크롬
	7738-94-5	크로믹애씨드
크리센	218-01-9	
크산티놀(7-{2-히드록시-3-[N-(2-히드록시에칠)-N-메칠아미노]프로필}테오필린)	2530-97-4	
Claviceps purpurea Tul.,그 알칼로이드 및 생약제제	84775-56-4	Ergot, Claviceps purpurea, ext.
1-클로로-4-니트로벤젠	100-00-5	
2-[(4-클로로-2-니트로페닐)아미노]에탄올(에이치시 황색 No. 12) 및 그 염류	59320-13-7	2-[(4-클로로-2-니트로페닐)아미노]에탄올(에이치시 황색 No. 12)
2-[(4-클로로-2-니트로페닐)아조)-N-(2-메톡시페닐)-3-옥소부탄올아마이드(피그먼트옐로우 73) 및 그 염류	13515-40-7	2-[(4-클로로-2-니트로페닐)아조)-N-(2-메톡시페닐)-3-옥소부탄올아마이드
2-클로로-5-니트로-N-하이드록시에칠-p-페닐렌디아민 및 그 염류	50610-28-1	2-클로로-5-니트로-N-하이드록시에칠-p-페닐렌디아민
클로로데콘	143-50-0	

원료명	CAS No.	화학물질명
2,2'-((3-클로로-4-((2,6-디클로로-4-니트로페닐)아조)페닐)이미노)비스에탄올(디스퍼스브라운 1) 및 그 염류	23355-64-8	2,2'-((3-클로로-4-((2,6-디클로로-4-니트로페닐)아조)페닐)이미노)비스에탄올(디스퍼스브라운 1)
5-클로로-1,3-디하이드로-2H-인돌-2-온	17630-75-0	
[6-[[3-클로로-4-(메칠아미노)페닐]이미노]-4-메칠-3-옥소사이클로헥사-1,4-디엔-1-일]우레아(에이치시 적색 No. 9) 및 그 염류	56330-88-2	[6-[[3-클로로-4-(메칠아미노)페닐]이미노]-4-메칠-3-옥소사이클로헥사-1,4-디엔-1-일]우레아(에이치시 적색 No. 9)
클로로메칠 메칠에텔	107-30-2	
2-클로로-6-메칠피리미딘-4-일디메칠아민(크리미딘-ISO)	535-89-7	
클로로메탄	74-87-3	
p-클로로벤조트리클로라이드	5216-25-1	
N-5-클로로벤족사졸-2-일아세트아미드	35783-57-4	
4-클로로-2-아미노페놀	95-85-2	
클로로아세타마이드	79-07-2	
클로로아세트알데히드	107-20-0	
클로로아트라놀	57074-21-2	
6-(2-클로로에칠)-6-(2-메톡시에톡시)-2,5,7,10-테트라옥사-6-실라운데칸	37894-46-5	
2-클로로-6-에칠아미노-4-니트로페놀 및 그 염류(다만, 산화염모제에서 용법·용량에 따른 혼합물의 염모성분으로서 1.5 % 이하, 비산화염모제에서 용법·용량에 따른 혼합물의 염모성분으로서 3 % 이하는 제외)	131657-78-8	2-클로로-6-에칠아미노-4-니트로페놀
클로로에탄	75-00-3	
1-클로로-2,3-에폭시프로판	106-89-8	
R-1-클로로-2,3-에폭시프로판	51594-55-9	
클로로탈로닐	1897-45-6	
클로로톨루론 ; 3-(3-클로로-p-톨일)-1,1-디메칠우레아	15545-48-9	
α-클로로톨루엔	100-44-7	
N'-(4-클로로-o-톨일)-N,N-디메칠포름아미딘 모노하이드로클로라이드	19750-95-9	
1-(4-클로로페닐)-4,4-디메칠-3-(1,2,4-트리아졸-1-일메칠)펜타-3-올	107534-96-3	
(3-클로로페닐)-(4-메톡시-3-니트로페닐)메타논	66938-41-8	
(2RS,3RS)-3-(2-클로로페닐)-2-(4-플루오로페닐)-[1H-1,2,4-트리아졸-1-일]메칠]옥시란(에폭시코나졸)	133855-98-8	
2-(2-(4-클로로페닐)-2-페닐아세틸)인단 1,3-디온(클로로파시논-ISO)	3691-35-8	

원료명	CAS No.	화학물질명
클로로포름	67-66-3	
클로로프렌(2-클로로부타-1,3-디엔)	126-99-8	
클로로플루오로카본 추진제(완전하게 할로겐화 된 클로로플루오로알칸)	-	
황산 o-클로로-p-페닐렌디아민	61702-44-1	
2-클로로-N-(히드록시메칠)아세트아미드	2832-19-1	
N-[(6-[(2-클로로-4-하이드록시페닐)이미노]-4-메톡시-3-옥소-1,4-사이클로헥사디엔-1-일]아세타마이드(에이치시 황색 No. 8) 및 그 염류	66612-11-1	N-[(6-[(2-클로로-4-하이드록시페닐)이미노]-4-메톡시-3-옥소-1,4-사이클로헥사디엔-1-일]아세타마이드(에이치시 황색 No. 8)
클로르단	57-74-9	
클로르디메폼	6164-98-3	
클로르메자논	80-77-3	
클로르메틴 및 그 염류	51-75-2	클로르메틴
	55-86-7	클로르메틴 하이드로클로라이드
클로르족사존	95-25-0	
클로르탈리돈	77-36-1	
클로르프로티센 및 그 염류	113-59-7	클로르프로티센
	6469-93-8	클로르프로티센 하이드로클로라이드
클로르프로파미드	94-20-2	
클로린	7782-50-5	
클로졸리네이트	84332-86-5	
클로페노탄 ; DDT(ISO)	50-29-3	
클로펜아미드	671-95-4	
키노메치오네이트	2439-01-2	
타크로리무스(tacrolimus), 그 염류 및 유도체	104987-11-3	타크로리무스
탈륨 및 그 화합물	7440-28-0	탈륨
탈리도마이드 및 그 염류	50-35-1	탈리도마이드
대한민국약전(식품의약품안전처 고시) '탤크'항 중 석면기준에 적합하지 않은 탤크	14807-96-6	탤크
과산화물가가 10mmol/L을 초과하는 테르펜 및 테르페노이드(다만, 리모넨류는 제외)	-	
과산화물가가 10mmol/L을 초과하는 신핀 테르펜 및 테르페노이드(sinpine terpenes and terpenoids)	68917-63-5	Terpenes and Terpenoids, sinpine
과산화물가가 10mmol/L을 초과하는 테르펜 알코올류의 아세테이트	69103-01-1	테르펜 알코올 아세테이트

원료명	CAS No.	화학물질명
과산화물가가 10mmol/L을 초과하는 테르펜하이드로카본	68956-56-9	테르펜하이드로카본
과산화물가가 10mmol/L을 초과하는 α-테르피넨	99-86-5	α-테르피넨
과산화물가가 10mmol/L을 초과하는 γ-테르피넨	99-85-4	γ-테르피넨
과산화물가가 10mmol/L을 초과하는 테르피놀렌	586-62-9	테르피놀렌
Thevetia neriifolia juss, 배당체 추출물	90147-54-9	Yellow oleander, ext.
N,N,N',N'-테트라글리시딜-4,4'-디아미노-3,3'-디에칠디페닐메탄	130728-76-6	
N,N,N',N-테트라메칠-4,4'-메칠렌디아닐린	101-61-1	
테트라베나진 및 그 염류	58-46-8	테트라베나진
테트라브로모살리실아닐리드	-	
테트라소듐 3,3'-[[1,1'-비페닐]-4,4'-디일비스(아조)]비스[5-아미노-4-하이드록시나프탈렌-2,7-디설포네이트](다이렉트블루 6)	2602-46-2	
1,4,5,8-테트라아미노안트라퀴논(디스퍼스블루1)	2475-45-8	
테트라에칠피로포스페이트 ; TEPP(ISO)	107-49-3	
테트라카보닐니켈	13463-39-3	
테트라카인 및 그 염류	94-24-6	테트라카인
	136-47-0	테트라카인 하이드로클로라이드
테트라코나졸((+/-)-2-(2,4-디클로로페닐)-3-(1H-1,2,4-트리아졸-1-일)프로필-1,1,2,2-테트라플루오로에칠에텔)	112281-77-3	
2,3,7,8-테트라클로로디벤조-*p*-디옥신	1746-01-6	
테트라클로로살리실아닐리드	7426-07-5	
5,6,12,13-테트라클로로안트라(2,1,9-def:6,5,10-d'e'f')디이소퀴놀린-1,3,8,10(2H,9H)-테트론	115662-06-1	
테트라클로로에칠렌	127-18-4	
테트라키스-하이드록시메칠포스포늄 클로라이드, 우레아 및 증류된 수소화 C16-18 탈로우 알킬아민의 반응생성물 (UVCB 축합물)	166242-53-1	
테트라하이드로-6-니트로퀴노살린 및 그 염류	41959-35-7	테트라하이드로-6-니트로퀴노살린
	158006-54-3	테트라하이드로-6-니트로퀴노살린 모노하이드로클로라이드
테트라히드로졸린(테트리졸린) 및 그 염류	84-22-0	테트라히드로졸린
	522-48-5	테트라히드로졸린 하이드로클로라이드
테트라하이드로치오피란-3-카르복스알데하이드	61571-06-0	
(+/-)-테트라하이드로풀푸릴-(R)-2-[4-(6-클로로퀴노살린-2-일옥시)페닐옥시]프로피오네이트	119738-06-6	
테트릴암모늄브로마이드	71-91-0	
테파졸린 및 그 염류	1082-56-0	테파졸린

원료명	CAS No.	화학물질명
텔루륨 및 그 화합물	13494-80-9	텔루륨
토목향(Inula helenium)오일	97676-35-2	Oils, elecampane
톡사펜	8001-35-2	
톨루엔-3,4-디아민	496-72-0	
톨루이디늄클로라이드	540-23-8	
톨루이딘, 그 이성체, 염류, 할로겐화 유도체 및 설폰화 유도체	26915-12-8	톨루이딘
	95-53-4	o-톨루이딘
	106-49-0	p-톨루이딘
o-톨루이딘계 색소류	-	
톨루이딘설페이트(1:1)	540-25-0	
m-톨리덴 디이소시아네이트	26471-62-5	
4-o-톨릴아조-o-톨루이딘	97-56-3	
톨복산	2430-46-8	
톨부트아미드	64-77-7	
[(톨일옥시)메칠]옥시란(크레실 글리시딜 에텔)	26447-14-3	
[(m-톨일옥시)메칠]옥시란	2186-25-6	
[(p-톨일옥시)메칠]옥시란	2186-24-5	
과산화물가가 10mmol/L을 초과하는 피누스(Pinus)속을 스팀증류하여 얻은 투르펜틴	8006-64-2	Turpentine, steam distilled (Pinus spp.)
과산화물가가 10mmol/L을 초과하는 투르펜틴검(피누스(Pinus)속)	9005-90-7	Turpentine gum (Pinus spp.)
과산화물가가 10mmol/L을 초과하는 투르펜틴 오일 및 정제오일	8006-64-2	Turpentine oil and rectified oil
투아미노헵탄, 이성체 및 그 염류	123-82-0	투아미노헵탄
	6411-75-2	투아미노헵탄 설페이트
	1202543-58-5 / 101689-06-9	투아미노헵탄 하이드로클로라이드
과산화물가가 10mmol/L을 초과하는 Thuja Occidentalis 나무줄기의 오일	90131-58-1	Thuya occidentalis, ext.
과산화물가가 10mmol/L을 초과하는 Thuja Occidentalis 잎의 오일 및 추출물	90131-58-1	Thuya occidentalis, ext.
트라닐시프로민 및 그 염류	155-09-9	트라닐시프로민
	13492-01-8	트라닐시프로민 설페이트
	1986-47-6	트라닐시프로민 하이드로클로라이드
트레타민	51-18-3	
트레티노인(레티노익애씨드 및 그 염류)	302-79-4	트레티노인(레티노익애씨드)
트리니켈디설파이드	12035-72-2	
트리데모르프	24602-86-6	
3,5,5-트리메칠사이클로헥스-2-에논	78-59-1	

원료명	CAS No.	화학물질명
2,4,5-트리메칠아닐린[1] ; 2,4,5-트리메칠아닐린 하이드로클로라이드[2]	137-17-7	2,4,5-트리메칠아닐린
	21436-97-5	2,4,5-트리메칠아닐린 하이드로클로라이드
3,6,10-트리메칠-3,5,9-운데카트리엔-2-온(메칠이소슈도이오논)	1117-41-5	
2,2,6-트리메칠-4-피페리딜벤조에이트(유카인) 및 그 염류	500-34-5	유카인
	555-28-2	유카인 하이드로클로라이드
3,4,5-트리메톡시펜에칠아민 및 그 염류	54-04-6	3,4,5-트리메톡시펜에칠아민
	832-92-8	3,4,5-트리메톡시펜에칠아민 하이드로클로라이드
트리부틸포스페이트	126-73-8	
3,4',5-트리브로모살리실아닐리드(트리브롬살란)	87-10-5	
2,2,2-트리브로모에탄올(트리브로모에칠알코올)	75-80-9	
트리소듐 비스(7-아세트아미도-2-(4-니트로-2-옥시도페닐아조)-3-설포네이토-1-나프톨라토)크로메이트(1-)	106084-79-1	
트리소듐[4'-(8-아세틸아미노-3,6-디설포네이토-2-나프틸아조)-4"-(6-벤조일아미노-3-설포네이토-2-나프틸아조)-비페닐-1,3',3",1"'-테트라올라토-O,O',O",O"']코퍼(II)	164058-22-4	
1,3,5-트리스(3-아미노메칠페닐)-1,3,5-(1H,3H,5H)-트리아진-2,4,6-트리온 및 3,5-비스(3-아미노메칠페닐)-1-폴리[3,5-비스(3-아미노메칠페닐)-2,4,6-트리옥소-1,3,5-(1H,3H,5H)-트리아진-1-일]-1,3,5-(1H,3H,5H)-트리아진-2,4,6-트리온 올리고머의 혼합물	-	
1,3,5-트리스-[(2S 및 2R)-2,3-에폭시프로필]-1,3,5-트리아진-2,4,6-(1H,3H,5H)-트리온	59653-74-6	
1,3,5-트리스(옥시라닐메칠)-1,3,5-트리아진-2,4,6(1H,3H,5H)-트리온	2451-62-9	
트리스(2-클로로에칠)포스페이트	115-96-8	
N1-(트리스(하이드록시메칠))-메칠-4-니트로-1,2-페닐렌디아민(에이치시 황색 No. 3) 및 그 염류	56932-45-7	N1-(트리스(하이드록시메칠))-메칠-4-니트로-1,2-페닐렌디아민(에이치시 황색 No. 3)
1,3,5-트리스(2-히드록시에칠)헥사히드로1,3,5-트리아신	4719-04-4	
1,2,4-트리아졸	288-88-0	
트리암테렌 및 그 염류	396-01-0	트리암테렌
트리옥시메칠렌(1,3,5-트리옥산)	110-88-3	
트리클로로니트로메탄(클로로피크린)	76-06-2	
N-(트리클로로메칠치오)프탈이미드	133-07-3	
N-[(트리클로로메칠)치오]-4-사이클로헥센-1,2-디카르복시미드(캡탄)	133-06-2	
2,3,4-트리클로로부트-1-엔	2431-50-7	
트리클로로아세틱애씨드	76-03-9	

원료명	CAS No.	화학물질명
트리클로로에칠렌	79-01-6	
1,1,2-트리클로로에탄	79-00-5	
2,2,2-트리클로로에탄-1,1-디올	302-17-0	
α,α,α-트리클로로톨루엔	98-07-7	
2,4,6-트리클로로페놀	88-06-2	
1,2,3-트리클로로프로판	96-18-4	
트리클로르메틴 및 그 염류	555-77-1	트리클로르메틴
	817-09-4	트리클로르메틴 하이드로클로라이드
트리톨일포스페이트	1330-78-5	
트리파라놀	78-41-1	
트리플루오로요도메탄	2314-97-8	
트리플루페리돌	749-13-3	
1,2,4-트리하이드록시벤젠	533-73-3	
1,3,5-트리하이드록시벤젠(플로로글루시놀) 및 그 염류	108-73-6	1,3,5-트리하이드록시벤젠(플로로글루시놀)
티로트리신	1404-88-2	
티로프로픽애씨드 및 그 염류	51-26-3	티로프로픽애씨드
티아마졸	60-56-0	
티우람디설파이드	137-26-8	
티우람모노설파이드	97-74-5	
파라메타손	53-33-8	
파르에톡시카인 및 그 염류	94-23-5	파르에톡시카인
	136-46-9	파르에톡시카인 하이드로클로라이드
퍼플루오로노나노익애씨드	375-95-1	
2급 아민함량이 5%를 초과하는 패티애씨드디알킬아마이드류 및 디알칸올아마이드류	-	
페나글리코돌	79-93-6	
페나디아졸	1008-65-7	
페나리몰	60168-88-9	
페나세미드	63-98-9	
p-페네티딘(4-에톡시아닐린)	156-43-4	
페노졸론	15302-16-6	
페노티아진 및 그 화합물	92-84-2	페노티아진
페놀	108-95-2	
페놀프탈레인((3,3-비스(4-하이드록시페닐)프탈리드)	77-09-8	
페니라미돌	553-69-5	

원료명	CAS No.	화학물질명
o-페닐렌디아민 및 그 염류	95-54-5	o-페닐렌디아민
	615-28-1	o-페닐렌디아민 디클로라이드
m-페닐렌디아민	108-45-2	
염산 m-페닐렌디아민	541-69-5	
황산 m-페닐렌디아민	541-70-8	
페닐부타존	50-33-9	
4-페닐부트-3-엔-2-온	122-57-6	
페닐살리실레이트	118-55-8	
1-페닐아조-2-나프톨(솔벤트옐로우 14)	842-07-9	
4-(페닐아조)-m-페닐렌디아민 및 그 염류	495-54-5	4-(페닐아조)-m-페닐렌디아민
4-페닐아조페닐렌-1-3-디아민시트레이트히드로클로라이드(크리소이딘시트레이트히드로클로라이드)	5909-04-6	
(R)-α-페닐에칠암모늄(-)-(1R,2S)-(1,2-에폭시프로필)포스포네이트 모노하이드레이트	25383-07-7	
2-페닐인단-1,3-디온(페닌디온)	83-12-5	
페닐파라벤	17696-62-7	
트랜스-4-페닐-L-프롤린	96314-26-0	
페루발삼(Myroxylon pereirae의 수지)[다만, 추출물(extracts) 또는 증류물(distillates)로서 0.4% 이하인 경우는 제외]	8007-00-9	Balsam Peru
페몰린 및 그 염류	2152-34-3	페몰린
	18968-99-5	페몰린 마그네슘
페트리클로랄	78-12-6	
펜메트라진 및 그 유도체 및 그 염류	134-49-6	펜메트라진
	1707-14-8	펜메트라진 하이드로클로라이드
펜치온	55 38 9	
N,N'-펜타메칠렌비스(트리메칠암모늄)염류 (예 : 펜타메토늄브로마이드)	541-20-8	펜타메토늄브로마이드
펜타에리트리틸테트라나이트레이트	78-11-5	
펜타클로로에탄	76-01-7	
펜타클로로페놀 및 그 알칼리 염류	87-86-5	펜타클로로페놀
	131-52-2	펜타클로로페놀 소듐염
	7778-73-6	펜타클로로페놀 포타슘염
펜틴 아세테이트	900-95-8	
펜틴 하이드록사이드	76-87-9	
2-펜틸리덴사이클로헥사논	25677-40-1	
펜프로바메이트	673-31-4	
펜프로코우몬	435-97-2	

원료명	CAS No.	화학물질명
펜프로피모르프	67564-91-4	
펠레티에린 및 그 염류	4396-01-4	펠레티에린
	5984-61-2	펠레티에린 하이드로클로라이드
포름아마이드	75-12-7	
포름알데하이드 및 p-포름알데하이드	50-00-0	포름알데하이드
	30525-89-4	p-포름알데하이드
포스파미돈	13171-21-6	
포스포러스 및 메탈포스피드류	7723-14-0	포스포러스
포타슘브로메이트	7758-01-2	
폴딘메틸설페이드	545-80-2	
푸로쿠마린류(예 : 트리옥시살렌, 8-메톡시소랄렌, 5-메톡시소랄렌)(천연에센스에 자연적으로 함유된 경우는 제외. 다만, 자외선차단제품 및 인공선탠제품에서는 1ppm 이하이어야 한다.)	3902-71-4	트리옥시살렌
	298-81-7	8-메톡시소랄렌
	484-20-8	5-메톡시소랄렌
푸르푸릴트리메칠암모늄염(예 : 푸르트레토늄아이오다이드)	541-64-0	푸르트레토늄아이오다이드
풀루아지포프-부틸	69806-50-4	
풀미옥사진	103361-09-7	
퓨란	110-00-9	
프라모카인 및 그 염류	140-65-8	프라모카인
	637-58-1	프라모카인 하이드로클로라이드
프레그난디올	80-92-2	
프로게스토젠	-	
프로그레놀론아세테이트	1778-02-5	
프로베네시드	57-66-9	
프로카인아미드, 그 염류 및 유도체	51-06-9	프로카인아미드
	614-39-1	프로카인아미드 하이드로클로라이드
	63887-34-3	프로카인아미드 설페이트
프로파지트	2312-35-8	
프로파진	139-40-2	
프로파틸나이트레이트	2921-92-8	
4,4'-[1,3-프로판디일비스(옥시)]비스벤젠-1,3-디아민 및 그 테트라하이드로클로라이드염(예 : 1,3-비스-(2,4-디아미노페녹시)프로판, 염산 1,3-비스-(2,4-디아미노페녹시)프로판 하이드로클로라이드)(다만, 산화염모제에서 용법·용량에 따른 혼합물의 염모성분으로서 산으로서 1.2 % 이하는 제외)	81892-72-0	1,3-비스-(2,4-디아미노페녹시)프로판
	74918-21-1	1,3-비스-(2,4-디아미노페녹시)프로판 하이드로클로라이드
1,3-프로판설톤	1120-71-4	
프로판-1,2,3-트리일트리나이트레이트	55-63-0	

원료명	CAS No.	화학물질명
프로피오락톤	57-57-8	
프로피자미드	23950-58-5	
프로피페나존	479-92-5	
Prunus laurocerasus L.	89997-54-6	Cherry laurel, ext.
프시로시빈	520-52-5	
프탈레이트류(디부틸프탈레이트, 디에틸헥실프탈레이트, 부틸벤질프탈레이트에 한함)	84-74-2	디부틸프탈레이트
	117-81-7	디에틸헥실프탈레이트
	85-68-7	부틸벤질프탈레이트
플루실라졸	85509-19-9	
플루아니손	1480-19-9	
플루오레손	2924-67-6	
플루오로우라실	51-21-8	
플루지포프-*p*-부틸	79241-46-6	
피그먼트레드 53(레이크레드 C)	2092-56-0	
피그먼트레드 53:1(레이크레드 CBa)	5160-02-1	
피그먼트오렌지 5(파마넨트오렌지)	3468-63-1	
피나스테리드, 그 염류 및 유도체	98319-26-7	피나스테리드
과산화물가가 10mmol/L을 초과하는 *Pinus nigra* 잎과 잔가지의 오일 및 추출물	90082-74-9	Pine, Pinus nigra, ext.
과산화물가가 10mmol/L을 초과하는 *Pinus mugo* 잎과 잔가지의 오일 및 추출물	90082-72-7	Pine, Pinus mugo, extract
과산화물가가 10mmol/L을 초과하는 *Pinus mugo pumilio* 잎과 잔가지의 오일 및 추출물	90082-73-8	Pine, Pinus mugo pumilio, ext.
과산화물가가 10mmol/L을 초과하는 *Pinus cembra* 아세틸레이티드 잎 및 잔가지의 추출물	94334-26-6	Pine, ext., acetylated
과산화물가가 10mmol/L을 초과하는 *Pinus cembra* 잎과 잔가지의 오일 및 추출물	92202-04-5	Pine, Pinus cembra, ext.
과산화물가가 10mmol/L을 초과하는 *Pinus species* 잎과 잔가지의 오일 및 추출물	94266-48-5	Pine, ext.
과산화물가가 10mmol/L을 초과하는 *Pinus sylvestris* 잎과 잔가지의 오일 및 추출물	84012-35-1	Pinus sylvestris ext.
과산화물가가 10mmol/L을 초과하는 *Pinus palustris* 잎과 잔가지의 오일 및 추출물	97435-14-8	Pine, Pinus palustris, ext
과산화물가가 10mmol/L을 초과하는 *Pinus pumila* 잎과 잔가지의 오일 및 추출물	97676-05-6	Pine, Pinus pumila, ext.
과산화물가가 10mmol/L을 초과하는 *Pinus pinaste* 잎과 잔가지의 오일 및 추출물	90082-75-0	Pine, Pinus pinaster, ext.
*Pyrethrum album L.*및 그 생약제제	-	
피로갈롤	87-66-1	
Pilocarpus jaborandi Holmes 및 그 생약제제	84696-42-4	Extract of jaborandi

원료명	CAS No.	화학물질명
피로카르핀 및 그 염류	92-13-7	피로카르핀
6-(1-피롤리디닐)-2,4-피리미딘디아민-3-옥사이드(피롤리디닐 디아미노 피리미딘 옥사이드)	55921-65-8	
피리치온소듐(INNM)	3811-73-2	
피리치온알루미늄캄실레이트	-	
피메크로리무스(pimecrolimus), 그 염류 및 그 유도체	137071-32-0	피메크로리무스
피메트로진	123312-89-0	
과산화물가가 10mmol/L을 초과하는 *Picea mariana* 잎의 오일 및 추출물	91722-19-9	Spruce, Picea mariana, ext.
Physostigma venenosum Balf.	89958-15-6	Calabar bean, ext.
피이지-3,2',2'-디-*p*-페닐렌디아민	144644-13-3	
피크로톡신	124-87-8	
피크릭애씨드	88-89-1	
피토나디온(비타민 K1)	84-80-0 / 81818-54-4	
피톨라카(*Phytolacca*)속 및 그 제제	84961-56-8	PHYTOLACCA DECANDRA EXTRACT
		PHYTOLACCA DECANDRA ROOT EXTRACT
	60820-94-2	Phytolaccoside B
	65497-07-6	Phytolaccoside E
피파제테이트 및 그 염류	2167-85-3	피파제테이트
6-(피페리디닐)-2,4-피리미딘디아민-3-옥사이드(미녹시딜), 그 염류 및 유도체	38304-91-5	6-(피페리디닐)-2,4-피리미딘디아민-3-옥사이드(미녹시딜)
α-피페리딘-2-일벤질아세테이트 좌회전성의 트레오포름(레보파세토페란) 및 그 염류	24558-01-8	레보파세토페란
	23257-56-9	레보파세토페란 하이드로클로라이드
피프라드롤 및 그 염류	467-60-7	피프라드롤
	71-78-3	피프라드롤 하이드로클로라이드
피프로쿠라륨 및 그 염류	744949-11-9	피프로쿠라륨
	3562-55-8	피프로쿠라륨 요오드
	52212-02-9	피프로쿠라륨 브로마이드
형광증백제(다만, Fluorescent Brightener 367은 손발톱용 제품류 중 베이스코트, 언더코트, 네일폴리시, 네일에나멜, 탑코트에 0.12% 이하일 경우는 제외)	-	
히드라스틴, 히드라스티닌 및 그 염류	118-08-1	히드라스틴
	6592-85-4	히드라스티닌
	5936-28-7	히드라스틴 하이드로클로라이드

원료명	CAS No.	화학물질명
(4-하이드라지노페닐)-N-메칠메탄설폰아마이드 하이드로클로라이드	81880-96-8	
히드라지드 및 그 염류	54-85-3	히드라지드
히드라진, 그 유도체 및 그 염류	302-01-2	히드라진
하이드로아비에틸 알코올	26266-77-3	
히드로겐시아니드 및 그 염류	74-90-8	히드로겐시아니드
히드로퀴논	123-31-9	
히드로플루오릭애씨드, 그 노르말 염, 그 착화합물 및 히드로플루오라이드	7664-39-3	히드로플루오릭애씨드
N-[3-하이드록시-2-(2-메칠아크릴로일아미노메톡시)프로폭시메칠]-2-메칠아크릴아미드, N-[2,3-비스-(2-메칠아크릴로일아미노메톡시)프로폭시메칠-2-메칠아크릴아미드, 메타크릴아미드 및 2-메칠-N-(2-메칠아크릴로일아미노메톡시메칠)-아크릴아마이드	-	N-[3-하이드록시-2-(2-메칠아크릴로일아미노메톡시)프로폭시메칠]-2-메칠아크릴아마이드
	-	N-[2,3-비스-(2-메칠아크릴로일아미노메톡시)프로폭시메칠-2-메칠아크릴아미드
	79-39-0	메타크릴아마이드
	-	2-메칠-N-(2-메칠아크릴로일아미노메톡시메칠)-아크릴아마이드
4-히드록시-3-메톡시신나밀알코올의벤조에이트(천연에센스에 자연적으로 함유된 경우는 제외)	-	
(6-(4-하이드록시)-3-(2-메톡시페닐아조)-2-설포네이토-7-나프틸아미노)-1,3,5-트리아진-2,4-디일)비스[(아미노이-1-메칠에칠)암모늄]포메이트	108225-03-2	
1-하이드록시-3-니트로-4-(3-하이드록시프로필아미노)벤젠 및 그 염류 (예 : 4-하이드록시프로필아미노-3-니트로페놀)(다만, 염모제에서 용법·용량에 따른 혼합물의 염모성분으로서 2.6 % 이하는 제외)	92952-81-3	4-하이드록시프로필아미노-3-니트로페놀
1-하이드록시-2-베타-하이드록시에칠아미노-4,6-디니트로벤젠 및 그 염류(예 : 2-하이드록시에칠피크라믹애씨드)(다만, 2-하이드록시에칠피크라믹애씨드는 산화염모제에서 용법·용량에 따른 혼합물의 염모성분으로서 1.5 % 이하, 비산화염모제에서 용법·용량에 따른 혼합물의 염모성분으로서 2.0 % 이하는 제외)	99610-72-7	2-하이드록시에칠피크라믹애씨드
5-하이드록시-1,4-벤조디옥산 및 그 염류	10288-36-5	5-하이드록시-1,4-벤조디옥산
하이드록시아이소헥실 3-사이클로헥센 카보스알데히드(HICC)	31906-04-4	
N1-(2-하이드록시에칠)-4-니트로-o-페닐렌디아민(에이치시 황색 No. 5) 및 그 염류	56932-44-6	에이치시 황색 No. 5
하이드록시에칠-2,6-디니트로-p-아니시딘 및 그 염류	122252-11-3	하이드록시에칠-2,6-디니트로-p-아니시딘

원료명	CAS No.	화학물질명
3-[[4-[(2-하이드록시에칠)메칠아미노]-2-니트로페닐]아미노]-1,2-프로판디올 및 그 염류	102767-27-1	3-[[4-[(2-하이드록시에칠)메칠아미노]-2-니트로페닐]아미노]-1,2-프로판디올
	173994-75-7	3-[[4-[(2-하이드록시에칠)메칠아미노]-2-니트로페닐]아미노]-1,2-프로판디올 하이드로클로라이드
하이드록시에칠-3,4-메칠렌디옥시아닐린; 2-(1,3-벤진디옥솔-5-일아미노)에탄올 하이드로클로라이드 및 그 염류 (예 : 하이드록시에칠-3,4-메칠렌디옥시아닐린 하이드로클로라이드)(다만, 산화염모제에서 용법·용량에 따른 혼합물의 염모성분으로서 1.5 % 이하는 제외)	94158-14-2	하이드록시에칠-3,4-메칠렌디옥시아닐린 하이드로클로라이드
3-[[4-[(2-하이드록시에칠)아미노]-2-니트로페닐]아미노]-1,2-프로판디올 및 그 염류	114087-41-1	3-[[4-[(2-하이드록시에칠)아미노]-2-니트로페닐]아미노]-1,2-프로판디올
4-(2-하이드록시에칠)아미노-3-니트로페놀 및 그 염류 (예 : 3-니트로-p-하이드록시에칠아미노페놀)(다만, 3-니트로-p-하이드록시에칠아미노페놀은 산화염모제에서 용법·용량에 따른 혼합물의 염모성분으로서 3.0 % 이하, 비산화염모제에서 용법·용량에 따른 혼합물의 염모성분으로서 1.85 % 이하는 제외)	65235-31-6	3-니트로-p-하이드록시에칠아미노페놀
2,2'-[[4-[(2-하이드록시에칠)아미노]-3-니트로페닐]이미노]바이세타놀 및 그 염류(예 : 에이치시 청색 No. 2)(다만, 비산화염모제에서 용법·용량에 따른 혼합물의 염모성분으로서 2.8 % 이하는 제외)	33229-34-4	에이치시 청색 No. 2
1-[(2-하이드록시에칠)아미노]-4-(메칠아미노-9,10-안트라센디온 및 그 염류	1220-94-6	1-[(2-하이드록시에칠)아미노]-4-(메칠아미노-9,10-안트라센디온
하이드록시에칠아미노메칠-p-아미노페놀 및 그 염류	110952-46-0	하이드록시에칠아미노메칠-p-아미노페놀
	135043-63-9	하이드록시에칠아미노메칠-p-아미노페놀 하이드로클로라이드
5-[(2-하이드록시에칠)아미노]-o-크레졸 및 그 염류(예 : 2-메칠-5-하이드록시에칠아미노페놀)(다만, 2-메칠-5-하이드록시에칠아미노페놀은 염모제에서 용법·용량에 따른 혼합물의 염모성분으로서 0.5 % 이하는 제외)	55302-96-0	5-[(2-하이드록시에칠)아미노]-o-크레졸
(4-(4-히드록시-3-요오도페녹시)-3,5-디요오도페닐)아세틱애씨드 및 그 염류	51-24-1	(4-(4-히드록시-3-요오도페녹시)-3,5-디요오도페닐)아세틱애씨드
	95786-11-1	(4-(4-히드록시-3-요오도페녹시)-3,5-디요오도페닐)아세틱애씨드 설페이트

원료명	CAS No.	화학물질명
6-하이드록시-1-(3-이소프로폭시프로필)-4-메칠-2-옥소-5-[4-(페닐아조)페닐아조]-1,2-디하이드로-3-피리딘카보니트릴	85136-74-9	
4-히드록시인돌	2380-94-1	
2-[2-하이드록시-3-(2-클로로페닐)카르바모일-1-나프틸아조]-7-[2-하이드록시-3-(3-메칠페닐)카르바모일-1-나프틸아조]플루오렌-9-온	151798-26-4	
4-(7-하이드록시-2,4,4-트리메칠-2-크로마닐)레솔시놀-4-일-트리스(6-디아조-5,6-디하이드로-5-옥소나프탈렌-1-설포네이트) 및 4-(7-하이드록시-2,4,4-트리메칠-2-크로마닐)레솔시놀비스(6-디아조-5,6-디하이드로-5-옥소나프탈렌-1-설포네이트)의 2:1 혼합물	140698-96-0	
11-α-히드록시프레근-4-엔-3,20-디온 및 그 에스텔	80-75-1	
1-(3-하이드록시프로필아미노)-2-니트로-4-비스(2-하이드록시에칠)아미노)벤젠 및 그 염류(예 : 에이치시 자색 No. 2)(다만, 비산화염모제에서 용법·용량에 따른 혼합물의 염모성분으로서 2.0 % 이하는 제외)	104226-19-9	에이치시 자색 No. 2
히드록시프로필 비스(N-히드록시에칠-p-페닐렌디아민) 및 그 염류(다만, 산화염모제에서 용법·용량에 따른 혼합물의 염모성분으로 테트라하이드로클로라이드염으로서 0.4 % 이하는 제외)	128729-30-6	히드록시프로필 비스(N-히드록시에칠-p-페닐렌디아민)
	128729-28-2	히드록시프로필 비스(N-히드록시에칠-p-페닐렌디아민) 하이드로클로라이드
하이드록시피리디논 및 그 염류	822-89-9	하이드록시피리디논
3-하이드록시-4-[(2-하이드록시나프틸)아조]-7-니트로나프탈렌-1-설포닉애씨드 및 그 염류	16279-54-2	3-하이드록시-4-[(2-하이드록시나프틸)아조]-7-니트로나프탈렌-1-설포닉애씨드
3-하이드록시-4-[(2-하이드록시나프틸)아조]-7-니트로나프탈렌-1-설포닉애씨드 및 그 염류	75790-88-4	3-하이드록시-4-[(2-하이드록시나프틸)아조]-7-니트로나프탈렌-1-설포닉애씨드 모노포타슘
할로카르반	369-77-7	
할로페리돌	52-86-8	
항생물질	-	
항히스타민제(예 : 독실아민, 디페닐피랄린, 디펜히드라민, 메타피릴렌, 브롬페니라민, 사이클리진, 클로르페녹사민, 트리펠렌아민, 히드록사진 등)	469-21-6	독실아민
	147-20-6	디페닐피랄린
	58-73-1	디펜히드라민
	91-80-5	메타피릴렌
	86-22-6	브롬페니라민
	82-92-8	사이클리진
	77-38-3	클로르페녹사민
	91-81-6	트리펠렌아민
	68-88-2	히드록사진

원료명	CAS No.	화학물질명
N,N'-헥사메칠렌비스(트리메칠암모늄)염류(예 : 헥사메토늄브로마이드)	55-97-0	헥사메토늄브로마이드
헥사메칠포스포릭-트리아마이드	680-31-9	
헥사에칠테트라포스페이트	757-58-4	
헥사클로로벤젠	118-74-1	
(1R,4S,5R,8S)-1,2,3,4,10,10-헥사클로로-6,7-에폭시-1,4,4a,5,6,7,8,8a-옥타히드로-1,4;5,8-디메타노나프탈렌(엔드린-ISO)	72-20-8	
1,2,3,4,5,6-헥사클로로사이클로헥산류 (예 : 린단)	58-89-9	린단
헥사클로로에탄	67-72-1	
(1R,4S,5R,8S)-1,2,3,4,10,10-헥사클로로-1,4,4a,5,8,8a-헥사히드로-1,4;5,8-디메타노나프탈렌(이소드린-ISO)	465-73-6	
헥사프로피메이트	358-52-1	
(1R,2S)-헥사히드로-1,2-디메칠-3,6-에폭시프탈릭안하이드라이드(칸타리딘)	56-25-7	
헥사하이드로사이클로펜타(C) 피롤-1-(1H)-암모늄 N-에톡시카르보닐-N-(p-톨릴설포닐)아자나이드	-	
헥사하이드로쿠마린	700-82-3	
헥산	110-54-3	
헥산-2-온	591-78-6	
1,7-헵탄디카르복실산(아젤라산), 그 염류 및 유도체	123-99-9	1,7-헵탄디카르복실산(아젤라산)
트랜스-2-헥세날디메칠아세탈	18318-83-7	
트랜스-2-헥세날디에칠아세탈	67746-30-9	
헨나(Lawsonia Inermis)엽가루(다만, 염모제에서 염모성분으로 사용하는 것은 제외)	-	Lawsonia inermis, ext.
트랜스-2-헵테날	18829-55-5	
헵타클로로에폭사이드	1024-57-3	
헵타클로르	76-44-8	
3-헵틸-2-(3-헵틸-4-메칠-치오졸린-2-일렌)-4-메칠-치아졸리늄다이드	-	
황산 4,5-디아미노-1-((4-클로르페닐)메칠)-1H-피라졸	163183-00-4	
황산 5-아미노-4-플루오르-2-메칠페놀	163183-01-5	
Hyoscyamus niger L.(잎, 씨, 가루 및 생약제제)	84603-65-6	Hyoscyamus niger, ext.
히요시아민, 그 염류 및 유도체	101-31-5	히요시아민
	2472-17-5	히요시아민 설페이트
	55-47-0	히요시아민 하이드로클로라이드

원료명	CAS No.	화학물질명
히요신, 그 염류 및 유도체	51-34-3	히요신
	55-16-3	히요신 하이드로클로라이드
	114-49-8	히요신 하이드로브로마이드
영국 및 북아일랜드산 소 유래 성분	-	
BSE(Bovine Spongiform Encephalopathy) 감염조직 및 이를 함유하는 성분	-	
광우병 발병이 보고된 지역의 다음의 특정위험물질(specified risk material) 유래성분(소·양·염소 등 반추동물의 18개 부위) - 뇌(brain) - 두개골(skull) - 척수(spinal cord) - 뇌척수액(cerebrospinal fluid) - 송과체(pineal gland) - 하수체(pituitary gland) - 경막(dura mater) - 눈(eye) - 삼차신경절(trigeminal ganglia) - 배측근신경절(dorsal root ganglia) - 척주(vertebral column) - 림프절(lymph nodes) - 편도(tonsil) - 흉선(thymus) - 십이지장에서 직장까지의 장관(intestines from the duodenum to the rectum) - 비장(spleen) - 태반(placenta) - 부신(adrenal gland)	-	
「화학물질의 등록 및 평가 등에 관한 법률」 제2조제9호 및 제27조에 따라 지정하고 있는 금지물질	-	

※ 유의사항

이 표에 지정된 원료를 알기 쉽게 찾아볼 수 있도록 각각의 원료명에 해당하는 대표 CAS No.(이에 해당하는 화학물질명칭을 포함)를 예시로 기재하였으며, 기재된 CAS No. 이외에 다른 번호의 화학물질도 해당될 수 있다.

2. 화장품에 사용제한이 필요한 원료(화장품제조업자는 이 성분들을 사용할 때 '사용 한도'를 지켜서 사용하여야 하며 맞춤형화장품판매업자의 경우에는 이 원료들을 일체 사용할 수 없다.)

[참고]화장품법 제8조(화장품 안전기준 등)
① 식약처장은 화장품의 제조 등에 사용할 수 없는 원료를 지정하여 고시하여야 한다.
  ☞ 안전을 위한 '사용 금지 원료' 지정의 근거 조항
② 식약처장은 **보존제, 색소, 자외선 차단제** 등과 같이 특별히 사용상의 제한이 필요한 원료에 대하여는 그 사용기준을 지정하여 고시하여야 하며, 사용기준이 지정·고시된 원료 외의 보존제, 색소, 자외선 차단제 등은 사용할 수 없다.
  ☞ 안전을 위한 '사용 제한 원료의 지정' 근거 조항
③ 식약처장은 국내외에서 유해물질이 포함된 것으로 알려지는 등 국민보건상 위해 우려가 제기되는 화장품 원료 등의 경우에는 총리령으로 정하는 바에 따라 위해요소를 신속히 평가하여 그 위해 여부를 결정하여야 한다.
  ☞ 유해물질이 발견되면 이를 신속히 위해평가한다는 조항
④ 식약처장은 제3항에 따라 위해평가가 완료된 경우에는 해당 화장품 원료 등을 화장품의 제조에 사용할 수 없는 원료로 지정하거나 그 사용기준을 지정하여야 한다.
  ☞ 위해평가의 목적: 사용 금지 원료 지정 혹은 사용 제한 원료로의 지정

- 사용상의 제한이 필요한 원료의 구체적 목록 및 각 원료의 지정된 사용 한도

사용상 제한이 필요한 원료들의 목록은 4가지로 구성되어 있다. 보존제, 색소, 자외선차단제 성분, 염모제로 되어 있다. 사실상 모든 성분들을 다 암기하여야 한다. 50가지 암기 비법은 화장품법령 백과사전에서 확인할 것!

① 보존제 성분

원 료 명	사용한도	비 고	CAS No.	화학물질명
글루타랄(펜탄-1,5-디알)	0.1%	에어로졸(스프레이에 한함) 제품에는 사용금지	111-30-8	
데하이드로아세틱애씨드(3-아세틸-6-메칠피란-2,4(3H)-디온) 및 그 염류	데하이드로아세틱애씨드로서 0.6%	에어로졸(스프레이에 한함) 제품에는 사용금지	16807-48-0 / 520-45-6	데하이드로아세틱애씨드
			4418-26-2	소듐데하이드로아세테이트
4,4-디메칠-1,3-옥사졸리딘(디메칠옥사졸리딘)	0.05% (다만, 제품의 pH는 6을 넘어야 함)		51200-87-4	
디브로모헥사미딘 및 그 염류(이세치오네이트 포함)	디브로모헥사미딘으로서 0.1%		93856-83-8	디브로모헥사미딘이세티오네이트
디아졸리디닐우레아(N-(히드록시메칠)-N-(디히드록시메칠-1,3-디옥소-2,5-이미다졸리디닐-4)-N'-(히드록시메칠)우레아)	0.5%		78491-02-8	
디엠디엠하이단토인(1,3-비스(히드록시메칠)-5,5-디메칠이미다졸리딘-2,4-디온)	0.6%		6440-58-0	
2, 4-디클로로벤질알코올	0.15%		1777-82-8	

원료명	사용한도	비고	CAS No.	화학물질명
3, 4-디클로로벤질알코올	0.15%		1805-32-9	
메칠이소치아졸리논	사용 후 씻어내는 제품에 0.0015% (단, 메칠클로로이소치아졸리논과 메칠이소치아졸리논 혼합물과 병행 사용 금지)	기타 제품에는 사용금지	2682-20-4	
메칠클로로이소치아졸리논과 메칠이소치아졸리논 혼합물(염화마그네슘과 질산마그네슘 포함)	사용 후 씻어내는 제품에 0.0015% (메칠클로로이소치아졸리논:메칠이소치아졸리논=(3:1)혼합물로서)	기타 제품에는 사용금지	-	
메텐아민(헥사메칠렌테트라아민)	0.15%		100-97-0	
무기설파이트 및 하이드로젠설파이트류	유리 SO_2로 0.2%		10192-30-0	암모늄바이설파이트
			10196-04-0	암모늄설파이트
			16731-55-8	포타슘메타바이설파이트
			4429-42-9	포타슘바이설파이트
			10117-38-1 23873-77-0	포타슘설파이트
			7631-90-5	소듐바이설파이트
			7681-57-4	소듐메타바이설파이트
			7757-74-6	소듐디설파이트
			7757-83-7	소듐설파이트
벤잘코늄클로라이드, 브로마이드 및 사카리네이트	• 사용 후 씻어내는 제품에 벤잘코늄클로라이드로서 0.1% • 기타 제품에 벤잘코늄클로라이드로서 0.05%	분사형 제품에 벤잘코늄클로라이드는 사용금지	85409-22-9	벤잘코늄클로라이드
			63449-41-2	벤잘코늄클로라이드(C_{10})
			8001-54-5	벤잘코늄클로라이드(C_{12})
			68391-01-5 / 68424-85-1	벤잘코늄클로라이드(C_{14})
			61789-71-7	Coco alkyl dimethyl benzyl ammonium chloride
			91080-29-4	벤잘코늄브로마이드
			68989-01-5	벤잘코늄사카리네이트
벤제토늄클로라이드	0.1%	점막에 사용되는 제품에는 사용금지	121-54-0	

원 료 명	사용한도	비 고	CAS No.	화학물질명
벤조익애씨드, 그 염류 및 에스텔류	산으로서 0.5% (다만, 벤조익애씨드 및 그 소듐염은 사용 후 씻어내는 제품에는 산으로서 2.5%)		65-85-0	벤조익애씨드
			532-32-1	소듐벤조에이트
			1863-63-4	암모늄벤조에이트
			136-60-7	부틸벤조에이트
			2090-05-3	칼슘벤조에이트
			93-89-0	에틸벤조에이트
			120-50-3	이소부틸벤조에이트
			939-48-0	이소프로필벤조에이트
			4337-66-0	엠이에이-벤조에이트
			553-70-8	마그네슘벤조에이트
			93-58-3	메틸벤조에이트
			93-99-2	페닐벤조에이트
			582-25-2	포타슘벤조에이트
			2315-68-6	프로필벤조에이트
벤질알코올	1.0% (다만, 두발 염색용 제품류에 용제로 사용할 경우에는 10%)		100-51-6	
벤질헤미포름알	사용 후 씻어내는 제품에 0.15%	기타 제품에는 사용금지	14548-60-8	
보레이트류(소듐보레이트, 테트라보레이트)	밀납, 백납의 유화의 목적으로 사용 시 0.76% (이 경우, 밀납·백납 배합량의 1/2을 초과할 수 없다)	기타 목적에는 사용금지	1303-96-4	소듐보레이트
			1330-43-4	소듐테트라보레이트
5-브로모-5-나이트로-1,3-디옥산	사용 후 씻어내는 제품에 0.1% (다만, 아민류나 아마이드류를 함유하고 있는 제품에는 사용금지)	기타 제품에는 사용금지	30007-47-7	
2-브로모-2-나이트로프로판-1,3-디올(브로노폴)	0.1%	아민류나 아마이드류를 함유하고 있는 제품에는 사용금지	52-51-7	
브로모클로로펜(6,6-디브로모-4,4-디클로로-2,2'-메칠렌-디페놀)	0.1%		15435-29-7	
비페닐-2-올(o-페닐페놀) 및 그 염류	페놀로서 0.15%		132-27-4	소듐 o-페닐페네이트
			90-43-7	o-페닐페놀
			13707-65-8	포타슘 o-페닐페네이트
			84145-04-0	MEA o-페닐페네이트

원 료 명	사용한도	비 고	CAS No.	화학물질명
살리실릭애씨드 및 그 염류	살리실릭애씨드로서 0.5%	영유아용 제품류 또는 13세 이하 어린이가 사용할 수 있음을 특정하여 표시하는 제품에는 사용금지(다만, 샴푸는 제외)	69-72-7	살리실릭애씨드
			824-35-1	칼슘살리실레이트
			18917-89-0	마그네슘살리실레이트
			59866-70-5	엠이에이-살리실레이트
			54-21-7	소듐살리실레이트
			578-36-9	포타슘살리실레이트
			2174-16-5	TEA-살리실레이트
			17671-53-3	베타인살리실레이트
세틸피리디늄클로라이드	0.08%		123-03-5	세틸피리디늄클로라이드
			6004-24-6	세틸피리디늄클로라이드 모노하이드레이트
소듐라우로일사코시네이트	사용 후 씻어내는 제품에 허용	기타 제품에는 사용금지	137-16-6	
소듐아이오데이트	사용 후 씻어내는 제품에 0.1%	기타 제품에는 사용금지	7681-55-2	
소듐하이드록시메칠아미노아세테이트 (소듐하이드록시메칠글리시네이트)	0.5%		70161-44-3	
소르빅애씨드(헥사-2,4-디에노익 애씨드) 및 그 염류	소르빅애씨드로서 0.6%		110-44-1	소르빅애씨드
			24634-61-5 / 590-00-1	포타슘솔베이트
			7757-81-5	소듐솔베이트
			7492-55-9	칼슘솔베이트
			-	TEA-솔베이트
아이오도프로피닐부틸카바메이트(아이피비씨)	• 사용 후 씻어내는 제품에 0.02% • 사용 후 씻어내지 않는 제품에 0.01% • 다만, 데오드란트에 배합할 경우에는 0.0075%	• 입술에 사용되는 제품, 에어로졸(스프레이에 한함) 제품, 바디로션 및 바디크림에는 사용금지 • 영유아용 제품류 또는 13세 이하 어린이가 사용할 수 있음을 특정하여 표시하는 제품에는 사용금지(목욕용 제품, 샤워젤류 및 샴푸류는 제외)	55406-53-6	
알킬이소퀴놀리늄브로마이드	사용 후 씻어내지 않는 제품에 0.05%		93-23-2	

원료명	사용한도	비고	CAS No.	화학물질명
알킬(C_{12}-C_{22})트리메칠암모늄 브로마이드 및 클로라이드(브롬화세트리모늄 포함)	두발용 제품류를 제외한 화장품에 0.1%		17301-53-0	베헨트라이모늄클로라이드 (C_{22})
			1119-97-7	미르트라이모늄브로마이드 (C_{14})
			57-09-0	세트리모늄브로마이드 (C_{16})
			112-02-7	세트리모늄클로라이드 (C_{16})
			68002-62-0	세테아트라이모늄클로라이드 (C_{16}-C_{18})
			61790-41-8	소이트라이모늄클로라이드 (C_{16}-C_{18})
			1120-02-1	스테아트라이모늄브로마이드 (C_{18})
			112-03-8	스테아트라이모늄클로라이드 (C_{18})
			8030-78-2	탈로우트라이모늄클로라이드
			-	하이드로제네이티드팜트라이모늄클로라이드
			112-00-5	라우트라이모늄클로라이드 (C_{12})
			1119-94-4	라우트라이모늄브로마이드 (C_{12})
			61788-78-1	하이드로제네이티드탈로우트라이모늄클로라이드
			61789-18-2	코코트라이모늄클로라이드
에칠라우로일알지네이트 하이드로클로라이드	0.4%	입술에 사용되는 제품 및 에어로졸(스프레이에 한함) 제품에는 사용금지	60372-77-2	
엠디엠하이단토인	0.2%		116-25-6	
알킬디아미노에칠글라이신 하이드로클로라이드용액 (30%)	0.3%		-	
운데실레닉애씨드 및 그 염류 및 모노에탄올아마이드	사용 후 씻어내는 제품에 산으로서 0.2%	기타 제품에는 사용금지	112-38-9 / 1333-28-4	운데실레닉애씨드
			3398-33-2	소듐운데실레네이트
			6159-41-7	포타슘운데실레네이트

원료명	사용한도	비고	CAS No.	화학물질명
운데실레닉애씨드 및 그 염류 및 모노에탄올아마이드	사용 후 씻어내는 제품에 산으로서 0.2%	기타 제품에는 사용금지	1322-14-1	칼슘운데실레네이트
			84471-25-0	TEA-운데실레네이트
			56532-40-2	MEA-운데실레네이트
이미다졸리디닐우레아(3,3'-비스(1-하이드록시메칠-2,5-디옥소이미다졸리딘-4-일)-1,1'메칠렌디우레아)	0.6%		39236-46-9	
이소프로필메칠페놀(이소프로필크레졸, o-시멘-5-올)	0.1%		3228-02-2	o-사이멘-5-올
징크피리치온	사용 후 씻어내는 제품에 0.5%	기타 제품에는 사용금지	13463-41-7	
쿼터늄-15 (메텐아민 3-클로로알릴클로라이드)	0.2%		4080-31-3	쿼터늄-15
			51229-78-8	쿼터늄-15 (cis-form)
클로로부탄올	0.5%	에어로졸(스프레이에 한함) 제품에는 사용금지	57-15-8	
클로로자이레놀	0.5%		88-04-0	Chloroxylenol
p-클로로-m-크레졸	0.04%	점막에 사용되는 제품에는 사용금지	59-50-7	
클로로펜(2-벤질-4-클로로페놀)	0.05%		120-32-1	
클로페네신(3-(p-클로로페녹시)-프로판-1,2-디올)	0.3%		104-29-0	
클로헥시딘, 그 디글루코네이트, 디아세테이트 및 디하이드로클로라이드	• 점막에 사용하지 않고 씻어내는 제품에 클로헥시딘으로서 0.1%, • 기타 제품에 클로헥시딘으로서 0.05%		55-56-1	클로헥시딘
			18472-51-0	클로헥시딘 디글루코네이트
			56-95-1	클로헥시딘 디아세테이트
			3697-42-5	클로헥시딘 디하이드로클로라이드
클림바졸[1-(4-클로로페녹시)-1-(1H-이미다졸릴)-3, 3-디메칠-2-부타논]	두발용 제품에 0.5%	기타 제품에는 사용금지	38083-17-9	
테트라브로모-o-크레졸	0.3%		576-55-6	
트리클로산	사용 후 씻어내는 인체 세정용 제품류, 데오도런트(스프레이 제품 제외), 페이스파우더, 피부결점을 감추기 위해 국소적으로 사용하는 파운데이션(예 : 블레미쉬컨실러)에 0.3%	기타 제품에는 사용금지	3380-34-5	

원료명	사용한도	비고	CAS No.	화학물질명
트리클로카반(트리클로카바닐리드)	0.2% (다만, 원료 중 3,3',4,4'-테트라클로로아조벤젠 1ppm 미만, 3,3',4,4'-테트라클로로아족시벤젠 1ppm 미만 함유하여야 함)		101-20-2	
페녹시에탄올	1.0%		122-99-6	
페녹시이소프로판올(1-페녹시프로판-2-올)	사용 후 씻어내는 제품에 1.0%	기타 제품에는 사용금지	770-35-4	
포믹애씨드 및 소듐포메이트	포믹애씨드로서 0.5%		64-18-6	포믹애씨드
			141-53-7	소듐포메이트
폴리(1-헥사메칠렌바이구아니드)에이치씨엘	0.05%	에어로졸(스프레이에 한함) 제품에는 사용금지	32289-58-0	폴리아미노프로필바이구아나이드
프로피오닉애씨드 및 그 염류	프로피오닉애씨드로서 0.9%		79-09-4	프로피오닉애씨드
			4075-81-4	칼슘프로피오네이트
			137-40-6	소듐프로피오네이트
			327-62-8	포타슘프로피오네이트
			17496-08-1	암모늄프로피오네이트
			557-27-7	마그네슘프로피오네이트
피록톤올아민(1-하이드록시-4-메칠-6(2,4,4-트리메칠펜틸)2-피리돈 및 그 모노에탄올아민염)	사용 후 씻어내는 제품에 1.0%, 기타 제품에 0.5%		68890-66-4	
피리딘-2-올 1-옥사이드	0.5%		13161-30-3	
p-하이드록시벤조익애씨드, 그 염류 및 에스텔류 (다만, 에스텔류 중 페닐은 제외)	• 단일성분일 경우 0.4%(산으로서) • 혼합사용의 경우 0.8%(산으로서)		99-96-7	4-하이드록시벤조익애씨드
			99-76-3	메틸파라벤
			94-26-8	부틸파라벤
			5026-62-0	소듐메틸파라벤
			36457-20-2	소듐부틸파라벤
			35285-68-8	소듐에틸파라벤
			84930-15-4	소듐이소부틸파라벤
			35285-69-9	소듐프로필파라벤
			120-47-8	에틸파라벤
			4247-02-3	이소부틸파라벤
			4191-73-5	이소프로필파라벤
			94-13-3	프로필파라벤
			26112-07-2	포타슘메틸파라벤
			38566-94-8	포타슘부틸파라벤

원료명	사용한도	비고	CAS No.	화학물질명
p-하이드록시벤조익애씨드, 그 염류 및 에스텔류 (다만, 에스텔류 중 페닐은 제외)	• 단일성분일 경우 0.4%(산으로서)	• 혼합사용의 경우 0.8%(산으로서)	36457-19-9	포타슘에틸파라벤
			16782-08-4	포타슘파라벤
			84930-16-5	포타슘프로필파라벤
			-	소듐이소프로필파라벤
			114-63-6	소듐파라벤
			69959-44-0	칼슘파라벤
헥세티딘	사용 후 씻어내는 제품에 0.1%	기타 제품에는 사용금지	141-94-6	
헥사미딘(1,6-디(4-아미디노페녹시)-n-헥산) 및 그 염류(이세치오네이트 및 p-하이드록시벤조에이트)	헥사미딘으로서 0.1%		3811-75-4	헥사미딘
			659-40-5	헥사미딘디이세티오네이트
			93841-83-9	헥사미딘 디 p-하이드록시벤조에이트
			-	헥사미딘 p-하이드록시벤조에이트

※ 유의사항

1. **이 표에 지정된 원료를 알기 쉽게 찾아볼 수 있도록 각각의 원료명에 해당하는 대표 CAS No.(이에 해당하는 화학물질명칭을 포함)를 예시로 기재하였으며, 기재된 CAS No. 이외에 다른 번호의 화학물질도 해당될 수 있다.**
2. 염류의 예 : 소듐, 포타슘, 칼슘, 마그네슘, 암모늄, 에탄올아민, 클로라이드, 브로마이드, 설페이트, 아세테이트, 베타인 등
3. 에스텔류 : 메칠, 에칠, 프로필, 이소프로필, 부틸, 이소부틸, 페닐

② 자외선 차단 성분

원료명	사용한도	비고	CAS No.	화학물질명
드로메트리졸트리실록산	15%		155633-54-8	
드로메트리졸	1.0%		2440-22-4	
디갈로일트리올리에이트	5%		17048-39-4	
디소듐페닐디벤즈이미다졸테트라설포네이트	산으로서 10%		180898-37-7	
디에칠헥실부타미도트리아존	10%		154702-15-5	
디에칠아미노하이드록시벤조일헥실벤조에이트	10%		302776-68-7	
메칠렌비스-벤조트리아졸릴테트라메칠부틸페놀	10%		103597-45-1	
4-메칠벤질리덴캠퍼	4%		38102-62-4	4-메칠벤질리덴캠퍼(E)
			36861-47-9	4-메칠벤질리덴캠퍼(Z)

원 료 명	사용한도	비고	CAS No.	화학물질명
메톡시프로필아미노사이클로헥세닐리덴에톡시에틸사이아노아세테이트 (신설)	3%	• 흡입을 통해 사용자의 폐에 노출될 수 있는 제품에는 사용하지 말 것 • 니트로화제를 함유하고 있는 제품에는 사용 금지	1419401-88-9	
멘틸안트라닐레이트	5%		134-09-8	
벤조페논-3(옥시벤존)	2.4% (다만, 얼굴, 손 및 입술에 사용되는 제품에는 5%)		131-57-7	
벤조페논-4	5%		4065-45-6	
벤조페논-8(디옥시벤존)	3%		131-53-3	
부틸메톡시디벤조일메탄	5%		70356-09-1	
비스에칠헥실옥시페놀메톡시페닐트리아진	10%		187393-00-6	
시녹세이트	5%		104-28-9	
에칠디하이드록시프로필파바	5%		58882-17-0	
옥토크릴렌	10%		6197-30-4	
에칠헥실디메칠파바	8%		21245-02-3	
에칠헥실메톡시신나메이트	7.5%		5466-77-3	
에칠헥실살리실레이트	5%		118-60-5	
에칠헥실트리아존	5%		88122-99-0	
이소아밀-p-메톡시신나메이트	10%		71617-10-2	
폴리실리콘-15(디메치코디에칠벤잘말로네이트)	10%		207574-74-1	
징크옥사이드	25%		1314-13-2	
테레프탈릴리덴디캠퍼설포닉애씨드 및 그 염류	산으로서 10%		92761-26-7 / 90457-82-2	테레프탈릴리덴디캠퍼설포닉애씨드
티이에이-살리실레이트	12%		2174-16-5	
티타늄디옥사이드	25%		13463-67-7	
페닐벤즈이미다졸설포닉애씨드	4%		27503-81-7	
호모살레이트	10%		118-56-9	
트리스-바이페닐트리아진	10%	에어로졸(펌프스프레이 포함)에는 사용금지·나노입자의경우 코팅되지 않은 입자로 입도 중앙값은 80nm를 초과하고 순도가 98% 이상이어야 함	31274-51-8	

※ 유의사항

1. **이 표에 지정된 원료를 알기 쉽게 찾아볼 수 있도록 각각의 원료명에 해당하는 대표 CAS No.(이에 해당하는 화학물질명칭을 포함)를 예시로 기재하였으며, 기재된 CAS No. 이외에 다른 번호의 화학물질도 해당될 수 있다.**
2. 다만, 제품의 변색방지를 목적으로 그 사용농도가 0.5% 미만인 것은 자외선 차단 제품으로 인정하지 아니한다.
3. 염류 : 양이온염으로 소듐, 포타슘, 칼슘, 마그네슘, 암모늄 및 에탄올아민, 음이온염으로 클로라이드, 브로마이드, 설페이트,

☞ 최근 미국 하와이 등 세계 각지에서 에칠헥실메톡시신나메이트와 벤조페논-3 등의 성분이 포함된 선크림의 사용을 금지하는 법안이 통과되었다. 에칠헥실메톡시신나메이트와 벤조페논 - 3는 대표적인 자외선 차단 성분이지만 바닷속 산호의 '백화 현상'을 초래하고 해양생물의 성장을 방해하며, 선크림 오염은 최대 5㎞ 떨어진 산호한테까지 심각한 피해를 주는 것으로 알려졌다.

③ 염모제 성분

원료명	사용할 때 농도상한(%)	비고	CAS No.	화학물질명
p-니트로-o-페닐렌디아민	산화염모제에 1.5 %	기타 제품에는 사용금지	99-56-9	
2-메칠-5-히드록시에칠아미노페놀	산화염모제에 0.5 %	기타 제품에는 사용금지	55302-96-0	
2-아미노-3-히드록시피리딘	산화염모제에 1.0%	기타 제품에는 사용금지	16867-03-1	
4-아미노-m-크레솔	산화염모제에 1.5%	기타 제품에는 사용금지	2835-99-6	
5-아미노-o-크레솔	산화염모제에 1.0 %	기타 제품에는 사용금지	2835-95-2	
5-아미노-6-클로로-o-크레솔	・산화염모제에 1.0% ・비산화염모제에 0.5%	기타 제품에는 사용금지	84540-50-1	
m-아미노페놀	산화염모제에 2.0 %	기타 제품에는 사용금지	591-27-5	
p-아미노페놀	산화염모제에 0.9 %	기타 제품에는 사용금지	123-30-8	
염산 2,4-디아미노페녹시에탄올	산화염모제에 0.5 %	기타 제품에는 사용금지	66422-95-5	
염산 톨루엔-2,5-디아민	산화염모제에 3.2 %	기타 제품에는 사용금지	74612-12-7	
염산 p-페닐렌디아민	산화염모제에 3.3 %	기타 제품에는 사용금지	624-18-0	
염산 히드록시프로필비스 (N-히드록시에칠-p-페닐렌디아민)	산화염모제에 0.4%	기타 제품에는 사용금지	128729-28-2	
톨루엔-2,5-디아민	산화염모제에 2.0 %	기타 제품에는 사용금지	95-70-5	
p-페닐렌디아민	산화염모제에 2.0 %	기타 제품에는 사용금지	106-50-3	
N-페닐-p-페닐렌디아민 및 그 염류	산화염모제에 N-페닐-p-페닐렌디아민으로서 2.0 %	기타 제품에는 사용금지	101-54-2	N-페닐-p-페닐렌디아민
			2198-59-6 / 56426-15-4	N-페닐-p-페닐렌디아민 하이드로클로라이드
			4698-29-7	N-페닐-p-페닐렌디아민 설페이트
피크라민산	산화염모제에 0.6 %	기타 제품에는 사용금지	96-91-3	

원료명	사용할 때 농도상한(%)	비고	CAS No.	화학물질명
황산 p-니트로-o-페닐렌디아민	산화염모제에 2.0 %	기타 제품에는 사용금지	68239-82-7	
황산 p-메칠아미노페놀	산화염모제에 0.68%	기타 제품에는 사용금지	150-75-4	
황산 5-아미노-o-크레솔	산화염모제에 4.5 %	기타 제품에는 사용금지	183293-62-1	
황산 m-아미노페놀	산화염모제에 2.0 %	기타 제품에는 사용금지	68239-81-6	
황산 p-아미노페놀	산화염모제에 1.3 %	기타 제품에는 사용금지	63084-98-0	
황산 톨루엔-2,5-디아민	산화염모제에 3.6 %	기타 제품에는 사용금지	615-50-9	
황산 p-페닐렌디아민	산화염모제에 3.8 %	기타 제품에는 사용금지	16245-77-5	
황산 N,N-비스(2-히드록시에칠)-p-페닐렌디아민	산화염모제에 2.9 %	기타 제품에는 사용금지	54381-16-7	
2,6-디아미노피리딘	산화염모제에 0.15 %	기타 제품에는 사용금지	141-86-6	
염산 2,4-디아미노페놀	산화염모제에 0.02 %	기타 제품에는 사용금지	137-09-7	
1,5-디히드록시나프탈렌	산화염모제에 0.5 %	기타 제품에는 사용금지	83-56-7	
피크라민산 나트륨	산화염모제에 0.6 %	기타 제품에는 사용금지	831-52-7	
황산 1-히드록시에칠-4,5-디아미노피라졸	산화염모제에 3.0 %	기타 제품에는 사용금지	155601-30-2	
히드록시벤조모르포린	산화염모제에 1.0 %	기타 제품에는 사용금지	26021-57-8	
6-히드록시인돌	산화염모제에 0.5 %	기타 제품에는 사용금지	2380-86-1	
1-나프톨(α-나프톨)	산화염모제에 2.0 %	기타 제품에는 사용금지	90-15-3	
레조시놀	산화염모제에 2.0 %		108-46-3	
2-메칠레조시놀	산화염모제에 0.5 %	기타 제품에는 사용금지	608-25-3	
몰식자산	산화염모제에 4.0 %		149-91-7	
염기성등색31호(Basic Orange 31)	산화염모제에 0.5 %	그 외 사용기준은 「화장품의 색소종류와 기준 및 시험방법」에 따름	97404-02-9	
염기성적색51호(Basic Red 51)	산화염모제에 0.5 %	그 외 사용기준은 「화장품의 색소종류와 기준 및 시험방법」에 따름	77061-58-6	
염기성황색87호(Basic Yellow 87)	산화염모제에 1.0 %	그 외 사용기준은 「화장품의 색소종류와 기준 및 시험방법」에 따름	68259-00-7	
과붕산나트륨 과붕산나트륨일수화물	염모제(탈염·탈색 포함)에서 과산화수소로서 7.0 %		15120-21-5	과붕산나트륨
			10332-33-9	과붕산나트륨일수화물
과산화수소수 과탄산나트륨	염모제(탈염·탈색 포함)에서 과산화수소로서 12.0 %		7722-84-1	과산화수소수
			15630-89-4	과탄산나트륨

원료명	사용할 때 농도상한(%)	비고	CAS No.	화학물질명
과황산나트륨		염모제(탈염·탈색 포함)에서 산화보조제로서 사용	7775-27-1	과황산나트륨
과황산암모늄			7727-54-0	과황산암모늄
과황산칼륨			7727-21-1	과황산칼륨
인디고페라 (*Indigofera tinctoria*) 엽가루	비산화염모제에 25%	기타제품에 사용금지	84775-63-3	Indigofera tinctoria leaf powder
황산철수화물($FeSO_4 \cdot 7H_2O$)	비산화염모제에 6%	산화 염모제에 사용금지	7720-78-7	
황산은	비산화염모제에 0.4%	산화 염모제에 사용금지	10294-26-5	
헤마테인	비산화염모제에 0.1%	산화염모제에 사용금지	475-25-2	

※ 유의사항

이 표에 지정된 원료를 알기 쉽게 찾아볼 수 있도록 각각의 원료명에 해당하는 대표 CAS No.(이에 해당하는 화학물질명칭을 포함)를 예시로 기재하였으며, 기재된 CAS No. 이외에 다른 번호의 화학물질도 해당될 수 있다.

④ 기타 사용 제한 성분들

원료명	사용한도	비고	CAS No.	화학물질
감광소 감광소 101호(플라토닌) 감광소 201호(쿼터늄-73) 감광소 301호(쿼터늄-51) 감광소 401호(쿼터늄-45) 기타의 감광소 의 합계량	0.002%		3571-88-8	플라토닌
			15763-48-1	쿼터늄-73
			1463-95-2	쿼터늄-51
			21034-17-3	쿼터늄-45
건강틴크 칸타리스틴크 의 합계량 고추틴크	1%			
과산화수소 및 과산화수소 생성물질	• 두발용 제품류에 과산화수소로서 3% • 손톱경화용 제품에 과산화수소로서 2%	기타 제품에는 사용금지	7722-84-1	과산화수소
			15120-21-5	과붕산나트륨
			15630-89-4	소듐카보네이트퍼옥사이드
			124-43-6	우레아퍼옥사이드
			1305-79-9	칼슘퍼옥사이드
			135927-36-5	피브이피-하이드로젠퍼옥사이드
과산화수소 및 과산화수소 생성물질	• 두발용 제품류에 과산화수소로서 3% • 손톱경화용 제품에 과산화수소로서 2%	기타 제품에는 사용금지	1314-18-7	스트론튬퍼옥사이드
			1314-22-3	징크퍼옥사이드
			1335-26-8 / 14452-57-4	마그네슘퍼옥사이드

원 료 명	사 용 한 도	비고	CAS No.	화학물질
글라이옥살	0.01%		107-22-2	
α-다마스콘(시스-로즈 케톤-1)	0.02%		23726-94-5 / 43052-87-5	알파-다마스콘
디아미노피리미딘옥사이드 (2,4-디아미노-피리미딘-3-옥사이드)	두발용 제품류에 1.5%	기타 제품에는 사용금지	74638-76-9	디아미노피리미딘옥사이드
땅콩오일, 추출물 및 유도체		원료 중 땅콩단백질의 최대 농도는 0.5ppm을 초과하지 않아야 함	8002-03-7	Arachis hypogaea fruit extract / Arachis hypogaea oil / Arachis hypogaea flour / Arachis hypogaea seedcoat extract
			68425-36-5	Hydrogenated peanut oil
			91051-35-3	Peanut acid
			91744-77-3	Peanut glycerides
			68440-49-3	Peanut oil peg-6 esters
			93572-05-5	Peanutamide MEA
			61789-56-8	Potassium peanutate
			61789-57-9	Sodium peanutate
			73138-79-1	Sulfated peanut oil
라우레스-8, 9 및 10	2%		9002-92-0 / 3055-98-9	라우레스-8
라우레스-8, 9 및 10	2%		3055-99-0 / 9002-92-0 / 68439-50-9	라우레스-9
			9002-92-0 / 6540-99-4 / 68002-97-1	라우레스-10
레조시놀	• 산화염모제에 용법·용량에 따른 혼합물의 염모성분으로서 2.0% • 기타제품에 0.1%		108-46-3	
로즈 케톤-3	0.02%		57378-68-4	
로즈 케톤-4	0.02%		23696-85-7	
로즈 케톤-5	0.02%		33673-71-1	
시스-로즈 케톤-2	0.02%		23726-92-3	
트랜스-로즈 케톤-1	0.02%		24720-09-0	

원 료 명	사 용 한 도	비고	CAS No.	화학물질
트랜스-로즈 케톤-2	0.02%		23726-91-2	
트랜스-로즈 케톤-3	0.02%		71048-82-3	
트랜스-로즈 케톤-5	0.02%		39872-57-6	
리튬하이드록사이드	• 헤어스트레이트너 제품에 4.5% • 제모제에서 pH 조정 목적으로 사용되는 경우 최종 제품의 pH는 12.7이하	기타 제품에는 사용금지	1310-65-2	
만수국꽃 추출물 또는 오일	• 사용 후 씻어내는 제품에 0.1% • 사용 후 씻어내지 않는 제품에 0.01%	• 원료 중 알파 테르티에닐(테르티오펜) 함량은 0.35% 이하 • 자외선 차단제품 또는 자외선을 이용한 태닝(천연 또는 인공)을 목적으로 하는 제품에는 사용금지 • 만수국아재비꽃 추출물 또는 오일과 혼합 사용 시 '사용 후 씻어내는 제품'에 0.1%, '사용 후 씻어내지 않는 제품'에 0.01%를 초과하지 않아야 함	91722-29-1	Tagetes patula, ext.

원료명	사용한도	비고	CAS No.	화학물질
만수국아재비꽃 추출물 또는 오일	• 사용 후 씻어내는 제품에 0.1% • 사용 후 씻어내지 않는 제품에 0.01%	• 원료 중 알파 테르티에닐(테르티오펜) 함량은 0.35% 이하 • 자외선 차단제품 또는 자외선을 이용한 태닝(천연 또는 인공)을 목적으로 하는 제품에는 사용금지 • 만수국꽃 추출물 또는 오일과 혼합 사용 시 '사용 후 씻어내는 제품'에 0.1%, '사용 후 씻어내지 않는 제품'에 0.01%를 초과하지 않아야 함	91770-75-1	Tagetes minuta extract
머스크자일렌	• 향수류 향료원액을 8% 초과하여 함유하는 제품에 1.0%, 향료원액을 8% 이하로 함유하는 제품에 0.4% • 기타 제품에 0.03%		81-15-2	
머스크케톤	• 향수류 향료원액을 8% 초과하여 함유하는 제품 1.4%, 향료원액을 8% 이하로 함유하는 제품 0.56% • 기타 제품에 0.042%		81-14-1	
3-메칠논-2-엔니트릴	0.2%		53153-66-5	

원 료 명	사 용 한 도	비고	CAS No.	화학물질
메칠 2-옥티노에이트 (메칠헵틴카보네이트)	0.01% (메칠옥틴카보네이트와 병용 시 최종제품에서 두 성분의 합은 0.01%, 메칠옥틴카보네이트는 0.002%)		111-12-6	
메칠옥틴카보네이트 (메칠논-2-이노에이트)	0.002% (메칠 2-옥티노에이트와 병용 시 최종제품에서 두 성분의 합이 0.01%)		111-80-8	
p-메칠하이드로신나믹알데하이드	0.2%		5406-12-2	
메칠헵타디에논	0.002%		1604-28-0	
메톡시디시클로펜타디엔 카르복스알데하이드	0.5%		86803-90-9	
무기설파이트 및 하이드로젠설파이트류	산화염모제에서 유리 SO_2로 0.67%	기타 제품에는 사용금지	7757-83-7	소듐설파이트
			10192-30-0	암모늄바이설파이트
			10196-04-0	암모늄설파이트
			10117-38-1	포타슘설파이트
			23873-77-0	포타슘하이드로젠설파이트
			7631-90-5	소듐바이설파이트
			7681-57-4	소듐메타바이설파이트
			16731-55-8	포타슘메타바이설파이트
베헨트리모늄 클로라이드	(단일성분 또는 세트리모늄 클로라이드, 스테아트리모늄클로라이드와 혼합사용의 합으로서) • 사용 후 씻어내는 두발용 제품류 및 두발 염색용 제품류에 5.0% • 사용 후 씻어내지 않는 두발용 제품류 및 두발 염색용 제품류에 3.0%	세트리모늄 클로라이드 또는 스테아트리모늄 클로라이드와 혼합 사용하는 경우 세트리모늄 클로라이드 및 스테아트리모늄 클로라이드의 합은 '사용 후 씻어내지 않는 두발용 제품류'에 1.0% 이하, '사용 후 씻어내는 두발용 제품류 및 두발 염색용 제품류'에 2.5% 이하여야 함)	17301-53-0	

원료명	사용한도	비고	CAS No.	화학물질
4-*tert*-부틸디하이드로신남알데하이드	0.6%		18127-01-0	
1,3-비스(하이드록시메칠)이미다졸리딘-2-치온	두발용 제품류 및 손발톱용 제품류에 2% (다만, 에어로졸(스프레이) 제품에 사용금지)	기타 제품에는 사용금지	15534-95-9	
비타민E(토코페롤)	20%		58-28-4	gamma-Tocopherol
			16698-35-4	beta-Tocopherol
			10191-41-0	DL-alpha-Tocopherol
			119-13-1	delta Tocopherol
			1406-18-4 / 59-02-9	D-alpha-Tocopherol
비타민E(토코페롤)	20%		2074-53-5	DL-Tocopherol
				D-alpha-Tocopherol
			7616-22-0 / 1406-66-2	Tocopherols
살리실릭애씨드 및 그 염류	• 인체세정용 제품류에 살리실릭애씨드로서 2% • 사용 후 씻어내는 두발용 제품류에 살리실릭애씨드로서 3%	• 영유아용 제품류 또는 13세 이하 어린이가 사용할 수 있음을 특정하여 표시하는 제품에는 사용금지(다만, 샴푸 제외) • 기능성화장품의 유효성분으로 사용하는 경우에 한하며 기타 제품에는 사용금지	69-72-7	살리실릭애씨드
			824-35-1	칼슘살리실레이트
			18917-89-0	마그네슘살리실레이트
			59866-70-5	엠이에이-살리실레이트
			54-21-7	소듐살리실레이트
			578-36-9	포타슘살리실레이트
			2174-16-5	티이에이-살리실레이트
			17671-53-3	베타인살리실레이트
세트리모늄 클로라이드, 스테아트리모늄 클로라이드	(단일성분 또는 혼합사용의 합으로서) • 사용 후 씻어내는 두발용 제품류 및 두발용 염색용 제품류에 2.5% • 사용 후 씻어내지 않는 두발용 제품류 및 두발 염색용 제품류에 1.0%		112-02-7	세트리모늄클로라이드
			112-03-8	스테아트라이모늄 클로라이드

원 료 명	사 용 한 도	비고	CAS No.	화학물질
소듐나이트라이트	0.2%	2급, 3급 아민 또는 기타 니트로사민형성물질을 함유하고 있는 제품에는 사용금지	7632-00-0	
소합향나무(Liquidambar orientalis) 발삼오일 및 추출물	0.6%		94891-27-7	Liquidambar orientalis resin
수용성 징크 염류(징크 4-하이드록시벤젠설포네이트와 징크피리치온 제외)	징크로서 1%		4468-02-4	징크글루코네이트
			14281-83-5	징크글라이시네이트
			16039-53-5	징크락테이트
			16283-36-6	징크살리실레이트
			7446-19-7	징크설페이트 (Monohydrate)
			7446-20-0	징크설페이트 (heptahydrate)
			7733-02-0	징크설페이트 (anhydrous)
			7646-85-7	징크클로라이드
			15454-75-8	징크피씨에이
			-	포피리듐/징크발효물
			-	효모/아연발효물
			557-34-6	징크아세테이트 (anhydrous)
			5970-45-6	징크아세테이트 (hydrate)
			-	소듐징크히스티딘디디오옥탄이미이드
			-	징크코세스설페이트
			36393-20-1	징크아스파테이트
			546-46-3	징크시트레이트
			-	징크글라이시네이트살리실레이트
			1949-15-1	징크글루타메이트
			136-23-2	징크디부틸디티오카바메이트
			1332-07-6	징크보레이트
			1197186-61-0	징크시스테이네이트

원 료 명	사 용 한 도	비고	CAS No.	화학물질
수용성 징크 염류(징크 4-하이드록시벤젠설포네이트와 징크피리치온 제외)	징크로서 1%		6602-83-1	징크아데노신트라이포스페이트
			16742-82-8	징크티오살리실레이트
			-	징크펜타데켄트라이카복시레이트
			24887-06-7	징크폼알데하이드설폭실레이트
			17949-65-4	징크피콜리네이트
			-	징크하이드롤라이즈드콜라겐
			-	징크아스코베이트하이드록사이드
			-	효모/아연/철/게르마늄/구리/마그네슘/실리콘발효물
			-	소듐징크세틸포스페이트
			134343-96-7	징크아스코베이트
			-	락토바실러스/우유/망간/아연발효용해물
			12565-63-8	징크글루코헵토네이트
			-	징크운데실레노일하이드롤라이즈드밀단백질
			7779-88-6	징크나이트레이트
			-	징크마그네슘아스파테이트
			22397-58-6	징크코코-설페이트

원 료 명	사 용 한 도	비고	CAS No.	화학물질
시스테인, 아세틸시스테인 및 그 염류	퍼머넌트웨이브용 제품에 시스테인으로서 3.0~7.5% (다만, 가온2욕식 퍼머넌트웨이브용 제품의 경우에는 시스테인으로서 1.5~5.5%, 안정제로서 치오글라이콜릭애씨드 1.0%를 배합할 수 있으며, 첨가하는 치오글라이콜릭애씨드의 양을 최대한 1.0%로 했을 때 주성분인 시스테인의 양은 6.5%를 초과할 수 없다.)		52-90-4	L-시스테인
			3374-22-9	DL-시스테인
			52-89-1	시스테인에이치씨엘
			616-91-1	아세틸시스테인
실버나이트레이트	속눈썹 및 눈썹 착색용도의 제품에 4%		7761-88-8	
아밀비닐카르비닐아세테이트	0.3%		2442-10-6	
아밀시클로펜테논	0.1%		25564-22-1	
아세틸헥사메칠인단	사용 후 씻어내지 않는 제품에 2%		15323-35-0	
아세틸헥사메칠테트라린	• 사용 후 씻어내지 않는 제품 0.1% (다만, 하이드로알콜성 제품에 배합할 경우 1%, 순수향료 제품에 배합할 경우 2.5%, 방향크림에 배합할 경우 0.5%) • 사용 후 씻어내는 제품 0.2%		1506-02-1 / 21145-77-7	
알에이치(또는 에스에이치) 올리고펩타이드-1(상피세포성장인자)	0.001%		62253-63-8	에스에이치 올리고펩타이드-1
알란토인클로로하이드록시알루미늄(알클록사)	1%		1317-25-5	

원료명	사용한도	비고	CAS No.	화학물질
알릴헵틴카보네이트	0.002%	2-알키노익애씨드 에스텔(예 : 메칠헵틴카보네이트)을 함유하고 있는 제품에는 사용 금지	73157-43-4	
알칼리금속의 염소산염	3%		7775-09-9	소듐클로레이트
			3811-04-9	포타슘클로레이트
암모니아	6%		7664-41-7 / 1336-21-6	
에칠라우로일알지네이트 하이드로클로라이드	비듬 및 가려움을 덜어주고 씻어내는 제품(샴푸)에 0.8%	기타 제품에는 사용금지	60372-77-2	
에탄올·붕사·라우릴황산나트륨(4:1:1) 혼합물	외음부세정제에 12%	기타 제품에는 사용금지	-	
에티드로닉애씨드 및 그 염류 (1-하이드록시에칠리덴-디-포스포닉애씨드 및 그 염류)	• 두발용 제품류 및 두발염색용 제품류에 산으로서 1.5% • 인체 세정용 제품류에 산으로서 0.2%	기타 제품에는 사용금지	2809-21-4	에티드로닉애씨드
			3794-83-0	테트라소듐에티드로네이트
			14860-53-8	테트라포타슘에티드로네이트
			7414-83-7	디소듐에티드로네이트
오포파낙스	0.6%		-	
옥살릭애씨드, 그 에스텔류 및 알칼리 염류	두발용제품류에 5%	기타 제품에는 사용금지	144-62-7	옥살릭애씨드
			95-92-1	디에틸옥살레이트
			2050-60-4	디부틸옥살레이트
			62-76-0	소듐옥살레이트
			13784-89-9	디이소부틸옥살레이트
			553-91-3	디리튬옥살레이트
			553-90-2	디메틸옥살레이트
옥살릭애씨드, 그 에스텔류 및 알칼리 염류	두발용제품류에 5%	기타 제품에는 사용금지	583-52-8	디포타슘옥살레이트
			615-98-5	디프로필옥살레이트
			615-81-6	디이소프로필옥살레이트
우레아	10%		57-13-6	
이소베르가메이트	0.1%		68683-20-5	

원 료 명	사 용 한 도	비고	CAS No.	화학물질
이소사이클로제라니올	0.5%		68527-77-5	
징크페놀설포네이트	사용 후 씻어내지 않는 제품에 2%		127-82-2	
징크피리치온	비듬 및 가려움을 덜어주고 씻어내는 제품(샴푸, 린스) 및 탈모증상의 완화에 도움을 주는 화장품에 총 징크피리치온으로서 1.0%	기타 제품에는 사용금지	13463-41-7	
치오글라이콜릭애씨드, 그 염류 및 에스텔류	• 퍼머넌트웨이브용 및 헤어스트레이트너 제품에 치오글라이콜릭애씨드로서 11% (다만, 가온2욕식 헤어스트레이트너 제품의 경우에는 치오글라이콜릭애씨드로서 5%, 치오글라이콜릭애씨드 및 그 염류를 주성분으로 하고 제1제 사용 시 조제하는 발열 2욕식 퍼머넌트웨이브용 제품의 경우 치오글라이콜릭애씨드로서 19%에 해당하는 양)	기타 제품에는 사용금지	68-11-1	치오글라이콜릭애씨드
			5421-46-5	암모늄티오글라이콜레이트
			126-97-6	에탄올아민티오글라이콜레이트
			814-71-1	칼슘티오글라이콜레이트
			367-51-1	소듐티오글라이콜레이트
			34452-51-2	포타슘티오글라이콜레이트
치오글라이콜릭애씨드, 그 염류 및 에스텔류	• 제모용 제품에 치오글라이콜릭애씨드로서 5% • 염모제에 치오글라이콜릭애씨드로서 1% • 사용 후 씻어내는 두발용 제품류에 2%	기타 제품에는 사용금지	38337-95-0	스트론튬티오글라이콜레이트
			65208-41-5 / 29820-13-1	칼슘티오글라이콜레이트하이드록사이드
			63592-16-5	마그네슘티오글라이콜레이트
			2368928-49-6	시스테아민티오글라이콜레이트

원료명	사용한도	비고	CAS No.	화학물질
칼슘하이드록사이드	• 헤어스트레이트너 제품에 7% • 제모제에서 pH 조정 목적으로 사용되는 경우 최종 제품의 pH는 12.7이하	기타 제품에는 사용금지	1305-62-0	
Commiphora erythrea engler var. glabrescens 검 추출물 및 오일	0.6%		93686-00-1	Opopanax chironium, ext.
쿠민(*Cuminum cyminum*) 열매 오일 및 추출물	사용 후 씻어내지 않는 제품에 쿠민오일로서 0.4%		84775-51-9	Cumin extract
퀴닌 및 그 염류	• 샴푸에 퀴닌염으로서 0.5% • 헤어로션에 퀴닌염로서 0.2%	기타 제품에는 사용금지	130-95-0	퀴닌
클로라민T	0.2%		127-65-1	
톨루엔	손발톱용 제품류에 25%	기타 제품에는 사용금지	108-88-3	
트리알킬아민, 트리알칸올아민 및 그 염류	사용 후 씻어내지 않는 제품에 2.5%		-	
트리클로산	사용 후 씻어내는 제품류에 0.3%	기능성화장품의 유효성분으로 사용하는 경우에 한하며 기타 제품에는 사용금지	3380-34-5	
트리클로카반(트리클로카바닐리드)	사용 후 씻어내는 제품류에 1.5%	기능성화장품의 유효성분으로 사용하는 경우에 한하며 기타 제품에는 사용금지	101-20-2	
페릴알데하이드	0.1%		2111-75-3	
페루발삼 (*Myroxylon pereirae*의 수지) 추출물(extracts), 증류물(distillates)	0.4%		8007-00-9	Balsam peru

원 료 명	사 용 한 도	비고	CAS No.	화학물질
포타슘하이드록사이드 또는 소듐하이드록사이드	• 손톱표피 용해 목적일 경우 5%, pH 조정 목적으로 사용되고 최종 제품이 제5조 제5항에 pH기준이 정하여 있지 아니한 경우에도 최종 제품의 pH는 11이하 • 제모제에서 pH 조정 목적으로 사용되는 경우 최종 제품의 pH는 12.7이하		1310-58-3	포타슘하이드록사이드
			1310-73-2	소듐하이드록사이드
폴리아크릴아마이드류	• 사용 후 씻어내지 않는 바디화장품에 잔류 아크릴아마이드로서 0.00001% • 기타 제품에 잔류 아크릴아마이드로서 0.00005%		-	
풍나무(*Liquidambar styraciflua*) 발삼오일 및 추출물	0.6%		8046-19-3	Styrax balsam
			94891-28-8	Liquidambar styraciflua, ext.
프로필리덴프탈라이드	0.01%		17369-59-4	
하이드롤라이즈드밀단백질		원료 중 펩타이드의 최대 평균분자량은 3.5 kDa 이하이어야 함	94350-06-8	Protein hydrolyzates, wheat germ
			222400-28-4	Protein hydrolyzates, wheat
			70084-87-6	Glutens, enzyme-modified
			100209-50-5	Wheat, ext., hydrolyzed
트랜스-2-헥세날	0.002%		6728-26-3	
2-헥실리덴사이클로펜타논	0.06%		17373-89-6	
노녹시놀-9	17.2%		26571-11-9	
부틸페닐메칠프로피오날	0.14%		80-54-6	
사이클로테트라실록세인	8.7%		556-67-2	
사이클로펜타실록세인	19.7%		541-02-6	

※ 유의사항

1. **이 표에 지정된 원료를 알기 쉽게 찾아볼 수 있도록 각각의 원료명에 해당하는 대표 CAS No.(이에 해당하는 화학물질명칭을 포함)를 예시로 기재하였으며, 기재된 CAS No. 이외에 다른 번호의 화학물질도 해당될 수 있다.**
2. 염류의 예 : 소듐, 포타슘, 칼슘, 마그네슘, 암모늄, 에탄올아민, 클로라이드, 브로마이드, 설페이트, 아세테이트, 베타인 등
3. 에스텔류 : 메칠, 에칠, 프로필, 이소프로필, 부틸, 이소부틸, 페닐

⑤ 화장품에 사용할 수 있는 색소

연번	색소	사용제한	비고
1	녹색 204 호 (피라닌콘크, Pyranine Conc)* CI 590408-히드록시-1, 3, 6-피렌트리설폰산의 트리나트륨염 ◎ 사용한도 0.01%	눈 주위 및 입술에 사용할 수 없음	타르색소
2	녹색 401 호 (나프톨그린 B, Naphthol Green B)* CI 100205-이소니트로소-6-옥소-5, 6-디히드로-2-나프탈렌설폰산의 철염	눈 주위 및 입술에 사용할 수 없음	타르색소
3	등색 206 호 (디요오드플루오레세인, Diiodofluorescein)* CI 45425:14´, 5´-디요오드-3´, 6´-디히드록시스피로[이소벤조푸란-1(3H), 9´-[9H]크산텐]-3-온	눈 주위 및 입술에 사용할 수 없음	타르색소
4	등색 207 호 (에리트로신 옐로위쉬 NA, Erythrosine Yellowish NA)* CI 454259-(2-카르복시페닐)-6-히드록시-4, 5-디요오드-3H-크산텐-3-온의 디나트륨염	눈 주위 및 입술에 사용할 수 없음	타르색소
5	자색 401 호 (알리주롤퍼플, Alizurol Purple)* CI 607301-히드록시-4-(2-설포-p-톨루이노)-안트라퀴논의 모노나트륨염	눈 주위 및 입술에 사용할 수 없음	타르색소
6	적색 205 호 (리톨레드, Lithol Red)* CI 156302-(2-히드록시-1-나프틸아조)-1-나프탈렌설폰산의 모노나트륨염 ◎ 사용한도 3%	눈 주위 및 입술에 사용할 수 없음	타르색소
7	적색 206 호 (리톨레드 CA, Lithol Red CA)* CI 15630:2 2-(2-히드록시-1-나프틸아조)-1-나프탈렌설폰산의 칼슘염 ◎ 사용한도 3%	눈 주위 및 입술에 사용할 수 없음	타르색소
8	적색 207 호 (리톨레드 BA, Lithol Red BA) CI 15630:12-(2-히드록시-1-나프틸아조)-1-나프탈렌설폰산의 바륨염 ◎ 사용한도 3%	눈 주위 및 입술에 사용할 수 없음	타르색소
9	적색 208 호 (리톨레드 SR, Lithol Red SR) CI 15630:32-(2-히드록시-1-나프틸아조)-1-나프탈렌설폰산의 스트론튬염 ◎ 사용한도 3%	눈 주위 및 입술에 사용할 수 없음	타르색소
10	적색 219 호 (브릴리안트레이크레드 R, Brilliant Lake Red R)* CI 158003-히드록시-4-페닐아조-2-나프토에산의 칼슘염	눈 주위 및 입술에 사용할 수 없음	타르색소
11	적색 225 호 (수단 III, Sudan III)* CI 261001-[4-(페닐아조)페닐아조]-2-나프톨	눈 주위 및 입술에 사용할 수 없음	타르색소
12	적색 405 호 (퍼머넌트레드 F5R, Permanent Red F5R) CI 15865:24-(5-클로로-2-설포-p-톨릴아조)-3-히드록시-2-나프토에산의 칼슘염	눈 주위 및 입술에 사용할 수 없음	타르색소

13	적색 504 호 (폰소 SX, Ponceau SX)* CI 147002-(5-설포-2, 4-키실릴아조)-1-나프톨-4-설폰산의 디나트륨염	눈 주위 및 입술에 사용할 수 없음	타르색소
14	청색 404 호 (프탈로시아닌블루, Phthalocyanine Blue)* CI 74160프탈로시아닌의 구리착염	눈 주위 및 입술에 사용할 수 없음	타르색소
15	황색 202 호의 (2) (우라닌 K, Uranine K)* CI 453509-올소-카르복시페닐-6-히드록시-3-이소크산톤의 디칼륨염 ◎ 사용한도 6%	눈 주위 및 입술에 사용할 수 없음	타르색소
16	황색 204 호 (퀴놀린옐로우 SS, Quinoline Yellow SS)* CI 470002-(2-퀴놀릴)-1, 3-인단디온	눈 주위 및 입술에 사용할 수 없음	타르색소
17	황색 401 호 (한자옐로우, Hanza Yellow)* CI 11680N-페닐-2-(니트로-p-톨릴아조)-3-옥소부탄아미드	눈 주위 및 입술에 사용할 수 없음	타르색소
18	황색 403 호의 (1) (나프톨옐로우 S, Naphthol Yellow S) CI 103162, 4-디니트로-1-나프톨-7-설폰산의 디나트륨염	눈 주위 및 입술에 사용할 수 없음	타르색소
19	등색 205 호 (오렌지 II, Orange II) CI 155101-(4-설포페닐아조)-2-나프톨의 모노나트륨염	눈 주위에 사용할 수 없음	타르색소
20	황색 203 호 (퀴놀린옐로우 WS, Quinoline Yellow WS) CI 470052-(1, 3-디옥소인단-2-일)퀴놀린 모노설폰산 및 디설폰산의 나트륨염	눈 주위에 사용할 수 없음	타르색소
21	녹색 3 호 (패스트그린 FCF, Fast Green FCF) CI 420532-[α-[4-(N-에틸-3-설포벤질이미니오)-2, 5-시클로헥사디에닐덴]-4-(N 에틸-3-설포벤질아미노)벤질]-5-히드록시벤젠설포네이트의 디나트륨염	-	타르색소
22	녹색 201 호 (알리자린시아닌그린 F, Alizarine Cyanine Green F)* CI 615701, 4-비스-(2-설포-p-톨루이디노)-안트라퀴논의 디나트륨염	-	타르색소
23	녹색 202 호 (퀴니자린그린 SS, Quinizarine Green SS)* CI 615651, 4-비스(p-톨루이디노)안트라퀴논	-	타르색소
24	등색 201 호 (디브로모플루오레세인, Dibromofluorescein) CI 453704´, 5´-디브로모-3´, 6´-디히드로시스피로[이소벤조푸란-1(3H),9-[9H]크산텐-3-온	눈 주위에 사용할 수 없음	타르색소
25	자색 201 호 (알러주린퍼플 SS, Alizurine Purple SS)* CI 607251-히드록시-4-(p-톨루이디노)안트라퀴논	-	타르색소
26	적색 2 호 (아마란트, Amaranth) CI 161853-히드록시-4-(4-설포나프틸아조)-2, 7-나프탈렌디설폰산의 트리나트륨염	영유아용 제품류 또는 만 13세 이하 어린이가 사용할 수 있음을 특정하여 표시하는 제품에 사용할 수 없음	타르색소
27	적색 40 호 (알루라레드 AC, Allura Red AC) CI 160356-히드록시-5-[(2-메톡시-5-메틸-4-설포페닐)아조]-2-나프탈렌설폰산의 디나트륨염	-	타르색소
28	적색 102 호 (뉴콕신, New Coccine) CI 162551-(4-설포-1-나프틸아조)-2-나프톨-6, 8-디설폰산의 트리나트륨염의 1.5 수화물	영유아용 제품류 또는 만 13세 이하 어린이가 사용할 수 있음을 특정하여 표시하는 제품에 사용할 수 없음	타르색소
29	적색 103 호의 (1) (에오신 YS, Eosine YS) CI 453809-(2-카르복시페닐)-6-히드록시-2, 4, 5, 7-테트라브로모-3H-크산텐-3-온의 디나트륨염	눈 주위에 사용할 수 없음	타르색소

연번	색소	사용제한	비고
30	적색 104 호의 (1) (플록신 B, Phloxine B) CI 45410 9-(3, 4, 5, 6-테트라클로로-2-카르복시페닐)-6-히드록시-2, 4, 5, 7-테트라브로모-3H-크산텐-3-온의 디나트륨염	눈 주위에 사용할 수 없음	타르색소
31	적색 104 호의 (2) (플록신 BK, Phloxine BK) CI 454109-(3, 4, 5, 6-테트라클로로-2-카르복시페닐)-6-히드록시-2, 4, 5, 7-테트라브로모-3H-크산텐-3-온의 디칼륨염	눈 주위에 사용할 수 없음	타르색소
32	적색 201 호 (리톨루빈 B, Lithol Rubine B) CI 158504-(2-설포-p-톨릴아조)-3-히드록시-2-나프토에산의 디나트륨염	-	타르색소
33	적색 202 호 (리톨루빈 BCA, Lithol Rubine BCA) CI 15850:14-(2-설포-p-톨릴아조)-3-히드록시-2-나프토에산의 칼슘염	-	타르색소
34	적색 218 호 (테트라클로로테트라브로모플루오레세인, Tetrachlorotetrabromofluorescein) CI 45410:12′, 4′, 5′, 7′-테트라브로모-4, 5, 6, 7-테트라클로로-3′, 6′-디히드록시피로[이소벤조푸란-1(3H),9′-[9H] 크산텐]-3-온	눈 주위에 사용할 수 없음	타르색소
35	적색 220 호 (디프마룬, Deep Maroon)* CI 15880:14-(1-설포-2-나프틸아조)-3-히드록시-2-나프토에산의 칼슘염	-	타르색소
36	적색 223 호 (테트라브로모플루오레세인, Tetrabromofluorescein) CI 45380:22′, 4′, 5′, 7′-테트라브로모-3′, 6′-디히드록시스피로[이소벤조푸란-1(3H),9′-[9H]크산텐]-3-온	눈 주위에 사용할 수 없음	타르색소
37	적색 226 호 (헬린돈핑크 CN, Helindone Pink CN)* CI 733606, 6′-디클로로-4, 4′-디메틸-티오인디고	-	타르색소
38	적색 227 호 (패스트애시드마겐타, Fast Acid Magenta)* CI 172008-아미노-2-페닐아조-1-나프톨-3, 6-디설폰산의 디나트륨염 ◎ 입술에 적용을 목적으로 하는 화장품의 경우만 사용한도 3%	-	타르색소
39	적색 228 호 (퍼마톤레드, Permaton Red) CI 12085 1-(2-클로로-4-니트로페닐아조)-2-나프톨 ◎ 사용한도 3%	-	타르색소
40	적색 230 호의 (2) (에오신 YSK, Eosine YSK) CI 453809-(2-카르복시페닐)-6-히드록시-2, 4, 5, 7-테트라브로모-3H-크산텐-3-온의 디칼륨염	-	타르색소
41	청색 1 호 (브릴리안트블루 FCF, Brilliant Blue FCF) CI 420902-[α-[4-(N-에틸-3-설포벤질이미니오)-2, 5-시클로헥사디에닐리덴]-4-(N-에틸-3-설포벤질아미노)벤질]벤젠설포네이트의 디나트륨염	-	타르색소
42	청색 2 호 (인디고카르민, Indigo Carmine) CI 73015 5, 5′-인디고틴디설폰산의 디나트륨염	-	타르색소
43	청색 201 호 (인디고, Indigo)* CI 73000 인디고틴	-	타르색소
44	청색 204 호 (카르반트렌블루, Carbanthrene Blue)* CI 698253, 3′-디클로로인단스렌	-	타르색소
45	청색 205 호 (알파주린 FG, Alphazurine FG)* CI 42090 2-[α-[4-(N-에틸-3-설포벤질이미니오)-2, 5-시클로헥산디에닐리덴]-4-(N-에틸-3-설포벤질아미노)벤질]벤젠설포네이트의 디암모늄염	-	타르색소
46	황색 4 호 (타르트라진, Tartrazine) CI 191405-히드록시-1-(4-설포페닐)-4-(4-설포페닐아조)-1H-피라졸-3-카르본산의 트리나트륨염	-	타르색소

연번	색소	사용제한	비고
47	황색 5 호 (선셋옐로우 FCF, Sunset Yellow FCF) CI 159856-히드록시-5-(4-설포페닐아조)-2-나프탈렌설폰산의 디나트륨염	-	타르색소
48	황색 201 호 (플루오레세인, Fluorescein)* CI 45350:13´, 6´-디히드록시스피로[이소벤조푸란-1(3H), 9´-[9H]크산텐]-3-온 ◎ 사용한도 6%	-	타르색소
49	황색 202 호의 (1) (우라닌, Uranine)* CI 453509-(2-카르복시페닐)-6-히드록시-3H-크산텐-3-온의 디나트륨염 ◎ 사용한도 6%	-	타르색소
50	등색 204 호 (벤지딘오렌지 G, Benzidine Orange G)* CI 211104, 4´-[(3, 3´-디클로로-1, 1´-비페닐)-4, 4´-디일비스(아조)]비스[3-메틸-1-페닐-5-피라졸론]	적용 후 바로 씻어내는 제품 및 염모용 화장품에만 사용	타르색소
51	적색 106 호 (애시드레드, Acid Red)* CI 451002-[[N, N-디에틸-6-(디에틸아미노)-3H-크산텐-3-이미니오]-9-일]-5-설포벤젠설포네이트의 모노나트륨염	적용 후 바로 씻어내는 제품 및 염모용 화장품에만 사용	타르색소
52	적색 221 호 (톨루이딘레드, Toluidine Red)* CI 121201-(2-니트로-p-톨릴아조)-2-나프톨	적용 후 바로 씻어내는 제품 및 염모용 화장품에만 사용	타르색소
53	적색 401 호 (비올라민 R, Violamine R) CI 451909-(2-카르복시페닐)-6-(4-설포-올소-톨루이디노)-N-(올소-톨릴)-3H-크산텐-3-이민의 디나트륨염	적용 후 바로 씻어내는 제품 및 염모용 화장품에만 사용	타르색소
54	적색 506 호 (패스트레드 S, Fast Red S)* CI 156204-(2-히드록시-1-나프틸아조)-1-나프탈렌설폰산의 모노나트륨염	적용 후 바로 씻어내는 제품 및 염모용 화장품에만 사용	타르색소
55	황색 407 호 (패스트라이트옐로우 3G, Fast Light Yellow 3G)* CI 188203-메틸-4-페닐아조-1-(4-설포페닐)-5-피라졸론의 모노나트륨염	적용 후 바로 씻어내는 제품 및 염모용 화장품에만 사용	타르색소
56	흑색 401 호 (나프톨블루블랙, Naphthol Blue Black)* CI 204708-아미노-7-(4-니트로페닐아조)-2-(페닐아조)-1-나프톨-3, 6-디설폰산의 디나트륨염	적용 후 바로 씻어내는 제품 및 염모용 화장품에만 사용	타르색소
57	등색 401 호(오렌지 401, Orange no. 401)* CI 11725	점막에 사용할 수 없음	타르색소
58	안나토 (Annatto) CI 75120	-	타르색소
59	라이코펜 (Lycopene) CI 75125	-	
60	베타카로틴 (Beta-Carotene) CI 40800, CI 75130	-	
61	구아닌 (2-아미노-1,7-디하이드로-6H-퓨린-6-온, Guanine, 2-Amino-1,7-dihydro-6H- purin-6-one) CI 75170	-	
62	커큐민 (Curcumin) CI 75300	-	
63	카민류 (Carmines) CI 75470	-	
64	클로로필류 (Chlorophylls) CI 75810	-	
65	알루미늄 (Aluminum) CI 77000	-	
66	벤토나이트 (Bentonite) CI 77004	-	
67	울트라마린 (Ultramarines) CI 77007	-	
68	바륨설페이트 (Barium Sulfate) CI 77120	-	

연번	색소	사용제한	비고
69	비스머스옥시클로라이드 (Bismuth Oxychloride) CI 77163	-	
70	칼슘카보네이트 (Calcium Carbonate) CI 77220	-	
71	칼슘설페이트 (Calcium Sulfate) CI 77231	-	
72	카본블랙 (Carbon black) CI 77266	-	
73	본블랙, 본차콜 (본차콜, Bone black, Bone Charcoal) CI 77267	-	
74	베지터블카본 (코크블랙, Vegetable Carbon, Coke Black) CI 77268:1	-	
75	크로뮴옥사이드그린 (크롬(III) 옥사이드, Chromium Oxide Greens) CI 77288	-	
76	크로뮴하이드로사이드그린 (크롬(III) 하이드록사이드, Chromium Hydroxide Green) CI 77289	-	
77	코발트알루미늄옥사이드 (Cobalt Aluminum Oxide) CI 77346	-	
78	구리 (카퍼, Copper) CI 77400	-	
79	금 (Gold) CI 77480	-	
80	페러스옥사이드 (Ferrous oxide, Iron Oxide) CI 77489	-	
81	적색산화철 (아이런옥사이드레드, Iron Oxide Red, Ferric Oxide) CI 77491	-	
82	황색산화철 (아이런옥사이드옐로우, Iron Oxide Yellow, Hydrated Ferric Oxide) CI 77492	-	
83	흑색산화철 (아이런옥사이드블랙, Iron Oxide Black, Ferrous-Ferric Oxide) CI 77499	-	
84	페릭암모늄페로시아나이드 (Ferric Ammonium Ferrocyanide) CI 77510	-	
85	페릭페로시아나이드 (Ferric Ferrocyanide) CI 77510	-	
86	마그네슘카보네이트 (Magnesium Carbonate) CI 77713	-	
87	망가니즈바이올렛 (암모늄망가니즈(3+) 디포스페이트, Manganese Violet, Ammonium Manganese(3+) Diphosphate) CI 77742	-	
88	실버 (Silver) CI 77820	-	
89	티타늄디옥사이드 (Titanium Dioxide) CI 77891	-	
90	징크옥사이드 (Zinc Oxide) CI 77947	-	
91	리보플라빈 (락토플라빈, Riboflavin, Lactoflavin)	-	
92	카라멜 (Caramel)	-	
93	파프리카추출물, 캡산틴/캡소루빈 (Paprika Extract Capsanthin/ Capsorubin)	-	
94	비트루트레드 (Beetroot Red)	-	
95	안토시아닌류 (시아니딘, 페오니딘, 말비딘, 델피니딘, 페투니딘, 페라고니딘, Anthocyanins)	-	
96	알루미늄스테아레이트/징크스테아레이트/마그네슘스테아레이트/칼슘스테아레이트 (Aluminum Stearate/Zinc Stearate/Magnesium Stearate/ Calcium Stearate)	-	
97	디소듐이디티에이-카퍼 (Disodium EDTA-copper)	-	
98	디하이드록시아세톤 (Dihydroxyacetone)	-	
99	구아이아줄렌 (Guaiazulene)	-	
100	피로필라이트 (Pyrophyllite)	-	

연번	색소	사용제한	비고
101	마이카 (Mica) CI 77019	-	
102	청동 (Bronze)	-	
103	염기성갈색 16 호 (Basic Brown 16) CI 12250	염모용 화장품에만 사용	타르색소
104	염기성청색 99 호 (Basic Blue 99) CI 56059	염모용 화장품에만 사용	타르색소
105	염기성적색 76 호 (Basic Red 76) CI 12245 ◎ 사용한도 2%	염모용 화장품에만 사용	타르색소
106	염기성갈색 17 호 (Basic Brown 17) CI 12251 ◎ 사용한도 2%	염모용 화장품에만 사용	타르색소
107	염기성황색 87 호 (Basic Yellow 87) ◎ 사용한도 1%	염모용 화장품에만 사용	타르색소
108	염기성황색 57 호 (Basic Yellow 57) CI 12719 ◎ 사용한도 2%	염모용 화장품에만 사용	타르색소
109	염기성적색 51 호 (Basic Red 51) ◎ 사용한도 1%	염모용 화장품에만 사용	타르색소
110	염기성등색 31 호 (Basic Orange 31) ◎ 사용한도 1%	염모용 화장품에만 사용	타르색소
111	에치씨청색 15 호 (HC Blue No. 15) ◎ 사용한도 0.2%	염모용 화장품에만 사용	타르색소
112	에치씨청색 16 호 (HC Blue No. 16) ◎ 사용한도 3%	염모용 화장품에만 사용	타르색소
113	분산자색 1 호 (Disperse Violet 1) CI 61100 1,4-디아미노안트라퀴논 ◎ 사용한도 0.5%	염모용 화장품에만 사용	타르색소
114	에치씨적색 1 호 (HC Red No. 1) 4-아미노-2-니트로디페닐아민 ◎ 사용한도 1%	염모용 화장품에만 사용	타르색소
115	2-아미노-6-클로로-4-니트로페놀 ◎ 사용한도 2%	염모용 화장품에만 사용	타르색소
116	4-하이드록시프로필 아미노-3-니트로페놀 ◎ 사용한도 2.6%	염모용 화장품에만 사용	타르색소
117	염기성자색 2 호 (Basic Violet 2) CI 42520 ◎ 사용한도 0.5%	염모용 화장품에만 사용	타르색소
118	분산흑색 9 호 (Disperse Black 9) ◎ 사용한도 0.3%	염모용 화장품에만 사용	타르색소
119	에치씨황색 7 호 (HC Yellow No. 7) ◎ 사용한도 0.25%	염모용 화장품에만 사용	타르색소
120	산성적색 52 호 (Acid Red 52) CI 45100 ◎ 사용한도 0.6%	염모용 화장품에만 사용	타르색소
121	산성적색 92 호 (Acid Red 92) ◎ 사용한도 0.4%	염모용 화장품에만 사용	타르색소
122	에치씨청색 17 호 (HC Blue 17) ◎ 사용한도 2%	염모용 화장품에만 사용	타르색소

연번	색소	사용제한	비고
123	에치씨등색 1 호 (HC Orange No. 1) ◎ 사용한도 1%	염모용 화장품에만 사용	타르색소
124	분산청색 377 호 (Disperse Blue 377) ◎ 사용한도 2%	염모용 화장품에만 사용	타르색소
125	에치씨청색 12 호 (HC Blue No. 12) ◎ 사용한도 1.5%	염모용 화장품에만 사용	타르색소
126	에치씨황색 17 호 (HC Yellow No. 17) ◎ 사용한도 0.5%	염모용 화장품에만 사용	타르색소
127	피그먼트 적색 5호 (Pigment Red 5)* CI 12490엔-(5-클로로-2,4-디메톡시페닐)-4-[[5-[(디에칠아미노)설포닐]-2-메톡시페닐]아조]-3-하이드록시나프탈렌-2-카복사마이드	화장 비누에만 사용	타르색소
128	피그먼트 자색 23호 (Pigment Violet 23) CI 51319	화장 비누에만 사용	타르색소
129	피그먼트 녹색 7호 (Pigment Green 7) CI 74260	화장 비누에만 사용	타르색소

주) *표시는 해당 색소의 바륨, 스트론튬, 지르코늄레이크는 사용할 수 없다.

Chapter 2 화장품 제조 및 품질관리

- 1,000점 만점 중 250점(25%) 할당, 총 25문항, 선다형(20문항), 단답형(5문항)
- 2.3.화장품 사용제한 원료
- 소주제: 2. 착향제 성분 중 알레르기 유발 물질

TIP

2020년 1월 1일부터 화장품 성분 중 착향제의 경우, 향료에 포함된 알레르기 유발성분의 표시 의무화가 시행되었다. 착향제는 정말 무수한 성분들이 존재한다. 보통 알레르기를 일으키는 성분들로 알려져 있으나 조향 단체 등에서 업계 비밀로 주장하고 있어 착향제의 모든 목록을 다 공개하기에는 힘든 실정이다. 그러나 소비자의 알 권리 또한 중요하므로 무수한 착향 성분들 중 특히 알레르기를 일으킬 가능성이 높은 25가지 종류의 성분들을 정부(식약처)에서 선별하여 고시하였다. 착향제의 모든 성분들을 다 밝힐 필요는 없으나 착향제에 식약처장이 정한 25가지 성분들이 포함되어 있다면, 해당 성분을 착향제와 따로 기재하여야 한다.

1. 착향제 성분 중 알레르기를 유발하는 고시 성분의 표기 기준

▶ 착향제
 - 정의: 화장품에서 좋은 향이 나도록 돕는 향료
 - 표시: 착향제는 화장품의 전성분에 "향료"로 표시할 수 있으나, 착향제 구성 성분 중 식약처장이 고시한 알레르기 유발성분이 있는 경우에는 "향료"로만 표시할 수 없고, 추가로 해당 성분의 명칭을 기재하여야 한다.(식품의약품안전처장이 고시하는 알레르기 유발성분을 함유하고 있을 경우 해당 성분의 명칭을 표시하여야 하며, 알레르기 유발성분을 함유하고 있지 않은 경우에는 기존대로 '향료'로 뭉뚱그려 표시할 수 있다.)
  *다만, 해당 알레르기 유발 가능성이 있는 25가지 성분들이 사용되었다고 하여 항상 기재하는 것은 아니다. 그 성분이 사용 후 씻어내는 제품에는 0.01% 초과, 사용 후 씻어내지 않는 제품에는 0.001% 초과하여 함유되어 있는 경우에만 향료와는 따로 기재한다.

2. 화장품 착향제 중 알레르기 유발물질 표시 지침

▶ 표시 · 기재 관련 세부 지침

알레르기 유발성분의 표시 기준인 0.01%, 0.001%의 산출 방법

→ 해당 알레르기 유발성분이 제품의 내용량에서 차지하는 함량의 비율로 계산
 예 사용 후 씻어내지 않는 바디로션(250g) 제품에 리모넨이 0.05g 포함 시,
 0.05 g ÷ 250 g × 100 = 0.02% → 0.001% 초과하므로 표시 대상

▶ 알레르기 유발성분 표시 기준인 "사용 후 씻어내는 제품" 및 "사용 후 씻어내지 않는 제품"의 구분
 → "사용 후 씻어내는 제품"은 피부, 모발 등에 적용 후 씻어내는 과정이 필요한 제품을 말한다.(예 샴푸, 린스 등)
▶ 알레르기 유발성분 함량에 따른 표기 순서가 정해져 있는가?

→ 알레르기 유발성분의 함량에 따른 표시 방법이나 순서를 별도로 정하고 있지는 않으나, 전성분 표시 방법을 적용하길 권장한다. 권장이지 꼭 따라야 하는 것은 아니다.

A, B, C, D, 향료	알레르기 유발성분인 리모넨, 리날룰이 포함된 경우	1안	A, B, C, D, 향료, 리모넨, 리날룰
		2안	A, B, C, D, 리모넨, 향료, 리날룰
		3안	A, B, 리모넨, C, D, 향료, 리날룰 (함량 순으로 기재)
		4안	A, B, C, D, 향료(리모넨, 리날룰)
		5안	A, B, C, D, 향료, 리모넨*, 리날룰 (알레르기 유발성분)

*1~3안은 가능하며, 4~5안은 소비자 오해·오인우려로 불가함

▶ **알레르기 유발성분임을 별도로 표시하거나 "사용 시의 주의사항"에 기재하여야 하는가?**
→ 착향제에 포함된 알레르기 성분을 표시토록 하는 것의 취지는 전성분에 표시된 성분 외에도 추가로 착향제 성분에 대한 정보를 제공하여 알레르기가 있는 소비자의 안전을 확보하기 위한 것이다. 따라서 해당 25종에 대해 알레르기 유발성분임을 별도로 표시하면 해당 성분만 알레르기를 유발하는 것으로 소비자가 오인할 우려가 있어 부적절하다. 또한 착향제 중에 포함된 알레르기 유발성분의 표시는 "전성분 표시제"의 표시대상 범위를 확대한 것으로서, '사용 시의 주의사항'에 기재될 사항은 아니다.

▶ **전성분 표시가 생략되는 내용량 10mL(g) 초과 50mL(g) 이하인 화장품의 경우 착향제 구성 성분 중 알레르기 유발성분을 표시해야 하는가?**
→ 기존 규정과 동일하게 표시·기재를 위한 면적이 부족한 사유로 생략이 가능하나 해당 정보는 홈페이지 등에서 확인할 수 있도록 해야 한다. 또한 내용량 10mL(g) 초과 50mL(g) 이하인 화장품일지라도 표시 면적이 확보되는 경우 해당 알레르기 유발 성분을 표시하는 것을 권장한다.(필수는 아니다.)

▶ **25종의 알레르기 유발 고시 성분들을 고의로 넣은 것이 아니라 천연오일 또는 식물추출물에 함유되어 자연스레 들어가게 되는 경우에도 표시를 해야 하는가?**
→ 식물의 꽃·잎·줄기 등에서 추출한 에센셜오일이나 추출물이 착향의 목적으로 사용되었거나 해당 성분이 착향제의 특성이 있는 경우에는 천연으로 들어갔든 아니든 알레르기 유발성분을 표시·기재하여야 한다.

▶ **책임판매업자 홈페이지, 온라인 판매처 사이트에서도 알레르기 유발성분을 표시해야 하는가?**
→ 당연하게도 온라인 상에서도 전성분 표시사항에 향료 중 알레르기 유발성분을 표시하여야 한다. 다만 기존 부자재 사용으로 실제 유통 중인 제품과 온라인 상의 '향료 중 알레르기 유발성분'의 표시사항에 차이가 나는 경우 소비자 오해나 혼란이 없도록 유통 화장품의 표시사항과 온라인 상의 표시사항에 차이가 날 수 있음을 안내하는 문구를 기재하는 것을 권장한다.

▶ **화장품책임판매업자가 원료목록 보고 시 알레르기 유발성분 정보를 포함시켜야 하는가?**
→ 해당 알레르기 유발성분을 제품에 표시하는 경우 원료목록 보고에도 포함하여야 한다.

▶ **알레르기 유발성분에 대한 증빙자료**
→ 책임판매업자는 알레르기 유발성분이 기재된 '제조증명서'나 '제품 표준서'를 구비하여야 한다. 혹은 알레르기 유발성분이 제품에 포함되어 있음을 입증하는 제조사에서 제공한 신뢰성 있는 자료(예 시험성적서, 원료규격서 등)를 보관하여야 한다.

3. 식약처가 정한 25가지 착향제 중 알레르기 유발 성분 목록(모두 암기)

연번	성분명	CAS 등록번호
1	아밀신남알	CAS No 122-40-7
2	벤질알코올	CAS No 100-51-6
3	신나밀알코올	CAS No 104-54-1
4	시트랄	CAS No 5392-40-5
5	유제놀	CAS No 97-53-0
6	하이드록시시트로넬알	CAS No 107-75-5
7	아이소유제놀	CAS No 97-54-1
8	아밀신나밀알코올	CAS No 101-85-9
9	벤질살리실레이트	CAS No 118-58-1
10	신남알	CAS No 104-55-2
11	쿠마린	CAS No 91-64-5
12	제라니올	CAS No 106-24-1
13	아니스알코올	CAS No 105-13-5
14	벤질신나메이트	CAS No 103-41-3
15	파네솔	CAS No 4602-84-0
16	부틸페닐메틸프로피오날	CAS No 80-54-6
17	리날룰	CAS No 78-70-6
18	벤질벤조에이트	CAS No 120-51-4
19	시트로넬올	CAS No 106-22-9
20	헥실신남알	CAS No 101-86-0
21	리모넨	CAS No 5989-27-5
22	메틸 2-옥티노에이트	CAS No 111-12-6
23	알파-아이소메틸아이오논	CAS No 127-51-5
24	참나무이끼추출물	CAS No 90028-68-5
25	나무이끼추출물	CAS No 90028-67-4

Chapter 2 화장품 제조 및 품질관리

- 1,000점 만점 중 250점(25%) 할당, 총 25문항, 선다형(20문항), 단답형(5문항)
- 2.4.화장품 관리
- 소주제: 1. 화장품의 취급 및 보관 방법
  2. 화장품의 사용 방법
  3. 화장품 사용할 때의 주의사항

1. 화장품 용기 및 포장에 대한 법적인 기준

① 안전용기 · 포장 대상 품목 및 기준

「화장품법」 제9조에 따라, 화장품책임판매업자 및 맞춤형화장품판매업자는 화장품을 판매할 때는 어린이가 화장품을 잘못 사용하여 인체에 위해를 끼치는 사고가 발생하지 아니하도록 안전용기 · 포장을 사용하여야 한다.

「화장품법 시행규칙」 제18조(안전용기 · 포장 대상 품목 및 기준)
- 안전용기 · 포장을 사용하여야 하는 품목(안전용기 · 포장은 성인이 개봉하기는 어렵지 아니하나 5세 미만의 어린이가 개봉하기는 어렵게 된 것이어야 한다.)
  1. 아세톤을 함유하는 네일에나멜 리무버 및 네일폴리시 리무버
  2. 어린이용 오일 등 개별포장당 탄화수소류를 10% 이상 함유하고 운동점도가 21 센티스톡스(섭씨 40도 기준) 이하인 비에멀전 타입의 액체상태의 제품
  3. 개별포장당 메틸살리실레이트를 5% 이상 함유하는 액체상태의 제품
     단! 일회용 제품, 용기 입구 부분이 펌프 또는 방아쇠로 작동되는 분무용기 제품, 압축 분무용기 제품(에어로졸 제품 등)은 위의 1~3 항목이라고 할지라도 안전용기 · 포장을 하지 않아도 된다!

② 제품의 포장재질 · 포장방법에 관한 기준(환경부령)

환경을 위하여 제품의 종류에 따른 포장공간비율과 포장 횟수를 준수하여야 한다.

제품의 종류			기준	
			포장공간비율	포장횟수
단위제품	화장품류	인체 및 두발 세정용 제품류	15% 이하	2차이내
		그 밖의 화장품류 (방향제를 포함한다)	10% 이하 (향수 제외)	2차이내
	세제류	세제류	15% 이하	2차이내
종합제품	1차식품, 가공식품, 음료, 주류, 건강기능식품, 화장품류, 세제류, 신변잡화류		25% 이하	2차이내

> **-용어 정리-**
> - 단위제품: 1회 이상 포장한 최소 판매단위의 제품
> - 종합제품: 같은 종류 또는 다른 최소 판매단위의 제품을 2개 이상 함께 포장한 제품
>   단, 주 제품을 위한 **전용 계량 도구**나 그 구성품, **소량(30g 또는 30mL 이하)의 비매품(증정품) 및 설명서, 규격서, 메모 카드와 같은 참조용 물품**은 종합제품을 구성하는 제품으로 보지 않는다.**(이 영은 환경부령이므로 소량의 기준이 화장품법과 상이함.(화장품법에서의 소량의 기준은 10g 혹은 10ml))**
> - 종합제품의 경우 종합제품을 구성하는 각각의 단위제품은 제품별 포장공간비율 및 포장횟수 기준에 적합하여야 하며, 단위제품의 포장공간비율 및 포장횟수는 종합제품의 포장공간비율 및 포장횟수에 산입(算入)하지 않는다.
> - 종합제품으로서 **복합합성수지재질 · 폴리비닐클로라이드재질 또는 합성섬유재질로 제조된 받침접시 또는 포장용 완충재를 사용한 제품**의 포장공간비율은 **20% 이하**로 한다.
> - **단위제품인 화장품의 내용물 보호 및 훼손 방지**를 위해 2차 포장 외부에 **덧붙인 필름(투명 필름류만 해당)**은 포장 횟수의 적용대상인 포장으로 보지 않는다.

- **포장 제품의 재포장 금지:** 환경을 위하여「제품의 포장재질 · 포장방법에 관한 기준 등에 관한 규칙(환경부령)」제11조에 따라 제품의 제조 또는 수입하는 자, 대규모점포 및 **면적이 33제곱미터 이상인 매장**에서 포장된 제품을 판매하는 자는 포장되어 생산된 제품을 재포장하여 제조 · 수입 · 판매해서는 안 된다.

③ 분리배출 표시 기준 및 방법

▶「자원의 절약과 재활용촉진에 관한 법률」제14조(분리배출 표시)에 따라 폐기물의 재활용을 촉진하기 위하여 분리수거 표시를 하는 것이 필요한 제품 · 포장재로서 대통령령으로 정하는 제품 · 포장재의 제조자 등은 환경부장관이 정하여 고시하는 지침(분리배출에 관한 지침)에 따라 그 제품 · 포장재에 분리배출 표시를 하여야 한다.

▶「화장품법」제10조(화장품의 기재사항),「분리배출에 관한 지침(환경부 고시)」제5조에 따라 외포장된 상태로 수입되는 화장품의 경우 용기 등의 기재사항과 함께 분리배출 표시를 할 수 있다.(분리배출 표시의 기준일은 제품의 제조일로 적용)

2. 화장품의 보관을 위한 안정성 시험

> **TIP**
> 화장품법 제10조(화장품의 기재사항), 화장품법 시행규칙 제19조(화장품 포장의 기재 · 표시 등)에 따르면 화장품에는 반드시 사용기한 또는 개봉 후 사용기간(제조연월일 병기)을 기재하여야 한다. '안정성 시험'이란 이러한 화장품에 사용기한 또는 개봉 후 사용기간을 얼마나 설정할지에 대한 합리적인 기준을 제시하는 시험이다. 원료 및 화장품의 사용기한 또는 개봉 후 사용기간을 설정하기 위해서는 안정성시험을 이해하여야 하며, 그 필요성에 대해 인지하여야 한다.

- 안정성 시험의 정의: 화장품 안정성시험은 화장품의 저장방법 및 사용기한을 설정하기 위하여 **경시변화**에 따른 품질의 안정성을 평가하는 시험이다.
- 시험의 목적: 화장품을 제조된 날부터 적절한 보관조건에서 성상 · 품질의 변화 없이 최적의 품질로 이를 사용할 수 있는 최소한의 기한과 저장방법을 설정하기 위한 기준을 정하는 데 있으며, 나아가 이를 통하여 시중 유통하고 있는 화장품의 안정성을 확보하여 안전하고 우수한 제품을 공급하는 데 도움을 주고자 하는 데 있다.
- **안정성 시험의 종류(4가지): 장기 보존 시험, 가속시험, 가혹시험, 개봉 후 안정성 실험**

<시험의 일반적 사항>

※ 화장품의 안정성시험은 적절한 보관, 운반, 사용 조건에서 화장품의 물리적, 화학적, 미생물학적 안정성 및 내용물과 용기 사이의 적합성을 보증할 수 있는 조건에서 시험을 실시한다.

※ 시험기준 및 시험방법은 승인된 규격이 있는 경우 그 규격을, 그 이외에는 각 제조업체의 경험에 근거하여 제제별로 시험 방법과 관련 기준을 추가로 선정하고 한 가지 이상의 온도 조건에서 안정성 시험을 수행한다. 즉, 시험기준 및 시험방법은 평가 대상 제품의 예상 또는 실제 안정성을 추정할 수 있어야 한다.

※ 과학적 원칙과 경험에 근거하여 합리적이라고 판단되는 경우 시험항목 및 시험조건은 적절히 조절할 수 있다.

장기보존시험	- 화장품의 저장 조건에서의 사용기한 설정을 위해 장기간에 걸쳐 물리적·화학적·미생물학적 안정성 및 용기 적합성을 확인하는 시험
가속시험	- 장기보존시험의 저장조건을 벗어난 단기간의 가속 조건이 물리적·화학적·미생물학적 안정성 및 용기 적합성에 미치는 영향을 평가하기 위한 시험

가혹시험	- 가혹 조건에서 화장품의 분해 과정 및 분해산물 등을 확인하기 위한 시험
	- 개별 화장품의 취약성, 운반, 보관, 진열, 사용과정에서 의도치 않게 일어날 수 있는 가능성이 있는 가혹 조건에서의 품질변화를 검토하기 위해 수행
	
	가혹시험의 대표적 예시
	- 온도 편차 및 극한 조건에서의 동결-해동시험 및 고온시험
	  - 운반 및 보관과정에서 극한적인 온도 및 압력조건에 제품이 노출될 수 있으므로 이런 극한 조건으로 동결-해동 시험을 고려해야 하는 제품의 경우에 수행하며 일정한 온도 조건에서의 보관보다는 온도 사이클링(cycling) 또는 "동결-해동(freeze-thaw)"시험을 통해 문제점을 보다 신속하게 파악할 수 있다.
	  - 동결-해동 시험 시 현탁(결정 형성 또는 흐릿해지는 경향)발생 여부, 유제와 크림제의 안정성 결여, 포장 문제(예: 표시·기재 사항 분실이나 구겨짐, 파손 또는 찌그러짐), 알루미늄 튜브 내부 래커의 부식 여부 등을 관찰한다.
	  - 시험 예로는 저온 시험과 동결-해동 시험, 고온 시험이 있다.
	
	- 기계·물리적 시험(기계·물리적 충격시험 및 진동시험)
	  - 이 시험에서 진동 시험(vibration testing)은 분말 또는 과립 제품의 혼합상태가 깨지거나(de-mixing) 또는 분리 발생 여부를 판단하기 위해 수행한다.
	  - 기계·물리적 충격시험, 진동시험을 통한 분말 제품의 분리도 시험 등 유통, 보관, 사용 조건에서 제품 특성상 필요한 시험을 말한다. 기계적 충격 시험(mechanical shock testing)은 운반 과정에서 화장품 또는 포장이 손상될 가능성을 조사하는 데 사용한다.
	
	- 광안정성 시험: 제품이 빛에 노출될 수 있는 상태로 포장된 화장품은 광안정성 시험을 실시한다. 이때의 시험조건은 화장품이 빛에 노출될 수 있는 조건을 반영한다.

개봉 후 안정성 시험	화장품 사용 시 일어날 수 있는 오염 등을 고려한 사용기한을 설정하기 위하여 장기간에 걸쳐 물리적·화학적·미생물학적 안정성 및 용기 적합성을 확인하는 시험

*안정성 평가항목

- 일반시험 : 균등성, 향취 및 색상, 사용감 및 성상, 내온성 시험
- 물리·화학시험
  1) 물리시험: 비중, 융점, 경도, pH, 유화상태, 점도 등
  2) 화학시험: 시험물 가용성 성분, 에테르 불용 및 에탄올 가용성 성분, 에테르 및 에탄올 가용성 불검화물, 에테르 및 에탄올 가용성 검화물, 에테르 가용 및 에탄올 불용성 불검화물, 에테르 가용 및 에탄올 불용성 검화물, 증발잔류물, 에탄올 등

- 미생물시험: 정상적으로 제품 사용 시 미생물 증식을 억제하는 능력이 있음을 증명하는 시험 및 필요할 때 기타 특이적 시험을 통해 미생물에 대한 안정성을 평가
- 용기적합성 시험: 제품과 용기 사이의 상호작용 (용기의 제품 흡수, 부식, 화학적 반응 등)에 대한 적합성을 평가

※ 화장품 용기 시험항목

1. 성능평가 : 사용의 편리성, 미려성, 포장작업의 용이성(경제성 관련)
2. 안전성평가
    1) 강도시험(오염방지 등)
    2) 화학시험
        ① 재질 중에 포함되어 있는 물질의 종류 함량 측정
        ② 재질 중에 포함되어 있는 용출 정도의 측정
    3) 생물시험
        ① 원료의 독성시험
        ② 용출물의 독성시험
    4) 미생물시험
        ① 오염정도의 측정
    5) 오염시험
        ① 잔류물, 소재의 열화도 측정(반복 사용되는 용기)

- 구체적 안정성 시험 방법

*화장품의 안정성은 화장품 제형(액, 로션, 크림, 립스틱, 파우더 등)의 특성, 성분의 특성(경시변화가 쉬운 성분의 함유 여부 등), 보관용기 및 보관조건 등 다양한 변수에 대한 예측과, 이미 평가된 자료 및 경험을 바탕으로 하여 과학적이고 합리적인 시험조건에서 평가되어야 한다.

종류	시험 조건	화장품 시험 항목	시험기간	측정시기
장기 보존 시험	- 3로트 이상 선정, 완제품 사용 - 시중 유통 제품과 동일 처방, 제형, 포장용기 사용 - 유통 조건과 유사하게 보존 **1. 실온보관 화장품의 경우** 온도 25 ±2℃/상대습도 60 ±5% 또는 온도 30±2℃/상대습도 66 ±5% **2. 냉장보관 화장품의 경우** 온도 5 ±3℃	- 일반시험: 균등성, 향취, 색상, 사용감, 액상, 유화형, 내온성 시험 - 물리적 시험: 비중, 융점, 경도, pH, 유화상태, 점도 등 - 화학적 시험: 시험물 가용성 성분, 에테르불용 및 에탄올 가용성 성분, 에테르 가용성 불검화물 등 - 미생물학적 시험: 정상적 사용 시 미생물 증식 억제 능력 여부(필요 시) - 기타 특이적 시험을 통해 미생물에 대한 안정성 평가 - 용기적합성시험: 제품과 용기의 상호작용(용기의 제품 흡수, 부식, 화학적 반응)에 대한 적합성	6개월 이상이 원칙 (화장품 특성에 따라 따로 정할 수 있음.)	- 1년간: 3개월 마다 - 2년: 6개월 마다 - 2년 이후: 1년마다
가속 시험	- 3로트 이상 선정, 완제품 사용 - 시중 유통 제품과 동일 처방, 제형, 포장용기 사용 - 장기보존시험 온도보다 15℃이상 높은 온도에서 시험(온도 40±2℃/상대습도 75±5%(실온보관제품), 온도 25±2℃/상대습도 60±5% (냉장보관제품))			- 시험개시 때를 포함하여 최소 3번 측정

종류	시험 조건	화장품 시험 항목	시험기간	측정시기
가혹 시험	- 검체의 특성 및 시험조건에 따라 적절히 설정 - 보존조건: **광선, 온도, 습도** 3가지 조건을 검체의 특성을 고려하여 결정 - 온도순환(-15℃~45℃), 냉동-해동 또는 저온-고온의 가혹 조건을 고려하여 결정 - 온도 편차, 극한조건(-15~45℃) 사이클링 - 기계·물리적시험(진동, 원심분리) - 광안정성	- 보존 기간 중 제품의 안전성이나 기능성에 영향을 확인할 수 있는 품질관리상 중요한 항목 및 분해산물의 생성유무 - 온도 편차, 극한조건: 온도 사이클링 또는 동결~해동시험을 통해 현탁, 크림제 안정성, 포장파손, 알루미늄 튜브 내부 래커의 부식 관찰 - 진동시험으로 분말, 과립제품이 깨지거나 분리여부 판단, 운반 중 손상여부 조사 - 광안정성: 제품이 빛에 노출될 수 있을 때 실시 - 보존 기간에 제품의 안전성이나 기능성에 영향을 확인할 수 있는 품질관리상 중요한 항목 및 분해산물의 생성 여부를 확인	2주~3개월	-
개봉 후 안정성 시험	- 3로트 이상 선정(완제품사용) - 시중 유통 제품과 동일 처방, 제형, 포장용기 사용 - 사용조건 고려해 보존 조건 설정 (계절별 연평균온도·습도) - 해당 조건은 장기보존시험 기준과 일맥상통함 - 보존조건: 제품의 사용 조건을 고려하여, 적절한 온도, 시험기간 및 측정시기를 설정하여 시험(예를 들어 계절별로 각각의 연평균 온도, 습도 등의 조건을 설정)	- 개봉 전 시험 항목과 미생물한도, 살균 보존제, 유효성 성분시험 수행 다만, 개봉할 수 없는 용기로 되어 있는 제품(스프레이 등), 일회용 제품 등은 개봉 후 안정성시험을 수행할 필요 없음	6개월 이상 원칙, 화장품 특성에 따라 따로 정할 수 있음	- 1년간: 3개월마다 - 2년: 6개월마다 - 2년 이후: 1년마다

3. 화장품 용기 시험법(출처: 유리병의 열충격 시험방법, 유리병의 내부압력 시험방법, 유리병 표면 알칼리 용출량 시험방법, 용기의 내열성 및 내한성 시험방법, 내용물에 의한 용기 마찰 시험방법, 감압 누설 시험방법, 낙하 시험방법(대한화장품협회))

시험 방법	적용 범위	비고
내용물 감량	화장품 용기에 충전된 내용물의 건조감량을 측정	마스카라, 아이라이너 또는 내용물 일부가 쉽게 휘발되는 제품에 적용
내용물에 의한 용기 마찰	내용물에 따른 인쇄문자, 핫스탬핑, 증착 또는 코팅막의 용기 표면과의 마찰을 측정	내용물에 의한 인쇄문자 및 코팅막 등의 변형, 박리, 용출을 확인
용기의 내열성 및 내한성	내용물의 충전된 용기 또는 용기를 구성하는 각종 소재의 내한성 및 내열성 측정	혹서기, 혹한기 또는 수출 시 유통환경 변화에 따른 제품 변질 방지를 위함

시험 방법	적용 범위	비고
유리병의 내부압력	유리 소재의 화장품 용기의 내압 강도를 측정	화려한 디자인 및 독특한 형상의 유리병은 내부 압력에 취약
펌프 누름 강도	펌프 용기의 화장품을 펌핑 시 펌프 버튼의 누름 강도 측정	펌프 제품의 사용 편리성을 확인
크로스컷트	화장품 용기 소재인 유리, 금속, 플라스틱의 유기 또는 무기 코팅막 또는 도금층의 밀착성 측정	규정된 점착테이프를 압착한 후 떼어내어 코팅층의 박리 여부를 확인
낙하	플라스틱 용기, 조립 용기에 대한 낙하에 따른 파손, 분리 및 작용 여부를 측정	다양한 형태의 조립 포장재료가 부착된 화장품 용기에 적용
감압누설	액상 내용물을 담는 용기의 마개, 펌프, 패킹 등의 밀폐성 측정	스킨, 로션, 오일과 같은 액상 제품의 용기에 적용
내용물에 의한 용기의 변형	용기와 내용물의 장기간 접촉에 따른 용기의 팽창, 수축, 변질, 탈색, 연화, 발포, 균열, 용해 등을 측정	내용물에 침적된 용기 재료의 물성 저하 또는 변화 상태, 내용물 간의 색상 전이 등을 확인
유리병 표현 알칼리 용출량	유리병 내부에 존재하는 알칼리를 황산과 중화반응 원리를 이용하여 측정	고온다습 환경에서 장기 방치 시 발생하는 표면의 알카리화 변화량 확인
유리병의 열 충격	화장품용 유리병의 급격한 온도 변화에 따른 내구력을 측정	유리병 제조 시 열처리 과정에서 발생하는 불량 방지
접착력	화장품 용기에 표시된 인쇄문자, 코팅막, 라미네이팅의 밀착성을 측정	용기 표면의 인쇄문자, 코팅막 및 필름을 접착 테이프로 박리 여부 확인
라벨 접착력	화장품 포장의 라벨, 스티커 또는 수지 지자체의 접착력 측정	시험판이 붙어있는 접착판을 인장 시험기로 시험

4. 화장품의 사용 방법

- 화장품 사용 시 깨끗한 손이나 깨끗하게 관리된 도구 사용
- 화장품에 먼지나 미생물의 유입 방지를 위해 사용 후 항상 뚜껑을 꼭 닫아서 보관(아이섀도 팁과 같이 화장에 사용하는 도구는 정기적으로 미지근한 물에 중성세제를 사용하여 세탁 후 완전히 건조 후 사용하는 것이 좋다.)
- 화장품은 별도의 보관조건을 명시하지 않은 경우, 직사광선을 피해 서늘한 곳에 보관(보존제를 함유하지 않은 화장품은 오염을 최소화하기 위해 냉장 보관하는 것이 좋다.)
- 화장품을 여러 사람이 같이 사용하면 감염, 오염의 위험이 있으므로 주의하고, 판매장의 테스트용 제품은 사용할 때 일회용 도구 사용 권장
- 화장품의 사용기한과 사용법을 확인하고 사용기한 내에 사용(용기 등에 기재된 사용기한 전에 사용하고, 개봉하면 가능한 한 빨리 사용하는 것이 좋음: 만약, 색상이나 향취가 변하거나, 내용물의 분리가 일어나면 더는 사용하지 않는 것이 바람직함)
- 여러 사람이 같이 제품을 사용하면 감염, 오염의 위험이 커진다. 판매점에서 테스트용 제품을 사용할 때도 일회용 도구를 사용하는 것이 좋다.

5. 적합한 사용기한과 보관조건에 따른 용기 및 용량 결정

적합한 사용기한의 설정

- 사용기한의 정의: 사용기한은 소비자가 화장품이 제조된 날부터 적절한 보관조건에서 성상·품질의 변화 없이 최적의 품질로 이를 사용할 수 있는 최소한의 기한을 말한다.
- **사용기한의 설정**
  ① 사용기한은 화장품 제조업자 또는 수입자가 자체적으로 실시한 품목별 안정성시험 결과를 근거로 설정한다.(화장품 안정성시험 가이드라인(식품의약품안전처, 2011.6.))
  ② 안정성시험은 사용기한을 입증할 수 있는 과학적·합리적으로 타당성이 인정되는 시험이어야 한다.
  ③ 외국에서 시험한 품목별 안정성시험이 상기 규정에 적합한 경우에는 해당 시험결과를 인정할 수 있다.

적합한 화장품 용기 설정

- 화장품 용기의 종류: 화장품 용기는 소비자의 다양화와 개성화, 기술진보에 따른 형태와 소재의 종류가 매우 다양하다.
- **화장품 용기에 필요한 특성**
  1. 품질유지성으로 내용물 보호 기능, 내용물과의 재료 적합성 및 용기 소재의 안전성이 요구된다.
  2. 기능성으로 사용상의 기능, 사용상의 안전성(특히 어린이 용기 등)이 요구된다.
  3. 경제성 및 디자인 등 상품성 및 실용성의 판매 촉진성이 요구된다.

> ★ 「기능성 화장품 기준 및 시험 방법」 통칙에 따른 용기 구분
> 1. 밀폐용기: 일상의 취급 또는 보통 보존상태에서 외부로부터 **고형**의 이물이 들어가는 것을 방지하고 고형의 내용물이 손실되지 않도록 보호할 수 있는 용기.(밀폐용기로 규정되어 있는 경우에는 기밀용기도 쓸 수 있음.)
> 2. 기밀용기: 일상의 취급 또는 보통 보존상태에서 **액상 또는 고형의 이물 또는 수분**이 침입하지 않고 내용물을 손실, 풍화, 조해 또는 증발로부터 보호할 수 있는 용기.(기밀용기로 규정되어 있는 경우에는 밀봉용기도 쓸 수 있음.)
> 3. 밀봉용기: 일상의 취급 또는 보통의 보존상태에서 **기체 또는 미생물이 침입할 염려가 없는** 용기
> 4. 차광용기: 광선의 투과를 방지하는 용기 또는 투과를 방지하는 포장을 한 용기(갈색병 용기)

적합한 화장품 내용량의 설정

화장품의 내용량에 대한 법적 기준(「화장품 안전기준 등에 관한 규정」 제6조 유통화장품 안전관리 기준에 따른 내용량의 기준)

> - 제품 3개를 가지고 시험할 때 그 평균 내용량이 표기량에 대하여 97%이상(다만, 화장 비누의 경우 건조중량을 내용량으로 함)
> - 97% 이상의 기준치를 벗어날 경우는 6개를 더 취하여 시험할 때 9개의 평균 내용량이 97% 기준치 이상

- 식품의약품안전처가 전국 5대 도시(6개 지역) 만 15세부터 59세까지 남·여 1,538명(남 583명, 여 955명), 3세 이하 영·유아 부모 336명(남 170명, 여 166명)을 선정, 평소 사용 중인 54개 제품(10개 유형·자외선 차단제)을 화장품 유형에 따라 조사대상자들을 나누어 14일 동안 실제 사용한 양을 측정 조사 분석(보도자료, 식품의약품안전처, 2017.4)

> **1일 평균 화장품 사용량(g/day) 및 1일 사용빈도(여성)**
> - 식품의약품안전처는 한국인이 사용하는 화장품 사용 실태를 조사한 결과, 국내 소비자들이 액체나 폼 형태의 손세정제를 가장 많이 사용하는 것으로 나타났다고 밝혔다.
> - 해당 조사는 화장품이 인체에 미치는 위해정도를 평가하는 데 필요한 화장품 사용량 자료를 확보하기 위하여 성인 남·녀 등 1,874명을 대상으로 실시
> - 조사방법은 전국 5대 도시(6개 지역) 만 15세부터 59세까지 남녀 1,538명(남583명, 여955명), 3세 이하 영·유아 부모 336명(남 170명, 여 166명)을 선정하여, 평소 사용 중인 54개 제품(10개 유형 자외선 차단제)을 화장품 유형에 따라 조사대상자들을 나누어 14일 동안 실제 사용한 양을 측정하였다.

1) 개봉 후 사용기간을 60일로 가정 시 화장품 용량: 1일 평균 사용량(g/일) X (60일)
2) 화장수(100g), 에센스(35g), 크림, 선크림(45g) 등

6. 화장품과 미생물 오염

- 미생물 오염에 대한 영향: 물 오염으로 화장품이 부패하거나 변질되는 등 변화가 생기면 변질, 변색, 변취, 점도 및 질감이 변하거나 곰팡이가 발생하는 등 상품 품질 열화 및 미생물의 대사산물로 인한 독성이 생기며 병원성 미생물 오염은 소비자에 피부질환, 안질환 등의 질병 유발이 가능하다. 이러한 제품을 사용하는 경우 소비자의 건강에 큰 영향을 미칠 수 있다.

참고자료 - 미생물 오염의 종류 및 생육조건(화장품과 보존제, 대한화장품협회)

미생물 오염의 종류

구분	내용	
1차 오염	공장 제조에서 유래하는 오염	마스카라, 아이라이너 또는 내용물 일부가 쉽게 휘발되는 제품에 적용
2차 오염	소비자에 의한 사용 중의 미생물 오염	손가락을 넣어 화장품을 꺼냄. 사용하고 남은 내용물을 다시 넣음. 뚜껑을 연 채로 방치 공기($8 \sim 35 \times 10^2$/m³), 토양($1 \times 10^8 \sim 4 \times 10^{10}$/g), 두피($1.4 \times 10^7$/cm²) 얼굴이나 손에도 다량의 균이 상재(피부상재균)

미생물 생육조건 및 오염균

구분	세균	진균	
	박테리아(bacterium)	효모(yeast)	곰팡이(mold)
생육온도	25 ~ 37℃	25 ~ 30℃	25 ~ 30℃
좋은 영양소	단백질, 아미노산, 동물성 식품	당질, 식물성 식품	전분, 식물성 식품
생육 pH 영역	약산 ~ 약알칼리	산성	산성
공기(산소) 요구성	대부분 호기성	호기성 ~ 혐기성	호기성
주요 생성물	아민, 암모니아, 산류, 탄산가스	알코올, 산류, 탄산가스	산류
대표적인 오염균	황색포도상구균, 대장균, 녹농균	빵효모, 칸디다균	푸른곰팡이, 맥아곰팡이

- 미생물 환경 모니터링: 화장품의 주성분은 물과 기름이고 다른 영향을 주는 성분들을 포함할 수 있으므로 제조 및 유통 과정 중에 오염된 미생물이 화장품에서 증식할 가능성이 적지 않다. 오염된 미생물은 화장품의 품질을 저하하고 소비자의 피부건강에 나쁜 영향을 미칠 수 있으므로 화장품 제조업자 및 책임판매업자는 화장품의 품질, 안전성, 유효성을 확보하기 위하여 화장품 원료, 화장품과 직접 접촉하는 용기나 포장 및 최종 제품의 미생물오염을 방지하여야 한다.
- 「화장품법」 제15조에서는 전부 또는 일부가 변패된 화장품, 병원미생물에 오염된 화장품을 판매하거나 판매할 목적으로 제조 수입 보관 또는 진열하여서는 안 된다고 규정하고 있으므로 이에 대한 관리가 필요하다. 소비자의 건강과 안전이 가장 중요하기 때문에 모든 화장품 및 그 성분의 안전성은 엄격히 관리되고 있으며, 이에 따라 제품이 출시되기 전 각기 모든 제품은 적합한 시험·검사 또는 검정을 반드시 거쳐야 한다.(주기적 미생물 샘플링 검사)
- 「우수화장품 제조 및 품질관리기준(CGMP)」에서도 강조하는 미생물 오염 방지의 중요성

CGMP 3대 요소(3회 시험 기출)

- 인위적인 과오의 최소화
- 미생물오염 및 교차오염으로 인한 품질저하 방지
- 고도의 품질관리체계 확립

- 미생물오염 관련 맞춤형화장품판매업자 준수사항 및 시설기준

> ▶ **맞춤형화장품판매업자의 준수사항**
> - 최종 혼합·소분된 맞춤형화장품은 「화장품법」 제8조 및 「화장품 안전기준 등에 관한 규정」 제6조에 따른 유통화장품의 안전관리 기준을 준수할 것(특히, 판매장에서 제공되는 맞춤형화장품에 대한 미생물 오염관리를 철저히 할 것(예: **주기적 미생물 샘플링 검사**))
>
> ▶ **맞춤형화장품판매업자의 시설기준**
> - 맞춤형화장품의 품질·안전확보를 위하여 아래 시설기준을 권장
>   • 맞춤형화장품의 혼합·소분 공간은 다른 공간과 분리 또는 구획할 것
>   • 맞춤형화장품 간 혼입이나 **미생물오염** 등을 방지할 수 있는 시설 또는 설비 등을 확보할 것

- 유통화장품의 안전관리 기준에 따른 미생물 한도

> 미생물 오염 관리는 대단히 중요한 것이므로 식약처장은 화장품별로 미생물 검출 한도를 고시하였다. 해당 내용은 아래와 같다.
> ▶ 「화장품 안전기준 등에 관한 규정」 제5조(유통화장품의 안전관리 기준)에 따른 미생물 한도
>   - 총 호기성 생균 수 기준
>   - **영·유아용 제품류 및 눈화장용 제품류**: 500개/g(mL) 이하
>   - **물휴지**: 세균 및 진균수 각각 **100개/g(mL)** 이하
>   - **그 외의 기타 화장품**: 1,000개/g(mL) 이하
>   - **대장균(Escherichia coli), 녹농균(Pseudomonas aeruginosa), 황색포도상구균(Staphylococcus aureus)**은 단 하나라도 검출되어서는 안 된다.

[부적절한 사용으로 인해 발생하는 화장품 품질 문제]

*화장품의 부적절한 개봉에 따른 품질 문제
- 화장품은 사용하기 직전에 개봉하고, 개봉한 제품은 가능한 빨리 사용할 것
- 화장품은 사용 후 항상 뚜껑을 닫을 것
- 화장품 개봉이 지나치게 오래될 경우, 낙하균에 대한 오염 및 내용물의 산화에 따른 변색과 변취가 발생할 수 있음. 또한, 지나친 개봉은 화장품 제형이 굳어지는 경우도 발생할 수 있음
- 매니큐어, 마스카라, 리퀴드아이라이너 등은 공기가 들어가면 내용물이 쉽게 굳게 되므로 용기 내에서 잦은 펌핑을 하지 않는 것이 좋음.

*화장품의 부적절한 접촉에 따른 품질 문제
- 화장품을 사용할 때는 반드시 깨끗한 손이나 작은 도구를 이용할 것
- 화장품을 사용할 때는 물기를 조심할 것
- 화장품은 원료의 정확한 칭량과 제조를 통해 만든 제품으로 부적절한 접촉은 제형의 오염 및 제형의 변형을 유도할 수 있음
- 씻지 않는 손, 물기 있는 손으로 로션이나 크림을 덜어내는 횟수가 증가할수록 화장품에 습기가 차거나 다른 물질이 섞이게 되어 세균의 증식 및 원치 않는 화학 반응을 유도하여 내용물의 오염 및 변형이 나타날 수 있음
- 지나친 물기에 대한 내용물의 접촉은 유화제품일 경우 상분리가 나타날 수 있음
- 퍼프나 아이 섀도 팁 등의 화장도구를 세척할 시 완전히 말랐을 때 사용해야 함

*화장품의 부적절한 보관 및 사용기한에 따른 품질 문제
- 화장품 내 특정 성분은 햇빛에 의해 불안정하게 되는 것들(예, 레티놀)이 있으므로 직사광선에 오래 놔두거나, 습도 및 온도가 높은 곳에 보관하면 원료 변화 및 세균 증식 가능성이 높아질 수 있음

* 맞춤형화장품 사용법 및 사용할 때의 주의사항
*해당 내용은 4. 맞춤형화장품의 이해 > 4.5. 제품 안내 > 4.5.1. 맞춤형화장품의 사용법에 자세하게 언급되었으니 참고 바람

7. 화장품 사용상의 주의사항(모두 암기할 것)

> **TIP**
> 화장품 사용할 때의 주의사항은 화장품 세부 유형에 따라 다르며, 맞춤형화장품 판매 시 1차 및 2차 포장에 표시·기재하여야 하는 사항이다. 뿐만 아니라 이러한 주의사항에 대해 맞춤형화장품판매업자는 소비자에게 설명해야 할 의무가 있다. 따라서 주의사항에 대해 익혀야 하는 것은 기본 사항이라고 할 수 있다.
> **[참고] 맞춤형화장품 판매 시 다음 사항을 소비자에게 설명하여야 함**
> - 혼합·소분에 사용되는 내용물 또는 원료의 특성
> - 맞춤형화장품 사용 시의 주의사항

- **공통 주의사항:** 이 주의사항은 어떤 종류의 화장품이든 모든 화장품에 기재하여야 하는 공통된 주의사항이다.

  ▶ 화장품 사용 시 또는 사용 후 직사광선에 의하여 사용 부위가 붉은 반점, 부어오름 또는 가려움증 등의 이상 증상이나 부작용이 있는 경우 전문의 등과 상담할 것
  ▶ 상처가 있는 부위 등에는 사용을 자제할 것
  ▶ 보관 및 취급 시의 주의사항
   - 어린이의 손이 닿지 않는 곳에 보관할 것
   - 직사광선을 피해서 보관할 것

- **개별 주의사항:** 이 주의사항은 화장품의 유형별로 달리 표기하여야 하는 주의사항이다.

미세한 알갱이가 함유되어 있는 스크럽세안제
알갱이가 눈에 들어갔을 때에는 물로 씻어내고, 이상이 있는 경우에는 전문의와 상담할 것

팩
눈 주위를 피하여 사용할 것

두발용, 두발염색용 및 눈 화장용 제품류
눈에 들어갔을 때에는 즉시 씻어낼 것

샴푸
가) 눈에 들어갔을 때에는 즉시 씻어낼 것 나) 사용 후 물로 씻어내지 않으면 탈모 또는 탈색의 원인이 될 수 있으므로 주의할 것

헤어 퍼머넌트 웨이브 제품 및 헤어스트레이트너 제품
가) 두피·얼굴·눈·목·손 등에 약액이 묻지 않도록 유의하고, 얼굴 등에 약액이 묻었을 때에는 즉시 물로 씻어낼 것 나) 특이체질, 생리 또는 출산 전후이거나 질환이 있는 사람 등은 사용을 피할 것 다) 머리카락의 손상 등을 피하기 위하여 용법·용량을 지켜야 하며, 가능하면 일부에 시험적으로 사용하여 볼 것 라) 섭씨 15도 이하의 어두운 장소에 보존하고, 색이 변하거나 침전된 경우에는 사용하지 말 것 마) 개봉한 제품은 7일 이내에 사용할 것(에어로졸 제품이나 사용 중 공기유입이 차단되는 용기는 표시하지 아니한다) 바) 제2단계 퍼머액 중 그 주성분이 과산화수소인 제품은 검은 머리카락이 갈색으로 변할 수 있으므로 유의하여 사용할 것

외음부 세정제

가) 외음부에만 사용하며, 질 내에 사용하지 않도록 할 것
나) 정해진 용법과 용량을 잘 지켜 사용할 것
다) 3세 이하의 영유아에게는 사용하지 말 것
라) 임신 중에는 사용하지 않는 것이 바람직하며, 분만 직전의 외음부 주위에는 사용하지 말 것
마) 프로필렌 글리콜(Propylene glycol)을 함유하고 있으므로 이 성분에 과민하거나 알레르기 병력이 있는 사람은 신중히 사용할 것(프로필렌 글리콜 함유제품만 표시)

손·발의 피부연화 제품(우레아(요소)를 포함하는 핸드크림 및 풋크림)

가) 눈, 코 또는 입 등에 닿지 않도록 주의하여 사용할 것
나) 프로필렌 글리콜(Propylene glycol)을 함유하고 있으므로 이 성분에 과민하거나 알레르기 병력이 있는 사람은 신중히 사용할 것(프로필렌 글리콜 함유제품만 표시)

체취 방지용 제품

털을 제거한 직후에는 사용하지 말 것

고압가스를 사용하는 에어로졸 제품

가) 「고압가스 안전관리법」 제22조의2에 따른 「고압가스 용기 및 차량에 고정된 탱크 충전의 시설·기술·검사·안전성평가 기준(KGS FP211)」 3.2.2.1.1 (11) 표3.2.2.1.1 기재사항
나) 눈 주위 또는 점막 등에 분사하지 말 것. 다만, 자외선 차단제의 경우 얼굴에 직접 분사하지 말고 손에 덜어 얼굴에 바를 것
다) 분사가스는 직접 흡입하지 않도록 주의할 것

고압가스를 사용하지 않는 분무형 자외선 차단제

얼굴에 직접 분사하지 말고 손에 덜어 얼굴에 바를 것

염모제(산화염모제와 비산화염모제)

가) 다음 분들은 사용하지 마십시오. 사용 후 피부나 신체가 과민상태로 되거나 피부이상반응(부종, 염증 등)이 일어나거나, 현재의 증상이 악화될 가능성이 있습니다.
  (1) 지금까지 이 제품에 배합되어 있는 '과황산염'이 함유된 탈색제로 몸이 부은 경험이 있는 경우, 사용 중 또는 사용 직후에 구역, 구토 등 속이 좋지 않았던 분(이 내용은 '과황산염'이 배합된 염모제에만 표시)
  (2) 지금까지 염모제를 사용할 때 피부이상반응(부종, 염증 등)이 있었거나, 염색 중 또는 염색 직후에 발진, 발적, 가려움 등이 있거나 구역, 구토 등 속이 좋지 않았던 경험이 있었던 분
  (3) 피부시험(패취테스트, patch test)의 결과, 이상이 발생한 경험이 있는 분
  (4) 두피, 얼굴, 목덜미에 부스럼, 상처, 피부병이 있는 분
  (5) 생리 중, 임신 중 또는 임신할 가능성이 있는 분
  (6) 출산 후, 병중, 병후의 회복 중인 분, 그 밖의 신체에 이상이 있는 분
  (7) 특이체질, 신장질환, 혈액질환이 있는 분
  (8) 미열, 권태감, 두근거림, 호흡곤란의 증상이 지속되거나 코피 등의 출혈이 잦고 생리, 그 밖에 출혈이 멈추기 어려운 증상이 있는 분
  (9) 이 제품에 첨가제로 함유된 프로필렌글리콜에 의하여 알레르기를 일으킬 수 있으므로 이 성분에 과민하거나 알레르기 반응을 보였던 적이 있는 분은 사용 전에 의사 또는 약사와 상의하여 주십시오(프로필렌글리콜 함유 제제에만 표시한다)

나) 염모제 사용 전의 주의
  (1) 염색 전 2일전(48시간 전)에는 다음의 순서에 따라 매회 반드시 패취테스트(patch test)를 실시하여 주십시오. 패취테스트는 염모제에 부작용이 있는 체질인지 아닌지를 조사하는 테스트입니다. 과거에 아무 이상이 없이 염색한 경우에도 체질의 변화에 따라 알레르기 등 부작용이 발생할 수 있으므로 매회 반드시 실시하여 주십시오. (패취테스트의 순서 ① ~ ④를 그림 등을 사용하여 알기 쉽게 표시하며, 필요 시 사용 상의 주의사항에 "별첨"으로 첨부할 수 있음)

① 먼저 팔의 안쪽 또는 귀 뒤쪽 머리카락이 난 주변의 피부를 비눗물로 잘 씻고 탈지면으로 가볍게 닦습니다.
② 다음에 이 제품 소량을 취해 정해진 용법대로 혼합하여 실험액을 준비합니다.
③ 실험액을 앞서 세척한 부위에 동전 크기로 바르고 자연건조시킨 후 그대로 48시간 방치합니다.(시간을 잘 지킵니다)
④ 테스트 부위의 관찰은 테스트액을 바른 후 30분 그리고 48시간 후 총 2회를 반드시 행하여 주십시오. 그때 도포 부위에 발진, 발적, 가려움, 수포, 자극 등의 피부 등의 이상이 있는 경우에는 손 등으로 만지지 말고 바로 씻어내고 염모는 하지 말아 주십시오. 테스트 도중, 48시간 이전이라도 위와 같은 피부이상을 느낀 경우에는 바로 테스트를 중지하고 테스트액을 씻어내고 염모는 하지 말아 주십시오.
⑤ 48시간 이내에 이상이 발생하지 않는다면 바로 염모하여 주십시오.

(2) 눈썹, 속눈썹 등은 위험하므로 사용하지 마십시오. 염모액이 눈에 들어갈 염려가 있습니다. 그 밖에 두발 이외에는 염색하지 말아 주십시오.
(3) 면도 직후에는 염색하지 말아 주십시오.
(4) 염모 전후 1주간은 파마·웨이브(퍼머넌트웨이브)를 하지 말아 주십시오.

다) 염모 시의 주의

(1) 염모액 또는 머리를 감는 동안 그 액이 눈에 들어가지 않도록 하여 주십시오. 눈에 들어가면 심한 통증을 발생시키거나 경우에 따라서 눈에 손상(각막의 염증)을 입을 수 있습니다. 만일, 눈에 들어갔을 때는 절대로 손으로 비비지 말고 바로 물 또는 미지근한 물로 15분 이상 잘 씻어 주시고 곧바로 안과 전문의의 진찰을 받으십시오. 임의로 안약 등을 사용하지 마십시오.
(2) 염색 중에는 목욕을 하거나 염색 전에 머리를 적시거나 감지 말아 주십시오. 땀이나 물방울 등을 통해 염모액이 눈에 들어갈 염려가 있습니다.
(3) 염모 중에 발진, 발적, 부어오름, 가려움, 강한 자극감 등의 피부이상이나 구역, 구토 등의 이상을 느꼈을 때는 즉시 염색을 중지하고 염모액을 잘 씻어내 주십시오. 그대로 방치하면 증상이 악화될 수 있습니다.
(4) 염모액이 피부에 묻었을 때는 곧바로 물 등으로 씻어내 주십시오. 손가락이나 손톱을 보호하기 위하여 장갑을 끼고 염색하여 주십시오.
(5) 환기가 잘 되는 곳에서 염모하여 주십시오.

라) 염모 후의 주의

(1) 머리, 얼굴, 목덜미 등에 발진, 발적, 가려움, 수포, 자극 등 피부의 이상반응이 발생한 경우, 그 부위를 손으로 긁거나 문지르지 말고 바로 피부과 전문의의 진찰을 받으십시오. 임의로 의약품 등을 사용하는 것은 삼가 주십시오.
(2) 염모 중 또는 염모 후에 속이 안 좋아 지는 등 신체이상을 느끼는 분은 의사에게 상담하십시오.

마) 보관 및 취급상의 주의

(1) 혼합한 염모액을 밀폐된 용기에 보존하지 말아 주십시오. 혼합한 액으로부터 발생하는 가스의 압력으로 용기가 파손될 염려가 있어 위험합니다. 또한 혼합한 염모액이 위로 튀어 오르거나 주변을 오염시키고 지워지지 않게 됩니다. 혼합한 액의 잔액은 효과가 없으므로 잔액은 반드시 바로 버려 주십시오.
(2) 용기를 버릴 때는 반드시 뚜껑을 열어서 버려 주십시오.
(3) 사용 후 혼합하지 않은 액은 직사광선을 피하고 공기와 접촉을 피하여 서늘한 곳에 보관하여 주십시오.

탈염·탈색제

가) 다음 분들은 사용하지 마십시오. 사용 후 피부나 신체가 과민상태로 되거나 피부이상반응을 보이거나, 현재의 증상이 악화될 가능성이 있습니다.
  (1) 두피, 얼굴, 목덜미에 부스럼, 상처, 피부병이 있는 분
  (2) 생리 중, 임신 중 또는 임신할 가능성이 있는 분
  (3) 출산 후, 병중이거나 또는 회복 중에 있는 분, 그 밖에 신체에 이상이 있는 분
나) 다음 분들은 신중히 사용하십시오.
  (1) 특이체질, 신장질환, 혈액질환 등의 병력이 있는 분은 피부과 전문의와 상의하여 사용하십시오.
  (2) 이 제품에 첨가제로 함유된 프로필렌글리콜에 의하여 알레르기를 일으킬 수 있으므로 이 성분에 과민하거나 알레르기 반응을 보였던 적이 있는 분은 사용 전에 의사 또는 약사와 상의하여 주십시오.

다) 사용 전의 주의
 (1) 눈썹, 속눈썹에는 위험하므로 사용하지 마십시오. 제품이 눈에 들어갈 염려가 있습니다. 또한, 두발 이외의 부분(손발의 털 등)에는 사용하지 말아 주십시오. 피부에 부작용(피부이상반응, 염증 등)이 나타날 수 있습니다.
 (2) 면도 직후에는 사용하지 말아 주십시오.
 (3) 사용을 전후하여 1주일 사이에는 퍼머넌트웨이브 제품 및 헤어스트레이트너 제품을 사용하지 말아 주십시오.

라) 사용 시의 주의
 (1) 제품 또는 머리 감는 동안 제품이 눈에 들어가지 않도록 하여 주십시오. 만일 눈에 들어갔을 때는 절대로 손으로 비비지 말고 바로 물이나 미지근한 물로 15분 이상 씻어 흘려 내시고 곧바로 안과 전문의의 진찰을 받으십시오. 임의로 안약을 사용하는 것은 삼가 주십시오.
 (2) 사용 중에 목욕을 하거나 사용 전에 머리를 적시거나 감지 말아 주십시오. 땀이나 물방울 등을 통해 제품이 눈에 들어갈 염려가 있습니다.
 (3) 사용 중에 발진, 발적, 부어오름, 가려움, 강한 자극감 등 피부의 이상을 느끼면 즉시 사용을 중지하고 잘 씻어내 주십시오.
 (4) 제품이 피부에 묻었을 때는 곧바로 물 등으로 씻어내 주십시오. 손가락이나 손톱을 보호하기 위하여 장갑을 끼고 사용하십시오.
 (5) 환기가 잘 되는 곳에서 사용하여 주십시오.

마) 사용 후 주의
 (1) 두피, 얼굴, 목덜미 등에 발진, 발적, 가려움, 수포, 자극 등 피부이상반응이 발생한 때에는 그 부위를 손 등으로 긁거나 문지르지 말고 바로 피부과 전문의의 진찰을 받아 주십시오. 임의로 의약품 등을 사용하는 것은 삼가 주십시오.
 (2) 사용 중 또는 사용 후에 구역, 구토 등 신체에 이상을 느끼시는 분은 의사에게 상담하십시오.

바) 보관 및 취급상의 주의
 (1) 혼합한 제품을 밀폐된 용기에 보존하지 말아 주십시오. 혼합한 제품으로부터 발생하는 가스의 압력으로 용기가 파열될 염려가 있어 위험합니다. 또한, 혼합한 제품이 위로 튀어 오르거나 주변을 오염시키고 지워지지 않게 됩니다. 혼합한 제품의 잔액은 효과가 없으므로 반드시 바로 버려 주십시오.
 (2) 용기를 버릴 때는 뚜껑을 열어서 버려 주십시오.

제모제(단, 제모제 중 치오글라이콜릭애씨드 함유 제품에만 표시하는 사항임.)

가) 다음과 같은 사람(부위)에는 사용하지 마십시오.
 (1) 생리 전후, 산전, 산후, 병후의 환자
 (2) 얼굴, 상처, 부스럼, 습진, 짓무름, 기타의 염증, 반점 또는 자극이 있는 피부
 (3) 유사 제품에 부작용이 나타난 적이 있는 피부
 (4) 약한 피부 또는 남성의 수염부위

나) 이 제품을 사용하는 동안 다음의 약이나 화장품을 사용하지 마십시오.
 (1) **땀발생억제제(Antiperspirant), 향수, 수렴로션(Astringent Lotion)**은 이 제품 사용 후 **24시간** 후에 사용하십시오.

다) 부종, 홍반, 가려움, 피부염(발진, 알레르기), 광과민반응, 중증의 화상 및 수포 등의 증상이 나타날 수 있으므로 이러한 경우 이 제품의 사용을 즉각 중지하고 의사 또는 약사와 상의하십시오.

라) 그 밖의 사용 시 주의사항
 (1) 사용 중 따가운 느낌, 불쾌감, 자극이 발생할 경우 즉시 닦아내어 제거하고 찬물로 씻으며, 불쾌감이나 자극이 지속될 경우 의사 또는 약사와 상의하십시오.
 (2) 자극감이 나타날 수 있으므로 매일 사용하지 마십시오.
 (3) 이 제품의 사용 전후에 비누류를 사용하면 자극감이 나타날 수 있으므로 주의하십시오.
 (4) 이 제품은 외용으로만 사용하십시오.
 (5) 눈에 들어가지 않도록 하며 눈 또는 점막에 닿았을 경우 미지근한 물로 씻어내고 붕산수(농도 약 2%)로 헹구어 내십시오.
 (6) 이 제품을 10분 이상 피부에 방치하거나 피부에서 건조시키지 마십시오.

(7) 제모에 필요한 시간은 모질(毛質)에 따라 차이가 있을 수 있으므로 정해진 시간 내에 모가 깨끗이 제거되지 않은 경우 2~3일의 간격을 두고 사용하십시오.

속눈썹용 퍼머넌트 웨이브 제품

가) 가급적 자가 사용을 자제할 것
나) 정해진 용법과 용량을 잘 지켜서 사용할 것
다) 제품을 사용하는 과정에서 눈과의 접촉을 피하고, 눈 또는 얼굴 등에 약액이 묻었을 때에는 즉시 흐르는 물이나 식염수 등을 이용해 씻어낼 것
라) 특이체질, 생리 또는 출산 전후이거나 질환이 있는 사람 등은 사용을 피할 것
마) 보관 시 소아의 손에 닿지 않도록 유의하고, 섭씨 15도 이하의 어두운 장소에 보존하되, 색이 변하거나 침전된 경우에는 사용하지 말 것
바) 개봉한 제품은 사용 후 즉시 폐기할 것(사용 중 공기의 유입이 차단되는 용기는 표시하지 아니한다)

- **화장품 함유 성분별 주의사항:** 해당 성분이 있는 화장품의 경우에 기재하여야 하는 주의사항이다.

1. **과산화수소 및 과산화수소 생성물질 함유 제품:** 눈에 접촉을 피하고 눈에 들어갔을 때는 즉시 씻어낼 것
2. **벤잘코늄클로라이드, 벤잘코늄브로마이드 및 벤잘코늄사카리네이트 함유 제품:** 눈에 접촉을 피하고 눈에 들어갔을 때는 즉시 씻어낼 것
3. **스테아린산아연 함유 제품(기초화장용 제품류 중 파우더 제품에 한함):** 사용 시 흡입되지 않도록 주의할 것
4. **살리실릭애씨드 및 그 염류 함유 제품(샴푸 등 사용 후 바로 씻어내는 제품 제외):** 3세 이하 영유아에게는 사용하지 말 것
5. **실버나이트레이트 함유 제품:** 눈에 접촉을 피하고 눈에 들어갔을 때는 즉시 씻어낼 것
6. **아이오도프로피닐부틸카바메이트(IPBC) 함유 제품(목욕용제품, 샴푸류 및 바디클렌저 제외):** 3세 이하 영유아에게는 사용하지 말 것
7. **알루미늄 및 그 염류 함유 제품(체취방지용 제품류에 한함):** 신장 질환이 있는 사람은 사용 전에 의사, 약사, 한의사와 상의할 것
8. **알부틴 2% 이상 함유 제품:** 알부틴은 「인체적용시험자료」에서 구진과 경미한 가려움이 보고된 예가 있음
9. 알파-하이드록시애시드(α-hydroxyacid, AHA) 함유 제품(0.5퍼센트 이하의 AHA가 함유된 제품은 제외)
   가) 햇빛에 대한 피부의 감수성을 증가시킬 수 있으므로 자외선 차단제를 함께 사용할 것(씻어내는 제품 및 두발용 제품은 제외)
   나) 일부에 시험 사용하여 피부 이상을 확인할 것
   다) 고농도의 AHA 성분이 들어 있어 부작용이 발생할 우려가 있으므로 전문의 등에게 상담할 것(AHA 성분이 10퍼센트를 초과하여 함유되어 있거나 산도가 3.5 미만인 제품만 표시)
10. **카민 함유 제품:** 카민 성분에 과민하거나 알레르기가 있는 사람은 신중히 사용할 것
11. **코치닐추출물 함유 제품:** 코치닐추출물 성분에 과민하거나 알레르기가 있는 사람은 신중히 사용할 것
12. **포름알데하이드 0.05% 이상 검출된 제품:** 포름알데하이드 성분에 과민한 사람은 신중히 사용할 것
13. **폴리에톡실레이티드레틴아마이드 0.2% 이상 함유 제품:** 폴리에톡실레이티드레틴아마이드는 「인체적용시험자료」에서 경미한 발적, 피부건조, 화끈감, 가려움, 구진이 보고된 예가 있음

14. 부틸파라벤, 프로필파라벤, 이소부틸파라벤 또는 이소프로필파라벤 함유 제품(영·유아용 제품류 및 기초화장용 제품류(3세 이하 영유아가 사용하는 제품) 중 사용 후 씻어내지 않는 제품에 한함): 3세 이하 영유아의 기저귀가 닿는 부위에는 사용하지 말 것

- 기타 기재하여야 하는 사항

  다음에 해당하는 기능성화장품의 경우에는 "질병의 예방 및 치료를 위한 의약품이 아님"이라는 문구를 표시하여야 한다.

  - 탈모 증상의 완화에 도움을 주는 화장품(다만, 코팅 등 물리적으로 모발을 굵게 보이게 하는 제품은 제외)
  - 여드름성 피부를 완화하는 데 도움을 주는 화장품(다만, 인체세정용 제품류로 한정)
  - 피부장벽(피부의 가장 바깥쪽에 존재하는 각질층의 표피)의 기능을 회복하여 가려움 등의 개선에 도움을 주는 화장품
  - 튼살로 인한 붉은 선을 엷게 하는 데 도움을 주는 화장품

8. 화장품 선택 시 주의사항 (출처: 식품의약품안전처. (2014.3.17.). 화장품의 올바른 선택과 사용을 위한 정보 제공. 보도자료.)

1. 화장품은 의약품과 달리 뚜렷한 치료 효과를 기대하기 어려울 수 있는 점을 이해하고 선택해야 한다.
2. 사용자의 나이, 성별, 피부 유형 등을 고려하여 적합한 제품을 선택해야 하고, 용기 또는 포장에 기재된 사용기한과 사용법 등을 확인해야 한다.

   - 화장품 기재사항: 명칭, 제조업자 상호 및 주소, 사용한 모든 성분, 용량(중량), 기능성화장품의 경우 "기능성화장품" 문구, 사용할 때의 주의사항 등
   - 특정 성분에 과민 반응이 있는 경우 좀 더 세심한 주의가 필요하다. 화장품 용기나 포장에 모든 성분명 기재를 의무화한 '전성분 표시제'를 이용하여 구매하고 하는 제품에 특정 성분의 포함 여부를 확인하는 것이 바람직하다.

3. 화장품 표시나 광고에 사용할 수 없는 표현 "(예)아토피, 여드름 등 특정 질환 치료"에 현혹되어 구매하면 안 된다.
4. 기능성화장품은 '피부의 미백에 도움을 주는 제품', '피부의 주름개선에 도움을 주는 제품', '피부를 곱게 태워주거나 자외선으로부터 피부를 보호하는 데에 도움을 주는 제품', '모발의 색상 변화·제거 또는 영양공급에 도움을 주는 제품', '피부나 모발의 기능 약화로 인한 건조함, 갈라짐, 빠짐, 각질화 등을 방지하거나 개선하는 데에 도움을 주는 제품'이 있으며, 구매 시 반드시 "기능성화장품"이라는 문구를 확인해야 한다.

- 자외선 차단제의 경우 자외선에 노출되는 빈도와 환경을 고려하여 자외선 차단지수(SPF, PA)를 확인하면 된다.

*자외선의 분류

자외선C(UVC)	200~290nm의 파장
자외선B(UVB)	290~320nm의 파장
자외선A(UVA)	320~400nm의 파장

자외선 관련 용어 정리

- "자외선 차단지수(Sun Protection Factor, SPF)": UVB를 차단하는 제품의 차단효과를 나타내는 지수로서 자외선 차단 제품을 도포하여 얻은 최소홍반량을 자외선 차단 제품을 도포하지 않고 얻은 최소홍반량으로 나눈 값
- "최소홍반량(Minimum Erythema Dose, MED)": UVB를 사람의 피부에 조사한 후 16~24시간의 범위 내에, 조사영역의 전 영역에 홍반을 나타낼 수 있는 최소한의 자외선 조사량
- "최소지속형즉시흑화량(Minimal Persistent Pigment Darkening Dose, MPPD)": UVA를 사람의 피부에 조사한 후 2~24시간의 범위 내에, 조사영역의 전 영역에 희미한 흑화가 인식되는 최소 자외선 조사량

- "자외선A차단지수(Protection Factor of UVA, PFA)": UVA를 차단하는 제품의 차단효과를 나타내는 지수로 자외선A 차단 제품을 도포하여 얻은 최소지속형즉시흑화량을 자외선A 차단 제품을 도포하지 않고 얻은 최소지속형즉시흑화량으로 나눈 값
- 자외선A 차단등급(Protection Grade of UVA)": UVA 차단효과의 정도를 나타내며 약칭은 피·에이(PA)라 한다.
  - SPF: UVB(자외선 B)를 차단하는 효과를 나타내는 지수로써 수치가 클수록 자외선 차단효과가 크다.
  - PA: UVA(자외선 A) 차단 효과의 정도에 따라 4단계로 나뉜다.

자외선A차단지수(PFA)	자외선A차단등급(PA)	자외선A차단효과
2 이상 4 미만	PA+	낮음
4 이상 8 미만	PA++	보통
8 이상 16 미만	PA+++	높음
16 이상	PA++++	매우 높음

Chapter 2 · 화장품 제조 및 품질관리

- 1,000점 만점 중 250점(25%) 할당, 총 25문항, 선다형(20문항), 단답형(5문항)
- 2.5. 위해사례 판단 및 보고
- 소주제: 1. 위해여부 판단 및 보고

TIP

화장품은 소비자가 매일 사용하는 물품이므로 안전성 확보가 최우선이다. 그러므로 화장품 영업자는 화장품 사용 시 발생할 수 있는 부작용에 대한 정보와 화장품의 취급·사용 시 인지되는 안전성 관련 정보에 대해 숙지하고 설명할 수 있어야 한다. 이번 단원에서는 화장품 원료 및 제품에 대한 회수 대상 화장품 기준, 회수, 위해성 등급 및 회수계획과 회수절차 등에 대한 내용을 배우고, 화장품의 부작용 종류 및 현상과 소비자안전센터의 화장품 부작용 모니터링 사례에 대해 알아본다. 또한 맞춤형화장품판매업자의 맞춤형화장품 사용과 관련된 부작용 발생사례에 대한 보고 방법에 대해 알아본다.

1. 위해평가

- 화장품 안전의 일반사항

1) 화장품은 제품 설명서, 표시사항 등에 따라 정상적으로 사용하거나 또는 예측가능한 사용 조건에 따라 사용하였을 때 인체에 안전하여야 한다.
2) 화장품은 일반 소비자뿐만 아니라 화장품을 직업적으로 사용하는 전문가(예, 미용사, 피부 미용사 등)에게 안전해야 한다.
3) 화장품의 안전성은 화장품 성분의 안전성에 기반하며, 화장품 성분의 안전성은 독성시험 결과 등을 통해 평가한다.

- 화장품 성분의 일반사항

1) 화장품 성분은 화학물질 또는 천연물 등이며, 경우에 따라 단일 또는 혼합물일 수 있다. 최종 제품의 안전성을 확보하기 위해서는 성분의 안전성이 확보되어야 한다. 원료 성분의 위해 우려가 제기되는 경우 위해평가를 통해 안전성을 확보할 수 있다.
2) 화장품 성분은 식약처장이 화장품의 제조에 사용할 수 없는 원료로 지정·고시한 것이 아니어야 한다. 또한, 지정·고시된 사용 목적 및 사용한도에 적합하여야 한다.
3) 미량의 중금속 등 불순물, 제조공정이나 보관 중에 생길 수 있는 비의도적 오염물질을 가능한 줄이기 위한 충분한 조치를 취하여야 한다. 그럼에도 오염물질이 존재할 경우, 그 안전성은 노출량 등을 고려하여 사례별(case-by-case)로 검토되어야 한다.
4) 화장품 성분의 화학구조에 따라 물리·화학적 반응 및 생물학적 반응이 결정되며 화학적 순도, 조성 내의 다른 성분들과의 상호작용 및 피부투과 등은 효능과 안전성 및 안정성에 영향을 미칠 수 있다.
5) 화장품 성분의 상호작용으로 인해 유해물질 발생(예를 들면, 니트로소아민 형성) 가능성과 식물유래 및 동물에서 추출한 성분에 농약, 살충제, 금속물질 및 생물학적 유해물질이 함유되어 있을 가능성에 특별한 주의를 기울여야 한다.
6) 피부를 투과한 화장품 성분은 국소 및 전신작용에 영향을 미칠 수 있다.
7) 화장품의 안전성은 각 성분의 독성학적 특징과 유사한 조성의 제품을 사용한 경험, 신물질의 함유 여부 등을 참고하여 전반적으로 검토한다.
8) 화장품에 대한 안전성은 특정 소비자(영유아, 민감성 피부 등) 대상 여부, 피부 투과 혹은 피부 자극을 증가시킬 수 있는 특정 성분(피부투과 강화제, 유기 용제, 산성 성분 등) 존재 여부, 독성학적 우려가 예측되는 성분 간의 화학반응 유무 등 추가 정보를 고려하여 평가한다.

- **위해평가의 정의:** 인체가 화장품에 존재하는 위해요소에 노출되었을 때 발생할 수 있는 유해영향과 발생확률을 과학적으로 예측하는 일련의 과정

위해평가(=위해성 평가)의 과정
1. 위해요소의 인체 내 독성 등을 확인하는 과정(위험성 확인(Hazard Identification)과정) 위해요소에 노출됨에 따라 발생할 수 있는 독성의 정도와 영향의 종류 등을 파악
▼
2. 인체가 위해요소에 노출되었을 경우 유해한 영향이 나타나지 않는 것으로 판단되는 인체노출 안전기준(인체노출 허용량)을 설정하는 과정(위험성 결정(Hazard Characterization)과정) 동물실험 결과 등으로부터 독성기준값을 결정
▼
3. 인체가 위해요소에 노출되어 있는 정도를 산출하는 과정(노출 평가(Exposure Assessment)과정) 화장품의 사용으로 인해 위해요소에 노출되는 양 또는 노출수준을 정량적 또는 정성적으로 산출
▼
4. 위해요소가 인체에 미치는 위해성을 종합적으로 판단하는 과정(위해도 결정(Risk Characterization)과정) 위해요소 및 이를 함유한 화장품의 사용에 따른 건강상 영향을 인체노출허용량(독성기준값) 및 노출수준을 고려하여 사람에게 미칠 수 있는 위해의 정도와 발생빈도 등을 정량적으로 예측

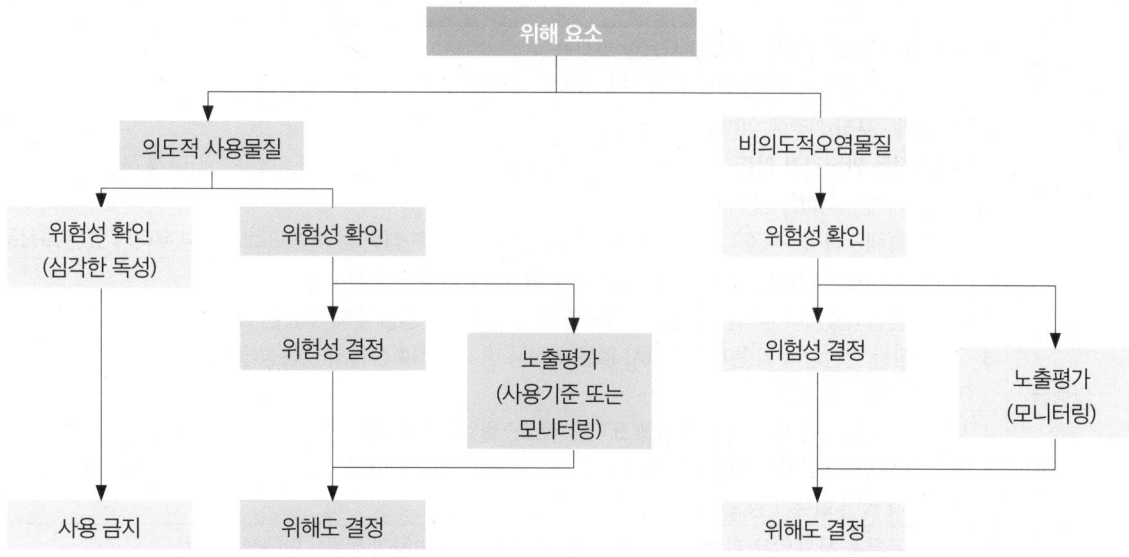

*출처: 「인체적용제품의 위해성평가 등에 관한 규정」(시행 2020.1.22. 식품의약품안전처고시 제2020-7호)

2. 회수 대상 화장품의 기준

회수 대상 화장품	해당 근거 규정
1. 안전용기 · 포장 기준에 위반되는 화장품	「화장품법」 제9조
2. 전부 또는 일부가 변패(變敗)된 화장품이거나 병원미생물에 오염된 화장품	「화장품법」 제15조 제2호 또는 제3호
3. 이물이 혼입되었거나 부착된 화장품 중 보건위생상 위해를 발생할 우려가 있는 화장품	「화장품법」 제15조 제4호

4. 다음의 어느 하나에 해당하는 화장품 　1) 화장품에 **사용할 수 없는 원료**(「화장품법」제8조 제1항 또는 제2항)를 사용한 화장품 　2) **유통화장품 안전관리 기준**(「화장품법」제8조 제5항, 내용량의 기준에 관한 부분은 제외)에 적합하지 않은 화장품		「화장품법」제15조 제5호
5. **사용기한 또는 개봉 후 사용기간**(병행 표기된 제조연월일 포함)을 위조 · 변조한 화장품		「화장품법」제15조 제9호
6. 그 밖에 화장품제조업자, 화장품책임판매업자 및 맞춤형화장품판매업자(영업자) 스스로 국민보건에 위해를 끼칠 우려가 있어 회수가 필요하다고 판단한 화장품		-
7. 영업의 등록을 하지 않은 자가 제조한 화장품 또는 제조 · 수입하여 유통 · 판매한 화장품 (맞춤형화장품판매업 신고를 하지 아니한 자가 판매한 맞춤형화장품, 맞춤형화장품조제관리사를 두지 아니하고 판매한 맞춤형화장품) 　- 화장품의 기재사항, 가격표시, 기재 · 표시상의 주의에 위반되는 화장품 또는 의약품으로 잘못 인식할 우려가 있게 기재 · 표시된 화장품 　- 판매의 목적이 아닌 제품의 홍보 · 판매촉진 등을 위하여 미리 소비자가 시험 · 사용하도록 제조 또는 수입된 화장품(소비자에게 판매하는 화장품에 한함) 　- 화장품의 포장 및 기재 · 표시사항을 훼손(맞춤형화장품 판매를 위하여 필요한 경우는 제외) 또는 위조 · 변조한 것		「화장품법」제16조 제1항
8. 식품의 형태 · 냄새 · 색깔 · 크기 · 용기 및 포장 등을 모방하여 섭취 등 식품으로 오용될 우려가 있는 화장품		「화장품법」제15조 제10호
회수대상화장품의 위해성 등급		
가등급	1. 화장품에 **사용할 수 없는 원료**를 사용한 화장품 2. 사용기준이 지정 · 고시된 원료 외의 색소, 자외선차단제, 보존제 등을 사용한 화장품	
나등급	1. **안전용기 · 포장** 기준에 위반되는 화장품 2. **유통화장품 안전관리 기준**에 적합하지 않은 화장품(단, 기능성화장품의 기능성을 나타나게 하는 주원료 함량이 기준치에 부적합한 경우 제외) 3. 식품의 형태 · 냄새 · 색깔 · 크기 · 용기 및 포장 등을 모방하여 섭취 등 식품으로 오용될 우려가 있는 화장품	
다등급	1. 전부 또는 일부가 변패(變敗)된 화장품이거나 병원미생물에 오염된 화장품 2. 이물이 혼입되었거나 부착된 화장품 중 보건위생상 위해를 발생할 우려가 있는 화장품 3. 유통화장품 안전관리 기준에 적합하지 않은 화장품 중 기능성화장품의 기능성을 나타나게 하는 주원료 함량이 기준치에 부적합한 경우 4. 사용기한 또는 개봉 후 사용기간(병행 표기된 제조연월일을 포함)을 위조 · 변조한 화장품 5. 그 밖에 화장품제조업자, 화장품책임판매업자 및 맞춤형화장품판매업자(영업자) 스스로 국민보건에 위해를 끼칠 우려가 있어 회수가 필요하다고 판단한 화장품	
다등급	6. 영업의 등록을 하지 않은 자가 제조한 화장품 또는 제조 · 수입하여 유통 · 판매한 화장품 7. 영업 신고를 하지 않은 자가 판매한 맞춤형화장품 8. 맞춤형화장품조제관리사를 두지 아니하고 판매한 맞춤형화장품 9. 화장품의 기재사항, 가격표시, 기재 · 표시상의 주의에 위반되는 화장품 또는 의약품으로 잘못 인식할 우려가 있게 기재 · 표시된 화장품 10. 판매의 목적이 아닌 제품의 홍보 · 판매촉진 등을 위하여 미리 소비자가 시험 · 사용하도록 제조 또는 수입된 화장품(소비자에게 판매하는 화장품에 한함) 11. 화장품의 포장 및 기재 · 표시 사항을 훼손(맞춤형화장품 판매를 위하여 필요한 경우 제외) 또는 위조 · 변조한 것	

회수대상화장품의 회수 체계도

회수 대상 화장품 인지	즉시 판매 중지	회수 계획서 제출 (+3개의 서류)	회수 계획 공표 및 통보	회수 진행
회수의무자가 직접 회수필요성 인지 혹은 지방식약청의 회수 명령	→ 회수 개시 (회수에 필요한 조치 시행) →	사실을 안 날로부터 5일 이내에 지방식약청에 회수 계획 제출 해당 품목의 제조·수입기록서 사본, 판매처별 판매량·판매일 등의 기록, 회수 사유를 적은 서류를 함께 제출 →	• 공표: 공표명령을 받은 영업자는 위해사실을 일반일간신문 및 해당 영업자의 홈페이지에 게재 후 식약처 홈페이지에 게재 요청함. • 통보: 판매자, 해당 화장품을 취급하는 자에게 방문, 우편, 전화, 전보, 전자우편, 팩스 또는 언론매체를 통한 공고 등을 통해 회수계획 통보(통보 입증 사실 증명 자료는 회수종료일부터 2년간 보관) →	회수계획을 통보받은 자는 회수대상화장품을 회수의무자에게 반품 후 회수확인서를 작성하여 회수의무자에게 송부

*회수 기간
1. 위해성 등급이 가등급인 화장품: 회수를 시작한 날부터 15일 이내
2. 위해성 등급이 나등급 또는 다등급인 화장품: 회수를 시작한 날부터 30일 이내

↓

회수종료	회수종료신고서 제출	폐기	폐기신청서 제출 (폐기 시에 한함)
지방식약청은 회수가 종료되었음을 확인하고 회수의무자에게 회수종료를 서면으로 통보	← 회수종료신고서와 함께 **회수확인서 사본, 폐기확인서 사본(폐기한 경우에만 해당), 평가보고서 사본**을 지방식약청에 제출 ←	관계 공무원의 참관 하에 환경 관련 법령에서 정하는 바에 따라 폐기 후 폐기확인서 작성 (2년간 보관) ←	지방식약청에 폐기신청서 제출 회수확인서 사본, 회수계획서 사본을 함께 제출

*회수계획 제출 시 연장요청 가능: 제출기한까지 회수계획서의 제출이 곤란하다고 판단되는 경우 지방식품의약품안전청장에게 그 사유를 밝히고 제출기한 연장을 요청하여야 한다.
*회수기간 내 회수가 어려울 시 연장요청 가능: 회수 기간 이내에 회수하기가 곤란하다고 판단되는 경우에는 지방식품의약품안전청장에게 그 사유를 밝히고 회수 기간 연장을 요청할 수 있다.
*보완 명령 가능: 지방식품의약품안전청장은 제출된 회수계획이 미흡하다고 판단되는 경우 해당 회수의무자에게 그 회수계획의 보완을 명할 수 있다.
*지방식약청장의 추가 조치 명령권: 지방식약청장은 회수가 효과적으로 이루어지지 않았다고 판단되는 경우 회수의무자에게 회수에 필요한 추가 조치를 명할 수 있다.
*위해화장품 회수 조치 의무 및 회수계획 보고의무를 위반한 자는 200만원 이하의 벌금에 처해진다.

회수조치 성실 이행자에 대한 행정처분의 감면

구분	경감 내용
회수계획에 따른 회수계획량의 **5분의 4 이상**을 회수한 경우	행정처분 전부 면제

회수계획량의 3분의 1 이상을 회수한 경우 (3분의 1 이상 5분의 4 미만)	행정처분기준이 **등록취소**인 경우 **업무정지 2개월 이상 6개월 이하**의 범위에서 처분 행정처분기준이 **업무정지 또는 품목의 제조 · 수입 · 판매 업무정지**인 경우 <u>정지처분기간의 **3분의 2 이하**</u>의 범위에서 경감
회수계획량의 4분의 1 이상 3분의 1 미만을 회수한 경우	행정처분기준이 **등록취소**인 경우 **업무정지 3개월 이상 6개월 이하**의 범위에서 처분 행정처분기준이 **업무정지 또는 품목의 제조 · 수입 · 판매 업무정지**인 경우 <u>정지처분기간의 **2분의 1 이하**</u>의 범위에서 경감

3. 화장품 유해사례와 사용 및 보관조건의 인과관계

- 화장품 유해사례와 관련한 법령

1. 「화장품법 시행규칙」 제12조(화장품책임판매업자의 준수사항)에 따르면 화장품책임판매업자는 제품과 관련하여 국민보건에 직접 영향을 미칠 수 있는 안전성 · 유효성에 관한 새로운 자료, 정보사항(화장품 사용에 의한 유해사례 발생사례를 포함) 등을 알게 되었을 때는 식품의약품안전처장이 정하여 고시하는 바에 따라 보고하고, 필요한 안전대책을 마련해야 함.
2. 「화장품법 시행규칙」 제12조의2(맞춤형화장품판매업자의 준수사항)에 따르면 맞춤형화장품판매업자는 맞춤형화장품 사용과 관련된 유해사례 발생사례에 대해서는 지체 없이(15일 이내) 식품의약품안전처장에게 보고하여야 한다.

> ※ 맞춤형화장품의 부작용 사례 보고(「화장품 안전성 정보관리 규정」에 따른 절차 준용)
> - 맞춤형화장품 사용과 관련된 중대한 유해사례 등 부작용 발생 시 그 정보를 알게 된 날로부터 **15일 이내** 식품의약품안전처 홈페이지를 통해 보고하거나 우편 · 팩스 · 정보통신망 등의 방법으로 보고해야 한다.
>   • 중대한 유해사례 또는 이와 관련하여 식품의약품안전처장이 보고를 지시한 경우: 화장품 안전성 정보관리 규정(식품의약품안전처 고시) 별지 제1호 서식으로 보고한다.
>   • 판매중지나 회수에 따르는 외국정부의 조치 또는 이와 관련하여 식품의약품안전처장이 보고를 지시한 경우: 화장품 안전성 정보관리 규정(식품의약품안전처 고시) 별지 제2호 서식으로 보고한다.

*유통화장품 안전관리 기준

- 화장품은 의약품과는 달리 피부를 상대로 매일 사용하며, 장기간에 걸쳐 사용하는 물품으로 절대적으로 안전성이 확보되어야 함
- 소비자의 안전을 위하여 식품의약품안전처에서는 「화장품 안전기준 등에 관한 규정」 고시를 통해 화장품에 사용할 수 없는 원료, 사용상의 제한이 필요한 원료에 대한기준이 규정되어 있음
- 「화장품 안전기준 등에 관한 규정」 제6조(유통화장품 안전관리 기준)에 화장품을 제조하면서 인위적으로 첨가하지 않았으나, 제조 또는 보관 과정중 포장재로부터 이행되는 등 비의도적으로 유래된 사실이 객관적인 자료로 확인되고 기술적으로 완전한 제거가 불가능한 경우 해당 물질의 검출 허용 한도를 정함
    *해당 내용은 3. 유통화장품 안전관리 > 3.4. 원료 및 내용물 관리 > 3.4.2. 유통화장품의 안전관리 기준에 자세하게 언급되었으니 참고 바람
- 미생물한도
    「화장품 안전기준 등에 관한 규정」 제6조 유통화장품 안전관리 기준에 따른 미생물한도
    *해당 내용은 3. 유통화장품 안전관리 > 3.4. 원료 및 내용물 관리 > 3.4.2. 유통화장품의 안전관리 기준에 자세하게 언급되었으니 참고 바람

- 화장품 유해사례란?

    화장품의 유해사례는 농도에 의존하는 자극(irritation)과 농도와 무관한 알레르기로 구분될 수 있다. 특정 원료에 대한 알레르기성 유해사례는 화장품 공급자와 고객 모두가 노력해야 하며, 자극성 유해사례는 원료 공급자, 화장품 공급자 등 개발/제조자들이 부단히 노력하여야 한다.

- 「화장품 안전성 정보관리 규정」

	화장품 안전성 정보관리 규정				
목적	화장품의 취급 · 사용 시 인지되는 안전성 관련 정보를 체계적이고 효율적으로 수집 · 검토 · 평가하여 적절한 안전대책을 강구함으로써 국민 보건상의 위해 방지				
용어 정리	용어		뜻		
	유해사례 (Adverse Event/Adverse Experience, AE)		화장품의 사용 중 발생한 바람직하지 않고 의도되지 아니한 징후, 증상 또는 질병. 해당 화장품과 **반드시 인과관계를 가져야 하는 것은 아님.**		
	중대한 유해사례 (Serious AE)		유해사례 중 다음의 어느 하나에 해당하는 경우 가. 사망을 초래하거나 생명을 위협하는 경우 나. 입원 또는 입원기간의 연장이 필요한 경우 다. 지속적 또는 중대한 불구나 기능저하를 초래하는 경우 라. 선천적 기형 또는 이상을 초래하는 경우 마. 기타 의학적으로 중요한 상황		
	실마리 정보 (Signal)		유해사례와 화장품 간의 **인과관계 가능성이 있다고 보고된 정보**로서 그 인과관계가 알려지지 아니하거나 입증자료가 불충분한 것		
	안전성 정보		화장품과 관련하여 국민보건에 직접 영향을 미칠 수 있는 안전성 · 유효성에 관한 새로운 자료, 유해사례 정보 등		
관리체계	최종 컨트롤타워: 식약처(**화장품정책과**)				
안전성 정보의 보고	보고 종류	보고자	보고해야 할 때	보고 대상	보고 방법
	상시 보고	의사 · 약사 · 간호사 · 판매자 · 소비자 · 관련단체 등의 장 (즉, <u>모든 사람</u>)	① 화장품 사용 중 유해사례가 발생한 때 ② 화장품에 관한 유해사례 등 안전성 정보를 알게 된 때	식약처장, 화장품책임판매업자, 맞춤형화장품판매업자	식약처 홈페이지, 전화 · 우편 · 팩스 · 정보통신망 등
	★ 신속 보고	화장품책임판매업자, 맞춤형화장품판매업자	① 중대한 유해사례 또는 이와 관련하여 식약처장이 보고를 지시한 때 ② 판매중지나 회수에 준하는 외국정부의 조치 또는 이와 관련하여 식약처장이 보고를 지시한 때 ③ 맞춤형화장품판매업자의 경우 중대한 부작용이 발생한 때	식약처장	해당 정보를 알게 된 날로부터 **15일 이내**에 식약처장에게 식약처 홈페이지를 통해 보고하거나 우편 · 팩스 · 정보통신망 등의 방법으로 신속히 보고하여야 함.

화장품 안전성 정보관리 규정

보고 종류	보고자	보고해야 할 때	보고 대상	보고 방법
★ 정기 보고	화장품책임판매업자, 맞춤형화장품판매업자	1년에 2번 의무적으로 시행 (매 반기 종료 후 1월 이내)	식약처장	신속보고 되지 않은 화장품의 안전성 정보를 식약처 홈페이지를 통해 보고하거나 전자파일과 함께 우편·팩스·정보통신망 등의 방법으로 식약처장에게 보고

*단, 상시근로자수가 2인 이하로서 <u>직접 제조한 화장비누만을 판매하는 화장품책임판매업자는 정기보고를 하지 않아도 된다!</u>

보고 보완
- 식품의약품안전처장은 안전성 정보의 보고가 이 규정에 적합하지 않거나 추가 자료가 필요하다고 판단하는 경우 일정 기한을 정하여 자료의 보완을 요구할 수 있음.

검토 및 평가
- 식품의약품안전처장은 다음에 따라 화장품 안전성 정보를 검토 및 평가하며 필요한 경우 화장품 안전관련 분야의 전문가 등의 자문(조언)을 받을 수 있음.

1. 정보의 신뢰성 및 인과관계의 평가 등
2. 국내·외 사용현황 등 조사·비교 (화장품에 사용할 수 없는 원료 사용 여부 등)
3. 외국의 조치 및 근거 확인(필요한 경우에 한함)
4. 관련 유해사례 등 안전성 정보 자료의 수집·조사
5. 종합검토

검토 및 평가 결과에 따른 조치

식품의약품안전처장 또는 지방식품의약품안전청장은 보고된 안전성 정보의 검토 및 평가가 끝난 후 **검토 및 평가 결과에 따라 다음과 같은 필요한 조치**를 할 수 있음.

1. 품목 제조·수입·판매 금지 및 수거·폐기 등의 명령
2. 사용상의 주의사항 등 추가
3. 조사연구 등의 지시
4. 실마리 정보로 관리
5. 제조·품질관리의 적정성 여부 조사 및 시험·검사 등 기타 필요한 조치

정보의 전파 (3회 기출)

① 식품의약품안전처장은 안전하고 올바른 화장품의 사용을 위하여 화장품 안전성 정보의 평가 결과를 화장품책임판매업자 등에게 전파하고 필요한 경우 이를 소비자에게 제공할 수 있음.
② 식품의약품안전처장은 수집된 안전성 정보, 평가결과 또는 후속조치 등에 대하여 필요한 경우 국제기구나 관련국 정부 등에 통보하는 등 국제적 정보교환체계를 활성화하고 상호협력 관계를 긴밀하게 유지함으로써 화장품으로 인한 범국가적 위해의 방지에 적극 노력하여야 함.

- **보고자 등의 보호**: 화장품 안전성 정보의 수집·분석 및 평가 등의 업무에 종사하는 자와 관련 공무원은 보고자, 환자 등 특정인의 인적사항 등에 관한 정보로서 <u>당사자의 생명·신체를 해할 우려가 있는 경우 또는 당사자의 사생활의 비밀 또는 자유를 침해할 우려가 있다고 인정되는 경우 등 당사자 또는 제3자 등의 권리와 이익을 부당하게 침해할 우려가 있다고 인정되는 사항에 대하여는 이를 공개하여서는 안 됨.</u>
- **포상**: 식품의약품안전처장은 이 규정에 따라 적극적이고 성실한 보고자나 기타 화장품 안전성 정보 관리체계의 활성화에 기여한 자에 대해「식품의약품안전처 공적심사규정」(식약처 훈령)에 따라 포상 또는 표창을 실시할 수 있음.

4. 위해평가

- 정의: 인체가 화장품에 존재하는 위해요소에 노출되었을 때 발생할 수 있는 유해영향과 발생확률을 과학적으로 예측하는 일련의 과정으로 위험성 확인, 위험성 결정, 노출평가, 위해도 결정 등 일련의 단계를 말한다.(화장품 위해평가 가이드라인 발췌)
- 위해평가 관련 용어 핵심 정리(출처: 「인체적용제품의 위해성평가 등에 관한 규정」 제2조(정의))

인체적용제품	사람이 섭취·투여·접촉·흡입 등을 함으로써 인체에 영향을 줄 수 있는 것으로서 화장품법 제2조에 따른 화장품을 포함하는 개념이다.
독성	인체적용제품에 존재하는 위해요소가 인체에 유해한 영향을 미치는 고유의 성질
위해요소	인체의 건강을 해치거나 해칠 우려가 있는 화학적·생물학적·물리적 요인
위해성	인체적용제품에 존재하는 위해요소에 노출되는 경우 인체의 건강을 해칠 수 있는 정도
위해성평가	인체적용제품에 존재하는 위해요소가 인체의 건강을 해치거나 해칠 우려가 있는지와 그 정도를 과학적으로 평가하는 것
통합위해성평가	인체적용제품에 존재하는 위해요소가 다양한 매체와 경로를 통하여 인체에 미치는 영향을 종합적으로 평가하는 것

- 위해평가의 일반사항(위해평가 수행에 필요한 일반사항/위해요소 특성에 따라 예외가 있을 수 있음)

> 위해평가 수행에 필요한 일반사항은 다음과 같으며, 위해요소 특성에 따라 예외가 있을 수 있다.
> 1) 위해평가 시 본 가이드라인을 체크리스트로 간주할 수 없으며, 화장품 성분의 특성에 따라 사례별(case-by-case)로 평가하는 것이 바람직하다.
> 2) 독성자료는 OECD 가이드라인 등 국제적으로 인정된 프로토콜에 따른 시험을 우선적으로 고려할 수 있으며, 과학적으로 타당한 방법으로 수행된 자료인 경우에 활용 가능하다.
> 3) 반복투여독성시험, 생식독성시험 등 독성시험 자료가 충분하지 않거나 시험결과의 신뢰성 확인 등 독성시험 자료가 제한적인 경우, 위험성 확인 단계에서 자료 부족임을 명시하고 안전역 산출을 하지 않을 수 있다.
> 4) 평가성분은 화장품 중 다른 성분에 의해 피부투과에 영향을 받을 수 있으므로 피부흡수율, 감작성 등을 평가할 때, 성분 자체만이 아니라 매질 등의 영향도 고려해야 한다.
> 5) 노출평가는 여러 상황을 고려하여 현실적인 노출시나리오를 작성한다.
> 6) 결과보고서는 관련 자료의 불확실성 등을 고려하여 정량적 또는 정성적으로 표현할 수 있으나 과학적으로 가능한 범위 내에서 정량화한다.
> 7) 위해평가 결과는 새로운 독성시험 결과가 보고되는 등 새로운 과학적 사실이 밝혀지는 경우, 재평가될 수 있다.

*위해평가 대상

1) 관련 규정에 따라 국민보건상 위해 우려가 제기되는 화장품 원료, 화장품 사용한도 원료 등을 위해평가 대상으로 한다.
2) 비의도적 오염물질의 검출허용한도 설정이 필요한 경우에 위해평가를 수행할 수 있다.

5. 화장품 성분 관리 및 안내(출처: 식품의약품안전처. (2014.3.17.). 화장품의 올바른 선택과 사용을 위한 정보 제공. 보도자료.)

- 식품의약품안전처는 화장품에 사용하는 성분을 국내·외 사용현황, 성분별 위해평가 등의 안전성 검토를 거쳐 사용을 금지하거나 충분한 안전성을 확보한 범위 내에서만 사용할 수 있도록 하는 **네거티브 시스템(=네거티브 리스트 시스템)**으로 엄격히 관리하고 있다.
- 화장품에 사용하는 성분은 유효성분, 부형제, 첨가제, 착향제 등이 있다. 유효성분은 미백, 주름개선, 보습 등의 효과를 나타내는 성분이며, 기능성 성분은 기능성과 안전성 확보를 위해 심사를 하고 있다.
- 가장 많은 부피를 차지하는 '부형제'는 주로 물, 오일, 왁스 등을 사용. 첨가제 중 소비자의 관심이 많은 파라벤류, 페녹시에탄올 등의 보존제는 위해평가 등을 거쳐 충분한 안전성이 확보된 기준 내에서 사용하도록 하고 있다.
- 소비자가 화장품 정보를 정확히 알 수 있도록 잘못 인식할 수 있는 표시나 광고 등을 사용하지 못하게 법령으로 강제화하고 있으며, 소비자 알 권리를 확보하기 위해 모든 성분을 용기 또는 포장에 기재하도록 하는 화장품 전성분 표시제를 시행하고 있다. 또한, 제조업자 또는 판매자 등이 올바른 표시, 광고를 할 수 있도록 기재 내용과 요령 등을 안내하는 화장품 표시·광고 관리 가이드라인을 마련했으며, 표시, 광고한 사실을 실제로 증명하도록 하는 화장품 표시·광고 실증제도를 운영하고 있다.
- 국내·외에서 유해물질이 포함된 것으로 알려지는 등 국민보건에 위해가 있는 성분에 대해서는 위해요소를 신속히 평가하여 회수 등 필요한 조치를 하고 있다.

CHAPTER 02 화장품 제조 및 품질관리 – 단원평가

176

다음 중 화장품의 주요 성분 및 기능에 대한 설명으로 옳은 것은? 난이도 하

① 부형제는 유탁액을 만드는 데 쓰이는 것으로써 주로 물, 오일, 왁스, 유화제로 제품에서 가장 많은 부피를 차지한다.
② 첨가제는 화장품에 특별한 효능을 부여하기 위해 사용하는 물질을 말한다.
③ 유효성분이란 화장품의 화학반응이나 변질을 막고 안정된 상태로 유지하기 위해 첨가하는 성분으로 보존제나 산화방지제 등을 말한다.
④ 착향제란 화장품 제조 시 첨가하여 아름다운 색을 내도록 하는 물질을 말한다.
⑤ 첨가제의 대표적 종류로는 계면활성제, 색재, 분체 등이 있다.

177

다음에서 설명하는 화장품의 주요 성분은 무엇인가? 난이도 하

<보기>
- 이것은 유탁액을 만드는 데 쓰이는 것으로써 주로 물, 오일, 왁스, 유화제로 제품에서 가장 많은 부피를 차지한다.(대표적 종류: 수성원료, 유성원료, 계면활성제, 색재, 분체, 고분자화합물, 용제 등)

178

보기의 (ㄱ)과 (ㄴ)은 화장품의 주요 성분들의 대표적 예시이다. 다음 중 바르게 연결된 것은? 난이도 하

<보기>
(ㄱ) 보존제, 산화방지제
(ㄴ) 고분자화합물, 용제

	(ㄱ)	(ㄴ)
①	부형제	유효성분
②	첨가제	부형제
③	부형제	착향제
④	유효성분	부형제
⑤	착향제	첨가제

179

다음 중 수성원료의 종류로 적절하지 <u>않은</u> 것은? 난이도 하

① 글리세롤
② 프로필렌글리콜
③ 에틸알코올
④ 에스텔류
⑤ 정제수

180

다음 중 정제수에 대한 설명으로 틀린 것은? 난이도 중하

① 불순물을 이온교환수지를 통해 여과된 물을 뜻한다.
② 일반적으로 이온 교환법과 역삼투 방식을 통하여 물을 정제한 후 자외선 살균법을 통하여 정제수를 살균 및 보관한다.
③ 물속에 금속이온이 존재할 시, 화장품 제품 내 원료의 산화 촉진, 변색과 변취, 기타 화장품 성분들의 작용을 저해하는 요소로 작용할 수 있으므로 정제수 내 미량의 금속 이온들의 존재를 배제할 수 없을 때는, 금속 이온 봉쇄제를 제품에 첨가하기도 한다.
④ 물은 안전한 비극성물질로 수성 원료의 용해를 위한 용제(용매)로 사용한다.
⑤ 제품의 수성과 유성 부분이 결합하는 유화액을 형성하여 크림과 로션을 제조하기 위해 사용한다.

181

에탄올에 대한 설명으로 틀린 것은? 난이도 중하

① 에탄올은 에틸알코올이라고도 하며 비극성물질을 녹인다.
② 비극성인 탄화수소기와 극성인 하이드록시기(-OH)가 존재하여 수성원료이므로 소수성 물질보다는 식물의 친수성 물질의 추출 및 기타 화장품 성분의 용제(용매)로도 사용한다.
③ 휘발성이 있으며 피부에 청량감과 가벼운 수렴효과를 부여한다.
④ 기포방지제 역할, 점도감소제 역할, 유화 보조 및 안정제 역할로도 사용한다.
⑤ 술을 만드는 데 사용할 수 없도록 변성제를 첨가하여 만든 변성 에탄올을 사용한다.

182

다음 중 폴리올류에 대한 설명으로 틀린 것은? 난이도 중하

① 분자구조 내 극성인 하이드록시기(-OH)를 2개 이상 가지고 있는 유기화합물을 총칭하는 말이다.
② 보통 고체성분이 액상에 녹을 수 있도록 도와주는 가용화제로 사용된다.
③ 물과 결합이 가능하여 보습제로 사용되는 경우도 있다.
④ 균의 증식을 억제하는 방부력이 존재하여 식약처로부터 방부제 인정을 받았으며 이러한 대표적 성분은 1,2-헥산다이올이다.
⑤ 동결을 방지하는 원료로도 사용한다.

183

다음 중 식물성 오일에 대한 설명으로 적절하지 않은 것은? 난이도 중하

① 비극성인 특성을 기반으로 피부 표면에 소수성 피막을 형성하여 수분 증발 억제 목적(밀폐제)으로 사용한다.
② 식물성오일은 지방산 내 불포화 결합이 많아 쉽게 산화되는 단점이 있다.
③ 로즈힙씨 오일, 올리브 오일, 티트리 오일 등이 있다.
④ 제품의 사용감 향상의 목적으로도 사용된다.
⑤ 동물성 오일보다 사용감이 다소 무겁다.

184

<보기>는 결합을 기준으로 하는 지방산의 분류에 대한 설명이다. 빈칸을 채우시오. 난이도 중

<보기>
(ㄱ): 지방산사슬에 있는 탄소들이 모두 단일 결합으로 연결된 지방산
(ㄴ): 지방산사슬에 있는 탄소들 내 1개 이상의 이중 결합으로 연결된 지방산
(ㄷ): 다중 불포화 지방산 중 탄화수소 사슬 제일 마지막 탄소를 기준으로 첫 번째 이중결합이 나타나는 탄소의 위치를 기준으로 명명한 지방산

185

다음 중 광물성 오일에 대한 설명으로 적절하지 않은 것은? 난이도 중하

① 대부분 원유를 정제하는 과정에서 생성되는 부산물로, 주성분은 알케인(alkane)과 파라핀(paraffin)이다.
② 비극성인 특성을 기반으로 피부 표면에서 수분 증발 억제 목적(밀폐제)으로 사용된다.
③ 연화제 효과가 우수하여, 피부 및 모발에 대한 유연성을 부여하기 위해 사용된다.
④ 다른 원료들에 비해 산화 속도가 더디며 유성감이 강해 다른 오일과 혼합하여 사용한다.
⑤ 대표적 예시로는 미네랄 오일, 페트롤라툼 등이 있다.

186

다음 중 탄화수소계 성분이 아닌 것은? 난이도 하

① 미네랄오일 ② 이소헥사데칸
③ 페트롤라툼 ④ 스쿠알렌
⑤ 사이클로메티콘

187

다음 중 동물성 왁스를 고르시오. 난이도 중하

① 카나우바왁스 ② 칸데릴라왁스
③ 라놀린왁스 ④ 오조케라이트
⑤ 호호바오일

188

다음 중 인체 피지 성분과 유사하여 피부에 침투성과 친화성이 높은 왁스류는? 난이도 중

① 카나우바왁스 ② 칸데릴라왁스
③ 라놀린왁스 ④ 오조케라이트
⑤ 호호바오일

189

다음 중 고급지방산에 대한 설명으로 적절하지 않은 것은? 난이도 중하

① 알칼리인 소듐하이드록사이드(NaOH), 포타슘하이드록사이드(KOH), 트리에탄올아민과 병용하면 크림 제형을 형성한다.
② 구조상 한 분자 내에 소수성과 친수성 부분을 동시에 가져, 계면활성제로 많이 활용된다.
③ 폼클렌징의 세정용 계면활성제, 보조 유화제, 분산제로도 사용된다.
④ 제품의 사용감이나 경도·점도 조절용으로 사용되며 연화제의 목적으로도 사용된다.
⑤ 지방을 가수분해하여 얻으며 R-COOH로 표시되는 탄화수소 사슬이 긴 지방산 물질을 통칭한다.

190

다음 중 고급알코올에 대한 설명으로 **틀린** 것은? 난이도 중하

① 탄소수 10개 이상인 알코올을 총칭한다.
② 화장품에서 고급알코올의 사용은 크림 및 로션류의 경도나 점도를 조절하기 위해 사용한다.
③ 피부가 건조해지는 것을 막아 피부를 부드럽고, 윤기 나게 개선해 주기 위해 사용한다.
④ 연화제의 목적으로도 사용되며, 일부 용제(용매)로도 사용한다.
⑤ 화학적으로 합성한 고급알코올에는 옥틸도데칸올이 있다.

191

다음에서 설명하는 개념은? 난이도 하

<보기>
이것은 한 분자 내에 극성(친수성)과 비극성(소수성)을 동시에 갖는 물질(양친매성 물질)로서, 양 물질의 표면장력을 약하게 하여 섞이게 한다.

192

(ㄱ)~(ㄷ)이 무엇인지 쓰시오. 난이도 하

<보기>
(ㄱ): 계면활성제가 수용액에 있을 때 친수성기는 바깥의 수용액에 닿고, 친유성기(소수성기)는 안에서 핵을 형성하여 만들어지는 구형의 집합체.
(ㄴ): (ㄱ)이 형성되기 시작하는 계면활성제의 농도
(ㄷ): 계면활성제의 친수성과 친유성 비율을 수치화한 것

193

계면활성제의 종류에 대한 설명이다. (ㄱ)과 (ㄴ)은 무엇인지 쓰시오. 유사 문항 기출문제 - 주관식

<보기>
(ㄱ): 에멀젼과 같이 물과 오일을 혼합하기 위한 목적으로 사용되는 계면활성제
(ㄴ): 용매에 난용성 물질을 용해시키기 위한 목적으로 사용되는 계면활성제

194

다음 중 유화제에 대한 설명으로 **틀린** 것은? 난이도 중하

① 분산된 부분이 오일 또는 물인가에 따라, O/W(oil-in-water)형, W/O(water-in-oil)형, W/O/W(water-in-oil-in-water)형, O/W/O(oil-in-water-in-oil)형 유화로 구분한다.
② 수상(물)에 유상(오일)이 분산된 형태가 W/O형이며, 반대로 유상(오일)에 수상(물)이 분산된 형태는 O/W형이라 한다.
③ 분산된 액적의 크기(지름)에 따라 마이크로에멀젼, 나노에멀젼으로 구분한다.
④ 유화제의 종류에는 글리세릴스테아레이트, 솔비탄스테아레이트, 스테아릭애씨드, 폴리글리세릴-3메칠글루코오스디스테아레이트 등이 있다.
⑤ 유화제의 특성을 파악하는 중요한 요소로 유화제의 친수성과 친유성의 균형을 HLB (hydrophilic-lipophilic balance)로 나타낸 것이다. HLB값은 비이온성 유화제인 경우 가장 친유성을 0, 친수성을 20으로 하여 수치가 높을수록 친수성 성질이 큰 것으로 한다.

195

계면활성제에 관한 개념 중 (ㄱ)와 (ㄴ)에 들어갈 말을 쓰시오. 난이도 중

<보기>
- 서로 섞이지 않는 성질이 다른 두 액체 중 한 액체가 다른 액체 속에 입자 형태로 분산된 형태를 (ㄱ)라 한다.
- 분산(dispersion)이란 넓은 의미로 분산상(분산질)이 분산매에 퍼져있는 현상을 말한다. 액체가 액체 속에 분산된 경우를 (ㄱ)라 하며 기체가 액체 속에 분산된 경우를 (ㄴ)이라 한다.

196

다음 중 가용화제의 대표적 예시를 고르시오. 난이도 중

① 폴리솔베이트80
② 벤토나이트
③ 글리세릴스테아레이트
④ 스테아릭애씨드
⑤ 폴리글리세릴-3메칠글루코오스디스테아레이트

197

수용액 중의 해리 상태에 따른 계면활성제의 분류에 대한 설명으로 적절하지 않은 것은? 난이도 중상

① 음이온성 계면활성제는 물에 용해할 때 친수기 부분이 음이온으로 해리되는 계면활성제를 뜻한다. 세정력과 거품 형성 작용이 우수하여 주로 클렌징 제품(비누, 샴푸 등)에 활용된다. 소듐라우레스설페이트가 있다.
② 양이온성 계면활성제는 보통 분자량이 적으면 보존제로 이용되며 분자량이 큰 경우는 모발이나 섬유에 흡착성이 커서 헤어 린스 등 유연제 및 대전 방지제로 주로 활용된다. 친수기가 가장 중요하며, 주로 암모늄염, 아민 유도체로 구성된다.
③ 양쪽성 계면활성제는 물에 용해할 때 친수기 부분이 양이온과 음이온을 동시에 갖는 계면활성제로, 알칼리에서는 양이온, 산성에서는 음이온 특성을 나타낸다. 일반적으로 피부에 안전하고 세정력, 살균력, 유연효과 등을 나타내므로 저자극 샴푸, 스킨케어 제품, 어린이용 제품에 사용된다.
④ 비이온성 계면활성제는 이온성에 친수기를 갖는 대신 하이드록시기(-OH)나 에틸렌옥사이드(ethylene oxide)에 의한 물과의 수소결합에 의한 친수성을 가지며, 전하를 가지지 않는 계면활성제를 뜻한다.
⑤ 천연물에서 유래된 계면활성제의 예시로는 라우릴글루코사이드, 세테아릴올리베이트, 솔비탄올리베이트 코코베타인이 있다.

198

다음 중 천연물 유래 계면활성제가 아닌 것은? 3회 기출 출제

① 라우릴글루코사이드
② 세테아릴올리베이트
③ 솔비탄올리베이트코코베타인
④ 콜레스테롤
⑤ 솔비탄라우레이트

199

보습제 중 밀폐제에 대한 설명으로 적절하지 않은 것은? 난이도 중

① 피지처럼 피부 표면에 얇은 소수성 밀폐막을 만드는 성분을 보습제 성분(밀폐제)으로 하는 것으로, 피부에 소수성 막을 형성하여 물리적으로 TEWL을 저하시키는 방법이다.
② 밀폐제 성분 기반 보습제는 피부에 도포 시, 다소 두꺼운 느낌과 기름진 느낌을 유발하나, TEWL을 감소시키는 데 효과적이다.
③ 대표적 예시로 히알루론산, 페트롤라툼, 미네랄오일, 실리콘 오일, 파라핀, 스쿠알란, 왁스 등이 있다.
④ 피부에 막을 형성하여 수분 증발을 억제하는 역할을 가진 물질로, 대표적으로 바세린이 있다.
⑤ 건조한 피부 타입에 효과적일 수 있다.

200

보습제에 대한 설명 중 틀린 것은? 난이도 중

① 보습제 중 습윤제는 죽은 각질세포 내 케라틴과 NMF(Natural Moisturizing Factor)와 같이 수분과 결합하는 능력을 갖춘 성분을 보습제 성분으로 처방하여 피부에 수분을 증가시키는 역할을 하며 보통 지성 피부 타입에 효과적일 수 있다.
② 보습제 중 밀폐제는 피지처럼 피부 표면에 얇은 소수성 밀폐막을 만드는 성분을 보습제 성분으로 하는 것으로, 피부에 소수성 막을 형성하여 물리적으로 TEWL을 저하시키는 방법이다.
③ 보습제 중 연화제는 탈락하는 각질세포 사이의 틈을 메꿔 주는 역할을 가진 물질로, 글리세릴스테아레이트, 호호바오일, 실리콘오일, 시어버터 등이 있다.
④ 보습제 중 장벽대체제는 각질층 내 세포 외 기질을 보습제 성분으로 처방하여, 피부장벽 기능의 유지와 회복에 관여함으로써, 피부 보습력 유지를 증가시키는 방법이다.
⑤ 장벽대체제의 대표적 예시로는 세라마이드, 콜레스테롤, 지방산 등이 있다.

201

<보기>에서 설명하는 개념을 쓰시오. 3회 주관식 기출

<보기>
피부를 통해 손실되는 수분량으로 이것이 높을수록 피부의 수분도가 낮아짐을 의미한다. 밀폐제 성분 기반 보습제는 피부에 도포 시, 다소 두꺼운 느낌과 기름진 느낌을 유발하나, 이것을 감소시키는 데 효과적이다.

202

다음 중 TEWL에 대한 설명으로 틀린 것은? 난이도 중

① transepidermal water loss의 약어로, 경피수분손실도라고도 한다.
② 땀을 통한 수분 배출을 포함한 피부를 통해 손실되는 수분량으로 TEWL이 높을수록 피부의 수분도가 낮아짐을 의미한다.
③ 밀폐제 성분 기반 보습제는 피부에 도포 시 다소 두꺼운 느낌과 기름진 느낌을 유발하나, TEWL을 감소시키는 데 효과적이다.

203

다음 중 점증제에 대한 설명으로 적절하지 <u>않은</u> 것은? 난이도 중하

① 화장품의 점도를 유발하고 사용감을 높이기 위해 첨가하는 고분자 화합물이다.
② 구아검, 아라비아고무나무검은 천연 식물 유래 성분이다.
③ 잔탄검, 덱스트란은 천연 미생물 유래 성분이다.
④ 메틸셀룰로오스, 에틸셀룰로오스, 카복시메틸셀룰로오스는 합성 점증제 성분이다.
⑤ 주로 수용성 고분자 물질 제품의 사용감과 안정성 향상을 위해 사용된다.

204

다음 중 <보기>의 예시가 되는 성분으로 적절히 나열한 것은? 난이도 중하

<보기>
(ㄱ) 천연 중 식물 유래 점증제 성분
(ㄴ) 천연 중 미생물 유래 점증제 성분
(ㄷ) 천연 중 동물 유래 점증제 성분

	(ㄱ)	(ㄴ)	(ㄷ)
①	잔탄검	구아검	카보머
②	카라기난	콜라겐	잔탄검
③	덱스트란	잔탄검	로커스트빈검
④	에틸셀룰로오스	젤라틴	카라기난
⑤	전분	덱스트란	콜라겐

205

<보기>에서 설명하는 성분을 쓰시오. 난이도 중하

<보기>
이 원료는 산성 고분자화합물로 주로 아크릴산이 중합된 것이다. 이 원료를 건조한 것은 정량할 때 카르복실기(COOH : 45.02) 57.7~63.4%를 함유한다. 이 성분은 합성 점증제로서 가장 대중적으로 사용되는 성분이다.

206

다음 중 반합성 점증제가 아니라 피막 형성제(필름 형성제)로 주로 쓰이는 성분은? 난이도 중하

① 에틸셀룰로오스
② 메틸셀룰로오스
③ 카르복시메틸셀룰로오스
④ 나이트로셀룰로오스

207

다음 중 지용성 비타민을 고르시오. 난이도 중하

① 비오틴
② 토코페롤
③ 아스코빅애씨드
④ 티아민
⑤ 판테놀

208

비타민 A에 대한 설명으로 틀린 것은? 난이도 중상

① 시각 기능에 관여하고, 성장 인자로 작용하는 지용성 비타민으로, 구조학적으로 네 단위의 이소프레노이드(isoprenoid)가 머리꼬리 형태로 결합하여 다섯 개의 이중결합을 갖는 화합물군에 속하며, 이중결합이 있어 산화에 매우 예민하다.

② 레티노이드(retinoid)로 알려진 지용성 물질 군으로 레티놀(retinol), 레틴알데하이드(retinaldehyde) 및 레티노익애씨드(retinoic acid)의 3가지 형태가 있다. 이들은 상호전환될 수 있으며 레티노익애씨드로 전환되는 과정은 가역적이다.

③ 항산화 효능 및 주름개선 기능성화장품 고시원료로 사용되나, 열과 공기에 매우 불안정한 특징을 가진다. 따라서, 레티놀의 안정화된 유도체인 레티닐팔미테이트, 폴리에톡실레이티드레틴아마이드 등이 개발되어 사용된다.

④ 레티닐팔미테이트(retinyl palmitate)는 레티놀에 지방산이 붙은 에스테르 형태로, 레티놀 대비 안정성이 높으며 인체 흡수 뒤 레티놀로 가수분해된다.

⑤ 폴리에톡실레이티드레틴아마이드(polyethoxylated retinamide)는 레티놀에 PEG를 결합한 형태이며, 레티놀 대비 안정성이 높다.

209

다음 중 비타민 E에 대한 설명으로 적절하지 않는 것은? 난이도 중상

① 지용성 비타민이며 식물성 기름에서 분리되는 천연 산화방지제이다. 비타민 E는 7가지의 이성체(isoform)를 가진다.

② 비타민 E의 이성체 중 생물학적으로 가장 활동적인 성분은 알파-토코페롤이다.

③ 화장품에는 토코페롤 자체보다도 토코페롤의 에스터(유도체)가 널리 사용된다.

④ 비타민 E의 에스터에는 토코페릴아세테이트, 토코페릴리놀리에이트, 토코페릴리놀리에이트/올리에이트, 토코페릴니코티네이트 및 토코페릴석시네이트가 포함된다.

⑤ 비타민 E(토코페롤)는 강력한 항산화 작용을 하여 화장품 내 주로 산화방지제로 사용된다.

210

빈칸을 채우시오. 주관식 기출

- ( ): 제1호의 색소 중 콜타르, 그 중간생성물에서 유래되었거나 유기 합성하여 얻은 색소 및 그 레이크, 염, 희석제와의 혼합물

- ( ): 타르색소를 기질에 흡착, 공침 또는 단순한 혼합이 아닌 화학적 결합에 의하여 확산시킨 색소

- ( ): 중간체, 희석제, 기질 등을 포함하지 않는 순수한 색소

- ( ): 레이크 제조 시 순색소를 확산시키는 목적으로 사용되는 물질. 알루미나, 브랭크휙스, 크레이, 이산화티탄, 산화아연, 탤크, 로진, 벤조산알루미늄, 탄산칼슘 등의 단일 또는 혼합물을 사용한다.(보통 백색 가루제)

- ( ): 색소를 용이하게 사용하기 위하여 혼합되는 성분. 알코올 등(식품의약품안전처에서 희석제로 사용 불가능한 원료를 고시함)

211

다음 중 무기안료 중 착색안료에 대한 설명을 고르시오. 난이도 중하

① 색상을 부여하여 색조를 조정해주는 역할을 하는 안료. 색이 선명하지는 않으나 빛과 열에 강하여 변색이 잘 되지 않은 특성을 가짐.
② 점토 광물을 희석제로 사용하는 안료
③ 하얗게 나타낼 목적 혹은 피부의 커버력을 조절하는 역할로 사용되는 안료
④ 물, 기름 등의 용제에 용해하지 않는 유색 분말의 안료(Paint)
⑤ 타르색소를 화학적 결합에 의하여 확산시킨 색소

212

<보기>는 「화장품의 색소 종류와 기준 및 시험방법」 제2조의 일부이다. <보기>의 (   ) 안에 들어갈 알맞은 말을 정확한 용어로 기입하시오. 기출변형

<보기>
(㉠)(이)라 함은 제1호의 색소 중 콜타르, 그 중간생성물에서 유래되었거나 유기합성하여 얻은 색소 및 그 (㉡), 염, 희석제와의 혼합물을 말한다.
(㉡)(이)라 함은 (㉠)을/를 기질에 흡착, 공침 또는 단순한 혼합이 아닌 화학적 결합에 의하여 확산시킨 색소를 말한다.

213

다음 중 「화장품의 색소 종류와 기준 및 시험방법」에 따라 <보기>에서 옳은 것을 모두 고른 것은? 난이도 중하

<보기>
ㄱ. "색소"라 함은 피부에 영양을 주는 것을 주요 목적으로 하는 성분을 말한다.
ㄴ. "타르색소"라 함은 콜타르, 그 중간생성물에서 유래되었거나 무기합성하여 얻은 색소를 말한다.
ㄷ. "순색소"라 함은 중간체, 희석제, 기질 등을 포함하지 아니한 순수한 색소를 말한다.
ㄹ. "레이크"라 함은 타르색소를 기질에 흡착, 공침 또는 단순한 혼합이 아닌 화학적 결합에 의하여 확산시킨 색소를 말한다.
ㅁ. "기질"이라 함은 레이크 제조 시 타르색소를 확산시키는 목적으로 사용되는 물질을 말하며 알루미나, 브랭크휙스, 크레이, 이산화티탄, 산화아연, 탤크, 로진, 벤조산알루미늄, 탄산칼슘 등의 단일 또는 혼합물을 사용한다.
ㅂ. "희석제"라 함은 색소를 용이하게 사용하기 위하여 혼합되는 성분을 말하며, 「화장품 안전기준 등에 관한 규정」(식품의약품안전처 고시) '[별표 1] 사용할 수 없는 원료'는 희석제로서 쓰일 수 없다.

① ㄱ, ㄴ, ㄹ   ② ㄴ, ㄷ, ㅁ
③ ㄷ, ㄹ, ㅂ   ④ ㄷ, ㅁ, ㅂ
⑤ ㄹ, ㅁ, ㅂ

214

착색안료에는 산화철 성분이 있다. 산화철 성분은 3가지 색이 있다. 이 3가지 색은 무엇인가? 난이도 중

215

다음 중 색소에 대한 설명으로 틀린 것은? 난이도 중

① 염료는 화장품 기제 중에 용해 상태로 존재하며 색채를 부여하는 물질으로 수용성 염료와 유용성 염료로 구분한다.
② 레이크는 타르색소를 화학적 결합에 의하여 확산시킨 색소로, 타르색소의 나트륨, 칼륨, 알루미늄, 바륨, 스트론튬 또는 지르코늄염을 기질에 확산시켜 만든다.
③ 무기안료는 발색성분이 무기질로 되어 있어 유기안료에 비해 내열, 내광의 안정성이 다소 떨어지고 색상이 유기안료에 비해 선명하지 않는다.
④ 허가 색소 중에 유기안료를 분류하면 아조계 안료, 인디고계 안료, 프탈로시아닌계 안료로 대별된다.
⑤ 무기안료 중 백색안료는 하얗게 나타낼 목적 혹은 피부의 커버력을 조절하는 역할로 사용되는 안료로, 이산화티탄(티타늄디옥사이드), 산화아연(징크옥사이드)이 있다.

216

<보기>는 체질안료 중 어떤 성분을 설명하는 글이다. 이 성분은? 난이도 중

<보기>
체질안료란 점토 광물을 희석제로 사용하는 안료를 말한다. 이 중 이 성분은 활석이라고도 하며 흡수력이 높다. 매끄러운 사용감이 있으며, 베이비 파우더에 주로 쓰인다.

217

다음 중 진주광택안료는? 난이도 하

① 운모티탄   ② 무수규산
③ 활석   ④ 고령토
⑤ 이산화티탄

218

<보기>에서 설명하는 천연 색소 성분은? 난이도 중상

<보기>
이것은 플라보노이드(flavonoids) 계열의 물질로서, 두 개의 방향족 고리가 세 개의 탄소와 하나의 산소로 연결되어 있는 구조이다. 고등식물의 꽃, 잎, 과일, 줄기 등에서 나타나는 수용성 식물색소이다.

219

다음 중 이상적인 보존제의 조건과는 거리가 먼 설명은? 난이도 중하

① 적절히 높은 농도에서 다양한 균에 대한 효과를 나타낼 것
② 넓은 온도 및 pH 범위에서 안정하고, 장기적으로 효과가 지속될 것
③ 제품 내 다른 원료 및 포장 재료와 반응하지 않을 것
④ 제품의 안정성, 색상, 향, 질감, 점도 등 외관적 특성에 영향을 미치지 않을 것
⑤ 원료 수급이 용이하고 가격이 저렴할 것

220

자외선차단제 성분의 최대함량을 적으시오. 난이도 중

성분명	최대 함량
드로메트리졸	
벤조페논-8	
4-메칠벤질리덴캠퍼	
페닐벤즈이미다졸설포닉애씨드	
벤조페논-3(옥시벤존)	
벤조페논-4	
에칠헥실살리실레이트	

에칠헥실트리아존	
디갈로일트리올리에이트	
멘틸안트라닐레이트	
부틸메톡시디벤조일메탄	
시녹세이트	
에칠헥실메톡시신나메이트	
에틸헥실디메칠파바	
옥토크릴렌	
호모살레이트	
이소아밀-p-메톡시신나메이트	
비스에칠헥실옥시페놀메톡시페닐트리아진	
디에틸헥실부타미도트리아존	
폴리실리콘-15 (디메치코디에칠벤질말로네이트)	
메칠렌비스-벤조트리아졸릴테트라메칠부틸페놀	
디에칠아미노하이드록시벤조일헥실벤조에이트	
테레프탈릴리덴디캠퍼설포닉애씨드 및 그 염류	
디소듐페닐디벤즈이미다졸테트라설포네이트	
드로메트리졸트리실록산	
징크옥사이드	
티타늄디옥사이드	

221

자외선차단제 성분 중 물리적 자외선 차단제 성분 2가지를 모두 쓰시오. 난이도 하

222

미백 고시 성분들의 고시 함량을 적으시오. 난이도 하

성분명	고시 함량
유용성 감초 추출물	
알파-비사보롤(알파-비사볼올)	
닥나무 추출물	
알부틴	
에칠에스코빌에텔	
아스코빌글루코사이드	
아스코빌테트라이소팔미테이트	
마그네슘아스코빌포스페이트	
나이아신아마이드	

223

다음 중 티로시나아제의 활성을 억제하는 기전으로 미백에 도움을 주는 성분은? 난이도 중

① 에칠에스코빌에텔
② 아스코빌글루코사이드
③ 아스코빌테트라이소팔미테이트
④ 나이아신아마이드
⑤ 유용성 감초 추출물

224

식약처장이 고시한 미백 기능성화장품 성분들 중 멜라닌의 이동을 억제하는 기전으로 미백에 도움을 주는 성분을 쓰시오. 답 1개, 난이도 중

225

빈칸을 채우시오. 난이도 중, 기출

① (　　) 안정성: 산소 및 기타 화학물질과의 산화 반응이 유발되지 않고 화장품 성분이 일정한 상태를 유지하는 성질
② (　　) 안정성: 다양한 온도 변화 조건에서 화장품 성분이 일정한 상태를 유지하는 성질
③ (　　) 안정성: 다양한 광 조건에서 화장품 성분이 일정한 상태를 유지하는 성질
④ (　　) 안정성: 미생물 증식으로 인한 오염으로부터 화장품 성분이 일정한 상태를 유지하는 성질
⑤ (　　) 안정성: 안정적인 화장품 성분 공급이 가능한 상태
- (　　): 다양한 물리・화학적 조건에서 화장품 성분의 변색, 변취, 상태변화 및 지표성분의 함량변화를 통해 화장품 성분의 변화정도를 평가함
- (　　)성분: 원료에 함유된 화학적으로 규명된 성분 중 품질관리 목적으로 정한 성분

226

다음 중 <보기>에서 설명하는 화장품과 관련 있는 유효성은? 난이도 중

> <보기>
> 알부틴을 활용한 미백 기능성 화장품

① 물리적 유효성　② 화학적 유효성
③ 생물학적 유효성　④ 미적 유효성
⑤ 심리적 유효성

227

다음 중 <보기>의 대화상황과 관련있는 유효성의 종류는? 난이도 중

> <보기>
> A: 손님, 혹시 원하는 향 있으세요?
> B: 맞춤형화장품이다보니 제가 향을 고를 수도 있나 보군요? 혹시 머스크향 있나요? 머스크향이 저를 진정시켜줘서요.
> A: 네, 있습니다.

① 물리적 유효성　② 화학적 유효성
③ 생물학적 유효성　④ 미적 유효성
⑤ 심리적 유효성

228

맞춤형화장품조제관리사 A씨는 보습에센스를 조제하였다. 이 보습에센스에 향료를 0.2% 배합하였는데, <보기>는 그 향료의 조성목록이다. 다음 중 화장품 사용 시의 주의사항 및 알레르기 유발성분 표시에 관한 규정에 따라 따로 알레르기 유발물질로서 기재해야 하는 것을 모두 고른 것은? 2회 기출

<보기>
맞춤형화장품조제관리사가 보습에센스에 넣은 향료의 조성목록

원료명	함량
에탄올	10%
리모넨	10%
1,2-헥산디올	5%
리날룰	5%
시트랄	1%
벤질알코올	0.1%
(이하 생략)	

① 에탄올, 1,2-헥산디올, 리날룰
② 리모넨, 시트랄, 벤질알코올
③ 리모넨, 리날룰, 시트랄
④ 리모넨, 리날룰, 벤질알코올
⑤ 리날룰, 시트랄, 벤질알코올

229

다음 중 신남알 계열로서 화장품 사용 시의 주의사항 및 알레르기 유발성분 표시에 관한 규정에 의거하여 식품의약품안전처장이 알레르기 유발 성분으로 지정하지 않은 착향 성분은? 기출

① 신남알
② 헥실신남알
③ 브로모신남알
④ 아밀신나밀알코올
⑤ 신나밀알코올

230

다음 중 화장품 사용 시의 주의사항 및 알레르기 유발성분 표시에 관한 규정에 의거하여 식품의약품안전처장이 알레르기 유발 성분으로 지정한 성분 중 모노테르펜 계열의 착향 성분이 아닌 것은? 난이도 중

① 리모넨
② 리날룰
③ 제라니올
④ 시트랄
⑤ 쿠마린

231

<보기>의 ( )안에 들어갈 알맞은 말을 기입하시오. 기출

<보기>
허브 식물의 잎이나 꽃을 수증기 증류법으로 증류하면 물과 함께 휘발성 오일 성분이 증류되어 나온다. 이러한 오일성분은 주로 ( )계열 혼합물로서 고유의 향기를 지니며 화장품에서 천연향료로 많이 사용된다. 아로마테라피에서 주로 사용되는 이러한 천연오일을 통칭하여 정유라고 한다.

232

<보기>는 화장품 사용 시의 주의사항 및 알레르기 유발성분 표시에 관한 규정에 대한 설명이다. ( ) 안에 들어갈 알맞은 숫자를 기입하시오. 난이도 하

<보기>
착향제는 '향료'로 표기할 수 있으나, 착향제 구성 성분 중 식품의약품안전처장이 고시한 알레르기 유발성분이 있는 경우 향료로만 표기할 수 없고, 추가로 해당 성분의 명칭을 기재하여야 한다.
이 때, 화장품 사용 시의 주의사항 및 알레르기 유발성분 표시에 관한 규정에서 정한 25종 성분 중 사용 후 씻어내는 제품에는 (㉠)% 초과, 사용 후 씻어내지 않는 제품에는 (㉡)% 초과 함유하는 경우에 한한다.

233

<보기>의 ( )안에 공통으로 들어갈 말을 기입하시오. 난이도 중

<보기>
- ( )(이)란 각각의 화학물질에 부여하는 고유번호를 말한다. 화학구조나 조성이 확정된 화학물질에 부여된 고유의 번호이며 미국화학회(American Chemical Society)에서 매주 1만 건에 이르는 세계 속의 화학논문 요지를 게재하는 초록지(Chemical Abstract)를 발행하면서 신규 화학 물질에 이를 부여하고 있다.
물질의 원소기호나 화학식과의 연관관계는 없으나, 화학물질을 정확하게 찾아내기 위하여 11 단위까지의 숫자로 표시한다. 예를 들어, 물(H_2O)의 ( )(은)는 7732-18-5, 세륨(Ce)의 ( )(은)는 7440-45-1 등으로 표현된다.

성분명	( )
아밀신남알	No 122-40-7
벤질알코올	No 100-51-6
신나밀알코올	No 104-54-1
시트랄	No 5392-40-5

234

맞춤형화장품조제관리사 A씨가 바디워시를 250g 조제하였다. 이 바디워시에 향료를 약 0.7% 배합하였는데, <보기>는 그 향료의 조성목록이다. 다음 중 화장품 사용 시의 주의사항 및 알레르기 유발성분 표시에 관한 규정에 따라 따로 알레르기 유발물질로서 기재해야 하는 것을 모두 고른 것은? 기출

<보기>
맞춤형화장품조제관리사가 바디워시에 넣은 향료의 조성목록

원료명	중량(g)
에탄올	1
알파-아이소 메틸아이오논	0.05
아니스알코올	0.01
클로로신남알	0.035
시트랄	0.03
다이에틸아미노메틸쿠마린	0.5
파네솔	0.028
에틸리날룰	0.1

① 에탄올, 알파-아이소메틸아이오논, 클로로신남알
② 알파-아이소메틸아이오논, 클로로신남알, 시트랄, 에틸리날룰
③ 알파-아이소메틸아이오논, 시트랄, 파네솔
④ 클로로신남알, 시트랄, 다이에틸아미노메틸쿠마린, 파네솔
⑤ 다이에틸아미노메틸쿠마린, 파네솔, 에틸리날룰

235

다음 중 전성분에 함량까지 적어야 하는 경우가 아닌 것은? 난이도 중하

① 영유아 및 어린이 사용 화장품인 경우 그 보존제의 함량
② 천연화장품 및 유기농화장품의 원료 함량
③ 성분명을 제품 명칭 일부로 사용한 경우 그 성분의 함량
④ 인체 세포·조직 배양액이 들어있는 경우 그 함량
⑤ 기능성화장품의 경우 기능성을 나타내게 하는 해당 성분의 함량

236

전성분 표기법 - 빈칸을 채우시오.

- 글자의 크기는 (   )포인트 이상으로 한다.
- 화장품 제조에 사용된 함량이 많은 것부터 기재·표시한다. 다만, (   )퍼센트 이하로 사용된 성분, (   ) 또는 (   )는 순서에 상관없이 기재·표시할 수 있다.
- (   )원료는 혼합된 개별 성분의 명칭을 기재·표시한다.
- 색조 화장용 제품류, 눈 화장용 제품류, 두발염색용 제품류 또는 손발톱용 제품류에서 호수별로 착색제가 다르게 사용된 경우 (   )또는 (   )의 표시 다음에 사용된 모든 착색제 성분을 함께 기재·표시할 수 있다.
- 착향제는 "(   )"로 표시할 수 있다. 다만, 착향제의 구성 성분 중 식품의약품안전처장이 정하여 고시한 알레르기 유발성분은 사용 후 씻어내는 제품에 (   )% 초과, 사용 후 씻어내지 않는 제품에 (   )% 초과 함유하는 경우 향료로 표시할 수 없고, 해당 성분의 (   )을 기재·표시해야 한다.
- 산성도(pH) 조절 목적으로 사용되는 성분은 그 성분을 표시하는 대신 (   )반응에 따른 생성물로 기재·표시할 수 있고, (   )반응을 거치는 성분은 (   )반응에 따른 생성물로 기재·표시할 수 있다.
- 영업자의 정당한 이익을 현저히 침해할 우려가 있을 때에는 영업자는 식품의약품안전처장에게 그 근거자료를 제출해야 하고, 식품의약품안전처장이 정당한 이익을 침해할 우려가 있다고 인정하는 경우에는 그 성분을 (   )으로 기재·표시할 수 있다.

237

전성분에 기재 및 표시를 생략할 수 있는 성분들에 관한 설명이다. 빈칸을 채우시오.

- 제조과정 중에 (　　)되어 최종 제품에는 남아 있지 않은 성분은 기재·표시를 생략할 수 있다.
- 안정화제, 보존제 등 원료 자체에 들어 있는 (　　)성분으로서 그 효과가 나타나게 하는 양보다 적은 양이 들어 있는 성분은 기재·표시를 생략할 수 있다.
- 내용량이 (　　)밀리리터 초과 (　　)밀리리터 이하 또는 중량이 (　　)그램 초과 (　　)그램 이하 화장품의 포장인 경우에는 다음의 성분을 제외한 성분에 대한 기재·표시를 생략할 수 있다.

> 가. (　　)
> 나. (　　)
> 다. 샴푸와 린스에 들어 있는 (　　)의 종류
> 라. (　　)
> 마. 기능성화장품의 경우 그 (　　)가 나타나게 하는 원료
> 바. 식품의약품안전처장이 (　　)를 고시한 화장품의 원료

238

빈칸에 알맞은 말을 쓰시오. 난이도 중하

1) 관련 규정에 따라 국민보건상 위해 우려가 제기되는 화장품 원료, 화장품 사용한도 원료 등을 위해평가 대상으로 한다.
2) 비의도적 오염물질의 검출(　　) 설정이 필요한 경우에 위해평가를 수행할 수 있다.

239

다음 중 「기능성화장품 심사에 관한 규정」 [별표4] 자료제출이 생략되는 기능성화장품의 종류 중 피부를 곱게 태워주거나 자외선으로부터 피부를 보호하는 데 도움을 주는 제품의 성분 및 함량에 따라 성분과 그 최대함량이 바르게 나열된 것은? 기출

① 드로메트리졸 2.0% - 에칠헥실메톡시신나메이트 7.5%
② 4-메칠벤질리덴캠퍼 4.0% - 옥토크릴렌 8%
③ 에칠헥실메톡시신나메이트 7.5% - 드로메트리졸트리실록산 10%
④ 징크옥사이드 15% - 옥토크릴렌 8%
⑤ 옥토크릴렌 10% - 4-메칠벤질리덴캠퍼 4%

240

<보기>는 「기능성화장품 심사에 관한 규정」 [별표4] 자료제출이 생략되는 기능성화장품의 종류 중 피부의 미백에 도움을 주는 제품의 성분 및 함량의 일부이다. (　　) 안에 들어갈 알맞은 말을 정확한 용어로 기입하시오. 난이도 중상

> <보기>
> **피부의 미백에 도움을 주는 제품의 성분 및 함량**
>
> (㉠): 로션제, 액제, 크림제 및 침적 마스크 제품의 (㉡). 피부의 미백에 도움을 준다.
> (㉢): 본품 적당량을 취해 피부에 골고루 펴 바른다. 또는 본품을 피부에 붙이고 10~20분 후 지지체를 제거한 다음 남은 제품을 골고루 펴 바른다.

241

다음 중 「기능성화장품 심사에 관한 규정」 [별표4] 자료제출이 생략되는 기능성화장품의 종류 중 피부의 미백에 도움을 주는 제품의 성분 및 함량이 바른 것은? 난이도 중하

① 닥나무추출물(5%), 마그네슘아스코빌포스페이트(4%)

② 알부틴(6%), 에칠아스코빌에텔(0.5~1.5%)

③ 유용성감초추출물(0.5%), 아스코빌글루코사이드(1%)

④ 나이아신아마이드(2~5%), 아스코빌테트라이소팔미테이트(2%)

⑤ 알파-비사보롤(0.5%), 닥나무추출물(4%)

242

다음 중 「기능성화장품 심사에 관한 규정」 [별표4] 자료제출이 생략되는 기능성화장품의 종류에 기재된 피부의 주름 개선에 도움을 주는 제품의 제형이 아닌 것은? 난이도 중하

① 로션제 ② 액제
③ 크림제 ④ 침적마스크제
⑤ 겔제

243

다음 화장품의 전성분표를 보고 「기능성화장품 심사에 관한 규정」 [별표4] 자료제출이 생략되는 기능성화장품의 종류에 따라 주름개선 기능성 고시 원료가 배합된 기능성화장품을 고르시오. 난이도 중

	전성분표
①	정제수, 글리세린, 다이프로필렌글리콜, 병풀잎추출물, 스쿠알란, 베헤닐알코올, 글리세릴스테아레이트, 아라키딜알코올, 1,2-헥산다이올, 세테아릴알코올, 시어버터, 나이아신아마이드, 아시아티코사이드, 향료
②	정제수, 글리세린, 유칼립투스추출물, 스쿠알렌, 변성알코올, 글리세릴스테아레이트, 피이지-100스테아레이트, 세라마이드, 아라키딜알코올, 부틸렌글라이콜, 시어버터, 인삼수, 아데노신, 판테놀, 동백나무씨오일, 제라니올, 향료
③	정제수, 부틸렌글라이콜, 세틸에틸헥사노에이트, 올리브오일, 폴리아이소부텐, 에틸헥실글리세린, 드로메트리졸, 에칠헥실메톡시신나메이트, 세테아릴알코올, 시어버터, 마데카소사이드, 잣나무씨오일, 매실나무씨추출물, 향료
④	정제수, 글리세린, 프로판다이올, 시어버터, 사이클로펜타실록세인, 다이메티콘, 팔미틱애씨드, 소엽맥문동뿌리추출물, 글리세릴스테아레이트, 폴리솔베이트60, 벤질알코올, 세테아릴알코올, 향료
⑤	정제수, 부틸렌글라이콜, 잔탄검, 스테아릭애씨드, 병풀잎추출물, 펜타에리스리틸테트라이소스테아레이트, 베헤닐알코올, 글리세릴스테아레이트, 하이드록시프로필비스팔미타마이드엠이에이, 에틸헥실글리세린, 1,2-헥산다이올, 세테아릴알코올, 시어버터, 아시아티코사이드, 향료

244

다음 중 「기능성화장품 심사에 관한 규정」 [별표4] 자료제출이 생략되는 기능성화장품의 종류 중 모발의 색상을 변화(탈염·탈색 포함)시키는 기능을 가진 제품의 성분과 그 함량이 적절하지 않은 것은? 난이도 중

① 2-아미노-3-히드록시피리딘 - 1.0%

② 염산 2,4-디아미노페녹시에탄올 - 0.5%

③ 염산 히드록시프로필비스(N-히드록시에칠-p-페닐렌디아민) - 0.5%

④ 톨루엔-2,5-디아민 - 2.0%

⑤ 피크라민산 - 0.6%

245

<보기>는 「기능성화장품 심사에 관한 규정」 [별표4] 자료제출이 생략되는 기능성화장품의 종류 중 체모를 제거하는 기능을 가진 제품의 성분 및 함량에 대한 설명 중 일부이다. 다음 중 (   ) 안에 들어갈 알맞은 말을 정확한 용어로 기입하시오. 기출변형

<보기>
제형은 액제, 크림제, 로션제, 에어로졸제에 한하며, 제품의 효능·효과는 "(   )"(으)로, 용법·용량은 "사용 전 (   )할 부위를 씻고 건조시킨 후 이 제품을 (   )할 부위의 털이 완전히 덮이도록 충분히 바른다.

246

다음 중 「기능성화장품 심사에 관한 규정」 [별표4] 자료제출이 생략되는 기능성화장품의 종류에 따라 체모를 제거하는 기능을 가진 제품의 성분 및 함량에 대한 설명으로 적절하지 <u>않은</u> 것은? 난이도 중

① 제형은 액제, 크림제, 로션제, 에어로졸제에 한한다.
② 용법·용량에 따르면 이 제품은 도포 후 5~10분간 그대로 두었다가 일부분을 손가락으로 문질러 보아 털이 쉽게 제거되면 젖은 수건으로 닦아 내거나 비눗물로 씻어내어야 한다.
③ 용법·용량에 따르면 면도한 부위의 짧고 거친 털을 완전히 제거하기 위해서는 한 번 이상(수일 간격) 사용하는 것이 좋다.
④ 해당 고시에 명시된 체모 제거 기능의 성분은 하나밖에 없으며, 그 성분은 치오글리콜산 80%이며 그 함량은 치오글리콜산으로서 3.0~4.5 %이다.
⑤ 해당 제품의 pH 범위는 7.0 이상 12.7 미만이어야 한다.

247

<보기>는 「기능성화장품 심사에 관한 규정」 [별표4] 자료제출이 생략되는 기능성화장품의 종류에 명시된 여드름성 피부를 완화하는데 도움을 주는 제품의 성분 및 함량에 대한 설명이다. (   ) 안에 들어갈 알맞은 말과 숫자를 정확히 기입하시오. 난이도 중하

<보기>
여드름성 피부를 완화하는데 도움을 주는 제품의 성분 및 함량
(제형은 액제, 로션제, 크림제에 한함(부직포 등에 침적된 상태는 제외함) 제품의 효능·효과는 "여드름성 피부를 완화하는 데 도움을 준다"로, 용법·용량은 "본품 적당량을 취해 피부에 사용한 후 물로 바로 깨끗이 씻어낸다"로 제한함)

성분명	함량
(㉠)	(㉡)%

248

<보기>는 어떤 미백 기능성화장품의 전성분표시를 「화장품법」 제10조에 따른 기준에 맞게 표시한 것이다. 해당 제품은 식품의약품안전처에서 자료제출이 생략되는 기능성화장품 미백 고시 성분과 사용상의 제한이 필요한 원료를 최대 사용 한도로 제조하였다. 이때, 유추 가능한 병풀추출물의 함유 범위(%)는? 기출변형 - 훈련1

<보기>
정제수, 사이클로펜타실록세인, 토코페롤, 카프릴릭/카프릭트리글리세라이드, 시어버터, 글리세린, 알부틴, 소듐하이알루로네이트, 병풀추출물, 판테놀, 디메티콘, 피이지-100스테아레이트, 올리브오일, 호호바오일, 벤질알코올, 스쿠알란, 잔탄검, 1,2-헥산디올, 부틸렌글라이콜, 알란토인, 라벤더오일, 리날룰, 향료

① 10 ~ 20 ② 5 ~ 20
③ 2 ~ 5   ④ 1 ~ 5
⑤ 0.01 ~ 0.5

249

<보기>는 어떤 주름개선 기능성화장품의 전성분표시를 「화장품법」 제10조에 따른 기준에 맞게 표시한 것이다. 해당 제품은 식품의약품안전처에서 자료제출이 생략되는 기능성화장품 미백 고시 성분과 사용상의 제한이 필요한 원료를 최대 사용 한도로 제조하였다. 이때, 유추 가능한 스쿠알란의 함유 범위(%)는?(단, <보기>의 전성분은 예외 없이 모든 성분을 그 배합률이 높은 순서대로 기입함.) 기출변형-훈련2

<보기>
정제수, 글리세린, 사이클로펜타실록세인, 카프릴릭/카프릭트리글리세라이드, 시어버터, 소듐하이알루로네이트, 병풀추출물, 판테놀, 디메티콘, 피이지-100스테아레이트, 올리브오일, 호호바오일, 이미다졸리디닐우레아, 스쿠알란, 잔탄검, 1,2-헥산디올, 부틸렌글라이콜, 알란토인, 아데노신, 라벤더오일, 리날룰, 향료

① 1 ~ 5
② 0.5 ~ 1
③ 0.04 ~ 0.5
④ 0.04 ~ 0.6
⑤ 0.01 ~ 0.5

250

<보기>는 어떤 자외선 차단 기능성화장품의 전성분표시를 「화장품법」 제10조에 따른 기준에 맞게 표시한 것이다. 해당 제품은 식품의약품안전처에서 자료제출이 생략되는 기능성화장품 자외선 차단 고시 성분과 사용상의 제한이 필요한 원료를 최대 사용 한도로 제조하였다. 이때, 유추 가능한 소듐하이알루로네이트의 함유 범위(%)는? 기출변형-훈련3

<보기>
정제수, 글리세린, 사이클로펜타실록세인, 이소아밀p-메톡시신나메이트, 에칠헥실디메칠파바, 카프릴릭/카프릭트리글리세라이드, 시어버터, 시녹세이트, 부틸메톡시디벤조일메탄, 소듐하이알루로네이트, 병풀추출물, 판테놀, 디메티콘, 피이지-100스테아레이트, 페녹시에탄올, 올리브오일, 호호바오일, 이미다졸리디닐우레아, 스쿠알란, 잔탄검, 1,2-헥산디올, 부틸렌글라이콜, 알란토인, 아데노신, 라벤더오일, 리날룰, 향료

① 10 ~ 15
② 5 ~ 7
③ 1 ~ 5
④ 0.5 ~ 1
⑤ 0.01 ~ 0.5

251

다음은 어떤 화장수에 대한 설명인가? 난이도 중하

피부 각질층에 수분과 보습 성분을 공급할 뿐 아니라 피지나 발한을 억제하는 기능을 하는 원료를 추가로 넣어 준다.

① 유연화장수
② 수렴화장수
③ 영양화장수
④ 세정용화장수
⑤ 다층화장수

252

다음 중 팩, 마스크에 대한 설명으로 틀린 것은? 난이도 중

① 팩의 폐쇄효과에 의해 피하에서 올라오는 수분으로 보습이 유지되고 유연해진다.
② 팩의 흡착작용과 동시에 건조 박리 시에 피부표면의 오염을 제거하므로 우수한 청정작용을 한다.
③ 피막제나 분말의 건조과정에서는 피부에 적당한 긴장감을 주고, 건조 후 일시적으로 피부 온도를 낮추어 피부를 탄탄하게 한다.
④ 팩은 사용 방법에 따라 워시오프 타입, 필오프 타입, 석고팩 타입, 붙이는 타입 등으로 나눌 수 있다.
⑤ 최근에는 기능성 및 영양 성분의 함유를 통해 피부의 보습 및 유연 효과 이외에 영양 제공, 미백 효과 등 추가적 효과를 유도하기 위해 사용한다.

253

크림은 피부에 수분과 유분을 공급하여 피부의 보습 효과와 유연효과를 부여한다. 크림은 물과 오일 성분처럼 섞이지 않는 두 개의 상을 계면활성제를 이용하여 안정된 상태로 분산시킨 에멀젼으로 다양한 유화법을 통해 만들어진다. 이때, 주로 유분감을 주거나, 내수성을 요구되는 용도의 제품(자외선 차단 제품)으로 활용되는 수성 성분이 내상인 친유성 크림은? 난이도 중하

① O/W형 크림
② W/O형 크림
③ W/O/W형 크림
④ O/W/O형 크림
⑤ 3개 상을 초과하는 다중유화 크림

254

다음에서 설명하는 클렌징 제품의 종류는? 난이도 중하

> 유성성분으로 오일성분 외에 계면활성제 등을 배합한다. 사용 후 물로 헹구어 내는 유형으로 헹구어 낼 때 O/W형으로 유화된다. 사용 후에는 피부를 촉촉하게 한다.

① 클렌징 워터
② 클렌징 오일
③ 클렌징 로션
④ 클렌징 크림
⑤ 클렌징 젤

255

다음에서 설명하는 제품은? 난이도 중하

> 일반적인 두발 관리에 있어서 세정을 위한 샴푸와 린스를 사용하고 세정 후 정발 효과 및 두피와 두발에 영양 효과를 주기 위해 사용된다. 이 제품은 사용 방법에 따라 사용 후 씻어내는 제품과 사용 후 씻어내지 않는 제품으로 구별할 수 있다.

① 헤어 컨디셔너
② 헤어 토닉
③ 헤어 오일
④ 포마드
⑤ 헤어 스프레이

256

다음 중 틀린 설명은? 난이도 중상

① 샴푸는 두발과 두피에 부착된 오염물을 씻어내고 비듬이나 가려움 등을 방지하여 두발과 두피를 청결하게 유지하기 위하여 사용된다.
② 샴푸의 기능을 위해 계면활성제, 컨디셔닝제, 유분, 보습제, 착향제, 색소, 약제 성분들이 사용되며, 사용된 원료의 주된 기능에 따라 오일 샴푸, 비듬관리 샴푸, 컬러 샴푸, 컨디셔닝 샴푸, 드라이 샴푸 등으로 구분할 수 있다.
③ 대부분의 린스는 크림상으로 양이온성 계면활성제에 친유성 고급알코올(예: 세틸알코올 등), 유분 등을 첨가하여 유화시켜 제조한다.
④ 린스는 양극으로 대전된 두발 표면에 린스의 주성분인 양이온성 계면활성제의 양극과 흡착되어 두발의 마찰계수를 낮추어 두발의 정전기 방지 및 빗질을 쉽게 한다.
⑤ 두발 케라틴 단백질 간의 공유 결합인 이황화결합(disulfide bond, -S-S-)을 환원제로 끊어준 다음 원하는 두발의 모양을 틀을 이용하여 고정하고, 산화제로 재결합시켜서 두발의 웨이브를 만들어 변형시키는 것을 퍼머넌트웨이브라고 한다.

257

<보기>의 ( )안에 들어갈 알맞은 말을 「우수화장품 제조 및 품질관리기준(CGMP)」 제15호에 따라 적절한 용어로 기입하시오.(단, ㉠과 ㉡의 기입 순서는 무관함) 기출

> <보기>
> 제조 및 품질관리의 적합성을 보장하는 기본 요건들을 충족하고 있음을 보증하기 위하여 제품표준서, (㉠), 품질관리기준서 및 (㉡)을/를 작성하고 보관하여야 한다.

258

<보기>의 ( )안에 들어갈 알맞은 기준서를 「우수화장품 제조 및 품질관리기준(CGMP)」 제15호에 따라 적절한 용어로 기입하시오. 난이도 하

<보기>
( )(은)는 품목별로 다음의 사항이 포함되어야 한다. 제품명, 작성연월일, 효능·효과(기능성 화장품의 경우) 및 사용할 때의 주의사항, 원료명, 분량 및 제조단위당 기준량, 공정별 상세 작업내용 및 제조공정흐름도, 작업 중 주의사항, 원자재·반제품·벌크 제품·완제품의 기준 및 시험방법

259

다음 중 제품표준서에 포함되어야 하는 사항으로 적절한 것을 모두 고른 것은? 난이도 중

ㄱ. 효능·효과(기능성 화장품의 경우) 및 사용할 때의 주의사항
ㄴ. 원료명
ㄷ. 시험결과 부적합품에 대한 처리방법
ㄹ. 원자재·반제품·벌크 제품·완제품의 기준 및 시험방법
ㅁ. 시험시설 및 시험기구의 점검
ㅂ. 공정검사의 방법
ㅅ. 분량 및 제조단위당 기준량
ㅇ. 시험지시서

① ㄱ, ㄴ, ㄹ, ㅅ
② ㄴ, ㄷ, ㅅ, ㅇ
③ ㄷ, ㄹ, ㅁ, ㅂ
④ ㄹ, ㅁ, ㅂ, ㅅ
⑤ ㅁ, ㅂ, ㅅ, ㅇ

260

<보기>의 내용이 포함되어야 하는 문서는 무엇인지 「우수화장품 제조 및 품질관리기준(CGMP)」 제15호에 따라 적절한 용어로 기입하시오.

<보기>
1. 제조공정관리에 관한 사항
   가. 작업소의 출입제한
   나. 공정검사의 방법
   다. 사용하려는 원자재의 적합판정 여부를 확인하는 방법
   라. 재작업절차

2. 시설 및 기구 관리에 관한 사항
   가. 시설 및 주요설비의 정기적인 점검방법
   나. 삭제
   다. 장비의 교정 및 성능점검 방법

3. 원자재 관리에 관한 사항
   가. 입고 시 품명, 규격, 수량 및 포장의 훼손 여부에 대한 확인방법과 훼손되었을 경우 그 처리방법
   나. 보관장소 및 보관방법
   다. 시험결과 부적합품에 대한 처리방법
   라. 취급 시의 혼동 및 오염 방지대책
   마. 출고 시 선입선출 및 칭량된 용기의 표시사항
   바. 재고관리

4. 완제품 관리에 관한 사항
   가. 입·출하 시 승인판정의 확인방법
   나. 보관장소 및 보관방법
   다. 출하 시의 선입선출방법

5. 위탁제조에 관한 사항
   가. 원자재의 공급, 반제품, 벌크제품 또는 완제품의 운송 및 보관 방법
   나. 수탁자 제조기록의 평가방법

261

빈칸을 채우시오. 난이도 중

제조관리기준서는 다음 각 호의 사항이 포함되어야 한다.

1. 제조공정관리에 관한 사항
   가. 작업소의 출입제한
   나. 공정검사의 방법
   다. 사용하려는 원자재의 적합판정 여부를 확인하는 방법
   라. (   )절차

262

다음 중 「우수화장품 제조 및 품질관리기준(CGMP)」 제15호에 따라 (   )안에 들어갈 알맞은 말을 정확한 용어로 기입하시오. 난이도 중

<보기>
제품표준서는 품목별로 다음 각 호의 사항이 포함되어야 한다.
1. 제품명
2. 작성연월일
3. 기능성 화장품의 경우 (   ) 및 사용할 때의 주의사항
4. 원료명, 분량 및 제조단위당 기준량
5. 공정별 상세 작업내용 및 제조공정흐름도
6. 법 개정으로 삭제
7. 작업 중 주의사항
8. 원자재·반제품·벌크 제품·완제품이 기준 및 시험방법

263

다음 중 「우수화장품 제조 및 품질관리기준(CGMP)」 제15호에 따라 제조관리기준서에 포함되어야 하는 사항을 모두 고른 것은? 난이도 중

ㄱ. 시험 시설 및 시험 검체에 관한 사항
ㄴ. 제조 공정 관리에 관한 사항
ㄷ. 시설 및 기기 관리에 관한 사항
ㄹ. 시험결과 부적합품에 대한 처리방법
ㅁ. 원자재 관리에 관한 사항
ㅂ. 출고 시 선입선출 및 칭량된 용기의 표시사항
ㅅ. 완제품 관리에 관한 사항
ㅇ. 표준품 및 시약 관리에 관한 사항

① ㄱ, ㄷ, ㄹ, ㅂ
② ㄴ, ㄷ, ㅁ, ㅅ
③ ㄴ, ㄹ, ㅁ, ㅇ
④ ㄷ, ㅁ, ㅂ, ㅇ
⑤ ㄹ, ㅂ, ㅅ, ㅇ

264

다음 중 제조관리기준서에 포함되어야 하는 사항이 아닌 것은? 난이도 중하

① 제조공정관리에 관한 사항
② 시설 및 기구 관리에 관한 사항
③ 위탁제조에 관한 사항
④ 완제품 관리에 관한 사항
⑤ 제조시설의 세척 및 평가에 관한 사항

265

<보기>의 ( )안에 들어갈 알맞은 기준서를 「우수화장품 제조 및 품질관리기준(CGMP)」 제15호에 따라 적절한 용어로 기입하시오. 난이도 하

<보기>
( )은/는 다음의 사항이 포함되어야 한다.
1. 제조공정관리에 관한 사항
2. 시설 및 기구 관리에 관한 사항
3. 원자재 관리에 관한 사항
4. 완제품 관리에 관한 사항
5. 위탁제조에 관한 사항

266

다음 중 제조관리기준서에 포함되어야 할 내용 중 '제조공정관리에 관한 사항'이 아닌 것은? 난이도 중

① 사용하려는 원자재의 적합판정 여부를 확인하는 방법
② 시험결과 부적합품에 대한 처리방법
③ 작업소의 출입제한
④ 공정검사의 방법
⑤ 재작업절차

267

다음 중 제조관리기준서에 포함되어야 하는 내용 중 '시설 및 기구 관리에 관한 사항'으로 옳은 것을 모두 고른 것은? 난이도 중

ㄱ. 출하 시의 선입선출방법
ㄴ. 시설 및 주요설비의 정기적인 점검방법
ㄷ. 취급 시의 혼동 및 오염 방지대책
ㄹ. 장비의 성능점검 방법
ㅁ. 수탁자 제조기록의 평가방법
ㅂ. 장비의 교정 방법

① ㄱ, ㄴ, ㄹ
② ㄴ, ㄹ, ㅂ
③ ㄴ, ㄷ, ㅂ
④ ㄷ, ㄹ, ㅁ
⑤ ㄹ, ㅁ, ㅂ

268

다음 중 제조관리기준서에 포함되어야 하는 내용 중 '원자재 관리에 관한 사항'으로 옳은 것을 모두 고른 것은? 난이도 중

ㄱ. 장비의 교정 및 성능점검 방법
ㄴ. 공정검사의 방법
ㄷ. 취급 시의 혼동 및 오염 방지대책
ㄹ. 원자재·반제품·벌크 제품·완제품의 기준 및 시험방법
ㅁ. 입고 시 품명, 규격, 수량 및 포장의 훼손 여부에 대한 확인방법과 훼손되었을 경우 그 처리방법
ㅂ. 출고 시 선입선출 및 칭량된 용기의 표시사항

① ㄱ, ㄴ, ㄷ
② ㄴ, ㄹ, ㅂ
③ ㄴ, ㄷ, ㄹ
④ ㄷ, ㅁ, ㅂ
⑤ ㄹ, ㅁ, ㅂ

269

<보기>의 ( )안에 들어갈 알맞은 기준서를 「우수화장품 제조 및 품질관리기준(CGMP)」 제15호에 따라 적절한 용어로 기입하시오. 난이도 하

<보기>
( )은/는 다음의 사항이 포함되어야 한다.
1. 법 개정으로 삭제됨.
2. 시험검체 채취방법 및 채취 시의 주의사항과 채취 시의 오염방지대책
3. 시험시설 및 시험기구의 점검(장비의 교정 및 성능점검 방법)
4. 안정성시험(해당하는 경우에 한함)
5. 완제품 등 보관용 검체의 관리
6. 표준품 및 시약의 관리
7. 위탁시험 또는 위탁제조하는 경우 검체의 송부방법 및 시험결과의 판정방법

270

다음은 품질관리기준서에 포함되어야 하는 내용이다. **빈칸에 들어갈 단어가 무엇인지** 「우수화장품 제조 및 품질관리기준(CGMP)」 제15호에 명시된 정확한 용어로 기입하시오. 난이도 중

> 품질관리기준서는 다음의 사항이 포함되어야 한다.
> 1. 법 개정으로 삭제
> 2. 시험검체 채취방법 및 채취 시의 주의사항과 채취 시의 (   )방지대책
> 3. 시험시설 및 시험기구의 점검(장비의 교정 및 성능점검방법)
> 4. 안정성시험(해당하는 경우에 한함)
> 5. 완제품 등 보관용 검체의 관리
> 6. 표준품 및 시약의 관리
> 7. 위탁시험 또는 위탁제조하는 경우 검체의 송부방법 및 시험결과의 판정방법

271

다음 중 「우수화장품 제조 및 품질관리기준(CGMP)」에 따라 품질관리기준서에 포함되어야 할 내용으로 적절한 것을 **모두** 고른 것은? 난이도 중

> ㄱ. 원자재의 재고관리
> ㄴ. 원자재의 보관장소 및 보관방법
> ㄷ. 시험검체 채취방법 및 채취 시의 주의사항과 채취 시의 오염방지대책
> ㄹ. 시험시설 및 시험기구의 점검
> ㅁ. 완제품 등 보관용 검체의 관리
> ㅂ. 공정별 상세 작업내용 및 제조공정흐름도

① ㄱ, ㄴ, ㅁ
② ㄱ, ㄷ, ㄹ
③ ㄴ, ㄹ, ㅂ
④ ㄷ, ㄹ, ㅁ
⑤ ㄹ, ㅁ, ㅂ

272

다음 중 「우수화장품 제조 및 품질관리기준(CGMP)」에 따라 품질관리기준서에 포함되어야 할 사항 중 (   )에 들어갈 적절한 말을 정확한 용어로 기입하시오.(단, (   )은 화장품의 품질요소 중 하나이다.) 난이도 중하

> 품질관리기준서는 다음 각 호의 사항이 포함되어야 한다.
> 1. 법 개정으로 삭제
> 2. 시험검체 채취방법 및 채취 시의 주의사항과 채취 시의 오염방지대책
> 3. 시험시설 및 시험기구의 점검
> 4. (   )시험
> 5. 완제품 등 보관용 검체의 관리
> 6. 표준품 및 시약의 관리
> 7. 위탁시험 또는 위탁제조하는 경우 검체의 송부방법 및 시험결과의 판정방법

273

<보기>의 내용이 포함되어야 하는 「우수화장품 제조 및 품질관리기준(CGMP)」의 기준서는 무엇인지 제15조에 명시된 정확한 단어로 기입하시오. 난이도 하

> (   )은/는 다음 각 호의 사항이 포함되어야 한다.
> 1. 작업원의 건강관리 및 건강상태의 파악·조치방법
> 2. 직입원의 수세, 소독빙밉 등 위셍에 관한 사항
> 3. 작업복장의 규격, 세탁방법 및 착용규정
> 4. 작업실 등의 청소(필요한 경우 소독 포함) 방법 및 청소주기
> 5. 청소상태의 평가방법
> 6. 제조시설의 세척 및 평가
> 7. 곤충, 해충이나 쥐를 막는 방법 및 점검주기

274

다음 중 「우수화장품 제조 및 품질관리기준(CGMP)」 제15조에 따라 제조위생관리기준서에 포함되어야 하는 내용으로 옳은 것을 모두 고른 것은? 난이도 중

ㄱ. 원자재 취급 시의 혼동 및 오염 방지대책
ㄴ. 작업원의 건강관리 및 건강상태의 파악·조치방법
ㄷ. 이전 작업 표시 제거방법
ㄹ. 작업 후 청소상태 확인방법
ㅁ. 곤충, 해충이나 쥐를 막는 방법 및 점검주기
ㅂ. 작업소의 출입제한

① ㄱ, ㄷ, ㅂ
② ㄴ, ㄷ, ㅁ
③ ㄴ, ㄹ, ㅁ
④ ㄷ, ㄹ, ㅂ
⑤ ㄹ, ㅁ, ㅂ

275

다음 중 「우수화장품 제조 및 품질관리기준(CGMP)」 제15조 기준서에 의거한 CGMP 4대 기준서가 아닌 것은? 난이도 중하

① 제조위생관리기준서
② 제품표준서
③ 품질관리기준서
④ 표준작업절차서
⑤ 제조관리기준서

276

다음 중 화장품에 사용할 수 없는 알코올류는? 기출

① 클로로부탄올
② 아이소프로필벤질페논
③ 2,4-디클로로벤질알코올
④ 벤질알코올
⑤ 2,2-디브로모-2-니트로메탄올

277

<보기>는 맞춤형화장품판매업자의 준수사항의 일부이다. ( )안에 들어갈 말로 옳은 것은? 식약처 예시문항 발췌

<보기>
최종혼합, 소분된 맞춤형화장품은 소비자에게 제공되는 유통화장품이므로 그 안전성을 확보하기 위해 「화장품법」제8조 및 식품의약품안전처 고시「(㉠)」의 제6조에 따른 (㉡)을 준수해야 한다.

	㉠	㉡
①	화장품 안전기준 등에 관한 규정	유통화장품의 안전관리기준
②	우수화장품 제조 및 품질관리 기준	화장품 안전기준 등에 관한 규정
③	유통화장품의 안전관리기준	화장품의 색소 종류와 기준 및 시험방법
④	화장품 전성분 표시 지침	화장품 중 배합금지성분 분석법
⑤	우수화장품 제조 및 품질관리 기준	유통화장품의 안전관리기준

278

<보기>는 맞춤형화장품조제관리사 A씨가 판매하는 보습에센스의 전성분이다. <보기>에서 A씨가 배합할 수 없는 원료를 찾아 기입하시오.(단, 정답은 2개이다.)

<보기>
녹차추출물, 정제수. 프로판다이올, 글리세린, 에탄올, 베타인, 1,2-헥산디올, 녹차씨오일, 스테아릴알코올, 소르비탄올리베이트, 토코페릴아세테이트, 소듐하이알루로네이트, 호호바씨오일, 베르베나오일, 라벤더오일, 살리실릭애씨드, 글라이콜릭애씨드, 타타릭애씨드, 향료

279

<보기1>은 맞춤형화장품조제관리사 A씨가 제조한 에어로졸 스프레이형 남성용 쉐이빙 폼의 전성분이며 <보기2>는 이 제품에 대한 소비자 B씨와 A씨의 대화이다. 다음 중 ( ) 안에 들어갈 알맞은 단어를 한글로 기입하시오. 난이도 중

<보기1>
정제수, 티이에이-팔미테이트, 올레스-20, 이소펜탄, 글리세린, 캐모마일꽃추출물, 글루타랄, 하이드록시에칠셀룰로오스, 토코페릴아세테이트, 폴리이소부텐, 아이소부탄, 리날룰, 향료

<보기2>
B: 이 제품에 사용된 보존제는 무엇인가요?
A: 이 제품에 사용된 보존제는 (㉠)입니다. 다시 확인하여 보니 이 보존제는 이 제품에 사용할 수 없는 보존제이군요. 죄송합니다. 다시 제조하여 드리겠습니다.

280

<보기>는 어떤 원료의 염류이다. 화장품 안전기준 등에 관한 규정에 규정된 이 원료에 대한 설명으로 옳은 것은? 난이도 중

<보기>
칼슘살리실레이트, 소듐살리실레이트, 포타슘살리실레이트, 미그네슘살리실레이드, 엠이에이-살리실레이드, 디이에이-살리실레이트, 징크살리실레이트

① 이 원료는 식품의약품안전처장이 고시한 화장품에 사용이 불가능한 성분이다.
② 이 원료는 13세 이하 어린이가 사용할 수 있음을 특정하여 표시하는 모든 제품에 사용이 금지된다.
③ 이 원료를 샴푸에 사용할 시 3%의 배합한도가 있다.
④ 이 원료는 바디로션에 사용할 시 0.01%의 배합한도가 있다.
⑤ 이 원료는 에어로졸(스프레이) 제품에 사용이 불가능하다.

281

다음 중 화장품에 사용 시 제한이 필요한 원료와 그 사용한도로 옳게 짝지어진 것은? 난이도 중

① 5-브로모-5-나이트로-1,3-디옥산 - 사용 후 씻어내는 제품에 0.1%(다만, 아민류나 아마이드류를 함유하고 있는 제품에는 사용금지, 그 외 기타제품에는 사용금지)
② 세틸피리디늄클로라이드 - 0.09%
③ 소듐아이오데이트 - 사용 후 씻어내는 제품에만 사용 가능하며 0.5%
④ 포타슘소르베이트 - 소르빅애씨드로서 0.5%
⑤ 알킬이소퀴놀리늄브로마이드 - 사용 후 씻어내지 않는 제품에 0.5%

282

<보기>는 「화장품 안전기준 등에 관한 규정」에 따른 사용상의 제한이 필요한 원료 중 어떤 성분에 대한 설명이다. 이 성분의 명칭을 쓰고 ( ) 안에 들어갈 알맞은 말 혹은 숫자를 기입하시오.(㉠과 ㉡은 숫자이며 ㉢은 단어이다.) 난이도 중상

<보기>
이 원료의 CAS 등록 번호는 55406-53-6이며 이 원료의 분자구조식은 다음과 같다.

$$I-C\equiv CCH_2O-\overset{O}{\underset{\|}{C}}-NH(OH_2)_3CH_3$$

이 원료는 「화장품 안전기준 등에 관한 규정」에 따라 사용 후 씻어내는 제품에 (㉠)%, 사용 후 씻어내지 않는 제품에 0.01% 사용이 가능하나 데오도란트에 배합할 경우에는 (㉡)%의 배합한도가 있다. 영유아용 제품류 또는 13세 이하 어린이가 사용할 수 있음을 특정하여 표시하는 제품에는 사용이 금지된다. 단, 목욕용 제품, (㉢) 및 샴푸류는 제외이다.

283

다음 중 제조업자가 <보기>에서 설명하는 성분을 보존제로 사용할 수 있는 화장품은? 난이도 중상

<보기>
*이 성분의 사용한도
· 사용 후 씻어내는 제품에 0.02%
· 사용 후 씻어내지 않는 제품에 0.01%
· 다만, 데오드란트에 배합할 경우에는 0.0075%

- 「화장품 안전기준 등에 관한 규정」에 따른 사용상의 제한이 필요한 원료 중 보존제 목록

① 립 글로스
② 에어로졸 스프레이 형식의 헤어 정발제
③ 바디로션
④ 아이 섀도우
⑤ 어린이용으로 광고하는 에센스

284

<보기>는 화장품책임판매업자가 제조업자와 협력하여 제조한 팩의 전성분 표이다. 다음 중 이 제품의 '하이드롤라이즈드인삼사포닌'의 함유량으로 옳은 것은?(단, 이 제품의 보존제는 사용상의 제한이 필요한 원료의 최대사용한도로 배합하였다.) 기출변형

<보기>
정제수, 글리세린, 디메치콘, 부틸렌글라이콜, 인삼가루, 에탄올, 1,2-헥산디올, 잔탄검, 녹차추출물, 글리세릴카프릴레이트, 꿀, 페녹시에탄올, 감초추출물, 인삼추출물, 백화사설초추출물, 하이드롤라이즈드인삼사포닌, 리모넨, 향료

① 5% 이상
② 2 ~ 5%
③ 1 ~ 3%
④ 0.5 ~ 1%
⑤ 1% 이하

285

<보기1>은 어떤 마스크팩 상품의 전성분이고, <보기2>는 <보기1>에 대한 분석이다. 다음 중 <보기2>에서 옳은 것만을 모두 고른 것은? 난이도 중

<보기1>
정제수, 글리세린, 프로필렌글라이콜, 인삼가루, 변성알코올, 1,2-헥산디올, 리도카인, 페녹시에탄올, 라벤더추출물, 글리세릴카프릴레이트, 꿀, 포타슘소르베이트, 감초추출물, 유칼립투스추출물, 백화사설초추출물, 하이드롤라이즈드인삼사포닌, 로즈케톤, 리모넨, 향료

<보기2>
ㄱ. 이 제품은 시중에 유통·판매될 수 없다.
ㄴ. 이 제품의 전성분 중 맞춤형화장품조제관리사가 조제할 수 없는 성분은 4개이다.
ㄷ. 이 제품에는 천연화장품 및 유기농화장품에 보존제로 쓰일 수 있는 성분이 없다.
ㄹ. 감초추출물의 함량은 0.6% 이하이다.
ㅁ. 이 제품에는 알레르기를 유발할 수 있어 따로 표시하여야 하는 향료 성분이 2가지이다.

① ㄱ, ㄴ
② ㄱ, ㄹ
③ ㄴ, ㅁ
④ ㄷ, ㄹ
⑤ ㄹ, ㅁ

286

<보기1>은 고객 A씨와 맞춤형화장품조제관리사 B씨의 대화이고, <보기2>는 맞춤형화장품조제관리사 B씨가 따로 구비한 맞춤형화장품 혼합을 위한 원료의 목록이다. 다음 중 맞춤형화장품조제관리사 B씨의 조제 행위로 옳은 것은? 난이도 중

<보기1>
A: 요즘 피부가 푸석합니다. 기미도 생기고 있고…… 향긋하면서도 보습력을 증진시킬 수 있는 제품으로 조제해주세요. 그리고 출장으로 인해 해외에 오래 머물게 되었으니 사용기한이 긴 제품이었으면 좋겠어요.
B: 고객님, 피부를 보니 여드름이 생기셨는데 여드름에 도움이 되는 성분도 배합하겠습니다.
A: 그러면 너무 좋죠. 매번 정말 감사드려요!

<보기2>
정제수, 토목향오일, 글리세린, 미네랄 오일, 페닐파라벤, 메틸파라벤, 토코페롤, 토코페릴아세테이트, 클로로아세타마이드, 탄닌, 아스코빅애씨드, 벤조일퍼옥사이드, 천수국꽃 추출물, 병풀추출물, 아조벤젠, 알에이치 올리고 펩타이드-1

① 나이아신아마이드 성분이 배합되어 있는 맞춤형화장품 내용물용 베이스에 글리세린과 벤조일퍼옥사이드를 배합하여야겠군.
② 닥나무추출물이 배합되어 있는 맞춤형화장품 내용물용 벌크제품에 보습을 위해 토코페롤을 배합하고 여드름에 도움을 드리기 위해 병풀추출물을 배합하여야겠군.
③ 사용기한이 긴 제품을 원하셨으니 최종제품에 페닐파라벤을 혼합하여야겠어.
④ 좋은 향을 원하셨으니 나이아신아마이드 성분이 배합되어 있는 맞춤형화장품 내용물용 베이스에 토목향 오일과 천수국꽃 추출물을 넣고 글리세린, 미네랄 오일과 탄닌 성분을 배합하여야겠군.
⑤ 미백에 도움이 되는 알파비사보롤이 함유된 맞춤형 화장품용 벌크제품에 글리세린과 아스코빅애씨드, 탄닌 성분을 배합하여야겠군.

287

<보기>의 광고에서 선전하는 화장품에 사용이 가능한 보존제 성분은?

① 폴리(1-헥사메칠렌바이구아니드)에이치씨엘
② 클로로부탄올
③ 에칠라우로일알지네이트 하이드로클로라이드
④ 비페닐-2-올(o-페닐페놀)
⑤ 아이오도프로피닐부틸카바메이트(아이피비씨)

288

다음 표의 ( )안에 들어갈 알맞은 숫자를 「화장품 안전기준 등에 관한 규정」의 [별표 2] 사용상의 제한이 필요한 원료에 따라 차례대로 기입하시오. 기출

성분명
베헨트리모늄 클로라이드
■ 단일성분 또는 세트리모늄 클로라이드, 스테아트리모늄 클로라이드와 혼합사용의 합으로서 · 사용 후 씻어내는 두발용 제품류 및 두발 염색용 제품류에 5.0% · 사용 후 씻어내지 않는 두발용 제품류 및 두발 염색용 제품류에 (㉠)%
■ 세트리모늄 클로라이드 또는 스테아트리모늄 클로라이드와 혼합 사용하는 경우 세트리모늄 클로라이드 및 스테아트리모늄 클로라이드의 합은 '사용 후 씻어내지 않는 두발용 제품류'에 (㉡)% 이하, '사용 후 씻어내는 두발용 제품류 및 두발 염색용 제품류'에 2.5% 이하여야 함

289

다음 중 메칠이소치아졸리논에 대한 설명으로 적절한 것은? 난이도 중

① 사용 후 씻어내는 제품에 0.01%, 사용 후 씻어내지 않는 제품에 0.02% 사용 가능한 보존제 성분이다.
② 메칠클로로이소치아졸리논과 혼합물로도 사용가능하며 이 혼합물과 병행사용 가능하다.
③ 사용 후 씻어내지 않는 제품에 한하여 사용가능하다.
④ 메칠클로로이소치아졸리논과 혼합물로 사용될 때 그 비는 메칠클로로이소치아졸리논:메칠이소치아졸리논 = 3:1이다.

⑤ 바디로션에 0.0015%까지 사용가능하며 데오도런트에 0.0075%까지 사용 가능하다.

290

다음 중 염모제에 쓰일 수 없는 성분은? 기출변형

① 톨루엔-3,4-디아민
② 피크라민산
③ 황산 5-아미노-o-크레솔
④ 염산 2,4-디아미노페놀
⑤ 황산 톨루엔-2,5-디아민

291

다음 중 <보기>를 참고하여 「화장품 안전기준 등에 관한 규정」에 따라 나열된 배합한도(사용한도)의 합이 제일 큰 것은?

<보기>
- 사용할 수 없는 원료의 배합한도는 0으로 한다.
- 해당 성분의 비고사항([예] 기타 제품에는 사용금지 등)은 무시한다.
  [예] ○○성분: 두발용 제품류에 5%, 기타 제품 사용 금지
  → "5"로 계산한다.

① 탈리도마이드, 클로펜아미드, 피로갈롤
② 트레티민, 드로메트리졸트리실록산, 폴리에이치 씨엘
③ 피리딘-2-올 1-옥사이드, 테트라브로모-o-크레졸, 호모살레이트
④ 과붕산나트륨일수화물, 몰식자산, 소듐나이트라이트
⑤ 알에이치 올리고펩타이드-1, 에탄올·붕사·라우릴황산나트륨(4:1:1)혼합물, 풍나무(*Liquidambar styraciflua*) 발삼오일 및 추출물

292

다음 중 맞춤형화장품조제관리사가 내용물에 혼합할 수 없는 성분은? 난이도 중하

① 글라이콜릭애씨드
② 타타릭애씨드
③ 소합향나무 발삼오일 및 추출물
④ 세라마이드
⑤ 콜레스테롤

293

다음은 「화장품 안전기준 등에 관한 규정」 중 사용상의 제한이 필요한 원료의 목록에서 발췌한 징크피리치온에 대한 설명이다. ( ) 안에 들어갈 알맞은 숫자를 기입하시오. 난이도 중

성분명
징크피리치온
보존제 성분
사용 후 씻어내는 제품에 (㉠)%
기타 성분
비듬 및 가려움을 덜어주고 씻어내는 제품(샴푸, 린스) 및 탈모증상의 완화에 도움을 주는 화장품에 총 징크피리치온으로서 (㉡)%

294

다음 중 만수국꽃 추출물에 대한 설명으로 적절한 것은? 난이도 중

① 원료 중 알파 테르티에닐(테르티오펜) 함량은 0.35% 이하이어야 한다.
② 자외선 차단 제품 또는 눈화장용 제품류에는 사용이 금지된다.

③ 만수국아재비꽃 추출물 또는 오일과 혼합 사용할 수 없다.
④ 사용 후 씻어내는 제품에만 사용가능하다.
⑤ 향료원액을 8% 초과하여 함유하는 제품에 1.4%의 배합한도가 있다.

295

다음 중 「화장품 안전기준 등에 관한 규정」에 따라 가능한 경우는? 난이도 중상

① 발의 각질 제거를 돕기 위해 우레아를 9.8% 배합한 맞춤형화장품조제관리사
② 비듬이 걱정인 고객을 위해 샴푸에 징크피리치온을 0.2% 배합한 맞춤형화장품조제관리사
③ 방부제로서 p-클로로-m-크레졸을 0.05% 배합한 화장품제조업자
④ 블레미쉬 컨실러에 트리클로산을 0.25% 배합하여 유통판매하는 화장품책임판매업자
⑤ 보습이 필요한 고객에게 비타민E를 3% 배합하여 맞춤형화장품을 조제한 맞춤형화장품조제관리사

296

「화장품 안전기준 등에 관한 규정」에 따라 (   )안에 들어갈 알맞은 숫자를 기입하시오. 난이도 중

성분명
치오글라이콜릭애씨드, 그 염류 및 에스텔류
배합한도(사용한도)

· 퍼머넌트웨이브용 및 헤어스트레이트너 제품에 치오글라이콜릭애씨드로서 (㉠)%
(다만, 가온2욕식 헤어스트레이트너 제품의 경우에는 치오글라이콜릭애씨드로서 5%, 치오글라이콜릭애씨드 및 그 염류를 주성분으로 하고 제1제 사용 시 조제하는 발열2욕식 퍼머넌트웨이브용 제품의 경우 치오글라이콜릭애씨드로서 (㉡)%에 해당하는 양)
· 제모용 제품에 치오글라이콜릭애씨드로서 5%
· 염모제에 치오글라이콜릭애씨드로서 (㉢)%
· 사용 후 씻어내는 두발용 제품류에 2%

297

<보기1>은 화장품책임판매업자 A씨가 판매하는 바디크림의 전성분이고 <보기2>는 이 바디크림에 쓰인 보존제에 대한 고객 B씨와 A씨의 대화이다. 다음 중 <보기2>의 (   )안에 들어갈 알맞은 말 혹은 숫자를 기입하시오.(㉠과 ㉡은 성분명이며 ㉢은 숫자이다.) 난이도 중상

<보기1>
정제수, 글리세린, 부틸렌글라이콜, 스쿠알란, 카프릴릭/카프릭트리글리세라이드, 우레아, 메칠파라벤, 세테아릴알코올, 부틸파라벤, 솔비탄아이소스테아레이트, 다이소듐이디티에이, 하이드록시에틸아크릴, 팔미틱애씨드, 1,2-헥산다이올, 카카오씨버터, 병풀추출물, 서양산딸기추출물

<보기2>
B: 이 화장품에 쓰인 보존제 성분은 무엇인가요?
A: 이 화장품에 식품의약품안전처장이 사용상의 제한이 필요한 원료 중 보존제로 고시한 성분은 (㉠)와/과 (㉡)입니다. 이 (㉠)와/과 (㉡)은 혼합하여 사용할 시에 산으로서 (㉢)%를 초과할 수 없습니다.

298

다음 중 이온염으로서 나머지와 <u>다른</u> 성질을 지닌 것은? 난이도 중하

① 소듐
② 에탄올아민
③ 설페이트
④ 암모늄
⑤ 마그네슘

299

빈칸에 들어갈 말을 쓰시오. 난이도 하

> (　　)은/는 화장품의 전성분에 "향료"로 표시할 수 있으나, (　　) 구성 성분 중 식약처장이 고시한 알레르기 유발성분이 있는 경우에는 "향료"로만 표시할 수 없고, 추가로 해당 성분의 명칭을 기재하여야 한다.

300

사용 후 씻어내지 <u>않는</u> 바디로션 250g 제품에 리모넨이 0.05g 포함되어 있다고 한다. 이 제품에는 리모넨을 따로 기재하여야 하는가? 계산 초급

(예/아니오)

301

클렌징폼 500g 제품에 신남알이 0.1g 포함되어 있다고 한다. 이 제품에는 신남알을 따로 기재하여야 하는가? 계산 초급

(예/아니오)

302

아이크림 20g 제품에 시트랄이 0.03g 포함되어 있다고 한다. 이 제품에는 시트랄을 따로 기재하여야 하는가? 계산 초급

(예/아니오)

303

전체 500g의 바디로션에 리날룰이 0.01g 함유되어 있다고 할 때, 이 화장품에 리날룰을 향료와 별도로 따로 표기하여야 하는가? 계산 초급

(예/아니오)

304

바디크림 200g에 향료를 0.3g 배합하였다. 이 향료 중 리모넨이 3%였다면, 최종 바디크림 제품에 향료와는 별도로 리모넨을 따로 기재하여야 하는가? 계산 중급

(예/아니오)

305

마사지오일 150g에 향료를 0.15g 배합하였다. 이 향료 중 리날룰이 2%였다면, 최종 마사지오일 제품에 향료와는 별도로 리날룰을 따로 기재하여야 하는가? 계산 중급

(예/아니오)

306

액체비누 340g에 향료를 0.1g 배합하였다. 이 향료 중 쿠마린이 0.8%였다면, 최종 액체비누 제품에 향료와는 별도로 쿠마린을 따로 기재하여야 하는가? 계산 중급

(예/아니오)

307

베이비로션 130g에 향료를 0.2g 배합하였다. 이 향료 중 쿠마린이 0.5%였다면, 최종 베이비로션 제품에 향료와는 별도로 쿠마린을 따로 기재하여야 하는가? 계산 중급

(예/아니오)

308

바디크림 250g에 향료를 0.5% 배합하였다. 이 향료 중 리모넨이 3%였다면, 최종 제품에 향료와는 별도로 리모넨을 따로 기재하여야 하는가? 계산 상급

(예/아니오)

309

핸드크림 150g에 향료를 1% 배합하였다. 이 향료 중 리모넨이 0.5%였다면, 최종 제품에 향료와는 별도로 리모넨을 따로 기재하여야 하는가? 계산 상급

(예/아니오)

310

메이크업 클렌징 워터 530g에 향료를 0.8% 배합하였다. 이 향료 중 리모넨이 18%였다면, 최종 제품에 향료와는 별도로 리모넨을 따로 기재하여야 하는가? 계산 상급

(예/아니오)

311

주름개선 기능성 로션 300g에 향료를 0.9% 배합하였다. 이 향료 중 리모넨이 1.8%였다면, 최종 제품에 향료와는 별도로 리모넨을 따로 기재하여야 하는가? 계산 상급

(예/아니오)

312

다음 중 알레르기 유발성분으로 전성분에 리모넨, 리날룰이 포함된 경우 기재할 수 없는 형식을 모두 고르시오. 난이도 중

① A, B, C, D, 향료, 리모넨, 리날룰
② A, B, C, D, 리모넨, 향료, 리날룰
③ A, B, 리모넨, C, D, 향료, 리날룰
④ A, B, C, D, 향료(리모넨, 리날룰)
⑤ A, B, C, D, 향료, 리모넨*, 리날룰*(*표시는 알레르기 유발성분이니 사용상 주의하십시오.)

[313~316] 맞으면 '예', 틀리면 '아니오'에 표시하시오.

313

알레르기 유발성분의 함량에 따른 표시 방법이나 순서는 전성분 표시 방법을 적용하여야 한다.

(예/아니오)

314.

착향제 중에 포함된 알레르기 유발성분의 표시는 "전성분 표시제"의 표시대상 범위를 확대한 것이므로 전성분뿐만 아니라 '사용 시의 주의사항'에도 기재하여야 한다.

(예/아니오)

315

내용량 10mL(g) 초과 50mL(g) 이하인 화장품의 경우에도 화장품 용기에 착향제 구성 성분 중 알레르기 유발성분을 표시해야 한다.

(예/아니오)

316

25종의 알레르기 유발 고시 성분들을 고의로 넣은 것이 아니라 천연오일 또는 식물추출물에 함유되어 자연스레 들어가게 되는 경우에도 표시를 해야 한다.

(예/아니오)

317

다음 중 식약처장이 고시한 알레르기 유발 성분이 아닌 것은? 유사 문항 기출

① 아밀신남알
② 신나밀알코올
③ 아밀신나밀알코올
④ 신남알
⑤ 브로모신남알

318

다음 중 식약처장이 고시한 알레르기 유발성분인 것은? 답2개, 난이도 중

① 클로로신남알
② 브로모신남알
③ 헥실신남알
④ 에틸2,2-다이메틸하이드로신남알
⑤ 아밀신남알

319

다음 중 화장품에 사용할 수 있는 쿠마린류는? 난이도 상

① 디하이드로쿠마린
② 6-메칠쿠마린
③ 7-메칠쿠마린
④ 7-메톡시쿠마린
⑤ 헥사하이드로쿠마린

320

다음 중 식약처장이 지정한 알레르기 유발물질은? 답 2개, 난이도 중

① 에틸리날룰
② 메틸유제놀
③ 디하이드로쿠마린
④ 메틸 2-옥티노에이트
⑤ 알파-아이소메틸아이오논

321

포장 공간 비율 표를 채우시오. 난이도 중하

제품 종류	포장공간비율	포장 횟수
인체 및 두발 세정용 제품류	(　　)% 이하	(　　)차 이내
그 밖의 화장품류	(　　)% 이하(단, (　　)제외)	(　　)차 이내

322

빈칸을 채우시오. 난이도 중

- 포장 제품의 재포장 금지: 환경을 위하여 「제품의 포장재질·포장방법에 관한 기준 등에 관한 규칙(환경부령)」제11조에 따라 제품의 제조 또는 수입하는 자, 대규모점포 및 **면적이 (　　)제곱미터 이상인 매장**에서 포장된 제품을 판매하는 자는 포장되어 생산된 제품을 재포장하여 제조·수입·판매해서는 안 된다.

323

화장품의 저장방법 및 사용기한을 설정하기 위하여 경시변화에 따른 품질을 평가하는 시험을 무엇이라고 하는가? 난이도 중하

324

다음에서 설명하는 안정성 시험의 종류를 쓰시오. 난이도 중하

(1) 화장품의 저장 조건에서의 사용기한 설정을 위해 장기간에 걸쳐 물리적·화학적·미생물학적 안정성 및 용기 적합성을 확인하는 시험

(2) 장기보존시험의 저장조건을 벗어난 단기간의 가속 조건이 물리적·화학적·미생물학적 안정성 및 용기 적합성에 미치는 영향을 평가하기 위한 시험

(3) 가혹 조건에서 화장품의 분해 과정 및 분해산물 등을 확인하기 위한 시험

(4) 화장품 사용 시 일어날 수 있는 오염 등을 고려한 사용기한을 설정하기 위하여 장기간에 걸쳐 물리적·화학적·미생물학적 안정성 및 용기 적합성을 확인하는 시험

325

다음 중 안정성 시험과 관련된 설명으로 **틀린** 것은? 난이도 중상

① 화장품 안정성시험은 화장품의 저장방법 및 사용기한을 설정하기 위하여 경시변화에 따른 품질의 안정성을 평가하는 시험이다.
② 화장품이 유통되는 날부터 적절한 보관조건에서 성상·품질의 변화 없이 최적의 품질로 이를 사용할 수 있는 최소한의 기한과 저장방법을 설정하기 위한 기준을 정하는 데에 그 목적이 있다.
③ 화장품의 안정성시험은 적절한 보관, 운반, 사용 조건에서 화장품의 물리적, 화학적, 미생물학적 안정성 및 내용물과 용기사이의 적합성을 보증할 수 있는 조건에서 시험을 실시한다.
④ 시험기준 및 시험방법은 승인된 규격이 있는 경우 그 규격을, 그 이외에는 각 제조업체의 경험에 근거하여 제제별로 시험방법과 관련 기준을 추가로 선정하고 한 가지 이상의 온도 조건에서 안정성 시험을 수행한다.
⑤ 시험기준 및 시험방법은 평가 대상 제품의 예상 또는 실제 안정성을 추정할 수 있어야 하며 과학적 원칙과 경험에 근거하여 합리적이라고 판단되는 경우 시험항목 및 시험조건은 적절히 조절할 수 있다.

326

다음 중 가혹시험에 대한 설명으로 적절하지 <u>않은</u> 것은? 난이도 중

① 개별 화장품의 취약성, 운반, 보관, 진열, 사용과정에서 의도치 않게 일어날 수 있는 가능성이 있는 가혹 조건에서의 품질변화를 검토하기 위해 수행된다.
② 가혹시험 중 온도 편차 및 극한 조건에서의 동결-해동시험은 일정한 온도 조건에서의 보관조건을 확인하기 위해 온도 사이클링(cycling) 또는 "동결-해동(freeze-thaw)" 시험을 수행한다.
③ 동결-해동 시험 시 현탁 발생 여부, 유제와 크림제의 안정성 결여, 포장 문제, 알루미늄 튜브 내부 래커의 부식 여부 등을 관찰한다.
④ 기계·물리적 시험 중 진동 시험(vibration testing)은 분말 또는 과립 제품의 혼합상태가 깨지거나(de-mixing) 또는 분리 발생 여부를 판단하기 위해 수행한다.
⑤ 기계적 충격 시험(mechanical shock testing)은 운반 과정에서 화장품 또는 포장이 손상될 가능성을 조사하는 데 사용한다.

327

안정성 시험 중 연결이 적절하지 <u>않은</u> 것은? 난이도 중

① 장기보존시험의 시험기간 - 6개월 이상이 원칙(화장품 특성에 따라 따로 정할 수 있음.)
② 가속시험의 측정시기 - 시험개시를 제외한 후 최소 3번 측정
③ 개봉 후 안정성 시험의 시험 로트 - 보통 3로트 이상의 완제품을 선정함.
④ 개봉 후 안정성 시험의 보존 조건 - 계절별 연평균온도 및 습도
⑤ 장기보존시험 중 냉장보관 화장품의 보존 조건 - 온도 5±3℃

328

안정성 시험 중 가혹시험에서 보존조건으로 고려하여야 하는 3가지 조건은? 난이도 중

329

화장품 용기 시험법에 대한 문제이다. 다음에서 설명하는 화장품 용기 시험법을 쓰시오. 난이도 중

① 화장품 용기에 충전된 내용물의 건조감량을 측정하는 것이다.
☞ _____

② 내용물에 따른 인쇄문자, 핫스탬핑, 증착 또는 코팅막의 용기 표면과의 마찰을 측정하는 것이다.
☞ _____

③ 화장품 용기 소재인 유리, 금속, 플라스틱의 유기 또는 도금층의 밀착성 측정
☞ _____

④ 액상 내용물을 담는 용기의 마개, 펌프, 패킹 등의 밀폐성을 측정하는 것이다.
☞ _____

⑤ 유리병 내부에 존재하는 알칼리를 황산과 중화반응 원리를 이용하여 측정하는 것이다.
☞ _____

330

다음 중 마스카라, 아이라이너 또는 내용물 일부가 쉽게 휘발되는 제품에 적용하는 화장품 용기 시험법은? 난이도 중

① 내용물 감량
② 유리병의 내부 압력
③ 펌프 누름 강도
④ 크로스컷
⑤ 내용물에 의한 용기의 변형

331

다음 중 규정된 점착테이프를 압착한 후 떼어내어 코팅층의 박리 여부를 확인하는 화장품 용기 시험법은? 난이도 중

① 접착력 시험
② 감압누설
③ 크로스컷트
④ 라벨 접착력 시험
⑤ 내용물에 의한 용기 마찰 시험

332

다음의 빈칸을 채우시오. 난이도 중하

★「기능성 화장품 기준 및 시험 방법」 통칙에 따른 용기 구분
1. (　　)용기: 일상의 취급 또는 보통 보존상태에서 외부로부터 **고형의 이물이 들어가는 것을 방지**하고 고형의 내용물이 손실되지 않도록 보호할 수 있는 용기.
2. (　　)용기: 일상의 취급 또는 보통 보존상태에서 **액상 또는 고형의 이물 또는 수분**이 침입하지 않고 내용물을 손실, 풍화, 조해 또는 증발로부터 보호할 수 있는 용기.
3. (　　)용기: 일상의 취급 또는 보통의 보존상태에서 **기체 또는 미생물이 침입할 염려가 없는** 용기
4. (　　)용기: 광선의 투과를 방지하는 용기 또는 투과를 방지하는 포장을 한 용기

333

미생물 생육조건 및 오염균과 관련된 설명으로 적절하지 <u>않은</u> 것은? 난이도 중

① 박테리아의 생육온도는 25~37℃ 정도이다.
② 효모의 생육 pH 영역은 산성이다.
③ 곰팡이의 주요 생성물은 산류이다.
④ 효모의 대표적 오염균은 빵효모, 칸디다균이 있다.
⑤ 곰팡이는 대부분 혐기성이다.

334

빈칸에 들어갈 알맞은 말을 쓰시오. 2회 기출 문제

- 화장품의 주성분은 물과 기름이고 다른 영향을 주는 성분들을 포함할 수 있으므로 제조 및 유통 과정 중에 오염된 여러 생물이 화장품에서 증식할 가능성이 적지 않다. 오염된 다양한 생물은 화장품의 품질을 저하하고 소비자의 피부건강에 나쁜 영향을 미칠 수 있으므로 화장품 제조업자 및 책임판매업자는 화장품의 품질, 안전성, 유효성을 확보하기 위하여 화장품 원료, 화장품과 직접 접촉하는 용기나 포장 및 최종 제품의 (　　)오염을 방지하여야 한다.

335

빈칸에 들어갈 알맞은 말을 정확한 용어로 쓰시오.

3회 기출문제 변형 - 실제로는 객관식으로 출제되었었음.

CGMP 3대 요소
- 인위적인 (　　)의 최소화
- (　　)오염 및 (　　)오염으로 인한 (　　) 방지
- 고도의 (　　)체계 확립

336

맞춤형화장품 판매 시 소비자에게 설명하여야 하는 사항을 쓰시오.

- 혼합·소분에 사용되는 내용물 또는 원료의 (　　)
- 맞춤형화장품 사용 시의 (　　)

337

다음 중 화장품의 공통된 주의사항이 아닌 것은? 난이도 중하

① 화장품 사용 시 또는 사용 후 직사광선에 의하여 사용 부위가 붉은 반점, 부어오름 또는 가려움증 등의 이상 증상이나 부작용이 있는 경우 전문의 등과 상담할 것
② 상처가 있는 부위 등에는 사용을 자제할 것
③ 어린이의 손이 닿지 않는 곳에 보관할 것
④ 직사광선을 피해서 보관할 것
⑤ 눈에 들어갔을 때에는 즉시 씻어낼 것

338

다음 중 '눈'과 관련된 주의사항을 기재할 필요가 없는 화장품은? 난이도 중

① 미세한 알갱이가 함유되어 있는 스크럽세안제
② 팩
③ 두발용 화장품
④ 샴푸
⑤ 제모제

339

다음 중 헤어 퍼머넌트 웨이브 제품 및 헤어스트레이트너 제품의 개별 주의사항에 대한 내용으로 적절하지 않은 것은? 난이도 중

① 머리카락의 손상 등을 피하기 위하여 용법·용량을 지켜야 하며, 가능하면 일부에 시험적으로 사용하여 볼 것
② 섭씨 20도 이하의 어두운 장소에 보존하고, 색이 변하거나 침전된 경우에는 사용하지 말 것
③ 개봉한 제품은 7일 이내에 사용할 것
④ 제2단계 퍼머액 중 그 주성분이 과산화수소인 제품은 검은 머리카락이 갈색으로 변할 수 있으므로 유의하여 사용할 것
⑤ 특이체질, 생리 또는 출산 전후이거나 질환이 있는 사람 등은 사용을 피할 것

340

다음 중 외음부 세정제에 대한 설명으로 틀린 것은? 난이도 중

① 질 내에는 사용하면 안 된다.
② 3세 이하의 영유아에게는 사용하면 안 되나 4세 이상 13세 이하의 어린이는 사용할 수 있다.
③ 임신 중에는 사용하지 않는 것이 적절하며 특히 분만 직후의 외음부 주위에는 사용하면 안 된다.
④ 이 제품 중 프로필렌 글리콜(Propylene glycol)을 함유하는 제품의 경우 '이 성분에 과민하거나 알레르기 병력이 있는 사람은 신중히 사용할 것'이라는 주의사항을 기재해야 한다.
⑤ 정해진 용법과 용량을 잘 지켜 사용해야 한다.

341

다음 중 염모제 사용 전 패취테스트에 대한 설명으로 적절하지 않은 것은? 난이도 중

① 염색 2일 전(48시간 전)에 반드시 패취테스트(patch test)를 실시하여야 한다. 과거에 아무 이상이 없이 염색한 경우에도 체질의 변화에 따라 알레르기 등 부작용이 발생할 수 있으므로 매회 반드시 실시하여야 한다.
② 팔의 안쪽 또는 귀 뒤쪽 머리카락이 난 주변의 피부를 비눗물로 잘 씻고 탈지면으로 가볍게 닦는다.
③ 실험액을 사전에 세척한 부위에 동전 크기로 바르고 자연건조시킨 후 그대로 48시간 방치한다.
④ 테스트 부위의 관찰은 테스트액을 바른 후 1시간 후 및 48시간 후 총 2회를 반드시 행하여야 한다.
⑤ 패취테스트 중 도포 부위에 발진, 발적, 가려움, 수포, 자극 등의 피부 등의 이상이 있는 경우 만지지 말고 바로 씻어내고 염모는 하면 안 된다.

342

다음 중 염모제에 대한 설명으로 적절하지 <u>않은</u> 것은? 난이도 중하

① 염모제로 눈썹은 염색하면 안 된다.
② 면도 직후에는 염색하면 안 된다.
③ 염모 전후 3일간은 파마·웨이브(퍼머넌트웨이브)를 하면 안 된다.
④ 염색 중에는 목욕을 하면 안 된다.
⑤ 환기가 잘 되는 곳에서 염모하여야 한다.

343

다음은 제모제의 주의사항이다. 빈칸에 들어갈 말을 쓰시오. 난이도 중하

이 제품을 사용하는 동안 다음의 약이나 화장품을 사용하지 마십시오. ( ), ( ), ( )은 이 제품 사용 후 24시간 후에 사용하십시오.

344

「화장품법 시행규칙」[별표3]과 「화장품 사용 시의 주의사항 및 알레르기 유발성분 표시에 관한 규정」에 따라 화장품의 포장에 표시하여야 하는 사용 시의 주의사항으로 옳은 것은? 난이도 중하

	화장품 종류	사용 시의 주의사항
①	외음부 세정제	정해진 용법과 용량을 잘 지켜 사용할 것
②	과산화수소가 함유된 제품	13세 이하 어린이에게는 사용하지 말 것
③	살리실릭애씨드 함유 에센스	사용 시 흡입되지 않도록 주의할 것
④	벤잘코늄클로라이드 함유 제품	신장 질환이 있는 사람은 사용 전에 의사, 약사, 한의사와 상의할 것
⑤	알부틴 2% 이상 함유 제품	「인체적용시험자료」에서 경미한 발적, 피부건조, 화끈감, 가려움, 구진이 보고된 예가 있음

345

다음 중 <보기>와 같은 주의사항 표시 문구를 기입해야 하는 제품이 <u>아닌</u> 것은? 난이도 중하

<보기>
눈에 접촉을 피하고 눈에 들어갔을 때는 즉시 씻어낼 것

① 과산화수소 생성물질 함유 제품
② 벤잘코늄사카리네이트 함유 제품
③ 실버나이트레이트 함유 제품
④ 벤잘코늄브로마이드 함유 제품
⑤ 스테아린산아연 함유 제품

346

<보기1>은 어떤 파우더 제품의 전성분이고, <보기2>는 해당 파우더 제품에 기재한 사용 시의 주의사항이다. 다음 중 이 파우더 제품의 주의사항에 추가해야 할 내용으로 적절한 것은? 난이도 중

<보기1>
옥수수전분, 트리칼슘포스페이트, 탈크, 스테아린산 아연, 향료

<보기2>
1. 화장품 사용 시 또는 사용 후 직사광선에 의하여 사용부위가 붉은 반점, 부어오름 또는 가려움증 등의 이상 증상이나 부작용이 있는 경우 전문의 등과 상담할 것
2. 상처가 있는 부위 등에는 사용을 자제할 것
3. 보관 및 취급 시의 주의사항
   1) 어린이의 손이 닿지 않는 곳에 보관할 것
   2) 직사광선을 피해서 보관할 것

① 눈에 접촉을 피하고 눈에 들어갔을 때는 즉시 씻어낼 것
② 사용 시 흡입되지 않도록 주의할 것
③ 3세 이하 영유아에게는 사용하지 말 것
④ 신장 질환이 있는 사람은 사용 전에 의사, 약사, 한의사와 상의할 것
⑤ 3세 이하 영유아의 기저귀가 닿는 부위에는 사용하지 말 것

347

빈칸을 채우시오. 난이도 중상

화장품의 유해사례는 농도에 의존하는 (　　)과 농도와 무관한 (　　)로 구분될 수 있다. 특정 원료에 대한 알레르기성 유해사례는 화장품 공급자와 고객 모두가 노력해야 하며, 자극성 유해사례는 원료 공급자, 화장품 공급자 등 개발/제조자들이 부단히 노력하여야 한다.

348

다음 중 위해평가 수행에 필요한 일반사항에 대한 설명 중 적절하지 않은 것은? 난이도 중상

① 위해평가 시 식약처에서 발간한 화장품 위해평가 가이드라인을 체크리스트로 간주하며, 화장품 성분의 특성에 따라 사례별(case-by-case)로 평가하는 것이 바람직하다.

② 독성자료는 OECD 가이드라인 등 국제적으로 인정된 프로토콜에 따른 시험을 우선적으로 고려할 수 있으며, 과학적으로 타당한 방법으로 수행된 자료인 경우에 활용 가능하다.
③ 반복투여독성시험, 생식독성시험 등 독성시험 자료가 충분하지 않거나 시험결과의 신뢰성 확인 등 독성시험 자료가 제한적인 경우, 위험성 확인 단계에서 자료 부족임을 명시하고 안전역 산출을 하지 않을 수 있다.
④ 평가성분은 화장품 중 다른 성분에 의해 피부투과에 영향을 받을 수 있으므로 피부흡수율, 감작성 등을 평가할 때, 성분 자체만이 아니라 매질 등의 영향도 고려해야 한다.
⑤ 노출평가는 여러 상황을 고려하여 현실적인 노출시나리오를 작성하며, 결과보고서는 관련 자료의 불확실성 등을 고려하여 정량적 또는 정성적으로 표현할 수 있으나 과학적으로 가능한 범위 내에서 정량화한다.

349

다음 중 빈칸에 공통으로 들어갈 알맞은 말은? 3회
시험 기출문제

- 정보의 (　　)
① 식품의약품안전처장은 안전하고 올바른 화장품의 사용을 위하여 화장품 안전성 정보의 평가 결과를 화장품책임판매업자 등에게 (　　)하고 필요한 경우 이를 소비자에게 제공할 수 있음.
② 식품의약품안전처장은 수집된 안전성 정보, 평가결과 또는 후속조치 등에 대하여 필요한 경우 국제기구나 관련국 정부 등에 통보하는 등 국제적 정보교환체계를 활성화하고 상호협력 관계를 긴밀하게 유지함으로써 화장품으로 인한 범국가적 위해의 방지에 적극 노력하여야 함.

350

다음 중 화장품 위해평가 가이드라인에 따라 화장품 안전의 일반사항 중 화장품 성분에 대한 설명으로 틀린 것은? 난이도 중상

① 화장품 성분은 화학물질 또는 천연물 등이며, 경우에 따라 단일 또는 혼합물일 수 있다. 최종 제품의 안전성을 확보하기 위해서는 성분의 안전성이 확보되어야 한다. 원료 성분의 위해 우려가 제기되는 경우 위해평가를 통해 안전성을 확보할 수 있다.

② 화장품 성분은 식약처장이 화장품의 제조에 사용할 수 없는 원료로 지정·고시한 것이 아니어야 한다. 또한, 지정·고시된 사용 목적 및 사용한도에 적합하여야 한다.

③ 미량의 중금속 등 불순물, 제조공정이나 보관 중에 생길 수 있는 비의도적 오염물질을 가능한 줄이기 위한 충분한 조치를 취하여야 한다. 그럼에도 오염물질이 존재할 경우, 그 안전성은 합리적 판단을 위해 국제 표준별로 검토되어야 한다.

④ 화장품 성분의 화학구조에 따라 물리·화학적 반응 및 생물학적 반응이 결정되며 화학적 순도, 조성 내의 다른 성분들과의 상호작용 및 피부투과 등은 효능과 안전성 및 안정성에 영향을 미칠 수 있다.

⑤ 화장품 성분의 상호작용으로 인해 유해물질 발생 가능성과 식물유래 및 동물에서 추출한 성분에 농약, 살충제, 금속물질 및 생물학적 유해물질이 함유되어 있을 가능성에 특별한 주의를 기울여야 한다.

CHAPTER 03

유통화장품 안전관리

01 작업장 위생관리
02 작업자 위생관리
03 설비 및 기구 관리
04 내용물 원료 관리
05 포장재의 관리

CHAPTER 03 유통화장품 안전관리 - 이론

Chapter 3 유통화장품 안전관리

- 1,000점 만점 중 250점(25%) 할당, 총 25문항, 선다형(25문항), 단답형(0문항)
- 3.1. 작업장 위생관리
- 소주제: 1. 작업장의 위생관리
  2. 작업자의 위생관리
  3. 설비 및 기구 관리
  4. 원료 및 내용물의 관리
  5. 포장재의 관리

> **TIP**
> 「화장품법」에서는 「우수화장품 제조 및 품질관리 기준(CGMP)」에 관한 세부사항을 정하고, 이를 이행하도록 권장함으로써 화장품제조업자가 우수한 화장품을 제조·공급하여 소비자 보호 및 국민 보건 향상에 기여함을 목적으로 하고 있다. 화장품의 제조 및 품질관리의 적합성을 보장하는 기본 요건들을 충족하고 있음을 보증하기 위하여 CGMP 4대 기준서인 제품표준서, 제조관리기준서, 품질관리기준서 및 제조위생관리기준서를 작성하고 보관하여야 한다. 이번 테마에서는 제조위생관리기준서의 세부 구성 내용을 바탕으로 한 작업장 위생기준에 대해 숙지한다. 작업장의 위생 상태는 이물질과 미생물에 대한 오염으로부터 관리되기 위해서 시설 측면에서 고려될 사항이 많다. 따라서 작업장의 시설 상태 및 작업장 구분에 따른 상태에 대해 위생적 관점에서 알아야 할 필요가 있다.

1. CGMP(우수화장품 제조 및 품질관리 기준)

- 식품의약품안전처에서는 「우수화장품 제조 및 품질관리기준(Cosmetic Good Manufacturing Practice, CGMP)」을 고시로 운영하고 있다.
- CGMP는 품질이 보장된 우수한 화장품을 제조·공급하기 위한 제조 및 품질관리에 관한 기준으로서 직원, 시설·장비 및 원자재, 반제품, 완제품 등의 취급과 실시방법을 정한 것이다. 주로 화장품제조업자에 관한 내용이다.
- 식약처장은 화장품제조업자가 CGMP를 지키기를 권장할 뿐, 법으로 강제하지는 않는다.
- **CGMP를 지키는 업체에게 줄 수 있는 우대조치**
  ① 국제규격인증업체(CGMP, ISO9000) 또는 품질보증 능력이 있다고 인정되는 업체에서 제공된 원료·자재는 제공된 적합성에 대한 기록의 증거를 고려하여 검사의 방법과 시험항목을 조정할 수 있다.

② 식품의약품안전처장은 CGMP 제30조에 따라 우수화장품 제조 및 품질관리기준 적합판정을 받은 업소는 정기 수거검정 및 정기감시 대상에서 제외할 수 있다.
③ CGMP 제30조에 따라 우수화장품 제조 및 품질관리기준 적합판정을 받은 업소는 CGMP 적합 업소 로고를 해당 제조업소와 그 업소에서 제조한 화장품에 표시하거나 그 사실을 광고할 수 있다.

- CGMP의 3대 요소(3회 객관식 기출문제)
① 인위적인 과오의 최소화
② 미생물오염 및 교차오염으로 인한 품질저하 방지
③ 고도의 품질관리체계 확립

* CGMP 장점
 - 발생 가능한 위험과 잠재적 위험 요소를 감소
 - 소비자 보호 및 국민 보건 향상에 기여
 - 생산성 향상

2. 제조위생관리기준서

- 개인위생, 작업장 위생, 작업 전후의 위생, 작업 중 위생관리를 함으로써 품질의 안전화를 도모하기 위해 제조위생관리기준서는 필요하다.
- 제조위생관리기준서는 위생상의 위해 방지와 소비자의 보건 증진에 기여함을 목적으로 한다.

★ 제조위생관리기준서의 주요 내용
- 작업원의 건강관리 및 건강상태의 파악·조치 방법
- 작업원의 수세, 소독 방법 등 위생에 관한 사항
- 작업복장의 규격, 세탁 방법 및 착용 규정
- 작업실 등의 청소(필요한 경우 소독 포함) 방법 및 청소 주기
- 청소 상태의 평가 방법
- 제조시설의 세척 및 평가

 책임자 지정
 세척 및 소독 계획
 세척방법과 세척에 사용되는 약품 및 기구
 제조시설의 분해 및 조립 방법
 이전 작업 표시 제거 방법
 청소상태 유지 방법
 작업 전 청소 상태 확인 방법

- 곤충, 해충이나 쥐를 막는 방법 및 점검 주기
- 그 밖에 필요한 사항

3. 작업장의 위생기준

*작업장의 시설 적합 기준

제조하는 화장품의 **종류·제형에 따라 구획·구분**하여 교차오염이 없어야 함
바닥, 벽, 천장은 가능한 청소 또는 위생관리를 하기 쉽게 매끄러운 표면을 지니고 청결하게 유지되어야 하며 소독제 등의 부식성에 저항력이 있어야 함
외부와 연결된 창문은 가능한 열지 않도록 할 것. 창문이 외부 환경으로 열리는 경우에는 제품의 오염을 방지하도록 적절한 방법으로 차단하여야 함
적절하고 깨끗한 수세실과 화장실을 마련하고 수세실과 화장실은 접근이 쉬어야 하나 생산구역과 분리되어 있어야 함
작업장 전체에서 적절한 조명을 설치하고 파손의 경우를 대비하여 제품 보호 조치를 마련해 놓아야 함
환기시설을 갖추어 제품 오염을 방지하고 적절한 온도·습도를 유지해야 함
제조 구역별 청소·위생관리 절차에 따라 효능이 입증된 세척제·소독제를 사용해야 함
제품의 품질에 영향을 주지 않는 소모품을 사용해야 함

(1) 작업장의 청소 기준: 다음과 같은 항목을 구체적으로 정하여 작업장을 청소한다.
- 청소 방법 및 주기
- 청소 도구 및 소독제의 구분 관리
- 작업실별 청소, 소독 방법 및 주기
- 작업장 위생관리 점검 시기 및 방법
- 소독제의 취급 사용 관리
- 청소 상태 평가 방법
- 청소 및 소독 시 유의사항
- 작업장 내 금지 사항

(2) 작업장의 방충(곤충) 및 방서(쥐) 관리 기준
- 방충 관리
- 방서 관리
- 방충·방서 시설 점검 및 관리

(3) 작업장의 위생 기준
- 곤충, 해충, 쥐를 막을 수 있는 대책 마련과 정기적인 점검·확인 필수
- 제조, 관리 및 보관 구역 내 바닥, 벽, 천장 및 창문은 항상 청결하게 유지!
- 제조시설이나 설비의 세척에 사용되는 세제 또는 세척제는 효능이 입증된 것을 사용하고 <u>잔류하거나 표면에 이상을 초래해서는 안 됨!</u>
- 제조시설이나 설비는 적절한 방법으로 청소해야 하며 필요한 경우 위생관리 프로그램을 운영해야 함.

4. 작업장 구역별 위생관리 기준

작업장 구역	준수사항
보관구역	- 통로는 적절하게 설계해야 한다. - 통로는 사람과 물건이 이동하는 구역으로서 사람과 물건의 이동에 불편함을 초래하거나, **교차오염**의 위험이 없어야 한다. - 손상된 팔레트는 수거하여 수선 또는 폐기해야 한다. - 매일 바닥의 폐기물을 치워야 한다. - 동물이나 해충이 침입하기 쉬운 환경은 개선해야 한다. - 용기(저장조 등)들은 <u>**닫아서**</u> 깨끗하고 정돈된 방법으로 보관해야 한다.
원료 취급 구역	- <u>**원료보관소와 칭량실은 구획**</u>되어 있어야 한다. - 엎지르거나 흘리는 것을 방지하고, 즉각적으로 치우는 시스템 절차를 시행해야 한다. - 드럼의 윗부분은 필요한 경우 이송 전 또는 칭량구역에서 개봉 전에 검사하고 깨끗하게 유지해야 한다. - 바닥은 깨끗하고 부스러기가 없는 상태로 유지해야 한다. - 원료 용기들은 실제로 칭량하는 원료인 경우를 제외하고는 적합하게 뚜껑을 덮어 보관해야 한다. - 원료의 포장이 훼손된 경우에는 봉인하거나 즉시 별도의 저장조에 보관한 후에 품질상의 처분 결정을 위해 격리해야 한다. - 선입 선출이 용이하도록 구분하여 적재하고, 상부의 물품으로 인하여 하부 물품의 변형이 생기지 않도록 방지해야 한다.
제조구역	- 모든 호스는 필요 시 청소하거나 위생 처리해야 한다. - 청소 후에 호스는 <u>완전히 비워야 하고 건조해야</u> 한다. - 호스는 정해진 지역에 <u>바닥에 닿지 않도록</u> 정리하여 보관해야 한다. - 모든 도구와 이동 가능한 기구는 청소 및 위생 처리 후 정해진 지역에 정돈 방법에 따라 보관해야 한다. - 제조구역에서 흘린 원료와 내용물은 신속히 청소해야 한다. - <u>탱크의 바깥 면들은 정기적으로 청소해야</u> 한다. - 모든 배관이 사용될 수 있도록 설계해야 하며 우수한 정비 상태로 유지해야 한다. - 표면은 청소하기 용이한 재료로 설계해야 한다. - 페인트를 칠한 지역은 우수한 정비 상태로 유지하고, <u>벗겨진 칠은 보수해야</u> 한다. - 폐기물(예 여과지, 개스킷, 폐기 가능한 도구들, 플라스틱 봉지)은 주기적으로 버려야 하며 장기간 모아놓거나 쌓아 두어서는 안 된다. - 사용하지 않는 설비는 깨끗한 상태로 보관되어야 하고 오염으로부터 보호해야 한다.
포장구역	- 포장 구역은 제품의 **교차 오염**을 방지할 수 있도록 설계해야 한다. - 포장 구역은 설비의 팔레트, 포장 작업의 다른 재료들의 폐기물, 사용되지 않는 장치, 질서를 무너뜨리는 다른 재료가 있어서는 안 된다. - 구역 설계는 사용하지 않는 부품, 제품 또는 폐기물의 제거를 쉽게 할 수 있도록 한다. - 폐기물 저장통은 필요하다면 청소 및 위생 처리해야 한다. - 사용하지 않는 기구는 깨끗하게 보관해야 한다.
직원 서비스와 준수사항	- 화장실, 탈의실 및 손 세척 설비가 직원에게 제공되어야 하고 작업구역과 분리되어야 하며 쉽게 이용할 수 있어야 한다. - 화장실 및 탈의실은 깨끗하게 유지하고, 적절하게 환기해야 한다. - 편리한 손 세척 설비는 온수, 냉수, 세척제와 1회용 종이 타올 또는 접촉하지 않은 손 건조기를 포함한 것이다. - 음용수를 제공하기 위한 정수기는 정상적으로 작동하는 상태이어야 하고 위생적이어야 한다. - 구내식당과 쉼터(휴게실)는 위생적이고 잘 정비된 상태로 유지해야 한다. - 음식물은 생산구역과 분리된 지정된 구역에서만 보관, 취급하여야 하고, 작업장 내부로 음식물 반입을 금지해야 한다.

작업장 구역	준수사항
직원 서비스와 준수사항	- 개인은 직무를 수행하기 위해 알맞은 복장 구비해야 한다. - 개인은 개인위생 처리규정을 준수해야 하고 건강한 습관을 유지하며 손은 모든 제품 작업 전 또는 생산 라인에서 작업하기 전에 청결히 유지해야 한다. - 제품, 원료 또는 포장재와 직접 접촉하는 사람은 제품 안전에 영향을 확실히 미칠 수 있는 건강 상태가 되지 않도록 주의사항을 준수해야 한다.

5. 작업장의 위생 상태

작업장 건물의 상태	작업장 시설의 상태
- 건물은 다음과 같이 위치, 설계, 건축 및 이용되어야 한다. 1. 제품이 보호되도록 할 것 2. 청소가 용이하도록 하고 필요한 경우 위생관리 및 유지관리가 가능하도록 할 것 3. 제품, 원료 및 포장재 등의 혼동이 없도록 할 것 - 건물은 제품의 제형, 현재 상황 및 청소 등을 고려하여 설계한다.	- 제조하는 화장품의 종류·제형에 따라 적절히 **구획·구분**되어 있어 교차오염 우려가 없어야 한다. <ul><li>구분: 선, 그물망, 줄 등으로 충분한 간격을 두어 착오나 혼동이 일어나지 않도록 되어 있는 상태</li><li>구획: 동일 건물 내에서 벽, 칸막이, 에어커튼 등으로 교차오염 및 외부오염물질의 혼입이 방지될 수 있도록 되어 있는 상태</li><li>분리: 별개의 건물이거나 동일 건물일 경우, 별개의 장소로 구별되어 있는 상태</li></ul>- 바닥, 벽, 천장은 가능한 청소 또는 위생관리를 하기 쉽게 매끄러운 표면을 지니고 청결하게 유지되어야 하며 소독제 등의 부식성에 저항력이 있을 것 - 환기가 잘되고 청결할 것 - 외부와 연결된 창문은 가능한 열리지 않도록 할 것. 창문이 외부 환경으로 열리는 경우에는 제품의 오염을 방지하도록 적절한 방법으로 차단할 것 - 작업장 내의 외관 표면은 가능한 매끄럽게 설계하고, 청소 및 소독제의 부식성에 저항력이 있을 것 - 적절하고 깨끗한 수세실과 화장실을 마련하고 수세실과 화장실은 접근이 쉬워야 하나 생산구역과 분리되어 있을 것 - 작업장 전체에 적절한 조명 설치, 조명이 파손될 경우를 대비한 제품을 보호할 수 있는 처리 절차 준비 - 제품의 오염을 방지하고 적절한 온도 및 습도를 유지할 수 있는 적절한 환기시설을 갖출 것 - 각 제조구역별 청소 및 위생관리 절차에 따라 효능이 입증된 세척제 및 소독제를 사용할 것 - 제품의 품질에 영향을 주지 않는 소모품을 사용할 것

6. 작업장의 구성요소별 상태

- 작업장의 바닥, 벽, 천장 및 창문의 설계 및 건축(라운드 형태 처리): 천장, 벽, 바닥이 접하는 부분은 틈이 없어야 하고 먼지 등 이물질이 쌓이지 않도록 둥글게 처리하는 것을 권장한다.

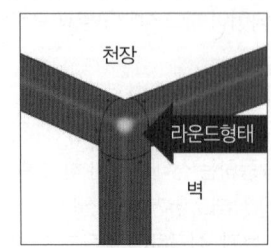 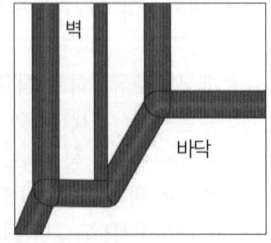

* 출처: 「우수화장품 제조 및 품질관리기준(CGMP)해설서(민원인 안내서)」 (식품의약품안전처, 2018)

- 공기조절의 정의 및 목적
  - **공기조절**: 공기의 온도, 습도, 공중미립자, 풍량, 풍향, 기류의 전부 또는 일부를 자동적으로 제어하는 것
  - CGMP 지정을 받기 위해서는 청정도 기준에 제시된 청정도 등급 이상으로 설정
- 공기조절 방식
  - 공기의 온·습도, 공중미립자, 풍량, 풍향, 기류를 일련의 도관을 사용해서 제어하는 "센트럴 방식"이 화장품에 가장 적합한 공기조절 방식

> 여름과 겨울의 온도차가 크고, 외부 환경이 제품과 작업자에게 영향을 미친다면 온·습도를 일정하게 유지하는 에어컨 기능을 갖춘 공기조절기를 설치한다. 공기의 온·습도, 공중미립자, 풍량, 풍향, 기류를 일련의 덕트를 사용해서 제어하는 "<u>센트럴 방식</u>"이 가장 <u>화장품에 적합한 공기조절</u>이다. 흡기구와 배기구를 천장이나 벽에 설치하고 굵은 덕트로 온·습도를 관리한 공기를 순환 또는 외기를 흐르게 한다. 이 방법은 많은 설비 투자와 유지비용을 수반한다.
> 한편 환기만 하는 방식과 센트럴 방식을 겹친 "팬 코일+에어컨 방식"은 비용적으로 바람직한 방식이다. 온·습도 제어를 실내에서 급배기 순환하는 패키지에어컨에게 맡기고 공중미립자와 풍향 관리를 팬 코일로 하는 방식이다. 패키지에어컨의 기류를 제어하는 것은 어려우므로 센트럴 방식보다 공기류의 관리 성능은 떨어지지만, 화장품 제조에는 적합한 공기조절 방식이라고 고려된다.
>
> — 식약처 발간 CGMP 해설서 최신판 발췌

- 공기조절의 목적: 공기조절의 목적은 제품과 직원에 대한 오염 방지이지만, 목적과는 외람되게 공기조절이 오염의 원인이 되기도 한다. 공기조절은 기류를 발생시킨다. 기류는 먼지, 미립자, 미생물을 공중에 날아 올라가게 만들어서 제품에 부착시킬 가능성이 있다. 따라서 공기조절 시설을 설치한다면 일정한 수준 이상의 시설로 해야 한다.

• **공기조절의 4대 요소 및 대응 설비**

청정도	공기정화기
실내온도	열교환기
습도	가습기
기류	송풍기

- 공기 조화 장치(필터): 공기 조화 장치는 청정 등급 유지에 필수적이고 중요하므로 그 성능이 유지되고 있는지 주기적으로 점검·기록한다. 화장품 제조에 사용할 수 있는 <u>**에어 필터의 종류는 및 특징은 다음과 같다.(4회 기출)**</u>

종류	특징	사진
P/F (Pre 필터)	PRE Filter (세척 후 3~4회 재사용) • Medium Filter 전처리용 • Media : Glass Fiber, 부직포 • 압력손실 : 9㎜Aq 이하 • 필터입자 : 5㎛ *Pre 필터의 특징 - HEPA, Medium 등의 전처리용 - 대기중 먼지등 인체에 해를 미치는 미립자(10~30 ㎛) 제거 - 압력손실이 낮고 고효율로 Dust 포집량이 큼 - 틀 또는 세제로 세척하여 사용 가능하여 경제적임(재사용 2~3회) - 두께 조정과 재단이 용이하여 교환 또는 취급이 쉬움 - Bag type은 처리 용량을 4배 이상 높일 수 있음	

종류	특징	사진
M/F (Medium 필터)	MEDIUM Filter • Media: Glass Fiber • HEPA Filer 전처리용 • B/D 공기정화, 산업공장등에 사용 • 압력손실 : 16mmAq 이하 • 필터입자 : 0.5㎛ *Medium 필터의 특징 - Clean Room 정밀기계공업 등에 있어 H/F 전처리용 - 포집효율 95 %를 보증하는 중고성능 필터 - 공기정화, 산업공장 등에 있어 최종 필터로 사용함 - Frame은 P/Board or G/Steel 등으로 제작되어 견고함 - Bag type은 먼지 보유용량이 크며 수명이 김 - Bag type은 포집효율이 높고 압력 손실이 적음	
H/F (HEPA 필터)	HEPA (High Efficiency Particulate) Filter • 0.3㎛의 분진 99.97% 제거 • Media : Glass Fiber • 반도체공장, 병원, 의약품, 식품산업에 사용 • 압력손실 : 24mmAq 이하 • 필터입자 : 0.3㎛ *헤파 필터 특징 - 포집성능을 장시간 유지할 수 있음 - 사용온도 최고 250℃에서 0.3㎛ 입자들 99.97 %이상 - 필름, 의약품 등의 제조 - Line에 사용 - 반도체, 의약품 Clean Oven에 사용	

* 출처: 「우수화장품 제조 및 품질관리기준(CGMP)해설서(민원인 안내서)」, (식품의약품안전처, 2018)

- 필터 관련 CGMP 해설서 내용

최소 중성능 필터의 설치를 권장, 고도의 환경 관리가 필요하면 고성능 필터(HEPA필터) 설치
필터는 그 성능을 유지하기 위하여 정해진 관리 및 보수를 실시해야 한다. 관리 및 보수를 게을리 하면 필터의 성능이 유지될 수 없고, 기대하는 환경을 얻을 수 없다.
고성능 필터를 설치할수록 환경이 좋아진다고 생각해서 초고성능 필터를 설치하는 기업이 있으나, 그 생각은 잘못된 것이다. 초고성능 필터를 설치했을 경우에는 정기적인 포집 효율 시험이나 필터의 완전성 시험 등이 필요하게 되고 고액의 비용이 든다. 이들 시험을 실시하지 않으면 본래의 성능이 보증되지 않는다. 또한 초고성능 필터를 설치한 작업장에서 일반적인 작업을 실시하면 바로 필터가 막혀버려서 오히려 작업 장소의 환경이 나빠진다. 목적에 맞는 필터를 선택해서 설치하는 것이 중요하다. 특히, HEPA Filter의 완전성을 주기적으로 점검하고 필요한 경우 교체한다.

- 차압

공기 조절기를 설치하면 작업장 실압을 관리하고 외부와의 차압을 일정하게 유지하도록 한다. 청정 등급의 경우 각 등급 간의 공기의 품질이 다르므로 등급이 낮은 작업실의 공기가 높은 등급으로 흐르지 못하도록 어느 정도의 공기압차가 있어야 한다. 즉, 높은 청정 등급의 공기압은 낮은 청정 등급의 공기압 보다 높아야 한다. <u>일반적으로는 4급지 < 3급지 < 2급지 순으로 실압을 높이고 외부의 먼지가 작업장으로 유입되지 않도록 설계한다.</u> 다만, 작업실이 분진 발생, 악취 등 주변을 오염시킬 우려가 있을 경우에는 해당 작업실을 음압으로 관리할 수 있으며, 이 경우 적절한 오염방지대책을 마련하여야 한다. 실압 차이가 있는 방 사이에는 차압 댐퍼나 풍량 가변 장치와 같은 기구를 설치하여 차압을 조정한다. 이들 기구는 옆방과의 사이에 있는 문을 개폐했을 때의 차압 조정 역할도 하고 있다.

온도는 1~30℃, 습도는 80% 이하로 관리한다. 제품 특성상 온습도에 민감한 제품의 경우에는 해당 온습도를 유지할 수 있도록 관리하는 체계를 갖추도록 한다. 온습도의 설정을 정할 때에는 **"결로"**에 신경을 써야 한다. 따뜻한 방에 차가운 것을 반입하면 방 온도와 습도에 의하여 반입한 것의 표면에 결로가 쉽게 발생한다. 결로는 곰팡이 발생에 이어지므로 피해야 한다.

7. 작업장 구역별 청정도 등급 및 관리 기준★

청정도 등급	대상시설	해당 작업실	청정공기 순환	구조 조건	관리 기준	작업 복장
1	청정도 엄격관리	Clean bench	20회/hr 이상 또는 차압 관리	Pre-filter, Med-filter, HEPA-filter, Clean bench/booth, 온도 조절	낙하균: 10개/hr 또는 부유균: 20개/m³	작업복, 작업모, 작업화
2	화장품 내용물이 노출되는 작업실	제조실, 성형실, 충전실, 내용물보관소, 원료 칭량실 미생물시험실 갱의실	10회/hr 이상 또는 차압 관리	Pre-filter, Med-filter, (필요시 HEPA-filter), 분진발생실 주변 양압, 제진 시설	낙하균: 30개/hr 또는 부유균: 200개/m³	작업복, 작업모, 작업화
3	화장품 내용물이 노출 안 되는 곳	포장실, 갱의실	차압 관리	Pre-filter 온도조절	갱의, 포장재의 외부 청소 후 반입	작업복, 작업모, 작업화
4	일반 작업실 (내용물 완전폐색)	포장재보관소, 완제품보관소, 관리품보관소, 원료보관소 탈의실, 일반시험실	환기장치	환기 (온도조절)	-	-

○ 이미 포장(1차포장)된 완제품을 업체의 필요에 따라 세트포장하기 위한 경우에는 완제품보관소의 등급 이상으로 관리하면 무방하다.
○ 갱의실의 경우 해당 작업실과 같은 등급으로 설정되는 것이 원칙이나, 현재 에어샤워 등 시설을 사용한 업체가 많은 상황 등을 감안하여 설정된 것으로 업체의 개별 특성에 맞게 적절한 관리 방식을 설정하여 관리할 필요가 있다.

8. 작업장의 위생유지 관리 활동

- 필요성

위생기준에 따라 위생 상태 식별, 작업장 청소관리 및 청소방법에 따라 작업장 상태를 유지관리
방충·방서는 작업장, 보관소 및 부속 건물 내외에 해충, 쥐의 침입 방지, 이를 방제 혹은 제거함으로써 직원 및 작업소의 위생 상태를 유지하고 우수 화장품을 제조하는 데 목적이 있다.
이물질에 대한 오염은 육안 등으로 판정한다. 미생물에 대한 오염은 낙하균 또는 부유균 평가법으로 상태를 판단한다.

- CGMP 용어의 정의

- 오염: 제품에서 화학적, 물리적, 미생물학적 문제 또는 이들이 조합되어 나타내는 바람직하지 않은 문제의 발생
- 청소: 화학적인 방법, 기계적인 방법, 온도, 적용시간과 이러한 복합된 요인에 의해 청정도를 유지하고 일반적으로 표면에서 눈에 보이는 먼지를 분리, 제거하여 외관을 유지하는 모든 작업
- 유지관리: 적절한 작업 환경에서 건물과 설비가 유지되도록 정기적·비정기적인 지원 및 검증 작업
- 위생관리: 대상물의 표면에 있는 바람직하지 못한 미생물 등 오염물을 감소시키기 위해 시행되는 작업

- 청결 위생 관련 용어의 이해

- 청소: 주위의 청소와 정리정돈을 포함한 시설·설비의 청정화 작업
- 세척: 설비의 내부 세척화 작업을 의미하며, 제품 잔류물과 흙, 먼지, 기름때 등의 오염물을 제거하는 과정
- 소독: 오염 미생물 수를 허용 수준 이하로 감소시키기 위해 수행하는 프로세스
- 낙하균: 각 제조장의 공기 중에 서식하면서 제품에 낙하하여 오염을 야기할 수 있는 세균 및 진균류

- 위생 유지관리 기준

(1) 유지관리 기준
① 건물, 시설 및 주요 설비 정기적 점검
② 고장, 결함 발생 및 정비 중인 설비는 적절한 방법으로 표시
③ 세척한 설비는 오염되지 않도록 관리
④ 모든 제조 관련 설비는 승인된 자만이 접근·사용
⑤ 제품의 품질에 영향을 줄 수 있는 검사·측정·시험장비 및 자동화 장치는 계획을 수립하여 정기적으로 교정 및 성능 점검을 하고 기록해야 한다.
⑥ 유지관리 작업이 제품의 품질에 영향을 주어서는 안 됨

(2) 유지관리 주요사항
① 예방적 실시가 원칙이다.
② 설비마다 절차서를 작성한다.
③ <u>연간계획</u>을 가지고 실행한다.
④ 책임 내용이 명확해야 한다.
⑤ <u>유지하는 기준은 절차서에 포함되어야 한다.</u>
⑥ **점검체크시트**를 사용하면 편리하다.
⑦ ★**점검항목: 외관검사**(더러움, 녹, 이상 소음, 이취)/**작동점검**(스위치, 연동성)/**기능측정**(회전수, 전압, 투과율, 감도)/**청소**(내·외부 표면)

(3) 방충·방서의 대책
- 벽, 천장, 창문, 파이프 구멍에 틈이 없어야 함
- **배기구, 흡기구**에 **필터**를 달고 해충, 곤충의 조사와 구제를 실시할 것
- <u>개방할 수 있는 창문은 가급적 만들지 않기</u>
- 창문은 <u>차광</u>하고 **야간에 빛이 새 나가지 않도록** 문 하부에는 **스커트를 설치**할 것(빛이 밖으로 새어나가지 않게 함)
- **폐수구에 트랩**을 달 것
- 골판지, 나무 부스러기를 방치하지 않을 것(벌레가 좋아하는 것 제거)
- 실내압을 외부보다 높게 할 것(공기조화장치 이용)
* 해충 및 곤충의 조사 및 구제 흐름도

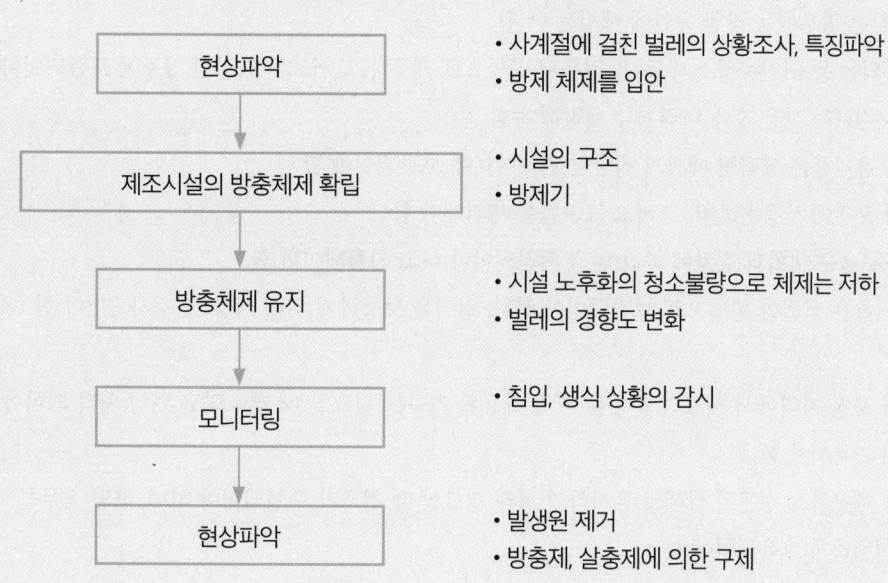

* 출처: 「우수화장품 제조 및 품질관리기준(CGMP) 해설서(민원인 안내서)」. (식품의약품안전처, 2018)

- **외부업체 운영 관리**
  - 업체 선정 시 적합한 업체인지 조사 및 평가한다.
  - 방충방서 모니터링 보고서를 수령하여 검토하고 이상발생시 대책수립을 논의·요청한다.
  - 사용 약제(사용 시) 정보 등을 수령하여 유해성 여부를 평가한다.
  - 업체에서 관리하더라도 내부적으로 점검할 항목을 추가할 수 있다.

- **작업장 청소도구**
  - 진공청소기: 작업장의 바닥 및 작업대, 기계 등의 먼지 제거
  - 걸레: 작업장 및 보관소의 바닥, 기타 부속 시설의 이물 제거
  - 위생수건(부직포): 기계, 유리, 작업대 등의 물기나 먼지 제거
  - 브러시: 설비, 기구류의 이물 제거
  - 물끌개: 물기, 이물질 제거
  - 세척솔: 바닥의 이물질, 먼지 제거
    - 청소용수: 일반 용수, 정제수
    - 청소도구함 관리(청소도구, 소독액 및 세제 보관관리)
  - 청소도구함(청소도구함을 별도로 설치하여 청소도구, 소독액 및 세제 등을 보관관리하며, 작업장은 진공청소기 보관 장소를 별도로 구분, 소독액은 필요장소에 보관)
  - 청소 도구의 세척 및 소독(불결한 청소도구의 작업장 오염을 방지하기 위해서 청결 상태로 보관)

*청소 방법 및 위생 처리
  - 공조시스템에 사용된 필터는 규정에 의해 청소되거나 교체되어야 함
  - 물질 또는 제품 필터들은 규정에 의해 청소되거나 교체되어야 함

- 물 또는 제품의 모든 유출과 고인 곳 그리고 파손된 용기는 지체없이 청소 또는 제거되어야 함
- 제조 공정 또는 포장과 관련되는 지역에서의 청소와 관련된 활동이 기류에 의한 오염을 유발해 제품 품질에 위해를 끼칠 것 같은 경우에는 작업 동안에 해서는 안 됨
- 청소에 사용되는 용구(진공청소기 등)은 정돈된 방법으로 깨끗하고, 건조된 지정된 장소에 보관되어야 함
- 오물이 묻은 걸레는 사용 후에 버리거나 세탁해야 함
- 오물이 묻은 유니폼은 세탁될 때까지 적당한 컨테이너에 보관되어야 함
- 제조 공정과 포장에 사용한 설비 그리고 도구들은 세척해야 함
- 적절하게 도구들은 계획과 절차에 따라 위생 처리되어야 하고 기록되어야 함
- 위생 처리 기록은 적절한 방법으로 보관되어야 하고, 청결을 보증하기 위해 사용 전 검사되어야 함 (예: 청소완료 표시서 등)
- 제조 공정과 포장 지역에서 재료의 운송을 위해 사용된 기구는 필요할 때 청소되고 위생 처리 되어야 하며, 작업은 적절하게 기록해야 함.
- 제조 공장을 깨끗하고 정돈된 상태로 유지하기 위해 필요할 때 청소가 수행되어야 하며, 해당 직무를 수행하는 모든 사람은 적절하게 교육되어야 함
- 천장, 머리 위의 파이프, 기타 작업 지역은 필요시 모니터링 하여 청소해야 함
- 제품 또는 원료가 노출되는 제조 공정, 포장 또는 보관 구역에서의 공사 또는 유지관리 보수 활동은 제품 오염을 방지하기 위해 적합하게 처리되어야 함
- 제조 공장의 한 부분에서 다른 부분으로 먼지, 이물 등을 묻혀가는 것을 방지하기 위해 주의해야 함

- 작업실별 청소 및 소독방법, 주기

- 청소 및 소독 실시 시기
    - 모든 작업장은 **월 1회 이상 전체 소독** 실시
    - 모든 작업장 및 보관소는 작업 종료 후 청소 실시
- 청소 및 소독 점검 주기
    - 주기는 **매일 실시** 원칙
    - 청소는 작업소별 실시
- 청소 방법
    - 칭량실, 제조실, 반제품보관소, 세척실, 충전실, 포장실, 원료 보관소, 원자재 보관소, 완제품 보관소, 화장실 등으로 구분하여 청소 방법 및 주기를 달리한다.
- 작업장별 청소 방법

작업장	청소방법
칭량실	- 수시 및 작업 종료 후 작업대, 바닥, 원료용기, 칭량기기, 벽 등 이물질이나 먼지 등을 부직포, 걸레 등을 이용하여 청소, 해당 직원 이외의 출입 통제
제조실	- 작업 종료 후 혹은 일과 종료 후 바닥, 벽, 작업대, 창틀 등에 묻은 이물질, 내용물 및 원료 잔유물 등을 위생수건, 걸레 등을 이용하여 제거 - 일반 용수와 세제를 바닥에 흘린 후 세척솔 등을 이용하여 닦아낸다. - 일반 용수(필요 시 위생수건 등)를 이용하여 세제 성분이 잔존하지 않도록 깨끗이 세척한 후 물끌개, 걸레 등을 이용하여 물기 제거

작업장	청소방법
제조실	- 작업실 내에 설치되어 있는 배수로 및 배수구는 월 1회 락스 소독 후 내용물 잔류물, 기타 이물 등을 완전히 제거하여 깨끗이 청소 - 청소 후에는 작업실 내의 물기를 완전히 제거하고 배수구 뚜껑을 꼭 닫는다. - 소독 시에는 제조기계, 기구류 등을 완전히 밀봉하여 먼지, 이물, 소독 액제가 오염되지 않도록 한다.
반제품 보관소	- 저장 반제품의 품질 저하를 방지하기 위하여 제품의 특성에 따라 적절한 온/습도 관리 기준을 설정하여 유지하고 수시로 점검하여 이상발생시 해당 부서장에게 보고하고 품질관리부로 통보하여 조치를 받는다. - 반제품 보관소는 수시 및 일과 종료 후 바닥, 저장용기 외부표면 등을 위생 수건 등을 이용하여 청소를 실시하고 주기적으로 대청소를 실시하여 항상 위생적으로 유지한다. - 해당 직원 이외의 출입 통제 - <u>대청소를 제외하고는 물청소를 금지</u>하며 부득이하게 물청소를 실시하였을 경우 즉시 물기를 완전히 제거하여 유지한다. - 내용물 저장통은 항상 밀봉하여 환경균, 먼지 등에 오염되지 않도록 한다.
세척실	- 저장통, 충전기계 등의 세척 후 수시로 바닥에 잔존하는 이물질을 완전히 제거하고 세척수로 바닥 세척 - 배수로에 내용물 및 세제 잔유물 등이 잔존하지 않도록 관리 - 청소, 배수 후에는 바닥의 물기를 완전히 제거하고 배수로 이물을 제거하고 청소 실시
충전, 포장실	- 바닥, 작업대 등은 수시 및 정기적으로 청소를 실시하여 공정 중 혹은 공정 간 오염 방지 - 작업 중 자재, 내용물 저장통, 완제품 등의 이동 시는 먼지, 이물 등을 제거하여 설비 혹은 생산중인 제품에 오염이 발생하지 않도록 한다.
원료 보관소	- 작업 후 걸레로 청소한 후 바닥, 벽 등의 먼지를 제거한다.
화장실	- 바닥에 잔존하는 이물을 완전히 제거하고 소독제로 바닥 세척 - 배수로에 내용물 및 세제 잔유물 등이 잔존하지 않도록 관리 - 손 세정제 및 핸드 타올이 부족하지 않도록 관리 - 청소, 배수 후에는 바닥의 물기를 완전히 제거

*제조 설비의 세척 대상 및 확인 방법

- 설비의 세척은 제조하는 화장품의 종류, 양, 품질에 따라 변화함
- 설비 세척의 원칙에 따라 세척하고, 판정(확인)하고 그 기록을 남겨야 함
- 설비 세척의 원칙

  가. 위험성이 없는 용제(물이 최적)로 세척할 것

  나. 가능한 세제를 사용하지 않을 것

  다. 증기 세척은 좋은 방법

  라. 브러쉬 등으로 문질러 지우는 것을 고려할 것

  마. 분해할 수 있는 설비는 분해해서 세척할 것

  바. 세척 후에는 '판정'할 것

  사. 판정 후 설비는 건조·밀폐해서 보존할 것

  아. 세척의 유효기간을 설정할 것

- 최초 사용 전에 모든 설비는 세척해야 하고, 사용 목적에 따라 소독해야 함
- 세척대상 물질

    1. 화학물질(원료, 혼합물), 미립자, 미생물

    2. 동일제품, 이종제품

    3. 쉽게 분해되는 물질, 안정된 물질

    4. 세척이 쉬운 물질, 세척이 곤란한 물질

    5. 불용물질, 가용물질

    6. 검출이 곤란한 물질, 쉽게 검출할 수 있는 물질

- 세척 대상 설비

    1. 설비, 배관, 용기, 호스, 부속품

    2. 단단한 표면(용기 내부), 부드러운 표면(호스)

    3. 큰 설비, 작은 설비

    4. 세척이 곤란한 설비, 용이한 설비

- 세척 확인 방법

    1. 육안 확인

    2. 천으로 문질러 부착물로 확인

    3. 린스액의 화학 분석

- 작업장 위생관리 점검시기 및 방법
    · 점검시기: 수시 및 정기 점검으로 시기 구분
    · 작업장 위생관리 점검표 작성방법: 각 작업장 별로 요구되는 청정도에 따라 **육안검사** 실시
- 부적합 사항의 처리: 작업장 및 보관소 위생상태가 제품에 영향이 있다고 판단 시 작업을 금한다.
- 청소 시 유의사항

눈에 보이지 않는 곳, 하기 힘든 곳 등에 유의하여 세밀하게 진행하며, 물청소 후에는 물기를 제거한다.
청소 시에는 기계, 기구류, 내용물 등에 절대 오염이 되지 않도록 한다.
청소도구는 사용 후 세척하여 건조 또는 필요 시 소독하여 오염원이 되지 않도록 한다.

- **작업장 내 금지사항**

    - 사물(**서적**, 지갑, 핸드백) 등은 작업소로의 유입을 금지한다.
    - 작업장에서는 음식의 휴대, 섭취, 흡연, 화장을 금지한다.
    - 작업장 바닥, 벽, 시설물, 쓰레기통에 침을 뱉는 행위를 금지한다.
    - 작업장은 화장품의 제조 및 포장 목적 이외의 다른 용도로의 사용을 금지한다.
    - 작업 중 외부인의 설비 수리 시 먼지 등 이물이 발생하는 업무를 금지한다.

구분	세부 학습내용		
작업장의 환경 미생물 평가 관리	• 작업장의 환경 미생물 평가 　- 공기 중 미생물 평가 시험과 표면 부착 미생물 시험이 있음 　- 샘플링 방법에 따른 미생물 시험법		
	분류	**공기 중 미생물 평가 시험**	**표면 부착 미생물 시험**
	샘플링 방법	• 낙하균 측정법([참고자료 2] 참고) • 충돌법 　- Slit to Agar Sampler법 　- Impinger Sampler 　- Andersen Sampler • 여과형 샘플러법	• 면봉 시험법(Swap Test) • 콘택트 플레이트법(Contact Plate) • 린스 정량법(Rinse Water)
	• 표면 부착 미생물(표면균) 시험 　- 화장품 제조 설비의 미생물학적 품질 상태는 직간접적으로 완제품의 미생물 품질에 영향을 미치기 때문에, 세척 소독된 제조 설비는 정해진 주기에 따라 설비의 청결 상태를 확인해야 함 　- 면봉 시험법과 콘택트 플레이트법이 가장 일반적인 표면균 시료 채취 방법이지만, 이 두가지 방법은 시료 표면의 모든 미생물을 채취하지 못함 　- 린스 정량법은 설비의 내부 표면 미생물을 측정하는 데 사용됨		

- **작업장의 낙하균 관리(낙하균 측정법)**
  ▶ 원리
  - Koch법이라고도 하며, 실내외를 불문하고, 대상 작업장에서 오염된 부유 미생물을 직접 평판배지 위에 일정시간 자연 낙하시켜 측정하는 방법이다.
  - 한천평판 배지를 일정시간 노출시켜 배양접시에 낙하된 미생물을 배양하여 증식된 집락수를 측정하고 단위시간 당의 생균수로서 산출하는 방법이다.
  - 특별한 기기의 사용 없이 언제, 어디서라도 실시할 수 있는 간단하고 편리한 방법이지만 공기 중의 전체 미생물을 측정할 수 없다는 단점이 있다.
  ▶ 배지
  - 세균용 : 대두카제인 소화한천배지(tryptic soy agar)
  - 진균용 : 사부로포도당 한천배지(sabouraud dextrose agar) 또는 포테이토덱스트로즈한천배지(potato dextrose agar)에 배지 100ml당 클로람페니콜 50mg을 넣는다.
  ▶ 기구
  - 배양접시(내경 9cm), 배양접시에 멸균된 배지(세균용, 진균용)를 각각 부어 굳혀 낙하균 측정용 배지를 준비
  ▶ 낙하균 측정할 장소의 측정 위치 선정 및 노출 시간 결정
  - 측정 위치
    • 일반적으로 작은 방을 측정하는 경우에는 약 <u>5개소</u> 측정
    • 비교적 큰방일 경우에는 측정소 증가
    • 방 이외의 격벽구획이 명확하지 않은 장소(복도, 통로 등)에서는 공기의 진입, 유통, 정체 등의 상태를 고려하여 전체 환경을 대표한다고 생각되는 장소 선택

- 측정하려는 방의 크기와 구조에 더 유의하여야 하나, 5개소 이하로 측정하면 올바른 평가를 얻기가 어려우며 측정위치도 **벽에서 30cm 떨어진 곳**이 좋음
- 측정 높이는 바닥에서 측정하는 것이 원칙이지만 부득이 한 경우 바닥으로부터 20~30cm 높은 위치에서 측정하는 경우가 있다.

- 노출 시간
  - 노출시간은 공중 부유 미생물수의 많고 적음에 따라 결정되며, 노출 시간이 1시간 이상이 되면 배지의 성능이 떨어지므로 예비 시험으로 적당한 노출시간을 결정하는 것이 좋다.
  - 청정도가 높은 시설(예 : 무균실 또는 준무균실): 30분 이상 노출
  - 청정도가 낮고, 오염도가 높은 시설(예: 원료 보관실, 복도, 포장실, 창고): 측정시간 단축

▶ 낙하균 측정
- 선정된 측정 위치마다 세균용 배지와 진균용 배지를 1개씩 놓고 배양접시의 뚜껑을 열어 배지에 낙하균이 떨어지도록 한다.
- 위치별로 정해진 노출시간이 지나면, 배양접시의 뚜껑을 닫아 배양기에서 배양, **일반적으로 세균용 배지는 30~35℃, 48시간 이상, 진균용 배지는 20~25℃, 5일 이상 배양**, 배양 중에 확산균의 증식에 의해 균수를 측정할 수 없는 경우가 있으므로 매일 관찰하고 균수의 변동 기록**(3회 시험 기출문제)**
- 배양 종료 후 세균 및 진균의 평판 마다 집락수를 측정하고, 사용한 배양접시 수로 나누어 평균 집락수를 구하고 단위시간 당 집락수를 산출하여 균수로 한다.

9. 작업장 위생 유지를 위한 세제의 종류와 사용법

작업장의 위생은 생산되는 제품의 품질과 밀접한 관계가 있으며 제품의 오염을 방지하기 위하여 적절한 세제를 이용하여 청소를 실시하여야 한다. 따라서 작업장의 오염 종류, 세제의 구성조건, 세제의 구성성분과 특성 및 세제의 종류와 사용법에 대하여 숙지하여야 한다.

① 작업장의 오염물질
- 작업장 및 설비 표면의 오염들은 매우 다양하다. 오일, 지방, 왁스, 안료, 탄닌, 규산염, 탄산염(석회물질), 산화물(금속가루, 녹), 검댕이, 부식 성분 등이 서로 다른 함량과 다양한 숙성 조건으로 결합하여 오염물이 된다. 뿐만 아니라 미생물에 의해 오염될 수도 있다. 작업장은 석재, 콘크리트, 금속, 목재, 유리, 플라스틱, 페인트 도장과 같은 다양한 표면 물질에 결합되어 있기 때문에 적정한 세제를 선정하여 작업장을 관리하여야 한다.
- 오염제거는 물리·화학적 메커니즘에 의해 제거한다.
- 고착되었거나 오랫동안 숙성된 오염은 연마제가 함유된 세제를 사용한다.
- 적당한 세정 성분을 선택하기 위해서는 세척물에 대한 화학적 영향이나 연마제에 의한 표면의 손상 등 적합성을 고려한다.

② 세제의 구성요건
- 세제는 사용이 편리하고 유용해야 한다.

- 중성에서 약알칼리성 사이의 다목적 세제는 범용 제품으로 물과 상용성이 있는 모든 표면에 적용한다.
- 연마 세제는 기계적으로 저항성이 있는 물질에 한정적으로 사용한다.
- 다목적 세제와 연마세제는 가정에서는 손으로 직접 사용하지만 작업장에서는 바닥연마기, 고압장치, 기포 발생기와 같은 보조 장치나 기구를 이용한다.
- 표면은 헹굼이나 재세척 없이도 건조 후 깨끗하고 잔유물이 남지 않아야 한다.
- 연마세제는 희석하지 않고 아주 소량의 물을 사용하여 직접 표면에 사용하며 잘 헹구어 준다.

③ 세제의 요구 조건
- 우수한 세정력
- 표면 보호
- 세정 후 표면에 잔류물이 없는 건조 상태
- 사용 및 계량의 편리성
- 적절한 기포 거동
- 인체 및 환경 안전성
- 충분한 저장 안정성

④ 세제의 구성성분: 세제의 구성 성분은 계면활성제, 살균제, 금속이온봉쇄제, 유기폴리머, 용제, 연마제 및 표백성분으로 구성(**아래 표 기출문제**)

<참고자료 - 세제의 주요 구성 성분과 특성>

주요성분	특성	대표적 성분
계면활성제	• 비이온, 음이온, 양성 계면활성제 • 세정제의 주요 성분 • 다양한 세정 기작으로 이물 제거	알킬벤설포네이트(ABS), 알칸설포네이트(SAS), 알파올레핀설포니에트(AOS), 알킬설페이트(AS), 비누(Soap), 알킬에톡시레이트(AE), 지방산알칸올아미드(FAA), 알킬베테인(AB)/알킬설포베테인(ASB)
살균제	• 미생물 살균 • 양이온 계면활성제 등	4급암모늄 화합물, 양성계면활성제, 알코올류, 산화물, 알데히드류, 페놀유도체
금속이온봉쇄세	• 세정 효과를 증가 • 입자 오염에 효과적	소듐트리포스페이트(Sodium Triphosphate), 수듐사이트레이트(Sodium Citrate), 소듐글루코네이트(Sodium Gluconate)
유기폴리머	• 세정효과를 강화 • 세정제 잔류성 강화	셀룰로오스 유도체
용제	• 계면활성제의 세정효과 증대	알코올(Alcohol), 글리콜(Glycol), 벤질알코올(Benzyl Alcohol)
연마제	• 기계적 작용에 의한 세정효과 증대	칼슘카보네이트(Calcium Carbonate), 클레이, 석영
표백성분	• 살균 작용 • 색상 개선	활성염소 또는 활성염소 생성 물질

- 세제에 사용되는 대표적 계면활성제: 세제의 주요 성분인 계면활성제는 음이온 및 비이온 계면활성제로 구성
- 세제에 사용되는 살균성분: 세제의 살균성분으로는 4급 암모늄 화합물, 양성계면활성제류, 알코올류, 알데히드류 및 페놀 유도체가 사용됨

*화학적 세척제

유형	pH	오염 제거 물질	예시	장단점
무기산과 약산성 세척제	0.2 ~ 5.5	• 무기염 • 수용성 금속 complex	• 강산: 염산, 황산, 인산 • 약산(희석한 유기산): 초산, 구연산	• 산성에 녹는 물질이나 금속 산화물 제거에 효과적 • 독성, 환경 및 취급 문제 있을 수 있음
중성 세척제	5.5 ~ 8.5	• 기름 때 • 작은 입자	• 약한 계면활성제 용액 • (알코올과 같은 수용성 용매를 포함할 수 있음)	• 용해나 유화에 의한 제거 • 낮은 독성, 부식성
약알칼리, 알칼리 세척제	8.5 ~ 12.5	• 기름 • 지방 • 입자	• 수산화암모늄 • 탄산나트륨 • 인산나트륨 • 붕산액	• 알칼리는 비누화, 가수분해를 촉진
부식성 알칼리 세척제	12.5 ~ 14	• 찌든 기름	• 수산화암모늄 • 탄산 • 규산 나트륨	• 오염물의 가수분해 시 효과 좋음 • 독성주의 • 부식성

⑤ 세제의 사용법: 작업장별로 청소주기, 일반적으로 사용하는 세제, 청소방법 및 점검방법 예시는 다음과 같다.

구역	청소 주기	사용 세제	청소 방법	점검 방법
원료 창고	수시	상수	작업 종료 후 비 또는 진공청소기로 청소하고 물걸레로 닦음	육안
원료 창고	1회/월	상수	진공청소기 등으로 바닥, 벽, 창, 선반, 원료통 주위의 먼지를 청소하고 물걸레로 닦음	
칭량실	작업 후	상수, 70%에탄올	- 원료통, 작업대, 저울 등을 70%에탄올을 묻힌 걸레 등으로 닦음 - 바닥은 진공청소기로 청소하고 물걸레로 닦음	
칭량실	1회/월	중성세제, 70%에탄올	- 바닥, 벽, 문, 원료통, 저울, 작업대 등을 진공청소기, 걸레 등으로 청소하고, 걸레에 전용 세제 또는 70 % 에탄올을 묻혀 찌든 때를 제거한 후 깨끗한 걸레로 닦음	
제조실, 충전실, 반제품 보관실 및 미생물 실험실	수시 (최소 1일/1회)	중성세제, 70%에탄올	- 작업 종료 후 바닥 작업대와 테이블 등을 진공청소기로 청소하고 물걸레로 깨끗이 닦음 - 작업 전 작업대와 테이블, 저울을 70%에탄올로 소독 - 클린 벤치는 작업 전, 작업 후 70%에탄올로 소독	
	1회/월	중성세제, 70%에탄올	- 바닥, 벽, 문, 작업대와 테이블 등을 진공청소기로 청소하고, 상수에 중성 세제를 섞어 바닥에 뿌린 후 걸레로 세척 - 작업대와 테이블을 70%에탄올로 소독	

10. 작업장 소독을 위한 소독제의 종류와 사용법

(1) 소독제의 종류

① 물리적 소독(물/열)

- 100 ℃ 물 스팀: 30분간 장치의 가장 먼 곳까지 온도가 유지되어야 함(고에너지 소비, 습기 발생)

- 80~100 ℃ 온수: 사용 용이, 부식성 없음(고에너지 소비, 습기 발생)

- 전기 가열 테이프: 다루기 어려운 설비나 파이프 소독에 용이하나 일반적인 소독 방법이 아님

② 화학적 소독
- **70%에탄올:** 조제 후 1주일 내 사용/신속살균가능/그러나 잔류효과가 없음
- **크레졸수(3%수용액):** 실내 바닥 소독용, 경제적/냄새 강하고 물에 잘 안 녹음/원액이 피부에 닿으면 짓무름
- **차아염소산나트륨액:** 50ppm 락스, 당일조제·당일폐기/강한 살균력, 경제적/냄새 강하고 잔류성·부식성↑
- **페놀수(3%수용액):** 조제 후 1주일 내 사용/고온에서 효과 큼, 강한 살균력/독성과 금속 부식성 있음
- **벤잘코늄클로라이드:** 10%를 20배 희석하여 사용/넓은 범위의 방부 효과/알레르기 유발 가능성
- **글루콘산클로르헥시딘:** 5%를 10배 희석하여 사용/살균, 향진균 효과, 소독효과/심각한 알레르기 반응

* **소독액 보관관리**
- 청소도구함: 청소도구함을 별도로 설치하여 소독액 및 세제 등을 보관관리하며, 소독액은 필요장소에 별도 비치하여 필요 시 수시 소독이 가능하도록 한다.

(2) 이상적인 소독제의 조건

① 사용기간 동안 활성을 유지해야 함

② 경제적이며 쉽게 이용할 수 있어야 함

③ 사용 농도에서 독성이 없어야 함

④ 제품이나 설비와 반응하면 X

⑤ 불쾌한 냄새가 남지 않아야 함

⑥ 광범위한 항균 스펙트럼을 가져야 함

⑦ 5분 이내의 짧은 처리에도 효과를 나타내야 함

⑧ 소독 전에 존재하던 <u>미생물을 최소한 99.9%이상 사멸</u>해야 함

* **소독액의 보관:** 소독액을 조제해 보관할 때는 기밀용기에 <u>소독액 명칭, 제조일자, 사용기한, 제조자</u> 등을 표기해야 함

> ▶ 작업장별 소독방법 및 주기
> - 소독 실시 시기
>   • 모든 작업장은 월 1회 이상 전체 소독 실시
>   • 제조 설비의 반·출입, 수리 후에는 수시 소독
> - 소독 점검 주기: 주기는 매일 실시 원칙
>   • 청소는 작업소별로 실시하며 소독 시에는 소독 중이라는 표지판 출입구 부착
> ▶ 소독제의 취급 사용관리
> - 에탄올: 가연성으로 화기 주의

▶ 소독 시 유의사항
- 소독 시는 눈에 보이지 않는 곳, 하기 힘든 곳 등에 유의하여 세밀하게 진행하며, 물청소 후에는 물기 제거
- 청소도구는 사용 후 세척하여 건조 또는 필요 시 소독하여 오염원이 되지 않도록 한다.

▶ 소독제 취급 시 주의사항
- 소독제에 의한 미생물 내성이 생길 수 있으므로 소독약은 주기적으로 변경하여 사용하는 것이 좋음
- 알코올은 인화성 물질이므로 화재 발생에 주의할 것
- 스팀이나 직열 사용 시 고온이므로 인체에 직접 닿지 않게 장비를 갖출 것
- 화학적 소독제 또한 인체에 해로울 수 있으므로 반드시 보호구를 착용할 것
- 사용되는 소독제의 MSDS를 구비할 것

(3) 구체적 소독 방법

구분	소독방법
칭량실	- 해당 직원 이외의 출입을 통제함. - 칭량실, 제조실, 반제품보관소, 세척실, 충전, 포장실, 원료 보관소, 원자재 보관소, 완제품 보관소, 화장별 등으로 구분하여 소독방법 및 주기를 달리 한다. - 에탄올 70% 소독액을 이용하여 소독한다.
제조실	- 작업실 내에 설치되어 있는 배수로 및 배수구는 **월 1회 락스 소독** 후 내용물 잔류물, 기타 이물 등을 완전히 제거하여 깨끗이 청소한다. - 환경균 측정결과 부적합 또는 기타 필요 시 소독을 실시한다. - 소독 시에는 제조기계, 기구류 등을 완전히 밀봉하여 먼지, 이물, 소독 액제가 오염되지 않도록 한다.
세척실	에탄올 70% 소독액을 이용하여 배수로 및 세척실 내부를 소독한다.
원료보관소	연성세제, 또는 락스를 이용하여 오염물을 제거한다.
화장실	바닥에 잔존하는 이물을 완전히 제거하고 소독제로 바닥을 세척한다.

*소독제 선택 시 고려해야 할 사항

- 대상 미생물의 종류와 수
- 항균 스펙트럼의 범위
- 미생물 사멸에 필요한 작용 시간, 작용의 지속성
- 물에 대한 용해성 및 사용 방법의 간편성
- 적용 방법(분무, 침적, 걸레질 등)
- 부식성 및 소독제의 향취
- 적용 장치의 종류, 설치 장소 및 사용하는 표면의 상태
- 내성균의 출현 빈도
- pH, 온도, 사용하는 물리적 환경 요인의 약제에 미치는 영향
- 잔류성 및 잔류하여 제품에 혼입될 가능성
- 종업원의 안전성 고려
- 법 규제 및 소요 비용

*소독제 효과에 영향을 미치는 요인
- 사용 약제의 종류나 사용 농도, 액성(pH) 등
- 균에 대한 접촉 시간(작용 시간) 및 접촉 온도
- 실내 온도, 습도
- 다른 사용 약제와의 병용 효과, 화학 반응
- 단백질 등의 유기물이나 금속 이온의 존재
- 흡착성, 분해성
- 미생물의 종류, 상태, 균, 수
- 미생물의 성상, 약제에 대한 저항성, 약제 자화성 등의 유무
- 미생물의 분포, 부착, 부유 상태
- 작업자의 숙련도

*물리적 소독제

유형	종류(사용 농도, 시간)	장점	단점
스팀	• 100℃ 물 (30분/장치의 가장 먼 곳까지 온도 유지 필수)	• 제품과의 우수한 적합성 • 용이한 사용성 • 효과적 • 바이오 필름 파괴 가능	• 보일러나 파이프에 잔류물 남음 • 제류 시간이 긺 • 고에너지 소비 • 소독 시간이 긺 • 습기 다량 발생
온수	• 70 ~ 80℃ 물(2시간) • 80 ~ 100℃ 물(30분)	• 제품과의 우수한 적합성 • 용이한 사용성 • 효과적 • 긴 파이프에 사용 가능 • 부식성 없음 • 출구 모니터링이 간단	• 많은 양이 필요함 • 제류 시간이 긺 • 습기 다량 발생 • 고에너지 소비
직열	• 전기 가열 테이프 (다른 방법과 같이 사용)	• 다루기 어려운 설비나 파이프에 효과적	• 일반적인 사용방법이 아님

*화학적 소독제

유형	종류(사용 농도, 시간)	장점	단점
염소 유도체	• 차아염소산나트륨 (200 ppm, 30분) • 차아염소산칼륨 (200 ppm, 30분) • 차아염소산리튬 (200 ppm, 30분) • 염소 가스(200 ppm, 30분)	• 우수한 효과 • 사용 용이 • 찬물에 용해되어 단독으로 사용 가능	• 향취, pH 증가 시 효과 떨어짐 • 금속 표면과의 반응성으로 부식됨 • 빛과 온도에 예민함 • 피부 보호 필요
양이온 계면활성제	• 4급 암모늄 화합물 (200 ppm/제조사 추천 농도)	• 세정 작용 • 우수한 효과 • 부식성 없음 • 물에 용해되어 단독으로 사용 가능 • 무향, 높은 안정성	• 포자에 효과 없음 • 중성/약알칼리에서 가장 효과적 • 경수, 음이온 세정제에 의해 불활성화
아이오도포 (Iodophors)	• H_3PO_4를 함유한 비이온 계면활성제에 아이오딘을 첨가 (12.5 ~ 25 ppm, 10분)	• 우수한 효과 • 잔류 효과 있음 • 사용 농도에서는 독성 없음	• 포자에 효과 없음 • 얼룩 남음 • 사용 후 세척 필요
알코올	• 아이소프로필알코올 (60 ~ 70%, 15분) • 에탄올(60 ~ 95%, 15분)	• 우수한 효과 • 사용 용이 • 빠른 건조 • 단독 사용	• 세균 포자에 효과 없음 • 화재, 폭발 위험 • 피부 보호 필요
페놀	• 페놀(1:200 용액) • 염소화페놀(1:200 용액)	• 세정 작용 • 우수한 효과 • 탈취 작용	• 조제하여 사용 • 세척 필요함 • 비용이 높음 • 용액 상태로 불안정함 (2 ~ 3시간 이내 사용) • 피부 보호 필요
솔 (Pine)	• 비누나 계면활성제와 혼합한 솔유(제조사 지시에 따름)	• 세정 작용 • 우수한 효과 • 탈취 작용 • 기름때 제거 효과	• 조제하여 사용 • 냄새가 어떤 제품에는 부적합할 수 있음
인산	• 인산 용액 (제조사 지시에 따름)	• 효과 좋음 • 스테인리스에 좋음 • 저렴한 가격 • 낮은 온도에서 사용 • 접촉 시간 짧음	• 산성 조건하에서 사용이 좋음 • 피부 보호 필요
과산화수소	• 안정화된 용액으로 구입 (35% 용액의 1.5%, 30분)	• 유기물에 효과적	• 고농도 시 폭발성 • 반응성 있음 • 피부 보호 필요

Chapter 3 유통화장품 안전관리

- 1,000점 만점 중 250점(25%) 할당, 총 25문항, 선다형(25문항), 단답형(0문항)
- 3.2. 작업자 위생관리
- 소주제: 1. 작업장 내 직원(작업자)의 위생 기준 설정
  2. 작업장 내 직원(작업자)의 위생 상태 판정
  3. 혼합 · 소분 시 위생 관리 규정
  4. 작업자 위생 유지를 위한 세제의 종류와 사용법
  5. 작업자 소독을 위한 소독제의 종류와 사용법
  6. 작업자 위생관리를 위한 복장 청결상태 판단

☑ 작업장 내 직원의 위생 기준 설정

직원의 위생관리는 화장품 제조에 직접 종사하는 직원의 청결 및 위생을 다루는 것이다. 정기적인 검사를 통해 직원의 건강관리를 파악해야 하며, 신입 사원 채용 시에는 종합 병원의 건강 진단을 받아 화장품을 오염시킬 수 있는 질병이 없으며 업무 수행에 지장이 없는 자를 채용해야 한다. 직원을 작업장에 배치할 때에는 항상 건강 상태를 점검하여야 하고, 직원은 항상 몸의 청결을 유지하며, 화장실 출입 후에는 반드시 손을 씻어야 한다. 또 작업장 출입 시에는 반드시 손을 씻거나 소독하여야 한다.

1. 직원의 위생 관리 기준

- 적절한 위생관리 기준 및 절차 준비
- 제조소 내의 모든 직원의 준수
- 신규 직원에 대한 위생교육 및 기존 직원에 대한 정기교육 실시를 위한 기준 마련
- 제품 품질과 안전성에 악영향을 줄 가능성이 있는 직원은 원료, 포장, 제품 또는 제품 표면에 직접 접촉되지 않도록 격리
- 명백한 질병 또는 노출된 피부에 상처가 있는 직원은 증상이 회복되거나 화장품의 품질에 영향을 주지 않는다는 의사의 소견이 있기 전까지는 화장품과 직접적으로 접촉되지 않도록 격리

2. 직원의 복장 관리 기준

- 작업장 및 보관소 내의 모든 직원은 화장품의 오염을 방지하기 위해 규정된 작업복 착용
- 제조구역별 접근권한이 없는 직원 및 방문객은 가급적 제조, 관리 및 보관구역 내에 들어가지 않음
- 불가피한 경우 사전에 직원 위생에 대한 교육 및 복장 규정에 따르도록 하고 감독

> ***작업자의 구체적 위생 관리 기준**
> ① 모든 직원은 작업장 내 위생관리 기준 및 절차를 준수하여야 함
>   신규 직원 → 위생교육, **기존 직원 → 정기적 교육**(복장, 건강상태, 제품오염 방지, 손씻기, 작업 중 주의사항, 방문객 및 교육 훈련을 받지 않은 직원 위생관리 **등**)
> ② 음식물 반입 금지(의약품을 포함한 개인 물품은 별도의 지역에 보관/음료 · 음식 섭취, 흡연 등은 제조 및 보관 지역과 분리된 곳에서 해야 함)
> ③ 피부에 외상, 질병에 걸린 직원은 품질에 영향 주지 않는다는 의사 소견이 있기 전까지 화장품과 직접 접촉 불가(격리 되어야 함)
> ④ 제조 구역 별 접근 권한이 없는 작업원 및 방문객은 가급적 제조, 관리, 보관 구역 내에 들어가지 않도록 하고 불가피한 경우 사전에 직원 위생에 대한 교육 및 복장 규정에 따르도록 해야 함(방문객과 훈련받지 않은 직원이 제조, 관리, 보관 구역으로 들어가는 경우 반드시 안내자와 동행, 그들이 제조, 관리, 보관구역으로 들어가는 것을 반드시 기록)

☑ 작업장 내 직원의 위생 상태 판정

화장품 오염 경로는 크게 3가지로서 원재료, 직원, 작업장 환경으로 구별할 수 있다. 이 중 직원이 내용물을 다루는 과정에서 각종 미생물들로 인해 제품이 오염되는 주요 원인이 되는 것으로 파악되고 있다. 따라서 직원은 개인위생을 잘 유지하여 제품에 미생물 오염이나 이물질이 오염되는 것을 막는 것이 매우 중요하므로 작업장 내 직원의 위생 상태를 판정하고 청결한 상태를 구현 및 유지하는 방법에 대하여 숙지하여야 한다.

1. 직원의 위생상태

- 적절한 위생관리 기준 및 절차 확립
- 제조소 내의 모든 직원이 위생관리 기준 및 절차를 준수할 수 있도록 교육훈련
- 신규 직원에 대하여 위생교육 실시
- 기존 직원에 대해서도 정기적으로 교육 실시
- 직원의 위생관리 기준 및 절차
  - 직원의 작업 시 복장
  - 직원 건강상태 확인
  - 직원에 의한 제품의 오염방지에 관한 사항
  - 직원의 손 씻는 방법
  - 직원의 작업 중 주의사항
  - 방문객 및 교육훈련을 받지 않은 직원의 위생관리

2. 개인위생관리 및 점검

- 제품 품질과 안전성에 악영향을 미칠지도 모르는 건강 조건을 가진 직원은 원료, 포장, 제품 또는 제품 표면에 직접 접촉 금지
- 명백한 질병 또는 노출된 피부에 상처가 있는 직원은 증상이 회복되거나 의사가 제품 품질에 영향을 끼치지 않을 것이라고 진단받을 때까지 제품과 직접적인 접촉 금지

3. 직원의 위생관리 규정

- 방문객 또는 안전 위생의 교육 훈련을 받지 않은 직원이 화장품 생산, 관리, 보관을 실시하고 있는 구역으로 출입하는 일은 피한다.
- 영업상의 이유, 신입 사원 교육 등을 위하여 안전 위생의 교육 훈련을 받지 않은 사람들이 생산, 관리, 보관구역으로 출입하는 경우에 따라야 할 절차

    • 안전 위생의 교육훈련 자료 사전 작성
    • 출입 전에 교육훈련 실시

- 교육훈련의 내용은 직원용 안전 대책, 작업 위생 규칙, 작업복 등의 착용, 손 씻는 절차 포함
- 방문객과 훈련받지 않은 직원이 생산, 관리 보관구역 출입 시 동행이 꼭 필요하다.
- 방문객은 적절한 지시에 따라야 하고, 필요한 보호 설비를 구비한다.
- 생산, 관리, 보관구역 출입 시 기록서에 기록한다.
    • 성명과 입·퇴장 시간 및 자사 동행자를 기록한다.

☑ 혼합·소분 시 위생관리 규정(맞춤형화장품 조제 혼합 소분 안전관리 기준)

맞춤형화장품판매업을 신고하려는 자는 맞춤형화장품의 혼합·소분 공간을 그 외의 용도로 사용되는 공간과 **분리 또는 구획**하여 갖추어야 한다. 다만, 혼합·소분 과정에서 맞춤형화장품의 품질·안전 등 보건위생상 위해가 발생할 우려가 없다고 인정되는 경우에는 혼합·소분 공간을 분리 또는 구획하여 갖추지 않아도 된다.

1. 맞춤형화장품 조제에 사용하는 내용물 및 원료의 혼합·소분 범위에 대해 사전에 품질 및 안전성을 확보할 것

- 내용물 및 원료를 공급하는 화장품책임판매업자가 혼합 또는 소분의 **범위**를 검토하여 정하고 있는 경우 그 **범위** 내에서 **혼합 또는 소분**할 것
    ☞ 최종 혼합된 맞춤형화장품이 유통화장품 안전관리 기준에 적합한지를 사전에 확인하고, 적합한 범위 안에서 내용물 간(또는 내용물과 원료) 혼합이 가능함

2. 혼합·소분에 사용되는 내용물 및 원료는 「화장품법」 제8조의 화장품 안전기준 등에 적합한 것을 확인하여 사용할 것

☞ 혼합·소분 전 사용되는 내용물 또는 원료의 **품질관리**가 선행되어야 함(다만, 책임판매업자에게서 내용물과 원료를 모두 제공받는 경우 책임판매업자의 **품질검사 성적서(=품질성적서)**로 대체 가능)

3. 혼합·소분 전에 손을 소독하거나 세정할 것(다만, 혼합·소분 시 일회용 장갑을 착용하는 경우 예외)

4. 혼합·소분 전에 혼합·소분된 제품을 담을 포장용기의 오염여부를 확인할 것

5. 혼합·소분에 사용되는 장비 또는 기구 등은 사용 전에 그 위생 상태를 점검하고, 사용 후에는 오염이 없도록 세척할 것

6. 혼합·소분 전에 내용물 및 원료의 사용기한 또는 개봉 후 사용기간을 확인하고, <u>사용기한 또는 개봉 후 사용기간이 지난 것은 사용하지 아니할 것</u>

7. 혼합·소분에 사용되는 내용물의 사용기한 또는 개봉 후 사용기간을 초과하여 맞춤형화장품의 사용기한 또는 개봉 후 사용기간을 정하지 말 것

8. 맞춤형화장품 조제에 사용하고 남은 내용물 및 원료는 밀폐를 위한 마개를 사용하는 등 <u>비의도적인 오염을</u> 방지할 것

9. 소비자의 피부상태나 선호도 등을 확인하지 아니하고 맞춤형화장품을 미리 혼합·소분하여 보관하거나 판매하지 말 것

10. 최종 혼합·소분된 맞춤형화장품은 「화장품법」제8조 및 「화장품 안전기준 등에 관한 규정(식약처 고시)」제6조에 따른 <u>유통화장품의 안전관리 기준</u>을 준수할 것

11. 판매장에서 제공되는 맞춤형화장품에 대한 <u>미생물 오염관리</u>를 철저히 할 것(예: 주기적 미생물 샘플링 검사)

　　☞ 혼합·소분을 통해 조제된 맞춤형화장품은 소비자에게 제공되는 제품으로 "**유통화장품**"에 해당

12. **맞춤형화장품 판매내역서를 작성·보관할 것**

    - 제조번호(맞춤형화장품의 경우 식별번호를 제조번호로 한다.)
    　　☞ 식별번호는 맞춤형화장품의 혼합·소분에 사용되는 내용물 또는 원료의 제조번호와 혼합·소분기록을 추적할 수 있도록 맞춤형화장품판매업자가 숫자·문자·기호 또는 이들의 특징적인 조합으로 부여한 번호이다.
    - 사용기한 또는 개봉 후 사용기간
    - 판매일자 및 판매량

13. 원료 및 내용물의 입고, 사용, 폐기 내역 등에 대하여 기록 관리할 것

14. 맞춤형화장품 판매 시 다음 사항을 소비자에게 설명할 것

- 혼합·소분에 사용되는 내용물 또는 원료의 특성
- 맞춤형화장품 사용 시의 주의사항

15. 맞춤형화장품 사용과 관련된 부작용 발생사례에 대해서는 지체없이 15일 이내에 식품의약품안전처장에게 보고할 것

*혼합·소분(리필) 판매장 내 위생관리
- 화장품 혼합·소분(리필) 장치 사용
  - 판매장은 내용물의 오염과 해충 등을 방지할 수 있도록 항상 청결하게 유지
  - 소분(리필)에 사용되는 장치, 기구 등은 제품의 유형, 제형 등을 고려하여 적합한 것을 사용
    (예 소분(리필)하는 내용물이 액상 제형인 경우 분주기(디스펜서) 또는 펌프 사용)
  - 내용물을 공급하는 화장품책임판매업자로부터 기기 작동, 관리 방법 등의 정보를 제공받을 경우 따를 것
  - 소분장치나 저울 등 소분에 사용하는 기기의 매뉴얼을 마련하여 관리하고 정상 작동 여부를 주기적으로 점검할 것
  - 매뉴얼에 작동법, 소모품·부속품 목록과 교체 주기, 세척방법 등을 포함할 것

*화장품 소분(리필) 판매장 내 위생관리
- 리필용기 선택 및 재사용
  - 소분(리필)용 재사용 용기의 적합성을 고려할 것
  - 화장품 내용물과 용기의 구성물질 간 상호작용을 고려하여 사용 가능한 용기의 범위(기준)를 마련하고 용기의 특성에 따라 재사용 가능 여부를 판단함
    (예 펌프(노즐) 타입 용기의 펌프와 튜브는 세척이 어려운 구조로 세척 후에도 오염물이 눈에 안 띄어 재사용이 어려움)
  - 판매장 전용용기를 이용하는 경우, 내용물을 공급하는 화장품책임판매업자로부터 소분(리필) 용기와 내용물 간의 적합성 검토결과를 제공받아 확인할 것
  - 소비자 제공 용기를 사용하는 경우, 가급적 원래의 내용물이 담겨 있던 용기에 동일한 내용물을 리필하여 판매할 것을 권장함
  - 원래의 내용물이 담겨있던 용기가 아닌 경우, 화장품책임판매업자로부터 해당 내용물에 적용 가능한 용기 재질 등 정보를 사전에 확인할 것
  - 소비자 제공용기는 제품 품질에 영향이 있을 수 있음을 소비자에게 사전에 안내. 참고로, 판매내역서 비고란에 소비자 제공 용기의 사용 여부를 기록할 수 있음
  - 재사용 용기(매장 전용용기 또는 소비자 제공용기)에 내용물을 리필하기 전 용기의 청결 상태 등을 반드시 확인할 것(예 잔여물이 남아 있는지, 완전히 건조되어 있는지, 용기에 금이 가거나 깨진 곳은 없는지 등)

- **화장품 혼합·소분(리필) 장치 관리 및 기구·용기 세척방법**
  - 판매장에서 사용하는 세척 장치 및 건조 장치의 정상 작동 확인 및 주기적 점검
  - 소분(리필) 용기를 매장에서 세척 시, 제품(내용물)의 특성을 고려하여 적절한 세척 방법을 결정
  - 내용물을 공급하는 화장품책임판매업자로부터 소분장치 또는 소분(리필) 용기에 대한 세척 및 살균·소독 방법 등을 안내받을 것(예 식품용기 세척에 사용하는 주방세제 등)
    참고로, 유성화장품 용기 세척 시, 물로 헹구는 것은 잔류물 제거에 효과가 떨어지므로 적절한 다른 세척제를 선택할 것
  - 소비자 제공 용기를 사용하여 리필 시, 사전에 세척하여 물기가 없도록 완전히 건조시킨 뒤 사용하여야 함을 안내할 것
  - 소비자가 직접 자신이 가져온 용기를 세척하는 경우, 세척실 또는 세척대 근처에 세척제의 사용과 세척방법을 별도로 안내할 것
  - 세척실 또는 세척대를 갖추고 있는 경우, 수시로 물기를 제거하여 세척하는 공간 주변을 청결하게 유지할 것
  - 소비자가 매장에서 직접 소분(리필) 시 장치 이용법을 안내하고 작동순서 등을 리필장치 근처에 부착하여 알기 쉽게 이용할 수 있도록 제공할 것
  - 판매장 전용 또는 소비자 제공 용기에 내용물 리필 시 제품과 용기 특성을 고려하여 필요한 경우 판매장에서 별도로 용기를 소독하거나 UV 살균·건조 등 처리함(예 70 % 에탄올 소독, UV 살균기에 최소 OO분 이상 살균 등)
    참고로, 일부 플라스틱 용기는 UV 살균에 적합하지 않을 수 있음

☑ 작업자 위생 유지를 위한 세제의 종류와 사용법

우리의 손은 다른 신체부위와는 다르게도 끊임없이 오염되며, 사회적 활동에 따라 손은 미생물을 포함한 각종의 오염물에 오염되기 쉽다. 또, 오염물이 피부에 대해서 자극을 발현시키기에 외인성 오염물 제거를 위해 수시로 세정이 필요하다. 오염이 있는 경우, 화장실 사용 후나 식사 전, 외출 후 세정하여야 한다. 참고로 손바닥에는 피지샘이 없기에 손 세정 후 보습이 중요하다.

- **손이 다른 신체 부위와 다른 점**
  - 끊임없이 오염
  - 사회적 활동에 따라 손은 미생물을 포함한 각종의 오염물에 오염
  - 오염물이 피부에 대해서 자극 발현
  - 수시 세정 필요
  - 오염이 있는 경우, 화장실 사용 후나 식사 전, 외출 후 세정
  - 손바닥에는 피지샘이 없음
  - 외인성의 오염물이 세정의 대상이 됨

1. 손세제의 구성

구분	손 세정제(핸드 워시)	손 소독제(핸드 새니타이저)
형상	물비누, 핸드워시, 거품 비누	에탄올이 함유된 투명한 겔(핸드 새니타이저)
사용 방법	물과 함께 씻어내는 용도. 물이 없는 곳에선 사용할 수 없다.	물이 없는 모든 곳에서 사용 가능. 손에 짠 뒤 20초 정도 손을 비비면 된다.
장점	손에 묻은 오염을 제거하는 세정 효과가 강함	손에 묻은 오염 제거에 큰 효과가 없지만 세균, 바이러스 제거에 더 효과적. 사용이 편리함
분류	화장품	의약외품

2. 손 세정법

시기	손 씻기 및 소독 방법	세척 및 소독제
☞ 작업장 입실 전 ☞ 작업 중 손이 오염되었을 때 ☞ 화장실 이용 후	☞ 수도꼭지를 틀어 흐르는 물에 손 세척 ☞ 비누를 이용하여 손 세척 ☞ 흐르는 물에 손을 깨끗이 헹굼 ☞ 종이 타올 또는 드라이어를 이용하여 손 건조 ☞ 건조 후 소독제 도포	☞ 상수 ☞ 비누 ☞ 종이 타올 ☞ 소독제(70%에탄올 등)

3. 인체용 세제의 사용 시기

- 작업 전 손 세정을 실시한 뒤에 <u>작업장 입실 전 분무식 소독기를 사용</u>하여 손 소독 및 작업
- 운동 등에 의한 오염, 땀, 먼지 등의 제거를 위하여 입실 전 수세 설비가 비치된 장소에서 손 세정 후 입실
- 화장실을 이용하는 작업원은 화장실 퇴실 시 손 세정하고 작업실에 입실

4. 인체용 세제의 종류

- 비누의 고형이라는 제형상의 문제를 개선한 액체, 젤 등의 인체 세제가 있다.

분류		개요
외관	투명타입	다양한 색상 부여
	불투명타입	펄타입, 백탁타입
처방	비누 베이스	알칼리성 액체비누가 주세정성분인 타입
	계면활성제 베이스	계면활성제가 주세정성분인 약산성, 중성타입
	혼합 베이스	액체비누와 계면활성제를 조합한 중성타입
성상		액상, 젤상, 크림상, 페이스트상, 거품(무스)상

- 액체세제는 사용 편리성, 빠른 거품 형성과 풍부한 거품, 사용 후 촉촉함 등으로 사용률 증가

☑ 작업자 소독을 위한 소독제의 종류와 사용법

세정 작업만 거쳐도 청결 유지가 가능하지만 세정만으로 위생적인 면에서 완전히 충족했다고 할 수는 없다. 간혹 청결한 상태로 보이나 유해 미생물이 다량으로 잔재되어 있는 경우도 있다. 이러한 경우 세정 후 적절한 소독을 통해 미생물을 제거함으로써 완전한 위생에 다가갈 수 있다.

1. 작업원의 소독제 사용 방법

- 깨끗한 흐르는 물에 손을 적신 후, 비누를 충분히 적용, 뜨거운 물을 사용하면 피부염 발생 위험이 증가하므로 미지근한 물을 사용한다.
- 손의 모든 표면에 비누액이 접촉하도록 15초 이상 문지른다. 손가락 끝과 엄지손가락 및 손가락 사이사이 주의 깊게 문지른다.
- 물로 헹군 후 손이 재오염되지 않도록 일회용 타올로 건조시킨다.
- 수도꼭지를 잠글 때는 사용한 타올을 이용하여 잠근다.
- 타올은 반복 사용하지 않으며 여러 사람이 공용하지 않는다.
- 손이 마른 상태에서 손 소독제를 모든 표면을 다 덮을 수 있도록 충분히 적용한다.
- 손의 모든 표면에 소독제가 접촉되도록, 특히 손가락 끝과 엄지손가락 및 손가락 사이사이를 주의 깊게 문지른다.
- 손의 모든 표면이 마를 때까지 문지른다.

2. 소독제의 선택

소독제란 병원 미생물을 사멸시키기 위해 인체의 피부, 점막의 표면이나 기구, 환경의 소독을 목적으로 사용하는 화학물질을 총칭한다. 소독제를 선택할 때에는 소독제의 조건을 고려한다.

*소독제의 조건
- 사용 기간 동안 활성 유지
- 경제적이어야 함
- 사용 농도에서 독성이 없어야 함
- 제품이나 설비와 반응하지 않아야 함
- 불쾌한 냄새가 남지 않아야 함
- 광범위한 항균 스펙트럼 보유
- 5분 이내의 짧은 처리에도 효과 구현
- 소독 전에 존재하던 미생물을 최소한 99.9% 이상 사멸하여야 함
- 쉽게 이용할 수 있어야 함

*소독제 선택 시 고려할 사항
- 대상 미생물의 종류와 수
- 항균 스펙트럼의 범위
- 미생물 사멸에 필요한 작용 시간, 작용의 지속성
- 물에 대한 용해성 및 사용 방법의 간편성
- 적용 방법(분무, 침적, 걸레질 등)
- 부식성 및 소독제의 향취
- 적용 장치의 종류, 설치 장소 및 사용하는 표면의 상태

- 내성균의 출현 빈도
- pH, 온도, 사용하는 물리적 환경 요인의 약제에 미치는 영향
- 잔류성 및 잔류하여 제품에 혼입될 가능성
- 종업원의 안전성 고려
- 법 규제 및 소요 비용

*소독제의 효과에 영향을 주는 요인
- 사용 약제의 종류나 사용 농도, 액성(pH) 등
- 균에 대한 접촉 시간(작용 시간) 및 접촉 온도
- 실내 온도, 습도
- 다른 사용 약제와의 병용 효과, 화학 반응
- 단백질 등의 유기물이나 금속 이온의 존재
- 흡착성, 분해성
- 미생물의 종류, 상태, 균 수
- 미생물의 성상, 약제에 대한 저항성, 약제 자화성 등의 유무
- 미생물의 분포, 부착, 부유 상태
- 작업자의 숙련도

3. 작업원이 사용하는 소독제의 종류 및 특성

- 알코올(Alcohol): 단백질 변성기전으로 소독 및 살균 효과(보통 70~80% 농도로 사용)
- 클로르헥시딘디글루코네이트(Chlorhexidinedigluconate): 양이온 향균제/세포질막 파괴로 소독(주로 0.5~4.0% 농도)
- 아이오다인과 아이오도퍼(Iodine & Iodophors): 세포 단백질 합성 저해와 세포막 변성에 의한 소독효과(주로 0.5~10% 농도로 사용)
- 클로록시레놀(Chloroxylenol)
- 헥사클로로펜(Hexachlorophene, HCP): 세포벽 파괴로 소독 효과(주로 3.0% 농도로 사용)
- 4급 암모늄 화합물(Quaternary Ammonium Compounds)
- 트리클로산 (Triclosan)

☑ 작업자 위생관리를 위한 복장 청결상태 판단

> **TIP**
> 개인위생 중 작업 복장에 대하여 착용 기준, 작업복, 작업모 및 작업화의 기준, 작업복의 착용 시기와 방법 등에 대하여 중점적으로 암기하여야 한다.

1. 작업자의 복장 청결 상태 판단 체크리스트

- 규정된 작업복장을 하고 착용상태는 양호한가?
- 작업모, 작업복, 작업화는 청결한가?

- 머리카락이 모자 밑으로 나오지 않도록 착용하였나?
- 작업 전 수세와 소독을 하였나?
- 과도한 화장, 액세서리 등을 착용하지 않았나?
- 두발, 손톱 상태는 단정한가?
- 감기, 발열, 화농 등의 개인 건강 상태는 양호한가?

2. 작업복장의 기준: 청정도에 맞는 적절한 작업복, 모자와 신발을 착용하고 필요할 경우는 마스크, 장갑을 착용한다.

- 작업복의 기준

> • 작업복은 목적과 오염도에 따라 세탁 및 소독
> • 작업 전에 복장점검 실시 및 적절하지 않을 경우는 시정
> - 땀의 흡수 및 방출이 용이하고 가벼워야 함
> - 보온성이 적당하여 작업에 불편이 없어야 함
> - 내구성이 우수하여야 함
> - 작업환경에 적합하고 청결하여야 함
> - 작업 시 섬유질의 발생이 적고 먼지의 부착성이 적어야 하며 세탁이 용이하여야 함
> - 착용 시 내의가 노출되지 않아야 하며 내의는 단추 및 모털이 서있는 의류는 착용하지 않음

- 방진복: 보통 주머니가 없고 상하의가 합쳐져있는 통으로 된 형태, 전면 지퍼, 긴소매, 긴바지, 손목·허리·발목은 고무줄, 모자는 챙이 있고 머리를 완전히 감싸는 형태
- 실험복: 백색 가운, 주머니 양쪽에 있음
- 작업모: 가볍고 착용감이 좋아야 하며 착용이 용이하고 착용 후 머리카락 형태가 원형을 유지해야 한다. 착용 시 머리카락을 전체적으로 감싸줄 수 있어야 하며 공기 유통이 원활하고, 분진 기타 이물 등이 나오지 않도록 하여야 한다.
- 작업화: 가볍고 땀의 흡수 및 방출이 용이하여야 한다. 제조실 근무자는 등산화 형식의 안전화 및 신발 바닥이 우레탄 코팅이 되어 있는 것을 사용한다.

3. 구역별 복장 기준

구분	복장기준	작업장
제조, 칭량	방진복, 위생모, 안전화/필요 시 마스크 및 보호안경	제조실, 칭량실
생산	방진복, 위생모, 작업화/필요 시 마스크	충진
	지급된 작업복, 위생모, 작업화	포장
품질관리	상의흰색가운, 하의평상복, 슬리퍼	실험실
관리자	상의 및 하의는 평상복, 슬리퍼	사무실
견학, 방문자	각 출입 작업소의 규정에 따라 착용	-

4. 작업복장의 착용 방법

- 작업실 상주자는 작업실 입실 전 탈의실에서 작업복을 착용 후 입실한다.
- 작업실 상주자는 제조소 이외의 구역으로 외출, 이동 시 탈의실에서 작업복을 탈의 후 외출한다.
- 임시 작업자 및 외부 방문객이 작업실로 입실 시 탈의실에서 해당 작업복을 착용 후 입실한다.
- 입실자는 작업장 전용 실내화(작업화)를 착용한다.
- 작업장 내 출입할 모든 작업자는 작업현장에 들어가기 전에 개인 사물함에 의복을 보관 후 깨끗한 사물함에서 작업복을 착용한다.
- 작업장 내로 출입한 작업자는 비치된 위생 모자를 머리카락이 밖으로 나오지 않도록 위생모자를 착용한다.
- 위생 모자를 쓴 후 2급지 작업실의 상부 작업자는 반드시 방진복을 착용하고 작업장을 입실한다.
- 제조실 작업자는 에어 샤워 실에 들어가 양팔을 천천히 몸을 1-2회 회전시켜 청정한 공기로 에어 샤워한다.

5. 작업복의 관리

- 작업복은 1인 2벌을 기준으로 지급한다.
- 작업복은 주 2회 세탁을 원칙으로 하며, 하절기에는 그 횟수를 늘릴 수 있다.
- 작업복의 청결상태는 매일 작업 전 생산부서 관리자가 확인한다.

Chapter 3 유통화장품 안전관리

- 1,000점 만점 중 250점(25%) 할당, 총 25문항, 선다형(25문항), 단답형(0문항)
- 3.3. 설비 및 기구 관리
- 소주제: 1. 설비 및 기구의 위생 기준 설정
  2. 설비·기구의 위생 상태 판정
  3. 오염물질 제거 및 소독 방법
  4. 설비 및 기구의 구성 재질 구분

☑ 설비 및 기구의 위생 기준 설정

1. 제조 및 품질관리에 필요한 설비의 위생 기준

- 사용 목적에 적합하고 청소가 가능하며, 필요한 경우 위생·유지관리가 가능해야 함(자동화 시스템을 도입한 경우도 같음)
- 사용하지 않는 연결호스와 부속품 등의 설비기구는 건조한 상태로 유지하고 먼지, 얼룩 또는 다른 오염으로부터 보호하여야 한다. 설비기구는 청소 등 위생관리를 하여 먼지, 얼룩, 오염으로부터 보호하고 건조한 상태를 유지할 것
- 배수가 용이하도록 설계·설치하며 제품 및 청소 소독제와 화학반응을 일으키지 않을 것
- 설비 등의 위치는 원자재나 직원의 이동으로 제품의 품질에 영향을 주지 않으면서 제품의 오염을 방지할 것
- 벌크 제품의 용기는 먼지나 수분으로부터 내용물을 보호할 것
- 설비는 제품 및 청소 소독제와 화학반응을 일으키지 않을 것
- 설비가 오염되지 않도록 배관 및 배수관을 설치하며 배수관은 역류하지 않고 청결을 유지할 것
- 천장 주위의 대들보, 파이프, 덕트 등은 가급적 노출되지 않게 설계하고 노출된 파이프는 받침대로 고정하고 벽에 닿지 않게 할 것(청소 용이를 위해서)
- 시설 및 기구에 사용되는 소모품은 제품의 품질에 영향을 주지 않도록 할 것

2. 설비 세척의 원칙

- 위험성이 없는 용제(물이 최적)로 세척한다.
- **세제는 가능한 한 사용하지 않는다.**
- **증기 세척**은 좋은 방법이다
- 브러시 등으로 문질러 지우는 것을 고려한다.
- 세척 후에는 반드시 판정한다.
- 판정 후의 설비는 건조·밀폐하여 보존한다.

- 세척의 유효기간을 설정한다.
- 분해할 수 있는 설비는 분해해서 세척한다.

3. 제조 시설의 세척 및 평가

- 책임자 지정
- 세척 및 소독 계획
- 세척 방법과 세척에 사용되는 약품 및 기구
- 제조시설의 분해 및 조립 방법
- 이전 작업 표시 제거 방법
- 청소 상태 유지 방법
- 작업 전 청소 상태 확인 방법

4. 물의 품질

- 물의 품질 적합 기준은 사용 목적에 맞게 규정할 것
- 물의 품질은 정기적으로 검사하고 필요 시 미생물학적 검사를 실시할 것
- 물 공급 설비는 물의 정체와 오염을 피할 수 있도록 설치할 것
- 물 공급 설비는 물의 품질에 영향이 없을 것
- 물 공급 설비는 살균처리가 가능할 것

★제조 설비·기구 세척 및 소독 관리 표준서(순서는 세척 후 소독입니다.)

구분		내용
제조 탱크, 저장 탱크 (일반 제품)	세척도구	스펀지, 수세미, 솔, 스팀 세척기
	세제 및 소독액	일반 주방 세제(0.5%), 70%에탄올
	세척 및 소독 주기	- 제품 변경 시 또는 작업 완료 후 - 설비 미사용 72시간 경과 후, 밀폐되지 않은 상태로 방치 시 - 오염 발생 혹은 시스템 문제 발생 시
	세척 방법	- 제조 탱크, 저장 탱크를 스팀 세척기로 깨끗이 세척 - 상수를 탱크의 80%까지 채우고 80℃로 가온 - 페달 25rpm, 호모 2,000rpm으로 10분간 교반 후 배출 - 탱크 벽과 뚜껑을 스펀지와 세척제로 닦아 잔류하는 반제품이 없도록 제거 후 상수 세척 - 정제수로 2차 세척한 후 UV로 처리한 깨끗한 수건이나 부직포 등을 이용하여 물기를 완전히 제거 - 잔류하는 제품이 있는지 확인하고, 필요에 따라 위의 방법 반복
	소독 방법	- 세척된 탱크의 내부 표면 전체에 70%에탄올이 접촉되도록 고르게 스프레이 - 탱크의 뚜껑을 닫고 30분간 정체해 둠 - 정제수로 헹군 후 필터 된 공기로 완전히 건조 - 뚜껑은 70% 에탄올을 적신 스펀지로 닦아 소독한 후 자연 건조하여 설비에 물이나 소독제가 잔류하지 않도록 함 - 사용하기 전까지 뚜껑을 닫아서 보관

제조 탱크, 저장 탱크 (일반 제품)	점검 방법	- 점검 책임자는 육안으로 세척 상태를 점검하고, 그 결과를 점검표에 기록 - 품질관리 담당자는 매분기별로 세척 및 소독 후 마지막 헹굼수를 채취하여 미생물 유무 시험
믹서, 펌프, 필터, 카트리지 필터	세척도구	스펀지, 수세미, 솔, 스팀 세척기
	세제 및 소독액	일반 주방 세제(0.5%), 70%에탄올
	세척 및 소독 주기	- 제품 변경 또는 작업 완료 후 - 설비 미사용 72시간 경과 후, 밀폐되지 않은 상태로 방치 시 - 오염 발생 혹은 시스템 문제 발생 시
	세척 방법	- 믹서, 필터 하우징은 장비 매뉴얼에 따라 분해 - 제품이 잔류하지 않을 때까지 호모게나이저, 믹서, 펌프, 필터, 카트리지 필터를 온수로 세척 - 스펀지와 세척제를 이용하여 닦아 낸 다음 상수와 정제수를 이용하여 헹굼 - 필터를 통과한 깨끗한 공기로 건조 - 잔류하는 제품이 있는지 확인하고, 필요에 따라 위의 방법 반복
	소독 방법	- 세척이 완료된 설비 및 기구를 70 % 에탄올에 10 분간 침적 - 70%에탄올에서 꺼내어 필터를 통과한 깨끗한 공기로 건조하거나 UV로 처리한 수건이나 부직포 등을 이용하여 닦아냄 - 세척된 설비는 다시 조립하고, 비닐 등을 씌워 2차 오염이 발생하지 않도록 보관
	점검 방법	- 점검 책임자는 육안으로 세척 상태를 점검하고, 그 결과를 점검표에 기록 - 품질관리 담당자는 매분기별로 세척 및 소독 후 마지막 헹굼수를 채취하여 미생물 유무 시험

☑ 설비 · 기구의 위생 상태 판정

1. 설비 · 기구의 유지관리

유지관리는 예방적 활동(Preventive activity), 유지보수(maintenance), 정기 검교정(Calibration)으로 나눌 수 있다. 예방적 활동(Preventive activity)은 주요 설비(제조탱크, 충전 설비, 타정기 등) 및 시험장비에 대하여 실시하며, 정기적으로 교체하여야 하는 부속품들에 대하여 연간 계획을 세워서 시정 실시(망가지고 나서 수리하는 일)를 하지 않는 것이 원칙이다. 유지보수(maintenance)는 고장 발생 시의 긴급점검이나 수리를 말하며, 작업을 실시할 때, 설비의 갱신, 변경으로 기능이 변화해도 좋으나, 기능의 변화와 점검 작업 그 자체가 제품품질에 영향을 미쳐서는 안 된다. 또한 설비가 불량해져서 사용할 수 없을 때는 그 설비를 제거하거나 확실하게 사용불능 표시를 해야 한다. 정기 검교정(Calibration)은 제품의 품질에 영향을 줄 수 있는 계측기(생산설비 및 시험설비)에 대하여 정기적으로 계획을 수립하여 실시하여야 한다. 또한, 사용전 검교정(Calibration)여부를 확인하여 제조 및 시험의 정확성을 확보한다.

설비의 개선은 적극적으로 실시하고 보다 좋은 설비로 제조를 행하도록 한다. 이때, 그 개선이 제품품질에 영향을 미치지 않는 것을 확인한다는 것은 말할 것도 없다. 개선이 변경이 되는 일도 있다. 설비점검은 체크시트를 작성하여 실시하는 것이 좋다.

【설비의 유지관리 주요사항】

○ 예방적 실시(Preventive Maintenance)가 원칙
○ 설비마다 절차서를 작성한다.
○ 계획을 가지고 실행한다. (연간계획이 일반적)
○ 책임 내용을 명확하게 한다.
○ 유지하는 "기준"은 절차서에 포함
○ 점검체크시트를 사용하면 편리
○ 점검항목 : 외관검사(더러움, 녹, 이상소음, 이취 등), 작동점검(스위치, 연동성 등), 기능측정(회전수, 전압, 투과율, 감도 등), 청소(외부표면, 내부), 부품교환, 개선(제품 품질에 영향을 미치지 않는 일이 확인되면 적극적으로 개선한다.)

2. 세척 후 판정 방법

판정법	특징
육안 판정 (1순위 판정법)	청소 및 세척이 잘 되었는지 눈으로 판정하는 방법이다. 육안판정 장소는 미리 정해 놓고 판정 결과를 기록서에 기재한다. *세척 육안 판정 자격자 선임 - 생산 책임자가 작업자의 교육 훈련 이력과 경험 연수를 토대로 선임 - 새로 판정 자격자를 선임할 때는 전임자가 경험으로 얻은 노하우 전수 각각의 설비에 맞는 육안판정 소도구(손전등, 지시봉, 거울) 준비
닦아내기 판정 (2순위 판정법)	흰 천이나 검은 천으로 설비 내부 표면 닦아내고 천 표면 잔류물 유무로 세척 결과 판정 1. 닦아 내는 천의 종류 결정, 천은 무진포(無塵布)가 선호된다. 2. 판정 자격자를 선임한다. 3. 천 표면의 잔류물 유무로 세척 결과를 판정한다.(흰 천이나 검은 천)

린스 정량 (3순위 판정법)	호스나 틈새기의 세척 판정에 적합하며 수시로 결과 확인 가능(HPLC(고성능 액체 크로마토그래피), TLC(박층크로마토그래피), TOC(총유기탄소), UV)
	
	1. 린스 액을 선정하여 설비 세척
	2. 린스 액의 현탁도를 확인하고, 필요 시 다음 중에서 적절한 방법을 선택하여 정량, 결과 기록
	    - 린스 액외 최저 정량을 위하여 HPLC법 이용
	    - 잔존물의 유무를 판정하기 위해서 박층 크로마토그래프법(TLC)에 의한 간편 정량법 실시
	    - 린스 액 중의 총 유기 탄소를 총유기탄소(Total Organic Carbon, TOC) 측정기로 측정
	    - UV를 흡수하는 물질 잔존 여부 확인

표면 균 측정법	1. 면봉 시험법 (1) 포일로 싼 면봉과 멸균액을 고압 멸균기에 멸균(121 ℃, 20 분) (2) 검증하고자 하는 설비 선택 (3) 면봉으로 일정 크기의 면적 표면을 문지름(보통 24 ~ 30 cm^2) (4) 검체 채취 후 검체가 묻어 있는 면봉을 적절한 희석액(멸균된 생리 식염수 또는 완충 용액)에 담가 채취된 미생물 희석 (5) 미생물이 희석된 (라)의 희석액 1mL를 취해 한천 평판 배지에 도말하거나 배지를 부어 미생물 배양 조건에 맞춰 배양 (6) 배양 후 검출된 집락 수를 세어 희석 배율을 곱해 면봉 1개당 검출되는 미생물 수를 계산(CFU/면봉)

	2. 콘택트 플레이트법
표면 균 측정법	(1) 콘택트 플레이트에 직접 또는 부착된 라벨에 표면 균, 채취 날짜, 검체 채취 위치, 검체 채취자에 대한 정보 기록 (2) 한손으로 콘택트 플레이트 뚜껑을 열고 다른 한손으로 표면 균을 채취하고자 하는 위치에 배지가 고르게 접촉하도록 가볍게 눌렀다가 떼어 낸 후 뚜껑 덮음 (3) 검체 채취가 완료된 콘택트 플레이트를 테이프로 봉하여 열리지 않도록 하여 오염 방지 (4) 검체 채취가 완료된 표면을 70%에탄올로 소독과 함께 배지의 잔류물 남지 않도록 함 (5) 미생물 배양 조건에 맞추어 배양 (6) 배양 후 CFU 수 측정

• 표면균 시료 채취 방법의 장단점

방법	장점	단점
면봉 시험법 (Swap test)	• 저렴함 • 사용이 간편함 • 불규칙한 표면에 적합함 • 칼슘알긴산 팁은 배지에 용해될 수 있어서 수집된 모든 미생물 검출이 가능함 • 오염이 심한 곳에 사용할 수 있음 • 정성적 또는 정량적일 수 있음	• 면봉으로부터 미생물 용출이 어려워 까다로운 미생물의 검출을 억제할 수 있음 • 샘플링 후 표면에 잔류물 또는 미생물 배지가 남을 수 있으므로 배지 잔류물을 제거해야 함
콘택트 플레이트 법 (Contact Plate)	• 매회 동일한 면적의 샘플링이 가능함 • 정성적 또는 정량적일 수 있음	• 높은 가격 • 보관 기간이 짧음 • 불규칙한 표면에 적합하지 않음 • 미생물의 과도 증식 문제가 있음 • 샘플링 후 표면에 잔류물 또는 미생물 배지가 남을 수 있으므로 배지 잔류물을 제거해야 함
린스 정량법 (Rinse Water)	• 제조 장치의 내부 표면처럼 접근이 어려운 곳의 측정에 사용할 수 있음 • 샘플링 면적이 커질 수 있음	• 정량적이지만, Biofilm의 측정이 불가능할 수 있음 • 많은 애플리케이션에 적합하지 않음 • 상세한 조작이 필요함 • 샘플 처리 과정이 실험 결과에 영향을 미칠 수 있음

☑ 설비 및 시설의 오염물질 제거 및 소독 방법

설비 및 기구의 세척은 제품 잔류물과 흙, 먼지, 기름때 등의 오염물을 제거하는 과정으로 세척과 소독 절차의 첫 번째 단계이며, 소독은 오염 미생물 수를 허용 수준 이하로 감소시키기 위해 수행하는 과정이다. 청결한 화장품 제조를 위해 제조 설비의 세척과 소독은 매우 중요한 과정으로 문서화된 절차에 따라 수행하고, 관련 문서는 잘 보관해야 하며, 세척 및 소독된 모든 장비는 건조시켜 보관해야 제조 설비의 오염을 방지할 수 있다. 세척과 소독 주기는 주어진 환경에서 수행된 작업의 종류에 따라 결정되므로, 자격을 갖춘 담당자가 각 구역을 정기적으로 점검해야 한다. 세척과 청소 일정은 조정할 수 있으며, 필요에 따라 개선 조치할 수 있다. 청소하는 동안 공기 중의 먼지를 최소화하도록 주의하며, 쏟은 원료나 제품은 즉시 완벽하게 청소한다. 제조 시설과 작업실의 위생관리는 작업장에 있는 제조 시설의 세척과 소독에 대한 관리, 작업실 공조를 통한 청정도 관리, 작업장에 대한 청소 및 소독 등을 다루는 것이다.

1. 제조 설비별 세척과 위생처리

설비명	세척 및 위생처리 개요
탱크	- 탱크는 세척하기 쉽게 고안되어야 하며 제품에 접촉하는 모든 표면은 검사와 기계적인 세척을 하기 위해 접근할 수 있도록 한다. - 세척을 위해 부속품 해체가 용이하여야 한다. - 최초 사용 전에 모든 설비는 세척되어야 하고 사용목적에 따라 소독되어야 한다. = 반응할 수 있는 제품의 경우 표면을 비활성으로 만들기 위해 <u>사용하기 전에 표면 부동태</u>(passivation)를 추천한다. - 설비의 일부분 변경 시에도 어떤 경우에는 다시 부동태화 필요할 수 있다. - **clean-in-place 시스템**(스프레이 볼/스팀세척기 같은)은 제품과 접촉되는 표면에 쉽게 접근할 수 없을 때 사용될 수 있다. - 설비의 악화 또는 손상이 확인되고 처리되는 동안에는 모든 장비의 해체 청소가 필요하다.
펌프	- 펌프는 일상적인 예정된 청소와 유지관리를 위하여 허용된 작업 범위에 대해 라벨을 확인해야 한다. - 효과적인 청소와 위생을 위해 각각의 펌프 디자인을 검증해야 하고 철저한 예방적인 유지관리 절차를 준수하여야 한다. - 펌프 설계는 펌핑 시 생성되는 압력을 고려해야 하고 적합한 위생적인 압력 해소 장치가 설치되어야 한다.
혼합과 교반 장치	- 다양한 작업으로 인해 혼합기와 구성 설비의 빈번한 청소가 요구될 경우, 쉽게 제거될 수 있는 혼합기를 선택하면 철저한 청소를 할 수 있다. - 풋베어링, 조절장치 받침, 주요 진로, 고정나사 등을 청소하기 위해서 고려하여야 한다.
호스	- 호스와 부속품의 안쪽과 바깥쪽 표면은 모두 제품과 직접 접하기 때문에 청소의 용이성을 위해 설계되어야 한다. - <u>투명한 재질은 청결과 잔금 또는 깨짐 같은 문제에 대한 호스의 검사를 용이하게 한다.</u> - <u>짧은 길이의 경우는 청소, 건조 그리고 취급하기 쉽고 제품이 축적되지 않게 하기에 선호된다.</u> - 세척제(스팀, 세제, 소독제 및 용매)들이 호스와 부속품 재제에 적합한지 검토되어야 한다. - 부속품이 해체와 청소가 용이하도록 설계되는 것이 바람직하며 <u>가는 부속품의 사용은 가는 관이 미생물 또는 교차오염문제를 일으킬 수 있으며 청소하기 어렵기 때문에 최소화되어야 한다.</u> - 일상적인 호스 세척 절차의 문서화 확립이 필요하다.
이송 파이프	- 청소와 정규 검사를 위해 쉽게 해체될 수 있는 파이프 시스템이 다양한 사용조건을 위해 고려되어야 한다. - 파이프 시스템은 정상적으로 가동하는 동안 가득 차도록 하고 가동하지 않을 때는 배출하도록 고안되어야 한다. - <u>오염시킬 수 있는 정체부위(데드렉-dead legs)가 없도록 한다.</u> - 파이프 시스템은 <u>축소와 확장을 최소화</u>하도록 고안되어야 한다. - 시스템은 밸브와 부속품이 일반적인 오염원이기 때문에 최소의 숫자로 설계되어야 한다. - 메인 파이프에서 두 번째 라인으로 흘러가도록 밸브를 사용할 때 밸브는 <u>정체부위(dead legs)를 방지하기 위해 주 흐름에 가능한 한 가깝게 위치해야 한다.</u>
칭량 장치	- 칭량장치의 기능을 손상시키지 않기 위해서 청소할 때에는 적절한 주의가 필요하다. - 먼지 등의 제거는 부드러운 브러시 등을 활용한다.
게이지와 미터	- 게이지와 미터가 일반적으로 청소를 위해 해체되지 않을 지라도, 설계 시 제품과 접하는 부분의 청소가 쉽게 만들어져야 한다.
제품 충전기	- 제품 충전기는 청소, 위생 처리 및 정기적인 감사가 용이하도록 설계되어야 한다. - 충전기가 멀티서비스 조작에 사용되거나, 미생물오염 우려가 있는 제품인 경우 특히 중요하다. - 충전기는 조작 중에 제품이 뭉치는 것을 최소화하도록 설계되어야 하며 설비에서 물질이 완전히 빠져나가도록 해야 한다.

설비명	세척 및 위생처리 개요
제품 충전기	- 제품이 고여서 설비의 오염이 생기는 사각지대가 없도록 해야 한다. - 고온세척 또는 화학적 위생처리 조작을 할 때 구성 물질과 다른 설계 조건에 있어 문제가 일어나지 않아야 한다. - 청소를 위한 충전기의 용이한 해체가 권장된다. - 청소와 위생처리과정의 효과는 적절한 방법으로 확인해야 한다.

2. 오염물질의 제거 및 소독 방법

(1) 세척 대상 물질(이하 내용을 읽어보면 알겠지만, 결국 모든 물질이 세척 대상 물질이다.)
- 화학물질(원료, 혼합물), 미립자, 미생물
- 동일 제품, 이종제품
- 쉽게 분해되는 물질, 안정된 물질
- 세척이 쉬운 물질, 세척이 곤란한 물질
- 불용물질, 가용물질
- 검출이 곤란한 물질, 쉽게 검출할 수 있는 물질

(2) 세척 대상 설비(이하 내용을 읽어보면 알겠지만, 결국 모든 설비가 세척 대상 설비이다.)
- 설비, 배관, 용기, 호스, 부속품
- 단단한 표면(용기 내부), 부드러운 표면(호스)
- 큰 설비, 작은 설비
- 세척이 곤란한 설비, 용이한 설비

(3) 세척 및 소독 방법
- 세척 방법에 제1 선택지, 제2 선택지, 심한 더러움 시의 대안을 마련하여 세척 대책이 되는 설비의 상태에 맞게 세척 방법을 선택한다.
- 물 또는 증기만으로 세척하는 것이 가장 좋으나 브러시 등의 세척 기구를 적절히 사용해서 세척한다.
- 유화기 등의 일반적인 제조설비는 "물+브러시" 세척이 제1 선택지이다.
- 지우기 어려운 잔류물에는 에탄올 등의 유기용제의 사용이 필요하다.
- 분해할 수 있는 부분은 분해하여 세척한다.
- 호스와 여과천 등은 서로 상이한 제품 간에 공용해서는 안 되며, 제품마다 전용품을 준비한다.

(4) 설비 세척의 원칙
- 세척 시 사용하는 용제는 위험성이 없는 용제(물이 최적임.)로 세척
- 가능하면 세제를 사용하지 않는 것을 원칙으로 한다.

> ***어쩔 수 없이 세제를 사용해야 하는 경우일 때 세제 사용 시 유의사항**
> - 세제는 설비 내벽에 남기 쉬우므로 철저하게 닦아 내야 한다.
> - 잔존한 세척제는 제품에 악영향을 미칠 수 있으므로 확인 후 제거하여야 한다.
> - 세제가 잔존하고 있지 않은 것을 설명하기 위해서는 고도의 화학적 분석이 필요하다.

- 증기 세척은 좋은 방법이다.

- 브러시 등으로 문질러 지우는 것을 고려하라.
- 분해할 수 있는 설비는 분해해서 세척한다.
- 세척 후에는 반드시 '판정'한다. 육안판정이 1순위 판정법이다.
- 판정 후의 설비는 건조·밀폐해서 보존한다.
- 세척의 유효 기간을 설정하여 그 기간에 도달하면 또 다시 세척한다.

3. 설비 세척제의 유형 및 장단점

유형	pH	오염물질	예시	장단점
무기산과 약산성 세척제	0.2~5.5	무기염, 수용성 금속 Complex	강산: 염산(hydrochloric acid), 황산(sulfuric acid), 인산(phosphoric acid), 초산(acetic acid), 구연산(citric acid)	- 산성에 녹는 물질, 금속 산화물 제거에 효과적 - 독성, 환경 및 취급 문제
중성 세척제	5.5~8.5	기름때 작은 입자	약한 계면 활성제 용액(알코올과 같은 수용성 용매를 포함할 수 있음)	- 용해나 유화에 의한 제거 - 낮은 독성, 부식성
약알칼리, 알칼리 세척제	8.5~12.5	기름, 지방, 입자	수산화암모늄(ammonium hydroxide), 탄산나트륨(sodium carbonate), 인산나트륨(sodium phosphate)	- 알칼리는 비누화, 가수 분해를 촉진
부식성 알칼리 세척제	12.5~14	찌든 기름	수산화나트륨(sodium hydroxide), 수산화칼륨(potassium hydroxide), 규산나트륨(sodium silicate)	- 오염물의 가수 분해 시 효과 좋음 - 독성 주의, 부식성

4. 설비 소독제의 유형 및 장단점

(1) 물리적 소독제(스팀, 온수, 직열)

유형	설명	사용시간	장점	단점
스팀	100℃ 물	30분	- 제품과의 우수한 적합성 용이한 사용성 - 효과적 - 비이오 필름 파괴	- 보일러나 파이프에 남는 잔류물 - 고에너지 소비 - 긴 소독 시간 - 습기 다량 발생
온수	80~100℃ (70~80℃)	30분 (2시간)	- 제품과의 우수한 적합성 - 용이한 사용성 - 긴 파이프 사용 가능 - 부식성 없음	- 많은 양 필요 - 긴 체류 시간 - 습기 다량 발생 - 고에너지 소비
직열	전기 가열 테이프	다른 방법과 같이 사용	- 다루기 어려운 설비나 파이프에 효과적	- 일반적 사용 방법이 아님

(2) 화학적 소독제

- 살균소독제는 살균·소독의 대상표면의 내용물 오염 상태, 내용물 침적물의 용해도 특성 등에 따라 다르게 사용해야 한다.
- 화학적 소독제의 조건: 효력발휘 범위가 넓을 것, 신속한 사멸이 가능할 것, 수용성이며, 쉽게 조제할 수 있을 것, 안전성을 가질 것, 유기물 찌꺼기, 경수 등에 대한 내성이 있을 것, 환경 친화적이며 독성이 없을 것, 부식성이 없을 것, 경제적일 것, 사용하기에 안전할 것

유형	설명	사용농도/시간	장점	단점
염소 유도체	차아염소산나트륨 (sodium hypochlorite), 차아염소산칼슘 (calcium hypochlorite), 차아염소산리튬 (lithium hypochlorite)	200 ppm, 30 분	- 우수한 효과 - 사용 용이 - 찬물에 용해되어 단독으로 사용 가능	- 향, pH 증가 시 효과 감소 - 금속 표면과의 반응성으로 부식됨 - 빛과 온도에 예민함 - 피부 보호 필요
양이온 계면 활성제	4급 암모늄 화합물	200 ppm (제조사 추천 농도)	- 세정 작용 - 우수한 효과 - 부식성 없음 - 물에 용해되어 단독 사용 가능 - 무향, 높은 안정성	- 포자에 효과 없음 - 중성/약알칼리에서 가장 효과적 - 경수, 음이온 세정제에 의해 불활성화 됨
알코올	아이소프로필알코올 (isopropyl alcohol), 에탄올(ethanol)	아이소프로필 알코올 60 ~ 70%, 15 분, 에탄올 60 ~ 95%, 15 분	- 세척 불필요 - 사용 용이 - 빠른 건조 - 단독 사용	- 세균 포자에 효과 없음 - 화재, 폭발 위험 - 피부 보호 필요
페놀	페놀(phenol), 염소화페놀 (chlorophenol)	1 : 200 용액	- 세정 작용 - 우수한 효과 - 탈취 작용	- 조제하여 사용 세척 필요함, 가격이 고가임. - 용액 상태로 불안정(2~3 시간 이내에 사용해야 함) - 피부 보호 필요
인산	인산 용액	제조사 지시에 따름	- 스테인리스에 좋음 - 저렴한 가격 - 낮은 온도에서 사용 - 접촉 시간 짧음	- 알칼리성 조건하에서는 효과가 적음 - 피부 보호 필요
과산화수소	안정화된 용액으로 구입	35% 용액의 1.5 %, 30분	- 유기물에 효과적	- 고농도 시 폭발성 - 반응성 있음 - 피부 보호 필요

☑ 설비 및 기구의 구성 재질 구분

탱크	- <u>공정 중 또는 보관용 원료를 저장하기 위해 사용</u>(공정 단계 및 완성된 포뮬레이션 과정에서 공정 중인 또는 보관용 원료를 저장하기 위해 사용) - 가열 및 냉각과 압력 및 진공 조작을 할 수 있도록 만들어질 수 있음 - 탱크는 적절한 커버를 갖춰야 하며, 청소와 유지관리를 쉽게 할 수 있어야 함 - 온도/압력 범위가 조작 전반과 모든 공정 단계의 제품에 적합하여야 함 - 주로 <u>316스테인리스 스틸 사용</u>(스테인리스 스틸은 탱크의 제품에 접촉하는 표면 물질로 일반적으로 선호. 스테인리스 #304나 #316이 쓰임. 316이 더 부식에 강함.) - 주형 물질 또는 거친 표면은 제품이 뭉치게 되어 화장품에는 추천 X(주형물질은 미생물 또는 교차 오염 문제를 일으킬 수 있음.)

탱크	- 미생물학적으로 민감하지 않은 물질이나 제품에는 유리로 안을 댄 강화유리섬유 폴리에스터와 플라스틱으로 안을 댄 탱크를 사용함 - 퍼옥사이드 같은 민감한 물질 또는 제품은 탱크 제작 전문가 또는 물질 공급자와 함께 탱크의 구성 물질과 생산하고자 하는 내용물이 서로 적용 가능한지에 대해 상의할 것 - 모든 용접, 결합은 가능한 한 **매끄럽고 평면**이어야 함 - 외부표면의 **코팅은 제품에 대해 저항력**이 있어야 함(탱크가 제품과의 반응으로 부식되거나 분해를 초래하는 반응이 있어서는 안 됨) - 제품 제조 과정, 설비 세척, 유지관리에 사용되는 동안 다른 물질이 스며들어서는 안 됨 - 세제 및 소독제와 반응해서는 안 됨 - 용접, 나사, 나사못, 용구 등을 포함하는 설비 부품들 사이에 전기 화학 반응을 최소화
펌프	- 다양한 점도의 액체를 다른 지점으로 이동시키기 위하여 사용(다양한 점도의 액체를 한 지점에서 다른 지점으로 이동시키거나 제품을 혼합(재순환 또는 균질화)) - 시험의 수치는 특히 매우 민감한 에멀젼에서 중요한데, 펌프의 기계적인 작동이 에멀젼의 분해를 가속화시켜 불안전한 제품을 만들어 내기 때문(펌핑(작업)의 기계적인 동작은 에너지를 펌핑된 물질에 가하게 되고, 에너지는 펌핑된 물질에 따라 그 물질의 물리적 성질의 변화를 일으킬 수 있다.) - 펌프는 모터, 개스킷(gasket), 패킹(packing), 윤활제로 구성된다. - 펌프의 종류: 터보형(원심식, 사류식, 축류식), 용적형(왕복식, 회전식), 특수형 등 - 펌프 종류는 미생물학적인 오염을 방지하기 위해서 원하는 속도, 펌핑될 물질의 점성, 수송 단계 필요조건, 그리고 청소/위생관리(세척/위생관리)의 용이성에 따라 선택 - 펌프 종류의 최종 선택은 펌핑 테스트를 통해 물성에 끼치는 영향을 완전히 해석하여 확증한 후에 선택(매우 민감한 에멀젼에서 중요)해야 한다. - 하우징과 날개차는 닳는 특성으로 인해 다른 재질로 만듦 - 펌핑된 제품으로 젖게 되는 개스킷, 패킹 및 윤활제가 있으며 모든 온도 범위에서 제품과의 적합성 평가가 되어야 함 - 원하는 속도, 펌프될 물질의 점성, 수송단계의 필요조건, 청소/위생관리의 용이성에 따라 선택 - 원심력을 이용하는 펌프는 주로 낮은 점도(물, 청소용제 등)의 액체에 사용되며 양극적인 이동을 이용한 펌프는 주로 점성이 있는 액체(미네랄 오일, 에멀젼 등)에 사용됨
혼합과 교반 장치 (호모게나이저, 호모믹서)	- 제품의 균일성 또는 물리적 성상을 얻기 위해 사용(혼합 또는 교반 장치는 제품의 균일성과 희망하는 물리적 성상을 얻기 위해 사용) - 장치 설계는 기계적으로 회전된 날의 간단한 형태로부터 정교한 제분기(mill)와 균질화기(homogenizer)까지 있다. - 혼합기는 제품에 영향을 미치며 많은 경우에 제품의 안정성에 영향을 미친다. - 안정적으로 의도된 결과를 생산하는 믹서를 고르는 것이 매우 중요하다. - 기계적인 회전된 날의 간단한 형태로부터 정교한 제분기와 균질화기까지 있으며 전기화학적 반응을 피하기 위해 믹서를 설치한 모든 젖은 부분은 탱크와 공존이 가능한지 확인할 것 - 믹서를 고르는 방법 중 일반적인 접근은 실제 생산 크기의 뱃치 생산 전에 시험적인 정률증가(scale-up) 기준을 사용하여 뱃치들을 제조하고 그렇게 생산된 제품의 안정성과 품질에 따라 믹서의 적합성을 판단한다. - 전기화학적인 반응을 피하기 위해서 믹서의 재질이 믹서를 설치할 모든 젖은 부분 및 탱크와의 공존이 가능한지를 확인해야 한다. - 대부분의 믹서는 봉인(seal)과 개스킷에 의해서 제품과의 접촉으로부터 분리되어 있는 내부 패킹과 윤활제를 사용한다. - 혼합기를 작동 시키는 사람은 회전하는 샤프트와 잠재적인 위험 요소를 생각하여 안전한 작동 연습을 적절하게 훈련받아야 한다.

호스	- 한 위치에서 다른 위치로 제품을 전달하기 위해 사용(화장품 생산 작업에 훌륭한 유연성을 제공하기 때문에 한 위치에서 또 다른 위치로 제품의 전달을 위해 화장품 산업에서 광범위하게 사용) - 고무(강화된 식품등급), 나일론, 폴리프로필렌, 폴리에틸렌, 네오프렌, 타이곤, 강화된 타이곤 등의 재질 사용 - 호스 부속품과 호스는 작동의 전반적인 범위의 온도와 압력에 적합하여야 하고 제품에 적합한 제재로 건조되어야 함 - 호스 구조는 위생적인 측면이 고려되어야 함 - 호스 설계와 선택은 적용시의 사용 압력/온도범위를 고려해야 함
필터, 여과기, 체	- **화장품 원료와 완전 제품의 입자 크기, 덩어리 모양을 깨고, 불순물을 제거**하기 위해 사용(필터, 스트레이너 그리고 체는 화장품 원료와 완제품에서 원하는 입자크기, 덩어리 모양을 파쇄를 위해, 불순물을 제거하기 위해 그리고 현탁액에서 초과물질을 제거하기 위해 사용) - 원치 않는 불순물을 제거하기 위해서 체와 필터의 사용 시 불순물이 아닌 성분을 제거 - 설비는 여과공정 동안 여과된 제품의 검체 채취가 용이하도록 설계되어야 함 - 내용물과 반응하지 않는 스테인레스스틸 및 비반응성 섬유 선호 - 원료와 처방에 대해 스테인리스 #316은 제품의 제조를 위해 선호 - 여과 매체(예. 체, 가방(백(bag)), 카트리지 그리고 필터 보조물)는 효율성, 청소의 용이성, 처분의 용이성 그리고 제품에 적합성에 전체 시스템의 성능에 의해 선택하여 평가하여야 함 - 시스템 설계는 모든 여과조건하에서 생기는 최고 압력들을 고려해야 함
이송파이프	- 제품을 한 위치에서 다른 위치로 운반함 - 파이프 시스템에서 밸브와 부속품은 흐름을 전환, 조작, 조절과 정지하기 위해 사용 - 파이프 시스템의 기본 부분: 펌프, 필터, 파이프, 부속품(엘보우, t's, 리듀서), 밸브, 이덕터 또는 배출기 - 파이프 시스템은 제품 점도, 유속 등을 고려해야 함 - 교차오염의 가능성을 최소화하고 역류를 방지하도록 설계되어야 함 - 파이프 시스템에는 플랜지(이음새)를 붙이거나 용접된 유형의 위생처리 파이프시스템 존재 - 유리, #304 또는 #316 스테인리스, 구리, 알루미늄 등으로 구성 - 전기화학반응이 일어날 수 있으므로 주의할 것
칭량장치	- 원료, 제조과정 중 재료 및 완제품에서 요구되는 성분표 양과 기준을 만족하는지 보증하기 위해 중량적으로 측정하는 장치
게이지와 미터기	- 온도, 압력, 흐름, 점도, 속도, 부피, pH 등 화장품의 특성을 측정 및 기록하기 위해 사용 - **대부분 원료와 직접 접하지 않도록 분리 장치를 제공**함 - 어떤 것들은 개스킷, 파이프 도료, 용접봉 등을 사용하기도 한다. 이것들은 물질의 적용 가능성을 위해 평가되어야 한다. - 유형 #304 와 #316 스테인리스스틸에 추가해서, 유리, 플라스틱, 표면이 코팅된 폴리머가 제품에 접촉하는 표면에 사용 - 파이프 시스템 설계는 생성되는 최고의 압력을 고려해야 함 - 사용 전, 시스템은 정수압 적으로 시험되어야 함
제품 충전기	- 제품 충전기는 제품을 1차 용기에 넣기 위해 사용 - 제품의 물리적 및 심미적인 성질이 충전기에 의해 영향을 받을 수 있음 - 제품에 대한 영향을 설비 선택 시 고려 - 변경을 용이하게 할 수 있도록 설계 - 조작중의 온도 및 압력이 제품에 영향을 끼치지 않아야 함 - 제품에 나쁜 영향을 끼치지 않아야 함 - 제품에 의해서나 어떠한 청소 또는 위생처리작업에 의해 부식되거나, 분해되거나 스며들게 해서는 안 됨 - 용접, 볼트, 나사, 부속품 등의 설비구성요소 사이에 전기 화학적 반응을 피하도록 구축되어야 함

제품 충전기	- 가장 널리 사용되는 제품과 접촉되는 표면물질은 300시리즈 스테인리스 스틸 - 유형 #304와 더 부식에 강한 유형 #316 스테인리스스틸이 가장 널리 사용 - 제품충전기는 특별한 용기와 충전 제품에 대해 요구되는 정확성과 조절이 용이하도록 설계되어야 함 - 장치는 정해진 속도에서 지정된 허용오차 내에서 원하는 수의 제품의 충전이 가능해야 함
칭량장치	- 원료, 제조과정 재료 그리고 완제품에 요구되는 성분표 양과 기준을 만족하는지를 보증하기 위해 중량적으로 측정하기 위해 사용 - 선택된 칭량장치의 유형은 작업의 조건과 요구되는 성과에 달려있음 - 주의할 점은 필요한 무게가 계량되기 위해 적절한 칭량 장치 선택 - 칭량 장치의 오차 허용도는 칭량에서 허락된 오차 허용도보다 커서는 안 됨 - 칭량장치는 그들의 정확성과 정밀성의 유지관리를 확인하기 위해 조사되어야 하고 일상적으로 검정되어야 함 - 기계식, 광선타입, 진자타입, 전자식 그리고 로드 셀(load cell)과 같은 몇몇 작동 원리를 갖는 칭량 장치의 유형
칭량장치	- 계량적 눈금의 노출된 부분들은 칭량 작업에 간섭하지 않는다면 보호적인 피복제로 칠해질 수 있음 - 계량적 눈금 레버 시스템은 동봉물을 깨끗한 공기와 동봉하고 제거함으로써 부식과 먼지로부터 효과적으로 보호 - 칭량장치들은 제재의 칭량이 쉽게 이루어질 수 있고 교차 오염의 가능성이 최소화된 위치에 설치되어야 함 - 민감한 기구이기 때문에, 불필요한 남용으로부터 보호 - 만약 부식성의 환경들과 과도한 먼지로부터 적절하게 보호되지 않는다면 칭량기구의 기능저하의 원인
게이지와 미터	- 게이지와 미터는 온도, 압력, 흐름, pH, 점도, 속도, 부피 그리고 다른 화장품의 특성을 측정 및 또는 기록하기 위해 사용되는 기구 - 제품과 직접 접하는 게이지와 미터의 적절한 기능에 영향을 주지 않아야 함 - 대부분의 제조자들은 기구들과 제품과 원료의 직접 접하지 않도록 분리 장치 제공 - 전기 구성 품들은 설비 지역에 있을 수 있는 폭발위험물로부터 안전한 곳에 보관한다.

☑ 설비 및 기구의 유지관리 및 폐기 기준

> **TIP**
> 기계 설비는 내구연한이 있고, 사용 조건과 설비 관리의 적절성에 따라 내구연한이 단축되거나 연장될 수 있으며 설비의 최적 운용은 제품 생산성 및 품질과 직결된다. 설비의 최적 운용이란 설비 이력 관리를 통해 설비 가동률과 고장률을 파악하고, 점검·정비 주기의 단축 또는 연장 여부, 부품의 교체 시기, 설비의 정밀 진단과 폐기 시점을 결정하는 것이다. 설비의 최적 운용을 위하여 설비·기구의 관리, 유지 보수 및 폐기 능에 대하여 숙지하여야 한다.

1. 설비 및 기구의 유지관리 기준

- 설비는 정기적으로 점검, 화장품의 제조 및 품질관리에 지장이 없도록 유지·관리·기록할 것
- 결함 발생 및 정비 중인 설비는 적절한 방법으로 표시하고, 고장 등 사용이 불가할 경우 표시
- 세척한 설비는 다음 사용 시까지 오염되지 않도록 관리
- 모든 제조 관련 설비는 승인된 자만이 접근·사용
- 제품의 품질에 영향을 줄 수 있는 검사, 측정, 시험장비 및 자동화장치는 계획을 수립하여 정기적으로 교정, 성능점검 및 결과 기록
- 유지관리 작업이 제품의 품질에 영향을 주어서는 안 됨

2. 설비·기구의 유지보수 및 점검

- 설비 관리: 설비 관리는 조사, 분석, 설계, 설치, 운전, 보전, 그리고 폐기에 이르는 설비 생애(life cycle)의 전 단계에 걸쳐서 설비의 생산성을 높이는 활동을 말한다.
- 설비의 생애

1	신규 설비 검토 단계
2	설계, 제작, 설치, 검수 단계
3	사용과 유지·관리 단계(일상 점검, 정기 점검)
4	고장 발생과 수리 단계
5	폐기, 매각 단계

- 설비 보전: 생산 설비 등을 최적의 상태로 효율적으로 유지하기 위해 일상 점검 및 정기 점검을 통한 설비 진단과 고장 부위 정비 또는 유지, 보수, 관리, 운용하는 활동
- 설비 유지·보수: 설비 보전과 같은 개념이나 보통은 설비 보전 활동 중 기본적인 점검, 정비, 그리고 보수(부품 교체와 부분 수리)를 통해 설비가 제대로 동작하도록 유지시키는 활동에 국한
- 설비 유지·보수 필요성: 설비 유지·보수는 예방 정비 및 기기의 수명 예측 등을 통하여 설비가 항상 정상 상태로 가동되고 안전 운전을 유지할 수 있도록 하는 데 목적이 있음
- 설비의 특성 파악: 정비 계획을 수립하기 위해서는 제조 공정, 생산 설비와 제조 공정도에 대한 이해가 필요
- 정비 계획에 따른 점검·정비
    - 설비 대장의 점검·정비 주기와 연간 정비 계획표 수립
    - 정비 업무 계획표에 따라 점검과 정비 실시
    - 설비 점검은 설비별 점검 기준서를 기초로 하여 실시
    - 점검 기준서 포함 사항

    > 설비 구조도면, 명칭, 기능, 취급 방법, 기계요소 및 내구 수명, 작업 내용, 설비 기본 정보(설비 번호, 설비명, 설치 연월, 설치 장소), 설비 사진 또는 도면(일련번호와 함께 점검과 정비 대상인 기계요소의 번호, 명칭, 기능 기재), 점검 부위명, 점검 기준, 점검 방법, 점검 주기, 조치 방법, 담당자명

    - 설비의 일상 점검은 일간 또는 주간 주기로 실시, 결과를 설비 점검표에 기록
    - 설비의 정기 점검은 연간 정비 계획서에 따라 정기 정비와 같이 실시, 설비 점검표에 점검 결과를 기재하고 기록 보관
- 설비 결함: 고장의 원인이 되는 설비 손상, 설비 효율이나 생산 효율을 저해하는 요인
    - 설비 효율 저해 요인에는 고장 로스, 작업 준비·조정 로스, 일시 정체 로스, 속도 로스, 불량·수정 로스, 초기수율 로스가 있음
    - 수시로 점검과 정비를 통해 설비 결함의 발생 빈도를 감소시켜야 함
- 부품 교체: 부품 교체 주기표, 유지·보수 계획서, 그리고 장기 보전 계획표에 정해진 기간에 실시하고 예비품 관리 대장에 기록

3. 설비 및 기구의 이력관리 및 폐기

- 사용 조건과 설비 관리의 적절성에 따라 내구연한이 단축 또는 연장
- 설비 이력 관리를 통한 설비 가동률과 고장률 파악
- 점검·정비 주기의 단축 또는 연장 여부 결정
- 부품의 교체 시기, 설비의 정밀 진단과 폐기 시점 결정
- 설비 가동 일지에는 설비 번호, 설비명, 설치 장소, 설치 연월과 같은 기본 항목 이외에 생산일 및 시간, 조업 시간, 정지 시간, 부하 시간, 가동 시간, 가동률 기록
- 내구연한 종료 설비의 폐기
- 설비 이력카드 양식의 구성은 다음과 같음

설비 상세 명세 구성 항목	설비 번호, 설비명, 설치 장소, 제작 번호, 제작사, 제조 연월, 구입처, 설치 연월, 설비 사진과 주요 기계요소 명칭, 일련번호와 주요 부속품 및 장치명
유지·보수 이력 구성 항목	유지·보수 일시, 유지·보수 항목, 유지·보수 내용, 조치 사항, 조치 결과, 작업자
부품 교체 이력 구성 항목	부품 교체 일시, 부품명, 교체 방법, 수량, 이전 교체일, 구입처, 작업자

4. 저울의 검사, 측정 및 관리 (3회 기출문제)

- 검사, 측정 및 시험 장비의 정밀도를 유지·보존
- 전자저울은 매일 영점을 조정하고 주기별로 점검 실시
- 전자저울의 점검 주기 및 방법은 다음과 같음

점검 항목	점검 주기	점검 시기	점검방법	판정 기준	이상 시 조치
영점	매일	가동 전	Zero point setting (영점 버튼)	0으로 세팅되어있는지 확인할 것	수리의뢰 및 필요 조치
수평	매일	가동 전	육안 확인	수평임을 확인한다.	자가 조절 후 수리의뢰 및 필요 조치
점검	1개월	-	표준 분동	직선성: ±0.5 % 이내 정밀성: ±0.5 % 이내 편심오차: ±0.1 % 이내	수리의뢰 및 필요 조치

5. 설비 및 기구의 폐기

(1) 폐기 처리 – 품질에 문제가 있거나 회수·반품된 제품의 폐기 또는 재작업 여부는 <u>품질부서책임자에 의해 승인</u>되어야 함
(2) 불용 처리 – 부품 수급이 불가능한 경우/설비 수리·교체의 비용이 신규 설비 도입 비용을 초과하는 경우/정기점검 결과 작동 및 오작동에 대한 설비의 신뢰성이 지속적인 경우
(3) 폐기 대상 – 따로 보관하여 규정에 따라 신속하게 폐기하여야 함

★품질부서책임자의 이행 업무(품질검사, 일탈, 출고 여부, 불만처리, 제품회수, 재작업, 변경관리)
- 품질에 관련된 모든 문서와 절차의 검토 및 승인
- 품질검사가 규정된 절차에 맞게 진행되는지 확인
- 일탈이 있는 경우 이의조사 및 기록
- 적합 판정한 원자재 및 제품의 출고 여부 결정
- 부적합품이 규정된 절차대로 처리되고 있는지 확인
- 불만처리와 제품회수에 관한 사항의 주관
- 변경관리(제품 품질에 영향을 주는 원자재, 제조공정 등을 변경할 경우 이를 문서화하고 품질부서책임자에 의해 승인된 후 수행하여야 한다.)

Chapter 3 유통화장품 안전관리

- 1,000점 만점 중 250점(25%) 할당, 총 25문항, 선다형(25문항), 단답형(0문항)
- 3.4. 내용물 및 원료관리
- 소주제: 1. 원료 및 내용물의 입고 기준
  2. 유통화장품의 안전관리 기준
  3. 입고된 원료 및 내용물 관리 기준
  4. 보관중인 원료 및 내용물 출고기준
  5. 원료 및 내용물의 폐기 기준
  6. 원료 및 내용물의 사용기한 확인 · 판정
  7. 원료 및 내용물의 개봉 후 사용기한 확인 · 판정
  8. 원료 및 내용물의 변질 상태 확인
  9. 원료 및 내용물의 폐기 절차

☑ 내용물 및 원료의 입고 기준

화장품은 피부에 직접 바르거나 뿌리는 등 인체와 관계되는 제품이므로 안전성이 확보된 원료를 사용하여야 한다. 따라서 화장품 제조에 사용되는 모든 원료의 부적절한 사용 및 오염을 방지하기 위하여 해당 원료의 검증 및 확인, 보관, 취급 및 사용을 보장할 수 있는 절차가 수립되어야 한다. 이러한 안전성 보장 절차의 첫 시작은 화장품을 만들기 위한 원료와 내용물의 입고 시 관리를 철저히 하는 것이다.

1. 원자재 공급자에 대한 관리 · 감독

- 원자재를 공급받는 자는 화장품제조업자이다. 화장품을 만드는 화장품제조업자는 원자재 공급업자로부터 화장품 원료 및 화장품 자재(포장 용기 등)를 제공받는다. 따라서 화장품제조업자는 원자재 공급업자를 관리 · 감독하여야 한다. 화장품의 제조에 사용되는 모든 원료의 부적절하고 위험한 사용, 혼합 또는 오염을 방지하기 위하여 해당 물질의 검증, 확인, 보관, 취급 및 사용을 보장할 수 있도록 절차가 수립되어 외부로부터 공급된 원료는 규정된 품질 합격 판정기준을 충족시켜야 한다.

*원자재 공급자에 대한 사전 조사
원자재 공급업자에 대한 평판 조사하기
내용물 또는 원료 물질의 품질을 입증할 수 있는 검증 자료 제공 유무 확인 후 계약 맺기

2. 원자재 용기 및 시험기록서(COA)의 필수 기재 사항

- 원자재 공급자가 정한 제품명
- 원자재 공급자명
- 수령일자
- 공급자가 부여한 제조번호 또는 관리번호
- 필요한 경우 원료 취급 시 주의사항

3. 내용물 또는 원료의 입고 기준 또는 확인 사항

- 제조업자는 원자재 공급자에 대한 관리·감독을 적절히 수행하여 입고 관리가 철저히 이루어지도록 한다.
- 원자재 입고 시 **구매요구서, 원자재 공급업체 성적서 및 현품**(구매요구서, 인도문서, 인도물)이 서로 일치하여야 한다.(필요한 경우 운송 관련 자료를 추가적으로 확인 가능)
- 원자재 용기에 **제조번호가 없는 경우 관리번호를 부여하여 보관**해야 한다.

  *제조번호(뱃치번호): 뱃치(하나의 공정이나 일련의 공정으로 제조되어 균질성을 갖는 화장품의 일정 분량)에 대하여 제조관리 및 출하에 관한 모든 사항을 확인할 수 있도록 표시된 번호(숫자, 문자, 기호의 조합)

- 외부로부터 반입되는 모든 원료는 관리를 위해 표시를 하여야 하며, 필요한 경우 포장 외부를 깨끗이 청소
- 한 번에 입고된 원료는 제조단위별로 각각 구분하여 관리
- 입고 절차 중 육안으로 물품에 결함이 있을 경우 입고를 보류하고 격리보관 및 폐기 또는 원자재 공급업자에게 반송해야 한다.
- 입고된 원자재는 **적합/부적합/검사 중** 등으로 상태를 표기해야 한다.(동일 수준의 보증이 가능한 다른 시스템이 있다면 대체 가능)
- 제조업자는 원료 수령에 대한 절차서를 확립하여야 한다.(확인, 검체채취, 규정 기준에 대한 검사 및 시험 및 그에 따른 승인된 자에 의한 불출 전까지는 어떠한 물질도 사용되어서는 안 된다는 것을 명시하는 원료 수령에 대한 절차서를 수립하여야 함)
- 원료 선적 용기에 대하여 확실한 표기 오류, 용기 손상, 봉인 파손, 오염 등에 대한 육안 검사를 실시한다.
- 품질성적서(원료규격서)를 확인한다.(품질성적서에 기재된 원료명, 밀봉 상태, 성상, 이물, 관능, 부적합기준 등을 확인)
- 입고된 원료는 검사 중, 적합, 부적합에 따라 각각의 구분된 공간에 별도로 보관되어야 한다.
- 필요한 경우 부적합된 원료를 보관하는 공간은 잠금장치를 추가하여야 하며 자동화 창고와 같이 확실하게 구분하여 혼동을 방지할 수 있는 경우에는 해당 시스템을 통해 관리할 수 있다.
- 일단 적합판정이 내려지면, 원료보관소 내 적합한 보관장소로 이동한다.
- 품질이 부적합 되지 않도록 하기 위해 수취와 이송 중의 손상, 보관온도, 습도, 다른 제품과의 접근성을 고려한다.

4. 원료 입고 검사 순서

입고 원료 확인 (구매요구서, 성적서 및 현품 일치 여부 확인)	판정대기소 보관 (백색 라벨 부착)	시험검체 채취 및 시험 (황색 라벨 부착)	적합 판정 (청색 라벨 부착)	입고 (적합보관소 이동)
			부적합 판정 (적색 라벨 부착)	반품 (부적합품 보관소 이동/반품)

- 입고 원료 확인 전 입고 차량을 검사한다.(입고 차량의 청결상태, 시건장치, 타코메타(냉장, 냉동))
- 원료를 육안으로 검사한다.
- 원료의 수불일지를 작성한다.

- 물품 결함 시에는 입고를 보류하거나 격리보관 조치를 하거나 폐기 또는 원자재 공급업자에게 반송(환불) 조치를 한다.
- 모든 원료는 화장품책임판매업자가 정한 기준에 따라서 품질을 입증할 수 있는 검증자료를 공급자로부터 공급받아야 한다. 이러한 보증의 검증은 주기적으로 관리되어야 하며, 모든 원료는 사용 전에 관리되어야 한다.
- 원자재의 입고 시 구매 요구서, 원자재 공급업체 성적서 및 현품이 서로 일치하여야 하며 필요한 경우 운송 관련 자료를 추가적으로 확인할 수 있다.

원료의 관리에 필요한 사항

☞ 중요도 분류
☞ 공급자 결정
☞ 발주, 입고, 식별·표시, 합격·불합격 판정, 보관, 불출
☞ 보관 환경 설정
☞ 사용기한 설정
☞ 정기적 재고관리
☞ 재평가
☞ 재보관

원료 구매 시 고려사항

☞ 요구사항을 만족하는 품목과 서비스를 지속적으로 공급할 수 있는 능력평가를 근거로 한 공급자의 체계적 선정과 승인
☞ 합격판정기준, 결함이나 일탈 발생 시의 조치 그리고 운송 조건에 대한 문서화된 기술 조항의 수립
☞ 협력이나 감사와 같은 회사와 공급자간의 관계 및 상호 작용의 정립

원료의 선정 절차 예시

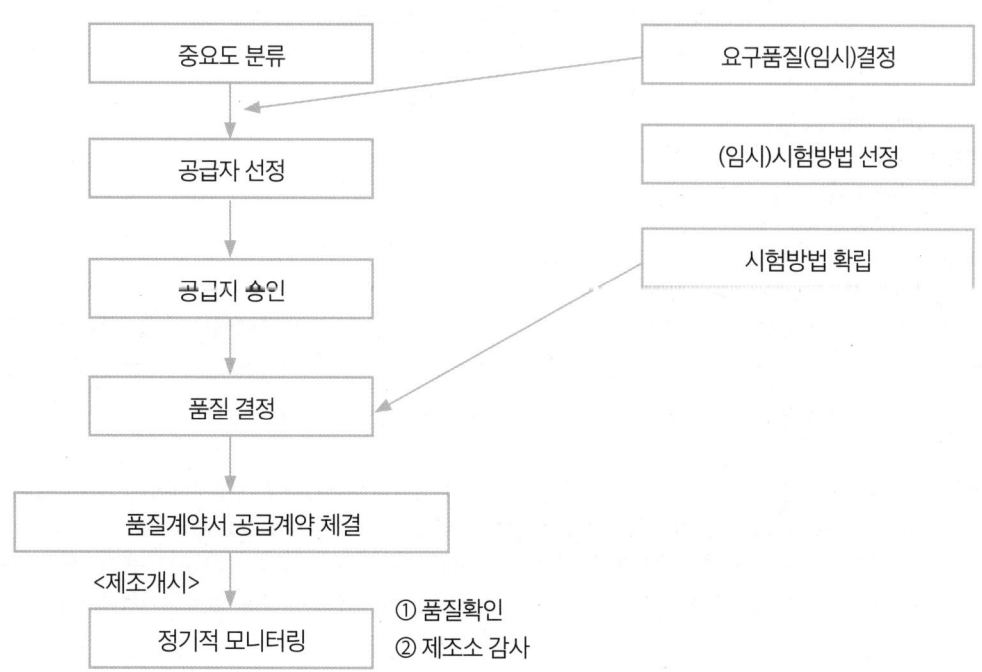

☑ 유통화장품 안전관리 기준

유통화장품은 안전관리 기준에 적합하여야 하며, 유통화장품 유형별로 안전관리 기준에 적합하여야 한다. 화장품을 제조 또는 조제하면서 규제 대상 물질들에 대한 정보를 숙지하며 화장품을 관리하는 것은 중요하다. 맞춤형화장품 역시 시중에 판매되는 유통화장품이므로, 맞춤형화장품조제관리사는 기본적으로 이 기준을 숙지할 필요가 있다.

★★★★★「화장품 안전기준 등에 관한 규정」의 제6조(유통화장품의 안전관리 기준)★★★★★
매우 중요! 시험 단골출제!

유통화장품 안전관리기준이란 화장품의 제조 또는 수입 및 안전관리에 적정을 기함을 목적으로 만들어진 기준입니다. 유통되는 화장품의 안전관리 기준을 설정함으로써 소비자들이 '안전'하게 화장품을 사용할 수 있게 함에 그 목적이 있습니다. 맞춤형화장품 역시 판매되는 화장품이므로 유통화장품입니다. 따라서 이 조항을 지켜야 합니다. 유통화장품 안전관리기준은 크게 여섯 부분으로 나뉘어져 있습니다.

1. 비의도적 유래 성분의 검출허용한도★★★★★ → 어길 시 위해성 나등급!

비의도적 유래 성분이란 인위적으로 첨가하지는 않았으나, 제조 또는 보관 과정 중 포장재로부터 이행되는 등 비의도적으로 유래한 성분들을 말합니다. 일부러 넣지는 않았지만 어쩌다 보니 원료 간의 화학반응 혹은 가마에 붙어있던 것이 혼입되거나 포장재로부터 유입이 된 경우 등이 있습니다.
식약처에서는 검출된 해당 물질이 <u>비의도적으로 유래된 사실이 객관적인 자료로 확인되고</u> <u>기술적으로 완전히 제거가 불가능한 경우</u>에 한해 검출 허용 한도를 정하였습니다.(원래는 이러한 성분들은 식약처장이 고시한 '사용할 수 없는 원료'랍니다!) 그 기준은 다음과 같습니다.

1. 납 : 점토를 원료로 사용한 분말제품은 50㎍/g이하, 그 밖의 제품은 20㎍/g이하
2. 니켈: 눈 화장용 제품은 35㎍/g 이하, 색조 화장용 제품은 30㎍/g이하, 그 밖의 제품은 10㎍/g 이하
3. 비소 : 10㎍/g이하
4. 수은 : 1㎍/g이하
5. 안티몬 : 10㎍/g이하
6. 카드뮴 : 5㎍/g이하
7. 디옥산 : 100㎍/g이하
8. 메탄올 : 0.2(v/v)%이하, 물휴지는 0.002%(v/v)이하
9. 포름알데하이드 : 2000㎍/g이하, 물휴지는 20㎍/g이하
10. 프탈레이트류(디부틸프탈레이트, 부틸벤질프탈레이트 및 디에칠헥실프탈레이트에 한함) : 총 합으로서 100㎍/g이하

실제 시험에서 단위를 바꿔서 헷갈리게 만드는 문제들이 여럿 나옵니다. 따라서 단위에 대해 명확히 계산하실 줄 아셔야 합니다.
[예] 어떤 화장품에 비소가 5㎍/g 들었다고 한다. 이 화장품은 유통화장품 안전관리 기준에 부합하는가? → 비소의 기준은 10㎍/g이하이므로 이 화장품은 기준 적합입니다. 그러나 문제는 이렇게 쉽게 나오지 않습니다.
[예] 어떤 화장품에 비소가 5ppm 혹은 0.0005% 혹은 0.005mg/g 들었다고 한다. 이 화장품은 유통화장품 안전관리 기준에 부합하는가? → 이렇게 단위가 변환되어 출제되면 대단히 어려워집니다. 이를 쉽게 터득하는 법을 정리해보았습니다.

<유통화장품 안전관리 기준 정복을 위한 단위 변환>

1. μg/g은 ppm과 같다. 즉, 한 화장품에 납이 18ppm이 들어있다는 뜻은 납이 18μg/g들어있다는 말과 같다.(μg/g = ppm)
2. 18μg/g을 퍼센트로 나타내면 0.0018%이다. 1μg/g의 의미는 해당 화장품의 1g(그람) 당 해당 성분이 1μg 들어있다는 뜻이다. g은 1,000,000μg이므로 1μg/g는 1,000,000μg분의 1μg이라는 뜻이다. 이를 %로 나타내기 위해서는 100을 곱하면 되므로 0.0001%가 된다. 따라서 1μg/g = 0.0001%이다. 이와 같은 원리로 18μg/g은 0.0018%을 의미한다. 헷갈리면 그냥 Xμg/g = 0.000X%로 외우자. XXμg/g = 0.00XX%이다.
3. 1g = 1,000mg = 1,000,000μg이다. 1,000mg = 1,000,000μg이므로 1mg은 1,000μg과 같다. 따라서 예를 들어 0.005mg은 5μg과 같다.

◆ 이러한 단위 변환문제는 매년 꾸준히 높은 배점의 문제로 출제되므로 '지한쌤의 EASY한 FINAL 맞춤형화장품조제관리사 자격시험 봉투형 모의고사'를 통해 꼭 연습해보세요!

2. 미생물한도★★★★★→ 어길 시 위해성 나등급!

미생물한도란 세균, 진균 등 균들과 관련된 기준입니다. 모든 유통화장품들은 다음과 같은 미생물한도 기준을 지켜야 합니다.

미생물한도 기준의 모든 것		
총호기성생균수 관련	500개/g(mL)이하	영·유아용 제품류, 눈화장용 제품류
	1,000개/g(mL)이하	영·유아용 제품류, 눈화장용 제품류, 물휴지를 제외한 모든 화장품
	세균수 및 진균수 각각 100개/g(mL)이하	물휴지

* 대장균(Escherichia Coli), 녹농균(Pseudomonas aeruginosa), 황색포도상구균(Staphylococcus aureus)은 모든 화장품에서 불검출되어야 함! 단, 해당 균을 병원미생물이라고 간주하여 다등급으로 보기도 함.
  → 세균수와 진균수를 모두 더한 값을 **총호기성생균수**라고 합니다. 어떤 화장품의 세균수가 500개/g이고, 진균수가 200개/g이라면 이 화장품의 총호기성생균수는 700개/g입니다.

3. 내용량 기준★★★★→ 어길 시 위해성 등급 없음!(회수대상화장품 아님!)

내용량의 기준이란 화장품의 용량의 기준을 말합니다. 만약 100g이라고 쓰인 화장품을 구매하였는데 실제로는 70g밖에 없다면 이는 소비자를 우롱하는 것이죠? 이를 대비하기 위해 식약처에서는 내용량 기준을 만들었습니다. 내용량 기준은 다음과 같습니다.

내용량 기준

1. 제품 3개를 가지고 시험할 때 그 평균 내용량이 표기량에 대하여 97% 이상(다만, 화장비누의 경우 건조중량을 내용량으로 함)
2. 위의 기준치를 벗어날 경우 : 6개를 더 취하여 9개의 평균 내용량이 표기량에 대하여 97% 이상
3. 그 밖의 특수한 제품 :「대한민국약전」(식품의약품안전처 고시)을 따를 것

즉, 화장품 제품 3개를 랜덤으로 뽑아서 그 평균 내용량이 표시된 용량과 비교하여 97% 이상이라면 내용량 기준 합격입니다. 예를 들어 50mL짜리 화장품을 판매하는 화장품책임판매업자는 50mL짜리 화장품 3개를 아무거나 골라서 그 내용량을 측정하였는데 3개의 평균값이 48.5mL이상이었다면 내용량 기준 합격! 미만이었다면 탈락!입니다. 그러나 이 역시 바로 탈락은 아니고, 이 기준치에서 벗어난 경우 6개를 더 취하여 처음 시험한 3개의 화장품들과 후에 취한 6개의 내용량을 다 합쳐서 평균을 낸 것이 표시된 용량 대비 97% 이상이면 합격입니다. 처음에 50mL들이 화장품 3개의 평균값이 45mL였다면 기준미달이므로 6개를 더 랜덤으로 취하여 총 9개의 화장품의 용량을 평균 냅니다. 이때 총평균이 48.5mL이상이 나왔다면 내용량 기준 합격입니다.

4. pH기준★★★★★→ 어길 시 위해성 나등급!

화장품을 사용하는데 너무 산도가 높거나 알칼리성이 강하다면 피부에 자극이 되겠지요? 건강한 피부는 미산성이니까요. 따라서 식약처장은 화장품의 pH기준도 정해놓았습니다. 물을 포함하지 않는 제품과 사용한 후 곧바로 물로 씻어내는 제품을 제외한 특정 액상(액, 로션, 크림 및 이와 유사한 제형) 제품들은 pH기준이 3.0~9.0이어야 합니다. 사용 후 곧바로 물로 씻어내는 제품은 어차피 바로 씻어내므로 산도가 높든 알칼리성이 높든 피부에 자극이 될 확률이 적습니다. 그러나 물을 포함하지 않는 제품은 왜 pH기준을 따르지 않아도 될까요? pH는 **물의 산성이나 알칼리성의 정도를 나타내는 수치**로서 수소 이온 농도의 지수입니다. 즉, 물이 없다면 pH도 없기 때문입니다. 따라서 물을 포함하지 않는 제품과 사용 후 곧바로 물로 씻어내는 제품은 pH기준을 충족시키지 않아도 됩니다! 구체적인 pH기준을 따라야 하는 **제품류**는 아래와 같습니다.

영·유아용 제품류(영·유아용 샴푸, 영·유아용 린스, 영·유아 인체 세정용 제품, 영·유아 목욕용 제품 제외), **눈 화장용 제품류, 색조 화장용 제품류, 두발용 제품류**(샴푸, 린스 제외), **면도용 제품류**(셰이빙 크림, 셰이빙 폼 제외), **기초화장용 제품류**(클렌징 워터, 클렌징 오일, 클렌징 로션, 클렌징 크림 등 메이크업 리무버 제품 제외) 중 액, 로션, 크림 및 이와 유사한 제형의 액상 제품

5. 기능성화장품의 기능성을 나타나게 하는 주원료의 함량 기준★→ 어길 시 위해성 다등급!

기능성화장품은 기능성을 나타나게 하는 주원료의 함량이 「화장품법」제 4조 및 같은 법 시행규칙 제9조 또는 제10조에 따라 심사 또는 보고한 기준에 적합하여야 합니다. 기능성을 나타나게 하는 주원료들의 경우 피부에 자극이 되는 것들이 많습니다. 따라서 복잡한 심사 자료 혹은 보고서를 제출해야 하지요. 기능성화장품에는 기능성을 나타나게 하는 주원료가 심사 또는 보고한 기준에 맞아야 합니다. 보고서에는 해당 원료가 4g 들어갔다고 했는데 실제로는 3g밖에 들어가지 않았다면 이는 사기일 것입니다.

6. 퍼머넌트웨이브용 및 헤어스트레이트너 제품의 기준★★★→ 어길 시 위해성 나등급!

1. 치오글라이콜릭애씨드 또는 그 염류를 주성분으로 하는 냉2욕식 퍼머넌트웨이브용 제품 : 이 제품은 실온에서 사용하는 것으로서 치오글라이콜릭애씨드 또는 그 염류를 주성분으로 하는 제1제 및 산화제를 함유하는 제2제로 구성된다.

> 가. 제1제 : 이 제품은 치오글라이콜릭애씨드 또는 그 염류를 주성분으로 하고, 불휘발성 무기알칼리의 총량이 치오글라이콜릭애씨드의 대응량 이하인 액제이다. 단, 산성에서 끓인 후의 환원성물질의 함량이 7.0%를 초과하는 경우에는 초과분에 대하여 디치오디글라이콜릭애씨드 또는 그 염류를 디치오디글라이콜릭애씨드로서 같은량 이상 배합하여야 한다. 이 제품에는 품질을 유지하거나 유용성을 높이기 위하여 적당한 알칼리제, 침투제, 습윤제, 착색제, 유화제, 향료 등을 첨가할 수 있다.
>   1) pH : 4.5 ~ 9.6
>   2) 알칼리 : 0.1N염산의 소비량은 검체 1mL 에 대하여 7.0mL이하
>   3) 산성에서 끓인 후의 환원성 물질(치오글라이콜릭애씨드) : 산성에서 끓인 후의 환원성 물질의 함량(치오글라이콜릭애씨드로서)이 2.0 ~ 11.0%
>   4) 산성에서 끓인 후의 환원성 물질이외의 환원성 물질(아황산염, 황화물 등) : 검체 1mL 중의 산성에서 끓인 후의 환원성 물질이외의 환원성 물질에 대한 0.1N 요오드액의 소비량이 0.6mL이하
>   5) 환원후의 환원성 물질(디치오디글라이콜릭애씨드) : 환원후의 환원성 물질의 함량은 4.0%이하
>   6) 중금속 : 20μg/g이하
>   7) 비소 : 5μg/g이하
>   8) 철 : 2μg/g이하
>
> 나. 제2제
>   1) 브롬산나트륨 함유제제 : 브롬산나트륨에 그 품질을 유지하거나 유용성을 높이기 위하여 적당한 용해제, 침투제, 습윤제, 착색제, 유화제, 향료 등을 첨가한 것이다.
>   가) 용해상태 : 명확한 불용성이물이 없을 것
>   나) pH : 4.0 ~ 10.5
>   다) 중금속 : 20μg/g이하

　　　　라) 산화력 : 1인 1회 분량의 산화력이 3.5이상
　2) 과산화수소 함유제제 : 과산화수소 또는 과산화수소에 그 품질을 유지하거나 유용성을 높이기 위하여 적당한 침투제, 안정제, 습윤제, 착색제, 유화제, 향료 등을 첨가한 것이다.
　　　가) pH : 2.5 ~ 4.5
　　　나) 중금속 : 20㎍/g이하
　　　다) 산화력 : 1인 1회 분량의 산화력이 0.8 ~ 3.0

2. 시스테인, 시스테인염류 또는 아세틸시스테인을 주성분으로 하는 냉2욕식 퍼머넌트웨이브용 제품 : 이 제품은 실온에서 사용하는 것으로서 시스테인, 시스테인염류 또는 아세틸시스테인을 주성분으로 하는 제1제 및 산화제를 함유하는 제2제로 구성된다.

가. 제1제 : 이 제품은 시스테인, 시스테인염류 또는 아세틸시스테인을 주성분으로 하고 불휘발성 무기알칼리를 함유하지 않은 액제이다. 이 제품에는 품질을 유지하거나 유용성을 높이기 위하여 적당한 알칼리제, 침투제, 습윤제, 착색제, 유화제, 향료 등을 첨가할 수 있다.
1) pH : 8.0 ~ 9.5
2) 알칼리 : 0.1N 염산의 소비량은 검체 1mL에 대하여 12mL이하
3) 시스테인 : 3.0 ~ 7.5%
4) 환원후의 환원성물질(시스틴) : 0.65%이하
5) 중금속 : 20㎍/g이하
6) 비소 : 5㎍/g이하
7) 철 : 2㎍/g이하
나. 제2제 기준 : 1. 치오글라이콜릭애씨드 또는 그 염류를 주성분으로 하는 냉2욕식 퍼머넌트웨이브용 제품 나. 제2제의 기준에 따른다.

3. 치오글라이콜릭애씨드 또는 그 염류를 주성분으로 하는 냉2욕식 헤어스트레이트너용 제품 : 이 제품은 실온에서 사용하는 것으로서 치오글라이콜릭애씨드 또는 그 염류를 주성분으로 하는 제1제 및 산화제를 함유하는 제2제로 구성된다.

가. 제1제 : 이 제품은 치오글라이콜릭애씨드 또는 그 염류를 주성분으로 하고 불휘발성 무기알칼리의 총량이 치오글라이콜릭애씨드의 대응량 이하인 제제이다. 단, 산성에서 끓인 후의 환원성물질의 함량이 7.0%를 초과하는 경우, 초과분에 대해 디치오디글라이콜릭애씨드 또는 그 염류를 디치오디글라이콜릭애씨드로 같은 양 이상 배합하여야 한다. 이 제품에는 품질을 유지하거나 유용성을 높이기 위하여 적당한 알칼리제, 침투제, 착색제, 습윤제, 유화제, 증점제, 향료 등을 첨가할 수 있다.
1) pH : 4.5 ~ 9.6
2) 알칼리 : 0.1N 염산의 소비량은 검체 1mL에 대하여 7.0mL이하
3) 산성에서 끓인 후의 환원성물질(치오글라이콜릭애씨드) : 2.0 ~ 11.0%
4) 산성에서 끓인 후의 환원성물질 이외의 환원성물질(아황산, 황화물 등) : 검체 1mL중의 산성에서 끓인 후의 환원성물질 이외의 환원성물질에 대한 0.1N 요오드액의 소비량은 0.6mL이하
5) 환원후의 환원성물질(디치오디글리콜릭애씨드) : 4.0%이하
6) 중금속 : 20㎍/g이하
7) 비소 : 5㎍/g이하
8) 철 : 2㎍/g이하
나. 제2제 기준 : 1. 치오글라이콜릭애씨드 또는 그 염류를 주성분으로 하는 냉2욕식 퍼머넌트웨이브용 제품 나. 제2제의 기준에 따른다.

4. 치오글라이콜릭애씨드 또는 그 염류를 주성분으로 하는 가온2욕식 퍼머넌트웨이브용 제품 : 이 제품은 사용할 때 약 60℃ 이하로 가온조작하여 사용하는 것으로서 치오글라이콜릭애씨드 또는 그 염류를 주성분으로 하는 제1제 및 산화제를 함유하는 제2제로 구성된다.

> 가. 제1제 : 이 제품은 치오글라이콜릭애씨드 또는 그 염류를 주성분으로 하고 불휘발성 무기알칼리의 총량이 치오글라이콜릭애씨드의 대응량 이하인 액제이다. 이 제품에는 품질을 유지하거나 유용성을 높이기 위하여 적당한 알칼리제, 침투제, 습윤제, 착색제, 유화제, 향료 등을 첨가할 수 있다.
> 1) pH : 4.5 ~ 9.3
> 2) 알칼리 : 0.1N 염산의 소비량은 검체 1mL에 대하여 5mL이하
> 3) 산성에서 끓인 후의 환원성물질(치오글라이콜릭애씨드) : 1.0 ~ 5.0%
> 4) 산성에서 끓인 후의 환원성물질 이외의 환원성물질(아황산, 황화물 등) : 검체 1mL중의 산성에서 끓인 후의 환원성물질 이외의 환원성물질에 대한 0.1N 요오드액의 소비량은 0.6mL이하
> 5) 환원후의 환원성물질(디치오디글라이콜릭애씨드) : 4.0%이하
> 6) 중금속 : 20㎍/g이하
> 7) 비소 : 5㎍/g이하
> 8) 철 : 2㎍/g이하
> 나. 제2제 기준 : 1. 치오글라이콜릭애씨드 또는 그 염류를 주성분으로 하는 냉2욕식 퍼머넌트웨이브용 제품 나. 제2제의 기준에 따른다.

5. 시스테인, 시스테인염류 또는 아세틸시스테인을 주성분으로 하는 가온 2욕식 퍼머넌트웨이브용 제품 : 이 제품은 사용 시 약 60℃ 이하로 가온조작하여 사용하는 것으로서 시스테인, 시스테인염류, 또는 아세틸시스테인을 주성분으로 하는 제1제 및 산화제를 함유하는 제2제로 구성된다.

> 가. 제1제 : 이 제품은 시스테인, 시스테인염류, 또는 아세틸시스테인을 주성분으로 하고 불휘발성 무기알칼리를 함유하지 않는 액제로서 이 제품에는 품질을 유지하거나 유용성을 높이기 위해서 적당한 알칼리제, 침투제, 습윤제, 착색제, 유화제, 향료 등을 첨가할 수 있다.
> 1) pH : 4.0 ~ 9.5
> 2) 알칼리 : 0.1N염산의 소비량은 검체 1mL에 대하여 9mL이하
> 3) 시스테인 : 1.5 ~ 5.5%
> 4) 환원후의 환원성물질(시스틴) : 0.65%이하
> 5) 중금속 : 20㎍/g이하
> 6) 비소 : 5㎍/g이하
> 7) 철 : 2㎍/g이하
> 나. 제2제 기준 : 1. 치오글라이콜릭애씨드 또는 그 염류를 주성분으로 하는 냉2욕식 퍼머넌트웨이브용 제품 나. 제2제의 기준에 따른다.

6. 치오글라이콜릭애씨드 또는 그 염류를 주성분으로 하는 가온2욕식 헤어스트레이트너 제품 : 이 제품은 시험할 때 약 60℃ 이하로 가온 조작하여 사용하는 것으로서 치오글라이콜릭애씨드 또는 그 염류를 주성분으로 하는 제1제 및 산화제를 함유하는 제2제로 구성된다.

> 가. 제1제 : 이 제품은 치오글라이콜릭애씨드 또는 그 염류를 주성분으로 하고 불휘발성 알칼리의 총량이 치오글라이콜릭애씨드의 대응량 이하인 제제이다. 이 제품에는 품질을 유지하거나 유용성을 높이기 위하여 적당한 알칼리제, 침투제, 습윤제, 유화제, 점증제, 향료 등을 첨가할 수 있다.
> 1) pH : 4.5 ~ 9.3
> 2) 알칼리 : 0.1N 염산의 소비량은 검체 1mL에 대하여 5.0mL이하
> 3) 산성에서 끓인 후의 환원성물질(치오글라이콜릭애씨드) : 1.0 ~ 5.0%
> 4) 산성에서 끓인 후의 환원성물질 이외의 환원성물질(아황산염, 황화물 등) : 검체 1mL중의 산성에서 끓인 후의 환원성물질 이외의 환원성물질에 대한 0.1N 요오드액의 소비량은 0.6mL이하
> 5) 환원 후의 환원성물질(디치오디글라이콜릭애씨드) : 4.0%이하
> 6) 중금속 : 20㎍/g이하

7) 비소 : 5㎍/g이하
8) 철 : 2㎍/g이하

나. 제2제 기준 : 1. 치오글라이콜릭애씨드 또는 그 염류를 주성분으로 하는 냉2욕식 퍼머넌트웨이브용 제품 나. 제2제의 기준에 따른다.

7. 치오글라이콜릭애씨드 또는 그 염류를 주성분으로 하는 고온정발용 열기구를 사용하는 가온2욕식 헤어스트레이트너 제품 : 이 제품은 시험할 때 약 60℃이하로 가온하여 제1제를 처리한 후 물로 충분히 세척하여 수분을 제거하고 고온정발용 열기구(180℃이하)를 사용하는 것으로서 치오글라이콜릭애씨드 또는 그 염류를 주성분으로 하는 제1제 및 산화제를 함유하는 제2제로 구성된다.

가. 제1제 : 이 제품은 치오글라이콜릭애씨드 또는 그 염류를 주성분으로 하고 불휘발성 알칼리의 총량이 치오글라이콜릭애씨드의 대응량 이하인 제제이다. 이 제품에는 품질을 유지하거나 유용성을 높이기 위하여 적당한 알칼리제, 침투제, 습윤제, 유화제, 점증제, 향료 등을 첨가할 수 있다.

1) pH : 4.5 ~ 9.3
2) 알칼리 : 0.1N 염산의 소비량은 검체 1mL에 대하여 5.0mL이하
3) 산성에서 끓인 후의 환원성물질(치오글라이콜릭애씨드) : 1.0 ~ 5.0%
4) 산성에서 끓인 후의 환원성물질 이외의 환원성물질(아황산염, 황화물 등) : 검체 1mL중의 산성에서 끓인 후의 환원성물질 이외의 환원성물질에 대한 0.1N 요오드액의 소비량은 0.6mL이하
5) 환원 후의 환원성물질(디치오디글라이콜릭애씨드) : 4.0%이하
6) 중금속 : 20㎍/g이하
7) 비소 : 5㎍/g이하
8) 철 : 2㎍/g이하

나. 제2제 기준 : 1. 치오글라이콜릭애씨드 또는 그 염류를 주성분으로 하는 냉2욕식 퍼머넌트웨이브용 제품 나. 제2제의 기준에 따른다.

8. 치오글라이콜릭애씨드 또는 그 염류를 주성분으로 하는 냉1욕식 퍼머넌트웨이브용 제품 : 이 제품은 실온에서 사용하는 것으로서 치오글라이콜릭애씨드 또는 그 염류를 주성분으로 하고 불휘발성 무기알칼리의 총량이 치오글라이콜릭애씨드의 대응량 이하인 액제이다. 이 제품에는 품질을 유지하거나 유용성을 높이기 위하여 적당한 알칼리제, 침투제, 습윤제, 착색제, 유화제, 향료 등을 첨가할 수 있다.

1) pH : 9.4 ~ 9.6
2) 알칼리 : 0.1N 염산의 소비량은 검체 1mL에 대하여 3.5 ~ 4.6mL
3) 산성에서 끓인 후의 환원성 물질(치오글라이콜릭애씨드) : 3.0 ~ 3.3%
4) 산성에서 끓인 후의 환원성물질 이외의 환원성물질(아황산염, 황화물 등) : 검체 1mL 중인 산성에서 끓인 후의 환원성물질 이외의 환원성 물질에 대한 0.1N 요오드액의 소비량은 0.6mL이하
5) 환원후의 환원성물질(디치오디글라이콜릭애씨드) : 0.5%이하
6) 중금속 : 20㎍/g이하
7) 비소 : 5㎍/g이하
8) 철 : 2㎍/g이하

9. 치오글라이콜릭애씨드 또는 그 염류를 주성분으로 하는 제1제 사용시 조제하는 발열2욕식 퍼머넌트웨이브용 제품 : 이 제품은 치오글라이콜릭애씨드 또는 그 염류를 주성분으로 하는 제1제의 1과 제1제의 1중의 치오글라이콜릭애씨드 또는 그 염류의 대응량 이하의 과산화수소를 함유한 제1제의 2, 과산화수소를 산화제로 함유하는 제2제로 구성되며, 사용시 제1제의 1 및 제1제의 2를 혼합하면 약 40℃로 발열되어 사용하는 것이다.

가. 제1제의 1 : 이 제품은 치오글라이콜릭애씨드 또는 그 염류를 주성분으로 하는 액제로서 이 제품에는 품질을 유지하거나 유용성을 높이기 위하여 적당한 알칼리제, 침투제, 습윤제, 착색제, 유화제, 향료 등을 첨가할 수 있다.
  1) pH : 4.5 ~ 9.5
  2) 알칼리 : 0.1N 염산의 소비량은 검체 1mL에 대하여 10mL이하
  3) 산성에서 끓인 후의 환원성물질(치오글라이콜릭애씨드) : 8.0 ~ 19.0%
  4) 산성에서 끓인 후의 환원성물질 이외의 환원성물질(아황산염, 황화물 등) : 검체 1mL중의 산성에서 끓인 후의 환원성물질 이외의 환원성물질에 대한 0.1N 요오드액의 소비량은 0.8mL이하
  5) 환원후의 환원성물질(디치오디글라이콜릭애씨드) : 0.5%이하
  6) 중금속 : 20㎍/g이하
  7) 비소 : 5㎍/g이하
  8) 철 : 2㎍/g이하

나. 제1제의 2 : 이 제품은 제1제의 1중에 함유된 치오글라이콜릭애씨드 또는 그 염류의 대응량 이하의 과산화수소를 함유한 액제로서 이 제품에는 품질을 유지하거나 유용성을 높이기 위하여 적당한 침투제, pH조정제, 안정제, 습윤제, 착색제, 유화제, 향료 등을 첨가할 수 있다.
  1) pH : 2.5 ~ 4.5
  2) 중금속 : 20㎍/g이하
  3) 과산화수소 : 2.7 ~ 3.0%

다. 제1제의 1 및 제1제의 2의 혼합물 : 이 제품은 제1제의 1 및 제1제의 2를 용량비 3 : 1로 혼합한 액제로서 치오글라이콜릭애씨드 또는 그 염류를 주성분으로 하고 불휘발성 무기알칼리의 총량이 치오글라이콜릭애씨드의 대응량 이하인 것이다.
  1) pH : 4.5 ~ 9.4
  2) 알칼리 : 0.1N 염산의 소비량은 검체 1mL 에 대하여 7mL이하
  3) 산성에서 끓인 후의 환원성물질(치오글라이콜릭애씨드) : 2.0 ~ 11.0%
  4) 산성에서 끓인 후의 환원성물질 이외의 환원성물질(아황산염, 황화물 등) : 산성에서 끓인 후의 환원성물질 이외의 환원성물질에 대한 0.1N 요오드액의 소비량은 0.6mL이하
  5) 환원후의 환원성물질(디치오디글라이콜릭애씨드) : 3.2 ~ 4.0%
  6) 온도상승 : 온도의 차는 14℃ ~ 20℃

라. 제2제 : 1. 치오글라이콜릭애씨드 또는 그 염류를 주성분으로 하는 냉2욕식 퍼머넌트웨이브용 제품 나. 제2제의 기준에 따른다.

7. 유리알칼리 0.1% 이하(화장 비누에 한함)★★★→ 어길 시 위해성 나등급!

☑ 입고된 원료 및 내용물 관리 기준

1. 입고된 원료 및 내용물의 품질 관리 기준

- 품질성적서(원료규격서) 확인: 밀봉 상태, 성상, 이물, 관능, 부적합기준 등을 면밀히 확인한다.
- 보관조건 확인: 해당 원료 및 내용물의 보관 온도, 차광 등의 조건 확인
- 부적합관리일지 작성: 부적합기준이 기재된 품질성적서(원료규격서)에 근거한 부적합일지 작성
- 원료 수불일지 작성: 원료명, 원료의 유형, 입고일, 입고 수량/중량, 사용량, 사용일, 재고량 등 기재
- 원료의 샘플링: 조도 540룩스 이상의 별도 공간에서 실시한다.

2. 입고된 원료의 관리

- 입고된 원자재 상태(적합, 부적합, 검사 중 등) 표시
- 입고된 원료는 검사 중, 적합, 부적합에 따라 각각의 구분된 공간에 별도 보관
- 필요한 경우 부적합된 원료를 보관하는 공간은 잠금장치 추가
- 보관 조건은 각각의 원료의 세부 요건에 따라 적절한 방식으로 정의한다.(예: 냉장, 냉동보관) 보관 조건은 각각의 원료에 적합하여야 하고, 과도한 열기, 추위, 햇빛 또는 습기에 노출되어 변질되는 것을 방지할 수 있어야 한다.(물질의 특징 및 특성에 맞도록 보관, 취급되어야 한다. 특수한 보관 조건이 있는 원료의 경우 적절하게 준수하여야 하며, 제대로 모니터링 되어야 한다.)
- 원료가 재포장될 때, <u>새로운 용기에는 원래와 동일한 라벨링이 있어야 한다.</u>
- 원료의 경우 원래 용기와 같은 물질 혹은 적용할 수 있는 다른 대체 물질로 만들어진 용기를 사용하는 것이 중요하다.

> ***적절한 보관을 위한 고려사항**
> - 원료의 용기는 밀폐되어 청소와 검사가 용이하도록 충분한 간격으로 바닥과 떨어진 곳에 보관되어야 한다.
> - 원료의 관리는 허가되지 않거나, 불합격 판정을 받거나, 아니면 의심스러운 물질의 허가되지 않은 사용을 방지할 수 있어야 한다.(물리적 격리(quarantine)나 수동 컴퓨터 위치 제어 등의 방법)

- 재고의 회전을 보증하기 위한 방법이 확립되어 있어야 한다.(특별한 경우를 제외하고, 가장 오래된 재고가 제일 먼저 불출되도록 선입·선출)
- 재고의 신뢰성을 보증하고, 모든 중대한 모순을 조사하기 위해 주기적인 재고조사를 시행한다.
- 원료 및 포장재는 정기적으로 재고조사를 실시한다.
- 재고조사의 목적: 장기 재고품의 처분 및 선입선출 규칙의 확인이 목적이다.
- 중대한 위반품이 발견되었을 때에는 일탈처리한다.

> ***원료 보관 환경**
> ☞ 출입제한: 원료 보관소의 출입제한
> ☞ 오염방지: 시설대응, 동선관리가 필요
> ☞ 방충·방서 대책
> ☞ 온도, 습도: 필요 시 설정

- 원료의 허용 가능한 보관 기간을 결정하기 위한 문서화된 시스템을 확립한다.
- 보관기간이 규정되어 있지 않은 원료는 품질부문에서 적절한 보관기간을 정할 수 있다. 이러한 시스템은 물질의 정해진 보관기간이 지나면, 해당 물질을 재평가하여 사용 적합성을 결정하는 단계들을 포함해야한다. 원칙적으로 원료 공급처의 사용기간을 준수하여 보관기간을 설정하여야 하며, 사용기한 내에서 자체적인 재시험 기간과 최대 보관기간을 설정·준수해야 한다. 재평가 방법을 확립해 두면 보관기간이 지난 원료를 재평가해서 사용할 수 있다.(참고로, 입고된 원료에 대해서는 **최대보관기간**을 설정하는 것이 바람직하다.)

*원료 개봉 시 주의사항
- 원료 겉면 주의사항 표시 자세히 확인할 것
- 캔의 경우 개봉 시 손 부상 유의

- 질소가 충전된 드럼의 경우 뚜껑을 천천히 열어 질소가 서서히 빠져나가도록 해야 함
- 에탄올은 기화할 수 있으므로 여름 보관 시 유의
- 파우더 타입은 공기 중으로 날아갈 수 있으므로 마스크 착용 후 개봉

[참고] 벌크 제품의 보관 기준
*벌크제품의 보관기준
★ ① 벌크제품은 품질이 변하지 않도록 적당한 용기에 넣어 지정된 장소에서 보관하고 **용기에 다음 사항을 표시**해야 함

명칭 또는 확인코드/2. 제조번호/3. 완료된 공정명/4. 필요한 경우에는 보관 조건

② 벌크 제품의 최대 보관기간을 설정하여야 하며, 최대 보관기간이 가까워진 벌크 제품은 완제품 제조하기 전에 재평가해야 한다.

* 벌크제품의 보관기준
① 남은 벌크는 재보관·재사용할 수 있으며 다음 제조 시 우선 사용해야 함
② 남은 벌크는 적합한 용기를 사용하여 밀폐해야 함
③ 재보관 시 재보관임을 표시한 라벨을 부착해야 하며 원래 보관 환경에서 보관해야 함
④ 변질, 오염의 우려가 있으므로 변질되기 쉬운 벌크는 재사용하지 않아야 하며 여러 번 재보관하는 벌크는 조금씩 나누어서 보관해야 함

☑ 보관중인 원료 및 내용물 출고기준

- 완제품은 적절한 조건 하의 정해진 장소에서 보관되고 주기적으로 완제품의 재고 점검이 수행되어야 한다.
- 완제품은 시험 결과 적합으로 판정되고 품질부서 책임자가 출고 승인한 것만을 출고해야 한다.
- 출고할 제품은 원자재, 부적합 및 반품된 제품과 구획된 장소에서 보관하여야 한다.(단, 서로 혼동을 일으킬 우려가 없는 시스템에 의해 보관되는 경우에는 그러지 않을 수 있다.)
- 출고는 **선입선출**이 원칙이나 타당한 사유가 있는 경우 그러지 않을 수 있다.
- 원자재, 반제품 및 벌크 제품은 바닥과 벽에 닿지 않도록 보관
    *완제품의 관리 항목: 보관, 검체 채취, 보관용 검체, 제품 시험, 합격·출하 판정, 출하, 재고 관리, 반품

    *원료의 보관기준
    - 원자재, 반제품 및 벌크 제품은 품질에 나쁜 영향을 미치지 아니하는 조건에서 보관하여야 하며 보관기간을 설정하여야 한다.
    - 원자재, 반제품 및 벌크 제품은 바닥과 벽에 닿지 아니하도록 보관하고, 가능한 선입선출에 의하여 출고할 수 있도록 보관하여야 한다.
    - 원자재, 시험 중인 제품 및 부적합품은 각각 구획된 장소에서 보관하여야 한다.(다만, 서로 혼동을 일으킬 우려가 없는 시스템에 의하여 보관되는 경우에는 그러하지 않는다.)
    - 설정된 보관기간이 지나면 사용의 적절성을 결정하기 위해 재평가시스템을 확립하여야 하며, 동 시스템을 통해 보관기간이 경과한 경우 사용하지 않도록 규정하여야 한다.
    *원료 보관 관리 항목: 보관, 검체 채취, 보관용 검체, 제품 시험, 합격·출하 판정, 출하, 재고 관리, 반품

- **원료의 출고 기준**

  (1) 선입선출의 원칙
  - 입고 및 출고 상황을 관리·기록해야 한다.
  - 특별한 환경을 제외하고 재고품 순환은 오래된 것이 먼저 사용되도록 보증해야 한다. 이를 선입선출이라고 한다.
  - 나중에 입고된 물품이 사용기한이 짧은 경우 또는 특별한 사유가 발생할 경우, 먼저 입고된 물품보다 먼저 출고할 수도 있다.(선한선출) 그러나 이러한 경우를 제외하고는 선입선출이 원칙이다.

  (2) 출고할 원료 및 내용물의 보관 장소 및 조건
  - 지정된 보관 장소에 선입 선출이 가능하도록 식별표를 부착하여 입고 보관해야 한다.
  - 보관 조건은 각각의 원료와 포장재에 적합하여야 하고, 과도한 열기, 추위, 햇빛 또는 습기에 노출되어 변질되는 것을 방지할 수 있어야 한다.
  - 물질의 특징 및 특성에 맞도록 보관, 취급되어야 한다.
  - 특수한 보관 조건은 적절하게 준수, 모니터링되어야 한다.
  - 원료의 용기는 밀폐된 상태로, 청소와 검사가 용이하도록 충분한 간격으로 바닥과 떨어진 곳에 보관되어야 한다.
  - 원료가 재포장될 경우, 원래의 용기와 동일하게 표시되어야 한다.
  - 원료의 관리는 허가되지 않거나, 불합격 판정을 받거나, 아니면 의심스러운 물질의 허가되지 않은 사용을 방지할 수 있어야 한다.(물리적 격리(quarantine)나 수동 컴퓨터 위치 제어 등의 방법)

  > ***원료 및 내용물의 출고 기준**
  > - 선입선출
  > - 출고 절차 마련
  > - 출고 관련 책임자 지정
  > - 출고 문서화
  > - 검체가 원료기준을 충족시킬 때 불출

  (3) 출고관리
  - 완제품은 시험결과 적합으로 판정되고 품질부서 책임자가 출고 승인한 것만을 출고하여야 한다.
  - 불출된 원료만이 사용되고 있음을 확인하기 위한 적절한 시스템(물리적 시스템 또는 전자시스템 등)이 확립되어야 한다.
  - 오직 승인된 자만이 원료의 불출 절차를 수행할 수 있다.
  - 뱃치에서 취한 검체가 모든 합격 기준에 부합할 때 뱃치가 불출될 수 있다.
  - 원료는 불출되기 전까지 사용을 금지하는 격리를 위해 특별한 절차가 이행되어야 한다.
  - 출고는 선입선출방식으로 하되, 타당한 사유가 있는 경우에는 그러지 아니할 수 있다.
  - 모든 보관소에서는 선입선출의 절차가 사용되어야 한다.
  - 특별한 환경을 제외하고, 재고품 순환은 오래된 것이 먼저 사용되도록 보증해야 한다.
  - 모든 물품은 원칙적으로 선입·선출 방법으로 출고해야 한다.
  - 나중에 입고된 물품이 사용기한이 짧은 경우 먼저 입고된 물품보다 먼저 출고할 수 있다.
  - 선입선출을 하지 못하는 특별한 사유가 있을 경우, 적절하게 문서화된 절차에 따라 나중에 입고된 물품을 먼저 출고할 수 있다.

- 출고할 제품은 원자재, 부적합품 및 반품된 제품과 구획된 장소에서 보관하여야 한다.
- 서로 혼동을 일으킬 우려가 없는 시스템에 의하여 보관되는 경우에는 그러하지 아니할 수 있다.
- 원료의 사용기한을 사례별로 결정하기 위해 적절한 시스템이 이행되어야 한다.
- 모든 완제품은 포장 및 유통을 위해 불출되기 전, 해당 제품이 규격서를 준수하고, 지정된 권한을 가진 자에 의해 승인된 것임을 확인하는 절차서가 수립되어야 한다.
- 절차서는 보관, 출하, 회수 시, 완제품의 품질을 유지할 수 있도록 보장해야 한다.
- 원료 관리 항목은 다음과 같다.

  보관 - 검체채취 - 보관용 검체 - 제품 시험 - 합격·출하 판정 - 출하 - 재고 관리 - 반품

- 원료 관리를 충분히 실시하기 위해서는 원료에 관한 기초적인 검토 결과를 기재한 CGMP 문서, 각종 기록서, 관리 문서가 필요하다.

☑ 원료 및 내용물의 폐기 기준, 원료 및 내용물의 폐기 절차(원료 및 내용물의 품질에 문제가 있거나 회수·반품된 제품의 폐기 기준을 설정하여 관리하는 것)

1. 원료 및 내용물의 폐기 기준

- 품질에 문제가 있거나 회수·반품된 제품의 폐기 또는 재작업 여부는 **품질책임자**에 의해 승인되어야 한다.
- 재작업을 할 수 없거나 폐기해야 하는 제품의 폐기처리규정을 작성하여야 하며 폐기 대상은 따로 보관하고 규정에 따라 신속하게 폐기하여야 한다.
- 기준일탈 제품: 원료와 포장재, 벌크제품과 완제품이 적합판정기준을 만족시키지 못하는 경우(기준일탈 제품의 경우 사실 폐기가 제일 바람직하다.)
- 재작업: 뱃치 전체 또는 일부에 추가 처리(한 공정 이상의 작업을 추가하는 일)를 하여 부적합품을 적합품으로 다시 가공하는 일
- 재작업: 적합판정기준을 벗어난 완제품 또는 벌크제품을 재처리하여 품질이 적합한 범위에 들어오도록 하는 작업

  *기준일탈 제품이 발생했을 때 처리 과정
  - 관련 내용을 모두 문서에 남김(기준일탈 원료가 발생했을 때는 <u>미리 정한 절차를 따라 확실한 처리를 하고 실시한 내용을 모두 문서에 남김</u>)
  - 기준일탈이 된 완제품 또는 벌크제품은 재작업할 수 있음
  - 폐기하는 것이 가장 바람직하며 재작업 여부는 품질책임자에 의해 승인되어 진행
  - 먼저 권한 소유자(부적합 제품의 제조 책임자)에 의한 원인 조사가 필요함
  - 재작업을 해도 제품 품질에 악영향을 미치지 않는 것을 예측함

- 원료 물질의 변질 변패 확인을 위한 관능 검사

  - 감각기관(후각, 시각, 미각, 촉각 등)을 통하여 원료의 신선도 판정
  - 냄새의 발생(암모니아 냄새, 아민 냄새, 산패한 냄새, 알코올 냄새 등)
  - 색깔의 변화(변색, 퇴색, 광택 등)
  - 성상의 변화(고형의 경우 액상화, 액상화의 경우 고형화 등)
  - 이상한 맛이나 불쾌한 맛의 발생(신맛, 쓴맛, 자극적인 맛 등)

[자세히 알아보기] 기준일탈 제품 처리 과정

* **기준일탈**: 규정된 합격 판정 기준에 일치하지 않는 검사, 측정 또는 시험결과, **원료와 포장재, 벌크 제품과 완제품이 미리 설정된 기준을 벗어나 적합 판정 기준을 만족시키지 못할 경우** "기준 일탈 제품"으로 지칭

기준일탈이 된 완제품 또는 벌크제품은 재작업할 수 있다. 재작업이란 뱃치 전체 또는 일부에 추가 처리(한 공정 이상의 작업을 추가하는 일)를 하여 부적합품을 적합품으로 다시 가공하는 일이다. 기준 일탈 제품은 폐기하는 것이 가장 바람직하나 손해가 크므로 재작업을 고려하게 된다. 재작업 처리의 실시는 품질책임자가 결정한다. 부적합 제품이 나오면 권한 소유자(부적합 제품의 제조 책임자)에 의한 원인 조사 후 품질책임자가 재작업 처리의 실시를 결정한다.

① 시험, 검사, 측정에서 기준일탈 결과 나옴		
② 기준일탈 조사		
③ "시험, 검사, 측정이 틀림 없음"을 확인		
④ 기준일탈의 처리		
⑤ 기준일탈 제품에 불합격 라벨 첨부		
⑥ 격리보관		
(1)폐기처분	(2)재작업	(3)반품
폐기	재작업품으로 사용, 출하	반품

* **재작업** 실시 결정과 재작업품 합격 결정은 <u>품질책임자</u>가 함

★[참고] 기준 일탈과 헷갈리는 일탈 알아보기!
일탈: 규정된 제조 또는 품질관리 활동 등의 우수화장품 제조 및 품질관리기준)을 벗어나 이루어진 행위
* **기준일탈**: 어떤 원인에 의해서든 **시험 결과가 정한 기준값 범위를 벗어난 경우**(기준일탈은 엄격한 절차를 마련하여 이에 따라 조사하고 문서화하여야 함)

1. 중대한 일탈(일탈이 품질에 영향을 미침)
- 생산 공정상의 일탈의 예: 제품표준서(어떤 원료, 원료의 레시피, 어떻게 만드는지, 포장에 표기되는 방식, 수치 등이 적혀있음), 제조작업 절차서(제조작업의 순서(청소법, 손 씻는 방법, 설비 준비 방법 등)) 및 포장작업 절차서의 기재 내용과 다른 방법으로 작업이 실시, 공정관리 기준에서 두드러지게 벗어나 **품질 결함**이 예상되는 경우, 관리 규정에 의한 관리 항목에 있어서 두드러지게 **설정치**를 벗어났을 경우, 생산 작업 중 설비나 기기의 고장, 정전 등의 이상 발생, 벌크 제품과 제품의 이동·보관에 있어서 보관상태에 이상이 발생하고 품질에 영향을 미친다고 판단될 경우
- 품질검사에 있어서의 일탈의 예: 절차서 등의 기재된 방법과 **다른 시험방법을 사용**한 경우
- 유틸리티에 관한 일탈의 예: 작업 환경(온도 및 습도 등)이 생산 환경 관리에 관련된 문서에서 제시하는 기준치를 벗어난 경우

2. 중대하지 않은 일탈(품질에 영향을 안 주는 일탈)
- 생산 공정상의 일탈의 예: 관리 규정에 의한 관리 항목에 있어서 설정된 **기준치로부터 벗어난 정도가 10% 이하**이고, **품질에 영향을 미치지 않는 것이 확인되어 있을 경우**, 관리 규정에 의한 관리 항목(생산 시의 관리 대상 파라미터의 설정치 등)보다도 **상위 설정(범위를 좁힌)**의 관리 기준에 의거하여 작업이 이루어진 경우(예 교반을 더 많이 한 경우), 제조 공정에 있어서의 원료 투입에 있어서 동일 온도 설정 하에서의 투입 순서에서 벗어난 경우, 생산에 관한 시간제한을 벗어날 경우, 원료·포장재·출하배송 시 선입선출방식의 일탈(일시적이고 타당하다고 인정되는 경우)
- 품질검사에 있어서 일탈의 예: 검정기한을 초과한 설비의 사용

* **일탈의 조치**: 일탈의 정의, 일처리의 순서, 제품의 처리방법 등을 절차서에 정하여 문서화한다. 제품의 처리법 결정부터 재발방지대책의 실행까지는 발생부서의 책임자가 책임을 지고 실행(실행 전 품질책임자에게 승인 받고 실행에 옮길 것) 각 부서 책임자는 SOP(작업 표준서)에 따라 조사하여 원인 분석 및 예방 조치를 실시한다. 품질책임자는 추후에 SOP를 보완한다.

- 불만처리

    소비자의 불만에 대한 접수부터 조치까지의 일련의 절차가 확립되어야 하며 불만처리담당자는 제품에 대한 모든 불만을 취합, 제기된 불만에 대해 신속히 조사하고 그에 대한 적절한 조치를 취해야 하며 이를 기록·유지해야 함

    1. 불만 접수연월일
    2. 불만 제기자의 이름과 연락처
    3. 제품명, 제조번호 등을 포함한 불만내용
    4. 불만조사 및 추적조사 내용, 처리결과 및 향후 대책
    *5. 다른 제조번호의 제품에도 영향이 없는지 점검
        불만은 제품 결함의 경향을 파악하기 위해 주기적으로 검토하여야 함

- 재작업 처리

    ① 재작업의 정의: 적합판정 기준을 벗어난 완제품 또는 벌크제품을 재처리하여 품질이 적합한 범위에 들어오도록 하는 작업
    ② 재작업 절차
        - 품질책임자가 규격에 부적합이 된 원인 조사 지시
        - 재작업 전의 품질이나 재작업 공정의 적절함 등을 고려하여 제품 품질에 악영향을 미치지 않는 것을 재작업 실시 전에 예측
        - 재작업 처리 실시의 결정은 품질책임자가 실시
        - 승인이 끝난 재작업 절차서 및 기록서에 따라 실시
        - 재작업 한 최종 제품 또는 벌크제품의 제조기록, 시험기록을 충분히 남김
        - 품질이 확인되고 품질책임자의 승인을 얻을 수 있을 때까지 재작업품은 다음 공정에 사용할 수 없고 출하할 수 없음

* 폐기확인서의 포함 내용
    - 폐기 의뢰자: 상호(법인의 경우 법인의 명칭), 대표자, 전화번호
    - 폐기 현황: 제품명, 제조번호 및 제조일자, 사용기한 또는 개봉 후 사용기간, 포장단위, 폐기량
    - 폐기 사유 등: 폐기 사유, 폐기 일자, 폐기 장소, 폐기 방법

☑ 원료 및 내용물의 사용기한 확인·판정, 원료 및 내용물의 개봉 후 사용기한 확인·판정

원료 및 내용물의 사용기한은 제조 또는 입고 시 적절한 보관 상태에서 제품의 고유의 특성을 유지한 채 완제품의 원료로 안정적으로 사용될 수 있는 최소한의 기한을 말한다. 이번 주제의 핵심은 사용기한을 확인하고 판정하는 것을 이해하고 적용하는 것이다. 내용물 및 원료는 용기 내에서 보존되다가 개봉 후에 산소, 빛, 미생물 등 다양한 환경 인자에 의하여 변성이 일어날 수 있다. 따라서, 원료 생산자는 이에 대한 정보를 충분히 고지해야하며 취급자는 이를 숙지해야 한다.

- 사용기한의 정의: 화장품이 제조된 날부터 적절한 보관 상태에서 제품이 고유의 특성을 간직한 채 소비자가 안정적으로 사용할 수 있는 최소한의 기한
- 원칙적으로 원료공급처의 사용기한을 준수하여 보관기간을 설정하여야 하며, 사용기한 내에서 자체적인 재시험 기간과 최대 보관기간을 설정·준수해야 한다.
- 사용기한이 정해지지 않은 원료(색소 등)는 자체적으로 사용기한을 정한다.
- 원료 및 내용물의 사용기한 확인 판정: 표시 기재된 사용기한을 육안으로 확인한다. 사용기한 확인 일자를 표기한다.
- 표준품을 기준으로 작성된 <u>시험기준서와 시험성적서</u>에 작성된 개봉 후 사용기간을 확인 후 유효기간 내이면 사용 적합 판정을 받는다.
- 표준품을 기준으로 작성된 <u>시험기준서와 시험성적서</u>를 대조하여 시험 결과가 유효범위 내일 경우 사용 적합 판정을 받는다.

*화장품 내용물 관련 사항: 검체의 채취 및 보관
- 시험용 검체는 오염되거나 변질되지 아니하도록 채취하고, 채취한 후에는 원상태에 준하는 포장을 해야 하며, 검체가 채취되었음을 표시하여야 한다.
- 시험용 검체의 용기 기재사항

  - 명칭 또는 확인코드
  - 제조번호
  - 검체채취 일자

- 완제품의 보관용 검체는 적절한 보관조건 하에 지정된 구역 내에서 제조단위별로 사용기한까지, 개봉 후 사용기간을 기재하는 경우에는 제조일로부터 3년간 보관하여야 한다.

*원료의 허용 가능한 사용 기한 결정
- 원료의 허용 가능한 사용 기한을 결정하기 위한 문서화된 시스템을 확립해야 함
- 사용 기한이 규정되어 있지 않은 원료는 품질부문에서 적절한 사용 기한을 정할 수 있다. 이러한 시스템은 물질의 정해진 사용 기한이 지나면, 해당 물질을 재평가하여 사용 적합성을 결정하는 단계들을 포함해야 한다. 이 경우에도 최대 사용기한을 설정하는 것이 바람직하다.
- 보관 온도, 습도는 제품의 안정성 시험 결과를 참고로 해서 설정하며, 안정성 시험은 화장품의 보관 조건이나 사용기한과 밀접한 관계가 있다.
- 제품의 보관 환경(제품 보관 시 필요한 환경 항목)은 다음과 같다.

  ☞ 출입 제한
  ☞ 오염 방지: 시설대응, 동선 관리가 필요
  ☞ 방충·방서 대책
  ☞ 온도·습도·차광
    - 필요한 항목을 설정한다.
    - 안정성 시험결과, 제품표준서 등을 토대로 제품마다 설정한다.

☑ 원료 및 내용물의 변질 상태 확인

1. 검체의 채취 및 보관
*검체 채취는 품질관리부서가 실시하는 것이 일반적임.

- 검체 채취: 원료, 포장재, 벌크, 반제품, 완제품 등의 시험용 검체를 보관하는 것(품질관리부서가 검체 채취 후 품질검사(시험)를 실시하고 그 결과를 품질부서에게 송부하면 품질부서의 책임자가 적합 판정(승인)을 내린다.) 개봉마다 변질 및 오염이 발생할 가능성이 있기에 여러 번 재보관과 재사용을 반복하는 것은 피한다. 관능검사로 변질 상태를 확인하며 필요할 경우, 이화학적 검사를 실시한다.
- 시험용 검체는 오염되거나 변질되지 않도록 채취
- 채취 후에는 원상태에 준하는 포장을 해야 하며 검체가 채취되었음을 표시할 것
- 시험용 검체의 용기 기재사항: 명칭 또는 확인 코드, 제조번호 또는 제조 단위, 검체 채취 일자 또는 기타 적당한 날짜, 가능한 경우 검체 채취 지점
- 보관용 검체 조건: **제조단위를 대표**해야 함, 적절한 용기·마개로 포장하거나 또는 제조 단위가 표시된 동일한 용기·마개의 완제품 용기에 포장, 제조단위·제조번호(또는 코드) 그리고 날짜로 확인되어야 함

【완제품 보관 검체의 주요 사항】★★★★★
○ 제품을 사용기한 중에 재검토(재시험 등)할 때에 대비 한다.
 - 제품을 그대로 보관한다.
 - 각 뱃치를 대표하는 검체를 보관한다.
 - 일반적으로는 각 뱃치별로 제품 시험을 2번 실시할 수 있는 양을 보관한다.
 - 제품이 가장 안정한 조건에서 보관한다.
 - 사용기한까지 또는 개봉 후 사용기간을 기재하는 경우에는 제조일로부터 3년간 보관한다.

2. 시험관리
- 품질관리를 위한 시험업무에 대해 문서화된 절차를 수립하고 유지
- 원자재·반제품·벌크 제품·완제품에 대한 기준을 마련하고 제조번호별로 시험기록 작성, 유지
- 시험 결과 적합 또는 부적합인지 분명하게 기록
- 원자재·반제품·벌크 제품·완제품은 적합 판정이 된 것만을 사용하거나 출고
  = 정해진 보관 기간이 경과된 원자재·반제품·벌크 제품은 재평가하여 품질기준에 적합한 경우 제조에 사용 가능
- 모든 시험이 적절히 이루어졌는지 시험 기록은 검토 후 적합, 부적합, 보류를 판정하여야 함
- 기준 일탈(품질관리 시험 시 기준 일탈)이 된 경우 규정에 따라 책임자(품질부서책임자)에게 보고 후 조사. 조사 결과는 책임자에 의해 일탈, 부적합, 보류를 명확히 판정
- 표준품과 주요 시약의 용기에는 다음 사항을 기재한다.
  명칭, 개봉일, 보관조건, 사용 기한, 역가(농도), 제조자의 성명 또는 서명(직접 제조한 경우에 한함)

*시험성적서(제조번호별로 작성): 검체(명칭, 제조원, 제조번호, 식별번호, 채취일, 입고일 또는 제조일, 검체량 등), 시험방법, 데이터(기록, 그래프, 차드, 스펙트럼 등), 기준 및 판정, 날짜 및 서명, 책임자에 의한 검토 및 승인

Chapter 3 유통화장품 안전관리

- 1,000점 만점 중 250점(25%) 할당, 총 25문항, 선다형(25문항), 단답형(0문항)
- 3.5.포장재의 관리
- 소주제: 1. 포장재의 입고 기준
  2. 입고된 포장재 관리기준
  3. 보관 중인 포장재 출고기준
  4. 포장재의 폐기 기준
  5. 포장재의 변질 상태 확인
  6. 포장재의 폐기 절차

☑ 포장재의 입고 기준

1. 포장재의 정의: 화장품의 포장에 사용되는 모든 재료

원자재	화장품 원료 및 자재, 즉 화장품 제조 시 사용된 원료, 용기, 포장재, 표시재료, 첨부문서 등
포장재	화장품의 포장에 사용되는 모든 재료를 말하며 운송을 위해 사용되는 외부 포장재는 제외한 것, 봉함(씰링)을 포함한 각종 라벨까지 포장재에 포함됨 *화장품 운송을 위한 택배 박스는 화장품법령에서 말하는 포장재가 아니다.
포장재 관련 용어 정리	
1차 포장	화장품 제조 시 내용물과 직접 접촉하는 포장용기(화장품 통 등)
2차 포장	1차 포장을 수용하는 1개 또는 그 이상의 포장과 보호재 및 표시의 목적으로 한 포장(첨부문서 등) ☞ 1차 포장을 수용하므로 1차 포장 역시 2차 포장이며, 첨부문서(사용 설명서 등) 역시 2차 포장의 일환이라고 할 수 있다.
안전용기·포장	5세 미만의 어린이가 개봉하기 어렵게 설계·고안된 용기나 포장

2. 화장품 포장재의 종류: 유리, 플라스틱, 금속, 종이 등

유리	장점	주로 유리병의 형태로 이용되며 투명감이 좋고 광택이 있으며, 착색이 가능하다. 유지, 유화제 등 화장품 원료에 대해 내성이 크고, 수분, 향료, 에탄올, 기체 등이 투과되지 않는다. 세정, 건조, 멸균의 조건에서도 잘 견딘다.
	단점	깨지기 쉽고 충격에 약하며 중량이 크고 운반, 운송에 불리하다. 유리에서 알칼리가 용출되어 내용물을 변색, 침전, 분리시키거나 pH를 변화시키는 등 영향을 미칠 수 있다.

플라스틱		거의 모든 화장품 용기에 이용되고 있으며, 열가소성 수지(PET, PP, PS, PE, ABS 등)와 열경화성 수지(페놀, 멜라민, 에폭시수지 등)로 나뉨
	장점	가공이 용이하며 자유로운 착색이 가능하고 투명성이 좋다. 가볍고 튼튼하며 전기절연성, 내수성(물을 흡수하지 않음), 단열성 등이 있다.
	단점	열에 약하며 변형되기 쉽다. 표면에 흠집이 잘 생기고 오염되기 쉬우며 강도가 금속에 비해 약하다. 가스나 수증기 등의 투과성이 있으며 용제에 약하다는 점이 있다. 플라스틱 내 첨가제(염료, 안료, 분산제, 안정제 등)가 내용물과 반응하거나 내용물에 용출되어 변질, 변취의 원인이 되기도 하므로, 화장품 내용물 원료에 대한 플라스틱 용기의 내성을 사전에 파악해 두어야 한다.
금속		철, 스테인리스강, 놋쇠, 알루미늄, 주석 등이 해당하며, 화장품 용기의 튜브, 뚜껑, 에어로졸 용기, 립스틱 케이스 등에 사용된다.
	장점	기계적 강도가 크고, 얇아도 충분한 강도가 있으며 충격에 강하고, 가스 등을 투과시키지 않는다는 점이 있음. 도금, 도장 등의 표면가공이 쉬움
	단점	녹에 대해 주의해야 하며 불투명하고 무거우며 가격이 상대적으로 높다.
종이		주로 포장상자, 완충제, 종이드럼, 포장지, 라벨 등에 이용. 상자에는 통상의 접는 상자 외에 풀로 붙이는 상자, 선물세트 등의 상자가 있다. 포장지나 라벨의 경우 종이 소재에 필름을 붙이는 코팅을 하여 광택을 증가시키는 것도 있다.

3. 포장재의 입고 관리

- 시험 성적서 확인: 포장재 규격서에 따른 용기 종류 및 재질을 파악하고 점검한다.
- 관능 검사: 관능 검사를 통해 재질, 용량, 치수, 외관, 인쇄내용, 이물질오염 등의 위생상태를 점검한다.
- 포장재의 입고 시 유통기한을 확인한다.

*포장재 관리에 필요한 사항
- 중요도 분류
- 발주
- 식별·표시
- 보관
- 보관환경 설정
- 정기적 재고관리
- 재보관

- 공급자 결정
- 입고
- 합격·불합격 판정
- 불출
- 사용기한 설정
- 재평가

4. 포장재의 입고 기준

☞ 3단원 앞 부분의 '원료 및 내용물의 입고기준'과 내용이 완전 동일하므로, 이 부분을 공부하였다면 건너 뛰어도 된다.

「우수화장품 제조 및 품질관리기준(CGMP)」 제3장(제조) 제2절(원자재의 관리) 제11조(입고관리)

- 제조업자는 원자재 공급자에 대한 관리감독을 적절히 수행하여 입고관리가 철저히 이루어지도록 하여야 함
- 원자재의 입고 시 구매 요구서, 원자재 공급업체 성적서 및 현품이 서로 일치하여야 한다. 필요한 경우 운송 관련 자료를 추가적으로 확인할 수 있음
- 원자재 용기에 제조번호가 없는 경우에는 관리번호를 부여하여 보관하여야 함
- 원자재 입고절차 중 육안확인 시 물품에 결함이 있을 경우 입고를 보류하고 격리보관 및 폐기하거나 원자재 공급업자에게 반송하여야 함
- 입고된 원자재는 "적합", "부적합", "검사 중" 등으로 상태를 표시하여야 한다. 다만, 동일 수준의 보증이 가능한 다른 시스템이 있다면 대체할 수 있음
- 원자재 용기 및 시험기록서의 필수적인 기재사항은 다음과 같음

1. 원자재 공급자가 정한 제품명
2. 원자재 공급자명
3. 수령일자
4. 공급자가 부여한 제조번호 또는 관리번호

- 화장품의 제조와 포장에 사용되는 <u>모든 포장재</u>는 해당 물질의 검증, 확인, 보관, 취급 및 사용을 보장할 수 있도록 절차를 수립하여야 하며, 외부로부터 공급된 포장재의 규정된 완제품 품질 합격 판정 기준을 충족시켜야 한다.
- 모든 포장재는 화장품 제조(판매)업자가 정한 기준에 따라서 <u>품질을 입증할 수 있는 검증자료</u>를 공급자로부터 공급받아야 한다. 이러한 보증의 검증은 주기적으로 관리되어야 하며, 모든 포장재는 <u>사용 전</u>에 관리되어야 한다.
- 입고된 포장재는 검사 중, 적합, 부적합에 따라 각각의 구분된 공간에 별도로 보관되어야 한다. 필요한 경우 부적합된 포장재를 보관하는 공간은 잠금장치를 추가한다. 다만, 자동화창고와 같이 확실하게 구분하여 혼동을 방지할 수 있는 경우에는 해당 시스템을 통해 관리할 수 있다.
- 외부로부터 반입되는 모든 포장재는 관리를 위해 표시해야 하며 필요한 경우 포장 외부를 깨끗이 청소한다.
- 한 번에 입고된 포장재는 **제조단위별**로 각각 구분하여 관리한다.
- 적합판정이 내려지면, 포장재는 생산 장소로 이송한다.
- 품질이 부적합 되지 않도록 하기 위해 수취와 이송 중 관리 등 사전 관리가 필요하다.
- 확인, 검체채취, 규정 기준에 대한 검사 및 시험, 그에 따른 승인된 자에 의한 불출 전까지는 어떠한 물질도 사용되어서는 안 된다는 것을 명시하는 원료수령에 대한 절차서를 수립해야 한다.
- **구매요구서, 인도문서, 인도물**이 서로 일치해야 하며, 포장재 선적용기에 대해 확실한 표기오류, 용기손상, 봉인파손, 오염 등에 대해 육안으로 검사한다.
- 제품을 정확히 식별하고 혼동 위험을 없애기 위해 라벨링 해야 한다.
- 포장재의 용기는 물질과 뱃치 정보를 확인할 수 있는 표시를 부착해야 한다.
- 제품의 품질에 영향을 줄 수 있는 결함을 보이는 포장재는 결정이 완료될 때까지 보류상태로 있어야 한다.
- 포장재의 확인 시, 인도문서와 포장에 표시된 품목제품명, (만약 공급자가 명명한 제품명과 다르다면) 제조 절차에 따른 품목제품명/해당 코드번호, CAS번호(적용가능한 경우), 수령일자와 수령확인번호, 공급자명, 공급자가 부여한 뱃치 정보, 만약 다르다면 수령 시 주어진 뱃치 정보, 기록된 양 등을 검토하여야 한다.

☑ **입고된 포장재 관리 기준**: 입고된 포장재는 적합한 보관 조건에 따라 보관되어야 하며, 정기적으로 재고 조사를 실시하여 가장 오래된 재고가 제일 먼저 불출되어야 한다.(선입선출의 원칙)

1. 포장재의 보관 조건

(이 역시 앞서 3단원에서 설명한 '원료 및 내용물의 관리기준'과 동일한 CGMP 조항들을 준용하므로, 해당 내용을 공부하였다면 지나가도 된다.)

- 품질에 나쁜 영향을 미치지 아니하는 조건에서 보관하여야 하며 보관기간을 설정하여야 한다. 설정된 보관기간이 지나면 사용의 적절성을 결정하기 위해 재평가시스템을 확립하여야 하며, 동 시스템을 통해 보관기간이 경과한 경우 사용하지 않도록 규정하여야 한다.
- 바닥과 벽에 닿지 아니하도록 보관하고, 가능한 선입선출에 의하여 출고할 수 있도록 보관하여야 한다.
- 시험 중인 제품 및 부적합품은 각각 구획된 장소에서 보관하여야 한다.(다만, 서로 혼동을 일으킬 우려가 없는 시스템에 의하여 보관되는 경우에는 그러하지 아니한다.)
- 설정된 보관기간이 지나면 사용의 적절성을 결정하기 위해 재평가시스템을 확립하여야 하며, 동 시스템을 통해 보관기간이 경과한 경우 사용하지 않도록 규정하여야 한다.
- 원자재는 품질에 나쁜 영향을 미치지 아니하는 조건에서 보관하여야 하며 보관기간을 설정하여야 한다.
- 원자재는 바닥과 벽에 닿지 아니하도록 보관하고, 선입선출에 의하여 출고할 수 있도록 보관하여야 한다.
- 원자재, 시험 중인 제품 및 부적합품은 각각 구획된 장소에서 보관하여야 함, 다만, 서로 혼동을 일으킬 우려가 없는 시스템에 의하여 보관되는 경우에는 제외한다.

> ***포장재의 적절한 보관을 위해 고려해야 할 사항**
> - 보관조건은 각각의 포장재에 적합해야 하고, 과도한 열기, 추위, 햇빛 또는 습기에 노출되어 변질되는 것을 방지할 수 있어야 한다.
> - 물건의 특징 및 특성에 맞도록 보관·취급하며, 특수한 보관조건은 적절하게 준수·모니터링 되어야 한다.
> - 포장재의 용기는 밀폐되어, 청소와 검사가 용이하도록 충분한 간격으로 바닥과 떨어진 곳에 보관되어야 한다.
> - 포장재가 재포장될 경우 원래의 용기와 동일하게 표시되어야 한다.
> - 포장재의 관리는 허가되지 않거나, 불합격 판정을 받거나 아니면 의심스러운 물질의 허가되지 않은 사용을 방지할 수 있어야 한다.(물리적 격리나 수동컴퓨터 위치제어 등의 방법)
>   - 재고의 회전을 보증하기 위한 방법이 확립되어 있어야 함, 특별한 경우를 제외하고 가장 오래된 재고가 제일 먼저 불출되도록 선입·선출한다.
>   - 포장재의 도난, 분실, 변질 등의 문제가 발생하지 않도록 작업자 외에 보관소의 출입을 제한하고 관리한다.

2. 포장재의 보관 장소

포장재 보관소: 적합 판정된 포장재만을 지정된 장소에 보관함
부적합 보관소: 부적합 판정 자재는 폐기 등의 조치가 이루어지기 전까지 보관함

3. 포장지시서의 포함내용 → 암기

제품명/포장 설비명/포장재 리스트/상세한 포장 공정/포장 지시 수량

4. 포장용기 종류 → 완벽 암기

- 밀폐용기: 외부로부터 고형의 이물이 들어가는 것을 방지, 고형의 내용물이 손실되지 않도록 보호할 수 있는 용기
- 기밀용기: 액상 또는 고형의 이물 또는 수분이 침입하지 않고, 내용물을 손실, 풍화, 조해 또는 증발로부터 보호할 수 있는 용기
- 밀봉용기: 기체 또는 미생물이 침입하는 것을 방지하는 용기
- 차광용기: 광선의 투과를 방지하는 용기 또는 투과를 방지하는 포장을 한 용기

☑ **보관 중인 포장재의 출고 기준**: 적합 판정된 포장재만이 사용되고 있음을 확인하기 위한 적절한 시스템이 확립되어야 한다.

1. 보관 중인 포장재의 출고 기준

원자재는 시험 결과 적합 판정된 것만을 선입선출 방식으로 출고해야 하며 이를 확인할 수 있는 체계가 확립되어야 한다.

- 작업에 필요한 절차서 및 기록서를 비치하여야 한다.
- 선입선출 방식의 출고와 이를 확인할 수 있는 체계를 수립한다.
- 승인된 자만이 포장재 불출(출고) 절차를 수행한다.
- 뱃치에서 취한 검체가 모든 합격 기준에 부합될 때 뱃치가 불출될 수 있다.
- 불출되기 전까지 사용을 금지하는 격리를 위해 특별한 절차가 이행된다.
- 모든 물품은 선입선출 방법으로 출고하는 것이 원칙이나 특별한 사유가 있는 경우 적절하게 문서화된 절차에 따라 나중에 입고된 물품을 먼저 출고할 수도 있다.
- 불출된 포장재만이 사용되고 있음을 확인하기 위한 적절한 시스템(물리적 시스템 또는 그의 대체시스템 즉 전자시스템 등)이 확립되어야 한다.
- 포장재는 적절한 조건 하의 정해진 장소에서 보관하여야 하며, 주기적으로 재고 점검을 수행해야 한다.

*포장재의 출고 기준 정리
  - 선입선출(First-In/First-Out, FIFO)
  - 출고 절차 마련
  - 출고 관련 책임자 지정
  - 출고 문서화
  - 포장재가 기준을 충족시킬 때 출고 판정

*선입선출 방식에서 고려 사항
  - 입고 및 출고 상황을 관리·기록해야 함
  - 특별한 환경을 제외하고 재고품 순환은 오래된 것이 먼저 사용되도록 보증해야 함
  - 나중에 입고된 물품이 사용기한이 짧은 경우 또는 특별한 사유가 발생할 경우, 먼저 입고된 물품보다 먼저 출고할 수 있음

- 사용기한을 사례별로 설정하기 위하여 적절한 관리 시스템이 필요함

2. 포장 작업에 대한 기준

- 포장 작업에 관한 문서화된 절차를 수립하고 유지하여야 한다.
- 포장 작업은 포장 지시서에 의해 수행되어야 한다.
- 포장 작업을 시작하기 전에 포장 작업 관련 문서의 완비 여부, 포장 설비의 청결 및 작동여부 등을 점검해야 한다.

☑ 포장재의 폐기 기준

1. 포장재의 폐기 기준 및 관리

- 보관기간, 유효기간이 경과한 포장재는 업소 자체 규정에 따라 폐기한다.
- 포장 중 불량품 발견 시 정상 제품과 구분하여 불량 포장재 인수·인계 또는 별도 장소로 이송한다.
- 불량 포장재의 부적합처리: 창고 이송 후 반품 또는 폐기 처리
- 해당 업체(포장재 공급 업체)에 시정 요구 등 필요 조치를 취한다.

2. 포장재의 기준 일탈 및 재작업

- 기준 일탈 제품: 포장재가 적합판정기준을 만족시키지 못할 경우를 지칭한다.
- 기준 일탈 제품 발생 시: 미리 정한 절차를 따라 확실한 처리를 하고 실시한 내용을 모두 문서에 남긴다.
- 재작업: 적합판정기준을 벗어난 완제품 또는 벌크제품을 재처리하여 품질이 적합한 범위에 들어오도록 하는 작업
- 재작업 처리의 실시: 품질책임자가 결정한다. 재작업은 해당 재작업 절차를 상세하게 작성한 절차서를 준비해 실시하고, 재작업 실시 시 발생한 모든 일들을 재작업 제조기록서에 기록한다.(기준 일탈 제품은 폐기하는 것이 가장 바람직하나, 폐기 시 큰 손해가 되면 재작업을 고려한다. 단, 부적합 제품의 재작업을 쉽게 허락할 수는 없으므로 먼저 권한 소유자(부적합 제품의 제조 책임자)에 의한 원인 조사가 필요하며 그다음 재작업을 해도 제품 품질에 악영향을 미치지 않는지 예측해야 한다. 재작업 실시의 제안은 제조 책임자가 하나, 실시에 대한 결정은 품질책임자가 하며 재작업 결과에 책임도 함께 진다. 재작업은 해당 재작업 절차를 상세하게 작성한 절차서를 준비해 실시하고, 재작업을 실시할때 발생한 모든 일들을 재작업 제조기록서에 기록한다.)

☑ 포장재의 (개봉 후) 사용기한 확인·판정

1. 화장품 포장재의 (개봉 후) 사용기한 표기

- 사용기한 및 보관기간을 결정하기 위한 문서화된 시스템 확립
- 사용기한을 준수하는 보관기간을 설정한다.(문서화된 시스템을 마련하고, <u>보관기간이 규정되어 있지 않은 포장재는 적절한 보관기간을 설정</u>한다.)

- 보관기간 경과 시 재평가: 해당 업소에서 자체적으로 재평가시스템 확립(보관기간이 지났을 경우 재평가하여 사용의 적합성을 결정한다.)
- 사용기한 내에 자체적인 재시험 기간 설정 및 준수
- 최대 보관기간을 설정하고 준수한다.
- 원칙적으로 포장의 사용기한을 준수하는 보관기간을 설정한다.

[예시문제] 보관기간이 지난 포장재는 일탈처리한다.(X)
☞ 재평가하여야 한다.
　　재평가 방법을 확립해 두면 보관기간이 지난 포장재를 재평가해서 사용할 수 있다.

☑ 포장재의 변질상태 확인: 포장재는 완제품의 안정성 향상 및 보호재로서 역할 및 표시의 목적으로 사용되므로 변질상태의 유무를 반드시 확인하여야 한다.

1. 포장재의 변질 상태 확인
- 소재별 특성을 이해한 변질 상태를 예측 및 확인한다.
- 관능검사를 하고 필요 시 이화학적 검사를 한다.
- 포장재 샘플링을 통하여 엄격하게 관리를 한다.

2. 포장재의 변질 예방

> 포장재의 보관 조건은 각각의 원료와 포장재에 적합하여야 하고, 과도한 열기, 추위, 햇빛 또는 습기에 노출되어 변질되는 것을 방지할 수 있어야 한다. 특수한 보관 조건이 있는 경우 이를 적절하게 준수, 모니터링되어야 한다.

- 소재별 특성(유리, 플라스틱, 금속, 종이 등)을 이해하여 이를 기반으로 적절히 보관한다.(물질의 특징 및 특성에 맞도록 보관, 취급)
- 보관 방법, 보관 조건, 보관 환경, 보관 기간 등에 대해 숙지한다.
- 온도, 습도 등 물리적 환경의 적합도를 숙지한다.
- 벌레 및 쥐에 대비한 보관 장소를 설정한다.
- 포장재의 허용 가능한 보관기간을 결정하기 위한 문서화된 시스템을 확립해야 한다.
- 보관 기간이 규정되어 있지 않은 포장재는 품질부문에서 적절한 보관 기간을 정할 수 있다.(이러한 시스템은 물질의 정해진 보관 기간이 지나면, 해당 물질을 재평가하여 사용 적합성을 결정하는 단계들을 포함해야 한다.)
- 원칙적으로 포장재 공급처의 사용기한을 준수하여 보관기간을 설정하여야 하며 사용기한 내에서 자체적인 재시험 기간과 최대 보관기간을 설정·준수해야 한다.
- 포장재 보관창고 출입자를 관리하여 오염을 방지한다.
- 보관 조건은 각각의 포장재의 세부 요건에 따라 적절한 방식으로 정의(예 냉장, 냉동 보관)
- 포장재가 재포장될 때, 새로운 용기에는 원래와 동일한 라벨링이 있어야 한다.
- 포장재의 용기는 밀폐되어 청소와 검사가 용이하도록 충분한 간격으로 바닥과 떨어진 곳에 보관해야 한다.

- 포장재의 관리는 허가되지 않거나 불합격 판정을 받거나 의심스러운 물질의 허가되지 않은 사용을 방지할 수 있어야 한다.(물리적 격리(quarantine)나 수동 컴퓨터 위치 제어 등의 방법)
- 재고의 회전을 보증하기 위한 방법이 확립되어 있어야 한다.(따라서 특별한 경우를 제외하고 가장 오래된 재고가 제일 먼저 불출되도록 선입·선출)
- 재고의 신뢰성을 보증하고, 모든 중대한 모순을 조사하기 위해 주기적인 재고조사가 시행되어야 한다.(포장재는 정기적으로 재고조사를 실시함)
- 재고조사의 목적: 장기 포장재 재고품의 처분 및 선입선출 규칙의 확인
- 포장재 중에 중대한 위반품이 발견되었을 때 일탈처리한다.

☑ 포장재의 폐기 절차: 기준일탈인 포장재는 재작업할 수 있으나, 재작업이 불가능할 시 폐기한다.

1. 포장재 폐기 기준: 기준일탈의 발생 ☞ 기준일탈의 조사 ☞ 기준일탈의 처리 ☞ 폐기 처분

2. 포장재의 폐기 절차: 기준 일탈 포장재에 부적합 라벨 부착 ☞ 격리 보관 ☞ 폐기물 수거함에 분리수거 카드 부착 ☞ 폐기물 보관소로 운반하여 분리수거 확인 ☞ 폐기물 대장 기록 ☞ 인계

CHAPTER 03 유통화장품 안전관리-단원평가

351

<보기>는 「우수화장품 제조 및 품질관리기준」 제1조 목적이다. ( )에 들어갈 알맞은 말을 정확한 용어로 기입하시오.

> 이 고시는 「화장품법」 제5조제1항 및 같은 법 시행규칙 제11조제2항에 따라 우수화장품 제조 및 품질관리 기준에 관한 세부사항을 정하고, 이를 이행하도록 권장함으로써 화장품 제조업자가 우수한 화장품을 제조, 관리, 보관 및 공급을 통해 (㉠)보호 및 (㉡) 향상에 기여함을 목적으로 한다.

352

다음 중 「우수화장품 제조 및 품질관리기준」에 따라 적절하지 <u>않은</u> 정의를 고르시오.

① "제조"란 원료 물질의 칭량부터 혼합, 충전(1차포장), 2차포장 및 표시 등의 일련의 작업을 말한다.
② "품질보증" 이란 제품이 적합 판정 기준에 충족될 것이라는 신뢰를 제공하는데 필수적인 모든 계획되고 체계적인 활동을 말한다.
③ "일탈"이란 제조 또는 품질관리 활동 등의 미리 정하여진 우수화장품 제조 및 품질관리기준을 벗어나 이루어진 행위를 말한다.
④ "원료"란 벌크 제품의 제조에 투입하거나 포함되는 물질을 말한다.
⑤ "오염"이란 제품에서 화학적, 물리적, 미생물학적 문제 또는 이들이 조합되어 나타내는 바람직하지 않은 문제의 발생을 말한다.

353

<보기>는 「우수화장품 제조 및 품질관리기준(CGMP)」 제2조의 내용이다. 정의에 대한 설명 중 옳은 것을 <u>모두</u> 고른 것은?

> <보기>
> ㄱ. "품질관리"란 제품이 적합 판정 기준에 충족될 것이라는 신뢰를 제공하는데 필수적인 모든 계획되고 체계적인 활동을 말한다.
> ㄴ. "변경관리"란 모든 제조, 관리 및 보관된 제품이 규정된 적합판정기준에 일치하도록 보장하기 위하여 우수화장품 제조 및 품질관리기준이 적용되는 모든 활동을 내부 조직의 책임하에 계획하여 변경하는 것을 말한다.
> ㄷ. "기준일탈"이란 제조 또는 품질관리 활동 등의 미리 정하여진 기준을 벗어나 이루어진 행위를 말한다.
> ㄹ. "출하"란 주문 준비와 관련된 일련의 작업과 운송 수단에 적재하는 활동으로 제조소 외로 제품을 운반하는 것을 말한다.
> ㅁ. "감염"이란 제품에서 화학적, 물리적, 미생물학적 문제 또는 이들이 조합되어 나타내는 바람직하지 않은 문제의 발생을 말한다.
> ㅂ. "공정관리"란 제조공정 중 적합판정기준의 충족을 보증하기 위하여 공정을 모니터링하거나 조정하는 모든 작업을 말한다.

① ㄱ, ㄴ, ㄷ
② ㄱ, ㄹ, ㅂ
③ ㄴ, ㄷ, ㅁ
④ ㄴ, ㄹ, ㅂ
⑤ ㄹ, ㅁ, ㅂ

354

<보기>는 「우수화장품 제조 및 품질관리기준(CGMP)」 제2조의 내용이다. ( )에 들어갈 적절한 말을 정확한 용어로 기입하시오.

<보기>
(㉠)(이)란 시험 결과의 적합 판정을 위한 수적인 제한, 범위 또는 기타 적절한 측정법을 말한다.
(㉡)(이)란 제품이 (㉠)에 충족될 것이라는 신뢰를 제공하는데 필수적인 모든 계획되고 체계적인 활동을 말한다.

355

<보기>는 「우수화장품 제조 및 품질관리기준(CGMP)」 제2조의 내용이다. ( )에 들어갈 적절한 말을 정확한 용어로 기입하시오.

(㉠)(이)란 제조 또는 품질관리 활동 등의 미리 정하여진 우수화장품 제조 및 품질관리기준을 벗어나 이루어진 행위를 말한다.
(㉡)(이)란 규정된 합격 판정 기준에 일치하지 않는 검사, 측정 또는 시험결과를 말한다.

356.

<보기>는 「우수화장품 제조 및 품질관리기준(CGMP)」 제2조의 내용이다. ( )에 들어갈 적절한 말을 정확한 용어로 기입하시오.

(㉠)(이)란 제품이 규정된 적합판정기준을 충족시키지 못한다고 주장하는 외부 정보를 말한다.
(㉡)(이)란 규정된 조건 하에서 측정기기나 측정 시스템에 의해 표시되는 값과 표준기기의 참값을 비교하여 이들의 오차가 허용범위 내에 있음을 확인하고, 허용범위를 벗어나는 경우 허용범위 내에 들도록 조정하는 것을 말한다.

357

<보기>는 「우수화장품 제조 및 품질관리기준(CGMP)」 제2조의 내용이다. ( )에 들어갈 적절한 말을 정확한 용어로 기입하시오. 기출

(㉠)(이)란 제조공정 단계에 있는 것으로서 필요한 제조공정을 더 거쳐야 (㉡)이/가 되는 것을 말한다.
(㉡)(이)란 충전(1차포장) 이전의 제조 단계까지 끝낸 제품을 말한다.

358

<보기>는 「우수화장품 제조 및 품질관리기준(CGMP)」 제2조의 내용이다. ( )에 들어갈 적절한 말을 정확한 용어로 기입하시오.

(㉠)(이)란 하나의 공정이나 일련의 공정으로 제조되어 균질성을 갖는 화장품의 일정한 분량을 말한다.
(㉡)(이)란 일정한 (㉠)분에 대하여 제조관리 및 출하에 관한 모든 사항을 확인할 수 있도록 표시된 번호로서 숫자·문자·기호 또는 이들의 특정적인 조합을 말한다.

359

다음 <보기>의 A와 B의 대화를 보고 「우수화장품 제조 및 품질관리기준(CGMP)」 제2조에 따라 다음 중 <u>틀린</u> 내용을 고르시오.

<보기>

A: 화장품제조업자는 관리해야 하는 것이 참 많은 것 같아요.
B: 당연합니다. 유통화장품이 국민에게 위해를 가하면 안 되니까요. 어떤 관리를 해야 하는지 알아볼까요?
A: ①유지관리라는 단어가 나오네요. 적절한 작업 환경에서 건물과 설비가 유지되도록 이루어지는 정기적·비정기적인 지원 및 검증 작업을 말한다고 합니다.
B: ②공정관리라는 단어도 있어요. 제조공정 중 적합판정기준의 충족을 보증하기 위하여 품질검사를 모니터링하거나 조정하는 모든 작업을 말하죠. 유지관리랑 헷갈리면 안 되겠어요.
A: ③제조업자는 변경관리도 해야 합니다. 모든 제조, 관리 및 보관된 제품이 규정된 적합판정기준에 일치하도록 보장하기 위하여 우수화장품 제조 및 품질관리기준이 적용되는 모든 활동을 내부 조직의 책임하에 계획하여 변경하는 것을 말합니다.
B: 공정관리와 변경관리의 정의에 계속 적합판정기준이라는 단어가 나오네요. 적합판정기준이 뭡니까?
A: ④적합 판정 기준이란 시험 결과의 적합 판정을 위한 수적인 제한, 범위 또는 기타 적절한 측정법을 말합니다.
B: 그렇군요. 알겠습니다. 아! 또 제조업자는 위생관리도 철저히 해야 합니다. ⑤위생관리란 대상물의 표면에 있는 바람직하지 못한 미생물 등 오염물을 감소시키기 위해 시행되는 작업을 말하죠.

360

<보기>는 「우수화장품 제조 및 품질관리기준(CGMP)」제2조의 내용이다. 정의에 대한 설명 중 옳은 것을 <u>모두</u> 고른 것은?

<보기>

ㄱ. "완제품"이란 제품의 포장 및 첨부문서에 표시공정 등을 포함한 모든 제조공정이 완료되어 출하된 화장품을 말한다.
ㄴ. "세척"이란 화학적인 방법, 기계적인 방법, 온도, 적용시간과 이러한 복합된 요인에 의해 청정도를 유지하고 일반적으로 표면에서 눈에 보이는 먼지를 분리, 제거하여 외관을 유지하는 모든 작업을 말한다.
ㄷ. "검교정"이란 규정된 조건 하에서 측정기기나 측정 시스템에 의해 표시되는 값과 표준기기의 참값을 비교하여 이들의 오차가 허용범위 내에 있음을 확인하고, 허용범위를 벗어나는 경우 허용범위 내에 들도록 조정하는 것을 말한다.
ㄹ. "회수"란 판매한 제품 가운데 품질 결함이나 안전성 문제 등으로 나타난 제조번호의 제품을 제조소로 거두어들이는 활동을 말한다.
ㅁ. "재작업"이란 적합 판정기준을 벗어난 완제품, 벌크제품 또는 반제품을 재처리하여 품질이 적합한 범위에 들어오도록 하는 작업을 말한다.
ㅂ. "감사"란 제조 및 품질과 관련한 결과가 계획된 사항과 일치하는지의 여부와 제조 및 품질관리가 효과적으로 실행되고 목적 달성에 적합한지 여부를 결정하기 위한 자율적인 조사를 말한다.

① ㄱ, ㄴ, ㄷ   ② ㄱ, ㄷ, ㅂ
③ ㄴ, ㄷ, ㅁ   ④ ㄷ, ㄹ, ㅁ
⑤ ㄹ, ㅁ, ㅂ

361

<보기>는 「우수화장품 제조 및 품질관리기준(CGMP)」 제2조의 내용이다. (   )에 들어갈 적절한 말을 정확한 용어로 기입하시오.

(㉠)(이)란 적합 판정기준을 벗어난 완제품, 벌크제품 또는 반제품을 재처리하여 품질이 적합한 범위에 들어오도록 하는 작업을 말한다.
(㉡)(이)란 제조 및 품질과 관련한 결과가 계획된 사항과 일치하는지의 여부와 제조 및 품질관리가 효과적으로 실행되고 목적 달성에 적합한지 여부를 결정하기 위한 회사 내 자격이 있는 직원에 의해 행해지는 체계적이고 독립적인 조사를 말한다.

362

<보기>는 「우수화장품 제조 및 품질관리기준(CGMP)」 제2조의 내용이다. (   )에 들어갈 적절한 말을 정확한 용어로 기입하시오.

(㉠)(이)란 일정한 제조단위분에 대하여 제조관리 및 (㉡)에 관한 모든 사항을 확인할 수 있도록 표시된 번호로서 숫자·문자·기호 또는 이들의 특징적인 조합을 말한다.
(㉢)(이)란 주문 준비와 관련된 일련의 작업과 운송 수단에 적재하는 활동으로 제조소 외로 제품을 운반하는 것을 말한다.

363

다음 중 「우수화장품 제조 및 품질관리기준」에 따라 적절한 정의를 고르시오.

① "제조"란 원료 물질의 칭량부터 혼합, 충전(1차포장 및 2차포장 및 표시) 등의 일련의 작업을 말한다.
② "기준일탈"이란 제조 또는 품질관리 활동 등의 미리 정하여진 기준을 벗어나 이루어진 행위를 말한다.
③ "시장출하"란 주문 준비와 관련된 일련의 작업과 운송 수단에 적재하는 활동으로 제조소 외로 제품을 운반하는 것을 말한다.
④ "관리"란 적합 판정 기준을 충족시키는 검증을 말한다.
⑤ "제조단위"란 "뱃치"라고도 하며 여러 공정으로 제조되어 다양성을 갖는 화장품의 일정한 분량을 말한다.

364

다음 중 「우수화장품 제조 및 품질관리기준(CGMP)」 제3조와 제4조에 따른 조직의 구성·직원의 책임에 대한 설명으로 틀린 것은?

① 제조소별로 독립된 제조부서와 품질부서를 두어야 한다.
② 조직구조는 조직과 직원의 업무가 원활히 이해될 수 있도록 규정되어야 하며, 회사의 규모와 제품의 다양성에 맞추어 적절하여야 한다.
③ 제조소에는 제조 및 품질관리 업무를 적절히 수행할 수 있는 충분한 인원을 배치하여야 한다.
④ 모든 작업원은 자신의 업무범위를 벗어났더라도 기준을 벗어난 행위나 부적합 발생을 발견한 즉시 보고해야 할 의무가 있다.
⑤ 품질책임자는 불만처리와 제품회수에 관한 사항을 주관해야 한다.

365

<보기>는 「우수화장품 제조 및 품질관리기준 (CGMP)」에 대한 내용이다. 다음 중 옳은 것을 모두 고른 것은?

> ㄱ. 제조소별로 독립된 제조부서와 품질관리부서를 두어야 한다.
> ㄴ. 모든 작업원은 문서접근 제한 및 개인위생 규정을 준수해야 할 의무가 있다.
> ㄷ. 품질책임자는 적합 판정한 원자재 및 제품의 출고 여부를 결정할 의무가 있다.
> ㄹ. 작업소 및 보관소 내의 모든 직원은 화장품의 오염을 방지하기 위해 규정된 작업복을 착용해야 하고 음식물 등을 반입해서는 아니 된다.
> ㅁ. 책임판매관리자는 품질에 관련된 모든 문서와 절차를 검토할 의무가 있다.
> ㅂ. 피부에 외상이 있거나 질병에 걸린 직원은 건강이 양호해지거나 화장품의 품질에 영향을 주지 않는다는 의사 및 약사의 소견이 있기 전까지는 화장품과 직접적으로 접촉되지 않도록 격리되어야 한다.

① ㄱ, ㄴ, ㄷ
② ㄱ, ㄷ, ㄹ
③ ㄴ, ㄷ, ㄹ
④ ㄷ, ㄹ, ㅁ
⑤ ㅁ, ㄹ, ㅂ

366

다음 중 「우수화장품 제조 및 품질관리기준(CGMP)」에 따라 밑줄친 다음 각 호의 사항을 모두 고른 것은?

> 품질책임자는 화장품의 품질을 담당하는 부서의 책임자로서 다음 각 호의 사항을 이행하여야 한다.

> ㄱ. 품질 검사가 규정된 절차에 따라 진행되는지의 확인
> ㄴ. 일탈이 있는 경우 이의 조사 및 기록
> ㄷ. 품질 등에 관한 정보 및 품질 불량 등의 처리 절차가 포함된 품질관리 업무 절차서 작성·보관
> ㄹ. 불만처리와 제품회수에 관한 사항의 주관
> ㅁ. 품질관리 업무에 관한 교육·훈련 실시
> ㅂ. 안전관리 정보의 검토·기록

① ㄱ, ㄴ, ㄹ
② ㄱ, ㄴ, ㅂ
③ ㄴ, ㄷ, ㄹ
④ ㄷ, ㄹ, ㅁ
⑤ ㄷ, ㄹ, ㅂ

367

다음 <보기>와 같은 사항을 이행하여야 하는 자는 누구인지 「우수화장품 제조 및 품질관리기준 (CGMP)」에 의거하여 정확한 용어로 기입하시오.

> 1. 품질에 관련된 모든 문서와 절차의 검토 및 승인
> 2. 품질 검사가 규정된 절차에 따라 진행되는지의 확인
> 3. 일탈이 있는 경우 이의 조사 및 기록
> 4. 적합 판정한 원자재 및 제품의 출고 여부 결정
> 5. 부적합품이 규정된 절차대로 처리되고 있는지의 확인
> 6. 불만처리와 제품회수에 관한 사항의 주관

368

다음 중 「우수화장품 제조 및 품질관리기준(CGMP)」 제5조 교육훈련에 대한 설명으로 적절하지 않은 것은?

① 제조 및 품질관리 업무와 관련 있는 모든 직원들에게 각자의 직무와 책임에 적합한 교육훈련이 제공될 수 있도록 월간계획을 수립하고 정기적으로 교육을 실시하여야 한다.
② 직원의 교육을 위해 교육훈련의 내용 및 평가가 포함된 교육훈련 규정을 작성하여야 하되, 필요한 경우에는 외부 전문기관에 교육을 의뢰할 수 있다.
③ 교육 종료 후에는 교육결과를 평가하고, 일정한 수준에 미달할 경우에는 재교육을 받아야 한다.
④ 새로 채용된 직원은 업무를 적절히 수행할 수 있도록 기본 교육훈련 외에 추가 교육훈련을 받아야 한다.
⑤ 교육훈련과 관련한 문서화된 절차를 마련하여야 한다.

369

<보기>는 「우수화장품 제조 및 품질관리기준(CGMP)」 제5조 및 제6조의 내용이다. 다음 중 옳은 것을 모두 고른 것은?

<보기>
ㄱ. 작업소 및 보관소 내의 모든 직원은 화장품의 오염을 방지하기 위해 규정된 작업복을 착용해야 하고 음식물 등을 반입해서는 아니 된다.
ㄴ. 질병에 걸린 직원은 건강이 양호해지거나 비감염성 질병이라는 의사의 소견이 있기 전까지는 화장품과 직접적으로 접촉되지 않도록 격리되어야 한다.
ㄷ. 제조구역별 접근권한이 없는 작업원 및 방문객은 가급적 제조, 관리 및 보관구역 내에 들어가지 않도록 하고, 불가피하게 들어가더라도 사전에 직원 위생에 대한 교육 및 복장 규정에 따르도록 하고 감독하여야 한다.
ㄹ. 직원 교육 훈련 시 교육 종료 후에는 교육결과를 평가하고, 일정한 수준에 미달할 경우에는 결과 평가를 다시 받아야 한다.
ㅁ. 품질책임자는 직원의 교육을 위해 교육훈련의 내용이 포함된 교육훈련 규정을 작성하여야 하며 투명한 평가를 위해 교육훈련의 평가에 대한 내용은 교육 후 교육훈련 보고서를 통해 따로 작성해야 한다.

① ㄱ, ㄷ ② ㄱ, ㄹ
③ ㄴ, ㄹ ④ ㄴ, ㅁ
⑤ ㄷ, ㅁ

370

다음 중 「우수화장품 제조 및 품질관리기준(CGMP)」 제6조에 따라 적절한 행동을 한 사람은?

① 보관소는 오염으로부터 안전하므로 작업복이 아닌 평상복을 입고 출입한 영만씨
② 피부에 상처가 있어 화장품과의 접촉을 피하기 위해 스스로 격리조치한 만영씨
③ 접근권한이 없지만 화장품의 품질 문제로 인하여 스스로 충진실에 출입한 경자씨
④ 질병에 걸린 뒤 건강이 양호해졌지만 화장품의 품질에 영향을 주지 않는다는 의사의 소견이 없어 교반실로 근무복귀하지 못한 숙자씨
⑤ 화장품 제조소에 견학을 와서 사전 허가 없이 원료보관소에 출입한 미정씨

371

「우수화장품 제조 및 품질관리기준(CGMP)」 제7조 건물의 시설기준에 대한 설명으로 적절하지 않은 것은?

① 건물은 제품이 보호되도록 설계되어야 한다.
② 건물은 청소가 용이하도록 설계되어야 한다.
③ 필요한 경우 위생관리 및 변경관리가 가능하도록 해야 한다.
④ 제품, 원료 및 포장재 등의 혼동으로 발생 가능한 위험을 최소화 하여야 한다.
⑤ 제품의 제형, 현재 상황 및 청소 등을 고려하여 설계하여야 한다.

372

<보기>는 「우수화장품 제조 및 품질관리기준(CGMP)」 제8조의 내용이다. 다음 중 시설기준으로 옳은 것을 모두 고른 것은?

<보기>
ㄱ. 제조하는 화장품의 종류 · 제형에 따라 적절히 구획 · 구분되어 있어 교차오염 우려가 없을 것
ㄴ. 바닥, 벽, 천장은 가능한 청소하기 쉽게 마찰이 있는 표면을 지니고 소독제의 부식성에 잔류성이 있을 것
ㄷ. 외부와 연결된 창문은 환기를 위해 가능한 열 수 있는 구조로 되어 있을 것
ㄹ. 작업소 전체에 적절한 조명을 설치하고, 조명이 파손될 경우를 대비한 제품을 보호할 수 있는 처리절차를 마련할 것
ㅁ. 수세실은 작업원의 위생관리를 위해 생산구역 내부에 마련할 것
ㅂ. 제품의 오염을 방지하고 적절한 온도 및 습도를 유지할 수 있는 적절한 환기시설을 갖출 것

① ㄱ, ㄷ, ㄹ ② ㄱ, ㄹ, ㅂ
③ ㄴ, ㄹ, ㅁ ④ ㄴ, ㅁ, ㅂ
⑤ ㄷ, ㄹ, ㅂ

373

<보기>는 「우수화장품 제조 및 품질관리기준(CGMP)」 제8조의 내용이다. 다음 중 제조 및 품질관리에 필요한 설비의 적합조건으로 옳은 것을 모두 고른 것은?

<보기>
ㄱ. 사용목적에 적합하고, 청소가 가능하며, 필요한 경우 위생·유지관리가 가능하여야 할 것. 단, 위생·유지관리 자동화시스템을 도입한 경우는 예외이다.
ㄴ. 사용하지 않는 연결 호스와 부속품은 청소 등 위생관리를 하며, 건조한 상태로 유지하고 먼지, 얼룩 또는 다른 오염으로부터 보호할 것
ㄷ. 설비 등은 제품의 오염을 방지하고 배수가 용이하도록 설계, 설치하며, 제품 및 청소 소독제와 화학반응을 일으키지 않을 것
ㄹ. 설비 등의 위치는 원자재나 직원의 이동으로 인하여 제품의 품질에 영향을 주지 않도록 할 것
ㅁ. 천정 주위의 대들보, 파이프, 덕트 등은 가급적 노출되지 않도록 설계하고, 파이프는 받침대 등으로 고정하고 벽에 닿게 하여 청소가 용이하도록 설계할 것
ㅂ. 제품과 설비가 오염되지 않도록 배관 및 배수관을 설치하며, 배수관은 세척 시 역류되어야 하고, 청결을 유지할 것

① ㄱ, ㄷ, ㄹ
② ㄱ, ㄹ, ㅂ
③ ㄴ, ㄷ, ㄹ
④ ㄴ, ㅁ, ㅂ
⑤ ㄷ, ㄹ, ㅂ

374

<보기>는 「우수화장품 제조 및 품질관리기준(CGMP)」 제8조의 내용이다. 다음 중 옳지 않은 것을 고르시오.

① 외부와 연결된 창문은 가능한 열리지 않도록 할 것
② 작업소 내의 외관 표면은 가능한 매끄럽게 설계하고, 청소, 소독제의 부식성에 저항력이 있을 것
③ 적절하고 깨끗한 수세실과 화장실을 마련하고 수세실과 화장실은 접근이 쉬어야 하나 생산구역과 분리되어 있을 것
④ 제품과 설비가 오염되지 않도록 배관 및 배수관을 설치하며, 배수관은 역류되지 않아야 하고, 청결을 유지할 것
⑤ 천정 주위의 대들보, 파이프, 덕트 등은 청소를 위해 가급적 눈에 보이도록 설계하고, 파이프는 받침대 등으로 고정하고 벽에 닿지 않게 하여 청소가 용이하도록 설계할 것

375

<보기>는 「우수화장품 제조 및 품질관리기준(CGMP)」 제8조와 제16조의 내용이다. (   )에 공통으로 들어갈 알맞은 말을 정확한 용어로 기입하시오.

<보기>
- 제조하는 화장품의 종류·제형에 따라 적절히 구획·구분되어 있어 (   ) 우려가 없을 것
- 원료가 칭량되는 도중 (   )을/를 피하기 위한 조치가 있어야 한다.

376

다음 중 「우수화장품 제조 및 품질관리기준(CGMP)」 제9조에 따라 작업소의 위생과 관련하여 적절하지 않은 설명은?

① 곤충, 해충이나 쥐를 막을 수 있는 대책을 마련하고 정기적으로 점검·확인하여야 한다.
② 제조, 관리 및 보관 구역 내의 바닥, 벽, 천장 및 창문은 항상 청결하게 유지되어야 한다.
③ 제조시설이나 설비의 세척에 사용되는 세제 또는 소독제는 효능이 입증된 것을 사용하고 적용하는 표면에 지속적인 향균력이 있어야 하므로 일정기간 잔류하여야 한다.
④ 제조시설이나 설비는 적절한 방법으로 청소하여야 한다.
⑤ 필요한 경우 위생관리 프로그램을 운영하여야 한다.

377

<보기>의 (   )안에 들어갈 알맞은 말을 「우수화장품 제조 및 품질관리기준(CGMP)」 제9조에 따라 적절한 용어로 기입하시오.

<보기>
- 제조시설이나 (㉠)의 세척에 사용되는 세제 또는 소독제는 효능이 입증된 것을 사용하고 잔류하거나 적용하는 표면에 이상을 초래하지 아니하여야 한다.
- 제조시설이나 (㉠)은/는 적절한 방법으로 청소하여야 하며, 필요한 경우 (㉡) 프로그램을 운영하여야 한다.

378

다음 중 「우수화장품 제조 및 품질관리기준(CGMP)」 제10조 유지관리에 따라 작업소의 위생과 관련하여 적절하지 않은 설명은?

① 건물, 시설 및 주요 설비는 정기적으로 점검하여 화장품의 제조 및 품질관리에 지장이 없도록 유지·관리·기록하여야 한다.
② 결함 발생 및 정비 중인 설비는 적절한 방법으로 표시하고, 고장 등 사용이 불가할 경우 폐기하여야 한다.
③ 모든 제조 관련 설비는 승인된 자만이 접근·사용하여야 한다.
④ 제품의 품질에 영향을 줄 수 있는 검사·측정·시험장비 및 자동화장치는 계획을 수립하여 정기적으로 검교정 및 성능점검을 하고 기록해야 한다.
⑤ 유지관리 작업이 제품의 품질에 영향을 주어서는 안 된다.

379

<보기>는 「우수화장품 제조 및 품질관리기준(CGMP)」 제9조와 제10조의 내용이다. 다음 중 작업소의 위생과 유지관리에 대한 설명으로 옳은 것을 모두 고른 것은?

<보기>
ㄱ. 제조시설이나 설비의 세척에 사용되는 세제 또는 소독제는 효능이 입증된 것을 사용하고 적용하는 표면에 적절히 잔류하여야 한다.
ㄴ. 제조시설이나 설비는 적절한 방법으로 청소하여야 하며, 필요한 경우 위생관리 프로그램을 운영하여야 한다.
ㄷ. 결함 발생 및 정비 중인 설비는 적절한 방법으로 표시하고, 고장 등 사용이 불가할 경우 표시하여야 한다.
ㄹ. 모든 제조 관련 설비는 승인된 자만이 접근·사용하여야 한다.
ㅁ. 제품의 품질에 영향을 줄 수 있는 검사·측정·시험장비 및 자동화장치는 성능 이상 시에 검교정 및 성능점검을 하고 기록하여 간헐적으로 점검한다.
ㅂ. 곤충, 해충이나 소음을 막을 수 있는 대책을 마련하고 정기적으로 점검·확인하여야 한다.

① ㄱ, ㄷ, ㄹ ② ㄱ, ㄹ, ㅂ
③ ㄴ, ㄷ, ㄹ ④ ㄴ, ㅁ, ㅂ
⑤ ㄷ, ㄹ, ㅂ

380

다음 중 「우수화장품 제조 및 품질관리기준(CGMP)」 제11조 입고관리에 대한 설명으로 적절한 설명은?

① 화장품책임판매업자는 원자재 공급자에 대한 관리감독을 적절히 수행하여 입고관리가 철저히 이루어지도록 하여야 한다.
② 원자재의 입고 시 구매 요구서, 원자재 공급업체 성적서 및 현품이 서로 일치하여야 한다. 더불어 운송 관련 자료를 추가적으로 확보하여 필수적으로 검토해야 한다.
③ 원자재 용기에 제조번호가 없는 경우에는 제조번호 부여를 위해 원자재 용기 업체에 반품하여야 한다.
④ 원자재 입고절차 중 육안확인 시 물품에 결함이 있을 경우 입고를 보류하고 적절한 조치를 취하여야한다.
⑤ 입고된 원자재는 "합격", "탈락", "보류" 등으로 상태를 표시하여야 한다. 다만, 동일 수준의 보증이 가능한 다른 시스템이 있다면 대체할 수 있다.

381

「우수화장품 제조 및 품질관리기준(CGMP)」에 따라 원자재 용기 및 시험기록서의 필수적인 기재사항을 <보기>에서 모두 고른 것은?

<보기>
ㄱ. 원자재 수령자의 서명
ㄴ. 원자재 공급자명
ㄷ. 수령일자
ㄹ. 원자재 공급자가 정한 제품명
ㅁ. 원자재 시험 목록
ㅂ. 시험기관명

① ㄱ, ㄴ, ㄷ ② ㄱ, ㄷ, ㅂ
③ ㄴ, ㄷ, ㄹ ④ ㄷ, ㄹ, ㅂ
⑤ ㄹ, ㅁ, ㅂ

382

<보기>의 ( )안에 공통으로 들어갈 알맞은 말을 「우수화장품 제조 및 품질관리기준(CGMP)」 제12조와 제13조에 따라 정확한 용어로 기입하시오.

- 원자재, 반제품 및 벌크 제품은 품질에 나쁜 영향을 미치지 아니하는 조건에서 보관하여야 하며 (㉠)을/를 설정하여야 한다.
- 설정된 (㉠)이/가 지나면 사용의 적절성을 결정하기 위해 재평가시스템을 확립하여야 하며, 동 시스템을 통해 보관기간이 경과한 경우 사용하지 않도록 규정하여야 한다.
- 원자재는 시험결과 적합판정된 것만을 (㉡)방식으로 출고해야 하고 이를 확인할 수 있는 체계가 확립되어 있어야 한다.
- 원자재, 반제품 및 벌크 제품은 바닥과 벽에 닿지 아니하도록 보관하고, 가능한 (㉡)에 의하여 출고할 수 있도록 보관하여야 한다.

383

<보기>는 「우수화장품 제조 및 품질관리기준(CGMP)」 제12조와 제13조의 내용이다. 다음 중 행정규칙에 명시된 작업소의 출고 및 보관관리에 대한 설명으로 옳은 것을 모두 고른 것은?

<보기>
ㄱ. 원자재는 시험결과 적합판정된 것만을 선한선출방식으로 출고해야 하고 이를 확인할 수 있는 체계가 확립되어 있어야 한다.
ㄴ. 원자재, 반제품 및 벌크 제품은 품질에 나쁜 영향을 미치지 아니하는 조건에서 보관하여야 하며 보관기간을 설정하여야 한다.
ㄷ. 원자재, 반제품 및 벌크 제품은 식별이 용이하게 바닥에 일렬로 정렬하여 보관하고, 선입선출에 의하여 출고할 수 있도록 보관하여야 한다.
ㄹ. 원자재, 시험 중인 제품 및 부적합품은 각각 구분된 장소에서 보관하여야 한다.
ㅁ. 설정된 보관기간이 지나면 사용의 적절성을 결정하기 위해 재평가시스템을 확립하여야 하며, 동 시스템을 통해 보관기간이 경과한 경우 사용하지 않도록 규정해야 한다.
ㅂ. 서로 혼동을 일으킬 우려가 없는 시스템에 의하여 보관되는 경우에는 구획된 장소에서 보관할 필요가 없다.

① ㄱ, ㄴ, ㄷ
② ㄱ, ㄷ, ㅁ
③ ㄴ, ㄹ, ㅁ
④ ㄴ, ㅁ, ㅂ
⑤ ㄷ, ㄹ, ㅁ

384

<보기>의 (   )안에 공통으로 들어갈 알맞은 말을 「우수화장품 제조 및 품질관리기준(CGMP)」 제14조에 따라 적절한 용어로 기입하시오.

① (   )의 품질 적합기준은 사용 목적에 맞게 규정하여야 한다.
② (   )의 품질은 정기적으로 검사해야 하고 필요시 미생물학적 검사를 실시하여야 한다.
③ (   ) 공급 설비는 다음 각 호의 기준을 충족해야 한다.
1. (   )의 정체와 오염을 피할 수 있도록 설치될 것
2. (   )의 품질에 영향이 없을 것
3. 살균처리가 가능할 것

385

다음 중 「우수화장품 제조 및 품질관리기준(CGMP)」 제14조 물의 품질에 대한 설명으로 적절하지 않은 것은?

① 물의 품질은 정기적으로 검사해야 하고 주기적으로 미생물학적 검사를 실시하여야 한다.
② 물의 품질 적합기준은 사용 목적에 맞게 규정하여야 한다.
③ 물의 공급 설비는 물의 정체와 오염을 피할 수 있도록 설치되어야 한다.
④ 물의 공급 설비는 물의 품질에 영향이 없어야 한다.
⑤ 공급 설비는 살균처리가 가능해야 한다.

386

다음 중 「우수화장품 제조 및 품질관리기준(CGMP)」 제14조에 따라 물 공급 설비의 기준으로 적절한 것을 모두 고른 것은?

ㄱ. 물의 정체와 오염을 피할 수 있도록 설치될 것
ㄴ. 물의 품질에 영향이 없을 것
ㄷ. 린스정량 처리가 가능할 것
ㄹ. 세척을 위해 탱크가 쉽게 분리될 것
ㅁ. 물 공급 부품이 녹이 슬지 않는 것으로 되어 있을 것

① ㄱ, ㄴ
② ㄴ, ㄷ
③ ㄱ, ㄹ
④ ㄴ, ㅁ
⑤ ㄹ, ㅁ

387

<보기> 중 「우수화장품 제조 및 품질관리기준(CGMP)」 제17조 공정관리에 따라 벌크 제품의 용기에 표시해야 하는 사항으로 옳은 것을 모두 고른 것은?

ㄱ. 취급 시 주의사항
ㄴ. 사용기한 또는 개봉 후 사용기간
ㄷ. 명칭 또는 확인코드
ㄹ. 완료된 공정명
ㅁ. 제조번호
ㅂ. 반제품 공정순서

① ㄱ, ㄴ, ㅂ
② ㄴ, ㄷ, ㅁ
③ ㄴ, ㄷ, ㅂ
④ ㄷ, ㄹ, ㅁ
⑤ ㄹ, ㅁ, ㅂ

388

다음 중 「우수화장품 제조 및 품질관리기준(CGMP)」 제17조 공정관리에 따른 설명으로 옳지 않은 것은?

① 제조공정 단계별로 적절한 관리기준이 규정되어야 하며 그에 미치지 못한 모든 결과는 보고되고 조치가 이루어져야 한다.
② 벌크 제품은 품질이 변하지 아니하도록 적당한 용기에 넣어 지정된 장소에서 보관해야 한다.
③ 벌크 제품 용기에는 완료된 공정명, 제조번호 및 명칭이 기재되어야 한다.
④ 벌크 제품 용기에 보관조건을 표시해야 하는 것은 필수사항은 아니다.
⑤ 벌크 제품 보관 시 벌크 제품의 최소 보관기간을 설정하여야 하며, 보관기간이 가까워진 벌크 제품은 완제품 제조하기 전에 품질 이상, 변질 여부 등을 확인하여야 한다.

389

<보기>는 「우수화장품 제조 및 품질관리기준(CGMP)」 제17조 공정관리에 따라 이것의 용기에 표시해야 하는 사항이다. 이것이 무엇인지 정확한 용어로 기입하시오.

> (　　　)은/는 품질이 변하지 아니하도록 적당한 용기에 넣어 지정된 장소에서 보관해야 하며 용기에 다음 사항을 표시해야 한다.
> 1. 명칭 또는 확인코드
> 2. 제조번호
> 3. 완료된 공정명
> 4. 필요한 경우에는 보관조건

390

<보기>는 「우수화장품 제조 및 품질관리기준(CGMP)」 제17조 공정관리에 따라 벌크 제품의 용기에 표시해야 하는 사항이다. (　　)안에 들어갈 말을 정확한 용어로 기입하시오.

> 벌크 제품은 품질이 변하지 아니하도록 적당한 용기에 넣어 지정된 장소에서 보관해야 하며 용기에 다음 사항을 표시해야 한다.
> 1. 명칭 또는 확인코드
> 2. (　　　)
> 3. 완료된 공정명
> 4. 필요한 경우에는 보관조건

391

다음 중 「우수화장품 제조 및 품질관리기준(CGMP)」 제18조 포장작업에 따라 포장지시서에 포함되어야 하는 '다음 각 호의 사항'을 **모두** 고른 것은?

> 포장작업은 **다음 각 호의 사항**을 포함하고 있는 포장지시서에 의해 수행되어야 한다.

> ㄱ. 포장 설비명
> ㄴ. 포장재 리스트
> ㄷ. 상세한 포장공정
> ㄹ. 포장재 재질
> ㅁ. 포장재 공급자명

① ㄱ, ㄴ, ㄷ　　② ㄱ, ㄷ, ㅁ
③ ㄴ, ㄷ, ㄹ　　④ ㄴ, ㄷ, ㅁ
⑤ ㄷ, ㄹ, ㅁ

392

<보기>는 「우수화장품 제조 및 품질관리기준(CGMP)」 제18조 포장작업에 따라 포장지시서에 포함되어야 하는 사항이다. (   )안에 들어갈 말을 정확한 용어로 기입하시오.

> 포장작업은 다음 각 호의 사항을 포함하고 있는 포장지시서에 의해 수행되어야 한다.
> 1. 제품명
> 2. 포장 설비명
> 3. 포장재 리스트
> 4. 상세한 포장공정
> 5. (   )

393

다음 중 「우수화장품 제조 및 품질관리기준(CGMP)」 제19조에 따라 완제품의 보관 및 출고에 대한 설명으로 옳은 것을 모두 고른 것은?

> ㄱ. 완제품은 시험결과 적합으로 판정되고 품질부서책임자가 출고 승인한 것만을 출고하여야 한다.
> ㄴ. 완제품은 적절한 조건하의 정해진 장소에서 보관하여야 하며, 필요한 경우에 재고 점검을 수행한다.
> ㄷ. 출고할 제품은 수량 파악을 위해 원자재, 부적합품 및 반품된 제품과 같은 장소에서 보관하여야 한다.
> ㄹ. 출고는 선입선출방식으로 하되, 타당한 사유가 있는 경우에는 그러지 아니할 수 있다.
> ㅁ. 서로 혼동을 일으킬 우려가 없는 시스템에 의하여 보관되는 경우에는 반드시 원자재와 반품된 제품을 구획된 장소에 보관하여야 한다.

① ㄱ, ㄴ ② ㄱ, ㄹ
③ ㄴ, ㄹ ④ ㄷ, ㄹ
⑤ ㄹ, ㅁ

394

다음 중 「우수화장품 제조 및 품질관리기준(CGMP)」 제19조 완제품의 보관 및 출고에 대한 설명으로 적절하지 않은 것은?

① 완제품은 적절한 조건하의 정해진 장소에서 보관하여야 한다.
② 주기적으로 재고 점검을 수행해야 한다.
③ 완제품은 시험결과 적합으로 판정되고 책임판매관리자가 출고 승인한 것만을 출고하여야 한다.
④ 출고는 선입선출방식으로 하되, 타당한 사유가 있는 경우에는 그러지 아니할 수 있다.
⑤ 출고할 제품은 원자재, 부적합품 및 반품된 제품과 구획된 장소에서 보관하여야 한다.

395

다음 중 「우수화장품 제조 및 품질관리기준(CGMP)」 제20조에 따라 시험관리에 대한 설명으로 옳은 것을 모두 고른 것은?

> ㄱ. 원자재・반제품・벌크 제품・완제품에 대한 적합 기준을 마련하고 입고 순서 별로 시험 기록을 작성・유지하여야 한다.
> ㄴ. 원자재・반제품・벌크 제품・완제품은 오직 적합판정이 된 것만을 사용하거나 출고하여야 한다.
> ㄷ. 정해진 보관 기간이 경과된 원자재・반제품・벌크 제품은 재평가하여 품질기준에 적합한 경우 제조에 사용할 수 있다.
> ㄹ. 시험이 이루어진 후에는 적합, 부적합, 보류를 판정하여야 한다. 판정 후 이상이 있을 시에 시험기록을 검토할 수 있다.
> ㅁ. 기준일탈이 된 경우는 기준일탈을 발견한 작업원의 책임하에 조사하여야 한다. 조사결과는 조사자에 의해 일탈, 부적합, 보류를 명확히 판정하여야 한다.

① ㄱ, ㄴ ② ㄱ, ㄹ
③ ㄴ, ㄷ ④ ㄷ, ㄹ
⑤ ㄹ, ㅁ

396

<보기>는「우수화장품 제조 및 품질관리기준(CGMP)」제20조 시험관리에 대한 설명 중 일부이다. ( )안에 들어갈 알맞은 단어를 정확한 용어로 기입하시오.

① 품질관리를 위한 시험업무에 대해 문서화된 절차를 수립하고 유지하여야 한다.
② 원자재·반제품·벌크 제품·완제품에 대한 적합 기준을 마련하고 (㉠)별로 시험 기록을 작성·유지하여야 한다.
(중략)
⑤ 정해진 보관 기간이 경과된 원자재·반제품·벌크 제품은 (㉡)하여 품질기준에 적합한 경우 제조에 사용할 수 있다.

397

다음 중「우수화장품 제조 및 품질관리기준(CGMP)」제20조에 따라 표준품 및 주요시약의 용기에 기재하여야 하는 사항으로 옳은 것을 모두 고른 것은?

ㄱ. 이용목적
ㄴ. 역가
ㄷ. 공급받은 업체
ㄹ. 직접 제조한 경우 제조자의 성명 또는 서명
ㅁ. 제조번호
ㅂ. 보관조건

① ㄱ, ㄷ, ㅁ
② ㄱ, ㄴ, ㅁ
③ ㄴ, ㄹ, ㅂ
④ ㄷ, ㄹ, ㅁ
⑤ ㄹ, ㅁ, ㅂ

398

다음 중「우수화장품 제조 및 품질관리기준(CGMP)」제20조에 따라 표준품 및 주요시약의 용기에 기재하여야 하는 사항 중 ( )안에 들어갈 말을 정확한 용어로 기입하시오.

표준품과 주요시약의 용기에는 다음 사항을 기재하여야 한다.
1. 명칭
2. 개봉일
3. 보관조건
4. ( )
5. 역가, 제조자의 성명 또는 서명(직접 제조한 경우에 한함)

399

<보기>는「우수화장품 제조 및 품질관리기준(CGMP)」제21조 및 제22조의 내용이다. 검체의 채취 및 보관과 폐기처리 기준을 모두 고른 것은? 기출

<보기>
ㄱ. 완제품의 보관용 검체는 적절한 보관조건 하에 지정된 구역 내에서 제조단위별로 사용기한까지 보관하여야 한다. 다만, 개봉 후 사용기간을 기재하는 경우에는 제조일로부터 3년간 보관하여야 한다.
ㄴ. 재작업은 그 대상이 다음 각 호를 모두 만족한 경우에 할 수 있다. 1. 변질·변패 또는 병원미생물에 오염되지 아니한 경우 2. 제조일로부터 2년이 경과하지 않았거나 사용기한이 1년 이상 남아있는 경우
ㄷ. 원료와 포장재, 벌크제품과 완제품이 적합판정기준을 만족시키지 못할 경우 "기준일탈 제품"으로 지칭한다. 기준일탈 제품이 발생했을 때는 신속히 절차를 정하고, 정한 절차를 따라 확실한 처리를 하고 실시한 내용을 모두 문서에 담는다.
ㄹ. 재작업의 절차 중 품질이 확인되고 품질책임자의 승인을 얻을 수 있을 때까지 재작업품은 다음 공정에 사용할 수 없고 출하할 수 없다.
ㅁ. 품질에 문제가 있거나 회수·반품된 제품의 폐기 또는 재작업 여부는 화장품책임판매업자에 의해 승인되어야 한다.

① ㄱ, ㄷ
② ㄱ, ㄹ
③ ㄴ, ㄹ
④ ㄴ, ㅁ
⑤ ㄷ, ㅁ

400

다음 중 「우수화장품 제조 및 품질관리기준(CGMP)」 제21조 검체의 채취 및 보관에 대한 설명으로 적절하지 않은 것은?

① 시험용 검체는 오염되거나 변질되지 아니하도록 채취하고, 채취한 후에는 원상태에 준하는 포장을 해야 한다.
② 시험용 검체의 용기에는 명칭 또는 확인코드를 기재해야 한다.
③ 완제품의 보관용 검체는 적절한 보관조건 하에 지정된 구역 내에서 제조단위별로 사용기한까지 보관하여야 한다.
④ 완제품의 보관용 검체는 개봉 후 사용기간을 기재하는 경우에는 제조일로부터 1년간 보관하여야 한다.
⑤ 시험용 검체 채취 후 검체가 채취되었음을 표시하여야 한다.

401

다음 중 「우수화장품 제조 및 품질관리기준(CGMP)」 제21조에 따라 이것의 용기에 기재하여야 하는 사항이다. 이것은 무엇인가?

( )의 용기에는 다음 사항을 기재하여야 한다.
1. 명칭 또는 확인코드
2. 제조번호
3. 검체채취 일자

402

다음 중 「우수화장품 제조 및 품질관리기준(CGMP)」 제21조 검체의 채취 및 보관에 따라 시험용 검체의 용기에 기재되어야 하는 것을 모두 고른 것은?

ㄱ. 사용기한
ㄴ. 제조번호
ㄷ. 검체 채취자 성명
ㄹ. 명칭 혹은 확인코드
ㅁ. 검체 채취 목적

① ㄱ, ㄴ   ② ㄱ, ㄹ
③ ㄴ, ㄹ   ④ ㄷ, ㄹ
⑤ ㄷ, ㅁ

403

<보기>는 「우수화장품 제조 및 품질관리기준(CGMP)」 제21조 검체의 채취 및 보관에 대한 설명이다. 다음 중 ( )안에 들어갈 숫자를 기입하시오.

<보기>
완제품의 보관용 검체는 적절한 보관조건 하에 지정된 구역 내에서 제조단위별로 ( )까지 보관하여야 한다.

404

다음 중 「우수화장품 제조 및 품질관리기준(CGMP)」 제21조 및 제22조에 대한 설명으로 적절하지 않은 것은?

① 품질에 문제가 있거나 회수·반품된 제품의 폐기 또는 재작업 여부는 품질책임자에 의해 승인되어야 한다.
② 재작업은 그 대상이 변질·변패 또는 병원미생물에 오염되지 않았거나, 사용기한이 1년 이상 남아있는 경우일 시 가능하다.

③ 재입고 할 수 없는 제품의 폐기처리규정을 작성하여야 하며 폐기 대상은 따로 보관하고 규정에 따라 신속하게 폐기하여야 한다.
④ 완제품의 보관용 검체는 적절한 보관조건 하에 지정된 구역 내에서 제조단위별로 사용기한까지 보관하여야 한다.
⑤ 완제품의 보관용 검체에 개봉 후 사용기간을 기재하는 경우에는 제조일로부터 3년간 보관하여야 한다.

405

<보기>는 「우수화장품 제조 및 품질관리기준(CGMP)」 제22조 에 대한 설명이다. 다음 중 ( )안에 들어갈 숫자를 기입하시오.

> 완제품의 보관용 검체는 적절한 보관조건 하에 지정된 구역 내에서 제조단위별로 사용기한까지 보관하여야 한다. 다만, 개봉 후 사용기간을 기재하는 경우에는 제조일로부터 ( )년간 보관하여야 한다.

406

다음 중 「우수화장품 제조 및 품질관리기준(CGMP)」 제23조 위탁계약에 따라 <u>틀린</u> 내용은?

① 제조업무를 위탁하고자 하는 자는 제30조에 따라 식품의약품안전처장으로부터 우수화장품 제조 및 품질관리기준 적합판정을 받은 업소에 위탁제조해야 한다.
② 위탁업체는 수탁업체의 계약 수행능력을 평가하고 그 업체가 계약을 수행하는데 필요한 시설 등을 갖추고 있는지 확인해야 한다.
③ 위탁업체는 수탁업체와 문서로 계약을 체결해야 하며 정확한 작업이 이루어질 수 있도록 수탁업체에 관련 정보를 전달해야 한다.
④ 위탁업체는 수탁업체에 대해 계약에서 규정한 감사를 실시해야 하며 수탁업체는 이를 수용하여야 한다.

⑤ 수탁업체에서 생성한 위·수탁 관련 자료는 유지되어 위탁업체에서 이용 가능해야 한다.

407

<보기> 중 「우수화장품 제조 및 품질관리기준(CGMP)」 제23조 위탁계약에 따라 옳은 내용을 <u>모두</u> 고른 것은?

> ㄱ. 제조업무를 위탁하고자 하는 자는 제30조에 따라 식품의약품안전처장으로부터 우수화장품 제조 및 품질관리기준 적합판정을 받은 업소에 위탁제조하는 것을 권장한다.
> ㄴ. 수탁업체는 위탁업체의 계약 수행능력을 평가하고 그 업체가 계약을 수행하는데 필요한 시설 등을 갖추고 있는지 확인해야 한다.
> ㄷ. 위탁업체는 수탁업체와 구두로 계약을 체결해야 하며 정확한 작업이 이루어질 수 있도록 수탁업체에 관련 정보를 전달해야 한다.
> ㄹ. 위탁업체는 수탁업체에 대해 계약에서 규정한 감사를 실시해야 하며 수탁업체는 이를 수용하여야 한다.
> ㅁ. 수탁업체의 영업 비밀에 해당하는 기술이 내재되어 있는 경우 수탁업체에서 생성한 위·수탁 관련 자료는 위탁업체에서 이용이 불가능해야 한다.

① ㄱ, ㄴ
② ㄱ, ㄹ
③ ㄴ, ㄷ
④ ㄷ, ㄹ
⑤ ㄹ, ㅁ

408

다음 중 「우수화장품 제조 및 품질관리기준(CGMP)」 제25조 불만처리에 따라 **틀린** 내용은?

① 불만처리담당자는 제품에 대한 모든 불만을 취합해야 한다.
② 불만처리담당자는 제기된 불만에 대해 신속하게 조사해야 한다.
③ 불만 조사 시 다른 제조번호의 제품에도 영향이 없는지 점검해야 한다.
④ 불만은 제품 결함의 경향을 파악하기 위해 불만 사항이 발생할 때마다 검토하여야 한다.
⑤ 불만 사항 조사 시 불만 제기자의 이름과 연락처(가능한 경우)를 기록해야 한다.

409

다음 중 「우수화장품 제조 및 품질관리기준(CGMP)」 제25조 불만처리에 따라 불만처리담당자가 기록·유지하여야 하는 사항을 **모두** 고른 것은?

> ㄱ. 불만 제기자의 연락처(가능한 경우)
> ㄴ. 불만 제기자의 주민등록번호
> ㄷ. 불만으로 인한 피해 보상
> ㄹ. 불만처리담당자의 성명
> ㅁ. 다른 제조번호의 제품에도 영향이 없는지 점검

① ㄱ, ㄹ
② ㄱ, ㅁ
③ ㄴ, ㅁ
④ ㄷ, ㄹ
⑤ ㄹ, ㅁ

410

다음은 「우수화장품 제조 및 품질관리기준(CGMP)」 제26조 제품회수에 대한 내용이다. 밑줄 친 '다음 사항'에 해당하지 **않는** 것은?

> 화장품제조업자는 제조한 화장품에서 「화장품법」 제9조, 제15조, 또는 제16조제1항을 위반하여 위해 우려가 있다는 사실을 알게 되면 지체 없이 회수에 필요한 조치를 하여야 한다.
> **다음 사항**을 이행하는 회수 책임자를 두어야 한다.

① 전체 회수과정에 대한 화장품제조업자와의 조정역할
② 결함 제품의 회수 및 관련 기록 보존
③ 소비자 안전에 영향을 주는 회수의 경우 회수가 원활히 진행될 수 있도록 필요한 조치 수행
④ 회수된 제품은 확인 후 제조소 내 격리보관 조치(필요시에 한함)
⑤ 회수과정의 주기적인 평가(필요시에 한함)

411

다음 중 「우수화장품 제조 및 품질관리기준(CGMP)」 제26조 제품회수의 밑줄친 부분에 따라 지체 없이 회수에 필요한 조치를 하여야 하는 경우가 **아닌** 것은?

> 화장품제조업자는 제조한 화장품에서 「화장품법」 **제9조, 제15조, 또는 제16조 제1항**을 위반하여 위해 우려가 있다는 사실을 알게 되면 지체 없이 회수에 필요한 조치를 하여야 한다.

① 안전용기·포장을 지키지 않은 화장품
② 코뿔소 뿔과 그 추출물을 사용한 화장품
③ 용기가 불량하여 해당 화장품이 보건위생상 위해를 발생할 우려가 있는 화장품
④ 화장품의 용기에 담은 내용물을 나누어 판매된 소분화장품(맞춤형화장품판매업 제외)
⑤ 이물이 혼입되었거나 부착된 화장품

412

<보기>의 「우수화장품 제조 및 품질관리기준(CGMP)」 제27조 변경관리에 따라 (   )안에 들어갈 알맞은 말은?

> 제품의 품질에 영향을 미치는 원자재, 제조공정 등을 변경할 경우에는 이를 문서화하고 (   )에 의해 승인된 후 수행하여야 한다.

① 품질책임자
② 책임판매관리자
③ 식품의약품안전처장
④ 화장품책임판매업자
⑤ 화장품제조업자

413

다음 중 「우수화장품 제조 및 품질관리기준(CGMP)」 제28조 내부감사에 따라 적절하지 않은 설명은?

① 내부감사의 목적은 품질보증체계가 계획된 사항에 부합하는지를 주기적으로 검증하기 위함이다.
② 감사자는 감사대상과는 독립적이어야 하며, 자신의 업무에 대하여 감사를 실시하여서는 아니 된다.
③ 감사 결과는 기록되어 피감사부서를 제외한 경영책임자 및 감사 부서의 책임자에게 공유되어야 하고 감사 중에 발견된 결함에 대하여 시정조치 하여야 한다.
④ 감사자는 시정조치에 대한 후속 감사활동을 행하고 이를 기록하여야 한다.
⑤ 내부감사 계획 및 실행에 관한 문서화된 절차를 수립하고 유지하여야 한다.

414

다음 중 「우수화장품 제조 및 품질관리기준(CGMP)」 제29조 문서관리에 따라 옳은 설명을 모두 고른 것은?

> ㄱ. 문서는 보안을 위해 작업자가 알아보기 어렵도록 작성하여야 하며 작성된 문서에는 권한을 가진 사람의 서명과 승인연월일이 있어야 한다.
> ㄴ. 기록문서를 수정하는 경우에는 혼동하지 않기 위해 수정 전 내용을 알아볼 수 없도록 하고 수정된 문서에는 수정사유, 수정연월일 및 수정자의 서명이 있어야 한다.
> ㄷ. 모든 기록문서의 보존기간은 공문서 처리 규정에 따라 반영구 보존기간인 50년을 따른다.
> ㄹ. 원본 문서는 품질부서에서 보관하여야 하며, 사본은 작업자가 접근하기 쉬운 장소에 비치·사용하여야 한다.
> ㅁ. 문서의 인쇄본 또는 전자매체를 이용하여 안전하게 보관해야 한다.
> ㅂ. 작업자는 작업과 동시에 문서에 기록하여야 하며 지울 수 없는 잉크로 작성하여야 한다.

① ㄱ, ㄴ, ㄷ
② ㄱ, ㄹ, ㅁ
③ ㄴ, ㄹ, ㅁ
④ ㄷ, ㄹ, ㅂ
⑤ ㄹ, ㅁ, ㅂ

415

다음 중 「우수화장품 제조 및 품질관리기준(CGMP)」 제29조 문서관리에 따라 적절하지 않은 것은?

① 모든 문서의 작성 및 개정·승인·배포·회수 또는 폐기 등 관리에 관한 사항이 포함된 문서관리규정을 작성하고 유지하여야 한다.
② 문서는 작업자가 알아보기 쉽도록 작성하여야 하며 작성된 문서에는 권한을 가진 사람의 서명과 승인연월일이 있어야 한다.
③ 문서의 작성자·검토자 및 승인자는 서명을 등록한 후 사용하여야 한다.
④ 문서를 개정할 때는 개정사유 및 개정연월일 등을 기재하고 권한을 가진 사람의 승인을 받아야 하며 개정번호를 지정해야 한다.
⑤ 문서의 보안을 위해 전자매체보다 인쇄매체를 지향한다.

416

다음 중 「우수화장품 제조 및 품질관리기준(CGMP)」 제30조의 우수화장품 제조 및 품질관리기준 적합판정을 받고자 하는 업소가 식품의약품안전처장에게 제출하여야 하는 서류로 적절하지 않은 것은?

① 우수화장품 제조 및 품질관리기준에 따라 2회 이상 적용·운영한 자체평가표
② 화장품 제조 및 품질관리기준 운영조직
③ 제조소의 시설내역
④ 제조관리현황
⑤ 품질관리현황

417

다음 중 「우수화장품 제조 및 품질관리기준(CGMP)」 제30조 우수화장품 제조 및 품질관리기준의 적합 판정에 따라 적절하지 않는 설명은?

① 신청을 위해 제조소의 시설내역을 식품의약품안전처장에게 제출해야 한다.
② 일부 공정만을 행하는 업소는 우수화장품 제조 및 품질관리기준에 따라 적합 판정 신청을 할 수 없다.
③ 식품의약품안전처장은 제출된 자료를 평가한 후 실태조사를 실시하여 우수화장품 제조 및 품질관리기준에 의해 적합한지 판정한다.
④ 적합 판정을 받고자 하는 업소는 우수화장품 제조 및 품질관리기준에 따라 3회 이상 적용·운영한 자체평가표가 필요하다.
⑤ 식품의약품안전처장은 적합판정 업소에게 우수화장품 제조 및 품질관리기준 적합업소 증명서를 발급하여야 한다.

418

다음 중 우수화장품 제조 및 품질관리기준 적합 판정을 받은 업소에 대한 우대조치로 적절하지 않은 것은?

① 국제규격인증업체(CGMP, ISO9000)에서 제공된 원료·자재는 제공된 적합성에 대한 기록의 증거를 고려하여 검사의 방법을 조정할 수 있다.
② 식품의약품안전처장은 우수화장품 제조 및 품질관리기준 적합판정을 받은 업소는 정기 수거검정 및 정기 감시 대상에서 제외할 수 있다.
③ 우수화장품 제조 및 품질관리기준 적합판정을 받은 업소는 우수화장품 제조 및 품질관리기준 적합 로고를 해당 제조업소와 그 업소에서 제조한 화장품에 표시하거나 그 사실을 광고할 수 있다.
④ 식품의약품안전처와 MOU를 체결한 국가 간의 무역 시 통관 기준 제한을 완화할 수 있다.
⑤ 품질보증 능력이 있다고 인정되는 업체에서 제공된 원료·자재는 제공된 적합성에 대한 기록의 증거를 고려하여 시험항목을 조정할 수 있다.

419

다음 중 우수화장품 제조 및 품질관리기준 적합 업소에 대한 설명으로 옳은 것은?

① 적합 업소 신청 시 유통화장품 안전관리기준에 의거한 품질성적 확인서가 필요하다.
② 식품의약품안전처장은 적합 업소에 대해 우수화장품 제조 및 품질관리기준 실시상황평가표에 따라 3년에 1회 이상 실태조사를 실시하여야 한다.
③ 식품의약품안전처장은 사후관리 결과 부적합 업소에 대하여 시정조치를 취할 수 있으나 판정을 취소할 수 없다.
④ 식품의약품안전처장은 정기적으로 실태조사를 하기 때문에 제조 및 품질관리에 문제가 있다고 판단되는 업소에 대하여 정기조사를 제외한 별도의 실태조사를 실시할 수 없다.
⑤ 식품의약품안전처장은 우수화장품 제조 및 품질관리기준 적합판정을 받은 업소에 대해 시정명령 조치를 한 번에 한해 감할 수 있다.

420

<보기>는 우수화장품 제조 및 품질관리기준(CGMP)의 3대 요소이다. ( )안에 들어갈 알맞은 말을 정확한 용어로 기입하시오.(단, ㉠과 ㉡의 순서는 무관함.)

① 인위적인 과오의 최소화
② (㉠)오염 및 (㉡)오염으로 인한 품질저하 방지
③ 고도의 (㉢)체계 확립

421

다음 중 「우수화장품 제조 및 품질관리기준」 제7조 건물의 시설기준으로 적합하지 않은 것은?

① 시설의 설계는 물동선 및 인동선의 흐름을 고려하고 청소와 유지관리가 용이하게 되어야 한다.
② 배치(layout)는 교차오염을 예방하고 인위적 과오를 줄여 제품의 안전과 위생을 향상 시킬 수 있어야 한다.
③ 강제적 기계 상의 환기 시스템(공기조화장치)은 제품 또는 사람의 안전에 해로운 오염물질의 이동을 최소화 시키도록 설계되어야 한다.
④ 필터들은 점검 기준에 따라 정기(수시)로 점검하고 교체 기준에 따라 교체되어야 하고 점검 및 교체에 대해서는 기록되어야 한다.
⑤ 손상된 팔레트는 수거하여 수선하지 않고 폐기한다.

422

다음 중 「우수화장품 제조 및 품질관리기준」 제8조에 따라 원료 취급 구역의 기준으로 적절한 것을 모두 고른 것은?

ㄱ. 원료보관소와 칭량실은 구획되어 있어야 한다.
ㄴ. 엎지르거나 흘리는 것을 방지하고 즉각적으로 치우는 시스템과 절차들이 시행되어야 한다.
ㄷ. 모든 드럼의 아랫부분은 필요한 경우 이송 전에 또는 칭량 구역에서 개봉 전에 검사하고 깨끗하게 하여야 한다.
ㄹ. 바닥은 깨끗하고 부스러기가 없는 상태로 유지 되어야 한다.
ㅁ. 원료 용기들은 실제로 칭량하는 원료를 포함하여 적합하게 뚜껑을 덮어 놓아야 한다.
ㅂ. 원료의 포장이 훼손된 경우에는 선입선출에서 예외로 규정하여 해당 원료를 신속히 사용한다.

① ㄱ, ㄴ, ㄹ
② ㄱ, ㄷ, ㄹ
③ ㄴ, ㄷ, ㅁ
④ ㄷ, ㄹ, ㅁ
⑤ ㄹ, ㅁ, ㅂ

423

다음 중 「우수화장품 제조 및 품질관리기준」 제8조에 따라 제조 구역의 기준으로 적절하지 <u>않은</u> 것은?

① 모든 호스는 필요 시 청소 또는 위생 처리를 하며 청소 후에 호스는 완전히 비워져야 하고 건조되어야 한다. 호스는 정해진 지역의 바닥에 놓고 정리하여 보관한다.
② 탱크의 바깥 면들은 정기적으로 청소되어야 한다.
③ 모든 배관이 사용될 수 있도록 설계되어야 하며 우수한 정비 상태로 유지되어야 한다.
④ 표면은 청소하기 용이한 재료질로 설계되어야 한다.
⑤ 페인트를 칠한 지역은 우수한 정비 상태로 유지되어야 한다. 벗겨진 칠은 보수되어야 한다.

424

<보기>의 밑줄 친 '주요사항'에 해당되지 <u>않는</u> 것을 고르시오.

> 흐름은 사람과 물건의 움직임을 의미하며, 이 움직임의 설계는 혼동 방지와 오염 방지를 목적으로 한다. 새로운 건물의 설계 시나 구 건물의 증, 개축시 뿐만 아니라 현 건물에 있어서의 흐름의 재검토를 실시하여 제조 작업의 합리화를 도모한다. 그 <u>주요사항</u>은 다음과 같다.

① 인동선과 물동선의 흐름경로를 교차 오염의 우려가 없도록 적절히 설정한다.
② 공기의 흐름을 고려한다.
③ 교차가 불가피 할 경우 작업에 "시간차"를 만든다.
④ 인동선과 물동선이 교차하는 지점에 안전장치를 마련한다.
⑤ 사람과 대차가 교차하는 경우 "유효폭"을 충분히 확보한다.

425

다음 중 「우수화장품 제조 및 품질관리기준」에 따라 적절하지 <u>않은</u> 설명은?

① 생산 구역 내에 있는 바닥, 벽, 천장 등은 청소용제의 부식성에 저항력이 있는 매끄러운 표면을 설치한다.
② 천장, 벽, 바닥이 접하는 부분은 틈이 없어야 하고 청소가 용이하게 각지게 처리되어야 한다.
③ 포장구역의 폐기물 저장통은 필요하다면 청소 및 위생 처리 되어야 한다.
④ 포장 구역은 설비의 팔레트, 포장 작업의 다른 재료들의 폐기물, 사용되지 않는 장치, 질서를 무너뜨리는 다른 재료가 있어서는 안 된다.
⑤ 제조구역의 표면은 청소하기 용이한 재료질로 설계되어야 한다.

426

다음 중 「우수화장품 제조 및 품질관리기준」에 따라 (   )안에 공통으로 들어갈 말은?

> (   )(이)란 "공기의 온도, 습도, 공중미립자, 풍량, 풍향, 기류의 전부 또는 일부를 자동적으로 제어하는 일"이다.
> (   )의 목적은 제품과 직원에 대한 오염 방지이나 한편으로는 오염의 원인이 되기도 한다. (   )은/는 기류를 발생시킨다. 기류는 먼지, 미립자, 미생물을 공중에 날아 올라가게 만들어서 제품에 부착시킬 가능성이 있다. 그래서 (   ) 시설을/를 설치한다면 일정한 수준 이상의 시설로 해야 한다.

427

다음은 「우수화장품 제조 및 품질관리기준 해설서」의 공기조절의 방식에 관한 내용이다. ( )안에 들어갈 말로 적절한 것은?

> 여름과 겨울의 온도차가 크고, 외부 환경이 제품과 작업자에게 영향을 미친다면 온·습도를 일정하게 유지하는 에어컨 기능을 갖춘 공기 조절기를 설치한다. 공기의 온·습도, 공중미립자, 풍량, 풍향, 기류를 일련의 덕트를 사용해서 제어하는 ( )이/가 가장 화장품에 적합한 공기 조절이다. 흡기구와 배기구를 천장이나 벽에 설치하고 굵은 덕트로 온·습도를 관리한 공기를 순환 또는 외기를 흐르게 한다. 이 방법은 많은 설비 투자와 유지비용을 수반한다.

① 센트럴 방식
② 에어워터 방식
③ 냉매 방식
④ 올워터방식
⑤ 팬 코일 + 에어컨 방식

428

다음 중 청정도 기준에 의거하여 옳은 설명은?

① Clean bench는 1시간에 20회 이상 청정공기 순환을 하여야 하며 낙하균은 1시간에 5개 이하여야 한다.
② 일반시험실은 원료칭량실과 청정도 등급이 같으며 1시간에 10회 이상 청정공기 순환을 하여야 하며 부유균 200개/㎥이하의 관리기준을 충족시켜야 한다.
③ 포장실은 환기장치로 공기순환을 하여야 하며 낙하균은 1시간에 50개 이하여야 한다.
④ 원료보관소는 환기장치로 공기순환을 하여야 하며 관리기준은 없다.
⑤ 청정도 등급 2등급은 '화장품 내용물이 노출되는 작업실'이 그 대상시설이며 내용물보관소, 원료보관소, 제조실 등이 그 해당 작업실이다.

429

다음 중 청정도 2등급에 대한 설명으로 적절한 것은?

① 대상시설: 청정도 엄격관리
② 해당작업실: 제조실, 성형실, 일반시험실, 내용물보관소
③ 청정공기순환: 20회/hr이상 또는 환기장치
④ 관리기준: 부유균 30개/㎥ 또는 낙하균 200개/hr
⑤ 구조조건: Pre-filter, Med-filter, (필요시 HEPA-filter), 분진발생실 주변 양압, 제진 시설

430

다음 중 청정도 등급에 대한 설명으로 적절한 것을 모두 고른 것은?

> ㄱ. 2등급의 대상시설은 화장품 내용물이 노출되는 작업실이며 청정공기 순환은 10회/hr이상 또는 차압관리이다.
> ㄴ. 완제품보관소와 갱의실은 내용물이 완전 폐색된 일반작업실이므로 청정도 등급 4등급에 해당되며 낙하균의 기준은 30개/hr이다.
> ㄷ. 1등급은 청정도 엄격관리가 그 대상시설이며 관리기준은 낙하균 10개/hr 또는 부유균 20개/㎥ 이다.
> ㄹ. 포장실은 화장품의 내용물이 완전 폐색된 곳이므로 4등급이며 환기장치로 공기순환을 관리하여야 한다.
> ㅁ. 미생물시험실은 청정도 등급 1등급이며 청정공기순환의 기준은 20회/hr 이상 또는 차압관리이다.

① ㄱ, ㄴ
② ㄱ, ㄷ
③ ㄴ, ㄹ
④ ㄷ, ㅁ
⑤ ㄹ, ㅁ

431

다음 중 청정도 기준 4등급의 작업실이 아닌 것은?

① 완제품보관소
② 관리품보관소
③ 원료보관소
④ 내용물보관소
⑤ 일반시험실

432

다음과 같은 기준을 지닌 등급의 작업실로 적절한 것은?

관리기준
낙하균 : 30개/hr 또는 부유균 : 200개/m³
구조조건
Pre-filter, Med-filter, (필요시 HEPA-filter), 분진발생실 주변 양압, 제진 시설

① Clean bench ② 성형실
③ 포장실 ④ 원료보관소
⑤ 일반시험실

433

다음 밑줄 친 이곳이 해당하는 청정도 기준 조건으로 적절한 것은?

> 맞춤형화장품조제관리사 A씨는 **이곳**에서 원료를 저울에 재어 정확하게 필요한 양 만큼 혼합한다. **이곳**에서 원료를 계량하여 혼합하는 데에 사용하고 있다.

① 대상시설: 일반작업실(내용물 완전 폐색)
② 해당 작업실: 완제품보관소
③ 관리 기준: 낙하균: 30개/hr 또는 부유균: 200개/m³
④ 청정공기순환: 차압관리
⑤ 구조 조건: Pre-filter, Med-filter, HEPA-filter, Clean bench/booth, 온도 조절

434

다음에서 설명하는 이곳과 청정도 기준이 같은 작업실은?

> **이곳**은 작업원이 화장품의 내용물을 용기에 넣는 곳이다. 1차 포장을 하는 곳이므로 작업원들은 위생에 유의해야 한다.

① 미생물시험실 ② 포장실
③ 포장재보관소 ④ 관리품보관소
⑤ 원료 보관소

435

<보기>의 조건과 같은 청정도 기준 등급 작업실의 관리 기준에 따라 ( )안에 들어갈 숫자를 기입하시오.

<보기>
청정도 기준 구조 조건
Pre-filter, Med-filter, HEPA-filter, Clean bench/booth, 온도 조절

관리 기준
낙하균 :(㉠)개/hr 또는 부유균 : (㉡)개/m³

436

<보기>에서 설명하는 작업실에 대한 청정도 기준으로 바른 것을 <u>모두</u> 고른 것은?

> 무균작업 실험대(sterile air hood)라고도 한다. 실험대 공간에 분진, 포자 등이 들어 있지 않은 깨끗한 공기로 채우는 장치이다. 주로 작업 중 시료나 기구 내에 세균이나 곰팡이 등의 미생물이 혼입하는 것을 방지하기 위해 사용한다. 앞면을 제외하고 칸막이한 작업대가 있는 공간에 필터로 분진을 제거한 공기가 흘러 들어가는 장치로 되어 있다.

ㄱ. 대상시설: 화장품 내용물이 노출되는 작업실
ㄴ. 해당작업실: 포장실
ㄷ. 청정 공기순환: 20회/hr 이상 또는 차압관리
ㄹ. 구조 조건: Pre-filter, Med-filter, HEPA-filter, Clean bench/booth, 온도 조절
ㅁ. 관리기준: 낙하균: 30개/hr 또는 부유균: 200개/m³

① ㄱ, ㄴ ② ㄴ, ㄹ
③ ㄷ, ㄹ ④ ㄷ, ㅁ
⑤ ㄹ, ㅁ

437

다음 중 공기 조절의 4요소와 그 대응설비가 적절히 연결된 것은?

① 청정도 - 가습기
② 청정도 - 온도조절기
③ 실내온도 - 온도계
④ 습도 - 공기정화기
⑤ 기류 - 송풍기

438

공기 조절의 4요소와 그 대응설비에 따라 ( )안에 들어갈 알맞은 말을 정확한 용어로 기입하시오.

번호	4대요소	대응설비
1	(㉠)	공기정화기
2	실내온도	열교환기
3	습 도	가습기
4	(㉡)	송풍기

439

다음 중 화장품 제조를 위한 에어 필터에 대한 설명으로 적절하지 <u>않은</u> 것은?

① 가정용 방충망 정도의 필터를 설치한 흡기 팬만의 작업장에서 화장품을 제조하는 것은 재검토 되어야 한다.
② 화장품 제조라면 적어도 중성능 필터의 설치를 권장한다.
③ 고도의 환경 관리가 필요하면 고성능 필터(HEPA필터)의 설치가 바람직하다.
④ 초고성능 필터를 설치하면 고액의 비용이 들어 경제성이 다소 떨어지나 필터의 성능이 좋을수록 환경이 양호해지므로 청정도 1등급의 작업장은 초고성능 필터를 권장한다.
⑤ 필터의 성능을 유지하기 위하여 정해진 관리 및 보수를 실시해야 한다.

440

<보기>의 ( )에 공통으로 들어갈 알맞은 말을 정확한 용어로 기입하시오.

> 온습도의 설정을 정할 때에는 ( )에 신경을 써야 한다. 따뜻한 방에 차가운 것을 반입하면 방 온도와 습도에 의하여 반입한 것의 표면에 ( )(이)가 쉽게 발생한다. ( )은/는 곰팡이 발생에 이어지므로 피해야 한다.

441

다음 중 「우수화장품 제조 및 품질관리기준 해설서」의 청소 방법과 위생 처리에 대한 사항으로 옳은 것을 <u>모두</u> 고른 것은?

> ㄱ. 공조시스템에 사용된 필터는 빠른 시일 내에 폐기되어야 한다.
> ㄴ. 오물이 묻은 걸레는 사용 후에 버리거나 세탁해야 한다.
> ㄷ. 오물이 묻은 유니폼은 화장품의 오염을 사전에 막기 위해 폐기하여야 한다.
> ㄹ. 제조 공장을 깨끗하고 정돈된 상태로 유지하기 위해 필요할 때 청소가 수행되어야 한다. 천장, 머리 위의 파이프, 기타 작업 지역은 필요할 때 모니터링 하여 청소되어야 한다.
> ㅁ. 제품 또는 원료가 노출되는 제조 공정, 포장 또는 보관 구역에서의 공사 또는 유지관리 보수 활동은 제품 오염을 방지하기 위해 적합하게 처리되어야 한다.
> ㅂ. 제조 공정과 포장에 사용한 설비 그리고 도구들은 세척해야 한다. 적절한 때에 도구들은 계획과 절차에 따라 위생 처리되어야하고 기록되어야 한다. 적절한 방법으로 보관되어야 하고, 청결을 보증하기 위해 사용 후 검사되어야 한다.

① ㄱ, ㄴ, ㄹ
② ㄴ, ㄷ, ㅁ
③ ㄴ, ㄹ, ㅁ
④ ㄷ, ㄹ, ㅂ
⑤ ㄹ, ㅁ, ㅂ

442

다음 중 「우수화장품 제조 및 품질관리기준 해설서」에 따라 설비를 세척하는 방법으로 옳지 않은 것은?

① 물 또는 증기만으로 세척할 수 있으면 가장 좋다.
② 브러시 등의 세척 기구를 적절히 사용해서 세척하는 것은 좋은 방법이다.
③ 유화제 등 친유성의 내용물을 제거할 때 세제(계면활성제)를 사용하여 설비 세척을 하는 것을 권장한다.
④ 부품을 분해할 수 있는 설비는 분해해서 세척한다.
⑤ 세척 후는 반드시 미리 정한 규칙에 따라 세척 여부를 판정한다.

443

다음 중 「우수화장품 제조 및 품질관리기준 해설서」에 따라 세제(계면활성제)를 사용한 설비 세척을 권장하지 않는 이유로 적절하지 않은 것은?

① 세제는 설비 내벽에 남기 쉽다.
② 세제는 물에 비해 경제성이 떨어진다.
③ 잔존한 세척제는 제품에 악영향을 미친다.
④ 세제가 잔존하고 있지 않는 것을 설명하기에는 고도의 화학 분석이 필요하다.
⑤ 세제로 제조 설비를 세척했을 때, 설비 구석에 남은 세제를 간단히 제거할 수 있지 않다.

444

다음 중 설비의 세척방법으로 적절한 것을 모두 고른 것은?

> ㄱ. 유화기 등의 일반적인 제조설비에는 "물+브러시"세척이 제1선택지이다.
> ㄴ. 지워지기 어려운 잔류물에는 에탄올 등의 유기용제의 사용이 필요하다.
> ㄷ. 호스와 여과천 등을 서로 다른 제조설비의 세척을 위해 사용하는 경우 반드시 호스와 여과천을 꼼꼼히 세척한 후 사용한다.
> ㄹ. 세척 후에는 반드시 "판정"을 실시한다. 판정방법의 우선순위는 육안판정, 린스 정량, 닦아내기 판정 순이다.
> ㅁ. 육안판정의 장소는 미리 정해 놓아서는 안 되며 판정결과를 기록서에 기재한다.

① ㄱ, ㄴ   ② ㄱ, ㄷ
③ ㄴ, ㄷ   ④ ㄷ, ㄹ
⑤ ㄹ, ㅁ

445

설비 세척 후 판정 방법 중 (   )안에 들어갈 알맞은 말을 기입하시오.

우선 순위	판정 방법
1	육안판정
2	( )
3	린스 정량

446

다음 중 세척판정 방법에 대한 설명으로 옳은 것을 모두 고른 것은?

> ㄱ. 판정 방법은 닦아내기 판정, 린스 정량, 육안판정이 있으며 우선순위도 이 순서이다.
> ㄴ. 육안판정의 장소는 미리 정해 놓고 판정결과를 기록서에 기재한다. 판정 장소는 말로 표현하는 것이 아니라 그림으로 제시해 놓는 것이 바람직하다.
> ㄷ. 닦아내기 판정에서는 흰 천과 회색 천으로 설비 내부의 표면을 닦아내고 천 표면의 잔류물 유무로 세척 결과를 판정한다. 천은 무진포(無塵布)가 바람직하다.
> ㄹ. 린스 정량법은 상대적으로 복잡한 방법이지만, 수치로서 결과를 확인할 수 있다. 잔존하는 불용물을 정량할 수 있어 신뢰도가 높다.
> ㅁ. 린스 정량법은 호스나 틈새기의 세척판정에 적합하다.

① ㄱ, ㄷ
② ㄴ, ㄹ
③ ㄴ, ㅁ
④ ㄷ, ㄹ
⑤ ㄹ, ㅁ

447

다음 중 세척판정 방법에 대한 설명으로 옳지 않은 것은?

① 육안판정의 장소는 미리 정해 놓고 판정결과를 기록서에 기재한다. 판정 장소는 말로 표현하는 것이 아니라 그림으로 제시해 놓는 것이 바람직하다.
② 닦아내기 판정에서는 흰 천이나 검은 천으로 설비 내부의 표면을 닦아내고 천 표면의 잔류물 유무로 세척 결과를 판정한다.
③ 닦아내기 판정에서 천의 크기나 닦아내기 판정의 방법은 우수화장품 제조 및 품질관리기준에 명시된 방법으로 규정한다.
④ 린스 정량법은 상대적으로 복잡한 방법이지만, 수치로서 결과를 확인할 수 있다. 그러나 잔존하는 불용물을 정량할 수 없으므로 신뢰도는 떨어진다.
⑤ 린스 정량법에는 HPLC법, 박층크로마토그래피(TLC)법, TOC(총유기탄소) 측정법, UV로 확인하는 방법이 있다.

448

다음 중 「우수화장품 제조 및 품질관리기준 해설서」에 명시된 청소에 대한 설명으로 옳은 것을 고르시오.

① 청소는 방, 벽, 구역 등의 청정화 작업을 말하며 세척과 같은 말이다.
② 청소를 마친 뒤에는 절차서를 작성해야 한다.
③ 판정기준은 구체적인 육안판정기준을 제시한다.
④ 세제 사용 시 사용하는 세제명을 미리 정해놓을 필요는 없다.
⑤ 청소 후 청소결과는 표시할 필요 없이 구두로 보고한다.

449

「우수화장품 제조 및 품질관리기준 해설서」에서 명시된 유지관리의 분류 중 (　　)안에 들어갈 알맞은 말을 고르시오.

> (　　)은/는 주요 설비(제조탱크, 충전 설비, 타정기 등) 및 시험장비에 대하여 실시하며, 정기적으로 교체하여야 하는 부속품들에 대하여 연간 계획을 세워서 망가지고 나서 수리하는 일을 하지 않는 것이 원칙이다.

① 예방적 활동(Preventive activity)
② 유지보수(Maintenance)
③ 정기 검교정(Calibration)
④ 사용전 검교정(Calibration)
⑤ 시정 실시(Corrective activity)

450

다음 중 「우수화장품 제조 및 품질관리기준 해설서」의 유지관리에 따라 적절한 내용을 모두 고른 것은?

> ㄱ. 예방적 활동(Preventive activity)은 주요 설비(제조탱크, 충전 설비, 타정기 등) 및 시험장비에 대하여 실시하며, 정기적으로 교체하여야 하는 부속품들에 대하여 월간 계획을 세워서 시정 실시를 하지 않는 것이 원칙이다.
> ㄴ. 유지보수(maintenance)는 정기점검을 말하며, 작업을 실시할 때, 설비의 갱신, 변경으로 기능이 변화해도 좋으나, 기능의 변화와 점검 작업 그 자체가 제품품질에 영향을 미쳐서는 안 된다.
> ㄷ. 정기 검교정(Calibration)은 제품의 품질에 영향을 줄 수 있는 계측기(생산설비 및 시험설비)에 대하여 정기적으로 계획을 수립하여 실시하여야 한다.
> ㄹ. 설비점검은 체크시트를 작성하여 실시하는 것이 좋다.
> ㅁ. 설비가 불량해져서 사용할 수 없을 때는 그 설비를 제거하거나 확실하게 사용불능 표시를 해야 한다.
> ㅂ. 설비는 예방적 활동을 실시하였으므로 사용전 검교정(Calibration)여부를 확인할 필요 없이 제조에 투입한다.

① ㄱ, ㄴ, ㅁ
② ㄱ, ㄷ, ㄹ
③ ㄴ, ㄹ, ㅂ
④ ㄷ, ㄹ, ㅁ
⑤ ㄹ, ㅁ, ㅂ

451

다음 중 설비의 유지관리 주요사항에 따라 적절하지 않은 것은?

① 유지보수(maintenance)가 원칙이다.
② 설비마다 절차서를 작성한다.
③ 계획을 가지고 실행한다.(연간계획이 일반적)
④ 유지하는 "기준"은 절차서에 포함시킨다.
⑤ 책임 내용을 명확하게 하며, 점검체크시트를 사용하면 편리하다.

452

다음 중 설비의 유지관리 주의사항 중 점검항목으로 적절하지 않은 것은?

① 외관검사 - 이취
② 작동점검 - 스위치
③ 기능측정 - 투과율
④ 청소 - 외부표면
⑤ 기능측정 - 연동성

453

제조 설비 중 탱크의 구성 재질에 대한 설명으로 옳지 않은 것은?

① 탱크의 구성 재질로는 스테인리스스틸이 일반적으로 선호되며 구체적인 등급으로는 유형번호 316과 더 부식에 강한 번호 304 스테인리스스틸이 가장 광범위하게 사용된다.
② 미생물학적으로 민감하지 않은 물질 또는 제품에는 유리로 안을 댄 강화유리섬유 폴리에스터와 플라스틱으로 안을 댄 탱크를 사용할 수 있다.
③ 퍼옥사이드 같은 어떠한 민감한 물질/제품은 탱크 제작 전문가들 또는 물질 공급자와 함께 탱크의 구성 물질과 생산하고자 하는 내용물이 서로 적용 가능한 지에 대해 상의하여야 한다.
④ 주형 물질(Cast material) 또는 거친 표면은 제품이 뭉치게 되어 깨끗하게 청소하기가 어려워 미생물 또는 교차오염문제를 일으킬 수 있다.
⑤ 외부표면의 코팅은 제품에 대해 저항력(Product - resistant)이 있어야 한다.

454

제조 설비 중 펌프에 대한 설명으로 옳은 것을 모두 고른 것은?

ㄱ. 펌프는 다양한 점도의 액체를 한 지점에서 다른 지점으로 이동하기 위해 사용된다. 종종 펌프는 제품을 혼합(재순환 및 또는 균질화)하기 위해 사용된다.
ㄴ. 널리 사용되는 두 가지 형태는 원심력을 이용하는 것과 양극적인 이동을 이용하는 것이 있으며 원심력을 이용하는 것은 보통 점성이 있는 미네랄오일 등에 쓰인다.
ㄷ. 펌핑(작업)의 기계적인 동작은 그 에너지를 펌핑된 물질에 가하게 되고 펌프 된 물질에 따라 그 물질의 물리적 성질의 변화를 일으킬 수 있다. 그러므로 펌프 종류의 최종 선택은 펌핑 테스트를 통해 물성에 끼치는 영향을 완전히 해석하여 확증한 후에 해야 한다.
ㄹ. 내용물의 자유로운 배수를 위해 펌프의 Lobe 입구와 배출구는 서로 90도로 되어야 하며 바닥과 수평으로 설치해야 한다.
ㅁ. 펌프는 많이 움직이는 젖은 부품들로 구성되며 하우징(Housing)과 날개차(impeller)의 연동성 때문에 같은 재질로 만들어져야 한다.

① ㄱ, ㄷ ② ㄱ, ㅁ
③ ㄴ, ㄷ ④ ㄴ, ㄹ
⑤ ㄹ, ㅁ

455

<보기>에서 설명하는 것이 무엇인지 「우수화장품 제조 및 품질관리기준 해설서」에 명시된 정확한 용어로 기입하시오.

(㉠)은/는 많이 움직이는 젖은 부품들로 구성되고 종종 하우징(Housing)과 날개차(impeller)는 닳는 특성 때문에 다른 재질로 만들어져야 한다. 추가적으로, 거기에는 보통 젖게 되는 개스킷(gasket), 패킹(packing) 그리고 윤활제가 있다. 모든 젖은 부품들은 모든 온도 범위에서 제품과의 적합성에 대해 평가되어야 한다.
(㉡)은/는 공정 단계 및 완성된 포뮬레이션 과정에서 공정 중인 또는 보관용 원료를 저장하기 위해 사용되는 용기이다. (㉡)은/는 가열과 냉각을 하도록 또는 압력과 진공 조작을 할 수 있도록 만들어질 수도 있으며 고정시키거나 움직일 수 있게 설계 될 수도 있다.

456

<보기>에서 설명하는 혼합 및 교반장치로 옳은 것은?

혼합과 교반을 위한 장비이며 임펠러가 잘려있는 교반통으로 인하여 대류를 이용해 교반한다. 보통 점도가 있는 성상을 혼합할 때 사용된다.

① 탱크
② 펌프
③ 전자저울
④ 호모믹서(호모게나이저)
⑤ 아지믹서

457

다음 중 혼합과 교반장치에 대한 설명으로 옳은 것을 모두 고른 것은?

ㄱ. 전기화학적인 반응을 피하기 위해서 믹서의 재질이 믹서를 설치할 모든 젖은 부분 및 탱크와의 공존이 가능한지를 확인해야 한다.
ㄴ. 대부분의 믹서는 봉인(seal)과 개스킷에 의해서 제품과 안전하게 접촉되는 내부 패킹과 윤활제를 사용한다.
ㄷ. 봉인(seal)과 개스킷과 제품과의 공존시의 적용 가능성은 확인되어야 하고, 또 과도한 악화를 야기하지 않기 위해서 온도, pH 그리고 압력과 같은 작동 조건의 영향에 대해서도 확인해야 한다.
ㄹ. 교반장치에 대한 점검은 봉함(씰링), 개스킷 그리고 패킹이 유지되는지 그리고 윤활제기 세서 제품을 오염시키지 않는지 확인하기 위해 유지보수가 필요할 때에 수행되어야 한다.
ㅁ. 혼합기는 기기 가동 시 고정 되어 있지 않으면 혼합 시 안전하지 않으므로 바닥과 고정되어 있어야 한다.

① ㄱ, ㄷ ② ㄱ, ㄹ
③ ㄴ, ㄷ ④ ㄴ, ㅁ
⑤ ㄹ, ㅁ

458

다음 중 「우수화장품 제조 및 품질관리기준 해설서」에 따라 한 위치에서 또 다른 위치로 제품을 전달하는 호스의 일반 건조 제재로 적절하지 않은 것은?

① 강화된 화장품 등급의 고무 또는 스테인리스
② TYGON
③ 폴리에틸렌
④ 폴리프로필렌
⑤ 나일론

459

다음 중 「우수화장품 제조 및 품질관리기준 해설서」에 따라 호스에 대한 설명으로 적절하지 않은 것은?

① 투명한 재질은 청결과 잔금 또는 깨짐 같은 문제에 대한 호스의 검사를 용이하게 한다.
② 긴 길이의 호스는 제품의 이동이 효율적이며 제품이 축적되지 않게 하기 때문에 선호된다.
③ 세척제(예로 스팀, 세제, 소독제 그리고 용매)들이 호스와 부속품 제재에 적합한지 검토 되어야 한다.
④ 부속품이 해체와 청소가 용이하도록 설계 되는 것이 바람직하다.
⑤ 가는 부속품의 사용은 가는 관이 미생물 또는 교차오염 문제를 일으킬 수 있으며 청소하기 어렵기 때문에 최소화되어야 한다.

460

다음 중 화장품 제조에 사용되는 호스, 필터, 여과기, 체에 대한 설명으로 옳은 것을 모두 고른 것은?

> ㄱ. 필터, 여과기 및 체의 구성재질 중 화장품 산업에서 선호되는 반응하지 않는 재질은 폴리에틸렌과 비반응성 섬유이다.
> ㄴ. 필터, 여과기 및 체의 구성재질은 현재 대부분 원료와 처방에 대해 스테인리스 316L은 제품의 제조를 위해 선호된다.
> ㄷ. 사용하지 않을 때 호스는 세척되고, 건조되어 오염을 최소화하기 위해 비위생적인 표면과의 접촉을 막을 수 있는 캐비닛, 선반, 벽걸이 또는 다른 방법으로 지정된 위치에 보관되어야 한다.
> ㄹ. 깨끗한 호스는 과도한 액체를 빼내고 건조를 위해 끝을 덮지 않고 보관한다.
> ㅁ. 호스에서 굵은 관의 부속품의 사용은 미생물 또는 교차오염문제를 일으킬 수 있으며 청소하기 어렵기 때문에 최소화되어야 한다.

① ㄱ, ㄷ
② ㄱ, ㅁ
③ ㄴ, ㄷ
④ ㄴ, ㄹ
⑤ ㄷ, ㄹ

461

다음 중 화장품 제조에 이용되는 이송파이프에 대한 설명으로 옳은 것을 모두 고른 것은?

> ㄱ. 구성 재질은 스테인리스 스틸 #304 또는 #316, 구리, 알루미늄 등으로 구성되어 있으며 유리는 깨질 수 있어 사용되지 않는다.
> ㄴ. 전기화학반응이 일어날 수 있기 때문에 다른 제재의 사용을 최소화하기 위해 파이프 시스템을 설치할 때 주의해야 한다.
> ㄷ. 유형 #304 와 #316 스테인리스스틸에 추가해서 유리를 제외한 플라스틱, 표면이 코팅된 폴리머가 제품에 접촉하는 표면에 사용된다.
> ㄹ. 파이프 시스템은 정상적으로 가동하는 동안 가득 차도록 그리고 가동하지 않을 때는 배출하도록 고안 되어야 한다.
> ㅁ. 파이프 시스템은 축소와 확장을 최대화하도록 고안되어야 한다.
> ㅂ. 파이프 시스템 설계는 생성되는 최소의 압력을 고려해야 한다.

① ㄱ, ㄹ
② ㄱ, ㅂ
③ ㄴ, ㄹ
④ ㄴ, ㅁ
⑤ ㄷ, ㅂ

462

다음 중 ( )안에 들어갈 알맞은 숫자를 고르시오.

각자의 스테인리스스틸 등급엔 철과 재료의 비율이 정해져 있다. ( ) 스테인리스스틸은 손목시계에도 많이 쓰는 소재이며 녹에 강한 내식성이 특징이다. ( )에는 녹을 막기 위해 몰리브덴을 조금 섞는다. 따라서 혹독한 온도에서 잘 견디고 녹도 잘 슬지 않는다. 알레르기 반응에 있어서도 안전하다.
( ) 스테인리스스틸은 탱크, 필터, 여과기, 체, 이송파이프, 제품충전기 등 다양한 화장품 설비에 쓰인다. 부식에 강하여 특히 선호된다.

① 301
② 304
③ 304
④ 310
⑤ 316

463

다음 중 화장품 제조에 사용되는 충전기에 대한 설명으로 옳지 않은 것은?

① 제품 충전기는 제품을 1차 용기에 넣기 위해 사용된다.
② 가장 널리 사용되는 제품과 접촉되는 표면물질은 300시리즈 스테인리스 스틸이며 Type #304와 더 부식에 강한 Type #316 스테인리스스틸이 가장 널리 사용된다.
③ 거친 표면은 제품이 뭉치게 되어 깨끗하게 청소하기가 어려워 미생물 또는 교차오염문제를 일으킬 수 있으므로 추천되지 않는다. 따라서 주형 물질(Cast material)의 표면이 이상적이다.
④ 청소를 위하여 충전기의 해체는 용이한 것이 좋다.
⑤ 충전기 조작 중의 온도 및 압력이 제품에 영향을 끼치지 않아야 한다.

464

다음 중 「우수화장품 제조 및 품질관리기준 해설서」의 입고관리에 대한 설명으로 적절한 것을 모두 고른 것은?

ㄱ. 입고된 원료와 포장재는 검사중, 적합, 부적합에 따라 각각의 구분된 공간에 별도로 보관되어야 하며 부적합 판정된 원료와 포장재를 보관하는 공간은 잠금장치를 하여야 한다.
ㄴ. 외부로부터 반입되는 모든 원료와 포장재는 관리를 위해 표시를 하여야 하며, 필요한 경우 포장외부를 깨끗이 청소한다. 한 번에 입고된 원료와 포장재는 제조단위 별로 각각 구분하여 관리하여야 한다.
ㄷ. 일단 적합판정이 내려지면, 원료와 포장재는 생산 장소로 이송된다. 품질이 부적합 되지 않도록 하기 위해 수취와 이송 중의 관리 등의 사후 관리를 해야 한다.
ㄹ. 확인, 검체채취, 규정 기준에 대한 검사 및 시험 및 그에 따른 승인된 자에 의한 불출 전까지는 어떠한 물질도 사용되어서는 안 된다는 것을 명시하는 원료 수령에 대한 절차서를 수립하여야 한다.
ㅁ. 구매요구서, 인도문서, 인도물이 서로 일치해야 한다. 원료 및 포장재 선적 용기에 대하여 확실한 표기 오류, 용기 손상, 봉인 파손, 오염 등에 대해 육안으로 검사한다. 육안 검사 후 운송 관련 자료에 대한 검사를 수행하여야 한다.

① ㄱ, ㄷ
② ㄱ, ㄹ
③ ㄴ, ㄹ
④ ㄴ, ㅁ
⑤ ㄷ, ㅁ

465

다음 중 「우수화장품 제조 및 품질관리기준 해설서」의 원류와 포장재의 선정절차를 순서대로 나열한 것은?

(ㄱ) 공급자 승인
(ㄴ) 품질계약서 공급계약 체결
(ㄷ) 정기적 모니터링
(ㄹ) 중요도 분류
(ㅁ) 공급자 선정
(ㅂ) 품질 결정

① (ㄱ) - (ㄹ) - (ㅁ) - (ㄴ) - (ㄷ) - (ㅂ)
② (ㅁ) - (ㄹ) - (ㄱ) - (ㄴ) - (ㅂ) - (ㄷ)
③ (ㄹ) - (ㅁ) - (ㄱ) - (ㅂ) - (ㄴ) - (ㄷ)
④ (ㅁ) - (ㄹ) - (ㄱ) - (ㅂ) - (ㄴ) - (ㄷ)
⑤ (ㄹ) - (ㄱ) - (ㅁ) - (ㅂ) - (ㄴ) - (ㄷ)

466

다음 중 원료와 포장재의 발주 절차를 순서대로 나열한 것은?

	(ㄱ) 불출
발주 →	(ㄴ) 라벨 첨부
	(ㄷ) 보관
	(ㄹ) 입고

① (ㄷ) - (ㄹ) - (ㄴ) - (ㄱ)
② (ㄹ) - (ㄷ) - (ㄴ) - (ㄱ)
③ (ㄷ) - (ㄴ) - (ㄹ) - (ㄱ)
④ (ㄹ) - (ㄴ) - (ㄷ) - (ㄱ)
⑤ (ㄴ) - (ㄹ) - (ㄷ) - (ㄱ)

467

다음 중 「우수화장품 제조 및 품질관리기준 해설서」에 따라 ( ) 안에 들어갈 알맞은 말을 정확한 용어로 기입하시오.

> 모든 보관소에서는 (㉠)의 절차가 사용되어야 한다. 특별한 환경을 제외하고, 재고품 순환은 오래된 것이 먼저 사용되도록 보증해야 한다. 모든 물품은 원칙적으로 (㉠) 방법으로 출고한다. 다만, 나중에 입고된 물품이 사용(유효)기한이 짧은 경우 먼저 입고된 물품보다 먼저 출고할 수 있다. 이를 (㉡)이라고 한다.

468

다음 중 「우수화장품 제조 및 품질관리기준」 제13조 보관관리에 따라 적절한 설명을 모두 고른 것은?

> ㄱ. 원료와 포장재의 용기는 밀폐되어, 청소와 검사가 용이하도록 충분한 간격으로, 바닥과 떨어진 곳에 보관되어야 한다.
> ㄴ. 원료와 포장재가 재포장될 경우, 새로운 라벨링으로 표시되어야 한다.
> ㄷ. 원료 및 포장재의 관리는 허가되지 않거나, 불합격 판정을 받거나, 아니면 의심스러운 물질의 허가되지 않은 사용을 방지할 수 있어야 한다.
> ㄹ. 특별한 경우를 제외하고, 사용기한이 짧은 재고가 제일 먼저 불출 되도록 한다.
> ㅁ. 보관관리는 장기 재고품의 처분 및 선한선출 규칙의 확인이 목적이다.

① ㄱ, ㄷ
② ㄱ, ㄹ
③ ㄴ, ㅁ
④ ㄷ, ㄹ
⑤ ㄹ, ㅁ

469

다음 중 「우수화장품 제조 및 품질관리기준 해설서」에 따라 원료의 보관기간과 관련한 내용으로 적절하지 못한 것은?

① 원료의 허용 가능한 보관 기간을 결정하기 위한 문서화된 시스템을 확립해야 한다.
② 보관기간이 규정되어 있지 않은 원료는 품질부문에서 적절한 보관기간을 정할 수 있다.
③ 보관기간 시스템은 물질의 정해진 보관 기간이 지나면, 해당 물질을 재평가하여 사용 적합성을 결정하는 단계들을 포함해야 한다.
④ 원칙적으로 원료공급처의 사용기한을 준수하여 보관기간을 설정하여야 한다.
⑤ 사용기한 내에서 자체적인 재시험 기간과 최소 보관기간을 설정, 준수해야 한다.

470

다음 중 화장품 제조에 사용되는 물에 대한 절차서가 보장해야 하는 사항으로 적절하지 않은 것은?

① 화장품 제조에 사용되는 물은 탈이온화(deionization), 증류 또는 역삼투압 처리 유무에 상관없이 물의 품질 적합 기준을 충족해야 한다.
② 오염의 위험과 물의 정체(stagnation)를 예방할 수 있어야 한다.
③ 미생물의 오염을 방지하기 위해 고안되고 적절한 주기와 방법에 따라 청결과 위생관리가 이루어지는 시스템을 통해 물을 공급해야 한다.
④ 화학적, 물리적, 환경적 규격서에 대한 적합성 검증을 위한 적절한 모니터링과 시험이 필요하다.
⑤ 규정된 품질의 물을 공급해야 하고, 물 처리 설비에 사용된 물질들은 물의 품질에 영향을 미쳐서는 안 된다.

471

다음 중 「우수화장품 제조 및 품질관리기준 해설서」 용수의 품질관리에 대한 내용으로 적절한 것을 모두 고른 것은?

ㄱ. 사용하는 물의 품질을 목적별로 정해 놓아야 하며 사용수의 품질을 시험항목을 설정해서 주기별로 시험하며 제조용수 배관에는 정체방지와 오염방지 대책을 해 놓는다.
ㄴ. 제조용수의 미생물 관리는 기본적으로 소독에 의존하게 된다. 자외선 조사, 열을 가하는 등의 방법으로 소독할 수 있다.
ㄷ. 정제수의 시험항목 및 규격은 화장품의 원료로 사용하는 물로서, 위생적인 측면과 다른 원료들의 용해도, 경시변화에 따른 침전, 탈색/변색에 대한 영향, 피부에 대한 작용 등을 고려할 때 필요한 정도의 순도를 규정하기 위한 것이다.
ㄹ. Salt(염)이 함유된 정제수는 소독 및 안정성에 긍정적 영향을 미치므로 이온교환수지를 통해 염을 일정 농도로 유지한다.
ㅁ. 정제수의 품질관리용 검체채취 시에는 항상 정해진 채취 부위에서 정해진 시간에 채취하여야 한다. 이 때 채취구는 위쪽을 향하도록 설치하여 항상 배수가 쉽도록 하고, 오염방지를 위해 밀폐 관리하는 것이 중요하다.
ㅂ. 정제수에 대한 품질검사는 원칙적으로 매일 제조 작업 실시 후에 실시하는 것이 좋다.

① ㄱ, ㄴ, ㄷ ② ㄱ, ㄷ, ㅁ
③ ㄴ, ㄹ, ㅁ ④ ㄷ, ㄹ, ㅂ
⑤ ㄹ, ㅁ, ㅂ

472

다음은 「우수화장품 제조 및 품질관리기준 해설서」에 명시된 일반적인 화장품 제조공정의 순서이다. ( )안에 들어갈 알맞은 말을 정확한 용어로 기입하시오.

(㉠) 지정 ☞ (㉡) 발행 ☞ 제조기록서 발행 ☞ 원료분출 ☞ 공정표 ☞ 작업시작 전 점검 ☞ 공정관리 작업 ☞ 제조기록서 완결 ☞ 벌크제품 ☞ 원료 재보관

473

다음 중 제조지시서와 제조기록서에 대한 설명으로 옳은 것을 모두 고른 것은?

> ㄱ. 제조지시서는 제조공정 중의 혼돈이나 착오를 방지하고 작업이 올바르게 이루어지도록 하기 위하여 일자별로 작성, 발행되어야 한다.
> ㄴ. 제조기록서는 별도로 작성하지 않고 제조지시서와 제조기록서를 통합하여 제조지시 및 기록서로 운영할 수도 있다.
> ㄷ. 제조지시서는 제조 시 작업원의 주관적인 판단이 필요하지 않도록 해야 한다.
> ㄹ. 화장품 제조는 제조기록서의 발행으로 시작하고 뱃치기록서의 보관으로 끝난다.
> ㅁ. 제조지시서는 일단 발행하면 내용을 변경해서는 안 되나 재발행할 때에는 이전에 발행되어진 제조지시기록서는 혼동되지 않게 보관한다.
> ㅂ. 제조된 벌크의 각 뱃치들에는 추적이 가능하도록 제조번호가 부여되어야 한다. 벌크에 부여된 특정 제조번호는 완제품에 대응하는 제조번호와 반드시 동일할 필요는 없다.

① ㄱ, ㄷ, ㄹ
② ㄱ, ㄹ, ㅂ
③ ㄴ, ㄷ, ㅂ
④ ㄴ, ㄹ, ㅁ
⑤ ㄷ, ㅁ, ㅂ

474

다음 중 원료의 칭량에 대한 설명으로 적절한 것은?

① 각 원료는 적절한 용기로 측정 및 칭량되거나 또는 직접 제조 설비로 옮겨져야 하며 용기가 적절하게 위생처리 되었음을 린스정량으로 판정해야 한다.
② 칭량, 계량할 때는 먼저 작업 주위와 칭량기구가 청결한 것을 닦아내기 판정으로 확인 한다. 칭량 중에는 오염이 발생하지 않는 환경에서 작업을 실시해야 한다.
③ 용기의 청결을 확인할 때에는 내부의 청결도를 육안으로 확인 한다. 용기 외부의 청결도는 중요하지 않다.
④ 칭량하기 전 사용되는 저울의 검교정 유효기간을 확인하고, 일일점검을 실시한 후에 칭량 작업을 수행한다.
⑤ 칭량은 3명으로 작업하는 것이 권장되나 자동기록계가 붙어 있는 천칭 등을 사용했을 경우 작업자가 기재한 칭량 결과를 백업하는 자동기록치가 존재하므로 두 사람이 작업할 수 있다.

475

다음 중 공정관리에 대한 설명으로 적절하지 않은 것은?

① 모든 작업에 절차서를 작성하고 절차서에 따라 작업을 한다.
② 통상 발생하지 않는 작업과 처리에도 절차서를 작성한다.
③ 실행하지 않는 작업이 생긴 경우 절차서를 폐기한다.
④ 공정관리는 관리기준을 설정해서 실시하며 그 관리기준은 개발 단계에서의 기록 및 제조실적데이터를 토대로 설정한다.
⑤ 기준치에는 반드시 범위를 만들고 그 범위를 벗어난 데이터가 나왔을 때는 일탈처리를 하며 일탈에 대한 처리가 종료되면 '일탈관리 보고서' 등의 형태로 처리내용과 재발방지 내용을 기록하여 관리한다.

476

다음 중 공정 내 관리에 대한 설명으로 옳지 않은 것은?

① 공정 검체채취 및 시험은 품질부서가 실시하는 것이 원칙이다.
② 모든 벌크는 허용 가능한 보관기간(Shelf life)을 확인할 수 있어야 하고, 보관기간의 만료일이 가까운 원료부터 사용하도록 문서화된 절차가 있어야 한다.
③ 충전 공정 후 벌크가 사용하지 않은 상태로 남아 있고 차후 다시 사용할 것이라면, 적절한 용기에 밀봉하여 식별 정보를 표시해야 한다.

④ 남은 벌크를 재보관하고 재사용할 수 있다. 밀폐할 수 있는 용기에 들어 있는 벌크는 절차서에 따라 재보관 할 수 있으며, 재보관 시에는 내용을 명기하고 재보관임을 표시한 라벨 부착이 필수다.
⑤ 뱃치마다의 사용이 대량이며 여러 번 사용하는 벌크는 구입 시에 소량씩 나누어서 보관하고 재보관의 횟수를 줄인다.

477

다음 중 파레트에 적재된 모든 재료에 표시되어야 하는 사항으로 적절한 것을 <보기>에서 모두 고른 것은?

> ㄱ. 명칭 또는 확인코드
> ㄴ. 사용기한 또는 개봉 후 사용기간
> ㄷ. 제조번호
> ㄹ. 역가
> ㅁ. 취급자 성명
> ㅂ. 불출 상태

① ㄱ, ㄴ, ㄷ
② ㄱ, ㄷ, ㅂ
③ ㄴ, ㄷ, ㄹ
④ ㄴ, ㄹ, ㅁ
⑤ ㄷ, ㅁ, ㅂ

478

다음 중 제품의 검체 채취에 대한 설명으로 옳지 않은 것은?

① 제품 검체채취는 제조부서가 실시하는 것이 일반적이다.
② 검체 채취자에게는 검체 채취 절차 및 검체 채취 시의 주의사항을 교육, 훈련시켜야 한다.
③ 보관용 검체를 보관하는 목적은 제품의 사용 중에 발생할지도 모르는 재검토 작업에 대비하기 위해서이다.
④ 보관용 검체는 재시험이나 불만 사항의 해결을 위하여 사용한다.
⑤ 사용기한 경과 후 1년간 또는 개봉 후 사용기간을 기재하는 경우에는 제조일로부터 3년간 보관한다.

479

다음 중 제품의 입고에서부터 출하과정까지의 순서로 적절한 것을 <보기>에서 골라 나열한 것은?

> ㄱ. 포장공정
> ㄴ. 임시 보관
> ㄷ. 보관
> ㄹ. 시험 중 라벨 부착
> ㅁ. 제품시험합격
> ㅂ. 합격라벨 부착

① ㄱ-ㄴ-ㄹ-ㅁ-ㅂ-ㄷ
② ㄱ-ㄹ-ㄴ-ㅁ-ㅂ-ㄷ
③ ㄴ-ㄹ-ㅁ-ㅂ-ㄱ-ㄷ
④ ㄴ-ㄱ-ㄹ-ㅁ-ㄷ-ㄱ
⑤ ㄹ-ㄴ-ㅁ-ㄷ-ㅂ-ㄱ

480

다음 중 품질관리에 대한 설명으로 옳지 않은 것은?

① 품질관리는 원자재·반제품·벌크 제품·완제품에 대한 적합 기준을 마련하고 제조 번호별로 시험기록을 작성하고 유지하여야 한다.
② 화학적 또는 물리적 특성을 결정하기 위한 시험방법은 식품의약품안전처에 의해 작성되거나 검증된 가장 최신본을 따라야 한다.
③ 설정된 시험 결과는 시험 물질이 적합한지 부적합한지 아니면 추가적인 시험기간 동안 보류될 것인지를 결정하기 위해 평가되어야 한다.
④ 화장품 원료시험은 '원료공급자의 검사결과 신뢰 기준'을 충족할 경우 원료공급자의 시험성적서로 갈음할 수 있다.
⑤ 원자재·반제품·벌크 제품·완제품은 품질이 규정된 합격판정기준을 만족할 때에만 물질의 사용을 위해 불출되고, 제품은 출고를 위해 불출된다는 것을 보장한다.

481

다음 중 시약, 시액, 표준품, 배지에 대한 설명으로 옳지 않은 것은?

① 시약은 시험용으로 구입한 것을 말하며 리스트 작성, 라벨 표시, 적절한 관리가 필요하다.
② 시액은 시험용으로 조제한 것을 말하며 리스트 작성, 라벨 표시, 적절한 관리가 필요하다.
③ 표준품이란 시험에 사용되는 표준물질을 말하며 자사에서 제조하지 않고 공식 공급원으로부터 입수해야 한다.
④ 배지(culture media)란 미생물이나 생물조직을 배양하는 것으로서 적절한 환경에서 관리해야 한다.
⑤ 시약과 시액, 표준품은 사용기한 설정과 표시가 필요하다.

482

다음 중 원료 및 포장재의 사용기한에 대한 설명으로 적절하지 않은 것은?

① 원료 및 포장재의 허용 가능한 사용 기한을 결정하기 위한 문서화된 시스템을 확립해야 한다.
② 사용 기한이 규정되어 있지 않은 원료와 포장재는 품질 부문에서 적절한 사용 기한을 정할 수 있다.
③ 물질의 정해진 사용 기한이 지나면 안전성을 위해 해당 물질을 폐기해야 한다.
④ 최대 사용기한을 설정하는 것이 바람직하다.
⑤ 원료 및 포장재의 재평가 방법에는 원료 등 및 화장품 제조의 장기 안정성 데이터의 뒷받침이 필요하다.

483

다음 중 검체 채취에 대한 설명으로 옳은 것은?

① 검체 채취란 포장재를 제외한 원료, 벌크제품, 반제품, 완제품 등의 시험용 검체를 채취하는 것이다.
② 검체 채취는 제조 작업자에 의해 특별한 장비를 사용하는 입증된 방법에 따라 수행되어야 한다.
③ 검체 채취 후에는 혼란의 위험을 피하고 오염을 방지하기 위해 원상태에 준하는 포장을 해야 하며, 검체가 채취되었음을 표시하여야 한다.
④ 검체 채취는 제조 부서가 실시하는 것이 일반적이다.
⑤ 검체는 하루에 제조된 양을 대표하는 검체를 채취해야 한다.

484

다음 중 검체 채취와 관련된 내용으로 적절하지 않은 것은?

① 검체채취를 실시할 때에는 주위를 정리하고 제품 및 검체에 오염이 발생하지 않도록 하는 것이 필요하다.
② 검체채취 기구 및 검체용기는 시험결과에 영향을 주지 않아야 한다.
③ 제품규격 중에 미생물에 관련된 항목이 포함되어 있으면 검체 용기를 미리 멸균 한다.
④ 검체용기에는 용기가 바뀌는 것을 방지하기 위해서 검체채취 후 바로 라벨을 붙여 놓는 것이 바람직하다.
⑤ 검체는 일반적으로 제품시험이 종료되고 그 시험결과가 승인되면 폐기한다.

485

<보기>의 (　)안에 들어갈 알맞은 말을 정확한 용어로 기입하시오.

> 완제품의 경우에는 시험에 필요한 양을 제조단위별로 따로 보관하며 이것을 (　　)라고 한다.
> (　　)은/는 적절한 보관조건 하에 지정된 구역 내에서 제조단위별로 사용기한까지 보관하여야 한다. 다만, 개봉 후 사용기한을 기재하는 경우에는 제조일로부터 3년간 보관하여야 한다.

486

다음 중 보관용 검체에 대한 설명으로 옳은 것을 모두 고른 것은?

> ㄱ. 제조단위를 대표해야 한다.
> ㄴ. 적절한 용기·마개로 포장하거나 또는 사용기한이 표시된 동일한 용기·마개의 완제품 용기에 포장한다.
> ㄷ. 제조단위·제조 번호(또는 코드) 그리고 사용기한으로 확인되어야 한다.
> ㄹ. 시판용 제품의 포장형태와 동일하여야 한다.
> ㅁ. 사용기한 경과 후 1년간 보관한다. 다만 개봉 후 사용기한을 정하는 경우 제조일로부터 2년간 보관해야 한다.

① ㄱ, ㄴ　　② ㄱ, ㄹ
③ ㄴ, ㄷ　　④ ㄷ, ㄹ
⑤ ㄹ, ㅁ

487

다음 중 보기를 참고하여 기준일탈 처리되어 재작업 되는 제품의 처리 순서로 적절하게 나열한 것은?

> ㄱ. "시험, 검사, 측정이 틀림없음"을 확인
> ㄴ. 시험, 검사, 측정에서 기준일탈 결과가 나옴
> ㄷ. 기준일탈의 처리
> ㄹ. 기준일탈의 조사
> ㅁ. 격리보관
> ㅂ. 기준일탈 제품에 불합격라벨 첨부
> ㅅ. 재작업

① ㄱ-ㄴ-ㄷ-ㄹ-ㅁ-ㅂ-ㅅ
② ㄴ-ㄱ-ㅁ-ㅂ-ㄹ-ㄷ-ㅅ
③ ㄴ-ㄹ-ㄱ-ㄷ-ㅂ-ㅁ-ㅅ
④ ㄹ-ㄴ-ㄱ-ㄷ-ㅂ-ㅁ-ㅅ
⑤ ㄹ-ㄱ-ㅁ-ㅂ-ㄴ-ㄷ-ㅅ

488

다음 중 재작업의 처리와 관련한 내용으로 적절하지 않은 것은?

① 재작업 실시의 제안을 하는 것은 제조 책임자일 것이나, 재작업 처리의 실시는 품질책임자가 결정한다.
② 재작업의 결과에 책임을 지는 이는 품질책임자이다.
③ 재작업 실시 시에는 발생한 모든 일들을 재작업 제조기록서에 기록하며 통상적인 제품 시험 시보다 많은 시험을 실시한다.
④ 제품 품질에 대한 좋지 않은 경시 안전성에 대한 악영향으로서 나타날 일이 많기 때문에 제품 분석뿐만 아니라, 제품 안전성 시험을 실시하는 것이 바람직하다.
⑤ 품질이 확인되고 품질책임자의 승인을 얻을 수 있을 때까지 재작업품은 다음 공정에 사용할 수 없고 출하할 수 없다.

489

다음 중 「우수화장품 조제 및 품질관리기준」 제23조에 따라 위탁계약에 대한 설명으로 옳지 <u>않은</u> 것은?

① 제조 업무를 위탁하고자 하는 자는 제30조에 따라 식품의약품안전처장으로부터 우수화장품 제조 및 품질관리기준 적합판정을 받은 업소에 위탁 제조하는 것을 권장한다.
② 수탁업체의 공정이 CGMP를 따르는 것을 권장함으로 수탁업체가 계약을 이행하기 위해 적절한 자원을 소유함을 보증하는 문서에 양측이 서명하여 위탁자와 수탁업체 간의 의무와 책임을 확실히 할 필요가 있으며 수탁업체가 처음에 보증한 사항이 여전히 유효한지를 관리하기 위한 주기적인 점검이 시행되어야 한다.
③ 위탁업체와 수탁업체는 상하 또는 대등한 관계가 아니라 다른 역할을 지닌 파트너이므로 위·수탁제조에서는 위탁업체와 수탁업체의 역할분담이 필수적이다.
④ 위탁업체는 수탁업체의 능력평가, 기술이전, 감사를 실시해야 한다. 위탁할 제품의 품질을 보증할 수 있다고 판단되면 수탁업체와 계약을 체결하며 제조품의 품질 보증은 수탁업체에게 추구한다.
⑤ 제조 및 CGMP준수의 상황에 관해서 위탁업체의 평가 및 감사를 받아들인다. 평가 및 감사를 위해서는 제조의 결과를 모두 문서로 남기고 수탁업체의 모든 데이터는 위탁업체에서 이용 가능해야 한다.

490

다음 중 '중대한 일탈'이 <u>아닌</u> 것은?

① 제품표준서, 제조작업절차서 및 포장작업절차서의 기재내용과 다른 방법으로 작업이 실시되었을 경우
② 생산 작업 중에 설비·기기의 고장, 정전 등의 이상이 발생하였을 경우
③ 벌크제품과 제품의 이동·보관에 있어서 보관 상태에 이상이 발생하고 품질에 영향을 미친다고 판단될 경우
④ 제조 공정에 있어서의 원료 투입에 있어서 동일 온도 설정 하에서의 투입 순서에서 벗어났을 경우
⑤ 절차서 등의 기재된 방법과 다른 시험방법을 사용했을 경우

491

<보기>에서 중대한 일탈인 것을 <u>모두</u> 고른 것은?

> ㄱ. 관리 규정에 의한 관리 항목(생산 시의 관리 대상 파라미터의 설정치 등)에 있어서 설정된 기준치로부터 벗어난 정도가 10%이하이고 품질에 영향을 미치지 않는 것이 확인되어 있을 경우
> ㄴ. 관리 규정에 의한 관리 항목(생산 시의 관리 대상 파라미터의 설정치 등)보다도 상위 설정(범위를 좁힘)의 관리 기준에 의거하여 작업이 이루어진 경우
> ㄷ. 생산 작업 중에 설비·기기의 고장, 정전 등의 이상이 발생하였을 경우
> ㄹ. 검정기한을 초과한 설비의 사용에 있어서 설비보증이 표준품 등에서 확인할 수 있는 경우
> ㅁ. 작업 환경이 생산 환경 관리에 관련된 문서에 제시하는 기준치를 벗어났을 경우
> ㅂ. 관리 규정에 의한 관리 항목(생산 시의 관리 대상 파라미터의 설정치 등)에 있어서 두드러지게 설정치를 벗어났을 경우

① ㄱ, ㄷ, ㅂ
② ㄴ, ㄹ, ㅁ
③ ㄷ, ㅁ, ㅂ
④ ㄷ, ㄹ, ㅁ
⑤ ㄹ, ㅁ, ㅂ

492

다음은 작업자가 메모한 '중대한 일탈'의 예시이다. 이 작업자가 '(3) 유틸리티에 관한 일탈의 예'에 메모하였을 내용으로 적절한 것은?

중대한 일탈
(1) 생산 공정상의 일탈 예
- 제품표준서, 제조작업절차서 및 포장작업절차서의 기재내용과 다른 방법으로 작업이 실시되었을 경우 - 생산 작업 중에 설비·기기의 고장, 정전 등의 이상이 발생하였을 경우
(2) 품질검사에 있어서의 일탈 예
- 절차서 등의 기재된 방법과 다른 시험방법을 사용했을 경우
(3) 유틸리티에 관한 일탈 예
?

① 공정관리기준에서 두드러지게 벗어나 품질 결함이 예상될 경우
② 관리 규정에 의한 관리 항목(생산 시의 관리 대상 파라미터의 설정치 등)에 있어서 두드러지게 설정치를 벗어났을 경우
③ 벌크제품과 제품의 이동·보관에 있어서 보관 상태에 이상이 발생하고 품질에 영향을 미친다고 판단될 경우
④ 작업 환경이 생산 환경 관리에 관련된 문서에 제시하는 기준치를 벗어났을 경우
⑤ 합격 판정된 오래된 제품 재고부터 차례대로 선입선출되어야 하나, 이 요건에서의 일탈이 일시적이고 타당하다고 인정될 경우

493

다음 중 중대하지 <u>않은</u> 일탈의 예시로 옳은 것은?

① 제품표준서, 제조작업절차서 및 포장작업절차서의 기재내용과 다른 방법으로 작업이 실시되었을 경우
② 제조 공정에 있어서의 원료 투입에 있어서 동일 온도 설정 하에서의 투입 순서에서 벗어났을 경우
③ 공정관리기준에서 두드러지게 벗어나 품질 결함이 예상될 경우
④ 벌크제품과 제품의 이동·보관에 있어서 보관 상태에 이상이 발생하고 품질에 영향을 미친다고 판단될 경우
⑤ 작업 환경이 생산 환경 관리에 관련된 문서에 제시하는 기준치를 벗어났을 경우

494

다음은 중대하지 <u>않은</u> 일탈 중 (1) 생산 공정상의 일탈의 예에 대한 설명 중 일부이다. (   )안에 들어갈 알맞은 단어를 정확한 용어로 기입하시오.

관리 규정에 의한 관리 항목(생산 시의 관리 대상 파라미터의 설정치 등)에 있어서 설정된 기준치로부터 벗어난 정도가 (   )%이하이고 품질에 영향을 미치지 않는 것이 확인되어 있을 경우

495

다음은 중대하지 <u>않은</u> 일탈의 예시이다. 다음 예시 중 적절하지 <u>않은</u> 것을 고르시오.

중대하지 않은 일탈	
(1) 생산 공정상의 일탈의 예	
①	작업 환경이 생산 환경 관리에 관련된 문서에 제시하는 기준치를 벗어났을 경우
②	관리 규정에 의한 관리 항목(생산 시의 관리 대상 파라미터의 설정치 등)보다도 상위 설정(범위를 좁힌)의 관리 기준에 의거하여 작업이 이루어진 경우
③	제조 공정에 있어서의 원료 투입에 있어서 동일 온도 설정 하에서의 투입 순서에서 벗어났을 경우
④	생산에 관한 시간제한을 벗어날 경우 : 필요에 따라 제품 품질을 보증하기 위하여 각 생산 공정 완료에는 시간 설정이 되어 있어야 하나, 그러한 설정된 시간제한에서의 일탈에 대하여 정당한 이유에 의거한 설명이 가능할 경우
(2) 품질검사에 있어서의 일탈의 예	
⑤	검정기한을 초과한 설비의 사용에 있어서 설비보증이 표준품 등에서 확인할 수 있는 경우

496

<보기>를 참고하여 일탈처리의 흐름을 옳게 나열한 것은?

<보기>
ㄱ. 후속조치/종결
ㄴ. 문서작성/문서추적 및 경향분석
ㄷ. 즉각적인 수정조치
ㄹ. SOP에 따른 조사, 원인분석 및 예방조치
ㅁ. 일탈의 발견 및 초기 평가

① ㅁ-ㄷ-ㄹ-ㄱ-ㄴ
② ㄴ-ㅁ-ㄷ-ㄹ-ㄱ
③ ㅁ-ㄹ-ㄷ-ㄱ-ㄴ
④ ㄴ-ㅁ-ㄹ-ㄷ-ㄱ
⑤ ㅁ-ㄹ-ㄷ-ㄴ-ㄱ

497

다음 중 <보기>에서 설명하는 일탈처리의 흐름 단계는?

<보기>
- 각 부서 책임자는 조사를 실시한다.
- 각 부서는 일탈이 언제, 어디서, 어떻게 발생했는지를 파악한다.
- 각 부서는 일탈의 재발방지를 위한 필요한 조치를 도출한다.

① 즉각적인 수정조치
② SOP에 따른 조사, 원인분석 및 예방조치
③ 후속조치/종결
④ 문서작성/문서추적 및 경향분석
⑤ 일탈의 발견 및 초기평가

498

다음 중 <보기>에서 설명하는 일탈처리의 흐름 단계는?

<보기>
- 각 부서 책임자는 일탈에 의해 영향을 받은 모든 제품이 회사의 통제하에 있는지를 확인한다.
- 해당책임자는 의심가는 제품, 원료등을 격리하고 제품출하담당에게 일탈조사내용을 통보한다.

① 즉각적인 수정조치
② SOP에 따른 조사, 원인분석 및 예방조치
③ 후속조치/종결
④ 문서작성/문서추적 및 경향분석
⑤ 일탈의 발견 및 초기평가

499

다음 중 <보기>에서 설명하는 일탈처리의 흐름 단계는?

<보기>
- 각 부서 및 QA 책임자는 관련된 문서를 검토하고 필요한 경우 지정된 절차에 따라 SOP를 보완한다.
- 각 부서 및 QA 책임자는 해당일탈의 트래킹 로그를 관리하고 경향을 분석한다.

① 즉각적인 수정조치
② SOP에 따른 조사, 원인분석 및 예방조치
③ 후속조치/종결
④ 문서작성/문서추적 및 경향분석
⑤ 일탈의 발견 및 초기평가

500

<보기>의 (   )에 들어갈 알맞은 말을 정확한 용어로 기입하시오.(단, ㉠과 ㉡의 기입순서는 무관함)

소비자의 의견을 접수하고 처리하는 시스템은 품질관리 시스템의 중요한 요소이다. 이와 같은 시스템은 제품의 (㉠) 및 (㉡)에 기여할 수 있다.
- 시장에서 소비자가 인지하는 제품 성능의 척도 제공
- 현재 제품에 대한 시정조치 관련 정보 제공 및 미래 제품 설계 개선에 도움 제공
- 제품 (㉠) 및 (㉡)와/과 관련된 잠재적 문제점 발견

501

다음 중 소비자 의견에 대한 설명으로 적절하지 않은 것은?

① 소비자 의견은 칭찬, 불만, 질문 등으로 분류된다.
② 이물, 이취, 변색 등의 상태변화는 불만의 예시이다.
③ 배송 시의 결함 역시 불만으로 취급하여야 한다.
④ 안전성의 문제는 불만에 포함되나 안정성의 문제는 불만이 아니다.
⑤ 불만처리담당자는 제품에 대한 모든 불만을 취합하고, 제기된 불만에 대해 신속하게 조사하여야 한다.

502

<보기>에서 불만처리와 관련하여 옳은 것을 모두 고른 것은?

<보기>
ㄱ. 소비자로부터 문서화되거나 구두로 표현된 불만에 대한 접수, 처리, 검토, 응답, 조치에 대하여 그 절차가 확립되어야 한다.
ㄴ. 불만처리담당자는 제품에 대한 모든 불만을 취합하여야 한다.
ㄷ. 모든 기록이 포함되어 있는 불만 파일은 정해진 부서에서 영구적으로 보관하여야 한다.
ㄹ. 불만은 제품 결함의 경향을 파악하기 위해 필요할 때 검토하여야 한다.
ㅁ. 책임판매관리자는 제기된 불만에 대해 신속하게 조사하고 그에 대한 적절한 조치를 취하여야 한다.

① ㄱ, ㄴ
② ㄱ, ㄹ
③ ㄴ, ㄷ
④ ㄷ, ㄹ
⑤ ㄹ, ㅁ

503

다음 중 「우수화장품 제조 및 품질관리기준」 제27조에 명시된 변경관리의 정의에 해당하는 변경의 예시로 적절하지 <u>않은</u> 것은?

① 배합 처방을 조금 변경한 경우
② 주요 원료의 공급업자가 A사에서 B사로 변경된 경우
③ 제조설비의 세정방법을 물 세정에서 증기 세정으로 변경한 경우
④ 제조용 교반장치를 전과 같은 것으로 갱신한 경우
⑤ 화장품책임판매업자가 변경된 경우

504

다음 중 「우수화장품 제조 및 품질관리기준」 제27조에 따른 변경관리에 대한 설명으로 옳지 <u>않은</u> 것은?

① 변경이 있었을 때는 그 변경이 제품 품질이나 제조공정에 영향을 미치지 않는 것을 증명해 두어야하며, 이 증명 작업이 변경관리다.
② 증명이 간단한 변경이라도 문서화된 절차에 따라 체계적이고 면밀한 절차를 적용하여 관리하여야 한다.
③ 변경의 영향을 검토하는 대상은 제품 품질과 제조 공정의 품질에 하는 것이 타당하다.
④ 변경이 제품 품질이나 제조 공정에 영향을 미친다면 그 변경에 의하여 다른 제품 또는 제조 공정이 되므로 규제정부나 제조업자 등과 서로 논의해야 한다.
⑤ 변경관리는 화장품 제조에 필수불가결한 증명 작업이다.

505

다음 중 <보기>에서 설명하는 감사의 종류로 옳은 것은?

> 판매자의 요구사항 및 회사 정책, 관련 정부 규정의 준수에 대한 평가

① 규정준수감사
② 제품감사
③ 시스템감사
④ 사후감사
⑤ 내부감사

506

다음 중 <보기>에서 설명하는 감사의 종류로 옳은 것은?

> 무작위로 추출한 검체를 통한 생산 설비의 가동이나 제조 공정의 품질 평가

① 규정준수감사
② 제품감사
③ 시스템감사
④ 사후감사
⑤ 내부감사

507

다음 중 「우수화장품 제조 및 품질관리기준」에 따라 문서의 종류가 나머지와 <u>다른</u> 하나는?

① 개발보고서
② 제품표준서
③ 품질매뉴얼
④ 변경관리보고서
⑤ 안정성시험 프로토콜 및 보고서

508

다음 중 「우수화장품 제조 및 품질관리기준」에 따라 관리문서에 해당되지 않은 것은?

① 품질매뉴얼
② 문서리스트
③ 제품·원료·포장재의 시방서
④ 취급설명서
⑤ 제조기록서

509

다음 중 표준작업절차서에 해당하는 문서는?

① 품질보증 절차서
② 원료·포장재의 입고·검사 보관대장
③ 제품의 라벨링·보관·출하대장
④ 시험기기리스트
⑤ 제품·원료·포장재의 품질규격서

510

다음 중 문서작성 및 문서의 보관에 대한 설명으로 옳은 것은?

① 문서의 작성, 확인, 조사, 승인의 작업을 실시하면 화장품책임판매업자가 날짜가 있는 서명을 남긴다.
② 문서는 갱신되어야 하고, 필요한 경우 개정번호를 표시하며 각 개정에 관한 사유가 보존되어야 한다.
③ 종이문서와 전자문서 중 종이문서에 한하여 보관책임자를 정해둔다.
④ 문서 사용 시 원본 문서만을 사용해야 한다.
⑤ 전자문서에서는 접근제한, 변경관리, 고쳐 쓰기방지, 백업이 필수이므로 이 대책이 안 되어 있을 때에는 전자문서로 우선 보관 후 1개월 내로 대책을 수립한다.

511

다음 중 우수화장품 제조 및 품질관리기준 적합판정을 받고자 하는 업소가 구비해야 하는 서류 중 제조소의 시설내역에 해당하지 않는 것은?

① 방충·방서관리 규정 및 실시현황
② 용수처리계통도
③ 제조시설 및 기구내역(시설 및 기구명, 규격, 수량 등의 표시)
④ 시험시설 및 기구내역(시설 및 기구명, 규격, 수량 등의 표시)
⑤ 공조 또는 환기시설 계통도

512

화장품책임판매업자 A씨는 크림 출시를 기획하고 있다. <보기>는 화장품 출시 전 화장품의 품질 성적서이다. 다음 중 품질 성적서에 대한 해석으로 옳은 것은? 기출변형

<보기>

시험 항목	시험 결과
비소	12㎍/g
수은	3㎍/g
포름알데하이드	1890㎍/g
안티몬	5㎍/g
메탄올	0.02(v/v)%
녹농균	10(1g당)

① 해당 크림의 비소는 유통화장품의 안전관리 기준 중 미생물한도 기준에 의거하여 적합하다.
② 수은은 유통화장품의 안전관리 기준 중 내용량의 기준에 따라 적합하지 않다.
③ 포름알데하이드는 유통화장품의 안전관리 기준 중 비의도적 허용 노출 성분의 검출한도가 초과하였다.
④ 메탄올은 유통화장품의 안전관리 기준 중 비의도적 허용 노출 성분의 검출한도가 초과하였다.
⑤ 녹농균의 수치는 1g당 10으로 유통화장품 안전관리 기준 중 미생물한도 기준에 의거하여 적합하지 않다.

513

<보기>는 유통화장품의 안전관리 기준이다. 다음 중 화장품 안전기준 등에 관한 규정에 따라 옳은 것은?

<보기>

① _____(ㄱ)_____

납	점토를 원료로 사용한 분말제품은 50μg/g이하, 그 밖의 제품은 (ㄴ) 이하
니켈	눈 화장용 제품은 35μg/g 이하, (ㄷ) 제품은 30μg/g이하, 그 밖의 제품은 10μg/g 이하
수은	1μg/g이하
메탄올	(ㄹ) %이하, 물휴지는 (ㅁ) %이하

① 해당 사항은 「화장품 안전기준 등에 관한 규정」 중 제6조에 대한 내용이다.
② (ㄱ)은 내용량의 기준이다.
③ (ㄴ)은 15μg/g이다.
④ 립 글로스는 (ㄷ) 제품 유형이 아니라 기초화장용 제품류이다.
⑤ (ㅁ)의 값은 (ㄹ)의 값보다 크다.

514

다음 중 유통화장품의 안전관리 기준에 따라 부적합한 화장품은?

① 점토를 원료로 사용한 분말제품에 30μg/g 검출된 납
② 시판되는 립밤에 28μg/g 검출된 니켈
③ 물휴지에 0.02%(v/v)가 검출된 메탄올
④ 물휴지에 18μg/g가 검출된 포름알데하이드
⑤ 로션에 디부틸프탈레이트, 부틸벤질프탈레이트 및 디에칠헥실프탈레이트의 총합으로서 50μg/g가 검출된 프탈레이트류

515

<보기>는 유통화장품의 안전관리 기준 중 미생물 한도의 규정 일부이다. ( ) 안에 들어갈 수 있는 말을 모두 기입하시오.(단, 정답은 3개임.)

<보기>
유통화장품의 안전관리기준 중 미생물한도 규정에 따르면 ( )은/는 검출되어서는 아니 된다.

516

다음 중 유통화장품의 안전관리 기준에 따른 내용량의 기준에 대해 적절하지 않은 설명은?

① 제품 3개를 가지고 시험할 때 그 평균 내용량이 표기량에 대하여 97% 이상이어야 한다.
② 처음 내용량을 측정하였을 때 기준치를 벗어난 경우 6개를 더 취하여 시험한다.
③ 처음 내용량을 측정하였을 때 기준치를 벗어난 경우 9개의 평균 내용량이 표기량에 대하여 97% 이상이어야 한다.
④ 그 밖의 특수한 제품은 「대한민국 화장품 기준량 규정」을 따른다.
⑤ 화장 비누의 경우 건조중량을 내용량으로 한다

517

<보기>의 ( )안에 들어갈 알맞은 숫자의 범위와 말을 기입하시오.(단, ㉠은 숫자의 범위이고, ㉡과 ㉢은 어구이다.)

<보기>
영·유아용 제품류(영·유아용 샴푸, 영·유아용 린스, 영·유아 인체 세정용 제품, 영·유아 목욕용 제품 제외), 눈화장용 제품류, 색조 화장용 제품류, 두발용 제품류(샴푸, 린스 제외), 면도용 제품류(셰이빙 크림, 셰이빙 폼 제외), 기초화장용 제품류(클렌징 워터, 클렌징 오일, 클렌징 로션, 클렌징 크림 등 메이크업 리무버 제품 제외) 중 액, 로션, 크림 및 이와 유사한 제형의 액상제품은 pH 기준이 (㉠)이어야 한다. 다만, (㉡)와/과 (㉢)은/는 제외한다.

518

다음 중 유통화장품 안전관리기준에 따라 pH 기준이 3.0 ~ 9.0이어야 하는 화장품을 바르게 나열한 것은?

① 영유아의 보습용 크림과 영유아용 화장비누
② 외음부세정제와 아이 라이너
③ 마스카라와 파우더(텔크100%) 제품
④ 클렌징 크림과 마스크팩
⑤ 마사지 크림과 헤어 토닉

519

다음 중 유통화장품 안전관리 기준에 따라 치오글라이콜릭애씨드 또는 그 염류를 주성분으로 하는 냉2욕식 퍼머넌트웨이브용 제1제 제품의 기준으로 적절하지 않은 것은?(기출변형)

① pH : 4.5 ~ 9.6, 중금속 : 20㎍/g이하
② 알칼리 : 0.1N염산의 소비량은 검체 1mL 에 대하여 7.0mL이하, 철 : 2㎍/g이하
③ 산성에서 끓인 후의 환원성 물질(치오글라이콜릭애씨드) : 산성에서 끓인 후의 환원성 물질의 함량(치오글라이콜릭애씨드로서)이 2.0 ~ 12.7%
④ 산성에서 끓인 후의 환원성 물질이외의 환원성 물질(아황산염, 황화물 등) : 검체 1mL 중의 산성에서 끓인 후의 환원성 물질이외의 환원성 물질에 대한 0.1N 요오드액의 소비량이 0.6mL이하
⑤ 환원후의 환원성 물질(디치오디글라이콜릭애씨드) : 환원후의 환원성 물질의 함량은 4.0%이하, 비소 : 5㎍/g이하

520

<보기>는 유통화장품 안전관리 기준에 따라 치오글라이콜릭애씨드 또는 그 염류를 주성분으로 하는 냉2욕식 퍼머넌트웨이브용 제2제 제품 중 (㉠)함유제제에 대한 기준이다. 다음 중 옳은 설명은?

<보기>
본 기준은 치오글라이콜릭애씨드 또는 그 염류를 주성분으로 하는 냉2욕식 퍼머넌트웨이브용 제2제 제품 중 (㉠) 함유제제에 대한 설명입니다.
가) 용해상태 : 명확한 불용성이물이 없을 것
나) pH : 4.0 ~ 10.5
다) 중금속 : (㉡)㎍/g이하
라) 산화력 : 1인 1회 분량의 산화력이 (㉢)이상

① (㉠)에 들어갈 말은 과산화수소수이다.
② (㉡)에 들어갈 숫자는 15이다.
③ (㉢)에 들어갈 숫자는 3.5이다.
④ (㉡)이 (㉢)보다 작다.
⑤ 해당 제2제의 중금속 기준(㉡)은 치오글라이콜릭애씨드 또는 그 염류를 주성분으로 하는 냉2욕식 퍼머넌트웨이브용 제품 제1제의 중금속 기준보다 크다.

521

<보기>는 치오글라이콜릭애씨드 또는 그 염류를 주성분으로 하는 냉2욕식 퍼머넌트웨이브용 제품 중 산화제인 제2제 중 (㉠)함유제제에 대한 기준이다. ㉠ 안에 들어갈 알맞은 말을 기입하고, ㉡과 ㉢의 값을 합하여 기입하시오.

<보기>
(㉠)함유제제 : (㉠) 또는 (㉠)에 그 품질을 유지하거나 유용성을 높이기 위하여 적당한 침투제, 안정제, 습윤제, 착색제, 유화제, 향료 등을 첨가한 것이다.
가) pH : 2.5 ~ 4.5
나) 중금속 : 20㎍/g이하
다) 산화력 : 1인 1회 분량의 산화력이 (㉡) ~ (㉢)

522

<보기>는 시스테인, 시스테인염류 또는 아세틸시스테인을 주성분으로 하는 어떤 퍼머넌트 웨이브용 제품에 대한 기준이다. 이 제품은 어떤 제품인가?

<보기>
- 이 제품의 제1제의 유통화장품의 안전관리기준
1) pH : 4.0 ~ 9.5
2) 알칼리 : 0.1N염산의 소비량은 검체 1mL에 대하여 9mL 이하
3) 시스테인 : 1.5 ~ 5.5%
4) 환원후의 환원성물질(시스틴) : 0.65%이하
5) 중금속 : 20㎍/g이하
6) 비소 : 5㎍/g이하
7) 철 : 2㎍/g이하

① 냉1욕식
② 냉2욕식
③ 가온1욕식
④ 가온2욕식
⑤ 발열2욕식

523

다음 중 시스테인, 시스테인염류 또는 아세틸시스테인을 주성분으로 하는 냉2욕식 퍼머넌트웨이브용 제품 제1제의 유통화장품 안전관리 기준으로 적합하지 않은 것은?

① pH : 8.0 ~ 9.5
② 알칼리 : 0.1N 염산의 소비량은 검체 1mL에 대하여 7mL이하
③ 시스테인 : 3.0 ~ 7.5%
④ 환원후의 환원성물질(시스틴) : 0.65%이하
⑤ 비소 : 5㎍/g이하, 철 : 2㎍/g이하

524

다음 중 유통화장품 안전관리 기준에 따라 치오글라이콜릭애씨드 또는 그 염류를 주성분으로 하는 냉2욕식 헤어스트레이트너용 제품에 대한 설명으로 옳지 않은 것은?

① 이 제품의 제1제는 치오글라이콜릭애씨드 또는 그 염류를 주성분으로 하고 불휘발성 무기알칼리의 총량이 치오글라이콜릭애씨드의 대응량 이하인 제제이다. 단, 산성에서 끓인 후의 환원성물질의 함량이 7.0%를 초과하는 경우, 초과분에 대해 디치오디글라이콜릭애씨드 또는 그 염류를 디치오디글라이콜릭애씨드로 같은 양 이상 배합하여야 한다.
② 이 제품의 제1제에는 품질을 유지하거나 유용성을 높이기 위하여 적당한 알칼리제, 침투제, 착색제, 습윤제, 유화제, 증점제, 향료 등을 첨가할 수 있다.
③ 이 제품의 제1제 알칼리 기준은 0.1N 염산의 소비량이 검체 1mL에 대하여 2.0mL이하이어야 한다.
④ 이 제품의 제1제 환원후의 환원성물질(디치오디글리콜릭애씨드)의 기준은 4.0%이하이다.
⑤ 이 제품 제2제의 기준은 치오글라이콜릭애씨드 또는 그 염류를 주성분으로 하는 냉2욕식 퍼머넌트웨이브용 제품 제2제의 기준과 같다.

525

다음은 치오글라이콜릭애씨드 또는 그 염류를 주성분으로 하는 가온2욕식 퍼머넌트웨이브용 제품의 유통화장품 안전관리 기준에 관한 설명이다. 다음 중 옳은 설명은?

<보기>
이 제품은 사용할 때 약 (㉠)℃이하로 가온조작하여 사용하는 것으로서 치오글라이콜릭애씨드 또는 그 염류를 주성분으로 하는 제1제 및 산화제를 함유하는 제2제로 구성된다.

가. 제1제 : 이 제품은 치오글라이콜릭애씨드 또는 그 염류를 주성분으로 하고 불휘발성 무기알칼리의 총량이 치오글라이콜릭애씨드의 대응량 이하인 액제이다. 이 제품에는 품질을 유지하거나 유용성을 높이기 위하여 적당한 (㉡) 등을 첨가할 수 있다.
1) pH : (㉢)
2) 알칼리 : 0.1N 염산의 소비량은 검체 1mL에 대하여 (㉣)mL이하

나. ㉤제2제 기준

① ㉠은 50이다.
② ㉡에 들어갈 수 있는 말은 알칼리제, 침투제, 착색제, 습윤제, 유화제, 증점제, 향료이다.
③ ㉢은 4.5 ~ 9.6이다.
④ ㉣은 7이다.
⑤ ㉤은 시스테인, 시스테인염류 또는 아세틸시스테인을 주성분으로 하는 가온2욕식 퍼머넌트 웨이브용 제품의 제2제 기준과 같다.

526

다음 중 시스테인, 시스테인염류 또는 아세틸시스테인을 주성분으로 하는 가온 2욕식 퍼머넌트웨이브용 제품의 유통화장품 안전관리 기준으로 옳지 않은 것은?

① pH : 4.0 ~ 9.5, 불소 : 5㎍/g이하
② 알칼리 : 0.1N염산의 소비량은 검체 1mL에 대하여 9mL이하
③ 시스테인 : 1.5 ~ 5.5%
④ 환원후의 환원성물질(시스틴) : 0.65%이하
⑤ 중금속 : 20㎍/g이하, 철 : 2㎍/g이하

527

다음은 화장품책임판매업자 A씨가 제조한 치오글라이콜릭애씨드를 주성분으로 하는 가온2욕식 헤어스트레이트너 제품의 품질성적서이다. 다음 중 유통화장품의 안전관리 기준에 의거하여 부적합한 항목은?

	검사 항목	시험값
①	pH(산성도)	9.0
②	알칼리 (0.1N 염산의 소비량)	검체 1mL 당 4.2mL
③	산성에서 끓인 후의 환원성물질 (치오글라이콜릭애씨드)	0.5%
④	검체 1mL중의 산성에서 끓인 후의 환원성물질 이외의 환원성물질에 대한 0.1N 요오드액의 소비량	0.5mL
⑤	환원 후의 환원성물질 (디치오디글라이콜릭애씨드)	3.2%

528

다음 중 치오글라이콜릭애씨드 또는 그 염류를 주성분으로 하는 고온정발용 열기구를 사용하는 가온2욕식 헤어스트레이트너 제품에 대한 설명으로 옳지 않은 것은?

① 이 제품은 시험할 때 약 60℃이하로 가온하여 제1제를 처리한 후 물로 충분히 세척하여 수분을 제거하고 고온정발용 열기구(180℃이하)를 사용하는 것으로서 치오글라이콜릭애씨드 또는 그 염류를 주성분으로 하는 제1제 및 산화제를 함유하는 제2제로 구성된다.
② 이 제품의 제1제는 치오글라이콜릭애씨드 또는 그 염류를 주성분으로 하고 불휘발성 알칼리의 총량이 치오글라이콜릭애씨드의 대응량 이하인 제제이다. 이 제품에는 품질을 유지하거나 유용성을 높이기 위하여 적당한 알칼리제, 침투제, 습윤제, 유화제, 점증제, 향료 등을 첨가할 수 있다.
③ 이 제품의 제1제의 pH 기준은 4.5 ~ 9.3이며 알칼리(0.1N 염산의 소비량)의 기준은 검체 1mL에 대하여 5.0mL이하이다.
④ 이 제품의 제1제의 산성에서 끓인 후의 환원성물질(치오글라이콜릭애씨드)은 1.0 ~ 4.5%이어야 한다.
⑤ 이 제품 제 1제의 검체 1mL중 산성에서 끓인 후의 환원성물질 이외의 환원성물질에 대한 0.1N 요오드액의 소비량은 0.6mL이하 이어야 한다.

529

다음 중 치오글라이콜릭애씨드 또는 그 염류를 주성분으로 하는 냉1욕식 퍼머넌트웨이브용 제품의 유통화장품 안전관리 기준에 대한 설명으로 옳지 않은 것은?

① pH : 9.4 ~ 9.6, 중금속 : 20㎍/g이하
② 알칼리 : 0.1N 염산의 소비량은 검체 1mL에 대하여 3.5 ~ 4.6mL
③ 산성에서 끓인 후의 환원성 물질(치오글라이콜릭애씨드) : 3.5 ~ 4.8%
④ 산성에서 끓인 후의 환원성물질 이외의 환원성물질(아황산염, 황화물 등) : 검체 1mL 중인 산성에서 끓인 후의 환원성물질 이외의 환원성 물질에 대한 0.1N 요오드액의 소비량은 0.6mL이하
⑤ 환원후의 환원성물질(디치오디글라이콜릭애씨드) : 0.5%이하

530

<보기>는 유통화장품의 안전기준에 따른 치오글라이콜릭애씨드 또는 그 염류를 주성분으로 하는 제1제 사용시 조제하는 발열2욕식 퍼머넌트웨이브용 제품에 대한 설명이다. (   ) 안에 들어갈 알맞은 말 혹은 숫자를 기입하시오.(단, ㉠은 단어이고 ㉡은 숫자이다.)

<보기>
이 제품은 치오글라이콜릭애씨드 또는 그 염류를 주성분으로 하는 제1제의 1과 제1제의 1중의 치오글라이콜릭애씨드 또는 그 염류의 대응량 이하의 (㉠)을/를 함유한 제1제의 2, (㉠)을/를 산화제로 함유하는 제2제로 구성되며, 사용 시 제1제의 1 및 제1제의 2를 혼합하면 약 (㉡)℃로 발열되어 사용하는 것이다.

531

다음 중 치오글라이콜릭애씨드 또는 그 염류를 주성분으로 하는 제1제 사용시 조제하는 발열2욕식 퍼머넌트웨이브용 제품 중 치오글라이콜릭애씨드 또는 그 염류를 주성분으로 하는 '제1제의 1'의 유통화장품 안전관리 기준으로 적합하지 <u>않은</u> 것은?

① pH : 4.5 ~ 9.5, 철 : 2㎍/g이하
② 알칼리 : 0.1N 염산의 소비량은 검체 1mL에 대하여 12mL이하
③ 산성에서 끓인 후의 환원성물질(치오글라이콜릭애씨드) : 8.0 ~ 19.0%
④ 산성에서 끓인 후의 환원성물질 이외의 환원성물질(아황산염, 황화물 등) : 검체 1mL중의 산성에서 끓인 후의 환원성물질 이외의 환원성물질에 대한 0.1N 요오드액의 소비량은 0.8mL이하
⑤ 환원후의 환원성물질(디치오디글라이콜릭애씨드) : 0.5%이하

532

<보기>는 치오글라이콜릭애씨드 또는 그 염류를 주성분으로 하는 제1제 사용시 조제하는 발열2욕식 퍼머넌트웨이브용 제품 중 제1제의 2와 제2제에 관한 설명이다. 다음 중 옳지 <u>않은</u> 설명은?

<보기>
· 제1제의 2 : 이 제품은 제1제의 1중에 함유된 치오글라이콜릭애씨드 또는 그 염류의 대응량 이하의 (㉠)을/를 함유한 액제로서 이 제품에는 품질을 유지하거나 유용성을 높이기 위하여 적당한 침투제, pH조정제, 안정제, 습윤제, 착색제, 유화제, 향료 등을 첨가할 수 있다.
 1) pH : (㉡)
 2) 중금속 : (㉢)㎍/g이하
 3) (㉠) : (㉣)%
· ㉤제2제의 유통화장품의 안전관리 기준
(이하 생략)

① ㉠에 들어갈 알맞은 말은 과산화수소이다.
② ㉡은 2.5 ~ 4.5이다.
③ ㉢은 20이다.
④ ㉣은 3.0 ~ 3.3이다.
⑤ ㉤은 치오글라이콜릭애씨드 또는 그 염류를 주성분으로 하는 냉2욕식 퍼머넌트웨이브용 제품의 제2제의 기준과 같다.

533

<보기>는 치오글라이콜릭애씨드 또는 그 염류를 주성분으로 하는 제1제 사용시 조제하는 발열2욕식 퍼머넌트웨이브용 제품 중 제1제의 1 및 제1제의 2의 혼합물에 대한 설명이다. 다음 설명 중 옳은 것을 고르시오.(단, 제1제의 1은 치오글라이콜릭애씨드 또는 그 염류를 주성분으로 하며 제1제의 2는 제1제의 1중의 치오글라이콜릭애씨드 또는 그 염류의 대응량 이하의 과산화수소를 함유한 것이다.)

<보기>
제1제의 1 및 제1제의 2의 혼합물 : 이 제품은 제1제의 1 및 제1제의 2를 용량비 (㉠)(으)로 혼합한 액제로서 치오글라이콜릭애씨드 또는 그 염류를 주성분으로 하고 불휘발성 무기알칼리의 총량이 치오글라이콜릭애씨드의 대응량 이하인 것이다.
- 산성에서 끓인 후의 환원성물질(치오글라이콜릭애씨드) : 2.0 ~ 11.0%
- 환원후의 환원성물질(디치오디글라이콜릭애씨드) : (㉡)%
- 온도상승 : 온도의 차는 (㉢)℃

	㉠	㉡	㉢
①	3 : 1	3.2 ~ 4.0	14 ~ 20
②	5 : 1	1.0 ~ 5.0	20 ~ 26
③	2 : 1	1.0 ~ 5.0	28 ~ 34
④	3 : 1	4.5 ~ 7.2	34 ~ 40
⑤	5 : 1	3.2 ~ 4.0	40 ~ 46

534

다음 중 품질성적서를 확인하여 유통화장품 안전관리 기준에 따라 적합한 화장품을 고르시오.

<table>
<tr><td colspan="3">화장품의 품질성적서</td></tr>
<tr><td>①</td><td colspan="2">- 영유아용 로션</td></tr>
<tr><td></td><td>시험 항목</td><td>시험 결과</td></tr>
<tr><td></td><td>비소</td><td>15㎍/g</td></tr>
<tr><td></td><td>수은</td><td>불검출</td></tr>
<tr><td></td><td>일반 세균수</td><td>300개/g(mL)</td></tr>
<tr><td></td><td>진균수</td><td>100개/g(mL)</td></tr>
<tr><td>②</td><td colspan="2">- 물휴지</td></tr>
<tr><td></td><td>시험 항목</td><td>시험 결과</td></tr>
<tr><td></td><td>메탄올</td><td>0.001%(v/v)</td></tr>
<tr><td></td><td>포름알데하이드</td><td>18㎍/g</td></tr>
<tr><td></td><td>일반 세균수</td><td>96개/g(mL)</td></tr>
<tr><td></td><td>진균수</td><td>85개/g(mL)</td></tr>
<tr><td>③</td><td colspan="2">- 바디로션</td></tr>
<tr><td></td><td>시험 항목</td><td>시험 결과</td></tr>
<tr><td></td><td>대장균</td><td>1개/g(mL)</td></tr>
<tr><td></td><td>녹농균</td><td>불검출</td></tr>
<tr><td></td><td>일반 세균수</td><td>520개/g(mL)</td></tr>
<tr><td>④</td><td colspan="2">- 화장비누</td></tr>
<tr><td></td><td>시험 항목</td><td>시험 결과</td></tr>
<tr><td></td><td>유리알칼리</td><td>0.12%</td></tr>
<tr><td></td><td>pH(산성도)</td><td>10.5</td></tr>
<tr><td></td><td>디옥산</td><td>25㎍/g</td></tr>
<tr><td>⑤</td><td colspan="2">- 치오글라이콜릭애씨드를 주성분으로 하는 냉2욕식 퍼머넌트웨이브용 제품 제1제</td></tr>
<tr><td></td><td>시험 항목</td><td>시험 결과</td></tr>
<tr><td></td><td>pH(산성도)</td><td>9.2</td></tr>
<tr><td></td><td>0.1N염산의 소비량 (알칼리)</td><td>검체 1mL 에 대하여 7.2mL</td></tr>
<tr><td></td><td>환원후의 환원성 물질 (디치오디글라이콜릭애씨드)</td><td>3.5%</td></tr>
</table>

535

<보기>는 「화장품 안전기준 등에 관한 규정」의 [별표4]유통화장품 안전관리 시험방법 중 미생물 한도에 대한 설명이다. 다음 중 <보기>에 대한 설명으로 적절하지 않은 것은?

<보기>

1) 검체의 전처리
- (㉠) : 검체 1g에 적당한 **(ㄴ)분산제**를 1mL를 넣고 충분히 균질화 시킨 후 변형레틴액체배지 또는 검증된 배지 및 희석액 8mL를 넣어 10배 희석액을 만들고 희석이 더 필요할 때에는 같은 희석액으로 조제한다. 분산제만으로 균질화가 되지 않을 경우 적당량의 **(ㄷ)지용성 용매**를 첨가한 상태에서 멸균된 마쇄기를 이용하여 검체를 잘게 부수어 반죽 형태로 만든 뒤 적당한 분산제 1 mL를 넣어 균질화 시킨다. 추가적으로 40℃에서 30분 동안 가온한 후 멸균한 유리구슬(5 mm: 5~7개, 3 mm: 10~15개)을 넣어 균질화 시킨다.

① 검체조작은 무균조건하에서 실시하여야 하며, 검체는 충분하게 무작위로 선별하여 그 내용물을 혼합하고 검체 제형에 따라 각자 적합한 방법으로 검체를 희석, 용해, 부유 또는 현탁시켜야 한다.
② ㉠ 안에 들어갈 말은 액제·로션제이다.
③ (ㄴ)은 멸균한 포타슘소르베이트 80 등을 사용할 수 있으며, 미생물의 생육에 대하여 영향이 없는 것 또는 영향이 없는 농도이어야 한다.
④ 검액 조제시 총 호기성 생균수 시험법의 배지성능 및 시험법 적합성 시험을 통하여 검증된 배지나 희석액 및 중화제를 사용할 수 있다.
⑤ (ㄷ)은 멸균한 미네랄 오일 등을 사용할 수 있으며, 미생물의 생육에 대하여 영향이 없는 것이어야 한다. 첨가량은 대상 검체 특성에 맞게 설정하여야 하며, 미생물의 생육에 대하여 영향이 없어야 한다.

536

<보기>는 「화장품 안전기준 등에 관한 규정」의 [별표4]유통화장품 안전관리 시험방법 중 총 호기성 생균수 시험법에 대한 설명이다. 다음 중 ⊙과 ⓒ에 들어갈 배지의 종류로 옳게 짝지어진 것은?

<보기>
총 호기성 세균수시험은 (⊙)을/를 사용하고 진균수시험은 (ⓒ)을/를 사용한다. 이 배지 이외에 배지성능 및 시험법 적합성 시험을 통하여 검증된 다른 미생물 검출용 배지도 사용할 수 있고, 세균의 혼입이 없다고 예상된 때나 세균의 혼입이 있어도 눈으로 판별이 가능하면 항생물질을 첨가하지 않을 수 있다.

	⊙	ⓒ
①	변형레틴한천배지	대두카제인 소화한천배지
②	항생물질 첨가 포테이토 덱스트로즈 한천배지	에오신메칠렌블루한천배지(EMB한천배지)
③	대두카제인소화한천배지	항생물질 첨가 사브로포도당한천배지
④	맥콘키한천배지	유당액체배지
⑤	세트리미드한천배지 (Cetrimide agar)	변형레틴한천배지

537

<보기>는 「화장품 안전기준 등에 관한 규정」의 [별표4]유통화장품 안전관리 시험방법 중 세균수와 진균수 시험방법에 대한 설명이다. 다음 중 옳은 것은?

기출변형

<보기>
1. 세균수 시험법
   ㉮
   직경 9 ~ 10 cm 페트리 접시내에 미리 굳힌 세균시험용 배지 표면에 전처리 검액 0.1 mL이상 도말한다.
   ㉯
   검액 1 mL를 같은 크기의 페트리접시에 넣고 그 위에 멸균 후 45 ℃로 식힌 15 mL의 세균시험용 배지를 넣어 잘 혼합한다.
   검체당 최소 2개의 평판을 준비하고 (⊙)℃에서 적어도 (ⓒ)시간 배양하는데 이때 최대 균집락수를 갖는 평판을 사용하되 평판당 (ⓒ)개 이하의 균집락을 최대치로 하여 총 세균수를 측정한다.
2. 진균수 시험 : '(1) 세균수 시험'에 따라 시험을 실시하되 배지는 진균수시험용 배지를 사용하여 배양온도 (㉣)℃에서 적어도 (㉤)일간 배양한 후 (㉥)개 이하의 균집락이 나타나는 평판을 세어 총 진균수를 측정한다.

① ㉮와 ㉯에 들어갈 말은 각각 한천평판도말법과 한천평편도말법이다.
② ⊙은 25 ~ 30이고, ㉣은 20 ~ 25이다.
③ ⓒ과 ⓒ을 합친 값은 124이다.
④ ㉤과 ㉥을 합친 값은 105이다.
⑤ 위 시험법은 대장균과 황색포도상구균을 검출하는 시험이다.

538

다음에서 설명하는 시험은 무엇인가? 기출

<보기>

검체의 유·무하에서 총 호기성 생균수시험법에 따라 제조된 검액·대조액에 시험균주를 각각 100cfu 이하가 되도록 접종하여 규정된 총호기성생균수시험법에 따라 배양할 때 검액에서 회수한 균수가 대조액에서 회수한 균수의 1/2 이상이어야 한다. 검체 중 보존제 등의 항균활성으로 인해 증식이 저해되는 경우(검액에서 회수한 균수가 대조액에서 회수한 균수의 1/2 미만인 경우)에는 결과의 유효성을 확보하기 위하여 총 호기성 생균수 시험법을 변경해야 한다. 항균활성을 중화하기 위하여 희석 및 중화제를 사용할 수 있다. 또한, 시험에 사용된 배지 및 희석액 또는 시험 조작상의 무균상태를 확인하기 위하여 완충식염펩톤수(pH 7.0)를 대조로 하여 총호기성 생균수시험을 실시할 때 미생물의 성장이 나타나서는 안 된다.

① 대장균 검출 시험법
② 녹농균 검출 시험법
③ 황색포도상구균 검출 시험법
④ 세균 및 진균수 시험법
⑤ 배지성능 및 시험법 적합성 시험

539

<보기>는 「화장품 안전기준 등에 관한 규정」의 [별표4]유통화장품 안전관리 시험방법 중 대장균 시험방법에 대한 설명이다. 다음 중 옳은 것은?

<보기>
대장균 시험 검액의 조제 및 조작

1. 검체 1 g 또는 1 mL을 (㉠)을/를 사용하여 10 mL로 하여 30~35 ℃에서 24~72시간 배양한다.
2. 배양액을 가볍게 흔든 다음 백금이 등으로 취하여 (㉡) 위에 도말하고 30~35 ℃에서 18~24 시간 배양한다.
3. 주위에 (㉢)의 그람음성균의 집락이 검출되지 않으면 대장균 음성으로 판정한다.
4. (㉢)의 그람음성균의 집락이 검출되는 경우에는 (㉣)에서 각각의 집락을 도말하고 30~35 ℃에서 18~24 시간 배양한다.
5. (㉣)에서 금속 광택을 나타내는 집락 또는 투과광선하에서 (㉤)을 나타내는 집락이 검출되면 백금이등으로 취하여 발효시험관이 든 (㉠)에 넣어 44.3~44.7 ℃의 항온수조 중에서 22~26 시간 배양한다.
6. (㉥)이/가 나타나는 경우에는 대장균 양성으로 의심하고 동정시험으로 확인한다.

① ㉠은 카제인대두소화액체배지이고 ㉡은 세트리미드 한천배지(Cetrimide agar)이다.
② ㉢은 녹색 형광물질이다.
③ ㉣은 에오신메칠렌블루한천배지(EMB한천배지)이다.
④ ㉤은 적갈색이다.
⑤ ㉥은 옥시다제반응이다.

540

<보기>는 「화장품 안전기준 등에 관한 규정」의 [별표4]유통화장품 안전관리 시험방법 중 녹농균 시험방법에 대한 설명이다. 다음 중 옳지 않은 것은?

<보기>
검체 1 g 또는 1 mL를 달아 (㉠)을/를 사용하여 10 mL로 하고 30~35 ℃에서 24~48시간 증균 배양한다. 증식이 나타나는 경우는 백금이 등으로 (㉡)에 도말하여 30~35 ℃에서 24~48시간 배양한다. 미생물의 증식이 관찰되지 않는 경우 녹농균 음성으로 판정한다. 그람음성간균으로 (㉢)을/를 나타내는 집락을 확인하는 경우에는 증균배양액을 녹농균 한천배지 P 및 F에 도말하여 30~35 ℃에서 24~72시간 배양한다. 그람음성간균으로 플루오레세인 검출용 녹농균 한천배지 F의 집락을 자외선하에서 관찰하여 (㉣)의 집락이 나타나고, 피오시아닌 검출용 녹농균 한천배지 P의 집락을 자외선하에서 관찰하여 (㉤)의 집락이 검출되면 (㉥)을/를 실시한다. 양성인 경우 5~10초 이내에 (㉦)이 나타나고 10초 후에도 색의 변화가 없는 경우 녹농균 음성으로 판정한다.

① ㉠은 카제인대두소화액체배지이다.
② ㉡은 세트리미드한천배지와 엔에이씨한천배지 둘 다 가능하다.
③ ㉢은 적갈색, ㉣은 녹색, ㉥은 황색이다.
④ ㉥은 옥시다제시험이다.
⑤ ㉦은 보라색이다.

541

다음 <보기>는 어떤 특정 세균에 관한 검액의 조제 및 조작에 대한 설명이다. 이 세균은 어떤 세균인가?

<보기>
검체 1 g 또는 1 mL를 달아 카제인대두소화액체배지를 사용하여 10 mL로 하고 30~35 ℃에서 24~48시간 증균 배양한다. 증균배양액을 보겔존슨한천배지 또는 베어드파카한천배지에 이식하여 30~35 ℃에서 24시간 배양하여 균의 집락이 검정색이고 집락주위에 황색투명대가 형성되며 그람염색법에 따라 염색하여 검경한 결과 그람 양성균으로 나타나면 응고효소시험을 실시한다. 응고효소시험 음성인 경우 음성으로 판정하고, 양성인 경우에는 양성으로 의심하여 동정시험으로 확인한다.

542

<보기>는 「화장품 안전기준 등에 관한 규정」의 [별표4]유통화장품 안전관리 시험방법 중 황색포도상구균에 대한 시험방법이다. 다음 중 옳은 것은?

<보기>
검체 1 g 또는 1 mL를 달아 (㉠)을/를 사용하여 10 mL로 하고 30~35 ℃에서 24~48시간 증균 배양한다. 증균배양액을 (㉡)에 이식하여 30~35 ℃에서 24시간 배양하여 균의 집락이 (㉢)이고 집락주위에 (㉣)(이)가 형성되며 그람염색법에 따라 염색하여 검경한 결과 그람 양성균으로 나타나면 (㉤)을/를 실시한다. (㉤) 음성인 경우 음성으로 판정하고, 양성인 경우에는 양성으로 의심하여 동정시험으로 확인한다.

① ㉠은 피오시아닌 검출용 녹농균 한천배지 P이다.
② ㉡은 보겔존슨한천배지 또는 베어드파카한천배지이다.
③ ㉢은 적갈색이다.
④ ㉣은 형광색의 띠이다.
⑤ ㉤은 옥시다제시험이다.

543

다음 중 「화장품 안전기준 등에 관한 규정」의 [별표4] 유통화장품 안전관리 시험방법에 따른 내용량의 시험방법으로 옳은 것을 <보기>에서 모두 고른 것은?

<보기>
ㄱ. 용량으로 표시된 제품 : 내용물이 들어있는 용기에 뷰렛으로부터 물을 적가하여 봉기를 가득 채웠을 때의 소비량을 정확하게 측정한 다음 용기의 내용물을 완전히 제거하고 물 또는 기타 적당한 유기용매로 용기의 내부를 깨끗이 씻어 말린 다음 뷰렛으로부터 물을 적가하여 용기를 가득 채워 소비량을 정확히 측정하고 전후의 용량 차를 내용량으로 한다. 다만, 100 mL 이상의 제품에 대하여는 메스실린더를 써서 측정한다.
ㄴ. 질량으로 표시된 제품 : 내용물이 들어있는 용기의 외면을 깨끗이 닦고 무게를 정밀하게 단 다음 내용물을 완전히 제거하고 물 또는 적당한 유기용매로 용기의 내부를 깨끗이 씻어 말린 다음 용기만의 무게를 정밀히 달아 전후의 무게차를 내용량으로 한다.

ㄷ. 길이로 표시된 제품 : 길이를 측정하고 연필류는 연필심지에 대하여 그 반지름과 길이를 측정한다.
ㄹ. 수분을 포함한 화장비누 : 상온에서 저울로 측정(g)하여 실중량은 전체 무게에서 포장 무게를 뺀 값으로 하고, 소수점 이하 2자리까지 반올림하여 정수자리까지 구한다.
ㅁ. 건조한 화장비누 : 검체를 작은 조각으로 자른 후 약 10 g을 0.01 g까지 측정하여 접시에 옮긴다. 이 검체를 103 ± 2 ℃ 오븐에서 1시간 건조 후 꺼내어 냉각시키고 다시 오븐에 넣고 1시간 후 접시를 꺼내어 데시케이터로 옮긴다. 실온까지 충분히 냉각시킨 후 질량을 측정하고 2회의 측정에 있어서 무게의 차이가 0.01 g 이내가 될 때까지 1시간 동안의 가열, 냉각 및 측정 조작을 반복한 후 마지막 측정 결과를 기록한다.
ㅂ. 위 ㄱ~ㅁ외의 특수한 제품은 「대한민국약전」으로 정한 바에 따른다.

① ㄱ, ㄴ, ㅂ
② ㄱ, ㄷ, ㅁ
③ ㄴ, ㄹ, ㅁ
④ ㄴ, ㅁ, ㅂ
⑤ ㄷ, ㄹ, ㅁ

544

다음 중 나트륨비누의 유리알칼리 시험법으로 옳은 것은?

① 에탄올법
② 염화바륨법
③ 페놀프탈레인법
④ 옥시다제시험법
⑤ 응고효소법

545

<보기>는 화장비누의 유리알칼리 시험에 대한 설명이다. 다음 중 옳은 설명은?

<보기>
플라스크에 에탄올 200 mL을 넣고 환류 냉각기를 연결한다. 이산화탄소를 제거하기 위하여 서서히 가열하여 5분 동안 끓인다. 냉각기에서 분리시키고 약 70 ℃로 냉각시킨 후 페놀프탈레인 지시약 4방울을 넣어 지시약이 (㉠)이 될 때까지 0.1N 수산화칼륨·에탄올액으로 중화시킨다. 중화된 에탄올이 들어있는 플라스크에 검체 약 5.0 g을 정밀하게 달아 넣고 환류 냉각기에 연결 후 완전히 용해될 때까지 서서히 끓인다. 약 70 ℃로 냉각시키고 에탄올을 중화시켰을 때 나타난 것과 동일한 정도의 (㉡)이 나타날 때까지 0.1N 염산·에탄올용액으로 적정한다.

① 해당 시험법은 연성 칼륨 비누 또는 나트륨과 칼륨이 혼합된 비누의 유리알칼리를 측정하는 시험이다.
② 지시약은 페놀프탈레인 1g과 치몰블루 0.5 g을 가열한 95% 에탄올 용액(v/v) 100 mL에 녹이고 거른 다음 사용한다.
③ ㉠은 황색이다.
④ ㉡은 분홍색이다.
⑤ 해당시험법은 염화바륨법이다.

546

<보기>는 화장비누의 유리알칼리 시험에 대한 설명이다. 다음 중 옳은 설명은?

<보기>
연성 비누 약 4.0 g을 정밀하게 달아 플라스크에 넣은 후 60% 에탄올 용액 200 mL를 넣고 환류 하에서 10분 동안 끓인다. 중화된 염화바륨 용액 15 mL를 끓는 용액에 조금씩 넣고 충분히 섞는다. 흐르는 물로 실온까지 냉각시키고 지시약 1 mL을 넣은 다음 즉시 0.1N 염산 표준용액으로 (㉠)이 될 때까지 적정한다.

① 이 시험법은 나트륨비누의 유리알칼리를 측정하는 에탄올법이다.
② ㉠에 들어갈 말은 분홍색이다.
③ 위의 지시약은 페놀프탈레인 1 g과 치몰블루 0.5 g을 가열한 95% 에탄올 용액(v/v) 100 mL에 녹이고 거른 다음 사용한다.
④ 위의 염화바륨 용액은 염화바륨(2수화물) 10 g을 이산화탄소를 제거한 증류수 90mL에 용해시키고, 지시약을 사용하여 0.1N 수산화칼륨 용액으로 흑청색이 나타날 때까지 중화시킨 후 사용한다.
⑤ 위의 시험법을 통해 나트륨과 칼륨이 혼합된 비누의 유리알칼리는 측정할 수 없다.

547

<보기>는 치오글라이콜릭애씨드 또는 그 염류를 주성분으로 하는 냉2욕식 퍼머넌트웨이브용 제품 제1제의 시험방법이다. 다음 중 ( ) 안에 들어갈 알맞은 지시약을 올바르게 나열한 것은? 기출

<보기>
① pH : 검체를 가지고 「기능성화장품 기준 및 시험방법」(식품의약품안전처 고시) 일반시험법 1. 원료의 "47. pH측정법"에 따라 시험한다.
② 알칼리 : 검체 10mL를 정확하게 취하여 100mL 용량플라스크에 넣고 물을 넣어 100mL로 하여 검액으로 한다. 이 액 20mL를 정확하게 취하여 250mL 삼각플라스크에 넣고 0.1N염산으로 적정한다 (지시약 : (㉠) 2방울).
③ 산성에서 끓인 후의 환원성 물질(치오글라이콜릭애씨드) : ②항의 검액 20mL를 취하여 삼각플라스크에 고 물 50mL 및 30% 황산 5mL를 넣고 가만히 가열하여 5분간 끓인다. 식힌 다음 0.1N 요오드액으로 적정한다. (지시약 : (㉡) 3mL) 이때의 소비량을 AmL로 한다.

	㉠	㉡
①	요오드화칼륨용액	전분시액
②	메칠레드시액	전분시액
③	메칠블루시액	메칠오렌지시액
④	치오황산나트륨시액	라우릴황산나트륨시액
⑤	포화수산암모늄시액	메칠블루시액

548

<보기>는 시스테인, 시스테인염류 또는 아세틸시스테인을 주성분으로 하는 냉2욕식 퍼머넌트웨이브용 제품 제1제의 시험방법 중 일부이다. 다음 중 ( ) 안에 들어갈 알맞은 지시약을 올바르게 나열한 것은? 기출변형

<보기>
- 시스테인 : 검체 10mL를 적당한 환류기에 정확하게 취하여 물 40mL 및 5N 염산 20mL를 넣고 2시간동안 가열 환류시킨다. 식힌 다음 이것을 용량플라스크에 취하고 물을 넣어 정확하게 100mL로 한다. 또한 아세칠시스테인이 함유되지 않은 검체에 대해서는 검체 10mL를 정확하게 취하여 용량플라스크에 넣고 물을 넣어 전체량을 100mL로 한다. 이 용액 25mL를 취하여 분당 2mL의 유속으로 강산성이온교환수지(H형) 30mL를 충전한 안지름 8 ~ 15 mm의 칼럼을 통과시킨다. 계속하여 수지층을 물로 씻고 유출액과 씻은 액을 버린다. 수지층에 3N 암모니아수 60mL를 분당 2mL의 유속으로 통과시킨다. 유출액을 100mL 용량플라스크에 넣고 다시 수지층을 물로 씻어 씻은 액과 유출액을 합하여 100mL로 하여 검액으로 한다. 검액 20mL를 정확하게 취하여 필요하면 묽은염산으로 중화하고(지시약 : (㉠)) 요오드화칼륨 4g 및 묽은염산 5mL를 넣고 흔들어 섞어 녹인다. 계속하여 0.1N 요오드액 10mL를 정확하게 넣고 마개를 하여 얼음물 속에서 20분간 암소에 방치한 다음 0.1N 치오황산나트륨액으로 적정한다.(지시약 : (㉡) 3mL) 이 때의 소비량을 GmL로 한다. 같은 방법으로 공시험하여 그 소비량을 HmL로 한다.

	㉠	㉡
①	요오드화칼륨용액	전분시액
②	메칠오렌지시액	전분시액
③	메칠블루시액	메칠오렌지시액
④	치오황산나트륨시액	라우릴황산나트륨시액
⑤	포화수산암모늄시액	메칠블루시액

ptions

CHAPTER 04

맞춤형화장품의 이해

01 맞춤형화장품 개요

02 피부 및 모발 생리구조

03 관능평가 방법과 절차

04 제품 상담

05 제품 안내

06 혼합 및 소분

07 충진 및 포장

08 재고관리

CHAPTER 04 맞춤형화장품의 이해 - 이론

Chapter 4　맞춤형화장품의 이해

- 1,000점 만점 중 400점(40%) 할당, 총 40문항, 선다형(28문항), 단답형(12문항)
- 4.1. 맞춤형화장품 개요
- 소주제: 1. 맞춤형화장품 정의
  2. 맞춤형화장품 주요 규정
  3~5. 맞춤형화장품의 안전성, 안정성, 유효성

☑ 맞춤형화장품 정의 및 주요 규정

1. 맞춤형화장품

맞춤형화장품판매업을 신고한 판매장에서 고객 개인별 피부 특성, 색, 향 등의 기호 및 요구를 반영하여 맞춤형화장품 조제관리사 자격증을 가진 자가 아래 내용으로 만든 화장품

> ① 제조 또는 수입된 화장품의 내용물에 다른 화장품의 내용물이나 색소, 향료 등 식약처장이 정하는 원료를 추가하여 혼합한 화장품
> ② 제조 또는 수입된 화장품의 내용물을 소분(小分)한 화장품
> 　단, 화장 비누(고체 형태의 세안용 비누)를 단순 소분한 화장품은 맞춤형화장품이 아님.

　　　　　　　※ 참고사항 ☞ 원료와 원료를 혼합하는 것은 맞춤형화장품의 혼합이 아닌 '화장품 제조'에 해당

Point!
① 맞춤형화장품판매업소에서 조제하지 않은 화장품은 맞춤형화장품이 아니다.
② 조제관리사가 조제하지 않은 것은 맞춤형화장품이 아니다.
③ 수입된 화장품의 내용물을 맞춤형화장품의 내용물로 사용할 수 있다.
④ 내용물을 소분한 화장품도 맞춤형화장품이다.
⑤ 단, 단순하게 고체 화장 비누를 소분한 것은 맞춤형화장품이 아니다.

[참고] 맞춤형화장품 내의 혼합 및 소분 대상
- 조제 유형별 맞춤형화장품

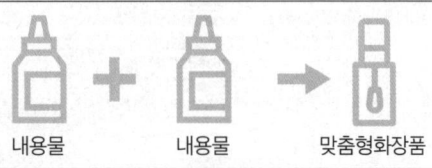

내용물과 내용물을 혼합하여 조제하는 경우	
조건	
내용물	제조 또는 수입된 화장품의 내용물(벌크제품)

	내용물과 특정 원료를 혼합하여 조제하는 경우	
	조건	
내용물	제조 또는 수입된 화장품의 내용물(벌크제품)	
원료	단일 원료 또는 혼합 원료로서 식약처장이 정하는 특정 성분	

	제조 또는 수입된 벌크 제품(내용물)을 화장품의 내용물을 소분 및 화장품의 내용물을 소분하여 조제하는 경우
	조건
내용물	제조 또는 수입된 화장품의 내용물(벌크제품)

단, 이 경우 고형 화장비누를 단순히 자르는 것(단순히 고형 비누를 소분하는 것)은 맞춤형화장품으로 인정하지 않는다. 액체 비누를 소분하는 것은 맞춤형화장품에 포함된다.

원료와 원료를 혼합하는 행위는 맞춤형화장품 조제행위로 보지 않으며, 이는 화장품 '제조'에 해당한다.

- 맞춤형화장품 혼합 및 소분에 사용되는 내용물의 조건

★ 맞춤형화장품의 혼합·소분에 사용할 목적으로 **화장품책임판매업자로부터 받은 것**으로 다음 항목에 해당하지 않는 것이어야 한다.

- 화장품책임판매업자가 소비자에게 그대로 유통·판매할 목적으로 제조 또는 수입한 화장품
- 판매의 목적이 아닌 제품의 홍보·판매촉진 등을 위하여 미리 소비자가 시험·사용하도록 제조 또는 수입한 화장품(비매품, 견본품, 테스터 등)

- 맞춤형화장품 혼합에 사용되는 원료의 조건

★ 식약처장은 맞춤형화장품의 혼합에 사용할 수 없는 원료를 다음과 같이 구체적으로 정하고 있으며 그 외의 원료는 혼합에 사용이 가능하다.

맞춤형화장품 혼합에 사용되는 원료가 될 수 없는 것

- 「화장품 안전기준 등에 관한 규정」 [별표 1]의 '**화장품에 사용할 수 없는 원료**'
  ☞ 화장품에 사용할 수 없는 원료는 조제관리사뿐 아니라 모든 사람이 사용할 수 없음.
- 「화장품 안전기준 등에 관한 규정」 [별표 2]의 '**화장품에 사용상의 제한이 필요한 원료**'(단, 원료의 품질유지를 위해 원료에 보존제가 포함되었으면 예외적으로 허용, 원료의 경우 개인 맞춤형으로 추가되는 색소, 향, 기능성 원료 등이 해당하며 이를 위한 원료의 조합(혼합 원료)도 허용)
  ☞ 화장품에 사용 제한이 있는 원료는 조제관리사가 사용할 수 없음.(예: 보존제, 염모제 성분, 사용 제한이 있는 색소 성분, 자외선차단제 성분 등) 그러나 원료를 납품받았는데 그 원료에 자체적으로 보존제 성분이 소량 함유되어 있는 경우는 예외적으로 허용함.
- 식품의약품안전처장이 고시한 **기능성화장품의 효능·효과를 나타내는 원료**, 다만, 「화장품법」 제4조에 따라 해당 원료를 포함하여 기능성화장품에 대한 심사를 받거나 보고서를 제출하면 사용 가능(단, 기능성화장품의 효능·효과를 나타내는 원료는 내용물과 원료의 최종 혼합 제품을 기능성화장품으로 이미 심사(또는 보고) 받은 경우에 한하여, 이미 심사(또는 보고)받은 조합·함량 범위 내에서만 사용 가능)

☞ 식약처장 고시 기능성화장품 성분들은 조제관리사가 원료로서 맞춤형화장품에 혼합할 수 없음. 그러나 화장품책임판매업자가 이미 그러한 성분들을 넣은 상태의 화장품을 기능성화장품으로 심사를 받았다면 가능함.
- 맞춤형화장품을 기능성화장품으로 판매하는 영업
  • 내용물과 다른 내용물을 혼합하는 경우: 최종 맞춤형화장품은 기 심사 받거나 보고한 기능성화장품이어야 함
  • 내용물과 원료를 혼합하는 경우: 최종 맞춤형화장품은 기 심사 받거나 보고한 기능성화장품이어야 함
  • 내용물을 소분하는 경우: 최종 맞춤형화장품은 기 심사 받거나 보고한 기능성화장품이어야 함

- 내용물 및 원료의 품질성적서 구비

> 맞춤형화장품은 유통화장품이므로 안전성이 무엇보다 중요하다. 따라서 화장품 내 사용되는 내용물 및 원료는 입고 시 품질관리 여부를 확인하고 **품질성적서**를 갖추었는지 확인하여야 한다. 또한 원료 등은 품질에 영향을 미치지 않는 장소에서 보관하여야 하며 원료 등의 **사용기한**을 확인한 후 관련 기록을 보관하고, 사용기한이 지난 내용물 및 원료는 폐기하여야 한다.

2. 맞춤형화장품 제도 시행 배경 및 정의

맞춤형화장품 제도 신설 배경: 맞춤형화장품 제도 시행 이전의 화장품 분야는 생산자 중심으로 미리 제품을 대량 생산하여 일반적인 소비자에게 판매하는 방식이었으나, 점차 소비자 중심으로 시장 환경이 변화하고 개인 맞춤형 서비스에 대한 필요성이 대두됨에 따라 2020년 맞춤형화장품 제도가 시행되었다. 개성과 다양성을 추구하는 소비자의 요구가 증가함에 따라 화장품제조업 시설 등록이 없이도 개인 피부 타입 및 취향을 반영하여 판매장에서 즉석으로 화장품을 조제하여 제공하는 제도를 도입하게 된 것이다. 이에 맞춤형화장품 판매의 범위, 위생상 주의사항, 소비자 안내 요령, 판매 사후관리 등에 대한 내용을 법제화하여 정함으로써 소비자의 안전관리를 확보하는 범위 내에서 맞춤형화장품 판매 행위가 이루어지도록 관리하고자 식약처에서는 본 제도를 신설하게 되었다. 맞춤형화장품은 소비자 중심으로 소비자의 특성 및 기호에 따라 즉석에서 제품을 혼합·소분하여 판매하는 소량 생산 방식이다. 본 제도의 시행을 통해 소비자의 기호나 특성 등을 반영하여 판매장에서 즉석으로 제품을 혼합·소분해 판매할 수 있게 되었다.

3. 맞춤형화장품판매업(맞춤형화장품을 판매하는 영업)이 선임하여야 하는 맞춤형화장품조제관리사 및 자격시험

- 맞춤형화장품조제관리사: 맞춤형화장품판매장에서 맞춤형화장품의 내용물이나 원료의 혼합 또는 소분업무를 담당하는 자

법령에 근거한 맞춤형화장품조제관리사 자격시험의 모든 것	
실시자	식약처장(단, 현재 대한상공회의소에 위탁하여 진행 중)
실시 규정	매년 1회 이상 맞춤형화장품조제관리사 자격시험을 실시해야 함.
부정행위 관련 조항	식품의약품안전처장은 맞춤형화장품조제관리사가 거짓이나 그 밖의 부정한 방법으로 시험에 합격한 경우에는 자격을 취소하여야 하며, 자격이 취소된 사람은 취소된 날부터 3년간 자격시험에 응시할 수 없음. 자격시험에서 부정행위를 한 사람에 대해서는 그 시험을 정지시키거나 그 합격을 무효로 함.
시행계획 작성 및 자격시험 공고	운영기관의 장(대한상공회의소)은 자격시험 시행계획을 수립하여 시험 실시 90일 전까지 맞춤형화장품조제관리사 자격시험 홈페이지에 공고하여야 함.(원래는 식약처장이 해야 하나 위탁하였으므로 대한상공회의소가 공고해야 함!) * 재난 등 불가피한 상황으로 시행계획을 공고하기 어려운 경우 식약처장의 승인을 받아 그 사유를 먼저 공개하고 해당 사유가 소멸되는 즉시 시행계획을 공고하여야 함.

	법령에 근거한 맞춤형화장품조제관리사 자격시험의 모든 것
시행계획 작성 및 자격시험 공고	* 운영기관의 장(대한상공회의소)은 자격시험 시행계획을 자격시험 공고 5일 전까지 식약처장에게 제출하고 승인을 받아야 함.
시험과목	필기시험으로만 실시 1. 제1과목: 화장품 관련 법령 및 제도 등에 관한 사항 2. 제2과목: 화장품의 제조 및 품질관리와 원료의 사용기준 등에 관한 사항 3. 제3과목: 화장품의 유통 및 안전관리 등에 관한 사항 4. 제4과목: 맞춤형화장품의 특성·내용 및 관리 등에 관한 사항
합격 규정	절대평가로서 전 과목 총점의 60퍼센트 이상의 점수와 매 과목 만점의 40퍼센트 이상의 점수를 모두 득점한 사람을 합격자로 함.
대한상공회의소의 업무	1. 시험 위원 위촉 및 운영에 관한 사항 2. 시험본부 설치 및 자격시험 시행계획 수립 및 공고 3. 원서접수, 문제출제·채점 등에 관한 사항 4. 합격자 결정 및 공고에 관한 사항 5. 부정행위 기준 및 행위자 처리에 관한 사항 6. 자격정보 관리에 관한 사항 7. 수당 등의 지급에 관한 사항 8. 자격증 발급 지원 등 기타 자격시험 운영에 관한 사항 * 운영기관의 장(대한상공회의소)은 위의 업무의 수행을 위해 필요한 세부 운영 규정을 작성하여 식약처장으로부터 승인을 받아야 함. 승인받은 사항을 변경하는 경우에도 식약처장 승인 필수
시험 출제 위원 위촉 기준	1. 해당 분야의 박사학위가 있는 자 2. 대학(교)에서 해당 분야의 조교수 이상으로 재직한 자 3. 대학(교)에서 해당 분야에 2년 이상 강의한 경력이 있는 자 4. 해당 분야에서 10년 이상 실무에 종사한 자 또는 이와 동등한 자격이 있는 자로서 학식과 경험이 풍부하여 자격이 있다고 운영기관의 장이 인정한 자 * 운영기관의 장(대한상공회의소)은 시험 위원을 위촉하거나 위촉한 사항을 변경하려는 경우 시험 위원의 성명, 소속, 전문 분야 등에 대한 정보를 식품의약품안전처장에게 보고하여야 함.
합격자 공고	운영기관의 장(대한상공회의소)은 시험일로부터 30일 이내에 합격자 수험번호를 맞춤형화장품조제관리사 자격시험 홈페이지에 공고하여야 함. * 운영기관의 장(대한상공회의소)은 합격자를 공고하기 전까지 합격자의 성명, 성별, 생년월일, 수험번호 및 합격 연월일이 포함된 정보를 식품의약품안전처장에게 보고하여야 함.
자격증 발급	식품의약품안전처장은 운영기관의 장(대한상공회의소)으로 하여금 자격증의 발급 신청서 접수 및 자격증 발송 등의 업무를 지원하게 할 수 있음.
자격정보 관리	운영기관의 장(대한상공회의소)은 자격이 취소된 자 및 자격시험을 합격한 자의 다음에 해당하는 정보를 적은 문서를 보존 및 관리하여야 함. 1. 성명, 성별 및 생년월일 2. 수험번호 3. 합격연월일(자격이 취소된 자의 경우 취소사실과 그 사유 포함)
자격증 발급 신청	자격증을 발급받으려는 사람은 맞춤형화장품조제관리사 자격증 발급 신청서를 식품의약품안전처장에게 제출해야 함.
자격증 재발급	맞춤형화장품조제관리사 자격증 재발급 신청서에 다음의 구분에 따른 서류를 첨부하여 식품의약품안전처장에게 제출 1. 자격증을 잃어버린 경우: 분실 사유서 2. 자격증을 못 쓰게 된 경우: 자격증 원본

비밀 유지의 의무	법령에 근거한 맞춤형화장품조제관리사 자격시험의 모든 것
비밀 유지의 의무	이 규정에 따라 자격시험의 시행에 관여한 자는 직무상 알게 된 비밀을 누설하여서는 안 됨. * 운영기관의 장(대한상공회의소)은 위에 해당하는 자에 대하여 서약서를 받는 등 자격시험의 보안을 유지하기 위하여 필요한 조치를 취하여야 함.

☑ 맞춤형화장품 주요 규정

1. 맞춤형화장품판매업 신고

화장품법 제3조의 2

① 맞춤형화장품판매업을 하려는 자는 총리령으로 정하는 바에 따라 식품의약품안전처장에게 신고하여야 한다. 신고한 사항 중 총리령으로 정하는 사항을 변경할 때에도 또한 같다.

② 제1항에 따라 맞춤형화장품판매업자는 총리령으로 정하는 바에 따라 맞춤형화장품의 혼합·소분 업무에 종사하는 자(맞춤형화장품조제관리사)를 두어야 한다.

맞춤형화장품판매업 신고의 모든 것			
제출처	관할 지방식약청	처리기한	영업일 기준 접수일로부터 10일 이내
접수 방법	① 인터넷 접수: 의약품안전나라 https://nedrug.mfds.go.kr/index 　- 민원사무명 「맞춤형화장품판매업 신고」 검색 후, 웹상의 신청서 작성 　- 제출서류는 스캔본(pdf, jpg 등)으로 업로드하고, 그 중 원본이라 명시된 서류는 우편으로 송부 ② 우편 및 방문 접수 　- 화장품법시행규칙 별지 제6호의2서식 「맞춤형화장품판매업신고서」 작성 　- 제출서류는 신청서와 함께 우편 혹은 방문 제출		
처리 수수료	인터넷 접수	27,000원(시스템이용료 별도)	
처리 수수료	우편 혹은 방문 접수	30,000원	

신고를 위한 구비 서류 목록(신고 신청서 기본)			
구분	서류명	원본	사본
기본정보	사업자등록증* 및 법인등기부등본(법인에 한함)	○	○
조제관리사	맞춤형화장품조제관리사 자격증(맞춤형화장품판매업자가 겸임 가능)		○
장소·시설	건축물관리대장(건축물의 용도, 면적, 소유자 등 확인)	○	○
장소·시설	임대차계약서(임대의 경우에 한함)	○	○
장소·시설	혼합·소분 장소·시설 등을 확인할 수 있는 세부 평면도 및 상세 사진	○	○

* 판매업자와 판매업소의 상호·소재지가 상이하여 추가 확인이 필요한 경우 양자 간의 관계를 증명할 수 있는 자료 추가 제출(판매업자 공문 등)
* 세부 사항
　- 「건축법 시행령」 [별표1]에 따른 건축물 용도는 <u>1종·제2종 근린생활시설</u>, **판매시설**, **업무시설**에 해당되어야 함
　- <u>2인 이상의 조제관리사 신고가 가능</u>하며, 이 경우 신고하려는 모든 조제관리사의 자격증 사본을 제출하여야 함

신고필증 기재사항

제12345호 ◀신고번호

맞춤형화장품판매업 신고필증

1. 맞춤형화장품판매업자 성명: ◀맞춤형화장품판매업을 신고한 자의 성명
2. 맞춤형화장품판매업자 생년월일: ◀맞춤형화장품판매업을 신고한 자의 생년월일
3. 맞춤형화장품판매업자 상호: ◀맞춤형화장품판매업자의 상호
4. 맞춤형화장품판매업소 상호: ◀맞춤형화장품판매업소의 상호
5. 맞춤형화장품판매업소 소재지: ◀맞춤형화장품판매업소의 소재지
6. 영업의 기간: 단, 이는 한시적으로 맞춤형화장품판매업을 하려는 경우만 해당.

「화장품법」제3조의2 제1항 및 같은 법 시행규칙 제8조의2 제3항에 따라 위와 같이 신고하였음을 증명합니다.

년 월 일◀신고연월일

지방식품의약품안전청장 [직인]

**맞춤형화장품판매업자가 판매업소로 신고한 소재지 외의 장소에서
1개월의 범위에서 한시적으로 같은 영업을 하려는 경우
(박람회나 행사장 같은 곳에서 한시적으로 업무 수행)**

* 맞춤형화장품판매업자가 기존에 신고된 장소 이외의 행사장 등의 장소에서 영업하려는 경우 신고필증 사본 등을 영업장소의 소재지 관할 지방식품의약품안전청장에게 제출하고 해당 지방식품의약품안전청장은 7일 이내에 영업의 기간이 기재된 새로운 신고필증을 발급하도록 함
* 맞춤형화장품판매업자가 판매업소로 신고한 소재지 외의 장소에서 1개월의 범위에서 한시적으로 같은 영업을 하려는 경우에는 해당 맞춤형화장품판매업 신고서에 **맞춤형화장품판매업 신고필증 사본과 맞춤형화장품조제관리사 자격증 사본**을 첨부해서 제출해야 함.

[참고] 맞춤형화장품판매업 신고대장에 기재하는 사항(신고필증과는 다른 것임.)
지방식품의약품안전청장은 신고가 그 요건을 갖춘 경우 맞춤형화장품판매업 신고대장에 다음의 사항을 적고, 맞춤형화장품판매업 신고필증을 발급해야 한다.
1. 신고 번호 및 신고 연월일
2. 맞춤형화장품판매업을 신고한 자(맞춤형화장품판매업자)의 성명 및 생년월일(법인인 경우 대표자의 성명 및 생년월일)
3. 맞춤형화장품판매업자의 상호 및 소재지
4. 맞춤형화장품판매업소의 상호 및 소재지
5. 맞춤형화장품조제관리사의 성명, 생년월일 및 자격증 번호

2. 맞춤형화장품판매업 변경신고

맞춤형화장품판매업 변경 신고의 모든 것				
제출처	관할 지방식약청	처리기한	영업일 기준 접수일로부터 10일 이내 (단, **조제관리사만 7일**)	

접수
방법
	① 인터넷 접수: 의약품안전나라 https://nedrug.mfds.go.kr/index
	   - 민원사무명 「맞춤형화장품판매업 변경 신고」 검색 후, 웹상의 신청서 작성
	   - 제출서류는 스캔본(pdf, jpg 등)으로 업로드하고, 그 중 원본이라 명시된 서류는 우편으로 송부
	② 우편 및 방문 접수
	   - 화장품법시행규칙 별지 「맞춤형화장품판매업 변경 신고서」 작성
	   - 제출서류는 신청서와 함께 우편 혹은 방문 제출			

처리 수수료	인터넷 접수	9,000원(시스템이용료 별도)
	우편 혹은 방문 접수	10,000원
	단, 맞춤형화장품조제관리사만 변경하는 경우 **수수료 없음**.	

맞춤형화장품판매업 변경신고

○ 의약품안전나라 시스템(nedrug.mfds.go.kr) 전자민원 신청을 통하여 변경신고
○ 변경신고가 필요한 항목
  - 맞춤형화장품판매업자 변경
  - 맞춤형화장품판매업소 상호 변경
  - 맞춤형화장품판매업소 소재지 변경
  - 맞춤형화장품조제관리사 변경

예시로 알아보는 맞판업 변경 신고대상 구별법!

★ 맞춤형화장품판매업자(법인 포함)의 상호 및 소재지 변경은 변경신고 대상에 해당되지 않음!
(예시) 맞춤형화장품판매업자(대표자:이지한, 상호:지한코스메틱(주), 소재지:충북 청주)가 서울지역에 맞춤형화장품판매업소(상호:지한코스메틱 서울점 소재지:서울 양천구)를 신고한 경우

<변경신고 대상>
 - 맞춤형화장품판매업자 변경 (이지한 → 지지효)
 - 맞춤형화장품판매업소 상호 변경 (지한코스메틱 서울점 → 지한코스메틱 경인점)
 - 맞춤형화장품판매업소 소재지 변경 (서울 양천구 → 경기도 과천시)

<변경신고 미대상>
 - 맞춤형화장품판매업자 상호 변경 (지한코스메틱(주) → 타로타로코스메틱(주))
 - 맞춤형화장품판매업자 소재지 변경 (충북 청주 → 대전 유성구)

○ 구비서류

구분	서류명	원본	사본
맞춤형 화장품 판매업자	맞춤형화장품판매업신고필증	○	
	사업자등록증 및 법인등기부등본(법인에 한함)	○	○
	양도·양수 또는 합병의 경우에는 이를 증명할 수 있는 서류	○	
	상속의 경우에는「가족관계의 등록 등에 관한 법률」제15조 제1항 제1호의 가족관계증명서	○	○
	행정처분 내용 고지 확인서'(붙임)	○	
판매업소 상호	맞춤형화장품판매업신고필증	○	
	사업자등록증'' 및 법인등기부등본(법인에 한함)	○	○
판매업소 소재지	맞춤형화장품판매업신고필증	○	
	사업자등록증'' 및 법인등기부등본(법인에 한함)	○	○
	건축물관리대장(건축물의 용도, 면적, 소유자 등 확인)	○	○
	임대차계약서(임대의 경우에 한함)	○	○
	혼합·소분 장소·시설 등을 확인할 수 있는 세부 평면도 및 상세 사진	○	○

구분	서류명	원본	사본
조제관리사	맞춤형화장품판매업신고필증	○	
	맞춤형화장품조제관리사 자격증		○

* 행정처분 내용 고지 확인서는 화장품제조업자 · 화장품책임판매업자 변경에도 동일 적용('20.3.14~)
** 판매업자와 판매업소의 상호 · 소재지가 상이하여 추가 확인이 필요한 경우 양자 간의 관계를 증명할 수 있는 자료 추가 제출(판매업자 공문 등)

○ 세부 사항
- 변경 신고(신청) 일자 적용기준*은 화장품제조업 · 화장품책임판매업 변경과 동일
  변경사유가 발생한 날부터 30일(행정구역 개편에 따른 소재지 변경의 경우 90일) 이내
- 맞춤형화장품판매업 업지위승계(양도양수)
  (업 허가권의 이동 : 법인(개인) ⇔ 법인(개인) / 법인 합병 / 법인 분할 등)
  • 행정처분 내용 고지확인서 원본
  • 사업 양도양수계약서 공증서 원본
  • 대표자의 주민번호 명시
  • 법인등기부등본 사본(말소사항포함/법인에 한함)과 사업자등록증 사본
  • 업 지위승계에 의해, 관리자, 상호, 소재지 등의 변경이 있을 시, 그를 증빙하는 서류

지방식품의약품안전청장은 위와 같은 변경신고가 그 요건을 갖춘 때에는 맞춤형화장품판매업 신고대장과 맞춤형화장품판매업 신고필증의 뒷면에 각각의 변경사항을 적어야 함. 이 경우 맞춤형화장품판매업 신고필증은 신고인에게 다시 내주어야 함.

3. 맞춤형화장품판매업자의 결격사유

다음의 어느 하나에 해당하는 자는 맞춤형화장품판매업의 신고를 할 수 없다.
1. 피성년후견인 또는 파산선고를 받고 복권되지 아니한 자
2. 화장품법 또는 「보건범죄 단속에 관한 특별조치법」을 위반하여 금고 이상의 형을 선고받고 그 집행이 끝나지 아니하거나 그 집행을 받지 아니하기로 확정되지 아니한 자
3. 화장품법 제24조에 따라 등록이 취소되거나 영업소가 폐쇄(화장품법 제3조의3의 제1호부터 제3호까지의 어느 하나에 해당하여 등록이 취소되거나 영업소가 폐쇄된 경우는 제외)된 날부터 1년이 지나지 아니한 자

4. 맞춤형화장품조제관리사의 결격사유

1. 「정신건강증진 및 정신질환자 복지서비스 지원에 관한 법률」 제3조 제1호에 따른 정신질환자. 다만, 전문의가 맞춤형화장품조제관리사로서 적합하다고 인정하는 사람은 제외한다.
2. 피성년후견인
3. 「마약류 관리에 관한 법률」 제2조 제1호에 따른 마약류의 중독자
4. 화장품법 또는 「보건범죄 단속에 관한 특별조치법」을 위반하여 금고 이상의 형을 선고받고 그 집행이 끝나지 아니하거나 그 집행을 받지 아니하기로 확정되지 아니한 자
5. 화장품법 제3조의8에 따라 맞춤형화장품조제관리사의 자격이 취소된 날부터 3년이 지나지 아니한 자

5. [참고] - 결격사유 정리표

화장품 영업별 결격사유		
화장품제조업자	화장품책임판매업자	맞춤형화장품 판매업자
1. 정신질환자 2. 피성년후견인 또는 파산선고를 받고 복권되지 않은 자 3. 마약류의 중독자 4. 화장품법 또는 「보건범죄 단속에 관한 특별조치법」을 위반하여 금고 이상의 실형을 선고받고 그 집행이 끝나지 않거나 그 집행이 끝나거나(집행이 끝난 것으로 보는 경우를 포함한다) 집행이 면제되지 아니한 사람 4의2. 화장품법 또는 「보건범죄 단속에 관한 특별조치법」을 위반하여 금고 이상의 형의 집행유예를 선고받고 그 유예기간 중에 있는 사람 5. 제24조에 따라 등록이 취소되거나 영업소가 폐쇄(제24조의 제1호부터 제3호까지의 어느 하나에 해당하여 등록이 취소되거나 영업소가 폐쇄된 경우 제외)된 날부터 1년이 지나지 않은 자	2. 피성년후견인 또는 파산선고를 받고 복권되지 않은 자 4. 화장품법 또는 「보건범죄 단속에 관한 특별조치법」을 위반하여 금고 이상의 실형을 선고받고 그 집행이 끝나거나(집행이 끝난 것으로 보는 경우를 포함한다) 집행이 면제되지 아니한 사람 4의2. 화장품법 또는 「보건범죄 단속에 관한 특별조치법」을 위반하여 금고 이상의 형의 집행유예를 선고받고 그 유예기간 중에 있는 사람 5. 제24조에 따라 등록이 취소되거나 영업소가 폐쇄(제24조의 제1호부터 제3호까지의 어느 하나에 해당하여 등록이 취소되거나 영업소가 폐쇄된 경우 제외)된 날부터 1년이 지나지 않은 자	

6. 맞춤형화장품판매업의 폐업 등의 신고(맞춤형화장품 판매업의 폐업 또는 휴업, 휴업 후 영업재개 등 신고에 대한 세부 규정)

영업자가 폐업 또는 휴업하거나 휴업 후 그 업을 재개하려는 경우에는 폐업, 휴업 또는 재개 신고서에 화장품제조업 등록필증, 화장품책임판매업 등록필증 또는 맞춤형화장품판매업 신고필증(폐업 또는 휴업만 해당)을 첨부하여 지방식품의약품안전청장에게 제출해야 함. 폐업 또는 휴업신고를 하려는 자가 「부가가치세법」 제8조 제7항에 따른 폐업 또는 휴업신고를 같이 하려는 경우 폐업·휴업신고서와 「부가가치세법 시행규칙」 별지 제9호 서식의 신고서를 함께 제출해야 한다. 이 경우 지방식품의약품안전청장은 함께 제출받은 신고서를 지체 없이 관할 세무서장에게 송부해야 한다. 관할 세무서장은 「부가가치세법 시행령」 제13조 제5항에 따라 제1항에 따른 폐업·휴업신고서를 함께 제출받은 경우 이를 지체 없이 지방식품의약품안전청장에게 송부해야 한다.

영업자는 폐업, 휴업, 휴업 후 그 업을 재개하려는 경우 지방식품의약품안전청장에게 신고해야 하나 휴업 기간이 1개월 미만이거나 그 기간 동안 휴업하였다가 업을 재개하는 경우 그렇지 않다. 휴업 기간이 1개월 미만이면 그냥 단순히 '휴가'로 보기에 굳이 신고할 필요가 없다.

[참고] 제출 서류 안내

폐업 또는 휴업하려는 경우의 제출서류
① 폐업 또는 휴업 신고서
② 화장품제조업 등록필증, 화장품책임판매업 등록필증 또는 맞춤형화장품판매업 신고필증
휴업 후 그 업을 재개하려는 경우의 제출서류
영업재개신고서

7. 맞춤형화장품판매업자의 준수사항

(1) 혼합 및 소분 안전관리기준

화장품법 시행규칙 제12조의 2

- 다음의 혼합 · 소분 안전관리기준을 준수할 것

가. 혼합 · 소분 전에 혼합 · 소분에 사용되는 내용물 또는 원료에 대한 품질성적서를 확인할 것
나. 혼합 · 소분 전에 손을 소독하거나 세정할 것. 다만, 혼합 · 소분 시 일회용 장갑을 착용하는 경우에는 그렇지 않다.
다. 혼합 · 소분 전에 혼합 · 소분된 제품을 담을 포장용기의 오염 여부를 확인할 것.
라. 혼합 · 소분에 사용되는 장비 또는 기구 등은 사용 전에 그 위생 상태를 점검하고, 사용 후에는 오염이 없도록 세척할 것

맞춤형화장품판매업자의 준수사항에 관한 규정

1. 맞춤형화장품판매업자는 맞춤형화장품 조제에 사용하는 내용물 또는 원료의 혼합 · 소분의 범위에 대해 사전에 검토하여 최종 제품의 품질 및 안전성을 확보할 것. 다만, 화장품책임판매업자가 혼합 또는 소분의 범위를 미리 정하고 있는 경우에는 그 범위 내에서 혼합 또는 소분 할 것
2. 혼합 · 소분에 사용되는 내용물 또는 원료가 「화장품법」제8조의 화장품 안전기준 등에 적합한 것인지 여부를 확인하고 사용할 것
3. 혼합 · 소분 전에 내용물 또는 원료의 사용기한 또는 개봉 후 사용기간을 확인하고, 사용기한 또는 개봉 후 사용기간이 지난 것은 사용하지 말 것
4. 혼합 · 소분에 사용되는 내용물 또는 원료의 사용기한 또는 개봉 후 사용기간을 초과하여 맞춤형화장품의 사용기한 또는 개봉 후 사용기간을 정하지 말 것. 다만 과학적 근거를 통하여 맞춤형화장품의 안정성이 확보되는 사용기한 또는 개봉 후 사용기간을 설정한 경우에는 예외로 한다.
5. 맞춤형화장품 조제에 사용하고 남은 내용물 또는 원료는 밀폐가 되는 용기에 담는 등 비의도적인 오염을 방지 할 것
6. 소비자의 피부 유형이나 선호도 등을 확인하지 아니하고 맞춤형화장품을 미리 혼합 · 소분하여 보관하지 말 것

(2) 유통화장품 안전관리 기준(해당 사항은 3단원에서 상세히 다룸)

(3) 맞춤형화장품 판매내역서 관리의 의무

- 다음의 사항이 포함된 맞춤형화장품 판매내역서를 작성 · 보관할 것
  가. 제조번호
  나. 사용기한 또는 개봉 후 사용기간
  다. 판매일자 및 판매량

(4) 원료 및 내용물의 입고, 사용, 폐기내역 관리(해당 내용은 1. 화장품법의 이해 > 1.1. 화장품법 > 1.1.6. 화장품의 사후관리 기준에서 자세하게 언급되었으니 참고 바람)

(5) **부작용 발생 사례의 보고 의무**: 맞춤형화장품 사용과 관련된 부작용 발생 사례에 대해서는(15일 이내에) 식품의약품안전처장에게 보고해야 한다.

> ☞ **맞춤형화장품의 부작용 사례 보고**(「화장품 안전성 정보관리 규정」에 따른 절차 준용)
> - 맞춤형화장품 사용과 관련된 중대한 유해사례 등 부작용 발생 시 그 정보를 알게 된 날로부터 15일 이내 식품의약품안전처 홈페이지를 통해 보고하거나 우편 · 팩스 · 정보통신망 등의 방법으로 보고해야 한다.
>   ① 중대한 유해사례 또는 이와 관련하여 식품의약품안전처장이 보고를 지시한 경우: 「화장품 안전성 정보관리 규정 (식약처 고시)」 별지 제1호 서식
>   ② 판매중지나 회수에 준하는 외국정부의 조치 또는 이와 관련하여 식품의약품안전처장이 보고를 지시한 경우 : 「화장품 안전성 정보관리 규정(식약처 고시)」 별지 제2호 서식

(6) **원료 목록 및 생산 실적 관리**: 맞춤형화장품의 원료목록 및 생산실적 등을 기록 · 보관하여 관리해야 함

(7) **안전용기 · 포장 기준 준수의 의무**: 화장품책임판매업자 및 맞춤형화장품판매업자는 화장품을 판매할 때 어린이가 화장품을 잘못 사용하여 인체에 위해를 끼치는 사고가 발생하지 아니하도록 안전용기 · 포장을 사용하여야 한다.

> **[법령 문구로 찾아보는 맞춤형화장품 주요 규정]**
> (1) 화장품법
> - **제3조의2 맞춤형화장품판매업의 신고**: 총리령에 따라 식품의약품안전처장에게 신고하고 변경 시에도 신고/총리령에 따라 맞춤형화장품조제관리사를 두어야 함
> - **제3조의 3 결격사유**: 피성년후견인 또는 파산선고를 받고 복권되지 않은 자, 금고 이상의 형을 선고받고 집행이 끝나지 않았거나 집행을 받지 않기로 확정되지 않은 자, 등록 취소 또는 영업소가 폐쇄된 날로부터 1년이 지나지 않은 자
> - **제3조의 4 자격시험**: 식품의약품안전처 실시, 대한상공회의소 위탁, 자격시험은 총리령으로 결정
> - **제5조 영업자의 의무**
>
>   - 판매장 시설 · 기구의 관리 방법, 혼합 · 소분 안전관리 기준을 준수할 것
>   - 혼합 · 소분에 사용된 내용물 · 원료의 내용 및 특성, 사용 시의 주의사항을 소비자에게 설명해야 함
>   - 맞춤형화장품조제관리사는 화장품 안전성 확보 · 품질관리에 관해 매년 교육을 받아야 함(미이행 시 과태료 50만원)
>   - 식품의약품안전처장은 국민 건강상 위해를 방지하기 위해 필요하다고 인정하면 맞춤형화장품판매업자에게 화장품 관련 법령 및 제도에 관한 교육을 받을 것을 명할 수 있음(교육을 받아야 하는 자가 둘 이상의 장소에서 맞춤형화장품판매업을 하는 경우에는 총리령으로 정하는 자를 책임자로 지정하여 교육을 받게 할 수 있음)
>   *교육시간: 4시간 이상 8시간 이하
>
> - **제9조 안전용기 · 포장**: 어린이가 화장품을 잘못 사용하여 인체에 위해를 끼치지 않도록 안전용기 · 포장을 사용할 것(5세 미만 어린이!)
> - **제16조 판매 등의 금지**
>
>   - **판매업 신고를 하지 않은 자**가 판매한 맞춤형화장품
>   - **맞춤형화장품조제관리사를 두지 않고** 판매한 맞춤형화장품
>   - **의약품으로 잘못 인식할 우려가 있게 기재 · 표시**한 화장품
>   - 판매 목적이 아닌 제품의 홍보 · 판매 촉진을 위해 미리 소비자가 시험 · 사용하도록 제조 또는 수입된 화장품을 판매한 경우(샘플 · 견본품 판매)
>
> (2) 화장품법 시행규칙
> - **제8조의 2 판매업의 신고**: 소재지 관할 지방식품의약품안전청장에게 2가지 서류 제출, 신고가 요건을 갖춘 경우에는 청장이 맞춤형화장품판매업 신고필증 발급(등록필증 X)

① **맞춤형화장품판매업 신고서** ② **맞춤형화장품조제관리사 자격증 사본**
법인일 경우 지방식품의약품안전청장은 행정정보의 공동이용을 통해 법인 등기사항 증명서를 확인
- **제8조의 3 판매업의 변경신고**: 맞춤형화장품판매업자가 변경신고를 해야 하는 경우

맞춤형화장품판매업자의 변경, 맞춤형화장품조제관리사의 변경, 맞춤형화장품판매업소의 상호나 소재지를 변경하는 경우 (30일 이내) 단, 소재지 변경 중 행정구역 개편으로 인한 경우에만 90일 이내

제14조 화장품책임판매업자 등의 교육: 4시간 이상 8시간 이하로 참여, **교육기관**: 대한화장품협회, 대한화장품산업연구원, 한국의약품수출입협회

☑ 맞춤형화장품의 안전성

- **화장품의 품질요소 중 안전성(Safety)**: 피부 및 신체에 대한 안전을 보장하는 성질
- **화장품의 안전성 확보의 필요성**
  ☞ 화장품은 소비자가 일상적으로 오랜 기간 동안 사용하는 것이므로 안전성이 중요
  ☞ 피부자극, 감작성, 이상반응 등의 최소화
- **화장품 안전성 정보 관리체계**: 식품의약품안전처의 화장품정책과가 컨트롤타워이다.

1. 맞춤형화장품의 사용 후 피부 부작용

- 화장품 피부 부작용 사례에 대한 지식이 요구된다.
- 화장품 사용 시의 주의사항 및 알레르기 유발성분 표시에 관한 규정을 숙지하고 있어야 한다.
- 맞춤형화장품 사용과 관련된 부작용 발생 사례에 대해서는 (15일 이내에) 식품의약품안전처장에게 보고해야 한다.

[참고]
알레르기(allergy)란 용어는 1906년 프랑스 학자인 폰 피케르가 처음으로 사용한 것으로, 대부분의 사람에게는 아무런 반응을 나타내지 않는 외부 물질에 대해 인체의 면역 기전이 보통보다도 과민한 반응을 나타낼 때 유발되는 증상을 총칭하는 용어이다. 알레르기를 일으키는 것은 항원(알레르겐)이다. 피부 감작성(알레르기성 접촉 피부염)이란 어떤 물질에 대해 면역학적으로 매개되는 피부 반응이다. 지연성 접촉 과민반응으로서 이전의 노출에 의해 활성화된 면역체계에 의한 알레르기성 반응이다.

2. 위해 화장품 및 위해 평가 (해당 규정은 3단원에서 매우 자세하게 다뤘음.)

- 위해 화장품 : 「화장품법」 제9조, 제15조 또는 제16조 제1항에 위반되는 화장품
- 「화장품법」 제5조의2(위해화장품의 회수)

영업자의 위해 화장품의 회수 및 공표의 의무	
회수 대상 화장품	해당 근거 규정
1. 안전용기·포장 기준에 위반되는 화장품	「화장품법」 제9조
2. 전부 또는 일부가 변패(變敗)된 화장품이거나 병원미생물에 오염된 화장품	「화장품법」 제15조 제2호 또는 제3호
3. 이물이 혼입되었거나 부착된 화장품 중 보건위생상 위해를 발생할 우려가 있는 화장품	「화장품법」 제15조 제4호

4. 다음의 어느 하나에 해당하는 화장품 　1) 화장품에 **사용할 수 없는 원료**(「화장품법」제8조 제1항 또는 제2항)를 사용한 화장품 　2) **유통화장품 안전관리 기준**(「화장품법」제8조 제5항, 내용량의 기준에 관한 부분은 제외)에 적합하지 않은 화장품	「화장품법」제15조 제5호
5. **사용기한 또는 개봉 후 사용기간**(병행 표기된 제조연월일 포함)을 **위조·변조**한 화장품	「화장품법」제15조 제9호
6. 그 밖에 화장품제조업자, 화장품책임판매업자 및 맞춤형화장품판매업자(이하 "영업자"라 함) 스스로 국민보건에 위해를 끼칠 우려가 있어 회수가 필요하다고 판단한 화장품	-
7. 영업의 등록을 하지 않은 자가 제조한 화장품 또는 제조·수입하여 유통·판매한 화장품 (맞춤형화장품판매업 신고를 하지 아니한 자가 판매한 맞춤형화장품, 맞춤형화장품조제관리사를 두지 아니하고 판매한 맞춤형화장품) 　- 화장품의 기재사항, 가격표시, 기재·표시상의 주의에 위반되는 화장품 또는 의약품으로 잘못 인식할 우려가 있게 기재·표시된 화장품	「화장품법」제16조 제1항
- 판매의 목적이 아닌 제품의 홍보·판매촉진 등을 위하여 미리 소비자가 시험·사용하도록 제조 또는 수입된 화장품(소비자에게 판매하는 화장품에 한함) - 화장품의 포장 및 기재·표시사항을 훼손(맞춤형화장품 판매를 위하여 필요한 경우는 제외) 또는 위조·변조한 것	「화장품법」제16조 제1항
8. 식품의 형태·냄새·색깔·크기·용기 및 포장 등을 모방하여 섭취 등 식품으로 오용될 우려가 있는 화장품	「화장품법」제15조 제10호

회수대상화장품의 위해성 등급	
가등급	1. 화장품에 **사용할 수 없는 원료**를 사용한 화장품 2. 사용기준이 지정·고시된 원료 외의 **색소, 자외선차단제, 보존제** 등을 사용한 화장품
나등급	1. **안전용기·포장** 기준에 위반되는 화장품 2. **유통화장품 안전관리 기준**에 적합하지 않은 화장품(단, 기능성화장품의 기능성을 나타나게 하는 주원료 함량이 기준치에 부적합한 경우 제외) 3. 식품의 형태·냄새·색깔·크기·용기 및 포장 등을 모방하여 섭취 등 식품으로 오용될 우려가 있는 화장품
다등급	1. 전부 또는 일부가 변패(變敗)된 화장품이거나 병원미생물에 오염된 화장품 2. 이물이 혼입되었거나 부착된 화장품 중 보건위생상 위해를 발생할 우려가 있는 화장품 3. 유통화장품 안전관리 기준에 적합하지 않은 화장품 중 기능성화장품의 기능성을 나타나게 하는 주원료 함량이 기준치에 부적합한 경우 4. 사용기한 또는 개봉 후 사용기간(병행 표기된 제조연월일을 포함)을 위조·변조한 화장품 5. 그 밖에 화장품제조업자, 화장품책임판매업자 및 맞춤형화장품판매업자(이하 "영업자"라 함) 스스로 국민보건에 위해를 끼칠 우려가 있어 회수가 필요하다고 판단한 화장품 6. 영업의 등록을 하지 않은 자가 제조한 화장품 또는 제조·수입하여 유통·판매한 화장품 7. 영업 신고를 하지 않은 자가 판매한 맞춤형화장품 8. 맞춤형화장품조제관리사를 두지 아니하고 판매한 맞춤형화장품 9. 화장품의 기재사항, 가격표시, 기재·표시상의 주의에 위반되는 화장품 또는 의약품으로 잘못 인식할 우려가 있게 기재·표시된 화장품 10. 판매의 목적이 아닌 제품의 홍보·판매촉진 등을 위하여 미리 소비자가 시험·사용하도록 제조 또는 수입된 화장품(소비자에게 판매하는 화장품에 한함) 11. 화장품의 포장 및 기재·표시 사항을 훼손(맞춤형화장품 판매를 위하여 필요한 경우 제외) 또는 위조·변조한 것

회수대상화장품의 회수 체계도				
회수 대상 화장품 인지	즉시 판매 중지	회수 계획서 제출 (+3개의 서류)	회수 계획 공표 및 통보	회수 진행
회수의무자가 직접 회수 필요성 인지 혹은 지방식약청의 회수 명령 →	회수 개시 (회수에 필요한 조치 시행) →	사실을 안 날로부터 5일 이내에 지방식약청에 회수 계획 제출 **해당 품목의 제조·수입기록서 사본, 판매처별 판매량·판매일 등의 기록, 회수 사유를 적은 서류를 함께 제출** →	· 공표·공표명령을 받은 영업자는 위해사실을 일반일간신문 및 해당 영업자의 홈페이지에 게재 후 식약처 홈페이지에 게재 요청함. · 통보: 판매자, 해당 화장품을 취급하는 자에게 방문, 우편, 전화, 전보, 전자우편, 팩스 또는 언론매체를 통한 공고 등을 통해 회수계획 통보(통보 입증 사실 증명 자료는 회수종료일부터 2년간 보관) →	회수 계획을 통보받은 자는 회수대상 화장품을 회수의무자에게 반품 후 회수확인서를 작성하여 회수의무자에게 송부

* 회수 기간
1. 위해성 등급이 가등급인 화장품: 회수를 시작한 날부터 15일 이내
2. 위해성 등급이 나등급 또는 다등급인 화장품: 회수를 시작한 날부터 30일 이내

↓

회수종료	회수종료신고서 제출	폐기	폐기신청서 제출 (폐기 시에 한함)
지방식약청은 회수가 종료되었음을 확인하고 회수의무자에게 회수종료를 서면으로 통보 ←	회수종료신고서와 함께 **회수확인서 사본, 폐기확인서 사본(폐기한 경우에만 해당), 평가보고서 사본**을 지방식약청에 제출 ←	관계 공무원의 참관 하에 환경 관련 법령에서 정하는 바에 따라 폐기 후 폐기확인서 작성(2년간 보관) ←	지방식약청에 폐기 신청서 제출 **회수확인서 사본, 회수계획서 사본**을 함께 제출

* 회수계획 제출 시 연장요청 가능: 제출기한까지 회수계획서의 제출이 곤란하다고 판단되는 경우 지방식품의약품안전청장에게 그 사유를 밝히고 제출기한 연장을 요청하여야 한다.
* 회수기간 내 회수가 어려울 시 연장요청 가능: 회수 기간 이내에 회수하기가 곤란하다고 판단되는 경우에는 지방식품의약품안전청장에게 그 사유를 밝히고 회수 기간 연장을 요청할 수 있다.
* 보완 명령 가능: 지방식품의약품안전청장은 제출된 회수계획이 미흡하다고 판단되는 경우 해당 회수의무자에게 그 회수계획의 보완을 명할 수 있다.
* 지방식약청장의 추가 조치 명령권: 지방식약청장은 회수가 효과적으로 이루어지지 않았다고 판단되는 경우 회수의무자에게 회수에 필요한 추가 조치를 명할 수 있다.
* 위해화장품 회수 조치 의무 및 회수계획 보고의무를 위반한 자는 200만원 이하의 벌금에 처해진다.

회수조치 성실 이행자에 대한 행정처분의 감면	
구분	경감 내용
회수계획에 따른 회수계획량의 5분의 4 이상을 회수한 경우	행정처분 전부 면제
회수계획량의 3분의 1 이상을 회수한 경우 (3분의 1 이상 5분의 4 미만)	행정처분기준이 **등록취소**인 경우 **업무정지 2개월 이상 6개월 이하**의 범위에서 처분 행정처분기준이 **업무정지 또는 품목의 제조·수입·판매 업무정지**인 경우 <u>정지처분기간의 **3분의 2 이하**의 범위에서 경감</u>

회수계획량의 4분의 1 이상 3분의 1 미만을 회수한 경우	행정처분기준이 **등록취소**인 경우 **업무정지 3개월 이상 6개월 이하**의 범위에서 처분 행정처분기준이 **업무정지 또는 품목의 제조·수입·판매 업무정지**인 경우 <u>정지처분기간의 **2분의 1 이하**</u>의 범위에서 경감

위해화장품의 공표	
공표를 해야 하는 경우	식약처장 또는 지방식약청장이 회수의무자로부터 회수계획을 받은 후 해당 영업자에 대하여 그 사실의 공표를 명한 경우(공표명령을 받은 경우)
공표 방법	1. 「신문 등의 진흥에 관한 법률」제9조 제1항에 따라 등록한 전국을 보급지역으로 하는 1개 이상의 일반일간신문에 게재 2. 해당 영업자의 인터넷 홈페이지에 게재 3. 식품의약품안전처의 인터넷 홈페이지에 게재 요청 * 단, 위해성 등급이 다등급인 화장품의 경우에는 <u>해당 일반일간신문에의 게재 생략 가능</u>
공표 내용	1. 화장품을 회수한다는 내용의 표제 2. 제품명 3. 회수대상화장품의 제조번호
공표 내용	4. 사용기한 또는 개봉 후 사용기간(병행 표기된 제조연월일 포함) 5. 회수 사유 6. 회수 방법 7. 회수하는 영업자의 명칭 8. 회수하는 영업자의 전화번호, 주소, 그 밖에 회수에 필요한 사항
공표 후 조치 내용	공표 결과를 지체 없이 지방식품의약품안전청장에게 통보하여야 함.
통보하여야 하는 공표 결과의 내용	1. 공표일 2. 공표매체 3. 공표횟수 4. 공표문 사본 또는 내용

- 위해평가(1단원~3단원에서 매우 상세히 다뤘음.)

위해평가(=위해성 평가)의 과정
1. 위해요소의 인체 내 독성 등을 확인하는 과정(위험성 확인(Hazard Identification)과정) 위해요소에 노출됨에 따라 발생할 수 있는 독성의 정도와 영향의 종류 등을 파악
▼
2. 인체가 위해요소에 노출되었을 경우 유해한 영향이 나타나지 않는 것으로 판단되는 인체노출 안전기준(인체노출 허용량)을 설정하는 과정(위험성 결정(Hazard Characterization)과정) 동물실험 결과 등으로부터 독성기준값을 결정
▼
3. 인체가 위해요소에 노출되어 있는 정도를 산출하는 과정(노출 평가(Exposure Assessment)과정) 화장품의 사용으로 인해 위해요소에 노출되는 양 또는 노출수준을 정량적 또는 정성적으로 산출
4. 위해요소가 인체에 미치는 위해성을 종합적으로 판단하는 과정(위해도 결정(Risk Characterization)과정) 위해요소 및 이를 함유한 화장품의 사용에 따른 건강상 영향을 인체노출허용량(독성기준값) 및 노출수준을 고려하여 사람에게 미칠 수 있는 위해의 정도와 발생빈도 등을 정량적으로 예측

3. 안전성 평가 방법

- 화장품 안전성에 관한 자료: 화장품의 안전을 확보하기 위하여 화장품 제조 시 고려해야 할 사항 등 안전의 일반적인 원칙과 화장품 성분 및 제품의 위해평가를 통하여 진행된다.
- 안전성 시험의 종류

단회 투여 독성시험	동물에 1회 투여했을 때 LD 50값(반수 치사량)을 산출하여 위험성 예측
1차 피부 자극시험	피부에 1회 투여했을 때 자극성 평가
연속 피부 자극시험	피부에 반복적으로 투여했을 때 나타나는 자극성 평가/동물에 2주간 반복 투여
안(眼)점막 자극시험	동물이나 대체시험(단백질 구조 변화)을 통해 눈에 들어갔을 때 위험성 예측
피부 감작성 시험	피부에 투여 시 접촉으로 인한 감작(알레르기)을 평가
광독성 시험	자외선에 의해 생기는 자극성을 평가하기 위해 UV램프를 조사해 시험
광감작성 시험	자외선에 의해 생기는 접촉 감작성(알레르기)을 평가하기 위해 광조사를 함
인체 첩포시험 (인체 패치테스트)	등, 팔, 안쪽에 폐쇄 첩포하여 피부자극성이나 감작성(알레르기)을 평가하는 시험 국내외 대학 또는 전문 연구기관에서 실시하며 관련 분야 전문의사, 연구소, 병원 등 관련 기관에서 5년 이상 경력을 가진 자의 지도 및 감독 하에 수행·평가
유전 독성시험	박테리아를 이용한 돌연변이 시험/염색체 이상을 유발하는지 설치류를 통해 시험하고 안전성 평가

☑ 맞춤형화장품의 유효성

> ▶ 유효성(efficacy)
> - 화장품을 사용함으로써 피부에 직간접적 유도되는 물리적, 화학적, 생물학적 그리고 심리적으로 나타나는 효과(예: 피부의 미백에 도움, 피부의 주름개선에 도움, 자외선으로부터 피부를 보호하는 데에 도움, 피부탄력개선, 피부 세정, 유연 등)

- 맞춤형화장품에서의 유효성의 의미: 피부 및 모발의 상태를 분석하여 개개인의 피부 진단이나 기호를 반영해서 특정 기능이 강조된 화장품 조제하는 것을 의미한다.

▶ **유효성 또는 기능에 관한 자료**(효력시험 자료와 유효성 평가시험/인체적용시험자료/염모효력시험자료)
  ① 효력시험 자료와 유효성 평가시험(심사 대상 효능을 포함한 효력의 비임상시험 자료)
   - 효과발현의 작용기전이 포함됨
   - 국내외 대학/전문 연구기관에서 시험한 것으로서 당해 기관의 장이 발급한 자료
   - 당해 기능성화장품이 개발국 정부에 제출되어 평가된 모든 효력시험 자료로서 개발국 정부가 제출받았거나 승인하였음을 확인한 것 또는 이를 증명한 자료
   - 과학논문인용색인이 등재된 전문학회지에 게재된 자료

  *유효성 평가시험 및 근거자료의 종류(예시)
   - 피부 미백 기능제품: In Vitro Tyrosinase 활성 저해시험, In Vitro DOPA 산화 반응 저해시험, 멜라닌생성 저해시험
   - 피부 주름 개선 기능 제품: 세포 내 콜라겐 생성시험, 세포 내 콜라게나제/엘라스타제 활성 억제시험
   - 자외선 차단 기능제품: 자외선 차단지수 설정 근거자료 등

② **인체적용시험자료**(사람을 대상으로 실시하는 효능·효과시험)
- 국내외 대학 또는 전문 연구기관에서 실시하며 관련 분야 전문의사, 연구소, 병원 등 관련 기관에서 5년이상 화장품 인체적용시험 분야의 시험 경력을 가진 자의 지도 및 감독 하에 수행·평가
- 헬싱키 선언에 근거한 윤리적 원칙에 따라 수행
- 피험자에 대한 의학적 처치나 결정은 의사 또는 한의사의 책임하에 이루어져야 함
- 모든 피험자로부터 자발적 시험 참가 동의를 받아야 함(동의서 서식에는 시험에 대한 정보뿐 아니라 피험자가 피해를 입었을 경우 보상이나 치료방법, 금전적 보상까지 기재하여야 함)
- 피험자의 인체적용시험 참여 이유가 타당한지 검토·평가하는 등 피험자의 권리, 안전, 복지를 보호할 수 있도록 실시

[참고]인체외시험: 실험실의 배양접시, 인체로부터 분리한 모발, 피부, 인공피부 등 인위적 환경에서 시험 물질과 대조물질 처리 후 결과를 측정하는 것

③ **염모효력시험 자료**: 인체 모발을 대상으로 효능·효과에서 표시된 색상을 입증하는 자료

▶ **제출자료의 면제:** 인체적용시험 자료를 제출하는 경우 효력시험 자료 제출을 면제할 수 있음.(단, 효력시험 자료의 제출을 면제받은 성분에 대해서는 효능·효과를 기재·표시할 수 없음)

▶ **의약품과 화장품의 유효성 간 차이**

(1) 제도적 차이

> ☞ 「화장품법」에 따른 화장품 정의
> **제2조(정의)** 이 법에서 사용하는 용어의 뜻은 다음과 같다.
> 1. "화장품"이란 인체를 청결·미화하여 매력을 더하고 용모를 밝게 변화시키거나 피부·모발의 건강을 유지 또는 증진하기 위하여 인체에 바르고 문지르거나 뿌리는 등 이와 유사한 방법으로 사용되는 물품으로서 인체에 대한 작용이 경미한 것을 말한다. 다만, 「약사법」 제2조제4호의 의약품에 해당하는 물품은 제외한다.
>
> ☞ 「약사법」에 따른 의약품 정의
> **제2조(정의)** 이 법에서 사용하는 용어의 뜻은 다음과 같다.
> 4. "의약품"이란 다음 각 목의 어느 하나에 해당하는 물품을 말한다.
>   가. 대한민국약전(大韓民國藥典)에 실린 물품 중 의약외품이 아닌 것
>   나. 사람이나 동물의 질병을 진단·치료·경감·처치 또는 예방할 목적으로 사용하는 물품 중 기구·기계 또는 장치가 아닌 것
>   다. 사람이나 동물의 구조와 기능에 약리학적(藥理學的) 영향을 줄 목적으로 사용하는 물품 중 기구·기계 또는 장치가 아닌 것

(2) 실제적 차이

√ **화장품과 의약품**
- ☞ 화장품은 의약품과 다르다. 인체에 사용하는 물품이라도 질병의 진단이나 치료, 처치, 증상의 경감 또는 예방을 목적으로 사용하는 것은 화장품이 아니라 의약품에 해당된다.
- ☞ 화장품은 의약품과 비교하여 인체에 미치는 작용이 **경미하다**. 의약품으로서의 효과성을 갖는 제품에는 의약품과 의약외품이 있고, 화장품으로서의 기능을 갖는 제품에는 일반화장품과 기능성화장품이 있다.

☞ 인체에 미치는 작용의 기준으로 보면 **의약품 > 의약외품 > 기능성화장품 > 화장품** 순으로 영향이 있다.

√ 손 세정제와 손 소독제를 통해 알아본 화장품과 의약품

손 세정제는 말 그대로 손을 세정하기 위해 물과 함께 씻어내는 것. 비누와 핸드워시 등이 있다. 이는 화장품으로 분류한다. 손 소독제는 현재 우리나라에서 의약외품으로 분류한다. 에탄올이 보통 70~80% 정도 함유되어 있다. 손 소독제는 맞춤형화장품조제관리사가 조제할 수 있을까? 손 소독제는 의약외품이므로 화장품이 아니다. 따라서 맞춤형화장품조제관리사가 혼합할 수도, 소분할 수도 없다.

구분	손 세정제	손 소독제
형상	물비누, 핸드워시, 거품 비누	에탄올이 함유된 투명한 겔
사용 방법	물과 함께 씻어내는 용도. 물이 없는 곳에선 사용할 수 없다.	물이 없는 모든 곳에서 사용 가능. 손에 짠 뒤 20초 정도 손을 비비면 된다.
장점	손에 묻은 오염을 제거하는 세정 효과가 강함	손에 묻은 오염 제거에 큰 효과가 없지만 세균, 바이러스 제거에 더 효과적. 사용이 편리함
분류	화장품	의약외품

√ 그 외의 의약외품

가	- 생리혈 위생처리 제품(생리대, 탐폰, 생리컵) - 마스크(수술용, 보건용) - 환부의 보존·보호·처치 등의 목적으로 사용하는 제품(안대, 붕대, 탄력붕대, 석고붕대, 원통형 탄력붕대, 거즈, 탈지면, 반창고 등) - 구강청결용 물휴지 등 - 기타 이와 유사한 물품
나	- 입 냄새 등의 방지제(구중청량제 (가글제), 액체방지제, 땀띠·짓무름용제, 치약제) - 파리, 모기 등의 구제제, 방지제, 기피제 및 유인살충제 - 콘택트렌즈의 세척·소독 등 관리용품 - 금연용품(흡연욕구저하 또는 흡연습관개선 제품) - 손 소독제 등 인체에 직접 적용하는 외용소독제 - 의약품에서 전환된 내복용제(비타민·미네랄 제제, 자양강장변질제, 건위소화제, 정장제)
나	- 구강위생 관리제품(치아근관·의치·틀니 등의 세척·소독제, 코골이 방지보조제, 치아미백제, 치태·설태 염색제) - 가습기 내의 물에 첨가하는 제제 (미생물 번식과 물때 발생 예방목적) - 휴대용 공기·산소
다	- 공중보건과 위생관리를 위한 방역의 목적으로 사용하는 살충·살서제 - 인체에 직접 적용되지 않는 살균제 등

※ '나' 제품 중 파리, 모기 등의 구제제, 방지제, 기피제 및 유인살충제(인체에 직접 적용되는 기피제는 제외), 가습기 내의 물에 첨가하는 제제, '다'의 모든 제품은 2019년 1월 1일부로 살생물제품으로 변경되어 환경부에서 관리

[네이버 지식백과] **의약외품** (시사상식사전, pmg 지식엔진연구소)

☑ 맞춤형화장품의 안정성

> ▶ 안정성(stability)
> - 다양한 물리·화학적 조건에서 화장품 성분이 일정한 상태를 유지하는 성질
>   • 물리적 변화: 분리, 침전, 응집, 겔화, 휘발, 고화, 연화, 균열 등
>   • 화학적 변화: 변색, 분리, 변취, 오염, 결정 석출 등
> ▶ 화장품의 안정성 확인 방법
> - 장기보존시험, 가속시험, 가혹시험 등 다양한 안정성 시험 등

1. 맞춤형화장품의 안정성 기준

- 맞춤형화장품의 안전성의 평가는 일반 화장품 안정성 기준에 준한다.(화장품 안정성 시험 가이드라인에 따라 평가)

2. 안정성 시험의 일반적 사항

- 화장품의 안정성 시험은 적절한 보관, 운반, 사용 조건에서 화장품의 물리적, 화학적, 미생물학적 안정성 및 내용물과 용기 사이의 적합성을 보증할 수 있는 조건에서 시험을 실시한다.
- 시험기준 및 시험방법은 승인된 규격이 있는 경우 그 규격을, 그 이외에는 각 제조업체의 경험에 근거하여 제제별로 시험방법과 관련 기준을 추가로 선정하고 한 가지 이상의 온도 조건에서 안정성 시험을 수행한다.
- 시험기준 및 시험방법은 평가 대상 제품의 예상 또는 실제 안정성을 추정할 수 있어야 함. 과학적 원칙과 경험에 근거하여 합리적이라고 판단되는 경우 시험항목 및 시험조건은 적절히 조절할 수 있다.

▶ 안정성 시험의 조건
 - 화장품의 안정성은 화장품 제형(액, 로션, 크림, 립스틱, 파우더 등)의 특성, 성분의 특성(경시변화가 쉬운 성분의 함유 여부 등), 보관용기, 보관조건 등 다양한 변수에 대한 예측과 이미 평가된 자료 및 경험을 바탕으로 하여 과학적이고 합리적인 시험조건에서 평가된다.

▶ 안정성 시험의 목적: 적절한 보관 조건에서 성상·품질의 변화 없이 최적의 품질로 사용할 수 있는 최소한의 기한과 저장법을 설정하기 위해

▶ 안정성 시험의 종류

장기보존시험	저장 조건에서의 사용기한 설정을 위해 장기간에 걸쳐 물리적·화학적·미생물학적 안정성 및 용기 적합성을 확인하는 시험
가속시험	장기보존시험의 저장 조건을 벗어난 단기간의 가속 조건이 물리적·화학적·미생물학적 안정성 및 용기 적합성에 미치는 영향을 평가하기 위한 시험
가혹시험	가혹 조건에서 화장품의 분해 과정 및 분해산물 등을 확인하기 위한 시험 개별 화장품의 취약성, 운반, 보관, 진열, 사용과정에서 의도치 않게 일어날 수 있는 가혹 조건에서의 품질변화를 검토하기 위해 수행
개봉 후 안정성 시험	화장품 사용 시 일어날 수 있는 오염 등을 고려한 사용기한을 설정하기 위하여 장기간에 걸쳐 물리적·화학적·미생물학적 안정성 및 용기 적합성을 확인하는 시험

▶ 안정성 시험 방법

종류	시험 조건	화장품 시험 항목	시험기간	측정시기
장기보존 시험	- 3로트 이상 선정, 완제품 사용 - 시중 유통 제품과 동일 처방, 제형, 포장용기 사용 - 유통 조건과 유사하게 보존 - 실온보관 - 온도 25±2℃/상대습도 60±5% 또는 온도 30±2℃/상대습도 66±5% 2. **냉장보관**: 온도 5±3℃	- 일반시험: 균등성, 향취, 색상, 사용감, 액상, 유화형, 내온성 시험 - 물리적 시험: 비중, 융점, 경도, pH, 유화상태, 점도 등 - 화학적 시험: 시험물 가용성 성분, 에테르불용 및 에탄올 가용성 성분, 에테르 가용성 불검화물 등 - 미생물학적 시험: 정상적 사용 시 미생물 증식 억제 능력 여부 - 용기적합성시험: 제품과 용기의 상호작용(용기의 제품 흡수, 부식, 화학적 반응)에 대한 적합성	6개월 이상	1년간: 3개월 마다 2년: 6개월 마다 2년 이후: 1년마다
가속시험	- 3로트 이상 선정, 완제품 사용 - 시중 유통 제품과 동일 처방, 제형, 포장용기 사용 - 장기보존시험 온도보다 15℃이상 높은 온도에서 시험(온도 40±2℃/상대습도 75±5%(실온보관제품), 온도 25±2℃/상대습도 60±5%(냉장보관제품))		6개월 이상 (조정가능, 최소 3회 시행)	최소 3번 측정
가혹시험	- 검체의 특성, 조건에 따라 로트 선택 - 온도 편차, 극한조건(-15~45℃) 사이클링 - 기계·물리적시험(진동, 원심분리) - 광안정성	- 보존 기간 중 제품의 안전성이나 기능성에 영향을 확인할 수 있는 품질관리상 중요한 항목 및 분해산물의 생성유무 - 온도 편차, 극한조건: 온도 사이클링 또는 동결~해동시험을 통해 현탁, 크림제 안정성, 포장파손, 알루미늄 튜브 내부 래커의 부식 관찰 - 진동시험으로 분말, 과립제품이 깨지거나 분리여부 판단, 운반 중 손상여부 조사 - 광안정성: 제품이 빛에 노출될 수 있을 때 실시	2주~3개월	-
개봉 후 안정성 시험	- 3로트 이상 선정(완제품사용) - 시중 유통 제품과 동일 처방, 제형, 포장용기 사용 - 사용조건 고려해 보존 조건 설정(계절별 연평균온도·습도)	- 개봉 전 시험 항목과 미생물한도, 살균 보존제, 유효성 성분시험 수행 - 단, 개봉 불가능한 스프레이, 일회용 제품은 제외	6개월 이상 (특성에 따라 조정)	1년간: 3개월 마다 2년: 6개월 마다 2년 이후: 1년마다

Chapter 4 맞춤형화장품의 이해

- 1,000점 만점 중 400점(40%) 할당, 총 40문항, 선다형(28문항), 단답형(12문항)
- 4.2. 피부 및 모발 생리 구조
- 소주제: 1. 피부의 생리구조
  2. 모발의 생리구조
  3. 피부 및 모발의 상태 분석

☑ 피부의 생리구조

1. 피부의 정의

피부는 신체의 표면을 덮고 있으며 외부 환경과 신체의 경계를 담당하고 있는 기관이다.(면적 1.5~2.0㎡(평균 표면적이 약 2㎡로 가장 큰 신체 기관 중 하나), 부피 2.4~3.6L, 성인의 피부 무게 약 5.0kg 이상(전체 몸무게의 약 15% 차지), pH4.5~6.5)

- 신체에서 가장 큰 기관/피부에서 가장 두꺼운 부분은 손바닥과 발바닥(약 6mm), 가장 얇은 부분은 고막과 눈꺼풀(약 0.5mm)

[참고] 피부의 pH는 보통 평균 5.5, 모발의 pH는 3.8~4.2

> 각질을 매일 제거하게 되면 면역력이 낮아지고 노화가 촉진된다. 피부 표피의 58%는 케라틴(단백질)으로 구성되어있는데, 이 단백질은 pH 3.7~4.5에서 응고되어 탄력성이 저하된다. 산도가 높은 각질제거제를 자주 사용하면 노화가 촉진되는 것이다.

2. 피부의 기능

- **보호 기능:** 물리적 · 화학적 물질로부터 보호, 멜라닌세포를 통해 자외선으로부터 보호, 피부 속 수분과 전해질의 유출 방지, 근육, 내부 장기, 혈관과 신경 등 내부 주요 신체 기관을 외부의 나쁜 환경으로부터 보호하는 역할

> - 대부분의 피부의 두께는 6mm 이하에 불과하지만 탄탄한 보호막 역할을 한다.
> - 피부 최외각 표면을 구성하는 주요 성분은 거친 섬유성 단백질인 케라틴이고, 털과 손톱에도 이 성분이 포함되어 있다.
> - 건강한 피부는 과도한 수분 손실을 막아주고, 외부 미생물과 유해물질을 막아낼 수 있는 매우 효율적인 장벽이다.
> - 피부에 상처가 생기면 평소 피부에 서식하는 미생물이 이 피부 상처를 통해 혈류로 침투할 수 있다.
> - 피지는 피지선에서 분비되는 기름기 있는 액체로, 피부를 유연하게 해주고 방수 기능을 한다.
> - 우리가 목욕을 할 때 스펀지처럼 물을 흡수하지 않는 이유는 피부의 방수 효과 때문이다.

- **감각 기능:** 진피에 위치한 신경을 통해 촉각(손가락, 혀끝, 입술에 많이 분포), 통각(감각점 중 통점이 피부에 가장 많이 분포), 냉각, 온각, 압각 등 피부 반사 작용을 함. 우리가 피부를 통해 느끼는 감각은 피부의 진피층에 있는 압력, 진동, 열, 추위, 통증에 대한 수용체를 통해 이루어짐. 매 초마다 외부로부터 들어오는 수백만 개의 신호는 이 수용체에서 감지되어 뇌로 전달됨.

통각, 촉각	진피 **유두층**에 위치
온각, 냉각, 압각	진피 **망상층**에 위치

[상식] 피부에 가장 많이 분포하는 감각점은? 통각

[상식] 감각점은 피부 표피에 있다. (X)

- **체온조절 기능:** 모세혈관의 확장·수축작용 → 열 차단 및 확산(모세혈관 확장 → 체온 하강), 땀을 통한 체온조절

  - 피부 내 모세혈관의 확장과 수축에 의한 피부 혈류량의 변화 및 발한작용에 의해 피부의 체온을 조절
  - 피부 혈관은 땀샘(특히, 에크린선)과 함께 자율신경에 의해 지배됨
  - 온도가 낮으면 신경활동이 낮아져 혈관수축이 유발되어 혈관에서 피부를 통한 열 발산 방지 효과가 나타남
  - 온도가 높으면 신경활동이 높아져 혈관이 확장되며 땀샘이 활성화되어 열 발산 효과가 나타남

- **면역기능:** 미생물 침입 시 사이토카인을 분비하거나 염증반응을 일으켜 보호함.

  [참고] 랑게르한스 세포: 표피 유극층에 존재하는 세포로 면역반응 조절

- **비타민 D 합성**(피부의 생합성 기능): 자외선을 일정하게 받으면 비타민 D 합성
- **흡수 기능(흡수작용):** 외부 물질에 반투과성을 가지고 있으나 피부와 유사한 일부 성분을 흡수함

  - 피부를 통하여 여러 가지 물질들이 체내로 흡수가 가능하다.
  - 흡수 경로는 표피를 통한 흡수와 모낭의 피지선으로의 흡수
  - 지용성 물질과 수용성 물질에 있어 피부 흡수에 대한 차이가 발생한다.
  - 피부의 다양한 상태 변화에 따라 물질의 피부 흡수력은 달라진다.

- **분비·배설 기능:** 땀(0.5~2.0L/일), 피지(1~2g/일)분비를 통해 노폐물 배출
- **호흡 기능:** 전체 호흡의 0.6~1.0%(산소 흡수 이산화탄소 방출)
- **저장 기능:** 지질과 수분을 저장하여 피부를 보호
- **재생 기능:** 세포를 계속 생성함으로써 피부 상처 회복에 도움이 됨
- **거울 기능:** 신체의 이상 증상이 피부를 통해 표현되는 경우 질병을 조기에 관리할 수 있음
- **사회적 기능:** 건강한 피부는 건강한 이미지를 전달해 사회적 관계에 긍정적인 영향을 줌
- **기타:** 피부는 감정전달기관으로 작용(현재 감정(기분)에 따라 홍조, 창백, 털의 역립 등이 피부에 나타남)

3. 피부의 구조

(1) 형태학적 피부표면구조

① **피부 소구:** 피부 표면의 얇은 줄 사이의 움푹한 곳(피부 표면의 그물처럼 가는 선)

② **피부 소릉:** 피부 표면의 약간 올라온 곳(소구로 인해 중간에 올라온 것 같이 보이는 것)

③ **모공:** 소구와 소구가 만나서 교차되는 부분에 있는 모구멍

④ **한공:** 소릉의 땀구멍

⑤ **피부결:** 피부 소구와 소릉에 의해 형성된 그물 모양의 표면으로 소구와 소릉의 높이 차이가 날수록 피부가 거친 편에 속한다.

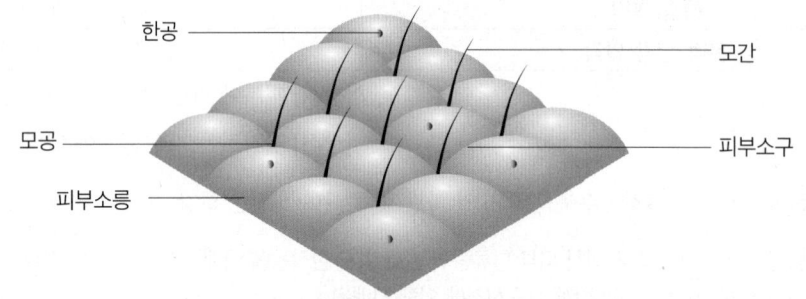

- 소구가 움푹 파여있고 소릉이 우뚝 솟은 것처럼 보이면 피부가 거칠다는 뜻(소구와 소릉의 높이 차이가 크면 클수록 피부가 거칠다는 의미/노화가 진행될수록 소구와 소릉의 높이차이가 커진다.)
- **소구가 깊숙이 파였다 = 수분과 단백질 성분이 줄어들었다는 뜻**

(2) 조직학적 피부구조: 표피(상피조직) / 진피(결제조직) / 피하조직(피하지방)

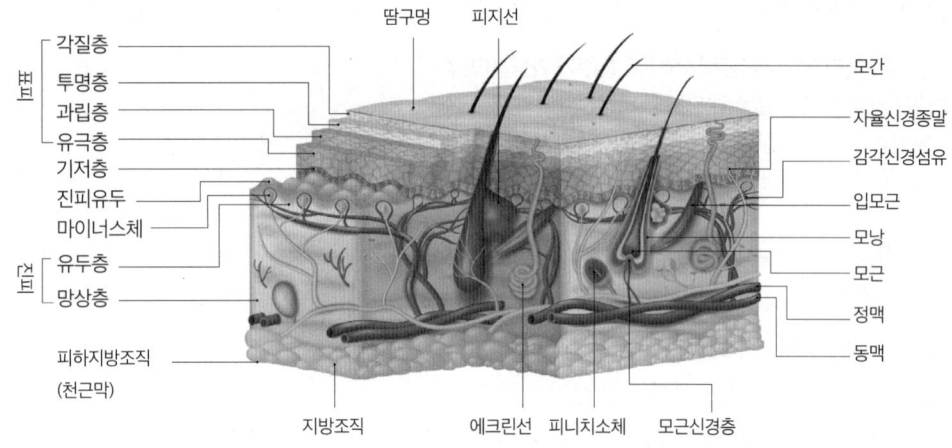

① 표피: 가장 얇은 바깥쪽 층의 지속적으로 새롭게 생성되는 피부구조물이다. 두께는 0.04 mm(눈꺼풀)에서 1.6 mm(손바닥)까지 부위별로 두께의 차이가 있다. 각질형성세포 외에도 멜라닌형성세포(melanocytes), 랑게르한스세포(langerhans cells) 및 머켈세포(merkel cells) 등의 세포로 구성된다.

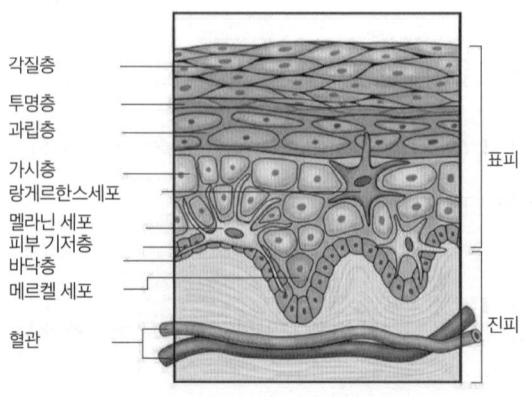

- **표피의 구조**: 표피와 진피는 쉽게 분리되지 않도록 <u>물결모양</u>으로 형성, 그러나 노화가 진행됨에 따라 물결모양이 평평해져 표피와 진피가 분리되는 경우가 잦아져 그 사이에 수포가 생기는 경우가 많음.
- 유극층과 기저층은 세포에 핵이 있는 살아있는 세포층이며 이로 인해 둘을 포괄하여 **말피기층**이라고도 함. 이러한 말피기층은 각화과정의 시작과 진행에 큰 역할을 함.
- **표피의 분화**: 표피는 각화됨에 따라 기저층(stratum basale), 유극층(stratum spinusum), 과립층(stratum granulosum), 투명층(stratum lucidum), 각질층(stratum corneum)으로 모양이 변하게 되며, 이들 세포들은 모두 각질을 형성하는 과정에서 만들어진 세포이므로 각질형성세포(keratinocyte)라고 부름. 각질형성세포에서의 분화 과정은 (1) 세포의 분열 과정 (2) 유극세포에서의 합성, 정비 과정 (3) 과립세포에서의 자기분해 과정 (4) 각질세포에서의 재구축 과정의 4단계에 걸쳐서 일어나며 분화의 마지막 단계로 각질층이 형성됨. 이와 같은 과정을 각화(keratinization) 과정이라 함.

각질층	약 15~20층의 납작한 무핵세포층 피부 가장 바깥에 위치(수분 손실 막고 자극으로부터 피부 보호, 세균 침입 방어) **케라틴** 약 58%, **천연보습인자**(NMF(Natural moisturizing factor), 각질층의 수용성 물질의 총칭) 약 31%, **세포간지질** 약 11%로 구성 각질과 세포간지질이 벽돌구조인 <u>라멜라 구조</u>로 구성  피부보호막의 벽돌 - 시멘트 구조 Brick-like pattern of the stratum corneum(skin barrier) * <u>**천연보습인자(NMF, natural moisturizing factor)**</u> • 피부의 습도 유지는 건강한 피부를 유지하기 위한 중요한 조건이다. 각질층은 자연보습인자(NMF, natural moisturizing factor)와 각질세포 사이에 존재하는 지질층 및 피지선으로부터 분비되는 피지에 의해 수분을 유지한다. NMF는 피지의 친수성 부분이며 10·20%의 수분을 함유한다. • **천연보습인자(NMF) 구성 성분**: <u>아미노산(40%)</u>, PCA(피롤리돈카르복시산(12%)), 젖산염(12%), 요소, 염소, 나트륨, 칼륨, 암모니아, 인산염 등 • 천연보습인자가 노화로 인해 줄어들게 되면 수분 함유도↓, 각질층 두께↑(노화가 진행되면 각질층의 수분 함량↓) *<u>세포간지질(지질막)</u> • 각질세포 사이사이를 메워 피부보호막 형성 • 인지질 이중층의 구조를 이룸

각질층	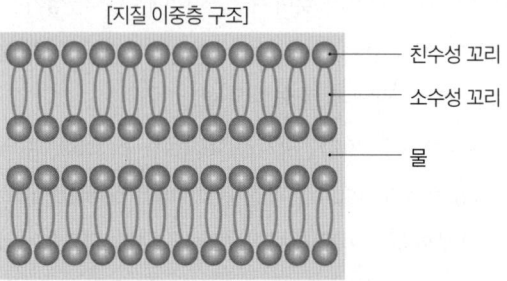[지질 이중층 구조] — 친수성 꼬리, 소수성 꼬리, 물 • 구성성분: **세라마이드**(50%이상, 지질막의 주성분으로 피부 표면의 손실되는 수분을 방어하고 외부로부터 유해 물질이 침투되는 것을 방지), 콜레스테롤, 콜레스테롤에스터, 지방산 등(보통 세라마이드:지방산:콜레스테롤=3:1:1, 양적으로 세라마이드가 50%, 콜레스테롤 25%, 자유지방산 15%의 순이다. 천연지질성분과 동일한 배합비의 지질은 각질층의 장벽 기능을 회복시키고 유지시키는 데 중요함) **[참고] 피부장벽으로서의 각질층의 역할**: 외부물질의 침입을 막는 피부장벽의 역할 - 각질층의 기능: 외부 방어 및 피부 보습 유지 - 표피의 층 구조는 기저층의 줄기세포(keratinocyte stem cell)에서 유래한 각질형성세포가 유극층, 과립층, 투명층으로 분화하면서 죽은각질세포(corneocyte)로 분화하여 최종적으로 피부장벽(skin barrier)을 형성하는 과정과 연결하여 이해해야 한다. - 각질층의 pH: 4.5 ~ 5.5 정도로 약산성 - 각질층 구조의 이상은 피부장벽기능의 약화를 초래하여 다양한 피부 질환 및 피부 노화를 유발할 수 있다. - 피부장벽의 대표적 성분: 세라마이드, 콜레스테롤, 지방산 등 - 피부장벽이 파괴되면, 초기에 표피 상층 세포의 층판과립이 즉각 방출되고 이어서 콜레스테롤과 지방산의 합성이 촉진됨. 한편 세라마이드의 합성과 표피의 DNA 합성은 이후에 일어나며 피부장벽이 회복될 뿐만 아니라 표피가 비후된다.
	▶각질세포의 정상적인 분열, 분화와 밀접한 관계가 있는 각질층(NMF와 지질막의 기원) - 자연보습인자(NMF)를 구성하는 수용성의 아미노산(amino acid)은 필라그린(filaggrin)이 각질층세포의 하층으로부터 표층으로 이동함에 따라서 각질층 내의 분해효소에 의해 분해된 것이다. 필라그린(filaggrin)은 각질층 상층에 이르는 과정에서 아미노펩티데이스(aminopeptidase), 카복시펩티데이스(carboxypeptidase) 등의 활동에 의해서 최종적으로 아미노산으로 분해된다. - 층판소체(지질과립)가 분화함에 따라 표피층에 세라마이드, 콜레스테롤, 지방산이 생김. *천연보호막: 표피 바로 위에 존재하는 보호막(피지와 땀으로 구성) 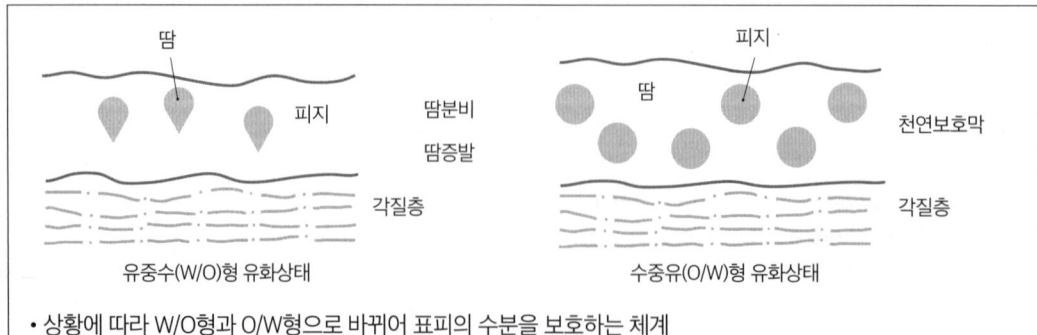 • 상황에 따라 W/O형과 O/W형으로 바뀌어 표피의 수분을 보호하는 체계

각질층	- **각화주기(각질형성주기)**: 기저층에서 만들어진 세포가 각질층까지 올라와 일정 기간 머무르다 탈락되는 주기로서 보통 **28일±3일(각화과정, 표피의 박리현상)**, 노화가 진행될수록 각화주기가 늘어나 각질층이 두꺼워지고 피부가 거칠어진다. [참고] TEWL(transepidermal water loss): 경피수분손실량(TEWL, transepidermal water loss)이란 피부 표면에서 증발되는 수분량을 나타내는 것으로 건조한 피부나 손상된 피부는 정상인에 비해 높은 값을 보임. 이는 피부장벽기능(skin barrier function)의 이상을 나타내는 것으로 과도한 수분량의 손실로 피부의 건조를 유발한다.
투명층	- 2~3층의 작고 투명한 죽은 세포 층(무핵세포층) - 빛을 차단하는 등 자외선으로부터 피부 보호(자외선 반사 - 멜라닌색소가 올라오지 않는다) - 반유동성물질인 **엘라이딘**이 있어 수분 침투를 방지하고 투명하게 보이게 함 - 손바닥과 발바닥에 존재 예 목욕탕에서 손/발가락 쭈글쭈글 → 엘라이딘이 수분 침투를 방지해서
과립층	- 2~5층의 편평형 또는 방추형세포층(유·무핵 공존층)/손·발바닥은 10층에 이르기도 함 - 세포의 핵이 손실되어 각화 과정이 시작되는 곳, 세포가 죽기 시작(퇴화) → 각질화 - 빛을 산란시켜 자외선 흡수 - 외부 이물질 침투 방어 - 케라틴 단백질이 뭉쳐져 작은 과립모양의 세포(각질유리과립, 케라토하이알린과립)로 이루어짐 - 수분저지막(레인방어막, 물의 침투에 대한 방어막)이 존재하며 외부로부터 이물질 방어 및 내부 수분 증발 방지
유극층	- 5~10층의 다각형 유핵세포층, 표피의 대부분을 차지함 - 표피에서 가장 두꺼운 층, 세포들이 가시모양으로 서로 연결되어 있어 가시층이라고도 함 - 세포분열이 활발하진 않으나 표피 다칠 경우 손상 피부 복구(재생) - 림프액이 흘러 림프순환을 통해 영양공급 및 노폐물 배출 - 면역기능을 담당하는 **랑게르한스세포** 존재

기저층	- 단층의 원추형 유핵세포층(세포분열이 활발함)
	- 진피의 모세혈관으로부터 영양분과 산소를 공급받아 세포분열 촉진
	- 각질형성세포(케라티노사이트), 멜라닌형성세포(멜라노사이트), 머켈세포(촉각 감지) 존재
	- **멜라닌형성세포**
	  • 기저층에 위치하며 피부, 눈 등 조직에 존재하는 색소 세포
	  • 자외선 차단 기능, 피부 체온 유지
	  • 멜라닌이 함유된 각질형성세포는 각질층으로 이동하여 탈락
	  • 멜라닌 세포 수는 피부색과 무관함. 멜라닌 색소의 양이 피부색과 관련
	- 각질형성세포와 멜라닌형성세포는 4:1~10:1 비율로 존재
	- 노화가 진행되면 각질형성세포의 기능이 저하되고 이로 인해 각질층이 더 늦게 탈락되어 각질층이 두꺼워짐에 따라 주름이 많아지고 피부가 거칠어진다.
	- 각질형성세포의 각화과정
	  기저세포의 분열(기저층에서 기저세포가 단백질 분해) → 유극세포의 형성 → 효소 생성 → 과립세포의 분해(케라토하이알린의 합성 및 단백질 분해) → 각질세포의 재구축 → 각질층 형성

<u>* 표피에 존재하는 4대 세포</u>

- **랑게르한스세포(유극층):** 면역반응 조절에 관여/항원(외부 이물질)을 T-림프구(면역담당세포)에 전달
- **각질형성세포(케라티노사이트):** 각질층을 구성하는 각질세포를 만드는 세포
- **멜라닌형성세포(멜라노사이트):** 멜라닌 합성, 각질형성세포에 멜라닌이 축적된 멜라노솜 공급, 피부색과 털색 - 결정, 표피의 5~25% 차지, 세포 내 확산 시 검게 보임

*멜라닌형성세포 내 멜라닌 형성 과정: 티로신 - 티로시나아제에 의해 산화 - 도파 - 티로시나아제 효소에 의해 산화 - 도파 퀴논 - 멜라닌 색소 형성

*멜라노솜: 멜라닌형성세포 내 골지체에서 만들어지는 세포소기관으로, 멜라닌이 표피의 기저층에 있는 멜라노사이트에서 생성되어 멜라노솜의 형태로 합성됨.

멜라닌은 멜라닌형성세포 내 멜라노솜(melanosome)에서 만들어져서 세포돌기를 통하여 각질형성세포로 전달되며 각질형성세포로 전달된 멜라닌이 가득 차 있는 멜라노솜은 표피의 기저층 윗부분으로 확산되어 자외선에 의해 기저층의 세포가 손상되는 것을 막아준다. 멜라닌은 자외선을 흡수하거나 산란시켜 자외선으로부터 피부가 손상을 입는 것을 방지하는 데 큰 역할을 하며, 멜라닌이 함유된 각질형성세포는 점점 각질층으로 이동되며 최종적으로 각질층에서 탈락되어 떨어져 나가게 된다. 또한 멜라닌은 멜라노솜에서 합성되며 티로신(tyrosine)을 시작물질로 유멜라닌(eumelanin, brownish black)과 페오멜라닌(pheoomelanin, reddish yellow)으로 만들어지는 과정이 멜라닌 합성과정이다.

[멜라닌 관련 내용 간단 정리]
- 멜라닌형성세포(melanocyte)는 표피에 존재하는 세포의 약 5%를 차지하고 있으며 대부분 기저층에 위치함
- 멜라닌형성세포 내 멜라노솜(melanosome)에서 만들어진 멜라닌은 세포돌기를 통하여 각질형성세포로 전달됨
- 멜라닌형성세포는 긴 수지상 돌기를 가진 가늘고 길쭉한 형태를 하고 있으며, 주위의 각질형성세포 사이로 뻗어있음
- 각질형성세포로 전달된 멜라닌이 가득 차 있는 멜라노솜은 표피의 기저층 위 부분으로 확산되어 자외선에 의해 기저층의 세포가 손상되는 것을 막아줌
- 멜라닌은 자외선을 흡수하거나 산란시켜 자외선으로부터 피부가 손상을 입는 것을 방지하는 데 큰 역할을 함
- 멜라닌이 함유된 각질형성세포는 점점 각질층으로 이동되며 최종적으로 각질층에서 탈락되어 떨어져 나감

☞ **멜라닌 합성과정**
- 멜라닌은 멜라노솜에서 합성되며 티로신(tyrosine)을 시작물질로 유멜라닌(eumelanin, brownish black)과 페오멜라닌(pheoomelanin, reddish yellow)으로 만들어짐

- **머켈세포**: 신경섬유 말단과 연결되어 촉각을 감지하는 세포, 손가락 끝, 입술처럼 민감한 피부에 다량 존재

② **진피**: 표피와 피하지방층 사이에 위치하며 피부의 90% 이상을 차지하며 표피두께의 10~40배 정도. 피부구조 중 가장 두꺼운 부분(피부의 90% 이상), 피부 탄력과 연관, 혈관계, 신경계, 림프계 등이 복잡하게 얽혀있고 표피에 영양분을 공급하여 표피 지지, 피부의 타 조직을 유지·보호해준다. 진피는 점탄성을 갖는 탄력적인 조직으로 무정형의 기질(ground substance)과 교원섬유(collagen fiber), 탄력섬유(elastic fiber)등의 섬유성 단백질로 구성되어 있다. 콜라겐 및 엘라스틴 등의 섬유성 단백질이 구성된 세포외기질(ECM, extracellular matrix)과 이의 합성과 생산을 담당하는 진피섬유아세포(dermal fibroblasts)가 존재한다. 추가적으로 혈관, 땀샘, 피지샘, 신경 말단 등이 존재하며 진피의 두께는 표피의 15~40배로, 등과 같이 가장 두꺼운 부위는 5mm나 된다. 진피층은 경계가 확실하지 않으나 두 층으로 구분할 수 있는데, 표피의 윗부분에 위치한 유두진피(papillary dermis)와 망상진피(reticular dermis)로 나눌 수 있다.

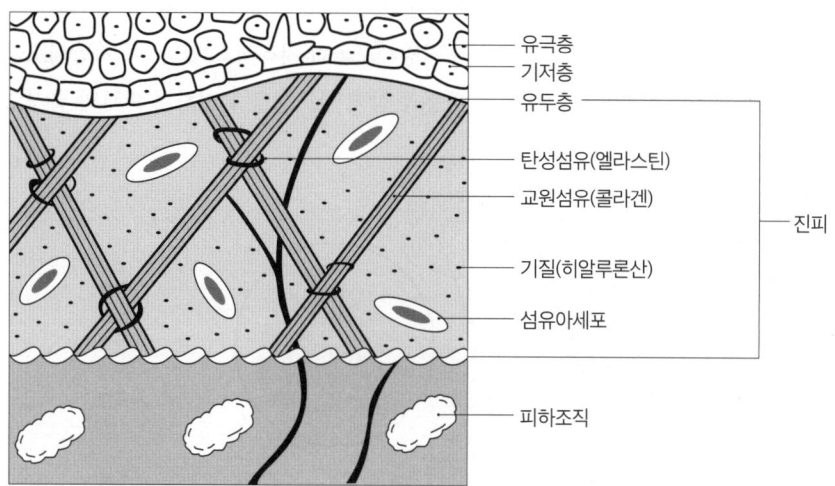

유두층	- 미세한 교원질과 섬유 사이의 빈공간으로 이루어짐, 미세한 교원섬유(콜라겐)와 수분 포함 - 표피의 기저층과 접함 - 세포성분과 기질성분이 많음 - **모세혈관·신경말단이 존재**하여 혈관분포가 없는 표피(각질형성세포 등)로 산소와 영양 공급, 신경 전달 - 노화로 인해 유두처럼 생긴 모양이 점차 편평해짐
망상층	- 진피의 **대부분**을 차지하는 그물(망상구조)모양의 결합조직 - 교원섬유(콜라겐) 90%, 탄력섬유(엘라스틴) 1.5~4.7%, 기질로 구성(기질 단백질) - 모세혈관은 거의 없으며 림프관, 한선, 피지선, 신경, 랑거선, 굵은 혈관 등이 존재함 　* **교원섬유(콜라겐)**: 피부건조중량의 75%차지, 장력이 있으며 아미노산 천 개가 결합된 나선 모양의 타래로 아미노산 한 분자 당 천 개의 물 분자가 함유된 피부의 저수지 역할, 진피 성분의 90%를 차지하며 피부 결합조직을 구성하는 주성분, 탄력도 및 신축성 부여 　* **탄력섬유(엘라스틴)**: 본래의 모습으로 되돌아가려는 회복지능과 탄력성이 있는 단백질(스프링) 　* **기질(세포외기질)**: 교원섬유와 탄력섬유를 채워주는 당단백질의 물질로 히알루론산, 콘드로이친 황산, 헤파린 황산염 등으로 구성된 뮤코다당체. 친수성 다당체로서 물에 녹아 끈적끈적한 액체상태로 존재. 쉽게 마르거나 얼지 않음(결합수) - 섬유아세포가 존재함

*진피에 존재하는 세포

- **대식세포:** 백혈구의 한 유형으로 선천 면역과 적응 면역에 관여
- **비만세포:** 살찌는 것과는 전혀 무관한 세포! 이름만 '비만'임. 염증반응에 중요한 역할, 히스타민, 세로토닌 생산
- **섬유아세포:** 결합조직체로 콜라겐과 엘라스틴 생성, 타원형의 유핵세포, 기질 형성에도 관여함. 진피에 존재하는 세포는 결합조직 내에 널리 분포된 섬유아세포(fibroblast)가 주종을 이루는데 이들 섬유아세포는 세포외기질(ECM, extracellular matrix)인 교원섬유(콜라겐)와 탄력섬유(엘라스틴) 그리고 여러 다양한 기질을 만드는 역할을 한다.

③ **피하조직(피하지방층)**: 진피와 근육, 뼈 사이에 위치, 신체 부위, 성별, 나이, 영양 상태에 따라 두께가 다름. 노화가 진행될수록 피하조직이 줄어든다. 체온조절 기능, 외부 충격의 완충 기능, 내부조직 보호 기능, 영양소 저장 기능을 한다. 피부의 가장 깊은 층이며 지방세포가 분포하여, 피하지방층을 구성한다. 열손실을 방어하고 충격을 흡수하여 몸

을 보호하며 영양저장소의 기능을 담당한다. 피하지방층은 진피에서 내려온 섬유가 엉성하게 결합되어 형성된 망상조직으로 그 사이사이에 벌집모양으로 많은 수의 지방세포들이 자리잡고 있다. 이 지방세포들은 피하지방을 생산하여 몸을 따뜻하게 보호하고 수분을 조절하는 기능과 함께 탄력성을 유지하여 외부의 충격으로부터 몸을 보호하는 기능을 한다.

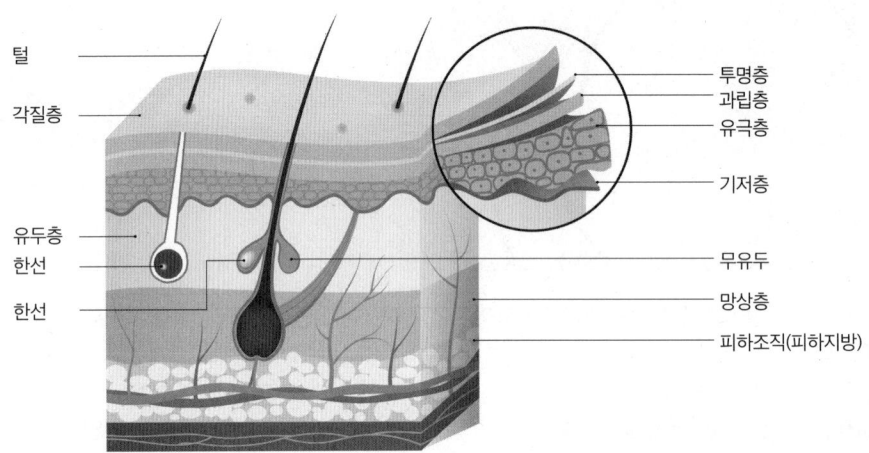

④ 그 외 피부의 부속기관(진피 내 위치)
- **피지선:** 진피에 있는 분비선으로 손바닥과 발바닥, 입술을 제외한 전신에 분포하나 얼굴, 두피, 가슴에 특히 많음. 남성호르몬(테스토스테론)이 피지선을 자극하면 피지가 분비됨. 모낭 옆에 있으며 모공을 통해 지방을 분비. 피부와 모발에 윤기 부여 · 피부 보호 기능, 과잉 분비 시 여드름 유발
    *피지의 구성 성분: 트리글리세라이드(41%)/왁스에스터(25%)/지방산(16%)/스쿠알렌(12%)/기타(6%)
- **한선(땀샘)**

액취증의 원인

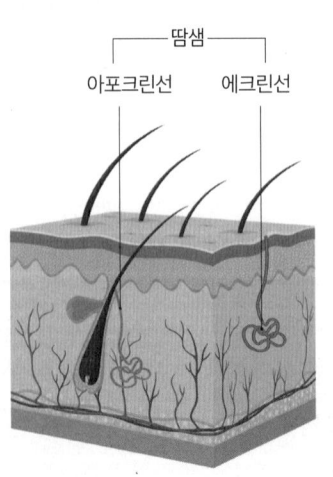
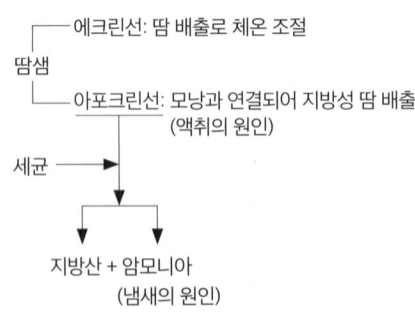

아포크린선(대한선)	에크린선(소한선)
- 겨드랑이, 서혜부(사타구니), 항문, 유두 주변, 배꼽 등 특정 부위에 분포 - 모공을 통해 땀 분비	- 입술, 음부, 손톱을 제외한 전신에 분포 - 특히 손바닥, 발바닥, 이마에 많이 분포 - 표피로 땀 직접 분비
pH 5.5~6.5	pH 3.8~5.6
특유의 냄새 발생	무색, 무취
성, 인종에 따라 차이가 있음	체온조절기능, 노폐물 배출
- 체온조절에 거의 기여하지 못함 - 액취증과 관련됨(대한선 분비 땀 + 세균에 의해 부패) - 직접 피부 표면으로 연결되지 않고 모낭과 연결되어 피부 표면으로 배출되어 진피 깊숙한 곳에서 시작되므로 단백질이 많고 특유의 냄새가 나는 땀을 분비함 - 사춘기가 지나면 커지며 갱년기에 보통 위축됨	- 에크린선에서 분비되는 땀을 많이 흘리면 염분이 소실되어 탈진 가능성이 있음 - 온열성발한, 정신성발한(긴장), 미각성발한 등이 있음

[참고] **피부장벽**

① 천연보습인자(피지의 친수성 부분): 피부의 수분량 조절, 피부 건조 방지, 각질층 10~20% 수분 함유, 수분량이 적어지면 천연보습인자가 줄어들고 각질층이 두꺼워지며 피부가 거칠어지고 노화가 촉진됨

② 표피지질(세포간 지질): 각질 세포 사이사이를 메워줌. 라멜라구조(단단하게 결합, 수분손실 방지), 세라마이드 50%, 지방산 30%, 콜레스테롤 15% 콜레스테롤 에스터 5%

③ 교소체(Desmosome): 각질형성세포 사이를 연결하는 단백질 구조. 효소에 의해 분해되며 각질세포 탈락에 중요한 역할. 교소체 분해가 원활히 잘 안 되면 각질 세포 탈락이 저하되며 각질이 피부에 쌓이게 되고 표피 내 수분 소실, 각질층이 두꺼워짐 → 노화(교소체 기능 저하는 노화로 이어짐)

[참고] **피부보습**

- 각질층의 보습: 천연보호막(피지막) · 천연보습인자 · 세포간 지질
- 진피층의 보습: 교원섬유와 탄력섬유가 그물 모양으로 잘 짜여져 있고 그 사이의 기질인 뮤코다당체가 수분 보유력이 좋아야 함. 진피 기질이 형성한 수분은 자유수와 달리 강하게 결합. 마르거나 얼지 않는 성질(결합수)

[참고] **피부노화**

- **내인성 요인:** 자연노화

▶ **표피의 노화**

피부노화와 표피의 변화
- 인체의 피부 표면에서는 노화된 각질세포가 계속 떨어져 나가고 있으며 노화된 피부에서는 각질층이 떨어지는 데 더 많은 시간이 걸리므로 각질층이 두꺼워지게 됨
- 각질형성세포의 기능 저하는 죽은 세포를 더욱 늘어나게 하며 잔주름과 피부 거칠어짐의 원인이 됨

• 기저층 세포 분열 능력 저하 → 각질형성주기↑ → 각질층↑, 피부건조
• 각질층 세포 크기가 균일해짐(중간중간 빔)

- 멜라노솜 생산 불완전, 균일하게 분산됨
- 멜라닌 세포 수↓, 멜라닌 세포의 모양은 균일해지고 자외선 방어기능↓ - 기미, 검버섯↑
- 멜라닌 세포의 멜라닌 생성 능력↓, 흰머리↑, 모낭 재생력↓, 머리숱↓
- 각질세포 크기↑, 각질세포 두께↓, 물리적 자극에 대한 저항력↓
- 히스타민의 분비가 저하되고 알레르기 반응↓, 랑게르한스 세포 수↓, 면역력↓

▶ 진피의 노화

피부노화와 진피의 변화
- 콜라겐 감소
- 탄력섬유의 변성
- 당아미노글라이칸(glycosaminoglycan) 감소
- 피부혈관의 면적 감소

- 교원·탄력섬유 기능 저하, 섬유아세포 기능 저하
- 탄력↓, 수분 함유량↓, 피부 가늘고 얇게 늘어져 주름 증가
- 뮤코다당류↓, 망상층이 얇아짐
- 혈관이 약해지며 피하지방세포 감소로 살이 빠짐
- 한선 수↓, 열에 대한 방어기능 저하, 일사병 노출 증가
- MMP증가(금속단백질분해효소): 세포기질 성분 중 금속단백질분해효소 활성 증가, 금속이온인 아연이온과 결합하여 교원섬유 분해 및 파괴(콜라겐 합성<분해 효소 = 노화 촉진)
- **외인성 요인**: 광노화(콜라겐 손상, 홍반 동반 및 피부암 가능성, 비정상적 혈관 확장으로 인한 면역계 이상, 멜라노솜 생산 증가로 색소침착의 형태가 변함, DNA파괴 등), 환경적 요인(스트레스, 담배. 음주, 과도한 운동 등)
* **피부의 3대 유해 요인**: 자외선, 피부건조, 산화

4. 조갑

손톱과 발톱을 통틀어 이르는 말/보통 1개월에 3mm정도 자라며 케라틴으로 구성됨

*조갑의 구조
- **조근**: 피부 밑에 있는 손발톱의 뿌리, 손발톱이 성장하는 부위
- **조판**: 손톱 본채(혈관과 신경조직 없음)
- **조상**: 조판 아랫부분(혈관과 신경조직 존재)
- **조소피**: 손발톱 주위를 덮고 있는 피부(미생물, 세균 침입 막음)

5. 피부의 색 결정 요인

- 신체 피부의 색은 멜라닌색소, 카로티노이드색소, 헤모글로빈에 의하여 결정될 수 있다.

> **멜라닌 색소**
> 신체 피부색을 결정하는 가장 큰 인자로 유멜라닌(eumelanin)과 페오멜라닌(pheomelanin)으로 구별됨
> 색소합성세포인 멜라닌형성세포에서 합성. 인종에 따라 멜라닌형성세포의 양적인 차이는 없으나, 멜라닌 생성능력 및 합성된 멜라닌 세부 종류에 차이가 있음.
> 신체 피부의 색은 멜라닌 색소, 카로티노이드 색소, 헤모글로빈에 의하여 결정될 수 있으며, 이중 신체 피부색을 결정하는 가장 큰 인자는 멜라닌 색소이며, 이 멜라닌은 흑갈색을 유발하는 유멜라닌과 붉은색을 유발하는 페오멜라닌으로 구별된다.

6. 세포생물학적 특성으로 알아보는 화장품의 부작용

(1) 피부 자극

- ▶ 피부 자극 발생 기전: 접촉 피부염은 피부에 자극을 줄 수 있는 화학물질이나 물리적 자극물질에 일정 농도 이상으로 일정시간 이상 노출이 되면 모든 사람에게 일어날 수 있는 피부염
  - 접촉 피부염은 알레르기 접촉 피부염에 비해서 그 발생 빈도가 높지만 증상이 비교적 가볍고 일과성
- ▶ 피부 자극 물질
  - 세정제나 비누 등이 흔한 원인 물질이며 직업에 따라서 공업용 용제와 불산, 시멘트, 크롬산, 페놀, 아세톤, 알콜 등이 원인물질로 작용을 하며 이 외에 나무나 원예작물, 섬유유리, 인조섬유 등 다양한 물질이 자극접촉 피부염을 일으킬 수 있음

(2) 알레르기(피부 감작성)

알레르기(allergy)란 용어는 1906년 프랑스 학자인 폰 피케르가 처음으로 사용한 것으로, 대부분의 사람에게는 아무런 반응을 나타내지 않는 외부 물질에 대해 인체의 면역 기전이 보통보다도 과민한 반응을 나타낼 때 유발되는 증상을 총칭하는 용어. 알레르기를 일으키는 것은 항원(알레르겐)임. 피부 감작성(알레르기성 접촉 피부염)이란 어떤 물질에 대해 면역학적으로 매개되는 피부 반응임. 지연성 접촉 과민반응으로서 이전의 노출에 의해 활성화된 면역체계에 의한 알레르기성 반응.

- ▶ 피부 감작성 원인 물질
  - 「화장품 사용 시의 주의사항 및 알레르기 유발성분 표시에 관한 규정」에 명시된 착향제 중 알레르기 유발물질 25종

7. 피부 타입

(1) 피츠패트릭의 피부 타입 분류

피부타입	자외선 노출에 따른 반응	피부색상
I	항상 화상을 입고, 타지 않는다.	매우 하얀 피부
II	쉽게 화상을 입고, 약간 탄다.	하얀 피부
III	약간의 화상을 입고, 쉽게 탄다.	다소 하얀 피부
IV	약간의 화상을 입고, 쉽게 짙게 탄다.	밝은 갈색/올리브색
V	거의 화상을 입지 않고, 상당히 많이 탄다.	갈색
VI	전혀 화상을 입지 않고, 매우 짙게 탄다.	갈색/검은색

(2) 피지분비량에 따른 피부 타입

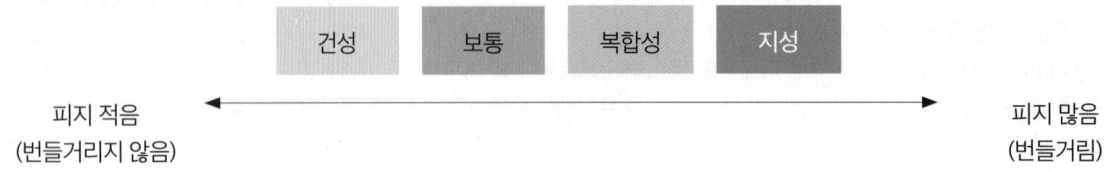

모발의 생리구조

1. 모발의 구조 및 특징

- 1일에 0.3~0.5mm 정도 자라며 나이, 성별, 환경 등에 따라 자라는 속도가 다름
- 1일에 50~100가닥의 모발이 빠지며 봄, 가을에 자연탈모 증가
- 모발은 약산성(pH 3.8~4.2)을 띠고 있어 산에는 비교적 강하나 알칼리에 약함
- 모피질이 친수성이라 흡습성과 흡수성을 가짐
- 모발은 피부 내부에 위치한 모근(hair root)과 주로 피부 외부에 위치한 모간(hair shaft)으로 구분됨
- 모근에 모낭(hair follicle)과 모유두(hair papilla)가 있으며, 모발(hair)은 모낭(hair follicle)에 둘러싸여 있음
- 모근은 태아의 9 ~ 12주경에 형성되며, 몸 전체의 모낭의 수는 출생 때부터 죽을 때까지 큰 변화가 없는 것으로 알려져 있음. 몸 전체에는 400 ~ 500만 개 정도 존재하고, 두발에는 평균 10만여 개 정도 존재

2. 모발의 4대 화학적 결합

시스틴 결합, 이온(염) 결합, 수소 결합, 펩타이드(펩티드) 결합

*모발 관련 제품과 모발의 건강
- 암모니아는 모표피를 손상시켜 염료와 과산화수소가 속으로 잘 스며들 수 있도록 하는 역할을 함
- 과산화수소는 색소를 파괴하는데, 머리카락 속의 멜라닌 색소를 파괴하여 두발 원래의 색을 지워주는 역할을 함. 염모제는 머리카락의 본연의 보호하는 층을 뚫고 들어가 멜라닌 색소를 파괴하고 다른 염료의 색상을 넣는 과정을 거침. 염색약을 두발에 잘 도포한 후에 충분한 시간을 두는 것은 멜라닌색소의 파괴와 그 안의 염료가 자리를 잡을 수 있는 충분한 시간을 주기 위해서임

3. 모발의 구조

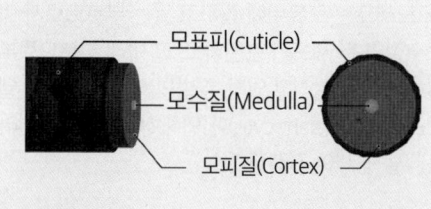

모간(모간부)	- 피부 밖에 위치	
- 모표피(cuticle) • 에피큐티클(epicuticle) • 엑소큐티클(exocuticle) • 엔도큐티클(endocuticle) - 모피질(cortex) - 모수질(medulla)	모표피 (모소피, 큐티클)	핵이 없는 편평세포/케라틴/모발의 10~15%차지/**친유성** 모발 가장 바깥 5~15층 비닐 모양 멜라닌이 없어 무색투명한 케라틴 단백질로 구성
	모피질	피질세포 + 세포간충질 모발의 중간에 위치, **친수성** 모간의 대부분 차지(80~90%) 멜라닌 함유(모발 색 결정) <u>퍼머넌트 · 염색 시술 시 모피질의 결합이 약해져 모발 손상 발생</u>
	모수질	모발의 가장 안쪽, 벌집 상태의 다각형 세포로 구성 0.09mm이상의 굵은 모발에만 발견 배냇머리, 연모에는 없음
모근(모근부)	- 모발 중 피부 안에 위치하는 모든 부분 모모세포(모발을 만들어내는 세포)와 멜라닌세포가 존재, 세포분열의 시작점	
- 모구부(hair bulb) - 모유두(hair papilla) - 내모근초(inner root sheath)와 외모근초(outer root sheath) - 모모세포(germinal matrix)	모낭	모근을 둘러싸고 있는 조직, <u>피지선과 연결</u>
	모구	모근의 아래쪽에 위치하며 둥근 모양
	모유두	모구의 중심에 모발의 영양공급 관장

[참고] - 모낭 구조의 이해

1. 모근부

(1) 모구부: 모근부의 아랫부분으로 구근 모양을 모구라 부르며 두발을 생장시키는 데 있어 중요한 부분이다. 모구부의 아래 부분은 오목하게 진피의 결합 조직(connective tissue)에 묻혀 있고, 이 움푹 패인 부분에는 진피세포층에서 나온 모유두가 들어있다.

(2) 모유두: 모근의 최하층에 위치하며, 세포가 빈틈없이 짜여있는 모유두는 모세혈관이 엉켜 있으며 이로부터 두발을 성장시키는 영양분과 산소를 운반하고 있다. 이 영양분을 받아 분열하고 있는 세포는 모모세포로, 이는 모유두와 접하고 있는 부분을 둘러싸고 있듯이 존재하고 있다. 여기서 분열된 세포(cell division)가 각화하면서 위쪽으로 두발을 만들면서 두피 밖으로 밀려나온다.

(3) 내모근초(inner root sheath)와 외모근초(outer root sheath)
내모근초는 내측의 두발 주머니로서 외피에 접하고 있는 표피의 각질층인 초표피(sheath cuticle)와 과립층의 헉슬리층(huxley's layer), 유극층의 헨레층(henle's layer)으로 구성되고 외모근초는 표피층의 가장 안쪽인 기저층에 접하고 있다. 즉 내모근초와 외모근초는 모구부에서 발생한 두발을 완전히 각화가 종결될 때까지 보호하고, 표피까지 운송하는 역할을 하고 있다. 내모근초와 외모근초도 모구부 부근에서 세포분열에 의해 만들어지고 두발의 육성과 함께 모유두와 분리된 휴지기 상태가 되면 외모근초(소)는 입모근 근처(모구의 1/3 지점)까지 위로 밀려 올라간다. 내모근초는 두발을 표피까지 운송하여 역할을 다한 후에는 비듬이 되어 두피에서 떨어진다.

(4) 모모세포: 모유두(毛乳頭) 조직 내에 있으면서 두발을 만들어 내는 세포이다. 모낭(毛囊) 밑에 있는 모유두에 흐르는 모세혈관으로부터 영양분을 흡수하고 분열·증식하여 두발을 형성한다. 모모세포는 모유두에 접하고 있는 부분으로서 이미 두발을 구성하는 역할이 결정된다. 결국 모유두의 정점 부분에서는 모수질이 된 세포가 분열하고, 그 아래 부분으로부터는 모피질이 된 세포가 가장 아래 외측으로는 모표피가 된 세포가 분열하여 위로 밀리고 있다. 두발의 색을 결정하는 멜라닌 색소는 모피질을 만드는 모모세포로부터 별도의 색소 세포인 멜라노사이트(melanocyte)에 의해 생성된다. 이 멜라노사이트에서 멜라닌 색소를 분비하는데, 이 색소의 양과 특성에 따라서 두발의 색이 결정된다.

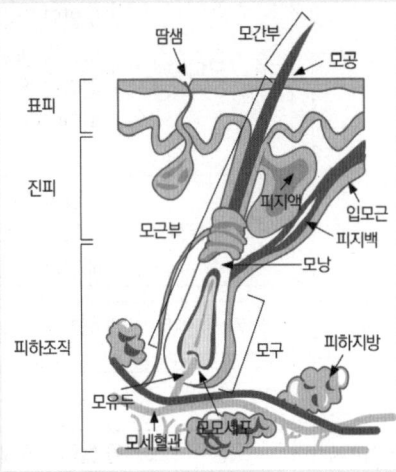

<모근부 도식도>

2. 모간부

(1) 모표피(cuticle)

모간의 가장 외측 부분으로 비늘 형태로 겹쳐져 있으며 두발 내부의 모피질을 감싸고 있는 화학적 저항성이 강한 층이다. 모표피는 판상으로 둘러싸인 형태의 세포로 되어 있으며, 이 각 세포는 두께 약 0.5~1.0μm, 길이 80~100μm이다. 일반적으로 두발의 모표피는 5~15층이며 20층인 것도 있다. 모표피는 색깔이 없는 투명층이며 전체 두발의 10~15%를 차지하며 두꺼울수록 두발은 단단하고 저항성이 높다. 물리적 자극으로 모표피의 손상, 박리, 탈락 등이 발생되면 모피질의 손상을 주게 된다. 표피층의 세포를 살펴보면 3개의 층으로 보이며 다음과 같이 구성되어 있다.

- 에피큐티클(epicuticle)

  가장 바깥층이며 두께 100Å 정도의 얇은 막으로, 수증기는 통하지만 물은 통과하지 못하는 구조로 딱딱하고 부서지기 쉽기 때문에 물리적인 자극에 약하다. 이 층은 아미노산 중 시스틴의 함유량이 많으며, 각질 용해성 또는 단백질 용해성의 약품(친유성, 알칼리 용액)에 대한 저항성이 가장 강한 성질을 나타낸다.

- 엑소큐티클(exocuticle)

  연한 케라틴층으로 시스틴이 많이 포함되어 있고, 퍼머넌트 웨이브와 같이 시스틴 결합을 절단하는 약품의 작용을 받기 쉬운 층이다.

- 엔도큐티클(endocuticle)

  가장 안쪽에 있는 층으로 시스틴 함유량이 적으며, 친수성이며 알칼리에 약하다. 이 층의 내측면은 양면접착 테이프와 같은 세포막복합체(CMC, cell membrane complex)로 인접한 모표피를 밀착시키고 있다.

(2) 모피질(cortex)

모피질은 피질세포(케라틴 단백질)와 세포 간 결합물질(말단결합·펩티드)로 구성되어 있다. 각화된 케라틴 피질세포가 두발의 길이 방향(섬유질)으로 비교적 규칙적으로 나열된 세포집단으로 두발 대부분(85~90%)을 차지하고 있다. 피질에는 두발의 응집력과 두발 색상을 결정하는 멜라닌 색소가 존재한다. 이 멜라닌 색소에 의해 머리카락의 색상이 결정되며, 친수성이고 염모제 등 화학약품에 의해 손상받기 쉽다. 피질세포 사이에 간층물질(matrix)로 채워져 있는 구조이다. 모피질은 물과 쉽게 친화하는 친수성으로 펌, 염색시에는 모피질을 활용한다.

(3) 모수질(medulla)

모수질은 두발의 중심 부근에 공동(속이 비어있는 상태) 부위로, 죽은 세포들이 두발의 길이 방향으로 불연속적으로 다각형의세포들의 형상으로 존재한다. 수질세포는 핵의 잔사인 둥근 점들을 간혹 포함하고 있으나 이의 기능은 잘 알려져 있지 않다. 굵은 두발은 수질이 있으나 가는 두발은 수질이 없는 것도 있다. 모축에 따라 연속 또는 불연속으로 존재한다. 또한 틈이 있어 탈수화의 과정에서 수축하여 두발에 따라 크기가 작은 공동을 남긴다. 이 공동은 한랭지 서식의 동물에는 털의 약 50%를 차지하여 보온(공기를 함유)의 역할을 한다. 일반적으로 모수질이 많은 두발은 웨이브 펌이 잘되고, 모수질이 적은 두발은 웨이브 형성이 잘 안 되는 경향이 있다.

*머리카락의 주성분인 케라틴 단백질(단단한 경단백질)

- 약 16% 정도의 시스틴 함유(2개의 시스테인이 이황화반응으로 결합)
- 시스틴은 2개의 폴리펩타이드 사슬을 연결하는 기능을 하여 단백질의 가교역할을 함(머리카락을 더 단단, 질기게 해줌)
- 시스테인 2분자가 결합하여 시스틴이 되며 이 결합을 이황화(디설파이드, disulfide bond, s-s) 결합이라고 함

*퍼머넌트 웨이브 로션(제1 환원제, 제2 중화제)

- 제1 환원제: 이황화 결합으로 연결된 2분자 시스테인을 산화시켜 시스틴결합 절단(시스틴 → 시스테인산) → 웨이브 형성

4. 모발의 성장주기[초기 성장기 → 성장기 → 퇴행기 → 휴지기 → 탈모]

① 성장기(3~6년)

전체 모발의 80~90%가 이 시기에 해당, 모모세포의 활발한 활동 시기, 여자가 남자에 비해 성장주기가 김. 머리카락의 모근은 2~3년(또는 3~4년)동안 성장함. 자라나는 속도는 0.2~0.5 mm/일, 1~1.5 cm/월 정도임. 성장기 동안 모근은 피하지방층까지 밑으로 내려가 튼튼하게 자리잡음. 모유두에 있는 모모세포는 신속하게 유사분열을 진행시킴. 모발의 성장기 단계는 딱딱한 케라틴이 모낭 안에서 만들어지고 성장기의 수명은 3~6년이며 전체 모발(10~15만 모)의 약 88%를 차지하고 한 달에 1.2~1.5 cm 정도 자람.

② 퇴행기(약 2~3주)

전체 모발의 1~2%가 이 시기에 해당, 모모세포의 분열 감소, 모낭자체가 축소됨, 모발의 성장이 멈춘 시기, 모유두가 분리되기 시작. 성장기 이후 2~3주 기간이며 모낭이 위축되기 시작하고 모근이 점점 노화되는 시기에 해당함. 성장기가 끝나고 모발의 형태를 유지하면서 대사과정이 느려지는 시기로 천천히 성장하며, 세포분열은 정지함. 이 단계에서는 케라틴을 만들어 내지는 않으며, 퇴행기의 수명은 2~3주이고 전체 모발의 약 1%가 이 시기에 해당됨.

③ 휴지기(3~4개월)

전체 모발의 10~15%가 이 시기에 해당, 모낭과 모유두의 완전한 분리, 모발의 탈락 시작. 2~3개월의 기간이며 모근이 각질화되고(죽어가며) 모발이 더이상 자라지 않음. 모유두가 위축되며 모낭은 차츰 수축되고 모근은 위쪽으로 밀려올라가 빠지며 모낭의 깊이는 1/3로 되어 있음. 휴지기 단계에서 모모세포가 활동을 시작하면 새로운 모발로 대체됨. 수명은 3~4 개월이고 전체 모발의 약 11%가 이 시기에 해당되며, 이 시기의 모발은 강한 브러싱으로도 쉽게 빠짐.

5. 두피의 구조와 생리

(1) 두피의 구조
- 두피는 피부의 일부분으로 비슷한 구조를 가지고 있으나 특징적으로 다른 부분의 모낭보다 복잡하고 피지선이 많으며, 신체를 감싸는 다른 외피보다 혈관과 모낭이 많이 분포되어 있음
- 진피층에는 모세혈관이 분포되어 있어 두부의 외상에 의해 출혈이 발생하며, 조밀한 신경분포를 통해 머리카락을 통한 감각을 느낄 수 있게 함
- 두피는 세 개의 층으로 구성되어 있으며, 동맥, 정맥, 신경들이 분포한 외피와 두개골을 둘러싼 근육과 연결된 신경조직인 두개피, 얇고 지방층이 없고 이완된 두개 피하조직으로 이루어짐

(2) 두피의 기능
- 일반적인 피부의 기능과 유사함
  - 보호: 멜라닌 색소와 표피는 광선으로부터 두피를 보호하고 두피가 건조되지 않도록 하며, 표면이 산성막으로 되어있어 외부 감염과 미생물의 침입으로부터 두피를 보호함. 각질층, 피하조직, 결합조직으로 인해 외부 마찰에 대응하고 외부 환경으로부터 두피 내부를 보호하는 역할을 수행함
  - 호흡: 인체의 1~3% 정도는 폐가 아닌 피부를 통해 호흡함. 두피에 각질이나 노폐물이 쌓이면 두피의 모공을 막아 피부의 호흡을 저해할 수 있음
  - 분비와 배설: 한선에서는 땀을 배출하여 체온 조절을 하며, 피지선에서는 피지를 분비하여 수분 증발과 세균을 감염으로부터 막아 줌
  - 체온 유지: 입모근에서는 수축과 이완을 통해 모공을 개폐하여 체온을 유지하고, 모세혈관의 혈류량을 조절하여 체온을 조절함

6. 탈모와 비듬

(1) 탈모

남성형 탈모증	남자 성인의 탈모는 집단으로 머리털이 빠져 대머리가 되는 것이 특징임. 안면과 두피의 경계선이 점점 뒤로 물러나고 이마가 넓어지며 정수리 쪽의 굵은 머리가 점점 빠져서 대머리가 됨. 반들거리는 두피는 모근이 소실되어 새 머리카락이 나오기 어렵기 때문에 탈모 현상을 일찍 발견하여 탈모 증상을 완화하는 것이 최선의 방법임. 남성형 탈모증은 남성호르몬의 일종인 **DHT(Dihydrotestosterone-기출)**라는 호르몬이 원인이 되어 나타남 남성형 탈모는 나이가 들수록 진행되는데 대부분의 경우 청소년기 이후에 나타나며, 중년 이후로 두드러지게 나타남
여성형 탈모증	여성 탈모 또한 남성과 같이 유전과 남성호르몬에 대한 모낭 세포의 반응이 주된 원인임. 전체적으로 머리숱이 적어지고 가늘어지며 특히 정수리 부분이 많이 빠져 두피가 훤히 들여다보임. 여성의 경우 남성호르몬은 신장 옆에 위치한 부신에서 분비되며 난소에서도 모발에 영향을 미치는 호르몬을 분비함. 그래서 부신이나 난소의 비정상 과다 분비나 남성호르몬 작용이 있는 약물 복용이 탈모의 원인이 되는 경우가 있음 여성 탈모증은 가족력과 관련이 있을 수 있으며 유전학적 요인 이외에도 노화와 호르몬의 변화가 주요한 원인임

원형 탈모증	원형 탈모증은 급격하게 모발이 떨어지는 특징을 가지며, 갑자기 모발이 뿌리에서 떨어져 모발이 없는 원형 또는 타원형의 범위를 형성함. 대부분 스트레스에 의한 것으로 하나 혹은 여러 개의 원형으로 보통 두피(혹은 신체의 다른 부위)에 탈모가 일어남. 일종의 일과성 탈모질환으로 활발히 성장하는 모낭에 염증을 유발함. 유전적 소인, 알레르기, 자가 면역성 소인과 정신적인 스트레스를 포함하는 복합적인 요인들에 의해서 발생하는 것으로 사료됨. 원형 탈모증이 전체적으로 확산하여 모발 전체의 감소를 초래할 수도 있는데 이를 전체성 원형 탈모증 또는 전체성 탈모라고 함. 원형 탈모증은 재발가능성이 있으며, 모발이 다시 자라는 것과 모발 감소가 번갈아가며 나타날 수 있음
기타	스트레스성 탈모, 두피감염에 의한 탈모, 성장관련 탈모, 두피 및 모발질환, 화학적 노출 및 처리에 의한 탈모, 상처로 인한 탈모, 기타 지루성 탈모증, 산후 휴지기 탈모증, 노인성 탈모증 등

▶ 탈모의 원인
- 유전 : 탈모를 일으키는 유전자(AR, Androgen Receptor)는 상염색체성 유전을 하며 테스토스테론 수준과 DHT 생성과 관련된 특정 유전적 변이를 가질 수 있음. 이러한 변이가 AR 유전자의 활성화를 조절하고, 높은 DHT 수준이 모발 손실을 촉진할 것으로 예상됨
- 호르몬 : 모발의 성장 및 탈모와 관계있는 호르몬은 테스토스테론, DHT, 에스트로겐, 프로게스테론, 갑상선 호르몬, 인슐린, 스트레스 호르몬(코티솔) 등이 있음.
- 스트레스 : 스트레스는 휴지기 탈모(Telogen effluvium), 코티솔 수치상승, 자가면역 질환 활성화, 습관적 모발 뽑기, 영양부족을 유발하여 탈모를 가속화함
- 식생활 습관 : 동물성 지방의 과다섭취는 혈중 콜레스테롤을 증가시켜 모근의 영양공급을 악화시킴. 다이어트로 인해 단백질, 비타민(D, A, E, C), 미네랄(아연, 철, 마그네슘) 등이 결핍된 경우 탈모가 촉진됨.
수분섭취 제한·과도한 열량 섭취·불규칙한 식사·비건 또는 극단적인 식이제한은 탈모를 가속화함
- 모발 공해 : 파마, 드라이, 염색, 대기오염 등으로 인하여 열과 알칼리에 약한 모발 성분이 손상됨
- 노화: 탈모는 일반적으로 노화와 관련이 있으며, 나이가 들수록 두드러짐
- 기타 : 지루성 피부염, 건선, 아토피와 같은 피부질환 또는 항암제 치료, 방사선 요법, 염증성 질환 등에 의해 탈모가 나타날 수 있음

(2) 비듬

▶ 비듬의 증상
- 비듬은 두피에서 탈락된 세포가 벗겨져 나온 쌀겨 모양의 표피 탈락물
- 두피에 국한된 대표적인 동반 증상은 가려움증이고, 증상이 심해지면 뺨, 코, 이마에 각질을 동반한 구진성 발진이 나타나거나, 바깥귀길의 심한 가려움증을 동반한 비늘이 발생하는 등 지루성 피부염의 증상이 발생함

▶ 비듬의 원인
- 비듬이 생기는 원인은 여러 가지이며, 두피 피지선의 과다 분비, 호르몬의 불균형, 두피 세포의 과다 증식 등이 있음
- 말라쎄지아라는 진균류가 방출하는 분비물이 표피층을 자극하여 비듬이 발생하기도 함. 이외에 스트레스, 과도한 다이어트 등이 비듬 발생의 원인이 된다는 연구 결과가 있음

[참고] 말라세지아
말라세지아(Malassezia)는 담자균류(Basidiomycota, 분류학상의 '강 Division')에 속하는 진균의 속(Genus)으로 사람의 피부에서 가장 많이 관찰되는 진균이다. Malassezia 중에서 사람의 피부에서 가장 많이 관찰되는 종(Species)은 Malassezia restricta이며, 이외에 Malassezia globosa 종도 자주 관찰된다. Malassezia 진균은 사람의 건강한 피부 뿐 아니라 다양한 피부질환 - 어루러기, 지루피부염, 말라세지아 모낭염 등 - 부위에서 개체 수가 증가하는 것으로 알려져 있으며, 이러한 피부질환과 관련되어 있다고 여겨진다. 최근에는 지루성피부염의 일종인 비듬, 아토피피부염, 심상성여드름 및 건선에 이르기까지 그 원인 진균으로서 Malassezia에 대한 관심이 점차 대두되고 있다.

[네이버 지식백과] 말라세지아 [Malassezia] (미생물학백과)

7. 탈염 탈색의 원리

- 암모니아는 모표피를 손상시켜 염료와 과산화수소가 속으로 잘 스며들 수 있도록 하는 역할을 함
- 과산화수소는 색소를 파괴하는데, 머리카락 속의 멜라닌 색소를 파괴하여 두발 원래의 색을 지워주는 역할을 함. 염모제는 머리카락의 본연의 보호하는 층을 뚫고 들어가 멜라닌 색소를 파괴하고 다른 염료의 색상을 넣는 과정을 거침. 염색약을 두발에 잘 도포한 후에 충분한 시간을 두는 것은 멜라닌색소의 파괴와 그 안의 염료가 자리를 잡을 수 있는 충분한 시간을 주기 위해서임

☑ 피부 및 모발의 상태 분석

1. 피부 상태 분석

① 피부 분석 방법(~진법)
- **문진법:** 설문·대면 질문 통해 피부 상태 분석
- **견진법:** 육안을 통해 피부 상태 분석
- **촉진법:** 촉각(손으로 누르거나 만짐)을 통해 피부 상태 분석
- **기기를 이용한 판독법:** 유수분 측정기, pH 측정기, 확대경, 피부 분석기 등을 활용

② 피부 측정 방법
- **피부 수분:** 전기전도도를 통해 측정 가능
- **피부 유분:** 카트리지 필름, 흡묵지를 피부에 밀착시킨 후 유분량 측정
- **피부 건조:** 경피수분손실량, 피부장벽기능 평가
- **pH:** 피부의 산성도 측정
- **두피상태:** 비듬, 피지, 모근 상태를 현미경을 통해 측정
- **표면:** 현미경, 확대경, 비전 프로그램이나 확대 촬영 통해 잔주름, 굵은 주름, 각질, 모공 크기, 색소침착 등을 측정
- **피부색:** 멜라닌의 양(수(X), 양(O))을 측정하여 색소침착 정도 파악
- **탄력:** 음압을 가했다가 피부가 원래 상태로 회복되는 정도 측정
- **홍반:** 헤모글로빈 수치를 통한 붉은 기 측정

- **피부 보습도 분석:** 각질 수분량 측정, Transepidermal Water Loss(TEWL), 경피수분손실량 측정
- **피부 주름 분석:** Replica 분석법, 피부 표면 형태 측정
- **피부 탄력 분석:** 탄력 측정기를 이용한 측정법
- **피부 색소 침착 분석:** 피부 색소 측정기를 이용한 측정, UV광을 이용한 측정

  *피부의 유·수분 상태는 <u>세안 후 일정 시간이 지난 뒤</u>에 해야 정확한 피부 상태를 판독할 수 있다.

③ 피부 유형별 특징

- **정상 피부(중성피부):** 유·수분 밸런스가 좋고 혈관분포가 일정하여 혈액순환, 신진대사가 원활함
- **건성 피부:** 각질층 수분 함량이 10% 미만인 피부/피지분비량 감소로 건조함/노화, 아토피로 확장 가능
- **지성 피부:** 피지분비량이 많고 모공이 크며 여드름 피부로 확장 가능성이 큼
- **복합성 피부:** 2개 이상의 피부 유형/보통 T존은 지성, U존은 건성, 호르몬과 외부환경에 영향을 많이 받음
- **민감성 피부:** 피부가 쉽게 붉어지거나 민감하게 반응/노화진행이 빠르거나 쉽게 염증 발생
- **노화 피부:** 보습과 탄력이 저하된 피부
- **여드름 피부:** 모낭 내 과잉 분비된 피지로 인해 염증 반응이 나타나는 피부

> ***여드름**
> - 피지 분비 증가, 모공 폐쇄, 세균 증식, 스트레스 등의 이유로 여드름 발생
> - **여드름의 종류**
>   ① **면포:** 좁쌀 모양의 비염증성 여드름/개방면포(블랙헤드), 폐쇄면포(화이트헤드)
>   ② **구진:** 피지가 세균 감염으로 팽창되어 모낭벽이 파손된 상태의 여드름
>   ③ **농포:** 노란색 고름이 발생한 염증성 여드름
>   ④ **결절:** 농포가 발전해 단단한 덩어리가 피부 안에서 딱딱해진 상태의 여드름
>   ⑤ **낭종:** 화농 상태가 가장 심각한 단계/모낭벽이 완전히 파괴된 상태의 여드름
>
> **여드름 개선에 도움이 되는 성분들**
> - AHA, BHA, 비타민 A 유도체, 감초 추출물, 로즈마리 추출물, 탄닌(탄닌산-늘어진 모공을 개선하고 과다 피지 분비를 케어), 인삼, 잘비아 추출물, 페조시놀, 하이퍼리신 등

- **색소침착 피부:** 멜라닌이 비정상적으로 과잉 생성되면서 과색소침착이 일어난 피부/자외선, 스트레스, 여성호르몬, 내장 장애 등이 원인이 됨

*피부 분석법의 종류

- 피부 보습도 분석
  - 육안 및 침투적 방법을 통한 각질 수분량 측정
  - Transepidermal Water Loss(TEWL), 경피수분손실량 측정
  - 전기적 저항·정전·전도를 통한 피부수분측정(Skin impedance, Capacitance, Conductance)
  - 광학적 분석을 통한 피부 보습도 결정(핵자기공명, 라만분광광도계, 적외선 분광광도계)
  - 웨어러블 장비를 통한 피부 보습도 결정

- **피부 주름 분석**
  - 시각적 평가 및 영상 촬영을 통한 분석
  - Replica 분석법
  - 3차원 피부 표면 형태 측정
  - 초음파 영상 분석

- **피부 탄력 분석**
  - 탄력 측정기를 이용한 측정법; 피부에 음압을 가했다가 원래 상태로 회복되는 정도를 측정
  - 피부의 수직 및 수평탄력을 측정하는 기기 사용(Cutometer, Reviscometer 등)
  - 초음파 영상 분석

- **피부 색소 침착 분석**
  - 시각적 평가 및 영상 촬영을 통한 분석
  - 우즈램프(Wood's lamp); 자외선A(365 nm) 빛을 사용하여 피부 색소침착을 평가함
  - 피부 색소 측정기를 이용한 측정
  - 멜라닌 측정
  - 자외선 노출 측정
  - UV 램프 및 우즈램프를 이용한 방법은 주로 색소침착의 표면적인 변화를 확인하는 데 사용되며, 멜라닌 측정 및 피부 조직 분석과 같은 방법은 색소침착의 원인과 내부적인 변화를 파악하기 위해 더 깊은 분석을 제공함

2. 모발 상태 분석(모발의 굵기, 손상 정도, 탈염, 탈색 등 분석)

① 모발진단검사

- **모발당김검사**: 모발을 두 손가락으로 당겨 탈모 증상 판단
- **모주기 검사**: 포토트리코그람을 통해 모발의 성장 속도와 밀도를 종합하여 모발 상태 분석
- **모간 검사**: 모발에 붙어있는 피부를 모아 염색 후 현미경으로 모근과 모구 관찰
- **조직 검사**: 4mm 펀치를 이용하여 모유두가 포함된 조직을 채취하여 모발 상태 분석
- **모발 분석**: 모발의 전반적 상태를 종합적으로 진단
- **모발 손상도 측정 방법**
  - **감상적인 진단**: 문진법, 검진법, 촉진법
  - **절단 강도와 신장률의 측정**
  - **물에 의한 제2차 팽윤도의 측정**: 건강한 모발은 모발 중량의 25~30%의 수분을 흡수하여 포화상태가 되나 손상 모발은 수분 흡수 포화량이 높다.(모소피가 손상되었으므로)
  - **알칼리 용해도의 측정**: 수산화나트륨 0.4% 수용액에 건강한 모발을 약 30분간 담근 후 미온수로 헹궈 무게를 측정하면 중량이 약 3% 감소하게 된다.(모발 피지 성분이 녹아 사라져서) 손상된 모발은 알칼리에 대한 저항력이 낮아 용해되는 정도가 높고 중량이 감소됨

- **아미노산 분석에 의한 측정**: 모발을 가수분해하여 아미노산 조성의 변화를 분석하여 측정. 손상모는 시스틴 함유량이 감소하고 시스테인산이 증가하여 손상도 측정(시스테인산이 많다는 것은 손상이 많이 되었다는 뜻)

② 두피 및 모발 상태

- **정상두피**: 두피가 투명, 각질이나 피지가 깨끗/**모공 1개 당 2~3개의 모발**이 존재/모발 굵기 일정
- **탈모**: 하루에 약 120~200개의 모발이 지속적으로 빠지는 현상/모모세포 생장 활동 중지, 성장기↓, 휴지기↑ (원인: 남성호르몬 이상, 스트레스, 피지분비 과다, 두피 염증, 잦은 퍼머와 염색)/ **반흔성 탈모증(영구적)과 비반흔성 탈모증**으로 나뉨/**덱스판테놀, 엘-멘톨, 비오틴, 징크피리치**온 등이 도움이 됨.
  * 멘톨: 박하의 결정체로 투명, 뾰족함. 물에 잘 안 녹아 에탄올 같은 용제에 녹임. L-멘톨과 D-멘톨, DL-멘톨이 있으며 L-멘톨만 기능성 화장품의 탈모 완화 성분으로 인정
- **비듬**: 표피 세포의 각질화에 의해 떨어진 것으로 쌀겨 모양을 이룸/가려움증 유발, 탈모의 원인이 되기도 함
- 탈모 상태 분석: 남성형 탈모, 여성 탈모, 원형 탈모, 스트레스성 탈모 등
- 두피 상태 분석: 두피의 홍반, 지루성 두피 상태 등에 대한 분석

*모발 분석법

• 모발의 상태 분석
  - 모발의 굵기, 손상 정도, 탈염, 탈색 등 분석
  - 모발검사법(Trichoscopy): 특수한 현미경을 사용하여 모발과 두피의 세부구조를 확인함
  - 모발형태학(Trichology): 모발의 형태와 구조를 연구하는 학문으로 모발의 종류, 성장 주기, 모발색, 직경 등을 연구함
  - 모발 뿌리 분석
  - 모발 색소 분석
  - 모발 세균 분석
  - 모발 성장 주기 분석
  - 모발 유전자 분석

*탈모, 두피 분석법

• 탈모 상태 분석
  - 남성형 탈모, 여성 탈모, 원형 탈모, 스트레스성 탈모 등
• **두피 상태 분석**
  - 두피의 홍반, 지루성 두피 상태 등에 대한 분석

Chapter 4 맞춤형화장품법의 이해

- 1,000점 만점 중 400점(40%) 할당, 총 40문항, 선다형(28문항), 단답형(12문항)
- 4.3. 관능평가 방법과 절차
- 소주제: 1. 관능평가 방법과 절차

1. 관능평가: 화장품의 품질을 인간의 오감에 의해 측정하고 분석하여 평가하는 방법 → 용어 기억

화장품은 유효성에 대한 과학적 평가법이 있으나 외관, 색상, 향, 사용감 등 기호에 따른 평가도 제품에 영향을 미치기에 관능평가를 통해 얻은 결과를 통계 처리한 후 종합적 평가에 사용한다. 관능평가란 여러 가지 품질을 인간의 오감에 의하여 평가하는 제품검사로, 화장품에 적합한 관능품질을 확보하기 위하여 외관·색상 검사, 향취 검사, 사용감 검사를 수행하는 능력을 말한다. 관능평가에는 좋고 싫음을 주관적으로 판단하는 기호형과, 표준품 및 한도품 등 기준과 비교하여 합격품, 불량품을 객관적으로 평가, 선별하거나 사람의 식별력 등을 조사하는 분석형의 2가지 종류가 있다.

*관능평가의 특징
- 관능평가는 화장품 유효성 평가 방법 중의 하나임
- 관능평가는 통계학의 이론을 기초로 하여 미리 충분히 계획된 조건하에서 복수의 인간이 감각을 계기로 화장품의 품질을 판단하여 보편타당한 신뢰성 있는 결론을 내리려고 하는 수단임
- 관능평가에는 좋고 싫음을 주관적으로 판단하는 기호형과, 표준품 및 한도품 등 기준과 비교하여 합격품, 불량품을 객관적으로 평가, 선별하거나 사람의 식별력 등을 조사하는 분석형의 2가지 종류가 있음
- 관능평가는 소비자가 화장품을 사용하면서 느끼는 주관적인 경험과 효과를 평가하는 과정이며, 화장품 사용자의 개인적 선호도와 피부 형태에 따라 달라질 수 있음
- 화장품 관능평가를 통해 다양한 사용자 피드백을 수집하여 제품의 개선과 개발에 활용됨. 또한, 화장품 제조사는 제품을 향상시키고 소비자들의 요구에 맞추기 위해 관능평가 결과를 분석하고 활용함
- 과학적 계측화의 진보에도 불구하고 이화학적 평가가 불가능한 품질의 특성에 대한 유일한 검사

*관능평가 분석 대상
- 향취(Odor)
- 색상(Color)
- 광택(Gloss level)
- 젤라틴성(Gelatinous)
- 매끈함(Smooth)
- 두꺼운 정도(Thickness/Density)
- 청량감(Freshness)

- 미끄러짐(Gliding or slippery)
- 수분감(Aqueous)
- 끈적임(Stickiness)
- 유연감(Softness)
- 피막형성(Film-forming)
- 펴짐(Spreading)
- 유동성(Fluidity)

2. 외관·색상 검사에 대한 관능평가 순서

① 외관·색상을 검사하기 위한 표준품 선정

② 원자재시험 검체와 제품의 공정 단계별 시험 검체 채취, 각각의 기준과 평가 척도 마련

③ 외관·색상시험 방법에 따라 시험

④ 시험 결과에 따라 적합 유무를 판정하고 기록·관리

[기출!] 관능평가에 사용되는 표준품
- 제품 표준견본: 완성제품의 개별포장에 관한 표준
- 제품색조 표준견본: 제품내용물 색조에 관한 표준
- 제품내용물 표준견본: 외관, 성상, 냄새, 사용감에 관한 표준
- 레벨 부착 위치견본: 완성제품, 레벨 부착위치에 관한 표준
- 충전 위치견본: 내용물을 제품용기에 충전할 때의 액면위치에 관한 표준
- 원료색조 표준견본: 착색제의 색조에 관한 표준
- 원료 표준견본: 외관, 색, 성상, 냄새 등에 관한 표준
- 향료 표준견본: 향, 색조, 외관 등에 관한 표준
- 용기·포장재 표준견본: 용기·포장재의 검사에 관한 표준
- 용기·포장재 한도견본: 용기·포장재 외관검사에 사용하는 합격품 한도를 나타내는 표준

3. 관능평가 요소

탁도(침전)	10ml 바이알에 액체 형태의 화장품을 넣고 탁도계로 측정
변취	손등에 적당량을 바른 뒤 원료의 베이스 냄새를 기준으로 표준품(최종제품)과 비교해 변취 확인
분리(성상)	육안과 현미경을 이용해 기포, 응고, 분리, 겔화, 빙결 등 유화 상태 확인
점도, 경도	실온에 방치한 뒤 용기에 넣고 점도, 경도 범위에 적합한 회전봉을 사용해 점도를 측정하고 점도가 높을 경우 경도를 측정
증발, 표면 굳음	건조감량, 무게 측정을 통해 증발과 표면 굳음 측정

4. 제품별 관능평가 요소

스킨·토너	탁도, 변취			
로션·에센스		변취,	분리(성상),	점도·경도
크림		변취,	분리(성상),	점도·경도, 증발·표면 굳음

메이크업 베이스 · 파운데이션	변취,		점도 · 경도,	증발 · 표면 굳음
립스틱	변취,	분리(성상),	점도 · 경도	

[관능평가의 절차]

1. 성상 및 색상의 판별 절차
   - 유화제품(크림, 유액 등): 표준견본과 대조하여 평가하고자 하는 내용물의 표면의 매끄러움과 내용물의 점성, 내용물의 색이 유백색인지 육안으로 확인
   - 색조제품(파운데이션, 아이섀도, 립스틱 등): 표준견본과 내용물을 슬라이드 글라스(slide glass)에 각각 소량씩 묻힌 후 슬라이드 글라스로 눌러서 대조되는 색상을 육안으로 확인하거나 손등 혹은 실제 사용 부위(얼굴, 입술)에 발라서 색상 확인

2. 향취 평가 절차
   - 비커에 내용물을 일정량 담고 코를 비커에 대고 향취를 맡거나 손등에 내용물을 바르고 향취를 맡음

3. 사용감 평가 절차
   - 사용감 정의: 사용감이란 원자재나 제품을 사용할 때 피부에서 느끼는 감각으로 매끄럽게 발리거나 바른 후 가볍거나 무거운 느낌, 밀착감, 청량감 등을 말한다.
   - 내용물을 손등에 문질러서 느껴지는 사용감(무거움, 가벼움, 촉촉함, 산뜻함 등)을 확인

5. 관능 용어에 따른 물리화학적 평가법(기출)

① 물리적 관능요소

   - 마찰감 테스트, 점탄성 측정: 촉촉함 ↔ 보송보송함/부들부들함/뽀드득함 ↔ 매끄러움
   - 유연성 측정: 탄력이 있음(피부)/부드러워짐(피부)
   - 핸디압축시험법: 끈적임 ↔ 끈적이지 않음
   - 기타: 가볍게 발림 ↔ 뻑뻑하게 발림/빠르게 스며듦 ↔ 느리게 스며듦/부드러움 ↔ 딱딱함(화장품)

② 광학적 관능요소

   - 변색분광측정계, 광택계: 투명감이 있음 ↔ 불투명함/윤기가 있음 ↔ 윤기가 없음
   - 색채 측정(분광측색계를 통한 명도 측정), 확대 비디오 관찰: 화장 지속력이 좋음 ↔ 화장이 지워짐/균일하게 도포할 수 있음 ↔ 뭉침, 번짐
   - 광택계: 번들거림 ↔ 번들거리지 않음

6. 자가평가

① 소비자에 의한 사용시험

사용시험은 소비자들이 관찰하거나 느낄 수 있는 변수들에 기초하여 제품 효능과 화장품 특성에 대한 소비자의 인식을 평가하는 것으로 충분한 수의 사람들을 대상으로 실시되어야 함

맹검 사용 시험 (Blind use test)	소비자의 판단에 영향을 미칠 수 있고 제품의 효능에 대한 인식을 바꿀 수 있는 상품평, 디자인, 표시사항 등의 정보를 제공하지 않는 제품 사용시험
비맹검 사용 시험 (Concept use test)	상품명, 표시사항 등을 알려주고 제품에 대한 인식 및 효능 등이 일치하는지를 조사하는 시험(제품의 정보를 제공하고 제품에 대한 인식 및 효능이 일치하는지를 조사하는 시험)

② 훈련된 전문가 패널에 의한 관능평가
- 명확히 규정된 시험계획서에 따라 정확한 관능기준을 가지고 교육을 받은 전문가 패널의 도움을 얻어 실시
- 관능시험 평가의 결과보고 양식의 예로 스파이더 프로파일(Spider profile), 주요인 분석(PCA, Principal Component Analysis) 등이 있음

7. 전문가에 의한 평가

- 의사 감독하에 실시하는 시험: 의사의 관리하에 화장품 효능에 대해 실시/변수들은 임상관찰 결과 또는 평점에 의해 평가
- 그 외 전문가의 관리하에 실시되는 시험: 준 의료진, 미용사 또는 기타 직업적 전문가가 이미 확립된 기준에 따라 감각에 의해 제품 효능 평가

Chapter 4 맞춤형화장품의 이해

- 1,000점 만점 중 400점(40%) 할당, 총 40문항, 선다형(28문항), 단답형(12문항)
- 4.4. 제품 상담
- 소주제: 1. 맞춤형화장품의 효과
  2. 맞춤형화장품의 부작용의 종류와 현상
  3. 원료 및 내용물의 사용제한 사항

☑ 맞춤형화장품의 효과

- 기본 전제: 맞춤형화장품 역시 '화장품'이므로 화장품법 제2조에서 명시한 화장품의 정의에서 벗어날 수 없다.(맞춤형화장품은 「화장품법」에 근거한 유형 및 효과의 범위를 벗어날 수 없다.)

화장품법 제2조의 화장품의 정의

"화장품"이란 인체를 청결·미화하여 매력을 더하고 용모를 밝게 변화시키거나 피부·모발의 건강을 유지 또는 증진하기 위하여 인체에 바르고 문지르거나 뿌리는 등 이와 유사한 방법으로 사용되는 물품으로서 인체에 대한 작용이 경미한 것을 말한다. 다만, 「약사법」 제2조제4호의 의약품에 해당하는 물품은 제외한다.

- 맞춤형화장품은 소비자의 기호와 특성에 맞춘 제품을 즉석에서 조제하여 소비자에게 제공하는 제품이다. 따라서 맞춤형화장품을 통해 개인의 가치가 강조되는 사회·문화적 환경 변화에 따라 다양한 소비 요구의 충족이 가능하다.
- 고객이 원하는 제품의 혼합 및 소분이 가능하다.
- 다원화 시대에 고객 각자의 니즈를 충족시키는 맞춤형화장품은 최신 트렌드에 부합하는 화장품이라고 할 수 있다.
- 자세한 각 화장품 유형별 세부 특징은 2단원 부분의 **2. 화장품 제조 및 품질관리 > 2.2 화장품 기능과 품질 > 2.2.1. 화장품의 효과**에서 자세하게 언급되었으니 참고하기 바란다.

☑ 맞춤형화장품의 부작용의 종류와 현상

- 맞춤형화장품 역시 화장품이기에 일반 화장품 사용 시 나타날 수 있는 부작용이 맞춤형화장품 사용 시 나타날 수 있다. 따라서 사용 시 부작용을 최소화하고 제품의 안전성을 위해 다음의 규제사항을 따라야 한다.

① 맞춤형화장품 혼합 및 소분 범위 제한

* 해당 내용은 4. 맞춤형화장품의 이해 > 4.1. 맞춤형화장품 개요 > 4.1.1. 맞춤형화장품 정의에서 자세하게 언급되었으니 참고 바랍니다.

맞춤형화장품판매업자는 맞춤형화장품 조제에 사용하는 내용물 또는 원료의 혼합·소분의 범위에 대해 사전에 검토하여 최종 제품의 품질 및 안전성을 확보해야 한다. 다만, 화장품책임판매업자가 혼합 또는 소분의 범위를 미리 정하고 있는 경우에는 그 범위 내에서 혼합 또는 소분해야 한다.

② 맞춤형화장품조제관리사를 통한 혼합 및 소분 수행

조제관리사가 혼합 및 소분하지 않는 화장품은 맞춤형화장품이 아니다.

③ 맞춤형화장품에 사용 가능한 원료는 제한되어 있다.
* **해당 내용은 2. 화장품 제조 및 품질관리 > 2.2. 화장품 기능과 품질 > 2.2.2. 판매 가능한 맞춤형화장품 구성에서 자세하게 언급되었으니 참고 바랍니다.**

④ 유통화장품 안전관리 기준에 적합해야 한다.
⑤ 그 외 맞춤형화장품 안전성 및 안정성에 관한 것은 일반 화장품과 동일하게 관련 규정 적용

- 부작용의 종류: 피부 증상으로는 육안적 소견이 없는 가려움, 따가움이나 육안으로 식별할 수 있는 자극, 알레르기 등이 있음. 눈의 증상으로는 육안적 소견이 없는 눈 따가움, 눈 시림 등의 불쾌감이 있을 수 있으며, 육안적 소견이 있는 자극 (결막, 각막 등)이 있음

가려움(소양감)/따끔거림/부종(세포와 세포 사이에 수분이 비정상적으로 축적)/염증(세균 감염, 뾰루지, 알레르기 등)/인설(표피의 각질이 은백색의 부스러기처럼 탈락)/자통(찌르고 따끔거리는 느낌)/작열감(화끈)/홍반(모세혈관의 확장 또는 충혈로 인해 피부가 국소적으로 붉게 변함)

- 맞춤형화장품으로 인한 부작용 사례 발생 시 지체없이 식품의약품안전처장에게 보고(15일 이내)하여야 한다.
- 맞춤형화장품은 화장품 안전기준 등에 관한 규정을 따라야 한다.(* **해당 내용은 3. 유통화장품 안전관리 > 3.4. 내용물 및 원료 관리 > 3.4.2. 유통화장품의 안전관리 기준에서 자세하게 언급되었으니 참고 바랍니다.**)

▶ 조제 또는 보관 시 비의도적으로 다음의 원료가 유입되는 경우 아래의 한도 내로만 검출을 허용한다.(유통화장품 안전관리 기준)

납	① 점토를 원료로 사용한 분말 제품에는 50μg/g이하 ② 그 밖의 제품은 20μg/g이하
니켈	① 눈화장용 제품 35μg/g이하 ② 색조화장용 제품 30μg/g이하 ③ 그 밖의 제품 10μg/g이하
비소	10μg/g이하
안티몬	10μg/g이하
카드뮴	5μg/g이하
수은	1μg/g이하
디옥산	100μg/g이하
메탄올	0.2%(v/v)이하, 물휴지는 0.002%(v/v)이하
포름알데하이드	2,000μg/g이하, 물휴지는 20μg/g이하
프탈레이트류	**디부틸프탈레이트, 부틸벤질프탈레이트, 디에칠헥실프탈레이트**에 한하여 총합으로서 100μg/g이하

- <u>화장품 미생물 한도</u>

영유아용 제품류 및 눈화장용 제품류	총호기성생균수 500개/g(ml)이하
물휴지	세균 및 진균수 각각 100개/g(ml)이하
기타 화장품류	총호기성생균수 1,000개/g(ml)이하
모든 화장품류	대장균, 녹농균, 황색포도상구균 불검출

[참고] 화장품 안전성 정보관리 규정	
고객관리	- 문제발생 시 확보된 Standard Operating Procedure(SOP)에 따라 대응한다. *** 문제 발생 시 대처를 위한 SOP 작성 요령** - 표준작업지침서(Standard Operating Procedures, 이하 SOP)라 함은 특정 업무를 표준화된 방법에 따라 일관되게 실시할 목적으로 해당 절차 및 수행 방법 등을 상세하게 기술한 문서를 말한다. 즉, 특별한 업무를 수행하는 자에게 그 "표준작업"에 대한 상세한 지침을 제공하여 일관되게 업무를 수행하도록 하는 문서이다. 이러한 SOP는 품질관리(Quality Control)가 필요한 모든 업무에 필요하다.

사례보고	***화장품 안전성 정보관리 규정에 근거한 맞춤형화장품 부작용 사례보고 규정**
	- 맞춤형화장품 사용과 관련된 부작용 발생 사례에 대해서는 지체없이(15일 이내) 식품의약품안전처장에게 보고해야 한다.
	  * 해당 내용은 2. 화장품 제조 및 품질관리 > 2.5. 위해사례 판단 및 보고 > 2.5.1. 위해 여부 판단 및 보고 부분을 참고 바랍니다.
	  * 해당 내용은 4. 맞춤형화장품의 이해 > 4.1. 맞춤형화장품 개요 > 4.1.2. 맞춤형화장품 주요 규정에서도 언급되었으니 참고 바랍니다.

✓ 원료 및 내용물의 사용제한 사항(화장품 배합금지 원료 및 사용상 제한원료, 맞춤형화장품 배합금지 원료)

*맞춤형화장품에 배합할 수 없는 원료 정리

(1) 화장품에 사용할 수 없는 원료로 식약처장이 지정한 원료들(이 원료들은 지구상의 그 누가 와도 한국 화장품에는 넣을 수 없다. 따라서 당연히 맞춤형화장품에도 넣을 수 없다.)
(2) 화장품에 사용상의 제한이 필요한 원료로 식약처장이 지정하여 고시된 원료들(이 원료들은 화장품제조업자만 사용할 수 있으며, 맞춤형화장품조제관리사는 이러한 원료들을 배합할 수 없다.(예: 보존제, 자외선차단제 성분들, 제한이 있는 색소들, 염모제 성분들 등))
(3) 기능성화장품 고시 원료(이 원료들은 화장품제조업자만 사용할 수 있으며, 맞춤형화장품조제관리사는 이러한 원료들을 배합할 수 없다. 단, 「화장품법」 제4조에 따라 화장품책임판매업자가 사전에 해당 원료를 포함하여 기능성화장품에 대한 심사를 받거나 보고서를 제출한 경우에는 예외적으로 사용이 가능하다.)

- 기능성화장품의 효능·효과를 나타내는 원료는 내용물과 원료의 최종 혼합 제품을 기능성화장품으로 기 심사(또는 보고) 받은 경우에 한하여, 기 심사(또는 보고) 받은 조합·함량 범위 내에서만 사용 가능
- 원료의 품질유지를 위해 원료에 보존제가 포함된 경우에는 예외적으로 허용
☞ 원료의 경우 개인 맞춤형으로 추가되는 색소, 향, 기능성 원료 등이 해당되며 이를 위한 원료의 조합(혼합 원료)도 허용

✓ 내용물 및 원료의 사용제한 사항: 해당 내용은 앞에서 이미 다 언급한 내용임.(배합금지 사항 확인 및 배합, 맞춤형화장품 혼합 및 소분 범위 제한 등)

Chapter 4 맞춤형화장품의 이해

- 1,000점 만점 중 400점(40%) 할당, 총 40문항, 선다형(28문항), 단답형(12문항)
- 4.5. 제품안내
- 소주제: 1. 맞춤형화장품의 사용법
  2. 맞춤형화장품 안전기준의 주요사항
  3. 맞춤형화장품의 특징
  4. 맞춤형화장품의 사용법

☑ 맞춤형화장품의 사용법

1. 맞춤형화장품 표시 및 기재사항

구분	표시 · 기재 사항

맞춤형 화장품	**<1차 포장>**
	1. 화장품의 명칭
	2. 영업자(화장품제조업자, 화장품책임판매업자, 맞춤형화장품판매업자)의 상호
	3. 제조번호
	4. 사용기한 또는 개봉 후 사용기간(개봉 후 사용기간의 경우 제조연월일 병기)
	
	<1차 포장 또는 2차 포장>
	1. 화장품의 명칭
	2. 영업자(화장품제조업자, 화장품책임판매업자, 맞춤형화장품판매업자)의 상호 및 주소
	3. 해당 화장품 제조에 사용된 모든 성분(인체에 무해한 소량 함유 성분 등 총리령으로 정하는 성분은 제외)
	4. 내용물의 용량 또는 중량
	5. 제조번호
	6. 사용기한 또는 개봉 후 사용기간(개봉 후 사용기간의 경우 제조연월일 병기)
	7. 가격
	8. 기능성화장품의 경우 "기능성화장품"이라는 글자 또는 기능성화장품을 나타내는 도안으로서 식품의약품안전처장이 정하는 도안
	9. 사용할 때의 주의사항
	10. 그 밖에 총리령으로 정하는 사항
	    - 기능성화장품의 경우 심사받거나 보고한 효능 · 효과, 용법 · 용량
	    - 성분명을 제품 명칭의 일부로 사용한 경우 그 성분명과 함량(방향용 제품은 제외한다)
	    - 인체 세포 · 조직 배양액이 들어있는 경우 그 함량
	    - 화장품에 천연 또는 유기농으로 표시 · 광고하려는 경우에는 원료의 함량
	    - **탈모, 여드름, 피부장벽, 튼살 케어에 도움을 주는 기능성 화장품인 경우** "질병의 예방 및 치료를 위한 의약품이 아님"이라는 문구
	    - 다음의 어느 하나에 해당하는 경우 사용기준이 지정 · 고시된 원료 중 **보존제**의 **함량**

가. 3세 이하의 영유아용 제품류인 경우
나. 4세 이상부터 13세 이하까지의 어린이가 사용할 수 있는 제품임을 특정하여 표시·광고하려는 경우

* 판매가격은 실제 소비자에게 판매되는 가격을 말하며 판매가격 표시 의무자는 직접판매자이다.(표시의무자 이외의 화장품책임판매업자, 화장품제조업자는 그 판매가격을 표시하여서는 안 됨). 판매가격표시 대상은 국내에서 제조되거나 수입되어 국내에서 판매되는 모든 화장품. 판매가격이 변경되었을 경우 기존의 가격표시가 보이지 않도록 변경 표시하여야 한다. 다만, 판매자가 기간을 특정하여 판매가격을 변경하기 위해 그 기간을 소비자에게 알리고, 소비자가 판매가격을 기존가격과 오인·혼동할 우려가 없도록 명확히 구분하여 표시하는 경우는 제외한다. 개별 제품에 가격을 표시하는 것이 곤란한 경우에는 소비자가 가장 쉽게 알아볼 수 있도록 제품명, 가격이 포함된 정보를 제시하는 방법으로 판매가격을 별도로 표시할 수 있다. 이 경우 화장품 개별 제품에는 판매가격을 표시하지 아니할 수 있다.

- **소용량(10ml이하) 또는 비매품:** 1차 포장 또는 2차 포장에 화장품명과 영업자의 상호(화장품책임판매업자 및 맞춤형화장품판매업자만), 제조번호·식별번호, 가격(비매품일 경우 견본품/비매품으로 표기), 사용기한 또는 개봉 후 사용기간(개봉 후 사용기간의 경우 제조연월일 병기)

2. 화장품의 표시상 주의사항

- 한글로 읽기 쉽게 표시하되 한자와 병기 가능하며 수출용인 경우 수출대상국의 언어 사용 가능
- 화장품의 성분은 표준화된 일반명을 사용할 것
- <u>화장품의 명칭과 영업자의 상호에 대해서는 시각장애인을 위한 점자 표시를 할 수 있음.</u>

3. 포장의 표시 기준 및 표시 방법

- 화장품제조업자·책임판매업자·맞춤형화장품판매업자의 주소는 등록필증(맞춤형화장품판매업자의 경우 신고필증)에 적힌 소재지 또는 반품·교환 업무를 대표하는 소재지를 기재해야 함
- 화장품제조업자·책임판매업자·맞춤형화장품판매업자는 각각 구분하여 표시. 단, 화장품제조업자·책임판매업자·맞춤형화장품판매업자가 다른 영업을 함께하고 있다면 한꺼번에 기재 가능
- 공정별로 **2개 이상의 제조소에서 생산된 화장품의 경우 일부 공정을 수탁한 화장품제조업자의 상호 및 주소의 기재를 생략할 수 있다.**
- 수입화장품은 제조국의 명칭, 제조회사명 및 그 소재지를 국내 화장품제조업자와 구분하여 기재해야 함
- 화장품의 **1차 포장 또는 2차 포장의 무게가 포함되지 않은 용량 또는 중량을 기재**해야 함/화장·유아비누(고체형태의 비누를 말함)의 경우에는 수분을 포함한 중량과 건조중량을 함께 기재할 것

4. 표시·광고에 따른 실증범위

- 화장품제조업자·책임판매업자·맞춤형화장품판매업자가 제출해야 하는 실증 자료의 범위 및 요건(**자료 제출 요청일로부터 15일 이내 제출**)
  ① 시험결과: 인체적용 시험 자료, 인체외시험 자료 또는 같은 수준 이상의 조사자료일 것
  ② 조사결과: 표본설정, 질문사항, 질문 방법이 그 조사 목적이나 통계상의 방법과 일치할 것
  ③ 실증방법: 실증에 사용되는 시험 또는 조사의 방법은 학술적으로 널리 알려져 있거나 관련 산업 분야에서 일반적으로 인정되는 방법으로서 과학적이고 객관적이어야 할 것

5. 표시·광고에 따른 실증의 원칙

- 제조업자, 책임판매업자, 맞춤형화장품판매업자는 표시·광고 중 사실과 관련한 사항에 대해 실증할 수 있어야 함
- 식품의약품안전처장은 표시·광고가 실증이 필요한 경우 내용을 구체적으로 명시하여 관련자료 제출 요청 가능

실증 대상	필요한 실증 자료
여드름성 피부에 사용 적합	인체적용시험 자료로 입증
항균(인체 세정용 제품에 한함)	
일시적 셀룰라이트 감소	
부기, 다크서클 완화	
피부 혈행 개선	
피부노화 완화	인제적용시험 자료 또는 인체외시험자료로 입증
콜라겐 증가, 감소 또는 활성화	기능성화장품에 해당 기능을 실증한 자료로 입증
효소 증가, 감소 또는 활성화	

☑ 맞춤형화장품 안전기준의 주요사항

1. 혼합·소분 안전관리 기준

- 혼합·소분에 사용되는 내용물의 사용기한 또는 개봉 후 사용기간을 초과하여 맞춤형화장품의 사용기한 또는 개봉 후 사용기간을 정하지 않는다.
- 조제에 사용하고 남은 내용물 및 원료는 밀폐를 위한 마개를 사용하는 등 비의도적 오염을 방지한다.
- 소비자의 피부상태나 선호도 등을 확인하지 않고 맞춤형화장품을 미리 혼합·소분하여 보관·판매하지 않는다.

2. 최종 혼합·소분된 맞춤형화장품은 유통화장품의 안전관리 기준을 준수할 것

- 특히 미생물 오염관리를 철저히 할 것(예: 주기적 샘플링 검사)

3. 맞춤형화장품 판매 내역서를 작성·보관할 것(전자문서로 된 판매내역 포함)

★ 판매내역서: 제조번호(식별번호)/사용기한 또는 개봉 후 사용기간/판매일자, 판매량

4. 원료 및 내용물의 입고, 사용, 폐기 내역 등에 대해 기록관리할 것

5. 맞춤형화장품 판매 시 다음의 사항을 소비자에게 설명할 것

- 혼합·소분에 사용된 내용물이나 원료의 특성
- 사용 시 주의사항

6. 혼합·소분 장소의 관리

> 맞춤형화장품판매업을 신고하려는 자는 맞춤형화장품의 혼합·소분 공간을 그 외의 용도로 사용되는 공간과 <u>분리 또는 구획</u>하여 갖추어야 한다. 다만, 혼합·소분 과정에서 맞춤형화장품의 품질·안전 등 보건위생상 위해가 발생할 우려가 없다고 인정되는 경우에는 혼합·소분 공간을 분리 또는 구획하여 갖추지 않아도 된다.

- 맞춤형화장품 혼합·소분 장소와 판매 장소는 분리·구획하여 관리
- 적절한 환기시설 구비
- 작업대, 바닥, 벽, 천장 및 창문 청결 유지
- 혼합 전·후 작업자의 손 세척 및 장비 세척을 위한 세척 시설 구비
- 방충·방서 대책 마련 및 정기적 점검·확인

7. 혼합소분 장비 및 도구의 위생관리(혼합·소분 장비 및 도구의 위생관리에 있어 주의해야 할 사항)

- 사용 전·후 세척 등을 통해 오염 방지
- 작업 장비 및 도구 세척 시에 사용되는 세제·세척제는 잔류하거나 표면 이상을 초래하지 않는 것을 사용
- 세척한 작업 장비 및 도구는 잘 건조하여 다음 사용 시까지 오염 방지
- 자외선 살균기 이용 시 주의사항
  - 충분한 자외선 노출을 위해 적당한 간격을 두고 장비 및 도구가 서로 겹치지 않게 한 층으로 보관
  - 살균기 내 자외선램프의 청결 상태를 확인 후 사용

8. 위생 환경 모니터링(맞춤형화장품 혼합·소분 장소, 장비·도구의 위생 환경 모니터링)

- 맞춤형화장품 혼합·소분 장소가 위생적으로 유지될 수 있도록 맞춤형화장품판매업자는 주기를 정하여 판매장 등의 특성에 맞도록 위생관리할 것
- 맞춤형화장품판매업소에서는 작업자 위생, 작업환경위생, 장비·도구 관리 등 맞춤형화장품판매업소에 대한 위생 환경 모니터링 후 그 결과를 기록하고 판매업소의 위생 환경 상태를 관리할 것

☑ 맞춤형화장품의 특징

맞춤형화장품의 특징	맞춤형화장품은 개인의 가치가 강조되는 사회·문화적 환경 변화에 따라 개인맞춤형 상품 서비스를 통한 다양한 소비욕구를 충족시킬 수 있도록 탄생한 제도이다. - 개인의 요구에 따라 제품을 만들어 주거나 개인의 피부 분석을 통해 꼭 필요한 원료를 혼합하여 제품을 만들어 주는 것을 특징으로 한다. - 소비자 요구에 따라 다양한 형태의 제품 판매의 형태를 가질 수 있다.
맞춤형화장품의 장점	- 전문가 조언을 통한 소비자의 기호와 특성에 적합한 화장품과 원료의 선택이 가능 - 고객에게 맞는 고객 맞춤형 화장품의 사용으로 충족되는 심리적 만족 - 고객 개인별 피부 특성 및 색·향 등 취향에 따라, 제조·수입한 화장품을 혼합 및 소분하여 판매 가능
맞춤형화장품의 단점	- 동일한 제품에 대한 사용 후기나 평가를 확인하기 어렵다. - 맞춤형화장품 혼합조건에 따라 안정성이 변화될 수 있다.

☑ 맞춤형화장품의 사용법

1. 맞춤형화장품의 사용법
- 맞춤형화장품조제관리사와 전문적인 상담을 통해 조제한 맞춤형화장품을 사용한다.
- 화장품 사용 중 이상 증상이 발생할 경우 즉시 사용을 중단하고 이를 알린다.
- 사용기한 또는 개봉 후 사용기간을 지켜서 사용한다.
- 맞춤형화장품조제관리사로부터 내용물과 원료에 대한 설명을 듣고 사용한다.

2. 맞춤형화장품 사용 시 주의사항
- 관련 규정: 화장품 유형과 사용 시의 주의사항, 화장품 사용 시의 주의사항 및 알레르기 유발성분 표시에 관한 규정(이 규정들은 앞선 단원에서 모두 살펴보았다.)
- 그 외 맞춤형화장품 사용 시 주의사항 안내
    - 사용기한 또는 개봉 후 사용기간
    - 알레르기 유발 물질 함유 유무
- 화장품 이상 반응 시 대처법 안내
    - 알레르기나 피부자극이 일어날 경우 즉시 사용 중지 안내
    - 의사의 진단서 및 소견서, 테스트 결과 등 객관적 입증자료 구비 안내
    - 화장품에 의한 피부자극은 개인별 민감성에 따라 다르게 나타나니 사용 전 사전 테스트 진행
    - 눈 주위에 사용되는 화장품, 두발용 화장품 등 눈에 들어갈 가능성이 있는 제품은 특별한 주의사항 안내

Chapter 4. 맞춤형화장품의 이해

- 1,000점 만점 중 400점(40%) 할당, 총 40문항, 선다형(28문항), 단답형(12문항)
- 4.6. 혼합 및 소분
- 소주제: 1. 원료 및 제형의 물리적 특성
  2. 배합 금지 및 사용 제한 원료에 관한 사항
  3. 판매가능한 맞춤형화장품 구성
  4. 안전기준 및 위생관리
  5. 맞춤형화장품 판매업 준수사항에 맞는 혼합·소분 활동

☑ 원료 및 제형의 물리적 특성

1. 화장품 제형의 세부 종류 및 정의

- 로션제: 유화제 등을 넣어 유성성분과 수성성분을 균질화하여 점액상으로 만든 것
- 액제: 화장품에 사용되는 성분을 용제 등에 녹여서 액상으로 만든 것
- 크림제: 유화제 등을 넣어 유성성분과 수성성분을 균질화하여 반고형상으로 만든 것
- 침적마스크제: 액제, 로션제, 크림제, 겔제 등을 부직포 등의 지지체에 침적하여 만든 것
- 겔제: 액체를 침투시킨 분자량이 큰 유기분자로 이루어진 반고형상
- 에어로졸제: 원액을 같은 용기 또는 다른 용기에 충전한 분사제의 압력을 이용하여 안개나 포말상 등으로 분출하도록 만든 것
- 분말제: 균질하게 분말상 또는 미립상으로 만든 것

2. 제형의 물리적 특성

(1) 가용화(solubilization)
- 물에 대한 용해도가 아주 낮은 물질을 계면활성제(surfactant)의 일종인 가용화제(solubilizer)가 물에 용해될 때 일정 농도 이상에서 생성되는 마이셀(micelle)을 이용하여 용해도 이상으로 용해시키는 기술을 말함
- 이를 이용하여 만든 제품은 투명한 형상을 갖는 화장수(토너), 미스트, 향수 등이 있음

(2) 유화(emulsion)
- 서로 섞이지 않는 두 액체 중에서 하나의 액체가 다른 액체에 미세한 입자 형태로 균일하게 분산된 현상을 말하며, 유화된 상태의 혼합물을 에멀전(emulsion, 유액)이라 함. 이를 이용하여 만든 제품은 유백색의 형상을 갖는 크림류, 로션류 등이 있다.

- O/W type (oil in water, 수중유적형): O/W type의 유화형태는 수분바탕에 오일의 입자를 분산시켜서 제조함. O/W type은 물에 의해 쉽게 제거되는 특징이 있어 클렌징 밀크와 같은 묽은 에멀젼은 쉽게 제거됨
- W/O type (water in oil, 유중수적형): W/O type의 유화형태는 유분바탕에 수분의 입자를 분산시켜서 제조함. 따라서 W/O type은 O/W type보다 더 기름기가 있어 건성피부용 크림이나 유액 등을 제조할 때 사용하는 유화방식임.
- multiple emulsion(다상 에멀젼): 유화제의 종류나 유화조건에 따라 O/W형의 에멀젼이 기름 속에 분산한 계(O/W/O type)또는 W/O형 에멀젼이 물 속에 분산한 계(W/O/W type) 등이 있다.

(3) 분산(dispersion)
- 넓은 의미로 어떤 분산 매질에 분산상이 퍼져 있는 혼합계(mixed system)를 말하며, 화장품에서는 고체의 미립자가 액체 중에 퍼져있는 현상을 말한다. 이를 이용하여 만든 제품은 마스카라, 파운데이션 등이 있다.
  ▶ 각 제형에 사용되는 성분의 종류 및 특성* 해당 내용은 2.화장품 제조 및 품질관리 > 2.1. 화장품 원료의 종류와 특성 > 2.1.3. 원료 및 제품의 성분 정보에서 자세하게 언급되었으니 참고 바랍니다.

3. 혼합 시 제형의 안정성을 감소시키는 요인

(1) 원료 투입 순서에 따른 안정성 감소(화장품 원료 및 내용물 혼합 시 투입에 대한 다음의 사항을 이해해야 한다.)
- 원료 투입 순서가 달라지면 용해 상태 불량, 침전, 부유물 등이 발생할 수 있으며, 제품의 물성 및 안정성에 심각한 영향을 미치는 경우도 있다.
- <u>휘발성 원료의 경우 유화 공정 시 혼합 직전에 투입</u>하고, 고온에서 안정성이 떨어지는 원료의 경우 냉각 공정 중에 별도 투입하여야 한다.(알코올, 향료, 첨가제 등)
- W/O(water in oil) 형태의 유화 제품 제조 시 수상의 투입 속도를 빠르게 할 경우 제품의 제조가 어렵거나 안정성이 극히 나빠질 가능성이 있다.

(2) 가용화 공정에 따른 안정성 감소
- <u>제조온도가 설정된 온도보다 지나치게 높을 경우</u> 가용화제의 친수성과 친유성의 정도를 나타내는 HLB(Hydrophilic-lipophilic balance)가 바뀌면서 운점(cloud point) 이상의 온도에서는 가용화가 깨져 제품의 안정성에 문제가 생길 수 있다.

(3) 유화 공정에 따른 안정성 감소
- <u>제조 온도가 설정된 온도보다 지나치게 높을 경우</u> 유화제의 HLB가 바뀌면서 전상 온도(PIT, Phase Inversion Temperature) 이상의 온도에서는 상이 서로 바뀌어 유화 안정성에 문제가 생길 수 있다.
- 유화 입자의 크기가 달라지면서 외관 성상 또는 점도가 달라지거나 원료의 산패로 인해 제품의 냄새, 색상 등이 달라질 수 있다.

(5) 믹서의 회전속도에 따른 안정성 감소
- 믹서의 회전속도가 느린 경우 원료 용해 시 용해 시간이 길어지고, 폴리머 분산 시 수화가 어려워져서 덩어리가 생겨 메인 믹서로 이송 시 필터를 막아 이송을 어렵게 할 수 있다.
- 유화 입자가 커지면서 외관 성상 또는 점도가 달라지거나 안정성에 영향을 미칠 수 있다.

(6) 유화 제품 제조 시 진공세기에 따른 안정성 감소
- 유화 제품의 제조 시에는 미세한 기포가 다량 발생하게 되는데, 이를 제거하지 않으면 제품의 점도, 비중, 안정성 등에 영향을 미칠 수 있다.

☑ 화장품 배합한도 및 금지원료

- 맞춤형화장품에 사용할 수 없는 원료 등은 모두 해당 내용은 2.화장품 제조 및 품질관리 > 2.2. 화장품 기능과 품질 > 2.2.2. 판매 가능한 맞춤형화장품 구성 등 앞선 단원 내용에서 자세하게 언급되었으니 참고 바랍니다.

☑ 원료 및 내용물의 유효성

- 일반 화장품의 유효성: 일반 화장품은 피부 보호, 수분 공급, 유분 공급, 모공 수축, 피부색 보정, 결점 커버, 메이크업, 수분 증발 억제, 모발 세정, 모발 컨디셔닝, 유연, 인체 세정 등의 기능을 가진다. 식품의약품안전처에 고시된 성분 및 기능성화장품으로 심사받은 제품에 대해서 그 유효성을 설명할 수 있다.
- 기능성화장품의 유효성: * 해당 내용은 1. 화장품 법의 이해 > 1.1. 화장품법 > 1.1.2. 화장품의 정의 및 유형에서 자세하게 언급되었으니 참고 바랍니다.
- 기능성화장품 원료의 유효성

원료	기능
닥나무추출물 알부틴 에칠아스코빌에텔 유용성감초추출물 아스코빌글루코사이드 마그네슘아스코빌포스페이트 나이아신아마이드 알파-비사보롤 아스코빌테트라이소팔미테이트	미백에 도움
레티놀 레티닐팔미테이트 아데노신 폴리에톡실레이티드레틴아마이드	주름개선에 도움
치오글리콜산	체모 제거
덱스판테놀, 비오틴, 엘-멘톨, 징크피리치온	탈모 증상 완화에 도움
살리실릭애씨드	여드름성 피부 완화에 도움 (단, 인체세정용 제품류에 한함.)

✓ 원료 및 내용물의 규격

1. 원료 및 내용물의 규격

(1) 원료의 규격(specification)
- 원료의 전반적인 성질에 관한 것으로 원료의 성상, 색상, 냄새, pH, 굴절률, 중금속, 비소, 미생물 등 성상과 품질에 관련된 시험항목과 그 시험방법이 기재되어 있으며 보관 조건, 유통기한, 포장 단위, INCI명 등의 정보가 기록되어 있다.
- 원료 규격서에 의해 원료에 대한 물리, 화학적 내용을 알 수 있다.(<u>원료규격서</u>: 화장품 원료의 안전관리 및 품질관리 능력 향상을 위해 필요하며 다빈도로 사용되는 원료는 화장품 원료 규격 가이드라인이 제시되고 있다.)

(2) 내용물의 규격
- 내용물의 전반적인 품질 성질에 관한 것으로 성상, 색상, 향취, 미생물, 비중, 점도, pH, 기능성 주성분의 함량(기능성화장품 내용물의 경우에 한함) 등, 성상과 품질에 관련된 항목 및 규격이 기재되어 있으며 보관 조건, 사용기한, 포장단위, 전성분 등의 정보가 기록되어 있다.

2. 원료 기준 및 시험 방법에 기재할 항목

* 원칙적으로 기재해야 할 항목: 명칭, 분자식 및 분자량, 함량기준, 제조방법, 성상, 확인시험, 순도시험, 건조감량, 강열감량 또는 수분, 정량법(제제는 함량시험) 등
* 필요에 따라 기재해야 할 항목: 구조식 또는 시성식, 기원(합성원료로 화학구조가 결정되어 있는 것은 기재 불필요/천연추출물, 효소 등은 그 원료성분의 기원을 기재), 시성치, 강열잔분, 회분 또는 산불용성회분, 기타시험, 표준품 및 시약 · 시액 등

(1) pH기준
- pH 측정에는 유리전극을 단 pH 미터를 씀.
- 액성을 산성, 알칼리성 또는 중성으로 나타낸 것은 리트머스 종이를 이용하여 검사
- 액성을 +제석으로 표시할 때는 pH값을 씀
- pH의 범위

미산성	5.0~6.5	미알칼리성	7.5~9.0
약산성	3.0~5.0	약알칼리성	9.0~11.0
강산성	약 3.0 이하	강알칼리성	약 11.0 이상

(2) 색상 기준
- 시험 방법: 색상을 백색이라고 기재한 것은 백색 또는 거의 백색, 무색이라고 기재한 것은 무색 또는 거의 무색을 나타내는 것임. 색조를 시험하는 데는 따로 규정이 없는 한 고체의 화장품 원료는 1g을 백지 위 또는 백지 위에 놓은 시계접시에 취하여 관찰하며 액상의 화장품원료는 안지름 15mm의 무색시험관에 넣고 백색의 배경을 써서 액층을 30mm로 하여 관찰함. <u>액상의 화장품원료의 맑은 것을 시험할 때는 흑색 또는 백색의 배경을 써서 앞의 방법을 따름. 액상의 화장품원료의 형광을 관찰할 때에는 흑색의 배경을 쓰고 백색의 배경은 쓰지 않음.</u>

(3) 냄새 기준
- 냄새가 없다고 기재한 것은 냄새가 없든가 혹은 거의 냄새가 없는 것을 뜻함. 냄새 시험은 따로 규정이 없는 한 그 1g을 100mL 비커에 취하여 시험함.(원료 1g을 100ml 비커에 취하여 시험한다.)

(4) 점도
- 액체가 일정방향으로 운동할 때 그 흐름에 평행한 평면의 양측에 내부마찰력이 일어나는데 이 성질을 점성이라고 함. 점성은 면의 넓이 및 그 면에 대하여 수직방향의 속도구배에 비례함. 그 비례정수를 절대점도라 하고 일정온도에 대하여 그 액체의 고유한 정수임. 그 단위로서는 포아스 또는 센티포아스를 씀. 절대점도를 같은 온도의 그 액체의 밀도로 나눈 값을 운동점도라고 말하고 그 단위로는 스톡스 또는 센티스톡스를 씀.

(5) 농도
- 용액의 농도를 (1→5), (1→10), (1→100) 등으로 기재한 것은 고체물질 1g 또는 액상물질 1mL을 용제에 녹여 전체량을 각각 5mL, 10mL, 100mL 등으로 하는 비율을 나타낸 것임. 또 혼합액을 (1:10) 또는 (5:3:1) 등으로 나타낸 것은 액상물질의 1용량과 10용량과의 혼합액, 5용량과 3용량과 1용량과의 혼합액을 나타냄.
- %는 중량백분율을, w/v%는 중량 대 용량백분율을, v/v%는 용량 대 용량백분율을, v/w%는 용량 대 중량백분율을, ppm은 중량백만분률을 나타냄.

(6) 온도
- 온도의 표시는 셀시우스법에 따라 아라비아숫자 뒤에 ℃를 붙임.
- <u>표준온도는 20℃, 상온은 15~25℃, 실온은 1~30℃, 미온은 30~40℃로 함. 냉소는 따로 규정이 없는 한 1~15℃ 이하의 곳을 뜻함. 냉수는 10℃ 이하, 미온탕은 30~40℃, 온탕은 60~70℃, 열탕은 약 100℃의 물을 뜻함.</u>
- 화장품 원료의 시험은 따로 규정이 없는 한 상온에서 실시하고 조작 직후 그 결과를 관찰하는 것으로 함. 다만 온도의 영향이 있는 것의 판정은 표준온도에 있어서의 상태를 기준으로 함.

☑ 혼합·소분에 필요한 도구·기기 리스트 선택

1. 화장품의 주요 원료 및 제조 공정 설비의 종류

(1) 가용화 제품(화장수, 미스트 등)을 만들 때 필요한 공정 설비

- 가용화 제품의 주요 원료: 보습제, 중화제, 점증제, 수렴제, 산화방지제, 금속이온봉쇄제, 알코올, 가용화제(계면활성제), 보존제, 첨가제, 향료, 색소, 정제수

☞ 용해 탱크, 아지 믹서(agi-mixer), 여과 장치 등의 공정설비가 요구된다.

(2) 유화 제품(크림, 유액, 에센스 등)을 만들 때 필요한 공정 설비

- 유화 제품의 주요 원료: 고급 지방산, 유지, 왁스 에스테르, 고급 알코올, 탄화수소, 유화제(계면활성제), 방부제, 합성 에스테르, 실리콘 오일, 산화방지제, 보습제, 점증제, 중화제, 금속 이온 봉쇄제, 첨가제, 향료, 색소, 정제수

☞ 용해 탱크, 열교환기, 호모 믹서(homo mixer), 디스퍼 믹서(disper mixer), 진공 유화 장치(vacuum emulsifying unit), 온도 기록계, 압력계, 냉각기, 여과 장치 등의 공정설비가 요구된다.

(3) 파우더 제품(파우더 혼합 분산 제품)을 만들 때 필요한 공정설비(예: 페이스파우더, 팩트, 아이섀도우 등)

- 파우더 제품의 주요 원료: 체질 안료, 백색 안료, 착색 안료 등

☞ 리본 믹서, 헨셀 믹서(henschel mixer), 아토마이저(atomizer), 3단 롤 밀(3 roll mill) 등의 공정설비가 요구된다.

2. 화장품 혼합·소분에 필요한 도구 및 기기

(1) 계량에 필요한 도구 및 기기

- 스테인리스 시약스푼, 스테인리스 스패츌러, 일회용 플라스틱 스포이드, 전자저울

계량을 위해서는 칭량을 할 수 있는 도구가 필요하므로 전자저울이 필요하다. 그리고 원료를 떠야 하므로 스츌러 및 스포이드 등이 요구된다. 비커나 피펫(액체의 일정량을 가하거나 꺼내는 기구)도 있으면 좋다.

(2) 혼합, 교반에 필요한 도구 및 기기

- 스테인리스 나이프, 교반봉 혹은 실리콘 주걱(헤라), 마그네틱바, 유리비커, 호모믹서(호모게나이저), 디스퍼, 아지믹서

- 호모믹서는 호모게나이저라고도 불리며 크림, 린스, 컨디셔너, 로션, 에센스 등을 만들 때 균등한 미세 유화작용을 시키기 위해 사용되고 있는 제품이다. 즉, 유화 제품을 제조할 때 사용된다. 주로 물과 기름을 유화시켜 안정한 상태로 유지하기 위해 사용하는 교반기로, 분산상의 크기를 작고 균일하게 혼합시킬 때 유용하다. 호모믹서의 경우 가열 방식, 허용 용량에 따라 제품이 분류되고 있으며 가열 방식은 "전기가열식", "비가열식", "스팀가열식"으로 나누어지며 허용 용량은 "50L~2000L"까지 다양하게 존재한다. 호모믹서는 '대류'를 일으켜 혼합을 돕는다.
- 아지믹서는 물과 오일 등을 섞기 위해 주로 사용한다. 기초화장품(스킨,토너를 제외한)에 들어가는 성분중의 하나인 카보폴(Cabopol, 점증제)이라는 것을 물에 풀 때 사용하는 믹서이다. 오버헤드스터러라고도 한다. 아지믹서의 경우 허용 용량 및 가열 방식에 따라 제품이 분류되고 있는데 용량의 경우 50L ~ 2000L까지 폭넓게 선택할 수 있으며 가열 방식은 크게 "전기가열식", "스팀가열식", "비가열식"로 나누어져 사용되고 있다.
- 디스퍼는 주로 가용화제품이나 간단한 물질을 혼합할 때 사용하는 교반기로, 고속 교반에 의해 균질하게 분산시킬 때 유용하다.

(3) 기타 도구

- 유리 온도계, 메스실린더 등

[참고] 유형별 도구
- **칭량**: 전자저울, 메스실린더
- **계량**: 스파튤라, 시약스푼, 피펫, 비커
- **살균·소독**: 자외선 살균기
- **혼합·교반**: 호모게나이저(호모믹서, 주로 유화제품 섞을 때), 디스퍼(주로 가용화 제품 섞을 때), 마그네틱바, 핸드블렌더
- **가열**: 항온수조
- **건조감량시험**: Dry oven

- **pH측정**: pH측정기(pH Meter)
- **표준품 보관**: 데시케이터
- **녹는점 측정**: 융점 측정기

☑ 혼합 및 소분에 필요한 기구 사용

1. 소분 시 필요한 도구

이름	그림	설명
냉각통(cooling bath)		내용물 및 특정성분을 냉각할 때 사용
디스펜서(dispenser)		내용물을 자동으로 소분해주는 기기
디지털발란스(digital balance), 전자저울		내용물 및 원료 소분 시 무게를 측정할 때 사용
비커(beaker)		유리와 플라스틱 비커 사용. 내용물 및 원료를 혼합 및 소분 시 사용
스파츌라(spatula)		내용물 및 특정성분의 소분 시 무게를 측정하고 덜어낼 때 사용
헤라(hera), 실리콘 주걱		실리콘 재질의 주걱. 내용물 및 특정성분을 비커에서 깨끗하게 덜어낼 때 사용

2. 혼합 시 필요한 도구

이름	그림	설명
스틱성형기(stick mold)		립스틱 및 선스틱 등 스틱 타입 내용물을 성형할 때 사용
오버헤드스터러 (over head stirrer)		아지믹서(agi-mixer), 프로펠러믹서(propeller mixer), 분산기(disper mixer)라고도 함. 봉(shaft)의 끝부분에 다양한 모양의 회전 날개가 붙어 있다. 내용물에 내용물을 또는 내용물에 특정성분을 혼합 및 분산 시 사용하며 점증제를 물에 분산 시 사용
핫플레이트(hotplate)		랩히터(lab heater)라고도 함. 내용물 및 특정성분 온도를 올릴 때 사용
호모믹서(homomixer)		호모게나이저 또는 균질화기 (homogenizer)라고도 함. 터빈형의 회전 날개가 원통으로 둘러싸인 형태로 내용물에 내용물을 또는 내용물에 특정성분을 혼합 및 분산 시 사용함. 회전 날개의 고속 회전으로 오버헤드스터러보다 강한 에너지를 줌(일반적으로 유화할 때 사용)
온도계		내용물 및 특정성분 온도를 측정할 때 사용

3. 특정 성분 분석 시 사용하는 도구

이름	그림	설명
pH 미터(pH meter)		원료 및 내용물의 pH(산도)를 측정
경도계(rheometer)		액체 및 반고형제품의 유동성을 측정할 때 사용

광학현미경(microscope)		유화된 내용물의 유화입자의 크기를 관찰할 때 사용
점도계(viscometer)		내용물 및 특정성분의 점도 측정 시 사용

☑ 맞춤형화장품 판매업 준수사항에 맞는 혼합·소분 활동

1. 작업자 및 작업장의 위생관리

맞춤형화장품판매업소의 작업자 및 맞춤형화장품판매업소 내 혼합·소분 장소의 위생관리에 있어 주의해야 할 사항

1. 맞춤형화장품 판매장 시설·기구를 정기적으로 점검하여 보건위생상 위해가 없도록 관리할 것
2. 다음의 **혼합·소분 안전관리기준**을 준수할 것
    ① 혼합·소분 전에 혼합·소분에 사용되는 내용물 또는 원료에 대한 품질성적서를 확인할 것
    ② 혼합·소분 전에 손을 소독하거나 세정할 것. 다만, 혼합·소분 시 일회용 장갑을 착용하는 경우에는 그렇지 않다.
    ③ 혼합·소분 전에 혼합·소분된 제품을 담을 포장용기의 오염 여부를 확인할 것
    ④ 혼합·소분에 사용되는 장비 또는 기구 등은 사용 전에 그 위생 상태를 점검하고, 사용 후에는 오염이 없도록 세척할 것
    ⑤ 맞춤형화장품판매업자는 맞춤형화장품 조제에 사용하는 내용물 또는 원료의 혼합·소분의 범위에 대해 사전에 검토하여 최종 제품의 품질 및 안전성을 확보할 것. 다만, 화장품책임판매업자가 혼합 또는 소분의 범위를 미리 정하고 있는 경우에는 그 범위 내에서 혼합 또는 소분 할 것
    ⑥ 혼합·소분에 사용되는 내용물 또는 원료가 「화장품법」 제8조의 화장품 안전기준 등에 적합한 것인지 여부를 확인하고 사용할 것
    ⑦ 혼합·소분 전에 내용물 또는 원료의 사용기한 또는 개봉 후 사용기간을 확인하고, 사용기한 또는 개봉 후 사용기간이 지난 것은 사용하지 말 것
    ⑧ 혼합·소분에 사용되는 내용물 또는 원료의 사용기한 또는 개봉 후 사용기간을 초과하여 맞춤형화장품의 사용기한 또는 개봉 후 사용기간을 정하지 말 것. 다만 과학적 근거를 통하여 맞춤형화장품의 안정성이 확보되는 사용기한 또는 개봉 후 사용기간을 설정한 경우에는 예외로 한다.
    ⑨ 맞춤형화장품 조제에 사용하고 남은 내용물 또는 원료는 밀폐가 되는 용기에 담는 등 비의도적인 오염을 방지 할 것
    ⑩ 소비자의 피부 유형이나 선호도 등을 확인하지 아니하고 맞춤형화장품을 미리 혼합·소분하여 보관하지 말 것

2. 위생 환경 모니터링

* **맞춤형화장품 혼합·소분 장소, 장비·도구의 위생 환경 모니터링**
    - 맞춤형화장품 혼합·소분 장소가 위생적으로 유지될 수 있도록 맞춤형화장품판매업자는 주기를 정하여 판매장 등의 특성에 맞도록 위생관리할 것

- 맞춤형화장품판매업소에서는 작업자 위생, 작업환경위생, 장비·도구 관리 등 맞춤형화장품판매업소에 대한 위생 환경 모니터링 후 그 결과를 기록하고 판매업소의 위생 환경 상태를 관리할 것

*맞춤형화장품 판매장 위생관리
- 화장품 소분(리필) 판매장의 위생관리
  - 판매장 및 소분(리필)장치 사용
    - 판매장은 내용물의 오염과 해충 등을 방지할 수 있도록 항상 청결하게 유지
    - 소분(리필)에 사용되는 장치, 기구 등은 제품의 유형, 제형 등을 고려하여 적합한 것을 사용함. 예를 들어 소분(리필)하는 내용물이 액상 제형인 경우 분주기(디스펜서) 또는 펌프를 사용함. 기기의 작동 및 관리 방법 등은 내용물을 공급하는 화장품책임판매업자로부터 정보를 제공받을 수 있음
    - 소분장치나 저울 등 소분에 사용하는 기기의 매뉴얼을 마련하여 관리하고 정상작동을 주기적으로 점검함. 작동법, 소모품 및 부속품 목록과 교체 주기, 세척방법 등을 포함
    - 장시간 소분장치를 이용하지 않는 경우, 토출부의 내용물이 펌프나 노즐 주위에 굳어 있거나 흘러내리지 않도록 밀폐
  - 리필용기 선택 및 재사용
    - 소분(리필)용 재사용 용기의 적합성을 고려함. 화장품 내용물과 용기의 구성물질 간 상호작용을 고려하여 사용 가능한 용기의 범위(기준)를 마련하고 용기의 특성에 따라 재사용 가능 여부를 판단함. 예를 들어 펌프(노즐) 타입 용기의 펌프와 튜브는 세척이 어려운 구조로 세척 후에도 오염물이 눈에 안 띄어 재사용이 어려움
    - 판매장 전용용기를 이용하는 경우, 내용물을 공급하는 화장품책임판매업자로부터 소분(리필) 용기와 내용물 간의 적합성 검토 결과를 제공받아 확인
    - 소비자 제공 용기를 사용하는 경우, 가급적 원래의 내용물이 담겨 있던 용기에 동일한 내용물을 리필하여 판매할 것을 권장함. 원래의 내용물이 담겨있던 용기가 아닌 경우, 화장품책임판매업자로부터 해당 내용물에 적용 가능한 용기 재질 등 정보를 사전에 확인하고, 소비자 제공 용기는 제품 품질에 영향이 있을 수 있음을 소비자에게 사전에 안내함
    - 재사용 용기(매장 전용 용기 또는 소비자 제공 용기)에 내용물을 리필하기 전 잔여물이 남아 있는지, 완전히 건조되어 있는지, 용기에 금이 가거나 깨진 곳은 없는지 등 용기의 청결 상태 등을 확인함
  - 장치관리, 기구 및 용기 세척 방법
    - 판매장에서 사용하는 세척 장치 및 건조 장치의 정상 작동 확인 및 주기적 점검
    - 소분(리필) 용기를 매장에서 세척 시, 제품(내용물)의 특성을 고려하여 적절한 세척 방법을 결정함. 내용물을 공급하는 화장품책임판매업자로부터 소분장치 또는 소분(리필) 용기에 대한 세척 및 살균, 소독 방법 등을 안내받을 수 있음. 단, 유성화장품 용기 세척 시, 물로 헹구는 것은 잔류물 제거에 효과가 떨어지므로 적절한 다른 세척제를 선택함
    - 소비자 제공 용기를 사용하여 리필 시, 사전에 세척하여 물기가 없도록 완전히 건조시킨 뒤 사용하여야 함을 안내함. 소비자가 직접 자신이 가져온 용기를 세척하는 경우, 세척실 또는 세척대 근처에 세척제의 사용과 세척 방법을 별도로 안내하고, 세척실 또는 세척대를 갖추고 있는 경우, 수시로 물기를 제거하여 세척하는 공간 주변을 청결하게 유지함

- 소비자가 매장에서 직접 소분(리필) 시 장치 이용법을 안내하고 작동순서 등을 리필장치 근처에 부착하여 알기 쉽게 이용할 수 있도록 제공함
- 판매장 전용 또는 소비자 제공 용기에 내용물 리필 시 제품과 용기 특성을 고려하여 필요한 경우 판매장에서 별도로 용기를 소독하거나 UV 살균·건조 등 처리함. 단, 일부 플라스틱 용기는 UV 살균에 적합하지 않을 수 있기 때문에, 사전에 해당 정보를 확인함

*혼합·소분 장소의 위생관리
- 맞춤형화장품판매업소 내 혼합·소분 장소의 위생관리에 있어 주의해야 할 사항
  - 맞춤형화장품 혼합·소분 장소와 판매 장소는 구분·구획하여 관리
  - 적절한 환기시설 구비
  - 작업대, 바닥, 벽, 천장 및 창문 청결 유지
  - 혼합 선·후 작업자의 손 세척 및 장비 세척을 위한 세척 시설 구비
  - 방충·방서 대책 마련 및 정기적 점검·확인

*혼합소분 장비 및 도구의 위생관리
- 혼합·소분 장비 및 도구의 위생관리에 있어 주의해야 할 사항
  - 사용 전·후 세척 등을 통해 오염 방지
  - 작업 장비 및 도구 세척 시에 사용되는 세제·세척제는 잔류하거나 표면 이상을 초래하지 않는 것을 사용
  - 세척한 작업 장비 및 도구는 잘 건조하여 다음 사용 시까지 오염 방지
  - 자외선 살균기 이용 시 주의해야 할 사항
- 충분한 자외선 노출을 위해 적당한 간격을 두고 장비 및 도구가 서로 겹치지 않게 한 층으로 보관
- 살균기 내 자외선램프의 청결 상태를 확인 후 사용

Chapter 4 | 맞춤형화장품법의 이해

- 1,000점 만점 중 400점(40%) 할당, 총 40문항, 선다형(28문항), 단답형(12문항)
- 4.7. 충진 및 포장
- 소주제: 1. 제품에 맞는 충진 방법 및 포장방법
  2. 용기 기재 사항

☑ 제품에 맞는 충진 방법 및 포장방법

1. 충진의 의미 및 충진기의 종류

(1) 충진의 의미
- 충진(충전)은 빈 곳에 집어넣어서 채운다는 의미로, 화장품의 경우 일정한 규격의 용기에 내용물을 넣어서 채우는 작업을 말하며 1차 포장 작업에 포함된다.

(2) 충진기의 종류
- 피스톤 방식 충진기: 대용량의 액상 타입의 제품에 사용(샴푸, 린스, 컨디셔너 등)
- 파우치 방식 충진기: 샘플(견본품), 일회용품 파우치 타입의 제품에 사용(1회용 파우치 포장 제품)
- 파우더 충진기: 파우더 타입 제품에 사용
- 액체 충진기: 액상 타입의 제품에 사용(스킨로션, 토너, 앰플 등의 액상 타입)
- 튜브 충진기: 폼클렌징, 자외선 차단제 등 튜브 제품에 사용
- 카톤 충진기: 박스에 테이프를 붙이는 테이핑기

(3) 충진 시 확인할 사항
- 충진기의 타입, 충전 용량, 포장 기기의 포장 능력과 포장 가능 크기, 전원 및 전압의 종류, 적정 에어 압력, 단위 시간당 가능 포장 개수, 스티커 부착기의 경우 부착 위치, 로트번호, 포장일자, 유통기한, 바코드를 인쇄할 경우 인쇄 위치 및 문구, 필요시 온 · 습도

2. 맞춤형화장품의 종류 및 특징에 적합한 포장 방법

(1) 1차 포장재의 의미
- 화장품 포장재란 화장품의 포장에 사용되는 모든 재료를 말하며, 화장품 포장재 중 내용물과 접하는 1차 포장재는 제품의 유통 경로 및 소비자의 사용 환경으로부터 내용물을 보호하고, 품질을 유지하는 기능을 가지고 있다.

(2) 포장재의 조건
- 내용물 보호, 경제성, 대량화, 판매 촉진성, 적정 포장, 정보 전달 및 사용자 배려

> 용기의 안전성, 사용 기능, 내용물의 품질 유지와 제품 수명을 유지해야 하며 쉽게 대량생산 가능해야 하고 과대포장은 안 되며 어린이가 쉽게 열지 못하도록 만들어야 한다.

(3) 포장재의 종류 및 특성

구분	명칭	특성	사용 부위
플라스틱	저밀도 폴리에틸렌 (LDPE)	- 반투명, 광택성, 유연성 우수 - 내외부 응력이 걸린 상태에서 알코올, 계면활성제와 접촉 시 균열 발생	병, 튜브, 마개, 패킹
	고밀도 폴리에틸렌 (HDPE)	- 유백색, 무광택, 수분 투과 적음	화장수, 유화제품, 샴푸, 린스 용기 및 튜브
	폴리프로필렌(PP)	- 반투명, 광택성, 내약품성 우수 - 내충격성 우수, 잘 부러지지 않는다.	원터치 캡
	폴리스티렌(PS)	- 투명, 광택성, 딱딱함, 성형 가공성 및 치수 안정성 우수. 그러나 내약품성이 나쁘다.	콤팩트·스틱 용기, 캡 등
	AS수지	- 투명, 광택성, 내충격성 및 내유성 우수	크림, 콤팩트, 스틱류 용기, 캡 등
	ABS수지	- AS수지의 내충격성을 향상시킨 소재 - 내충격성 양호, 금속 느낌을 주기 위한 소재로 사용 - 향료, 알코올에 취약 - 도금 소재로 이용	금속 느낌을 주기 위한 도금 소재로 사용
	폴리염화비닐(PVC)	- 투명, 성형 가공성 우수, 저렴	샴푸, 린스 용기, 리필용기
	폴리에틸렌 테레프탈레이트(PET)	- 투명성, 광택성, 내약품성 우수, 딱딱함	화장수, 유액, 크림, 로션, 스킨, 샴푸, 린스 등의 용기
유리	소다석회유리	- 대표적인 투명 유리(잼 담는 병이라고 생각하시면 됩니다.) - 산화규소, 산화칼슘, 산화나트륨에 소량의 마그네슘, 알루미늄 등의 산화물 함유	화장수·유액 용기 스킨, 로션, 크림의 용기
	칼리납유리	- 크리스털 유리, 굴절률이 매우 높음 - 산화납이 다량 함유됨	고급 향수병
	유백유리	- 백색 유리	크림·세럼, 로션 등의 용기
금속	알루미늄	- 가볍고 가공성이 우수 - 표면 장식이나 산화 방지 목적으로 사용	에어로졸 관, 립스틱, 콤팩트, 마스카라, 스프레이 등의 용기
	놋쇠, 황동	- 금과 유사한 색상으로 코팅, 도금, 도장 작업을 첨가함	코팅용 소재로 사용
	스테인리스 스틸	- 금속성 광택 우수, 부식이 잘 되지 않음	부식되면 안 되는 용기, 광택 용기
	철	- 녹슬기 쉬우나 가격이 저렴함	스프레이 용기

3. 제품별 포장공간 기준

제품 구분	포장공간 비율	포장 횟수
인체 및 두발세정용 제품류	15% 이하	최대 2차
그 외 화장품류	10% 이하(향수 제외)	
종합세트 화장품류	25% 이하	
최소 판매단위 제품 2개 이상을 함께 포장 구성할 경우	40% 이하	최대 3차

4. 제품별 포장용기 재사용 가능 비율

제품 구분	비율
화장품 중 색조화장품(메이크업)류	100분의 10 이상
합성수지를 사용한 액체 세제류·분말 세제류	100분의 50 이상
두발용 화장품 중 샴푸·린스	100분의 25 이상
위생용 종이 제품 중 물티슈(물휴지)류	100분의 60 이상

5. 맞춤형화장품 라벨링

- 소분: 새로운 용기에 기재사항 표시한 스티커 붙이기
- 혼합: 내용물 용기에 기존 라벨을 제거한 후 라벨을 붙이거나 기존 라벨 위에 새 라벨 붙이기(오버라벨링(제품정보 덧붙이기))

☑ 용기 기재사항

1. 맞춤형화장품의 용기 내 기재사항

'화장품 포장의 기재·표시'의 모든 것
① 화상품의 포상에 기새하여야 하는 사항 (1차 포장에 하든 2차 포장에 하든 어느 포장이든 꼭 기재하여야 하는 사항)

1. 화장품의 명칭
2. 영업자의 상호 및 주소
3. 해당 화장품 제조에 사용된 모든 성분
4. 내용물의 용량 또는 중량
5. 제조번호
6. 사용기한 또는 개봉 후 사용기간
7. 가격
8. 기능성화장품의 경우 "기능성화장품"이라는 글자 또는 기능성화장품을 나타내는 도안으로서 식품의약품안전처장이 정하는 도안
9. 사용할 때의 주의사항

'화장품 포장의 기재·표시'의 모든 것

10. 식품의약품안전처장이 정하는 바코드(단, 바코드는 맞춤형화장품에 생략가능!)
11. 기능성화장품의 경우 심사받거나 보고한 효능·효과, 용법·용량
12. 성분명을 제품 명칭의 일부로 사용한 경우 그 성분명과 함량(방향용 제품 제외)
13. 인체 세포·조직 배양액이 들어있는 경우 그 함량
14. 화장품에 천연 또는 유기농으로 표시·광고하려는 경우에는 원료의 함량
15. 수입화장품인 경우에는 제조국의 명칭(「대외무역법」에 따른 원산지를 표시한 경우 제조국의 명칭 생략가능), 제조회사명 및 그 소재지
16. 기능성화장품 중 탈모 증상의 완화, 여드름성 피부의 완화, 피부장벽의 기능을 회복하여 가려움 등의 개선, 튼살로 인한 붉은 선을 엷게 하는 데 도움을 주는 화장품의 경우에는 "질병의 예방 및 치료를 위한 의약품이 아님"이라는 문구
17. 영유아용 제품류 혹은 어린이가 사용할 수 있는 제품임을 표시·광고하는 화장품의 경우 사용기준이 지정·고시된 원료 중 보존제의 함량

② 위의 사항 중 1차 포장에 꼭 기재하여야 하는 사항

1. 화장품의 명칭
2. 영업자의 상호
3. 제조번호
4. 사용기한 또는 개봉 후 사용기간

위의 사항에도 불구하고 기재·표시를 생략할 수 있는 성분들

1. 제조과정 중에 **제거**되어 최종 제품에는 남아 있지 않은 성분
2. 안정화제, 보존제 등 원료 자체에 들어 있는 부수 성분으로서 그 효과가 나타나게 하는 양보다 적은 양이 들어 있는 성분
3. **내용량이 10밀리리터 초과 50밀리리터 이하 또는 중량이 10그램 초과 50그램 이하 화장품**의 포장인 경우에는 다음의 성분을 제외한 성분

> 가. 타르색소
> 나. 금박
> 다. 샴푸와 린스에 들어 있는 인산염의 종류
> 라. 과일산(AHA)
> 마. 기능성화장품의 경우 그 효능·효과가 나타나게 하는 원료
> 바. 식품의약품안전처장이 사용 한도를 고시한 화장품의 원료

→ 즉, 내용량이 10ml(g)초과 50ml(g)이하인 화장품은 **위의 가~바까지의 6가지 원료들을 제외**한 전 성분 기재·표시가 생략된다.

소용량 화장품 및 견본품, 비매품의 포장의 기재·표시사항

위의 사항과는 별개로 이 화장품들은 화장품의 명칭, 화장품책임판매업자 또는 맞춤형화장품판매업자의 상호, 가격, 제조번호와 사용기한 또는 개봉 후 사용기간(제조연월일 병행 표기)만 기재·표시

* 소용량 화장품: 내용량이 10밀리리터 이하 또는 10그램 이하인 화장품
* 견본품 및 비매품: 판매의 목적이 아닌 제품의 선택 등을 위하여 미리 소비자가 시험·사용하도록 제조 또는 수입된 화장품

상세한 기재·표시 방법

* **영업자의 주소**: 등록필증 또는 신고필증에 적힌 소재지 또는 반품·교환 업무를 대표하는 소재지를 기재·표시
* **영업자의 상호**: "화장품제조업자", "화장품책임판매업자" 또는 "맞춤형화장품판매업자"는 각각 구분하여 기재·표시. 단, 화장품제조업자, 화장품책임판매업자 또는 맞춤형화장품판매업자가 다른 영업을 함께 영위하고 있는 경우 한꺼번에 기재·표시 가능.

'화장품 포장의 기재 · 표시'의 모든 것

공정별로 2개 이상의 제조소에서 생산된 화장품의 경우 일부 공정을 수탁한 화장품제조업자의 상호 및 주소의 기재 · 표시 생략 가능

수입화장품의 경우 추가로 기재 · 표시하는 제조국의 명칭, 제조회사명 및 그 소재지를 국내 "화장품제조업자"와 구분하여 기재 · 표시

* **전성분 표시방법**: 글자 크기 5포인트 이상, 제조에 사용된 함량이 많은 것부터 기재. 단, 1퍼센트 이하로 사용된 성분, 착향제 또는 착색제는 순서에 상관없이 기재 · 표시, 혼합원료는 혼합된 개별 성분의 명칭을 기재 · 표시, 색조 화장용 제품류, 눈 화장용 제품류, 두발염색용 제품류 또는 손발톱용 제품류에서 호수별로 착색제가 다르게 사용된 경우 '± 또는 +/-'의 표시 다음에 사용된 모든 착색제 성분을 함께 기재 · 표시 가능, 착향제는 "향료"로 표시 가능. 단, 착향제의 구성 성분 중 식품의약품안전처장이 정하여 고시한 알레르기 유발성분이 있는 25종은 사용 후 씻어내는 제품에 0.01% 초과, 사용 후 씻어내지 않는 제품에 0.001% 초과 함유하는 경우 향료로 표시할 수 없고, 해당 성분의 **명칭**을 기재 · 표시.

> ***식품의약품안전처장이 정하여 고시한 알레르기 유발성분(25종-모두 암기!)***
> 다음 성분들이 사용 후 <u>씻어내는 제품에 0.01%</u> 초과, 사용 후 <u>씻어내지 않는 제품에 0.001%</u> 초과 함유하는 경우 "향료"로 표시할 수 없고 따로 해당 성분의 명칭을 기재 · 표시해야 한다.
> 아밀신남알, 벤질알코올, 신나밀알코올, 시트랄, 유제놀, 하이드록시시트로넬알, 아이소유제놀, 아밀신나밀알코올, 벤질살리실레이트, 신남알, 쿠마린, 제라니올, 아니스알코올, 벤질신나메이트, 파네솔, 부틸페닐메틸프로피오날, 리날룰, 벤질벤조에이트, 시트로넬올, 헥실신남알, 리모넨, 메틸 2-옥티노에이트, 알파-아이소메틸아이오논, 참나무이끼추출물, 나무이끼추출물

산성도(pH) 조절 목적으로 사용되는 성분은 그 성분을 표시하는 대신 **중화반응**에 따른 **생성물**로 기재 · 표시할 수 있고, **비누화반응을 거치는 성분**은 **비누화반응에 따른** 생성물로 기재 · 표시

영업자의 정당한 이익을 현저히 침해할 우려가 있을 때에는 영업자는 식품의약품안전처장에게 그 근거자료를 제출해야 하고, 식품의약품안전처장이 정당한 이익을 침해할 우려가 있다고 인정하는 경우에는 그 성분을 "기타 성분"으로 기재 · 표시

* **용량 또는 중량**: 화장품의 1차 포장 또는 2차 포장의 **무게가 포함되지 않은 용량** 또는 중량을 기재 · 표시. 이 경우 **화장 비누(고체 형태의 세안용 비누)의 경우에는 수분을 포함한 중량과 건조중량을 함께 기재 · 표시**
* **제조번호**: 사용기한(또는 개봉 후 사용기간)과 쉽게 구별되도록 기재 · 표시해야 하며, 개봉 후 사용기간을 표시하는 경우에는 **병행 표기해야 하는** 제조연월일(**맞춤형화장품의 경우에는 혼합 · 소분일**)도 각각 구별이 가능하도록 기재 · 표시
* **사용기한**: "사용기한" 또는 "까지" 등의 문자와 "연월일"을 소비자가 알기 쉽도록 기재 · 표시. 다만, "연월"로 표시하는 경우 사용기한을 넘지 않는 범위에서 기재 · 표시
* **개봉 후 사용기간**: "개봉 후 사용기간"이라는 문자와 "○○월" 또는 "○○개월"을 조합하여 기재 · 표시하거나, 개봉 후 사용기간을 나타내는 심벌과 기간을 기재 · 표시.
* **기능성화장품의 기재 · 표시**: 문구는 기재 · 표시된 "기능성화장품" 글자 바로 아래에 "기능성화장품" 글자와 동일한 글자 크기 이상으로 기재 · 표시, 도안의 크기는 용도 및 포장재의 크기에 따라 동일 배율로 조정, 도안은 알아보기 쉽도록 인쇄 또는 각인 등의 방법으로 표시

바코드 관련 사항

- 화장품의 1차 포장 혹은 2차 포장에 바코드를 원칙적으로 기재 · 표시해야 함. 단, **맞춤형화장품, 내용량이 15밀리리터 이하 또는 15그램 이하인 제품의 용기 또는 포장이나 견본품, 시공품 등 비매품**에는 바코드 생략 가능
- 바코드를 표시하는 자: 국내에서 화장품을 유통 · 판매하고자 하는 **화장품책임판매업자**
- 한국에서 화장품바코드로 인정하는 바코드: GS1 체계 중 EAN-13, ITF-14, GS1-128, UPC-A 또는 GS1 DataMatrix
- 기타 사항: 화장품 판매업소를 통하지 않고 소비자의 가정을 직접 방문하여 판매하는 등 폐쇄된 유통경로를 이용하는 경우 자체적으로 마련한 바코드 사용 가능. 또한 화장품책임판매업자는 용기포장의 디자인에 따라 판독이 가능하도록 바코드의 인쇄크기와 색상을 자율적으로 정할 수 있음. 화장품바코드 표시는 유통단계에서 쉽게 훼손되거나 지워지지 않도록 하여야 함.

'화장품 포장의 기재 · 표시'의 모든 것

제조에 사용된 성분의 기재 · 표시를 생략한 경우 영업자의 추가 조치사항

소비자가 모든 성분을 즉시 확인할 수 있도록 포장에 전화번호나 홈페이지 주소를 적거나 모든 성분이 적힌 책자 등의 인쇄물을 판매업소에 늘 갖추어 두어야 함.(둘 중 하나만 하면 됨.)

* 기재 및 표시상의 주의사항: 한글로 읽기 쉽도록 기재 · 표시할 것. 다만, 한자 또는 외국어를 함께 적을 수 있고, 수출용 제품 등의 경우에는 그 수출 대상국의 언어로 적을 수 있다. 화장품의 성분을 표시하는 경우에는 표준화된 일반명을 사용할 것!
* 화장품 가격의 표시: 가격은 소비자에게 화장품을 직접 판매하는 자가 판매하려는 가격을 표시하여야 함. 화장품을 소비자에게 직접 판매하는 자(이하 "판매자"라 한다)는 그 제품의 포장에 판매하려는 가격을 일반 소비자가 알기 쉽도록 표시하되, 그 세부적인 표시방법은 식품의약품안전처장이 정하여 고시(화장품 가격표시제 실시요령)함

화장품 가격 표시의 모든 것

"판매가격표시 의무자는 매장크기에 관계없이 가격표시를 하지 않고
판매하거나 판매할 목적으로 진열 · 전시하여서는 안 됨"

가격 표시 의무자	해당 화장품을 소비자에게 **직접 판매하는 자**(판매자) * 표시의무자 이외의 화장품책임판매업자, 화장품제조업자는 그 판매가격을 표시하여서는 안 됨. 단, **방문판매업, 후원방문판매업, 통신판매업**의 경우 그 **판매업자**가, **다단계판매업**의 경우에는 그 **판매자**가 판매가격 표시의 의무자임.
표시해야 하는 가격	화장품을 일반 소비자에게 판매하는 **실제** 거래가격
가격 표시 대상	국내에서 제조되거나 수입되어 국내에서 판매되는 모든 화장품
가격표시방법	① 유통단계에서 쉽게 훼손되거나 지워지지 않으며 분리되지 않도록 스티커 또는 꼬리표로 표시 ② 판매가격 변경 시 기존 가격표시가 보이지 않도록 변경 표시 　단, 판매자가 기간을 특정하여 판매가격을 변경하기 위해 그 기간을 소비자에게 알리고, 소비자가 판매가격을 기존가격과 오인 · 혼동할 우려가 없도록 명확히 구분하여 표시하는 경우 제외 ③ 판매가격은 개별 제품에 스티커 등을 부착하는 것이 원칙. 　단, 개별 제품으로 구성된 종합제품으로서 분리하여 판매하지 않는 경우에는 그 종합제품에 일괄하여 표시 가능. ④ 판매자는 업태, 취급제품의 종류 및 내부 진열상태 등에 따라 개별 제품에 가격을 표시하는 것이 곤란한 경우 소비자가 가장 쉽게 알아볼 수 있도록 제품명, 가격이 포함된 정보를 제시하는 방법으로 판매가격을 별도로 표시할 수 있음! 이 경우 화장품 개별 제품에는 판매가격을 표시하지 않을 수 있음. ⑤ 판매가격의 표시는 『판매가 ○○원』 등으로 소비자가 알아보기 쉽도록 선명하게 표시하여야 함.

가격관리 기본지침 및 모범업소 우대조치

식약처의 역할	- **가격관리 기본지침 시달의 의무**: 식약처장은 지자체장에게 매년 가격관리 기본지침을 제작, 시달함. - **홍보 · 계몽 권한**: 식품의약품안전처장은 관련단체장을 통하여 화장품 가격표시가 적정하게 이루어지고 건전한 화장품 가격질서가 확립될 수 있도록 홍보 · 계몽할 수 있음.

화장품 가격 표시의 모든 것	
지자체의 역할	- **지도·감독의 의무**: 특별시장, 광역시장, 특별자치시장, 도지사 또는 제주특별자치도지사(시·도지사)는 매년 식품의약품안전처장이 시달하는 가격관리 기본지침에 따라 화장품 가격표시제도 실시현황을 지도·감독하여야 함. - **세부시행지침 수립 및 시행의 의무**: 시·도지사는 시달된 기본지침에 따라 그 관할 구역안의 실정에 맞는 세부시행지침을 수립하여 시행하여야 함. - **모범업소 지정 권한**: 지방자치단체는 화장품 판매가격을 성실히 이행하는 화장품 판매업소를 모범업소로 지정할 수 있음. - **모범업소의 우대조치**: 모범업소에 대하여 국가 또는 지방자치단체는 다른 법률이 정하는 바에 따라 세제지원, 금융지원, 표창 등의 우대조치를 부여할 수 있음. - **가격표시제 추진실적 보고의 의무**: 시·도지사는 가격표시제 운영에 관한 연간 추진실적을 다음 년도 1월 말까지 식품의약품안전처장에게 보고하여야 함. - **세부규정 지정 가능**: 시·도지사는 가격표시제의 원활한 운영과 집행을 위하여 필요한 경우 세부규정을 따로 정할 수 있음.
가격관리 기본지침의 내용	1. 가격표시 사후 관리 및 감독에 관한 사항 2. 가격표시 정착을 위한 교육 및 홍보에 관한 사항 3. 기타 가격표시제 실시에 관하여 필요한 사항
가격표시 미이행시 행정처분	과태료 50만원

2. 화장품 표시 광고

화장품 표시·광고의 모든 것	
화장품을 표시·광고 하는 자	영업자 또는 판매자
표시·광고의 범위 (화장품 광고의 매체 또는 수단)	신문·방송 또는 잡지 전단·팸플릿·견본 또는 입장권 인터넷 또는 컴퓨터통신 포스터·간판·네온사인·애드벌룬 또는 전광판 비디오물·음반·서적·간행물·영화 또는 연극 방문광고 또는 실연(實演)에 의한 광고 자기 상품 외의 다른 상품의 포장 그 밖의 매체 또는 수단과 유사한 매체 또는 수단
부당한 표시·광고 행위 (화장품법 제13조)	1. 의약품으로 잘못 인식할 우려가 있는 표시 또는 광고 2. 기능성화장품이 아닌 화장품을 기능성화장품으로 잘못 인식할 우려가 있거나 기능성화장품의 안전성·유효성에 관한 심사결과와 다른 내용의 표시 또는 광고 3. 천연화장품 또는 유기농화장품이 아닌 화장품을 천연화장품 또는 유기농화장품으로 잘못 인식할 우려가 있는 표시 또는 광고 4. 그 밖에 사실과 다르게 소비자를 속이거나 소비자가 잘못 인식하도록 할 우려가 있는 표시 또는 광고

화장품 표시·광고의 모든 것

화장품 표시·광고 시 준수사항	

1. **의약품**으로 잘못 인식할 우려가 있는 내용, 제품의 명칭 및 효능·효과 등에 대한 표시·광고를 하지 말 것
2. **기능성화장품, 천연화장품 또는 유기농화장품**이 아님에도 불구하고 제품의 명칭, 제조방법, 효능·효과 등에 관하여 기능성화장품, 천연화장품 또는 유기농화장품으로 잘못 인식할 우려가 있는 표시·광고를 하지 말 것
3. **의사·치과의사·한의사·약사·의료기관 또는 그 밖의 자**(할랄화장품, 천연화장품 또는 유기농화장품 등을 인증·보증하는 기관으로서 식품의약품안전처장이 정하는 기관 제외)가 이를 지정·공인·추천·지도·연구·개발 또는 사용하고 있다는 내용이나 이를 암시하는 등의 표시·광고를 하지 말 것. 단, 법 제2조 제1호부터 제3호까지의 정의에 부합되는 인체 적용시험 결과가 관련 학회 발표 등을 통하여 공인된 경우에는 그 범위에서 관련 문헌을 인용할 수 있으며, 이 경우 인용한 문헌의 본래 뜻을 정확히 전달하여야 하고, 연구자 성명·문헌명과 발표연월일을 분명히 밝혀야 함.

> **표시·광고할 수 있는 인증·보증의 종류**
> 다음의 기관에서 받은 인증·보증은 표시·광고할 수 있음.
> 1. 할랄(Halal)·코셔(Kosher)·비건(Vegan) 및 천연·유기농 등 국제적으로 통용되거나 그 밖에 신뢰성을 확인할 수 있는 기관에서 받은 화장품 인증·보증
> 2. 우수화장품 제조 및 품질관리기준(GMP), ISO 22716 등 제조 및 품질관리 기준과 관련하여 국제적으로 통용되거나 그 밖에 신뢰성을 확인할 수 있는 기관에서 받은 화장품 인증·보증
> 3. 「정부조직법」 제2조부터 제4조까지의 규정에 따른 중앙행정기관·특별지방행정기관 및 그 부속기관, 「지방자치법」 제2조에 따른 지방자치단체 또는 「공공기관의 운영에 관한 법률」 제4조에 따른 공공기관 및 기타 법령에 따라 권한을 받은 기관에서 받은 인증·보증
> 4. 국제기구, 외국 정부 또는 외국의 법령에 따라 인증·보증을 할 수 있는 권한을 받은 기관에서 받은 인증·보증
> 5. 그 밖에 식약처장의 고시를 통해 신뢰성을 인정받은 인증·보증기관에서 받은 인증·보증은 화장품에 관한 표시·광고에 사용할 수 있음.

4. 외국제품을 국내제품으로 또는 국내제품을 외국제품으로 잘못 인식할 우려가 있는 표시·광고를 하지 말 것
5. 외국과의 기술제휴를 하지 않고 외국과의 기술제휴 등을 표현하는 표시·광고를 하지 말 것
6. 경쟁상품과 비교하는 표시·광고는 **비교 대상 및 기준을 분명히 밝히고** 객관적으로 확인될 수 있는 사항만을 표시·광고하여야 하며, 배타성을 띤 "최고" 또는 "최상" 등의 **절대적 표현**의 표시·광고를 하지 말 것
7. 사실과 다르거나 부분적으로 사실이라고 하더라도 전체적으로 보아 소비자가 잘못 인식할 우려가 있는 표시·광고 또는 소비자를 속이거나 소비자가 속을 우려가 있는 표시·광고를 하지 말 것
8. 품질·효능 등에 관하여 객관적으로 확인될 수 없거나 확인되지 않았는데도 불구하고 이를 광고하거나 법 제2조 제1호에 따른 화장품의 범위를 벗어나는 표시·광고를 하지 말 것
9. 저속하거나 혐오감을 주는 표현·도안·사진 등을 이용하는 표시·광고를 하지 말 것
10. 국제적 멸종위기종의 가공품이 함유된 화장품임을 표현하거나 암시하는 표시·광고를 하지 말 것
11. 사실 유무와 관계없이 다른 제품을 비방하거나 비방한다고 의심이 되는 표시·광고를 하지 말 것

화장품 표시 · 광고의 모든 것	
표시 · 광고의 실증	
표시 · 광고 실증의 대상	화장품의 포장 또는 광고의 매체 또는 수단에 의한 표시 · 광고 중 사실과 다르게 소비자를 속이거나 소비자가 잘못 인식하게 할 우려가 있어 식품의약품안전처장이 실증이 필요하다고 인정하는 표시 · 광고
실증자료의 범위 및 요건	1. **시험결과**: 인체 적용시험 자료, 인체 외 시험 자료 또는 같은 수준 이상의 조사자료일 것 　- 같은 수준 이상의 조사자료의 예시: 해당 표시 · 광고와 관련된 시험결과 등이 포함된 논문, 학술문헌 등 　• **인체 적용시험**: 화장품의 표시 · 광고 내용을 증명할 목적으로 해당 화장품의 효과 및 안전성을 확인하기 위하여 사람을 대상으로 실시하는 시험 또는 연구 　• **인체 외 시험**: 실험실의 배양접시, 인체로부터 분리한 모발 및 피부, 인공피부 등 인위적 환경에서 시험물질과 대조물질 처리 후 결과를 측정하는 것 2. **조사결과**: 표본설정, 질문사항, 질문방법이 그 조사의 목적이나 통계상의 방법과 일치할 것 (예시) 표본설정, 질문사항, 질문방법이 그 조사의 목적이나 통계상의 방법과 일치하는 소비자 조사결과, 전문가집단 설문조사 등 3. **실증방법**: 실증에 사용되는 시험 또는 조사의 방법은 학술적으로 널리 알려져 있거나 관련 산업 분야에서 일반적으로 인정된 방법 등으로서 과학적이고 객관적인 방법일 것
실증자료 제출 시 식약처장에게 제출해야 할 서류 및 서류에 기재해야 할 사항	1. 실증방법 2. 시험 · 조사기관의 명칭 및 대표자의 성명 · 주소 · 전화번호 3. 실증내용 및 실증결과 4. 실증자료 중 영업상 비밀에 해당되어 공개를 원하지 않는 경우에는 그 내용 및 사유
실증자료의 요건	- 객관적이고 과학적인 절차와 방법에 따라 작성된 것이어야 함. 　실증자료의 내용은 광고에서 주장하는 내용과 직접적인 관계가 있어야 함. 　(예시) 실증자료에서 입증한 내용이 표시 · 광고에서 주장하는 내용과 관련이 없는 경우 　• 효능이나 성능에 대한 표시 · 광고에 대하여 일반 소비자를 대상으로 한 설문조사나, 그 제품을 소비한 경험이 있는 일부 소비자를 대상으로 한 조사결과를 제출한 경우 　• 해당 제품의 '여드름 개선' 효과를 표방하는 표시 · 광고에 대하여 해당 제품에 여드름 개선 효과가 있음을 입증하는 자료를 제출하지 않고 '여드름 피부개선용 화장료 조성물' 특허자료 등을 제출하는 경우 　(예시) 실증자료에서 입증한 내용이 표시 · 광고에서 주장하는 내용과 부분적으로만 상관이 있는 경우 : 제품에 특징 성분이 들어 있지 않다는 "無(무) ○○" 광고 내용과 관련하여 제품에 특정 성분이 함유되어 있지 않다는 시험자료를 제출하지 않고 제조과정에 특정 성분을 첨가하지 않았다는 제조관리기록서나 원료에 관한 시험자료를 제출한 경우
공통사항	
표시 · 광고 실증을 위한 시험 결과의 요건	1. 광고 내용과 관련이 있고 과학적이고 객관적인 방법에 의한 자료로서 신뢰성과 재현성이 확보되어야 함. 2. 국내외 대학 또는 화장품 관련 전문 연구기관(제조 및 영업부서 등 다른 부서와 독립적인 업무를 수행하는 기업 부설 연구소 포함)에서 시험한 것으로서 기관의 장이 발급한 자료이어야 함. (예시) 대학병원 피부과, ○○대학교 부설 화장품 연구소, 인체시험 전문기관 등 3. 기기와 설비에 대한 문서화된 유지관리 절차를 포함하여 표준화된 시험절차에 따라 시험한 자료이어야 함. 4. 시험기관에서 마련한 절차에 따라 시험을 실시했다는 것을 증명하기 위해 문서화된 신뢰성보증업무를 수행한 자료여야 함. 5. 외국의 자료는 한글요약문(주요사항 발췌) 및 원문을 제출할 수 있어야 함

화장품 표시 · 광고의 모든 것

	인체 적용시험 자료
	1. 관련분야 전문의 또는 병원, 국내외 대학, 화장품 관련 전문 연구기관에서 5년 이상 화장품 인체 적용시험 분야의 시험경력을 가진 자의 지도 및 감독 하에 수행 · 평가되어야 함.
	2. 인체 적용시험은 헬싱키 선언에 근거한 윤리적 원칙에 따라 수행되어야 함.
	3. 인체 적용시험은 과학적으로 타당하여야 하며, 시험 자료는 명확하고 상세히 기술되어야 함.
	4. 인체 적용시험은 피험자에 대한 의학적 처치나 결정은 의사 또는 한의사의 책임 하에 이루어져야 함.
	5. 인체 적용시험은 모든 피험자로부터 자발적인 시험 참가 동의(문서로 된 동의서 서식)를 받은 후 실시되어야 함.
	6. 피험자에게 동의를 얻기 위한 동의서 서식은 시험에 관한 모든 정보(시험의 목적, 피험자에게 예상되는 위험이나 불편, 피험자가 피해를 입었을 경우 주어질 보상이나 치료방법, 피험자가 시험에 참여함으로써 받게 될 금전적 보상이 있는 경우 예상금액 등)를 포함하여야 함.
	7. 인체 적용시험용 화장품은 안전성이 충분히 확보되어야 함.
	8. 인체 적용시험은 피험자의 인체 적용시험 참여 이유가 타당한지 검토 · 평가하는 등 피험자의 권리 · 안전 · 복지를 보호할 수 있도록 실시되어야 함.
	9. 인체 적용시험은 피험자의 선정 · 탈락기준을 정하고 그 기준에 따라 피험자를 선정하고 시험을 진행해야 함.
	인체 적용시험의 최종시험결과보고서에 포함해야 하는 사항

표시 · 광고 실증을 위한 시험 결과의 요건	1. 시험의 종류(시험 제목)
	 2. 코드 또는 명칭에 의한 시험물질의 식별
	 3. 화학물질명 등에 의한 대조물질의 식별(대조물질이 있는 경우에 한함)
	 4. 시험의뢰자 및 시험기관 관련 정보
	    가) 시험의뢰자의 명칭과 주소
	    나) 관련된 모든 시험시설 및 시험지점의 명칭과 소재지, 연락처
	    다) 시험책임자 및 시험자의 성명
	 5. 날짜: 시험개시 및 종료일
	 6. 신뢰성보증확인서: 시험점검의 종류, 점검날짜, 점검시험단계, 점검결과 등이 기록된 것
	 7. 피험자
	    가) 선정 및 제외 기준
	    나) 피험자 수 및 이에 대한 근거
	 8. 시험방법
	    가) 시험 및 대조물질 적용방법(대조물질이 있는 경우에 한함)
	    나) 적용량 또는 농도, 적용 횟수, 시간 및 범위, 사용제한
	    다) 사용장비 및 시약
	    라) 시험의 순서, 모든 방법, 검사 및 관찰, 사용된 통계학적 방법
	    마) 평가방법과 시험목적 사이 연관성, 새로운 방법일 경우 이 연관성을 확인할 수 있는 근거 자료
	 9. 시험결과
	    가) 시험결과의 요약
	    나) 시험계획서에 제시된 관련 정보 및 자료
	    다) 통계학적 유의성 결정 및 계산과정을 포함한 결과
	    라) 결과의 평가와 고찰, 결론
	 10. 부작용 발생 및 조치내역
	    가) 부작용 등 발생사례
	    나) 부작용 발생에 따른 치료 및 보상 등 조치내역

	화장품 표시·광고의 모든 것
	인체 외 시험 자료
	인체 외 시험은 과학적으로 검증된 방법이거나 밸리데이션을 거쳐 수립된 표준작업지침에 따라 수행되어야 함. (예시) 표준화된 방법에 따라 일관되게 실시할 목적으로 절차·수행방법등을 상세하게 기술한 문서에 따라 시험을 수행한 경우 합리적인 실증자료로 볼 수 있음

표시·광고 실증을 위한
시험 결과의 요건
	인체 외 시험 자료의 최종시험결과보고서에 포함해야 하는 사항
	1. 시험의 종류(시험 제목)
	2. 코드 또는 명칭에 의한 시험물질의 식별
	3. 화학물질명 등에 의한 대조물질의 식별
	4. 시험의뢰자 및 시험기관 관련 정보
	    가) 시험의뢰자의 명칭과 주소
	    나) 관련된 모든 시험, 시설 및 시험지점의 명칭과 소재지, 연락처
	    다) 시험책임자의 성명
	    라) 시험자의 성명, 위임받은 시험의 단계
	    마) 최종보고서의 작성에 기여한 외부전문가의 성명
	5. 날짜: 시험개시 및 종료일
	6. 신뢰성보증확인서: 시험점검의 종류, 점검날짜, 점검시험단계, 점검결과가 기록된 것
	7. 시험재료와 시험방법
	    가) 시험계 선정사유
	    나) 시험계의 특성(예 ; 종류, 계통, 공급원, 수량, 그 밖의 필요한 정보)
	    다) 처리방법과 그 선택이유
	    라) 처리용량 또는 농도, 처리횟수, 처리 또는 적용기간
	    마) 시험의 순서, 모든 방법, 검사 및 관찰, 사용된 통계학적방법을 포함하여 시험계획과 관련된 상세한 정보
	    바) 사용 장비 및 시약
	8. 시험결과
	    가) 시험결과의 요약
	    나) 시험계획서에 제시된 관련 정보 및 자료
	    다) 통계학적 유의성 결정 및 계산과정을 포함한 결과
	    라) 결과의 평가와 고찰, 결론
	***시험계**: 시험에 이용되는 미생물과 생물학적 매체 또는 이들의 구성성분으로 이루어지는 것

	조사결과

	1. 조사기관은 사업자와 독립적이어야 하며, 조사할 수 있는 능력을 갖추어야 함.
	2. 조사절차와 방법 등은 다음 조건을 충족하여야 함.
	    가. 조사목적이 적정하여야 하며, 조사 목적에 부합하는 표본의 대표성이 있어야 함.
	    나. 기초자료의 결과는 정확하게 보고되어야 함.
	    다. 질문사항은 표본설정, 질문사항, 질문방법이 그 조사의 목적이나 통계상 방법과 일치하여야 함.
	    라. 조사는 공정하게 이루어져야 하고, 피조사자는 조사목적을 모르는 가운데 진행되어야 함.

화장품 표시·광고의 모든 것

	구분	실증 대상	입증 자료
표시·광고에 따른 실증자료	1.「화장품 표시·광고 실증에 관한 규정」별표 등에 따른 표현	여드름성 피부에 사용에 적합 항균(인체세정용 제품에 한함) 일시적 셀룰라이트 감소 붓기 완화 다크서클 완화 피부 혈행 개선 피부장벽 손상의 개선에 도움 피부 피지분비 조절	인체적용시험 자료로 입증
		미세먼지 차단, 미세먼지 흡착 방지	
		모발의 손상을 개선한다.	인체적용시험자료, 인체 외 시험자료로 입증
		콜라겐 증가, 감소 또는 활성화 효소 증가, 감소 또는 활성	주름 완화 또는 개선 기능성화장품으로서 이미 심사 받은자료에 포함되어 있거나 해당 기능을 별도로 실증한 자료로 입증
		피부노화 완화, 안티에이징, 피부노화 징후 감소	인체적용시험자료, 인체 외 시험자료로 입증. 다만, 자외선차단 주름개선 등 기능성효능효과를 통한 피부노화 완화 표현의 경우 기능성화장품 심사(보고) 자료를 근거자료로 활용 가능
		기미, 주근깨 완화에 도움	미백 기능성화장품 심사(보고) 자료로 입증
		빠지는 모발을 감소시킨다.	탈모 증상 완화에 도움을 주는 기능성화장품으로서 이미 심사받은 자료에 근거가 포함되어 있거나 해당 기능을 별도로 실증한 자료로 입증
	2. 효능·효과·품질에 관한 내용	화장품의 효능·효과에 관한 내용 <예시> 수분감 30% 개선효과 피부결 20% 개선, 2주 경과 후 피부톤 개선 등	인체적용시험 자료 또는 인체 외 시험 자료로 입증
		시험·검사와 관련된 표현 <예시> 피부과 테스트 완료, oo시험검사기관의 oo 효과 입증 등	

화장품 표시 · 광고의 모든 것

	구분	실증 대상	입증 자료
표시 · 광고에 따른 실증자료	2. 효능 · 효과 · 품질에 관한 내용	타 제품과 비교하는 내용의 표시 · 광고 <예시> "○○보다 지속력이 5배 높음"	인체적용시험 자료 또는 인체 외 시험 자료로 입증
		제품에 특정성분이 들어 있지 않다는 '무(無) ○○' 표현	시험분석자료로 입증 - 단, 특정성분이 타 물질로의 변환 가능성이 없으면서 시험으로 해당 성분 함유 여부에 대한 입증이 불가능한 특별한 사정이 있는 경우에는 예외적으로 제조관리기록서나 원료시험성적서 등 활용
천연화장품 또는 유기농화장품 표시 · 광고의 실증자료	천연화장품 또는 유기농화장품으로 표시 · 광고하려는 자는 실증자료를 **제조일(수입일 경우 통관일)로부터 3년 또는 사용기한 경과 후 1년** 중 긴 기간 동안 보존하여야 한다.		

Chapter 4 : 맞춤형화장품법의 이해

- 1,000점 만점 중 400점(40%) 할당, 총 40문항, 선다형(28문항), 단답형(12문항)
- 4.8. 재고관리
- 소주제: 1. 원료 및 내용물의 재고 파악과 발주

☑ 원료 및 내용물의 재고 파악과 발주

1. 맞춤형화장품의 내용물 또는 원료의 품질성적서 관리

▶ 원료 품질 성적서의 관리
- 「화장품법 시행규칙」에서는 맞춤형화장품 판매업자가 혼합·소분에 사용되는 내용물 또는 원료에 대한 품질성적서를 확인할 것을 요구하고 있다.
- 원료의 MSDS (Material Safety Data Sheet)를 보고 화학 물질에 대한 정보와 응급 시 알아야 할 사항, 응급 사항 시 대응 방법, 유해 상황 예방책, 기타 중요한 정보를 확인한다.
- 원료의 COA (Certificate of Analysis)를 보고 물리 화학적 물성과 외관 모양, 중금속, 미생물에 관한 정보를 파악하고, 원료 규격서 범위에 일치하는가를 판단한다.
* 해당 내용은 2. 화장품 제조 및 품질관리 > 2.2. 화장품 기능과 품질 > 2.2.3. 내용물 및 원료의 품질성적서 구비에서 자세하게 언급되었으니 참고 바람

2. 화장품 내용물 또는 원료의 입고 및 보관 방법과 절차

① 화장품 원료 입고 절차

　*입고된 원료와 시험성적서 확인
- 납품 시 거래 명세서 및 발주 요청서와 일치하는 원료가 납품되었는지 확인
- 화장품 원료의 용기 표면에 주의 사항이 있는지 확인
- 화장품 원료의 포장이 훼손되어 있는지 확인

② 화장품 원료의 보관 관리
- 화장품 원료의 보관 관리를 위해서는 적절한 보관과 원료 보관소의 환경과 설비를 적절히 유지하여야 한다.
- 혼동과 오염 방지, 자원의 효율적 관리, 품질의 항상성 유지를 위하여 분리 또는 구획, 선입선출, 합격품 사용, 적절한 보관 조건 유지 등의 방법으로 보관 관리해야 한다.

③ 화장품 원료의 보관 장소 및 보관 방법
- 화장품 원료 관리 시에는 입고 시 품명, 규격, 수량 및 포장의 훼손 여부에 대한 확인 방법과 훼손되었을 때 그 처리 방법을 숙지하고 있어야 한다.
- 원료의 보관 장소 및 보관 방법을 알고 있어야 함. 취급 시의 혼동 및 오염 방지 대책을 알고, 출고 시 선입선출 및 칭량된 용기의 표시 사항, 재고 관리 방법에 대해서도 숙지해야 한다.
- 화장품의 원료는 바닥과 벽에 닿지 않도록 보관해야 한다.
- 원료의 보관 장소는 내용물에 따라 냉동(영하 5℃)/ 3~5℃/ 상온(15~25℃)/ 고온(40℃) 등으로 나누어서 보관해야 한다.
- 위험물인 경우에는 위험물 보관 방법에 따라 옥외 위험물 취급 장소에 별도 보관해야 한다.

3. 판매장 내 원료 및 내용물의 재고 파악을 위한 표준운영절차(SOP) 작성 및 SOP에 따른 관리법

- 표준작업절차서(Standard Operating Procedures)는 작업을 실시할 때마다 보는 문서로 작업 내용에 정통하는 사람이 작성하고 작업하는 사람이 사용한다.
- 절차서는 다음의 사항을 만족하여야 한다.

- 명료하고, 이해하기 쉽게 작성되어야 함
- 사용 전 승인된 자에 의해 승인되고, 서명과 날짜가 기재되어야 함
- 작성되고, 업데이트되고, 철회되고, 배포되고, 분류되어야 함
- 폐기된 문서가 사용되지 않음을 확인할 수 있는 근거가 있어야 함
- 유효기간이 만료된 경우, 작업 구역으로부터 회수하여 폐기되어야 함
- 관련 직원이 쉽게 이용할 수 있어야 함
- 수기로 기록하여야 하는 자료의 경우는 다음 사항을 만족하여야 함

☞ 기입할 내용을 표시함
☞ 지워지지 않는 검정색 잉크로 읽기 쉽게 작성함
☞ 서명 및 년, 월, 일순으로 날짜를 기입함
☞ 필요한 경우 수정함. 단, 원래의 기재사항을 확인할 수 있도록 남겨두어야 하고, 가능하다면 수정의 이유를 기록해 두어야 함

4. 화장품 원료의 입고/출고 관리

- 화장품의 원료를 거래처로부터 받아서 원료의 구매 요청서와 성적서, 현품이 일치하는가를 살핀 후에 원료 입출고 관리장에 기록해야 한다.
- 원료가 출고될 때는 원료의 수불장에 기록해야 한다.

5. 원료 및 내용물의 적정 재고 수준 결정 및 발주

(1) 화장품 원료 사용량 예측
- 혼합 소분 계획서(제조 지시서)에 의거하여 제품 각각의 원료 사용량에 따라 재고 관리

(2) 화장품 원료 거래처 관리
- 원료의 수급 기간을 고려하여 최소 발주량을 선정해 원료 발주 공문(구매 요청서)으로 발주

CHAPTER 04 맞춤형화장품의 이해 - 단원평가

549

다음 중 맞춤형화장품조제관리사 자격시험에 대한 설명으로 옳지 않은 것은? 난이도 중

① 화장품법 제3조의4에 맞춤형화장품조제관리사 자격시험에 대해 규정되어 있다.
② 맞춤형화장품조제관리사가 되려는 사람은 화장품과 원료 등에 대하여 식품의약품안전처장이 실시하는 자격시험에 합격하여야 한다.
③ 식품의약품안전처장은 맞춤형화장품조제관리사가 거짓이나 그 밖의 부정한 방법으로 시험에 합격한 경우에 자격을 취소하여야 하며, 자격이 취소된 사람은 취소된 날부터 1년간 자격시험에 응시할 수 없다.
④ 식품의약품안전처장은 자격시험 업무를 효과적으로 수행하기 위해 필요한 전문인력과 시설을 갖춘 기관 또는 단체를 시험운영기관으로 지정하여 시험업무를 위탁할 수 있다.
⑤ 식품의약품안전처장은 매년 1회 이상 맞춤형화장품조제관리사 자격시험을 실시해야 한다.

550

영희와 은비는 맞춤형화장품조제관리사 자격시험에 대해 이야기나누고 있다. 다음 중 틀린 설명은? 응용

> 은비: 영희씨, 우리 같이 맞춤형화장품조제관리사 자격시험 준비해요.
> 영희: ① 맞춤형화장품조제관리사가 화장품을 혼합하거나 소분하는 업무를 담당하는 사람이죠?
> 은비: 네, 맞습니다. 근데 그 시험은 1년에 몇 번 있는 시험이에요?
> 은비: ② 1년에 2번 있어요. 식품의약품안전처장은 매년 2회 이상 맞춤형화장품조제관리사 자격시험을 실시해야 하거든요.
> 영희: 네, 시험은 식품의약품안전처에서 출제하나요?
> 은비: ③ 식품의약품안전처에서 대한상공회의소에 시험 업무를 위탁하여 실시하고 있어요.
> 영희: 혼합 및 소분하는 실기 시험도 준비해야 하나요?
> 은비: ④ 실기 시험은 없고 필기 시험만 있습니다. 총 4과목이 있어요.
> 영희: 시험 공고는 언제 게시될까요?
> 은비: ⑤ 시험이 8월 1일에 있으니까 아무리 늦어도 5월 1일에는 시험계획이 공고될 거예요.

551

현재 다음 보기에서 설명하는 기관이 무엇인지 기입하시오. 기초

> 식품의약품안전처장은 맞춤형화장품조제관리사 자격시험 업무를 효과적으로 수행하기 위해 필요한 전문인력과 시설을 갖춘 기관 또는 단체를 **시험운영기관**으로 지정하여 시험 업무를 위탁할 수 있다.

552

다음 중 맞춤형화장품조제관리사 자격시험 운영기관의 업무로 적절하지 않은 것은? 기초

① 시험 위원 위촉
② 시험본부 설치
③ 합격자 결정
④ 부정행위 행위자 처리에 관한 사항
⑤ 맞춤형화장품조제관리사 임명

553

다음 중 맞춤형화장품조제관리사 자격시험에 대한 설명으로 옳은 것은? 기초

① 식품의약품안전처장은 맞춤형화장품조제관리사가 거짓이나 그 밖의 부정한 방법으로 시험에 합격한 경우에는 자격을 취소하여야 하며, 자격이 취소된 사람은 취소된 날부터 1년간 자격시험에 응시할 수 없다.
② 식품의약품안전처장은 법 제3조의4에 따라 매년 2회 이상 맞춤형화장품조제관리사 자격시험을 실시해야 한다.
③ 식품의약품안전처장은 자격시험을 실시하려는 경우에는 시험일시, 시험장소, 시험과목, 응시방법 등이 포함된 자격시험 시행계획을 시험 실시 30일전까지 식품의약품안전처 인터넷 홈페이지에 공고해야 한다.
④ 운영기관의 장은 시행계획을 자격시험 공고 1개월 전까지 식품의약품안전처장에게 제출하고 승인을 받아야 한다.
⑤ 운영기관의 장은 시험일로부터 30일 이내에 합격자 수험번호를 맞춤형화장품조제관리사 자격시험 홈페이지에 공고하여야 한다.

554

다음 중 「화장품법 시행규칙」 제8조의4제6항에 따른 맞춤형화장품조제관리사 자격시험 위원의 위촉 기준에 의거하여 위촉 가능한 사람을 모두 고른 것은? 난이도 중

> ㄱ. 해당 분야에서 학사학위가 있으며 해당 분야에서 5년간 실무에 종사한 자
> ㄴ. 대학교에서 해당 분야의 조교수로 재직한 자
> ㄷ. 대학교에서 해당 분야에 2년 이상 강의한 경력이 있는 자
> ㄹ. 해당 분야에서 박사학위 취득 후 대학교에서 1년간 강의한 경력이 있는 자
> ㅁ. 해당 분야에서 7년간 실무에 종사한 자
> ㅂ. 해당 분야의 석사학위가 있는 자

① ㄱ, ㄴ, ㄷ
② ㄱ, ㄷ, ㅂ
③ ㄴ, ㄷ, ㄹ
④ ㄷ, ㄹ, ㅁ
⑤ ㄷ, ㄹ, ㅂ

555

맞춤형화장품조제관리사 자격시험의 운영기관인 대한상공회의소에 대한 설명으로 옳지 않은 것은? 난이도 중

① 대한상공회의소는 시험일로부터 30일 이내에 합격자 수험번호를 맞춤형화장품조제관리사 자격시험 홈페이지에 공고하여야 한다.
② 대한상공회의소는 합격자를 공고하기 전까지 합격자의 성명, 성별, 생년월일, 수험번호 및 합격 연월일이 포함된 정보를 식품의약품안전처장에게 보고하여야 한다.
③ 식품의약품안전처장은 대한상공회의소로 하여금 자격증의 발급 신청서 접수 및 자격증 발송 등의 업무를 지원하게 할 수 있다.
④ 대한상공회의소는 자격이 취소된 자를 제외한 자격시험 응시자의 정보를 적은 문서를 보존하여야 한다.
⑤ 대한상공회의소는 자격시험의 시행에 관여한 자에 대해 서약서를 받는 등 자격시험의 보안을 유지하기 위하여 필요한 조치를 취하여야 한다.

556

다음 중 대한상공회의소가 관리하여야 하는 '자격이 취소된 자 및 자격시험을 합격한 자'에 대한 정보로 옳은 것을 모두 고른 것은? 난이도 하

> ㄱ. 수험번호
> ㄴ. 성명 및 주민등록번호
> ㄷ. 자격이 취소된 자의 경우 취소 사실
> ㄹ. 자격증번호
> ㅁ. 합격연월일

① ㄱ, ㄴ, ㄷ
② ㄱ, ㄷ, ㄹ
③ ㄱ, ㄷ, ㅁ
④ ㄴ, ㄹ, ㅁ
⑤ ㄷ, ㄹ, ㅁ

557

다음 중 빈칸에 공통으로 들어갈 알맞은 단어를 기입하시오. 난이도 하

> - 식품의약품안전처장은 법 제3조의4에 따라 (　　) 자격시험을 실시한다.
> - (　　)은/는 맞춤형화장품 판매장에서 소비자의 취향 등을 고려하여 선택된 화장품의 내용물 간 또는 내용물과 원료 간 혼합 업무를 수행하거나, 화장품의 내용물을 소분해 주는 업무를 담당한다.

558

다음 중 맞춤형화장품조제관리사 자격 시험의 부정 행위로 적절하지 않은 것은? 출제 가능성 거의 없음

① 시험 도중 수험표를 분실하는 행위
② 시험 도중 문제지 이외의 인쇄물을 열람하는 행위
③ 시험 도중 다른 응시자의 시험을 방해하는 행위
④ 시험 종료 후 문제지를 훼손하는 행위
⑤ 응시원서를 허위로 제출하여 시험에 응시하는 행위

559

다음 중 「맞춤형화장품판매업 가이드라인」에 명시된 맞춤형화장품의 정의에 포함되는 것은? 난이도 중하

① 일반화장품 판매업소에서 맞춤형화장품조제관리사가 고객 개인별 피부 특성 및 색·향 등 취향에 따라 조제한 화장품
② 화장품의 원료에 다른 원료를 추가하여 혼합한 화장품
③ 제조 또는 수입된 화장품의 내용물에 소비자에게 판매하기 위한 화장품 내용물을 혼합한 화장품
④ 맞춤형화장품판매업소에서 맞춤형화장품조제관리사가 수입된 화장품의 내용물을 소분한 화장품
⑤ 화장 비누(고체 형태의 세안용 비누)를 단순 소분한 화장품

560

<보기>는 「맞춤형화장품판매업 가이드라인」에 따른 맞춤형화장품의 정의이다. (　　) 안에 들어갈 단어를 정확한 용어로 기입하시오. 난이도 중하

> ① 제조 또는 수입된 화장품의 내용물에 다른 화장품의 내용물이나 색소, 향료 등 식약처장이 정하는 원료를 추가하여 (　㉠　)한 화장품
> ② 제조 또는 수입된 화장품의 내용물을 (　㉡　)한 화장품 단, 화장 비누(고체 형태의 세안용 비누)를 단순 (　㉢　)한 화장품은 제외

561

다음 중 「맞춤형화장품판매업 가이드라인」에 명시된 맞춤형화장품의 정의에 따라 맞춤형화장품을 적절하게 조제하지 <u>않은</u> 사람은? 난이도 중하

① 고객 개인별 피부 특성에 따라, 러시아에서 수입된 화장품의 내용물에 다른 화장품의 내용물을 추가하여 혼합한 화장품을 판매한 영일씨
② 제조된 화장품의 내용물에 고객이 원하는 향을 넣어 혼합한 화장품을 조제한 강산씨
③ 보습이 잘 되는 세안제를 찾는 고객에게 글리세린이 듬뿍 들어간 고체 화장 비누를 소분하여 판매한 슬기씨
④ 프랑스에서 수입한 화장품의 내용물을 소분하여 판매한 미연씨
⑤ 화장품책임판매업자로부터 납품받은 맞춤형화장품 전용 베이스에 고객이 원하는 색소를 추가하여 혼합한 화장품을 조제한 민석씨

562

다음 중 맞춤형화장품 판매업에 해당되는 것은? 완전 기초

① 화장품을 직접 제조하는 영업
② 화장품제조업자에게 위탁하여 제조된 화장품을 유통·판매하는 영업
③ 수입대행형 거래를 목적으로 화장품을 알선·수여하는 영업
④ 수입된 화장품을 유통·판매하는 영업
⑤ 제조 또는 수입된 화장품의 내용물을 소분한 화장품을 판매하는 영업

563

<보기>는 「맞춤형화장품판매업 가이드라인」에 따른 맞춤형화장품의 정의이다. ( ) 안에 들어갈 단어를 정확한 용어로 기입하시오. 난이도 중하

( )에서 맞춤형화장품조제관리사 자격증을 가진 자가 고객 개인별 피부 특성 및 색·향 등 취향에 따라 내용물에 내용물 혹은 원료를 혼합하거나 내용물을 소분하는 화장품을 말한다.

564

다음은 「맞춤형화장품판매업 가이드라인」에 명시된 맞춤형화장품판매업의 영업의 범위이다. 이에 대한 설명으로 적절하지 <u>않은</u> 것은? 난이도 중

맞춤형화장품판매업은 맞춤형화장품을 판매하는 영업으로써 다음의 두 가지 중 하나 이상에 해당하는 영업을 할 수 있음
① 제조 또는 수입된 화장품의 (ㄱ)내용물에 다른 화장품의 내용물이나 (ㄴ)식약처장이 정하는 원료를 추가하여 혼합한 화장품을 판매하는 영업
② 제조 또는 수입된 화장품의 내용물을 (ㄷ)소분한 화장품을 판매하는 영업

① 화장품책임판매업자가 소비자에게 유통·판매할 목적으로 제조 또는 수입한 화장품은 (ㄱ)의 범위에 포함되지 않는다.
② 제품의 홍보·판매촉진 등을 위하여 미리 소비자가 시험·사용하도록 제조 또는 수입한 화장품은 (ㄱ)의 범위에 포함되지 않는다.
③ (ㄴ)에는 색소, 향료, 보존제가 포함된다.
④ 기능성화장품의 효능·효과를 나타내는 원료는 (ㄴ)에 포함되지 않는다.
⑤ 화장비누를 단순 소분한 것은 (ㄷ)에 포함되지 않는다.

565

다음 맞춤형화장품조제관리사 B씨와 고객 A씨의 대화 중 「맞춤형화장품판매업 가이드라인」에 따라 적절하지 <u>않은</u> 것은? 난이도 중

① A: 제가 요새 피부가 거칠어졌어요. 그리고 화장품에 향긋한 향이 났으면 좋겠어요.
　 B: 색소 침착도가 20% 늘었군요. 나이아신아마이드가 함유된 내용물에 리모넨을 넣어 더 향기롭게 조제해 드리겠습니다.

② A: 요즘 주름이 늘어서 고민이에요. 주름 개선과 피부보습을 모두 챙길 수 있는 화장품을 조제해 주세요.
　 B: 주름이 늘어서 고민이시군요. 아데노신이 함유된 내용물에 글리세린을 넣어 조제해드리겠습니다.

③ A: 제 피부 상태를 측정하여 저에게 맞는 맞춤형화장품을 제조해주세요.
　 B: 경피수분손실량이 높아졌네요. 보습에 도움이 되는 알란토인이 함유되어 있는 프랑스 수입 맞춤형화장품용 벌크를 소분해 드리겠습니다.

④ A: 요즘들어 피부에 자꾸 트러블이 나네요. 트러블과 미백에 도움이 되는 성분으로 화장품을 조제해 주세요.
　 B: 병풀추출물이 함유된 맞춤형화장품용 베이스에 나이아신아마이드를 혼합하여 조제해드리겠습니다.

⑤ A: 저는 OO사의 ★★보습 크림이 참 좋은데 용량이 많아서 항상 사용기한을 넘기고도 사용합니다. OO사의 ★★보습 크림을 소분하여 주세요.
　 B: 고객님, 죄송하지만 소비자에게 유통·판매하기 위해 판매되는 화장품의 내용물은 맞춤형화장품의 내용물이 될 수 없습니다.

566

다음은 식품의약품안전처 질문게시판에 게시된 질문과 답변이다. 다음 (　)에 들어갈 알맞은 말을 「맞춤형화장품판매업 가이드라인」에 명시된 정확한 용어로 기입하시오. 난이도 중

식품의약품안전처 Q&A게시판
Q. 맞춤형화장품조제관리사는 원료와 원료를 혼합할 수는 없는 것인가요? A. 네, 불가능합니다. 원료와 원료를 혼합하는 것은 맞춤형화장품의 혼합이 아닌 '화장품 (　　)'에 해당합니다. 더 자세한 사항은 「맞춤형화장품판매업 가이드라인」을 참고하여 주세요.

567

다음은 「맞춤형화장품판매업 가이드라인」 중 맞춤형화장품판매업의 신고와 관련된 내용이다. 다음 중 옳지 <u>않은</u> 것은? 난이도 중

① 맞춤형화장품판매업을 신고하려는 자는 영업 신고를 위해 식품의약품안전처를 방문해야 한다.
② 맞춤형화장품판매업을 신고하기 위해서는 맞춤형화장품조제관리사의 자격증 사본이 필요하다.
③ 판매업소가 임대인 경우 임대차 계약서를 구비해야 한다.
④ 혼합·소분을 위한 장소를 확인할 수 있는 세부 평면도를 구비해야 한다.
⑤ 법인인 경우 법인등기부등본을 맞춤형화장품판매업 신고서와 함께 제출해야 한다.

568

다음 중 「맞춤형화장품판매업 가이드라인」 중 맞춤형화장품판매업의 신고에 따른 A씨에 대한 설명으로 적절하지 않은 것은? 난이도 중

> 맞춤형화장품판매업을 신고하려는 A씨는 현재 맞춤형화장품조제관리사를 3명 거느리고 있다. 대전에서 판매 사업을 하려고 하며 상가건물 2층에 임대로 판매업소 자리를 구해 놨다. 혼합·소분실과 원료보관실 등 맞춤형화장품판매업에 필요한 요건은 갖춘 상태이다. 현재 A씨는 판매업 신고가 어려워 고민하고 있다.

① A씨는 대전지방식품의약품안전청에 가서 신고를 해야 한다.
② A씨는 기본 제출 서류와 더불어 임대차계약서를 추가로 구비해야 한다.
③ A씨의 혼합·소분실은 다른 공간과 구분 혹은 구획되어 있어야 한다.
④ A씨는 신고를 위해 사업자등록증을 구비해 놓아야 한다.
⑤ 맞춤형화장품조제관리사는 대표자 1명만 신고가 가능하므로 대표자 1명의 자격증 사본을 준비해야 한다.

569

다음 중 맞춤형화장품판매업을 신고하기 위해 구비해야 할 서류로 옳은 것을 모두 고른 것은? 난이도 중

> ㄱ. 가족관계증명서
> ㄴ. 주민등록등본
> ㄷ. 맞춤형화장품조제관리사 자격증 사본
> ㄹ. 사업자등록증
> ㅁ. 건축물관리대장

① ㄱ, ㄴ, ㄷ
② ㄱ, ㄷ, ㄹ
③ ㄴ, ㄷ, ㄹ
④ ㄴ, ㄹ, ㅁ
⑤ ㄷ, ㄹ, ㅁ

570

다음 중 맞춤형화장품판매업의 변경신고가 필요한 사항이 아닌 것은? 난이도 중

① 맞춤형화장품판매업자가 변경된 경우
② 맞춤형화장품판매업자의 상호가 변경된 경우
③ 맞춤형화장품판매업소의 소재지가 변경된 경우
④ 맞춤형화장품조제관리사가 변경된 경우
⑤ 맞춤형화장품판매업소의 상호가 변경된 경우

571

다음은 식품의약품안전처가 맞춤형화장품판매업자들을 대상으로 진행한 세미나의 일부이다. 다음 중 「맞춤형화장품판매업 가이드라인」에 따라 적절하지 않은 것은? 난이도 중

> 마지막으로, 식품의약품안전처에서 맞춤형화장품판매업에 대해 평소 궁금했던 부분을 답해주는 시간을 갖겠습니다.
> Q: 맞춤형화장품판매업자가 변경될 시에는 변경신고가 필요한가요?
> A: ① 네, 필요합니다. 양도·양수로 인한 변경의 경우 이를 증명할 수 있는 서류가 필요해요.
> Q: 맞춤형화장품판매업자의 소재지 변경은 신고가 필요한가죠?
> A: ② 네, 필요합니다. 소재지 변경 미 신고시 행정처분을 받을 수 있으니 주의하세요.
> Q: 맞춤형화장품판매업소의 상호를 변경하는 것은 신고가 필요한가요?
> A: ③ 네, 필요합니다. 변경된 상호가 적혀있는 사업자등록증을 구비해주세요.
> Q: 맞춤형화장품조제관리사가 변경된 경우에는 어떻게 변경 신고하면 되나요?
> A: ④ 맞춤형화장품조제관리사 자격증 사본을 추가로 구비하여 지방식품의약품안전청을 방문해주세요.
> Q: 맞춤형화장품조제관리사가 변경된 경우 변경 신고 시 수수료가 발생하나요?
> A: ⑤ 조제관리사 변경의 경우 수수료는 없습니다.

572

다음은 부산지방식품의약품안전청에 방문한 A씨와 공무원 B씨의 대화이다. 다음 대화에서 ( )에 들어갈 알맞은 서류를 정확한 용어로 기입하시오. 난이도 중

A: 맞춤형화장품판매업소를 아버지로부터 상속받았습니다. 바뀐 내용을 어떻게 변경 신고하면 될까요?
B: 맞춤형화장품판매업자가 변경된 사항이군요. 맞춤형화장품판매업 변경신고서를 작성하시고, 맞춤형화장품판매업 신고필증, 사업자등록증, (　　　)을/를 구비해오셔야 합니다.

573

다음은 경인지방식품의약품안전청에 방문한 A씨와 공무원 B씨의 대화이다. 다음 대화에서 ( )에 들어갈 알맞은 서류를 정확한 용어로 기입하시오. 난이도 중

A: 이사로 인해 맞춤형화장품판매업소가 변경되었습니다. 바뀐 내용을 어떻게 변경 신고하면 될까요?
B: 맞춤형화장품판매업소 소재지가 변경되었군요. 맞춤형화장품판매업 변경신고서를 작성하시고, 맞춤형화장품판매업 신고필증, 사업자등록증, (　　　)을/를 구비해오셔야 합니다. 또, 혼합·소분 장소·시설 등을 확인할 수 있는 세부 평면도 및 상세 사진도 구비해오셔야 해요. 임대의 경우에는 임대차계약서도 꼭 가져오세요.

574

다음 <보기1>의 상황을 보고 이희영씨가 구비해야 할 서류로 옳은 것을 모두 고른 것은? 난이도 중

<보기1>
맞춤형화장품판매업자 이희영씨는 최근 인근의 한 맞춤형화장품판매업소와 합병하였다. 이에 지방식품의약품안전청에 방문하여 변경 신고를 하고자 한다.

<보기2>
ㄱ. 합병증명서
ㄴ. 맞춤형화장품판매업 신고필증
ㄷ. 건축물관리대장
ㄹ. 사업자등록증
ㅁ. 맞춤형화장품조제관리사 자격증
ㅂ. 가족관계증명서

① ㄱ, ㄴ, ㄷ　　② ㄱ, ㄴ, ㄹ
③ ㄴ, ㄷ, ㄹ　　④ ㄴ, ㅁ, ㅂ
⑤ ㄷ, ㄹ, ㅁ

575

다음 <보기1>의 상황을 보고 <보기2>를 참고하여 다음 중 옳은 설명을 고르시오. 난이도 중

대구에서 맞춤형화장품판매업소를 운영 중인 강순희씨는 최근 같이 일하던 맞춤형화장품조제관리사가 사직을 하면서 새로운 맞춤형화장품조제관리사를 채용하였다. 이에 맞춤형화장품조제관리사가 변경되어 변경 신고를 하고자 한다. 하지만 강순희씨는 업무가 바빠 직접 방문하여 변경 신고하는 방법 외에 다른 방법을 알아보고 있다.

ㄱ. 맞춤형화장품판매업 신고필증
ㄴ. 사업자등록증
ㄷ. 맞춤형화장품조제관리사 자격증
ㄹ. 세부 평면도
ㅁ. 건축물관리대장

① 맞춤형화장품조제관리사가 변경된 사항이므로 ㄷ의 원본을 구비해야 한다.
② 강순희씨는 업무가 바쁘더라도 대구지방식품의약품안전청을 직접 방문하여 변경 신고하여야 한다.
③ 해당사항을 30일 이내에 변경 신고하지 않으면 1차 위반 시 판매업무 정지 5일의 행정처분이 내려질 수 있다.
④ 강순희씨는 변경 신고를 위해 ㄱ, ㄴ, ㄷ을 구비해야 한다.
⑤ 변경된 맞춤형화장품조제관리사가 2명이라면 2명 모두 변경 신고 대상이다.

576

<보기>에서 화장품을 혼합·소분하여 맞춤형화장품을 조제·판매하는 과정에 대한 설명으로 옳은 것을 모두 고른 것은? 난이도 중

ㄱ. 맞춤형화장품조제관리사가 고객에게 맞춤형화장품이 아닌 일반화장품을 판매하였다.
ㄴ. 메틸살리실레이트를 5% 이상 함유하는 액체 상태의 맞춤형화장품을 일반 용기에 충전·포장하여 고객에게 판매하였다.
ㄷ. 맞춤형화장품판매업으로 신고한 매장에서 맞춤형화장품조제관리사가 200ml의 향수를 소분하여 50ml 향수를 조제하였다.
ㄹ. 맞춤형화장품판매업으로 신고한 매장에서 맞춤형화장품조제관리사가 맞춤형화장품을 조제할 때, 미생물에 의한 오염을 방지하기 위해 페녹시에탄올을 추가하였다.
ㅁ. 맞춤형화장품판매업자에게 원료를 공급하는 화장품책임판매업자가 화장품법 제4조에 따라 해당 원료를 포함하여 기능성화장품에 대한 심사를 받거나 보고서를 제출한 경우, 식품의약품안전처장이 고시한 기능성화장품의 효능·효과를 나타내는 원료를 내용물에 추가하여 맞춤형화장품을 조제할 수 있다.

① ㄱ, ㄴ, ㄹ
② ㄱ, ㄷ, ㄹ
③ ㄱ, ㄷ, ㅁ
④ ㄴ, ㄷ, ㅁ
⑤ ㄴ, ㄹ, ㅁ

577

<보기>에서 문제가 없는 행동을 한 맞춤형화장품조제관리사를 모두 고른 것은? 난이도 중

<보기>
ㄱ. 소비자에게 유통될 목적으로 제조된 내용물을 혼합·소분해 조제한 맞춤형화장품조제관리사
ㄴ. 화장품책임판매업자로부터 제공받은 맞춤형화장품 전용 벌크제품에 보습에 좋은 베르베나오일을 혼합하여 조제한 맞춤형화장품조제관리사
ㄷ. 화장품책임판매업자로부터 제공받은 나이아신아마이드가 함유된 벌크제품에 천수국꽃 추출물을 혼합하여 조제한 맞춤형화장품조제관리사
ㄹ. 미네랄오일이 10% 함유된 액체 상태의 어린이용 오일(17센티스톡스(섭씨 40도 기준)) 제품을 소분하여 안전용기·포장에 충진한 맞춤형화장품조제관리사
ㅁ. 고객에게 맞춤형화장품이 아닌 일반화장품을 판매한 맞춤형화장품조제관리사
ㅂ. 맞춤형화장품판매업소에 고용되지 않았다는 이유로 화장품의 안전성 확보 및 품질관리에 관한 교육을 받지 않은 맞춤형화장품조제관리사

① ㄱ, ㄴ, ㄹ
② ㄴ, ㄷ, ㄹ
③ ㄴ, ㄹ, ㅁ
④ ㄷ, ㄹ, ㅂ
⑤ ㄹ, ㅁ, ㅂ

578

<보기>에서 맞춤형화장품판매업의 신고 등에 대한 설명으로 옳은 것을 모두 고른 것은? 난이도 중

ㄱ. 맞춤형화장품판매업을 하려는 자는 처음 신고 시 맞춤형화장품조제관리사의 자격증 사본이 필요하다.
ㄴ. 맞춤형화장품판매업자의 상호와 소재지 변경은 변경신고의 대상이 아니다.
ㄷ. 맞춤형화장품판매업소의 상호가 변경되었음에도 30일 이내에 변경신고를 하지 아니한 자는 1차 위반 시 시정명령 처분을 받는다.
ㄹ. 맞춤형화장품판매업을 폐업하려는 자가 폐업 신고를 하지 않은 경우 과태료 100만원의 처분을 받을 수 있다.
ㅁ. 여행으로 인해 29일간 맞춤형화장품판매업을 휴업하려는 자는 휴업 신고서를 제출해야 한다.

① ㄱ, ㄴ, ㄷ
② ㄱ, ㄷ, ㅁ
③ ㄱ, ㄹ, ㅁ
④ ㄴ, ㄷ, ㄹ
⑤ ㄷ, ㄹ, ㅁ

579

다음 중 행정처분 대상자가 아닌 경우은? 난이도 중

① 맞춤형화장품판매업자의 소재지가 변경되었음에도 변경 신고를 하지 않은 경우
② 맞춤형화장품판매업을 40일 간 휴업하려는 자가 휴업 신고를 하지 않은 경우
③ 맞춤형화장품판매업 휴업 후 휴업 재개 신고를 하지 않고 다시 영업을 개시한 경우
④ 맞춤형화장품조제관리사가 변경되었음에도 변경 신고를 하지 않은 경우
⑤ 맞춤형화장품판매업소가 폐업하였는데도 폐업신고를 하지 않은 경우

580

다음 <보기>의 대화를 보고 옳지 않은 설명은? 난이도 중

[가]
A: 요즘 코로나로 인해 장사가 안 돼서 폐업을 고민 중이야.
B: 나도 지난달에 업소를 폐업했어. 많이 힘들겠군.
A: 판매업소를 폐업하는 데 필요한 제출서류는 무엇이 있나?
B: (ㄱ)맞춤형화장품판매업 폐업 신고서만 작성하면 되다네. 아, 그리고 폐업 신고서 제출을 잊어버리지 말게. (ㄴ)과태료 50만원 처분을 받을 수도 있네.

[나]
A: 이번에 저희 업소가 속해있는 ○○시가 ★★도에 편입됨에 따라 주소가 바뀌었습니다.
B: 맞춤형화장품판매업소의 소재지가 행정구역 개편으로 인해 변경되었군요. (ㄷ)이 경우에는 30일 이내에 변경신고를 해야 합니다.

① A씨는 지방식품의약품안전청에 폐업신고를 하여야 한다.
② (ㄱ)에 '맞춤형화장품판매업 신고필증'을 추가해야 한다.
③ 화장품의 판매 가격을 표시하지 않은 경우에도 (ㄴ)과 같은 처분을 받는다.
④ (ㄷ)은 '30일 이내'를 '60일 이내'로 바꾸어야 옳은 설명이다.
⑤ 이사로 인한 소재지 변경은 행정구역 개편으로 인한 소재지 변경과 변경신고 신청 기한이 다르다.

581

고객 A씨는 맞춤형화장품을 사용하고 다음과 같은 부작용이 발생했다. 다음 부작용에 대한 대처로 적절한 것은? 난이도 중

백반증

<보기>
맞춤형화장품조제관리사 B씨가 조제한 맞춤형화장품을 사용한 뒤 A씨는 백반증을 앓고 있다. A씨는 이를 10월 1일에 해당 맞춤형화장품판매업소에 보고하였다.

① 맞춤형화장품판매업자는 위의 화장품 사용과 관련된 부작용 발생사례를 화장품책임판매업자에게 보고해야 한다.
② 맞춤형화장품판매업자는 중대한 유해사례가 발생하였으므로 10월 30일 이내에 식품의약품안전처 홈페이지를 통해 보고해야 한다.
③ 맞춤형화장품판매업자는 부작용 사례 보고 시 화장품 안전성 정보관리 규정을 준용해야 한다.
④ 위의 화장품이 회수대상화장품에 해당하는 경우 맞춤형화장품판매업자는 해당 화장품에 대하여 즉시 판매중지하고 화장품책임판매업자가 필요한 회수 및 공표 등의 조치를 할 수 있게 도와야 한다.
⑤ 화장품책임판매업자는 회수대상 맞춤형화장품을 구입한 소비자를 확인할 수 있는 경우 유선 연락 등을 통하여 적극적으로 회수조치를 취해야 한다.

582

<보기> 중 맞춤형화장품 혼합·소분에 사용되는 내용물과 원료의 범위를 어긴 사람을 모두 고른 것은?

ㄱ. 화장품책임판매업자가 소비자에게 유통·판매할 목적으로 수입한 화장품을 내용물로 맞춤형화장품을 조제한 사람
ㄴ. 기능성화장품 고시 원료가 배합된 내용물을 화장품책임판매업자로부터 제공받아 맞춤형화장품을 조제한 사람
ㄷ. 제품의 홍보를 위해 미리 소비자가 시험 사용해보도록 제조된 화장품을 내용물로 맞춤형화장품을 조제한 사람
ㄹ. 화장품책임판매업자로부터 제공받은 벌크 제품에 리도카인을 혼합하여 맞춤형화장품을 조제한 사람
ㅁ. 화장품책임판매업자로부터 제공받은 벌크 제품에 미생물 발육을 억제하기 위해 클로로자이레놀을 0.1% 배합한 사람
ㅂ. 화장품책임판매업자가 내용물과 원료의 최종 혼합 제품을 기능성화장품으로 기 심사 받아 기 심사 받은 조합·함량 범위에서 나이아신아마이드를 조합한 사람

① ㄱ, ㄴ, ㄷ
② ㄴ, ㄹ, ㅂ
③ ㄴ, ㄷ, ㅁ
④ ㄱ, ㄷ, ㄹ, ㅁ
⑤ ㄱ, ㄹ, ㅁ, ㅂ

583

다음 중 고객 A에게 맞춤형화장품조제관리사 B가 조제할 수 있는 맞춤형화장품으로 옳은 것은?

ㄱ. 아데노신이 함유된 벌크 제품
ㄴ. 판매촉진을 위해 제조된 내용물
ㄷ. 나이아신아마이드가 함유된 내용물
ㄹ. 벤조일퍼옥사이드가 함유된 반제품

(가). 병풀추출물
(나). 알파비사보롤
(다). 에칠헥실메톡시신나메이트
(라). 유용성감초추출물

① A: 피부 주름 개선과 피부 진정 효과가 있는 화장품을 조제해주세요.
   B: ㄱ과 (가)를 혼합하여 맞춤형화장품을 조제해드리겠습니다.

② A: 여드름을 완화시켜주고 피부 진정에 도움이 되는 화장품을 조제해주세요.
   B: 여드름이 고민이시라면 ㄹ이 효과가 좋으니 ㄹ과 (가)를 혼합하여 드리겠습니다.

③ A: 요즘 야외활동을 많이 해서 피부가 어두워진 것 같아요.
   B: 피부 색소침착도가 늘었습니다. ㄷ과 (다)를 혼합하여 조제해드리겠습니다.

④ A: 항상 화장품 본품보다 테스트용 화장품이 더 좋았습니다. 테스트용 화장품을 소분해주세요.
   B: 네, 알겠습니다. ㄴ을 소분하여 드리겠습니다.

⑤ A: 피부 미백에 도움이 되는 화장품을 조제해주세요.
   B: 네, (나)와 (라)를 조합하여 맞춤형화장품을 조제해드리겠습니다.

584

다음 중 적절한 혼합 활동을 한 맞춤형화장품조제관리사는? 난이도 중상

① 맞춤형화장품 내용물에 페녹시에탄올을 배합한 민경씨
② 맞춤형화장품 내용물에 닥나무추출물을 배합한 성훈씨
③ 맞춤형화장품 내용물에 클로로아세타마이드를 배합한 경자씨
④ 맞춤형화장품 내용물에 히드로퀴논을 배합한 성연씨
⑤ 맞춤형화장품 내용물에 센텔라아시아티카를 배합한 숙주씨

585

<보기1>과 <보기2>, <보기3>을 참고하여 맞춤형화장품판매업소에 방문한 고객 A씨와 맞춤형화장품조제관리사 B씨의 대화 중 옳은 것을 고르시오.

기출응용문제 - 난이도 상

<보기1>

벌크 제품(함유된 주요 원료)	사용기한
건성 피부용 베이스(나이아신아마이드)	2024. 04. 20.까지
지성 피부용 베이스(나이아신아마이드)	2024. 05. 23.까지
건성 피부용 베이스(아데노신)	2025. 09. 01.까지
지성 피부용 베이스(아데노신)	2025. 06. 15.까지

<보기2>

원료명	사용기한 혹은 개봉 후 사용기간
살리실릭애씨드	2024.05.01.까지
알로에추출물	개봉 후 12개월까지(2023.01.20.에 개봉함)
병풀추출물	2025.06.21.까지
타르타릭애씨드	2026.12.25.까지
엠디엠하이단토인	개봉 후 6개월까지(2024.03.06.에 개봉함)

<보기3>

*고객 A씨의 피부 측정 결과
- 피부 표면의 수분도가 10% 미만임
- 피부 색소침착도 12% 증가
- 전체적으로 피부가 붉으며 자극을 받은 피부로 보임

① 고객님, 나이아신아마이드가 함유된 베이스에 살리실릭애씨드를 배합하여 조제해드리겠습니다. 사용기한은 2024. 04.30.까지입니다.
② 고객님, 아데노신이 함유된 베이스에 타르타릭애씨드를 배합하여 조제해드렸습니다. 사용기한은 2025.08.20.까지입니다.
③ 고객님, 나이아신아마이드가 함유된 베이스에 알로에추출물을 혼합하여 조제해드리겠습니다. 사용기한은 2024.01.30.까지입니다.
④ 고객님, 나이아신아마이드가 함유된 베이스에 병풀추출물을 혼합하여 조제해드리겠습니다. 사용기한은 2024.04.10.까지입니다.
⑤ 고객님, 아데노신이 함유된 베이스에 엠디엠하이단토인을 배합하여 조제해드렸습니다. 사용기한은 2024.02.20.까지입니다.

586

<보기> 중 맞춤형화장품 혼합·소분을 적절히 수행한 맞춤형화장품조제관리사는? 난이도 중

ㄱ. 수입된 화장품의 내용물에 트리클로산을 배합한 자
ㄴ. 홍보를 위해 제조된 화장품의 내용물을 소분한 자
ㄷ. 맞춤형화장품 전용 내용물 베이스에 보존제가 함유된 병풀추출물을 배합한 자
ㄹ. 소비자가 요청한 화장품의 향과 색을 위해 향료 원료와 색소 원료를 혼합한 자
ㅁ. 화장품책임판매업자가 기능성화장품 심사를 받은 내용물을 소분한 자

① ㄱ, ㄴ, ㄷ
② ㄱ, ㄷ, ㅁ
③ ㄱ, ㄷ, ㅁ
④ ㄴ, ㄷ, ㄹ
⑤ ㄷ, ㄹ, ㅁ

587

다음 중 「맞춤형화장품판매업 가이드라인」의 혼합·소분 범위에 따른 설명으로 적절하지 <u>않은</u> 것은? 난이도 중하

① 화장품에 사용상의 제한이 필요한 원료는 배합할 수 없다.
② 식품의약품안전처장이 고시한 기능성화장품의 효능·효과를 나타내는 원료는 배합할 수 없다.
③ 맞춤형화장품판매업자가 기능성 고시 원료를 포함하여 기능성화장품에 대한 심사를 받거나 보고서를 제출한 경우 기능성 고시 원료 사용이 가능하다.
④ 보존제는 배합할 수 없으나 원료의 품질유지를 위해 원료에 보존제가 포함된 경우에는 예외적으로 허용된다.
⑤ 혼합할 수 있는 원료의 경우 개인 맞춤형으로 추가되는 색소, 향, 기능성 원료 등이 해당되며 이를 위한 원료의 조합도 허용된다.

588

다음 중 「맞춤형화장품판매업 가이드라인」에 따른 맞춤형화장품판매업자의 준수사항으로 적절하지 <u>않은</u> 것은? 난이도 중

① 맞춤형화장품 조제에 사용하는 내용물 및 원료의 혼합·소분 범위에 대해 사전에 품질 및 안전성을 확보할 것
② 내용물 및 원료를 공급하는 화장품책임판매업자가 혼합 또는 소분의 범위를 검토하여 정하고 있는 경우 그 범위 내에서 혼합 또는 소분 할 것
③ 최종 혼합된 맞춤형화장품이 유통화장품 안전관리기준에 적합한지를 사전에 확인할 것
④ 혼합·소분에 사용되는 내용물 및 원료는 「화장품법」 제8조의 화장품 안전기준에 적합한 것을 확인하여 사용할 것
⑤ 혼합·소분 전 사용되는 내용물 또는 원료의 품질관리를 직접 실시할 수는 없으므로 내용물과 원료를 제공하는 화장품책임판매업자 등의 품질성적서를 통하여 품질이 적절함을 확인할 것

589

<보기>의 (　)에 들어갈 알맞은 단어를 「맞춤형화장품판매업 가이드라인」에 명시된 용어로 정확히 기입하시오. 난이도 중하

> 혼합·소분 전 사용되는 내용물 또는 원료의 품질관리가 선행되어야 한다. 다만, 책임판매업자에게서 내용물과 원료를 모두 제공받는 경우 책임판매업자의 (　)(으)로 대체 가능하다.

590

<보기> 중 맞춤형화장품판매업자의 준수사항으로 옳은 것을 <u>모두</u> 고른 것은? 난이도 중

> ㄱ. 맞춤형화장품의 안전 및 품질관리에 대한 책임은 내용물과 원료를 제공한 화장품책임판매업자에게 있다.
> ㄴ. 맞춤형화장품판매업자는 내용물과 원료에 대한 품질관리를 직접 실시할 수 있다.
> ㄷ. 맞춤형화장품판매업자는 내용물과 원료를 제공하는 화장품책임판매업지 등의 품질성적시를 통하여 품질이 적절함을 확인하여야 한다.
> ㄹ. 맞춤형화장품판매업자가 맞춤형화장품 사용과 관련된 부작용 발생사례를 알게 된 경우에는 그 정보를 알게 된 날로부터 15일 이내에 식품의약품안전처장에게 보고하여야 한다.
> ㅁ. 맞춤형화장품판매업자는 화장품의 내용물과 원료를 직접 해외에서 수입할 수 있으나 수입하여 사용하는 경우 품질관리 등을 철저히 하여 맞춤형화장품 조제에 사용해야 한다.

① ㄱ, ㄴ, ㄷ　　② ㄱ, ㄷ, ㄹ
③ ㄴ, ㄷ, ㄹ　　④ ㄴ, ㄷ, ㅁ
⑤ ㄷ, ㄹ, ㅁ

591

다음 중 「맞춤형화장품판매업 가이드라인」에 따른 맞춤형화장품판매업자의 준수사항으로 적절한 것은? 난이도 중

① 혼합·소분을 통해 조제된 맞춤형화장품은 소비자에게 제공되는 제품으로 유통화장품에 해당된다.
② 맞춤형화장품 조제에 사용하고 남은 내용물 및 원료는 멸균을 위해 소독 후 보관한다.
③ 혼합·소분 후에 내용물에 대한 품질관리를 철저히 수행해야 한다.
④ 일회용 장갑을 끼고 소분할 시 사전에 소독 및 세척을 한 후 장갑을 낀다.
⑤ 최종 혼합된 맞춤형화장품이 판매 후 이상사례가 발생할 경우 유통화장품 안전관리기준에 적합한지 확인하여야 한다.

592

다음 「맞춤형화장품판매업 가이드라인」에 따른 맞춤형화장품판매업자의 준수사항 중 (　)안에 들어갈 알맞은 말을 정확한 용어로 기입하시오. 기출

> 최종 혼합·소분된 맞춤형화장품은 「화장품법」 제8조 및 「화장품 안전기준 등에 관한 규정(식약처 고시)」 제6조에 따른 유통화장품의 안전관리 기준을 준수할 것
> - 특히, 판매장에서 제공되는 맞춤형화장품에 대한 (　) 오염관리를 철저히 할 것
> - 맞춤형화장품 간 혼입이나 (　)오염 등을 방지할 수 있는 시설 또는 설비 등을 확보할 것

593

<보기>의 (　)안에 들어갈 알맞은 말을 「맞춤형화장품판매업 가이드라인」에 의거한 정확한 용어로 기입하시오. 난이도 중하

> (　)은/는 맞춤형화장품의 혼합·소분에 사용되는 내용물 또는 원료의 제조번호와 혼합·소분기록을 추적할 수 있도록 맞춤형화장품판매업자가 숫자·문자·기호 또는 이들의 특징적인 조합으로 부여한 번호이다.

594

<보기>는 맞춤형화장품판매업 창업 설명회에서 오가는 대화이다. 다음 대화에 대한 설명으로 적절한 것을 고르시오. 난이도 중상

> <보기>
> A: ㉠ 맞춤형화장품판매업자는 원료 및 내용물의 입고, 사용, 폐기 내역에 대해 기록 관리해야 해요. 즉, 모든 것에 대한 대장이 있어야 한다는 것입니다.
> B: 그렇군요. 그러면 입고대장, 원료수불대장 말고도 제가 작성해야 하는 문서가 또 있나요?
> A: 그럼요. 특히 문제가 있을 시 회수를 위해서라도 반드시 판매한 내역을 적어놓으셔야 합니다.
> B: 판매내역서를 말씀하시는 것이로군요. 판매내역서에 제조번호와 사용기한, 판매량을 기입하면 되는 것인가요?
> A: 네. 추가로 (㉡)을 기재하셔야 합니다. 그 외에도 소비자에게 ㉢ 맞춤형화장품 사용 시의 주의사항과 혼합·소분에 사용되는 내용물 또는 원료의 특성을 설명하셔야 합니다.
> B: 설명의 의무를 이행하지 않으면 어떻게 되나요?
> A: 나중에 ㉣ 와/과 같은 행정처분을 받을 수도 있어요.

① ㉠에서 모든 원료 및 내용물의 입고, 사용, 폐기 내역에 대해 기록 관리할 필요는 없다.
② ㉡에 들어갈 말은 소비자의 전화번호이다.
③ ㉢에서 모발용 샴푸를 소분하여 판매하는 맞춤형화장품판매업자는 샴푸가 눈과 코, 입에 들어갔을 때에는 즉시 씻어내야 한다는 주의사항을 고지하여야 한다.

④ ㉣에 들어갈 알맞은 행정처분은 과태료 100만원이다.
⑤ 위의 맞춤형화장품판매업자의 준수사항을 위반하면 200만원 이하의 벌금형에 처해진다.

595

<보기>는 「맞춤형화장품판매업 가이드라인」 중 고객 개인 정보의 보호에 대한 내용이다. (   )에 공통으로 들어갈 알맞은 말을 정확한 용어로 기입하시오. 난이도 중

- 맞춤형화장품판매장에서 수집된 고객의 개인정보는 (   )에 따라 적법하게 관리할 것
- 맞춤형화장품판매장에서 판매내역서 작성 등 판매관리 등의 목적으로 고객 개인의 정보를 수집할 경우 (   )에 따라 개인 정보 수집 및 이용목적, 수집 항목 등에 관한 사항을 안내하고 동의를 받아야 한다.

596

다음 중 「맞춤형화장품판매업 가이드라인」에 따라 옳은 내용을 <보기>에서 모두 고른 것은? 난이도 중

ㄱ. 제조번호란 맞춤형화장품의 혼합·소분에 사용되는 내용물 또는 원료의 특성과 혼합·소분기록을 추적할 수 있도록 맞춤형화장품판매업자가 숫자·문자·기호 또는 이들의 특징적인 조합으로 부여한 번호이다.
ㄴ. 혼합·소분을 통해 조제된 맞춤형화장품은 유통 화장품에 해당한다.
ㄷ. 구분이란 동일 건물 내에서 벽, 칸막이, 에어커튼 등으로 교차오염 및 외부오염물질의 혼입이 방지될 수 있도록 되어 있는 상태를 말한다.
ㄹ. 맞춤형화장품조제관리사가 아닌 기계를 사용하여 맞춤형화장품을 혼합하는 경우 별도의 구분 및 구획 규정을 마련하여 이를 준수해야 한다.
ㅁ. 맞춤형화장품판매업소에 채용된 맞춤형화장품조제관리사는 식품의약품안전처에서 지정한 교육실시기관인 대한화장품협회, 한국의약품수출입협회 등에서 매년 교육을 받아야 한다.
ㅂ. 맞춤형화장품의 가격표시는 개별 제품에 판매가격을 표시하거나 소비자가 가장 쉽게 알아볼 수 있도록 제품명, 가격이 포함된 정보를 제시하는 방법으로 표시할 수 있다.

① ㄱ, ㄴ, ㅂ   ② ㄱ, ㄷ, ㄹ
③ ㄴ, ㄷ, ㄹ   ④ ㄴ, ㄷ, ㅂ
⑤ ㄴ, ㅁ, ㅂ

597

다음은 식품의약품안전처에서 배포한 맞춤형화장품 홍보자료이다. 다음 (   )에 들어갈 수 없는 것은? 난이도 하

① 색   ② 향
③ 용량(크기)   ④ 보존제
⑤ 기능성 원료

598

다음 중 「맞춤형화장품판매업 가이드라인」에 따라 (   )에 들어갈 알맞은 말을 정확한 용어로 쓰시오. 난이도 중하

(㉠) : 선, 그물망, 줄 등으로 충분한 간격을 두어 착오나 혼동이 일어나지 않도록 되어 있는 상태
(㉡) : 동일 건물 내에서 벽, 칸막이, 에어커튼 등으로 교차오염 및 외부오염물질의 혼입이 방지될 수 있도록 되어 있는 상태

599

다음 중 맞춤형화장품판매 시 고객 개인 정보의 보호에 대한 설명으로 옳지 않은 것은? 난이도 중

① 맞춤형화장품판매장에서 수집된 고객의 개인정보는 개인정보보호법령에 따라 적법하게 관리해야 한다.
② 맞춤형화장품판매장에서 판매내역서 작성 등 판매관리 등의 목적으로 고객 개인의 정보를 수집할 경우 개인정보보호법에 따라 개인 정보 수집 및 이용목적, 수집 항목에 관한 사항을 안내하고 동의를 받아야 한다.
③ 고객의 맞춤형화장품 조제 및 판매를 위해 피부진단을 하였으나 이를 활용하여 연구·개발 등 목적으로 사용하고자 하는 경우, 소비자에게 판매 시 판매에 대한 동의를 받았다면 별도의 동의를 받을 필요는 없다.
④ 수집된 고객의 개인정보는 개인정보보호법에 따라 분실, 도난, 유출, 위조, 변조 또는 훼손되지 않도록 취급하여야 한다.
⑤ 개인정보를 정보 주체의 동의 없이 타 기관 또는 제3자에게 공개하여서는 아니 된다.

600

<보기>를 보고 「맞춤형화장품판매업 가이드라인」에 의거한 적절한 설명을 고르시오. 난이도 중

> A: 맞춤형화장품판매업을 하면서 작업자의 위생관리를 신경쓰는 것은 언제나 힘듭니다.
> B: 맞습니다. 그러나 위생관리는 화장품의 오염 여부와도 직결되므로 정말 중요하죠.
> A: 저는 그래서 ㉠ 항상 혼합·소분 시 위생복을 반드시 갖추고, 마스크 역시 필히 사용하라고 교육시킵니다.
> B: 마스크를 끼면 다양한 감염균에 의한 감염도 예방시켜주고 미생물 오염도 최소화 하죠. 저는 항상 피부에 상처가 난 맞춤형화장품조제관리사 분들이 걱정이에요.
> A: ㉡ 그런 직원은 상처가 완전히 나을 때까지 혼합·소분 행위를 시키면 안 됩니다.
> B: 그렇군요. 그런데, 직원분들이 손 소독은 잘 하고 계신가요?
> A: ㉢ 혼합 전과 후에는 손 소독 및 손 세척은 필수이지요. 철저히 교육하고 있답니다.

① ㉠에서 마스크는 반드시 착용해야 하는 사항은 아니다.
② ㉡에서 혼합 업무는 불가능하나 소분 업무는 제한적으로 가능하다.
③ ㉡에서 상처가 난 직원은 개인 감염 관리 규정에 의거하여 매장에서 단순 판매 행위도 해서는 안 된다.
④ ㉢에서 혼합 전과 후 모두에 소독과 세척을 할 필요는 없으며 혼합 후에만 철저히 하면 된다.
⑤ ㉢에서 일회용 장갑을 착용하여 혼합 업무를 해도 위생을 위해 손 소독과 세척은 필수이다.

601

다음 중 맞춤형화장품판매 시 고객 개인 정보의 보호에 따라 적절한 행동을 하지 않은 사람은? 난이도 중

① 맞춤형화장품판매장에서 수집된 고객의 개인정보를 보호하기 위해 법제처 누리집에서 개인정보보호법령에 대해 찾아본 A씨
② 고객에게 별도의 사전 안내 및 동의를 받은 후 고객의 피부진단 데이터를 사용하여 자신의 대학원 논문의 근거로 활용한 B씨
③ 판매내역서 작성을 위해 개인정보 수집 동의를 받은 후 고객의 개인 정보를 수집한 C씨
④ 대한화장품협회의 요청으로 맞춤형화장품 이용 고객의 사용 실태 및 고객의 개인 선호도 조사를 위한 정보를 제공한 D씨
⑤ 수집된 고객의 개인정보를 보호하기 위해 해킹방지프로그램을 사용하는 E씨.

602

다음 중 맞춤형화장품 혼합·소분 장소의 위생관리에 대한 설명으로 적절하지 않은 것은? 난이도 중

저희 업소는 소비자의 개인별 선호를 충족시키기 위해 맞춤형화장품조제관리사가 항상 고객님의 피부 상태를 전문적인 기계로 측정하고 있습니다. 전 세계에서 하나밖에 없는 고객님의 피부에 딱 맞춘 맞춤형화장품을 체험해보세요! ① 맞춤형화장품을 조제하는 곳은 환기시설이 구비되어 언제나 위생관리를 철저히 하고 있습니다. ② 저희 업소는 항상 작업대와 바닥, 벽 및 천장을 깨끗이 하여 화장품에 오염물질이 들어가지 않도록 만전을 기하고 있습니다. 또한 ③ 판매장에서 직접 피부 상태를 측정하고 상담을 해드리고 있으며 상담받으신 고객님 바로 앞에서 직접 맞춤형화장품을 조제해드리고 있습니다. ④ 혼합 전과 후에 손 소독 및 세척을 하여 화장품이 오염되는 것을 피하고 있으며 ⑤ 혼합 소분에 쓰이는 장비는 자외선 살균기를 이용하여 멸균처리 하고 있습니다.

603

<보기>에서 맞춤형화장품 혼합·소분 장비 및 도구의 위생관리에 대한 설명으로 옳은 것을 모두 고른 것은? 난이도 중하

ㄱ. 사용 전·후 세척을 통해 비의도적인 오염을 방지하는 영일씨
ㄴ. 효과적인 세척을 위해 작업 장비 및 도구 세척 시 표면에 잔류하는 세척제를 사용하는 현진씨
ㄷ. 세척한 작업 장비와 도구를 항상 건조시켜서 보관하는 산하씨
ㄹ. 자외선 살균기를 이용하여 작업 도구 세척 시 도구의 살균을 위해 도구들을 포개어 두 층으로 보관하는 강산씨
ㅁ. 자외선 살균기를 사용하기 전에 자외선 램프가 더럽지 않은지 수시로 확인하는 시현씨

① ㄱ, ㄴ, ㄷ
② ㄱ, ㄴ, ㅁ
③ ㄱ, ㄷ, ㅁ
④ ㄴ, ㄷ, ㄹ
⑤ ㄷ, ㄹ, ㅁ

604

<보기>에서 「맞춤형화장품판매업 가이드라인」에 의거하여 틀린 설명은? 난이도 중

민서: 맞춤형화장품의 내용물과 원료는 어떻게 관리하면 좋을까요?
종민: ①입고 시에는 품질관리 여부를 꼭 확인하고 품질성적서를 구비해야 합니다. 또, ②원료를 보관할 때에는 품질에 영향을 주지 않는 장소에서 보관해야 하죠. 직사광선이 있는 곳은 피해야겠죠?
민서: 저는 원료의 사용기한과 관련해서 항상 고민이 많아요.
종민: ③원료 등의 사용기한을 확인 후 관련 기록을 보관해야 합니다. 또, ④사용기한이 지난 내용물 및 원료는 재평가를 통해 다시 사용할 수 없다는 판정이 나면 바로 폐기해야 하죠.
민서: 그렇군요! 원료의 신선도 유지를 위해 선반이나 서랍장 말고 냉장고를 이용하여 보관하여도 되나요?
종민: 네, ⑤원료의 보관조건을 충족시키기 위해 냉장고를 이용해서 보관해도 됩니다.

605

<보기>는 맞춤형화장품판매업소에서 활동하고 있는 맞춤형화장품조제관리사들의 대화이다. 다음 중 옳은 것은? 난이도 중상

영민: 솔희님, (ㄱ)맞춤형화장품의 혼합·소분의 업무는 맞춤형화장품판매장에서 자격증을 가진 저희와 같은 맞춤형화장품조제관리사만 할 수 있죠?
솔희: 그렇죠. 그리고 (ㄴ)맞춤형화장품판매업자는 판매장마다 맞춤형화장품조제관리사를 두어야 합니다. 올해 합격하시고 바로 채용되셔서 궁금한 것이 많으실텐데 모르는 것 있으시면 저에게 물어보세요!
영민: 솔희님께서는 작년에 합격하시고 작년부터 올해까지 2년째 이 업소에서 일하신 것이지요?
솔희: 네, 맞습니다. 아! (ㄷ)영민님 저희 교육이수의 의무가 있는 것 아시죠? 4시간 이상 8시간 이하로 진행되는 교육을 필히 들어야 합니다.
영민: 자격시험 공부할 때 배웠던 것이 생각나네요. (ㄹ)온라인으로도 교육을 받을 수 있지요?
솔희: 네. 그렇지만 식약처에서 정한 교육실시기관에서 이수해야 해요.
영민: 어떤 교육실시기관이 있나요?
솔희: _____(이)가 교육실시기관이에요.

① (ㄱ)에서 맞춤형화장품의 혼합·소분의 업무는 책임판매관리자에게도 그 자격이 주어진다.
② (ㄴ)에서 맞춤형화장품판매업자가 맞춤형화장품조제관리사를 판매장마다 둘 필요는 없다.
③ (ㄷ)에서 영민은 자격을 취득한 해에 조제관리사로 선임되었으므로 최초 교육이 면제된다.
④ (ㄹ)에서 온라인으로는 교육을 받을 수 없으며 집합교육으로 실시하여야 한다.
⑤ 빈칸에 들어갈 식약처 지정 교육실시기관에는 대한화장품협회, 대한화장품산업연구원, 식품의약품안전평가원이 있다.

606

<보기>의 사례를 보고 강가람씨의 고민에 대한 질의응답집의 답변으로 옳은 것은? 난이도 중

> 일산에서 약국을 운영하는 강가람씨는 최근 고민에 빠졌다. 약국과 더불어 맞춤형화장품판매업을 함께 하고 싶은데, 약국에서 맞춤형화장품을 팔아도 되는지 의문이다. 그래서 식품의약품안전처에 게시된 「맞춤형화장품판매업 질의응답집」을 참고하고자 한다.

① 화장품 법령 상 병·의원이나 약국 등에 대하여 맞춤형화장품판매업의 영업을 제한하는 규정은 없으나 "병·의원, 약국 등 의료기관"의 명칭이 포함된 상호명을 맞춤형화장품 판매업의 상호명으로 사용하는 것은 권장되지 않음.
② 환자에게 의료서비스를 제공하거나 의약품을 판매하는 병·의원이나 약국의 특성상 병·의원이나 약국에서 판매하는 맞춤형화장품은 의약품으로 오인될 우려가 높으므로 맞춤형화장품을 판매할 수 없음.
③ 의약품으로 잘못 인식할 우려가 있으므로 병·의원, 약국 등 의료기관에서는 맞춤형화장품을 판매할 수 없는 것이 원칙이나 약사법에서 정하는 특수한 경우에 한하여 식품의약품안전처장이 지정한 업소는 함께 영업할 수 있음.
④ 화장품 법령에 따르면 의약품으로 잘못 인식할 우려가 있는 내용의 화장품은 행정처분 대상이므로 병·의원이나 약국에서 맞춤형화장품판매업을 함께 한다면 행정처분이 내려질 수 있음.
⑤ 화장품 법령 상 병·의원이나 약국 등에 대하여 맞춤형화장품판매업의 영업을 제한하는 규정은 없으므로 병·의원이나 약국 등 의료기관에서 맞춤형화장품을 판매하는 행위를 적극 권장함.

607

<보기>는 「맞춤형화장품판매업 질의응답집」의 내용 중 일부이다. ( )에 들어갈 알맞은 말을 정확한 용어로 기입하시오. 난이도 중

> Q. 맞춤형화장품판매업 가이드라인에서 말하는 혼합·소분에 사용되는 (㉠)(이)란 무엇인가요?
>
> A. 「우수화장품 제조 및 품질관리기준」(식약처 고시)에서는 (㉠)(이)란 충전(1차포장) 이전의 제조 단계까지 끝낸 제품이라고 정의하고 있습니다. 맞춤형화장품에 사용되는 내용물은 최종 소비자에게 제공하기 위한 포장을 제외한 모든 제조 공정을 마친 상태를 의미하며, (㉡)별 품질검사 및 제품의 정보를 알 수 있는 표시기재 사항 등을 모두 갖추어야 합니다.

608

다음 고객 A와 맞춤형화장품조제관리사 B의 대화 중 적절하지 않은 것을 고르시오. 난이도 중

① A: 시중에 유통 중인 ㅁㅁ사의 '주름멜팅크림'을 소분하여 주세요.
　B: 죄송합니다. 시중 유통 중인 제품을 임의로 구입하여 맞춤형화장품 혼합·소분의 용도로 사용할 수 없습니다.

② A: 시판되는 폼 클렌저는 다 저에게 자극적입니다. 순한 폼 클렌저를 조제해주세요.
   B: 죄송합니다. 기초화장용 제품류가 아닌 인체세정용 제품류는 맞춤형화장품으로 조제할 수 없습니다.
③ A: 요즘 점점 피부가 건조해집니다. 보습력이 좋은 화장품을 추천해주세요.
   B: 보습에 좋은 스쿠알란과 시어버터를 넣어 맞춤형화장품을 조제해드리겠습니다.
④ A: 화장품 사용기한을 길게 하여 맞춤형화장품을 조제해주세요.
   B: 손님, 맞춤형화장품조제관리사는 보존제를 첨가할 수 없습니다.
⑤ A: 원료들만으로 제 맞춤형화장품을 만들어주실 수 없나요?
   B: 원료와 원료를 배합하는 행위는 화장품 제조 행위이므로 저희의 범위 밖입니다.

609

다음 중 <보기>의 내용을 읽고 「맞춤형화장품판매업 질의응답집」에 따라 옳은 설명은? 난이도 중

> 지한이네 맞춤형화장품 가게에 한 손님이 전화를 걸었다.
> 지한: 네, 손님. 무엇을 도와드릴까요?
> 손님: 제가 피부가 요즘 많이 건조해요. 병소에 그 업소의 단골이어서 제 피부 데이터가 기록되어 있을 거예요. 맞춤형화장품을 조제하셔서 택배로 부쳐주세요.
> 지한: 손님, (ㄱ)맞춤형화장품은 전화로 판매가 불가능합니다. 매장에 방문하시는 건 어떠실런지요?
> 손님: 제 피부 자료가 다 거기에 있는데 왜 안 된다는 것이지요?
> 지한: (ㄴ)화장품 법령에서 이를 제한하고 있습니다. (ㄷ)맞춤형화장품 제도의 취지 자체가 소비자 개개인의 피부진단, 선호도를 파악하여 맞춤형으로 제품을 만들고, 개인에 특화된 안전정보를 제공하는 것입니다. 그런데 (ㄹ)고객님들께서 전화나 인터넷으로 주문을 하시고 제가 이를 판매한다면 맞춤형화장품 취지와 비교하여 보면 바람직하지 않죠.
> 손님: 알겠습니다. 그러면 매장에 조만간 방문할게요.

① (ㄱ)에서 고객이 단골이고 고객 피부 측정 자료가 있다면 방문하지 않아도 맞춤형화장품을 조제하여 배송시킬 수 있다.
② (ㄴ)에서 화장품 법령에서 제한하고 있지는 않다.
③ (ㄷ)에 의거하여 맞춤형화장품은 온라인, 전화 등을 통해 판매될 수 없다.
④ (ㄹ)은 적절하지 않은 설명이다.
⑤ (ㄹ)에서 전화로 맞춤형화장품을 판매할 수는 없지만 인터넷 등 온라인으로 주문을 넣을 수는 있다.

610

다음을 참고하여 「맞춤형화장품판매업 가이드라인」에 의거하여 틀린 설명은? 난이도 중

> 화장품책임판매업자는 다음의 전성분을 가진 화장품을 기능성화장품으로 보고하여 기능성화장품으로 인정받았다.
>
> <전성분>
> 정제수, 카프릴릭/카프릭트라이글리세라이드, 피이지-8, 글리세린, 부틸렌글라이콜, 나이아신아마이드, 세테아릴알코올, 갈락토미세스발효여과물, 석류추출물, 동백나무꽃추출물, 판테놀, 알란토인, 잔탄검

<기심사받은 사전 배합량 계획서>

성분명	함량
글리세린	20%
나이아신아마이드	3.5%
세테아릴알코올	2%
알란토인	0.05%

① 맞춤형화장품조제관리사는 주름 개선이 고민인 고객에게 위와 같은 벌크제품에 '아데노신'을 배합하여 판매할 수 없다.
② 맞춤형화장품조제관리사는 피부 진정을 원하는 고객에게 위와 같은 벌크제품에 병풀추출물을 배합하여 판매할 수 있다.
③ 맞춤형화장품조제관리사는 화장품의 안정성 향상을 위해 위와 같은 벌크제품에 소듐아이오데이트를 배합하여 판매할 수 있다.

④ 화장품책임판매업자가 맞춤형화장품 내용물로 위의 벌크제품에서 '나이아신아마이드'를 배합하지 않고 맞춤형화장품판매업자에게 판매하였다면 맞춤형화장품조제관리사는 그 벌크제품에 나이아신아마이드를 3.5%까지 배합할 수 있다.

⑤ 화장품책임판매업자가 맞춤형화장품 내용물로 위의 벌크제품에서 '나이아신아마이드'를 배합하지 않고 맞춤형화장품판매업자에게 판매하였을 때 맞춤형화장품조제관리사는 그 벌크제품에 나이아신아마이드를 제외한 다른 미백 기능성 고시 원료를 배합할 수 없다.

611

다음 중 「맞춤형화장품판매업 질의응답집」의 질문에 대한 답변의 내용으로 적절하지 **않은** 것은? 난이도 중

① Q: 병·의원이나 약국 등에서도 맞춤형화장품판매업 신고가 가능합니까?
   A: 현재 화장품 법령상 병·의원이나 약국 등에 대하여 맞춤형화장품판매업의 영업을 제한하는 규정은 없으나 병·의원이나 약국에서 판매하는 맞춤형화장품은 의약품으로 오인될 우려가 높으므로 철저히 관리하여야 할 것입니다.

② Q: 혼합·소분에 사용되는 내용물(벌크제품)이란 무엇입니까?
   A: 맞춤형화장품에 사용되는 내용물은 최종 소비자에게 제공하기 위한 포장을 제외한 모든 제조 공정을 마친 상태를 의미합니다.

③ Q: 시중 유통 중인 화장품을 구입하여 맞춤형화장품의 혼합·소분에 사용할 수 있습니까?
   A: 맞춤형화장품에 사용되는 내용물은 맞춤형화장품의 혼합·소분에 사용할 목적으로 화장품책임판매업자로부터 직접 제공받은 것이어야 하며, 시중 유통 중인 제품을 임의로 구입하여 맞춤형화장품 혼합·소분의 용도로 사용할 수 없습니다.

④ Q: 화장품의 유형(품목) 중 맞춤형화장품으로 판매할 수 없는 품목이 있습니까?
   A: 맞춤형화장품판매업자가 관련 법령을 준수할 경우, 염모제를 제외한 화장품에 해당하는 모든 품목은 맞춤형화장품으로 판매할 수 있습니다.

⑤ Q: 소비자가 매장 방문 없이 온라인, 전화 등을 통하여 맞춤형화장품을 주문하고 이를 맞춤형화장품판매장에서 혼합·소분하여 판매하는 것은 가능합니까?
   A: 신고된 판매장에서 소비자에게 맞춤형화장품을 판매하는 형태에 대해서 화장품 법령에서 별도로 제한을 두지는 않습니다. 그러나 소비자 대면을 통한 서비스도 가능하도록 판매하는 것이 바람직합니다.

612

<보기>를 참고하여 다음 중 틀린 설명은? 기출변형

<보기>
[가] 맞춤형화장품조제관리사 자격시험에 응시 후 합격자 발표를 기다리는 미경씨는 부산의 한 판매업소에서 맞춤형화장품조제관리사로 근무하고 있다.
고객: 저는 요즘 피부가 푸석해요. 푸석한 피부에 맞는 화장품을 조제해주세요.
미경: 네, 고객님 피부측정 결과 피부 침착도가 증가하였네요. 유용성 감초 추출물이 배합된 맞춤형화장품용 벌크제품에 세라마이드 성분을 배합하여 조제해드리겠습니다!
[나] 맞춤형화장품조제관리사 자격시험에 응시 후 부정행위에 발각되어 자격을 취소당한 혁순은 광주의 한 판매업소에서 근무하고 있다.
고객: 요즘 피부가 울긋불긋해지고 많이 예민해진 것 같아요. 제 피부 측정 결과는 어떤가요?
혁순: 피부에 주름이 많이 늘었다는 진단입니다. 7%가까이 늘었어요. 레티놀이 함유된 베이스에 피부 진정에 좋은 병풀추출물을 함유하여 조제하겠습니다.
[다] 근미와 준석은 일산의 한 판매업소에서 일하고 있다. 근미는 작년에 맞춤형화장품조제관리사 자격증을 취득하여 올해 채용되었으며, 준석은 맞춤형화장품조제관리사 자격시험을 치르지는 않았지만 근미의 보조 역할을 수행하고 있다.
고객: 저는 OO사의 로제 피토 플러스 크림이 참 좋아요. 그런데 가격이 비싸네요. 이 크림 반만 덜어서 판매하시면 반값에 사겠습니다.
근미: 네, 알겠습니다. 준석씨, 잠깐 이리 좀 와줘요.
준석: 지금 다른 분 맞춤형화장품 조제하고 있어서요. 죄송합니다.
근미: 고객님, 제가 지금 화장실에 가야 할 것 같아서요. 직접 소분해 주시겠어요?
고객: 네, 알겠습니다. 저울로 재서 소분하면 되는 것이지요?

① [가]에서 미경은 맞춤형화장품판매업소에서 혼합·소분할 수 없다.
② [가]에서 세라마이드는 기능성 원료이므로 맞춤형화장품 조제 시 혼합할 수 없다.
③ [나]에서 혁순은 3년동안 맞춤형화장품조제관리사 자격시험에 응시할 수 없다.
④ [다]에서 근미는 소비자에게 유통·판매하기 위한 화장품을 소분할 수 없다.
⑤ [다]에서 맞춤형화장품조제관리사 자격이 없음에도 혼합·소분 활동을 하는 자는 2명이다.

613

<보기>는 미용실에서 고객과 미용사의 대화이다. 다음 대화를 보고 옳은 설명을 고르시오. 난이도 중

<보기>
[가]
미용사: 어떤 색상으로 염색을 하고 싶으신가요?
고 객: 자연스러운 갈색에 카키색이 혼합된 머리로 염색하고 싶네요.
미용사: 네, 염색을 위해 고객님께서 원하시는 염모제를 혼합하겠습니다.(갈색과 카키색 염색제를 혼합하며)
고 객: 염색이 다 되는 데 얼마나 걸릴까요?
미용사: 중화까지 다 해서 최소 2시간은 걸릴 것 같아요.

[나]
고 객: 죄송한데 시판되는 염색약은 미용실에서 하는 만큼 염색이 잘 되지 않더군요. 여기 미용실의 염색약을 따로 팔기도 하나요?
미용사: 네, 원하시는 색상 말씀해주시면 혼합하여 판매하고 있습니다.
고 객: 저는 검은색에 푸른 빛이 도는 색상으로 염색을 하고 싶어요.
미용사: (블랙 색상의 염모제와 블루 색상의 염모제를 혼합하며) 여기 있습니다. 고객님, 염색은 안 하시고 염모제만 구매하시는 것이기 때문에 일반 염색 서비스 가격의 60%만 받고 있습니다.

① [가]에서 미용사는 염모제를 혼합하였으므로 맞춤형화장품조제관리사 자격이 있어야 한다.
② [가]에서 염모제가 액제라면 혼합·소분할 수 없다.
③ [가]에서 염모제가 아니라 퍼머넌트웨이브 제품을 혼합하였다면 적법하지 않다
④ [나]에서 혼합한 염모제로 염색 서비스를 제공하지 않고 단순히 판매하는 행위는 할 수 없다.
⑤ [나]에서 염색 서비스를 제공하지 않고 판매 가격을 낮추어 염모제만 판매하는 행위는 공정거래법 위반이다.

614

다음 중 맞춤형화장품조제관리사의 자격이 있어야 허가되는 행위는? 난이도 중하

① 머리카락 염색을 위해 염모제를 혼합하는 행위
② 퍼머넌트웨이브를 위해 관련 액제를 혼합하는 행위
③ 네일아트 서비스를 위해 매니큐어 액을 혼합하는 행위
④ 네일아트 서비스를 위해 매니큐어 액을 소분하는 행위
⑤ 염모제를 혼합하여 판매하는 행위

615

다음 중 옳지 않은 행위를 한 사람을 고른 것은? 난이도 중하

① 나이아신아마이드가 들어간 맞춤형화장품 내용물에 스쿠알렌을 배합한 맞춤형화장품조제관리사
② 맞춤형화장품조제관리사 자격 없이 염색 서비스 제공을 위해 염모제를 혼합한 미용사
③ 내용물과 원료를 제공하는 화장품책임판매업자의 품질성적서를 통하여 품질이 적절함을 확인하는 맞춤형화장품판매업자
④ 둘 이상의 화장품책임판매업자로부터 내용물 또는 원료를 공급받아 하나의 맞춤형화장품을 조제하는 맞춤형화장품조제관리사
⑤ 맞춤형화장품 사용과 관련된 부작용 발생사례에 대하여 지체 없이 화장품책임판매업자에게 보고하는 맞춤형화장품판매업자

616

다음은 주근깨가 고민인 고객과 맞춤형화장품조제관리사 길재의 대화이다. <보기>를 참고하여 다음 중 옳은 설명은? 난이도 중

<보기>
길재: 고객님 피부 상태부터 측정해 드리겠습니다.
고객: 제가 요즘 피부가 상당히 건조하고 주근깨가 올라옵니다.
길재: 평균 고객님의 연령 대비 유수분이 많이 부족하시네요. 색소 침착도도 10%나 올라갔어요. 글리세린이 많이 함유된 베이스에 <U>아스코빅애씨드</U>를 혼합하여 조제해드릴게요.
(20일 뒤)
고객: 이 제품을 20일 동안 꾸준히 사용했는데 피부가 처음에는 하얘지더니 나중에는 파래졌어요. 만지면 너무 아파요.
길재: 증상이 정말 심각하네요. 정말 죄송합니다. 조치를 취하겠습니다.

(위 사건 이후 위 맞춤형화장품의 성분 분석 의뢰 결과서)

시험 항목	시험 결과
글리세린	102%
아스코빅애씨드	98%
납(Lead)	5㎍/g
수은(Mercury)	5㎍/g
포름알데하이드(Formaldehyde)	1500㎍/g

① 해당 맞춤형화장품판매업자는 위의 화장품 사용과 관련하여 중대한 부작용이 발생하였으므로 10일 이내에 식품의약품안전처장에게 보고해야 한다.
② 위의 성분 분석 의뢰표에 의거하면 위 화장품은 유통화장품 안전관리 기준에 적합하다.
③ 밑줄 친 '아스코빅애씨드'는 맞춤형화장품조제관리사가 혼합할 수 있는 원료가 아니다.
④ 위의 성분 분석 의뢰 결과서에 따르면 맞춤형화장품판매업자는 사전에 품질성적서를 적절히 확인하기 않은 것으로 보이므로 품질관리에 전적으로 책임이 있다.
⑤ 위의 성분 분석 의뢰 결과서에서 포름알데하이드가 기준치보다 높게 나왔으므로 유통화장품 안전관리 기준에 적합하지 않다.

617

<보기1>은 화장품책임판매업자로부터 수령한 맞춤형화장품 내용물의 품질성적서이고 <보기2>는 맞춤형화장품조제관리사인 강수씨가 맞춤형화장품에 혼합하기 위해 보관해 온 원료의 목록이다. 이를 바탕으로 강수씨가 고객에게 할 수 있는 상담으로 옳은 것은? 식약처 문제 변형

<보기1>	
시험 항목	시험결과
아데노신(Adenosine)	99%
아스코빅애씨드	102%
디옥산	98 ㎍/g
디부틸프탈레이트	98 ㎍/g
카드뮴	10 ㎍/g

<보기2>
정제수, 부틸렌글라이콜, 1,2-헥산다이올, 디메치콘, 카보머, 스쿠알란, 올리브오일, 스위트아몬드오일, 아보카도오일, 호호바오일, 일랑일랑오일, 알로에꽃추출물, 탄닌, 닥나무추출물, 하이알루로닉애씨드

① 고객: 이 제품에는 디옥산이 검출되었는데 제가 사용해도 되는 것인가요?
   강수: 죄송합니다. 당장 판매 금지 후 책임판매자를 통하여 회수 조치하도록 하겠습니다.

② 고객: 제가 요즘 기미와 주름 때문에 고민이 많네요. 기미와 주름 개선에 도움이 되는 화장품으로 조제해주세요.
   강수: 네, 미백 기능성 고시 원료가 포함되어 있는 위의 내용물에 주름 개선에 도움을 주는 디메치콘을 혼합하여 드리겠습니다.

③ 고객: 이 제품에는 아데노신이 99%가 함유되어 있다는군요? 더 좋은 제품인가요?
   강수: 네. 이 제품의 99%가 아데노신으로 이루어져 있다는 의미이므로 주름 개선에 탁월합니다.

④ 고객: 주름 개선과 피부 보습 기능이 있는 화장품을 조제해주세요.
   강수: 손님, 위의 내용물에는 주름 개선 기능성 고시 성분이 들어가지 않았습니다. 게다가 맞춤형화장품조제관리사는 주름 개선 기능성 고시 성분을 배합할 수 없습니다.

⑤ 고객: 위의 내용물에 탄닌성분을 포함하여 조제하여 주세요.
   강수: 손님, 위의 내용물은 유통화장품 안전관리 기준에 부적합한 것이므로 판매할 수 없습니다.

618

다음 <품질성적서>는 화장품책임판매업자로부터 수령한 맞춤형화장품의 시험 결과이고, <보기>는 2중 기능성 화장품 제품의 전성분 표시이다. 이를 바탕으로 맞춤형화장품조제관리사 A가 고객에게 할 수 있는 상담으로 옳은 것은? 식약처 문제 변형

<품질성적서>	
시험 항목	시험결과
아데노신(Adenosine)	102%
아스코빌글루코사이드	98%
납	18 ㎍/g
수은	불검출
프탈레이트류	불검출

<보기>
정제수, 부틸렌글라이콜, 글리세린, 1,2-헥산다이올, 스테아릴알코올, 디메치콘, 카보머, 솔비탄올리에이트, 스쿠알란, 올리브오일, 스위트아몬드오일, 아보카도오일, 페녹시에탄올, 아데노신, 아스코빌글루코사이드, 호호바오일, 일랑일랑오일, 알로에꽃추출물, 닥나무추출물, 하이알루로닉애씨드

① 고객: 이 제품에 납이 검출된 것으로 보이는데 판매 가능한 건가요?
   A: 죄송합니다. 판매 금지 후 즉시 회수 조치를 취하도록 하겠습니다.

② 고객: 이 제품은 성적서를 보니 보존제 무첨가 제품으로 보이네요?
   A : 저희는 보존제를 사용하지 않는 판매업소입니다. 안심하시고 사용하세요.

③ 고객: 요즘 주름 때문에 고민이 많습니다. 이 제품은 주름 개선에 도움이 될까요?
   A : 네. 이 제품은 주름뿐만 아니라 미백에도 도움이 되는 기능성 화장품입니다.

④ 고객: 이 제품에는 자외선 차단 효과가 있습니까?
   A : 네. 2중 기능성 화장품으로 자외선 차단 효과가 있습니다.

⑤ 고객: 이 제품은 아데노신이 102%나 함유되어 있군요? 더 좋은 제품인가요?
   A : 네. 아데노신이 100% 넘게 함유된 제품으로 미백에 더욱 큰 효과를 주는 제품입니다.

619

다음 <품질성적서>는 화장품책임판매업자로부터 수령한 맞춤형화장품의 시험 결과이고, <보기>는 2중 기능성 화장품 제품의 전성분 표시이다. 이를 바탕으로 맞춤형화장품조제관리사 A가 고객에게 할 수 있는 상담으로 옳은 것은? 훈련 더 하기 - 식약처 문제 변형

<품질성적서>	
시험 항목	시험결과
레티놀	104%
에칠헥실메톡시신나메이트	99%
비소	11 µg/g
납	15 µg/g
수은	0.5 µg/g
프탈레이트류	불검출

<보기>
정제수, 부틸렌글라이콜, 글리세린, 1,2-헥산다이올, 스테아릴알코올, 디메치콘, 에칠헥실메톡시신나메이트, 카보머, 솔비탄올리에이트, 스쿠알란, 올리브오일, 스위트아몬드오일, 아보카도오일, 레티놀, 호호바오일, 일랑일랑오일, 클로페네신, 알로에꽃추출물, 닥나무추출물, 하이알루로닉애씨드

① 고객: 이 제품에 비소가 검출된 것으로 보이는데 판매 가능한 건가요?
   A : 죄송합니다. 판매 금지 후 즉시 회수 조치를 취하도록 하겠습니다.

② 고객: 이 제품은 성적서를 보니 보존제 무첨가 제품으로 보이네요?
   A : 저희는 보존제를 사용하지 않는 판매업소입니다. 안심하시고 사용하세요.

③ 고객: 요즘 주름 때문에 고민이 많습니다. 이 제품은 주름 개선에 도움이 될까요?
   A : 주름 개선에는 도움이 되지 않지만 미백에는 도움이 되는 화장품입니다.

④ 고객: 이 제품에는 자외선 차단 효과가 있습니까?
   A : 자외선 차단 효과는 없으나 주름개선과 미백에 도움이 됩니다.

⑤ 고객: 이 제품은 레티놀이 104%나 함유되어 있군요? 더 좋은 제품인가요?
   A : 네. 레티놀이 100% 넘게 함유된 제품으로 미백에 더욱 큰 효과를 주는 제품입니다.

620

다음 <품질성적서>는 화장품책임판매업자로부터 수령한 맞춤형화장품의 시험 결과이고, <보기>는 2중 기능성 화장품 제품의 전성분 표시이다. 이를 바탕으로 맞춤형화장품조제관리사 A가 고객에게 할 수 있는 상담으로 옳은 것은? 마지막 훈련 - 식약처 문제 변형

<품질성적서>	
시험 항목	시험결과
살리실릭애씨드	100%
레티닐팔미테이트	98%
납	0.2 µg/g
수은	0.9 µg/g
포름알데하이드	불검출

<보기>
정제수, 부틸렌글라이콜, 글리세린, 1,2-헥산다이올, 스테아릴알코올, 디메치콘, 살리실릭애씨드, 카보머, 솔비탄올리에이트, 스쿠알란, 올리브오일, 스위트아몬드오일, 아보카도오일, 레티닐팔미테이트, 호호바오일, 일랑일랑오일, 벤질알코올, 알로에꽃추출물, 닥나무추출물, 하이알루로닉애씨드

① 고객: 이 제품에 수은이 검출된 것으로 보이는데 판매 가능한 건가요?
　A : 죄송합니다. 판매 금지 후 즉시 회수 조치를 취하도록 하겠습니다.

② 고객: 이 제품은 성적서를 보니 보존제 무첨가 제품으로 보이네요?
　A : 저희는 보존제를 사용하지 않는 판매업소입니다. 안심하시고 사용하세요.

③ 고객: 요즘 주름 때문에 고민이 많습니다. 이 제품은 주름 개선에 도움이 될까요?
　A : 주름 개선에는 도움이 되지 않지만 미백에는 도움이 되는 화장품입니다.

④ 고객: 이 제품에는 여드름 개선에 효과가 있습니까?
　A : 네. 화학적 각질 제거 성분인 BHA성분이 함유되어 있어 여드름 개선에 도움을 줄 수 있습니다.

⑤ 고객: 이 제품은 레티닐팔미테이트가 98% 함유되어 있다고 하는데 좋은 것인가요?
　A : 네. 레티닐팔미테이트가 98% 넘게 함유된 제품으로 미백에 더욱 큰 효과를 주는 제품입니다.

621

다음은 맞춤형화장품조제관리사 A와 맞춤형화장품 판매업자 B의 대화내용이다. <보기>를 참고하여 옳은 설명을 고르시오. 난이도 중상

<보기>
A: 사장님, 이번에 입고된 맞춤형화장품 품질성적서 확인하셨어요?
B: 품질성적서는 실질적인 혼합 및 소분 업무에 종사하는 맞춤형화장품조제관리사께서 확인해야 하는 것이지요.
A: 제가 확인해야 하는 것이었군요. 죄송합니다.

<품질성적서>

시험 항목	시험결과
레티닐팔미테이트	98%
납	0.2㎍/g
수은	0.9㎍/g
메탄올	0.25%(v/v)
포름알데하이드	불검출

A: 사장님, 품질성적서를 확인해보니 판매해도 이상이 없을 것 같아요.
B: 그런 것 같군요. 주름 개선에도 도움이 되겠어요.

① 내용물과 원료에 대한 품질성적서를 확인해야 하는 의무가 있는 것은 A가 아니라 B이다.
② 레티닐팔미테이트의 시험결과에 따르면 2%가 미달되었으므로 유통·판매시킬 수 없다.
③ 납이 검출되었으므로 유통화장품 안전관리 기준에 부적합하다.
④ 위 화장품은 유통화장품 안전관리 기준에 의거하여 메탄올과 포름알데하이드는 기준치에 적합하나 수은은 적합하지 않다.
⑤ 주름 개선에 도움이 될 것이라는 B의 마지막 말은 옳지 않다.

622

<보기>에서 맞춤형화장품판매업자 미진과 식품의 약품안전처의 답변을 보고 적절하지 <u>않은</u> 설명은?

난이도 중

<보기>
맞춤형화장품판매업자 미진은 맞춤형화장품의 품질관리의 책임에 대해 궁금증이 생겨 식품의약품안전처에 문의를 하였다.
미정: 제가 현재 대구에서 맞춤형화장품판매업소를 운영하고 있는데, 현재 내용물과 원료를 모두 화장품책임판매업자에게 제공받는 상황입니다. 제가 내용물과 원료의 품질관리를 직접 실시할 수 있나요?
식품의약품안전처: (ㄱ)불가능합니다. 내용물과 원료의 품질관리는 화장품책임판매업자의 의무사항입니다.
미정: 그렇다면 맞춤형화장품판매업자가 품질관리를 할 필요는 없다는 말씀이시군요?
식품의약품안전처: 맞춤형화장품판매업자는 (ㄴ)을/를 통해 품질이 적절함을 확인하여야 합니다.
미정: 그러면 맞춤형화장품으로 혼합·소분된 제품에 대한 품질관리의 책임은 누구에게 있나요?
식품의약품안전처: (ㄷ)맞춤형화장품판매업자는 소비자에게 판매되는 제품에 대하여 「화장품 안전기준 등에 관한 규정」제6조에 따른 유통화장품 안전관리 기준에 적합하게 관리하여야 하는 책임이 있습니다.

① (ㄱ)에서 맞춤형화장품판매업자도 내용물과 원료에 대한 품질관리를 직접 실시할 수 있으므로 불가능하지 않다.
② (ㄴ)에 들어갈 말은 품질성적서이다.
③ (ㄷ)에서 맞춤형화장품은 유통화장품이라고 볼 수 없으며 화장품책임판매업자만 화장품의 유통에 관여하므로 유통화장품 안전관리 기준에 적합하게 관리할 책임은 화장품책임판매업자에게 있다.
④ (ㄱ)과 (ㄷ) 중 틀린 내용은 한 개다.
⑤ (ㄴ)은 내용물과 원료를 공급받은 자로부터 제공받은 것이다.

623

다음은 「맞춤형화장품 가이드라인」의 맞춤형화장품 판매업의 영업의 범위 중 일부이다. A와 B에 대한 설명으로 옳은 것은? 난이도 중

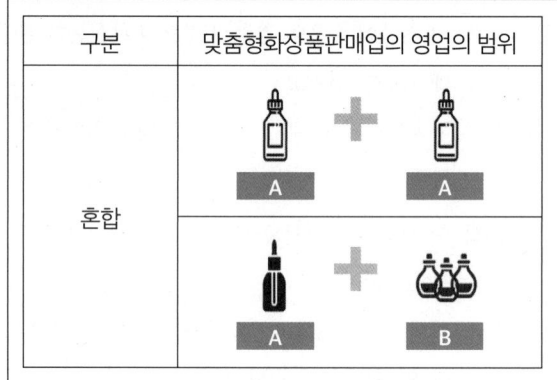

① 화장품제조업자와 화장품책임판매업자로부터 제공받은 A에 B를 혼합한 것은 맞춤형화장품의 범위 안에 포함된다.
② 맞춤형화장품판매업자는 화장품제조업자로부터 제공받은 B에 대해 품질관리를 철저히 하여 맞춤형화장품 조제에 사용해야 한다.
③ 화장품제조업자로부터 수입된 A 역시 맞춤형화장품에 사용될 수 있다.
④ B는 색, 향, 기능성 고시 원료 등이 해당된다.
⑤ 맞춤형화장품 혼합에 사용되는 B는 화장품 법령 상 수입자의 제한이 있기 때문에 수입대행업으로 등록한 화장품책임판매업자에게 제공받아야 한다.

624

<보기>는 맞춤형화장품판매업자 민지와 맞춤형화장품조제관리사 지상의 대화이다. 다음 대화를 보고 **틀린** 설명을 고르시오. 난이도 중

> 민지: 이번에 화장품제조업자로부터 맞춤형화장품 내용물을 납품받았어요. 주름 개선에 도움이 되는 에칠아스코빌에텔이 많이 함유되어 있어요. 고객님들께 설명을 잘 해주시기를 바랍니다.
> 지상: 네. 사장님, 그런데 이번에 아보카도 오일이 다 떨어졌습니다. 주문 부탁드립니다.
> 민지: 네, (ㄱ)원료상에게 주문을 넣어야겠군요.
> 지상: 사장님, 평소에 궁금한 것이 있었습니다. 원료를 납품받고 그 원료로 고객님께 맞춤형화장품을 조제해드렸는데 심각한 부작용이 발생하면 그 책임은 누구에게 있는 것인가요?
> 민지: (ㄴ)당연히 원료상에게 있지요. 원료에 문제가 있다는 것을 소명하면 제조물책임법에 의거하여 저희 업소는 책임을 지지 않습니다.
> 지상: 그렇군요. 저, 사장님. 이번에 A사에서 제공한 내용물과 B사에서 제공한 원료를 혼합하여 맞춤형화장품을 조제해도 될까요?
> 민지: 당연히 가능합니다. (ㄷ)둘 이상의 화장품책임판매업자로부터 제공받은 내용물과 원료로 하나의 맞춤형화장품을 조제할 수 있습니다. 지상씨, 오늘도 수고하세요.

① 민지는 화장품제조업자로부터 맞춤형화장품 내용물을 납품받을 수 없다.
② 에칠에스코빌에텔이 주름 개선에 도움이 된다고 말한 민지의 말은 옳지 않다.
③ 화장품 법령 상 맞춤형화장품 혼합에 사용될 원료를 제공하는 (ㄱ)에 대한 제한은 없다.
④ (ㄴ)에서 원칙적으로 그 책임은 맞춤형화장품판매업자에게 있지만, 원료에 문제가 있었음을 소명할 경우에 한해서만 책임을 지지 않는다.
⑤ 맞춤형화장품으로 소비자에게 판매하기 전에 둘 이상의 화장품책임판매업자로부터 제공받은 내용물 및 원료를 혼합하여 품질 등을 미리 확인 및 검증한 경우 (ㄷ)은 가능하다.

625

다음 중 「맞춤형화장품판매업 질의응답집」에 따른 내용으로 옳지 **않은** 것은? { 난이도 중 }

① 맞춤형화장품판매업자는 맞춤형화장품 사용과 관련된 부작용 발생사례에 대하여 지체 없이 식품의약품안전처장에게 보고하여야 한다.
② 안전성과 품질관리가 확보되었다면 둘 이상의 화장품책임판매업자로부터 내용물 또는 원료를 공급받아 하나의 맞춤형화장품을 조제할 수 있다.
③ 현행 화장품 법령 상 화장품의 내용물은 화장품책임판매업자만 제공할 수 있다.
④ 맞춤형화장품 혼합에 사용될 원료는 화장품 법령 상 공급처의 제한은 없다.
⑤ 맞춤형화장품판매업자는 단독으로 원료를 수입하여 사용할 수 없다.

626

고객 A는 맞춤형화장품을 구매하고 이를 꾸준히 이용하다가 <보기1>과 같은 부작용을 앓게 되었다. 다음 중 <보기2>를 참고하여 적절하지 **않은** 설명은? 난이도 중

	청색증
 손 끝 피부 말단이 푸르게 변한 상태	청색증은 피부와 점막이 푸르스름한 색을 나타내는 것을 의미한다. 입술, 손톱, 귀, 광대 부위에 흔히 나타난다. 청색증은 점막과 피부 모두에서 청색증을 관찰할 수 있는 중심성 청색증과 점막을 제외한 말초부위 피부에서 주로 청색증을 관찰할 수 있는 말초성 청색증으로 나눌 수 있다.

<보기2>	
시험 항목	시험결과
아데노신	104%
납	9㎍/g
수은	100㎍/g
디옥산	98㎍/g
포름알데하이드	1800㎍/g

① 맞춤형화장품판매업자는 위의 사항을 식품의약품안전처장에게 보고하여야 한다.
② 이는 회수대상화장품에 해당하므로 맞춤형화장품판매업자는 즉시 해당 화장품에 대하여 판매중지 조치를 해야 한다.
③ 맞춤형화장품판매업자는 「화장품법 시행규칙」 제14조의3 및 제28조에 따라 필요한 회수 및 공표 등의 조치를 해야 한다.
④ 맞춤형화장품판매업자가 위의 맞춤형화장품을 조제하기 위한 내용물과 원료에 대해 화장품책임판매업자로부터 제공받은 품질성적서를 확인했을 때 문제가 없었다면 그 책임은 화장품책임판매업자에게 있다.
⑤ 위 화장품은 유통화장품 안전관리 기준 중 비의도적 성분이 기준치를 초과하여 검출되었기 때문에 회수대상화장품이다.

627

<보기>는 맞춤형화장품판매업자 미경과 맞춤형화장품조제관리사 상진의 대화이다. 다음 중 <보기>를 보고 「맞춤형화장품판매업 질의응답집」에 따라 적절하지 않은 것은? 난이도 중상

> 미경: 이번에 천연화장품을 저희 업소에서 판매하게 되었습니다. 천연화장품을 판매하는 맞춤형화장품판매업소가 거의 전무한 만큼 확실하게 광고하여 많은 고객들에게 도움이 되어 봅시다.
> 상진: 사장님, 저희 (ㄱ)맞춤형화장품판매업소에서 천연화장품을 조제하여 판매한다는 뜻은 화장품책임판매업자로부터 납품받은 맞춤형화장품 내용물이 천연화장품 기준을 충족한다는 뜻인가요?
> 미경: 예, 그렇습니다.
> 상진: 맞춤형화장품판매업소에서 천연화장품을 판매해도 되는 것인가요? 행정처분을 받을까봐 걱정됩니다.
> 미경: 알아보았는데, (ㄴ)맞춤형화장품판매업소에서도 천연화장품을 판매하는 것은 가능하다더군요.
> 상진: 천연화장품이라고 광고하는 것은 가능한가요?
> 미경: 사실 맞춤형화장품판매업소에서 천연화장품을 판매하는 것은 가능하지만 (ㄷ)이를 표시·광고하는 것은 조심해야 할 것 같습니다.
> 상진: 그렇군요. 천연화장품을 표시·광고하는 방법은 없을까요?
> 미경: (ㄹ)천연화장품 인증 기관에서 인증을 받으면 천연화장품을 표시·광고할 수 있다고 합니다. (ㅁ)현재 인증을 알아보고 있습니다.

① 맞춤형화장품이 천연화장품 기준을 충족하려면 내용물에 원료를 혼합한 최종 혼합된 제품의 중량(용량) 기준 천연 함량 95% 이상인 화장품이어야 하므로 (ㄱ)은 적절하지 않다.
② 맞춤형화장품판매업소에서 천연화장품을 판매할 수 있으므로 (ㄴ)은 적절하다.
③ 맞춤형화장품판매업소에서 천연화장품을 표시·광고할 수 있으므로 (ㄷ)은 적절하지 않다.
④ 인증을 받지 않으면 애초에 화장품에 천연화장품이라고 표시할 수 없으므로 (ㄹ)은 적절하다.
⑤ 맞춤형화장품판매업자는 천연화장품 인증기관에서 인증 받을 수 없으므로 (ㅁ)을 할 필요가 없다.

628

다음 중 「맞춤형화장품판매업 질의응답집」에 따라 현행법상 불가능한 경우를 고르시오. 난이도 중

① 중량(용량) 기준 천연 함량이 96%인 맞춤형화장품을 조제하여 이를 천연화장품으로 표시한 맞춤형화장품판매업자
② 중량(용량) 기준 유기농 함량이 전체 제품의 10% 이상, 유기농 함량을 포함한 천연 함량이 전체 제품의 95% 이상으로 구성된 맞춤형화장품을 조제하여 이를 유기농화장품으로 광고한 맞춤형화장품판매업자
③ 식품의약품안전처가 인정한 천연화장품 인증 기관에 조제한 천연화장품을 인증을 받고 천연화장품 인증 마크를 사용한 맞춤형화장품판매업자
④ 화장품책임판매업자가 사전에 심사 받은 기능성화장품을 심사 받은 조합·함량 범위 내에서 맞춤형화장품을 조제하여 이를 기능성화장품으로 표시·광고한 맞춤형화장품판매업자
⑤ 중량(용량) 기준 천연 함량이 95%인 맞춤형화장품을 조제하여 이를 천연화장품으로 광고한 맞춤형화장품판매업자

629

다음 중 「맞춤형화장품판매업 질의응답집」에 따라 적절한 설명을 모두 고른 것은? 난이도 중상

ㄱ. 화장품책임판매업자가 사전에 「화장품법」제4조에 따라 사전에 해당 원료를 포함하여 기능성화장품 심사를 받거나 보고서를 제출한 경우에는 기 심사(또는 보고) 받은 조합·함량 범위 내에서 조제된 맞춤형화장품에 대하여 기능성화장품으로 표시·광고할 수 있다.
ㄴ. 현재 「화장품법」 제4조에서 기능성화장품 심사 신청 또는 보고서 제출은 화장품제조업자, 화장품책임판매업자, 맞춤형화장품판매업자 또는 총리령으로 정하는 대학·연구소 등이 할 수 있도록 규정하고 있으므로 맞춤형화장품판매업자 역시 기능성화장품 심사 신청 또는 보고서 제출이 가능하다.
ㄷ. 맞춤형화장품에 표기하여야 하는 영업자의 상호 및 주소는 최종 조제 영업처인 "맞춤형화장품판매업자"를 기재하여야 한다.
ㄹ. 천연화장품 및 유기농화장품의 기준에 관한 규정(식약처 고시)에 적합한 화장품은 천연 또는 유기농 표시·광고를 할 수 있으므로 맞춤형화장품이 해당 기준에 부합하면 맞춤형화장품판매업자도 이를 표시·광고할 수 있다.
ㅁ. 맞춤형화장품조제관리사의 교육 및 통제 하에 있는 일반 매장 직원도 맞춤형화장품의 혼합·소분 업무를 담당할 수 있다.
ㅂ. 「화장품법」 제5조제5항에 따른 조제관리사 보수교육의 대상은 동법 제3조의2제2항에 따라 맞춤형화장품판매업자에게 고용되어 맞춤형화장품의 혼합·소분 업무에 종사하고 있는 자로 한정된다.

① ㄱ, ㄴ, ㄹ ② ㄱ, ㄹ, ㅂ
③ ㄴ, ㄷ, ㄹ ④ ㄴ, ㄹ, ㅂ
⑤ ㄹ, ㅁ, ㅂ

630

<보기>는 고객 미영과 맞춤형화장품조제관리사 슬기와의 대화이다. 다음 대화를 읽고 옳은 설명은?

난이도 중

> 미영: 안녕하세요. 요즘 피부가 너무 안 좋아져서 저만의 맞춤형화장품을 사용하고 싶어 방문하였습니다.
> 슬기: 어서 오세요. 어떻게 조제를 도와드릴까요?
> 미영: 보습성분과 미백, 주름 개선 성분이 들어간 맞춤형화장품을 조제하여 주세요.
> 슬기: 그렇다면 미백 및 주름 개선 2중 기능성 화장품 벌크(베이스)에 글리세린과 세라마이드를 조합하여 맞춤형화장품을 조제하여 드리겠습니다.
> 미영: 관리사님, 그런데 제가 평소에 환경을 중요하게 생각해서요. 집에서 화장품 용기를 가져왔는데 이 용기에 담아 주실 수 있나요?

① 맞춤형화장품조제관리사는 기능성 고시 원료가 들어간 화장품을 취급할 수 없으므로 슬기의 조제행위는 불법이다.
② 2중 기능성 화장품은 현행법상 맞춤형화장품판매업소에서 취급할 수 없으므로 취급을 위해서는 화장품책임판매업자로 등록을 해야 한다.
③ 위 업소의 맞춤형화장품판매업자가 화장품책임판매업으로도 등록을 원할 시, 동일한 소재지에서는 두 업종의 운영이 불가능하다.
④ 화장품의 포장용기는 내용물과 직접 접촉하는 것으로서 제품에 품질에 영향을 줄 수 있으므로 소비자가 가져온 용기에 맞춤형화장품을 담아줄 수 없다.
⑤ 소비자가 가져온 용기에 맞춤형화장품을 담아 제공하는 경우에도 「화장품법 시행규칙」 제19조에 따른 표시·기재사항이 반드시 포함되어야 한다.

631

「맞춤형화장품판매업 질의응답집」에 따라 (　)에 공통으로 들어갈 적절한 말을 기입하시오.

> Q. 맞춤형화장품에 (　)은/는 어떻게 부여해야 하는 것입니까?
> A. 맞춤형화장품의 (　)은/는 혼합 또는 소분에 사용되는 내용물 및 원료의 종류와 혼합·소분 기록을 추적할 수 있도록 부여하는 것으로, 맞춤형화장품판매업자는 원활한 관리를 위해 일정한 규칙에 따라 부여를 하는 것이 바람직합니다.

632

대전에서 화장품책임판매업을 하고 있는 A씨는 사업을 확장하여 화장품책임판매업소에서 맞춤형화장품판매업을 함께 영위하려 한다. 다음 중 옳은 설명은? 난이도 중

① A씨는 대전지방식품의약품안전청에서 맞춤형화장품판매업을 등록해야 한다.
② 화장품책임판매업과 동일한 소재지에 맞춤형화장품판매업을 함께 영위할 수는 없으므로 A씨는 사업확장을 위해 새로운 장소를 구해야 한다.
③ A씨가 사업 확장을 하여 두 영업을 함께 영위한다면, 맞춤형화장품 포장에 영업자의 상호 및 주소를 한꺼번에 기재·표시할 수 있다.
④ A씨가 맞춤형화장품판매업을 함께 영위하면 다른 맞춤형화장품판매업소에 맞춤형화장품 내용물을 판매할 수 없다.
⑤ A씨는 화장품책임판매업을 하고 있기 때문에 맞춤형화장품판매업을 영위하기 위해 별도로 맞춤형화장품조제관리사를 채용할 필요는 없다.

633

「화장품 바코드 표시 및 관리요령」에 따라 (   )안에 들어갈 알맞은 말을 정확한 용어로 기입하시오.

난이도 하

( )(이)란 개개의 화장품을 식별하기 위하여 고유하게 설정된 번호로써 국가식별코드, 화장품제조업자 등의 식별코드, 품목코드 및 검증번호(Check Digit)를 포함한 12 또는 13자리의 숫자를 말한다.

634

다음 「화장품 바코드 표시 및 관리요령」에 따라 (   )안에 들어갈 알맞은 말을 정확한 용어로 기입하시오. 난이도 하

( )(이)란 화장품 코드를 포함한 숫자나 문자 등의 데이터를 일정한 약속에 의해 컴퓨터에 자동 입력시키기 위한 다음 각 목의 하나에 여백 및 광학적문자판독(Optical Character Recognition) 폰트의 글자로 구성되어 정보를 표현하는 수단으로서, 스캐너가 읽을 수 있도록 인쇄된 심벌(마크)을 말한다.

635

다음 「화장품 바코드 표시 및 관리요령」에 따라 (   )안에 공통으로 들어갈 알맞은 숫자를 정확한 용어로 기입하시오. 난이도 하

내용량이 (   )밀리터 이하 또는 (   )그램 이하인 제품의 용기 또는 포장이나 견본품, 시공품 등 비매품에 대하여는 화장품바코드 표시를 생략할 수 있다.

636

다음은 「화장품 바코드 표시 및 관리요령」 제4조의 내용이다. (   )안에 들어갈 알맞은 말을 정확한 용어로 기입하시오. 기출

화장품바코드 표시대상품목은 국내에서 제조되거나 수입되어 국내에 유통되는 모든 화장품(기능성화장품 포함)을 대상으로 한다. 화장품에 바코드를 표시해야 하는 표시의무자는 (   )(이)다.

637

다음은 「화장품 가격표시제 실시요령」의 목적이다. (   )안에 들어갈 알맞은 말을 정확한 용어로 기입하시오. 난이도 중

제1조(목적) 이 고시는 「화장품법」제11조, 같은 법 시행규칙 제20조 및 「물가안정에 관한 법률」 제3조의 규정에 의해 화장품을 판매하는 자에게 당해 품목의 실제거래 가격을 표시하도록 함으로써 (   )의 보호와 공정한 거래를 도모함을 목적으로 한다.

638

다음 중 「화장품 가격표시제 실시요령」에 대한 설명으로 옳지 <u>않은</u> 것은? 난이도 중

① 소비자의 보호와 공정한 거래를 도모함을 목적으로 한다.
② 판매가격이란 화장품을 일반 소비자에게 판매하는 실제 가격을 말한다.
③ 판매가격표시 대상은 국내에서 제조되어 판매되는 화장품으로 한다.
④ 화장품을 일반소비자에게 소매 점포에서 판매하는 경우 소매업자가 표시의무자가 된다.
⑤ 표시의무자 이외의 화장품책임판매업자, 화장품제조업자는 그 판매 가격을 표시하여서는 안 된다.

639

다음은 「화장품 가격표시제 실시요령」 행정규칙 설명회의 일부이다. 다음 설명회에서 행정규칙에 따라 적절하지 <u>않은</u> 발표 내용을 고르시오. 난이도 중

> 진행자: ①<u>소비자의 보호와 공정한 거래를 도모함을 목적으로 제정된 화장품 가격표시제 실시요령의 설명회를 시작하겠습니다.</u> 이 법에서 ②<u>표시 의무자는 화장품을 일반 소비자에게 직접 판매하는 자를 의미하고, 판매가격은 화장품을 일반 소비자에게 판매하는 실제 가격을 의미합니다.</u> 판매가격표시 대상은 국내에서 판매되는 모든 화장품으로 합니다.
> 기자1: 그렇다는 것은 국내에 수입된 외국 화장품 역시 판매가격표시를 해야 한다는 것입니까?
> 진행자: 예, 그렇습니다. ③<u>국내에서 제조되거나 수입되어 국내에서 판매된다면 그 대상입니다.</u> 아울러 화장품을 일반소비자에게 소매 점포에서 판매하는 경우 소매업자가 표시의무자가 됩니다.
> 기자2: 그렇다면 일반 소매 점포가 아닌 방문판매는 가격표시의 의무를 누가 집니까?
> 진행자: ④<u>방문판매업·후원방문판매업, 「전자상거래 등에서의 소비자보호에 관한 법률」에서 규정한 통신판매업의 경우 그 판매업자가 가격표시를 해야 합니다.</u>
> 기자2: 다단계판매업은 가격표시를 누가 해야 하나요?
> 진행자: 「방문 판매 등에 관한 법률」에서 규정한 ⑤<u>다단계판매업의 경우에도 그 판매업자가 판매가격을 표시하여야 합니다.</u> 설명드린 표시의무자 외의 다른 이는 가격표시를 할 수 없습니다.

640

「화장품 가격표시제 실시요령」에 대한 설명으로 옳은 것을 <u>모두</u> 고른 것은? { 난이도 중 }

> ㄱ. 판매가격이란 화장품을 일반 소비자에게 판매할 때 할인 전 가격을 의미한다.
> ㄴ. 「방문 판매 등에 관한 법률」에서 규정한 방문판매업·후원방문판매업, 「전자상거래 등에서의 소비자보호에 관한 법률」에서 규정한 통신판매업의 경우에는 그 판매업자가, 「방문 판매 등에 관한 법률」에서 규정한 다단계판매업의 경우에는 그 판매자가 판매가격을 표시하여야 한다.
> ㄷ. 표시의무자 이외의 화장품책임판매업자, 화장품제조업자는 그 판매 가격을 표시하여서는 안 된다.
> ㄹ. 매장 크기가 150m²이상인 판매가격표시 의무자는 가격표시를 하지 않고 판매하거나 판매할 목적으로 진열·전시하여서는 아니 된다.
> ㅁ. 판매가격이 변경되었을 경우에는 기존의 가격표시가 보이지 않도록 변경 표시하여야 한다.

① ㄱ, ㄴ, ㄷ ② ㄱ, ㄷ, ㅁ
③ ㄴ, ㄷ, ㅁ ④ ㄴ, ㄹ, ㅁ
⑤ ㄷ, ㄹ, ㅁ

641

<보기>는 맞춤형화장품판매업자 A와 맞춤형화장품조제관리사 B의 대화이다. 「화장품 가격표시제 실시요령」에 따라 다음 중 적절한 설명은? 난이도 중상

<보기>

A: (ㄱ)맞춤형화장품에도 가격을 표시해야 합니다. 화장품 가격표시제 실시요령에 따라 꼭 가격을 표시하세요.
B: 네, 알겠습니다. 그런데 (ㄴ)매장의 직원이 업자를 포함하여 3인 이하인 영세사업장의 경우 가격 표시를 하지 않고 판매할 수 있지 않나요?
A: 그런 규정이 있었군요. 저도 좀 더 알아보겠습니다.
B: 일단 가격은 표시하겠습니다.
A: 오늘부터 저희 가게 할인 행사기간인 것 아시죠? (ㄷ)가격을 표시하실 때 할인 전 가격을 표시하시고 고객이 가격을 물어보면 할인 후의 가격을 말해주세요.
B: 네, 그렇게 하겠습니다. 판매가격은 개별 제품에 스티커로 붙일까요?
A: (ㄹ)스티커로 붙이면 제품이 훼손될 수 있으니 메뉴판처럼 가게의 모든 화장품의 가격을 한 종이에 모두 기재하여 가게 입구에 부착해놓읍시다.
B: 알겠습니다.

① (ㄱ)은 '맞춤형화장품은 가격 표시의 의무가 없다'로 고쳐야 옳다.
② (ㄴ)은 '3인 이하'를 '2인 이하'로 고쳐야 옳은 설명이다.
③ (ㄷ)은 판매가격의 정의에 따라 옳은 설명이다.
④ 판매가격의 표시는 스티커 또는 꼬리표로 표시하는 것이 원칙이므로 (ㄹ)은 옳지 않다.
⑤ (ㄱ)에서 (ㄹ)까지 중 문제가 없는 내용은 두 가지이다.

642

<보기>는 맞춤형화장품판매업자 A와 맞춤형화장품조제관리사 B의 대화이다. 「화장품 가격표시제 실시요령」에 따라 다음 중 적절하지 않은 설명은? 난이도 중

<보기>

A: 오늘부터 저희 업소 이벤트 기간으로 제품 가격의 20%를 할인해 드리기로 했습니다. 가게 문을 열기 전까지 서둘러 할인된 가격으로 화장품에 기재합시다.
B: 사장님, 가격이 기재된 스티커는 할인 전 가격 스티커 위에 붙일까요?
A: 그렇게 하면 할인이 끝난 후에는 다시 할인 전 가격 스티커를 붙여야 하니까 그냥 할인 전 가격 스티커 옆에 할인 후 가격을 붙여주세요.
B: 네, 알겠습니다. 사장님, 이 화장품 같은 경우에 용기가 별 모양이라 가격 스티커를 붙이기가 힘들어요.
A: 판매가격은 개별 제품에 스티커를 부착해야 합니다. 잘 붙여보세요.
B: 개별 제품에 스티커를 붙여야 해요? 그러면 개별 제품으로 구성된 종합선물제품은 어떻게 가격표시를 해야 해요? 아까 스킨과 로션으로 이루어진 화장품 세트는 그 세트 상자에만 가격표시를 했는데……
A: 그러면 안 되죠. 어서 박스를 열어서 로션과 스킨 각자에 가격 표시 스티커를 붙이세요.

① 할인 전 가격 스티커 옆에 할인 후 가격 스티커를 붙이는 것은 소비자가 판매가격을 오인할 수 있으므로 적절하지 않다.
② 업태, 취급제품의 종류 및 내부 진열상태 등에 따라 개별 제품에 가격을 표시하는 것이 곤란한 경우에는 판매가격을 별도로 표시할 수 있으므로 별 모양 용기에 가격 스티커를 붙일 필요는 없다.
③ 스킨과 로션을 종합선물제품으로 구성하지 않았다면 각 제품마다 가격 스티커를 붙여야 한다.
④ 위의 종합선물제품은 개별 제품으로 구성된 종합제품으로서 분리하여 판매하지 않는 경우이므로 종합제품에 일괄하여 표시할 수 있다.
⑤ 만약 할인 이벤트 기간이 내일부터라면 현재 할인된 가격을 부착할 수 없다.

643

다음 중 「화장품 가격표시제 실시요령」에 대한 설명으로 옳지 않은 것은? 난이도 상

① 판매자는 업태, 취급제품의 종류 및 내부 진열상태 등에 따라 개별 제품에 가격을 표시하는 것이 곤란한 경우에는 소비자가 가장 쉽게 알아볼 수 있도록 제품명, 가격이 포함된 정보를 제시하는 방법으로 판매가격을 별도로 표시할 수 있다. 이 경우 화장품 개별 제품에는 판매가격을 표시하지 아니할 수 있다.
② 판매가격의 표시는 유통단계에서 쉽게 훼손되거나 지워지지 않으며 분리되지 않도록 스티커 또는 꼬리표를 표시하여야 한다.
③ 식품의약품안전처장은 화장품 판매가격을 성실히 이행하는 화장품 판매업소를 모범업소로 지정 할 수 있다.
④ 화장품 판매가격을 성실히 이행하는 모범업소에 대하여 국가는 다른 법률이 정하는 바에 따라 세제지원, 금융지원, 표창 등의 우대조치를 부여할 수 있다.
⑤ 식품의약품안전처장은 관련단체장을 통하여 화장품 가격표시가 적정하게 이루어지고 건전한 화장품 가격질서가 확립될 수 있도록 홍보·계몽할 수 있다.

644

다음 중 「화장품 가격표시제 실시요령」에 따라 적절한 행동을 하지 않은 사람은? 난이도 중

① 판매가격을 상품과 분리되지 않도록 꼬리표로 표시한 미주
② 판매가격이 변경되어 기존의 가격표시가 보이지 않도록 그 위에 변경된 가격을 부착한 솔지
③ 개별 제품으로 구성된 종합제품으로서 분리하여 판매하지 않는 제품에 가격을 일괄하여 표시한 석복
④ 개별 제품에 가격을 표시하는 것이 곤란하여 제품명과 가격을 제품에 표시하지 않고 제품 하단의 매대에 표시한 길준

⑤ 할인으로 인해 판매가격이 변경되어 할인율을 소비자가 체감할 수 있게 할인 전 가격과 같이 기재한 숙희

645

<보기> 중 「화장품 가격표시제 실시요령」에 따라 적절한 설명을 모두 고른 것은? 난이도 중상

> ㄱ. 식품의약품안전처장은 매년 가격관리 기본지침에 따라 화장품 가격표시제도 실시현황을 지도·감독하여야 한다.
> ㄴ. 시·도지사는 시달된 가격관리 기본지침에 따라 그 관할 구역안의 실정에 맞는 세부시행지침을 수립하여 시행하여야 한다.
> ㄷ. 식품의약품안전처장은 화장품 판매가격을 성실히 이행하는 화장품 판매업소를 모범업소로 지정 할 수 있다.
> ㄹ. 화장품 판매가격을 성실히 이행하는 모범업소에 대하여 지방자치단체는 다른 법률이 정하는 바에 따라 세제지원, 금융지원, 표창 등의 우대조치를 부여할 수 있다.
> ㅁ. 지방자치단체장은 식품의약품안전처장을 통하여 화장품 가격표시가 적정하게 이루어지고 건전한 화장품 가격질서가 확립될 수 있도록 홍보·계몽할 수 있다.
> ㅂ. 시·도지사는 가격표시제 운영에 관한 연간 추진실적을 다음 년도 1월 말까지 식품의약품안전처장에게 보고하여야 한다.

① ㄱ, ㄴ, ㄹ　　② ㄱ, ㅁ, ㅂ
③ ㄴ, ㄷ, ㄹ　　④ ㄴ, ㄹ, ㅂ
⑤ ㄷ, ㄹ, ㅁ

646

다음 중 「화장품법 시행규칙」과 「화장품 바코드 표시 및 관리요령」에 의거하여 옳은 설명은? 난이도 중상

① 국내 제조 및 수출하는 화장품에 대하여 표준바코드를 표시하게 함으로써 화장품 유통현대화의 기반을 조성하여 유통비용을 절감하고 거래의 투명성을 확보함을 목적으로 한다.
② 화장품코드란 개개의 화장품을 식별하기 위하여 고유하게 설정된 번호로써 국가식별코드, 화장품제조업자 등의 식별코드, 품목코드 및 검증번호(Check Digit)를 포함한 10 또는 11자리의 숫자를 말한다.

③ 화장품바코드 표시대상품목은 기능성화장품을 제외한 국내에 유통되는 모든 화장품을 대상으로 한다.
④ 내용량이 15밀리리터 이하 또는 15그램 이하인 제품의 용기 또는 포장이나 견본품, 시공품 등 비매품, 맞춤형화장품에 대하여는 화장품바코드 표시를 생략할 수 있다.
⑤ 화장품바코드 표시는 화장품을 직접 판매하는 자가 한다.

647

<보기> 중 「화장품 바코드 표시 및 관리요령」에 따라 적절한 설명을 모두 고른 것은? 난이도 중

> ㄱ. 화장품코드란 개개의 화장품을 식별하기 위하여 고유하게 설정된 번호로써 국가식별코드, 화장품제조업자 등의 식별코드, 품목코드 및 검증번호(Check Digit)를 포함한 12 또는 13자리의 숫자를 말한다.
> ㄴ. 내용량이 10밀리리터 이하 또는 10그램 이하인 제품의 용기 또는 포장이나 견본품, 시공품 등 비매품에 대하여는 화장품바코드 표시를 생략할 수 있다.
> ㄷ. 화장품바코드는 국제표준바코드인 GS1 체계 중 EAN-13, ITF-14, GS1-128, UPC-A 또는 GS1 DataMatrix 중 하나를 사용하여야 한다.
> ㄹ. 화장품 판매업소를 통하지 않고 소비자의 가정을 직접 방문하여 판매하는 등 폐쇄된 유통경로를 이용하는 경우에는 자체적으로 마련한 바코드를 사용할 수 있다.
> ㅁ. 화장품책임판매업자는 유통현대화 및 화장품의 국제표준을 위하여 바코드의 인쇄크기와 색상을 자율적으로 정할 수 없다.
> ㅂ. 화장품바코드 표시는 화장품의 내용 및 특성에 따라 그 내용을 부연하여야 하므로 수정 가능하게 기재·표시해야 한다.

① ㄱ, ㄴ, ㄷ
② ㄱ, ㄷ, ㄹ
③ ㄴ, ㄷ, ㄹ
④ ㄷ, ㄹ, ㅁ
⑤ ㄹ, ㅁ, ㅂ

648

다음 중 화장품 바코드로 사용이 불가능한 코드는? 난이도 중상

① EAN-8
② ITF-14
③ GS1-128
④ UPC-A
⑤ GS1 DataMatrix

649

다음 중 화장품의 바코드 명과 번호체계가 바르게 연결된 것은? 난이도 중상

① EAN-13 ☞ GTIN-20
② ITF-14 ☞ GTIN-23
③ GS1-128 ☞ GTIN-13
④ UPC-A ☞ GTIN-12
⑤ GS1 DataMatrix ☞ GTIN-14

650

다음은 화장품에 표시가능한 바코드인 GTIN-13 번호체계이다. 다음 중 맨 끝자리인 '7'이 의미하는 것은? 난이도 중상

자리수	3	4~6	5~3	1
부여 예	880	1234	12345	7

① 국가식별코드
② 업체식별코드
③ 검증번호
④ 품목코드
⑤ 물류식별코드

651

다음 중 화장품 바코드로 쓰일 수 없는 것은? 난이도 상

①

②

③

④

⑤
(01) 08801234123457
(17) 221225
(10) GS1-128

652

다음 중 화장품 바코드 명과 최대 사용 가능 자리 수가 알맞게 짝지어지지 않은 것은? 난이도 중

바코드명	①	②	③	④	⑤
	EAN-13	ITF-14	GS1-128	UPC-A	GS1 DataMatrix
최대 사용 가능 자리수	숫자 13 자리	숫자 14 자리	숫자, 문자 포함 36자리수 이하	숫자 12 자리	숫자, 문자 포함 2,335 자리수 이하

653

다음은 화장품에 표시가능한 바코드인 GTIN-14 번호체계이다. (   )안에 들어갈 말로 적절한 것을 기입하시오. 난이도 상

자리수	1	3	4~6	5~3	1
내용	물류 식별	( )	업체 식별	품목 코드	검증 번호
부여 예	1~8	880	1234	12345	4

654

다음 중 화장품 바코드 표시와 관련하여 옳지 않은 설명을 한 사람은? 난이도 중상

① 국민: 화장품 바코드의 표시대상품목은 국내에서 유통되는 모든 화장품을 그 대상으로 하기 때문에 국내에서 제조된 것뿐 아니라 수입된 화장품도 그 대상이야.

② 대한: 내용량이 15ml이하인 화장품이나 견본품은 화장품 바코드 표시를 생략할 수 있지.

③ 민국: 화장품의 바코드 표시는 국내에서 화장품을 유통·판매하고자 하는 화장품책임판매업자가 해야 해.

④ 제국: 화장품바코드는 GS1 체계 중 GS1 DataBar, EAN-13, ITF-14, GS1-128, UPC-A 중 하나를 사용하여야 해.

⑤ 만국: 용기 포장의 디자인에 따라 판독이 가능하도록 바코드의 인쇄크기와 색상을 자율적으로 정할 수 있어.

655

<보기>는 화장품의 판매가격과 바코드 표시에 관하여 민원인 A와 식품의약품안전처와의 대화내용이다. 다음 중 **틀린** 내용을 고르시오. 난이도 중상

Q. 화장품의 가격과 화장품의 바코드 표시는 누구에게 그 의무가 있나요?
A: ① 화장품의 가격은 그 화장품을 직접 판매하는 자가 표시해야 하고, 화장품의 바코드는 국내에서 화장품을 유통·판매하고자 하는 화장품책임판매업자가 해야 하는 것이지요.
Q. 화장품의 가격과 화장품의 바코드 표시는 어디에다가 해야 하나요?
A. ② 화장품의 가격은 개별 제품에 스티커를 붙이는 것이 원칙이나, 곤란한 경우에는 소비자가 알아볼 수 있게 제품명 및 가격을 별도로 표시할 수도 있습니다. 바코드 역시 화장품의 가격 표시와 같습니다.
Q. 방문판매의 경우 가격과 바코드 표기는 어떻게 해야합니까?
A. ③ 방문판매는 그 판매업자가 가격 표시의 의무자입니다. 원래 ④ 화장품에 쓰일 수 있는 바코드는 국제표준바코드인 GS1 체계 중 EAN-13, ITF-14, GS1-128, UPC-A 또는 GS1 DataMatrix 중 하나를 사용하여야 합니다만, 방문판매의 경우 예외적으로 자체적으로 마련한 바코드를 사용할 수 있습니다.
Q. 화장품코드 표시 시 유의사항이 있습니까?
A. ⑤ 화장품에 바코드를 기입할 때 용기포장의 디자인에 따라 판독이 가능하도록 바코드의 인쇄 크기와 색상을 자율적으로 정할 수 있습니다. 그리고 바코드 표시는 쉽게 훼손되거나 지워지지 않도록 해야 합니다.

656

<보기>는 어떤 미백 기능성화장품의 전성분표시를 「화장품법」 제10조에 따른 기준에 맞게 표시한 것이다. 해당 제품은 식품의약품안전처에서 자료제출이 생략되는 기능성화장품 미백 고시 성분과 사용상의 제한이 필요한 원료를 최대 사용 한도로 제조하였다. 이때, 유추 가능한 병풀추출물의 함유 범위(%)는? 기출변형-훈련1

<보기>
정제수, 사이클로펜타실록세인, 토코페롤, 카프릴릭/카프릭트리글리세라이드, 시어버터, 글리세린, 알부틴, 소듐하이알루로네이트, 병풀추출물, 판테놀, 디메티콘, 피이지-100스테아레이트, 올리브오일, 호호바오일, 벤질알코올, 스쿠알란, 잔탄검, 1,2-헥산디올, 부틸렌글라이콜, 알란토인, 라벤더오일, 리날룰, 향료

① 10 ~ 20　　② 5 ~ 20
③ 2 ~ 5　　④ 1 ~ 5
⑤ 0.01 ~ 0.5

657

<보기>는 어떤 주름개선 기능성화장품의 전성분표시를 「화장품법」 제10조에 따른 기준에 맞게 표시한 것이다. 해당 제품은 식품의약품안전처에서 자료제출이 생략되는 기능성화장품 주름개선 고시 성분과 사용상의 제한이 필요한 원료를 최대 사용 한도로 제조하였다. 이때, 유추 가능한 스쿠알란의 함유 범위(%)는?(단, <보기>의 전성분은 예외 없이 모든 성분을 그 배합률이 높은 순서대로 기입함) 기출변형-훈련2

<보기>
정제수, 글리세린, 사이클로펜타실록세인, 카프릴릭/카프릭트리글리세라이드, 시어버터, 소듐하이알루로네이트, 병풀추출물, 판테놀, 디메티콘, 피이지-100스테아레이트, 올리브오일, 호호바오일, 이미다졸리디닐우레아, 스쿠알란, 잔탄검, 1,2-헥산디올, 부틸렌글라이콜, 알란토인, 아데노신, 라벤더오일, 리날룰, 향료

① 1 ~ 5　　② 0.5 ~ 1
③ 0.04 ~ 0.5　　④ 0.04 ~ 0.6
⑤ 0.01 ~ 0.5

658

<보기>는 어떤 자외선 차단 기능성화장품의 전성분표시를 「화장품법」 제10조에 따른 기준에 맞게 표시한 것이다. 해당 제품은 식품의약품안전처에서 자료제출이 생략되는 기능성화장품 자외선 차단 고시 성분과 사용상의 제한이 필요한 원료를 최대 사용한도로 제조하였다. 이때, 유추 가능한 소듐하이알루로네이트의 함유 범위(%)는? 기출변형 - 훈련3

<보기>
정제수, 글리세린, 사이클로펜타실록세인, 이소아밀p-메톡시신나메이트, 에칠헥실디메칠파바, 카프릴릭/카프릭트리글리세라이드, 시어버터, 시녹세이트, 부틸메톡시디벤조일메탄, 소듐하이알루로네이트, 병풀추출물, 판테놀, 디메티콘, 피이지-100스테아레이트, 페녹시에탄올, 올리브오일, 호호바오일, 이미다졸리디닐우레아, 스쿠알란, 잔탄검, 1,2-헥산디올, 부틸렌글라이콜, 알란토인, 아데노신, 라벤더오일, 리날룰, 향료

① 10 ~ 15
② 5 ~ 7
③ 1 ~ 5
④ 0.5 ~ 1
⑤ 0.01 ~ 0.5

659

다음 중 <보기>의 전성분을 지닌 화장품에 대해 적합한 상담은?(단, <보기>의 전성분 표시는 「화장품법」 제10조에 따른 기준에 맞게 표시한 것이다.) 기출변형 - 훈련1

<보기>
정제수, 사이클로펜타실록세인, 세라마이드, 카프릴릭트리글리세라이드, 콜레스테롤, 시어버터, 글리세린, 알부틴, 소듐하이알루로네이트, 병풀추출물, 판테놀, 디메티콘, 피이지-100스테아레이트, 올리브오일, 호호바오일, 벤질알코올, 스쿠알란, 잔탄검, 1,2-헥산디올, 부틸렌글라이콜, 알란토인, 라벤더오일, 리날룰, 향료

① 이 제품에는 보존제가 함유되어 있지 않습니다.
② 이 제품은 주름 개선 기능성 고시 원료가 함유되어 있습니다.
③ 이 제품은 알레르기 유발 향료가 들어 있으므로 사용 시 유의하셔야 합니다.
④ 이 제품은 사용할 수 없는 원료가 한 가지 배합되어 있으니 판매할 수 없습니다.
⑤ 이 제품은 「화장품 안전기준 등에 관한 규정」에 따라 사용상의 제한이 필요한 원료가 2가지 쓰였습니다.

660

다음 중 <보기>의 전성분을 지닌 화장품에 대해 적합하지 않은 상담은?(단, <보기>의 전성분 표시는 「화장품법」 제10조에 따른 기준에 맞게 표시한 것이다.) 기출변형 - 훈련2

<보기>
정제수, 사이클로펜타실록세인, 세라마이드, 카프릴릭/카프릭트리글리세라이드, 글리세린, 미네랄오일, 시어버터, 멘틸안트라닐레이트, 페트롤라툼, 소듐하이알루로네이트, 병풀추출물, 판테놀, 디메티콘, 올리브오일, 호호바오일, 스쿠알란, 스핑고리피드, 1,2-헥산디올, 부틸렌글라이콜, 글루타랄, 라벤더오일, 메틸유제놀, 향료, 황색 4호, 적색 102호

① 이 제품에 쓰인 보존제의 사용한도는 0.1%입니다.
② 이 제품은 자외선을 흡수하여 자외선을 차단하는 유기적 자외선 차단제 성분이 배합되어 있습니다.
③ 이 제품은 알레르기 유발 향료가 들어 있으므로 사용 시 유의하셔야 합니다.
④ 이 제품은 영유아 및 13세 이하 어린이가 사용하면 안 됩니다.
⑤ 이 제품은 탄화수소류가 배합되어 있습니다.

661

다음 중 <보기>의 전성분을 지닌 화장품에 대해 적합한 상담은? 기출변형 - 훈련3

<보기>
정제수, 사이클로펜타실록세인, 세라마이드, 카프릴릭/카프릭트리글리세라이드, 글리세린, 미네랄오일, 페트롤라툼, 알란토인, 소듐하이알루로네이트, 아시아티코사이드, 덱스판테놀, 베르베나오일, 호호바오일, 스쿠알란, 스핑고리피드, 2, 4-디클로로벤질알코올, 부틸렌글라이콜, 라벤더오일, 메틸 2-옥티노에이트, 다이에틸아미노메틸쿠마린, 향료, 등색 206호

① 이 제품에 쓰인 보존제의 사용한도는 0.05%입니다.
② 이 제품은 유통·판매가 불가능한 상품입니다.
③ 이 제품은 알레르기 유발 향료가 들어 있지 않습니다.
④ 이 제품은 화장비누 외에는 사용이 불가능한 색소가 배합되어 있습니다.
⑤ 이 제품의 보존제는 천연화장품 및 유기농화장품에도 사용 가능한 보존제입니다.

662

<보기1>은 고객 A씨가 구매하고자 하는 바디로션의 전성분이며 <보기2>는 <보기1>을 바탕으로 A씨와 맞춤형화장품조제관리사 B씨가 나눈 대화이다. ( ) 안에 들어갈 알맞은 말을 기입하시오. 기출변형 - 훈련1

<보기1>
정제수, 사이클로펜타실록세인, 세라마이드엔피, 카프릴릭/카프릭트리글리세라이드, 페네틸알코올, 글리세린, 소듐하이알루로네이트, 솔비탄스테아레이트, 병풀추출물, 판테놀, 디메티콘, 피이지-100스테아레이트, 포도씨오일, 호호바오일, 일랑일랑오일, 잔탄검, 1,2-헥산디올, 소듐벤조에이트, 하이드로제네이티드식물성오일, 알란토인, 라벤더오일, 쿠마린, 향료

<보기2>
A: 이 바디로션에 포함된 보존제는 무엇이고 그 사용 한도는 어느정도인가요?
B: 네, 이 화장품의 전성분으로 보아 사용된 보존제는 (㉠)이며 그 사용한도는 (㉡)%입니다.

663

<보기1>은 고객 A씨가 구매하고자 하는 기능성화장품의 전성분이며 <보기2>는 <보기1>을 바탕으로 A씨와 맞춤형화장품조제관리사 B씨가 나눈 대화이다. ( ) 안에 들어갈 알맞은 말을 기입하시오.
기출변형 - 훈련2

<보기1>
정제수, 글리세린, 부틸렌글라이콜, 세라마이드엔피, 카프릴릭/카프릭트리글리세라이드, 프로판다이올, 솔비탄스테아레이트, 병풀추출물, 판테놀, 디메티콘, 피이지-100스테아레이트, 스쿠알란, 벤제토늄클로라이드, 소듐하이알루로네이트, 하이드로제네이티드식물성오일, 알란토인, 라벤더오일, 리날룰, 향료

<보기2>
A: 이 화장품에 포함된 보존제는 무엇이고 그 사용 한도는 어느정도인가요?
B: 네, 이 화장품의 전성분으로 보아 사용된 보존제는 (㉠)이며 그 사용한도는 (㉡)%입니다.

664

<보기1>은 고객 A씨가 구매하고자 하는 기능성화장품의 전성분이며 <보기2>는 <보기1>을 바탕으로 A씨와 맞춤형화장품조제관리사 B씨가 나눈 대화이다. ( ) 안에 들어갈 알맞은 말을 기입하시오.
기출변형 - 훈련3

<보기1>
정제수, 글리세린, 부틸렌글라이콜, 세라마이드엔피, 카프릴릭/카프릭트리글리세라이드, 프로판다이올, 소듐하이알루로네이트, 솔비탄스테아레이트, 아시아티코사이드, 디메티콘, 피이지-100스테아레이트, 스쿠알렌, 메틸파라벤, 올리브오일, 하이드로제네이티드식물성오일, 알란토인, 아데노신, 라벤더오일, 향료, 황색 4호

<보기2>
A: 이 화장품에 포함된 보존제는 무엇이고 그 사용 한도는 어느정도인가요?
B: 네, 이 화장품의 전성분으로 보아 사용된 보존제는 (㉠)이며 그 사용한도는 혼합사용이 아니라 단일성분이므로 (㉡)%입니다.

665

<보기1>은 고객 A씨가 구매하고자 하는 기능성화장품의 전성분이며 <보기2>는 <보기1>을 바탕으로 A씨와 맞춤형화장품조제관리사 B씨가 나눈 대화이다. 해당 제품이 자외선 차단 기능성화장품 고시 성분을 최대 사용 한도로 제조하였다면 ( ) 안에 들어갈 알맞은 말과 숫자를 기입하시오. 기출변형-훈련4

<보기1>
정제수, 글리세린, 부틸렌글라이콜, 세라마이드, 카프릴릭/카프릭트리글리세라이드, 프로판다이올, 소듐하이알루로네이트, 부틸메톡시디벤조일메탄, 솔비탄스테아레이트, 아시아티코사이드, 디메티콘, 피이지-100스테아레이트, 스쿠알렌, 부틸파라벤, 올리브오일, 하이드로제네이티드식물성오일, 알란토인, 알파-아이소메틸아이오논, 향료

<보기2>
A: 이 화장품에 포함되어 있는 기능성 고시 원료는 무엇입니까?
B: 네, 이 화장품의 전성분으로 보아 기능성 고시 원료는 (㉠)이며 그 최대함량은 (㉡)%입니다.

666

<보기>는 고객 A씨가 맞춤형화장품조제관리사 B씨의 추천을 받아 구매하고자 하는 보습 에센스의 전성분이다. <보기>를 보고 A씨와 B씨가 나눈 대화로 적절한 것은? 기출변형-훈련1

<보기>
정제수, 글리세린, 폴록사머188, 트라이데세스-9, 프로필렌글리콜, 피이지-40하이드로제네이티드캐스터오일, 소듐하이드록사이드, 비에이치티, 소듐하이알루로네이트, 솔비탄스테아레이트, 판테놀, 디메티콘, 사이클로펜타실록세인, 피이지-100스테아레이트, 올리브오일, 호호바오일, 일랑일랑오일, 잔탄검, 1,2-헥산디올, 소듐벤조에이트, 카민, 하이드로제네이티드식물성오일, 알란토인, 라벤더오일, 청색 1호, 하이드록시시트로넬알, 향료

① A: 이 제품에는 보존제가 들어있지 않나요?
   B: 예, 이 제품에는 보존제가 쓰이지 않았습니다.

② A: 이 제품에 「화장품 안전기준 등에 관한 규정」에 따른 사용상의 제한이 필요한 원료가 들어있습니까?
   B: 예, 이 제품에는 사용상의 제한이 필요한 원료가 한 가지 들어있습니다.

③ A: 이 제품은 어린이도 사용이 가능합니까?
   B: 예, 이 제품은 어린이가 사용하여도 괜찮습니다.

④ A: 이 제품에 사용상 특별한 주의사항이 있을까요?
   B: 예, 카민은 「인체적용시험자료」에서 구진과 경미한 가려움이 보고된 예가 있습니다. 유념하시고 사용하여 주세요.

⑤ A: 이 제품에는 알레르기 유발 성분이 없습니까?
   B: 예, 걱정하지 마시고 사용해주세요.

667

<보기>는 고객 A씨가 맞춤형화장품조제관리사 B씨의 추천을 받아 구매하고자 하는 로션의 전성분이다. <보기>를 보고 A씨와 B씨가 나눈 대화로 적절한 것은? 기출변형-훈련2

<보기>
정제수, 글리세린, 부틸렌글라이콜, 펜틸렌글라이콜, 프로폴리스추출물, 느릅나무뿌리추출물, 쥴맨드라미씨추출물, 병풀추출물, 무화과추출물, 꿀추출물, 로얄젤리추출물, 마치현추출물, 감초추출물, 작약뿌리추출물, 천궁추출물, 수용성콜라겐, 알로에베라잎즙, 하이드로제네이티드레시틴, 소듐하이알루로네이트, 피이지-40하이드로제네이티드터오일, 카보머, 트로메타인, 베타인, 에칠헥실글리세린, 아데노신, 디소듐이디티에이, 소듐폴리아크릴레이트, 피브이엠/엠에이코폴리머, 잔탄검, 세라마이드엔피, 등색 201호, 향료, 페녹시에탄올, 이소프로필파라벤

① A: 저는 항상 눈 주변 보습이 걱정입니다. 이 제품을 눈 주변에 발라도 됩니까?
B: 예, 이 제품은 눈 주변에 바르셔도 무방합니다.

② A: 이 제품에 「화장품 안전기준 등에 관한 규정」에 따른 사용할 수 없는 원료가 쓰이지는 않았죠?
B: 죄송합니다. 전성분을 보니 한 가지가 쓰였네요. 다른 제품으로 추천해드리겠습니다.

③ A: 이 제품은 식품의약품안전처장이 고시한 주름개선 기능성화장품 원료가 쓰였나요?
B: 아닙니다. 이 제품에는 식품의약품안전처장이 고시한 미백 기능성화장품 원료가 쓰였습니다.

④ A: 이 제품에 사용상 특별한 주의사항이 있을까요?
B: 예, 이 제품에는 이소프로필파라벤이 사용되었으므로 3세 이하 영유아의 기저귀가 닿는 부위에는 사용하지 마십시오.

⑤ A: 이 제품에는 알레르기 유발 향료가 쓰였나요?
B: 예, 한 가지가 쓰였습니다. 사용 시 유의하여 주세요.

668

<보기>는 고객 A씨가 맞춤형화장품조제관리사 B씨의 추천을 받아 구매하고자 하는 크림의 전성분이다. <보기>를 보고 A씨와 B씨가 나눈 대화로 적절한 것은? 기출변형-훈련3

<보기>
정제수, 글리세린, 부틸렌글라이콜, 펜틸렌글라이콜, 프로폴리스추출물, 꿀추출물, 로얄젤리추출물, 마치현추출물, 감초추출물, 작약뿌리추출물, 천궁추출물, 수용성콜라겐, 알로에베라잎즙, 하이드로제네이티드레시틴, 소듐하이알루로네이트, 피이지-40하이드로제네이티드터오일, 카보머, 트로메타인, 베타인, 에칠헥실글리세린, 디소듐이디티에이, 스테아린산아연, 소듐폴리아크릴레이트, 피브이엠/엠에이코폴리머, 잔탄검, 세라마이드엔피, 피그먼트 레드 53, 향료, 페녹시에탄올

① A: 이 제품에는 히알루론산이 들어있나요?
B: 이 제품에는 히알루론산이 들어있지 않습니다.

② A: 이 제품에 「화장품 안전기준 등에 관한 규정」에 따른 사용할 수 없는 원료가 쓰이지는 않았죠?
B: 죄송합니다. 전성분을 보니 한 가지가 쓰였네요. 다른 제품으로 추천해드리겠습니다.

③ A: 이 제품은 식품의약품안전처장이 고시한 주름개선 기능성화장품 원료가 쓰였나요?
B: 예, 이 제품에는 주름개선 기능성화장품 고시 원료가 사용되었습니다.

④ A: 이 제품에 사용상 특별한 주의사항이 있을까요?
B: 이 제품에는 스테아린산아연이 포함되어 있어 사용 시 흡입되지 않도록 주의하십시오.

⑤ A: 이 제품에는 알레르기 유발 향료가 쓰였나요?
B: 예, 한 가지가 쓰였습니다. 사용 시 유의하여 주세요.

669

다음 중 고객 A씨와 맞춤형화장품조제관리사 B씨의 대화로 적절하지 <u>않은</u> 것은? 기출변형 - 훈련1

① A: 피부가 많이 푸석해졌습니다. 어떤 원료가 도움이 될까요?
   B: 히알루론산이 함유된 제품을 사용하시면 피부의 수분함유도가 증가할 수 있습니다.

② A: 요즘 날이 춥다보니 피부가 갈라지고 피부장벽이 무너진 기분입니다. 피부장벽 강화를 위한 성분이 포함된 화장품을 추천하여 주세요.
   B: 세라마이드와 콜레스테롤이 들어간 이 크림을 주무시기 전에 발라주세요.

③ A: 전 미백에 정말 관심이 많습니다. 식품의약품안전처장이 고시한 미백 기능성 원료가 포함된 화장품을 추천해주세요.
   B: 유용성 감초 추출물이 들어간 이 화장품을 사용해 보세요.

④ A: 발의 각질을 없애고 싶습니다. 저에게 맞는 화장품을 조제하여 주세요.
   B: 크림 베이스에 우레아를 배합하여 조제하여 드리겠습니다.

⑤ A: 요즘 눈가에 주름이 부쩍 늘었어요. 주름을 개선할 수 있는 화장품을 추천하여 주세요.
   B: 레티놀이 들어간 이 아이크림을 사용하여 보세요.

670

다음 중 고객 A씨와 맞춤형화장품조제관리사 B씨의 대화로 적절한 것은? {기출변형 - 훈련2}

① A: 이 샴푸에는 살리실릭애씨드가 쓰였네요. 특별한 주의사항이 있을까요?
   B: 3세 이하 영유아에게는 사용하지 마십시오.

② A: 이 제품에는 토코페롤이 20%가 쓰였네요. 보습에 좋은 토코페롤이 더 들어간 제품은 없나요?
   B: 토코페롤은 화장품에 최대 20%까지 함유할 수 있으므로 이 이상 함유된 제품은 없습니다.

③ A: 이 제품은 나이아신아마이드가 20% 함유되었다고 광고하고 있네요. 나이아신아마이드는 최대 5%까지 함유할 수 있는 것 아닌가요?
   B: 네, 그렇네요. 위해화장품으로 신고해야겠습니다.

④ A: 이 제품에는 소듐나이트라이트가 쓰였네요. 무기나이트라이트는 다 사용금지원료 아닌가요?
   B: 네, 그렇네요. 위해화장품으로 신고해야겠습니다.

⑤ A: 이 제품에는 틴크가 쓰였네요? 이 틴크의 사용한도는 어느 정도입니까?
   B: 틴크는 단독으로 쓰일 경우 최대 0.5%까지 사용 가능합니다.

671

다음 중 고객 A씨와 맞춤형화장품조제관리사 B씨의 대화로 적절하지 <u>않은</u> 것은? 기출변형-훈련3

① A: 이 제품에는 이소부틸파라벤이 쓰였네요. 특별한 주의사항이 있을까요?
   B: 3세 이하 영유아의 기저귀가 닿는 부위에는 사용하지 마십시오.

② A: 이 제품에는 주름 개선 기능성 고시 원료가 배합되어 있나요?
   B: 이 제품에는 폴리에톡실레이티드레틴아마이드가 0.15% 배합되어 있습니다.

③ A: 지용성 미백 기능성 고시 원료가 들어간 화장품을 추천하여 주세요.
   B: 알파-비사보롤이 함유된 화장품을 추천드리겠습니다.

④ A: 저에게 자외선을 산란시키는 성분이 배합된 자외선 차단제를 추천하여 주세요.
   B: 티타늄디옥사이드가 함유된 화장품을 추천드립니다.

⑤ A: 수용성 주름 개선 기능성 고시 원료가 배합된 화장품을 추천하여 주세요.
   B: 레티놀이 함유된 이 화장품을 사용하여 보세요.

672

<보기1>은 고객 A씨와 맞춤형화장품조제관리사 B씨의 상담내용이고 <보기2>는 고객 A씨의 피부상태 측정표이다. <보기1>과 <보기2>를 참고하여 <보기3>에서 B씨가 혼합할 내용물과 그 원료로 바르게 나열한 것은? 기출변형-훈련1

<보기1>

A: 요즘 40대가 되면서 피부가 당기네요. 제 피부의 상태를 측정하여 주시겠어요?
B: 네, 고객님. 피부상태를 측정하겠습니다.
(피부 측정 후)
B: 고객님, 그 측정결과는 다음과 같습니다. 특별히 찾으시는 원료가 있을까요?
A: 저는 지용성 주름 개선 기능성 고시 원료를 배합한 화장품을 사용하고 싶어요.
B: 알겠습니다. 잠시만 기다려주세요!

<보기2>

측정 시기	피부 수분량	주름도
2020. 12월	25%	20%
2021. 1월	15%	30%

<보기3>

ㄱ. 비타민 E 원료
ㄴ. 글리세린 원료
ㄷ. 아데노신이 들어간 내용물
ㄹ. 레티놀이 들어간 내용물
ㅁ. 폴리에톡실레이티드레틴아마이드가 들어간 내용물

① ㄱ, ㄷ
② ㄱ, ㅁ
③ ㄴ, ㄷ
④ ㄴ, ㄹ
⑤ ㄷ, ㅁ

673

<보기1>은 고객 A씨와 맞춤형화장품조제관리사 B씨의 상담내용이고 <보기2>는 고객 A씨의 피부상태 측정표이다. <보기1>과 <보기2>를 참고하여 <보기3>과 <보기4>에서 B씨가 혼합할 내용물과 그 원료로 바르게 나열한 것은? 기출변형 - 훈련2

<보기1>
A: 요즘 피부가 건조하고 피부에 트러블이 나서 고민입니다.
B: 네, 고객님. 피부상태를 측정하겠습니다.
(피부 측정 후)
B: 고객님, 그 측정결과는 다음과 같습니다. 특별히 찾으시는 원료가 있을까요?
A: 저는 수용성 미백 기능성 고시 원료를 배합한 화장품을 사용하고 싶어요.
B: 알겠습니다. 잠시만 기다려주세요!

<보기2>

측정 시기	피부 수분량	유분도	육안소견
2020. 12월	20%	25%	-
2021. 1월	10%	26%	트러블이 관찰됨

<보기3> 맞춤형화장품 내용물 목록
ㄱ. 유용성감초추출물이 함유된 내용물
ㄴ. 알파비사보롤이 함유된 내용물
ㄷ. 알부틴이 함유된 내용물
ㄹ. 폴리에톡실레이티드레틴아마이드가 함유된 내용물

<보기 4> B씨의 혼합을 위한 원료 목록
ㅁ. 티트리오일, 트레할로스
ㅂ. 토코페롤, 글리세린
ㅅ. 아데노신, 병풀추출물
ㅇ. 닥나무추출물, 콜레스테롤

① ㄱ, ㅁ
② ㄴ, ㅂ
③ ㄷ, ㅁ
④ ㄹ, ㅇ
⑤ ㄷ, ㅅ

674

<보기1>은 고객 A씨와 맞춤형화장품조제관리사 B씨의 상담내용이고 <보기2>는 고객 A씨의 피부상태 측정표이다. <보기1>과 <보기2>를 참고하여 B씨가 조제할 올바른 제품을 고르시오. 기출변형 - 훈련3

<보기1>
A: 야외활동을 많이 해서인지 피부가 푸석하고 건조합니다.
B: 네, 고객님. 피부상태를 측정하겠습니다.
(피부 측정 후)
B: 고객님, 그 측정결과는 다음과 같습니다. 특별히 찾으시는 원료가 있을까요?
A: 저는 자외선을 산란시켜 차단하는 원료가 배합된 화장품을 사용하고 싶어요.
B: 알겠습니다. 잠시만 기다려주세요!

<보기2>

측정 시기	피부 주름도	경피수분손실량
2020. 12월	20%	17%
2021. 1월	30%	26%

① 디갈로일트리올리에이트가 포함된 내용물에 글리세린을 넣어서 맞춤형화장품을 조제하여 드리겠습니다.
② 에칠헥실살리실레이트가 포함된 내용물에 알란토인을 넣어서 맞춤형화장품을 조제하여 드리겠습니다.
③ 페닐벤즈이미다졸설포닉애씨드가 포함된 내용물에 스쿠알란을 넣어 맞춤형화장품을 조제하여 드리겠습니다.
④ 징크옥사이드가 포함된 내용물에 히알루론산을 넣어 맞춤형화장품을 조제하여 드리겠습니다.
⑤ 티타늄디옥사이드가 포함된 내용물에 톨루엔을 넣어 맞춤형화장품을 조제하여 드리겠습니다.

675

<보기1>은 어떤 제품의 전성분이고, <보기2>는 <보기1>을 분석한 것이다. 다음 중 <보기2>의 올바른 분석만을 모두 고른 것은? 기출변형 - 훈련1

<보기1>
정제수, 글리세린, 펜틸렌클라이콜, 마치현추출물, 감초추출물, 작약뿌리추출물, 수용성콜라겐, 알로에베라잎즙, 하이드로제네이티드레시틴, 소듐하이알루로네이트, 피이지-40하이드로제네이티드터오일, 카보머, 트로메타인, 베타인, 에칠헥실글리세린, 디소듐이디티에이, 나무이끼추출물, 코치닐추출물, 소듐폴리아크릴레이트, 피브이엠/엠에이코폴리머, 잔탄검, 세라마이드엔피, 벤질벤조에이트, 향료, 페녹시에탄올

<보기2>
ㄱ. 이 제품에는 알레르기 유발 착향제 성분이 2가지 쓰였다.
ㄴ. 이 제품은 영유아 또는 어린이가 사용해서는 안 된다.
ㄷ. 이 제품은 코치닐추출물 성분에 과민하거나 알레르기가 있는 사람은 신중히 사용하여야 한다.
ㄹ. 이 제품에는 보존제가 쓰이지 않았다.
ㅁ. 이 제품은 3세 이하 영유아의 기저귀가 닿는 부위에는 사용하지 말아야 한다.

① ㄱ, ㄷ ② ㄱ, ㄹ
③ ㄴ, ㄷ ④ ㄴ, ㅁ
⑤ ㄷ, ㅁ

676

<보기1>은 핸드크림 제품의 전성분이다. 이 제품의 주의사항에 기재되어야 하는 것을 <보기2>에서 모두 고른 것은? 기출변형 - 훈련2

<보기1>
정제수, 글리세린, 펜틸렌클라이콜, 마치현추출물, 감초추출물, 작약뿌리추출물, 수용성콜라겐, 알로에베라잎즙, 하이드로제네이티드레시틴, 소듐하이알루로네이트, 피이지-40하이드로제네이티드터오일, 카보머, 트로메타인, 베타인, 프로필렌글라이콜, 에칠헥실글리세린, 부틸파라벤, 디소듐이디티에이, 우레아, 카민, 소듐폴리아크릴레이트, 피브이엠/엠에이코폴리머, 잔탄검, 세라마이드엔피, 향료

<보기2>
ㄱ. 햇빛에 대한 피부의 감수성을 증가시킬 수 있으므로 자외선 차단제를 함께 사용할 것
ㄴ. 카민 성분은 「인체적용시험자료」에서 경미한 발적, 피부 건조, 화끈감, 가려움, 구진이 보고된 예가 있음
ㄷ. 눈에 접촉을 피하고 눈에 들어갔을 때는 즉시 씻어낼 것
ㄹ. 어린이의 손이 닿지 않는 곳에 보관할 것
ㅁ. 프로필렌 글리콜(Propylene glycol)을 함유하고 있으므로 이 성분에 과민하거나 알레르기 병력이 있는 사람은 신중히 사용할 것

① ㄱ, ㄷ ② ㄱ, ㄹ
③ ㄴ, ㄷ ④ ㄴ, ㅁ
⑤ ㄹ, ㅁ

677

<보기1>은 바디로션 제품의 전성분이다. 이 제품에 대한 설명으로 옳은 것을 <보기2>에서 모두 고른 것은? 기출변형 - 훈련3

<보기1>
정제수, 글리세린, 부틸렌클라이콜, 인삼추출물, 감초추출물, 작약뿌리추출물, 알로에베라잎즙, 하이드로제네이티드레시틴, ㉠소듐하이알루로네이트, 피이지-100스테아레이트, 카보머, ㉡살리실릭애씨드, 트로메타인, 베타인, 에칠헥실글리세린, 디소듐이디티에이, ㉢우레아, 소듐폴리아크릴레이트, 피브이엠/엠에이코폴리머, 잔탄검, 세라마이드, 향료, 청색 404호

<보기2>
ㄱ. 이 제품은 13세 이하 어린이가 사용하면 안 된다.
ㄴ. ㉠의 사용한도는 10%이다.
ㄷ. ㉡은 이 화장품의 보존제로 쓰였으며 그 사용한도는 1%이다.
ㄹ. ㉢의 사용한도는 10%이며 맞춤형화장품조제관리사가 혼합 가능한 성분이다.
ㅁ. 이 제품에는 입술에 사용할 수 없는 색소가 쓰였다.

① ㄱ, ㄷ ② ㄱ, ㅁ
③ ㄴ, ㄷ ④ ㄴ, ㄹ
⑤ ㄹ, ㅁ

678

<보기1>은 고객 A씨와 맞춤형화장품조제관리사 B씨의 상담내용이고 <보기2>는 고객 A씨의 피부상태 측정표이다. <보기1>과 <보기2>를 참고하여 B씨가 조제할 올바른 제품을 고르시오. 기출변형 - 훈련

<보기1>
A: 요즘 피부에 주름이 생기고 피부도 점점 어두워지는 것 같아요. 기능성화장품에 저에게 도움이 되는 원료를 배합해주세요.
B: 네, 고객님. 피부상태를 측정하겠습니다.
(피부 측정 후)
B: 고객님, 그 측정결과는 다음과 같습니다. 특별히 찾으시는 원료가 있을까요?
A: 저는 기능성 고시 원료가 모두 수용성이었으면 좋겠어요.
B: 알겠습니다. 잠시만 기다려주세요!

<보기2>

측정 시기	피부 주름도	경피 수분 손실량	피부 침착도
2020. 12월	20%	17%	23%
2021. 1월	30%	26%	35%

① A: 표를 보니 주름이 증가하였군요.
B: 네, 글리세린이 함유된 내용물에 주름 개선에 도움이 되는 레티닐팔미테이트를 혼합하여 제조하겠습니다.

② A: 경피수분손실량이 다소 증가하였네요?
B: 네, 나이아신아마이드와 폴리에톡실레이티드레틴아마이드가 포함된 이중 기능성 화장품 내용물에 세라마이드를 혼합하여 제조하겠습니다.

③ A: 제 피부의 피부 침착도가 증가하였군요?
B: 네, 알부틴이 포함된 내용물에 아데노신을 혼합하여 제조해 드리겠습니다.

④ A: 표를 보니 전반적으로 개선이 필요하군요.
B: 걱정마세요. 아데노신과 닥나무추출물이 들어간 내용물에 소듐하이알루로네이트를 혼합하여 조제하겠습니다.

⑤ A: 피부의 침착도가 늘어난 원인이 무엇일까요?
B: 요즘 자외선이 강해서 그런 것 같아요. 징크옥사이드를 함유한 내용물에 트레할로스를 혼합하여 조제해 드리겠습니다.

679

<보기1>은 어떤 로션의 전성분이며 <보기2>는 <보기1>의 전성분에 대한 맞춤형화장품조제관리사의 분석 중 일부이다. 다음 중 (   ) 안에 들어갈 알맞은 말 혹은 숫자를 기입하시오. (㉠, ㉡, ㉢은 단어이며 ㉣은 숫자이다. ㉠, ㉡의 기입순서는 무관하다.)

<보기1>
정제수, 사이클로펜타실록세인, 세라마이드엔피, 카프릴릭/카프릭트리글리세라이드, 페네틸알코올, 글리세린, 소듐하이알루로네이트, 퓨란, 솔비탄스테아레이트, 병풀추출물, 판테놀, 디메티콘, 피이지-100스테아레이트, 포도씨오일, 페닐살리실레이트, 호호바오일, 일랑일랑오일, 잔탄검, 1,2-헥산디올, 소듐벤조에이트, 하이드로제네이티드식물성오일, 알란토인, 라벤더오일, 쿠마린, 시트랄, 리모넨, 리날룰, 향료, 청색 1호

<보기2>
이 화장품에는 사용할 수 없는 원료인 (㉠)와/과 (㉡)(이)가 사용되었군. 이 화장품은 위해화장품 위해도 (㉢) 등급이므로 회수를 시작한 날로부터 (㉣)일 이내에 회수되어야 하겠군.

680

<보기1>은 화장품책임판매업자 A씨의 보습크림의 전성분이고, <보기2>는 그 품질성적서이다. 다음 중 <보기1>과 <보기2>를 분석한 것 중 옳은 것을 <보기3>에서 모두 고른 것은? 기출변형 - 훈련1

<보기1>
정제수, 부틸렌글라이콜, 1,2-헥산다이올, 디메치콘, 카보머, 스쿠알란, 올리브오일, 스위트아몬드오일, 아데노신, 아스코빅애씨드, 아보카도오일, 호호바오일, 일랑일랑오일, 알로에꽃추출물, 탄닌, 닥나무추출물, 헥사미딘, 하이알루로닉애씨드, 향료, 등색 401호

<보기2>

시험 항목	시험결과
아데노신(Adenosine)	99%
아스코빅애씨드	102%
디옥산	102 μg/g
디부틸프탈레이트	98 μg/g
카드뮴	10 μg/g

<보기3>
ㄱ. 이 제품에는 점막에 사용할 수 없는 성분이 쓰였다.
ㄴ. 이 제품에는 탄화수소류가 사용되지 않았다.
ㄷ. 이 제품에는 보존제가 사용되지 않았다.
ㄹ. 품질성적서의 디부틸프탈레이트는 기준을 초과하였다.
ㅁ. 이 제품의 품질성적서에 따르면 기준을 초과한 물질은 2가지가 있다.
ㅂ. 이 제품은 이중 기능성 화장품이다.

① ㄱ, ㄴ, ㅁ
② ㄱ, ㅁ, ㅂ
③ ㄴ, ㄷ, ㅁ
④ ㄴ, ㄹ, ㅂ
⑤ ㄷ, ㄹ, ㅂ

681

<보기1>은 화장품책임판매업자 A씨가 판매하는 물휴지의 품질성적서이다. <보기1>을 참고하여 화장품 안전기준 등에 관한 규정에 따라 다음 중 옳은 설명을 <보기2>에서 모두 고른 것은? 기출변형 - 훈련2

<보기1>

시험 항목	시험결과
세균 수	58개/g(mL)
진균 수	87개/g(mL)
황색포도상구균 (Staphylococcus aureus)	1개/g(mL)
메탄올	0.01%(v/v)

<보기2>
ㄱ. 이 제품의 세균 및 진균수는 허가 기준 초과이다.
ㄴ. 이 제품의 포름알데하이드 기준은 2000 μg/g이하이다.
ㄷ. 이 제품의 황색포도상구균은 그 허가 기준에 부합한다.
ㄹ. 메탄올은 그 허용 기준 초과이다.
ㅁ. 이 품질성적서를 통해 알 수 있는 기준 초과 항목은 총 2가지이다.

① ㄱ, ㄷ
② ㄱ, ㅁ
③ ㄴ, ㄷ
④ ㄴ, ㄹ
⑤ ㄹ, ㅁ

682

다음 중 포장재의 변질 상태를 확인하기 위해 실시하는 평가법으로 옳지 않은 것은? 난이도 중

① 크로스커트 시험방법
② 내용물 감량시험방법
③ 펌프 분사 형태 시험방법
④ 내용물에 의한 용기의 변형시험 방법
⑤ 유리병 내부 알칼리 용출량 시험방법

683

<보기>에서 설명하는 '이것'을 차지하는 비중이 가장 큰 성분을 쓰시오. 난이도 중상

<보기>
'이것'은 각질층에 있는 것으로, 친수성 부분으로 이루어져 있다. '이것'이 노화로 인해 줄어들게 되면 수분 함유도가 낮아지며, 각질층 두께가 증가한다. 각질층은 '이것'과 각질세포 사이에 존재하는 지질층 및 피지선으로부터 분비되는 피지에 의해 수분을 유지한다.

684

다음 중 각질층에 대한 설명으로 적절하지 않은 것은? 난이도 중상

① 약 15~20층의 납작한 죽은 세포들로 되어 있으며 케라틴 약 58%, 천연보습인자 약 31%, 세포간지질 약 11%로 구성되어 있다.
② 각질층에 있는 지질막 성분은 세라마이드, 콜레스테롤, 콜레스테롤에스터, 지방산 등으로 구성되어 있으며 세라마이드가 가장 많은 비중을 차지한다.
③ 각질층의 피부장벽이 파괴되면, 초기에 표피 상층 세포의 층판과립이 즉각 방출되고 이어서 콜레스테롤과 지방산의 합성이 촉진된다. 한편 세라마이드의 합성과 표피의 DNA 합성은 이후에 일어나며 피부장벽이 회복될 뿐만 아니라 표피가 비후된다.
④ 필라그린(filaggrin)은 각질층 상층에 이르는 과정에서 아미노펩티데이스(aminopeptidase), 카복시펩티데이스(carboxypeptidase) 등의 활동에 의해서 최종적으로 아미노산으로 분해된다.
⑤ 기저층에서 만들어진 세포가 각질층까지 올라와 일정 기간 머무르다 탈락되는 주기를 각화주기라고 부르며 새로 만들어진 각질 세포는 기저층에서부터 각질층으로 이동하는데까지 28일이 걸린다.

685

<보기>는 맞춤형화장품조제관리사가 되기 위하여 공부하는 어떤 학생의 메모장이다. 이 메모장이 피부 표피의 구조 중 투명층에 대한 메모일 때, 빈칸에 들어갈 알맞은 말을 쓰시오. 난이도 중

<보기>
- 2~3층의 작고 투명한 죽은 세포 층(무핵세포층)
- 빛을 차단하는 등 자외선으로부터 피부 보호(자외선 반사 - 멜라닌색소가 올라오지 않는다)
- 반유동성물질인 (   )이/가 있어 수분 침투를 방지하고 투명하게 보이게 함

686

<보기>는 멜라닌에 대한 설명이다. 빈칸에 공통으로 들어갈 단어를 정확한 용어로 쓰시오. 난이도 중하
- 기출문제

<보기>
멜라닌은 멜라닌형성세포 내 (   )에서 만들어져서 세포돌기를 통하여 각질형성세포로 전달되며 각질형성세포로 전달된 멜라닌이 가득 차 있는 (   )은/는 표피의 기저층 윗부분으로 확산되어 자외선에 의해 기저층의 세포가 손상되는 것을 막아준다. 멜라닌은 자외선을 흡수하거나 산란시켜 자외선으로부터 피부가 손상을 입는 것을 방지하는 데 큰 역할을 하며, 멜라닌이 함유된 각질형성세포는 점점 각질층으로 이동되며 최종적으로 각질층에서 탈락되어 떨어져 나가게 된다.

687

<보기>에서 설명하는 멜라닌의 종류로 알맞은 단어를 쓰시오. 난이도 중상 - 기출문제

<보기>
멜라닌은 멜라노좀에서 합성되며 티로신(tyrosine)을 시작물질로 (ㄱ)와/과 (ㄴ)(으)로 만들어진다. (ㄱ)은 우리 피부를 어둡게 만드는 것과 관련이 있으며 (ㄴ)은 붉은 색을 유발하는 것으로 알려져있다.

688

<보기>에서 설명하는 것은? 난이도 중

<보기>
- 결합조직체로 콜라겐과 엘라스틴 생성, 타원형의 유핵세포, 기질 형성에도 관여한다. 진피에 존재하는 세포는 결합조직 내에 널리 분포된 이것이 주종을 이루는데 이것은 세포외기질(ECM, extracellular matrix)인 교원섬유(콜라겐)와 탄력섬유(엘라스틴) 그리고 여러 다양한 기질을 만드는 역할을 한다.

689

<보기>의 밑줄 친 이것은? 난이도 중상 - 기출문제

<보기>
이것은 각질형성세포 사이를 연결하는 단백질 구조를 말한다. 효소에 의해 분해되며 각질세포 탈락에 중요한 역할을 한다. 이것의 분해가 잘 안 되면 각질세포 탈락이 저하되며 각질이 피부에 쌓이게 되고 표피 내 수분 소실, 각질층이 두꺼워져 노화를 유발한다.

690

<보기>를 보고 맞춤형화장품조제관리사 리사씨가 인정에게 진단하였을 피부 타입으로 적절한 것을 고르시오. 난이도 중상

<보기>
인정: 저는 피부가 자외선에 상당히 취약한 것 같아요.
리사: 예, 그렇군요. 제가 피부 타입을 진단해드릴게요. 더 정확한 피부의 상태를 말씀해주시겠어요?
인정: 음, 저는 자외선에 노출이 되면 약간의 화상을 입고 쉽게 짙게 타요. 그래서 걱정이에요. 그냥 쉽게 타는 수준이 아니라, 간단하게 태양을 봐도 짙게 타는 수준이랍니다.
리사: 음, 선생님께서는 피츠패트릭의 피부타입 분류에 따르면 (   )타입이시네요.

① II
② III
③ IV
④ V
⑤ VI

691

다음 중 ㄱ과 ㄴ에 들어갈 알맞은 말을 차례대로 쓰시오. 난이도 중상

<보기>
(ㄱ)은/는 내측의 두발 주머니로서 외피에 접하고 있는 표피의 각질층인 초표피(sheath cuticle)와 과립층의 헉슬리층(huxley's layer), 유극층의 헨레층(henle's layer)으로 구성되고 (ㄴ)은/는 표피층의 가장 안쪽인 기저층에 접하고 있다. 즉 (ㄱ)와/과 (ㄴ)은/는 모구부에서 발생한 두발을 완전히 각화가 종결될 때까지 보호하고, 표피까지 운송하는 역할을 하고 있다.

692

<보기>는 모표피를 이루는 3개의 층에 대한 설명이다. ㄱ~ㄷ에 들어갈 알맞은 말을 정확한 용어로 쓰시오. 난이도 중 - 유사문제 기출

<보기>
- (ㄱ)
가장 바깥층이며 두께 100Å 정도의 얇은 막으로, 수증기는 통하지만 물은 통과하지 못하는 구조로 딱딱하고 부서지기 쉽기 때문에 물리적인 자극에 약하다. 이 층은 아미노산 중 시스틴의 함유량이 많으며, 각질 용해성 또는 단백질 용해성의 약품(친유성, 알칼리 용액)에 대한 저항성이 가장 강한 성질을 나타낸다.

- (ㄴ)
연한 케라틴층으로 시스틴이 많이 포함되어 있고, 퍼머넌트 웨이브와 같이 시스틴 결합을 절단하는 약품의 작용을 받기 쉬운 층이다.

- (ㄷ)
가장 안쪽에 있는 층으로 시스틴 함유량이 적으며, 친수성이며 알칼리에 약하다. 이 층의 내측면은 양면접착 테이프와 같은 세포막복합체(CMC, cell membrane complex)로 인접한 모표피를 밀착시키고 있다.

693

<보기>에서 설명하는 빈칸에 들어갈 알맞은 호르몬의 약자를 쓰시오. (기출문제, 실제 시험은 객관식 문항이었음)

<보기>
남자 성인의 탈모는 집단으로 머리털이 빠져 대머리가 되는 것이 특징이다. 안면과 두피의 경계선이 점점 뒤로 물러나고 이마가 넓어지며 정수리 쪽의 굵은 머리가 점점 빠져서 대머리가 된다. 반들거리는 두피는 모근이 소실되어 새 머리카락이 나오기 어렵기에 탈모 현상을 일찍 발견하여 탈모 증상을 완화하는 것이 최선의 방법이다. 남성형 탈모증은 남성호르몬의 일종인 이 호르몬이 원인이 되어 나타난다.

694

<보기>에서 설명하는 이것은? 난이도 중상

<보기>
이것은 담자균류에 속하는 진균의 속(Genus)으로 사람의 피부에서 가장 많이 관찰되는 진균이다. 이것 중에서 사람의 피부에서 가장 많이 관찰되는 종(Species)은 restricta이며, 이외에 globosa 종도 자주 관찰된다. 이 진균은 사람의 건강한 피부 뿐 아니라 다양한 피부질환 - 어루러기, 지루피부염, 모낭염 등 - 부위에서 개체 수가 증가하는 것으로 알려져 있으며, 이러한 피부질환과 관련되어 있다고 여겨진다. 최근에는 지루성피부염의 일종인 비듬, 아토피피부염, 심상성여드름 및 건선에 이르기까지 그 원인 진균으로서 이것에 대한 관심이 점차 대두되고 있다.

695

다음 중 여드름에 대한 설명으로 적절하지 않은 것은? 난이도 중

① 면포란 좁쌀 모양의 염증성 여드름을 말하며 개방면포(블랙헤드)와 폐쇄면포(화이트헤드)가 있다.
② 구진이란 피지가 세균 감염으로 팽창되어 모낭벽이 파손된 상태의 여드름을 말한다.
③ 농포란 노란색 고름이 발생한 염증성 여드름을 말한다.
④ 결절이란 농포가 발전해 단단한 덩어리가 피부 안에서 딱딱해진 상태의 여드름을 말한다.
⑤ 낭종은 화농 상태가 가장 심각한 단계이며 모낭벽이 완전히 파괴된 상태의 여드름을 말한다.

696

다음 중 <보기>에서 설명하는 설비는? 난이도 중

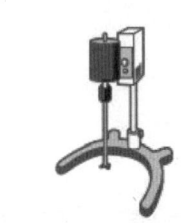

<보기>
봉(shaft)의 끝부분에 다양한 모양의 회전 날개가 붙어 있다. 내용물에 내용물을 또는 내용물에 특정성분을 혼합 및 분산 시 사용하며 점증제를 물에 분산 시 사용한다.

697

<보기>에서 설명하는 화장품의 평가 방법은? 난이도 중

<보기>
이것은 화장품의 품질을 인간의 오감에 의해 측정하고 분석하여 평가하는 방법을 말한다. 화장품은 유효성에 대한 과학적 평가법이 있으나 외관, 색상, 향, 사용감 등 기호에 따른 평가도 제품에 영향을 미치기에 이것을 통해 얻은 결과를 통계 처리한 후 종합적 평가에 사용한다. 이것이란 여러 가지 품질을 인간의 오감에 의하여 평가하는 제품검사로, 화장품에 적합한 품질을 확보하기 위하여 외관·색상 검사, 향취 검사, 사용감 검사를 수행하는 능력을 말한다.

698

다음 중 관능평가에 사용되는 표준품이 아닌 것은? 난이도 중상 - 이 문제는 3회 기출문제를 쉽게 적용한 문제이다.

① 제품 표준견본 : 완제품의 개별포장에 관한 표준
② 색소원료 표준견본 : 색소의 색조에 관한 표준
③ 용기·포장재 한도견본 : 용기·포장재의 검사에 관한 표준
④ 향료 표준견본 : 향, 색상, 성상 등에 관한 표준
⑤ 원료 표준견본 : 원료의 색상, 성상, 냄새 등에 관한 표준

699

다음 중 제품별 관능평가 요소로 적절하지 않은 것은? 난이도 상

① 스킨 및 토너: 탁도, 변취
② 로션 및 에센스: 변취, 분리(성상), 점도 및 경도
③ 크림: 변취, 분리(성상), 점도 및 경도, 증발 및 표면 굳음
④ 메이크업 베이스: 분리(성상), 점도 및 경도, 증발 및 표면 굳음
⑤ 립스틱: 변취, 분리(성상), 점도 및 경도

700

소비자에 의한 사용시험 중 상품명, 디자인, 표시사항 등을 가리고 제품을 사용하여 시험하는 것(제품의 정보를 제공하지 않는 제품 사용시험)을 무엇이라고 하는가? 난이도 중하

정답 및 해설

01 1단원 정답 및 해설

02 2단원 정답 및 해설

03 3단원 정답 및 해설

04 4단원 정답 및 해설

CHAPTER 01 1단원 정답 및 해설

001   국민보건향상, 화장품 산업의 발전

[풀이] 화장품법 제1조(목적) 이 법은 화장품의 제조·수입·판매 및 수출 등에 관한 사항을 규정함으로써 **국민보건향상**과 **화장품 산업의 발전**에 기여함을 목적으로 한다.

002   ③, ④

[풀이]
① 화장품법령은 화장품법, 화장품법 시행령, 화장품법 시행규칙 뿐만 아니라 각종 고시, 훈령 등으로 구성되어 있다.
② 화장품법은 화장품의 특성에 부합되는 관리와 화장품산업의 경쟁력 배양을 위해 1999년 9월 7일에 **제정**되었다. <u>시행된 때는 2000년이다.</u>

003   소비자 보호, 국민보건 향상

[풀이] 제1조(목적) 이 고시는 「화장품법」 제5조제1항 및 같은 법 시행규칙 제11조제2항에 따라 우수화장품 제조 및 품질관리 기준에 관한 세부사항을 정하고, 이를 이행하도록 권장함으로써 화장품제조업자가 우수한 화장품을 제조, 관리, 보관 및 공급을 통해 소비자 보호 및 국민 보건 향상에 기여함을 목적으로 한다.

004   ①

[풀이]
화장품 안전기준 등에 관한 규정의 목적: 맞춤형화장품에 사용할 수 있는 원료를 지정하는 한편, 화장품에 사용할 수 없는 원료 및 사용상의 제한이 필요한 원료에 대하여 그 사용기준을 지정하고, <u>유통화장품 안전관리 기준(해당 규정의 제6조의 내용임)</u>에 관한 사항을 정함으로써 화장품의 제조 또는 수입 및 안전관리에 적정을 기하는 것

005   ①

[풀이] 4번 해설 참고

006   국민보건 향상

[풀이]
- 우수화장품 제조 및 품질관리 기준의 목적: 화장품제조업자가 우수한 화장품을 제조, 관리, 보관 및 공급을 통해 소비자 보호 및 국민 보건 향상에 기여함을 목적으로 한다.
- 화장품법의 목적: 화장품의 제조·수입·판매 및 수출 등에 관한 사항을 규정함으로써 국민보건 향상과 화장품 산업의 발전에 기여하는 것

007   인체세정용

[풀이]

영·유아용 제품류	- 영·유아용 샴푸, 린스 - 영·유아용 로션, 크림 - 영·유아용 오일 - 영·유아 인체 세정용 제품 - 영·유아 목욕용 제품

008   ①

[풀이] ☑ **화장품의 유형 13가지**

영·유아용 제품류, 목욕용 제품류, 인체 세정용 제품류, 눈 화장용 제품류, 방향용 제품류, 두발 염색용 제품류, 색조 화장용 제품류, 두발용 제품류, 손발톱용 제품류, 면도용 제품류, 기초화장용 제품류, 체취 방지용 제품류, 체모 제거용 제품류

009   ④

[풀이] 8번 풀이 참고

010   ①

[풀이] 폼 클렌져(클렌징 폼)는 인체 세정용 제품류이며, 나머지는 모두 기초화장용 제품류이다.

011 ②
[풀이] 핸드크림은 기초화장용 제품류이며, 나머지는 손발톱용 제품류이다.

012 ④
[풀이] 흑채는 두발용 제품류이며 나머지는 모두 두발 염색용 제품류이다.

013 ⑤
[풀이] 구강청결제는 의약외품이다. 액취 방지제, 손 소독제, 치약 등은 모두 의약외품이다.

014 면도용 제품류
[풀이] <보기>의 제품들은 모두 면도용 제품류의 예시이다.

015 ⑤
[풀이] 1~4번은 모두 기초화장용 제품류이며 5번은 방향용 제품류이다.

016 ⑤
[풀이] 클렌징 크림은 기초화장용 제품류이다.

017 두발용 제품류, 면도용 제품류
베이비 오일: 영유아용 제품류 / 배스 솔트: 목욕용 제품류 / 폼 클렌저: 인체 세정용 제품류 / 로션과 선그림: 기초화장용 제품류 / 파운데이션: 색조화장용 제품류 / 아이브로 제품: 눈화장용 제품류 / 헤어 컬러 스프레이: 두발 염색용 제품류 / 향수: 방향용 제품류 / 데어도란트: 체취 방지용 제품류 / 제모제: 체모 제거용 제품류 / 탑코트: 손발톱용 제품류

018 ⑤
[풀이] 손 소독제는 의약외품이다. 나머지는 모두 화장품이다.

019 립밤
[풀이] 립밤은 색조화장용 제품류이다.

020 체모 제거용 제품류
[풀이] 제모크림과 제모왁스는 모두 체모 제거용 제품류이다.

021 체취 방지용 제품류
[풀이] 해당 제품의 설명은 데오도란트의 설명이다.

022 ⑤
[풀이]
① 식품접객업의 영업소에서 손을 닦는 용도로 사용되는 물티슈는 화장품 자체가 아니다.
② 아이 메이크업을 지우는 용도의 리무버는 눈화장용 제품류에 포함된다.
③ 헤어 컬러 스프레이는 두발 염색용 제품류에 포함된다. 다만, 기능성화장품이 아닐 뿐이다.
④ 립글로스와 립밤은 색조화장용 제품류이다.

023 ②
[풀이] 외음부 세정제는 화장품 중 인체 세정용 제품류이다.

024 ④
[풀이] 샴푸는 두발용 제품류이다.

025 ⑤
[풀이]
1 - 사용 대상이 인체가 아닌 강아지이므로 화장품이 아니다.
2 - 인체의 피부나 모발이 아닌 구강의 치아에 사용하는 것이므로 의약외품이다.
3 - 사용방법이 주사 등으로 주입하는 방식이거나 의약품과 같은 효능이 있다면 화장품이 아니다.
4 - 아토피 완화, 여드름성 피부 치료 등 질병의 치료, 경감, 처치, 진단, 예방 등의 목적으로 사용하는 것은 화장품이 아니라 의약품이다.

026 ①
[풀이] '아토피로 인한 가려움증 완화! 수면장애 호전!'이라는 문구는 화장품의 정의에 맞지 않는 질환, 질병 등을 치유할 것 같이 기재한 광고이다. 따라서 해당 표현과 같은 의약품으로 잘못 인식할 우려가 있는 광고는 절대 해서는 안 된다.

027   멜라닌 색소

[풀이]
- 피부의 미백에 도움을 주는 제품
  · 피부에 멜라닌색소가 침착하는 것을 방지하여 기미 · 주근깨 등의 생성을 억제함으로써 피부의 미백에 도움을 주는 기능을 가진 화장품
  · 피부에 침착된 멜라닌색소의 색을 엷게 하여 피부의 미백에 도움을 주는 기능을 가진 화장품

028   정발, 폼 클렌저, 아이브로 제품

[풀이]
- 영 · 유아용 린스
  · 모발 세정 후에 사용하여 모발에 유연성을 주고 자연스러운 윤기를 주기 위하여 사용되는 모발 세정용 화장품으로서 정전기 발생을 방지하며 정발을 용이하게 하고, 두피 및 모발을 건강하게 유지시켜 주며 영 · 유아에 사용하는 것을 목적으로 하는 제품
- 폼 클렌저
  · 얼굴의 청정을 위하여 사용되는 거품 형태의 제품으로 인체 세정용 제품류에 속하는 제품
- 아이브로 제품
  · 주로 눈썹을 아름답게 하기 위하여 사용되는 것으로서 펜슬형, 봉상, 케익상 등이 있으며 눈 화장용 제품류에 속하는 제품

029   방향효과, 적은

[풀이]
- 콜롱(cologne)
  · 방향효과를 주기 위하여 사용되는 것으로 향수보다 비교적 부향률이 적은 방향용 제품류에 속하는 제품

030   멜라닌 색소

[풀이]
- 탈염 · 탈색용 제품
  · 두발 내에 멜라닌색소를 분해하여 두발의 색을 밝게 하는 것으로서 두발 염색용 제품류에 속하는 제품

031   ④

[풀이] 립글로스(lip gloss), 립밤(lip balm)은 입술에 도포하여 색조 효과보다는 입술에 윤기를 주며, 촉촉하게 보이게 하기 위하여 사용되는 것을 목적으로 하는 제품을 말한다.

032   린스

[풀이]
▶ 린스
· 두발 세정 후에 사용하여 두발에 유연성을 주고 자연스러운 윤기를 주기 위하여 사용되는 두발 세정용 화장품으로서 정전기 발생을 방지하며 정발을 용이하게 하여 두피 및 두발을 건강하게 유지시켜 주는 두발용 제품류에 속하는 제품

033   답은 전부 다 X

[풀이]
(1) 흑채는 머리숱이 없는 사람들이 빈모 부위를 채우기 위한 용도로 머리에 뿌리는 고체가루 제품으로서 두발용 제품류에 속하는 제품이다.
(2) 흑채는 화장품으로 인정받았다.
(3) 흑채는 두발용 제품류이다.

034   ④

[풀이] 손발톱용 제품류: 손발톱의 미화와 청결 등을 위하여 사용되는 베이스코트, 네일폴리시 등과 이들을 지우기 위한 리무버와 관련된 화장품
- 베이스코트(basecoats), 언더코트(under coats)
  · 네일에나멜을 바르기 전에 네일에나멜의 피막성을 한층 좋게 하기 위하여 사용되는 것으로서 손발톱용 제품류에 속하는 제품
- 네일폴리시(nail polish), 네일에나멜(nail enamel)
  · 손발톱의 미화를 위하여 사용되는 것으로서 손발톱용 제품류에 속하는 제품
- 탑코트(topcoats)
  · 네일 에나멜을 바른 후에 색감과 광택을 늘리기 위하여 사용되는 것으로서 손발톱용 제품류에 속하는 제품
- 네일 크림 · 로션 · 에센스
  · 네일에나멜과 네일에나멜리무버의 계속적인 사용으로 부족하기 쉬운 손발톱 주변의 수분과 유분을 보충하여 손톱을 보호하고 건강하게 보존하기 위하여 사용되는 것을 목적으로 하는 제품
- 네일폴리시 · 네일에나멜 리무버 · 네일에나멜, 네일폴리시 등에 위한 손발톱 화장을 지우기 위하여 사용되는 것을 목적으로 하는 제품

035   우레아 혹은 요소

[풀이] 손 · 발의 피부연화 제품
· 요소(우레아) 제제 등을 사용하여 손 · 발의 피부를 연화하기 위하여 사용되는 것을 목적으로 하는 제품

036 시스틴

[풀이] 제모제
- 체모의 시스틴 결합을 환원제로 화학적으로 절단하여 제거하는 것으로서 체모 제거용 제품류에 속하는 제품

037 ③

[풀이] <보기>의 설명은 색조 화장용 제품류에 대한 설명이다. 식약처에 따르면, 색조 화장용 제품류란 얼굴, 입술 등의 피부에 색 및 질감 효과를 주거나 피부결점을 가려줌으로써 보완수정하여 미적효과를 목적으로 하는 제품을 말한다.(교수학습가이드 참고) 참고로 메이크업 리무버는 기초 화장용 제품류이다.

▶ 색조 화장용 제품류의 대표적 예시

1. 볼연지
- 볼에 도포하여 색조효과를 주고 얼굴색을 건강하고 밝게 보이기도 하고 음영을 주어 입체감을 나타내며, 건조를 방지하기 위하여 사용되는 것으로서 색조화장용 제품류에 속하는 제품

2. 페이스 파우더(face powder), 페이스 케이크(face cakes)
- 피부에 색조효과를 주고 매끄럽게 해 주며, 작은 피부 결함이나 피부가 땀이나 화장품에 의한 수분이나 오일 성분으로 번들거리는 것을 감추어 주기 위하여 사용되는 것으로서 색조화장용 제품류에 속하는 제품

3. 리퀴드(liquid)·크림·케이크 파운데이션(foundation)
- 피부에 색조효과를 주고 피부의 결함을 감추며 건조방지를 위하여 사용되는 것을 목적으로 하는 제품

4. 메이크업 베이스(make-up bases)
- 피부에 색조효과를 주고 피부의 결함을 감추며 건조방지를 위하여 화장 전에 사용되는 것을 목적으로 하는 제품

5. 메이크업 픽서티브(make-up fixatives)
- 메이크업의 효과를 지속시키기 위하여 사용되는 것으로서 색조화장용 제품류에 속하는 제품

6. 립스틱, 립라이너(lip liner)
- 입술에 색조효과와 윤기를 주고 건조를 방지하여 입술을 건강하고 부드럽게 하여주기 위하여 사용되는 것을 목적으로 하는 제품

7. 립글로스(lip gloss), 립밤(lip balm)
- 입술에 도포하여 색조효과보다는 입술에 윤기를 주며, 촉촉하게 보이게 하기 위하여 사용되는 것을 목적으로 하는 제품

8. 바디페인팅(body painting), 페이스페인팅(face painting), 분장용 제품
- 얼굴 및 몸에 일시적으로 색조효과를 주기 위해 사용하는 제품

038 ①

[풀이]
면도용 제품류: 여성과 남성의 면도를 용이하게 하는 화장품
- 애프터셰이브 로션(aftershave lotions)
  - 면도할 때 또는 면도 후의 피부를 가다듬고, 면도 후 이완된 모공을 수축시켜 피부를 건강하게 하기 위하여 사용되는 것을 목적으로 하는 제품
- 프리셰이브 로션(preshave lotions)
  - 턱수염 등을 부드럽게 하여 면도를 용이하게 하거나 면도에 의한 피부자극을 줄이기 위하여 면도 전에 사용되는 것을 목적으로 하는 제품
- 셰이빙 크림(shaving cream)
  - 턱수염 등을 부드럽게 하여 면도를 용이하게 하거나 면도에 의한 피부자극을 줄이기 위하여 사용되는 것을 목적으로 하는 제품
- 셰이빙 폼(shaving foam)
  - 면도기와 피부의 마찰을 줄이기 위하여 거품을 풍성하게 내서 사용되는 것을 목적으로 하는 제품

039 ④

[풀이] 메이크업 리무버는 눈화장용 제품류가 아니라 기초 화장용 제품류이다.

040 정발

- 헤어 그루밍 에이드(hair grooming aids)
  - 두발에 유분, 광택, 매끄러움, 유연성, 정발 효과 등을 주기 위하여 사용되는 것을 목적으로 하는 제품
- 헤어 크림·로션
  - 두발에 윤기를 주고 두발의 거칠어짐, 갈라짐을 방지하며 정발력이 있는 유화 또는 겔상의 제품으로 두발용 제품류에 속하는 제품
- 헤어 오일
  - 두발에 윤기를 주고 흐트러진 머리를 바로 잡거나 정발효과를 주기 위하여 사용되는 리퀴드상의 제품으로 두발용 제품류에 속하는 제품
- 포마드(pomade)
  - 두발에 윤기를 주어 정발효과를 주기 위하여 사용되는 것으로써 포마드상의 제품으로 두발용 제품류에 속하는 제품

041 화장품제조업자, 화장품책임판매업자, 맞춤형화장품판매업자

[풀이] 화장품 영업자에는 화장품제조업자, 화장품책임판매업자 및 맞춤형화장품판매업자가 있다.

042
O, O, O, X

[풀이]
▶ 화장품제조업 정의
- 화장품의 전부 또는 일부를 제조(1차 포장만 해당)하는 영업
▶ 화장품제조업 등록 제외 대상
- 2차 포장 공정을 하는 경우는 제조업 등록 대상에서 제외

043
O, X

[풀이] 2차 포장만 하는 행위는 우수화장품 제조 및 품질관리 기준에 따르면 제조 행위에 포함은 된다. 그러나 이 행위는 따로 제조업으로 등록할 수는 없다.

044
품질, 안전

[풀이]
▶ 화장품책임판매업 정의
- 취급하는 화장품의 품질 및 안전 등을 관리하면서 이를 유통·판매하거나 수입대행형 거래를 목적으로 알선·수여하는 영업
▶ 화장품책임판매업 세부 종류와 범위
- 화장품제조업자가 화장품을 직접 제조하여 유통·판매하는 영업
- 화장품제조업자에게 위탁하여 제조된 화장품을 유통·판매하는 영업
- 수입된 화장품을 유통·판매하는 영업
- 수입대행형 거래(전자상거래만 해당)를 목적으로 화장품을 알선·수여하는 영업

045
③

[풀이]
① 화장품을 직접 제조하는 영업은 화장품제조업에 포함된다.
② 수입된 화장품을 유통·판매하는 영업은 화장품책임판매업에 포함되기는 하나 전자상거래만 해당되는건 아니다. 전자상거래만 해당되는 사안은 수입대행형 거래(전자상거래만 해당)를 목적으로 화장품을 알선·수여하는 영업이다.
④ 제조된 고체 화장비누의 내용물을 단순 소분하여 판매하는 경우는 맞춤형화장품판매업 범위에서 제외된다.
⑤ 수입대행형 거래를 목적으로 화장품을 알선·수여하는 영업은 화장품책임판매업이다.

046
화장비누(고체 화장비누, 고체 비누 등)

[풀이]
▶ 맞춤형화장품판매업 신고 제외 대상
- 제조 또는 수입된 화장 비누(고체 형태의 세안용 비누)의 내용물을 단순 소분 하여 판매하는 경우는 맞춤형화장품판매업 범위에서 제외

047
먼지, 보관소, 품질검사

[풀이]
▶ 시설기준
· 제조 작업을 하는 다음 시설을 갖춘 작업소
 쥐·해충 및 먼지 등을 막을 수 있는 시설
 작업대 등 제조에 필요한 시설 및 기구
 가루가 날리는 작업실은 가루를 제거하는 시설
· 원료·자재 및 제품을 보관하는 보관소
 · 원료·자재 및 제품의 품질검사를 위하여 필요한 시험실
 · 품질검사에 필요한 시설 및 기구

048
품질관리기준, 안전관리, 화장품책임판매관리자(=책임판매관리자)

[풀이]
▶ 화장품책임판매업자 등록 요건
- 화장품책임판매업자의 결격사유에 해당되지 않을 것
- 화장품의 품질관리기준 및 책임판매 후 안전관리에 관한 기준 마련
- 화장품책임판매관리자 선임 의무

049
O, X, O, O

[풀이] 화장품제조업, 책임판매업은 모두 등록이며 맞춤형화장품판매업은 신고이다. 화장품 영업의 등록·신고 방법은 등록·신고신청서 및 구비 서류를 첨부하여 제조소 또는 판매업소 소재지를 관할하는 지방식품의약품안전청장에 제출하는 것이다.

050
④

[풀이]
▶ 화장품제조업자 결격사유
- 다음 각 호의 어느 하나에 해당하는 자는 화장품제조업 또는 화장품책임판매업의 등록이나 맞춤형화장품판매업의 신고를 할 수 없다. 다만, 제1호 및 제3호는 화장품제조업만 해당한다.
1. 「정신건강증진 및 정신질환자 복지서비스 지원에 관한 법률」 제3조제1호에 따른 정신질환자. 다만, 전문의가 화장품제조업자(제3조제1항에 따라 화장품제조업을 등록한 자를 말한다. 이하 같다)로서 적합하다고 인정하는 사람은 제외한다.
2. 피성년후견인 또는 파산선고를 받고 복권되지 아니한 자
3. 「마약류 관리에 관한 법률」 제2조제1호에 따른 마약류의 중독자

4. 이 법 또는 「보건범죄 단속에 관한 특별조치법」을 위반하여 금고 이상의 실형을 선고받고 그 집행이 끝나거나(집행이 끝난 것으로 보는 경우를 포함한다) 집행이 면제되지 아니한 사람

4의2. 이 법 또는 「보건범죄 단속에 관한 특별조치법」을 위반하여 금고 이상의 형의 집행유예를 선고받고 그 유예기간 중에 있는 사람

5. 제24조에 따라 등록이 취소되거나 영업소가 폐쇄(이 조 제1호부터 제3호까지의 어느 하나에 해당하여 등록이 취소되거나 영업소가 폐쇄된 경우는 제외한다)된 날부터 1년이 지나지 아니한 자

051 ①

[풀이] 맞춤형화장품판매업자의 상호 및 맞춤형화장품판매업자의 소재지 변경은 변경신고 대상이 아니다.

052 풀이 참고

[풀이]
- 의사 또는 약사 이공계 학과 또는 향장학·화장품과학·한의학·한약학과 학사학위 이상 취득자
- 전문대학 졸업자로서 화장품 관련 분야를 전공한 후 화장품 제조 또는 품질관리 업무 1년 이상 종사자
- 전문대학 졸업자로서 간호학과, 간호과학과, 건강간호학과를 전공한 후 화장품 제조 또는 품질관리 업무 1년 이상 종사자
- 화장품 제조 또는 품질관리 업무에 2년 이상 종사한 경력이 있는 사람
- 책임판매관리자 교육 또는 전문 교육과정을 이수한 자
- 맞춤형화장품조제관리사 자격시험에 합격한 사람

053 10

[풀이]
▶ 화장품책임판매업자(대표자)의 책임판매관리자 겸직 허용 조건
- 상시근로자수 10인 이하인 화장품책임판매업을 경영하는 화장품책임판매업자가 책임판매관리자 자격 요건을 충족하는 경우

054 품질관리, 안전관리

[풀이]
▶ 화장품책임판매관리자의 업무
- 품질관리기준에 따른 품질관리
- 책임판매 후 안전관리기준에 따른 안전확보
- 원료 및 자재의 입고부터 완제품의 출고에 이르기까지 필요한 시험·검사 또는 검정에 대하여 제조업자 관리·감독

055 ③

[풀이]
▶ 품질관리업무 관련
- 품질관리 업무를 총괄할 것
- 품질관리 업무가 적정하고 원활하게 수행되는 것을 확인할 것
- 품질관리 업무의 수행을 위하여 필요하다고 인정할 때에는 화장품책임판매업자에게 문서로 보고할 것
- 품질관리 업무 시 필요에 따라 화장품제조업자, 맞춤형화장품판매업자 등 그 밖의 관계자에게 문서로 연락하거나 지시할 것
- 품질관리에 관한 기록 및 화장품제조업자의 관리에 관한 기록을 작성하고 이를 해당 제품의 제조일(수입의 경우 수입일)부터 3년간 보관할 것

▶ 책임판매 후 안전관리업무 관련
- 안전확보 업무를 총괄할 것
- 안전확보 업무가 적정하고 원활하게 수행되는 것을 확인하여 기록·보관할 것
- 안전확보 업무의 수행을 위하여 필요하다고 인정할 때에는 화장품책임판매업자에게 문서로 보고한 후 보관할 것

056 X

[풀이] 화장품제조소의 소재지가 변경된 경우, 새로운 소재지를 관할하는 지방식약청장에게만 변경 등록 신청서를 제출하면 된다.

057 ②

[풀이] 화장품영업으로 등록도 하지 않은 채 화장품을 제조해 판매한 것은 화장품법 위반이다.

058 ⑤

[풀이] 사용기한은 안전성이 아니라 안정성과 관련된 개념이다.

059 네거티브 시스템

[풀이]
▶ 원료의 네거티브시스템
- 식품의약품안전처장에 의해 지정된 화장품의 제조 등에 사용할 수 없는 원료 및 보존제, 색소, 자외선차단제 등과 같이 특별히 사용상의 제한이 필요한 원료를 제외한 원료는 업자의 책임 하에 사용

060　안정성

[풀이]

▶ 안정성(stability)
- 다양한 물리·화학적 조건에서 화장품 성분이 일정한 상태를 유지하는 성질
  · 물리적 변화: 분리, 침전, 응집, 겔화, 휘발, 고화, 연화, 균열 등
  · 화학적 변화: 변색, 분리, 변취, 오염, 결정 석출 등

061　⑤

[풀이]

▶ 안정성(stability)
- 다양한 물리·화학적 조건에서 화장품 성분이 일정한 상태를 유지하는 성질
  · 물리적 변화: 분리, 침전, 응집, 겔화, 휘발, 고화, 연화, 균열 등
  · 화학적 변화: 변색, 분리, 변취, 오염, 결정 석출 등

062　5, 3, 4, 13

[풀이]

▶ 안전용기·포장 정의
- 5세 미만의 어린이가 개봉하기는 어렵게 설계·고안된 용기나 포장

▶ 영·유아, 어린이 연령 기준
- 영·유아: 3세 이하
- 어린이: 4세 이상부터 13세 이하까지

063　③

[풀이]

▶ 영·유아·어린이 사용 화장품 관리 대상
- 표시: 화장품 1차 포장 또는 2차 포장에 영·유아 또는 어린이가 사용할 수 있는 화장품임을 특정하여 표시하는 경우(화장품의 명칭에 영·유아 또는 어린이에 관한 표현이 표시되는 경우 포함)
- 광고: 다음의 광고 매체·수단에 영·유아 또는 어린이가 사용할 수 있는 화장품임을 특정하여 광고하는 경우(**어린이 사용 화장품의 경우 "방문광고 또는 실연(實演)에 의한 광고"는 제외**)
  · 신문·방송 또는 잡지
  · 전단·팸플릿·견본 또는 입장권
  · 인터넷 또는 컴퓨터통신
  · 포스터·간판·네온사인·애드벌룬 또는 전광판
  · 비디오물·음반·서적·간행물·영화 또는 연극
  · 방문광고 또는 실연(實演)에 의한 광고

064　제조방법, 설명, 안전성 평가, 효능효과, 증명

[풀이]

▶ 제품별 안전성 자료 작성 및 보관
- 제품별 안전성 자료
  · 제품 및 제조방법에 대한 설명 자료
  · 화장품의 안전성 평가 자료
  · 제품의 효능·효과에 대한 증명 자료

065　⑤

[풀이]

ㄱ은 1, ㄴ은 제조연월일, ㄷ은 3이다.
참고로 <보기>의 두 경우 모두 제조는 화장품의 제조번호에 따른 제조일자를 기준으로 하며, 수입은 수입일자가 아닌 **통관일자**를 기준으로 한다.

066　풀이 참고

[풀이]

위해평가 절차 및 방법
· 위험성 확인: 위해요소의 인체 내 독성 확인
· 위험성 결정: 위해요소의 인체노출 허용량 산출
· 노출평가과정: 위해요소의 인체 노출량 산출
· 위해도 결정과정: 위험성 확인, 위험성 결정 및 노출평가과정의 결과를 종합하여 인체에 미치는 위해 영향 판단

067　66번의 풀이 참고.

068　5년

[풀이]

▶ 지정·고시된 원료의 사용기준의 안전성 검토
- 식품의약품안전처장은 지정·고시된 원료의 사용기준의 안전성 정기 검토
- 식품의약품안전처장의 원료 사용기준 검토 주기: 5년
- 안전성 검토 결과에 따라 지정·고시된 원료의 사용기준 변경 가능

069　(1) 화장품제조업자, 화장품책임판매업자, 대학·연구소
　　　(2) 식품의약품안전처장

070　토코페롤(비타민E), 효소, 0.5

071
풀이 참고

[풀이]
▶ 사용기한 정의
- 화장품이 제조된 날부터 적절한 보관 상태에서 제품이 고유의 특성을 간직한 채 소비자가 안정적으로 사용할 수 있는 최소한의 기한

072
SPF 50+

[풀이] SPF 50 이상은 "SPF 50+"로 표시

073
①

[풀이]
자외선차단지수(SPF)는 측정결과에 근거하여 평균값(소수점 이하 절사)으로부터 -20%이하 범위내 정수
(예 : SPF평균값이 '23'일 경우 19~23 범위정수)로 표시하되, SPF 50이상은 "SPF50+"로 표시한다.

* <보기>의 측정값의 평균은 37.666666666666667이다. 위에 사항에 근거하면 평균값을 소수점 이하 절사를 하여야 하므로 37이다.(반올림 아님!) 이 37의 20%는 7.4이다. -20%의 범위이므로 29.6 ~ 37의 범위이다. 이 때, 그 범위를 정수의 범위라고 하였으므로 30 ~ 37이다.(29 ~ 37아님! 소수점 이하 절사가 아니라 정수의 범위이다. 아래 설명 참고)

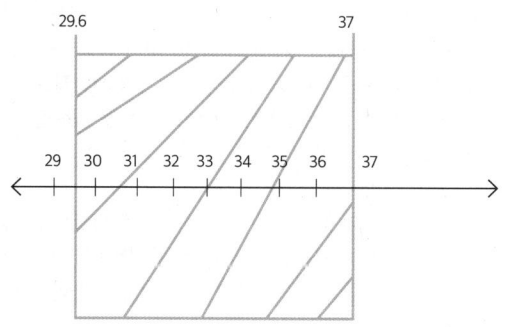

위의 그림을 보면, 이 SPF의 범위는 29.6~37이다. 이 범위 밖에 29가 있다. 따라서 이 범위의 정수 범위는 30~37인 것이다.

074
③

제1조(목적) 이 규정은 「화장품법」 제8조 제6항 및 같은 법 시행규칙 제17조의3에 따라 화장품제조업자, 화장품책임판매업자 또는 대학·연구소 등이 사용기준이 지정·고시되지 않은 원료의 지정 또는 지정·고시된 원료의 사용기준에 대한 변경 신청 시 갖추어야 할 제출자료의 범위, 자료 요건 등에 관한 세부사항을 정함으로써 화장품 원료 사용기준 지정 또는 변경심사 업무에 적정을 기함을 목적으로 한다.

075
①

제3조(심사대상) 이 규정에 따른 심사를 신청할 수 있는 대상은 다음 각 호와 같다.
1. 「화장품 안전기준 등에 관한 규정」(식품의약품안전처 고시) 별표2에 따라 고시되지 아니한 보존제, 자외선 차단성분 등
2. 「화장품의 색소 종류와 기준 및 시험방법」(식품의약품안전처 고시) 별표1에 따라 고시되지 아니한 색소
3. 「화장품 안전기준 등에 관한 규정」(식품의약품안전처 고시) 별표2 또는 「화장품의 색소 종류와 기준 및 시험방법」(식품의약품안전처 고시) 별표1에 고시된 원료 중 사용기준을 변경하려는 것

즉, 심사대상을 다시 한 번 알기 쉽게 기재하자면,
「화장품 안전기준 등에 관한 규정」에 따라 고시되지 않은 보존제, 자외선 차단 성분, 「화장품 안전기준 등에 관한 규정」에 고시된 보존제, 자외선 차단 성분 중 사용기준을 변경하려는 것
「화장품의 색소 종류와 기준 및 시험방법」에 고시되지 않은 색소, 「화장품의 색소 종류와 기준 및 시험방법」에 고시되지 않은 색소 성분

076
④

제4조(제출자료의 종류) 「화장품법 시행규칙」(이하, "시행규칙"이라 한다) 제17조의3제1항에 따라 사용기준이 지정·고시되지 않은 원료의 지정 또는 지정·고시된 원료의 사용기준에 대한 변경신청(이하, "원료의 사용기준 지정·변경신청"이라 한다) 시 제출하여야 하는 자료의 종류 및 세부사항은 다음 각 호와 같다.
1. 제출자료 전체의 요약본
2. 원료의 기원 및 개발 경위, 국내·외 사용기준 및 사용현황 등에 관한 자료
3. 원료의 특성에 관한 자료
4. 안전성 및 유효성에 관한 자료
   가. 안전성에 관한 평가자료(타당한 사유가 인정되는 경우 제출 생략 가능)
      (1) 단회투여독성시험자료
      (2) 피부자극시험자료
      (3) 피부감작성시험자료
      (4) 점막자극시험자료
      (5) 광독성시험자료
      (6) 광감작성시험자료
      (7) 반복투여독성시험자료
      (8) 생식·발생독성시험자료, 유전독성시험자료 및 발암성시험자료
      (9) 흡입독성시험자료

(10) 인체피부자극시험자료
(11) 피부흡수시험자료
나. 유효성에 관한 평가자료
　　(1) 사용목적·작용에 관한 자료
　　(2) 사용량 등에 관한 자료
다. 사용기준 설정에 관한 자료
5. 원료의 기준 및 시험방법에 관한 시험성적서

077　점막자극시험자료, 흡입독성시험자료

안전성에 관한 평가자료(타당한 사유가 인정되는 경우 제출 생략 가능)
(1) 단회투여독성시험자료
(2) 피부자극시험자료
(3) 피부감작성시험자료
(4) 점막자극시험자료
(5) 광독성시험자료
(6) 광감작성시험자료
(7) 반복투여독성시험자료
(8) 생식·발생독성시험자료, 유전독성시험자료 및 발암성시험자료
(9) 흡입독성시험자료
(10) 인체피부자극시험자료
(11) 피부흡수시험자료

078　사용목적, 사용량, 사용기준

4. 안전성 및 유효성에 관한 자료
가. 안전성에 관한 평가자료(타당한 사유가 인정되는 경우 제출 생략 가능)
　　　　　　(생략)
나. 유효성에 관한 평가자료
　　(1) 사용목적·작용에 관한 자료
　　(2) 사용량 등에 관한 자료
다. 사용기준 설정에 관한 자료

079　동물대체시험법

안전성에 관한 평가자료
(1) 시험의 요건
제4조제4호의 자료 중 비임상 시험을 실시하는 경우에는 「비임상시험관리기준」(식품의약품안전처 고시)에 적합한 시험 자료이어야 하며, 인체에 적용하여 시험하는 경우에는 「화장품 표시·광고 실증에 관한 규정」(식품의약품안전처 고시) 제4조제2호에 적합한 시험 자료이어야 한다.
(2) 시험방법

(가) 제4조제4호의 시험은 시험의 방법 및 평가기준이 과학적·합리적으로 타당하다고 인정되는 경우 동물대체시험법을 적용하여 시험하는 것을 원칙으로 한다.
(나) (가)의 규정에도 불구하고 동물대체시험법을 적용할 수 없는 경우 「기능성화장품 심사에 관한 규정」(식품의약품안전처 고시) 별표1 및 「의약품등의 독성시험기준」(식품의약품안전처 고시)에 따른다.

080　④

유효성에 관한 평가자료
(1) 사용목적·작용에 관한 자료
(가) 보존제 성분
　　대한민국약전 또는 「의약품의 품목허가·신고 심사 규정」(식품의약품안전처 고시) 별표1의2에 따라 식품의약품안전처장이 정하는 공정서 등에서 정한 보존력 시험자료 및 기타 해당 원료가 보존제로서 사용이 적합함을 입증할 수 있는 자료

081　②

자외선 차단 성분에 대한 자료는 UVC(자외선 C)를 포함하지 않는다.
유효성에 관한 평가자료
(1) 사용목적·작용에 관한 자료
(가) 보존제 성분
　　대한민국약전 또는 「의약품의 품목허가·신고 심사 규정」(식품의약품안전처 고시) 별표1의2에 따라 식품의약품안전처장이 정하는 공정서 등에서 정한 보존력 시험자료 및 기타 해당 원료가 보존제로서 사용이 적합함을 입증할 수 있는 자료
(나) 자외선 차단성분
　　자외선의 파장에 따른 흡수 또는 산란 효과를 평가한 자료 및 자외선 A 또는 자외선 B에 대한 인체적용시험자료로서 「화장품 표시·광고 실증에 관한 규정」(식품의약품안전처 고시) 제4조제2호에 적합한 자료
(다) 염모제 성분
　　해당 원료에 대하여 인체 모발을 대상으로 표시하고자 하는 색상 등 염모력을 평가한 자료
(라) 화장품의 색소
　　해당 원료에 대하여 표시하고자 하는 색상을 평가한 자료
(마) 기타
　　해당 원료의 사용목적과 작용 등에 대하여 평가한 자료

082　④

① ㉠에 들어갈 알맞은 말은 원료의 위해성 평가 자료이다.

→ 제출자료 전체의 요약본이다.
② ⓒ은 해당 원료의 구조, 구성 성분, 물리·화학적·생물학적 성질, 제조방법 등에 관한 내용으로 물질의 특징 확인이 가능한 자료를 말한다. → 이는 원료의 특성에 관한 자료의 설명이다. ⓒ은 해당 원료에 대한 판단에 도움을 줄 수 있도록 육하원칙에 따라 명료하게 기재된 자료로서 원료의 기원물질, 천연 또는 합성여부, 자체 개발된 새로운 원료인지 여부 등에 관한 정보가 포함된 자료를 말한다.
③ ⓒ에 들어갈 말은 시험방법이다. → 사용기준이다.
④ 위 <보기>의 자료 중 외국의 자료는 원칙적으로 한글요약문 및 원자료를 제출하여야 하나 요약문만으로 제출된 자료의 내용을 설명할 수 없는 경우에는 전체 번역문을 제출할 수 있다. → 옳은 설명이다.
⑤ 위의 서류에 대해 식품의약품안전처장이 보완을 요청하였을 시, 민원인은 1회에 한해 제출기한 연장 요청을 할 수 있다.
→ 연장 요청은 2회에 한해 가능하다. 아래 조항 참고
제6조(제출자료의 보완) ① 식품의약품안전처장은 시행규칙 제17조의3 제2항 후단에 따라 민원인이 제출자료의 보완을 요구받은 기한(이하, "보완 제출기한"이라 한다) 내에 보완할 수 없음을 이유로 기간을 명시하여 보완 제출기한의 연장을 요청하는 경우에는 그 타당성을 검토하여 보완 제출기한을 연장할 수 있다.
② 제1항에 따른 민원인의 보완 제출기한 연장 요청은 2회에 한한다.
③ 식품의약품안전처장은 민원인이 보완 제출기한 내에 추가 자료를 제출한 경우로서 보완 요구한 자료 중 일부가 제출되지 아니한 경우에는 10일 이내에 다시 보완하도록 민원인에게 요청할 수 있다.

083　②

제1항의 자료 중 외국의 자료는 원칙적으로 한글요약문(주요사항 발췌) 및 원자료를 제출하여야 한다. 다만, 한글 요약문만으로 제출된 자료의 내용을 설명할 수 없는 경우에는 전체 번역문을 제출할 수 있다.
① 에칠헥실메톡시신나메이트는 자외선 차단 성분이며 이 성분은 유효성에 관한 평가자료를 작성할 때 자외선의 파장에 따른 흡수 또는 산란 효과를 평가한 자료 및 자외선 A 또는 자외선 B에 대한 인체적용시험자료로서 「화장품 표시·광고 실증에 관한 규정」(식품의약품안전처 고시) 제4조제2호에 적합한 자료이어야 한다.
③ 제6조(제출자료의 보완) 식품의약품안전처장은 시행규칙 제17조의3 제2항 후단에 따라 민원인이 제출자료의 보완을 요구받은 기한(이하, "보완 제출기한"이라 한다) 내에 보완할 수 없음을 이유로 기간을 명시하여 보완 제출기한의 연장을 요청하는 경우에는 그 타당성을 검토하여 보완 제출기한을 연장할 수 있다. 민원인의 보완 제출기한 연장 요청은 2회에 한한다.
④ 부적합을 통보받은 자는 그 결과를 통보 받은 날로부터 30일 이내에 식품의약품안전처장에게 이의를 신청할 수 있다.
⑤ 식품의약품안전처장은 민원인으로부터 이의신청을 받은 날부터 60일 이내에 이의신청의 인용 여부를 결정하고 그 결과를 민원인에게 통보하여야 한다.

084　①

페녹시에탄올은 보존제 성분이다. 보존제 성분은 유효성에 관한 평가자료로서 대한민국약전 또는 「의약품의 품목허가·신고 심사 규정」(식품의약품안전처 고시) 별표1의2에 따라 식품의약품안전처장이 정하는 공정서 등에서 정한 보존력 시험자료 및 기타 해당 원료가 보존제로서 사용이 적합함을 입증할 수 있는 자료를 제출하여야 한다.

085　①, ②

[풀이] 3~5번은 화장품책임판매업자의 준수사항이다.

086　②

[풀이]
품질관리를 위하여 필요한 사항을 화장품책임판매업자에게 제출할 것. 다만, 다음의 어느 하나에 해당하는 경우 제출하지 않을 수 있다.

1. 화장품제조업자와 화장품책임판매업자가 동일한 경우
2. 화장품제조업자가 제품을 설계·개발·생산하는 방식으로 제조하는 경우로서 품질·안전관리에 영향이 없는 범위에서 화장품제조업자와 화장품책임판매업자 상호 계약에 따라 영업비밀에 해당하는 경우

087　제품표준서, 품질관리기록서

[풀이] 제조관리기준서·제품표준서·제조관리기록서 및 품질관리기록서를 작성·보관할 것

088　①, ③, ④

[풀이] *우수화장품 제조관리기준을 준수하는 제조업자에게 식약처장이 지원할 수 있는 사항*

1. 우수화장품 제조관리기준 적용에 관한 **전문적 기술과 교육**
2. 우수화장품 제조관리기준 적용을 위한 **자문**
3. 우수화장품 제조관리기준 적용을 위한 **시설·설비 등 개수·보수**

| 089 | 품질관리기준, 제조번호, 안전관리, 안전성, 유효성, 제품표준서, 품질관리기록서, 0.5, 1, 비타민A, 비타민C, 토코페롤(비타민E), 과산화합물, 효소 |

| 090 | 수입관리기록서 |

[풀이]
- 수입한 화장품에 대하여 다음의 사항을 적거나 또는 첨부한 **수입관리기록서**를 작성·보관할 것

> 가. 제품명 또는 국내에서 판매하려는 명칭
> 나. 원료성분의 규격 및 함량
> 다. 제조국, 제조회사명 및 제조회사의 소재지
> 라. 기능성화장품심사결과통지서 사본
> 마. 제조 및 판매증명서. 다만, 「대외무역법」 제12조 제2항에 따른 통합 공고상의 수출입 요건 확인기관에서 제조 및 판매증명서를 갖춘 화장품책임판매업자가 수입한 화장품과 같다는 것을 확인받고, 품질검사 위탁기관으로부터 화장품책임판매업자가 정한 품질관리기준에 따른 검사를 받아 그 시험성적서를 갖추어 둔 경우에는 이를 생략할 수 있다.
> 바. 한글로 작성된 제품설명서 견본
> 사. 최초 수입연월일(통관연월일)
> 아. 제조번호별 수입연월일 및 수입량
> 자. 제조번호별 품질검사 연월일 및 결과
> 차. 판매처, 판매연월일 및 판매량

| 091 | 품질검사 시험성적서(품질성적서) |

[풀이]
제조국 제조회사의 품질관리기준이 국가 간 상호 인증되었거나, 우수화장품 제조관리기준과 같은 수준 이상이라고 인정되는 경우 국내에서의 품질검사를 하지 않을 수 있음. 이 경우 <u>제조국 제조회사의 품질검사 시험성적서는 품질관리기록서를 갈음함.</u>

| 092 | ④ |

맞춤형화장품 조제에 사용하고 남은 내용물 또는 원료는 <u>밀폐가 되는 용기에 담는 등 비의도적인 오염을 방지할 것</u>

| 093 | 품질, 안전성, 범위 |

맞춤형화장품판매업자는 맞춤형화장품 조제에 사용하는 내용물 또는 원료의 혼합·소분의 범위에 대해 사전에 검토하여 최종 제품의 ★품질 및 안전성★을 확보할 것. 다만, 화장품책임판매업자가 혼합 또는 소분의 ★범위★를 미리 정하고 있는 경우에는 그 ★범위★ 내에서 혼합 또는 소분 할 것

| 094 | 안정성 |

혼합·소분에 사용되는 내용물 또는 원료의 사용기한 또는 개봉 후 사용기간을 초과하여 맞춤형화장품의 사용기한 또는 개봉 후 사용기간을 정하지 말 것. 다만 과학적 근거를 통하여 맞춤형화장품의 **안정성**이 확보되는 사용기한 또는 개봉 후 사용기간을 설정한 경우에는 예외로 한다.

| 095 | ④ |

★혼합·소분에 사용되는 내용물 또는 원료의 사용기한 또는 개봉 후 사용기간을 초과하여 맞춤형화장품의 사용기한 또는 개봉 후 사용기간을 정하지 말 것. 다만 과학적 근거를 통하여 맞춤형화장품의 ★안정성★이 확보되는 사용기한 또는 개봉 후 사용기간을 설정한 경우에는 예외로 한다.★

① 건성용 벌크(미백: 나이아신아마이드) 사용기한: 26년 4월 20일/알로에추출물 사용기한: 26년 1월 19일
  위의 두 개를 혼합하여 맞춤형화장품을 조제하므로 아무리 최대한으로 사용해도 26년 1월 19일을 초과할 수 없다. 그러나 맞춤형화장품조제관리사는 사용기한을 2026.02.01.로 말했다.

② 지성용 벌크(주름개선: 아데노신) 사용기한: 27년6월15일/세라마이드 사용기한: 26년9월 5일
  위의 두 개를 혼합하여 맞춤형화장품을 조제하므로 아무리 최대한으로 사용해도 26년 9월 5일을 초과할 수 없다. 그러나 맞춤형화장품조제관리사는 사용기한을 2026.10.05.까지로 말했다.

③ 건성용 벌크(미백: 나이아신아마이드) 사용기한: 26년 4월 20일/글라이콜릭애씨드(AHA) 사용기한: 28년 12월 25일
  위의 두 개를 혼합하여 맞춤형화장품을 조제하므로 아무리 최대한으로 사용해도 26년 4월 20일을 초과할 수 없다. 그러나 맞춤형화장품조제관리사는 사용기한을 2028.12월까지로 말했다.(2028.12월까지라고 사용기한을 쓸 수도 있다. 그러나 2028년 12월까지로 작성한 경우 2028년 12월 31일까지 소비자가 사용할 수 있으므로 28년 12월 25일까지 써야 하는 맞춤형화장품의 사용기한으로는 부적합하다.)

⑤ 지성용 벌크(미백: 나이아신아마이드) 사용기한: 26년5월23일/알로에추출물 사용기한: 26년1월 19일
  위의 두 개를 혼합하여 맞춤형화장품을 조제하므로 아무리 최대한으로 사용해도 26년 1월 19일을 초과할 수 없다. 그러나 맞춤형화장품조제관리사는 사용기한을 2026.03.01.까지로 말했다.

| 096 | ② |

혼합·소분 전 손을 소독하거나 세정하는 것은 필수. 단, 일회용 장갑을 착용했다면 손을 소독하거나 세척할 필요가 없음.

097 ②

이것은 안정성이다.
① 이것은 단회 투여 독성시험, 1차 피부자극시험, 안점막자극 또는 기타 점막자극시험, 피부감작성시험, 광독성 및 광감작성 시험, 인체 사용성시험 등을 통하여 평가된다. = 안전성
② 변색, 변취 등의 화학적인 변화나 분리, 침전, 발분, 발한 등의 물리적인 변화가 일어나면 이것이 떨어지게 된다.
= 안정성
③ 이것은 세정, 보습, 자외선 방지, 미백, 피부 거칠음 개선 등 화장품의 효능·효과와 관련이 있다. = 유효성
④ 이것은 부드러운 사용감이나 냄새, 색 등의 관능적인 기호와 관련이 있다. = 사용성
⑤ 이것은 화장품이 하천, 바다 등 자연에 흘러들어갔을 때 미치는 영향과 관련된 속성이다. = 환경성(이는 화장품의 4대 성격에 포함되지 않는다.)

098 ④

소비자의 피부 유형이나 선호도 등을 확인하지 아니하고 맞춤형화장품을 미리 혼합 및 소분하여 보관하면 안 된다.

099 ②

다음 각 목의 사항이 포함된 맞춤형화장품 판매내역서를 작성·보관할 것
가. 제조번호
나. 사용기한 또는 개봉 후 사용기간
다. 판매일자 및 판매량

100 주의사항

맞춤형화장품 판매 시 다음 각 목의 사항을 소비자에게 설명할 것
가. 혼합·소분에 사용된 내용물·원료의 내용 및 특성
나. 맞춤형화상품 사용 시의 수의사항

101 ②

맞춤형화장품 사용과 관련된 부작용 발생사례에 대해서는 지체 없이 식품의약품안전처장에게 보고할 것

102 품질성적서, 오염

- 혼합·소분 전에 혼합·소분에 사용되는 내용물 또는 원료에 대한 품질성적서를 확인할 것
- 혼합·소분 전에 혼합·소분된 제품을 담을 포장용기의 오염 여부를 확인할 것

- 혼합·소분에 사용되는 장비 또는 기구 등은 사용 전에 그 위생 상태를 점검하고, 사용 후에는 오염이 없도록 세척할 것

103 판매내역서

다음 각 목의 사항이 포함된 맞춤형화장품 판매내역서를 작성·보관할 것
가. 제조번호
나. 사용기한 또는 개봉 후 사용기간
다. 판매일자 및 판매량

104 판매량

103번 해설 참고

105 풀이참고

[풀이]
맞춤형화장품 사용과 관련된 부작용 발생사례에 대해서는 식품의약품안전처장에게 보고할 것(안전성 정보의 신속보고)
맞춤형화장품 사용과 관련된 중대한 유해사례 등 부작용 발생 시 그 정보를 알게 된 날로부터 15일 이내에 식약처 홈페이지를 통해 보고하거나 우편·팩스·정보통신망 등의 방법으로 보고해야 함.

106 ④

ㄱ. 화장품책임판매업자는 화장품의 생산실적 또는 수입실적, 화장품의 제조과정에 사용된 원료의 목록 등을 식품의약품안전처장에게 보고하여야 한다. 이 경우 원료의 목록에 관한 보고는 매년 2월 말까지 하여야 한다. → 원료 목록 보고는 유통·판매 전에 한다.
ㄴ. 화장품책임판매업자는 생산실적 또는 수입실적을 화장품 유통·판매 전까지 식품의약품안전처장이 정하여 고시하는 바에 따라 대한화장품협회 등 법 제17조에 따라 설립된 화장품업 단체를 통하여 식품의약품안전처장에게 보고하여야 한다. → 지난해의 생산실적 또는 수입실적을 매년 2월 말까지 제출한다.
ㄷ. 전자무역 촉진에 관한 법률」에 따라 전자무역문서로 표준통관예정보고를 하고 수입하는 화장품책임판매업자는 수입실적 및 원료의 목록을 보고하지 아니할 수 있다.(옳은 설명)
ㄹ. 화장품책임판매업자는 생산 및 수입실적을 작성한 서식을 전산매체(CD 또는 디스켓)에 수록하거나 정보통신망을 이용하여 제출한다.(옳은 설명)
ㅁ. 화장품책임판매업자는 대한화장품협회에 수입실적 및 수입화장품 원료목록 보고를 해야 한다. → 한국의약품수출입협회이다.

ㅂ. 화장품책임판매업자는 한국의약품수출입협회에 생산실적 및 국내 제조 화장품 원료 목록 보고를 해야 한다. → 대한화장품협회이다.

107 ④

원료목록보고는 화장품 유통 및 판매 전에 해야 하며 국내 제조 화장품의 원료목록보고는 대한화장품협회이며 수입 화장품 원료 목록보고는 한국의약품수출입협회에 해야 한다.

108 표준통관예정보고

제2조(생산실적 등 보고방법) ① 「화장품법 시행규칙」 제13조제1항에 따라 지난 해의 생산·수입실적을 보고하려는 화장품책임판매업자는 업 유형별로 다음 각 호의 서식을 별표 1에 따라 작성하여 매년 2월 말까지 제3조에서 정한 각 관련단체의 장에게 제출하여야 한다.
1. 「화장품법 시행령」 제2조제2호가목, 나목의 화장품책임판매업자 생산실적: 별지 제1호 서식 및 제2호 서식
2. 「화장품법 시행령」 제2조제2호다목의 화장품책임판매업자 수입실적: 별지 제3호 서식 및 제4호 서식
   ② 「화장품법 시행규칙」 제13조제1항에 따라 화장품의 제조과정에 사용된 원료의 목록(이하 "원료목록"이라 한다)을 보고하려는 화장품책임판매업자는 별지 제5호 및 제6호의 서식을 별표 1에 따라 작성하여 유통·판매 전에 제3조에서 정한 각 관련단체의 장에게 제출하여야 한다.
   ③ 화장품책임판매업자는 제1항 및 제2항에 따라 작성한 서식을 전산매체(CD 또는 디스켓 등을 말한다)에 수록하거나 정보통신망을 이용하여 제출한다.
   ④ 제1항 및 제2항에도 불구하고 「전자무역 촉진에 관한 법률」에 의하여 전자문서교환방식으로 표준통관예정보고를 하고 수입한 자는 제1항제2호 및 제2항에 따른 수입실적보고 및 원료목록 보고를 하지 아니할 수 있다.
   ⑤ 관련단체의 장은 제1항 및 제2항에 따라 제출(제4항에 따라 표준통관예정보고 받은 경우를 포함한다)받은 화장품의 생산·수입실적 및 원료목록을 식품의약품안전처장에게 정보통신망 등을 이용하여 보고하여야 한다.

109 ④

① A씨는 올해의 생산실적을 취합하여 12월 말일 전까지 식품의약품안전처에 보고하여야 한다.
   → 생산실적 보고는 전년도 생산실적을 그 다음 해 2월 말까지만 하면 된다. 그리고 생산실적보고는 대한화장품협회에 한다.
② A씨는 12월 31일까지 해당 생산실적을 대한화장품협회에 보고하여야 한다.
   → 생산실적 보고는 전년도 생산실적을 그 다음 해 2월 말까지만 하면 된다.
③ B씨는 대한화장품협회에 원료목록보고를 하여야 한다.
   → B씨는 이미 수입산 샴푸를 유통 판매하고 있다. 원료목록보고는 유통 판매 전에 해야 한다. 게다가 수입화장품에 대한 원료목록보고는 한국의약품수출입협회에서 한다.
⑤ A씨와 B씨 모두 올해가 가기 전에 해당 보고를 끝마쳐야 한다.
   → A씨는 다음 년도 2월 말까지만 하면 되고 B씨는 해당 샴푸 유통 판매 전에 했었어야 했는데 하지 않았으므로 이미 늦은 사람이다.

110 대한화장품협회

제3조(보고서 제출기관) 제2조에 따라 화장품책임판매업자가 화장품의 생산·수입실적 및 원료목록을 제출하여야 할 관련단체는 다음 각 호와 같다.
1. 생산실적 및 국내 제조 화장품 원료목록 보고 : (사)대한화장품협회
2. 수입실적 및 수입 화장품 원료목록 보고: (사)한국의약품수출입협회

111 한국의약품수출입협회

110번 해설 참고

112 ⑤

[풀이]
*맞춤형화장품판매업자의 원료목록 보고의 의무
- 보고 주체: 맞춤형화장품판매업자
- 보고 시기: 사용된 모든 원료의 목록을 매년 1회(2월 말까지) 식품의약품안전처장에게 보고

113 1개월 미만

[풀이]
휴업기간이 1개월 미만이거나 그 기간 동안 휴업하였다가 그 업을 재개하는 경우에는 신고 불필요

114 4시간 이상 8시간 이하 - 실제 주관식 문제

115 ④

[풀이]
나머지는 다 등급이며, 4번은 나 등급이다.

116 다 등급

117 유해사례, 실마리정보, 안전성 정보

[풀이]

용어	뜻
유해사례 (Adverse Event/Adverse Experience, AE)	화장품의 사용 중 발생한 바람직하지 않고 의도되지 아니한 징후, 증상 또는 질병. 해당 화장품과 **반드시 인과관계를 가져야 하는 것은 아님.**
중대한 유해사례 (Serious AE)	유해사례 중 다음의 어느 하나에 해당하는 경우 가. 사망을 초래하거나 생명을 위협하는 경우 나. 입원 또는 입원기간의 연장이 필요한 경우 다. 지속적 또는 중대한 불구나 기능저하를 초래하는 경우 라. 선천적 기형 또는 이상을 초래하는 경우 마. 기타 의학적으로 중요한 상황
실마리 정보 (Signal)	유해사례와 화장품 간의 **인과관계 가능성이 있다고 보고된 정보**로서 그 인과관계가 알려지지 아니하거나 입증자료가 불충분한 것
안전성 정보	화장품과 관련하여 **국민보건에 직접 영향을 미칠 수 있는 안전성·유효성에 관한 새로운 자료, 유해사례 정보 등**

118 유해사례, 실마리정보

1. "유해사례(Adverse Event/Adverse Experience, AE)"란 화장품의 사용 중 발생한 바람직하지 않고 의도되지 아니한 징후, 증상 또는 질병을 말하며, 당해 화장품과 반드시 인과관계를 가져야 하는 것은 아니다.
2. "중대한 유해사례(Serious AE)"는 유해사례 중 다음 각목의 어느 하나에 해당하는 경우를 말한다.
   가. 사망을 초래하거나 생명을 위협하는 경우
   나. 입원 또는 입원기간의 연장이 필요한 경우
   다. 지속적 또는 중대한 불구나 기능저하를 초래하는 경우
   라. 선천적 기형 또는 이상을 초래하는 경우
   마. 기타 의학적으로 중요한 상황
3. "실마리 정보(Signal)"란 유해사례와 화장품 간의 인과관계 가능성이 있다고 보고된 정보로서 그 인과관계가 알려지지 아니하거나 입증자료가 불충분한 것을 말한다.
4. "안전성 정보"란 화장품과 관련하여 국민보건에 직접 영향을 미칠 수 있는 안전성·유효성에 관한 새로운 자료, 유해사례 정보 등을 말한다.

119 중대한 유해사례, 안전성 정보
118번 해설 참고

120 화장품정책과

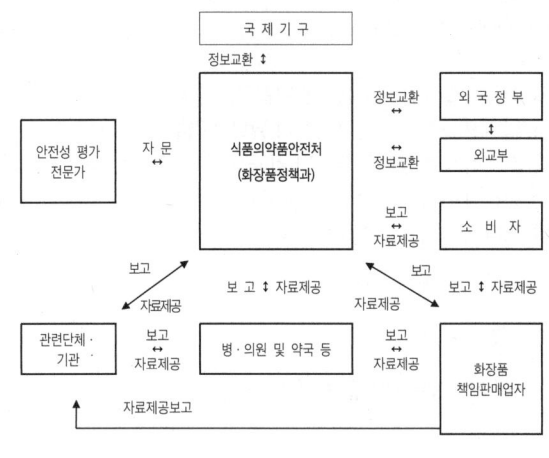

121 ④

[해설]
④ 안전성 정보의 신속보고는 식품의약품안전처 홈페이지를 통해 보고하거나 우편·팩스·정보통신망 등의 방법으로 할 수 있다.

제4조(안전성 정보의 보고) ① 의사·약사·간호사·판매자·소비자 또는 관련단체 등의 장은 화장품의 사용 중 발생하였거나 알게 된 유해사례 등 안전성 정보에 대하여 별지 제1호 서식 또는 별지 제2호 서식을 참조하여 식약처장, 화장품책임판매업자, 맞춤형화장품판매업자에게 부고할 수 있다
② 제1항에 따른 보고는 식품의약품안전처 홈페이지를 통해 보고하거나 전화·우편·팩스·정보통신망 등의 방법으로 할 수 있다.

제5조(안전성 정보의 신속보고) ① 화장품책임판매업자는 다음 각 호의 화장품 안전성 정보를 알게 된 때에는 제1호의 정보는 별지 제1호 서식에 따른 보고서를, 제2호의 정보는 별지 제2호 서식에 따른 보고서를 그 정보를 알게 된 날로부터 15일 이내에 식품의약품안전처장에게 신속히 보고하여야 한다.
1. 중대한 유해사례 또는 이와 관련하여 식품의약품안전처장이 보고를 지시한 경우
2. 판매중지나 회수에 준하는 외국정부의 조치 또는 이와 관련하여 식품의약품안전처장이 보고를 지시한 경우

② 제1항에 따른 안전성 정보의 신속보고는 식품의약품안전처 홈페이지를 통해 보고하거나 우편·팩스·정보통신망 등의 방법으로 할 수 있다.

122 ⑤

"중대한 유해사례(Serious AE)"는 유해사례 중 다음 각목의 어느 하나에 해당하는 경우를 말한다.

가. 사망을 초래하거나 생명을 위협하는 경우
나. 입원 또는 입원기간의 연장이 필요한 경우
다. 지속적 또는 중대한 불구나 기능저하를 초래하는 경우
라. 선천적 기형 또는 이상을 초래하는 경우
마. 기타 의학적으로 중요한 상황

123 ④

선천적 기형 또는 이상을 초래하는 경우이다.

124 ③

ㄱ. 화장품책임판매업자는 신속보고 되지 아니한 화장품의 안전성 정보를 작성한 후 매 반기 종료 후 2월 이내에 식품의약품안전처장에게 보고하여야 한다. → 1월 이내이다.
ㄷ. "실마리 정보(Signal)"란 화장품과 관련하여 국민보건에 직접 영향을 미칠 수 있는 안전성·유효성에 관한 새로운 자료, 유해사례 정보 등을 말한다. → 실마리 정보가 아니라 안전성 정보이다.
ㅁ. 화장품제조업자는 중대한 유해사례 또는 이와 관련하여 식품의약품안전처장이 보고를 지시한 경우 그 정보를 알게 된 날로부터 15일 이내에 식품의약품안전처장에게 신속히 보고하여야 한다.
→ 화장품책임판매업자의 의무이다.

125 ①

식품의약품안전처장은 화장품 안전관련 분야의 전문가 등으로 구성된 화장품 안전성 정보를 자문하는 안전성 평가 위원회를 결성하여 안전성 평가를 원활히 진행하여야 한다.

126 ④

민희는 입원을 하게 될 정도로 증상이 심각하다. 입원을 하게 되는 증상은 중대한 유해사례로 취급한다. 그러나 [나]에서 화장품책임판매업자는 이를 단순한 유해사례로 보고 정기보고 시 보고하려 한다. 이는 적절하지 않다. 중대한 유해사례는 신속보고하게 되어있다.

제5조(안전성 정보의 신속보고) ① 화장품책임판매업자는 다음 각 호의 화장품 안전성 정보를 알게 된 때에는 제1호의 정보는 별지 제1호 서식에 따른 보고서를, 제2호의 정보는 별지 제2호 서식에 따른 보고서를 그 정보를 알게 된 날로부터 **15일 이내**에 식품의약품안전처장에게 신속히 보고하여야 한다.
1. 중대한 유해사례 또는 이와 관련하여 식품의약품안전처장이 보고를 지시한 경우
2. 판매중지나 회수에 준하는 외국정부의 조치 또는 이와 관련하여 식품의약품안전처장이 보고를 지시한 경우
② 제1항에 따른 안전성 정보의 신속보고는 식품의약품안전처 홈페이지를 통해 보고하거나 우편·팩스·정보통신망 등의 방법으로 할 수 있다.
[선지해설]
① [나]에서 민희는 식품의약품안전처장에게 보고해도 되고 화장품책임판매업자에게 보고해도 된다. 다음을 참고하시오. 따라서 민희는 화장품책임판매업자에게 보고해도 된다.
제4조(안전성 정보의 보고) ① **의사·약사·간호사·판매자·소비자 또는 관련단체 등의 장은 화장품의 사용 중 발생하였거나 알게 된 유해사례 등 안전성 정보에 대하여 별지 제1호 서식 또는 별지 제2호 서식을 참조하여 식약처장, 화장품책임판매업자, 맞춤형화장품판매업자에게 보고할 수 있다.**
② 제1항에 따른 보고는 식품의약품안전처 홈페이지를 통해 보고하거나 전화·우편·팩스·정보통신망 등의 방법으로 할 수 있다.
② 민희의 증상을 15일 이내에 신속보고하여야 하는 사람은 화장품책임판매업자이다. 소비자는 신속보고 주체가 아니다.
③ ( )안에 들어갈 말은 유해사례이다. 당해 화장품과 반드시 인과관계를 가진 것은 아니나 화장품의 사용 중 발생한 바람직하지 않고 의도되지 아니한 증상은 유해사례라고 한다.
→ 하지만 이는 화장품책임판매업자가 잘못 판단한 것이다. 입원을 하였으므로 이는 단순한 유해사례가 아니라 중대한 유해사례로 판단했어야 했다.
⑤ 안전성 정보의 정기보고는 매반기 종료 후 1월 이내에 하므로 1년에 2번 시행된다.

127 ④

① (ㄱ)안에 들어갈 숫자는 15이다.
② (ㄴ)안에 들어갈 말은 중대한 유해사례이다.
③ 위의 보고는 식품의약품안전처 홈페이지 말고도 우편·팩스·정보통신망 등의 방법으로 할 수 있다.
④ 위의 보고를 하지 아니한 화장품의 안전성 정보를 매 반기 종료 후 1월 이내에 식품의약품안전처장에게 보고하여야 한다.(옳음) → 신속보고 대상이 아닌 안전성 정보들은 모두 취합하여 추후 정기보고를 한다.
⑤ 상시근로자수가 2인 이하로서 직접 제조한 화장비누만을 판매하는 화장품책임판매업자는 위의 보고를 하지 않아도 된다. → 이는 정기보고에 해당하는 설명이다.

128 ③

안전성 보고의 3가지

1. 안전성 정보의 보고(의사, 약사, 간호사, 판매자, 소비자 등 모두가 할 수 있다.)

   의사・약사・간호사・판매자・소비자 또는 관련단체 등의 장은 화장품의 사용 중 발생하였거나 알게 된 유해사례 등 안전성 정보에 대하여 식약처장, 화장품책임판매업자, 맞춤형화장품판매업자에게 보고할 수 있다.

   위 보고는 식품의약품안전처 홈페이지를 통해 보고하거나 전화・우편・팩스・정보통신망 등의 방법으로 할 수 있다.

2. 안전성 정보의 신속보고: 화장품책임판매업자가 하는 것

   ① 화장품책임판매업자는 다음 각 호의 화장품 안전성 정보를 알게 된 때에는 제1호의 정보는 별지 제1호 서식에 따른 보고서를, 제2호의 정보는 별지 제2호 서식에 따른 보고서를 그 정보를 알게 된 날로부터 15일 이내에 식품의약품안전처장에게 신속히 보고하여야 한다.

   1. 중대한 유해사례 또는 이와 관련하여 식품의약품안전처장이 보고를 지시한 경우
   2. 판매중지나 회수에 준하는 외국정부의 조치 또는 이와 관련하여 식품의약품안전처장이 보고를 지시한 경우

   ② 제1항에 따른 안전성 정보의 신속보고는 식품의약품안전처 홈페이지를 통해 보고하거나 우편・팩스・정보통신망 등의 방법으로 할 수 있다.

3. 안전성 정보의 정기보고: 화장품책임판매업자가 하는 것

   ① 화장품책임판매업자는 제5조에 따라 신속보고 되지 아니한 화장품의 안전성 정보를 별지 제3호 서식에 따라 작성한 후 매 반기 종료 후 1월 이내에 식품의약품안전처장에게 보고하여야 한다. 다만, 상시근로자수가 2인 이하로서 직접 제조한 화장비누만을 판매하는 화장품책임판매업자는 해당 안전성 정보를 보고하지 아니할 수 있다.

   ② 제1항에 따른 안전성 정보의 정기보고는 식품의약품안전처 홈페이지를 통해 보고하거나 전자파일과 함께 우편・팩스・정보통신망 등의 방법으로 할 수 있다.

[선지 해설]

① (ㄱ)에서 안전성 정보의 보고는 의사인 A씨가 직접 하거나 피해를 입은 B씨가 직접 보고해야 한다.
  → 의사, 간호사, 소비자, 판매자 등 모두가 보고할 수 있다.

② (ㄱ)은 15일 이내에 보고해야 한다.
  → 15일 이내에 보고해야 하는 것은 화장품책임판매업자가 해야 하는 신속보고에 해당한다.

④ (ㄴ)은 중대한 유해사례가 아니라 실마리 정보이다. → 중대한 유해사례 맞다.

⑤ (ㄷ)은 정보통신망 등의 식품의약품안전처 홈페이지를 통해 보고했어야 한다. → 우편, 팩스, 정보통신망, 식품의약품안전처 홈페이지 모두 가능하다.

129 인체 외 시험

"인체 외 시험"은 실험실의 배양접시, 인체로부터 분리한 모발 및 피부, 인공피부 등 인위적 환경에서 시험물질과 대조물질 처리 후 결과를 측정하는 것을 말한다.

제3조(실증자료) ① 「화장품법 시행규칙」 제23조제2항에 따라 합리적인 근거로 인정될 수 있는 실증자료는 다음 중 어느 하나에 해당하여야 한다. 다만, 별표에서 정하는 표시・광고의 경우에는 별표의 실증자료를 합리적인 근거로 인정한다.

1. 시험결과: 인체 적용시험 자료, 인체 외 시험 자료, 같은 수준이상의 조사 자료

   (예시) 같은 수준이상의 조사자료: 해당 표시・광고와 관련된 시험결과 등이 포함된 논문, 학술문헌 등

2. 조사결과

   (예시) 표본설정, 질문사항, 질문방법이 그 조사의 목적이나 통계상의 방법과 일치하는 소비자 조사결과, 전문가집단 설문조사 등

130 인체 적용 시험

"인체 적용시험"은 화장품의 표시・광고 내용을 증명할 목적으로 해당 화장품의 효과 및 안전성을 확인하기 위하여 사람을 대상으로 실시하는 시험 또는 연구를 말한다.

131 ⑤

제3조(실증자료) ① 「화장품법 시행규칙」 제23조제2항에 따라 합리적인 근거로 인정될 수 있는 실증자료는 다음 중 어느 하나에 해당하여야 한다. 다만, 별표에서 정하는 표시・광고의 경우에는 별표의 실증자료를 합리적인 근거로 인정한다.

- 시험결과: 인체 적용시험 자료, 인체 외 시험 자료, 같은 수준이상의 조사 자료

   (예시) 같은 수준이상의 조사자료: 해당 표시・광고와 관련된 시험결과 등이 포함된 논문, 학술문헌 등

132 ②

제3조(실증자료) ① 「화장품법 시행규칙」 제23조제2항에 따라 합리적인 근거로 인정될 수 있는 실증자료는 다음 중 어느 하나에 해당하여야 한다. 다만, 별표에서 정하는 표시・광고의 경우에는 별표의 실증자료를 합리적인 근거로 인정한다.

1. 시험결과: 인체 적용시험 자료, 인체 외 시험 자료, 같은 수준이상의 조사 자료

   (예시) 같은 수준이상의 조사자료: 해당 표시・광고와 관련된 시험결과 등이 포함된 논문, 학술문헌 등

2. 조사결과

(예시) 표본설정, 질문사항, 질문방법이 그 조사의 목적이나 통계상의 방법과 일치하는 소비자 조사결과, 전문가집단 설문조사 등
② 실증자료는 객관적이고 과학적인 절차와 방법에 따라 작성된 것이어야 한다. 이 요건 충족 여부는 제4조 및 제5조에 따라 판단한다.
③ 실증자료의 내용은 광고에서 주장하는 내용과 직접적인 관계가 있어야 한다.
  (예시) 실증자료에서 입증한 내용이 표시·광고에서 주장하는 내용과 관련이 없는 경우: 효능이나 성능에 대한 표시·광고에 대하여 일반 소비자를 대상으로 한 설문조사나, 그 제품을 소비한 경험이 있는 일부 소비자를 대상으로 한 조사결과를 제출한 경우
* 그 제품을 소비한 경험이 있는 일부 소비자를 대상으로 한 조사결과는 인정이 안 된다.

해당 제품의 '여드름 개선' 효과를 표방하는 표시·광고에 대하여 해당 제품에 여드름 개선 효과가 있음을 입증하는 자료를 제출하지 아니하고 '여드름 피부개선용 화장료 조성물' 특허자료 등을 제출하는 경우
  (예시) 실증자료에서 입증한 내용이 표시·광고에서 주장하는 내용과 부분적으로만 상관이 있는 경우 : 제품에 특정 성분이 들어 있지 않다는 "무(無) ㅇㅇ" 광고 내용과 관련하여 제품에 특정 성분이 함유되어 있지 않다는 시험자료를 제출하지 아니하고 제조과정에 특정 성분을 첨가하지 않았다는 제조관리기록서나 원료에 관한 시험자료를 제출한 경우

133 ①

제3조(실증자료) ① 「화장품법 시행규칙」제23조제2항에 따라 합리적인 근거로 인정될 수 있는 실증자료는 다음 중 어느 하나에 해당하여야 한다. 다만, 별표에서 정하는 표시·광고의 경우에는 별표의 실증자료를 합리적인 근거로 인정한다.
1. 시험결과: 인체 적용시험 자료, 인체 외 시험 자료, 같은 수준이상의 조사 자료
  (예시) 같은 수준이상의 조사자료: 해당 표시·광고와 관련된 시험결과 등이 포함된 논문, 학술문헌 등
2. 조사결과
  (예시) 표본설정, 질문사항, 질문방법이 그 조사의 목적이나 통계상의 방법과 일치하는 소비자 조사결과, 전문가집단 설문조사 등
② 실증자료는 객관적이고 과학적인 절차와 방법에 따라 작성된 것이어야 한다. 이 요건 충족 여부는 제4조 및 제5조에 따라 판단한다.
③ 실증자료의 내용은 광고에서 주장하는 내용과 직접적인 관계가 있어야 한다.
  (예시) 실증자료에서 입증한 내용이 표시·광고에서 주장하는 내용과 관련이 없는 경우: 효능이나 성능에 대한 표시·광고에 대하여 일반 소비자를 대상으로 한 설문조사나, 그 제품을 소비한 경험이 있는 일부 소비자를 대상으로 한 조사결과를 제출한 경우
· 해당 제품의 '여드름 개선' 효과를 표방하는 표시·광고에 대하여 해당 제품에 여드름 개선 효과가 있음을 입증하는 자료를 제출하지 아니하고 '여드름 피부개선용 화장료 조성물' 특허자료 등을 제출하는 경우
  (예시) 실증자료에서 입증한 내용이 표시·광고에서 주장하는 내용과 부분적으로만 상관이 있는 경우 : 제품에 특정 성분이 들어 있지 않다는 "무(無) ㅇㅇ" 광고 내용과 관련하여 제품에 특정 성분이 함유되어 있지 않다는 시험자료를 제출하지 아니하고 제조과정에 특정 성분을 첨가하지 않았다는 제조관리기록서나 원료에 관한 시험자료를 제출한 경우

[별표] 중 일부

ㅇ 붓기, 다크서클 완화	▶ 인체 적용시험 자료 제출
ㅇ 피부 혈행 개선	▶ 인체 적용시험 자료 제출

<보기>를 참고하면 A씨는 붓기, 다크서클 완화에 효과적이며 피부 혈행 개선에 효과가 있다고 광고하고 있다. 이 광고는 할 수 있는 광고이지만 이 두 가지는 "인체 적용시험 자료"를 제출하는 것을 합리적인 근거로 인정한다.
즉, 이 두 가지를 광고하려면 "인체 적용시험 자료"를 제출해야 한다는 소리이다.
그리고 [나]의 내용은 그 제품을 소비한 경험이 있는 일부 소비자를 대상으로 한 조사결과를 제출한 경우에 속한다. 이는 위를 참고하면 실증자료에서 입증한 내용이 표시·광고에서 주장하는 내용과 관련이 없는 경우에 해당한다.
따라서 A씨는 조사결과 자료는 애시당초 실증자료에서 입증한 내용이 표시·광고에서 주장하는 내용과 관련이 없는 경우이며 "인체 적용시험 자료"를 제출하지도 않았으므로 실증이 반려되었다.

134 ②

제3조(실증자료) ① 「화장품법 시행규칙」제23조제2항에 따라 합리적인 근거로 인정될 수 있는 실증자료는 다음 중 어느 하나에 해당하여야 한다. 다만, 별표에서 정하는 표시·광고의 경우에는 별표의 실증자료를 합리적인 근거로 인정한다.
1. 시험결과: 인체 적용시험 자료, 인체 외 시험 자료, 같은 수준이상의 조사 자료
  (예시) 같은 수준이상의 조사자료: 해당 표시·광고와 관련된 시험결과 등이 포함된 논문, 학술문헌 등
2. 조사결과
  (예시) 표본설정, 질문사항, 질문방법이 그 조사의 목적이나 통계상의 방법과 일치하는 소비자 조사결과, 전문가집단 설문조사 등
② 실증자료는 객관적이고 과학적인 절차와 방법에 따라 작성된 것이어야 한다. 이 요건 충족 여부는 제4조 및 제5조에 따

라 판단한다.
③ 실증자료의 내용은 광고에서 주장하는 내용과 직접적인 관계가 있어야 한다.
(예시) 실증자료에서 입증한 내용이 표시·광고에서 주장하는 내용과 관련이 없는 경우: 효능이나 성능에 대한 표시·광고에 대하여 일반 소비자를 대상으로 한 설문조사나, 그 제품을 소비한 경험이 있는 일부 소비자를 대상으로 한 조사결과를 제출한 경우

해당 제품의 '여드름 개선' 효과를 표방하는 표시·광고에 대하여 해당 제품에 여드름 개선 효과가 있음을 입증하는 자료를 제출하지 아니하고 '여드름 피부개선용 화장료 조성물' 특허자료 등을 제출하는 경우
(예시) 실증자료에서 입증한 내용이 표시·광고에서 주장하는 내용과 부분적으로만 상관이 있는 경우 : 제품에 특정 성분이 들어 있지 않다는 "무(無) ㅇㅇ" 광고 내용과 관련하여 제품에 특정 성분이 함유되어 있지 않다는 시험자료를 제출하지 아니하고 제조과정에 특정 성분을 첨가하지 않았다는 제조관리기록서나 원료에 관한 시험자료를 제출한 경우

[해설]
<보기>는 미백 효능에 대한 표시·광고에 대하여 일반 소비자를 대상으로 한 설문조사이다. 이는 효능이나 성능에 대한 표시·광고에 대하여 일반 소비자를 대상으로 한 설문조사이다. 효능이나 성능에 대한 표시·광고에 대하여 일반 소비자를 대상으로 한 설문조사는 실증자료에서 입증한 내용이 표시·광고에서 주장하는 내용과 관련이 없는 경우라고 위에 정확히 명시되어 있다. 따라서 답은 2번이다.
① 인체 적용시험 자료를 제출하지 않았기 때문이다.
 ⇒ 인체 적용시험 자료를 같이 첨부하면 좋았겠지만, 실증은 시험결과(인체 적용시험 자료, 인체 외 시험 자료, 같은 수준 이상의 조사 자료)를 제출하거나 조사결과(표본설정, 질문사항, 질문방법이 그 조사의 목적이나 통계상의 방법과 일치하는 소비자 조사결과, 전문가집단 설문조사 등)를 제출하기만 하면 된다. 둘 다 제출할 필요는 없다.
③ 실증자료에서 입증한 내용이 표시·광고에서 주장하는 내용과 부분적으로만 상관이 있는 경우이기 때문이다.
 ⇒ 실증자료에서 입증한 내용이 표시·광고에서 주장하는 내용과 부분적으로만 상관이 있는 경우 : 제품에 특정 성분이 들어 있지 않다는 "무(無) ㅇㅇ" 광고 내용과 관련하여 제품에 특정 성분이 함유되어 있지 않다는 시험자료를 제출하지 아니하고 제조과정에 특정 성분을 첨가하지 않았다는 제조관리기록서나 원료에 관한 시험자료를 제출한 경우
④ 표본설정에 문제가 있는 설문조사 자료이기 때문이다.
 ⇒ 표본 설정에 문제가 있는 것을 떠나 이 자료 자체가 입증한 내용이 표시·광고에서 주장하는 내용과 관련이 없는 경우이므로 실증이라고 할 수 없는 것이다. 표본 설정을 다시 고쳐서 한다고 하더라도 이 자료는 반려된다.
⑤ 실증자료가 객관적이고 과학적인 절차와 방법에 따라 작성된 것이 아니기 때문이다.
 ⇒ 이 자료를 더 객관적이고 더 과학적인 절차로 수행한다고 하더라도 반려된다. 효능이나 성능에 대한 표시·광고에 대하여 일반 소비자를 대상으로 한 설문조사 자료이기 때문이다.

135　③

실증자료의 내용은 광고에서 주장하는 내용과 직접적인 관계가 있어야 한다.
(예시) 실증자료에서 입증한 내용이 표시·광고에서 주장하는 내용과 관련이 없는 경우: 효능이나 성능에 대한 표시·광고에 대하여 일반 소비자를 대상으로 한 설문조사나, 그 제품을 소비한 경험이 있는 일부 소비자를 대상으로 한 조사결과를 제출한 경우
· 해당 제품의 '여드름 개선' 효과를 표방하는 표시·광고에 대하여 해당 제품에 여드름 개선 효과가 있음을 입증하는 자료를 제출하지 아니하고 '여드름 피부개선용 화장료 조성물' 특허자료 등을 제출하는 경우
(예시) 실증자료에서 입증한 내용이 표시·광고에서 주장하는 내용과 부분적으로만 상관이 있는 경우 : 제품에 특정 성분이 들어 있지 않다는 "무(無) ㅇㅇ" 광고 내용과 관련하여 제품에 특정 성분이 함유되어 있지 않다는 시험자료를 제출하지 아니하고 제조과정에 특정 성분을 첨가하지 않았다는 제조관리기록서나 원료에 관한 시험자료를 제출한 경우

136　⑤

실증자료에서 입증한 내용이 표시·광고에서 주장하는 내용과 부분적으로만 상관이 있는 경우 : 제품에 특정 성분이 들어 있지 않다는 "무(無) ㅇㅇ" 광고 내용과 관련하여 제품에 특정 성분이 함유되어 있지 않다는 시험자료를 제출하지 아니하고 제조과정에 특정 성분을 첨가하지 않았다는 제조관리기록서나 원료에 관한 시험자료를 제출한 경우

137　①

136번 해설 참고, 원료 자체에 그 성분들이 들어있지 않는다는 것만 증명하면 안 된다. 다 만든 후 최종 제품의 성분을 함유하고 있지 않다는 시험자료를 제출하여야 한다. 5무 원료들을 넣지는 않았지만 어떤 원료와 다른 원료가 만나서 그 5무 원료 중 한 가지로 화학반응으로 인해 만들어질 수도 있는 것이고 제조 중에 뜻밖에 0.01g이라도 실수로 들어갈 수도 있기 때문이다. 그러면 안 되겠지만 제조 작업자가 화장을 하며 화장품 제조를 했다면 작업자의 화장에서 화장품의 일부가 실수로 들어가면서 5무 성분 중 한 가지 이상이 혼합될 수도 있다. 따라서 최종 제품에 대해서도 시험을 하여야 한다.

138 ①

[해설]
<보기>
ㄴ. 국내외 대학 또는 화장품 관련 전문 연구기관에서 시험한 것으로서 기관의 장이 발급한 자료이어야 한다. 다만, 제조 및 영업부서 등 다른 부서와 독립적인 업무를 수행하는 기업의 부설 연구소는 대상에서 제외된다.
   ⇒ 제조 및 영업부서 등 다른 부서와 독립적인 업무를 수행하는 기업의 부설 연구소도 포함이다.
ㄹ. 시험기관에서 마련한 절차에 따라 시험을 실시했다는 것을 증명하기 위해 표준작업지침에 따라 수행하였다는 증빙자료를 제출하여야 한다.
   ⇒ 시험기관에서 마련한 절차에 따라 시험을 실시했다는 것을 증명하기 위해 문서화된 신뢰성보증업무를 수행한 자료이어야 한다.
ㅁ. 외국의 자료는 전체한글번역본 및 원문을 제출할 수 있어야 한다.
   ⇒ 외국의 자료는 한글요약문(주요사항 발췌) 및 원문을 제출할 수 있어야 한다.

제4조(시험 결과의 요건) 「화장품법 시행규칙」 제23조제2항에 따른 표시·광고 실증을 위한 시험 결과의 요건은 다음 각 호와 같다.
1. 공통사항
   가. 광고 내용과 관련이 있고 과학적이고 객관적인 방법에 의한 자료로서 신뢰성과 재현성이 확보되어야 한다.
   나. 국내외 대학 또는 화장품 관련 전문 연구기관(제조 및 영업부서 등 다른 부서와 독립적인 업무를 수행하는 기업 부설 연구소 포함)에서 시험한 것으로서 기관의 장이 발급한 자료이어야 한다.
      (예시) 대학병원 피부과, oo대학교 부설 화장품 연구소, 인체시험 전문기관 등
   다. 기기와 설비에 대한 문서화된 유지관리 절차를 포함하여 표준화된 시험절차에 따라 시험한 자료이어야 한다.
   라. 시험기관에서 마련한 절차에 따라 시험을 실시했다는 것을 증명하기 위해 문서화된 신뢰성보증업무를 수행한 자료이어야 한다.
   마. 외국의 자료는 한글요약문(주요사항 발췌) 및 원문을 제출할 수 있어야 한다.
2. 인체 적용시험 자료
   가. 인체 적용시험은 다음의 기준에 따라 실시하여야 한다.
      1) 관련분야 전문의 또는 병원, 국내외 대학, 화장품 관련 전문 연구기관에서 5년 이상 화장품 인체 적용시험 분야의 시험경력을 가진 자의 지도 및 감독 하에 수행·평가되어야 한다.
      2) 인체 적용시험은 헬싱키 선언에 근거한 윤리적 원칙에 따라 수행되어야 한다.
      3) 인체 적용시험은 과학적으로 타당하여야 하며, 시험 자료는 명확하고 상세히 기술되어야 한다.
      4) 인체 적용시험은 피험자에 대한 의학적 처치나 결정은 의사 또는 한의사의 책임 하에 이루어져야 한다.
      5) 인체 적용시험은 모든 피험자로부터 자발적인 시험 참가 동의(문서로 된 동의서 서식)를 받은 후 실시되어야 한다.
      6) 피험자에게 동의를 얻기 위한 동의서 서식은 시험에 관한 모든 정보(시험의 목적, 피험자에게 예상되는 위험이나 불편, 피험자가 피해를 입었을 경우 주어질 보상이나 치료방법, 피험자가 시험에 참여함으로써 받게 될 금전적 보상이 있는 경우 예상금액 등)를 포함하여야 한다.
      7) 인체 적용시험용 화장품은 안전성이 충분히 확보되어야 한다.
      8) 인체 적용시험은 피험자의 인체 적용시험 참여 이유가 타당한지 검토·평가하는 등 피험자의 권리·안전·복지를 보호할 수 있도록 실시되어야 한다.
      9) 인체 적용시험은 피험자의 선정·탈락기준을 정하고 그 기준에 따라 피험자를 선정하고 시험을 진행해야 한다.
   나. 인체 적용시험의 최종시험결과보고서는 다음의 사항을 포함하여야 한다.
      1) 시험의 종류(시험 제목)
      2) 코드 또는 명칭에 의한 시험물질의 식별
      3) 화학물질명 등에 의한 대조물질의 식별(대조물질이 있는 경우에 한함)
      4) 시험의뢰자 및 시험기관 관련 정보
         가) 시험의뢰자의 명칭과 주소
         나) 관련된 모든 시험시설 및 시험지점의 명칭과 소재지, 연락처
         다) 시험책임자 및 시험자의 성명
      5) 날짜
         시험개시 및 종료일
      6) 신뢰성보증확인서
         시험점검의 종류, 점검날짜, 점검시험단계, 점검결과 등이 기록된 것
      7) 피험자
         가) 선정 및 제외 기준
         나) 피험자 수 및 이에 대한 근거
      8) 시험방법
         가) 시험 및 대조물질 적용방법(대조물질이 있는 경우에 한함)
         나) 적용량 또는 농도, 적용 횟수, 시간 및 범위, 사용제한
         다) 사용장비 및 시약
         라) 시험의 순서, 모든 방법, 검사 및 관찰, 사용된 통계학적 방법
         마) 평가방법과 시험목적 사이 연관성, 새로운 방법일 경우 이 연관성을 확인할 수 있는 근거자료
      9) 시험결과

가) 시험결과의 요약
나) 시험계획서에 제시된 관련 정보 및 자료
다) 통계학적 유의성 결정 및 계산과정을 포함한 결과
라) 결과의 평가와 고찰, 결론
10) 부작용 발생 및 조치내역
가) 부작용 등 발생사례
나) 부작용 발생에 따른 치료 및 보상 등 조치내역

3. 인체 외 시험 자료
가. 인체 외 시험은 과학적으로 검증된 방법이거나 밸리데이션을 거쳐 수립된 표준작업지침에 따라 수행되어야 한다.
(예시) 표준화된 방법에 따라 일관되게 실시할 목적으로 절차·수행방법등을 상세하게 기술한 문서에 따라 시험을 수행한 경우 합리적인 실증자료로 볼 수 있음
나. 최종시험결과보고서는 다음 각 호의 사항을 포함하여야 한다.
1) 시험의 종류(시험 제목)
2) 코드 또는 명칭에 의한 시험물질의 식별
3) 화학물질명 등에 의한 대조물질의 식별
4) 시험의뢰자 및 시험기관 관련 정보
 가) 시험의뢰자의 명칭과 주소
 나) 관련된 모든 시험, 시설 및 시험지점의 명칭과 소재지, 연락처
 다) 시험책임자의 성명
 라) 시험자의 성명, 위임받은 시험의 단계
 마) 최종보고서의 작성에 기여한 외부전문가의 성명
5) 날짜
 시험개시 및 종료일
6) 신뢰성보증확인서
 시험점검의 종류, 점검날짜, 점검시험단계, 점검결과가 기록된 것
7) 시험재료와 시험방법
 가) 시험계 선정사유
 나) 시험계의 특성 (예 ; 종류, 계통, 공급원, 수량, 그 밖의 필요한 정보)
 다) 처리방법과 그 선택이유
 라) 처리용량 또는 농도, 처리횟수, 처리 또는 적용기간
 마) 시험의 순서, 모든 방법, 검사 및 관찰, 사용된 통계학적방법을 포함하여 시험계획과 관련된 상세한 정보
 바) 사용 장비 및 시약
8) 시험결과
 가) 시험결과의 요약
 나) 시험계획서에 제시된 관련 정보 및 자료
 다) 통계학적 유의성 결정 및 계산과정을 포함한 결과
 라) 결과의 평가와 고찰, 결론

139 ④

시험결과의 공통사항에서 시험자료는 국내외 대학 또는 화장품 관련 전문 연구기관(제조 및 영업부서 등 다른 부서와 독립적인 업무를 수행하는 기업 부설 연구소 포함)에서 시험한 것으로서 기관의 장이 발급한 자료이어야 한다.
다른 부서와 독립적인 업무를 수행하는 기업의 부설 연구소가 아니라 타 부서와 관계를 맺는다면 적절하지 않다.

140 ④

ㄱ. 관련분야 전문의 또는 병원, 국내외 대학, 화장품 관련 전문 연구기관에서 3년 이상 화장품 인체 적용시험 분야의 시험경력을 가진 자의 지도 및 감독 하에 수행·평가되어야 한다.
⇒ 5년 이상 경력이다.
ㄴ. 인체 적용시험은 히포크라테스 선서에 근거한 윤리적 원칙에 따라 수행되어야 한다.
⇒ 인체 시험과 관련된 것은 헬싱키 선언이다.
ㄹ. 인체 적용시험은 피험자에 대한 의학적 처치나 결정은 의사 또는 간호사의 책임 하에 이루어져야 한다.
⇒ 의사 또는 한의사의 책임 하에 이루어져야 한다.

141 ②

인체 적용시험은 피험자의 선정·탈락기준을 정하고 그 기준에 따라 피험자를 선정하고 시험을 진행해야 한다. 그런데 A씨의 자료는 30명이 지원하였는데 30명을 피험자 선정도 안 하고 다 시험에 참여시켰다. 시험에 거부반응이 있을 수도 있으므로 시험 전에 지원인이 피험자로서 적합한 지 선정과정이 있어야 한다.

142 ②

인체 적용시험의 최종시험결과보고서는 다음의 사항을 포함하여야 한다.
1) 시험의 종류(시험 제목)
2) 코드 또는 명칭에 의한 시험물질의 식별
3) 화학물질명 등에 의한 대조물질의 식별(대조물질이 있는 경우에 한함)
4) 시험의뢰자 및 시험기관 관련 정보
 가) 시험의뢰자의 명칭과 주소
 나) 관련된 모든 시험시설 및 시험지점의 명칭과 소재지, 연락처
 다) 시험책임자 및 시험자의 성명
5) 날짜
 시험개시 및 종료일
6) 신뢰성보증확인서

시험점검의 종류, 점검날짜, 점검시험단계, 점검결과 등이 기록된 것
7) 피험자
　가) 선정 및 제외 기준
　나) 피험자 수 및 이에 대한 근거
8) 시험방법
　가) 시험 및 대조물질 적용방법(대조물질이 있는 경우에 한함)
　나) 적용량 또는 농도, 적용 횟수, 시간 및 범위, 사용제한
　다) 사용장비 및 시약
　라) 시험의 순서, 모든 방법, 검사 및 관찰, 사용된 통계학적 방법
　마) 평가방법과 시험목적 사이 연관성, 새로운 방법일 경우 이 연관성을 확인할 수 있는 근거자료
9) 시험결과
　가) 시험결과의 요약
　나) 시험계획서에 제시된 관련 정보 및 자료
　다) 통계학적 유의성 결정 및 계산과정을 포함한 결과
　라) 결과의 평가와 고찰, 결론
10) 부작용 발생 및 조치내역
　가) 부작용 등 발생사례
　나) 부작용 발생에 따른 치료 및 보상 등 조치내역

143　④

142번 해설 참고, 통계학적 유의성 결정은 맞으니 시험결과 통계 계산 과정의 검증이 틀렸다. 계산과정을 기재해야 하는 것은 맞지만 계산과정을 다시 검증하는 것을 기재할 필요는 없다.

144　⑤

ㄱ. 국내·외 대학 또는 화장품 관련 전문 연구기관에서 시험한 것으로서 기관의 장이 발급한 자료이어야 한다. 다만, 해외 대학은 식품의약품안전처장이 별도로 고시한 평가기준에 부합되어야 한다.
⇒ 해외 대학에 대한 식품의약품안전처장의 별도 고시 평가기준 같은 것은 없다.
ㄴ. 피험자에게 동의를 얻기 위한 동의서 서식은 시험에 관한 모든 정보(시험의 목적, 피험자에게 예상되는 위험이나 불편, 피험자가 피해를 입었을 경우 주어질 보상이나 치료방법 등)를 포함하여야 한다. 피험자가 시험에 참여함으로써 받게 될 금전적 보상이 있는 경우 예상금액은 보건복지부와 세무처가 협의하여 따로 서식을 제작한다.
⇒ 피험자가 시험에 참여함으로써 받게 될 금전적 보상이 있는 경우 예상금액 역시 피험자에게 동의를 얻기 위한 동의서 서식에 같이 기입한다. 보건복지부와 세무처의 협의 서식 같은 것은 없다.

ㅁ. 인체 외 시험의 최종시험결과보고서에는 부작용 발생에 따른 치료 및 보상 등 조치내역이 포함되어야 한다.
⇒ 인체 외 시험에 부작용이 발생하여 보상을 조치하는 것은 있을 수 없다. 인체 외 시험은 세포에다가 시험을 하는 것이다. 세포에 시험하는 데 사람이 부작용을 느끼고 보상을 해야 한다는 것은 말이 안 된다. 이는 인체 적용 시험 최종 시험 결과보고서에 기재되어야 하는 사항이다.

145　③

피험자에게 동의를 얻기 위한 동의서 서식은 시험에 관한 모든 정보(시험의 목적, 피험자에게 예상되는 위험이나 불편, 피험자가 피해를 입었을 경우 주어질 보상이나 치료방법 등)를 포함하여야 한다.
참고로 피험자의 선정 기준과 피험자 수 및 이에 대한 근거는 인체 적용시험 최종 시험결과보고서에 포함되어야 하는 내용이다.

146　①

ㅁ. 피험자 수 및 이에 대한 근거
ㅂ. 부작용 등 발생사례
ㅅ. 부작용 발생에 따른 치료 및 보상 등 조치내역
ㅇ. 피험자 선정 및 제외 기준
위 4개는 다 인체 적용시험의 최종시험결과보고서에 기재되어야 하는 내용이다.

147　①

2번과 5번은 인체적용시험에만, 3번과 4번은 인체 외 시험에만 해당되는 내용이다.
참고로 시험계란 시험 동물이나 세포주를 이용하여 어떤 물질의 약효나 독성 따위를 탐색하는 데 사용하는 시험 시스템을 말함.

148　⑤

제5조(조사 결과의 요건) 「화장품법 시행규칙」제23조제2항에 따른 표시·광고 실증을 위한 조사결과의 요건은 다음 각 호와 같다.
1. 조사기관은 사업자와 독립적이어야 하며, 조사할 수 있는 능력을 갖추어야 한다.
2. 조사절차와 방법 등은 다음 조건을 충족하여야 한다.
　가. 조사목적이 적정하여야 하며, 조사 목적에 부합하는 표본의 대표성이 있어야 한다
　나. 기초자료의 결과는 정확하게 보고되어야 한다.
　다. 질문사항은 표본설정, 질문사항, 질문방법이 그 조사의 목적이나 통계상 방법과 일치하여야 한다.

라. 조사는 공정하게 이루어져야 하고, <u>피조사자는 조사목적을 모르는 가운데</u> 진행되어야 한다.

149 ②

150번 해설 참고

ㄴ. 판매하는 로션에 '항균' 기능이 있다는 광고를 실증하기 위해 인체 적용시험 자료를 제출함. ⇒ '항균'에 대해 인체 적용 시험 자료를 제출하는 것으로 인정하는 것은 인체세정용 제품에 한한다.

○ 항균(인체세정용 제품에 한함)	▶ 인체 적용시험 자료 제출

ㄷ. 틴크가 포함된 다이어트 크림에 쓰인 '영구적 셀룰라이트 감소'라는 표시를 실증하기 위해 인체 외 시험자료를 제출함.
  ⇒ 셀룰라이트 감소에 대해 인체적용시험자료를 제출하는 것으로 인정하는 것은 일시적 셀룰라이트 감소이다.

○ 일시적 셀룰라이트 감소	▶ 인체 적용시험 자료 제출

ㅁ. 크림에 '피부의 콜라겐이 증가해요!'라는 광고를 실증하기 위하여 인체 적용시험자료 및 조사결과 자료를 제출함.

○ 콜라겐 증가, 감소 또는 활성화	▶ 기능성화장품에서 해당 기능을 실증한 자료 제출

150 ①

표시 · 광고 표현	실증자료
○ 여드름성 피부에 사용에 적합	▶ 인체 적용시험 자료 제출
○ 항균(인체세정용 제품에 한함)	▶ 인체 적용시험 자료 제출
○ 피부노화 완화	▶ <u>인체 적용시험 자료 또는 인체 외 시험 자료 제출</u>
○ 일시적 셀룰라이트 감소	▶ 인체 적용시험 자료 제출
○ 붓기, 다크서클 완화	▶ 인체 적용시험 자료 제출
○ 피부 혈행 개선	▶ 인체 적용시험 자료 제출
○ 콜라겐 증가, 감소 또는 활성화	▶ 기능성화장품에서 해당 기능을 실증한 자료 제출
○ 효소 증가, 감소 또는 활성화	▶ 기능성화장품에서 해당 기능을 실증한 자료 제출

151 ②

150번 해설 참고

152 ②

[풀이]
1) 다음 정보는 개인정보가 아니다.
▶ 사망한 자의 정보
▶ 법인, 단체에 관한 정보
▶ 개인사업자의 상호명, 사업장주소, 사업자등록번호, 납세액 등 사업체 운영과 관련한 정보
▶ 사물에 관한 정보

2) 다음 정보는 개인정보에 해당한다.
▶ 법인, 단체의 대표자 · 임원진 · 업무담당자 개인에 대한 정보
▶ 사물의 제조자 또는 소유자 개인에 대한 정보
▶ 단체 사진을 SNS에 올린 경우 – 그 사진에 등장하는 인물 모두의 개인정보에 해당함.
▶ 정보의 내용, 형태 등에는 제한이 없음
▶ 개인을 "알아볼 수 있는" 정보이어야 함
참고 - 가명 정보는 개인 정보이다.

153 처리

154 아래 표 참고

개인정보 처리자	업무를 목적으로 개인정보파일을 운용하기 위하여 스스로 또는 다른 사람을 통하여 개인정보를 처리하는 공공기관, 법인, 단체 및 개인 등
정보통신서비스 제공자	「전기통신사업법」 제2조제8호에 따른 전기통신사업자와 영리를 목적으로 전기통신사업자의 전기통신역무를 이용하여 정보를 제공하거나 정보의 제공을 매개하는 자 영리를 목적으로 홈페이지 운영 등 온라인 서비스를 제공하는 경우 정보통신서비스 제공자에 대한 규정이 적용됨
가명처리	개인정보의 일부를 삭제하거나 일부 또는 전부를 대체하는 등의 방법으로 추가 정보가 없이는 특정 개인을 알아볼 수 없도록 처리하는 것
정보주체	처리되는 정보에 의하여 알아볼 수 있는 사람
개인정보파일	개인정보를 쉽게 검색할 수 있도록 일정한 규칙에 따라 체계적으로 배열하거나 구성한 개인정보의 집합물(集合物)
영상정보처리 기기	일정한 공간에 지속적으로 설치되어 사람 또는 사물의 영상 등을 촬영하거나 이를 유 · 무선망을 통하여 전송하는 장치
개인정보 취급자	개인정보 처리자의 지휘 및 감독을 받아 개인정보를 처리하는 업무를 담당하는 임직원 근로자 등

155
답 없음. 전부 민감정보임.

156
④

[풀이] 고유식별정보는 아래와 같다.
- ▶ 「주민등록법」 제7조의2 제1항에 따른 주민등록번호
- ▶ 「여권법」 제7조 제1항 제1호에 따른 여권번호
- ▶ 「도로교통법」 제80조에 따른 운전면허의 면허번호
- ▶ 「출입국관리법」 제31조 제5항에 따른 외국인등록번호

157
④

[풀이]
*개인정보처리자
1) 개인정보처리자에 해당하는 경우
▶ 제공 받은 개인정보를 처리하는 것을 업으로 하는 자

2) 개인정보처리자에 해당하지 않는 경우
- ▶ 순수한 개인적인 활동이나 가사활동을 위해 개인정보 수집·이용·제공하는 경우(업무목적이 아님)
- ▶ 개인정보처리자로부터 고용되어 개인정보를 처리하는 직원 (→제28조 제1항 개인정보취급자)
- ▶ 지인들에게 청첩장을 발송하기 위해 전화번호, 이메일주소를 수집한 경우(업무목적이 아님)

158
정확성, 완전성, 최신성

[풀이]
개인정보처리자는 개인정보의 처리 목적에 필요한 범위에서 개인정보의 정확성, 완전성 및 최신성이 보장되도록 하여야 함

159
가명

[풀이]
개인정보처리자는 개인정보를 익명 또는 가명으로 처리하여도 개인정보 수집목적을 달성할 수 있는 경우 익명처리가 가능한 경우에는 익명에 의하여, 익명처리로 목적을 달성할 수 없는 경우에는 가명에 의하여 처리될 수 있도록 하여야 함

160
②, ③

[풀이]
*개인정보주체의 권리(5권리)
- ▶ 개인정보의 처리에 관한 정보를 제공받을 권리
- ▶ 개인정보의 처리에 관한 동의 여부, 동의 범위 등을 선택하고 결정할 권리
- ▶ 개인정보의 처리 여부를 확인하고 개인정보에 대하여 열람을 요구할 권리
- ▶ 개인정보의 처리 정지, 정정·삭제 및 파기를 요구할 권리
- ▶ 개인정보의 처리로 인하여 발생한 피해를 신속하고 공정한 절차에 따라 구제받을 권리

161
②

[풀이]
▶ 개인정보 제3자 제공에 대한 동의를 받을 때 알려야하는 사항
  - 개인정보를 제공받는 자
  - 개인정보를 제공받는 자의 개인정보 이용 목적
  - 제공하는 개인정보의 항목
  - 개인정보를 제공받는 자의 개인정보 보유 및 이용 기간
  - 동의를 거부할 권리가 있다는 사실 및 동의 거부에 따른 불이익이 있는 경우에는 그 불이익의 내용

162
①, ⑤

[풀이]
▶ 「개인정보보호법」에 따라 개인정보처리자가 정보주체로부터 개인정보 수집·이용 동의를 받을 때 알려야하는 사항(4가지)
  - 개인정보의 수집·이용목적
  - 수집하고자 하는 개인정보의 항목
  - 개인정보의 보유 및 이용기간
  - 동의를 거부할 권리가 있다는 사실 및 동의 거부에 따른 불이익이 있는 경우에는 그 불이익의 내용

163
①, ②, ④

[풀이]
▶ 정보통신서비스 제공자가 개인정보를 수집·이용할 경우에는 아래 사항을 알리고, 동의를 받아야 함
  - 개인정보의 수집·이용목적
  - 수집하고자 하는 개인정보의 항목
  - 개인정보의 보유 및 이용 기간

164
②

[풀이]
▶ 개인정보를 제3자에게 제공할 수 있는 경우
1) 정보주체의 동의를 받은 경우
2) 법률에 특별한 규정이 있거나 법령상 의무를 준수하기 위하여 불가피한 경우
3) 공공기관이 법령 등에서 정하는 소관 업무의 수행을 위하여 불가피한 경우

4) 정보주체 또는 그 법정대리인이 의사표시를 할 수 없는 상태에 있거나 주소불명 등으로 사전 동의를 받을 수 없는 경우로서 명백히 정보주체 또는 제3자의 급박한 생명, 신체, 재산의 이익을 위하여 필요하다고 인정되는 경우
5) 정보통신서비스의 제공에 따른 요금정산을 위하여 필요한 경우
6) 다른 법령에 특별한 경우가 있는 경우

165 ⑤

[풀이]
※「개인정보보호법」에 따라 고객으로부터 수령해야 하는 개인정보 수집·제공 동의서와 관련된 사항
- ▶ 정보주체로부터 개인정보 수집·이용 동의를 받을 때는 각각의 동의사항을 구분하여 정보주체가 이를 명확하게 인지할 수 있도록 알리고 각각 동의를 받아야 함
- ▶ 개인정보의 처리에 대하여 정보주체의 동의를 받을 때에는 정보주체와의 계약 체결 등을 위하여 정보주체의 동의 없이 처리할 수 있는 개인정보와 정보주체의 동의가 필요한 개인정보를 구분하여야 함
- ▶ 정보주체에게 재화나 서비스를 홍보하거나 판매를 권유하기 위하여 개인정보의 처리에 대한 동의를 받으려는 때에는 정보주체가 이를 명확하게 인지할 수 있도록 알리고 동의를 받아야 함
- ▶ 정보주체가 제3항에 따라 선택적으로 동의할 수 있는 사항을 동의하지 아니하거나, 마케팅 정보 제공 및 제3자 정보 제공에 대한 동의를 하지 아니한다는 이유로 정보주체에게 재화 또는 서비스의 제공을 거부하여서는 안 됨
- ▶ 만 <u>14세 미만</u> 아동에 대한 개인정보 수집·이용 동의를 받을 때는 그 법정대리인의 동의를 받아야 한다.

166 (1)년

[풀이]
정보통신서비스 제공자는 정보통신서비스를 1년의 기간 동안 이용하지 아니하는 이용자의 개인정보를 보호하기 위하여 개인정보의 파기 등 필요한 조치를 취하여야 함. 다만, 그 기간에 대하여 다른 법령 또는 이용자의 요청에 따라 달리 정한 경우에는 그에 따라야 함.

167 ⑤

[풀이]
※ 영업양도 등에 따른 개인정보 이전 제한
- ▶ 개인정보처리자가 영업양도·합병 등으로 고객 개인정보를 영업양수자에게 이전할 경우, 미리 정보주체에게 그 사실을 알려야 함.
- ▶ 개인정보를 이전받은 영업양수자는 영업양도자가 그 사실을 알리지 않았을 경우, 정보주체에게 개인정보 이전사실을 알려야 함.
- ▶ 영업양수자는 이전 받은 개인정보를 본래 목적으로만 이용하거나 제3자에게 제공할 수 있음.

168 ㄱ, ㄴ, ㄷ, ㄹ, ㅁ

[풀이]
* 개인정보처리자는 개인정보가 유출된 경우, 지체 없이 정보주체에게 아래 사실을 알려야 함
  - 유출된 개인정보의 항목
  - 유출된 시점과 그 경위
  - 유출로 인해 발생할 수 있는 피해를 최소화하기 위하여 정보주체가 할 수 있는 방법 등에 관한 정보
  - 개인정보처리자의 대응조치 및 피해 구제절차
  - 정보주체에게 피해가 발생한 경우 신고 등을 접수할 수 있는 담당부서 및 연락처

169 (천)명

170 ⑤

[풀이]
* 법령에서 구체적으로 허용하고 있는 경우
- ▶ 범죄의 예방 및 수사를 위하여 필요한 경우
- ▶ 시설안전 및 화재 예방을 위하여 필요한 경우
- ▶ 교통단속을 위하여 필요한 경우
- ▶ 교통정보의 수집·분석 및 제공을 위하여 필요한 경우

171 범위

[풀이]
- ▶ 영상정보처리기기를 설치·운영하는 자는 정보주체가 쉽게 인식할 수 있도록 다음 사항이 포함된 안내판을 설치하는 등 필요한 조치를 하여야 함(2회 주관식 기출문제였음.)
  - 설치 목적 및 장소
  - 촬영 범위 및 시간
  - 관리책임자 성명 및 연락처

172 ①

[풀이]
2, 3번은 <u>3년 이하의 징역 또는 3천만원 이하의 벌금</u>, 4, 5번은 <u>2년 이하의 징역 또는 2천만원 이하의 벌금</u>

173　③

[풀이]
1 - 2천만원 이하의 과태료
2 - 3천만원 이하의 과태료
4 - 3천만원 이하의 과태료
5 - 5천만원 이하의 과태료

174　민감

[풀이]
고객의 피부상태에 대한 정보 역시 건강에 관한 정보이므로 민감정보에 해당된다.

175　①

[풀이]
손님이 동의하지 않았음에도 개인정보를 마음대로 수집하였다.

CHAPTER 02 2단원 정답 및 해설

176 ①

[풀이]
- 부형제: 유탁액을 만드는 데 쓰이는 것으로써 주로 물, 오일, 왁스, 유화제로 제품에서 가장 많은 부피를 차지한다.(대표적 종류: 수성원료, 유성원료, 계면활성제, 색재, 분체, 고분자화합물, 용제 등)
- 첨가제: 화장품의 화학반응이나 변질을 막고 안정된 상태로 유지하기 위해 첨가하는 성분으로 보존제나 산화방지제 등을 말한다.(대표적 종류: 보존제, 산화방지제)

[참고] 보존제 관련 법령: 「화장품 안전기준 등에 관한 규정」제4조 (사용상의 제한이 필요한 원료에 대한 사용기준)

- 착향제: 화장품 제조 시 첨가하여 좋은 향이 나도록 하는 물질을 말한다.(표시: 식품의약품안전처장이 고시하는 알레르기 유발 성분을 함유하고 있을 경우 해당 성분의 명칭을 전성분에 표시하여야 하며, 식품의약품안전처장이 고시하는 알레르기 유발 성분을 함유하고 있지 않은 경우에는 기존대로 '향료'로 표시할 수 있다.)
- 유효성분: 화장품에 특별한 효능을 부여하기 위해 사용하는 물질로 각 제품의 특징을 나타내는 역할을 한다. 미백, 주름개선 및 자외선 차단성분 등이 대표적이다.(대표적 종류: 기능성화장품 고시 원료 등)

177 부형제

[풀이] 176번 해설 참고

178 ②

[풀이] 176번 해설 참고

179 ④

[풀이] 에스텔류는 유성원료이다.

180 ④

[풀이] 물은 극성물질이다.

181 ②

[풀이] 에탄올은 소수성 및 친수성 둘 다 추출 가능하다.

182 ④

[풀이] 1,2-헥산다이올은 보존제 성분으로 인정받지 않았다. 균의 증식을 억제하는 방부력이 약하게 존재하므로 보통 이러한 성분들은 보존제라기보다 보존보조제로서만 역할을 한다.

183 ⑤

[풀이] 사용감은 동물성 오일이 더 무겁다.

184 포화지방산, 불포화지방산, 오메가지방산

[풀이]
- 포화 지방산(saturated fatty acid): 지방산사슬에 있는 탄소들이 모두 단일 결합으로 연결된 지방산
- 불포화 지방산(unsaturated fatty acid): 지방산사슬에 있는 탄소들 내 1개 이상의 이중 결합으로 연결된 지방산
- 오메가 지방산(omega fatty acid): 다중 불포화 지방산 중 탄화수소 사슬 제일 마지막 탄소(오메가 탄소)를 기준으로 첫 번째 이중결합이 나타나는 탄소의 위치를 기준으로 명명한 지방산 (예. 오메가-3 지방산은 탄화수소 사슬 제일 마지막을 기준으로 세 번째 탄소에서 이중결합이 나타나는 다중 불포화 지방산을 가리킴)

185 ④

[풀이] 탄화수소계 광물성 오일은 산화가 아예 안 된다.

186 ⑤

[풀이] 해당 성분은 실리콘오일 성분이다.

187 ③

[풀이] 라놀린 왁스는 양털에서 뽑아낸 동물성 왁스이다.

188 ⑤
[풀이] 호호바오일은 오일류이자, 화학성분 상 왁스류에 해당되며 피지 성분과 유사한 구조로 친화성·침투성이 높다.

189 ①
[풀이] 고급지방산은 알칼리인 소듐하이드록사이드(NaOH), 포타슘하이드록사이드(KOH), 트리에탄올아민과 병용하면 비누를 형성한다.

190 ①
[풀이] 고급알코올은 탄소수 6개 이상인 알코올을 총칭한다.

191 계면활성제
[풀이] 계면활성제란 한 분자 내에 극성(친수성)과 비극성(소수성)을 동시에 갖는 물질(양친매성 물질)로서, 계면에 흡착하여 계면의 성질을 바꾸거나 및 계면의 자유에너지를 낮추어 주는 특징을 가진다. 양 물질의 표면장력을 약하게 하여 섞이게 한다. 계면활성제의 화학 구조 및 특성에 따라 물과 기름이 혼합되는 성질을 바탕으로, 유화제, 용해보조제(가용화제), 분산제, 세정제 등의 특징을 가진다.

192 미셀(미셀, 마이셀 등)/임계미셀농도/HLB
[풀이]
- 미셀: 계면활성제가 수용액에 있을 때 친수성기는 바깥의 수용액에 닿고, 친유성기(소수성기)는 안에서 핵을 형성하여 만들어지는 구형의 집합체. 수용액 내의 계면활성제의 농도가 증가하면 미셀을 형성. 미셀 형성이 시작될 때의 계면활성제의 농도를 임계미셀농도라고 함.
- HLB(Hydrophile Lipophile Balance): 계면활성제의 친수성과 친유성 비율을 수치화한 것. HLB가 높을수록 친수성, HLB가 낮을수록 친유성이다.

193 유화제, 가용화제
[풀이]
가용화제: 용매에 난용성 물질을 용해시키기 위한 목적으로 사용되는 계면활성제를 뜻함.
유화제: 에멀전과 같이 물과 오일을 혼합하기 위한 목적으로 사용되는 계면활성제

194 ②
[풀이] 수상(물)에 유상(오일)이 분산된 형태가 O/W형이며, 반대로 유상(오일)에 수상(물)이 분산된 형태는 W/O형이라 한다.

195 유화, 거품
[풀이]
- 서로 섞이지 않는 성질이 다른 두 액체 중 한 액체가 다른 액체 속에 입자 형태로 분산된 형태를 유화라 한다.
- 분산(dispersion)이란 넓은 의미로 분산상(분산질)이 분산매에 퍼져있는 현상을 말한다. 액체가 액체 속에 분산된 경우를 유화라 하며 기체가 액체 속에 분산된 경우를 거품이라 한다.

196 ①
[풀이]
② - 분산제
③~⑤ - 유화제

197 ③
[풀이] 양쪽성 계면활성제는 물에 용해할 때 친수기 부분이 양이온과 음이온을 동시에 갖는 계면활성제로, 알칼리에서는 **음이온**, 산성에서는 **양이온** 특성을 나타낸다. 일반적으로 피부에 안전하고 세정력, 살균력, 유연효과 등을 나타내므로 저자극 샴푸, 스킨케어 제품, 어린이용 제품에 사용된다.

198 ⑤
[풀이]
천연물 유래 계면활성제: 천연물질로 가장 많이 사용되고 있는 것은 대두, 난황 등에서 얻어지는 레시틴이다. 그 외 천연물 유래 콜레스테롤 및 사포닌 등도 천연 계면활성제로 사용된다.
- 예시: 라우릴글루코사이드, 세테아릴올리베이트, 솔비탄올리베이트코코베타인 등

199 ③
[풀이] 히알루론산은 습윤제이다.

200 ④

[풀이] 세포외 기질은 진피에 있다. 해당 표현을 세포내 지질로 바꾸어야 한다.

201 TEWL(transepidermal water loss), TWL, 혹은 경피수분손실도

[풀이]
TEWL(transepidermal water loss): 경피수분손실도, 피부를 통해 손실되는 수분량(단, 땀을 통한 수분 배출은 제외)으로 TEWL이 높을수록 피부의 수분도가 낮아짐을 의미한다.

202 ②

[풀이] 땀을 통한 수분 배출은 제외이다.

203 ④

[풀이] 메틸셀룰로오스, 에틸셀룰로오스, 카복시메틸셀룰로오스는 반합성 점증제 성분이다.

204 ⑤

[풀이]
천연 중 식물 유래: 구아검, 아라비아고무나무검, 카라기난, 전분 등
천연 중 미생물 유래: 잔탄검, 덱스트란 등
천연 중 동물 유래: 젤라틴, 콜라겐 등

205 카보머(카르복시비닐폴리머, 카복시비닐폴리머)

[풀이]
- 합성 점증제: 카복시비닐폴리머(카보머 - 가장 대중적임.)

206 ④

[풀이] 나이트로셀룰로오스는 대표적인 피막형성제 성분이다.

207 ②

[풀이]
① 비오틴(B7)
② 토코페롤(E)
③ 아스코빅애씨드(C)
④ 티아민(B1)
⑤ 판테놀(B5)

208 ②

[풀이]
비타민 A는 레티노이드(retinoid)로 알려진 지용성 물질 군으로 레티놀(retinol), 레틴알데하이드(retinaldehyde) 및 레티노익애씨드(retinoic acid)의 3가지 형태가 있다. 이들은 상호전환될 수 있으나, 레티노익애씨드로 전환되는 과정은 비가역적이다.

209 ①

[풀이]
지용성 비타민이며 식물성 기름에서 분리되는 천연 산화방지제이다. 비타민 E는 8가지의 이성체(isoform)를 가진다.(알파-, 베타-, 감마-, 델타-토코페롤(tocopherol)과 알파-, 베타-, 감마-, 델타-토코트리에놀(tocotrienol))

210 풀이 참고

[풀이]
- **타르 색소**: 제1호의 색소 중 콜타르, 그 중간생성물에서 유래되었거나 유기 합성하여 얻은 색소 및 그 레이크, 염, 희석제와의 혼합물
- **레이크**: 타르색소를 기질에 흡착, 공침 또는 단순한 혼합이 아닌 화학적 결합에 의하여 확산시킨 색소
- **순색소**: 중간체, 희석제, 기질 등을 포함하지 않는 순수한 색소
- **기질**: 레이크 제조 시 순색소를 확산시키는 목적으로 사용되는 물질, 알루미나, 브랭크휙스, 크레이, 이산화티탄, 산화아연, 탤크, 로진, 벤조산알루미늄, 탄산칼슘 등의 단일 또는 혼합물을 사용한다.(보통 백색 가루제)
- **희석제**: 색소를 용이하게 사용하기 위하여 혼합되는 성분. 알코올 등(식품의약품안전처에서 희석제로 사용 불가능한 원료를 고시함)

211 ①

2-체질안료
3- 백색안료
4- 유기안료
5- 레이크

212 타르색소, 레이크

1. "색소"라 함은 화장품이나 피부에 색을 띄게 하는 것을 주요 목적으로 하는 성분을 말한다.
2. "타르색소"라 함은 제1호의 색소 중 콜타르, 그 중간생성물에서 유래되었거나 유기합성하여 얻은 색소 및 그 레이크, 염, 희석제와의 혼합물을 말한다.
3. "순색소"라 함은 중간체, 희석제, 기질 등을 포함하지 아니한 순수한 색소를 말한다.
4. "레이크"라 함은 타르색소를 기질에 흡착, 공침 또는 단순한 혼합이 아닌 화학적 결합에 의하여 확산시킨 색소를 말한다.
5. "기질"이라 함은 레이크 제조 시 순색소를 확산시키는 목적으로 사용되는 물질을 말하며 알루미나, 브랭크휙스, 크레이, 이산화티탄, 산화아연, 탤크, 로진, 벤조산알루미늄, 탄산칼슘 등의 단일 또는 혼합물을 사용한다.
6. "희석제"라 함은 색소를 용이하게 사용하기 위하여 혼합되는 성분을 말하며, 「화장품 안전기준 등에 관한 규정」(식품의약품안전처 고시) 별표 1의 원료는 사용할 수 없다.
7. "눈 주위"라 함은 눈썹, 눈썹 아래쪽 피부, 눈꺼풀, 속눈썹 및 눈(안구, 결막낭, 윤문상 조직을 포함한다)을 둘러싼 뼈의 능선 주위를 말한다.

213 ③

212번 해설 참고
ㄱ. "색소"라 함은 피부에 영양을 주는 것을 주요 목적으로 하는 성분을 말한다.
 ⇒ "색소"라 함은 화장품이나 피부에 색을 띄게 하는 것을 주요 목적으로 하는 성분을 말한다.
ㄴ. "타르색소"라 함은 콜타르, 그 중간생성물에서 유래되었거나 무기합성하여 얻은 색소를 말한다.
 ⇒ "타르색소"라 함은 제1호의 색소 중 콜타르, 그 중간생성물에서 유래되었거나 <u>유기합성</u>하여 얻은 색소 및 그 레이크, 염, 희석제와의 혼합물을 말한다.
ㅁ. "기질"이라 함은 레이크 제조 시 <u>타르색소</u>를 확산시키는 목적으로 사용되는 물질을 말하며 알루미나, 브랭크휙스, 크레이, 이산화티탄, 산화아연, 탤크, 로진, 벤조산알루미늄, 탄산칼슘 등의 단일 또는 혼합물을 사용한다.
 ⇒ "기질"이라 함은 레이크 제조 시 순색소를 확산시키는 목적으로 사용되는 물질이다.
 타르색소란, 색소 중 콜타르, 그 중간생성물에서 유래되었거나 유기합성하여 얻은 색소 및 그 레이크, 염, 희석제와의 혼합물을 말한다. 즉, 타르색소는 이미 기질에 확산된 색소일 수도 있으므로 적절하지 않다.

214 적색 황색 흑색

[풀이] 적색 · 흑색 · 황색 → 3가지를 섞어 다양한 색을 낸다.

215 ③

[풀이]
발색성분이 무기질로 되어 있어 유기안료에 비해 내열, 내광의 안정성은 좋으나 색상은 선명하지 않음.

216 탈크(탤크)

[풀이] 체질안료의 대표적 성분들의 특징
- 마이카: 빛나는 무수규산으로서 백운모라고도 함. 파우더 팩트에서 피부 하얗게 하는 데 쓰임
- 탤크(활석): 흡수력이 높음. 매끄러운 사용감. 베이비 파우더에 쓰임
- 카올린(고령토): 땀과 피지 흡수력이 좋아 머드팩 등에 쓰임. 탤크에 비해 매끄러운 사용감이 떨어짐

217 ①

[풀이]
운모티탄(티타네이티드마이카)은 대표적 진주광택안료이다.

218 안토시아닌

[풀이]
안토시아닌은 플라보노이드(flavonoids) 계열의 물질로서, 두 개의 방향족 고리가 세 개의 탄소와 하나의 산소로 연결되어 있는 구조이다. 안토시아닌은 안토시아니딘(anthocyanidine)에 하나 이상의 당이 결합되어 있는 구조이다. 안토시아닌은 수분매개자를 유인하기 위한 다양한 꽃 색깔을 나타내는 성분이며, 초식곤충으로부터 식물을 방어하기 위한 방어물질로도 작용한다. 일례로서, 안토시아닌의 한 종류인 시아니딘-3-글루코시드(cyanidin 3-glucoside)는 담배나방의 애벌레로부터 목화 잎을 보호하는 기능을 수행한다.

219 ①

[풀이]
이상적인 보존제 조건
· 사용하기에 안전할 것
· 낮은 농도에서 다양한 균에 대한 효과를 나타낼 것
· 넓은 온도 및 pH 범위에서 안정하고, 장기적으로 효과가 지속될 것
· 제품의 물리적 성질에 영향을 미치지 않을 것
· 제품 내 다른 원료 및 포장 재료와 반응하지 않을 것
· 제품의 안정성, 색상, 향, 질감, 점도 등 외관적 특성에 영향을 미치지 않을 것

- 미생물이 존재하는 물 파트에서 충분한 농도를 유지할 수 있는 적절한 오일/물 분배계수를 가질 것
- 자연계에서 쉽게 분해되고, 분해산물에 독성이 없을 것
- 원료 수급이 용이하고, 가격이 저렴할 것

물리적 차단제 (자외선 산란제)	징크옥사이드	25%
	티타늄디옥사이드	25%
총 27개 성분		

220 풀이 참고

[풀이]

분류	성분명	최대 함량
화학적 차단제	드로메트리졸	1.0%
	벤조페논-8	3.0%
	4-메칠벤질리덴캠퍼	4.0%
	페닐벤즈이미다졸설포닉애씨드	4.0%
	벤조페논-3(옥시벤존)	2.4% (다만, 얼굴, 손 및 입술에 사용되는 제품에는 5%)
	벤조페논-4	5.0%
	에칠헥실살리실레이트	5.0%
화학적 차단제	에칠헥실트리아존	5.0%
	디갈로일트리올리에이트	5.0%
	멘틸안트라닐레이트	5.0%
	부틸메톡시디벤조일메탄	5.0%
	시녹세이트	5.0%
	에칠헥실메톡시신나메이트	7.5%
	에틸헥실디메칠파바	8.0%
	옥토크릴렌	10%
	호모살레이트	10%
	이소아밀-p-메톡시신나메이트	10%
	비스-에칠헥실옥시페놀메톡시페닐트리아진	10%
	디에틸헥실부타미도트리아존	10%
	폴리실리콘-15(디메치코디에칠벤질말로네이트)	10%
	메칠렌비스-벤조트리아졸릴테트라메칠부틸페놀	10%
	디에칠아미노하이드록시벤조일헥실벤조에이트	10%
	테레프탈릴리덴디캠퍼설포닉애씨드 및 그 염류	산으로 10%
	디소듐페닐디벤즈이미다졸테트라설포네이트	산으로 10%
	드로메트리졸트리실록산	15%

221 징크옥사이드, 티타늄디옥사이드

[풀이] 220번 참고

222 풀이 참고

[풀이]

구분	성분명	고시 함량
티로시나아제의 활성 억제	유용성 감초 추출물	0.05%
	알파-비사보롤(알파-비사볼올)	0.5%
	닥나무 추출물	2%
	알부틴	2~5%
티로신의 산화 억제 (비타민C유도체)	에칠에스코빌에텔	1~2%
	아스코빌글루코사이드	2%
	아스코빌테트라이소팔미테이트	2%
	마그네슘아스코빌포스페이트	3%
멜라닌의 이동 억제	나이아신아마이드	2~5%

223 ⑤

[풀이] 222번 해설 참고

224 나이아신아마이드

[풀이] 222번 해설 참고

225 풀이 참고

① 산화 안정성: 산소 및 기타 화학물질과의 산화 반응이 유발되지 않고 화장품 성분이 일정한 상태를 유지하는 성질
② 열(온도) 안정성: 다양한 온도 변화 조건에서 화장품 성분이 일정한 상태를 유지하는 성질
③ 광(빛) 안정성: 다양한 광 조건에서 화장품 성분이 일정한 상태를 유지하는 성질

④ 미생물 안정성: 미생물 증식으로 인한 오염으로부터 화장품 성분이 일정한 상태를 유지하는 성질
⑤ 공급 안정성: 안정적인 화장품 성분 공급이 가능한 상태
  - 성분 안정성평가: 다양한 물리·화학적 조건에서 화장품 성분의 변색, 변취, 상태변화 및 지표성분의 함량변화를 통해 화장품 성분의 변화정도를 평가함
  - 지표성분: 원료에 함유된 화학적으로 규명된 성분 중 품질관리 목적으로 정한 성분

226   ③

[풀이]
① 물리적 유효성: 물리적 특성(예: 물리적 자외선 차단 등)을 기반으로 한 효과

자외선 차단제 고시원료 중 무기화합물 성분(티타늄디옥사이드, 징크옥사이드 등)의 물리적인 자외선 차단 효능

② 화학적 유효성: 화학적 특성(예: 계면활성, 화학적 자외선 차단, 염색 등)을 기반으로 한 효과

자외선 차단제 고시원료 중 유기화합물 성분(에칠헥실살리실레이트, 비스-에칠헥실옥시페놀메톡시페닐트라이진 등)의 화학적 자외선 차단 효능

③ 생물학적 유효성: 생물학적 특성(예: 미백에 도움, 주름 개선에 도움 등)을 기반으로 한 효과

미백화장품 고시원료(알부틴, 나이아신아마이드 등)을 통한 미백에 도움을 주는 효능

④ 미적 유효성: 자신의 취향에 맞는 아름답고 매력적인 화장(메이크업)의 유발 효과
⑤ 심리적 유효성: 심리적인 특성(예: 향을 통한 기분 완화 등)을 기반으로 한 효과

227   ⑤

[풀이] 226번 해설 참고

228   ③

[풀이]

원료명	향료 중의 함량	전체 중의 함량
에탄올	10%	0.2 × 0.1(10%) = 0.02%
리모넨	10%	0.2 × 0.1(10%) = 0.02%
1,2-헥산디올	5%	0.2 × 0.05(5%) = 0.01%
리날룰	5%	0.2 × 0.05(5%) = 0.01%
시트랄	1%	0.2 × 0.01(1%) = 0.002%
벤질알코올	0.1%	0.2 × 0.001(0.1%) = 0.0002%

사용 후 씻어내는 제품에는 0.01%초과, 사용 후 씻어내지 않는 제품에는 0.001%초과 함유하는 경우에 착향제의 구성 성분 중 알레르기 유발성분임을 따로 표시해야 한다.
에센스는 사용 후 씻어내지 않는 제품이다.
- 에탄올은 식약처장이 고시한 알레르기 유발 성분이 아니다.
- 1,2-헥산디올도 식약처장이 고시한 알레르기 유발 성분이 아니다.
- 벤질알코올은 0.0002%이므로 기재할 필요가 없다.
- 따라서 리모넨, 리날룰, 시트랄이 정답이다.

229   ③

신남알 계열 + 식품의약품안전처장이 알레르기 유발 성분으로 지정한 것: 아밀신남알, 신나밀알코올, 아밀신나밀알코올, 신남알, 헥실신남알

230   ⑤

시트러스 계열의 향료는 보통 모노테르펜이다. 리모넨, 리날룰, 제라니올, 시트랄이 있다. 쿠마린은 테르펜 계열의 세스키테르펜 중 하나이다. 참고로 제라니올은 전구체가 시트랄이다. 시트랄을 환원시키면 제라니올이 된다.

231   모노테르펜

허브 식물의 잎이나 꽃을 수증기 증류법으로 증류하면 물과 함께 휘발성 오일 성분이 증류되어 나온다. 이러한 오일성분은 주로 모노테르펜계열 혼합물로서 고유의 향기를 지니며 화장품에서 천연향료로 많이 사용된다. 아로마테라피에서 주로 사용되는 이러한 천연오일을 통칭하여 정유라고 한다.

232   0.01%, 0.001%

사용 후 씻어내는 제품에는 0.01% 초과, 사용 후 씻어내지 않는 제품에는 0.001% 초과 함유하는 경우에 한한다.

233   CAS 등록번호, 카스번호 등

CAS 등록번호
CAS 등록 번호(CAS Registry Number, CASRN 또는 CAS 번호)는 이제까지 알려진 모든 화합물, 중합체 등을 기록하는 번호이다. 미

국 화학회 American Chemical Society에서 운영하는 서비스이며, 모든 화학 물질을 중복 없이 찾을 수 있도록 한다. 2020년 12월 기준으로 158,000,000 개의 유기 화학 물질과 68,000,000 개의 시퀀스가 기록되어 있으며, 매주 대략 50,000 개의 새 기록이 추가된다. 날마다 새로운 물질 약 15,000건이 함께 업데이트된다.

234 ③

원료명	전체 중의 함량
에탄올	0.4%
알파-아이소메틸아이오논	0.02%
아니스알코올	0.004%
클로로신남알	0.014%
시트랄	0.012%
다이에틸아미노메틸쿠마린	0.2%
파네솔	0.0112%
에틸리날룰	0.04%

바디워시는 사용 후 씻어내는 제품이다. 씻어내는 제품에는 0.01%가 초과되면 착향제의 구성 성분 중 알레르기 유발성분을 별도로 표시해야 한다.
위의 표를 참고하면, 0.01%를 초과한 것은 에탄올, 알파-아이소메틸아이오논, 클로로신남알, 시트랄, 다이에틸아미노메틸쿠마린, 파네솔, 에틸리날룰이다. 이 중 착향제의 구성 성분 중 알레르기 유발성분(제3조 관련)은 알파-아이소메틸아이오논, 시트랄, 파네솔이다.

235 ⑤

[풀이]

전성분에 함량까지 적어야 하는 경우	
영유아 및 어린이 사용 화장품인 경우 그 보존제의 함량	영유아 및 어린이는 피부가 예민하므로 보존제에 대해 민감할 수 있습니다. 따라서 이러한 화장품의 경우 전성분에 **보존제의 함량**을 추가로 기재합니다.
천연화장품 및 유기농 화장품의 원료 함량	천연 및 유기농으로 표시·광고하는 화장품은 천연 및 유기농 함량을 기재하여야 합니다.
성분명을 제품 명칭 일부로 사용한 경우(방향용 제품류 제외) 그 성분의 함량	예를 들어 어떤 제품이 '티트리오일로션'이었다면 이 제품에는 티트리오일이 얼마나 들었는지에 대해 기재해야 합니다.
인체 세포·조직 배양액이 들어있는 경우 그 함량	예를 들어 '인체 줄기세포 배양액'이 화장품에 포함된 경우 그 함량을 기재하여야 합니다.

236 풀이 참고

[풀이]

- 화장품 제조에 사용된 성분(전성분 표시방법)★★★★★

가. 글자의 크기는 5포인트 이상으로 한다.
나. 화장품 제조에 사용된 함량이 많은 것부터 기재·표시한다. **다만, 1퍼센트 이하로 사용된 성분, 착향제 또는 착색제는 순서에 상관없이 기재·표시할 수 있다.**
다. 혼합원료는 혼합된 개별 성분의 명칭을 기재·표시한다.
라. 색조 화장용 제품류, 눈 화장용 제품류, 두발염색용 제품류 또는 손발톱용 제품류에서 호수별로 착색제가 다르게 사용된 경우 '± 또는 +/-'의 표시 다음에 사용된 모든 착색제 성분을 함께 기재·표시할 수 있다.
마. 착향제는 "향료"로 표시할 수 있다. 다만, **착향제의 구성 성분 중 식품의약품안전처장이 정하여 고시한 알레르기 유발성분은** 사용 후 씻어내는 제품에 0.01% 초과, 사용 후 씻어내지 않는 제품에 0.001% 초과 함유하는 경우 **향료로 표시할 수 없고, 해당 성분의 명칭을 기재·표시해야 한다.**
바. **산성도(pH) 조절 목적으로 사용되는 성분**은 그 성분을 표시하는 대신 **중화반응에 따른** 생성물로 기재·표시할 수 있고, 비누화반응을 거치는 성분은 **비누화반응에 따른** 생성물로 기재·표시할 수 있다.[기출]
사. 영업자의 정당한 이익을 현저히 침해할 우려가 있을 때에는 영업자는 식품의약품안전처장에게 그 근거자료를 제출해야 하고, 식품의약품안전처장이 정당한 이익을 침해할 우려가 있다고 인정하는 경우에는 그 성분을 "기타 성분"으로 기재·표시할 수 있다.

237 풀이 참고

[풀이]

★전성분에 기재·표시를 생략할 수 있는 성분들★
1. 제조과정 중에 제거되어 최종 제품에는 남아 있지 않은 성분을 기재·표시를 생략할 수 있다.
2. 안정화제, 보존제 등 원료 자체에 들어 있는 부수 성분으로서 그 효과가 나타나게 하는 양보다 적은 양이 들어 있는 성분은 기재·표시를 생략할 수 있다.
3. **내용량이 10밀리리터 초과 50밀리리터 이하 또는 중량이 10그램 초과 50그램 이하 화장품**의 포장인 경우에는 다음의 성분을 제외한 성분에 대한 기재·표시를 생략할 수 있다.

가. 타르색소
나. 금박
다. 샴푸와 린스에 들어 있는 인산염의 종류
라. 과일산(AHA)
마. 기능성화장품의 경우 그 효능·효과가 나타나게 하는 원료
바. 식품의약품안전처장이 사용 한도를 고시한 화장품의 원료

→ 즉, 내용량이 10ml(g)초과 50ml(g)이하인 화장품은 **위의 가~바까지의 6가지 원료들을 제외**한 전 성분 기재·표시가 생략된다.

238 허용한도

[풀이]
- 위해평가 대상
1) 관련 규정에 따라 국민보건상 위해 우려가 제기되는 화장품 원료, 화장품 사용한도 원료 등을 위해평가 대상으로 한다.
2) 비의도적 오염물질의 검출허용한도 설정이 필요한 경우에 위해평가를 수행할 수 있다.

239 ⑤

드로메트리졸 1.0%, 에칠헥실메톡시신나메이트 7.5%, 4-메칠벤질리덴캠퍼 4.0%, 옥토크릴렌 10%, 드로메트리졸트리실록산 15%, 징크옥사이드 25%

240 제형, 효능효과, 용법용량

피부의 미백에 도움을 주는 제품의 성분 및 함량
(제형은 로션제, 액제, 크림제 및 침적 마스크에 한하며, 제품의 효능·효과는 "피부의 미백에 도움을 준다"로, 용법·용량은 "본품 적당량을 취해 피부에 골고루 펴 바른다. 또는 본품을 피부에 붙이고 10~20분 후 지지체를 제거한 다음 남은 제품을 골고루 펴 바른다(침적 마스크에 한함)"로 제한함)

241 ④

연번	성분명	함량
1	닥나무추출물	2%
2	알부틴	2~5%
3	에칠아스코빌에텔	1~2%
4	유용성감초추출물	0.05%
5	아스코빌글루코사이드	2%
6	마그네슘아스코빌포스페이트	3%
7	나이아신아마이드	2~5%
8	알파-비사보롤	0.5%
9	아스코빌테트라이소팔미테이트	2%

242 ⑤

피부의 주름개선에 도움을 주는 제품의 성분 및 함량
(제형은 로션제, 액제, 크림제 및 침적 마스크에 한하며, 제품의 효능·효과는 "피부의 주름개선에 도움을 준다"로, 용법·용량은 "본품 적당량을 취해 피부에 골고루 펴 바른다. 또는 본품을 피부에 붙이고 10~20분 후 지지체를 제거한 다음 남은 제품을 골고루 펴 바른다(침적 마스크에 한함)"로 제한함)

243 ②

주름개선 기능성 고시 원료

연번	성분명	함량
1	레티놀	2,500IU/g
2	레티닐팔미테이트	10,000IU/g
3	아데노신	0.04%
4	폴리에톡실레이티드레틴아마이드	0.05~0.2%

244 ③

염산 히드록시프로필비스(N-히드록시에칠-p-페닐렌디아민)은 0.4%이다.

245 체모의 제거 혹은 제모

체모를 제거하는 기능을 가진 제품의 성분 및 함량
(제형은 액제, 크림제, 로션제, 에어로졸제에 한하며, 제품의 효능·효과는 "제모(체모의 제거)"로, 용법·용량은 "사용 전 제모할 부위를 씻고 건조시킨 후 이 제품을 제모할 부위의 털이 완전히 덮이도록 충분히 바른다.

246

체모를 제거하는 기능을 가진 제품의 성분 및 함량
(제형은 액제, 크림제, 로션제, 에어로졸제에 한하며, 제품의 효능·효과는 "제모(체모의 제거)"로, 용법·용량은 "사용 전 제모할 부위를 씻고 건조시킨 후 이 제품을 제모할 부위의 털이 완전히 덮이도록 충분히 바른다. 문지르지 말고 5~10분간 그대로 두었다가 일부분을 손가락으로 문질러 보아 털이 쉽게 제거되면 젖은 수건[(제품에 따라서는) 또는 동봉된 부직포 등]으로 닦아 내거나 물로 씻어낸다. 면도한 부위의 짧고 거친 털을 완전히 제거하기 위해서는 한 번 이상(수일 간격) 사용하는 것이 좋다"로 제한함)

연번	성분명	함량
1	치오글리콜산 80%	치오글리콜산으로서 3.0~4.5%

※ pH 범위는 7.0 이상 12.7 미만이어야 한다.

247 살리실릭애씨드, 0.5

여드름성 피부를 완화하는데 도움을 주는 제품의 성분 및 함량

연번	성분명	함량
1	살리실릭애씨드	0.5 %

(제형은 액제, 로션제, 크림제에 한함(부직포 등에 침적된 상태는 제외함) 제품의 효능·효과는 "여드름성 피부를 완화하는 데 도움을 준다"로, 용법·용량은 "본품 적당량을 취해 피부에 사용한 후 물로 바로 깨끗이 씻어낸다"로 제한함)

248 ④

알부틴, 소듐하이알루로네이트, 병풀추출물, 판테놀, 디메티콘, 피이지-100스테아레이트, 올리브오일, 호호바오일, 벤질알코올
화장품 전성분은 함량이 높은 순서대로 기입하며 1% 이하는 함량에 관계없이 나열함. 전성분의 일부를 보면 알부틴은 2~5%의 한도, 벤질알코올은 1%의 한도임. 최대 함량을 사용하였다고 문제에서 하였으므로 소듐하이알루로네이트, 병풀추출물, 판테놀, 디메티콘, 피이지-100스테아레이트, 올리브오일, 호호바오일은 1~5%의 함량 배합을 가짐. 따라서 병풀추출물은 1~5% 사이로 쓰임.

249 ④

이미다졸리디닐우레아(0.6%), 스쿠알란, 잔탄검, 1,2-헥산디올, 부틸렌글라이콜, 알란토인, 아데노신(0.04%)
원래 1% 이하의 성분들은 함량에 관계없이 나열하나 문항의 단서조항에서 <보기>의 전성분은 예외 없이 모든 성분을 그 배합률이 높은 순서대로 기입하였다는 것을 밝히고 있다.
따라서 스쿠알란, 잔탄검, 1,2-헥산디올, 부틸렌글라이콜, 알란토인의 성분 범위는 0.04~0.6이다.

250 ③

부틸메톡시디벤조일메탄, 소듐하이알루로네이트, 병풀추출물, 판테놀, 디메티콘, 피이지-100스테아레이트, 페녹시에탄올
화장품 전성분은 함량이 높은 순서대로 기입하며 1% 이하는 함량에 관계없이 나열함. 전성분의 일부를 보면 부틸메톡시디벤조일메탄은 5%의 한도, 페녹시에탄올은 1%의 한도임. 최대 함량을 사용하였다고 문제에서 하였으므로 소듐하이알루로네이트, 병풀추출물, 판테놀, 디메티콘, 피이지-100스테아레이트는 1~5%의 함량 배합을 가짐. 따라서 병풀추출물은 1~5% 사이로 쓰임.

251 ②

[풀이]
※ 화장수의 사용 목적: 피부를 청결하게 하고 수분과 보습 성분을 제공하여 피부 건강을 유지 및 증진하는 기초화장품. 화장수는 가용화 공정을 통한 투명한 성상이 일반적이나, 최근에는 계면활성제나 오일 함량을 조절함으로써 반투명 또는 불투명한 성상을 갖기도 함

※ 유연화장수: 피부 각질층에 수분과 보습 성분을 공급하여 피부의 유연성을 증가시켜 부드러움을 유발함(피부를 유연하게 하고 촉촉하고 매끄러우며 윤택한 피부를 유지시킴.)
※ 수렴화장수: 피부 각질층에 수분과 보습 성분을 공급할 뿐 아니라 피지나 발한을 억제하는 기능을 하는 원료를 추가로 넣어 준다. 수렴효과가 있다.
※ 영양 화장수: 피부에 유분과 수분을 공급하여 피지막을 보충시킬 수 있음
※ 세정용화장수: 세안용으로서 사용하거나 가벼운 색조화장을 지우는 데 사용하여 피부를 청결하게 하거나 오염을 제거해 줌. 보습제와 세정효과를 향상하기 위해 계면활성제, 에탄올이 배합되기도 함.
※ 다층화장수: 2층 이상의 층을 이루는 화장수로 오일층, 물층, 분말층이 다층으로 구성되기도 함. 사용 시 흔들어 사용하며 수분과 유분에 의한 보습감을 동시에 느낄 수 있으며, 분발의 경우 특이한 사용감을 나타냄. 최근에는 오일층도 오일의 비중과 극성을 이용하여 더 세분된 층을 이루는 다층화장수도 있음

252 ③

[풀이]
- 팩의 폐쇄효과에 의해 피하에서 올라오는 수분으로 보습이 유지되고 유연해진다.
- 팩의 흡착작용과 동시에 건조 박리 시에 피부표면의 오염을 제거하므로 우수한 청정작용을 한다.
- 피막제나 분만의 건조과정에서는 피부에 적당한 긴장감을 주고, 건조 후 일시적으로 피부 온도를 높여 혈행을 원활하게 한다.
  ※ 팩의 세부 유형: 팩은 사용 방법에 따라 워시오프 타입, 필 오프 타입, 석고팩 타입, 붙이는 타입 등으로 나눌 수 있다.
  ※ 팩의 사용 목적
- 팩의 사용 목적 및 효과는 피부 보습 촉진, 오래된 각질 또는 오염물질 제거, 피부 긴장감 부여이다. 최근에는 기능성 및 영양 성분의 함유를 통해 피부의 보습 및 유연 효과 이외에 영양 제공, 미백 효과 등 추가적 효과를 유도하기 위해 사용된다.

253 ②

[풀이]
※ 크림의 세부 유형: O/W형 크림, W/O형 크림, 다중유화 크림 등
※ 크림의 사용 목적
  - 크림은 피부에 수분과 유분을 공급하여 피부의 보습 효과와 유연효과를 부여한다. 크림은 물과 오일 성분처럼 섞이지 않는 두 개의 상을 계면활성제를 이용하여 안정된 상태로 분산시킨 에멀젼으로 다양한 유화법을 통해 만들어진다.
※ O/W형 크림: 대표적인 유화타입의 크림으로 유성성분이 내상(외상인 수성성분 내에 유화)인 산뜻한 사용감을 느끼는 친수성 크림. 유성성분이 많은 마사지크림 및 클렌징크림도 있다.

※ W/O형 크림: O/W형 크림과는 내상과 외상이 반대로 수성 성분이 내상(외상인 유성성분 내에 유화)인 친유성 크림. 주로 유분감을 주거나, 내수성을 요구되는 용도의 제품(자외선 차단 제품)으로 활용된다.
※ 다중유화 크림: O/W형과 W/O형과 같이 2개의 상보다 더 많은 상으로 구성된 크림. O/W형의 내상으로 수성성분이 존재하는 W/O/W형, W/O형의 내상으로 유성성분이 존재하는 O/W/O형이 대표적이며, 3개 상보다 많은 다중유화 제형도 알려져 있다. 제형으로서 매력이 있으나 안정성과 제조의 불편함으로 인하여 상품성은 낮다.

254 ②

[풀이]
※ 메이크업 리무버의 세부 유형
 - 클렌징 워터, 클렌징 오일, 클렌징 로션, 클렌징 크림 등
※ 메이크업 리무버의 사용 목적
 - 워터프루프(waterproof) 타입의 파운데이션, 유성 기반 마스카라 또는 일부 자외선 차단제 등의 화장품을 효과적으로 씻기 위해 유성 성분의 용제에 해당 화장품 성분을 용해 및 분산시켜 닦아내어 제거하는 목적으로 사용된다.
※ 클렌징 워터: 액상타입으로 사용하기 간편하며, 빠른 거품 생성으로 사용성이 뛰어나다. 보습제 등을 다량으로 배합할 수 있다. 또한 버블타입의 용기를 사용하면 바로 거품으로 사용할 수 있다.
※ 클렌징 오일: 유성성분으로 오일성분 외에 계면활성제 등을 배합. 사용 후 물로 헹구어 내는 유형으로 헹구어 낼 때 O/W형으로 유화된다. 사용 후에는 피부를 촉촉하게 한다.
※ 클렌징 로션: O/W형의 유화타입으로 크림타입보다 사용이 쉬우며 사용 후 감촉이 산뜻함. 크림타입보다 클렌징력이 다소 낮을 수 있다.
※ 클렌징 크림: O/W형과 W/O형의 유화타입으로 나눌 수 있으며, O/W의 경우 사용 후 물로 씻을 수 있다.
※ 클렌징 젤: 수용성 고분자와 계면활성제를 이용한 고분자젤 타입과 유분을 다량 함유한 유화타입의 액정타입이 있다. 모두 사용 후 물로 헹구어 내는 타입이며, 액정타입은 클렌징력이 높다. 최근에는 오일겔화제를 활용하여 클렌징 오일보다 점도가 높은 클렌징 젤을 개발하기도 한다.

255 ①

[풀이]
※ 헤어컨디셔너 세부 유형: 두발용 제품은 두피와 두발의 건강을 위해 청결하고 아름답게 유지하는 목적으로 사용되는 화장품임. 일반적인 두발 관리에 있어서 세정을 위한 샴푸와 린스를 사용하고 세정 후 정발(conditioning, 흐트러진 두발을 정돈하고 유연하게 함) 효과 및 두피와 두발에 영양 효과를 주기 위해 헤어컨디셔너, 헤어크림·로션, 헤어트리트먼트가 사용됨. 헤어컨디셔너는 사용 방법에 따라 사용 후 씻어내는 제품과 사용 후 씻어내지 않는 제품으로 구별할 수 있음
※ 헤어컨디셔너 사용 목적
 - 두발에 수분, 지방을 공급하여 두발을 건강하게 유지하고 두발 표면을 매끄럽게 함
 - 빗질을 쉽게 하고 정전기를 방지함
 - 광택을 부여함

256 ④

[풀이]
린스는 음극으로 대전된 두발 표면에 린스의 주성분인 양이온성 계면활성제의 양극과 흡착되어 두발의 마찰계수를 낮추어 두발의 정전기 방지 및 빗질을 쉽게 한다.

257 제조위생관리기준서 제조관리기준서

CGMP 4대 기준서: 제조위생관리기준서 제품표준서 품질관리기준서 제조관리기준서

258 제품표준서

제품표준서는 품목별로 다음의 사항이 포함되어야 한다.
1. 제품명
2. 작성연월일
3. 효능·효과(기능성 화장품의 경우) 및 사용할 때의 주의사항
4. 원료명, 분량 및 제조단위당 기준량
5. 공정별 상세 작업내용 및 제조공정흐름도
6. 법 개정으로 삭제
7. 작업 중 주의사항
8. 원자재·반제품·벌크 제품·완제품의 기준 및 시험방법
9. 제조 및 품질관리에 필요한 시설 및 기기
10. 보관조건
11. 사용기한 또는 개봉 후 사용기간
12. 변경이력
13. 법 개정으로 삭제
14. 그 밖에 필요한 사항

259 ①

258번 해설 참고

260 제조관리기준서

제조관리기준서는 다음 각 호의 사항이 포함되어야 한다.
1. 제조공정관리에 관한 사항
   가. 작업소의 출입제한
   나. 공정검사의 방법
   다. 사용하려는 원자재의 적합판정 여부를 확인하는 방법
   라. 재작업절차
2. 시설 및 기구 관리에 관한 사항
   가. 시설 및 주요설비의 정기적인 점검방법
   나. 삭제
   다. 장비의 교정 및 성능점검 방법
3. 원자재 관리에 관한 사항
   가. 입고 시 품명, 규격, 수량 및 포장의 훼손 여부에 대한 확인방법과 훼손되었을 경우 그 처리방법
   나. 보관장소 및 보관방법
   다. 시험결과 부적합품에 대한 처리방법
   라. 취급 시의 혼동 및 오염 방지대책
   마. 출고 시 선입선출 및 칭량된 용기의 표시사항
   바. 재고관리
4. 완제품 관리에 관한 사항
   가. 입·출하 시 승인판정의 확인방법
   나. 보관장소 및 보관방법
   다. 출하 시의 선입선출방법
5. 위탁제조에 관한 사항
   가. 원자재의 공급, 반제품, 벌크제품 또는 완제품의 운송 및 보관 방법
   나. 수탁자 제조기록의 평가방법

261 재작업

260번 해설 참고

262 효능·효과

260번 해설 참고

263 ②

260번 해설 참고

264 ⑤

5번은 제조위생관리기준서의 내용이다.

265 제조관리기준서

제조관리기준서는 다음의 사항이 포함되어야 한다.
1. 제조공정관리에 관한 사항
   가. 작업소의 출입제한
   나. 공정검사의 방법
   다. 사용하려는 원자재의 적합판정 여부를 확인하는 방법
   라. 재작업절차
2. 시설 및 기구 관리에 관한 사항
   가. 시설 및 주요설비의 정기적인 점검방법
   나. 삭제
   다. 장비의 교정 및 성능점검 방법
3. 원자재 관리에 관한 사항
   가. 입고 시 품명, 규격, 수량 및 포장의 훼손 여부에 대한 확인방법과 훼손되었을 경우 그 처리방법
   나. 보관장소 및 보관방법
   다. 시험결과 부적합품에 대한 처리방법
   라. 취급 시의 혼동 및 오염 방지대책
   마. 출고 시 선입선출 및 칭량된 용기의 표시사항
   바. 재고관리
4. 완제품 관리에 관한 사항
   가. 입·출하 시 승인판정의 확인방법
   나. 보관장소 및 보관방법
   다. 출하 시의 선입선출방법
5. 위탁제조에 관한 사항
   가. 원자재의 공급, 반제품, 벌크제품 또는 완제품의 운송 및 보관 방법
   나. 수탁자 제조기록의 평가방법

266 ②

시험결과 부적합품에 대한 처리방법은 제조관리기준서 중 원자재의 관리에 관한 사항이다.

267 ②

시설 및 기구 관리에 관한 사항
가. 시설 및 주요설비의 정기적인 점검방법
나. 법 개정으로 삭제됨.
다. 장비의 교정 및 성능점검 방법

268 ④

265번 해설 참고/ 참고로 ㄹ은 제품표준서에 들어가야 하는 사항이다.

269 품질관리기준서

품질관리기준서는 다음의 사항이 포함되어야 한다.
1. 법 개정으로 삭제됨.
2. 시험검체 채취방법 및 채취 시의 주의사항과 채취 시의 오염 방지대책
3. 시험시설 및 시험기구의 점검(장비의 교정 및 성능점검 방법)
4. 안정성시험(해당하는 경우에 한함)
5. 완제품 등 보관용 검체의 관리
6. 표준품 및 시약의 관리
7. 위탁시험 또는 위탁제조하는 경우 검체의 송부방법 및 시험결과의 판정방법
8. 그 밖에 필요한 사항

270 오염

269번 해설 참고

271 ④

269번 해설 참고

272 안정성

품질관리기준서는 다음 각 호의 사항이 포함되어야 한다.
1. 법 개정으로 삭제
2. 시험검체 채취방법 및 채취 시의 주의사항과 채취 시의 오염 방지대책
3. 시험시설 및 시험기구의 점검(장비의 교정 및 성능점검 방법)
4. 안정성시험(해당하는 경우에 한함)
5. 완제품 등 보관용 검체의 관리
6. 표준품 및 시약의 관리
7. 위탁시험 또는 위탁제조하는 경우 검체의 송부방법 및 시험결과의 판정방법

273 제조위생관리기준서

제조위생관리기준서는 다음 각 호의 사항이 포함되어야 한다.
1. 작업원의 건강관리 및 건강상태의 파악·조치방법
2. 작업원의 수세, 소독방법 등 위생에 관한 사항
3. 작업복장의 규격, 세탁방법 및 착용규정
4. 작업실 등의 청소(필요한 경우 소독 포함) 방법 및 청소주기
5. 청소상태의 평가방법
6. 제조시설의 세척 및 평가
7. 곤충, 해충이나 쥐를 막는 방법 및 점검주기

274 ②

ㄱ과 ㅂ은 제조관리기준서에 포함되어야 할 내용이다. ㄹ은 작업 전 청소상태 확인방법이다.

275 ④

CGMP 4대 기준서: 제조위생관리기준서 제품표준서 품질관리기준서 제조관리기준서

276 ⑤

2,2-디브로모-2-니트로메탄올은 사용 금지 원료이다.

277 ①

화장품 안전기준 등에 관한 규정 중 제6조 유통화장품의 안전관리기준에 대한 설명이다.

278 베르베나오일, 살리실릭애씨드

- 맞춤형화장품조제관리사가 혼합할 수 있는 것: 색소, 향료, 기능성 원료(기능성 고시 원료가 아니라 고시되지 않은 원료들을 말함.) 등(단, 사용상의 제한이 있거나 사용금지 원료는 배합 불가능!)
 * 베르베나오일: 사용 불가능 원료로 식약처장이 지정함.
 * 살리실릭애씨드: 사용 상의 제한이 필요한 원료 중 보존제로 등록되어 있음.

279 글루타랄

글루타랄은 에어로졸(스프레이에 한함) 제품에는 사용이 금지되는 사용상의 제한이 필요한 원료이다. 그리고 에어로졸(스프레이에 한함) 제품에 사용 금지를 떠나 사용상의 제한이 필요한 원료는 맞춤형화장품조제관리사가 혼합 시 다룰 수 없다.

280 ③

살리실릭애씨드 및 그 염류
<보존제>
살리실릭애씨드로서 0.5%
영유아용 제품류 또는 13세 이하 어린이가 사용할 수 있음을 특정하여 표시하는 제품에는 사용금지(다만, 샴푸는 제외)

<기타배합한도>
사용 후 씻어내는 제품류에 살리실릭애씨드로서 2%

사용 후 씻어내는 두발용 제품류에 살리실릭애씨드로서 3%
영유아용 제품류 또는 13세 이하 어린이가 사용할 수 있음을 특정하여 표시하는 제품에는 사용금지(다만, 샴푸는 제외)
기능성화장품의 유효성분으로 사용하는 경우에 한하며 기타 제품에는 사용금지

「화장품 사용 시의 주의사항 표시에 관한 규정」
살리실릭애씨드 및 그 염류 함유 제품 (샴푸 등 사용 후 바로 씻어내는 제품 제외) → 13세 이하 어린이에게는 사용하지 말 것

관련 성분(그 염류)
칼슘살리실레이트
소듐살리실레이트
포타슘살리실레이트
마그네슘살리실레이트
엠이에이-살리실레이트
티이에이-살리실레이트
징크살리실레이트

[참고] ② 이 원료는 13세 이하 어린이가 사용할 수 있음을 특정하여 표시하는 모든 제품에 사용이 금지된다. ⇒ 모든 제품은 아니다. 샴푸류는 제외된다.

281 ①

세틸피리디늄클로라이드 - 0.08%
소듐아이오데이트 - 사용 후 씻어내는 제품에만 사용 가능하며 0.1%
포타슘소르베이트(소르빅애씨드의 염류)- 소르빅애씨드로서 0.6%
알킬이소퀴놀리늄브로마이드 - 사용 후 씻어내지 않는 제품에 0.05%

282 아이오도프로피닐부틸카바메이트(IPBC), 0.02%, 0.0075%, 샤워젤류

아이오도프로피닐부틸카바메이트(아이피비씨)	· 사용 후 씻어내는 제품에 0.02% · 사용 후 씻어내지 않는 제품에 0.01% · 다만, 데오드란트에 배합할 경우에는 0.0075%	· 입술에 사용되는 제품, 에어로졸(스프레이에 한함) 제품, 바디로션 및 바디크림에는 사용금지 · 영유아용 제품류 또는 13세 이하 어린이가 사용할 수 있음을 특정하여 표시하는 제품에는 사용금지(목욕용제품, 샤워젤류 및 샴푸류는 제외)

283 ④

IPBC이며 이는 입술에 사용되는 제품, 에어로졸(스프레이에 한함) 제품, 바디로션 및 바디크림에는 사용금지영유아용 제품류 또는 13세 이하 어린이가 사용할 수 있음을 특정하여 표시하는 제품에는 사용금지(목욕용제품, 샤워젤류 및 샴푸류는 제외)

284 ⑤

이 제품의 보존제는 페녹시에탄올이다. 페녹시에탄올은 1%의 배합한도가 있다. 따라서 페녹시에탄올 이하로는 전부 1% 이하로 쓰인 성분들이다.

285 ①

<보기1>
정제수, 글리세린, 프로필렌글라이콜, 인삼가루, 변성알코올, 1,2-헥산디올, **리도카인(사용불가원료)**, 라벤더추출물, 글리세릴카프릴레이트, 꿀, **페녹시에탄올(사용상의 제한이 필요한 원료)**, **포타슘소르베이트(사용상의 제한이 필요한 원료 - 천연 및 유기농화장품에 보존제로 사용 가능)**, 감초추출물, 유칼립투스추출물, 백화사설초추출물, 하이드롤라이즈드인삼사포닌, **로즈케톤(사용상의 제한이 필요한 원료)**, 리모넨, 향료

* 프로필렌글라이콜은 사용상의 제한이 있는 원료도, 금지원료도 아니다. 따라서 사용 가능하다. 그러나 주의사항에 알러지 관련 내용을 적어야 한다.
* 리모넨도 맞춤조가 사용 가능하다. 사용상의 제한이 있는 원료도, 금지원료도 아니다. 다만 알러지 유발 가능성이 있으므로 기준을 초과하면 따로 전성분에 기재하여야 한다.

[해설]
ㄱ. 이 제품은 시중에 유통·판매될 수 없다. ⇒ 리도카인은 사용금지 원료이다. 따라서. 유통·판매될 수 없다.
ㄴ. 이 제품의 전성분 중 맞춤형화장품조제관리사가 제조할 수 없는 성분은 4개다.
⇒ 맞화조가 제조할 수 없는 성분은 위의 설명과 같다.
ㄷ. 이 제품에는 천연화장품 및 유기농화장품에 보존제로 쓰일 수 있는 성분이 없다.
⇒ 포타슘소르베이트는 소르빅애씨드의 염류로서 천연화장품 및 유기농화장품에 보존제로 쓰일 수 있는 성분이다.
ㄹ. 감초추출물의 함량은 0.6% 이하이다.
⇒ 1% 이하의 성분들은 함량 순서에 관계없이 나열할 수 있다. 따라서 1% 이하의 성분의 함량을 정확히 알 수 없다.
ㅁ. 이 제품에는 알레르기를 유발할 수 있어 따로 표시하여야 하는 향료 성분이 2가지이다.
⇒ 리모넨 한 개 이다.

286 ⑤

① 나이아신아마이드 성분이 배합되어 있는 맞춤형화장품 내용물용 베이스에 글리세린과 벤조일퍼옥사이드를 배합하여야겠군.
⇒ 벤조일퍼옥사이드는 화장품에 사용불가 원료이다.
② 닥나무추출물이 배합되어 있는 맞춤형화장품 내용물용 벌크제품에 보습을 위해 토코페롤을 배합하고 여드름에 도움을 드리기 위해 병풀추출물을 배합하여야겠군.
⇒ 토코페롤은 사용상의 제한이 필요한 원료-기타 이므로 맞화조가 배합할 수 없다.
③ 사용기한이 긴 제품을 원하셨으니 최종제품에 페닐파라벤을 혼합하여야겠어.
⇒ 페닐파라벤은 화장품에 사용불가 원료이다. 그리고 맞화조는 보존제 혼합 불가이다.
④ 좋은 향을 원하셨으니 나이아신아마이드 성분이 배합되어 있는 맞춤형화장품 내용물용 베이스에 토목향 오일과 천수국꽃 추출물을 넣고 글리세린, 미네랄오일과 탄닌 성분을 배합하여야겠군.
⇒ 토목향 오일과 천수국꽃 추출물은 사용불가 원료이다. 그리고 미네랄 오일은 여드름성 피부에 적합하지 않다. 여드름성 피부에 오일을 처방하는 것은 조심해야 한다.

[참고] 아스코빅애씨드는 기능성화장품 고시 원료가 아니다. 따라서 맞화조가 배합 가능!
탄닌성분: 모공을 조여주고 여드름성 피부에 도움을 줌(피부 수렴, 약간의 미백효과)

287 ④

에어로졸 스프레이에 사용이 불가한 보존제는 폴리(1-헥사메틸렌바이구아니드)에이치씨엘, 클로로부탄올, 에칠라우로일알지네이트 하이드로클로라이드, 아이오도프로피닐부틸카바메이트(아이피비씨)이다.

288 3, 1

베헨트리모늄 클로라이드	(단일성분 또는 세트리모늄 클로라이드, 스테아트리모늄클로라이드와 혼합사용의 합으로서) · 사용 후 씻어내는 두발용 제품류 및 두발 염색용 제품류에 5.0% · 사용 후 씻어내지 않는 두발용 제품류 및 두발 염색용 제품류에 3.0%	세트리모늄 클로라이드 또는 스테아트리모늄 클로라이드와 혼합사용하는 경우 세트리모늄 클로라이드 및 스테아트리모늄 클로라이드의 합은 '사용 후 씻어내지 않는 두발용 제품류'에 1.0% 이하, '사용 후 씻어내는 두발용 제품류 및 두발 염색용 제품류'에 2.5% 이하이어야 함

289 ④

메칠이소치아졸리논	사용 후 씻어내는 제품에 0.0015% (단, 메칠클로로이소치아졸리논과 메칠이소치아졸리논 혼합물과 병행 사용 금지)	기타 제품에는 사용금지
메칠클로로이소치아졸리논과 메칠이소치아졸리논 혼합물(염화마그네슘과 질산마그네슘 포함)	사용 후 씻어내는 제품에 0.0015% (메칠클로로이소치아졸리논:메칠이소치아졸리논=(3:1)혼합물로서)	기타 제품에는 사용금지

290 ①

①은 사용 불가 원료이다.
피크라민산(산화염모제에 0.6%) 황산 5-아미노-o-크레솔(산화염모제에 4.5%), 황산 톨루엔-2,5-디아민(산화염모제에 3.6%), 염산 2,4-디아미노페놀(산화염모제에 0.5%)

291 ④

① 탈리도마이드(사용금지원료로 배합한도 0), 클로펜아미드(사용금지원료로 배합한도 0), 피로갈롤(염모제에 2%) - 2
② 트레타민(사용금지원료로 배합한도 0), 드로메트리졸트리실록산(15%), 폴리에이치씨엘(0.05%) = 15.05
③ 피리딘-2-올 1-옥사이드(0.5%), 테트라브로모-o-크레졸(0.3%), 호모살레이트(10%) = 10.8%
④ 과붕산나트륨일수화물(염모제에 12%), 몰식자산(산화염모제에 4%), 소듐나이트라이트(0.2%) = 16.2
⑤ 알에이치(또는 에스에이치) 올리고펩타이드-1(0.001%), 에탄올·붕사·라우릴황산나트륨(4:1:1)혼합물(12%), 풍나무(Liquidambar styraciflua) 발삼오일 및 추출물(0.6%) = 12.601%

292 ③

소합향나무(*Liquidambar orientalis*) 발삼오일 및 추출물은 사용상의 제한이 필요한 원료 - 기타 목록에 포함되어 있다.

소합향나무(*Liquidambar orientalis*) 발삼오일 및 추출물	0.6%

293
0.5, 1

성분명
징크피리치온
보존제 성분
사용 후 씻어내는 제품에 (0.5)%
기타 성분
비듬 및 가려움을 덜어주고 씻어내는 제품(샴푸, 린스) 및 탈모증상의 완화에 도움을 주는 화장품에 총 징크피리치온으로서 (1.0)%

294
①

만수국꽃 추출물 또는 오일	· 원료 중 알파 테르티에닐(테르티오펜) 함량은 0.35% 이하
· 사용 후 씻어내는 제품에 0.1%	· 자외선 차단제품 또는 자외선을 이용한 태닝(천연 또는 인공)을 목적으로 하는 제품에는 사용금지
· 사용 후 씻어내지 않는 제품에 0.01%	· 만수국아재비꽃 추출물 또는 오일과 혼합 사용 시 '사용 후 씻어내는 제품'에 0.1%, '사용 후 씻어내지 않는 제품'에 0.01%를 초과하지 않아야 함

295
④

①,②,⑤는 모두 사용상의 제한이 필요한 원료이다. 이는 맞춤형 화장품조제관리사가 배합할 수 없는 성분들이다.
③ p-클로로-m-크레졸 배합한도 0.04%
④ 트리클로산 - 사용 후 씻어내는 인체세정용 제품류, 데오도런트(스프레이 제품 제외), 페이스파우더, 피부결점을 감추기 위해 국소적으로 사용하는 파운데이션(예 : 블레미쉬컨실러)에 0.3%

296
11, 19, 1

치오글라이콜릭애씨드, 그 염류 및 에스텔류	· 퍼머넌트웨이브용 및 헤어스트레이트너 제품에 치오글라이콜릭애씨드로서 11% (다만, 가온2욕식 헤어스트레이트너 제품의 경우에는 치오글라이콜릭애씨드로서 5%, 치오글라이콜릭애씨드 및 그 염류를 주성분으로 하고 제1제 사용 시 조제하는 발열 2욕식 퍼머넌트웨이브용 제품의 경우 치오글라이콜릭애씨드로서 19%에 해당하는 양)
	· 제모용 제품에 치오글라이콜릭애씨드로서 5%
	· 염모제에 치오글라이콜릭애씨드로서 1%
	· 사용 후 씻어내는 두발용 제품류에 2%

297
메칠파라벤, 부틸파라벤, 0.8

p-하이드록시벤조익애씨드, 그 염류 및 에스텔류 = 파라벤

p-하이드록시벤조익애씨드, 그 염류 및 에스텔류 (다만, 에스텔류 중 페닐은 제외)	· 단일성분일 경우 0.4%(산으로서) · 혼합사용의 경우 0.8%(산으로서)

한국에서 쓰일 수 있는 파라벤의 종류: 에칠파라벤, 메칠파라벤, 부틸파라벤, 이소부틸파라벤, 프로필파라벤, 이소프로필파라벤
*페닐파라벤은 사용 금지이다!

298
③

* 염류
- 양이온염으로 소듐, 포타슘, 칼슘, 마그네슘, 암모늄 및 에탄올아민
- 음이온염으로 클로라이드, 브로마이드, 설페이트, 아세테이트
* 에스텔류 : 메칠, 에칠, 프로필, 이소프로필, 부틸, 이소부틸, 페닐

299
착향제

[풀이] 식약처장 고시 문장 중 일부: 착향제는 화장품의 전성분에 "향료"로 표시할 수 있으나, 착향제 구성 성분 중 식약처장이 고시한 알레르기 유발성분이 있는 경우에는 "향료"로만 표시할 수 없고, 추가로 해당 성분의 명칭을 기재하여야 한다.

300
예

[풀이] 사용 후 씻어내지 않는 바디로션(250g) 제품에 리모넨이 0.05g 포함 시, 0.05g ÷ 250g × 100 = 0.02% → 0.001%를 초과하므로 표시 대상이다.

301
예

[풀이] 사용 후 씻어내는 클렌징품(500g) 제품에 신남알이 0.1g 포함 시, 0.1g ÷ 500g × 100 = 0.02% → 0.01%를 초과하므로 표시 대상이다.

302
예

[풀이] 사용 후 씻어내지 않는 아이크림(20g) 제품에 시트랄이 0.03g 포함 시, 0.03g ÷ 20g × 100 = 0.15% → 0.001%를 초과하므로 표시 대상이다.

303 예

[풀이] 사용 후 씻어내지 않는 바디로션(500g) 제품에 리날룰이 0.01g 포함 시, 0.01g ÷ 500g × 100 = 0.002% → 0.001%를 초과하므로 표시 대상이다.

304 예

[풀이]

> 어떤 것의 ?%를 구하는 방법 ☞ **어떤 것 × ? × 0.01**
> (예) 500g의 5%는 몇 그램일까? ☞ **500 × 5 × 0.01 = 25g**

즉, 이 문제에서는 리모넨은 향료 0.3g 중 3%가 들어있다고 하였으므로 0.3 × 3 × 0.01 = 0.009g. 리모넨은 최종 제품에 대해 0.009g이 들어가있다. 이제 초급 수준의 앞의 문제를 푸는 방법대로 풀어주면 된다. 전체 200g 중에 리모넨이 0.009g 있으므로, 0.009g ÷ 200g × 100 = 0.0045% → 0.001%를 초과하므로 표시 대상이다.

305 예

[풀이] 304번 해설 참고. 전체에 대해 리날룰은 0.003g 함유되어 있음. 따라서 0.002%가 배합되어 있으므로 0.001%를 초과! 표시 대상이다.

306 아니오

[풀이] 304번 해설 참고. 전체에 대해 쿠마린은 0.0008g 함유되어 있음. 따라서 0.000235294%가 배합되어 있으므로 0.01%를 초과하지 않는다. 따라서 표시 대상이 아니다.

307 아니오

[풀이] 304번 해설 참고. 0.001g(쿠마린)/ 따라서 전체에 대해 쿠마린은 0.00076923%함유되어 있다. 따라서 표시할 필요가 없다.

308 예

[풀이]

> %의 % 구하는 방법 ☞ 퍼센트 앞의 숫자끼리 곱한 후 0.01을 곱하기!
> (예) 크림 전체 중 0.5%를 차지하는 향료 중 3%를 차지하는 성분의 최종 제품에 대한 함량을 한 번에 계산하려면 0.5 × 3 × 0.01만 해주면 된다. 즉, 0.015%이므로 이 제품에는 따로 표기를 하여야 한다.

309 예

[풀이] 1 × 0.5 × 0.01 = 0.005 ☞ 즉, 최종 제품에 리모넨이 0.005%가 있다는 의미이다. 핸드크림은 씻어내는 제품이 아니므로 0.001%를 초과하면 기재하여야 한다.

310 예

[풀이] 0.8 × 18 × 0.01 = 0.144 ☞ 즉, 최종 제품에 리모넨이 0.144%가 있다는 의미이다. 이 제품은 씻어내는 것이므로 0.01%를 초과하면 기재하여야 한다.

311 예

[풀이] 0.9 × 1.8 × 0.01 = 0.0162 ☞ 즉, 최종 제품에 리모넨이 0.0162%가 있다는 의미이다. 이 제품은 씻어내는 제품이 아니므로 0.001%를 초과하면 기재하여야 한다.

312 ④, ⑤

[풀이]
① - 대부분의 책임판매업자는 1번과 같은 양식으로 기재한다. 향료와 알레르기 유발 고시성분을 구별하여 적은 대표적인 기재법이다.
② - 전체적인 향료보다 리모넨이 더 많이 사용되어 향료 앞에 리모넨을 쓴다면 2번과 같이 표기할 수도 있다. 혹은 단순히 착향제의 경우 순서에 상관없이 기재할 수 있으므로 순서를 마음대로 조정하여 기재한 것일 수도 있다. 무슨 경우이든 2번처럼 기재할 수 있다.
③ - 함량 순으로 기재한 경우이다. C나 D보다 리모넨이 더 많이 쓰여서 리모넨을 앞으로 쓴 것이다. 함량 순으로 기재하는 것이 제일 권장되는 방법이다. 그러나 향을 내는 데에 업체마다 비법이 있으므로 3번보다는 1번으로 기재하는 편이다.
④ - 이렇게 표시하면 안 된다. 향료에는 수만 가지가 들어갈 수 있는데 이렇게 기재하면 오로지 이 화장품 속 향료에는 리모넨과 리날룰만 존재하는 것처럼 소비자가 오해할 수 있기 때문이다.
⑤ - 이렇게 표시해도 안 된다. 식약처장이 고시한 25종에 대해서만 알레르기 유발성분임을 별도로 표시하면 해당 성분만 알레르기를 유발하는 것으로 소비자가 오인할 우려가 있어 부적절하다.

313 아니오

[풀이] 알레르기 유발성분의 함량에 따른 표시 방법이나 순서를

별도로 정하고 있지는 않으나, 전성분 표시 방법을 적용하길 권장한다. 권장이지 꼭 따라야 하는 것은 아니다.

314   아니오

[풀이] 착향제 중에 포함된 알레르기 유발성분의 표시는 "전성분 표시제"의 표시대상 범위를 확대한 것으로서, '사용 시의 주의사항'에 기재될 사항은 아니다.

315   아니오

[풀이] 내용량 10mL(g) 초과 50mL(g) 이하인 화장품은 전성분 기재가 생략된다. 따라서 기존 규정과 동일하게 표시 · 기재를 위한 면적이 부족한 사유로 생략이 가능하나, 해당 정보는 홈페이지 등에서 확인할 수 있도록 해야 한다.

316   예

[풀이] 식물의 꽃 · 잎 · 줄기 등에서 추출한 에센셜오일이나 추출물이 착향의 목적으로 사용되었거나 해당 성분이 착향제의 특성이 있는 경우에는 천연으로 들어갔든 아니든 알레르기 유발성분을 표시 · 기재하여야 한다.

317   ⑤

[풀이] 식약처장이 정한 알레르기 유발 물질 25종은 다음의 표 안에 있는 성분들뿐이다.

연번	성분명	CAS 등록번호
1	아밀신남알	CAS No 122-40-7
2	벤질알코올	CAS No 100-51-6
3	신나밀알코올	CAS No 104-54-1
4	시트랄	CAS No 5392-40-5
5	유제놀	CAS No 97-53-0
6	하이드록시시트로넬알	CAS No 107-75-5
7	아이소유제놀	CAS No 97-54-1
8	아밀신나밀알코올	CAS No 101-85-9
9	벤질살리실레이트	CAS No 118-58-1
10	신남알	CAS No 104-55-2
11	쿠마린	CAS No 91-64-5
12	제라니올	CAS No 106-24-1
13	아니스알코올	CAS No 105-13-5
14	벤질신나메이트	CAS No 103-41-3
15	파네솔	CAS No 4602-84-0
16	부틸페닐메틸프로피오날	CAS No 80-54-6
17	리날룰	CAS No 78-70-6
18	벤질벤조에이트	CAS No 120-51-4
19	시트로넬올	CAS No 106-22-9
20	헥실신남알	CAS No 101-86-0
21	리모넨	CAS No 5989-27-5
22	메틸 2-옥티노에이트	CAS No 111-12-6
23	알파-아이소메틸아이오논	CAS No 127-51-5
24	참나무이끼추출물	CAS No 90028-68-5
25	나무이끼추출물	CAS No 90028-67-4

318   ③, ⑤

[풀이] 317번 해설 참고

319   답 없음

[풀이] 1~5 전부 사용 금지 원료이다.

320   ④, ⑤

[풀이] 317번 해설 참고

321   풀이 참고

제품 종류	포장공간비율	포장 횟수
인체 및 두발 세정용 제품류	15% 이하	2차 이내
그 밖의 화장품류	10% 이하(단, 향수제외)	2차 이내

322   33

[풀이] 포장 제품의 재포장 금지: 환경을 위하여 「제품의 포장재질 · 포장방법에 관한 기준 등에 관한 규칙(환경부령)」 제11조에 따라 제품의 제조 또는 수입하는 자, 대규모점포 및 면적이 33 제곱미터 이상인 매장에서 포장된 제품을 판매하는 자는 포장되어 생산된 제품을 재포장하여 제조 · 수입 · 판매해서는 안 된다.

323   안정성 시험

[풀이]
- 안정성 시험의 정의: 화장품 안정성시험은 화장품의 저장방법 및 사용기한을 설정하기 위하여 경시변화에 따른 품질의 안정성을 평가하는 시험이다.

324 장기보존시험, 가속시험, 가혹시험, 개봉 후 안정성 시험

장기보존시험	- 화장품의 저장 조건에서의 사용기한 설정을 위해 장기간에 걸쳐 물리적·화학적·미생물학적 안정성 및 용기 적합성을 확인하는 시험
가속시험	- 장기보존시험의 저장조건을 벗어난 단기간의 가속조건이 물리적·화학적·미생물학적 안정성 및 용기 적합성에 미치는 영향을 평가하기 위한 시험

가혹시험	- 가혹 조건에서 화장품의 분해 과정 및 분해산물 등을 확인하기 위한 시험
	- 개별 화장품의 취약성, 운반, 보관, 진열, 사용과정에서 의도치 않게 일어날 수 있는 가능성이 있는 가혹 조건에서의 품질변화를 검토하기 위해 수행
	
	가혹시험의 대표적 예시
	- 온도 편차 및 극한 조건에서의 동결-해동시험 및 고온시험
	  - 동결-해동 시험 시 현탁(결정 형성 또는 흐릿해지는 경향)발생 여부, 유제와 크림제의 안정성 결여, 포장 문제(예: 표시·기재 사항 분실이나 구겨짐, 파손 또는 찌그러짐), 알루미늄 튜브 내부 래커의 부식여부 등을 관찰한다.
	  - 시험 예로는 저온 시험과 동결-해동 시험, 고온 시험이 있다.
	  - 동결-해동 시험 시 현탁(결정 형성 또는 흐릿해지는 경향)발생 여부, 유제와 크림제의 안정성 결여, 포장 문제(예: 표시·기재 사항 분실이나 구겨짐, 파손 또는 찌그러짐), 알루미늄 튜브 내부 래커의 부식여부 등을 관찰한다.
	  - 시험 예로는 저온 시험과 동결-해동 시험, 고온 시험이 있다.
	
	- 기계·물리적 시험(기계·물리적 충격시험 및 진동시험)
	  - 이 시험에서 진동 시험(vibration testing)은 분말 또는 과립 제품의 혼합상태가 깨지거나(de-mixing) 또는 분리 발생 여부를 판단하기 위해 수행한다.
	  - 기계·물리적 충격시험, 진동시험을 통한 분말제품의 분리도 시험 등, 유통, 보관, 사용조건에서 제품특성상 필요한 시험을 말한다. 기계적 충격 시험(mechanical shock testing)은 운반 과정에서 화장품 또는 포장이 손상될 가능성을 조사하는 데 사용한다.
	- 광안정성 시험: 제품이 빛에 노출될 수 있는 상태로 포장된 화장품은 광안정성 시험을 실시한다. 이 때의 시험 조건은 화장품이 빛에 노출될 수 있는 조건을 반영한다.

개봉 후 안정성 시험	화장품 사용 시 일어날 수 있는 오염 등을 고려한 사용기한을 설정하기 위하여 장기간에 걸쳐 물리적·화학적·미생물학적 안정성 및 용기 적합성을 확인하는 시험

325 ②

[풀이]
화장품이 <u>제조된 날부터</u> 적절한 보관조건에서 성상·품질의 변화 없이 최적의 품질로 이를 사용할 수 있는 최소한의 기한과 저장방법을 설정하기 위한 기준을 정하는 데에 그 목적이 있다.

326 ②

[풀이]
운반 및 보관과정에서 극한적인 온도 및 압력조건에 제품이 노출될 수 있으므로 이런 극한 조건으로 동결-해동 시험을 고려해야 하는 제품의 경우에 수행하며 <u>일정한 온도 조건에서의 보관보다는 온도 사이클링(cycling) 또는 "동결-해동(freeze-thaw)"시험</u>을 통해 문제점을 보다 신속하게 파악할 수 있다.

327 ②

[풀이] 시험개시 때를 포함하여 최소 3번 측정이다.

328 광선, 온도, 습도

[풀이]

가혹시험	- 검체의 특성 및 시험조건에 따라 적절히 설정 - 보존조건: **광선, 온도, 습도** 3가지 조건을 검체의 특성을 고려하여 결정 - 온도순환(-15℃~45℃), 냉동-해동 또는 저온-고온의 가혹 조건을 고려하여 결정 - 온도 편차, 극한조건(-15~45℃) 사이클링 - 기계·물리적시험(진동, 원심분리) - 광안정성

329 내용물 감량, 내용물에 의한 용기 마찰, 크로스컷트, 감압누설, 유리병 표면 알칼리 용출량

[풀이]

시험 방법	적용 범위	비고
내용물 감량	화장품 용기에 충전된 내용물의 건조감량을 측정	마스카라, 아이라이너 또는 매용을 일부가 쉽게 휘발되는 제품에 적용
내용물에 의한 용기 마찰	내용물에 따른 인쇄문자, 핫스탬핑, 증착 또는 코팅막의 용기 표면과의 마찰을 측정	내용물에 의한 인쇄문자 및 코팅막 등의 변형, 박리, 용출을 확인
용기의 내열성 및 내한성	내용물의 충전된 용기 또는 용기를 구성하는 각종 소재의 내한성 및 내열성 측정	혹서기, 혹한기 또는 수출 시 유통환경 변화에 따른 제품 변질 방지를 위함
유리병의 내부압력	유리 소재의 화장품 용기의 내압 강도를 측정	화려한 디자인 및 독특한 형상의 유리병은 내부 압력에 취약
펌프 누름 강도	펌프 용기의 화장품을 펌핑 시 펌프 버튼의 누름 강도 측정	펌프 제품의 사용 편리성을 확인
크로스 컷트	화장품 용기 소재인 유리, 금속, 플라스틱의 유기 또는 무기 코팅막 또는 도금층의 밀착성 측정	규정된 점착테이프를 압착한 후 떼어내어 코팅층의 박리 여부를 확인
낙하	플라스틱 용기, 조립 용기에 대한 낙하에 따른 파손, 분리 및 작용 여부를 측정	다양한 형태의 조립 포장재가 부착된 화장품 용기에 적용
감압누설	액상 내용물을 담는 용기의 마개, 펌프, 패킹 등의 밀폐성 측정	스킨, 로션, 오일과 같은 액상 제품의 용기에 적용
내용물에 의한 용기의 변형	용기와 내용물의 장기간 접촉에 따른 용기의 팽창, 수축, 변질, 탈색, 연화, 발포, 균열, 용해 등을 측정	내용물에 침적된 용기 재료의 물성 저하 또는 변화 상태, 내용물 간의 색상 전이 등을 확인
유리병 표면 알칼리 용출량	유리병 내부에 존재하는 알칼리를 황산과 중화반응 원리를 이용하여 측정	고온다습 환경에서 장기 방치 시 발생하는 표면의 알카리화 변화량 확인
유리병의 열 충격	화장품용 유리병의 급격한 온도 변화에 따른 내구력을 측정	유리병 제조 시 열처리 과정에서 발생하는 불량 방지
접착력	화장품 용기에 표시된 인쇄문자, 코팅막, 라미네이팅의 밀착성을 측정	용기 표면의 인쇄문자, 코팅막 및 필림을 접착 테이프로 박리 여부 확인
라벨 접착력	화장품 포장의 라벨, 스티커 또는 수지 지자체의 접착력 측정	시험판이 붙어있는 접착판을 인장 시험기로 시험

330 ①

[풀이] 329번 해설 참고

331 ③

[풀이] 329번 해설 참고

332 밀폐/기밀/밀봉/차광

[풀이]

★「기능성 화장품 기준 및 시험 방법」통칙에 따른 용기 구분
1. 밀폐용기: 일상의 취급 또는 보통 보존상태에서 외부로부터 **고형**의 이물이 들어가는 것을 방지하고 고형의 내용물이 손실되지 않도록 보호할 수 있는 용기.(밀폐용기로 규정되어 있는 경우에는 기밀용기도 쓸 수 있음.)
2. 기밀용기: 일상의 취급 또는 보통 보존상태에서 **액상 또는 고형의 이물 또는 수분**이 침입하지 않고 내용물을 손실, 풍화, 조해 또는 증발로부터 보호할 수 있는 용기.(기밀용기로 규정되어 있는 경우에는 밀봉용기도 쓸 수 있음.)
3. 밀봉용기: 일상의 취급 또는 보통의 보존상태에서 **기체 또는 미생물이 침입할 염려가 없는** 용기
4. 차광용기: 광선의 투과를 방지하는 용기 또는 투과를 방지하는 포장을 한 용기(갈색병 용기)

333 ⑤

[풀이]

미생물 오염의 종류

구분		내용
1차 오염	공장 제조에서 유래하는 오염	마스카라, 아이라이너 또는 매용을 일부가 쉽게 휘발되는 제품에 적용
2차 오염	소비자에 의한 사용 중의 미생물 오염	손가락을 넣어 화장품을 꺼냄. 사용하고 남은 내용물을 다시 넣음. 뚜껑을 연 채로 방치 공기($8 \sim 35 \times 10^2/m^3$), 토양($1 \times 10^8 \sim 4 \times 10^{10}/g$), 두피($1.4 \times 10^7/cm^2$) 얼굴이나 손에도 다량의 균이 상재(피부상재균)

미생물 생육조건 및 오염균

구분	세균	진균	
	박테리아 (bacterium)	효모(yeast)	곰팡이 (mold)
생육온도	25 ~ 37℃	25 ~ 30℃	25 ~ 30℃
좋은 영양소	단백질, 아미노산, 동물성 식품	당질, 식물성 식품	전분, 식물성 식품
생육 pH 영역	약산 ~ 약알칼리	산성	산성
공기(산소) 요구성	대부분 호기성	호기성 ~ 혐기성	호기성
주요 생성물	아민, 암모니아, 산류, 탄산가스	알코올, 산류, 탄산가스	산류
대표적인 오염균	황색포도상구균, 대장균, 녹농균	빵효모, 칸디다균	푸른곰팡이, 맥아곰팡이

334   미생물

[풀이] 화장품의 주성분은 물과 기름이고 다른 영향을 주는 성분들을 포함할 수 있으므로 제조 및 유통 과정 중에 오염된 미생물이 화장품에서 증식할 가능성이 적지 않다. 오염된 미생물은 화장품의 품질을 저하하고 소비자의 피부건강에 나쁜 영향을 미칠 수 있으므로 화장품 제조업자 및 책임판매업자는 화장품의 품질, 안전성, 유효성을 확보하기 위하여 화장품 원료, 화장품과 직접 접촉하는 용기나 포장 및 최종 제품의 미생물오염을 방지하여야 한다.

335   풀이 참고

CGMP 3대 요소(3회 시험 기출)
- 인위적인 과오의 최소화
- 미생물오염 및 교차오염으로 인한 품질저하 방지
- 고도의 품질관리체계 확립

336   특성, 주의사항

[풀이] 맞춤형화장품 판매 시 다음 사항을 소비자에게 설명하여야 함
- 혼합·소분에 사용되는 내용물 또는 원료의 특성
- 맞춤형화장품 사용 시의 주의사항

337   ⑤

[풀이] 공통 주의사항은 다음과 같다.

※ 화장품 사용 시 또는 사용 후 직사광선에 의하여 사용 부위가 붉은 반점, 부어오름 또는 가려움증 등의 이상 증상이나 부작용이 있는 경우 전문의 등과 상담할 것
※ 상처가 있는 부위 등에는 사용을 자제할 것
※ 보관 및 취급 시의 주의사항
  - 어린이의 손이 닿지 않는 곳에 보관할 것
  - 직사광선을 피해서 보관할 것

338   답 없음

[풀이] 눈과 관련된 주의사항을 기재하여야 하는 화장품의 종류: 미세한 알갱이가 함유되어 있는 스크럽세안제, 팩, 두발용, 두발염색용 및 눈 화장용 제품류, 샴푸, 퍼머넌트 웨이브 제품 및 헤어스트레이트너 제품, 손·발의 피부연화 제품(우레아(요소)를 포함하는 핸드크림 및 풋크림), 고압가스를 사용하는 에어로졸 제품, 염모제(산화염모제와 비산화염모제), 탈염·탈색제, 제모제

339   ②

[풀이] 섭씨 15도 이하의 어두운 장소에 보존하고, 색이 변하거나 침전된 경우에는 사용하지 말 것

340   ③

[풀이]

외음부 세정제
가) 외음부에만 사용하며, 질 내에 사용하지 않도록 할 것
나) 정해진 용법과 용량을 잘 지켜 사용할 것
다) 3세 이하의 영유아에게는 사용하지 말 것
라) 임신 중에는 사용하지 않는 것이 바람직하며, 분만 **직전**의 외음부 주위에는 사용하지 말 것
마) 프로필렌 글리콜(Propylene glycol)을 함유하고 있으므로 이 성분에 과민하거나 알레르기 병력이 있는 사람은 신중히 사용할 것(프로필렌 글리콜 함유제품만 표시)

341   ④

[풀이] 테스트 부위의 관찰은 테스트액을 바른 후 30분 그리고 48시간 후 총 2회를 반드시 행하여야 한다. 그때 도포 부위에 발진, 발적, 가려움, 수포, 자극 등의 피부 등의 이상이 있는 경우 손 등으로 만지지 말고 바로 씻어내고 염모는 하면 안 된다. 테스트 도중, 48시간 이전이라도 위와 같은 피부이상을 느낀 경우 바로 테스트를 중지하고 테스트액을 씻어내고 염모는 하지 말아야 한다.

342 ③

[풀이] 염모 전후 1주간은 파마·웨이브(퍼머넌트웨이브)를 하면 안 된다.

343

땀발생억제제(Antiperspirant), 향수, 수렴로션(Astringent Lotion)

344 ①

② 과산화수소가 함유된 제품 - 눈에 접촉을 피하고 눈에 들어갔을 때는 즉시 씻어낼 것

③

| 살리실릭애씨드 및 그 염류 함유 제품 (샴푸 등 사용 후 바로 씻어내는 제품 제외) | 3세 이하 영유아에게는 사용하지 말 것 |

④

| 벤잘코늄클로라이드, 벤잘코늄브로마이드 및 벤잘코늄사카리네이트 함유 제품 | 눈에 접촉을 피하고 눈에 들어갔을 때는 즉시 씻어낼 것 |

⑤

| 알부틴 2% 이상 함유 제품 | 알부틴은 「인체적용시험자료」에서 구진과 경미한 가려움이 보고된 예가 있음 |

345 ⑤

| 스테아린산아연 함유 제품 (기초화장용 제품류 중 파우더 제품에 한함) | 사용 시 흡입되지 않도록 주의할 것 |

346 ②

이 제품의 전성분에는 스테아린산 아연이 포함되어 있고 이 제품은 기초화장용 제품류 중 파우더 제품이다. 따라서 2번의 주의사항이 들어가야 한다.

347 자극, 알레르기

[풀이] 화장품의 유해사례는 농도에 의존하는 자극(irritation)과 농도와 무관한 알레르기로 구분될 수 있다. 특정 원료에 대한 알레르기성 유해사례는 화장품 공급자와 고객 모두가 노력해야 하며, 자극성 유해사례는 원료 공급자, 화장품 공급자 등 개발/제조자들이 부단히 노력하여야 한다.

348 ①

[풀이] 위해평가 시 본 가이드라인을 체크리스트로 간주할 수 없으며, 화장품 성분의 특성에 따라 사례별(case-by-case)로 평가하는 것이 바람직하다.

349 전파

[풀이]

| 정보의 전파 (3회 기출) | ① 식품의약품안전처장은 안전하고 올바른 화장품의 사용을 위하여 화장품 안전성 정보의 평가 결과를 화장품책임판매업자 등에게 전파하고 필요한 경우 이를 소비자에게 제공할 수 있음.
② 식품의약품안전처장은 수집된 안전성 정보, 평가결과 또는 후속조치 등에 대하여 필요한 경우 국제기구나 관련국 정부 등에 통보하는 등 국제적 정보교환체계를 활성화하고 상호협력 관계를 긴밀하게 유지함으로써 화장품으로 인한 범국가적 위해의 방지에 적극 노력하여야 함. |

350 ③

[풀이]
미량의 중금속 등 불순물, 제조공정이나 보관 중에 생길 수 있는 비의도적 오염물질을 가능한 줄이기 위한 충분한 조치를 취하여야 한다. 그럼에도 오염물질이 존재할 경우, 그 안전성은 노출량 등을 고려하여 사례별(case-by-case)로 검토되어야 한다.

CHAPTER 03 3단원 정답 및 해설

351   소비자, 국민 보건
제1조(목적) 이 고시는 「화장품법」 제5조제1항 및 같은 법 시행규칙 제11조제2항에 따라 우수화장품 제조 및 품질관리 기준에 관한 세부사항을 정하고, 이를 이행하도록 권장함으로써 화장품제조업자가 우수한 화장품을 제조, 관리, 보관 및 공급을 통해 소비자 보호 및 국민 보건 향상에 기여함을 목적으로 한다.

352   ①
"제조"란 원료 물질의 칭량부터 혼합, 충전(1차포장) 등의 일련의 작업을 말한다.

353   ④
ㄱ. 품질관리가 아니라 품질보증에 대한 정의이다. "품질보증"이란 제품이 적합 판정 기준에 충족될 것이라는 신뢰를 제공하는데 필수적인 모든 계획되고 체계적인 활동을 말한다.
ㄷ. 기준일탈이 아니라 일탈에 대한 정의이다. "일탈"이란 제조 또는 품질관리 활동 등의 미리 정하여진 기준을 벗어나 이루어진 행위를 말한다.
ㅁ. 감염이 아니라 오염이다. "오염"이란 제품에서 화학적, 물리적, 미생물학적 문제 또는 이들이 조합되어 나타내는 바람직하지 않은 문제의 발생을 말한다.

354   적합판정기준, 품질보증
"적합 판정 기준"이란 시험 결과의 적합 판정을 위한 수적인 제한, 범위 또는 기타 적절한 측정법을 말한다. "품질보증"이란 제품이 적합 판정 기준에 충족될 것이라는 신뢰를 제공하는데 필수적인 모든 계획되고 체계적인 활동을 말한다.

355   일탈, 기준일탈
일탈이란 제조 또는 품질관리 활동 등의 미리 정하여진 우수화장품 제조 및 품질관리기준을 벗어나 이루어진 행위를 말한다.
기준일탈이란 규정된 합격 판정 기준에 일치하지 않는 검사, 측정 또는 시험결과를 말한다.

356   검교정
불만이란 제품이 규정된 적합판정기준을 충족시키지 못한다고 주장하는 외부 정보를 말한다.
검교정이란 규정된 조건 하에서 측정기기나 측정 시스템에 의해 표시되는 값과 표준기기의 참값을 비교하여 이들의 오차가 허용범위 내에 있음을 확인하고, 허용범위를 벗어나는 경우 허용범위 내에 들도록 조정하는 것을 말한다.

357   반제품, 벌크제품
"반제품"이란 제조공정 단계에 있는 것으로서 필요한 제조공정을 더 거쳐야 벌크 제품이 되는 것을 말한다. "벌크 제품"이란 충전(1차포장) 이전의 제조 단계까지 끝낸 제품을 말한다.

358   제조단위, 제조번호
제조단위란 하나의 공정이나 일련의 공정으로 제조되어 균질성을 갖는 화장품의 일정한 분량을 말한다.
제조번호란 일정한 제조단위분에 대하여 제조관리 및 출하에 관한 모든 사항을 확인할 수 있도록 표시된 번호로서 숫자·문자·기호 또는 이들의 특정적인 조합을 말한다.

359   ②
"공정관리"란 제조공정 중 적합판정기준의 충족을 보증하기 위하여 **공정**을 모니터링하거나 조정하는 모든 작업을 말한다.

360   ④
ㄱ. "완제품"이란 제품의 포장 및 첨부문서에 표시공정 등을 포함한 모든 제조공정이 완료되어 출하된 화장품을 말한다. → 완제품은 모든 공정은 완료됐으나 출하 직전인 상품을 말한다.
ㄴ. "세척"이란 화학적인 방법, 기계적인 방법, 온도, 적용시간과 이러한 복합된 요인에 의해 청정도를 유지하고 일반적으로 표면에서 눈에 보이는 먼지를 분리, 제거하여 외관을 유지하는 모든 작업을 말한다. → 행정규칙 정의에 따르면 세척이 아니라 청소이다.

ㅂ. "감사"란 제조 및 품질과 관련한 결과가 계획된 사항과 일치하는지의 여부와 제조 및 품질관리가 효과적으로 실행되고 목적 달성에 적합한지 여부를 결정하기 위한 자율적인 조사를 말한다. → 조사를 자율적으로 하면 감사의 의미가 없다. 체계적이고 독립적인 조사이다.

361 재작업, 내부감사

재작업이란 판정기준을 벗어난 완제품, 벌크제품 또는 반제품을 재처리하여 품질이 적합한 범위에 들어오도록 하는 작업을 말한다.
내부감사란 제조 및 품질과 관련한 결과가 계획된 사항과 일치하는지의 여부와 제조 및 품질관리가 효과적으로 실행되고 목적 달성에 적합한지 여부를 결정하기 위한 회사 내 자격이 있는 직원에 의해 행해지는 체계적이고 독립적인 조사를 말한다.

362 제조번호/출하

"제조번호"란 일정한 제조단위분에 대하여 제조관리 및 출하에 관한 모든 사항을 확인할 수 있도록 표시된 번호이다. "출하"란 주문 준비와 관련된 일련의 작업과 운송 수단에 적재하는 활동으로 제조소 외로 제품을 운반하는 것을 말한다.

363 ④

① "제조"란 원료 물질의 칭량부터 혼합, 충전(1차포장) 등의 일련의 작업을 말한다.
② "기준일탈"이란 제조 또는 품질관리 활동 등의 미리 정하여진 기준을 벗어나 이루어진 행위를 말한다.
→ 일탈이다.
③ "시장출하"란 주문 준비와 관련된 일련의 작업과 운송 수단에 적재하는 활동으로 제조소 외로 제품을 운반하는 것을 말한다. → 출하에 대한 설명이다. 시장출하란 화장품책임판매업자가 완제품을 소비자에게 판매를 위해 출하하는 것을 말한다.
⑤ "제조단위"란 "뱃치"라고도 하며 여러 공정으로 제조되어 다양성을 갖는 화장품의 일정한 분량을 말한다.
→ 하나의 공정이나 일련의 공정으로 제조되어 균질성을 갖는 화장품의 분량이다.

364 ④

모든 직원은 '자신의 업무범위 내'에서 기준을 벗어난 행위나 부적합 발생 등에 대해 보고해야 할 의무가 있다. 자신의 업무 범위 밖의 부적합 발생에 대한 보고의 의무는 없다.

365 ③

ㄱ. 제조소별로 독립된 제조부서와 품질관리부서를 두어야 한다.
→ 품질관리부서는 독립적이지 않아도 된다. 제조소별로 독립된 제조부서와 품질부서를 두어야 한다.
ㅁ. 책임판매관리자는 품질에 관련된 모든 문서와 절차를 검토할 의무가 있다. → 품질책임자의 권한이다.
ㅂ. 피부에 외상이 있거나 질병에 걸린 직원은 건강이 양호해지거나 화장품의 품질에 영향을 주지 않는다는 의사 및 약사의 소견이 있기 전까지는 화장품과 직접적으로 접촉되지 않도록 격리되어야 한다.→ 약사는 해당되지 않는다.

366 ①

품질책임자는 화장품의 품질을 담당하는 부서의 책임자로서 다음 각 호의 사항을 이행하여야 한다.
1. 품질에 관련된 모든 문서와 절차의 검토 및 승인
2. 품질 검사가 규정된 절차에 따라 진행되는지의 확인
3. 일탈이 있는 경우 이의 조사 및 기록
4. 적합 판정한 원자재 및 제품의 출고 여부 결정
5. 부적합품이 규정된 절차대로 처리되고 있는지의 확인
6. 불만처리와 제품회수에 관한 사항의 주관
  ㄷ, ㅁ, ㅂ은 모두 책인판매관리자의 의무이다.

367 품질책임자/품질부서책임자

366번 해설 참고

368 ①

제조 및 품질관리 업무와 관련 있는 모든 직원들에게 각자의 직무와 책임에 적합한 교육훈련이 제공될 수 있도록 연간계획을 수립하고 정기적으로 교육을 실시하여야 한다.

369 ①

ㄴ. 질병에 걸린 직원은 건강이 양호해지거나 비감염성 질병이라는 의사의 소견이 있기 전까지는 화장품과 직접적으로 접촉되지 않도록 격리되어야 한다.
→ 피부에 외상이 있거나 질병에 걸린 직원은 건강이 양호해지거나 화장품의 품질에 영향을 주지 않는다는 의사의 소견이 있기 전까지는 화장품과 직접적으로 접촉되지 않도록 격리되어야 한다.
- 비감염성 질병인지는 중요하지 않다. 화장품의 품질에 영향을 주지 않는다는 소견이 중요하다.

ㄹ. 직원 교육 훈련 시 교육 종료 후에는 교육결과를 평가하고, 일정한 수준에 미달할 경우에는 결과 평가를 다시 받아야 한다.
→ 교육 종료 후에는 교육결과를 평가하고, 일정한 수준에 미달할 경우에는 재교육을 받아야 한다. 결과 평가만을 계속 받아 합격이 되는 것은 의미가 없다. 교육을 다시 받아야 한다.

ㅁ. 품질책임자는 직원의 교육을 위해 교육훈련의 내용이 포함된 교육훈련 규정을 작성하여야 하며 투명한 평가를 위해 교육훈련의 평가에 대한 내용은 교육 후 교육훈련 보고서를 통해 따로 작성해야 한다.
→ 직원의 교육을 위해 <u>교육훈련의 내용 및 평가가 포함된 교육훈련 규정을 작성</u>하여야 한다.

370 ②

피부에 외상이 있거나 질병에 걸린 직원은 건강이 양호해지거나 화장품의 품질에 영향을 주지 않는다는 의사의 소견이 있기 전까지는 화장품과 직접적으로 접촉되지 않도록 격리되어야 한다.

① 보관소는 오염으로부터 안전하므로 작업복이 아닌 평상복을 입고 출입한 영만씨
  작업소 및 보관소 내의 모든 직원은 화장품의 오염을 방지하기 위해 규정된 작업복을 착용해야 하고 음식물 등을 반입해서는 아니 된다.
③ 접근권한이 없지만 화장품의 품질 문제로 인하여 스스로 충진실에 출입한 경자씨
  제조구역별 접근권한이 없는 작업원 및 방문객은 가급적 제조, 관리 및 보관구역 내에 들어가지 않도록 하고, 불가피한 경우 사전에 직원 위생에 대한 교육 및 복장 규정에 따르도록 하고 감독하여야 한다. 즉, <u>감독자가 있어야 함.</u>
④ 질병에 걸린 뒤 건강이 양호해졌지만 화장품의 품질에 영향을 주지 않는다는 의사의 소견이 없어 교반실로 근무복귀하지 못한 숙자씨
  피부에 외상이 있거나 질병에 걸린 직원은 건강이 양호해지거나 화장품의 품질에 영향을 주지 않는다는 의사의 소견이 있기 전까지는 화장품과 직접적으로 접촉되지 않도록 격리되어야 한다.(건강이 양호해지면 투입 가능)
⑤ 화장품 제조소에 견학을 와서 사전 허가 없이 원료보관소에 출입한 미정씨
  제조구역별 접근권한이 없는 작업원 및 방문객은 가급적 제조, 관리 및 보관구역 내에 들어가지 않도록 하고, 불가피한 경우 사전에 직원 위생에 대한 교육 및 복장 규정에 따르도록 하고 감독하여야 한다.

371 ③

제7조(건물) ① 건물은 다음과 같이 위치, 설계, 건축 및 이용되어야 한다.

1. 제품이 보호되도록 할 것
2. 청소가 용이하도록 하고 필요한 경우 <u>위생관리 및 유지관리</u>가 가능하도록 할 것
3. 제품, 원료 및 포장재 등의 혼동으로 발생 가능한 위험을 최소화 할 것

② 건물은 제품의 제형, 현재 상황 및 청소 등을 고려하여 설계하여야 한다.
  참고로 변경관리란 모든 제조, 관리 및 보관된 제품이 규정된 적합판정기준에 일치하도록 보장하기 위하여 우수화장품 제조 및 품질관리기준이 적용되는 모든 활동을 내부 조직의 책임하에 계획하여 변경하는 것을 말한다.

372 ②

ㄴ. 바닥, 벽, 천장은 가능한 청소하기 쉽게 마찰이 있는 표면을 지니고 소독제의 부식성에 잔류성이 있을 것
  → 바닥, 벽, 천장은 가능한 청소 또는 위생관리를 하기 쉽게 매끄러운 표면을 지니고 청결하게 유지되어야 하며 소독제 등의 부식성에 저항력이 있을 것

ㄷ. 외부와 연결된 창문은 환기를 위해 가능한 열 수 있는 구조로 되어 있을 것
  → 외부와 연결된 창문은 가능한 열리지 않도록 할 것. 창문이 외부 환경으로 열리는 경우에는 제품의 오염을 방지하도록 적절한 방법으로 차단할 것

ㅁ. 수세실은 작업원의 위생관리를 위해 생산구역 내부에 마련할 것
  → 적절하고 깨끗한 수세실과 화장실을 마련하고 수세실과 화장실은 접근이 쉬워야 하나 생산구역과 분리되어 있을 것

373 ③

ㄱ. 사용목적에 적합하고, 청소가 가능하며, 필요한 경우 위생·유지관리가 가능하여야 할 것. 단, 위생·유지관리 자동화시스템을 도입한 경우는 예외이다.
  → 사용목적에 적합하고, 청소가 가능하며, 필요한 경우 위생·유지관리가 가능하여야 한다. <u>자동화시스템을 도입한 경우도 또한 같다.</u>

ㅁ. 천정 주위의 대들보, 파이프, 덕트 등은 가급적 노출되지 않도록 설계하고, 파이프는 받침대 등으로 고정하고 벽에 닿게 하여 청소가 용이하도록 설계할 것
  → 천정 주위의 대들보, 파이프, 덕트 등은 가급적 노출되지 않도록 설계하고, 노출된 파이프는 받침대 등으로 고정하고 벽에 닿지 않게 하여 청소가 용이하도록 설계할 것

ㅂ. 제품과 설비가 오염되지 않도록 배관 및 배수관을 설치하며, 배수관은 세척 시 역류되어야 하고, 청결을 유지할 것
  → 제품과 설비가 오염되지 않도록 배관 및 배수관을 설치하며, <u>배수관은 역류되지 않아야 하고</u>, 청결을 유지할 것

374　⑤

천정 주위의 대들보, 파이프, 덕트 등은 청소를 위해 가급적 눈에 보이도록 설계하고, 파이프는 받침대 등으로 고정하고 벽에 닿지 않게 하여 청소가 용이하도록 설계할 것
→ 천정 주위의 대들보, 파이프, 덕트 등은 가급적 노출되지 않도록 설계하고, 노출된 파이프는 받침대 등으로 고정하고 벽에 닿지 않게 하여 청소가 용이하도록 설계할 것

375　교차오염

제조하는 화장품의 종류·제형에 따라 적절히 구획·구분되어 있어 교차오염 우려가 없을 것
원료가 칭량되는 도중 교차오염을 피하기 위한 조치가 있어야 한다.

376　③

제9조(작업소의 위생) ① 곤충, 해충이나 쥐를 막을 수 있는 대책을 마련하고 정기적으로 점검·확인하여야 한다.
② 제조, 관리 및 보관 구역 내의 바닥, 벽, 천장 및 창문은 항상 청결하게 유지되어야 한다.
③ 제조시설이나 설비의 세척에 사용되는 세제 또는 소독제는 효능이 입증된 것을 사용하고 <u>잔류하거나 적용하는 표면에 이상을 초래하지 아니하여야 한다.</u>
④ 제조시설이나 설비는 적절한 방법으로 청소하여야 하며, 필요한 경우 위생관리 프로그램을 운영하여야 한다.

377　설비, 위생관리

제조시설이나 설비의 세척에 사용되는 세제 또는 소독제는 효능이 입증된 것을 사용하고 잔류하거나 적용하는 표면에 이상을 초래하지 아니하여야 한다.
제조시설이나 설비는 적절한 방법으로 청소하여야 하며, 필요한 경우 위생관리 프로그램을 운영하여야 한다.

378　②

제10조(유지관리) ① 건물, 시설 및 주요 설비는 정기적으로 점검하여 화장품의 제조 및 품질관리에 지장이 없도록 유지·관리·기록하여야 한다.
② 결함 발생 및 정비 중인 설비는 적절한 방법으로 표시하고, 고장 등 사용이 불가할 경우 표시하여야 한다.
③ 세척한 설비는 다음 사용 시까지 오염되지 아니하도록 관리하여야 한다.
④ 모든 제조 관련 설비는 승인된 자만이 접근·사용하여야 한다.
⑤ 제품의 품질에 영향을 줄 수 있는 검사·측정·시험장비 및 자동화장치는 계획을 수립하여 정기적으로 검교정 및 성능점검을 하고 기록해야 한다.
⑥ 유지관리 작업이 제품의 품질에 영향을 주어서는 안 된다.

379　③

ㄱ. 제조시설이나 설비의 세척에 사용되는 세제 또는 소독제는 효능이 입증된 것을 사용하고 적용하는 표면에 적절히 잔류하여야 한다. → 잔류하면 안 됩니다!
ㄷ. 제품의 품질에 영향을 줄 수 있는 검사·측정·시험장비 및 자동화장치는 성능 이상 시에 교정 및 성능점검을 하고 기록하여 간헐적으로 점검한다. → 제품의 품질에 영향을 줄 수 있는 검사·측정·시험장비 및 자동화장치는 계획을 수립하여 정기적으로 검교정 및 성능점검을 하고 기록해야 한다.
ㅂ. 곤충, 해충이나 소음을 막을 수 있는 대책을 마련하고 정기적으로 점검·확인하여야 한다. → 곤충, 해충이나 쥐를 막을 수 있는 대책을 마련하고 정기적으로 점검·확인하여야 한다.

380　④

제11조(입고관리) ① 화장품제조업자는 원자재 공급자를 평가하여 선정하고, 관리감독을 적절히 수행하여 입고관리가 철저히 이루어지도록 하여야 한다.
② 원자재의 입고 시 구매 요구서, 원자재 공급업체 성적서 및 현품이 서로 일치하여야 한다. 필요한 경우 운송 관련 자료를 추가적으로 확인할 수 있다.
③ 원자재 용기에 제조번호를 표시하고, 제조번호가 없는 경우에는 관리번호를 부여하여 보관하여야 한다.
④ 원자재 입고절차 중 육안확인 시 물품에 결함이 있을 경우 입고를 보류하고 적절한 조치를 취하여야 한다.
⑤ 입고된 원자재는 "적합", "부적합", "검사 중" 등으로 상태를 표시하여야 한다. 다만, 동일 수준의 보증이 가능한 다른 시스템이 있다면 대체할 수 있다.
⑥ 원자재 용기 및 시험기록서의 필수적인 기재 사항은 다음 각 호와 같다.
　1. 원자재 공급자가 정한 제품명
　2. 원자재 공급자명
　3. 수령일자
　4. 공급자가 부여한 제조번호 또는 관리번호
① 화장품책임판매업자는 원자재 공급자에 대한 관리감독을 적절히 수행하여 입고관리가 철저히 이루어지도록 하여야 한다. → 화장품책임판매업자가 아니라 화장품제조업자이다. CGMP는 전부 화장품제조업자에 대한 매뉴얼이다.

② 원자재의 입고 시 구매 요구서, 원자재 공급업체 성적서 및 현품이 서로 일치하여야 한다. 더불어 운송 관련 자료를 추가적으로 확보하여 필수적으로 검토해야 한다. → 필요한 경우 운송 관련 자료를 추가적으로 확인할 수 있다. 운송 관련 자료는 필수가 아니라 선택이다.
③ 원자재 용기에 제조번호가 없는 경우에는 제조번호 부여를 위해 원자재 용기 업체에 반품하여야 한다.
→ 원자재 용기에 제조번호가 없는 경우에는 관리번호를 부여하여 보관하여야 한다.
⑤ 입고된 원자재는 "합격", "탈락", "보류" 등으로 상태를 표시하여야 한다. 다만, 동일 수준의 보증이 가능한 다른 시스템이 있다면 대체할 수 있다.
→ 입고된 원자재는 "적합", "부적합", "검사 중" 등으로 상태를 표시하여야 한다. 다만, 동일 수준의 보증이 가능한 다른 시스템이 있다면 대체할 수 있다. 합격 불합격 등은 화장품을 제조하고 화장품에 대한 품질검사를 할 때 사용하는 용어이다. 입고된 원자재에 대한 용어는 적합/부적합 등이 적합하다.

381 ③

원자재 용기 및 시험기록서의 필수적인 기재 사항은 다음 각 호와 같다.
1. 원자재 공급자가 정한 제품명
2. 원자재 공급자명
3. 수령일자
4. 공급자가 부여한 제조번호 또는 관리번호

382 보관기간, 선입선출

제12조(출고관리) 원자재는 시험결과 적합판정된 것만을 선입선출방식으로 출고해야 하고 이를 확인할 수 있는 체계가 확립되어 있어야 한다.
제13조(보관관리) ① 원자재, 반제품 및 벌크 제품은 품질에 나쁜 영향을 미치지 아니하는 조건에서 보관하여야 하며 보관기간을 설정하여야 한다.
② 원자재, 반제품 및 벌크 제품은 바닥과 벽에 닿지 아니하도록 보관하고, 가능한 선입선출에 의하여 출고할 수 있도록 보관하여야 한다.
③ 원자재, 시험 중인 제품 및 부적합품은 각각 구획된 장소에서 보관하여야 한다. 다만, 서로 혼동을 일으킬 우려가 없는 시스템에 의하여 보관되는 경우에는 그러하지 아니한다.
④ 설정된 보관기간이 지나면 사용의 적절성을 결정하기 위해 재평가시스템을 확립하여야 하며, 동 시스템을 통해 보관기간이 경과한 경우 사용하지 않도록 규정하여야 한다.

383 ④

ㄱ. 원자재는 시험결과 적합판정된 것만을 선한선출방식으로 출고해야 하고 이를 확인할 수 있는 체계가 확립되어 있어야 한다. ☞ 행정규칙에 명시된 것은 선한선출방식이 아니라 선입선출방식이다.
ㄷ. 원자재, 반제품 및 벌크 제품은 식별이 용이하게 바닥에 일렬로 정렬하여 보관하고, 선입선출에 의하여 출고할 수 있도록 보관하여야 한다. ☞ 원자재, 반제품 및 벌크 제품은 바닥과 벽에 닿지 아니하도록 보관하고, 선입선출에 의하여 출고할 수 있도록 보관하여야 한다.
ㄹ. 원자재, 시험 중인 제품 및 부적합품은 각각 구분된 장소에서 보관하여야 한다. ☞ 원자재, 시험 중인 제품 및 부적합품은 각각 구획된 장소에서 보관하여야 한다. 다만, 서로 혼동을 일으킬 우려가 없는 시스템에 의하여 보관되는 경우에는 그러하지 아니한다.
구분과 구획은 다르다. 법에 명시된 것은 구분이 아니라 구획이다. 구분은 분류를 위해 테이프나 선으로 그어만 놔도 된다. 그러나 구획은 칸막이나 벽 같은 것으로 분류해야 한다.

384 물

제14조(물의 품질) ① 물의 품질 적합기준은 사용 목적에 맞게 규정하여야 한다.
② 물의 품질은 정기적으로 검사해야 하고 필요시 미생물학적 검사를 실시하여야 한다.
③ 물 공급 설비는 다음 각 호의 기준을 충족해야 한다.
　1. 물의 정체와 오염을 피할 수 있도록 설치될 것
　2. 물의 품질에 영향이 없을 것
　3. 살균처리가 가능할 것

385 ①

384번 해설 참고, 물의 품질은 정기적으로 검사해야 하고 필요시 미생물학적 검사를 실시하여야 한다.
미생물학적 검사는 필요시에 한다.

386 ①

384번 해설 참고

387 ④

벌크제품은 품질이 변하지 아니하도록 적당한 용기에 넣어 지정된 장소에서 보관해야 하며 용기에 다음 사항을 표시해야 한다.

1. 명칭 또는 확인코드
2. 제조번호
3. 완료된 공정명
4. 필요한 경우에는 보관조건

388 ⑤

제17조(공정관리) ① 제조공정 단계별로 적절한 관리기준이 규정되어야 하며 그에 미치지 못한 모든 결과는 보고되고 조치가 이루어져야 한다.
② 벌크 제품은 품질이 변하지 아니하도록 적당한 용기에 넣어 지정된 장소에서 보관해야 하며 용기에 다음 사항을 표시해야 한다.
　1. 명칭 또는 확인코드
　2. 제조번호
　3. 완료된 공정명
　<u>4. 필요한 경우에는 보관조건(필수사항은 아니지만 필요한 경우 적으면 좋음)</u>
③ 벌크 제품의 최대 보관기간을 설정하여야 하며, 최대 보관기간이 가까워진 벌크 제품은 완제품 제조하기 전에 재평가해야 한다.(최소 보관기간이 아니라 최대 보관기간 설정이다!)
**참고: 원료를 '발주' 넣을 때는 최소량만! 그러나 한번 산 원료를 보관할 때에는 '최대'보관기간 설정!

389 벌크제품

388번 해설 참고

390 제조번호

388번 해설 참고

391 ①

① 포장작업에 관한 문서화된 절차를 수립하고 유지하여야 한다.
② 포장작업은 다음 각 호의 사항을 포함하고 있는 포장지시서에 의해 수행되어야 한다.
　1. 제품명
　2. 포장 설비명
　3. 포장재 리스트
　4. 상세한 포장공정
　5. 포장지시수량

392 포장지시수량

391번 해설 참고

393 ②

제19조(보관 및 출고) ① 완제품은 적절한 조건하의 정해진 장소에서 보관하여야 하며, 주기적으로 재고 점검을 수행해야 한다.
② 완제품은 시험결과 적합으로 판정되고 품질부서 책임자가 출고 승인한 것만을 출고하여야 한다.
③ 출고는 선입선출방식으로 하되, 타당한 사유가 있는 경우에는 그러지 아니할 수 있다.
④ 출고할 제품은 원자재, 부적합품 및 반품된 제품과 구획된 장소에서 보관하여야 한다. 다만 서로 혼동을 일으킬 우려가 없는 시스템에 의하여 보관되는 경우에는 그러지 아니할 수 있다.
　ㄴ. 완제품은 적절한 조건하의 정해진 장소에서 보관하여야 하며, 필요한 경우에 재고 점검을 수행한다.
　　- 재고 점검은 정기적으로 해야 한다.
　ㄷ. 출고할 제품은 수량 파악을 위해 원자재, 부적합품 및 반품된 제품과 같은 장소에서 보관하여야 한다.
　　- 같은 장소 X 구획된 장소에서 보관해야 한다.
　ㅁ. 서로 혼동을 일으킬 우려가 없는 시스템에 의하여 보관되는 경우에는 반드시 원자재와 반품된 제품을 구획된 장소에 보관하여야 한다. - 서로 혼동을 일으킬 우려가 없는 시스템에 의하여 보관되는 경우에는 구획될 필요가 없다.

394 ③

393번 해설 참고, 완제품은 시험결과 적합으로 판정되고 품질부서 책임자가 출고 승인한 것만을 출고하여야 한다.

395 ③

제20조(시험관리) ① 품질관리를 위한 시험업무에 대해 문서화된 절차를 수립하고 유지하여야 한다.
② 원자재·반제품·벌크 제품·완제품에 대한 적합 기준을 마련하고 제조번호별로 시험 기록을 작성·유지하여야 한다.
③ 시험결과 적합 또는 부적합인지 분명히 기록하여야 한다.
④ 원자재·반제품·벌크 제품·완제품은 적합판정이 된 것만을 사용하거나 출고하여야 한다.
⑤ 정해진 보관 기간이 경과된 원자재·반제품·벌크 제품은 재평가하여 품질기준에 적합한 경우 제조에 사용할 수 있다.
⑥ 모든 시험이 적절하게 이루어졌는지 시험기록은 검토한 후 적합, 부적합, 보류를 판정하여야 한다.
⑦ 기준일탈이 된 경우는 규정에 따라 책임자에게 보고한 후 조사하여야 한다. 조사결과는 책임자에 의해 일탈, 부적합, 보류를 명확히 판정하여야 한다.
⑧ 표준품과 주요시약의 용기에는 다음 사항을 기재하여야 한다.
　1. 명칭
　2. 개봉일
　3. 보관조건
　4. 사용기한
　5. 역가, 제조자의 성명 또는 서명(직접 제조한 경우에 한함)

ㄱ. 원자재·반제품·벌크 제품·완제품에 대한 적합 기준을 마련하고 입고 순서 별로 시험 기록을 작성·유지하여야 한다.
  - 입고 순서 별이 아니라 "제조번호"별이다.
ㄹ. 시험이 이루어진 후에는 적합, 부적합, 보류를 판정하여야 한다. 판정 후 이상이 있을 시에 시험기록을 검토할 수 있다.
  - 모든 시험이 적절하게 이루어졌는지 시험기록은 검토한 후 적합, 부적합, 보류를 판정하여야 한다.
ㅁ. 기준일탈이 된 경우는 기준일탈을 발견한 작업원의 책임 하에 조사하여야 한다. 조사결과는 조사자에 의해 일탈, 부적합, 보류를 명확히 판정하여야 한다.
  - 기준일탈이 된 경우는 규정에 따라 <u>책임자에게 보고한 후 조사</u>하여야 한다. 조사결과는 책임자에 의해 일탈, 부적합, 보류를 명확히 판정하여야 한다.

396 제조번호/재평가

395번 해설 참고

397 ③

395번 해설 참고

398 사용기한

395번 해설 참고

399 ②

ㄴ. 재작업은 그 대상이 다음 각 호를 모두 만족한 경우에 할 수 있다. 1. 변질·변패 또는 병원미생물에 오염되지 아니한 경우 2. 제조일로부터 2년이 경과하지 않았거나 사용기한이 1년 이상 남아있는 경우
  → 재작업을 하는 경우에는 재작업 절차에 따라야 한다. 재작업 여부는 품질책임자에 의해 판단한다.
ㄷ. 원료와 포장재, 벌크제품과 완제품이 적합판정기준을 만족시키지 못할 경우 "기준일탈 제품"으로 지칭한다. 기준일탈 제품이 발생했을 때는 신속히 절차를 정하고, 정한 절차를 따라 확실한 처리를 하고 실시한 내용을 모두 문서에 담는다.
  → 기준일탈 제품 발생 전에 이미 절차를 정해놨어야 한다.
ㅁ. 품질에 문제가 있거나 회수·반품된 제품의 폐기 또는 재작업 여부는 화장품책임판매업자에 의해 승인되어야 한다.
  → 품질책임자에 의해 승인되어야 한다.

400 ④

제21조(검체의 채취 및 보관) ① 시험용 검체는 오염되거나 변질되지 아니하도록 채취하고, 채취한 후에는 원상태에 준하는 포장을 해야 하며, 검체가 채취되었음을 표시하여야 한다.
② 시험용 검체의 용기에는 다음 사항을 기재하여야 한다.
1. 명칭 또는 확인코드
  2. 제조번호
  3. 검체채취 일자
③ 완제품의 보관용 검체는 적절한 보관조건 하에 지정된 구역 내에서 제조단위별로 사용기한까지 보관하여야 한다. 다만, 개봉 후 사용기간을 기재하는 경우에는 제조일로부터 3년간 보관하여야 한다.

401 시험용 검체

400번 해설 참고

402 ③

400번 해설 참고

403 사용기한

완제품의 보관용 검체는 적절한 보관조건 하에 지정된 구역 내에서 제조단위별로 사용기한까지 보관하여야 한다. 다만, 개봉 후 사용기간을 기재하는 경우에는 제조일로부터 3년간 보관하여야 한다.

404 ②

② 재작업은 그 대상이 변질·변패 또는 병원미생물에 오염되지 <u>않았거나, 사용기한이 1년 이상 남아있는 경우일 시 가능하다.</u>
  → <u>해당 조항은 법 개정으로 삭제된 조항이다. 재작업을 하는 경우에는 재작업 절차에 따라야 한다.</u>

405 ③

완제품의 보관용 검체는 적절한 보관조건 하에 지정된 구역 내에서 제조단위별로 사용기한까지 보관하여야 한다. 다만, 개봉 후 사용기간을 기재하는 경우에는 제조일로부터 3년간 보관하여야 한다.

406　①

제조업무를 위탁하고자 하는 자는 제30조에 따라 식품의약품안전처장으로부터 우수화장품 제조 및 품질관리기준 적합판정을 받은 업소에 <u>위탁제조해야 한다.</u>
→ 위탁제조하는 것을 권장한다.
(참고)
제23조(위탁계약) ① 화장품 제조 및 품질관리에 있어 공정 또는 시험의 일부를 위탁하고자 할 때에는 문서화된 절차를 수립·유지하여야 한다.
② 제조업무를 위탁하고자 하는 자는 제30조에 따라 식품의약품안전처장으로부터 우수화장품 제조 및 품질관리기준 적합판정을 받은 업소에 위탁제조하는 것을 권장한다.
③ 위탁업체는 수탁업체의 계약 수행능력을 평가하고 그 업체가 계약을 수행하는데 필요한 시설 등을 갖추고 있는지 확인해야 한다.
④ 위탁업체는 수탁업체와 문서로 계약을 체결해야 하며 정확한 작업이 이루어질 수 있도록 수탁업체에 관련 정보를 전달해야 한다.
⑤ 위탁업체는 수탁업체에 대해 계약에서 규정한 감사를 실시해야 하며 수탁업체는 이를 수용하여야 한다.
⑥ 수탁업체에서 생성한 위·수탁 관련 자료는 유지되어 위탁업체에서 이용 가능해야 한다.

407　②

ㄴ. 수탁업체는 위탁업체의 계약 수행능력을 평가하고 그 업체가 계약을 수행하는데 필요한 시설 등을 갖추고 있는지 확인해야 한다.
　→ <u>위탁업체</u>는 <u>수탁업체</u>의 계약 수행능력을 평가하고 그 업체가 계약을 수행하는데 필요한 시설 등을 갖추고 있는지 확인해야 한다.
ㄷ. 위탁업체는 수탁업체와 구두로 계약을 체결해야 하며 정확한 작업이 이루어질 수 있도록 수탁업체에 관련 정보를 전달해야 한다.
　→ 문서로 계약을 체결해야 한다.
ㅁ. 수탁업체의 영업 비밀에 해당하는 기술이 내재되어 있는 경우 수탁업체에서 생성한 위·수탁 관련 자료는 위탁업체에서 이용이 불가능해야 한다.
　→ 수탁업체에서 생성한 위·수탁 관련 자료는 유지되어 위탁업체에서 이용 가능해야 한다.

408　④

불만은 제품 결함의 경향을 파악하기 위해 주기적으로 검토하여야 한다.

409　②

불만처리담당자는 제품에 대한 모든 불만을 취합하고, 제기된 불만에 대해 신속하게 조사하고 그에 대한 적절한 조치를 취하여야 하며, 다음 각 호의 사항을 기록·유지하여야 한다.
1. 불만 접수연월일
2. 불만 제기자의 이름과 연락처(가능한 경우)
3. 제품명, 제조번호 등을 포함한 불만내용
4. 불만조사 및 추적조사 내용, 처리결과 및 향후 대책
5. 다른 제조번호의 제품에도 영향이 없는지 점검

410　

전체 회수과정에 대한 화장품제조업자와의 조정역할 → 화장품책임판매업자와의 조정역할이다.
화장품제조업자는 제조한 화장품에서 「화장품법」 제9조, 제15조, 또는 제16조제1항을 위반하여 위해 우려가 있다는 사실을 알게 되면 지체 없이 회수에 필요한 조치를 하여야 한다.
② 다음 사항을 이행하는 회수 책임자를 두어야 한다.
　1. 전체 회수과정에 대한 화장품책임판매업자와의 조정역할
　2. 결함 제품의 회수 및 관련 기록 보존
　3. 소비자 안전에 영향을 주는 회수의 경우 회수가 원활히 진행될 수 있도록 필요한 조치 수행
　4. 회수된 제품은 확인 후 제조소 내 격리보관 조치(필요시에 한함)
　5. 회수과정의 주기적인 평가(필요시에 한함)

411　④

화장품법
제9조(안전용기·포장 등) ① 화장품책임판매업자 및 맞춤형화장품판매업자는 화장품을 판매할 때에는 어린이가 화장품을 잘못 사용하여 인체에 위해를 끼치는 사고가 발생하지 아니하도록 안전용기·포장을 사용하여야 한다.
② 제1항에 따라 안전용기·포장을 사용하여야 할 품목 및 용기·포장의 기준 등에 관하여는 총리령으로 정한다.
제15조(영업의 금지) 누구든지 다음 각 호의 어느 하나에 해당하는 화장품을 판매(수입대행형 거래를 목적으로 하는 알선·수여를 포함한다)하거나 판매할 목적으로 제조·수입·보관 또는 진열하여서는 아니 된다.
1. 제4조에 따른 심사를 받지 아니하거나 보고서를 제출하지 아니한 기능성화장품
2. 전부 또는 일부가 변패(變敗)된 화장품
3. 병원미생물에 오염된 화장품
4. 이물이 혼입되었거나 부착된 것
5. 제8조제1항 또는 제2항에 따른 화장품에 사용할 수 없는 원료를 사용하였거나 같은 조 제8항에 따른 유통화장품 안전관리 기준에 적합하지 아니한 화장품

6. 코뿔소 뿔 또는 호랑이 뼈와 그 추출물을 사용한 화장품
7. 보건위생상 위해가 발생할 우려가 있는 비위생적인 조건에서 제조되었거나 제3조제2항에 따른 시설기준에 적합하지 아니한 시설에서 제조된 것
8. 용기나 포장이 불량하여 해당 화장품이 보건위생상 위해를 발생할 우려가 있는 것
9. 제10조제1항제6호에 따른 사용기한 또는 개봉 후 사용기간(병행 표기된 제조연월일을 포함한다)을 위조·변조한 화장품

제16조(판매 등의 금지) ① 누구든지 다음 각 호의 어느 하나에 해당하는 화장품을 판매하거나 판매할 목적으로 보관 또는 진열하여서는 아니 된다. 다만, 제3호의 경우에는 소비자에게 판매하는 화장품에 한한다.
1. 제3조제1항에 따른 등록을 하지 아니한 자가 제조한 화장품 또는 제조·수입하여 유통·판매한 화장품
  1의2. 제3조의2제1항에 따른 신고를 하지 아니한 자가 판매한 맞춤형화장품
  1의3. 제3조의2제2항에 따른 맞춤형화장품조제관리사를 두지 아니하고 판매한 맞춤형화장품
2. 제10조부터 제12조까지에 위반되는 화장품 또는 의약품으로 잘못 인식할 우려가 있게 기재·표시된 화장품
3. 판매의 목적이 아닌 제품의 홍보·판매촉진 등을 위하여 미리 소비자가 시험·사용하도록 제조 또는 수입된 화장품
4. 화장품의 포장 및 기재·표시 사항을 훼손(맞춤형화장품 판매를 위하여 필요한 경우는 제외한다) 또는 위조·변조한 것

② 누구든지(맞춤형화장품조제관리사를 통하여 판매하는 맞춤형화장품판매업자 및 제2조제3호의2나목 단서에 해당하는 화장품 중 소분 판매를 목적으로 제조된 화장품의 판매자는 제외한다) 화장품의 용기에 담은 내용물을 나누어 판매하여서는 아니 된다.

[해설]
4번의 내용은 16조 2항의 내용이다. 문제에서는 제9조, 제15조, 제16조의 1항까지만 명시하고 있다.

412 ①

제27조(변경관리) 제품의 품질에 영향을 미치는 원자재, 제조공정 등을 변경할 경우에는 이를 문서화하고 품질책임자에 의해 승인된 후 수행하여야 한다.

413 ③

제28조(내부감사) ① 품질보증체계가 계획된 사항에 부합하는지를 주기적으로 검증하기 위하여 내부감사를 실시하여야 하고 내부감사 계획 및 실행에 관한 문서화된 절차를 수립하고 유지하여야 한다.
② 감사자는 감사대상과는 독립적이어야 하며, 자신의 업무에 대하여 감사를 실시하여서는 아니 된다.
③ 감사 결과는 기록되어 경영책임자 및 피감사 부서의 책임자에게 공유되어야 하고 감사 중에 발견된 결함에 대하여 시정조치 하여야 한다.
④ 감사자는 시정조치에 대한 후속 감사활동을 행하고 이를 기록하여야 한다.

414 ⑤

제29조(문서관리) ① 화장품제조업자는 우수화장품 제조 및 품질보증에 대한 목표와 의지를 포함한 관리방침을 문서화하며 전 작업원들이 실행하여야 한다.
② 모든 문서의 작성 및 개정·승인·배포·회수 또는 폐기 등 관리에 관한 사항이 포함된 문서관리규정을 작성하고 유지하여야 한다.
③ 문서는 작업자가 알아보기 쉽도록 작성하여야 하며 작성된 문서에는 권한을 가진 사람의 서명과 승인연월일이 있어야 한다.
④ 문서의 작성자·검토자 및 승인자는 서명을 등록한 후 사용하여야 한다.
⑤ 문서를 개정할 때는 개정사유 및 개정연월일 등을 기재하고 권한을 가진 사람의 승인을 받아야 하며 개정 번호를 지정해야 한다.
⑥ 원본 문서는 품질부서에서 보관하여야 하며, 사본은 작업자가 접근하기 쉬운 장소에 비치·사용하여야 한다.
⑦ 문서의 인쇄본 또는 전자매체를 이용하여 안전하게 보관해야 한다.
⑧ 작업자는 작업과 동시에 문서에 기록하여야 하며 지울 수 없는 잉크로 작성하여야 한다.
⑨ 기록문서를 수정하는 경우에는 수정하려는 글자 또는 문장 위에 선을 그어 수정 전 내용을 알아볼 수 있도록 하고 수정된 문서에는 수정사유, 수정연월일 및 수정자의 서명이 있어야 한다.
⑩ 모든 기록문서는 적절한 보존기간이 규정되어야 한다.
⑪ 기록의 훼손 또는 소실에 대비하기 위해 백업파일 등 자료를 유지하여야 한다.

415 ⑤

414번 해설 참고

416 ①

제30조(평가 및 판정) ① 우수화장품 제조 및 품질관리기준 적합판정을 받고자 하는 업소는 별지 제1호 서식에 따른 신청서(전자문서를 포함한다)에 다음 각 호의 서류를 첨부하여 식품의약품안전처장에게 제출하여야 한다. 다만, 일부 공정만을 행하는 업소는 별표 1에 따른 해당 공정을 별지 제1호 서식에 기재하여야 한다.

1. 삭제< 2012. 10. 16.>
2. 우수화장품 제조 및 품질관리기준에 따라 <u>3회 이상</u> 적용·운영한 자체평가표
3. 화장품 제조 및 품질관리기준 운영조직
4. 제조소의 시설내역
5. 제조관리현황
6. 품질관리현황

417   ②

제30조(평가 및 판정) ① 우수화장품 제조 및 품질관리기준 적합판정을 받고자 하는 업소는 별지 제1호 서식에 따른 신청서(전자문서를 포함한다)에 다음 각 호의 서류를 첨부하여 식품의약품안전처장에게 제출하여야 한다. 다만, <u>일부 공정만을 행하는 업소는 별표 1에 따른 해당 공정을 별지 제1호 서식에 기재하여야 한다.</u>
1. 삭제< 2012. 10. 16.>
2. 우수화장품 제조 및 품질관리기준에 따라 3회 이상 적용·운영한 자체평가표
3. 화장품 제조 및 품질관리기준 운영조직
4. 제조소의 시설내역
5. 제조관리현황
6. 품질관리현황
② 삭제< 2012. 10. 16.>
③ 삭제< 2012. 10. 16.>
④ 식품의약품안전처장은 제출된 자료를 평가하고 별표 2에 따른 실태조사를 실시하여 우수화장품 제조 및 품질관리기준 적합판정한 경우에는 별지 제3호 서식에 따른 우수화장품 제조 및 품질관리기준 적합업소 증명서를 발급하여야 한다. 다만, 일부 공정만을 행하는 업소는 해당 공정을 증명서내에 기재하여야 한다.

418   ④

제31조(우대조치) ① 삭제< 2012. 10. 16.>
② 국제규격인증업체(CGMP, ISO 9000) 또는 품질보증 능력이 있다고 인정되는 업체에서 제공된 원료·자재는 제공된 적합성에 대한 기록의 증거를 고려하여 검사의 방법과 시험항목을 조정할 수 있다.
③ 식품의약품안전처장은 제30조에 따라 우수화장품 제조 및 품질관리기준 적합판정을 받은 업소는 정기 수거검정 및 정기감시 대상에서 제외할 수 있다.
④ 제30조에 따라 우수화장품 제조 및 품질관리기준 적합판정을 받은 업소는 별표 3에 따른 로고를 해당 제조업소와 그 업소에서 제조한 화장품에 표시하거나 그 사실을 광고할 수 있다.

419   ②

제32조(사후관리) ① 식품의약품안전처장은 제30조에 따라 우수화장품 제조 및 품질관리기준 적합판정을 받은 업소에 대해 별표 2의 우수화장품 제조 및 품질관리기준 실시상황평가표에 따라 3년에 1회 이상 실태조사를 실시하여야 한다.
② 식품의약품안전처장은 사후관리 결과 부적합 업소에 대하여 일정한 기간을 정하여 시정하도록 지시하거나, 우수화장품 제조 및 품질관리기준 적합업소 판정을 취소할 수 있다.
③ 식품의약품안전처장은 제1항에도 불구하고 제조 및 품질관리에 문제가 있다고 판단되는 업소에 대하여 수시로 우수화장품 제조 및 품질관리기준 운영 실태조사를 할 수 있다.

420   미생물, 교차, 품질관리

CGMP 3대 요소★
① 인위적인 과오의 최소화
② 미생물오염 및 교차오염으로 인한 품질저하 방지
③ 고도의 품질관리체계 확립

421   ⑤

제조에 필요한 시설 및 기구를 갖춘 후에 필요한 것은 시설 및 기구를 운영·관리하는 규정(SOP) 제정과 그것에 대한 작업자들의 교육훈련이다.
시설의 설계는 물동선 및 인동선의 흐름을 고려하고 청소와 유지관리가 용이하게 되어야 한다. 또한 제품의 이동, 취급, 보관 및 원료와 자재의 보관이 용이하여야 한다. 배치(layout)는 교차오염을 예방하고 인위적 과오를 줄여 제품의 안전과 위생을 향상 시킬 수 있어야 한다. 배치(layout) 결정은 반드시 생산되는 화장품의 유형과 현재 상황, 청소 방법을 고려해야 한다.
시설은 이물, 미생물 또는 다른 외부 문제로부터 원료·자재, 벌크 제품 및 완제품을 보호하기 위해서 위치, 설계, 유지하여야 한다. 이것은 다음에 의해 가능하다.
- 수령, 저장, 혼합과 충전, 포장과 출하, 관리, 실험실 작업 및 실비와 기구들의 청소·위생처리와 같은 작업들의 분리(위치, 벽, 칸막이 설치, 공기 흐름 등으로 분리)
- 청소 및 위생 처리를 위한 물의 저장과 배송을 위한 시설·설비 시스템들의 설계와 배치
- 해충 방지와 관리를 위한 적절한 프로그램들의 규정
- 효과적인 유지 관리 규정
○ 일반 건물(General Building)
　- 제조 공장의 출입구는 해충, 곤충의 침입에 대비하여 보호되어야 하며 정기적으로 모니터링 되어야 하고, 모니터링 결과에 따라 적절한 조치를 취하여야한다.(필요한 경우에 방충 전문 회사에 의뢰하여 진단과 조치를 받을수 있다)
　- 배수관은 냄새의 제거와 적절한 배수를 확보하기 위해 건설되고 유지되어야 한다.

- 바닥은 먼지 발생을 최소화하고 흘린 물질의 고임이 최소화 되도록 하고, 청소가 용이 하도록 설계 및 건설되어야 한다.
- 화장품 제조에 적합한 물이 공급 되어야 한다. (공정서, 화장품 원료규격 가이드라인 정제수 기준 등에 적합하여야 하고, 정기적인 검사를 통하여 적합한 물이 사용 되는지 확인 하여야 한다)
- 강제적 기계 상의 환기 시스템(공기조화장치)은 제품 또는 사람의 안전에 해로운 오염물질의 이동을 최소화시키도록 설계되어야 한다. 필터들은 점검 기준에 따라 정기(수시)로 점검하고 교체 기준에 따라 교체되어야 하고 점검 및 교체에 대해서는 기록되어야 한다.
- 관리와 안전을 위해 모든 공정, 포장 및 보관지역에 적절한 조명을 설치한다.
- 심한 온도 변화 또는 큰 상대 습도의 변화에 대한 제품의 노출을 피하기 위하여 원료, 자재, 반제품, 완제품을 깨끗하고 정돈된 곳에서 보관한다. 보관지역의 온도와 습기는 물질과 제품의 손상을 방지하기 위해서 모니터링 해야 한다.
- 물질과 기구는 관리를 용이하게 하기 위해 깨끗하고 정돈된 방법으로 설계된 영역에 보관하여야 한다.
○ 보관 구역
- 통로는 적절하게 설계되어야 한다.
- 통로는 사람과 물건이 이동하는 구역으로서 사람과 물건의 이동에 불편함을 초래하거나, 교차오염의 위험이 없어야 된다.
- <u>손상된 팔레트는 수거하여 수선 또는 폐기 하다.</u>
- 매일 바닥의 폐기물을 치워야 한다.
- 동물이나 해충이 침입하기 쉬운 환경은 개선되어야 한다.
- 용기(저장조 등)들은 닫아서 깨끗하고 정돈된 방법으로 보관 한다.

422 ①

○ 원료 취급 구역
- 원료보관소와 칭량실은 구획되어 있어야 한다.
- 엎지르거나 흘리는 것을 방지하고 즉각적으로 치우는 시스템과 절차들이 시행되어야 한다.
- 모든 드럼의 윗부분은 필요한 경우 이송 전에 또는 칭량 구역에서 개봉 전에 검사하고 깨끗하게 하여야 한다.
- 바닥은 깨끗하고 부스러기가 없는 상태로 유지 되어야 한다.
- 원료 용기들은 실제로 칭량하는 원료인 경우를 제외하고는 적합하게 뚜껑을 덮어 놓아야 한다.
- 원료의 포장이 훼손된 경우에는 봉인하거나 즉시 별도 저장조에 보관한 후에 품질상의 처분 결정을 위해 격리해 둔다.

[해설]
ㄷ. 모든 드럼의 아랫부분은 필요한 경우 이송 전에 또는 칭량 구역에서 개봉 전에 검사하고 깨끗하게 하여야 한다.
   → 모든 드럼의 윗 부분은 필요한 경우 이송 전에 또는 칭량 구역에서 개봉 전에 검사하고 깨끗하게 하여야 한다.

ㅁ. 원료 용기들은 실제로 칭량하는 원료를 포함하여 적합하게 뚜껑을 덮어 놓아야 한다.
   → 원료 용기들은 실제로 칭량하는 원료인 경우를 제외하고는 적합하게 뚜껑을 덮어 놓아야 한다.

ㅂ. 원료의 포장이 훼손된 경우에는 선입선출에서 예외로 규정하여 해당 원료를 신속히 사용한다.
   → 원료의 포장이 훼손된 경우에는 봉인하거나 즉시 별도 저장조에 보관한 후에 품질상의 처분 결정을 위해 격리해 둔다.

423 ①

제조 구역
- 모든 호스는 필요 시 청소 또는 위생 처리를 한다. 청소 후에 호스는 완전히 비워져야 하고 건조되어야 한다. 호스는 정해진 지역에 바닥에 닿지 않도록 정리하여 보관한다.
- 모든 도구와 이동 가능한 기구는 청소 및 위생 처리 후 정해진 지역에 정돈 방법에 따라 보관한다.
- 제조구역에서 흘린 것은 신속히 청소한다.
- 탱크의 바깥 면들은 정기적으로 청소되어야 한다.
- 모든 배관이 사용될 수 있도록 설계되어야 하며 우수한 정비 상태로 유지되어야 한다.
- 표면은 청소하기 용이한 재료질로 설계되어야 한다.
- 페인트를 칠한 지역은 우수한 정비 상태로 유지되어야 한다. 벗겨진 칠은 보수되어야 한다.
- 폐기물(예, 여과지, 개스킷, 폐기 가능한 도구들, 플라스틱 봉지)은 주기적으로 버려야 하며 장기간 모아놓거나 쌓아 두어서는 안 된다.
- 사용하지 않는 설비는 깨끗한 상태로 보관되어야 하고 오염으로부터 보호되어야 한다.

[해설]
모든 호스는 필요 시 청소 또는 위생 처리를 하며 청소 후에 호스는 완전히 비워져야 하고 건조되어야 한다. 호스는 정해진 지역의 바닥에 놓고 정리하여 보관한다. → 호스는 정해진 지역에 바닥에 닿지 않도록 정리하여 보관한다.

424

흐름은 사람과 물건의 움직임을 의미하며, 이 움직임의 설계는 혼동 방지와 오염 방지를 목적으로 한다. 새로운 건물의 설계 시와 구 건물의 증, 개축시 뿐만 아니라 현 건물에 있어서의 흐름의 재검토를 실시하여 제조 작업의 합리화를 도모한다. 그 주요사항은 다음과 같다.
- 인동선과 물동선의 흐름경로를 교차 오염의 우려가 없도록 적절히 설정한다.
- 교차가 불가피 할 경우 작업에 "시간차"를 만든다.
- 사람과 대차가 교차하는 경우 "유효폭"을 충분히 확보한다.
- 공기의 흐름을 고려한다.

425　②

○ 포장 구역
- 포장 구역은 제품의 교차 오염을 방지할 수 있도록 설계되어야 한다.
- 포장 구역은 설비의 팔레트, 포장 작업의 다른 재료들의 폐기물, 사용되지 않는 장치, 질서를 무너뜨리는 다른 재료가 있어서는 안 된다.
- 구역 설계는 사용하지 않는 부품, 제품 또는 폐기물의 제거를 쉽게 할 수 있어야 한다.
- 폐기물 저장통은 필요하다면 청소 및 위생 처리 되어야 한다.
- 사용하지 않는 기구는 깨끗하게 보관되어야 한다.
  생산 구역 내에 있는 바닥, 벽, 천장 및 창문은 청소와 필요하다면 위생 처리를 쉽게 할 수 있도록 설계 및 건축되어야 하고 청결하고 정비가 잘 되어 있는 상태로 유지되어야 한다. 생산 구역 내에 건축 또는 보수 공사 시에는 적당한 청소와 유지관리가 고려되어야 한다. 가능하다면 청소용제의 부식성에 저항력이 있는 매끄러운 표면을 설치한다. ○ 천장, 벽, 바닥이 접하는 부분은 틈이 없어야 하고 먼지 등 이물질이 쌓이지 않도록 둥글게 처리되어야 함

426　공기조절

○ 공기 조절의 정의 및 목적
공기 조절이란 "공기의 온도, 습도, 공중미립자, 풍량, 풍향, 기류의 전부 또는 일부를 자동적으로 제어하는 일"이다.
공기 조절의 목적은 제품과 직원에 대한 오염 방지이나 한편으로는 오염의 원인이 되기도 한다. 공기 조절은 기류를 발생시킨다. 기류는 먼지, 미립자, 미생물을 공중에 날아 올라가게 만들어서 제품에 부착시킬 가능성이 있다. 그래서 공기 조절 시설을 설치한다면 일정한 수준 이상의 시설로 해야 한다.
CGMP 지정을 받기 위해서는 청정도 기준에 제시된 청정도 등급 이상으로 설정하여야 하며 청정등급을 설정한 구역(작업소, 실험실, 보관소 등)은 설정 등급의 유지여부를 정기적으로 모니터링하여 설정 등급을 벗어나지 않도록 관리한다.

427　①

여름과 겨울의 온도차가 크고, 외부 환경이 제품과 작업자에게 영향을 미친다면 온·습도를 일정하게 유지하는 에어컨 기능을 갖춘 공기 조절기를 설치한다. 공기의 온·습도, 공중미립자, 풍량, 풍향, 기류를 일련의 덕트를 사용해서 제어하는 "센트럴 방식"이 가장 화장품에 적합한 공기 조절이다. 흡기구와 배기구를 천장이나 벽에 설치하고 굵은 덕트로 온·습도를 관리한 공기를 순환 또는 외기를 흐르게 한다. 이 방법은 많은 설비 투자와 유지비용을 수반한다.

한편 환기만 하는 방식과 센트럴 방식을 겹친 "팬 코일+에어컨 방식"은 비용적으로 바람직한 방식이다. 온·습도 제어를 실내에서 급배기 순환하는 패키지에어컨에게 맡기고 공중미립자와 풍향관리를 팬 코일로 하는 방식이다. 패키지에어컨의 기류를 제어하는 것은 어려우므로 센트럴 방식보다 공기류의 관리 성능은 떨어지지만, 화장품 제조에는 적합한 공기 조절 방식이라고 생각한다.
공기조절방식의 종류

센트럴 방식	단일 덕트방식
	2중 덕트방식
에어워터 방식	각층 유닛방식
	유인 유닛방식
	복사냉난방방식
	에어코일유닛 덕트병용방식
냉매 방식	패키지방식
	룸쿨러방식
	에어마스터(상품명)
올워터 방식	팬코일 유닛방식

428　④

청정도 등급	대상 시설	해당 작업실	청정공기 순환	구조 조건	관리 기준	작업 복장
1	청정도 엄격관리	Clean bench	20회/hr 이상 또는 차압 관리	Pre-filter, Med-filter, HEPA-filter, Clean bench/booth, 온도조절	낙하균: 10개/hr 또는 부유균: 20개/m³	작업복, 작업모, 작업화
2	화장품 내용물이 노출되는 작업실	제조실, 성형실, 충전실, 내용물보관소, 원료칭량실, 미생물시험실, 갱의실	10회/hr 이상 또는 차압 관리	Pre-filter, Med-filter, (필요시 HEPA-filter), 분진 발생실 주변 양압, 제진 시설	낙하균: 30개/hr 또는 부유균: 200개/m³	작업복, 작업모, 작업화
3	화장품 내용물이 노출 안 되는 곳	포장실, 갱의실	차압 관리	Pre-filter 온도조절	갱의, 포장재의 외부 청소 후 반입	작업복, 작업모, 작업화
4	일반 작업실 (내용물 완전폐색)	포장재보관소, 완제품보관소, 관리품보관소, 원료보관소 일반시험실	환기 장치	환기 (온도조절)	-	-

① Clean bench는 1시간에 20회 이상 청정공기 순환을 하여야 하며 낙하균은 1시간에 5개 이하여야 한다.
  → Clean bench는 1시간에 20회 이상 청정공기 순환을 하여야 하며 낙하균은 1시간에 10개 이하여야 한다.
② 일반시험실은 원료칭량실과 청정도 등급이 같으며 1시간에 10회 이상 청정공기 순환을 하여야 하며 부유균 200개/m² 이하의 관리기준을 충족시켜야 한다.
  → 일반시험실은 4등급/원료칭량실은 2등급이다.
③ 포장실은 환기장치로 공기순환을 하여야 하며 낙하균은 1시간에 50개 이하여야 한다.
  → 포장실은 '차압관리'로 공기순환을 하여야 한다. 낙하균 기준은 없다.
④ 원료보관소는 환기장치로 공기순환을 하여야 하며 관리기준은 없다.
  → 원료보관소는 4등급, 표를 보면 4번은 옳은 설명.
⑤ 청정도 등급 2등급은 '화장품 내용물이 노출되는 작업실'이 그 대상시설이며 내용물보관소, 원료보관소, 제조실 등이 그 해당 작업실이다.
  → 원료보관소는 4등급이다.

429   ⑤

해설 참고
참고로 4번은 부유균 30개/m³ 또는 낙하균 200개/hr → 낙하균: 30개/hr 또는 부유균: 200개/m³

430   ②

ㄴ. 완제품보관소와 갱의실은 내용물이 완전 폐색된 일반작업실이므로 청정도 등급 4등급에 해당되며 낙하균의 기준은 30개/hr이다.
  → 완제품보관소(4등급)/갱의실(4등급)
ㄹ. 포장실은 화장품의 내용물이 완전 폐색된 곳이므로 4등급이며 환기장치로 공기순환을 관리하여야 한다.
  → 포장실(3등급)
ㅁ. 미생물시험실은 청정도 등급 1등급이며 청정공기순환의 기준은 20회/hr 이상 또는 차압관리이다.
  → 미생물시험실의 청정도 등급은 2등급이다.

431   ④

내용물보관소는 2등급이다.

432   ②

보기의 기준은 2등급이다. 성형실은 2등급의 작업실이다.
1번 - 1등급/3번- 3등급/4번 - 4등급/5번 - 4등급

433   ③

이곳은 원료칭량실이다. 원료칭량실은 2등급의 청정도 기준이다.
1 - 4등급/ 2- 4등급 / 4 - 3등급 / 5 - 1등급

434   ①

이곳은 청정도 등급 2등급의 충전실이다. 따라서 1번이다.
2번 - 3등급/ 3번~5번 - 4등급

435   10, 20

428번 해설 참고

436   ③

<보기>는 클린벤치이며 클린벤치는 1등급이다.
ㄱ. 대상시설: 화장품 내용물이 노출되는 작업실 → 2등급
ㄴ. 해당작업실: 포장실 → 3등급
ㅁ. 관리기준: 낙하균: 30개/hr 또는 부유균: 200개/m³ → 2등급

437   ⑤

번호	4대요소	대응설비
1	(㉠)	공기정화기
2	실내온도	열교환기
3	습 도	가습기
4	(㉡)	송풍기

438   청정도/기류

437번 해설 참고

439   ④

어느 공기 조절 방식을 채택하더라도 에어 필터를 통하여 외기를 도입하거나, 순환시킬 필요가 있다. 가정용 방충망 정도의 필터를 설치한 흡기 팬만의 작업장에서 화장품을 제조하는 것은 재검토

되어야 한다. 화장품 제조에 사용할 수 있는 에어 필터의 종류, 설치 장소의 예, 취급 방법, 조립 예를 아래에 제시했다.

화장품 제조라면 적어도 중성능 필터의 설치를 권장한다. 고도의 환경 관리가 필요하면 고성능 필터(HEPA필터)의 설치가 바람직하다. 필터는 그 성능을 유지하기 위하여 정해진 관리 및 보수를 실시해야 한다. 관리 및 보수를 게을리 하면 필터의 성능이 유지될 수 없고, 기대하는 환경을 얻을 수 없다.

고성능 필터를 설치할수록 환경이 좋아진다고 생각해서 초고성능 필터를 설치하는 기업이 있으나, 그 생각은 잘못된 것이다. 초고성능 필터를 설치했을 경우에는 정기적인 포집 효율 시험이나 필터의 완전성 시험 등이 필요하게 되고 고액의 비용이 든다. 이들 시험을 실시하지 않으면 본래의 성능이 보증되지 않는다. 또한 초고성능 필터를 설치한 작업장에서 일반적인 작업을 실시하면 바로 필터가 막혀버려서 오히려 작업 장소의 환경이 나빠진다. 목적에 맞는 필터를 선택해서 설치하는 것이 중요하다.

특히, HEPA Filter의 완전성을 주기적으로 점검하고 필요한 경우 교체한다.

440 결로

○ 차압

공기 조절기를 설치하면 작업장 실압을 관리하고 외부와의 차압을 일정하게 유지하도록 한다. 청정 등급의 경우 각 등급 간의 공기의 품질이 다르므로 등급이 낮은 작업실의 공기가 높은 등급으로 흐르지 못하도록 어느 정도의 공기압차가 있어야 한다. 즉 높은 청정 등급의 공기압은 낮은 청정 등급의 공기압 보다 높아야 한다. 일반적으로는 4급지 < 3급지 < 2급지 순으로 실압을 높이고 외부의 먼지가 작업장으로 유입되지 않도록 설계한다. 다만, 작업실이 분진 발생, 악취 등 주변을 오염시킬 우려가 있을 경우에는 해당 작업실을 음압으로 관리할 수 있으며, 이 경우 적절한 오염방지대책을 마련하여야 한다.

실압 차이가 있는 방 사이에는 차압 댐퍼나 풍량 가변 장치와 같은 기구를 설치하여 차압을 조정한다. 이들 기구는 옆방과의 사이에 있는 문을 개폐했을 때의 차압 조정 역할도 하고 있다.

온도는 1 ~ 30℃, 습도는 80%이하로 관리한다. 제품 특성상 온습도에 민감한 제품의 경우에는 해당 온습도를 유지할 수 있도록 관리하는 체계를 갖추도록 한다.

온습도의 설정을 정할 때에는 "결로"에 신경을 써야 한다. 따뜻한 방에 차가운 것을 반입하면 방 온도와 습도에 의하여 반입한 것의 표면에 결로가 쉽게 발생한다. 결로는 곰팡이 발생에 이어지므로 피해야 한다.

441 ③

ㄱ. 공조시스템에 사용된 필터는 빠른 시일 내에 폐기되어야 한다.
　→ 공조시스템에 사용된 필터는 규정에 의해 청소되거나 교체되어야 한다.

ㄷ. 오물이 묻은 유니폼은 화장품의 오염을 사전에 막기 위해 폐기하여야 한다.
　→ 오물이 묻은 유니폼은 세탁될 때까지 적당한 컨테이너에 보관되어야 한다.

ㅂ. 제조 공정과 포장에 사용한 설비 그리고 도구들은 세척해야 한다. 적절한 때에 도구들은 계획과 절차에 따라 위생 처리되어야하고 기록되어야 한다. 적절한 방법으로 보관되어야 하고, 청결을 보증하기 위해 사용 후 검사되어야 한다.
　→ 제조 공정과 포장에 사용한 설비 그리고 도구들은 세척해야 한다. 적절한 때에 도구들은 계획과 절차에 따라 위생 처리되어야하고 기록되어야 한다. 적절한 방법으로 보관되어야 하고, 청결을 보증하기 위해 사용 전 검사되어야 한다.

위생 프로그램이 건물 안의 모든 공간에서 이용 가능해야 한다. 청소 방법과 위생 처리에 대한 사항은 다음과 같다.

- 공조시스템에 사용된 필터는 규정에 의해 청소되거나 교체되어야 한다.
- 물질 또는 제품 필터들은 규정에 의해 청소되거나 교체되어야 한다.
- 물 또는 제품의 모든 유출과 고인 곳 그리고 파손된 용기는 지체 없이 청소 또는 제거되어야 한다.
- 제조 공정 또는 포장과 관련되는 지역에서의 청소와 관련된 활동이 기류에 의한 오염을 유발해 제품 품질에 위해를 끼칠 것 같은 경우에는 작업 동안에 해서는 안 된다.
- 청소에 사용되는 용구(진공청소기 등)은 정돈된 방법으로 깨끗하고, 건조된 지정된 장소에 보관되어야 한다.
- 오물이 묻은 걸레는 사용 후에 버리거나 세탁해야 한다.
- 오물이 묻은 유니폼은 세탁될 때까지 적당한 컨테이너에 보관되어야 한다.
- 제조 공정과 포장에 사용한 설비 그리고 도구들은 세척해야 한다. 적절한 때에 도구들은 계획과 절차에 따라 위생 처리되어야하고 기록되어야 한다. 적절한 방법으로 보관되어야 하고, 청결을 보증하기 위해 사용 전 검사되어야 한다. (청소완료 표시서)
- 제조 공정과 포장 지역에서 재료의 운송을 위해 사용된 기구는 필요할 때 청소되고 위생 처리되어야 하며, 작업은 적절하게 기록되어야 한다.
- 제조 공장을 깨끗하고 정돈된 상태로 유지하기 위해 필요할 때 청소가 수행되어야 한다. 그러한 직무를 수행하는 모든 사람은 적절하게 교육되어야 한다. 천장, 머리 위의 파이프, 기타 작업 지역은 필요할 때 모니터링 하여 청소되어야 한다.
- 제품 또는 원료가 노출되는 제조 공정, 포장 또는 보관 구역에서의 공사 또는 유지관리 보수 활동은 제품 오염을 방지하기 위해 적합하게 처리되어야 한다.
- 제조 공장의 한 부분에서 다른 부분으로 먼지, 이물 등을 묻히는 것을 방지하기 위해 주의하여야 한다.

442 ③

물 또는 증기만으로 세척할 수 있으면 가장 좋다. 브러시 등의 세척 기구를 적절히 사용해서 세척하는 것도 좋다. 세제(계면활성제)를 사용한 설비 세척은 권장하지 않는다. 그 이유는 다음과 같다.
① 세제는 설비 내벽에 남기 쉽다.
② 잔존한 세척제는 제품에 악영향을 미친다.
③ 세제가 잔존하고 있지 않는 것을 설명하기에는 고도의 화학 분석이 필요하다.

쉽게 물로 제거하도록 설계된 세제라도 세제 사용 후에는 문질러서 지우거나 세차게 흐르는 물로 헹구지 않으면 세제를 완전히 제거할 수 없다. 세제로 손을 씻었을 때, 손을 충분히 헹구지 않으면 세제의 미끈미끈한 느낌은 제거되지 않을 것이다. 세제로 제조 설비를 세척했을 때, 설비 구석에 남은 세제를 간단히 제거할 수 있을까? 세제를 사용하지 않는 것보다 더 좋은 것은 없다. 세제를 어쩔 수 없이 사용해야 할 경우, 화장품 제조 설비의 세척용으로 적당한 세제를 사용한다.

부품을 분해할 수 있는 설비는 분해해서 세척한다. 그리고 세척 후는 반드시 미리 정한 규칙에 따라 세척 여부를 판정한다. 판정 후의 설비는 건조시키고, 밀폐해서 보존한다. 설비 세척의 유효기간을 설정해 놓고 유효기간이 지난 설비는 재세척하여 사용한다. 유효기간은 설비의 종류와 보존 상태에 따라 변하므로 설비마다 실적을 토대로 설정한다. 이상과 같은 "설비세척의 원칙"을 반드시 마련해 놓는다. 작업자의 독자적인 판단에 맡기는 화장품 설비 세척을 해서는 안 된다.

443 ②

442번 해설 참고

444 ①

ㄷ. 호스와 여과천 등을 서로 다른 제조설비의 세척을 위해 사용하는 경우 반드시 호스와 여과천을 꼼꼼히 세척한 후 사용한다. → 호스와 여과천 등은 서로 상이한 제품 간에서 공용해서는 안 된다. 제품마다 전용품을 준비한다.
ㄹ. 세척 후에는 반드시 "판정"을 실시한다. 판정방법의 우선순위는 육안판정, 린스 정량, 닦아내기 판정 순이다.
  → 세척 후에는 반드시 "판정"을 실시한다. 판정방법에는 육안판정, 닦아내기 판정, 린스 정량이 있다. 우선순위도 이 순서다.
ㅁ. 육안판정의 장소는 미리 정해 놓아서는 안 되며 판정결과를 기록서에 기재한다.
  → 육안판정의 장소는 미리 정해 놓고 판정결과를 기록서에 기재한다.

445 닦아내기 판정

세척 후에는 반드시 "판정"을 실시한다. 판정방법에는 육안판정, 닦아내기 판정, 린스 정량이 있다. 우선순위도 이 순서다. 각각의 판정방법의 절차를 정해 놓고 제1선택지를 육안판정으로 한다. 육안판정을 할 수 없을 부분의 판정에는 닦아내기 판정을 실시하고, 닦아내기 판정을 실시할 수 없으면 린스정량을 실시하면 된다.

446 ③

ㄱ. 판정 방법은 닦아내기 판정, 린스 정량, 육안판정이 있으며 우선순위도 이 순서이다.
 - 판정방법에는 육안판정, 닦아내기 판정, 린스 정량이 있다. 우선순위도 이 순서다.
ㄷ. 닦아내기 판정에서는 흰 천과 회색 천으로 설비 내부의 표면을 닦아내고 천 표면의 잔류물 유무로 세척 결과를 판정한다. 천은 무진포(無塵布)가 바람직하다.
 - 닦아내기 판정에서는 흰 천이나 검은 천으로 설비 내부의 표면을 닦아내고 천 표면의 잔류물 유무로 세척 결과를 판정한다.
ㄹ. 린스 정량법은 상대적으로 복잡한 방법이지만, 수치로서 결과를 확인할 수 있다. 잔존하는 불용물을 정량할 수 있어 신뢰도가 높다.
 - 린스 정량법은 상대적으로 복잡한 방법이지만, 수치로서 결과를 확인할 수 있다. 그러나 잔존하는 불용물을 정량할 수 없으므로 신뢰도는 떨어진다.

세척 후에는 반드시 "판정"을 실시한다. 판정방법에는 육안판정, 닦아내기 판정, 린스 정량이 있다. 우선순위도 이 순서다. 각각의 판정방법의 절차를 정해 놓고 제1선택지를 육안판정으로 한다. 육안판정을 할 수 없을 부분의 판정에는 닦아내기 판정을 실시하고, 닦아내기 판정을 실시할 수 없으면 린스정량을 실시하면 된다. 육안판정의 장소는 미리 정해 놓고 판정결과를 기록서에 기재한다. 판정 장소는 말로 표현하는 것이 아니라 그림으로 제시해 놓는 것이 바람직하다.

닦아내기 판정에서는 흰 천이나 검은 천으로 설비 내부의 표면을 닦아내고 천 표면의 잔류물 유무로 세척 결과를 판정한다. 흰 천을 사용할지 검은 천을 사용할지는 전회 제조물 종류로 정하면 된다. 천은 무진포(無塵布)가 바람직하다. 천의 크기나 닦아내기 판정의 방법은 대상 설비에 따라 다르므로 각 회사에서 결정할 수밖에 없다.

린스 정량법은 상대적으로 복잡한 방법이지만, 수치로서 결과를 확인할 수 있다. 그러나 잔존하는 불용물을 정량할 수 없으므로 신뢰도는 떨어진다. 호스나 틈새기의 세척판정에는 적합하므로 반드시 절차를 준비해 두고 필요할 때에 실시한다. 린스 액의 최적정량방법은 HPLC법이나 잔존물의 유무를 판정하는 것이면 박층크로마토그래피(TLC)에 의한 간편 정량으로 될 것이다. 최근, TOC(총유기탄소) 측정법이 발달해서 많은 기종이 발매되어 있다. TOC

측정기로 린스액 중의 총유기탄소를 측정해서 세척 판정하는 것도 좋다. UV로 확인하는 방법도 있다.
세척 후에는 세척 완료 여부를 확인할 수 있는 표시를 한다.

447 ③

천의 크기나 닦아내기 판정의 방법은 대상 설비에 따라 다르므로 각 회사에서 결정할 수밖에 없다.(235번 해설 참고)

448 ③

방, 벽, 구역 등의 청정화 작업(청소와 정리 정돈 등)을 "청소"라고 한다. 청소는 설비세척과 구별한다. 청소와 세척의 차이 및 청소에 관한 주의사항은 다음과 같다.(청소와 세척은 같은 말이 아니다.)
【청소 및 세척】
※ 청소 : 주위의 청소와 정리정돈을 포함한 시설ㆍ설비의 청정화 작업
(세척 : 설비의 내부 세척화 작업)
○ 절차서를 작성한다. → 절차서는 청소 전에 미리 작성해야 한다.
  - "책임"을 명확하게 한다.
  - 사용기구를 정해 놓는다.
  - 구체적인 절차를 정해 놓는다.(먼저 쓰레기를 제거한다, 동쪽에서 서쪽으로, 위에서 아래로, 천으로 닦는 일은 3번 닦으면 교환 등)
  - 심한 오염에 대한 대처 방법을 기재해 놓는다.
○ 판정기준 : 구체적인 육안판정기준을 제시한다.
○ 세제를 사용한다면
  - 사용하는 세제명을 정해 놓는다.
  - 사용하는 세제명을 기록한다.
○ 기록을 남긴다.
  - 사용한 기구, 세제, 날짜, 시간, 담당자명 등
○ "청소결과"를 표시한다.

449 ①

유지관리는 예방적 활동(Preventive activity), 유지보수(maintenance), 정기 검교정(Calibration)으로 나눌 수 있다. 예방적 활동(Preventive activity)은 주요 설비(제조탱크, 충전 설비, 타정기 등) 및 시험장비에 대하여 실시하며, 정기적으로 교체하여야 하는 부속품들에 대하여 연간 계획을 세워서 시정 실시(망가지고 나서 수리하는 일)를 하지 않는 것이 원칙이다. 유지보수(maintenance)는 고장 발생 시의 긴급점검이나 수리를 말하며, 작업을 실시할 때, 설비의 갱신, 변경으로 기능이 변화해도 좋으나, 기능의 변화와 점검 작업 그 자체가 제품품질에 영향을 미쳐서는 안 된다. 또한 설비가 불량해져서 사용할 수 없을 때는 그 설비를 제거하거나 확실하게 사용불능 표시를 해야 한다. 정기 검교정(Calibration)은 제품의 품질에 영향을 줄 수 있는 계측기(생산설비 및 시험설비)에 대하여 정기적으로 계획을 수립하여 실시하여야 한다. 또한, 사용전 검교정(Calibration)여부를 확인하여 제조 및 시험의 정확성을 확보한다.
설비의 개선은 적극적으로 실시하고 보다 좋은 설비로 제조를 행하도록 한다. 이 때, 그 개선이 제품품질에 영향을 미치지 않는 것을 확인한다는 것은 말할 것도 없다. 개선이 변경이 되는 일도 있다. 설비점검은 체크시트를 작성하여 실시하는 것이 좋다.

450 ④

ㄱ. 예방적 활동(Preventive activity)은 주요 설비(제조탱크, 충전 설비, 타정기 등) 및 시험장비에 대하여 실시하며, 정기적으로 교체하여야 하는 부속품들에 대하여 <u>월간</u> 계획을 세워서 시정 실시를 하지 않는 것이 원칙이다. → 연간계획을 세우는 것이 원칙이다.
ㄴ. 유지보수(maintenance)는 정기점검을 말하며, 작업을 실시할 때, 설비의 갱신, 변경으로 기능이 변화해도 좋으나, 기능의 변화와 점검 작업 그 자체가 제품품질에 영향을 미쳐서는 안 된다.
  → 유지보수란 정기점검이 아니라 고장 발생 시의 긴급점검이나 수리를 말한다.
ㅂ. 설비는 예방적 활동을 실시하였으므로 사용전 검교정(Calibration)여부를 확인할 필요 없이 제조에 투입한다.
  → 설비는 사용전 검교정(Calibration)여부를 확인하여 제조 및 시험의 정확성을 확보한다.

451 ①

【설비의 유지관리 주요사항】
○ <u>예방적 실시(Preventive Maintenance)가 원칙</u>
  → <u>유지보수는 일 터지고 고치는 것이다. 고장나면 고치는 것이 원칙이 아니라 고장나기 전에 설비를 점검하는 것이 원칙이다.</u>
○ 설비마다 절차서를 작성한다.
○ 계획을 가지고 실행한다. (연간계획이 일반적)
○ 책임 내용을 명확하게 한다.
○ 유지하는 "기준"은 절차서에 포함
○ 점검체크시트를 사용하면 편리
○ 점검항목 : 외관검사(더러움, 녹, 이상소음, 이취 등), 작동점검(스위치, 연동성 등), 기능측정(회전수, 전압, 투과율, 감도 등), 청소(외부표면, 내부), 부품교환, 개선(제품 품질에 영향을 미치지 않는 일이 확인되면 적극적으로 개선한다.)

452 ⑤

점검항목 : 외관검사(더러움, 녹, 이상소음, 이취 등), 작동점검(스위치, 연동성 등), 기능측정(회전수, 전압, 투과율, 감도 등), 청소(외부표면, 내부), 부품교환, 개선(제품 품질에 영향을 미치지 않는 일이 확인되면 적극적으로 개선한다.)

453 ①

가. 탱크(TANKS)

탱크는 공정 단계 및 완성된 포뮬레이션 과정에서 공정 중인 또는 보관용 원료를 저장하기 위해 사용되는 용기이다. 탱크는 가열과 냉각을 하도록 또는 압력과 진공 조작을 할 수 있도록 만들어질 수도 있으며 고정시키거나 움직일 수 있게 설계 될 수도 있다. 탱크는 적절한 커버를 갖춰야 하며 청소와 유지관리를 쉽게 할 수 있어야 한다.

① 구성 재질(Materials of Construction)
- 온도/압력 범위가 조작 전반과 모든 공정 단계의 제품에 적합해야 한다.
- 제품에 해로운 영향을 미쳐서는 안 된다.
- 제품(포뮬레이션 또는 원료 또는 생산공정 중간생산물)과의 반응으로 부식되거나 분해를 초래하는 반응이 있어서는 안 된다.
- 제품, 또는 제품제조과정, 설비 세척, 또는 유지관리에 사용되는 다른 물질이 스며들어서는 안 된다.
- 세제 및 소독제와 반응해서는 안 된다.

용접, 나사, 나사못, 용구 등을 포함하는 설비 부품들 사이에 전기화학 반응을 최소화하도록 고안되어야 한다.

현재 대부분 원료와 포뮬레이션에 대해 스테인리스스틸은 탱크의 제품에 접촉하는 표면물질로 일반적으로 선호된다. 구체적인 등급으로는 유형번호 304와 더 부식에 강한 번호 316 스테인리스스틸이 가장 광범위하게 사용된다. 어떤 경우에, 미생물학적으로 민감하지 않은 물질 또는 제품에는 유리로 안을 댄 강화유리섬유 폴리에스터와 플라스틱으로 안을 댄 탱크를 사용할 수 있다. 퍼옥사이드 같은 어떠한 민감한 물질/제품은 탱크 제작전문가들 또는 물질 공급자와 함께 탱크의 구성 물질과 생산하고자 하는 내용물이 서로 적용 가능한 지에 대해 상의하여야 한다.

기계로 만들고 광을 낸 표면이 바람직하다. 주형 물질(Cast material) 또는 거친 표면은 제품이 뭉치게 되어 깨끗하게 청소하기가 어려워 미생물 또는 교차오염문제를 일으킬 수 있다. 주형 물질(Cast material)은 화장품에 추천되지 않는다. 모든 용접, 결합은 가능한 한 매끄럽고 평면이어야 한다. 외부표면의 코팅은 제품에 대해 저항력(Product-resistant)이 있어야 한다. 원료 공급업체는 그들이 판매한 화학제품들의 구성성분에 대한 정보를 제공해야 한다.

454 ①

펌프(PUMPS)

펌프는 다양한 점도의 액체를 한 지점에서 다른 지점으로 이동하기 위해 사용된다. 종종 펌프는 제품을 혼합(재순환 및 또는 균질화)하기 위해 사용된다. 펌프는 뚜렷한 용도를 위해 다양한 설계를 갖는다. 널리 사용되는 두 가지 형태는 원심력을 이용하는 것과 Positive displacement(양극적인 이동)이다. 이들 두 유형들 안에 다음을 포함하는 많은 하위 그룹이 있다. 원심력을 이용하는 것 : 열린 날개차(Impeller), 닫힌 날개차(Impeller) - 낮은 점도의 액체에 사용한다(예. 물, 청소용제)

Positive displacement(양극적인 이동) : Duo Lobe(2중 돌출부), 기어, 피스톤- 점성이 있는 액체에 사용한다. 예. 미네랄오일, 에멀젼(크림 또는 로션)

펌핑(작업)의 기계적인 동작은 에너지를 펌핑된 물질에 가하게 된다. 이 에너지는 펌프 된 물질에 따라 그 물질의 물리적 성질의 변화를 일으킬 수 있다. 종종 이들 변화는 즉각적으로 보여지지 않고, 물질의 보관 및 스트레스 시험 후에 명백하게 나타난다. 그러므로 펌프 종류의 최종 선택은 펌핑 테스트를 통해 물성에 끼치는 영향을 완전히 해석하여 확증한 후에 해야 한다. 이러한 테스팅의 수치는 특히 매우 민감한 에멀젼에서 중요하다. 펌프의 기계적인 작동은 에멀젼의 분해를 가속화시켜서 불안전한 제품을 만들어 낸다. 펌핑 테스트 이외에도, 제조업자는 전 공정에서의 공정기준을 검토해야 한다. 펌핑 테스트 결과 이외에도, 펌프 종류는 미생물학적인 오염을 방지하기 위해서 원하는 속도, 펌프될 물질의 점성, 수송단계 필요조건, 그리고 청소/위생관리(세척/위생관리)의 용이성에 따라 선택한다.

펌프는 각 작업에 맞게 선택되어야 한다. 내용물의 자유로운 배수를 위해 전형적인 PD Lobe 펌프를 설치해야 한다, 즉 Lobe 입구와 배출구는 서로 180도로 되어야 하며 바닥과 수직으로 설치해야 한다. 수평적인 설치 시에는 축적지역이 생기므로 미생물 오염을 방지하기 위해서 펌프의 분해와 일상적인 청소/위생(세척/위생처리) 절차가 필요하게 된다.

① 구성재질(Materials of Construction)
펌프는 많이 움직이는 젖은 부품들로 구성되고 종종 하우징(Housing)과 날개차(impeller)는 닳는 특성 때문에 다른 재질로 만들어져야 한다. 추가적으로, 거기에는 보통 펌핑된 제품으로 젖게 되는 개스킷(gasket), 패킹(packing) 그리고 윤활제가 있다. 모든 젖은 부품들은 모든 온도 범위에서 제품과의 적합성에 대해 평가되어야 한다.

② 청소와 위생처리(세척과 위생처리)(Cleaning & Sanitization)
펌프는 일상적인 예정된 청소와 유지관리를 위하여 허용된 작업 범위에 대해 라벨을 확인해야 한다. 효과적인 청소와(세척과) 위생을 위해 각각의 펌프 디자인을 검증해야 하고 철저한 예방적인 유지관리 절차를 준수해야 한다.

③ 안전(Safety)
펌프 설계는 펌핑 시 생성되는 압력을 고려해야 하고 적합한 위생적인 압력 해소 장치가 설치되어야 한다.

[해설]
ㄴ. 널리 사용되는 두 가지 형태는 원심력을 이용하는 것과 양극적인 이동을 이용하는 것이 있으며 원심력을 이용하는 것은 보통 점성이 있는 미네랄오일 등에 쓰인다.
→ 원심력을 이용하는 것 : 열린 날개차(Impeller), 닫힌 날개차(Impeller) - 낮은 점도의 액체에 사용한다(예. 물, 청소용제)
ㄹ. 내용물의 자유로운 배수를 위해 펌프의 Lobe 입구와 배출구는 서로 90도로 되어야 하며 바닥과 수평으로 설치해야 한다.
→ 내용물의 자유로운 배수를 위해 전형적인 PD Lobe 펌프를 설치해야 한다, 즉 Lobe 입구와 배출구는 서로 180도로 되어야 하며 바닥과 수직으로 설치해야 한다. 수평적인 설치 시에는 축적지역이 생기므로 미생물 오염을 방지하기 위해서 펌프의 분해와 일상적인 청소/위생(세척/위생처리) 절차가 필요하게 된다.
ㅁ. 펌프는 많이 움직이는 젖은 부품들로 구성되며 하우징(Housing)과 날개차(impeller)의 연동성 때문에 같은 재질로 만들어져야 한다.
→ 펌프는 많이 움직이는 젖은 부품들로 구성되고 종종 하우징(Housing)과 날개차(impeller)는 닳는 특성 때문에 다른 재질로 만들어져야 한다.

455　　　　　　　　　　　　　　　펌프/탱크

453번 해설 및 454번 해설 참고

456　　　　　　　　　　　　　　　④

대류를 이용하는 것은 호모믹서밖에 없다. 호모믹서는 보통 점도가 있는 성상을 혼합/교반할 때 쓰인다.

457　　　　　　　　　　　　　　　①

ㄴ. 대부분의 믹서는 봉인(seal)과 개스킷에 의해서 제품과 안전하게 접촉되는 내부 패킹과 윤활제를 사용한다.
→ 대부분의 믹서는 봉인(seal)과 개스킷에 의해서 제품과의 접촉으로부터 분리되어 있는 내부 패킹과 윤활제를 사용한다.
ㄹ. 교반장치에 대한 점검은 봉함(씰링), 개스킷 그리고 패킹이 유지되는지 그리고 윤활제가 새서 제품을 오염시키지 않는지 확인하기 위해 유지보수가 필요할 때에 수행되어야 한다.
→ 정기적으로 계획된 유지관리와 점검은 봉함(씰링), 개스킷 그리고 패킹이 유지되는지 그리고 윤활제가 새서 제품을 오염시키지 않는지 확인하기 위해 수행되어야 한다.
ㅁ. 혼합기는 기기 가동 시 고정 되어 있지 않으면 혼합 시 안전하지 않으므로 바닥과 고정이 되어 있어야 한다.
→ 필요할 때, 혼합기는 수리와 청소를 위해 이동하기 용이하게 설치되어야 한다. 그러나 이동 가능한 혼합기는 사용할 때 적절하게 고정되어야 한다.(즉, 사용할 때에는 적절히 고정되고 청소 시 이동하기 용이해야 하므로 바닥에 고정이 되어있는 것은 적절하지 않음)

458　　　　　　　　　　　　　　　①

호스(HOSES)
호스는 화장품 생산 작업에 훌륭한 유연성을 제공하기 때문에 한 위치에서 또 다른 위치로 제품의 전달을 위해 화장품 산업에서 광범위하게 사용된다. 유형과 구성 제재는 대단히 다양하다. 이들은 조심해서 선택되고 사용되어야만 하는 중요한 설비의 하나이다.
① 구성재질(Materials of Construction)
　호스의 일반 건조 제재는 :
　- 강화된 식품등급의 고무 또는 네오프렌
　- TYGON 또는 강화된 TYGON
　- 폴리에칠렌 또는 폴리프로필렌
　- 나일론
　호스 부속품과 호스는 작동의 전반적인 범위의 온도와 압력에 적합하여야 하고 제품에 적합한 제재로 건조되어야 한다. 호스 구조는 위생적인 측면이 고려되어야 한다.
② 청소와 위생처리(Cleaning and Sanitization)
　- 호스와 부속품의 안쪽과 바깥쪽 표면은 모두 제품과 직접 접하기 때문에 청소의 용이성을 위해 설계되어야 한다.
　- 투명한 재질은 청결과 잔금 또는 깨짐 같은 문제에 대한 호스의 검사를 용이하게 한다.
　- 짧은 길이의 경우는 청소, 건조 그리고 취급하기 쉽고 제품이 축적되지 않게 하기 때문에 선호된다.
　- 세척제(예로 스팀, 세제, 소독제 그리고 용매)들이 호스와 부속품 제재에 적합한지 검토 되어야 한다.
　- 부속품이 해체와 청소가 용이하도록 설계 되는 것이 바람직하다. 가는 부속품의 사용은 가는 관이 미생물 또는 교차오염문제를 일으킬 수 있으며 청소하기 어렵기 때문에 최소화 되어야 한다.
　- 일상적인 호스세척 절차의 문서화는 확립되어야 한다.
③ 위치(Location)
　사용하지 않을 때 호스는 세척되고, 건조되어 오염을 최소화 하기 위해 비위생적인 표면과의 접촉을 막을 수 있는 캐비닛, 선반, 벽걸이 또는 다른 방법으로 지정된 위치에 보관되어야 한다. 깨끗한 호스는 과도한 액체를 빼내고 적절한 것으로 끝을 (예를 들면, 적절하게 알맞은 위생 뚜껑을 덮거나, 플라스틱 또는 비닐로 배출구를 싸는 것) 덮어서 보관한다.
④ 안전(Safety)
　호스 설계와 선택은 적용시의 사용 압력/온도범위를 고려해야 한다.

459 ②

458번 해설 참고

460 ③

ㄱ. 필터, 여과기 및 체의 구성재질 중 화장품 산업에서 선호되는 반응하지 않는 재질은 폴리에틸렌과 비반응성 섬유이다. → 스테인리스스틸과 비반응성 섬유이다.
ㄹ. 깨끗한 호스는 과도한 액체를 빼내고 건조를 위해 끝을 덮지 않고 보관한다. → 끝을 덮어 보관
ㅁ. 호스에서 굵은 관의 부속품의 사용은 미생물 또는 교차오염문제를 일으킬 수 있으며 청소하기 어렵기 때문에 최소화되어야 한다. → 가는 관에 대한 설명이다.

461 ③

이송 파이프(TRANSPORT PIPING)
파이프 시스템은 제품을 한 위치에서 다른 위치로 운반한다. 파이프 시스템에서 밸브와 부속품은 흐름을 전환, 조작, 조절과 정지하기 위해 사용된다. 파이프 시스템의 기본 부분들은 :
- 펌프
- 필터
- 파이프
- 부속품(엘보우, T's, 리듀서)
- 밸브
- 이덕터 또는 배출기

파이프 시스템은 제품 점도, 유속 등을 고려해야 한다. 그들은 교차오염의 가능성을 최소화하고 역류를 방지하도록 설계되어야 한다. 파이프 시스템에는 플랜지(이음새)를 붙이거나 용접된 유형의 위생처리 파이프시스템이 있다.

① 구성재질(Materials of Construction)
구성 재질은 유리, 스테인리스 스틸 # 304 또는 # 316, 구리, 알루미늄 등으로 구성되어 있다. 전기화학반응이 일어날 수 있기 때문에 다른 제재의 사용을 최소화하기 위해 파이프 시스템을 설치할 때 주의해야 한다. 어떤 것들은 개스킷, 파이프 도료, 용접봉 등을 사용한다. 이것들은 물질의 적용 가능성을 위해 평가 되어야 한다. 유형 # 304 와 # 316 스테인리스스틸에 추가해서, 유리, 플라스틱, 표면이 코팅된 폴리머가 제품에 접촉하는 표면에 사용된다.

② 청소와(세척과) 위생처리(Cleaning and Sanitization)
청소와 정규 검사를 위해 쉽게 해체될 수 있는 파이프 시스템이 다양한 사용조건을 위해 고려되어야 한다. 파이프 시스템은 정상적으로 가동하는 동안 가득 차도록 그리고 가동하지 않을 때는 배출하도록 고안 되어야 한다. 오염 시킬 수 있는 막힌 관(Dead Legs)이 없도록 한다. 파이프 시스템은 축소와 확장을 최소화하도록 고안되어야 한다. 시스템은 밸브와 부속품이 일반적인 오염원이기 때문에 최소의 숫자로 설계되어야 한다. 메인 파이프에서 두 번째 라인으로 흘러가도록 밸브를 사용할 때 밸브는 데드렉(Dead Leg)을 방지하기 위해 주 흐름에 가능한 한 가깝게 위치해야 한다.

③ 안전(Safety)
파이프 시스템 설계는 생성되는 최고의 압력을 고려해야 한다. 사용 전, 시스템은 정수압 적으로 시험되어야 한다.

[해설]
ㄱ. 구성 재질은 스테인리스 스틸 # 304 또는 # 316, 구리, 알루미늄 등으로 구성되어 있으며 유리는 깨질 수 있어 사용되지 않는다. → 유리도 사용된다.
ㄷ. 유형 # 304 와 # 316 스테인리스스틸에 추가해서 유리를 제외한 플라스틱, 표면이 코팅된 폴리머가 제품에 접촉하는 표면에 사용된다. → 유리도 포함시킨다.
ㅁ. 파이프 시스템은 축소와 확장을 최대화하도록 고안되어야 한다. → 축소와 확장을 최소화 하여야 한다.
ㅂ. 파이프 시스템 설계는 생성되는 최소의 압력을 고려해야 한다. → 최대의 압력을 고려해야 함.

462 ⑤

가장 널리 사용되는 제품과 접촉되는 표면물질은 300시리즈 스테인리스 스틸이다. Type # 304와 더 부식에 강한 Type # 316 스테인리스스틸이 가장 널리 사용된다.

463 ③

제품 충전기(PRODUCT FILLER)
제품 충전기는 제품을 1차 용기에 넣기 위해 사용된다. 제품의 물리적 및 심미적인 성질이 충전기에 의해 영향을 받을 수 있다. 그러므로 제품에 대한 영향을 설비 선택 시 고려해야 한다. 변경을 용이하게 할 수 있도록 설계해야 한다.
(1) 재질 구성
- 조작중의 온도 및 압력이 제품에 영향을 끼치지 않아야 한다.
- 제품에 나쁜 영향을 끼치지 않아야 한다.
- 제품에 의해서나 어떠한 청소 또는 위생처리작업에 의해 부식되거나, 분해되거나 스며들게 해서는 안 된다.
- 용접, 볼트, 나사, 부속품 등의 설비구성요소 사이에 전기 화학적 반응을 피하도록 구축되어야 한다.

가장 널리 사용되는 제품과 접촉되는 표면물질은 300시리즈 스테인리스 스틸이다. Type # 304와 더 부식에 강한 Type # 316 스테인리스스틸이 가장 널리 사용된다.
(2) 충전기 표면마무리(Filler Surface Finish)
규격화되고 매끈한 표면이 바람직하다. 주형 물질(Cast

material) 또는 거친 표면은 제품이 뭉치게 되어(미생물 막에 좋은 환경임) 깨끗하게 청소하기가 어려워 미생물 또는 교차오염문제를 일으킬 수 있다. 주형 물질(Cast material)은 화장품에 추천되지 않는다. 모든 용접, 결합은 가능한 한 매끄럽고 평면이어야 한다. 외부표면의 코팅은 제품에 대해 저항력(Product-resistant)이 있어야 한다.

(3) 청소 및 위생처리(Filler Cleaning and Sanitization)
제품 충전기는 청소, 위생 처리 및 정기적인 감사가 용이하도록 설계되어야 한다. 이는 충전기가 멀티서비스 조작에 사용되거나, 미생물오염 우려가 있는 제품인 경우 특히 중요하다. 충전기는 조작 중에 제품이 뭉치는 것을 최소화하도록 설계되어야 하며 설비에서 물질이 완전히 빠져나가도록 해야 한다. 제품이 고여서 설비의 오염이 생기는 사각지대가 없도록 해야 한다. 고온세척 또는 화학적 위생처리 조작을 할 때 구성 물질과 다른 설계 조건에 있어 문제가 일어나지 않아야 한다. 청소를 위한 충전기의 해체가 용이할 것이 권장된다. 청소와 위생처리과정의 효과는 적절한 방법으로 확인되어야 한다.

(4) 충전기정확도(Filler Accuracy)
제품충전기는 특별한 용기와 충전 제품에 대해 요구되는 정확성과 조절이 용이하도록 설계 되어야 한다. 이 장치는 정해진 속도에서 지정된 허용오차 내에서 원하는 수의 제품의 충전이 가능해야 한다.

(5) 충전기의 안전성(Filler Safety)
모든 설비 시스템들과 주변 지역은 산업 안전 등에 관한 법규 및 요건들을 따라야만 한다.

464   ③

ㄱ. 입고된 원료와 포장재는 검사중, 적합, 부적합에 따라 각각의 구분된 공간에 별도로 보관되어야 하며 부적합 판정된 원료와 포장재를 보관하는 공간은 잠금장치를 하여야 한다.
→ 잠금장치는 선택이다. 필요하다면 잠금장치를 한다.

ㄷ. 일단 적합판정이 내려지면, 원료와 포장재는 생산 장소로 이송된다. 품질이 부적합 되지 않도록 하기 위해 수취와 이송 중의 관리 등의 사후 관리를 해야 한다.
→ 수취와 이송 중의 관리 등의 <u>사전 관리</u>를 해야 한다.

ㅁ. 구매요구서, 인도문서, 인도물이 서로 일치해야 한다. 원료 및 포장재 선적 용기에 대하여 확실한 표기 오류, 용기 손상, 봉인 파손, 오염 등에 대해 육안으로 검사한다. 육안 검사 후 운송 관련 자료에 대한 검사를 수행하여야 한다.
→ 운송 관련 자료에 대한 검사는 선택사항이다.

465   ③

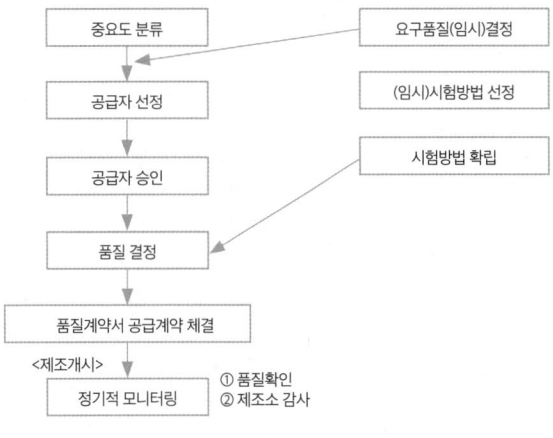

원료, 포장재의 선정 절차 예시

466   ④

【원료, 포장재의 발주, 불출 절차】: 발주 - 입고 - 라벨첨부 - 보관 - 불출

467   선입선출, 선한선출

- 선입선출: 먼저 입고된 것을 먼저 사용
- 선한선출: 사용기한이 짧은 것을 먼저 사용

468   ①

보관 조건은 각각의 원료와 포장재의 세부 요건에 따라 적절한 방식으로 정의되어야 한다. (예 : 냉장, 냉동보관)
원료와 포장재가 재포장될 때, 새로운 용기에는 원래와 동일한 라벨링이 있어야 한다. 원료의 경우, 원래 용기와 같은 물질 혹은 적용할 수 있는 다른 대체 물질로 만들어진 용기를 사용하는 것이 중요하다.
적절한 보관을 위해 다음 사항을 고려하여야 한다.
- 보관 조건은 각각의 원료와 포장재에 적합하여야 하고, 과도한 열기, 추위, 햇빛 또는 습기에 노출되어 변질되는 것을 방지할 수 있어야 한다.
- 물질의 특징 및 특성에 맞도록 보관, 취급되어야 한다.
- 특수한 보관 조건은 적절하게 준수, 모니터링 되어야 한다.
- 원료와 포장재의 용기는 밀폐되어, 청소와 검사가 용이하도록 충분한 간격으로, 바닥과 떨어진 곳에 보관되어야 한다.
- 원료와 포장재가 재포장될 경우, 원래의 용기와 동일하게 표시되어야 한다.

- 원료 및 포장재의 관리는 허가되지 않거나, 불합격 판정을 받거나, 아니면 의심스러운 물질의 허가되지 않은 사용을 방지할 수 있어야 한다.(물리적 격리(quarantine)나 수동 컴퓨터 위치 제어 등의 방법)

재고의 회전을 보증하기 위한 방법이 확립되어 있어야 한다. 따라서 특별한 경우를 제외하고, 가장 오래된 재고가 제일 먼저 불출되도록 선입선출 한다.
- 재고의 신뢰성을 보증하고, 모든 중대한 모순을 조사하기 위해 주기적인 재고조사가 시행되어야 한다.
- 원료 및 포장재는 정기적으로 재고조사를 실시한다.
- 장기 재고품의 처분 및 선입선출 규칙의 확인이 목적
- 중대한 위반품이 발견되었을 때에는 일탈처리를 한다.

[해설]
ㄴ. 원료와 포장재가 재포장될 경우, 새로운 라벨링으로 표시되어야 한다.
   - 원료와 포장재가 재포장될 때, 새로운 용기에는 원래와 동일한 라벨링이 있어야 한다.
ㄹ. 특별한 경우를 제외하고, 사용기한이 짧은 재고가 제일 먼저 불출 되도록 한다.
   - 특별한 경우를 제외하고, 가장 오래된 재고가 제일 먼저 불출되도록 선입선출 한다.
ㅁ. 보관관리는 장기 재고품의 처분 및 선한선출 규칙의 확인이 목적이다.
   - 보관관리는 장기 재고품의 처분 및 선입선출 규칙의 확인이 목적이다.

469 ⑤

원료의 허용 가능한 보관기간을 결정하기 위한 문서화된 시스템을 확립해야 한다. 보관기간이 규정되어 있지 않은 원료는 품질부문에서 적절한 보관기간을 정할 수 있다. 이러한 시스템은 물질의 정해진 보관기간이 지나면, 해당 물질을 재평가하여 사용 적합성을 결정하는 단계들을 포함해야 한다.
그러나, 원칙적으로 원료공급처의 사용기한을 준수하여 보관기간을 설정하여야 하며, <u>사용기한 내에서 자체적인 재시험 기간과 최대 보관기간을 설정·준수해야 한다.</u>

470 ④

화장품 제조에 사용되는 물(탈이온화(deionization), 증류 또는 역삼투압 처리 유무에 상관없이)에 대한 절차서는 다음과 같은 사항들을 보장해야 한다.
- 오염의 위험과 물의 정체(stagnation)를 예방할 수 있어야 한다.
- 미생물의 오염을 방지하기 위해 고안되고 적절한 주기와 방법에 따라 청결과 위생관리가 이루어지는 시스템을 통해 물을 공급해야 한다.
- 화학적, 물리적, 미생물학적 규격서에 대한 적합성 검증을 위한 적절한 모니터링과 시험이 필요하다.
- 규정된 품질의 물을 공급해야 하고, 물 처리 설비에 사용된 물질들은 물의 품질에 영향을 미쳐서는 안 된다.

471 ①

ㄹ. Salt(염)이 함유된 정제수는 소독 및 안정성에 긍정적 영향을 미치므로 이온교환수지를 통해 염을 일정 농도로 유지한다.
  ☞ Salt(염)이 함유된 정제수를 사용하면 제품의 향, 안정성, 투명도에 결정적 영향을 미치게 됨으로 철저하게 관리하여야 한다.
ㅁ. 정제수의 품질관리용 검체채취 시에는 항상 정해진 채취 부위에서 정해진 시간에 채취하여야 한다. 이 때 채취구는 위쪽을 향하도록 설치하여 항상 배수가 쉽도록 하고, 오염방지를 위해 밀폐 관리하는 것이 중요하다.
  ☞ 채취구는 아래쪽을 향하도록 설치하여 항상 배수가 쉽도록 하고, 오염방지를 위해 밀폐 관리하는 것이 중요하다.
ㅂ. 정제수에 대한 품질검사는 원칙적으로 매일 제조 작업 실시 후에 실시하는 것이 좋다.
  ☞ 정제수에 대한 품질검사는 원칙적으로 매일 제조 작업 실시전에 실시하는 것이 좋다.

[참고]
【용수의 품질관리】
1. 화장품 제조 용수의 고려할 점
○ 사용하는 물의 품질을 목적별로 정해 놓는다.
   - 예시
    ① 제조설비 세척 : 정제수, 상수
    ② 손 씻기 : 상수
    ③ 제품 용수 : 화장품 제조시 적합한 정제수
○ 사용수의 품질을 주기별로 시험항목을 설정해서 시험한다.
○ 제조 용수 배관에는 정체방지와 오염방지 대책을 해 놓는다.

2. 용수의 품질 관리
○ 용수시스템 유지 관리
가. 소독(Sanitization)
   제조용수의 미생물 관리는 기본적으로 소독에 의존하게 된다. 자외선 조사, 열을 가하는 등의 방법으로 소독할 수 있다.
나. 용수시스템 유지 관리
   제조용수시스템이 일정한 관리 범위 안에 있도록 하기 위해서는 예방 관리 프로그램이 확립되어 있어야 한다.
   (1) 작동절차
   제조용수시스템의 작동 절차, 일상 점검 및 시정 조치절차 등을 문서로 규정하고 어떤 경우에 어떤 조치를 취해야 할지를 구체적으로 명시해 줘야 한다. 이런 문서는 정식 문서로 잘 관리해야 하며 각 직무의 기능을 구체적으로 기술하고, 그 직무를 수행할 책임자를 지명하고 그 직무를 수행하는 방법까지를 기술해 줘야 한다.

(2) 모니터링 절차
중요 품질 관련 기준과 운전 설정치를 문서로 정해 놓고 그에 따라서 모니터링 해야 한다. 모니터링 방법에는 전도도 측정 기록계 같이 시스템 자체에 장착한 감지나 기록계를 이용하는 방법, carbon filter의 차압이 떨어지는 것을 기록하는 것처럼 작동에 관련된 수치를 일일이 손으로 쓰는 방법, 일반 세균 시험처럼 시험실에서 시험하는 방법 등이 있다. 이 절차에는 검체 채취 빈도, 시험 결과 해석 요건 및 어떤 시정 조치가 필요한지 등을 포함해야 한다.

(3) 소독
각 단위 기계에 어떤 것을 써서 시스템을 어떻게 설계했느냐에 따라, 주기를 정해 놓고 일상적으로 소독함으로써 끊임없이 미생물을 관리하여야 한다. 소독에 관하여는 위에서 언급한 바 있다.

(4) 예방 점검
효율적인 예방 점검 프로그램이 있어야 한다. 어떤 예방 점검을, 어떤 빈도로 해야 하며, 어떻게 기록하여 관리해야 하느냐가 확립되어 있어야 한다.

(5) 변경 관리
기계적 구조를 바꾸거나 작업 조건을 바꿀 때는 철저히 관리되어야 한다.
변경 처리 절차는 어떤 공정을 바꿀 때는 그것이 시스템 전체에 어떤 영향을 미칠 것인지를 평가 하고, 시스템을 다시 적격성 평가를 할 필요가 있는지 판단하며, 시스템 변경을 확정하면 그에 따라 도면, 작동 지침 및 절차 등 연관된 모든 사항을 개정한다.

○ 용수시스템 품질 관리
가. 정제수의 품질 관리
(1) 관리 목적
정제수의 시험항목 및 규격은 화장품의 원료로 사용하는 물로서, 위생적인 측면과 다른 원료들의 용해도, 경시변화에 따른 침전, 탈색/변색에 대한 영향, 피부에 대한 작용 등을 고려할 때 필요한 정도의 순도를 규정하기 위한 것이다. 대표적으로 Salt(염)이 함유된 성체수를 사용하면 제품의 향, 안성성, 투명도에 결정적 영향을 미치게 됨으로 철저하게 관리하여야 한다.

(2) 검체의 채취
정제수의 품질관리용 검체채취 시에는 항상 정해진 채취 부위에서 정해진 시간에 채취하여야 한다.
이때 채취구는 아래쪽을 향하도록 설치하여 항상 배수가 쉽도록 하고, 오염방지를 위해 밀폐 관리하는 것이 중요하다.

(3) 품질검사
정제수에 대한 품질검사는 원칙적으로 매일 제조 작업 실시 전에 실시하는 것이 좋다. 단, 시험항목은 공정서, 화장품 원료 규격 가이드라인의 정제수 항목 등을 참고로 하여, 각 사의 정제수 제조설비 운영 및 결과를 근거로 검사주기를 정하여 실시할 수 있다.

472 제조번호, 제조지시서

화장품 제조공정은 제조번호 지정부터 시작하여, 제조지시서 발행, 원료불출, 제조설비 및 기구의 청소상태 확인, 제조 작업 개시 등의 순서로 진행되고 사용한 원료를 재보관 하는 등 많은 작업공정이 조합되어 이루어진다. 일반적인 화장품의 제조공정은 아래와 같다. 이들 작업의 내용을 이해하고 자사 제품에 적합한 제조공정을 구축할 필요가 있다.
- 제조번호 지정
- 제조지시서 발행
- 제조기록서 발행
- 원료 불출
- 공정표
- 작업시작 전 점검
- 공정관리 작업
- 제조기록서 완결
- 벌크제품
- 원료 재보관

473 ③

ㄱ. 제조지시서는 제조공정 중의 혼돈이나 착오를 방지하고 작업이 올바르게 이루어지도록 하기 위하여 일자별로 작성, 발행되어야 한다.
　☞ 제조단위(뱃치)별로 작성, 발행되어야 한다.
ㄹ. 화장품 제조는 제조기록서의 발행으로 시작하고 뱃치기록서의 보관으로 끝난다.
　☞ 화장품 제조는 제조지시서의 발행으로 시작하고 뱃치기록서의 보관으로 끝난다.
ㅁ. 제조지시서는 일단 발행하면 내용을 변경해서는 안 되나 재발행할 때에는 이전에 발행되어진 제조지시기록서는 혼동되지 않게 보관한다.
　☞ 부득이하게 재발행할 때에는 이전에 발행되어진 제조지시기록서는 폐기한다.

[참고]
화장품 제조는 제조지시서의 발행으로 시작하고 뱃치기록서의 보관으로 끝난다. 제조에 관한 문서의 흐름을 이해하고, 자사의 특징을 더해서 독자적인 제조문서체계를 구축할 것을 권장한다. 제조지시서에 따라 제조를 개시한다. 제조지시서는 일단 발행하면 내용을 변경해서는 안 된다. 부득이하게 재발행할 때에는 이전에 발행되어진 제조지시기록서는 폐기한다. 제조지시서는 제조작업을 끝낼 때까지는 "가장 책임 있는 문서"이며, 제조지시서의 내용에 어긋나는 제조를 해서는 안 된다.
제조지시서에 제조 작업자가 제조를 시작하는데 있어서 필요한 정보를 기재한다. 책임 있는 지시를 하기 위해서는 상세한 내용의 지시서를 발행해야 한다. 기입이 끝나면 발행 제조부서책임자가 서명을 한다.
제조지시서는 제조기록서와 함께 뱃치기록서 내에 보관하는 것을 권장한다.

제조지시서에 따라 제조기록서를 발행한다. 제조에 관한 기록은 모두 제조기록서에 기재한다. 제조 개시 전에 제조설비 및 기구의 청소상태를 확인하고 제조설비 및 기구의 청소완료라벨을 기록서에 부착하거나 청소상태를 확인하는 기록란이 기록서에 있어야 한다. 설비 세척상태의 기록란을 마련해 둔다.

모든 제조 작업을 시작하기 전 작업시작 시 확인사항('start-up') 점검을 수행하는 것이 일반적인 지침이다. 관련 문서가 제조 작업에 이용가능하고, 모든 원료가 사용 가능하다는 것을 보장하기 위해 이러한 점검은 필수적이다. 또한 이를 통해, 설비가 적절히 위생 처리되고 생산할 준비가 완료되었으며, 제조 작업에 불필요한 포장재 및 표시 라벨 등의 혼합을 제거하기 위해 작업 구역 및 제조라인 정리가 수행되었음을 확인한다.

제조된 벌크의 각 뱃치들에는 추적이 가능하도록 제조번호가 부여되어야 한다. 벌크에 부여된 특정 제조번호는 완제품에 대응하는 제조번호와 반드시 동일할 필요는 없다. 하지만 어떤 벌크 뱃치와 양이 완제품에 사용되었는지 정확히 추적할 수 있는 문서가 존재하여야 한다.

474 ④

각 원료는 적절한 용기(즉, 스테인리스 스틸 재질 드럼이나 플라스틱 용기)로 측정 및 칭량되거나 또는 직접 제조 설비(즉, 탱크 또는 호퍼)로 옮겨져야 한다. 용기가 적절하게 위생처리 되었음을 확인할 수 있어야 한다.

칭량, 계량할 때는 먼저 작업 주위와 칭량기구가 청결한 것을 육안으로 확인한다. 칭량 중에는 오염이 발생하지 않는 환경에서 작업을 실시해야 한다. 그 다음 칭량한 원료를 넣는 용기가 청결한 것을 확인한다. 용기의 내부뿐만 아니라 외부도 청결한 것을 육안으로 확인한다. 칭량하기 전 사용되는 저울의 검교정 유효기간을 확인하고, 일일점검을 실시한 후에 칭량 작업을 수행한다.

칭량은 실수가 허용되지 않는 중요한 작업이다. 2명으로 작업하는 것이 권장된다. 단, 자동기록계가 붙어 있는 천칭 등을 사용했을 경우에는 작업자가 기재한 칭량 결과를 백업하는 자동기록치가 존재하므로 칭량을 한 사람이 작업할 수 있다.

또한 원료나 벌크제품을 담는데 사용하는 모든 설비나 용기도 내용물을 쉽게 확인할 수 있도록 분명히 표시하여야 한다. 적절한 표시는 최소한 다음 사항을 포함해야 한다.
- 품명 또는 확인 코드
- 특별히 부여된 제조번호
- 특별한 정보(특수한 보관 조건, 보관기간(shelf life), 불출 날짜 등)

① 각 원료는 적절한 용기로 측정 및 칭량되거나 또는 직접 제조 설비로 옮겨져야 하며 용기가 적절하게 위생처리 되었음을 린스정량으로 판정해야 한다. - 린스정량이 아니라 육안으로 확인해야 한다.
② 칭량, 계량할 때는 먼저 작업 주위와 칭량기구가 청결한 것을 닦아내기 판정으로 확인한다. 칭량 중에는 오염이 발생하지 않는 환경에서 작업을 실시해야 한다. - 육안으로 확인한다.
③ 용기의 청결을 확인할 때에는 내부의 청결도를 육안으로 확인 한다. 용기 외부의 청결도는 중요하지 않다. - 내, 외부 모두 확인한다.
⑤ 칭량은 3명으로 작업하는 것이 권장되나 자동기록계가 붙어 있는 천칭 등을 사용했을 경우 작업자가 기재한 칭량 결과를 백업하는 자동기록치가 존재하므로 두 사람이 작업할 수 있다. - 칭량은 2명으로 작업하는 것이 권장되나 자동기록계가 붙어 있는 천칭 등을 사용했을 경우 한 명이 작업할 수도 있다.

475 ③

제조 중인 모든 벌크가 규정 요건을 만족함을 보장하기 위해 공정 관리를 실시해야 한다. 또한 중요한 제품 속성들이 규격서에 명시된 요건들을 충족함을 검증하기 위해 평가 작업을 수행해야 한다. 규정 범위를 벗어난 모든 결과는 반드시 기록하여 적절한 시기 안에 조사하여야 하며 조사 결과는 기록되어야 한다.

공정관리 및 각종 작업은 모두 절차서에 따라 실시한다. 즉, 제조에 관련된 모든 작업에 절차서를 작성한다. 절차서를 변경하고자 할 경우에는 작성, 검토, 승인, 갱신, 배포 및 교육을 통해 개정할 수 있다. 즉 "작업"을 마음대로 바꾸어서는 안 된다. 그러나 화장품 제조에 있어서도 항상 개선을 실시해야 한다. 개선을 실행하기 위해서는 개선 내용이 화장품 품질에 영향을 주지 않는 것을 확인 할 필요가 있다. 그리고 절차서를 개정하고 개선을 실행한다. 변경관리 내용은 변경관리 기준에 따라 작성하고 기록되어야 한다.

【공정관리 및 작업시 주의사항】
○ 모든 작업에 절차서를 작성하고 절차서에 따라 작업을 한다.
○ 통상 발생하지 않는 작업과 처리에도 절차서를 작성한다.
○ 실행하지 않는 작업에는 "실행하지 않는" 것을 기재한 절차서가 필요
  - 예시 : 재작업을 하지 않을 때는 절차서에 "재작업을 하지 않는다"고 명기
○ "작업"은 마음대로 바꾸지 않는다.
○ 개선
  - 개선안을 제안한다.
  - 개선안이 제품 품질에 영향을 미치지 않을 것을 확인, 때로는 실험도 한다
  - 절차서를 개정한다.
  - 개선을 실행한다.

공정관리는 관리기준을 설정해서 실시한다. 그 관리기준은 개발 단계에서의 기록 및 제조실적데이터를 토대로 설정한다. 기준치에는 반드시 범위를 만든다. 그 범위를 벗어난 데이터가 나왔을 때는 일탈처리를 한다. 즉 범위를 벗어난(평상시와 다른 일이 일어난) 일이 제품 품질에 영향을 미치지 않았는지를 조사한다. 만약 품질에 영향을 미쳤을 때에는 제품 폐기도 포함하여 신중하게 검토한다. 일탈에 대한 처리가 종료되면 '일탈관리 보고서' 등의 형태로 처리내용과 재발방지 내용을 기록하여 관리한다.

476 ⑤

제조된 벌크 제품은 보관되고 관리 절차에 따라 재보관(re-stock)되어야 한다. 모든 벌크를 보관 시에는 적합한 용기를 사용해야 한다. 또한 용기는 내용물을 분명히 확인할 수 있도록 표시되어야 한다. 모든 벌크의 허용 가능한 보관기간(Shelf life)을 확인할 수 있어야 하고, 보관기간의 만료일이 가까운 원료부터 사용하도록 문서화된 절차가 있어야 한다. 벌크는 선입선출 되어야 한다. 충전 공정 후 벌크가 사용하지 않은 상태로 남아 있고 차후 다시 사용할 것이라면, 적절한 용기에 밀봉하여 식별 정보를 표시해야 한다. 남은 벌크를 재보관하고 재사용할 수 있다. 밀폐할 수 있는 용기에 들어 있는 벌크는 절차서에 따라 재보관 할 수 있으며, 재보관 시에는 내용을 명기하고 재보관임을 표시한 라벨 부착이 필수다. 그러나 일반적으로 말해서 재보관은 권장할 수 없다. 개봉마다 변질 및 오염이 발생할 가능성이 있기 때문이다. 여러 번 재보관과 재사용을 반복하는 것은 피한다. <u>뱃치마다의 사용이 소량이며 여러 번 사용하는 벌크는 구입 시에 소량씩 나누어서 보관하고 재보관의 횟수를 줄인다.</u>

【벌크의 재보관】
○ 남은 벌크를 재보관하고 재사용 할 수 있다.
○ 절차
 - 밀폐한다.
 - 원래 보관 환경에서 보관한다.
 - 다음 제조 시에는 우선적으로 사용한다.
○ 변질 및 오염의 우려가 있으므로 재보관은 신중하게 한다.
 - 변질되기 쉬운 벌크는 재사용하지 않는다.
 - 여러 번 재보관하는 벌크는 조금씩 나누어서 보관한다.

477 ②

- 파레트에 적재된 모든 재료(또는 기타 용기 형태)는 다음과 같이 표시되어야 한다.
 · 명칭 또는 확인 코드
 · 제조번호
 · 제품의 품질을 유지하기 위해 필요할 경우, 보관 조건
 · 불출 상태

478 ①

검체 채취는 품질부서에서 행하는 것이 일반적이다.

479 ②

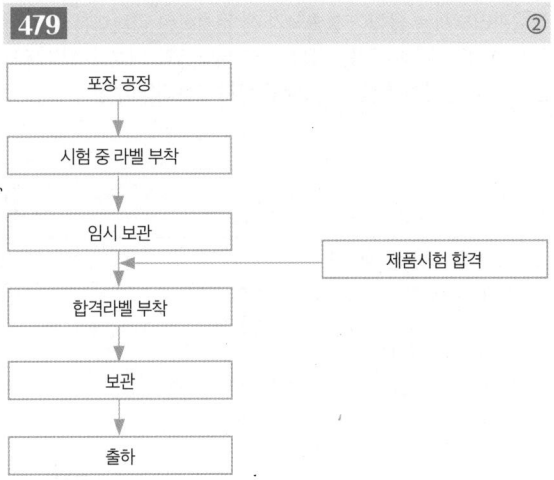

480 ②

품질관리는 화장품 품질보증에 있어서 중요한 역할을 한다. 원료의 다양화, 해외 원료의 증가, 안정성시험의 증가 등으로 품질에 관한 논의가 증가하고 품질 확인 필요도 증가해 왔다. 따라서 화장품 제조업자는 품질관리 업무를 바르게 이해하는 것이 필요하다. 품질관리는 CGMP 과정에서 매우 중요하다. 적절한 품질관리는 소비자에게 안전한 화장품의 생산을 위해 필수적이다.

효과적인 품질관리 프로그램의 핵심은 제조공정의 각 단계에서 제품 품질을 보장하고, 공정에서 발생한 문제를 확인할 수 있도록 원자재 · 반제품 · 벌크 제품 · 완제품에 대한 시험업무를 문서화된 종합적인 절차로 마련하고 준수하는 것이다.

품질관리는 원자재 · 반제품 · 벌크 제품 · 완제품에 대한 적합 기준을 마련하고 제조 번호별로 시험기록을 작성하고 유지하여야 한다. 적합한 것을 확인하기 위하여 문서화되고 적절한 시험방법을 사용해야 한다. <u>화학적 또는 물리적 특성을 결정하기 위한 시험방법은 회사, 공급자에 의해 작성되거나 검증된 가장 최신본을 따라야 한다.</u>

시험결과는 적합 또는 부적합인지 분명히 기록하여야 하며 데이터의 손쉬운 복구 및 추적이 가능한 방식으로 보관되어야 한다.

품질관리는 규정된 합격판정기준을 만족하는 제품을 확인하기 위한 필수적인 시험 방법이 모두 적용 되어야 한다. 시험방법은 계획된 목적을 위해 규정되고, 적절하여야 하며 이용 가능해야 한다. 설정된 시험 결과는 시험 물질이 적합한지 부적합한지 아니면 추가적인 시험기간 동안 보류될 것인지를 결정하기 위해 평가되어야 한다.

화장품 원료시험은 '원료공급자의 검사결과 신뢰 기준'(대한화장품협회 자율규약 참조)을 충족할 경우 원료공급자의 시험성적서로 갈음할 수 있다.

원자재 · 반제품 · 벌크 제품 · 완제품은 품질이 규정된 합격판정기준을 만족할 때에만, 물질의 사용을 위해 불출되고, 제품은 출고를 위해 불출된다는 것을 보장한다.

품질관리부서는 물질이 불출되기 전 문서화된 검체채취 및 시험관리에 책임이 있다. 직원, 공장, 설비, 위탁계약, 내부감사 및 문서관리에 대한 원칙은 품질관리에도 역시 적용되어야 한다.

481 ③

[시약, 용액, 표준품, 배지]
○ 시약(reagents) : 시험용으로 구입한 시약
  - 리스트 작성, 라벨 표시, 적절한 관리
  - 사용기한 설정과 표시 필요
○ 시액(solutions) : 시험용으로 조제한 시약액
  - 리스트 작성, 라벨표시, 적절한 관리
  - 사용기한 설정과 표시 필요
○ 표준품(reference, standards) : 시험에 사용하는 표준물질
  - 공식 공급원으로부터 입수할 경우와 자사에서 조제할 경우가 있다.
  - 사용기한 설정과 표시 필요
○ 배지(culture media) : 미생물이나 생물조직을 배양하는 것
  - 세균, 진균 등 많은 배지가 있다.
  - 적절한 환경에서 관리한다.

482 ③

사용기한이 규정되어 있지 않은 원료와 포장재는 품질부문에서 통상의 유사한 성상과 물성, 형태의 원료, 자재와 유사하게 적절한 사용기한을 정할 수 있다.

483 ③

① 검체 채취란 포장재를 제외한 원료, 벌크제품, 반제품, 완제품 등의 시험용 검체를 채취하는 것이다.
  → 포장재를 포함한다.
② 검체 채취는 제조 작업자에 의해 특별한 장비를 사용하는 입증된 방법에 따라 수행되어야 한다.
  → 검체 채취는 자격을 갖춘 담당자에 의해 특별한 장비를 사용하는 입증된 방법에 따라 수행되어야 한다.
④ 검체 채취는 제조부서가 실시하는 것이 일반적이다.
  → 검체 채취는 품질부서가 실시하는 것이 일반적이다.
⑤ 검체는 하루에 제조된 양을 대표하는 검체를 채취해야 한다.
  → 검체는 제조단위(Batch)를 대표하는 검체를 채취해야 한다. 검체 채취란 원료, 포장재, 벌크제품, 반제품, 완제품 등의 시험용 검체를 채취하는 것이다. 검체 채취는 품질관리 과정에서 핵심적인 요소이다. 따라서 검체 채취는 자격을 갖춘 담당자에 의해 특별한 장비를 사용하는 입증된 방법에 따라 수행되어야 한다. 또한, 검체 채취 후에는 혼란의 위험을 피하고 오염을 방지하기 위해 원상태에 준하는 포장을 해야 하며, 검체가 채취되었음을 표시하여야 한다.

검체 채취는 품질관리부서가 실시하는 것이 일반적이다. 제품시험 및 그 결과판정은 품질관리의 업무다. 제품 시험을 책임지고 실시하기 위해서도 검체 채취를 품질관리에서 실시한다.
검체 채취자에게는 검체채취 절차 및 검체채취 시의 주의사항을 교육, 훈련시켜야 한다.
검체는 제조단위(Batch)를 대표하는 검체를 채취해야 한다. 액체제품이라면 전체를 간단하게 균일하게 할 수 있어서 채취한 검체가 그 제조단위를 대표하고 있다고 할 수 있다. 그러나 분체, 고체, 점성 액체일 경우에는 제조단위 전체가 균일하다고 할 수 없는 경우가 있다. 장소에 따라 품질의 차이가 있을 경우에는 균일하게 한 후에 검체채취를 실시한다.
검체채취를 실시할 때에는 주위를 정리하고 제품 및 검체에 오염이 발생하지 않도록 하는 것이 필요하다.
검체채취 기구 및 검체용기는 시험결과에 영향을 주지 않아야 한다. 제품규격 중에 미생물에 관련된 항목이 포함되어 있으면 검체 용기를 미리 멸균한다. 파손 및 내용물에 대한 악영향의 가능성이 없는 용기를 선택하여야 한다. 검체 용기에는 용기가 바뀌는 것을 방지하기 위해서 검체채취 전에 라벨을 붙여 놓는 것이 바람직하다.
검체는 보존기간을 정해 놓는다. 일반적으로는 <u>제품시험이 종료되고 그 시험결과가 승인되면 폐기한다. 시험 시에 여러 번 개봉된 검체는 각종 오염이 발생할 가능성이 있으므로 장기간 보존해도 의미가 없다.</u>
검체채취 절차서에는 분석을 위한 설비, 기기, 기술, 계획, 양 및 품질관리 검사 목적을 위해 필요한 안전 예방조치, 검체 의뢰 절차를 규정해야 한다. 규정된 사항과 수립된 절차서에 따라, 검체채취는 숙련되고 승인된 직원에 의해 수행되어야 한다.
검체채취 절차서는 다음의 요소들은 포함해야 한다.
- 오염과 변질을 방지하기 위해 필요한 예방조치를 포함한 검체채취 방법
- 검체채취를 위해 사용될 설비 · 기구
- 채취량
- 검체확인 정보
- 검체채취 시기 또는 빈도
시험용 검체의 용기에는 다음 사항을 기재하여야 한다.
- 명칭 또는 확인 코드
- 제조번호 또는 제조단위
- 검체채취 날짜 또는 기타 적당한 날짜
- <u>가능한 경우, 검체채취 지점(point)</u>
*** 다른 검체들은 시험 후 그 시험결과가 승인되면 폐기한다. 그러나 완제품의 검체인 보관용 검체는 적절한 보관조건 하에 지정된 구역 내에서 제조단위별로 사용기한 경과 후 1년간 보관하여야 한다. 다만, 개봉 후 사용기한을 기재하는 경우에는 제조일로부터 3년간 보관하여야 한다.

484　④

483번 참고, 검체용기에는 용기가 바뀌는 것을 방지하기 위해서 검체채취 전에 라벨을 붙여 놓는 것이 바람직하다.

485　보관용 검체

완제품의 경우에는 시험에 필요한 양을 제조단위별로 따로 보관하며 이것을 보관용 검체라고 한다.

보관용 검체는 적절한 보관조건 하에 지정된 구역 내에서 제조단위별로 사용기한까지 보관하여야 한다. 다만, 개봉 후 사용기한을 기재하는 경우에는 제조일로부터 3년간 보관하여야 한다.

이는 제품의 경시 변화를 추적하고 사고 등이 발생했을 때 제품을 시험하는 데 충분한 양을 확보하기 위한 것이다. 안정성이 확립되어 있지 않은 화장품은 장기적으로 경시 변화를 추적할 필요가 있으므로 이를 위한 시험 계획을 세우고 특정 제조단위에 대하여 충분한 양의 검체를 보존한다.

486　②

보관용 검체는 다음을 만족해야 한다.
- 제조단위를 대표해야 한다.
- 적절한 용기 · 마개로 포장하거나 또는 제조단위가 표시된 동일한 용기 · 마개의 완제품 용기에 포장한다.
- 제조단위 · 제조 번호(또는 코드) 그리고 날짜로 확인되어야 한다.

【보관용 검체의 주요사항(완제품)】
○ 목적 : 제품을 사용기한 중에 재검토 할 때에 대비하기 위함이다.
○ 시판용 제품의 포장형태와 동일하여야 한다.
○ 각 제조단위를 대표하는 검체를 보관한다.
○ 사용기한까지 보관한다. 다만 개봉 후 사용기한을 정하는 경우 제조일로부터 3년간 보관

화장품 제조 시 보관용 검체를 보관하는 것은 품질관리 프로그램에서 중요한 사항이다. 보관용 검체는 아래 사항을 위해 중요하다.
- 소비자 불만과 기타 소비자 질문 사항의 조사를 위한 중요한 도구
- 제품 및 그 포장의 특성을 검증하기 위한 방법
- 가능한 모든 질문에 대한 대응을 위한 회사의 제품 라이브러리

[해설]
ㄴ. 적절한 용기 · 마개로 포장하거나 또는 사용기한이 표시된 동일한 용기 · 마개의 완제품 용기에 포장한다.
　→ 적절한 용기 · 마개로 포장하거나 또는 제조단위가 표시된 동일한 용기 · 마개의 완제품 용기에 포장한다.
ㄷ. 제조단위 · 제조 번호(또는 코드) 그리고 사용기한으로 확인되어야 한다.
　→ 제조단위 · 제조 번호(또는 코드) 그리고 날짜로 확인되어야 한다.
ㅁ. 사용기한 경과 후 1년간 보관한다. 다만 개봉 후 사용기한을 정하는 경우 제조일로부터 2년간 보관해야 한다.
　→ 개봉 후 사용기한을 정하는 경우 제조일로부터 3년간 보관해야 한다.

487　③

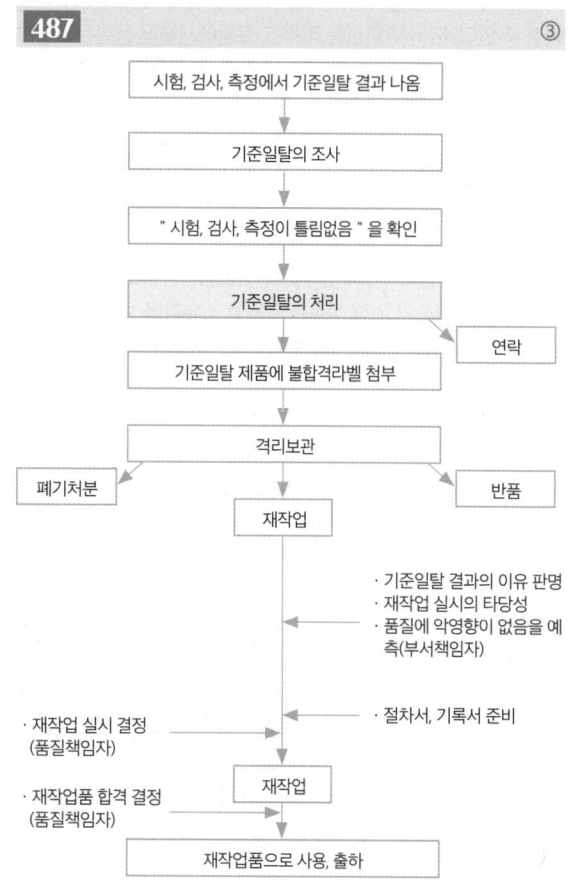

488　④

④ 제품 품질에 대한 좋지 않은 경시 안전성에 대한 악영향으로서 나타날 일이 많기 때문에 제품 분석뿐만 아니라, 제품 안전성 시험을 실시하는 것이 바람직하다. → 제품 품질에 대한 좋지 않은 경시 안전성에 대한 악영향으로서 나타날 일이 많기 때문에 제품 분석뿐만 아니라, 제품 안전성 시험을 실시하는 것이 바람직하다.

489　④

위탁계약이라고 하는 업무의 형태는 가전제품, 전자기기, 공업용 기계, 식품 등 산업계의 각 분야에서 널리 행해지고 있다. 또한 국내뿐만 아니라 국제적인 위·수탁 업무가 왕성해지고 있으며 화장품 산업에서도 제조비용의 절감 요청, 제조 기술의 고도화, 국제 분업의 발전 등으로 인하여 위·수탁 업무는 앞으로도 증가할 것이다.

이에 따라 생산 공장의 거의 모든 과정에 대해 위탁계약이 이루어질 수 있다. 따라서 화장품의 제조, 포장에서부터 품질관리까지 위탁계약이 이루어질 수 있으며, 제조 및 품질관리에 있어 공정 또는 시험의 일부를 위탁하고자 할 때에는 위탁계약에 관한 문서화된 절차를 수립·유지하여야 한다.

제조 업무를 위탁하고자 하는 자는 제30조에 따라 식품의약품안전처장으로부터 우수화장품 제조 및 품질관리기준 적합판정을 받은 업소에 위탁 제조하는 것을 권장한다.

수탁업체의 공정이 CGMP를 따르는 것을 권장함으로 수탁업체가 계약을 이행하기 위해 적절한 자원을 소유함을 보증하는 문서에 양측이 서명하여 위탁자와 수탁업체간의 의무와 책임을 확실히 할 필요가 있다. 또한, 수탁업체가 처음에 보증한 사항이 여전히 유효한지를 관리하기 위한 주기적인 점검이 시행되어야 한다.

이들 작업을 위탁 할 때에는 계약서를 교환하고 위탁업체 역할과 수탁업체 역할을 바르게 알고 업무를 실행해야 한다. 모든 종류의 위·수탁제조에서 역할분담이 필요한 것은 아니나, 적어도 양자가 자신의 역할을 인식하여 위·수탁제조를 실시해야 할 필요성이 있다.

국내 실정에 맞는 위·수탁제조의 형태를 구축할 필요가 있다. 위·수탁제조의 형태는 나라마다 다르다. 한국기업 간에 위·수탁제조를 실시하는 것이라면 한국에 맞는 형태로, 외국기업과 위·수탁제조를 실시하는 것이라면 양사가 잘 의논해서 서로 납득할 수 있는 형태로 위·수탁제조를 실시할 필요가 있다.

위·수탁제조에서는 위탁업체와 수탁업체의 역할분담이 필수적이다. 위탁업체와 수탁업체는 상하 또는 대등한 관계가 아니라 다른 역할을 지닌 파트너다.

<u>위탁업체는 위탁제조품의 품질을 보증해야 한다. 제조품의 품질 보증을 수탁업체에게 추구하는 위탁업체가 있으나, 그것은 잘못된 것이다. 위탁할 제품의 품질을 보증하기 위해서는 위탁업체 스스로가 제조 공정을 확립하고 사용할 원료나 포장재의 품질규격 및 공급업자를 결정해야 한다. 제조 공정의 확립이나 원료공급업자의 결정을 수탁업체에게 위탁할 수는 있으나, 그 결정 책임까지 위탁할 수는 없다. 아울러, 위탁업체는 수탁업체의 능력평가, 기술이전, 감사를 실시해야 한다.</u>

수탁업체는 위탁업체가 확립한 제조 공정의 실시를 보증해야 한다. 그러기 위해서 제조 실시에 필요한 인적자원을 확보해야 하며, 제조는 CGMP를 준수하여 실시해야 한다.

제조 및 CGMP준수의 상황에 관해서 위탁업체의 평가 및 감사를 받아들인다. 평가 및 감사를 위해서는 제조의 결과를 모두 문서로 남기고 수탁업체의 모든 데이터는 위탁업체에서 이용 가능해야 한다.

각각 제품에 적합한 CGMP 제조 체제는 위탁업체와 수탁업체가 공동으로 만든다.

490　④

○ 일탈의 정의

일탈(Deviations)은 규정된 제조 또는 품질관리활동 등의 기준(예시 : 기준서, 표준작업지침(Standard Operating Procedures) 등)을 벗어나 이루어진 행위이며, 기준일탈 (Out of specification)이란 어떤 원인에 의해서든 시험결과가 정한 기준값 범위를 벗어난 경우이다. 기준일탈은 엄격한 절차를 마련하여 이에 따라 조사하고 문서화 하여야 한다.

일탈의 예는 아래와 같다

가. "중대한 일탈"
(1) 생산 공정상의 일탈 예
- 제품표준서, 제조작업절차서 및 포장작업절차서의 기재내용과 다른 방법으로 작업이 실시되었을 경우
- 공정관리기준에서 두드러지게 벗어나 품질 결함이 예상될 경우
- 관리 규정에 의한 관리 항목(생산 시의 관리 대상 파라미터의 설정치 등)에 있어서 두드러지게 설정치를 벗어났을 경우
- 생산 작업 중에 설비·기기의 고장, 정전 등의 이상이 발생하였을 경우
- 벌크제품과 제품의 이동·보관에 있어서 보관 상태에 이상이 발생하고 품질에 영향을 미친다고 판단될 경우
(2) 품질검사에 있어서의 일탈 예
- 절차서 등의 기재된 방법과 다른 시험방법을 사용했을 경우
(3) 유틸리티에 관한 일탈 예
- 작업 환경이 생산 환경 관리에 관련된 문서에 제시하는 기준치를 벗어났을 경우

나. "중대하지 않은 일탈"
(1) 생산 공정상의 일탈 예
- 관리 규정에 의한 관리 항목(생산 시의 관리 대상 파라미터의 설정치 등)에 있어서 설정된 기준치로부터 벗어난 정도가 10%이하이고 품질에 영향을 미치지 않는 것이 확인되어 있을 경우
- 관리 규정에 의한 관리 항목(생산 시의 관리 대상 파라미터의 설정치 등)보다도 상위 설정(범위를 좁힌)의 관리 기준에 의거하여 작업이 이루어진 경우
- 제조 공정에 있어서의 원료 투입에 있어서 동일 온도 설정 하에서의 투입 순서에서 벗어났을 경우
- 생산에 관한 시간제한을 벗어날 경우 : 필요에 따라 제품 품질을 보증하기 위하여 각 생산 공정 완료에는 시간 설정이 되어 있어야 하나, 그러한 설정된 시간제한에서의 일탈에 대하여 정당한 이유에 의거한 설명이 가능할 경우

- 합격 판정된 원료, 포장재의 사용 : 사용해도 된다고 합격 판정된 원료, 포장재에 대해서는 선입선출방식으로 사용해야 하나, 이 요건에서의 일탈이 일시적이고 타당하다고 인정될 경우
- 출하배송 절차 : 합격 판정된 오래된 제품 재고부터 차례대로 선입선출 되어야 하나, 이 요건에서의 일탈이 일시적이고 타당하다고 인정될 경우

(2) 품질검사에 있어서의 일탈 예
- 검정기한을 초과한 설비의 사용에 있어서 설비보증이 표준품 등에서 확인할 수 있는 경우

491 ③
490번 해설 참고

492 ④
1~3번은 중대한 일탈 중 '생산 공정상의 일탈의 예'이며 5번은 중대하지 않은 일탈이다.

493 ②
490번 해설 참고

494 10
490번 해설 참고

495 ①
1번은 중대한 일탈 중 유틸리티에 관한 일탈의 예이다.

496 ①

일탈의 발견 및 초기평가	- 일탈 발견자는 의심되는 사항을 확인한다. - 발견자는 해당책임자에게 통보하고 해당책임자는 해당일탈이 어떤 일탈에 해당되는지를 확인한다.
즉각적인 수정 조치	- 각 부서 책임자는 일탈에 의해 영향을 받은 모든 제품이 회사의 통제하에 있는지를 확인한다. - 해당책임자는 의심가는 제품, 원료등을 격리하고 제품출하담당에게 일탈조사내용을 통보한다.
SOP에 따른 조사, 원인분석 및 예방조치	- 각 부서 책임자는 조사를 실시한다. - 각 부서는 일탈이 언제, 어디서, 어떻게 발생했는지를 파악한다. - 각 부서는 일탈의 원인을 분석하며 책임자는 가능성있는 원인이 도출되었는지를 확인한다. - 각 부서는 일탈의 재발방지를 위한 필요한 조치를 도출한다.
후속조치/종결	- 각 부서 책임자는 실행사항에 대한 평가에 필요한 유효성 확인사항을 도출한다. - 각 부서 책임자는 조사, 원인분석 및 예방조치등에 대해 검토하고 승인한다. - 각 부서 책임자는 예방조치를 실시한다.
문서작성/문서 추적 및 경향분석	- 각 부서 및 QA 책임자는 관련된 문서를 검토하고 필요한 경우 지정된 절차에 따라 SOP를 보완한다. - 각 부서 및 QA 책임자는 해당일탈의 트래킹 로그를 관리하고 경향을 분석한다.

497 ②
496번 해설 참고

498 ①
496번 해설 참고

499 ④
496번 해설 참고

500 품질, 안전성
소비자의 의견을 접수하고 처리하는 시스템은 품질관리 시스템의 중요한 요소이다.
이와 같은 시스템은 제품의 품질 및 안전성에 기여할 수 있다.
- 시장에서 소비자가 인지하는 제품 성능의 척도 제공
- 현재 제품에 대한 시정조치 관련 정보 제공 및 미래 제품 설계 개선에 도움 제공
- 제품 품질 및 안전성과 관련된 잠재적 문제점 발견

501 ④
소비자 의견은 칭찬, 불만, 질문 등으로 분류되며 소비자의 의견 중 "불만"은 일상적으로 사용하는 용어이지만, 그 의미가 개인에 따라 또는 입장에 따라 차이가 있을 수 있다.
<불만의 예시>

- 이물, 이취, 변색 등의 상태 변화
- 포장, 표시의 결함
- 배송 시의 결함
- <u>안정성, 안전성의 문제 등</u>

소비자로부터 문서화되거나 구두로 표현된 불만에 대한 접수, 처리, 검토, 응답, 조치에 대하여 그 절차가 확립되어야 하며 불만처리담당자는 제품에 대한 모든 불만을 취합하고, 제기된 불만에 대해 신속하게 조사하고 그에 대한 적절한 조치를 취하여야 한다. 모든 기록이 포함되어 있는 불만 파일은 정해진 부서에서 정해진 기간 동안 보관하고 불만은 제품 결함의 경향을 파악하기 위해 주기적으로 검토하여야 한다.
화장품 제조업자의 불만 처리서에 필요한 항목은 아래와 같다. 이들 항목을 기록한 불만처리서 서식을 작성하고 열람할 수 있어야 한다.
<불만 처리서 항목 예시>
- 불만을 접수연월일
- 불만 제기자의 이름, 전화번호, e-mail 주소 등 연락처(가능한 경우)
- 제품의 명칭, 제조번호
- 불만의 내용
- 최초에 실시한 대응, 대응한 날짜, 담당자명
- 실시한 모든 추적 조사
- 불만 신청자에 대한 답변, 답변한 날짜
- 화장품 뱃치에 관련된 최종 결정

502　①

501번 해설 참고
ㄷ. 모든 기록이 포함되어 있는 불만 파일은 정해진 부서에서 영구적으로 보관하여야 한다.
　→ 정해진 기간만큼 보관하여야 한다.
ㄹ. 불만은 제품 결함의 경향을 파악하기 위해 필요할 때 검토하여야 한다.
　→ 필요할 때 검토하는 것이 아니라 불만은 정기적으로 검토하여야 한다.
ㅁ. 책임판매관리자는 제기된 불만에 대해 신속하게 조사하고 그에 대한 적절한 조치를 취하여야 한다.
　→ 불만처리담당자는 제품에 대한 모든 불만을 취합하고, 제기된 불만에 대해 신속하게 조사하고 그에 대한 적절한 조치를 취하여야 한다.

503　⑤

<변경의 예시>
- 제조용 교반장치를 전과 같은 것으로 갱신한다.
- 교반장치의 모터를 강력한 것으로 교환한다.
- 위탁자의 지시에 따라 포장기의 속도를 30개/min에서 60개/min으로 변경한다.
- 제조설비의 세정방법을 물 세정에서 증기 세정으로 변경한다.
- 주요 원료의 공급업자를 A사에서 B사로 변경한다.
- 배합 처방을 조금 변경한다.
　변경관리는 화장품 제조의 항상성을 유지하고 같은 품질의 제품을 계속 제조하기 위한 필수작업이며, <u>변경사항은 조직적이고 예측적 방식으로 생산 공정 활동을 변경하는 것을 말한다.</u>

504　②

모든 변경에 많은 문서 작성 및 복잡한 절차를 적용할 필요는 없으며, 변경관리의 의미를 충분히 이해한 다음에 가능한 한 간편한 절차로 실시하면 된다.
【변경관리】
○ 변경이 있었을 때는 그 변경이 제품 품질이나 제조공정에 영향을 미치지 않는 것을 증명해 두어야하며, 이 증명 작업이 변경관리다.
○ 변경관리는 화장품 제조에 필수불가결한 증명 작업이다.
○ 증명이 간단한 변경은 간결하게 실시하면 된다.
○ 변경의 영향을 검토하는 대상은 제품 품질과 제조 공정의 품질에 하는 것이 타당하다.
○ 변경이 제품 품질이나 제조 공정에 영향을 미친다면 그 변경에 의하여 다른 제품 또는 제조 공정이 되므로 규제 정부나 제조업자 등과 서로 논의해야 한다.

505　①

감사의 종류는 아래와 같다.
- 규정 준수 감사 : 판매자 요구사항, 회사 정책 및 관련 정부 규정의 준수에 대한 평가
- 제품 감사 : 무작위로 추출한 검체를 통한 생산 설비의 가동이나 제조공정의 품질 평가
- 시스템 감사 : 제품의 생산 및 유통에 이용되는 시스템의 유효성에 대한 종합적인 평가
상기 열거된 감사의 종류는 아래의 방법으로 좀 더 세분화될 수 있다.
- 내부 감사 : 조직의 직접적인 통제 하에 피 감사대상 부서에 대한 감사
- 외부 감사 : 도급계약자나 공급자와 같은 회사 외부의 피 감사 대상 부서나 조직에 대한 감사
- 사전 감사 : 계약 체결 전, 잠재적 공급업체나 도급업체에 대한 감사
- 사후 감사 : 발주 후, 제품 생산 전 또는 생산 중에 공급업체나 도급체 대한 감사

506 ②

505번 해설 참고

507 ③

1, 2, 4, 5번은 모두 CGMP 문서이며 3번은 관리문서이다. 이하 참고

【CGMP 문서의 분류 예시】
○ CGMP 문서
- CGMP에 관련된 보고서류
- 해당 제품이 존재하는 한 보관한다.
- 예시 : 개발보고서, 기술보고서, 제품표준서, 밸리데이션 프로토콜 및 보고서, 안정성시험 프로토콜 및 보고서, 안전성시험 프로토콜 및 보고서, 일탈, 기준일탈, 불만에 관한 조사보고서, 변경관리보고서

○ 표준작업절차서 = 관리문서
- 모든 작업에 작성한다.
- 정기적으로 재검토한다.
- 최신 절차서를 작업 현장에 구비한다.
- 예시 : 원료, 포장재 취급절차서, 제조절차서, 시설·설비·기기 취급절차서, 검체채취 절차서, 분석절차서, 품질보증 절차서, 각종 관리절차서

○ 기록서
- 절차서에 따라 실시한 기록
- 미리 정한 기록서에 기입한다.
- 정한 기간 보관한다.
- 예시 : 제조기록서, 시험기록서, 교육훈련기록서, 시설·설비·기기의 정기점검기록서, 설비의 검정 기록서, 설비의 세정기록 및 사용대장, 원료·포장재의 입고·검사 보관대장, 시약·용액·표준품 관리대장, 제품의 라벨링·보관·출하대장, 각종 원자료(raw data)

○ 관리문서
- 제조에 관련된 것, 사람, 부서를 관리하기 위하여 작성한다
- 엄격한 문서관리는 필요 없다.
- 예시 : 품질매뉴얼(회사의 "품질선언"), 제품·원료·포장재의 품질규격서, 제품·원료·포장재의 시방서, 제조스케줄, 시험스케줄, 설비리스트, 비품리스트, 시험기기리스트, 문서리스트, 원료·포장재·시약리스트, 시설·설비·기기의 시방서, 취급설명서, 서비스업자·위탁회사와의 계약서 각서

508 ⑤

제조기록서는 기록서에 해당된다.

509 ①

2~3번은 기록서이며 4~5번은 관리문서이다.

510 ②

중요한 것은 이들 문서 작업의 의미를 사내에서 단순하게 정의해서 전원이 같은 의미로 이들 용어를 사용하는 것이다. 또한 문서는 복수의 관계자가 작성, 확인, 조사, 승인해서 비로소 신뢰할 수 있는 문서가 된다. 한 사람이 쓰고 같은 사람이 조사와 승인을 한 문서는 신뢰를 얻을 수 없다. 소기업에서 책임자가 직접 문서를 작성하고, 승인하는 예를 가끔 보지만, 이 문서에는 신뢰성이 없다. 그렇다고 해서 다른 사람이 작성한 것처럼 꾸며서 본인이 승인하는 거짓을 행해서는 안 된다. 반드시 복수의 사람이 역할을 분담해서 문서를 작성한다.

문서의 작성, 확인, 조사, 승인의 작업을 실시하면 실시한 사람이 날짜가 있는 서명을 남긴다. 서명을 해서 날짜를 기입해도 된다. 이때에 사용하는 서명은 사내에서 등록한 서명을 사용한다. 그리고 서명 관리대장은 잠글 수 있는 책상 서랍 등에 보관하고 책상 위에 방치하지 않는다.

문서는 갱신되어야 하고, 필요한 경우, 개정번호를 표시한다. 각 개정에 관한 사유가 보존되어야 한다.

문서는 종이문서와 전자문서로 나눌 수 있다. 최근에는 전자문서 쪽이 많을 것이다. 어느 쪽 문서를 사용하여도 보관책임자를 정해 둔다. 종이문서에서는 원본관리가 중요하다. 특히 제품 품질에 관련된 문서(CGMP문서, 절차서, 기록서)의 원본관리가 중요하며, 품질보증부서가 일괄하여 관리하는 것을 권장한다. 원본을 복사했을 때는 그 기록(언제, 누가, 날짜, 목적은)을 남긴다. 제조기록서와 시험기록서를 제외한 관리문서 및 원자료(raw data)는 제품 품질에 직접 관련되지 않아서 발생 부서의 관리로 될 것이다. 원본 문서만을 파일로 보관하고 관리되는 복사본만을 사용해야 한다. 원본문서의 보관 기간은 관련 법률 및 규정에 따라 규정되어야 한다.

원본의 보관은 적절히 부호되어야 한다. 문서는 전자문서 또는 출력물로 보관되어야 하며, 판독성이 보장되어야 한다. 백업데이터(backup data)는 일정한 간격을 두고 별도의 안전한 장소에 보관되어야 한다.

전자문서에서는 접근제한, 변경관리, 고쳐 쓰기방지, 백업이 필수다. 이들 대책이 안 되어 있을 때는 전자문서로 문서를 보관해서는 안 된다.

[해설]
① 문서의 작성, 확인, 조사, 승인의 작업을 실시하면 화장품책임판매업자가 날짜가 있는 서명을 남긴다.
- 문서의 작성, 확인, 조사, 승인의 작업을 실시하면 실시한 사람이 날짜가 있는 서명을 남긴다.
③ 종이문서와 전자문서 중 종이문서에 한하여 보관책임자를 정해둔다.

- 문서는 종이문서와 전자문서로 나눌 수 있다. 최근에는 전자문서 쪽이 많을 것이다. 어느 쪽 문서를 사용하여도 보관책임자를 정해둔다.
④ 문서 사용 시 원본 문서만을 사용해야 한다.
- 원본 문서만을 파일로 보관하고 관리되는 복사본만을 사용해야 한다.
⑤ 전자문서에서는 접근제한, 변경관리, 고쳐 쓰기방지, 백업이 필수이므로 이 대책이 안 되어 있을 때에는 전자문서로 우선 보관 후 1개월 내로 대책을 수립한다.
- 전자문서에서는 접근제한, 변경관리, 고쳐 쓰기방지, 백업이 필수다. 이들 대책이 안 되어 있을 때는 전자문서로 문서를 보관해서는 안 된다.

511 ①

방충·방서관리 규정 및 실시현황은 제조소의 시설내역 관련 서류가 아니라 제조관리현황 관련 서류이다.
【구비서류】
1. 우수화장품 제조 및 품질관리기준에 따른 3회 이상 적용·운영한 자체평가표
2. 화장품 제조 및 품질관리기준 운영조직
   1) 화장품 제조 및 품질관리기준 조직 및 운영현황
   2) 품질책임자의 이력서
   3) 화장품 제조 및 품질관리기준 교육규정과 실시 현황
3. 제조소의 시설내역
   1) 제조소의 평면도(각 작업소, 시험실, 보관소, 그 밖에 제조공정에 필요한 부대시설의 명칭과 출입문 및 복도 등을 표시한 1/100실측 평면도면)
   2) 공조 또는 환기시설 계통도
   3) 용수처리계통도
   4) 제조시설 및 기구내역(시설 및 기구명, 규격, 수량 등의 표시)
   5) 시험시설 및 기구내역(시설 및 기구명, 규격, 수량 등의 표시)
4. 제조관리현황
   1) 제조관리기준서 및 각종 규정목록
   2) 위·수탁제조 시 위·수탁 제조계약서 및 관리현황
   3) 작업소의 구분 및 출입에 관한 규정
   4) 작업소의 청소·소독방법과 관리현황
   5) 방충·방서관리 규정 및 실시현황
5. 품질관리현황
   1) 품질관리 시설 및 기구에 대한 교정 등 관리규정과 실시현황
   2) 제조용수관리 규정 및 시험실시 사례
   3) 품질관리 기기 및 기구에 대한 점검규정 및 기기대장
   4) 위·수탁시험 시 위·수탁시험 계약서 및 관리현황

512 ⑤

① 해당 크림의 비소는 유통화장품의 안전관리 기준 중 미생물한도 기준에 의거하여 적합하다.
   ⇒ 비소의 기준은 10㎍/g이하이다. 해당 크림의 비소는 12㎍/g이므로 유통화장품의 안전관리 기준 중 비의도적 허용 노출 성분 기준에 의거하여 부적합하다.
② 수은은 유통화장품의 안전관리 기준 중 내용량의 기준에 따라 적합하지 않다.
   ⇒ 수은의 기준은 1㎍/g이다. 해당 크림의 수은은 3㎍/g로서 유통화장품의 안전관리 기준 중 비의도적 허용 노출 성분 기준에 의거하여 부적합하다.
③ 포름알데하이드는 유통화장품의 안전관리 기준 중 비의도적 허용 노출 성분의 검출한도가 초과하였다. ⇒ 포름알데하이드의 기준 : 2000㎍/g이하, 적합함.
④ 메탄올은 유통화장품의 안전관리 기준 중 비의도적 허용 노출 성분의 검출한도가 초과하였다.
   ⇒ 메탄올 : 0.2(v/v)%이하 → 적합함.
⑤ 녹농균의 수치는 1g당 10으로 유통화장품 안전관리 기준 중 미생물한도 기준에 의거하여 적합하지 않다.
   ⇒ 대장균(Escherichia Coli), 녹농균(Pseudomonas aeruginosa), 황색포도상구균(Staphylococcus aureus)은 불검출되어야 하므로 해당크림의 녹농균 수치는 유통화장품 안전관리 기준 중 미생물한도 기준에 의거하여 적합하지 않다.

513 ①

해당 내용은 유통화장품 안전관리 기준이며 이는 화장품 안전기준 등에 관한 규정 제 6조에 대한 내용임.
② (ㄱ)은 내용량의 기준이다. ⇒ 비의도적 허용 노출 성분의 허용량 기준이다.
③ (ㄴ)은 15㎍/g이다. ⇒ 20㎍/g이다.
④ 립 글로스는 (ㄷ) 제품 유형 안에 포함된다. ⇒ 립 글로스와 립밤은 색조화장용 제품류이다.
⑤ (ㅁ)의 값은 (ㄹ)의 값보다 크다. ⇒ (ㅁ)은 0.002%이고 (ㄹ)은 0.2%이다. 따라서 (ㅁ)이 (ㄹ)보다 작다.

514 ③

메탄올 : 0.2(v/v)%이하, 물휴지는 0.002%(v/v)이하

515

대장균(Escherichia Coli), 녹농균(Pseudomonas aeruginosa), 황색포도상구균(Staphylococcus aureus)

미생물한도는 다음 각 호와 같다.
1. 총호기성생균수는 영·유아용 제품류 및 눈화장용 제품류의 경우 500개/g(mL)이하
2. 물휴지의 경우 세균 및 진균수는 각각 100개/g(mL)이하
3. 기타 화장품의 경우 1,000개/g(mL)이하
4. 대장균(Escherichia Coli), 녹농균(Pseudomonas aeruginosa), 황색포도상구균(Staphylococcus aureus)은 불검출

516 ④

내용량의 기준은 다음 각 호와 같다.
1. 제품 3개를 가지고 시험할 때 그 평균 내용량이 표기량에 대하여 97% 이상(다만, 화장 비누의 경우 건조중량을 내용량으로 한다)
2. 제1호의 기준치를 벗어날 경우 : 6개를 더 취하여 시험할 때 9개의 평균 내용량이 제1호의 기준치 이상
3. 그 밖의 특수한 제품 :『대한민국약전』(식품의약품안전처 고시)을 따를 것
   ⇒ 대한민국 화장품 기준량 규정이라는 규정 자체가 없다.

517 3~9, 물을 포함하지 않는 제품, 사용한 후 곧바로 물로 씻어 내는 제품

영·유아용 제품류(영·유아용 샴푸, 영·유아용 린스, 영·유아 인체 세정용 제품, 영·유아 목욕용 제품 제외), 눈 화장용 제품류, 색조 화장용 제품류, 두발용 제품류(샴푸, 린스 제외), 면도용 제품류(셰이빙 크림, 셰이빙 폼 제외), 기초화장용 제품류(클렌징 워터, 클렌징 오일, 클렌징 로션, 클렌징 크림 등 메이크업 리무버 제품 제외) 중 액, 로션, 크림 및 이와 유사한 제형의 액상제품은 pH 기준이 3.0~9.0 이어야 한다. 다만, 물을 포함하지 않는 제품과 사용한 후 곧바로 물로 씻어 내는 제품은 제외한다.

518 ⑤

영·유아용 제품류(영·유아용 샴푸, 영·유아용 린스, 영·유아 인체 세정용 제품, 영·유아 목욕용 제품 제외), 눈 화장용 제품류, 색조 화장용 제품류, 두발용 제품류(샴푸, 린스 제외), 면도용 제품류(셰이빙 크림, 셰이빙 폼 제외), 기초화장용 제품류(클렌징 워터, 클렌징 오일, 클렌징 로션, 클렌징 크림 등 메이크업 리무버 제품 제외) 중 액, 로션, 크림 및 이와 유사한 제형의 액상제품은 pH 기준이 3.0~9.0 이어야 한다.
다만, 물을 포함하지 않는 제품과 사용한 후 곧바로 물로 씻어 내는 제품은 제외한다.

① 영유아의 보습용 크림(⇒ pH 기준이 3.0~9.0 이어야 한다.)과 영유아용 화장비누(⇒이는 영·유아 인체 세정용 제품이므로 제외된다.)
② 외음부세정제(⇒인체 세정용 제품이므로 제외된다.)와 아이 라이너(⇒눈 화장용 제품류는 pH 기준이 3.0~9.0 이어야 한다.)
③ 마스카라(⇒눈 화장용 제품류는 pH 기준이 3.0~9.0 이어야 한다.)와 파우더(탤크 100%)(⇒물을 포함하지 않는 제품은 기준에서 제외된다.) 제품
④ 클렌징 크림(⇒위의 조항을 참고하면 클렌징 크림은 그 자체로 기준에서 제외된다.)과 마스크팩(⇒기초화장용 제품류이므로 pH기준이 3.0~9.0이어야 한다.)
⑤ 마사지 크림(⇒기초화장용 제품류이므로 pH기준이 3.0~9.0 이어야 한다.)과 헤어 토닉(⇒두발용 제품류이므로 pH기준이 3.0~9.0이어야 한다. 참고로 헤어 토닉은 머리에 발라 머리카락이 나게 하거나 머리 두피나 머릿결을 케어하는 것으로서 사용 후 씻어내지 않는다.)

519 ③

1. 치오글라이콜릭애씨드 또는 그 염류를 주성분으로 하는 냉2욕식 퍼머넌트웨이브용 제품 : 이 제품은 실온에서 사용하는 것으로서 치오글라이콜릭애씨드 또는 그 염류를 주성분으로 하는 제1제 및 산화제를 함유하는 제2제로 구성된다.

가. 제1제 : 이 제품은 치오글라이콜릭애씨드 또는 그 염류를 주성분으로 하고, 불휘발성 무기알칼리의 총량이 치오글라이콜릭애씨드의 대응량 이하인 액제이다. 단, 산성에서 끓인 후의 환원성물질의 함량이 7.0%를 초과하는 경우에는 초과분에 대하여 디치오디글라이콜릭애씨드 또는 그 염류를 디치오디글라이콜릭애씨드로서 같은량 이상 배합하여야 한다. 이 제품에는 품질을 유지하거나 유용성을 높이기 위하여 적당한 알칼리제, 침투제, 습윤제, 착색제, 유화제, 향료 등을 첨가할 수 있다.
1) pH : 4.5 ~ 9.6
2) 알칼리 : 0.1N염산의 소비량은 검체 1mL 에 대하여 7.0mL 이하
3) 산성에서 끓인 후의 환원성 물질(치오글라이콜릭애씨드) : 산성에서 끓인 후의 환원성 물질의 함량(치오글라이콜릭애씨드로서)이 2.0 ~ 11.0%
4) 산성에서 끓인 후의 환원성 물질이외의 환원성 물질(아황산염, 황화물 등) : 검체 1mL 중의 산성에서 끓인 후의 환원성 물질이외의 환원성 물질에 대한 0.1N 요오드액의 소비량이 0.6mL이하
5) 환원후의 환원성 물질(디치오디글라이콜릭애씨드) : 환원후의 환원성 물질의 함량은 4.0%이하
6) 중금속 : 20μg/g이하
7) 비소 : 5μg/g이하
8) 철 : 2μg/g이하

나. 제2제
  1) 브롬산나트륨 함유제제 : 브롬산나트륨에 그 품질을 유지하거나 유용성을 높이기 위하여 적당한 용해제, 침투제, 습윤제, 착색제, 유화제, 향료 등을 첨가한 것이다.
     가) 용해상태 : 명확한 불용성이물이 없을 것
     나) pH : 4.0 ~ 10.5
     다) 중금속 : 20㎍/g이하
     라) 산화력 : 1인 1회 분량의 산화력이 3.50이상
  2) 과산화수소수 함유제제 : 과산화수소수 또는 과산화수소수에 그 품질을 유지하거나 유용성을 높이기 위하여 적당한 침투제, 안정제, 습윤제, 착색제, 유화제, 향료 등을 첨가한 것이다.
     가) pH : 2.5 ~ 4.5
     나) 중금속 : 20㎍/g이하
     다) 산화력 : 1인 1회 분량의 산화력이 0.8 ~ 3.0

520   ③

519번 해설 참고,
① (㉠)에 들어갈 말은 과산화수소수이다. ⇒ 브롬산나트륨 함유제제이다. pH기준을 보면 알 수 있다.
② (㉡)에 들어갈 숫자는 15이다. ⇒ 20이다.
③ (㉢)에 들어갈 숫자는 3.50이다.(정답)
④ (㉡)이 (㉢)보다 작다. ⇒ ㄴ(20)이 ㄷ(3.5)보다 크다.
⑤ 해당 제2제의 중금속 기준(㉡)은 치오글라이콜릭애씨드 또는 그 염류를 주성분으로 하는 냉2욕식 퍼머넌트웨이브용 제품 제1제의 중금속 기준보다 크다. ⇒ 둘다 20으로서 같다.

521   과산화수소수, 3.8

과산화수소수 함유제제 : 과산화수소수 또는 과산화수소수에 그 품질을 유지하거나 유용성을 높이기 위하여 적당한 침투제, 안정제, 습윤제, 착색제, 유화제, 향료 등을 첨가한 것이다.
가) pH : 2.5 ~ 4.5
나) 중금속 : 20㎍/g이하
다) 산화력 : 1인 1회 분량의 산화력이 0.8 ~ 3.0

522   ④

[참고] 가온1욕식이란 말은 없다.
시스테인, 시스테인염류 또는 아세틸시스테인을 주성분으로 하는 가온 2욕식 퍼머넌트웨이브용 제품 : 이 제품은 사용 시 약 60℃ 이하로 가온조작하여 사용하는 것으로서 시스테인, 시스테인염류, 또는 아세틸시스테인을 주성분으로 하는 제1제 및 산화제를 함유하는 제2제로 구성된다.

가. 제1제 : 이 제품은 시스테인, 시스테인염류, 또는 아세틸시스테인을 주성분으로 하고 불휘발성 무기알칼리를 함유하지 않는 액제로서 이 제품에는 품질을 유지하거나 유용성을 높이기 위해서 적당한 알칼리제, 침투제, 습윤제, 착색제, 유화제, 향료 등을 첨가할 수 있다.
  1) pH : 4.0 ~ 9.5
  2) 알칼리 : 0.1N염산의 소비량은 검체 1mL에 대하여 9mL 이하
  3) 시스테인 : 1.5 ~ 5.5%
  4) 환원후의 환원성물질(시스틴) : 0.65%이하
  5) 중금속 : 20㎍/g이하
  6) 비소 : 5㎍/g이하
  7) 철 : 2㎍/g이하

523   ②

시스테인, 시스테인염류 또는 아세틸시스테인을 주성분으로 하는 냉2욕식 퍼머넌트웨이브용 제품 : 이 제품은 실온에서 사용하는 것으로서 시스테인, 시스테인염류 또는 아세틸시스테인을 주성분으로 하는 제1제 및 산화제를 함유하는 제2제로 구성된다.
가. 제1제 : 이 제품은 시스테인, 시스테인염류 또는 아세틸시스테인을 주성분으로 하고 불휘발성 무기알칼리를 함유하지 않은 액제이다. 이 제품에는 품질을 유지하거나 유용성을 높이기 위하여 적당한 알칼리제, 침투제, 습윤제, 착색제, 유화제, 향료 등을 첨가할 수 있다.
1) pH : 8.0 ~ 9.5
2) 알칼리 : 0.1N 염산의 소비량은 검체 1mL에 대하여 12mL이하
3) 시스테인 : 3.0 ~ 7.5%
4) 환원후의 환원성물질(시스틴) : 0.65%이하
5) 중금속 : 20㎍/g이하
6) 비소 : 5㎍/g이하
7) 철 : 2㎍/g이하

524   ③

치오글라이콜릭애씨드 또는 그 염류를 주성분으로 하는 냉2욕식 헤어스트레이트너용 제품 : 이 제품은 실온에서 사용하는 것으로서 치오글라이콜릭애씨드 또는 그 염류를 주성분으로 하는 제1제 및 산화제를 함유하는 제2제로 구성된다.
가. 제1제 : 이 제품은 치오글라이콜릭애씨드 또는 그 염류를 주성분으로 하고 불휘발성 무기알칼리의 총량이 치오글라이콜릭애씨드의 대응량 이하인 제제이다. 단, 산성에서 끓인 후의 환원성물질의 함량이 7.0%를 초과하는 경우, 초과분에 대해 디치오디글라이콜릭애씨드 또는 그 염류를 디치오디글라이콜릭애씨드로 같은 양 이상 배합하여야 한다. 이 제품에는 품질을 유지하거나 유용성을 높이기 위하여 적당한 알칼리제, 침투제, 착색제, 습윤제, 유화제, 증점제, 향료 등을 첨가할 수

있다.
1) pH : 4.5 ~ 9.6
2) 알칼리 : 0.1N 염산의 소비량은 검체 1mL에 대하여 7.0mL 이하
3) 산성에서 끓인 후의 환원성물질(치오글라이콜릭애씨드) : 2.0 ~ 11.0%
4) 산성에서 끓인 후의 환원성물질 이외의 환원성물질(아황산, 황화물 등) : 검체 1mL중의 산성에서 끓인 후의 환원성물질 이외의 환원성물질에 대한 0.1N 요오드액의 소비량은 0.6mL이하
5) 환원후의 환원성물질(디치오디글리콜릭애씨드) : 4.0% 이하
6) 중금속 : 20㎍/g이하
7) 비소 : 5㎍/g이하
8) 철 : 2㎍/g이하

나. 제2제 기준 : 1. 치오글라이콜릭애씨드 또는 그 염류를 주성분으로 하는 냉2욕식 퍼머넌트웨이브용 제품 나. 제2제의 기준에 따른다.

525 ②

치오글라이콜릭애씨드 또는 그 염류를 주성분으로 하는 가온2욕식 퍼머넌트웨이브용 제품 : 이 제품은 사용할 때 약 60℃이하로 가온조작하여 사용하는 것으로서 치오글라이콜릭애씨드 또는 그 염류를 주성분으로 하는 제1제 및 산화제를 함유하는 제2제로 구성된다.

가. 제1제 : 이 제품은 치오글라이콜릭애씨드 또는 그 염류를 주성분으로 하고 불휘발성 무기알칼리의 총량이 치오글라이콜릭애씨드의 대응량 이하인 액제이다. 이 제품에는 품질을 유지하거나 유용성을 높이기 위하여 적당한 알칼리제, 침투제, 습윤제, 착색제, 유화제, 향료 등을 첨가할 수 있다.
1) pH : 4.5 ~ 9.3
2) 알칼리 : 0.1N 염산의 소비량은 검체 1mL에 대하여 5mL 이하
3) 산성에서 끓인 후의 환원성물질(치오글라이콜릭애씨드) : 1.0 ~ 5.0%
4) 산성에서 끓인 후의 환원성물질 이외의 환원성물질(아황산, 황화물 등) : 검체 1mL중의 산성에서 끓인 후의 환원성물질 이외의 환원성물질에 대한 0.1N 요오드액의 소비량은 0.6mL이하
5) 환원후의 환원성물질(디치오디글라이콜릭애씨드) : 4.0% 이하
6) 중금속 : 20㎍/g이하
7) 비소 : 5㎍/g이하
8) 철 : 2㎍/g이하

나. 제2제 기준 : 1. 치오글라이콜릭애씨드 또는 그 염류를 주성분으로 하는 냉2욕식 퍼머넌트웨이브용 제품 나. 제2제의 기준에 따른다.
① 60이다.(가온2욕식은 뭐든간 다 60도이하로 조작한다.)
③ 4.5~9.3이다.
④ 5이다.
⑤ 치오글라이콜릭애씨드 또는 그 염류를 주성분으로 하는 냉2욕식 퍼머넌트웨이브용 제품 제2제의 기준과 같다.

526 ①

[해설] 불소에 대한 규정은 없다.
시스테인, 시스테인염류 또는 아세틸시스테인을 주성분으로 하는 가온 2욕식 퍼머넌트웨이브용 제품 : 이 제품은 사용 시 약 60℃ 이하로 가온조작하여 사용하는 것으로서 시스테인, 시스테인염류, 또는 아세틸시스테인을 주성분으로 하는 제1제 및 산화제를 함유하는 제2제로 구성된다.

가. 제1제 : 이 제품은 시스테인, 시스테인염류, 또는 아세틸시스테인을 주성분으로 하고 불휘발성 무기알칼리를 함유하지 않는 액제로서 이 제품에는 품질을 유지하거나 유용성을 높이기 위해서 적당한 알칼리제, 침투제, 습윤제, 착색제, 유화제, 향료 등을 첨가할 수 있다.
1) pH : 4.0 ~ 9.5
2) 알칼리 : 0.1N염산의 소비량은 검체 1mL에 대하여 9mL 이하
3) 시스테인 : 1.5 ~ 5.5%
4) 환원후의 환원성물질(시스틴) : 0.65%이하
5) 중금속 : 20㎍/g이하
6) 비소 : 5㎍/g이하
7) 철 : 2㎍/g이하

나. 제2제 기준 : 1. 치오글라이콜릭애씨드 또는 그 염류를 주성분으로 하는 냉2욕식 퍼머넌트웨이브용 제품 나. 제2제의 기준에 따른다.

527 ③

[해설] 산성에서 끓인 후의 환원성물질(치오글라이콜릭애씨드) : 1.0 ~ 5.0%

치오글라이콜릭애씨드 또는 그 염류를 주성분으로 하는 가온2욕식 헤어스트레이트너 제품 : 이 제품은 시험할 때 약 60℃이하로 가온 조작하여 사용하는 것으로서 치오글라이콜릭애씨드 또는 그 염류를 주성분으로 하는 제1제 및 산화제를 함유하는 제2제로 구성된다.

가. 제1제 : 이 제품은 치오글라이콜릭애씨드 또는 그 염류를 주성분으로 하고 불휘발성 알칼리의 총량이 치오글라이콜릭애씨

드의 대응량 이하인 제제이다. 이 제품에는 품질을 유지하거나 유용성을 높이기 위하여 적당한 알칼리제, 침투제, 습윤제, 유화제, 점증제, 향료 등을 첨가할 수 있다.
1) pH : 4.5 ~ 9.3
2) 알칼리 : 0.1N 염산의 소비량은 검체 1mL에 대하여 5.0mL 이하
3) 산성에서 끓인 후의 환원성물질(치오글라이콜릭애씨드) : 1.0 ~ 5.0%
4) 산성에서 끓인 후의 환원성물질 이외의 환원성물질(아황산염, 황화물 등) : 검체 1mL중의 산성에서 끓인 후의 환원성물질 이외의 환원성물질에 대한 0.1N 요오드액의 소비량은 0.6mL이하
5) 환원 후의 환원성물질(디치오디글라이콜릭애씨드) : 4.0%이하
6) 중금속 : 20㎍/g이하
7) 비소 : 5㎍/g이하
8) 철 : 2㎍/g이하

나. 제2제 기준 : 1. 치오글라이콜릭애씨드 또는 그 염류를 주성분으로 하는 냉2욕식 퍼머넌트웨이브용 제품 나. 제2제의 기준에 따른다.

528 ④

치오글라이콜릭애씨드 또는 그 염류를 주성분으로 하는 고온정발용 열기구를 사용하는 가온2욕식 헤어스트레이트너 제품 : 이 제품은 시험할 때 약 60℃이하로 가온하여 제1제를 처리한 후 물로 충분히 세척하여 수분을 제거하고 고온정발용 열기구(180℃이하)를 사용하는 것으로서 치오글라이콜릭애씨드 또는 그 염류를 주성분으로 하는 제1제 및 산화제를 함유하는 제2제로 구성된다.

가. 제1제 : 이 제품은 치오글라이콜릭애씨드 또는 그 염류를 주성분으로 하고 불휘발성 알칼리의 총량이 치오글라이콜릭애씨드의 대응량 이하인 제제이다. 이 제품에는 품질을 유지하거나 유용성을 높이기 위하여 적당한 알칼리제, 침투제, 습윤제, 유화제, 점증제, 향료 등을 첨가할 수 있다.
1) pH : 4.5 ~ 9.3
2) 알칼리 : 0.1N 염산의 소비량은 검체 1mL에 대하여 5.0mL 이하
3) 산성에서 끓인 후의 환원성물질(치오글라이콜릭애씨드) : 1.0 ~ 5.0%
4) 산성에서 끓인 후의 환원성물질 이외의 환원성물질(아황산염, 황화물 등) : 검체 1mL중의 산성에서 끓인 후의 환원성물질 이외의 환원성물질에 대한 0.1N 요오드액의 소비량은 0.6mL이하
5) 환원 후의 환원성물질(디치오디글라이콜릭애씨드) : 4.0%이하
6) 중금속 : 20㎍/g이하
7) 비소 : 5㎍/g이하
8) 철 : 2㎍/g이하

529 ③

치오글라이콜릭애씨드 또는 그 염류를 주성분으로 하는 냉1욕식 퍼머넌트웨이브용 제품 : 이 제품은 실온에서 사용하는 것으로서 치오글라이콜릭애씨드 또는 그 염류를 주성분으로 하고 불휘발성 무기알칼리의 총량이 치오글라이콜릭애씨드의 대응량 이하인 액제이다. 이 제품에는 품질을 유지하거나 유용성을 높이기 위하여 적당한 알칼리제, 침투제, 습윤제, 착색제, 유화제, 향료 등을 첨가할 수 있다.
1) pH : 9.4 ~ 9.6
2) 알칼리 : 0.1N 염산의 소비량은 검체 1mL에 대하여 3.5 ~ 4.6mL
3) 산성에서 끓인 후의 환원성 물질(치오글라이콜릭애씨드) : 3.0 ~ 3.3%
4) 산성에서 끓인 후의 환원성물질 이외의 환원성물질(아황산염, 황화물 등) : 검체 1mL 중인 산성에서 끓인 후의 환원성물질 이외의 환원성 물질에 대한 0.1N 요오드액의 소비량은 0.6mL 이하
5) 환원후의 환원성물질(디치오디글라이콜릭애씨드) : 0.5%이하
6) 중금속 : 20㎍/g이하
7) 비소 : 5㎍/g이하
8) 철 : 2㎍/g이하

530 과산화수소, 40

치오글라이콜릭애씨드 또는 그 염류를 주성분으로 하는 제1제 사용시 조제하는 발열2욕식 퍼머넌트웨이브용 제품 : 이 제품은 치오글라이콜릭애씨드 또는 그 염류를 주성분으로 하는 제1제의 1과 제1제의 1중의 치오글라이콜릭애씨드 또는 그 염류의 대응량 이하의 과산화수소를 함유한 제1제의 2, 과산화수소를 산화제로 함유하는 제2제로 구성되며, 사용시 제1제의 1 및 제1제의 2를 혼합하면 약 40℃로 발열되어 사용하는 것이다.

가. 제1제의 1 : 이 제품은 치오글라이콜릭애씨드 또는 그 염류를 주성분으로 하는 액제로서 이 제품에는 품질을 유지하거나 유용성을 높이기 위하여 적당한 알칼리제, 침투제, 습윤제, 착색제, 유화제, 향료 등을 첨가할 수 있다.
1) pH : 4.5 ~ 9.5
2) 알칼리 : 0.1N 염산의 소비량은 검체 1mL에 대하여 10mL 이하
3) 산성에서 끓인 후의 환원성물질(치오글라이콜릭애씨드) : 8.0 ~ 19.0%
4) 산성에서 끓인 후의 환원성물질 이외의 환원성물질(아황산염, 황화물 등) : 검체 1mL중의 산성에서 끓인 후의 환원성물질 이외의 환원성물질에 대한 0.1N 요오드액의 소비량은 0.8mL이하

5) 환원후의 환원성물질(디치오디글라이콜릭애씨드) : 0.5% 이하
6) 중금속 : 20㎍/g이하
7) 비소 : 5㎍/g이하
8) 철 : 2㎍/g이하

나. 제1제의 2 : 이 제품은 제1제의 1중에 함유된 치오글라이콜릭애씨드 또는 그 염류의 대응량 이하의 과산화수소를 함유한 액제로서 이 제품에는 품질을 유지하거나 유용성을 높이기 위하여 적당한 침투제, pH조정제, 안정제, 습윤제, 착색제, 유화제, 향료 등을 첨가할 수 있다.
1) pH : 2.5 ~ 4.5
2) 중금속 : 20㎍/g이하
3) 과산화수소 : 2.7 ~ 3.0%

다. 제1제의 1 및 제1제의 2의 혼합물 : 이 제품은 제1제의 1 및 제1제의 2를 용량비 3 : 1로 혼합한 액제로서 치오글라이콜릭애씨드 또는 그 염류를 주성분으로 하고 불휘발성 무기알칼리의 총량이 치오글라이콜릭애씨드의 대응량 이하인 것이다.
1) pH : 4.5 ~ 9.4
2) 알칼리 : 0.1N 염산의 소비량은 검체 1mL 에 대하여 7mL 이하
3) 산성에서 끓인 후의 환원성물질(치오글라이콜릭애씨드) : 2.0 ~ 11.0%
4) 산성에서 끓인 후의 환원성물질 이외의 환원성물질(아황산염, 황화물 등) : 산성에서 끓인 후의 환원성물질 이외의 환원성물질에 대한 0.1N 요오드액의 소비량은 0.6mL이하
5) 환원후의 환원성물질(디치오디글라이콜릭애씨드) : 3.2 ~ 4.0%
6) 온도상승 : 온도의 차는 14℃ ~ 20℃

라. 제2제 : 1. 치오글라이콜릭애씨드 또는 그 염류를 주성분으로 하는 냉2욕식 퍼머넌트웨이브용 제품 나. 제2제의 기준에 따른다.

531 ②

제1제의 1 : 이 제품은 치오글라이콜릭애씨드 또는 그 염류를 주성분으로 하는 액제로서 이 제품에는 품질을 유지하거나 유용성을 높이기 위하여 적당한 알칼리제, 침투제, 습윤제, 착색제, 유화제, 향료 등을 첨가할 수 있다.
1) pH : 4.5 ~ 9.5
2) 알칼리 : 0.1N 염산의 소비량은 검체 1mL에 대하여 10mL이하
3) 산성에서 끓인 후의 환원성물질(치오글라이콜릭애씨드) : 8.0 ~ 19.0%
4) 산성에서 끓인 후의 환원성물질 이외의 환원성물질(아황산염, 황화물 등) : 검체 1mL중의 산성에서 끓인 후의 환원성물질 이외의 환원성물질에 대한 0.1N 요오드액의 소비량은 0.8mL이하
5) 환원후의 환원성물질(디치오디글라이콜릭애씨드) : 0.5%이하
6) 중금속 : 20㎍/g이하
7) 비소 : 5㎍/g이하
8) 철 : 2㎍/g이하

532 ④

제1제의 2 : 이 제품은 제1제의 1중에 함유된 치오글라이콜릭애씨드 또는 그 염류의 대응량 이하의 과산화수소를 함유한 액제로서 이 제품에는 품질을 유지하거나 유용성을 높이기 위하여 적당한 침투제, pH조정제, 안정제, 습윤제, 착색제, 유화제, 향료 등을 첨가할 수 있다.
1) pH : 2.5 ~ 4.5
2) 중금속 : 20㎍/g이하
3) 과산화수소 : 2.7 ~ 3.0%
제2제 : 1. 치오글라이콜릭애씨드 또는 그 염류를 주성분으로 하는 냉2욕식 퍼머넌트웨이브용 제품 나. 제2제의 기준에 따른다.

533 ①

제1제의 2 : 이 제품은 제1제의 1중에 함유된 치오글라이콜릭애씨드 또는 그 염류의 대응량 이하의 과산화수소를 함유한 액제로서 이 제품에는 품질을 유지하거나 유용성을 높이기 위하여 적당한 침투제, pH조정제, 안정제, 습윤제, 착색제, 유화제, 향료 등을 첨가할 수 있다.
1) pH : 2.5 ~ 4.5
2) 중금속 : 20㎍/g이하
3) 과산화수소 : 2.7 ~ 3.0%
다. 제1제의 1 및 제1제의 2의 혼합물 : 이 제품은 제1제의 1 및 제1제의 2를 용량비 3 : 1로 혼합한 액제로서 치오글라이콜릭애씨드 또는 그 염류를 주성분으로 하고 불휘발성 무기알칼리의 총량이 치오글라이콜릭애씨드의 대응량 이하인 것이다.
1) pH : 4.5 ~ 9.4
2) 알칼리 : 0.1N 염산의 소비량은 검체 1mL 에 대하여 7mL 이하
3) 산성에서 끓인 후의 환원성물질(치오글라이콜릭애씨드) : 2.0 ~ 11.0%
4) 산성에서 끓인 후의 환원성물질 이외의 환원성물질(아황산염, 황화물 등) : 산성에서 끓인 후의 환원성물질 이외의 환원성물질에 대한 0.1N 요오드액의 소비량은 0.6mL이하
5) 환원후의 환원성물질(디치오디글라이콜릭애씨드) : 3.2 ~ 4.0%
6) 온도상승 : 온도의 차는 14℃ ~ 20℃

534 ②

① 영유아용 화장품류이다. 일단 비소가 10μg/g이하라는 기준에 충족되지 않았다. 총호기성생균수(세균수+진균수)는 영·유아용 제품류 및 눈화장용 제품류의 경우 500개/g(mL)이하이어야 하는데, 이는 적합하다. 어쨌든 비소가 기준치 초과이다.
③ 모든 화장품에서 녹농균, 황색포도상구균, 대장균이 검출되어서는 아니 된다.
④ 화장비누는 인체세정용 제품류이므로 pH가 3~9 일 필요가 없다. 디옥산도 100이하이므로 적합하나 유리알칼리가 기준치를 초과하였다.(기준치: 0.1%)
⑤ 아래와 같다.

치오글라이콜릭애씨드 또는 그 염류를 주성분으로 하는 냉2욕식 퍼머넌트웨이브 제품 : 이 제품은 실온에서 사용하는 것으로서 치오글라이콜릭애씨드 또는 그 염류를 주성분으로 하는 제1제 및 산화제를 함유하는 제2제로 구성된다.
  가. 제1제 : 이 제품은 치오글라이콜릭애씨드 또는 그 염류를 주성분으로 하고, 불휘발성 무기알칼리의 총량이 치오글라이콜릭애씨드의 대응량 이하인 액제이다. 단, 산성에서 끓인 후의 환원성물질의 함량이 7.0%를 초과하는 경우에는 초과분에 대하여 디치오디글라이콜릭애씨드 또는 그 염류를 디치오디글라이콜릭애씨드로서 같은양 이상 배합하여야 한다. 이 제품에는 품질을 유지하거나 유용성을 높이기 위하여 적당한 알칼리제, 침투제, 습윤제, 착색제, 유화제, 향료 등을 첨가할 수 있다.
    1) pH : 4.5 ~ 9.6
    2) 알칼리 : 0.1N염산의 소비량은 검체 1mL 에 대하여 7.0mL이하
    3) 산성에서 끓인 후의 환원성 물질(치오글라이콜릭애씨드) : 산성에서 끓인 후의 환원성 물질의 함량(치오글라이콜릭애씨드로서)이 2.0 ~ 11.0%
    4) 산성에서 끓인 후의 환원성 물질이외의 환원성 물질(아황산염, 황화물 등) : 검체 1mL 중의 산성에서 끓인 후의 환원성 물질이외의 환원성 물질에 대한 0.1N 요오드액의 소비량이 0.6mL이하
    5) 환원후의 환원성 물질(디치오디글라이콜릭애씨드) : 환원후의 환원성 물질의 함량은 4.0%이하

535 ②, ③

(ㄴ)은 멸균한 포타슘소르베이트 80 등을 사용할 수 있으며, 미생물의 생육에 대하여 영향이 없는 것 또는 영향이 없는 농도이어야 한다. ⇒ 포타슘소르베이트 80이라는 말은 없다. 폴리소르베이트 80이다.

536 ③

총 호기성 세균수시험은 변형레틴한천배지 또는 대두카제인소화한천배지를 사용하고 진균수시험은 항생물질 첨가 포테이토 덱스트로즈 한천배지 또는 항생물질 첨가 사브로포도당한천배지를 사용한다. 위의 배지 이외에 배지성능 및 시험법 적합성 시험을 통하여 검증된 다른 미생물 검출용 배지도 사용할 수 있고, 세균의 혼입이 없다고 예상된 때나 세균의 혼입이 있어도 눈으로 판별이 가능하면 항생물질을 첨가하지 않을 수 있다.

537 ④

(1) 세균수 시험
  ㉮ 한천평판도말법 직경 9 ~ 10 cm 페트리 접시내에 미리 굳힌 세균시험용 배지 표면에 전처리 검액 0.1 mL이상 도말한다.
  ㉯ 한천평판희석법 검액 1 mL를 같은 크기의 페트리접시에 넣고 그 위에 멸균 후 45 ℃로 식힌 15 mL의 세균시험용 배지를 넣어 잘 혼합한다.
  검체당 최소 2개의 평판을 준비하고 30~35 ℃에서 적어도 48시간 배양하는데 이때 최대 균집락수를 갖는 평판을 사용하되 평판당 300개 이하의 균집락을 최대치로 하여 총 세균수를 측정한다.
(2) 진균수 시험 : '(1) 세균수 시험'에 따라 시험을 실시하되 배지는 진균수시험용 배지를 사용하여 배양온도 20~25 ℃에서 적어도 5일간 배양한 후 100 개 이하의 균집락이 나타나는 평판을 세어 총 진균수를 측정한다.

538 ⑤

배지성능 및 시험법 적합성시험
시판배지는 배치마다 시험하며, 조제한 배지는 조제한 배치마다 시험한다. 검체의 유·무하에서 총 호기성 생균수시험법에 따라 제조된 검액·대조액에 표 1.에 기재된 시험균주를 각각 100cfu 이하가 되도록 접종하여 규정된 총호기성생균수시험법에 따라 배양할 때 검액에서 회수한 균수가 대조액에서 회수한 균수의 1/2 이상이어야 한다. 검체 중 보존제 등의 항균활성으로 인해 증식이 저해되는 경우(검액에서 회수한 균수가 대조액에서 회수한 균수의 1/2 미만인 경우)에는 결과의 유효성을 확보하기 위하여 총 호기성 생균수 시험법을 변경해야 한다. 항균활성을 중화하기 위하여 희석 및 중화제(표2.)를 사용할 수 있다. 또한, 시험에 사용된 배지 및 희석액 또는 시험 조작상의 무균상태를 확인하기 위하여 완충식염펩톤수(pH 7.0)를 대조로 하여 총호기성 생균수시험을 실시할 때 미생물의 성장이 나타나서는 안 된다.

539 ③

대장균 시험
(1) 검액의 조제 및 조작 : 검체 1 g 또는 1 mL을 유담액체배지를 사용하여 10 mL로 하여 30~35 ℃에서 24~72시간 배양한다. 배양액을 가볍게 흔든 다음 백금이 등으로 취하여 맥콘키한천배지위에 도말하고 30~35 ℃에서 18~24 시간 배양한

다. 주위에 적색의 침강선띠를 갖는 적갈색의 그람음성균의 집락이 검출되지 않으면 대장균 음성으로 판정한다. 위의 특정을 나타내는 집락이 검출되는 경우에는 에오신메칠렌블루한천배지에서 각각의 집락을 도말하고 30∼35 ℃에서 18∼24시간 배양한다. 에오신메칠렌블루한천배지에서 금속 광택을 나타내는 집락 또는 투과광선하에서 흑청색을 나타내는 집락이 검출되면 백금이등으로 취하여 발효시험관이 든 유당액체배지에 넣어 44.3∼44.7 ℃의 항온수조 중에서 22∼26 시간 배양한다. 가스발생이 나타나는 경우에는 대장균 양성으로 의심하고 동정시험으로 확인한다.

540 ③

③ - 차례대로 녹색 형광물질, 황색, 청색이다.
녹농균시험
검액의 조제 및 조작 : 검체 1 g 또는 1 mL를 달아 카제인대두소화액체배지를 사용하여 10 mL로 하고 30∼35 ℃에서 24∼48시간 증균 배양한다. 증식이 나타나는 경우는 백금이 등으로 세트리미드한천배지 또는 엔에이씨한천배지에 도말하여 30∼35 ℃에서 24∼48시간 배양한다. 미생물의 증식이 관찰되지 않는 경우 녹농균 음성으로 판정한다. 그람음성간균으로 녹색 형광물질을 나타내는 집락을 확인하는 경우에는 증균배양액을 녹농균 한천배지 P 및 F에 도말하여 30∼35 ℃에서 24∼72시간 배양한다. 그람음성간균으로 플루오레세인 검출용 녹농균 한천배지 F의 집락을 자외선하에서 관찰하여 황색의 집락이 나타나고, 피오시아닌 검출용 녹농균 한천배지 P의 집락을 자외선하에서 관찰하여 청색의 집락이 검출되면 옥시다제시험을 실시한다. 옥시다제반응 양성인 경우 5∼10초 이내에 보라색이 나타나고 10초 후에도 색의 변화가 없는 경우 녹농균 음성으로 판정한다. 옥시다제반응 양성인 경우에는 녹농균 양성으로 의심하고 동정시험으로 확인한다.

541 황색포도상구균

황색포도상구균 시험
(1) 검액의 조제 및 조작 : 검체 1 g 또는 1 mL를 달아 카제인대두소화액체배지를 사용하여 10 mL로 하고 30∼35 ℃에서 24∼48시간 증균 배양한다. 증균배양액을 보겔존슨한천배지 또는 베어드파카한천배지에 이식하여 30∼35 ℃에서 24시간 배양하여 균의 집락이 검정색이고 집락주위에 황색투명대가 형성되며 그람염색법에 따라 염색하여 검경한 결과 그람 양성균으로 나타나면 응고효소시험을 실시한다. 응고효소시험 음성인 경우 황색포도상구균 음성으로 판정하고, 양성인 경우에는 황색포도상구균 양성으로 의심하고 동정시험으로 확인한다.

542 ②

황색포도상구균 시험

검액의 조제 및 조작 : 검체 1 g 또는 1 mL를 달아 카제인대두소화액체배지를 사용하여 10 mL로 하고 30∼35 ℃에서 24∼48시간 증균 배양한다. 증균배양액을 보겔존슨한천배지 또는 베어드파카한천배지에 이식하여 30∼35 ℃에서 24시간 배양하여 균의 집락이 검정색이고 집락주위에 황색투명대가 형성되며 그람염색법에 따라 염색하여 검경한 결과 그람 양성균으로 나타나면 응고효소시험을 실시한다. 응고효소시험 음성인 경우 황색포도상구균 음성으로 판정하고, 양성인 경우에는 황색포도상구균 양성으로 의심하고 동정시험으로 확인한다.

543 ④

ㄱ. 용량으로 표시된 제품 : 내용물이 들어있는 용기에 뷰렛으로부터 물을 적가하여 용기를 가득 채웠을 때의 소비량을 정확하게 측정한 다음 용기의 내용물을 완전히 제거하고 물 또는 기타 적당한 유기용매로 용기의 내부를 깨끗이 씻어 말린 다음 뷰렛으로부터 물을 적가하여 용기를 가득 채워 소비량을 정확히 측정하고 전후의 용량차를 내용량으로 한다. 다만, 100mL이상의 제품에 대하여는 메스실린더를 써서 측정한다.
⇒ 150mL이상의 제품에 대하여는 메스실린더를 써서 측정한다.

ㄷ. 길이로 표시된 제품 : 길이를 측정하고 연필류는 연필심지에 대하여 그 반지름과 길이를 측정한다.
⇒ 연필류는 연필심지에 대하여 그 지름과 길이를 측정한다.

ㄹ. 수분을 포함한 화장비누 : 상온에서 저울로 측정(g)하여 실중량은 전체 무게에서 포장 무게를 뺀 값으로 하고, 소수점 이하 2자리까지 반올림하여 정수자리까지 구한다.
⇒ 소수점 이하 1자리까지 반올림하여 정수자리까지 구한다.

544 ①

나트륨비누(에탄올법) / 염화바륨법 (모든 연성 칼륨 비누 또는 나트륨과 칼륨이 혼합된 비누)

545 ④

에탄올법 (나트륨 비누)
플라스크에 에탄올 200 mL를 넣고 환류 냉각기를 연결한다. 이산화탄소를 제거하기 위하여 서서히 가열하여 5분 동안 끓인다. 냉각기에서 분리시키고 약 70 ℃로 냉각시킨 후 페놀프탈레인 지시약 4방울을 넣어 지시약이 분홍색이 될 때까지 0.1N 수산화칼륨 · 에탄올액으로 중화시킨다. 중화된 에탄올이 들어있는 플라스크에 검체 약 5.0 g을 정밀하게 달아 넣고 환류 냉각기에 연결 후 완전히 용해될 때까지 서서히 끓인다. 약 70 ℃로 냉각시키고 에탄올을 중화시켰을 때 나타난 것과 동일한 정도의 분홍색이 나타날 때까지 0.1N 염산 · 에탄올용액으로 적정한다.

  * 에탄올 ρ_{20} = 0. 792 g/mL

* 지시약: 95% 에탄올 용액(v/v) 100 mL에 페놀프탈레인 1 g을 용해시킨다.

① 해당 시험법은 연성 칼륨 비누 또는 나트륨과 칼륨이 혼합된 비누의 유리알칼리를 측정하는 시험이다. → 나트륨 비누의 유리알칼리를 측정하는 에탄올법이다.
② 지시약은 페놀프탈레인 1g과 치몰블루 0.5 g을 가열한 95% 에탄올 용액(v/v) 100 mL에 녹이고 거른 다음 사용한다. → 이는 염화바륨법의 지시약에 대한 설명이다.
③ ㉠은 황색이다. → 분홍색이다.
⑤ 해당시험법은 염화바륨법이다. → 에탄올법이다.

546 ③

염화바륨법 (모든 연성 칼륨 비누 또는 나트륨과 칼륨이 혼합된 비누)

연성 비누 약 4.0 g을 정밀하게 달아 플라스크에 넣은 후 60% 에탄올 용액 200 mL를 넣고 환류 하에서 10분 동안 끓인다. 중화된 염화바륨 용액 15 mL를 끓는 용액에 조금씩 넣고 충분히 섞는다. 흐르는 물로 실온까지 냉각시키고 지시약 1 mL를 넣은 다음 즉시 0.1N 염산 표준용액으로 녹색이 될 때까지 적정한다.
* 지시약: 페놀프탈레인 1 g과 치몰블루 0.5 g을 가열한 95% 에탄올 용액(v/v) 100 mL에 녹이고 거른 다음 사용한다.
* 60% 에탄올 용액: 이산화탄소가 제거된 증류수 75 mL와 이산화탄소가 제거된 95% 에탄올 용액(v/v)(수산화칼륨으로 증류) 125 mL를 혼합하고 지시약 1 mL를 사용하여 0.1N 수산화나트륨 용액 또는 수산화칼륨 용액으로 보라색이 되도록 중화시킨다. 10분 동안 환류하면서 가열한 후 실온에서 냉각시키고 0.1N 염산 표준 용액으로 보라색이 사라질 때까지 중화시킨다.
* 염화바륨 용액: 염화바륨(2수화물) 10 g을 이산화탄소를 제거한 증류수 90 mL에 용해시키고, 지시약을 사용하여 0.1N 수산화칼륨 용액으로 보라색이 나타날 때까지 중화시킨다.
  ① 이 시험법은 나트륨비누의 유리알칼리를 측정하는 에탄올법이다.
    ⇒ 모든 연성 칼륨 비누 또는 나트륨과 칼륨이 혼합된 비누의 유리알칼리 측정법
  ② ㉠에 들어갈 말은 분홍색이다.⇒ 녹색이다.
  ④ 위의 염화바륨 용액은 염화바륨(2수화물) 10 g을 이산화탄소를 제거한 증류수 90mL에 용해시키고, 지시약을 사용하여 0.1N 수산화칼륨 용액으로 흑청색이 나타날 때까지 중화시킨 후 사용한다.
    ⇒ 보라색이다.
  ⑤ 위의 시험법을 통해 나트륨과 칼륨이 혼합된 비누의 유리알칼리는 측정할 수 없다.
    ⇒ 모든 연성 칼륨 비누 또는 나트륨과 칼륨이 혼합된 비누의 유리알칼리 측정법이다.

547 ②

치오글라이콜릭애씨드 또는 그 염류를 주성분으로 하는 냉2욕식 퍼머넌트웨이브용 제품
가. 제1제 시험방법
① pH : 검체를 가지고 「기능성화장품 기준 및 시험방법」(식품의약품안전처 고시) 일반시험법 1. 원료의 "47. pH측정법"에 따라 시험한다.
② 알칼리 : 검체 10mL를 정확하게 취하여 100mL 용량플라스크에 넣고 물을 넣어 100mL로 하여 검액으로 한다. 이 액 20mL를 정확하게 취하여 250mL 삼각플라스크에 넣고 0.1N 염산으로 적정한다 (지시약 : 메칠레드시액 2방울).
③ 산성에서 끓인 후의 환원성 물질(치오글라이콜릭애씨드) : ② 항의 검액 20mL를 취하여 삼각플라스크에 넣고 물 50mL 및 30% 황산 5mL를 넣어 가만히 가열하여 5분간 끓인다. 식힌 다음 0.1N 요오드액으로 적정한다. (지시약 : 전분시액 3mL) 이 때의 소비량을 AmL로 한다.

548 ②

시스테인, 시스테인염류 또는 아세틸시스테인을 주성분으로 하는 냉2욕식 퍼머넌트웨이브용 제품
가. 제1제 시험방법
① pH : 검체를 가지고 「기능성화장품 기준 및 시험방법」(식품의약품안전처 고시) 일반시험법 1. 원료의 "47. pH측정법"에 따라 시험한다.
② 알칼리 : 1. 치오글라이콜릭애씨드 또는 그 염류를 주성분으로 하는 냉2욕식 퍼머넌트웨이브용 제품 가. 제1제 시험방법 ② 알칼리 항에 따라 시험한다.
③ 시스테인 : 검체 10mL를 적당한 환류기에 정확하게 취하여 물 40mL 및 5N 염산 20mL를 넣고 2시간동안 가열 환류시킨다. 식힌 다음 이것을 용량플라스크에 취하고 물을 넣어 정확하게 100mL로 한다. 또한 아세칠시스테인이 함유되지 않은 검체에 대해서는 검체 10mL를 정확하게 취하여 용량플라스크에 넣고 물을 넣어 전체량을 100mL로 한다. 이 액 25mL를 취하여 분당 2mL의 유속으로 강산성이온교환수지(H형) 30mL를 충전한 안지름 8 ~ 15 mm의 칼럼을 통과시킨다. 계속하여 수지층을 물로 씻고 유출액과 씻은 액을 버린다. 수지층에 3N 암모니아수 60mL를 분당 2mL의 유속으로 통과시킨다. 유출액을 100mL 용량플라스크에 넣고 다시 수지층을 물로 씻어 씻은 액과 유출액을 합하여 100mL로 하여 검액으로 한다. 검액 20mL를 정확하게 취하여 필요하면 묽은염산으로 중화하고(지시약 : 메칠오렌지시액) 요오드화칼륨 4g 및 묽은염산 5mL를 넣고 흔들어 섞어 녹인다. 계속하여 0.1N 요오드액 10mL를 정확하게 넣고 마개를 하여 얼음물 속에서 20분간 암소에 방치한 다음 0.1N 치오황산나트륨액으로 적정한다.(지시약 : 전분시액 3mL) 이 때의 소비량을 GmL로 한다. 같은 방법으로 공시험하여 그 소비량을 HmL로 한다.

CHAPTER 04 4단원 정답 및 해설

549 ③
식품의약품안전처장은 맞춤형화장품조제관리사가 거짓이나 그 밖의 부정한 방법으로 시험에 합격한 경우에 자격을 취소하여야 하며, 자격이 취소된 사람은 취소된 날부터 3년간 자격시험에 응시할 수 없다.

550 ②
식품의약품안전처장은 매년 1회 이상 맞춤형화장품조제관리사 자격시험을 실시해야 한다. 1회 이상이므로 현재는 1년에 2번 진행되고 있다.

551 대한상공회의소
현재 맞춤형화장품조제관리사 자격 시험을 위탁 운영하는 기관은 대한상공회의소밖에 없다.

552 ⑤
대한상공회의소의 업무
1. 시험 위원 위촉 및 운영에 관한 사항
2. 시험본부 설치 및 자격시험 시행계획 수립 및 공고
3. 원서접수, 문제출제·채점 등에 관한 사항
4. 합격자 결정 및 공고에 관한 사항
5. 부정행위 기준 및 행위자 처리에 관한 사항
6. 자격정보 관리에 관한 사항
7. 수당 등의 지급에 관한 사항
8. 자격증 발급 지원 등 기타 자격시험 운영에 관한 사항
   * 맞춤형화장품조제관리사의 임명은 식품의약품안전처장이 한다.

553 ⑤
① 식품의약품안전처장은 맞춤형화장품조제관리사가 거짓이나 그 밖의 부정한 방법으로 시험에 합격한 경우에는 자격을 취소하여야 하며, 자격이 취소된 사람은 취소된 날부터 1년간 자격시험에 응시할 수 없다.
   → 3년간 응시 불가
② 식품의약품안전처장은 법 제3조의4에 따라 매년 2회 이상 맞춤형화장품조제관리사 자격시험을 실시해야 한다.
   → 매년 1회 이상
③ 식품의약품안전처장은 자격시험을 실시하려는 경우에는 시험 일시, 시험장소, 시험과목, 응시방법 등이 포함된 자격시험 시행계획을 시험 실시 30일전까지 식품의약품안전처 인터넷 홈페이지에 공고해야 한다.
   → 90일 전까지 공고
④ 운영기관의 장은 시행계획을 자격시험 공고 1개월 전까지 식품의약품안전처장에게 제출하고 승인을 받아야 한다.
   → 공고 5일 전까지 제출 후 승인

554 ③
* 「화장품법 시행규칙」 제8조의4 제6항에 따른 시험 위원의 위촉기준
  1. 해당 분야의 박사학위가 있는 자
  2. 대학(교)에서 해당 분야의 조교수 이상으로 재직한 자
  3. 대학(교)에서 해당 분야에 2년 이상 강의한 경력이 있는 자
  4. 해당 분야에서 10년 이상 실무에 종사한 자 또는 이와 동등한 자격이 있는 자로서 학식과 경험이 풍부하여 자격이 있다고 운영기관의 장이 인정한 자
ㄹ - 강의한 경력이 1년밖에 되지 않았지만 해당 분야에 박사학위가 있으면 바로 시험위원에 위촉가능

555 ④
운영기관의 장은 자격이 취소된 자 및 자격시험을 합격한 자의 다음 각 호에 해당하는 정보를 적은 문서를 보존 및 관리하여야 한다.
1. 성명, 성별 및 생년월일
2. 수험번호
3. 합격연월일(**자격이 취소된 자의 경우 취소사실과 그 사유를 포함!**)

556 ③
555번 해설 참고

557 맞춤형화장품조제관리사
맞춤형화장품조제관리사란 맞춤형화장품 판매장에서 소비자의 취향 등을 고려하여 선택된 화장품의 내용물 간 또는 내용물과 원료 간 혼합 업무를 수행하거나, 화장품의 내용물을 소분해 주는 업무를 담당합니다.

558 ①
「화장품법 시행규칙」 제8조의4제5항에서 정한 자격시험 부정행위에 대한 기준은 다음 각 호와 같다.
1. 응시원서를 허위로 기재하거나 허위 서류를 제출하여 시험에 응시하는 행위
2. 응시자를 대신하여 시험을 치르거나 제3자로 하여금 대리시험을 치르게 하는 행위
3. 시험 도중 문제지 이외의 인쇄물을 열람하는 행위
4. 시험 도중 다른 응시자의 답안지를 보거나 시험을 방해하는 행위
5. 시험 종료 후 문제지 또는 답안지를 제출하지 않거나 훼손하는 행위
6. 그 밖에 불필요한 물품의 휴대 등 시험결과에 영향을 끼칠 수 있는 행위 또는 시험문항을 유출하는 행위 등 운영기관의 장이 정한 부정행위

559 ④
① 일반화장품 판매소에서 맞춤형화장품조제관리사가 고객 개인별 피부 특성 및 색·향 등 취향에 따라 조제한 화장품 ▶ 맞춤형화장품판매업소에서 판매한 것이다.
② 화장품의 원료에 다른 원료를 추가하여 혼합한 화장품 ▶ 원료와 원료를 혼합한 것은 제조행위이다.
③ 제조 또는 수입된 화장품의 내용물에 소비자에게 판매하기 위한 화장품 내용물을 혼합한 화장품
  ▶ 소비자에게 판매하기 위한 화장품은 혼합 및 소분을 위한 내용물이 될 수 없다.
⑤ 화장 비누(고체 형태의 세안용 비누)를 단순 소분한 화장품 ▶ 맞춤형화장품이란 제조 또는 수입된 화장품의 내용물을 소분(小分)한 화장품. 단, 화장 비누(고체 형태의 세안용 비누)를 단순 소분한 화장품은 제외

560 혼합, 소분
맞춤형화장품판매업소에서 맞춤형화장품조제관리사 자격증을 가진 자가 고객 개인별 피부 특성 및 색·향 등 취향에 따라,
① 제조 또는 수입된 화장품의 내용물에 다른 화장품의 내용물이나 색소, 향료 등 식약처장이 정하는 원료를 추가하여 혼합한 화장품
② 제조 또는 수입된 화장품의 내용물을 소분(小分)한 화장품 단, 화장 비누(고체 형태의 세안용 비누)를 단순 소분한 화장품은 제외

561 ③
맞춤형화장품에는 화장 비누(고체 형태의 세안용 비누)를 단순 소분한 화장품은 제외

562 ⑤
1- 화장품제조업자 / 2~4 - 화장품책임판매업자

563 맞춤형화장품판매업소
맞춤형화장품판매업소에서 맞춤형화장품조제관리사 자격증을 가진 자가 고객 개인별 피부 특성 및 색·향 등 취향에 따라 내용물에 내용물 혹은 원료를 혼합하거나 내용물을 소분하는 화장품을 말한다.

564 ③
보존제는 맞춤형화장품의 원료의 범위에 포함될 수 없다.
단, 원료의 품질유지를 위해 원료에 보존제가 포함된 경우에는 예외적으로 허용

565 ④
- 맞춤형화장품을 조제할 때 기능성화장품 고시원료는 넣을 수 없다. 단, 화장품책임판매업자에게 납품받은 맞춤형화장품 내용물에 기능성 고시 원료가 이미 포함되어 있는 것은 상관 없다.(단, 화장품책임판매업자가 이미 기능성화장품 심사 혹은 보고를 받은 맞춤형화장품 베이스인 경우)
- 나이아신아마이드는 기능성 고시 원료이다.

566 제조
원료와 원료를 혼합하는 것은 맞춤형화장품의 혼합이 아닌 '화장품 제조'에 해당

567 ①

맞춤형화장품판매업을 신고하려는 자는 영업 신고를 위해 맞춤형화장품판매업소 소재지를 관할하는 지방식품의약품안전청을 방문해야 한다.

568 ⑤

맞춤형화장품조제관리사는 2명 이상 신고 가능하다.

569 ⑤

구분	제출 서류
기본	① 맞춤형화장품판매업 신고서 ② 맞춤형화장품조제관리사 자격증 사본(2인 이상 신고 가능)
기타 구비서류	① 사업자등록증 및 법인등기부등본(법인에 포함) ② 건축물관리대장 ③ 임대차계약서(임대의 경우에 한함) ④ 혼합·소분의 장소·시설 등을 확인할 수 있는 세부 평면도 및 상세 사진

570 ②

맞춤형화장품판매업자의 상호, 소재지 변경은 변경신고 대상이 아니다.

571 ②

맞춤형화장품판매업자의 상호, 소재지 변경은 변경신고 대상이 아니다. 해당 내용을 맞춤형화장품판매업소의 소재지로 바꾸면 옳은 설명이다.

구분	제출 서류
공통	① 맞춤형화장품판매업 변경신고서 ② 맞춤형화장품판매업 신고필증(기 신고한 신고필증)
판매업자 변경	① 사업자등록증 및 법인등기부등본(법인에 한함) ② 양도·양수 또는 합병의 경우에는 이를 증빙할 수 있는 서류 ③ 상속의 경우에는「가족관계의 등록 등에 관한 법률」제15조 제1항 제1호의 가족관계증명서
판매업소 상호 변경	① 사업자등록증 및 법인등기부등본(법인에 한함)
판매업소 소재지 변경	① 사업자등록증 및 법인등기부등본(법인에 한함) ② 건축물관리대장 ③ 임대차계약서(임대의 경우에 한함) ④ 혼합·소분 장소·시설 등을 확인할 수 있는 세부 평면도 및 상세 사진
조제관리사 변경	① 맞춤형화장품조제관리사 자격증 사본

572 가족관계증명서

상속의 경우「가족관계의 등록 등에 관한 법률」제15조 제1항 제1호의 가족관계증명서를 구비!
단, 지방식약청장이 가족관계증명서를 행정정보공동이용 서비스를 통해 열람할 수도 있다.

573 건축물관리대장

571번 해설 참고

574 ②

571번 해설 참고

575 ⑤

맞춤형화장품판매장에 2명 이상의 조제관리사를 고용하는 경우에는「화장품법 시행규칙」제8조의2에 따른 맞춤형화장품판매업 신고 시 조제관리사를 추가 신고할 수 있으며, 신고된 조제관리사가 변경되는 경우 변경신고 대상에 해당됨
① 맞춤형화장품조제관리사가 변경된 사항이므로 ㄷ의 원본을 구비해야 한다.
▶ 사본이다.
② 강순희씨는 업무가 바쁘더라도 대구지방식품의약품안전청을 직접 방문하여 변경 신고하여야 한다.
▶ 직접 방문 외에도 방문 또는 우편으로 가능
③ 해당사항을 30일 이내에 변경 신고하지 않으면 1차 위반 시 판매업무 정지 5일의 행정처분이 내려질 수 있다. ▶ 1차 위반 시 시정명령이다.
④ 강순희씨는 변경 신고를 위해 ㄱ, ㄴ, ㄷ을 구비해야 한다. ▶ ㄱ, ㄷ만 있으면 된다.

576 ③

ㄱ. 맞춤형화장품조제관리사가 고객에게 맞춤형화장품이 아닌 일반화장품을 판매하였다.
▶ 맞춤형화장품조제관리사는 일반화장품도 판매 가능하다.

ㄴ. 메틸살리실레이트를 5% 이상 함유하는 액체 상태의 맞춤형화장품을 일반 용기에 충전·포장하여 고객에게 판매하였다. ▶ 메틸살리실레이트를 5% 이상 함유하는 액체 상태의 화장품에는 반드시 안전용기·포장을 해야 한다.
ㄷ. 맞춤형화장품판매업으로 신고한 매장에서 맞춤형화장품조제관리사가 200ml의 향수를 소분하여 50ml 향수를 조제하였다. ▶ 맞춤형화장품조제관리사는 맞춤형화장품판매업소에서 내용물을 소분하는 업무를 할 수 있다.
ㄹ. 맞춤형화장품판매업으로 신고한 매장에서 맞춤형화장품조제관리사가 맞춤형화장품을 조제할 때, 미생물에 의한 오염을 방지하기 위해 페녹시에탄올을 추가하였다. ▶ 맞춤형화장품조제관리사는 보존제를 배합할 수 없다.
ㅁ. 맞춤형화장품판매업자에게 원료를 공급하는 화장품책임판매업자가 화장품법 제4조에 따라 해당 원료를 포함하여 기능성화장품에 대한 심사를 받거나 보고서를 제출한 경우, 식품의약품안전처장이 고시한 기능성화장품의 효능·효과를 나타내는 원료를 내용물에 추가하여 맞춤형화장품을 조제할 수 있다.
▶ 기능성화장품의 효능·효과를 나타내는 원료는 배합 불가능하다. 그러나 화장품법 제4조에 따라 해당 원료를 포함하여 기능성화장품에 대한 심사를 받거나 보고서를 제출한 경우 사용 가능하다.(**단, 이 경우에 기능성화장품의 효능·효과를 나타내는 원료는 내용물과 원료의 최종 혼합 제품을 기능성화장품으로 기 심사(또는 보고) 받은 경우에 한하며 기 심사(또는 보고) 받은 조합·함량범위 내에서만 사용 가능하다.**)

577 ⑤

ㄱ. 소비자에게 유통될 목적으로 제조된 내용물을 혼합·소분해 조제한 맞춤형화장품조제관리사
  ▶ 소비자 유통 및 판매 목적의 화장품 내용물은 혼합 소분 할 수 없다.
ㄴ. 화장품책임판매업자로부터 제공받은 맞춤형화장품 전용 벌크제품에 보습에 좋은 베르베나오일을 혼합하여 조제한 맞춤형화장품조제관리사 ▶ 베르베나 오일은 화장품에 사용불가 원료임.(사용금지원료는 그 누구도 배합할 수 없다!)
ㄷ. 화장품책임판매업자로부터 제공받은 나이아신아마이드가 함유된 벌크제품에 천수국꽃 추출물을 혼합하여 조제한 맞춤형화장품조제관리사 ▶ 천수국꽃 추출물 혹은 그 오일은 사용불가원료!(사용금지원료는 그 누구도 배합 금지임!)
ㄹ. 미네랄오일이 10% 함유된 액체 상태의 어린이용 오일(17센티스톡스(섭씨 40도 기준)) 제품을 소분하여 안전용기·포장에 충진한 맞춤형화장품조제관리사 ▶ 안전용기·포장 기준에 부합하므로 안전용기에 충진해야 함.(미네랄오일은 탄화수소류. 탄화수소가 10%이상 함유된 액체상태의 제품은 안전용기·포장 해야 함.(단, 21센티스톡스 이하(섭씨 40도 기준)))
ㅁ. 고객에게 맞춤형화장품이 아닌 일반화장품을 판매한 맞춤형화장품조제관리사 ▶ 맞춤형화장품조제관리사는 일반화장품도 판매가능
ㅂ. 맞춤형화장품판매소에 고용되지 않았다는 이유로 화장품의 안전성 확보 및 품질관리에 관한 교육을 받지 않은 맞춤형화장품조제관리사 ▶ 맞춤형화장품판매업소에 고용되지 않으면 교육을 받을 의무가 없다. 그러나 고용된 상태라면 매년 1회 교육을 받아야 한다. 교육시간은 4시간 이상, 8시간 이하이다. 교육을 받을 의무가 있는 자가 교육을 받지 않을 경우 과태료 50만원

578 ①

ㄹ. 맞춤형화장품판매업을 폐업하려는 자가 폐업 신고를 하지 않은 경우 과태료 100만원의 처분을 받을 수 있다.
  ▶ 과태료 50만원이다.
ㅁ. 여행으로 인해 29일간 맞춤형화장품판매업을 휴업하려는 자는 휴업 신고서를 제출해야 한다.
  ▶ 1개월 미만까지는 휴업 신고 대상이 아니다. 1개월부터 휴업 신고를 해야 한다.

579 ①

맞춤형화장품판매업자의 상호와 소재지 변경은 변경신고의 대상이 아니다.
맞춤형화장품판매업소의 상호와 소재지 변경이 변경신고의 대상이다.
② 맞춤형화장품판매업을 40일 간 휴업하려는 자가 휴업 신고를 하지 않은 경우
  ▶ 휴업 시 휴업 신고를 해야 한다. 안 할시 과태료 50만원.
③ 맞춤형화장품판매업 휴업 후 휴업 재개 신고를 하지 않고 다시 영업을 개시한 경우
  ▶ 휴업 후 휴업을 재개할 시 휴업 재개 신고를 해야 한다. 안 할시 과태료 50만원.
④ 맞춤형화장품조제관리사가 변경되었음에도 변경 신고를 하지 않은 경우
  ▶ 맞춤형화장품조제관리사가 변경되었음에도 변경신고를 하지 않으면 1차 위반 시 시정명령
⑤ 맞춤형화장품판매업소가 폐업하였는데도 폐업신고를 하지 않은 경우
  ▶ 폐업 시 폐업 신고를 해야 한다. 안 할시 과태료 50만원.

580 ④

행정구역 개편으로 인한 변경 신고는 90일 이내에 신고하면 된다. 그 외의 변경사항이 있을 시 30일 이내에 신고하여야 한다. 이사로 인한 소재지 변경은 행정구역 개편은 30일, 행정구역 개편으로 인한 소재지 변경은 90일 이내에 변경신고!

581 ③

★맞춤형화장품 사용과 관련된 부작용 사례 보고 및 회수조치 의무는 누구에게 있는지?

≫ 맞춤형화장품판매업자는 맞춤형화장품 사용과 관련된 부작용 발생사례에 대하여 지체없이 식품의약품안전처장에게 보고하여야 하며, 보고의 방법 및 절차 등은 「화장품 안전성 정보관리 규정」을 준용함

「화장품법 시행규칙」제14조의2에 따른 회수대상화장품에 해당하는 경우 맞춤형화장품판매업자는 해당 화장품에 대하여 즉시 판매중지하고, 「화장품법 시행규칙」제14조의3 및 제28조에 따라 필요한 회수 및 공표 등의 조치를 하여야 하며, 맞춤형화장품의 특성 상 회수대상 맞춤형화장품을 구입한 소비자를 확인할 수 있는 경우 유선 연락 등을 통하여 적극적으로 회수조치를 취하는 것이 바람직함

① 맞춤형화장품판매업자는 위의 화장품 사용과 관련된 부작용 발생사례를 지체 없이 화장품책임판매업자에게 보고해야 한다.
  ▶ 식품의약품안전처장에게 보고!
② 맞춤형화장품판매업자는 중대한 유해사례가 발생하였으므로 10월 30일 이내에 식품의약품안전처 홈페이지를 통해 보고해야 한다. ▶ 15일 이내이므로 10월 15일 이내이다.
④ 위의 화장품이 회수대상화장품에 해당하는 경우 맞춤형화장품판매업자는 해당 화장품에 대하여 즉시 판매중지하고 화장품책임판매업자가 필요한 회수 및 공표 등의 조치를 할 수 있게 도와야 한다. ▶ 필요한 회수 및 공표 등의 조치는 맞춤형화장품판매업자가 해야 한다.
⑤ 화장품책임판매업자는 회수대상 맞춤형화장품을 구입한 소비자를 확인할 수 있는 경우 유선 연락 등을 통하여 적극적으로 회수조치를 취해야 한다. ▶ 맞춤형화장품판매업자가 해야 한다.

582 ④

ㄱ. 화장품책임판매업자가 소비자에게 유통·판매할 목적으로 수입한 화장품을 내용물로 맞춤형화장품을 조제한 사람 ▶ 소비자 유통 판매를 목적으로 제조 혹은 수입한 화장품은 맞춤형화장품 내용물이 될 수 없다.
ㄴ. 기능성화장품 고시 원료가 배합된 내용물을 화장품책임판매업자로부터 제공받아 맞춤형화장품을 조제한 사람
  ▶ 화장품제조업자 및 화장품책임판매업자가 기능성화장품의 고시 원료를 배합하여 제조 후 맞춤형화장품용 내용물로 유통판매하는 것은 맞춤형화장품의 내용물이 될 수 있다.(이미 화장품책임판매업자가 기능성화장품 기 심사를 받았다는 뜻이다.)
ㄷ. 제품의 홍보를 위해 미리 소비자가 시험 사용해보도록 제조된 화장품을 내용물로 맞춤형화장품을 조제한 사람
  ▶ 샘플, 테스터 등은 맞춤형화장품 내용물이 될 수 없다.
ㄹ. 화장품책임판매업자로부터 제공받은 벌크 제품에 리도카인을 혼합하여 맞춤형화장품을 조제한 사람
  ▶ 리도카인은 사용금지원료이다.
ㅁ. 화장품책임판매업자로부터 제공받은 벌크 제품에 미생물 발육을 억제하기 위해 클로로자이레놀을 0.1% 배합한 사람
  ▶ 맞춤형화장품조제관리사는 보존제를 사용할 수 없다.
ㅂ. 화장품책임판매업자가 내용물과 원료의 최종 혼합 제품을 기능성화장품으로 기 심사 받아 기 심사 받은 조합·함량 범위에서 나이아신아마이드를 조합한 사람
  ▶ 원칙적으로 기능성 고시 원료 배합은 금지된다. 그러나 화장품책임판매업자가 내용물과 원료의 최종 혼합 제품을 기능성화장품으로 이미 심사를 받았다면 맞춤형화장품조제관리사는 책임판매업자로부터 내용물과 기능성 고시 원료를 따로 제공받은 뒤 이를 심사 받은 조합 및 함량 범위에서 혼합할 수 있다.

법을 어긴 경우를 고르라고 하였으므로 ㄱ, ㄷ, ㄹ, ㅁ이다.

583 ①

② 벤조일퍼옥사이드는 애시당초 화장품에 넣을 수 없는 사용금지 원료이다.
③ 사용상의 제한이 있는 자외선차단제 성분은 배합 불가하다.
④ 판매 촉진 등을 위해 제조한 화장품은 맞춤형화장품 내용물이 될 수 없다.
⑤ 원료와 원료를 섞는 것은 제조행위이다.

584 ⑤

① 페녹시에탄올은 보존제이므로 사용불가
② 닥나무추출물은 기능성화장품 고시 원료이므로 사용불가
③ 클로로아세타마이드는 배합금지원료
④ 히드로퀴논은 배합금지원료

585 ④

① 살리실릭애씨드는 사용상의 제한이 필요한 원료이므로 사용이 불가능하다. 게다가 사용기한을 토대로 추정하면 관리사는 지성피부용 베이스를 처방하였다. A씨는 수분도가 10%미만이므로 건성이다.
② 고객은 색소침착도가 증가하였으므로 미백 기능성화장품을 내용물로 삼아야 한다. 아데노신은 주름 개선 기능성화장품 성분이다.
③ 나이아신아마이드(미백- 2024.4.20까지)가 함유된 베이스에 알로에추출물(진정- 2024.01.19.까지)을 혼합하여야 하는 것은 맞지만 사용기한이 틀렸다. 2024.01.30.까지 사용기한을 잡으면 알로에추출물은 변질가능성이 있다.

④ 나이아신아마이드(미백- 2024.4.20까지)가 함유된 베이스에 병풀추출물(진정- 2025.06.21.까지)을 혼합하여야 하며 사용기한 역시 옳다. 2024.04.10.까지 사용기한을 잡으면 내용물과 원료 둘 다 변질되지 않는다.
⑤ 고객은 색소침착도가 증가하였으므로 미백 기능성화장품을 내용물로 삼아야 한다. 아데노신은 주름 개선 기능성화장품 성분이다. 게다가 엠디엠하이단토인은 보존제이므로 사용 불가능하다.

586 ⑤

ㄱ. 수입된 화장품의 내용물에 트리클로산을 배합한 자 ▶ 트리클로산은 보존제이다. 보존제는 배합 불가능
ㄴ. 홍보를 위해 제조된 화장품의 내용물을 소분한 자 ▶ 홍보, 판매촉진을 위해 만든 화장품은 맞춤형화장품 내용물이 될 수 없다.
ㄷ. 맞춤형화장품 전용 내용물 베이스에 보존제가 함유된 병풀추출물을 배합한 자 ▶ 원래 보존제는 불허하나 원료의 품질 유지를 위해 원료에 보존제가 포함된 경우 예외적으로 혼합이 가능하다.
ㄹ. 소비자가 요청한 화장품의 향과 색을 위해 향료 원료와 색소 원료를 혼합한 자 ▶ 원료와 원료를 혼합하는 것은 불가하나 개인 맞춤형을 위한 색소, 향, 기능성 원료(여기서 말하는 기능성 원료란 기능성 고시 원료가 아니라 병풀추출물이나 세라마이드 등의 일반 원료를 말한다.)의 조합(혼합 원료)은 허용된다.
ㅁ. 화장품책임판매업자가 기능성화장품 심사를 받은 내용물을 소분한 자 ▶ 가능하다.

587 ③

③ 맞춤형화장품판매업자가 기능성 고시 원료를 포함하여 기능성화장품에 대한 심사를 받거나 보고서를 제출한 경우 기능성 고시 원료 사용이 가능하다. ▶ 식약처에 따르면, 기능성화장품 심사 및 보고서를 제출할 수 있는 대상에 맞춤형화장품판매업자는 없다. 제조업자, 책임판매업자, 연구기관(연구소 및 대학) 밖에 없다.
[참고] ⑤ 혼합할 수 있는 원료의 경우 개인 맞춤형으로 추가되는 색소, 향, 기능성 원료 등이 해당되며 이를 위한 원료의 조합도 허용된다. ▶ 여기서 말하는 기능성 원료란 기능성 고시 원료가 아니라 병풀추출물이나 세라마이드 등의 제한이 없지만 보습이나 진정 기능이 있는 원료를 말한다.(기능성 원료와 기능성 고시원료는 다르다.)

588 ⑤

맞춤형화장품판매업자는 내용물과 원료에 대한 품질관리를 직접 실시할 수 있으며, 직접 품질관리를 실시하기 어려운 경우에는 내용물과 원료를 제공하는 화장품책임판매업자 등의 품질성적서를 통하여 품질이 적절함을 확인하여야 함

589 품질검사성적서(품질성적서)

혼합·소분 전 사용되는 내용물 또는 원료의 품질관리가 선행되어야 한다. 다만, 책임판매업자에게서 내용물과 원료를 모두 제공받는 경우 책임판매업자의 품질검사 성적서로 대체 가능하다.

590 ③

ㄱ. 맞춤형화장품의 안전 및 품질관리에 대한 책임은 내용물과 원료를 제공한 화장품책임판매업자에게 있다. ▶ 맞춤형화장품의 안전 및 품질관리에 대한 책임은 맞춤형화장품판매업자에게 있다.
ㅁ. 맞춤형화장품판매업자는 화장품의 내용물과 원료를 직접 해외에서 수입할 수 있으나 수입하여 사용하는 경우 품질관리 등을 철저히 하여 맞춤형화장품 조제에 사용해야 한다. ▶ 현행 화장품 법령 상 화장품의 내용물은 화장품책임판매업자만 수입할 수 있으므로 맞춤형화장품에 사용될 내용물을 수입하는 경우 수입 단계에서부터 화장품책임판매업자가 공급하여야 함. 맞춤형화장품 혼합에 사용되는 원료는 화장품 법령 상 수입자의 제한은 없으며, 맞춤형화장품판매업자가 원료를 수입하여 사용하는 경우 품질관리 등을 철저히 하여 맞춤형화장품 조제에 사용해야 할 것임(식약처 질의응답자료집 발췌)

591 ①

② 맞춤형화장품 조제에 사용하고 남은 내용물 및 원료는 멸균을 위해 소독 후 보관한다.
▶ 맞춤형화장품 조제에 사용하고 남은 내용물 및 원료는 밀폐를 위한 마개를 사용하는 등 비의도적인 오염을 방지 할 것
③ 혼합·소분 후에 내용물에 대한 품질관리를 철저히 수행해야 한다.
▶ 혼합·소분 전 사용되는 내용물 또는 원료의 품질관리가 선행되어야 함
④ 일회용 장갑을 끼고 소분할 시 사전에 소독 및 세척을 한 후 장갑을 낀다.
▶ 혼합·소분 전에 손을 소독하거나 세정할 것. 다만, 혼합·소분 시 일회용 장갑을 착용하는 경우 예외

⑤ 최종 혼합된 맞춤형화장품이 판매 후 이상사례가 발생할 경우 유통화장품 안전관리기준에 적합한지 확인하여야 한다. ▶ 최종 혼합된 맞춤형화장품이 유통화장품 안전관리 기준에 적합한지를 사전에 확인하고, 적합한 범위 안에서 내용물 간(또는 내용물과 원료) 혼합이 가능함

592 미생물

판매장에서 제공되는 맞춤형화장품에 대한 미생물 오염관리를 철저히 할 것(예 : 주기적 미생물 샘플링 검사)
교차오염 아님. 2회차때 교차오염이라고 적어서 다 틀림.

593 식별번호

식별번호는 맞춤형화장품의 혼합·소분에 사용되는 내용물 또는 원료의 제조번호와 혼합·소분기록을 추적할 수 있도록 맞춤형화장품판매업자가 숫자·문자·기호 또는 이들의 특징적인 조합으로 부여한 번호임

594 ⑤

맞춤형화장품판매업자는 맞춤형화장품 판매장 시설·기구의 관리 방법, 혼합·소분 안전관리기준의 준수 의무, 혼합·소분되는 내용물 및 원료에 대한 설명 의무 등에 관하여 총리령으로 정하는 사항을 준수하여야 한다. 이 준수사항을 지키지 않으면 벌금 200만원 이하에 처해질 수 있음.
① ㉠에서 모든 원료 및 내용물의 입고, 사용, 폐기 내역에 대해 기록 관리할 필요는 없다.
  ▶ 모두 기록관리하는 것이 원칙이다.
② ㉡에 들어갈 말은 소비자의 전화번호이다. ▶ 판매일자이다.
③ ㉢에서 모발용 샴푸를 소분하여 판매하는 맞춤형화장품판매업자는 샴푸가 눈과 코, 입에 들어갔을 때에는 즉시 씻어내야 한다는 주의사항을 고지하여야 한다. ▶ '눈에 들어갔을 때에는 즉시 씻어내야 한다'이다.
④ ㉣에 들어갈 알맞은 행정처분은 과태료 100만원이다. ▶ 200만원 이하의 벌금형이다.

595 개인정보보호법 혹은 개인정보보호법령

- 맞춤형화장품판매장에서 수집된 고객의 개인정보는 (개인정보보호법령)에 따라 적법하게 관리할 것
- 맞춤형화장품판매장에서 판매내역서 작성 등 판매관리 등의 목적으로 고객 개인의 정보를 수집할 경우 (개인정보보호법령)에 따라 개인 정보 수집 및 이용목적, 수집 항목 등에 관한 사항을 안내하고 동의를 받아야 한다.

596 ⑤

ㄱ. 제조번호란 맞춤형화장품의 혼합·소분에 사용되는 내용물 또는 원료의 특성과 혼합·소분기록을 추적할 수 있도록 맞춤형화장품판매업자가 숫자·문자·기호 또는 이들의 특징적인 조합으로 부여한 번호이다.
  ☞ 식별번호에 대한 설명이다.
ㄴ. 혼합·소분을 통해 조제된 맞춤형화장품은 유통 화장품에 해당한다. ☞ 옳다.
ㄷ. 구분이란 동일 건물 내에서 벽, 칸막이, 에어커튼 등으로 교차오염 및 외부오염물질의 혼입이 방지될 수 있도록 되어 있는 상태를 말한다. ☞ 구분이 아니라 구획에 대한 설명이다.
ㄹ. 맞춤형화장품조제관리사가 아닌 기계를 사용하여 맞춤형화장품을 혼합하는 경우 별도의 구분 및 구획 규정을 마련하여 이를 준수해야 한다. ☞ 맞춤형화장품조제관리사가 아닌 기계를 사용하여 맞춤형화장품을 혼합하는 경우 구분·구획된 것으로 본다.
ㅁ. 맞춤형화장품판매업소에 채용된 맞춤형화장품조제관리사는 식품의약품안전처에서 지정한 교육실시기관인 대한화장품협회, 한국의약품수출입협회 등에서 매년 교육을 받아야 한다. ☞ 옳다. 식약처에서 지정한 교육실시기관에는 대한화장품협회, 한국의약품수출입협회, 대한화장품산업연구원이 있다.
ㅂ. 맞춤형화장품의 가격표시는 개별 제품에 판매가격을 표시하거나 소비자가 가장 쉽게 알아볼 수 있도록 제품명, 가격이 포함된 정보를 제시하는 방법으로 표시할 수 있다. ☞ 옳다.

597 ④

보존제는 배합불가/ 참고로 여기서 말하는 기능성 원료란 기능성 고시 원료가 아니라 병풀추출물이나 세라마이드 등의 제한이 없지만 보습이나 진정 기능이 있는 원료를 말한다.(기능성 원료와 기능성 고시원료는 다르다.)

598 구분, 구획

☞ 구분 : 선, 그물망, 줄 등으로 충분한 간격을 두어 착오나 혼동이 일어나지 않도록 되어 있는 상태
☞ 구획 : 동일 건물 내에서 벽, 칸막이, 에어커튼 등으로 교차오염 및 외부오염물질의 혼입이 방지될 수 있도록 되어 있는 상태
※ 다만, 맞춤형화장품조제관리사가 아닌 기계를 사용하여 맞춤형화장품을 혼합하거나 소분하는 경우에는 구분·구획된 것으로 본다.

599 ③

고객의 피부진단 데이터를 활용하여 연구·개발 등 목적으로 사용하고자 하는 경우, 소비자에게 판매 시 판매에 대한 동의를 받은 이후에 '연구·개발을 목적으로도 사용하겠다'는 별도의 동의를 받아야 한다.

600 ①

혼합·소분 시 위생복 및 마스크(필요시) 착용
② ⓛ에서 혼합 업무는 불가능하나 소분 업무는 제한적으로 가능하다.(둘다 불가능)
③ ⓛ에서 상처가 난 직원은 개인 감염 관리 규정에 의거하여 매장에서 단순 판매 행위도 해서는 안 된다.
　☞ 혼합, 소분 업무(직접 화장품을 조제하는 행위)만 불가능
④ ⓒ에서 혼합 전과 후 모두에 소독과 세척을 할 필요는 없으며 혼합 후에만 철저히 하면 된다.
　☞ 가이드라인에서는 혼합 전과 후 모두 소독과 세척을 하라고 나와있고 행정고시에서는 혼합 전에 소독과 세척을 하라고 나와있음. 그냥 혼합 전에는 꼭 소독과 세척을 해야 하고 혼합 후에는 되도록 해야 한다고 이해할 것. 특히 혼합 전에 철저히 해야 함
⑤ ⓒ에서 일회용 장갑을 착용하여 혼합 업무를 해도 위생을 위해 손 소독과 세척은 필수이다.
　☞ 일회용장갑을 착용하면 손 소독 및 세척하지 않아도 됨.

601 ④

④ - 개인 정보를 당해 정보주체의 동의 없이 타 기관 또는 제3자에게 정보를 공개하여서는 아니 된다.
고객 개인 정보의 보호
- 맞춤형화장품판매장에서 수집된 고객의 개인정보는 개인정보보호법령에 따라 적법하게 관리할 것
- 맞춤형화장품판매장에서 판매내역서 작성 등 판매관리 등의 목적으로 고객 개인의 정보를 수집할 경우 개인정보보호법에 따라 개인 정보 수집 및 이용목적, 수집 항목 등에 관한 사항을 안내하고 동의를 받아야 한다.
☞ 소비자 피부진단 데이터 등을 활용하여 연구·개발 등 목적으로 사용하고자 하는 경우, 소비자에게 별도의 사전 안내 및 동의를 받아야 한다.
- 수집된 고객의 개인정보는 개인정보보호법에 따라 분실, 도난, 유출, 위조, 변조 또는 훼손되지 않도록 취급하여야 한다. 아울러 이를 당해 정보주체의 동의 없이 타 기관 또는 제3자에게 정보를 공개하여서는 아니 된다.

602 ③

맞춤형화장품 혼합·소분 장소와 판매 장소는 구분·구획하여 관리하여야 한다.

603 ③

ㄴ - 세척제는 표면에 잔류하면 안 된다.
ㄹ - 포개지 않고 한 층으로 서로 겹쳐지지 않게 넣어 놓는다.

맞춤형화장품 혼합·소분 장비 및 도구의 위생관리
- 사용 전·후 세척 등을 통해 오염 방지
- 작업 장비 및 도구 세척 시에 사용되는 세제·세척제는 잔류하거나 표면 이상을 초래하지 않는 것을 사용
- 세척한 작업 장비 및 도구는 잘 건조하여 다음 사용 시까지 오염 방지
- 자외선 살균기 이용 시,
① 충분한 자외선 노출을 위해 적당한 간격을 두고 장비 및 도구가 서로 겹치지 않게 한 층으로 보관
② 살균기 내 자외선램프의 청결 상태를 확인 후 사용

604 ④

내용물 또는 원료의 입고 및 보관
- 입고 시 품질관리 여부를 확인하고 품질성적서를 구비
- 원료 등은 품질에 영향을 미치지 않는 장소에서 보관 (예: 직사광선을 피할 수 있는 장소 등)
- 원료 등의 사용기한을 확인한 후 관련 기록을 보관하고, 사용기한이 지난 내용물 및 원료는 폐기
< 내용물 및 원료 보관 예시 > 1. 선반 및 서랍장 2. 냉장고
원료의 사용기한 재평가는 화장품제조업의 영역이다. 제조업에서는 원료 입고 시 보관기간 설정이 지나면 재평가를 할 수 있다. 맞춤형화장품판매업소에서는 화장품책임판매업자에게 제공받은 사용기한 그대로 따라야 한다.

605 ③

맞춤형화장품조제관리사 자격을 취득한 해에 조제관리사로 선임된 경우에는 최초 교육을 면제한다.

<맞춤형화장품판매업 가이드라인>
맞춤형화장품조제관리사 교육
- 맞춤형화장품판매장의 조제관리사로 지방식품의약품안전청에 신고한 맞춤형화장품조제관리사는 매년 4시간 이상, 8시간 이하의 집합교육 또는 온라인 교육을 식약처에서 정한 교육실시기관에서 이수 할 것

☞ **식품의약품안전처에서 지정한 교육실시기관**
- (사)대한화장품협회, (사)한국의약품수출입협회, (재)대한화장품산업연구원

○ 맞춤형화장품조제관리사 관리
- 맞춤형화장품판매업자는 판매장마다 맞춤형화장품조제관리사를 둘 것
- 맞춤형화장품의 혼합·소분의 업무는 맞춤형화장품판매장에서 자격증을 가진 맞춤형화장품조제관리사만이 할 수 있음

606 ①

실제 질의응답집 내용 발췌
Q. 병·의원이나 약국 등에서도 맞춤형화장품판매업 신고 가능한지?
➤ 현재 화장품 법령 상 병·의원이나 약국 등에 대하여 맞춤형화장품판매업의 영업을 제한하는 규정은 없음
다만, 환자에게 의료서비스를 제공하거나 의약품을 판매하는 병·의원이나 약국의 특성 상 병·의원이나 약국에서 판매하는 맞춤형화장품은 의약품으로 오인될 우려가 높을 것으로 판단됨
이에, "병·의원, 약국 등 의료기관"의 명칭이 포함된 상호명을 맞춤형화장품 판매업의 상호명으로 사용하는 것은 권장되지 않음. 또한 의약품으로 잘못 인식할 우려가 있는 내용, 제품의 명칭 및 효능·효과에 대한 표시·광고를 하지 않도록 철저히 관리하여야 할 것임

607 벌크(벌크제품), 제조번호

Q. 맞춤형화장품판매업 가이드라인에서는 혼합·소분에 사용되는 내용물(벌크제품)이란?
➤ 「우수화장품 제조 및 품질관리기준」(식약처 고시)에서는 벌크제품이란 충전(1차포장) 이전의 제조단계까지 끝낸 제품이라고 정의하고 있음
맞춤형화장품에 사용되는 내용물은 최종 소비자에게 제공하기 위한 포장을 제외한 모든 제조 공정을 마친 상태를 의미하며, 제조번호별 품질검사 및 제품의 정보를 알 수 있는 표시기재 사항 등을 모두 갖추어야 함

608 ②

Q. 기초화장용제품이 아닌 인체세정용제품 등 화장품 품목 중 맞춤형화장품으로 판매 할 수 없는 품목이 있는지?
➤ 맞춤형화장품으로 판매될 수 있는 화장품 유형에는 제한이 없으며, 맞춤형화장품판매업자가 관련 법령을 준수할 경우, 화장품에 해당하는 모든 품목은 맞춤형화장품으로 판매할 수 있음

609 ②

Q. 소비자가 매장 방문 없이 온라인, 전화 등을 통하여 맞춤형화장품을 주문하고 이를 맞춤형화장품판매장에서 혼합·소분하여 판매하는 것은 가능한가?
➤ 맞춤형화장품판매업을 위해서는 「맞춤형화장품판매업 가이드라인」에 따른 혼합·소분에 필요한 적절한 시설을 갖추어 맞춤형화장품판매업으로 신고해야 함
한편 신고된 판매장에서 소비자에게 맞춤형화장품을 판매하는 형태(예, 온라인, 오프라인 판매)에 대해서는 화장품 법령에서 별도로 제한은 없음
다만, 소비자 개개인의 피부진단, 선호도 등을 파악하여 맞춤형으로 제품을 만들고, 개인에 특화된 안전정보를 제공하는 동 제도의 취지를 볼 때 소비자 대면을 통한 서비스도 가능하도록 판매하는 것이 바람직함.

① (ㄱ)에서 고객이 단골이고 고객 피부 측정 자료가 있다면 방문하지 않아도 맞춤형화장품을 조제하여 배송시킬 수 있다. ☞ 그런 조항은 없다. 피부 측정 자료의 유무는 중요하지 않다.
② (ㄴ)에서 화장품 법령에서 제한하고 있지는 않다. ☞ 제한은 하고 있지 않으나 권장하지 않음.
③ (ㄷ)에 의거하여 맞춤형화장품은 온라인, 전화 등을 통해 판매될 수 없다. ☞ 식품의약품안전처는 판매될 수 있기는 하나 소비자 대면을 통한 서비스도 가능하도록 판매하는 것이 바람직하다고 답변함.
④ (ㄹ)은 적절하지 않은 설명이다. ☞ (ㄹ)은 적절함. 3번 선지의 해설 참고
⑤ (ㄹ)에서 전화로 맞춤형화장품을 판매할 수는 없지만 인터넷 등 온라인으로 주문을 넣을 수는 있다.
☞ 전화든 온라인이든 판매는 가능함. 그러나 권장하지 않음. 직접 만나서 판매하는 것이 바람직함.

610 ③

소듐아이오데이트는 보존제이므로 맞춤형화장품에 배합할 수 없다.

Q. 기능성화장품으로 심사 또는 보고한 맞춤형화장품을 판매장에서 조제할 때, 고시된 기능성원료를 맞춤형화장품조제관리사가 내용물에 직접 혼합하는 것이 가능한지?

➤ 「화장품 안전기준 등에 관한 규정」(식약처 고시) 제5조에 따라 맞춤형화장품에는 식약처장이 고시한 기능성화장품의 효능·효과를 나타내는 원료의 혼합이 원칙적으로 금지되어 있음

다만, 맞춤형화장품판매업자에게 내용물 등을 공급하는 화장품책임판매업자가 사전에 해당 원료를 포함하여 기능성화장품 심사를 받거나 보고서를 제출한 경우에는 맞춤형화장품조제관리사가 기 심사 받거나 보고서를 제출한 조합·함량의 범위 내에서 해당 원료를 혼합할 수 있음

** 맞춤형화장품조제관리사는 기능성 고시 원료를 배합할 수 없으나 책판업자가 해당 고시 원료를 넣은 것을 기능성화장품으로 심사 혹은 보고 했다면 맞춤형화장품조제관리사가 기 심사 받거나 보고서를 제출한 조합·함량의 범위 내에서 해당 원료를 혼합할 수 있다.

④ 화장품책임판매업자가 맞춤형화장품 내용물로 위의 벌크제품에서 '나이아신아마이드'를 배합하지 않고 맞춤형화장품판매업자에게 판매하였다면 맞춤형화장품조제관리사는 그 벌크제품에 나이아신아마이드를 3%까지 배합할 수 있다. ☞ 책임판매업자가 나이아신아마이드를 3% 넣은 제품을 기능성화장품으로 이미 보고하였고, 내용물로서 나이아신아마이드를 제외한 다른 성분들을 섞어 만든 내용물을 맞판업자에게 제공했다면, 예외적으로 맞판업자는 나이아신아마이드를 3%까지 배합할 수 있다.

⑤ 화장품책임판매업자가 맞춤형화장품 내용물로 위의 벌크제품에서 '나이아신아마이드'를 배합하지 않고 맞춤형화장품판매업자에게 판매하였을 때 맞춤형화장품조제관리사는 그 벌크제품에 나이아신아마이드를 제외한 다른 미백 기능성 고시 원료를 배합할 수 없다. ☞ '나이아신아마이드 3% 배합'을 기능성화장품으로 보고하였으므로 그 외의 다른 기능성 고시 원료를 조합하는 것은 맞춤형화장품조제관리사의 활동 범위에 어긋난다.

611 ④

식약처 배포 맞춤형화장품판매업 질의응답집 - 복사해옴.

Q. 병·의원이나 약국 등에서도 맞춤형화장품판매업 신고 가능한지?

➤ 현재 화장품 법령 상 병·의원이나 약국 등에 대하여 맞춤형화장품판매업의 영업을 제한하는 규정은 없음

다만, 환자에게 의료서비스를 제공하거나 의약품을 판매하는 병·의원이나 약국의 특성 상 병·의원이나 약국에서 판매하는 맞춤형화장품은 의약품으로 오인될 우려가 높을 것으로 판단됨

이에, "병·의원, 약국 등 의료기관"의 명칭이 포함된 상호명을 맞춤형화장품 판매업의 상호명으로 사용하는 것은 권장되지 않음. 또한 의약품으로 잘못 인식할 우려가 있는 내용, 제품의 명칭 및 효능·효과에 대한 표시·광고를 하지 않도록 철저히 관리하여야 할 것임

Q. 맞춤형화장품판매업 가이드라인에서는 혼합·소분에 사용되는 내용물(벌크제품) 이란?

➤ 「우수화장품 제조 및 품질관리기준」(식약처 고시)에서는 벌크제품이란 충전(1차포장) 이전의 제조 단계까지 끝낸 제품이라고 정의하고 있음

맞춤형화장품에 사용되는 내용물은 최종 소비자에게 제공하기 위한 포장을 제외한 모든 제조 공정을 마친 상태를 의미하며, 제조번호별 품질검사 및 제품의 정보를 알 수 있는 표시기재 사항 등을 모두 갖추어야 함

Q. 시중 유통 중인 화장품을 구입하여 맞춤형화장품의 혼합·소분에 사용할 수 있는지?

➤ 맞춤형화장품에 사용되는 내용물은 맞춤형화장품의 혼합·소분에 사용할 목적으로 화장품책임판매업자로부터 직접 제공받은 것이어야 하며, 시중 유통 중인 제품을 임의로 구입하여 맞춤형화장품 혼합·소분의 용도로 사용할 수 없음

Q. 기초화장용제품이 아닌 인체세정용제품 등 화장품 품목 중 맞춤형화장품으로 판매 할 수 없는 품목이 있는지?

➤ 맞춤형화장품으로 판매될 수 있는 화장품 유형에는 제한이 없으며, 맞춤형화장품판매업자가 관련 법령을 준수 할 경우, 화장품에 해당하는 모든 품목은 맞춤형화장품으로 판매할 수 있음

Q. 소비자가 매장 방문 없이 온라인, 전화 등을 통하여 맞춤형화장품을 주문하고 이를 맞춤형화장품판매장에서 혼합·소분하여 판매하는 것은 가능한가?

➤ 맞춤형화장품판매업을 위해서는 「맞춤형화장품판매업 가이드라인」에 따른 혼합·소분에 필요한 적절한 시설을 갖추어 맞춤형화장품판매업으로 신고해야 함

한편 신고된 판매장에서 소비자에게 맞춤형화장품을 판매하는 형태(예, 온라인, 오프라인 판매)에 대해서는 화장품 법령에서 별도로 제한은 없음

다만, 소비자 개개인의 피부진단, 선호도 등을 파악하여 맞춤형으로 제품을 만들고, 개인에 특화된 안전정보를 제공하는 동 제도의 취지를 볼 때 소비자 대면을 통한 서비스도 가능하도록 판매하는 것이 바람직함

612 ②

* 맞춤형화장품에 원칙적으로 사용할 수 없는 원료: 사용금지원료, 사용 상의 제한이 필요한 원료, 기능성 고시 원료
* 맞춤형화장품에 사용 가능 원료: 색, 향료, 기능성 원료(여기서 말하는 기능성 원료란 식약처 지정 기능성 고시원료가 아니라 고시 원료를 제외한 원료들 중 기능을 줄 수 있는 원료를 말함.) 등

② [가]에서 세라마이드는 기능성 원료이므로 맞춤형화장품 제조 시 혼합할 수 없다. → 세라마이드는 사용금지원료도 아니고 사용 상의 제한이 필요한 원료도 아니고, 기능성 고시 원료로 아니다.
③ [나]에서 혁순은 3년동안 맞춤형화장품조제관리사 자격시험에 응시할 수 없다.
④ [다]에서 근미는 소비자에게 유통·판매하기 위한 화장품을 소분할 수 없다.
⑤ [다]에서 맞춤형화장품조제관리사가 아님에도 혼합·소분 활동을 하는 자는 2명이다.

Q. 맞춤형화장품판매소에서 소비자가 본인이 사용하고자 하는 제품을 직접 혼합 또는 소분하는 것이 가능한가?
≫ 맞춤형화장품판매업은 화장품과 원료 등에 대한 전문 지식을 갖춘 조제관리사가 소비자의 피부톤이나 상태 등을 확인하고 소비자에게 적합한 제품을 추천·판매하는 영업임. 따라서 맞춤형화장품조제관리사가 아닌 자가 판매장에서 혼합·소분하는 것은 허용되지 않음

613 ④

Q. 이·미용사가 「공중위생관리법」 상 업무수행(머리카락 염색)을 위하여 염모제를 혼합하는 행위도 맞춤형화장품판매행위에 해당하는지?
≫ 맞춤형화장품판매업이란 제조 또는 수입된 화장품의 내용물에 다른 화장품의 내용물이나 식품의약품안전처장이 정하여 고시하는 원료를 추가하거나 제조 또는 수입된 화장품의 내용물을 소분(小分)한 화장품을 판매하는 영업임
이·미용사가 머리카락 염색을 위하여 염모제를 혼합하거나 퍼머넌트웨이브를 위하여 관련 액제를 혼합하는 행위, 네일아티스트 등이 네일아트 서비스를 위하여 매니큐어 액을 혼합하는 행위 등은 맞춤형화장품의 혼합·판매행위에 해당하지 않음
다만, 이·미용 전문가가 고객에게 직접 염색·퍼머넌트웨이브 또는 네일아트 서비스를 해주기 위해서가 아니라, 소비자에게 판매할 목적으로 제품을 혼합·소분하는 행위는 맞춤형화장품의 적용 대상이 될 수 있음

① [가]에서 미용사는 염모제를 혼합하였으므로 맞춤형화장품조제관리사 자격이 있어야 한다.
→ 미용실에서 염색 서비스를 제공하기 위한 염모제 혼합 행위는 맞춤형화장품의 범위가 아니다. 즉, 조제관리사가 아니어도 혼합행위를 할 수 있다.(단, 혼합한 염모제를 그 자체로 판매한다면 위법!)
② [가]에서 염모제가 액제라면 혼합·소분할 수 없다.
→ 그런 규정은 없다.
③ [가]에서 염모제가 아니라 퍼머넌트웨이브 제품을 혼합하였다면 적법하지 않다.
→ 퍼머넌트웨이브 제품도 염모제와 마찬가지로 서비스를 제공하는 목적으로 혼합하였다면 가능. 그러나 따로 판매했다면 불법. 혼합한 것들을 그 자체로 팔기 위해서는 맞춤형화장품조제관리사가 조제해야 함.
④ [나]에서 혼합한 염모제로 염색 서비스를 제공하지 않고 단순히 판매하는 행위는 할 수 없다.
→ [나]의 상황만 보면 단순히 염모제를 판매하는 것은 불법이다. 염모제를 혼합한 사람은 일반 미용사였으며 문제에서는 맞춤형화장품조제관리사의 자격이 있다고 명시하지도 않았으므로 이 사람이 조제한 혼합된 염모제는 염색 서비스를 하기 위해서는 쓰일 수 있지만 그 자체를 판매할 수는 없다. 게다가 이 미용실이 맞춤형화장품판매업소라는 조건도 없으므로, 혼합하여 판매할 수 없다.
⑤ [나]에서 염색 서비스를 제공하지 않고 판매 가격을 낮추어 염모제만 판매하는 행위는 공정거래법 위반이다. → 공정거래법과 전혀 무관하다.

614 ⑤

613번 해설 참고
염모제를 혼합하여 판매하는 행위는 맞춤형화장품조제관리사 자격이 있어야 한다. 염색 서비스를 위해 혼합한 경우 제외한다.

615 ⑤

맞춤형화장품 사용과 관련된 부작용 발생사례에 대하여 지체 없이 식품의약품안전처에게 보고해야 함
① 나이아신아마이드가 들어간 맞춤형화장품 내용물에 스쿠알렌을 배합한 맞춤형화장품조제관리사
→ 기능성 고시 원료가 배합된 내용물에 원료를 혼합할 수 있다.
② 맞춤형화장품조제관리사 자격 없이 염색 서비스 제공을 위해 염모제를 혼합한 미용사
→ 염색 서비스 제공을 위한 혼합은 맞춤형화장품조제관리사가 아니어도 됨.
③ 내용물과 원료를 제공하는 화장품책임판매업자의 품질성적서를 통하여 품질이 적절함을 확인하는 맞춤형화장품판매업자
→ 매우 적절함
④ 둘 이상의 화장품책임판매업자로부터 내용물 또는 원료를 공급받아 하나의 맞춤형화장품을 조제하는 맞춤형화장품조제관리사

→ 맞춤형화장품으로 소비자에게 판매하기 전에 둘 이상의 화장품책임판매업자로부터 제공받은 내용물 및 원료를 혼합하여 품질 등을 미리 확인 및 검증한 경우 가능할 것으로 판단됨
최종 혼합·소분되어 소비자에게 판매되는 맞춤형화장품은 일반화장품과 같이 「화장품 안전기준 등에 관한 규정(고시)」제6조에 따른 유통화장품의 안전관리 기준에 적합해야 함(질의응답집 발췌)

616 ④

① 해당 맞춤형화장품판매업자는 위의 화장품 사용과 관련하여 중대한 부작용이 발생하였으므로 10일 이내에 식품의약품안전처장에게 보고해야 한다. → 15일 이내이다.
② 위의 성분 분석 의뢰표에 의거하면 위 화장품은 유통화장품 안전관리 기준에 적합하다.
 → 수은이 기준치 이상으로 검출되었다.
③ 밑줄 친 '아스코빅애씨드'는 맞춤형화장품조제관리사가 혼합할 수 있는 원료가 아니다.
 → 아스코빅애씨드는 기능성 고시 원료가 아니므로 혼합할 수 있다.
④ 위의 성분 분석 의뢰 결과서에 따르면 맞춤형화장품판매업자는 사전에 품질성적서를 적절히 확인하지 않은 것으로 보이므로 품질관리에 전적으로 책임이 있다.
 → 수은이 기준치 이상으로 검출되었는데, 이는 맞춤형화장품판매업자가 품질성적서를 사전에 확인했어야 하는 상황이다. 품질관리에 대한 책임은 전적으로 맞춤형화장품판매업자에게 있다.
⑤ 위의 성분 분석 의뢰 결과서에서 포름알데하이드가 기준치보다 높게 나왔으므로 유통화장품 안전관리 기준에 적합하지 않다.
 → 수은이 기준치보다 높게 나왔다.

617 ⑤

카드뮴의 기준치는 5㎍/g이다. 그러나 성적표에서는 10㎍/g으로 나와있으므로 유통화장품 안전관리 기준에 부적합하다.
① 디옥산은 100㎍/g 이하가 기준치 이므로 문제가 되지는 않음
② 내용물에는 미백 기능성 고시 원료는 없다. 아스코빅애씨드는 미백효과가 있는 기능성 원료이지만 기능성 고시 원료는 아니다.
③ 품질성적서의 99%나 104%라고 표기된 것의 의미는 그 제품에 99%가 그 성분이라는 뜻이 아니다. 예를 들어 품질성적서에 아데노신이 100%라고 찍혀 있고 처음에 어떤 화장품에 아데노신을 4% 배합하였다면, 이에 대한 품질 성적을 내었을 때 그 4% 중의 100%인 4% 그대로 아데노신이 배합되어 있다는

뜻이다. 예를 들어 품질 성적서에 아데노신이 90%가 찍혀 있고 처음에 전체 화장품의 4%에 아데노신을 배합하였다면, 교반 과정이나 제조 과정에서 아데노신 4% 중 일부가 사라졌다는 의미이다.(4% 중 90%만 남아있으므로 사실상 3.6%만 아데노신이 있다는 의미.)
④ 주름 개선 고시 성분(아데노신)이 들어갔다.

618 ③

① 납은 유통화장품 안전관리 기준에 따라 판매 적합한 양이 검출되었다.
② 페녹시에탄올이 보존제이다.
④ 자외선차단성분은 존재하지 않는다.
⑤ 617번의 3번 선지 해설 참고
* 아데노신과 아스코빌글루코사이드가 함유되어 있으므로 주름 개선 및 미백 2중 기능성 화장품이다.

619 ①

비소의 기준은 10㎍/g 이하이다. 따라서 비소가 기준치 이상으로 나왔으므로 유통화장품 안전 관리 기준에 의거하여 적절하지 않다.
② - 클로페네신이 보존제로 쓰였다.
③ - 레티놀은 주름 개선 기능성 고시 원료이다.
④ - 에칠헥실메톡시신나메이트는 자외선 차단제(흡수제) 고시 성분이며 주로 UVB를 차단한다.
⑤ - 82번의 3번 선지 해설 참고

620 ④

살리실릭애씨드는 대표적인 BHA 성분이다. 여드름 개선에 효과가 있다.
① - 수은이 1㎍/g을 넘지 않았으므로 적합.
② - 벤질알코올이 보존제로 쓰였다.
③ - 레티닐팔미테이트는 주름 개선에 도움을 주는 고시 성분이다.
⑤ - 617번의 3번 선지 해설 참고

621 ①

내용물과 원료에 대한 품질성적서를 확인해야 하는 의무가 있는 것은 맞춤형화장품판매업자이다.
② 레티닐팔미테이트의 시험결과에 따르면 2%가 미달되었으므로 유통·판매시킬 수 없다.
 → 주 원료의 함량이 90% 이상이면 상관없다. 단, 90% 미만이면 행정처분을 받는다.
③ 납이 검출되었으므로 유통화장품 안전관리 기준에 부적합하다.

→ 기준치 이하 검출이다.
④ 위 화장품은 유통화장품 안전관리 기준에 의거하여 메탄올과 포름알데하이드는 기준치에 적합하나 수은은 적합하지 않다.
　→ 메탄올은 기준치 범위에서 벗어났다. 수은은 벗어나지 않았다.
⑤ 주름 개선에 도움이 될 것이라는 B의 마지막 말은 옳지 않다.
　→ 레티닐팔미테이트는 주름 개선 기능성 고시 원료이다.

622　　③

③ (ㄷ)에서 맞춤형화장품은 유통화장품이라고 볼 수 없으며 화장품책임판매업자만 화장품의 유통에 관여하므로 유통화장품 안전관리 기준에 적합하게 관리할 책임은 화장품책임판매업자에게 있다.
⇒ 소비자에게 판매되는 모든 화장품은 유통화장품이다. 맞춤형화장품에 대한 안전성 및 품질관리의 책임은 맞춤형화장품판매업자에게 있다.
「화장품법 시행규칙」제12조의2제2호가목에서는 맞춤형화장품판매업자가 혼합·소분 전에 혼합·소분에 사용되는 내용물과 원료에 대한 품질성적서를 확인하도록 규정하고 있음
맞춤형화장품판매업자는 내용물과 원료에 대한 품질관리를 직접 실시할 수 있으며, 직접 품질관리를 실시하기 어려운 경우에는 내용물과 원료를 제공하는 화장품책임판매업자 등의 품질성적서를 통하여 품질이 적절함을 확인하여야 함
맞춤형화장품판매업자는 맞춤형화장품 조제에 사용되는 내용물·원료의 안전기준 등 적합 여부 및 혼합·소분 범위에 대한 안전성을 사전에 확인하여야 하며, 소비자에게 판매되는 제품에 대하여 「화장품 안전기준 등에 관한 규정」제6조에 따른 유통화장품 안전관리 기준에 적합하게 관리하여야 하는 등 맞춤형화장품의 안전 및 품질관리에 대한 책임이 있음

623　　②

다음은 맞춤형화장품판매업 질의응답집(식약처 제공)의 내용이다.
▶ 현행 화장품 법령 상 **화장품의 내용물은 화장품책임판매업자만 판매할 수 있으므로 맞춤형화장품에 사용될 내용물은 화장품책임판매업자로부터 구입하여야 함**
　맞춤형화장품 혼합에 사용될 원료는 화장품 법령 상 공급처의 제한은 없으며, 다만 맞춤형화장품판매업자는 원료에 대한 품질관리 등을 철저히 하여 맞춤형화장품에 조제에 사용해야 할 것임
▶ 현행 화장품 법령 상 **화장품의 내용물은 화장품책임판매업자만 수입할 수 있으므로 맞춤형화장품에 사용될 내용물을 수입하는 경우 수입 단계에서부터 화장품책임판매업자가 공급하여야 함**
　맞춤형화장품 혼합에 사용되는 원료는 화장품 법령 상 수입자의 제한은 없으며, 맞춤형화장품판매업자가 원료를 수입하여 사용하는 경우 품질관리 등을 철저히 하여 맞춤형화장품 조제에 사용해야 할 것임

A는 내용물, B는 원료이다.
① 화장품제조업자와 화장품책임판매업자로부터 제공받은 A에 B를 혼합한 것은 맞춤형화장품의 범위 안에 포함된다. ⇒ 맞춤형화장품의 내용물은 화장품책임판매업자만 제공할 수 있다. (현행법상)
② 맞춤형화장품판매업자는 화장품제조업자로부터 제공받은 B에 대해 품질관리를 철저히 하여 맞춤형화장품 조제에 사용해야 한다. ⇒ 원료는 공급처에 제한이 없다. 따라서 품질관리만 철저히 하면 무관
③ 화장품제조업자로부터 수입된 A 역시 맞춤형화장품에 사용될 수 있다. ⇒ 내용물을 수입할 수 있는 것은 화장품책임판매업자밖에 없다.
④ B는 색, 향, 기능성 고시 원료 등이 해당된다. ⇒ 기능성 원료는 포함되지만 기능성 고시 원료는 포함되어서는 아니된다.
⑤ 맞춤형화장품 혼합에 사용되는 B는 화장품 법령 상 수입자의 제한이 있기 때문에 수입대행업으로 등록한 화장품책임판매업자에게 제공받아야 한다. ⇒ **맞춤형화장품 혼합에 사용되는 원료는 화장품 법령 상 수입자의 제한은 없으며, 맞춤형화장품판매업자가 원료를 수입하여 사용하는 경우 품질관리 등을 철저히 하여 맞춤형화장품 조제에 사용해야 할 것임**

624　　④

① 민지는 화장품제조업자로부터 맞춤형화장품 내용물을 납품받을 수 없다.
　⇒ 맞춤형화장품 내용물을 납품할 수 있는 자 = 화장품책임판매업자. 따라서 1번은 옳음
② 에칠에스코빌에텔이 주름 개선에 도움이 된다고 말한 민지의 말은 옳지 않다.
　⇒ 에칠아스코빌에텔은 미백 기능성 고시 원료이다. 따라서 2번은 옳음
③ 화장품 법령 상 맞춤형화장품 혼합에 사용될 원료를 제공하는 (ㄱ)에 대한 제한은 없다.
　⇒ 화장품 법령 상 원료상에 대한 제한은 없다. 따라서 3번도 옳음
④ (ㄴ)에서 원칙적으로 그 책임은 맞춤형화장품판매업자에게 있지만, 원료에 문제가 있었음을 소명할 경우에 한해서만 책임을 지지 않는다.
　⇒ 맞춤형화장품을 조제하여 판매하면 일단 그 유통화장품에 대한 책임은 맞춤형화장품판매업자에게 있다. 원료 문제를 소명하든 안 하든 그 책임은 맞춤형화장품판매업자에게 있다. 혼합 소분 전에 맞춤형화장품판매업자가 미리 그 원료에 대한 품질성적서 및 안전성을 확인했어야 한다. 모든 책임은 맞춤형화장품판매업자에게 있다. 특히 제조물책임법

은 어떤 물건이 이상이 있다면 그 물건은 그 물건을 만든 자가 책임을 진다는 법이다. 제조물책임법에 의하면 제조물에 문제가 있었다면 원료든 원자재든 무엇에 문제가 있었든 일단 이를 이용하여 제조물을 만든 자가 책임을 진다.
⑤ 맞춤형화장품으로 소비자에게 판매하기 전에 둘 이상의 화장품책임판매업자로부터 제공받은 내용물 및 원료를 혼합하여 품질 등을 미리 확인 및 검증한 경우 (ㄷ)은 가능하다.
***둘 이상의 화장품책임판매업자로부터 내용물 또는 원료를 공급받아 하나의 맞춤형화장품을 조제할 수 있는지?
➢ 맞춤형화장품으로 소비자에게 판매하기 전에 둘 이상의 화장품책임판매업자로부터 제공받은 내용물 및 원료를 혼합하여 품질 등을 미리 확인 및 검증한 경우 가능할 것으로 판단됨. 최종 혼합·소분되어 소비자에게 판매되는 맞춤형화장품은 일반화장품과 같이「화장품 안전기준 등에 관한 규정(고시)」제6조에 따른 유통화장품의 안전관리 기준에 적합해야 함

625 ⑤

맞춤형화장품 혼합에 사용되는 원료는 화장품 법령 상 수입자의 제한은 없으며, **맞춤형화장품판매업자가 원료를 수입하여 사용하는 경우 품질관리 등을 철저히 하여 맞춤형화장품 조제에 사용해야 할 것임**
*맞춤형화장품판매업자도 원료를 수입하여 사용할 수 있다.

626 ④

*맞춤형화장품이「화장품 안전기준 등에 관한 규정」의 유통화장품안전관리기준에 부적합한 경우(예: 비의도적 성분이 기준치 초과하여 검출) 책임은 누구에게 있는지?
맞춤형화장품판매업자는 맞춤형화장품에 대하여「화장품 안전기준 등에 관한 규정(고시)」제6조에 따른 유통화장품의 안전관리 기준에 적합하도록 관리하여야 할 책임이 있으므로, **부적합 제품에 대한 책임은 맞춤형화장품판매업자에게 있음**
내용물과 원료 각각에 대한 품질성적서를 확인하여 이상이 없었더라도 이를 조제하는 과정에서 비의도적인 성분이 생기거나 들어가거나 용기에 들어있었거나 용기에 반응하여 생성되었을 수도 있다. 따라서 맞춤형화장품판매업자는 최종 제품에 대한 안전성 및 품질관리를 해야 할 의무가 있다.
④ 맞춤형화장품판매업자가 위의 맞춤형화장품을 조제하기 위한 내용물과 원료에 대해 화장품책임판매업자로부터 제공받은 품질성적서를 확인했을 때 문제가 없었다면 그 책임은 화장품책임판매업자에게 있다.
⇒ 각각의 품질성적서를 확인했을 때 문제가 없었다고 하더라도 최종 제품에 대한 품질 관리의 책임은 전적으로 맞춤형화장품판매업자에게 있다.

① 맞춤형화장품판매업자는 위의 사항을 식품의약품안전처장에게 보고하여야 한다.(옳다.)
② 이는 회수대상화장품에 해당하므로 맞춤형화장품판매업자는 즉시 해당 화장품에 대하여 판매중지 조치를 해야 한다. (옳다. 맞춤형화장품에 대해서는 맞춤형화장품판매업자가 판매중지, 회수, 공표조치의 의무가 있다.)
③ 맞춤형화장품판매업자는「화장품법 시행규칙」제14조의3 및 제28조에 따라 필요한 회수 및 공표 등의 조치를 해야 한다.(옳다. 맞춤형화장품에 대해서는 맞춤형화장품판매업자가 판매중지, 회수, 공표조치의 의무가 있다.)
⑤ 위 화장품은 유통화장품 안전관리 기준 중 비의도적 성분이 기준치를 초과하여 검출되었기 때문에 회수대상화장품이다. (현재 수은이 기준의 100배 초과이다. 수은은 유통화장품 안전관리 기준 중 비의도적 성분에 포함된다.)

627 ④

Q. 맞춤형화장품에 천연 또는 유기농 표시·광고가 가능한지?
➢ 천연화장품 및 유기농화장품의 기준에 관한 규정(식약처 고시)에 적합한 화장품은 천연 또는 유기농 표시·광고를 할 수 있음. 다만, 맞춤형화장품에 천연화장품 또는 유기농화장품 인증마크를 표시하기 위해서는「화장품법」제14조의2에 따른 인증기관으로부터 인증을 받아야 함. 그러나 현재「화장품법」제14조의2제2항에서 천연화장품·유기농화장품 인증신청을 할 수 있는 자로 화장품제조업자, 화장품책임판매업자 또는 총리령으로 정하는 대학·연구소 등만 규정하고 있어 **맞춤형화장품판매업자는 천연화장품·유기농화장품 인증신청이 불가능함**
① 맞춤형화장품이 천연화장품 기준을 충족하려면 내용물에 원료를 혼합한 최종 혼합된 제품의 중량(용량) 기준 천연 함량 95% 이상인 화장품이어야 하므로 (ㄱ)은 적절하지 않다.
⇒ 천연화장품의 기준은 전체 중량(용량) 중의 95% 이상이 천연 함량이어야 한다. 맞춤형화장품의 내용물만 천연화장품 기준에 충족된다고 해서 천연화장품이라고 할 수 없다. 맞춤형화장품은 내용물에 여러 원료들을 혼합하기 때문이다. 혼합하는 원료들이 천연이 아니고, 이 원료를 다량 넣어 혼합하면 천연 함량의 비율이 내려가게 될 것이고 이 천연 함량이 결국 95%미만이 된다면 이는 천연화장품이라고 할 수 없다.
② 맞춤형화장품판매소에서 천연화장품을 판매할 수 있으므로 (ㄴ)은 적절하다.
⇒ 맞춤형화장품판매소에서도 천연화장품을 판매, 표시, 광고할 수 있다. 따라서 옳다.
③ 맞춤형화장품판매소에서 천연화장품을 표시·광고할 수 있으므로 (ㄷ)은 적절하지 않다.
⇒ 맞춤형화장품판매소에서도 천연화장품을 판매, 표시, 광고할 수 있다. 따라서 옳다.

④ 인증을 받지 않으면 애초에 화장품에 천연화장품이라고 표시할 수 없으므로 (ㄹ)은 적절하다.
  ⇒ 인증을 받지 않아도 천연화장품이라고 표시할 수 있고 광고할 수 있다. 그러나 인증마크는 표시할 수 없다. 따라서 4번은 옳지 않다.
⑤ 맞춤형화장품판매업자는 천연화장품 인증기관에서 인증받을 수 없으므로 (ㅁ)을 할 필요가 없다.
  ⇒ 현재「화장품법」제14조의2제2항에서 천연화장품·유기농화장품 인증신청을 할 수 있는 자로 화장품제조업자, 화장품책임판매업자 또는 총리령으로 정하는 대학·연구소 등만 규정하고 있어 **맞춤형화장품판매업자는 천연화장품·유기농화장품 인증신청이 불가능함**

628 ③

식품의약품안전처가 인정한 천연화장품 인증 기관에 조제한 천연화장품을 인증을 받고 천연화장품 인증마크를 사용한 맞춤형화장품판매업자 ⇒ 현행법상 **맞춤형화장품판매업자는 천연화장품·유기농화장품 인증신청이 불가능함. 물론 후에 법이 개정되어 가능해질 수도 있음. 하지만 지금은 안 됨.**

629 ②

ㄱ. 화장품책임판매업자가 사전에「화장품법」제4조에 따라 사전에 해당 원료를 포함하여 기능성화장품 심사를 받거나 보고서를 제출한 경우에는 기 심사(또는 보고) 받은 조합·함량 범위 내에서 조제된 맞춤형화장품에 대하여 기능성화장품으로 표시·광고할 수 있다.
  ⇒ 화장품책임판매업자가 사전에 기능성화장품 심사 혹은 보고서를 제출하였다면 그 조합, 함량 범위 내에서 조제된 맞춤형화장품에 대해 기능성화장품으로 표시 및 광고할 수 있다.
ㄴ. 현재「화장품법」제4조에서 기능성화장품 심사 신청 또는 보고서 제출은 화장품제조업자, 화장품책임판매업자, 맞춤형화장품판매업자 또는 총리령으로 정하는 대학·연구소 등이 할 수 있도록 규정하고 있으므로 맞춤형화장품판매업자 역시 기능성화장품 심사 신청 또는 보고서 제출이 가능하다.
  ⇒ 현재「화장품법」제4조에서 기능성화장품 심사 신청 또는 보고서 제출은 화장품제조업자, 화장품책임판매업자 또는 총리령으로 정하는 대학·연구소만이 할 수 있도록 규정. 맞춤형화장품판매업자는 불가.
ㄷ. 맞춤형화장품에 표기하여야 하는 영업자의 상호 및 주소는 최종 조제 영업처인 "맞춤형화장품판매업자"를 기재하여야 한다.
  ⇒ 화장품제조업자, 화장품책임판매업자, 맞춤형화장품판매업자를 따로따로 기재해야 한다.

ㄹ. 천연화장품 및 유기농화장품의 기준에 관한 규정(식약처 고시)에 적합한 화장품은 천연 또는 유기농 표시·광고를 할 수 있으므로 맞춤형화장품이 해당 기준에 부합하면 맞춤형화장품판매업자도 이를 표시·광고할 수 있다.
  ⇒ 옳다.
ㅁ. 맞춤형화장품조제관리사의 교육 및 통제 하에 있는 일반 매장 직원도 맞춤형화장품의 혼합·소분 업무를 담당할 수 있다.
  ⇒ 맞춤형화장품조제관리사의 교육 및 통제 하에 있는 일반 매장 직원이라고 할지라도 혼합·소분 업무는 무조건 맞춤형화장품조제관리사만 가능하다.
ㅂ.「화장품법」제5조제5항에 따른 조제관리사 보수교육의 대상은 동법 제3조의2제2항에 따라 맞춤형화장품판매업자에게 고용되어 맞춤형화장품의 혼합·소분 업무에 종사하고 있는 자로 한정된다.
  ⇒ 맞춤형화장품판매업자에게 고용되어 맞춤형화장품의 혼합·소분 업무에 종사하고 있는 자만이 교육의 대상이다. 고용되지 않은 조제관리사는 교육의 의무가 없다.

630 ⑤

» 화장품의 포장용기는 내용물과 직접 접촉하는 것으로 제품에 품질에 영향을 줄 수 있으므로, 맞춤형화장품판매업자는「화장품법 시행규칙」제12조의2에서 정하고 있는 바와 같이 혼합·소분 전에 혼합·소분된 제품을 담을 포장용기의 오염여부를 철저히 확인하고 맞춤형화장품을 제공하여야 함. 또한 소비자가 가져온 용기에 맞춤형화장품을 담아 제공하는 경우라 하더라도「화장품법 시행규칙」제19조에 따른 표시·기재사항이 반드시 포함되어야 함

즉, 혼합·소분 전에 혼합·소분된 제품을 담을 포장용기의 오염여부를 철저히 확인하였다면 소비자가 가져온 용기에 맞춤형화장품을 담아줄 수 있다.
① 맞춤형화장품조제관리사는 기능성 고시 원료가 들어간 화장품을 취급할 수 없으므로 슬기의 조제행위는 불법이다. ⇒ 기능성 고시 원료가 내용물에 포함되어 있으므로 합법이다.(내용물은 이미 화장품책임판매업자가 기능성 화장품 심사 혹은 보고서 제출이 된 것임.)
② 2중 기능성 화장품은 현행법상 맞춤형화장품판매업소에서 취급할 수 없으므로 취급을 위해서는 화장품책임판매업자로 등록을 해야 한다. ⇒ 2중 기능성 화장품이 내용물로 화장품책임판매업자로부터 제공받은 것이라면 맞춤형화장품의 내용물이 될 수 있다.
③ 위 업소의 맞춤형화장품판매업자가 화장품책임판매업으로도 등록을 원할 시, 동일한 소재지에서는 두 업종의 운영이 불가능하다. ⇒ 동일한 소재지에서 두 업종 영위 가능. 그러나 혼합·소분실과는 구분/구획 되어 있어야 한다.
④ 화장품의 포장용기는 내용물과 직접 접촉하는 것으로서 제품에 품질에 영향을 줄 수 있으므로 소비자가 가져온 용기에 맞춤형화장품을 담아줄 수 없다.

⇒ 가능은 하다. 혼합·소분된 제품을 담을 포장용기의 오염여부를 철저히 확인하고 맞춤형화장품을 제공하여야 하며 또한 소비자가 가져온 용기에 맞춤형화장품을 담아 제공하는 경우라 하더라도 「화장품법 시행규칙」제19조에 따른 표시·기재사항이 반드시 포함되어야 한다.

631 제조번호 혹은 식별번호

Q. 맞춤형화장품에 제조번호는 어떻게 부여해야 하는지?

맞춤형화장품의 제조번호는 혼합 또는 소분에 사용되는 내용물 및 원료의 종류와 혼합·소분 기록을 추적할 수 있도록 부여하는 것으로, 맞춤형화장품판매업자는 원활한 관리를 위해 일정한 규칙에 따라 번호 부여를 하는 것이 바람직함.

그러나 맞춤형화장품판매업 가이드라인에서는 맞춤형화장품의 제조번호를 식별번호로 칭하므로 식별번호로 기입해도 될 것으로 보인다.

632 ③

≫ 맞춤형화장품에 표기하여야 하는 영업자의 상호 및 주소는 "화장품제조업자", "화장품책임판매업자", "맞춤형화장품판매업자"를 각각 구분하여 기재하여야 함. 다만, 화장품제조업자, 화장품책임판매업자 또는 맞춤형화장품판매업자가 다른 영업을 함께 영위하고 있는 경우에는 한꺼번에 기재·표시할 수 있음

① A씨는 대전지방식품의약품안전청에서 맞춤형화장품판매업을 등록해야 한다.
  → 맞춤형화장품판매업은 등록이 아니라 신고제이다.
② 화장품책임판매업과 동일한 소재지에 맞춤형화장품판매업을 함께 영위할 수는 없으므로 A씨는 사업확장을 위해 새로운 장소를 구해야 한다.
  → 화장품책임판매업자와 맞춤형화장품판매업자가 동일한 경우 동일한 소재지에서 두 업종 운영이 가능할 것으로 판단됨. 이 경우 맞춤형화장품의 혼합·소분 장소는 별도로 구획되는 등 혼합·소분 과정에서 오염 등이 발생하지 않도록 철저히 관리하여야 할 것임
④ A씨는 화장품책임판매업도 영위하고 있으므로 타 맞춤형화장품판매소에 내용물을 납품할 수 있다.
⑤ 맞춤형화장품판매업을 하려면 책임판매업자든 제조업자든 맞춤형화장품조제관리사를 둬야 한다.

633 화장품 코드

화장품코드란 개개의 화장품을 식별하기 위하여 고유하게 설정된 번호로써 국가식별코드, 화장품제조업자 등의 식별코드, 품목코드 및 검증번호(Check Digit)를 포함한 12 또는 13자리의 숫자를 말한다.

634 바코드

바코드란 화장품 코드를 포함한 숫자나 문자 등의 데이터를 일정한 약속에 의해 컴퓨터에 자동 입력시키기 위한 다음 각 목의 하나에 여백 및 광학적문자판독(Optical Character Recognition) 폰트의 글자로 구성되어 정보를 표현하는 수단으로서, 스캐너가 읽을 수 있도록 인쇄된 심벌(마크)을 말한다.

635 15

내용량이 15밀리리터 이하 또는 15그램 이하인 제품의 용기 또는 포장이나 견본품, 시공품 등 비매품에 대하여는 화장품바코드 표시를 생략할 수 있다.

636 화장품책임판매업자

제4조(표시의무자) 화장품바코드 표시는 국내에서 화장품을 유통·판매하고자 하는 **화장품책임판매업자**가 한다.

637 소비자

제1조(목적) 이 고시는 「화장품법」제11조, 같은 법 시행규칙 제20조 및 「물가안정에 관한 법률」제3조의 규정에 의해 화장품을 판매하는 자에게 당해 품목의 실제거래 가격을 표시하도록 함으로써 소비자의 보호와 공정한 거래를 도모함을 목적으로 한다.

638 ③

판매가격표시 대상은 국내에서 제조되거나 수입되어 국내에서 판매되는 모든 화장품으로 한다.

639 ⑤

화장품을 일반소비자에게 소매 점포에서 판매하는 경우 소매업자(직매장 포함)가 표시의무자가 된다. 다만, 「방문 판매 등에 관한 법률」에서 규정한 방문판매업·후원방문판매업, 「전자상거래 등에서의 소비자보호에 관한 법률」에서 규정한 통신판매업의 경우에는 그 판매업자가, 「방문 판매 등에 관한 법률」에서 규정한 다단계판매업의 경우에는 그 판매자가 판매가격을 표시하여야 한다.

640 ③

ㄱ. 판매가격이란 화장품을 일반 소비자에게 판매할 때 할인 전 가격을 의미한다.
  ☞ "판매가격" - 화장품을 일반 소비자에게 판매하는 실제 가격

ㄴ.「방문 판매 등에 관한 법률」에서 규정한 방문판매업·후원방문판매업, 「전자상거래 등에서의 소비자보호에 관한 법률」에서 규정한 통신판매업의 경우에는 그 판매업자가, 「방문 판매 등에 관한 법률」에서 규정한 다단계판매업의 경우에는 그 판매자가 판매가격을 표시하여야 한다.(옳은 설명)
ㄷ. 표시의무자 이외의 화장품책임판매업자, 화장품제조업자는 그 판매 가격을 표시하여서는 안 된다.(옳은 설명)
ㄹ. 매장 크기가 150m2이상인 판매가격표시 의무자는 가격표시를 하지 않고 판매하거나 판매할 목적으로 진열·전시하여서는 아니 된다.
☞ 판매가격표시 의무자는 매장 크기에 관계없이 가격표시를 안 하고 판매하거나 판매할 목적으로 진열·전시하여서는 아니 된다.
ㅁ. 판매가격이 변경되었을 경우에는 기존의 가격표시가 보이지 않도록 변경 표시하여야 한다.(옳은 설명)

641 ④

판매가격의 표시는 유통단계에서 쉽게 훼손되거나 지워지지 않으며 분리되지 않도록 스티커 또는 꼬리표를 표시하여야 한다. 이것이 원칙이다. 그러나 제품에 가격을 표시하는 것이 곤란한 경우 소비자가 알아보기 쉽게 판매가격을 별도로 표시해놓을 수는 있다.
① (ㄱ)은 '맞춤형화장품은 가격 표시의 의무가 없다'로 고쳐야 옳다.☞맞춤형화장품도 가격을 표시해야 한다.
② (ㄴ)은 '3인 이하'를 '2인 이하'로 고쳐야 옳은 설명이다.☞그런 규정은 없다.
③ (ㄷ)은 판매가격의 정의에 따라 옳은 설명이다.☞판매가격은 실제 판매되는 가격을 부착해야 한다.
⑤ (ㄱ)에서 (ㄹ)까지 중 문제가 없는 내용은 두 가지이다.☞(ㄱ) 한가지 밖에 없다.

642 ⑤

판매가격이 변경되었을 경우에는 기존의 가격표시가 보이지 않도록 변경 표시하여야 한다. 다만, 판매자가 기간을 특정하여 판매가격을 변경하기 위해 그 기간을 소비자에게 알리고, 소비자가 판매가격을 기존가격과 오인·혼동할 우려가 없도록 명확히 구분하여 표시하는 경우는 제외한다.
☞ 판매자가 할인 시작 기간을 소비자에게 알리고, 소비자가 판매가격을 기존가격과 오인할 우려가 없도록 명확히 구분하여 표시하면 변경된 가격을 기재할 수 있다.

643 ③

지방자치단체는 화장품 판매가격을 성실히 이행하는 화장품 판매업소를 모범업소로 지정 할 수 있다.

644 ⑤

판매가격이 변경되면 소비자가 혼동하지 않게 할인 전 가격을 보이지 않게 해야 한다.

645 ④

ㄱ. 식품의약품안전처장은 매년 가격관리 기본지침에 따라 화장품 가격표시제도 실시현황을 지도·감독하여야 한다.- 특별시장, 광역시장, 특별자치시장, 도지사 또는 제주특별자치도지사(이하 "시·도지사"라 한다)는 매년 식품의약품안전처장이 시달하는 가격관리 기본지침에 따라 화장품 가격표시제도 실시현황을 지도·감독하여야 한다.
ㄷ. 식품의약품안전처장은 화장품 판매가격을 성실히 이행하는 화장품 판매업소를 모범업소로 지정할 수 있다.- 지방자치단체는 화장품 판매가격을 성실히 이행하는 화장품 판매업소를 모범업소로 지정 할 수 있다.
ㅁ. 지방자치단체장은 식품의약품안전처장을 통하여 화장품 가격표시가 적정하게 이루어지고 건전한 화장품 가격질서가 확립될 수 있도록 홍보·계몽할 수 있다.-식품의약품안전처장은 관련단체장을 통하여 화장품 가격표시가 적정하게 이루어지고 건전한 화장품 가격질서가 확립될 수 있도록 홍보·계몽할 수 있다.

646 ④

① 국내 제조 및 수출하는 화장품에 대하여 표준바코드를 표시하게 함으로써 화장품 유통현대화의 기반을 조성하여 유통비용을 절감하고 거래의 투명성을 확보함을 목적으로 한다.
☞ 국내 제조 및 수입되는 화장품이다.
② 화장품코드란 개개의 화장품을 식별하기 위하여 고유하게 설정된 번호로써 국가식별코드, 화장품제조업자 등의 식별코드, 품목코드 및 검증번호(Check Digit)를 포함한 10 또는 11자리의 숫자를 말한다. ☞ 12 또는 13자리의 숫자이다.
③ 화상품바코느 표시내상품목은 기능성화장품을 세외한 국내에 유통되는 모든 화장품을 대상으로 한다.☞ 기능성화장품 포함!
⑤ 화장품바코드 표시는 화장품을 직접 판매하는 자가 한다.☞ 화장품바코드 표시는 국내에서 화장품을 유통·판매하고자 하는 화장품책임판매업자가 한다.

647 ②

ㄴ. 내용량이 10밀리리터 이하 또는 10그램 이하인 제품의 용기 또는 포장이나 견본품, 시공품 등 비매품에 대하여는 화장품바코드 표시를 생략할 수 있다. ☞ 15밀리리터 이하 또는 15그램 이하
ㅁ. 화장품책임판매업자는 유통현대화 및 화장품의 국제표준을 위하여 바코드의 인쇄크기와 색상을 자율적으로 정할 수 없다. ☞ 용기포장의 디자인에 따라 판독이 가능하도록 바코드의 인쇄크기와 색상을 자율적으로 정할 수 있다.

ㅂ. 화장품바코드 표시는 화장품의 내용 및 특성에 따라 그 내용을 부연하여야 하므로 수정 가능하게 기재·표시해야 한다. ☞ 화장품바코드 표시는 유통단계에서 쉽게 훼손되거나 지워지지 않도록 하여야 한다.

648 ①

화장품바코드는 국제표준바코드인 GS1 체계 중 EAN-13, ITF-14, GS1-128, UPC-A 또는 GS1 DataMatrix 중 하나를 사용하여야 한다.

649 ④

바코드명	EAN-13	ITF-14	GS1-128	UPC-A	GS1 DataMatrix
번호체계	GTIN-13	GTIN-14	GS1 응용식별자*	GTIN-12	GS1 응용식별자*
최대 사용 가능 자리수	숫자 13자리	숫자 14자리	숫자, 문자 포함 48자리수 이하	숫자 12자리	숫자, 문자 포함 2,335자리수 이하

650 ③

GTIN-13 번호체계

자리수	3	4~6	5~3	1
내용	국가식별코드	업체식별코드	품목코드	검증번호
부여 예	880	1234	12345	7

651 ①

화장품바코드는 국제표준바코드인 GS1 체계 중 EAN-13, ITF-14, GS1-128, UPC-A 또는 GS1 DataMatrix 중 하나를 사용하여야 한다.
1번은 <u>EAN-8</u>이다.
참고로, EAN-13은 숫자 13개고, ITF-14는 숫자 14자, GS1-128은 숫자, 문자 포함 48자리의 수 이하, UPC-A는 숫자 12자리이다.

652 ③

GS1-128는 숫자, 문자 포함 48자리수 이하이다.

653 국가식별 혹은 국가식별코드

GTIN-14 번호체계

자리수	1	3	4~6	5~3	1
내용	물류식별	국가식별	업체식별	품목코드	검증번호
부여 예	1~8	880	1234	12345	4

654 ④

화장품바코드는 GS1 체계 중 GS1 DataBar, EAN-13, ITF-14, GS1-128, UPC-A 중 하나를 사용하여야 해. → GS1 DataBar가 아니라 GS1 DataMatrix이다.

655 ②

화장품의 가격은 개별 제품에 스티커를 붙이는 것이 원칙이나, 곤란한 경우에는 소비자가 알아볼 수 있게 제품명 및 가격을 별도로 표시할 수도 있습니다. 바코드 역시 화장품의 가격 표시와 같습니다.
→ 화장품의 가격은 개별 제품에 스티커를 붙이는 것이 원칙이나, 곤란한 경우에는 소비자가 알아볼 수 있게 제품명 및 가격을 별도로 표시할 수 있다. 그러나 바코드는 화장품의 용기 혹은 화장품의 포장에 표시해야 한다.

656 ④

알부틴, 소듐하이알루로네이트, 병풀추출물, 판테놀, 디메티콘, 피이지-100스테아레이트, 올리브오일, 호호바오일, 벤질알코올
화장품 전성분은 함량이 높은 순서대로 기입하며 1% 이하는 함량에 관계없이 나열함. 전성분의 일부를 보면 알부틴은 2~5%의 한도, 벤질알코올은 1%의 한도임. 최대 함량을 사용하였다고 문제에서 하였으므로 소듐하이알루로네이트, 병풀추출물, 판테놀, 디메티콘, 피이지-100스테아레이트, 올리브오일, 호호바오일은 1~5%의 함량 배합을 가짐. 따라서 병풀추출물은 1~5% 사이로 쓰임.

657 ④

<u>이미다졸리디닐우레아(0.6%)</u>, 스쿠알란, 잔탄검, 1,2-헥산디올, 부틸렌글라이콜, 알란토인, <u>아데노신(0.04%)</u>

원래 1% 이하의 성분들은 함량에 관계없이 나열하나 문항의 단서 조항에서 <보기>의 전성분은 예외 없이 모든 성분을 그 배합률이 높은 순서대로 기입하였다는 것을 밝히고 있다.
따라서 스쿠알란, 잔탄검, 1,2-헥산디올, 부틸렌글라이콜, 알란토인의 성분 범위는 0.04~0.6이다.

658 ③

부틸메톡시디벤조일메탄, 소듐하이알루로네이트, 병풀추출물, 판테놀, 디메티콘, 피이지-100스테아레이트, 페녹시에탄올
화장품 전성분은 함량이 높은 순서대로 기입하며 1% 이하는 함량에 관계없이 나열함. 전성분의 일부를 보면 부틸메톡시디벤조일메탄은 5%의 한도, 페녹시에탄올은 1%의 한도임. 최대 함량을 사용하였다고 문제에서 하였으므로 소듐하이알루로네이트, 병풀추출물, 판테놀, 디메티콘, 피이지-100스테아레이트은 1~5%의 함량 배합을 가짐. 따라서 병풀추출물은 1~5% 사이로 쓰임.

659 ③

① 이 제품에는 보존제가 함유되어 있지 않습니다. → 벤질알코올이 보존제다.
② 이 제품은 주름 개선 기능성 고시 원료가 함유되어 있습니다. → 알부틴은 미백 기능성 고시 원료이다.
③ 이 제품은 알레르기 유발 향료가 들어 있으므로 사용 시 유의하셔야 합니다. → 리날룰이 들어갔다.
④ 이 제품은 사용할 수 없는 원료가 한 가지 배합되어 있으니 판매할 수 없습니다. → 사용할 수 없는 원료는 이 전성분에 없다.
⑤ 이 제품은 「화장품 안전기준 등에 관한 규정」에 따라 사용상의 제한이 필요한 원료가 2가지 쓰였습니다. 「화장품 안전기준 등에 관한 규정」에 따라 사용상의 제한이 필요한 원료가 1가지(벤질알코올) 쓰임. 알부틴은 기능성 화장품 심사에 관한 규정 중 기능성 고시 원료이지 「화장품 안전기준 등에 관한 규정」에 따른 사용상의 제한이 필요한 원료가 아니다.

660 ③

① 이 제품에 쓰인 보존제의 사용한도는 0.1%입니다. → 글루타랄 0.1%
② 이 제품은 자외선을 흡수하여 자외선을 차단하는 유기적 자외선 차단제 성분이 배합되어 있습니다. → 멘틸안트라닐레이트
③ 이 제품은 알레르기 유발 향료가 들어 있으므로 사용 시 유의하셔야 합니다. → 메틸유제놀은 알레르기 유발 향료가 아니다.
*알레르기 유발 향료 25 종

성분명
아밀신남알
벤질알코올
신나밀알코올
시트랄
유제놀
하이드록시시트로넬알
아이소유제놀
아밀신나밀알코올
벤질살리실레이트
신남알
쿠마린
제라니올
아니스알코올
벤질신나메이트
파네솔
부틸페닐메틸프로피오날
리날룰
벤질벤조에이트
시트로넬올
헥실신남알
리모넨
메틸 2-옥티노에이트
알파-아이소메틸아이오논
참나무이끼추출물
나무이끼추출물

④ 이 제품은 영유아 및 13세 이하 어린이가 사용하면 안 됩니다. → 적색 102호는 영유아 및 어린이 사용 화장품에 사용 금지
⑤ 이 제품은 탄화수소류가 배합되어 있습니다. → 페트롤라툼, 미네랄오일, 스쿠알란은 탄화수소류이다.

661

① 이 제품에 쓰인 보존제의 사용한도는 0.05%입니다.
   → 2, 4-디클로로벤질알코올, 0.15%
② 이 제품은 유통 · 판매가 불가능한 상품입니다.
   → 베르베나오일은 사용불가 원료이다. 따라서 위해화장품이므로 유통판매 불가!
③ 이 제품은 알레르기 유발 향료가 들어 있지 않습니다.
   → 메틸 2-옥티노에이트는 알레르기 유발 25종 향료이다.
④ 이 제품은 화장비누 외에는 사용이 불가능한 색소가 배합되어 있습니다.
   → 등색 206호는 눈 주위 또는 입술에 사용할 수 없는 색소이다.

⑤ 이 제품의 보존제는 천연화장품 및 유기농화장품에도 사용 가능한 보존제입니다.
→ 2, 4-디클로로벤질알코올은 천연화장품 및 유기농화장품에 사용할 수 없는 보존제이다.

662 소듐벤조에이트, 0.5

소듐벤조에이트는 벤조익애씨드의 염류이다.
벤조익애씨드의 한도는 씻어내지 않는 제품에 0.5%, 씻어내는 제품에는 2.5%이나 이는 바디로션이므로 씻어내지 않는 제품이다.

663 벤제토늄클로라이드, 0.1

벤제토늄클로라이드의 사용한도는 0.1%이다.

664 메틸파라벤, 0.4

p-하이드록시벤조익애씨드, 그 염류 및 에스텔류 (다만, 에스텔류 중 페닐은 제외),
· 단일성분일 경우 0.4%(산으로서)
· 혼합사용의 경우 0.8%(산으로서)

665 부틸메톡시디벤조일메탄, 5

자외선 차단 기능성 제품이며 그 성분은 부틸메톡시디벤조일메탄이다.

666 ③

- 본 제품은 영유아 또는 어린이 사용 화장품에 들어가면 안 되는 성분이 없다. 청색 1호는 사용 상의 제한이 없으며 살리실릭애씨드도 사용되지 않았다.
① 이 제품에 보존제로 소듐벤조에이트가 쓰였다.(벤조익애씨드의 염류임.)
② 최소 두 가지 이상 들어있다.(소듐하이드록사이드, 소듐벤조에이트)
④ 카민성분의 주의사항은 다음과 같다: 카민 성분에 과민하거나 알레르기가 있는 사람은 신중히 사용할 것/ 4번에 쓰인 주의사항은 알부틴의 주의사항이다.
⑤ 하이드록시시트로넬알은 식약처장 규정의 알레르기 유발 향료이다.

667 ④

| 부틸파라벤, 프로필파라벤, 이소부틸파라벤 또는 이소프로필파라벤 함유 제품 (영·유아용 제품류 및 기초화장용 제품류(3세 이하 영유아가 사용하는 제품) 중 사용 후 씻어내지 않는 제품에 한함) | 3세 이하 영유아의 기저귀가 닿는 부위에는 사용하지 말 것 |

① 등색 201호는 눈 주위 사용 금지 색소이다.
② 이 제품에는 사용 금지 원료가 배합되지 않았다.
③ 이 제품에는 아데노신(주름 개선 기능성 고시 원료)이 쓰였다.
⑤ 알레르기 유발 가능성이 있는 향료 25개 중 그 어떤 것도 쓰이지 않았다.

668 ②

피그먼트 레드 53은 사용 불가 원료이다.(식약처장 고시 사용할 수 없는 원료)
① 소듐하이알루로네이트가 히알루론산이다.
③ 주름 개선 고시 원료는 없다.
④ 해당 주의사항은 스테아린산아연 함유 제품 중 파우더 제품에 한하는 주의사항이다. 이 제품은 파우더가 아니라 크림이다.
⑤ 알레르기 유발 고시 향료는 없다.

669 ④

우레아는 사용상의 제한이 필요한 원료 목록 중 하나이다. 이는 맞화조가 배합(혼합)할 수 없다. 단, 이러한 성분이 들어간 화장품을 추천할 수는 있다.
① 히알루론산은 피부에 보습효과를 주는 성분이다.
② 피부장벽을 이루는 요소는 세라마이드, 콜레스테롤, 지방산 등이다.
③ 유용성 감초 추출물은 식약처장 고시 기능성 미백 원료이다.
⑤ 레티놀은 주름 개선 기능성 화장품 고시 원료이다. 이 상황은 이미 화장품책임판매업자가 레티놀을 넣어 만든 화장품을 추천해주는 상황이다. 따라서 5번 역시 옳다. 그러나 맞화조가 레티놀을 배합하여 화장품을 만든다면 이는 불법이다.

670 ②

- 토코페롤은 사용상의 제한이 필요한 원료로서 그 한도는 20%이다. 이 이상 함유할 수 없다.
① 살리실릭애씨드가 포함되어 있지만 샴푸류이기 때문에 만 3세 이하 영유아도 사용 가능하다. 샴푸류는 예외로서 사용 가능하다.
③ 나이아신아마이드 원료에 대한 자료 제출이 면제되는 함유량이 2~5%라는 뜻이다. 즉, 자료 제출을 안 하고 자료를 다

제작할 수만 있다면 나이아신아마이드를 5%를 초과하여 함유할 수 있다. 실제로 나이아신아마이드 20%함유 에센스가 현재 대한민국에서 팔리고 있다.
④ 무기나이트라이트는 사용금지 원료이다. 그러나 그 중 소듐나이트라이트는 예외적으로 0.2%의 사용한도가 있는 사용상의 제한이 필요한 원료이다.
⑤ 틴크는 단독으로 쓰이면 1%, 여러 가지를 함께 쓰여도 그 합으로서 1%의 한도가 있다.

건강틴크 칸타리스틴크 ― 의 합계량 고추틴크	1%

671 ⑤

- 레티놀은 지용성 주름 개선 기능성 화장품 원료이다.

672 ④

비타민 E는 사용상의 제한이 필요한 원료이므로 맞화조가 사용할 수 없다.
아데노신은 수용성 성분이다.
ㄴ, ㄹ도 가능하지만 ㄴ, ㅁ도 가능하다. 그러나 답은 ㄴ, ㄹ밖에 없으므로 4번이 정답.

673 ③

<보기3>에서 수용성 미백 기능성 고시 원료가 포함된 내용물은 ㄷ밖에 없다.
<보기4>에서 ㅅ의 아데노신은 기능성 고시 원료이기에 맞화조가 개인적으로 함부로 혼합할 수 없다.
ㅁ의 티트리오일은 피부 진정, 트레할로스는 피부보습에 효과가 있다.

674 ④

자외선을 산란시켜 차단하는 원료 - 티타늄디옥사이드, 징크옥사이드
톨루엔은 사용상의 제한이 필요한 원료로서 맞화조 사용 금지.

675 ①

ㄱ. 이 제품에는 알레르기 유발 착향제 성분이 2가지 쓰였다. → 나무이끼추출물, 벤질벤조에이트
ㄴ. 이 제품은 영유아 또는 어린이가 사용해서는 안 된다. → 그런 성분은 없다.
ㄷ. 이 제품은 코치닐추출물 성분에 과민하거나 알레르기가 있는 사람은 신중히 사용하여야 한다.
→ 코치닐 성분의 주의사항이다.
ㄹ. 이 제품에는 보존제가 쓰이지 않았다. → 페녹시에탄올이 쓰였다.
ㅁ. 이 제품은 3세 이하 영유아의 기저귀가 닿는 부위에는 사용하지 말아야 한다. → 이는 부틸파라벤, 프로필파라벤, 이소부틸파라벤 또는 이소프로필파라벤 함유 제품의 주의사항이다. 이 제품에는 이와 같은 성분이 쓰이지 않았다.

676 ⑤

■ 공통사항(모든 화장품에 기재 사항)
1) 화장품 사용 시 또는 사용 후 직사광선에 의하여 사용부위가 붉은 반점, 부어오름 또는 가려움증 등의 이상 증상이나 부작용이 있는 경우 전문의 등과 상담할 것
2) 상처가 있는 부위 등에는 사용을 자제할 것
3) 보관 및 취급 시의 주의사항
  가) 어린이의 손이 닿지 않는 곳에 보관할 것
  나) 직사광선을 피해서 보관할 것
■ 손·발의 피부연화 제품(요소제제의 핸드크림 및 풋크림)
  가) 눈, 코 또는 입 등에 닿지 않도록 주의하여 사용할 것
  나) 프로필렌 글리콜(Propylene glycol)을 함유하고 있으므로 이 성분에 과민하거나 알레르기 병력이 있는 사람은 신중히 사용할 것(프로필렌 글리콜 함유제품만 표시한다)

[해설]
ㄱ. 햇빛에 대한 피부의 감수성을 증가시킬 수 있으므로 자외선 차단제를 함께 사용할 것
→ AHA성분이 함유된 제품에 한한다. 이 제품에는 AHA가 없다.
ㄴ. 카민 성분은「인체적용시험자료」에서 경미한 발적, 피부건조, 화끈감, 가려움, 구진이 보고된 예가 있음
→ '카민 성분에 과민하거나 알레르기가 있는 사람은 신중히 사용힐 것'이다. 이는 폴리에톡실레이티드레딘아마이드에 대한 주의사항이다.
ㄷ. 눈에 접촉을 피하고 눈에 들어갔을 때는 즉시 씻어낼 것
→ 이는 과산화수소, 벤잘코늄클로라이드, 벤잘코늄브로마이드 및 벤잘코늄사카리네이트 함유 제품, 실버나이트레이트 함유 제품의 주의사항이다.
ㄹ. 어린이의 손이 닿지 않는 곳에 보관할 것→ 이는 공통 주의사항이므로 기입해야 한다.
ㅁ. 프로필렌 글리콜(Propylene glycol)을 함유하고 있으므로 이 성분에 과민하거나 알레르기 병력이 있는 사람은 신중히 사용할 것→ 손·발의 피부연화 제품(요소제제의 핸드크림 및 풋크림) 중 프로필렌글리콜이 함유되어 있으면 이 주의사항을 기입해야 한다.

677 ②

이 제품에는 살리실릭애씨드가 보존제로 사용되었으며 이는 0.5%의 사용한도를 가지고 있다.
살리실릭애씨드는 영유아 및 어린이 사용 화장품에는 사용될 수 없다.(샴푸 제외)

ㄱ. 이 제품은 13세 이하 어린이가 사용하면 안 된다.
 → 살리실릭애씨드를 사용하였기에 13세 이하 어린이가 사용하면 안 된다.
ㄴ. ㉠의 사용한도는 10%이다. → 소듐하이알루로네이트는 한도가 없다.
ㄷ. ㉡은 이 화장품의 보존제로 쓰였으며 그 사용한도는 1%이다. → 사용한도는 0.5%이다.
ㄹ. ㉢의 사용한도는 10%이며 맞춤형화장품조제관리사가 혼합 가능한 성분이다.
 → 사용한도가 있는 원료는 맞화조 혼합 불가!
ㅁ. → *눈 주위 또는 입술에 사용할 수 없는 색소
 - 녹색 204호, 401호
 - 청색 404호
 - 황색 202호의 (1), 204호, 401호, 403호의 (1)
 - 등색 206호, 207호
 - 적색 205호, 206호, 207호, 208호, 219호, 225호, 405호, 504호
 - 자색 401호

678 ④

① 기능성 고시 원료는 혼합 불가능!
② 소비자는 고시 원료가 모두 수용성이기를 바라고 있으나 폴리에톡실레이티드레틴아마이드는 지용성 원료이다.
③ 기능성 고시 원료는 혼합 불가능!
⑤ 소비자는 이미 피부가 자외선에 의해 침착되었으므로 이를 개선하는 성분인 미백 기능성 화장품을 추천하여야 한다. 게다가 설명에 따르면 주름 개선 성분도 함유되어 있지 않다.

679 퓨란, 페닐살리실레이트, 가, 15

퓨란, 페닐살리실레이트는 사용금지원료이며 이가 포함된 건 위해도 가등급이다. 가등급은 15일 이내에 회수되어야 한다.

680 ②

ㄱ. 이 제품에는 점막에 사용할 수 없는 성분이 쓰였다. → 등색 401호가 쓰임
ㄴ. 이 제품에는 탄화수소류가 사용되지 않았다. → 스쿠알란은 탄화수소류이다.
ㄷ. 이 제품에는 보존제가 사용되지 않았다. → 헥사미딘이 쓰였다.
ㄹ. 품질성적서의 디부틸프탈레이트는 기준을 초과하였다. → 프탈레이트류의 기준은 아래와 같다.
 프탈레이트류(디부틸프탈레이트, 부틸벤질프탈레이트 및 디에칠헥실프탈레이트에 한함) : 총 합으로서 100㎍/g이하
 이 성적서에는 디부틸프탈레이트 밖에 안 나와있으며 이 성분은 어찌되었건 98㎍/g가 함유되어 있으므로 프탈레이트류가 기준을 초과하였는지는 정확히 알 수 없다.
ㅁ. 이 제품의 품질성적서에 따르면 기준을 초과한 물질은 2가지가 있다.
 →디옥산(100)과 카드뮴(5)이 기준을 초과했다.
ㅂ. 이 제품은 이중 기능성 화장품이다.→아데노신과 닥나무추출물이 사용되었다.

681 ⑤

ㄱ. 이 제품의 세균 및 진균수는 허가 기준 초과이다. → 물휴지의 경우 세균 및 진균수는 각각 100개/g(mL)이하가 그 기준이다. 각각 100 이하이므로 이 물휴지의 세균 및 진균수는 그 기준에 부합된다.
ㄴ. 이 제품의 포름알데하이드 기준은 2000㎍/g이하이다. → 포름알데하이드 : 2000㎍/g이하, 물휴지는 20㎍/g이하
ㄷ. 이 제품의 황색포도상구균은 그 허가 기준에 부합하다. → 대장균(Escherichia Coli), 녹농균(Pseudomonas aeruginosa), 황색포도상구균(Staphylococcus aureus)은 불검출되어야 한다.
ㄹ. 메탄올은 그 허용 기준 초과이다. → 메탄올 : 0.2(v/v)%이하, 물휴지는 0.002%(v/v)이하. 문제에서 메탄올이 0.01%이므로 기준 초과이다.
ㅁ. 이 품질성적서를 통해 알 수 있는 기준 초과 항목은 총 2가지이다.
 → 황색포도상구균과 메탄올 2가지이다.

682 ⑤

*포장재의 변질상태 확인을 위한 실시 방법
① 크로스커트 시험방법
② 내용물 감량시험방법
③ 펌프 분사 형태 시험방법
④ 내용물에 의한 용기의 변형시험 방법
⑤ 유리병 외부(표면) 알칼리 용출량 시험방법

683 아미노산

보기에서 이것은 천연보습인자(NMF, natural moisturizing factor)이다. 천연보습인자를 차지하는 성분 중 가장 큰 비중을 차지하는 것은 아미노산이다.

- 피부의 습도 유지는 건강한 피부를 유지하기 위한 중요한 조건이다. 각질층은 자연보습인자(NMF, natural moisturizing factor)와 각질세포 사이에 존재하는 지질층 및 피지선으로부터 분비되는 피지에 의해 수분을 유지한다. NMF는 피지의 친수성 부분이며 10~20%의 수분을 함유한다.
- 천연보습인자(NMF) 구성 성분: <u>아미노산(40%)</u>, PCA(피롤리돈카르복시산(12%)), 젖산염(12%), 요소, 염소, 나트륨, 칼륨, 암모니아, 인산염 등
- 천연보습인자가 노화로 인해 줄어들게 되면 수분 함유도↓, 각질층 두께↑(노화가 진행되면 각질층의 수분 함량↓)

684 ⑤

기저층에서 만들어진 세포가 각질층까지 올라와 일정 기간 머무르다 탈락되는 주기를 각화주기라고 부르며 새로 만들어진 각질세포는 기저층에서부터 각질층으로 이동하는데까지 14일이 걸린다. 그리고 14일간 올라온 이 세포는 피부 표피에 14일간 머물러 도합 28일의 기간을 지낸다. 이를 각화주기라고 한다.

685 엘라이딘

투명층	- 2~3층의 작고 투명한 죽은 세포 층(무핵세포층) - 빛을 차단하는 등 자외선으로부터 피부 보호(자외선 반사 - 멜라닌색소가 올라오지 않는다) - 반유동성물질인 **엘라이딘**이 있어 수분 침투를 방지하고 투명하게 보이게 함 - 손바닥과 발바닥에 존재 **에** 목욕탕에서 손/발가락 쭈글쭈글 → 엘라이딘이 수분 침투를 방지해서

686 멜라노좀(멜라노솜)

멜라닌은 멜라닌형성세포 내 멜라노좀(melanosome)에서 만들어져서 세포돌기를 통하여 각질형성세포로 전달되며 각질형성세포로 전달된 멜라닌이 가득 차 있는 멜라노좀은 표피의 기저층 윗부분으로 확산되어 자외선에 의해 기저층의 세포가 손상되는 것을 막아준다. 멜라닌은 자외선을 흡수하거나 산란시켜 자외선으로부터 피부가 손상을 입는 것을 방지하는 데 큰 역할을 하며, 멜라닌이 함유된 각질형성세포는 점점 각질층으로 이동되며 최종적으로 각질층에서 탈락되어 떨어져 나가게 된다. 또한 멜라닌은 멜라노좀에서 합성되며 티로신(tyrosine)을 시작물질로 유멜라닌(eumelanin, brownish black)과 페오멜라닌(pheoomelanin, reddish yellow)으로 만들어지는 과정이 멜라닌 합성과정이다.

687 유멜라닌, 페오멜라닌

멜라닌 색소
신체 피부색을 결정하는 가장 큰 인자로 <u>유멜라닌(eumelanin)과 페오멜라닌(pheomelanin)</u>으로 구별됨
색소합성세포인 멜라닌형성세포에서 합성. 인종에 따라 멜라닌형성세포의 양적인 차이는 없으나, 멜라닌 생성능 및 합성된 멜라닌 세부 종류에 차이가 있음.
신체 피부의 색은 멜라닌 색소, 카로티노이드 색소, 헤모글로빈에 의하여 결정될 수 있으며, 이중 신체 피부색을 결정하는 가장 큰 인자는 멜라닌 색소이며, 이 멜라닌은 흑갈색을 유발하는 유멜라닌과 붉은색을 유발하는 페오멜라닌으로 구별된다.

688 섬유아세포

- 섬유아세포: 결합조직체로 콜라겐과 엘라스틴 생성, 타원형의 유핵세포, 기질 형성에도 관여함. 진피에 존재하는 세포는 결합조직 내 널리 분포된 섬유아세포(fibroblast)가 주종을 이루는데 이들 섬유아세포는 세포외기질(ECM, extracellular matrix)인 교원섬유(콜라겐)와 탄력섬유(엘라스틴) 그리고 여러 다양한 기질을 만드는 역할을 한다.

689 교소체

교소체(Desmosome): 각질형성세포 사이를 연결하는 단백질 구조. 효소에 의해 분해되며 각질세포 탈락에 중요한 역할. 교소체 분해가 원활히 잘 안 되면 각질 세포 탈락이 저하되며 각질이 피부에 쌓이게 되고 표피 내 수분 소실, 각질층이 두꺼워짐 → 노화(교소체 기능 저하는 노화로 이어짐)

690 ③

피부 타입	자외선 노출에 따른 반응	피부색상
I	항상 화상을 입고, 타지 않는다.	매우 하얀 피부
II	쉽게 화상을 입고, 약간 탄다.	하얀 피부
III	약간의 화상을 입고, 쉽게 탄다.	다소 하얀 피부
IV	약간의 화상을 입고, 쉽게 짙게 탄다.	밝은 갈색/올리브색
V	거의 화상을 입지 않고, 상당히 많이 탄다.	갈색
VI	전혀 화상을 입지 않고, 매우 짙게 탄다.	갈색/검은색

691 — 내모근초, 외모근초

내모근초는 내측의 두발 주머니로서 외피에 접하고 있는 표피의 각질층인 초표피(sheath cuticle)와 과립층의 헉슬리층(huxley's layer), 유극층의 헨레층(henle's layer)으로 구성되고 외모근초는 표피층의 가장 안쪽인 기저층에 접하고 있다. 즉 내모근초와 외모근초는 모구부에서 발생한 두발을 완전히 각화가 종결될 때까지 보호하고, 표피까지 운송하는 역할을 하고 있다. 내모근초와 외모근초도 모구부 부근에서 세포분열에 의해 만들어지고 두발의 육성과 함께 모유두와 분리된 휴지기 상태가 되면 외모근초(소)는 입모근 근처(모구의 1/3 지점)까지 위로 밀려 올라간다. 내모근초는 두발을 표피까지 운송하여 역할을 다한 후에는 비듬이 되어 두피에서 떨어진다.

692 — 에피큐티클, 엑소큐티클, 엔도큐티클

모표피(cuticle)
모간의 가장 외측 부분으로 비늘 형태로 겹쳐져 있으며 두발 내부의 모피질을 감싸고 있는 화학적 저항성이 강한 층이다. 모표피는 판상으로 둘러싸인 형태의 세포로 되어 있으며, 이 각 세포는 두께 약 0.5~1.0μm, 길이 80~100μm이다. 일반적으로 두발의 모표피는 5~15층이며 20층인 것도 있다. 모표피는 색깔이 없는 투명층이며 전체 두발의 10~15%를 차지하며 두꺼울수록 두발은 단단하고 저항성이 높다. 물리적 자극으로 모표피의 손상, 박리, 탈락 등이 발생되면 모피질의 손상을 주게 된다. 표피층의 세포를 살펴보면 3개의 층으로 보이며 다음과 같이 구성되어 있다.

- 에피큐티클(epicuticle)
  가장 바깥층이며 두께 100å 정도의 얇은 막으로, 수증기는 통하지만 물은 통과하지 못하는 구조로 딱딱하고 부서지기 쉽기 때문에 물리적인 자극에 약하다. 이 층은 아미노산 중 시스틴의 함유량이 많으며, 각질 용해성 또는 단백질 용해성의 약품(친유성, 알칼리 용액)에 대한 저항성이 가장 강한 성질을 나타낸다.
- 엑소큐티클(exocuticle)
  연한 케라틴층으로 시스틴이 많이 포함되어 있고, 퍼머넌트 웨이브와 같이 시스틴 결합을 절단하는 약품의 작용을 받기 쉬운 층이다.
- 엔도큐티클(endocuticle)
  가장 안쪽에 있는 층으로 시스틴 함유량이 적으며, 친수성이며 알칼리에 약하다. 이 층의 내측면은 양면접착 테이프와 같은 세포막복합체(CMC, cell membrane complex)로 인접한 모표피를 밀착시키고 있다.

693 — DHT(디하이드로테스토스테론)

남자 성인의 탈모는 집단으로 머리털이 빠져 대머리가 되는 것이 특징임. 안면과 두피의 경계선이 점점 뒤로 물러나고 이마가 넓어지며 정수리 쪽의 굵은 머리가 점점 빠져서 대머리가 됨. 반들거리는 두피는 모근이 소실되어 새 머리카락이 나오기 어렵기 때문에 탈모 현상을 일찍 발견하여 탈모 증상을 완화하는 것이 최선의 방법임. 남성형 탈모증은 남성호르몬의 일종인 **DHT(Dihydrotestosterone-기출)** 라는 호르몬이 원인이 되어 나타남

694 — 말라세지아

말라세지아
말라세지아(Malassezia)는 담자균류(Basidiomycota, 분류학상의 '강 Division')에 속하는 진균의 속(Genus)으로 사람의 피부에서 가장 많이 관찰되는 진균이다. Malassezia 중에서 사람의 피부에서 가장 많이 관찰되는 종(Species)은 Malassezia restricta이며, 이외에 Malassezia globosa 종도 자주 관찰된다. Malassezia 진균은 사람의 건강한 피부 뿐 아니라 다양한 피부질환 - 어루러기, 지루피부염, 말라세지아 모낭염 등 - 부위에서 개체 수가 증가하는 것으로 알려져 있으며, 이러한 피부질환과 관련되어 있다고 여겨진다. 최근에는 지루성피부염의 일종인 비듬, 아토피피부염, 심상성여드름 및 건선에 이르기까지 그 원인 진균으로서 Malassezia에 대한 관심이 점차 대두되고 있다.

695 — ①

면포는 좁쌀 모양의 비염증성 여드름이다. 염증성 여드름은 아니다.

696 — 아지믹서(agi-mixer), 프로펠러믹서(propeller mixer), 분산기(disper mixer), 오버헤드스터러(over head stirrer)

오버헤드스터러(over head stirrer): 아지믹서(agi-mixer), 프로펠러믹서(propeller mixer), 분산기(disper mixer)라고도 함. 봉(shaft)의 끝부분에 다양한 모양의 회전 날개가 붙어 있다.
내용물에 내용물을 또는 내용물에 특정성분을 혼합 및 분산 시 사용하며 점증제를 물에 분산 시 사용

697 — 관능평가 혹은 관능검사

관능평가: 화장품의 품질을 인간의 오감에 의해 측정하고 분석하여 평가하는 방법 → 용어 기억
- 화장품은 유효성에 대한 과학적 평가법이 있으나 외관, 색상, 향, 사용감 등 기호에 따른 평가도 제품에 영향을 미치기에 관능평가를 통해 얻은 결과를 통계 처리한 후 종합적 평가에 사용한다. 관능평가란 여러 가지 품질을 인간의 오감에 의하여 평가하는 제품검사로, 화장품에 적합한 관능품질을 확보하기 위하여 외관·색상 검사, 향취 검사, 사용감 검사를 수행하는 능력을 말한다. 관능평가에는 좋고 싫음을 주관적으로 판단하는 기호형과, 표준품 및 한도품 등 기준과 비교하여 합격품, 불량품을 객관적

으로 평가, 선별하거나 사람의 식별력 등을 조사하는 분석형의 2가지 종류가 있다.

698 ③

[기출!] 관능평가에 사용되는 표준품
- 제품 표준견본 : 완제품의 개별포장에 관한 표준
- 벌크제품 표준견본 : 성상, 냄새, 사용감에 관한 표준
- 라벨 부착 위치견본 : 완제품의 라벨 부착위치에 관한 표준
- 충진 위치견본 : 내용물을 제품용기에 충진할 때의 액면위치에 관한 표준

- 색소원료 표준견본 : 색소의 색조에 관한 표준
- 원료 표준견본 : 원료의 색상, 성상, 냄새 등에 관한 표준
- 향료 표준견본 : 향, 색상, 성상 등에 관한 표준
- 용기·포장재 표준견본 : 용기·포장재의 검사에 관한 표준
- 용기·포장재 한도견본 : 용기·포장재 외관검사에 사용하는 합격품 한도를 나타내는 표준

699 ④

제품별 관능평가 요소

스킨·토너	탁도, 변취
로션·에센스	변취, 분리(성상), 점도·경도
크림	변취, 분리(성상), 점도·경도, 증발·표면 굳음
메이크업 베이스· 파운데이션	변취, 점도·경도, 증발·표면 굳음
립스틱	변취, 분리(성상), 점도·경도

700 맹검 사용 시험 혹은 블라인드 테스트 혹은 블라인드 유즈 테스트

소비자에 의한 사용시험: 소비자들이 관찰하거나 느낄 수 있는 변수들에 기초하여 제품 효능과 화장품 특성에 대한 소비자의 인식을 평가하는 것으로 일정 수 이상 참여하여야 함

맹검 사용 시험 (Blind use test)	상품명, 디자인, 표시사항 등을 가리고 제품을 사용하여 시험하는 것(제품의 정보를 제공하지 않는 제품 사용시험)
비맹검 사용 시험 (Concept use test)	상품명, 표시사항 등을 알려주고 제품에 대한 인식 및 효능 등이 일치하는지 시(제품의 정보를 제공하고 제품에 대한 인식 및 효능이 일치하는지를 조사하는 시험)

참고문헌

- 「화장품법」(시행 2022.2.18. 법률 제18448호)
- 「화장품법」 제정·개정이유(시행 2000. 7. 1. 법률 제6025호)
- 「화장품법 시행령」(시행 2022. 2. 18. 대통령령 제31655호)
- 「화장품법 시행규칙」(시행 2022. 6. 19. 총리령 제1775호) 및 각종 별표 자료
- 「천연화장품 및 유기농화장품의 기준에 관한 규정」(시행 2019. 7.29. 식품의약품안전처고시 제2019-66호)
- 식품의약품안전처 홈페이지(URL:https://www.mfds.go.kr/) → 정책정보 → 화장품 정책자료 (화장품 정책 개요)
- 「맞춤형화장품판매업 가이드라인」(식품의약품안전처, 2020.5.)
- 「맞춤형화장품판매업자의 준수사항에 관한 규정」(식품의약품안전처, 2021.01)
- 「기능성화장품 기준 및 시험방법」(시행 2020. 12. 30. 식품의약품안전처고시 제2020-132호)
- 「기능성화장품 심사에 관한 규정」(시행 2021. 6. 30. 식품의약품안전처고시 제2021-55호)
- 「화장품 안전기준 등에 관한 규정」(시행 2020. 2. 25. 식품의약품안전처고시 제2020-12호)
- 「화장품 원료 사용기준 지정 및 변경 심사에 관한 규정」(시행 2020. 6. 15. 식품의약품안전처고시 제2020-51호)
- 「화장품의 색소 종류와 기준 및 시험방법」(시행 2020.12.30. 식품의약품안전처고시 제2020-133호)
- 「영·유아 또는 어린이 사용 화장품 안전성 자료의 작성·보관에 관한 규정」(시행 2020. 7. 24. 식품의약품안전처고시 제2020-66호)
- 「개인정보보호법」 및 관련 법령 (시행 2020.8.5. 법률 제16930호)
- 「화장품의 색소 종류와 기준 및 시험방법」 [별표 2] 화장품 색소의 기준 및 시험방법 (시행 2020. 12. 30. 식품의약품안전처고시 제2020-133호)
- 「화장품 위해평가 가이드라인」(식품의약품안전처, 2017.3.)
- 대한화장품협회. (2018.12.13.). 소비자를 위한 화장품 상식, 이슈 추적, 진실은 이렇다! <보존제 편>. (https://kcia.or.kr/pedia/sub03/sub03_01.php?type=view&no=309)
- 대한화장품협회 홈페이지. (2020.11.10.일자 검색). 테드라소듐이디티에이.(https://kcia.or.kr/pedia/search/search_01_view.php?no=191)
- 대한화장품협회 홈페이지. (2020.11.10.일자 검색). 토코페롤. (https://kcia.or.kr/pedia/search/search_01_view.php?no=193)
- 식품의약품안전평가원. (2013). 의약품 시험법 교육 교재 '비타민 A 정량법'. 의료제품연구부 의약품규격연구과
- 대한화장품협회. (2005.6.8.). 화장품 유형별 효능·효과의 광고표현. PPT 자료.
- 「우수화장품 제조 및 품질관리기준」(시행 2020. 2. 25. 식품의약품안전처고시 제2020-12호)
- 「우수화장품 제조 및 품질관리기준(CGMP) 해설서(민원인 안내서)」. (식품의약품안전처, 2018)
- 「맞춤형화장품판매업자의 준수사항에 관한 규정」(식품의약품안전처, 2020, 10)
- 「화장품 안전기준 등에 관한 규정」(시행 2020. 2. 25. 식품의약품안전처고시 제2020-12호)
- 「화장품의 색소 종류와 기준 및 시험방법」(시행 2020. 12. 30. 식품의약품안전처고시 제2020-133호)
- 「기능성화장품 심사에 관한 규정」(시행 2021. 6. 30. 식품의약품안전처고시 제2021-55호)
- 「화장품 사용 시의 주의사항 및 알레르기 유발성분 표시에 관한 규정」(시행 2020. 1. 1. 식품의약품안전처고시 제2019-129호)
- 「화장품법 시행규칙」[별표 4] 화장품 포장의 표시기준 및 표시방법 (시행 2021.12.28. 총리령 제1775호)
- 「화장품 향료 중 알레르기 유발물질 표시 지침」(식품의약품안전처, 2020.01.03.)
- 「화장품 안정성시험 가이드라인」(식품의약품안전처, 2017.05.31.)

- 「제품의 포장재질·포장방법에 관한 기준 등에 관한 규칙」[별표 1] 제품의 종류별 포장방법에 관한 기준, [별표 2] 포장재의 재질 및 포장방법의 표시방법, [별표 3] 합성수지 재질로 된 포장재의 연차별 줄이기 기준 (시행 2021.9.10. 환경부령 제933호)
- 포장재 재질·구조 평가제도의 이해 가이드라인 (환경부, 2020.02)
- 「화장품 사용시에 주의사항 및 알레르기 유발성분 표시에 관한 규정」(식품의약품안전처 고시 제2019-129호 2020.01.01)
- 「화장품 안전기준 등에 관한 규정」(시행 2020. 2. 25. 식품의약품안전처고시 제2020-12호)
- 「맞춤형화장품판매업자의 준수사항에 관한 규정」(식품의약품안전처, 2020.10)
- 식품의약품안전평가원. (2011). 화장품 바로 알고 사용하기 (엄마용)
- 「화장품 안전성 정보관리 규정」[별지 1] 화장품 유해사례 보고서, [별지 2] 화장품 안전성 정보 보고서 (시행 2020. 6. 23. 식품의약품안전처고시 제2020-53호)
- 「화장품 위해평가 가이드라인」(식품의약품안전처, 2017.3.)
- 「인체적용제품의 위해성평가 등에 관한 규정」(시행 2020. 1. 22. 식품의약품안전처고시 제2020-7호)
- 소비자안전센터. (2010). 화장품 부작용 모니터링. 소비자안전국 식의약안전팀.
- 식품의약품안전처. (2014.3.17.) 화장품의 올바른 선택과 사용을 위한 정보 제공. 보도자료
- 한국직업능력개발원. (2016). NCS 화장품 제조 학습모듈 09 환경관리
- 한국직업능력개발원. (2016). NCS 화장품 제조 학습모듈 08 위생·안전관리.
- CDC. (2002.10.) Guideline for hand Hygiene in Health-Care Settings. (http://www.cdc.gov/mmwr/pdf/rr/rr5116.pdf)
- 질병관리본부. (2014). 손 위생 지침(Guideline for Hand Hygiene in Healthcare Facilities).
- John F. Krowka and John E. Bailey. (2007). CTFA Microbiology Guidelines. Washington, D.C.: The Cosmetic, Toiletry, and Fragrance Association.
- 「국가표준기본법」(시행 2018. 12. 13. 법률 제15643호)
- 「계량에 관한 법률」(시행 2018. 3. 13. 법률 제15174호)
- 「교정대상 및 주기설정을 위한 지침」(시행 2021. 4. 8. 국가기술표준원고시 제2021-91호)
- 「유해 위험 설비의 점검 정비 유지관리에 관한 기술지침」(한국산업안전보건공단, 2020.12)
- 한국직업능력개발원. (2016). NCS 화장품 제조 학습모듈 02 원료관리
- 한국직업능력개발원. (2016). NCS 화장품 제조 학습모듈 07 품질관리
- U.S. FDA. (2013). Guidance for Industry - Cosmetic Good Manufacturing Practices.
- 식품의약품안전처. (2014). 알기쉬운 HACCP 관리.
- Sewon Kang·Masayuki Amagai·Anna LL.Buckner·Alexander H.Enk·David J.Marglis·Amy J. Mcmichael·Jeffrey S.Orringer. (2001). Fitzpatrick's Dermatology, Ninth Edition, 2-Volume Set. McGraw-Hill Education, Medical.
- Ruth K. Frenkel, David T. Woodley. (2001). The Biology of the skin. The Parthenon Publishing Group.
- 「기능성화장품 기준 및 시험방법」[별표 6], [별표 7], [별표9] (시행 2020. 12. 30. 식품의약품안전처고시 제2020-132호)
- Sewon Kang·Masayuki Amagai·Anna LL.Buckner·Alexander H.Enk·David J.Marglis·Amy J. Mcmichael·Jeffrey S.Orringer. (2001). Fitzpatrick's Dermatology, Ninth Edition, 2-Volume Set. McGraw-Hill Education, Medical.
- K.F. De Polo·Karl Fred De Polo. (1998). A Short Textbook of Cosmetology: A Short Guide to the Development, Manufacture and Sale of Modern Skin Care and Skin Protection Cosmetics with an Aside on the History and Prehistory of Cosmetics. Verlag fur chemische Industie, H. Ziolkowsky˝GmbH.
- 「화장품 표시광고 실증을 위한 시험방법 가이드라인(민원인안내서)」(식품의약품안전처, 2018)
- Agache, Pierre·Humbert, Philippe·Maibach, H. I. (2011). Measuring the Skin : Non-invasive Investigations, Physiology, Normal Constants [2004 edition | Paperback]. Springer.
- 「화장품 인체적용시험 및 효력시험 가이드라인」(식품의약품안전평가원, 2021.10)
- 한국직업능력개발원. (2016). NCS 화장품 제조 능력단위 화장품 관능검사.
- 식품의약품안전처. (2014.3.17.). 화장품의 올바른 선택과 사용을 위한 정보 제공. 보도자료.
- 「화장품 안전성 정보관리 규정」[별지 1호], [별지 2호] (시행 2020. 6. 23. 식품의약품안전처고시 제2020-53호

- 한국직업능력개발원. (2016). NCS 화장품 제조 학습모듈 05 제조.
- 한국직업능력개발원. (2016). NCS 화장품 제조 학습모듈 06 포장.
- 한국직업능력개발원. (2016). NCS 화장품 제조 학습모듈 02 원료관리.
- 한국직업능력개발원. (2016). NCS 화장품 제조 학습모듈 04 생산준비.
- 한국직업능력개발원. (2016). NCS 화장품 제조 학습모듈 08 위생안전관리.
- 식품의약품안전처. 개정 1판. 맞춤형화장품조제관리사 교수학습가이드

MEMO

이지한

약력 및 경력

- 맞춤형화장품조제관리사 2회 고득점 합격자
- 초등 정교사 2급 자격증 소지(교육부)
- 부산교육대학교 졸업
- 現 공립학교 초등학교 교사

2025 유튜버 지한쌤 맞춤형화장품조제관리사 교수 학습가이드 700문항 찐 스포일러 합격문제집 - 무료강의 제공 -

발행일 2025년 4월 4일
발행인 조순자
저 자 이지한
디자인 서시영
발행처 인성재단 (종이향기)

※ 낙장이나 파본은 교환해 드립니다.
※ 이 책의 무단 전제 또는 복제행위는 저작권법 제136조에 의거하여 처벌을 받게 됩니다.

정 가 48000원   **ISBN** 979-11-94539-66-7